EINFÜHRUNG IN DIE
THEORETISCHE PHYSIK

VON

REINHOLD FÜRTH

O. Ö. PROFESSOR AN DER DEUTSCHEN UNIVERSITÄT PRAG

MIT 128 ABBILDUNGEN IM TEXT

WIEN

VERLAG VON JULIUS SPRINGER

1936

ISBN-13:978-3-7091-9740-0   e-ISBN-13:978-3-7091-9987-9
DOI: 10.1007/978-3-7091-9987-9

Vorwort.

Der physikalischen Forschung stehen bekanntlich zwei verschiedene Methoden zur Verfügung: die experimentelle und die theoretische. Die Werkzeuge des Experimentalphysikers sind die physikalischen Meßinstrumente, seine Forschungsmethode ist im wesentlichen die des induktiven Schließens auf Grund von planmäßig geleiteten Beobachtungen und Versuchen. Die Werkzeuge des theoretischen Physikers sind die mathematischen Kalküle, seine Forschungsmethode besteht in der mathematischen Formulierung der Gesetze und ihrer deduktiven Verarbeitung mittels der mathematischen Analyse. Diese große Verschiedenheit der Methoden bringt es mit sich, daß ein Forscher auf dem Gebiete der Physik im allgemeinen entsprechend seiner Veranlagung besser die eine oder die andere Methode zu handhaben wissen wird und daher entweder vorzugsweise experimentelle oder vorzugsweise theoretische Forschungsarbeit betreiben wird.

Während jedoch entsprechend dem relativ kleinen Umfang der Physik und der relativen Einfachheit der Methoden die Physiker der älteren Generationen meist experimentell und theoretisch gleich gut ausgebildet waren, ist dies heute infolge des außerordentlich erweiterten Umfanges der physikalischen Erkenntnis und der außerordentlich verfeinerten und komplizierten Methodik des Experimentes und der Theorie insbesondere bei den Physikern der jüngeren Generation keineswegs mehr der Fall. Meist entscheidet sich heute der Physiker bereits während seiner Studienzeit dafür, ob er Experimentator oder Theoretiker werden will und gestaltet demgemäß seine Ausbildung von vornherein mehr oder weniger einseitig.

Trotz der besprochenen Verschiedenheit der Methoden ist jedoch die gegenseitige Durchdringung und Verflechtung von Experimentalphysik und theoretischer Physik so innig, daß eine erfolgreiche Forschung ohne die beständige Wechselwirkung zwischen beiden Zweigen der Physik kaum denkbar ist. Es erscheint daher dringend geboten, daß sich der angehende Physiker unabhängig davon, ob er sich in Zukunft dem Lehrfach zuzuwenden wünscht oder ob er sich als Forscher in der einen oder der anderen Richtung zu spezialisieren beabsichtigt, so ausbildet, daß er sich die wichtigsten Methoden und Ergebnisse sowohl auf dem Gebiete der Experimentalphysik als auch auf dem der theoretischen Physik in ausreichendem Maße aneignet, um später mit Verständnis die Fortschritte der Forschung beider Gebiete verfolgen zu können.

Daß dies bei einem großen Teil der jüngeren Physikergeneration nicht der Fall ist, ja daß sogar die theoretische Physik sich bis zu einem gewissen Grade in eine „eigentliche theoretische Physik" und eine „mathematische Physik" aufgespalten hat, von denen jene mehr die Methodik der Theorien- und Hypothesenbildung, diese die exakte mathematische Analyse bearbeitet, zeigt die folgende nette Scherzfrage, deren Autor mir leider nicht bekannt ist: „Wodurch unterscheiden sich der Experimentalphysiker, der mathematische und der theoretische Physiker?" „Der Experimentalphysiker weiß, wie die

Dinge aussehen, er weiß aber nicht, was sie bedeuten und wie man sie rechnet; der mathematische Physiker weiß zwar nicht, wie die Dinge aussehen und er weiß auch nicht, was sie bedeuten, aber er weiß, wie man sie rechnet; der theoretische Physiker schließlich weiß zwar nicht, wie die Dinge aussehen und auch nicht, wie man sie rechnet, aber er weiß, was sie bedeuten." Ohne die außerordentlichen Leistungen gerade der jüngsten Physikergeneration für die Fortschritte der Physik auch nur im geringsten schmälern zu wollen, muß man doch sagen, daß gewisse Mißstände in der neuesten Physik durch das wiedergegebene Scherzwort treffend aufgewiesen werden, wenn es sie natürlich auch kraß übertreibt.

Aus der Überlegung heraus, daß es bei dieser Sachlage besonders erwünscht sein dürfte, schon dem Anfänger ein nach einheitlichen Prinzipien und von einem einzigen Autor geschriebenes Buch in die Hand zu geben, dem er das Material für den Bau des Fundamentes seiner physikalischen Bildung entnehmen könne, habe ich mich der Aufgabe unterzogen, ein Werk „Einführung in die Physik" zu schreiben, das aus zwei Teilen, einer „Einführung in die Experimentalphysik" und einer „Einführung in die theoretische Physik" bestehen soll. Auf Grund einer langjährigen Unterrichtserfahrung und Forschungstätigkeit auf beiden Gebieten glaubte ich dieses Wagnis unternehmen zu dürfen. Der theoretische Teil dieses Werkes liegt hiemit, nach mannigfachen Verzögerungen in der Fertigstellung, die durch äußere Umstände bedingt waren, nunmehr vor. Der experimentelle Teil soll möglichst bald folgen.

Die vorliegende „Einführung in die theoretische Physik" stellt sich die Aufgabe, die Theorie der wichtigsten physikalischen Erscheinungen zu geben, etwa in dem Umfange, wie sie der Anfänger in einer Einführungsvorlesung über Experimentalphysik meist als quantitative Formulierung der experimentellen Ergebnisse kennenlernen dürfte. Die theoretischen Entwicklungen werden also überall nur so weit geführt, als es zur Erreichung dieses Zieles unbedingt notwendig ist, anderseits wird aber dem Leser nirgendwo zugemutet, Resultate komplizierter theoretischer Entwicklungen auf Treu und Glauben hinzunehmen. Dieser Vorgang bringt es mit sich, daß gewisse Dinge, wie z. B. die analytische Mechanik hier weniger weit geführt werden, andere hingegen, wie z. B. die statistische Theorie der Materie und Elektrizität hier eine wesentlich ausführlichere Darstellung gefunden haben, als es in Anfängerwerken über theoretische Physik sonst der Fall zu sein pflegt.

Befremdend wird vielleicht auch manchem erscheinen, daß dem eigentlichen physikalischen Teil des Buches (Kapitel VII bis XXI) ein mehr oder weniger rein mathematischer Teil (Kapitel III bis VI) vorangeht, in dem auch manche Gegenstände behandelt sind, die im allgemeinen innerhalb der eigentlichen Physik behandelt zu werden pflegen, wie z. B. vieles aus der Theorie der Vektorfelder und der Kinematik in der Hydrodynamik und der Elektrodynamik oder vieles aus der Wahrscheinlichkeitsrechnung in der statistischen Mechanik. Der leitende Gesichtspunkt war hiebei der, alle Entwicklungen rein formaler Natur möglichst sauber von denen physikalischer Natur zu trennen, da erfahrungsgemäß der Anfänger meist die formale Seite der theoretischen Physik überschätzt und nicht selten rein formale Ergebnisse irrtümlich als physikalische ansieht.

Leser, die es ungeduldig zu der eigentlichen theoretischen Physik treibt und die es verdrießt, sich durch das Hindernis des mathematischen Teiles Schritt für Schritt durchzuarbeiten, mögen ihn kurzerhand überspringen und gleich mit der Lektüre des Kapitel VII beginnen. Die zahlreichen Hinweise werden ihn an den entsprechenden Stellen stets darauf aufmerksam machen, wo es nötig ist, zum mathematischen Teil zurückzugehen, um dort nachzuholen, was zum Verständnis der betreffenden Stelle notwendig ist.

Das Kapitel II bringt einen gedrängten Überblick über die wichtigsten Methoden und Ergebnisse der theoretischen Physik. Es stellt sozusagen eine „Ouverture" zu dem folgenden Stück dar und wird wohl beim ersten Lesen des Buches kaum mit vollem Verständnis vom Anfänger erfaßt werden. Der Leser wird gebeten, dieses Kapitel nach beendigter Lektüre des Buches nochmals vorzunehmen. Er wird dann die Leitmotive darin besser heraushören und sich ihres Zusammenklanges und ihrer Gegenwirkung bewußt werden.

Mit Ausnahme dieses einleitenden Kapitels wurde in dem Buche auf historische Darstellung fast durchwegs verzichtet; für das zu erreichende Ziel schien es mir nämlich unbedingt erforderlich, den Anfänger gleich von vornherein in die Gedankengänge der modernen Physik einzuführen und ihn mit ihrer Methode und ihrer Sprache vertraut zu machen. Mancher wird daher vielleicht eine allzugroße Bevorzugung der Statistik und der Quantenmechanik gegenüber der „klassischen Physik" auszusetzen haben, insbesondere bei der Behandlung der Elektronentheorie und der Theorie des Atombaues und der Spektren. Die Berechtigung für diesen Vorgang glaube ich darin zu sehen, daß meiner Ansicht nach die neue Theorie keineswegs komplizierter oder schwieriger ist als die alte, und die übliche Methode, erst die alte „klassische" und dann die neue Theorie zu bringen, eher geeignet erscheint, Verwirrung anzurichten.

Dem Verlag sei für sein verständnisvolles Eingehen auf die Pläne des Verfassers und die Sorgfalt, die er für die gute Ausstattung des Buches verwendet hat, herzlich gedankt.

Prag, im Januar 1936. **R. Fürth.**

Inhaltsverzeichnis.

Erstes Kapitel

Aufgabe und Methoden der theoretischen Physik.

§ 1. Der Wirkungskreis der theoretischen Physik.

1. Die Physik und ihre Grenzgebiete. Die Aufgabe der Physik bildet nach der üblichen Einteilung der Naturwissenschaften die Erforschung der Gesetzmäßigkeiten, die die unbelebte Natur beherrschen, soweit sie nicht stoffliche Veränderungen betreffen.

Diese Abgrenzung ist jedoch keineswegs scharf. So sind z. B. jene Teile der Astronomie, der Geographie, der Mineralogie, die nicht rein beschreibender Natur sind, teilweise Spezialgebiete der Physik, wie die Astrophysik, die Geophysik und die Kristallographie, teilweise Spezialgebiete der Chemie. Die Chemie selbst wiederum ist in ihrem theoretischen Teil, der die Gesetzmäßigkeiten der chemischen Verbindungen und ihrer Umsetzungen zum Gegenstande hat, ebenfalls als ein Spezialgebiet der Physik aufzufassen, seit man erkannt hat, daß sich diese Gesetzmäßigkeiten auf die Gesetze der Atomphysik zurückführen lassen. Der experimentelle Teil der Chemie ist in seinen Methoden allerdings von denen der Physik zum Teil wesentlich verschieden. Physikalische Methoden verwendet vorzugsweise die physikalische Chemie, die daher heute schon vielfach als „chemische Physik" bezeichnet und somit auch schon äußerlich als Spezialgebiet der Physik hingestellt wird.

Schärfer schon ist die Grenze gegen die biologischen Wissenschaften gezogen, die die Erforschung der Gesetze der belebten Natur zum Gegenstande haben. Wenn es auch keinem Zweifel unterliegt, daß die physikalisch-chemischen Gesetze auch die belebte Natur beherrschen, so ist es doch beim heutigen Stande unserer Kenntnisse keineswegs klar, ob hier nicht noch andere, spezifisch biologische Gesetze bestehen, die sich auf die physikalisch-chemischen prinzipiell nicht zurückführen lassen. Von der physikalisch-chemischen Begriffsbildung und Methodik wird jedenfalls auch in den biologischen Wissenschaften soweit sie nicht rein beschreibend sind, in immer steigendem Maße Gebrauch gemacht, insbesondere in den Spezialwissenschaften Biophysik, Biochemie und Physiologie.

Die Physik ist die wichtigste Vertreterin der exakten Naturwissenschaften, ja nach den obigen Ausführungen könnte man beide Begriffe sogar zweckmäßigerweise identifizieren. Der Name „exakt" bedeutet, daß die Begriffe, mit denen diese Wissenschaft arbeitet, exakt und eindeutig definiert sind. Die Physik geht von der Voraussetzung aus, daß eine vollständige Beschreibung des Zustandes der Umwelt und seiner Veränderungen durch die zahlenmäßige Angabe bestimmter, ebenfalls genau definierter Größen (wie Geschwindigkeit, Temperatur, Stromstärke, Wellenlänge usw.) gegeben werden kann. Die Erfahrung lehrt, daß diese physikalischen Größen nicht voneinander unabhängig sind, daß vielmehr bestimmte funktionale Beziehungen zwischen ihnen bestehen, die in der Form von Gleichungen zwischen den Zahlenwerten dieser Größen mathematisch formuliert werden können. Die Gesamtheit dieser Funktionsbeziehungen stellt die physikalischen Gesetze dar.

2. Die Aufgabe der Experimentalphysik. Um zur Kenntnis der physikalischen Gesetze zu gelangen, stehen dem Forscher im wesentlichen zwei Wege zur Verfügung: der *experimentelle* und der *theoretische*. Die Methode der Experimentalphysik besteht darin, Versuchsbedingungen herzustellen, die geeignet sind, die Veränderungen zu untersuchen, die eine bestimmte physikalische Größe A erfährt, wenn eine andere Größe B verändert wird und alle anderen nach Tunlichkeit konstant gehalten werden. Die Beobachtung erfolgt dabei in der Regel so, daß mit Hilfe geeigneter Maßnahmen die Zahlenwerte der zu untersuchenden Größen bestimmt oder gemäß der physikalischen Terminologie „gemessen" werden. Das Ergebnis des Experimentes ist die Auffindung der zwischen A und B gültigen Funktionsbeziehung.

Durch Veränderung der Versuchsbedingungen nach verschiedenen Richtungen wird der Experimentalphysiker solche Beziehungen zu finden suchen, die in einer großen Mannigfaltigkeit von Versuchen Geltung haben. Er wird dann berechtigt sein, durch einen *Induktionsschluß* das Zutreffen der Beziehung auch noch in allen anderen, nicht untersuchten Fällen zu erwarten, wodurch sie zum Range eines physikalischen Gesetzes erhoben wird. Selbstverständlich kann ein solches Schlußverfahren niemals vollständige Sicherheit beanspruchen; es kann sein und kommt auch in der Tat häufig vor, daß die Gültigkeit eines durch gewisse Experimente scheinbar sichergestellten Gesetzes durch neue Versuche hinfällig wird.

Die Beschreibung der experimentellen Methoden und der mit ihnen erzielten Resultate bildet den Inhalt der *Experimentalphysik*[1]. Die Meßmethoden, die Handhabung und Beschreibung der Meßapparate werden gewöhnlich als „*praktische Physik*" von der eigentlichen Experimentalphysik als besonderes physikalisches Spezialgebiet losgelöst.

3. Die Aufgabe der theoretischen Physik. Ganz anders als die geschilderte Methode des Experimentators ist die des Theoretikers. Die *theoretische Physik* geht von der These aus, daß sich alle physikalischen Gesetze als Spezialfälle aus wenigen, sehr allgemeinen Sätzen herleiten lassen. Das ist offenbar nur dann möglich, wenn auch nur eine geringe Anzahl physikalischer Größen eine selbständige Bedeutung hat und alle anderen Größen aus ihnen ableitbar sind. Eine der Hauptaufgaben des Theoretikers ist also die Stiftung von Zusammenhängen zwischen solchen physikalischen Größen und Erscheinungen, die nach dem Befunde des Experimentators zunächst keine gegenseitige Beziehung erkennen lassen: die Bildung von *Hypothesen* und *Theorien*. (Zwischen diesen beiden Begriffen besteht kein scharfer Unterschied, man spricht von einer Hypothese, wenn ein vermuteter Zusammenhang in noch unvollständiger und unpräziser Form ausgesprochen wird, hingegen von einer Theorie, wenn es sich um ein auf der Grundlage der Hypothese aufgebautes und insbesondere mathematisch weitgehend ausgeführtes Lehrgebäude handelt.)

So versucht die kinetische Wärmetheorie die Gesetzmäßigkeiten der Wärmelehre auf die der Mechanik zurückzuführen durch die Hypothese, daß die „Wärme" nichts anderes als eine ungeordnete Bewegung der Moleküle sei, wobei die Wärmemenge mit der kinetischen Energie der Molekularbewegung, die Temperatur mit der kinetischen Energie pro Freiheitsgrad, der Druck mit der von den Molekülen auf die Wand übertragenen Bewegungsgröße usw. in Zusammenhang gebracht

---

[1] Sie bildet den Inhalt des im Vorwort erwähnten Lehrbuches des Verfassers, auf dessen einzelne Kapitel im folgenden durch die Bezeichnung: „Exp.-Physik," Kap.... hingewiesen wird.

werden. Selbstverständlich kann eine Hypothese nicht auf Grund von logischen Schlußfolgerungen erdacht werden, der Forscher ist vielmehr, um sie aufzuspüren, auf seinen physikalischen Instinkt angewiesen.

Eine notwendige Bedingung, die jede Theorie erfüllen muß, ist natürlich die, daß sie wirklich gestatten muß, die speziellen, aus der Erfahrung gewonnenen Gesetze aus den ihr zugrunde liegenden „Hauptsätzen" herzuleiten. Da die Hauptsätze, wie jedes physikalische Gesetz, die Form von Gleichungen oder Gleichungssystemen haben, besteht eine weitere, vielleicht die wichtigste Aufgabe des Theoretikers darin, durch das Hilfsmittel der mathematischen *Deduktion* diese Gleichungen unter bestimmten, vorgegebenen Bedingungen zu lösen. Die Lösung muß dann die spezielle, durch die Theorie zu „erklärende" Gesetzmäßigkeit darstellen.

Darüber hinaus muß die Theorie aber noch die Möglichkeit bieten, durch Deduktion aus ihren allgemeinen Hauptsätzen bisher noch nicht bekannte und durch das Experiment prüfbare Beziehungen abzuleiten. Stimmt dann der Ausfall des wirklich ausgeführten Versuches mit der theoretischen Voraussage überein, so wird dadurch das Gebäude der Theorie gestützt; es wird um so sicherer stehen, je mehr derartige Stützen beigebracht werden können. Nichtübereinstimmung zwischen Theorie und Experiment ist jedenfalls (Fehlerlosigkeit des Experimentes vorausgesetzt) ein Beweis für die Unrichtigkeit der Theorie und zwingt den Theoretiker, seine Hypothesen, wenn es geht, so weit abzuändern, bis die Übereinstimmung wiederhergestellt ist, oder, wenn dies nicht möglich sein sollte, die Theorie vollständig fallen zu lassen und durch eine andere zu ersetzen. Umgekehrt ist aber Übereinstimmung zwischen Theorie und Experiment auch in noch so vielen Fällen niemals ein vollkommener Beweis für die Richtigkeit der Theorie.

Theorien, die eine experimentelle Prüfung prinzipiell nicht zulassen, die also mit Elementen operieren, die prinzipiell unbeobachtbar sind, gelten gemäß unserer heutigen naturwissenschaftlichen Auffassung als unphysikalisch und gehören in das Reich der Metaphysik. So wäre beispielsweise die oben erwähnte kinetische Wärmetheorie abzulehnen, wenn die von ihr als wesentliches Element eingeführten Moleküle prinzipiell unbeobachtbar sein sollten. Dies ist jedoch keineswegs der Fall; dadurch, daß es dem Experimentator heute möglich ist, den Nachweis für den diskontinuierlichen Aufbau der Materie zu erbringen, hat die Theorie außerordentlich an Wahrscheinlichkeit gewonnen. Hingegen ist die Vorstellung eines „Äthers" als masse- und schwerelose Materie abzulehnen, da diese Definition bereits die prinzipielle Unbeobachtbarkeit implizite enthält.

4. Die Beziehungen zwischen Experimental- und theoretischer Physik. Den Unterschied zwischen der Arbeitsweise des Experimentalphysikers und des theoretischen Physikers kann man kurz zusammenfassend dahin charakterisieren, daß jener im wesentlichen das induktive, dieser das deduktive Schlußverfahren anwendet. Das Werkzeug des Experimentators ist der physikalische Apparat, das des Theoretikers der Apparat der mathematischen Analyse. Darüber hinaus sind beide auf ihren wissenschaftlichen Spürsinn angewiesen, der dem Experimentator zur zweckmäßigen Interpretation seiner Beobachtungen, dem Theoretiker zur zweckmäßigen Wahl seiner Hypothesen verhilft.

Ohne eine enge Zusammenarbeit zwischen Theoretiker und Experimentator ist eine physikalische Forschung unmöglich. Der Experimentator muß dem Theoretiker die Unterlagen zur Aufstellung seiner Theorien in die Hand geben, der Theoretiker hinwieder muß dem Experimentator auf Grund der Theorie die Richtung weisen, in der er seine Versuche auszudehnen hat, um die Richtigkeit der Theorie nachprüfen zu können.

Wenn auch aus praktischen Gründen eine Scheidung der physikalischen Forschung in theoretische und Experimentalphysik durchgeführt ist, da es im allgemeinen bei dem heutigen Stande dieser Wissenschaft nicht möglich ist, gleichzeitig auf beiden Gebieten Hervorragendes zu leisten, ist es doch für eine erfolgreiche physikalische Forschungstätigkeit unerläßlich, daß der Experimentalphysiker die Grundlagen der theoretischen Physik und der theoretische Physiker die der Experimentalphysik beherrsche. Tatsächlich ist eine „reine Experimentalphysik" gänzlich unmöglich, da es keine direkt beobachtbaren physikalischen Größen gibt, sondern jede Beobachtung erst durch eine mehr oder weniger lange Kette von hypothetischen Schlußfolgerungen als Messung der zu beobachtenden Größe interpretiert werden kann. Ebensowenig wird der Theoretiker eine Voraussage über den nach der Theorie zu erwartenden Verlauf eines Versuches machen können, wenn er über die Beobachtungsmethoden und Hilfsmittel des Experimentalphysikers nicht informiert ist.

5. Angewandte Physik. Außer der „*reinen Physik*", von der oben die Rede war, gibt es noch eine „*angewandte Physik*", die von den physikalischen Gesetzmäßigkeiten und Methoden für spezielle Zwecke Gebrauch macht. Zu der angewandten Physik gehören die bereits erwähnten Wissenschaften: Astrophysik, Geophysik, chemische Physik, Kristallographie und Biophysik. Die für die menschliche Gesellschaft wichtigste Rolle spielt jedoch die „*technische Physik*", die die Lösung von technischen Problemen für die Bedürfnisse der Industrie auf Grund der physikalischen Gesetze und mit physikalischen Methoden zur Aufgabe hat. Im Grunde genommen sind eigentlich alle technischen Wissenschaften, soweit sie nicht ökonomische Fragen behandeln, nichts anderes als technische Physik (bzw. Chemie).

Zur Behandlung von Problemen der technischen Physik ist die Beherrschung der Experimental- und der theoretischen Physik in gleichem Maße erforderlich. So muß z. B. der technische Physiker, dem die Aufgabe gestellt ist, einen möglichst guten Lautsprecher zu konstruieren, zunächst die Gesetze der Elektrodynamik und Akustik kennen, um beurteilen zu können, welche Bedingungen erfüllt sein müssen, damit ein Lautsprecher richtig funktioniere. Er muß ferner die experimentellen Methoden beherrschen, um durch Messungen des Wirkungsgrades die günstigste unter verschiedenen ausgeführten Konstruktionen auswählen zu können. Er muß schließlich die Methoden der theoretischen Physik so weit zu handhaben vermögen, um unter Einhaltung der ihm vorgeschriebenen Bedingungen die Abmessungen der Bestandteile des Apparates, wie Windungszahl der Spulen, Größe der Membrane usw. berechnen zu können.

§ 2. Übersicht über die Methoden der theoretischen Physik.

1. Die klassische Diskontinuumtheorie. Schon die primitivste Beobachtung lehrt das Vorhandensein von materiellen Körpern im Raume, deren Größe und Gestalt sich verändert und die sich gegeneinander bewegen. Es ergibt sich daher zunächst für die Physik die Aufgabe, die Bewegung der materiellen Körper zu beschreiben und die Gesetze dieser Bewegung zu erforschen und zu formulieren.

Am einfachsten wird sich die Bewegung eines Körpers im Raume beschreiben lassen, dessen Abmessungen klein gegenüber den Abständen zu den übrigen Körpern ist (Bewegung eines Geschosses auf der Erde, Bewegung eines Planeten um die Sonne usw.). Man wird so dazu geführt, von der Ausdehnung des betrachteten Körpers überhaupt zu abstrahieren und einen Körper zu fingieren, der zwar die Eigenschaften der Materie, also Trägheit, Schwere, Undurchdringlichkeit usw., hat, aber keine räumliche Ausdehnung besitzt: einen „*materiellen Punkt*" oder „*Massenpunkt*".

Schon im klassischen Altertum suchte man die Volumen- und Gestaltsveränderungen der materiellen Körper durch die Hypothese zu erklären, daß die Materie diskontinuierlich aus unteilbaren Teilchen, den Atomen aufgebaut sei, deren Größe man sich als klein gegenüber ihrem gegenseitigen Abstand dachte; jede Veränderung in der Welt sollte auf die Bewegungen der Atome zurückzuführen sein. Die klassische Diskontinuumtheorie behandelt die Atome als materielle Punkte und sieht daher alle materiellen Körper als *Systeme von Massenpunkten* an. Dieser Auffassung entsprechend besteht die theoretische Physik im wesentlichen aus der Mechanik der Systeme von Massenpunkten.

Die Lage eines Punktes im Raume wird durch die Angabe seiner Koordinaten in bezug auf irgend ein räumliches Koordinatensystem bestimmt, das durch bestimmte Bezugskörper fixiert ist. Die Bewegung eines Punktes im Raume wird demnach durch die Angabe seiner Koordinaten als Funktionen der Zeit und die eines Punktsystemes durch die Angabe von so vielen Gleichungen zwischen den Koordinaten der einzelnen Punkte und der Zeit beschrieben, als es in dem System Freiheitsgrade der Bewegung gibt. Die Diskussion dieser Gleichungssysteme bildet den Inhalt der *Kinematik*, die eine Zwischenstellung zwischen Geometrie und Mechanik einnimmt.

Alle in der Natur vorkommenden und experimentell beobachtbaren Bewegungen von Systemen von Massenpunkten lassen sich kinematisch beschreiben. Um sie im Sinne einer physikalischen Theorie zu erklären, muß es möglich sein, alle so gefundenen Bewegungstypen als Spezialfälle aus einem universell gültigen Gleichungssystem, den *Bewegungsgleichungen der Mechanik* abzuleiten.

Nimmt man an, daß die Bewegung der Massenpunkte stetig erfolgt, dann müssen die Bewegungsgleichungen gestatten, den Bewegungszustand in irgend einem Zeitpunkt aus dem Bewegungszustand, der eine unendlich kurze Zeit dt früher geherrscht hat, zu berechnen. Die Bewegungsgleichungen werden demnach die Form von Differentialgleichungen haben, in denen die Koordinaten der Massenpunkte die abhängigen Veränderlichen sind und die Zeit die unabhängig Veränderliche ist. Die Lösung oder Integration dieser Differentialgleichungen liefert endliche Gleichungen für die Koordinaten als Funktionen der Zeit, in denen noch zunächst willkürliche Integrationskonstanten als Parameter enthalten sind. Verfügt man in bestimmter Weise über diese Konstanten, dann wird durch die Gleichungen eine ganz bestimmte Bewegung kinematisch beschrieben. Bei richtiger Wahl der Bewegungsgleichungen müssen sämtliche experimentell beobachtbaren Bewegungstypen in der Schar der so konstruierbaren Lösungen enthalten sein.

Die Bewegungsgleichungen der NEWTONschen *Mechanik* gewinnt man, wie später noch genauer ausgeführt wird, in folgender Weise: Es wird zunächst behauptet, daß zwischen je zwei Massenpunkten „Kräfte" wirken, die bestimmte Funktionen der gegenseitigen Entfernung und der Relativgeschwindigkeit der Massenpunkte sind. Beispiele für Kraftgesetze dieser Art sind das NEWTONsche Gravitationsgesetz, die elastischen Kräfte beim Zusammenstoß und andere. Die NEWTONschen Bewegungsgleichungen sagen nun aus, daß die Beschleunigung eines jeden Massenpunktes gleich ist der Summe aller auf ihn von den anderen Massenpunkten ausgeübten Kräfte, dividiert durch die „Masse" des Massenpunktes, eine für ihn charakteristische Konstante. Bei gegebenem Kraftgesetz stellen die so gewonnenen Gleichungen in der Tat ein System von Differentialgleichungen der oben angedeuteten Art dar.

Festzuhalten ist, daß die hier kurz umrissene Theorie als wesentliche Voraussetzung enthält, daß die Bewegung der Massenpunkte stetig erfolgt und daß die Koordinaten der Massenpunkte und die Zeit sich prinzipiell beliebig genau beobachten lassen. Während die klassische Mechanik keinen Anlaß fand, an diesen Voraussetzungen zu zweifeln und daher die Gültigkeit der auf Grund makroskopischer Beobachtungen aufgestellten Bewegungsgleichungen auch für die Bewegung der Atome behauptete, hat die moderne Experimentalphysik mit ihren verfeinerten Methoden die Unhaltbarkeit dieser Annahmen erwiesen und daher die Atommechanik gezwungen, ganz neue Wege einzuschlagen, wovon später noch ausführlich die Rede sein wird.

2. Die klassische Kontinuumtheorie. So lange die physikalischen Beobachtungsmethoden nicht fein genug sind, um die Diskontinuitäten im Aufbau der Materie erkennenzulassen, die die Atomtheorie behauptet, erscheint die Materie dem Beobachter als *Kontinuum*. Es zeigt sich, daß dieses Kontinuum eine gewisse Struktur besitzt, da sich seine einzelnen Teile in besonderen Eigenschaften, wie Dichte, Druck, Temperatur, Strömungszustand usw. voneinander unterscheiden. Konsequenterweise wird man die diesen Eigenschaften entsprechenden physikalischen Größen so zu definieren haben, daß sie kontinuierliche Funktionen des Ortes sind und in jedem Raumpunkte definierte Zahlenwerte haben.

Der physikalische Zustand des Kontinuums in einem bestimmten Zeitpunkte wird also durch Angabe der erwähnten physikalischen Größen als Funktionen des Ortes, das heißt der Koordinaten in bezug auf irgend ein geeignetes Koordinatensystem beschrieben. Ist der Zustand zeitlich veränderlich, dann werden die betreffenden Funktionen außer den Ortskoordinaten auch noch die Zeit als weitere unabhängig Veränderliche enthalten; eine Zustandsveränderung wird also durch Angabe von so vielen Funktionen der Koordinaten und der Zeit beschrieben, als es an dem betrachteten Kontinuum beobachtbare physikalische Größen gibt. Voraussetzung für die Durchführbarkeit dieser Beschreibung ist natürlich, daß sich die Messung der Zustandsgrößen prinzipiell in beliebig kleinen Raumelementen mit beliebig großer Genauigkeit ausführen läßt.

Die Erfahrung lehrt, daß es außer den materiellen auch immaterielle Kontinua in der Natur gibt, die sich in der gleichen Weise beschreiben lassen. Beispiele dafür sind: Die verschiedenen Kraftfelder (elektrisches, magnetisches Feld, Gravitationsfeld), die durch die Zustandsgrößen Potential und Feldstärke beschrieben werden, und das Kontinuum der Strahlung, das durch die Größen: Strahlungsintensität, Schwingungszahl, Polarisationszustand usw. beschrieben wird. In der sogenannten mechanistischen Periode der klassischen Physik suchte man die genannten immateriellen Kontinua als bloße Erscheinungsformen eines an und für sich nicht beobachtbaren materiellen Kontinuums, des „Äthers" zu deuten. Heute lehnen wir solche Hypothesen als unphysikalisch ab (vgl. § 1, 3.).

Die Beschreibung der Zustände und Zustandsveränderungen der Kontinua nach der eben dargelegten Art stellt noch kein physikalisches Gesetz dar. Um dieses aufzufinden, wird der Experimentator zunächst, wie bereits in § 1, 2. angedeutet wurde, festzustellen versuchen, ob die von ihm gemessenen Zustandsgrößen alle voneinander unabhängig sind, oder ob gewisse von ihnen durch gewisse andere bestimmt sind. In der Tat hat man sehr viele Abhängigkeiten dieser Art aufgefunden. So ist beispielsweise die Dichte in einem Gas an jeder Stelle bereits durch die Angabe des Druckes und der Temperatur an derselben Stelle bestimmt, da diese drei Größen eine bestimmte Beziehung in der Form einer Gleichung, die sogenannte „Zustandsgleichung" des Gases erfüllen; ebenso besteht eine solche Beziehung zwischen der Stromdichte und der Feldstärke: das OHMsche Gesetz. Auf Grund derartiger gesetzmäßiger Beziehungen läßt sich die Anzahl der unabhängigen Zustandsfunktionen, die zur Beschreibung des Kontinuums erforderlich sind, reduzieren.

Die physikalischen Gesetze, die das betrachtete Kontinuum beherrschen, auffinden, heißt offenbar nichts anderes, als ein Verfahren finden, um die Gestalt der wirklich beobachteten Zustandsfunktionen herleiten zu können. Nimmt man wieder an, daß die Veränderungen der Zustandsgrößen stetig erfolgen, dann wird eine jede unabhängige Zustandsgröße als Funktion des Ortes in einem Zeitpunkte $t + dt$ durch alle unabhängigen Zustandsgrößen als Funktionen des Ortes im unmittelbar vorhergehenden Zeitpunkt t eindeutig bestimmt sein. Die physikalischen Gesetze der klassischen Kontinuumtheorie werden also die Gestalt von Systemen von partiellen Differentialgleichungen haben, in denen als abhängig Veränderliche die genannten Zustandsgrößen, als unabhängig Veränderliche die Koordinaten und die Zeit enthalten sind.

Die Lösung oder Integration der Grundgleichungen liefert, wie aus der Theorie der partiellen Differentialgleichungen als bekannt vorausgesetzt wird, bestimmte Bedingungen, denen die Funktionen, die die Differentialgleichungen erfüllen sollen, gehorchen müssen; sie enthalten aber noch gewisse willkürliche Funktionen, über die man zunächst frei verfügen kann. Wenn das System der Grundgleichungen richtig sein soll, dann muß sich jeder spezielle, beobachtete Zustand und jede spezielle, beobachtete Zustandsänderung des Kontinuums durch geeignete Wahl der erwähnten willkürlichen Funktionen aus der allgemeinen Lösung der Differentialgleichungen gewinnen lassen. Die Theorie der partiellen Differentialgleichungen lehrt ferner, daß die Lösung für alle Orte und alle Zeiten vollkommen bestimmt ist, wenn der Zustand in irgend einem Zeitpunkte (z. B. der „Anfangszustand" für $t = 0$) im gesamten untersuchten Bereich und der Zustand an der Berandung des Bereiches für alle Zeiten („Randbedingung") gegeben ist. Sind demnach die Grundgleichungen einmal ermittelt, dann besteht die Aufgabe des theoretischen Physikers im wesentlichen in der Lösung von *Randwertproblemen* bzw. *Anfangswertproblemen.*

Beispiele für Gleichungssysteme der beschriebenen Art sind: Die Grundgleichungen der Hydrodynamik, die Wärmeleitungsgleichung, die MAXWELLschen Gleichungen der Elektrodynamik, die Wellengleichung, die Potentialgleichung u. v. a. Gelingt es, zwischen den in diese Gleichungen eingehenden Größen Beziehungen nach Art der oben erwähnten aufzufinden, so läßt sich ihre Anzahl reduzieren. So kann man z. B. die Wellengleichung für die Lichtfortpflanzung aus den MAXWELLschen Gleichungen gewinnen, wenn man den Lichtschwingungsvektor mit den elektrischen und magnetischen Feldstärken in Zusammenhang bringt, wie es die elektromagnetische Lichttheorie tut.

Wiederum ist nicht zu vergessen, daß die hier umrissene klassische Kontinuumstheorie mit den grundlegenden Annahmen der Stetigkeit der zeitlichen Veränderung der physikalischen Größen und der Möglichkeit, sie prinzipiell beliebig genau zu messen, steht und fällt. Die neuere Physik hegt auf Grund der experimentellen Erfahrung berechtigte Zweifel an der Richtigkeit dieser, der klassischen Physik selbstverständlichen Annahmen und stellt daher den theoretischen Physiker vor die Aufgabe, die Physik der Kontinua in anderer Weise zu begründen.

3. Verknüpfung zwischen Kontinuum- und Diskontinuumtheorie. Die beiden, unter 1. und 2. dargelegten Theorien stehen einander scheinbar schroff gegenüber und es scheint keine Brücke zwischen ihnen zu geben. Dennoch hat es nicht an Versuchen gefehlt, diese Brücke zu schlagen und eine für das Gesamtgebiet der theoretischen Physik gültige, einheitliche Theorie aufzubauen; auch die neueste theoretische Physik wird zum großen Teil von Bestrebungen dieser Art geleitet.

Schon der klassischen Mechanik gelang es, die Lösung der Bewegungsgleichungen der Mechanik, also der Grundgleichungen der Diskontinuumtheorie auf die Lösung einer partiellen Differentialgleichung, der HAMILTON-JACOBIschen

Gleichung für eine kontinuierliche Funktion des Ortes und der Zeit, die „Wirkungsfunktion" zurückzuführen und damit die Diskontinuumtheorie formal der Kontinuumtheorie anzugleichen. Die moderne „*Wellenmechanik*", auf die wir später noch zurückkommen, stellt die konsequente Weiterentwicklung dieser Gedankengänge dar.

Ein Weg ganz anderer und zwar physikalischer Art bot sich durch die Entdeckung der elektrischen Elementarpartikel, insbesondere der Elektronen. Diese Gebilde verhalten sich, wie entsprechende Versuche beweisen, wie kleine materielle Partikel von ganz bestimmter Masse, die mit einer ganz bestimmten elektrischen Ladung, dem elektrischen Elementarquantum geladen sind. Nimmt man an, daß alle elektrischen Ladungen aus solchen Elementarquanten aufgebaut sind, dann müssen sich die beobachteten, makroskopischen elektrischen und magnetischen Felder aus den die einzelnen Elektronen umgebenden mikroskopischen Feldern zusammensetzen lassen.

Die auf diesen Gedankengängen aufgebaute LORENTZsche *Elektronentheorie*, die heute meist auch schon als „klassisch" bezeichnet wird, stellt an ihre Spitze ein System von partiellen Differentialgleichungen, die LORENTZschen Gleichungen der Elektronentheorie für die Feldgrößen der von den einzelnen Elektronen „erzeugten" elektromagnetischen Felder, die als Kontinua angesehen werden. In diese Grundgleichungen gehen als weitere unabhängig veränderliche Größen noch die Koordinaten und Geschwindigkeiten der Elektronen ein. Es wird ferner behauptet, daß das elektromagnetische Feld seinerseits auf die in ihm befindlichen Elektronen Kräfte im Sinne der NEWTONschen Mechanik ausübt, die sich aus den am Orte der Elektronen herrschenden elektrischen und magnetischen Feldstärken und den Geschwindigkeiten der Elektronen berechnen lassen. Schließlich wird angenommen, daß die Elektronen den Bewegungsgleichungen für materielle Punkte gehorchen.

Man sieht, daß in dieses System von Gleichungen sowohl kontinuierliche Größen, nämlich die elektromagnetischen Feldgrößen, als auch die Bestimmungsstücke der Diskontinuumtheorie, nämlich die Koordinaten und Geschwindigkeiten der Elektronen eingehen. Die Gleichungen lösen, heißt, bei gegebenem Anfangszustand (und gegebenen Randbedingungen) die Bewegung der Elektronen und das elektromagnetische Feld berechnen. Die erste dieser beiden Angaben ist offenbar mit der der klassischen Diskontinuumtheorie (vgl. 1.) nahe verwandt, unterscheidet sich aber doch von ihr wesentlich. Während die NEWTONsche Mechanik nur in die Entfernung wirkende Kräfte zwischen Massenpunkten kennt, werden hier die Kräfte als Wirkung von Feldern, d. h. physikalischen Realitäten auf die Partikel gedeutet.

In der dargelegten Theorie erscheinen zunächst die Trägheit und die elektrische Ladung der Elektronen als unabhängige Eigenschaften. Zur weiteren Vereinheitlichung der Theorie wird man versuchen, diese Eigenschaften miteinander in Zusammenhang zu bringen. In der Tat läßt sich aus den Feldgleichungen der Elektronentheorie ableiten, daß eine Ladungsanhäufung sich unter der Wirkung von Kräften wie ein Massenpunkt bewegt und Bewegungsgleichungen gehorcht, die für nicht zu große Geschwindigkeiten mit den NEWTONschen übereinstimmen. Für große Geschwindigkeiten ergibt sich in Übereinstimmung mit der Erfahrung eine Abhängigkeit der „*elektromagnetischen Masse*" von der Geschwindigkeit. In dieser Theorie erscheinen die materiellen Partikel als Singularitäten des kontinuierlichen, elektromagnetischen Feldes, deren Existenzmöglichkeit allerdings durchaus ungeklärt bleibt.

Den Abschluß und die Gipfelleistung dieser Phase der theoretischen Physik stellt die *Relativitätstheorie* dar, die von dem erkenntnistheoretischen Prinzip ausgeht, daß die physikalischen Erscheinungen von dem zur Beschreibung benützten Koordinatensystem unabhängig sein sollen und die physikalischen Gesetze daher in bezug auf alle Koordinatentransformationen invariant sein müssen. Das nach dieser Theorie ausgebaute System der Feldgleichungen des Kontinuums und der Bewegungsgleichungen der materiellen Partikel gestattet Voraussagen, die mit dem Experiment in vollkommener Übereinstimmung stehen. Es gelingt nachzuweisen, daß Trägheit und Schwere nicht besondere Eigenschaften einer „Materie" sind, sondern allgemeine Eigenschaften von Feldern und in einfacher Beziehung zur Energie dieser Felder stehen. Die auf dieser Basis entwickelte *Gravitationstheorie* bildet mit der Mechanik ein einheitliches Ganzes und läßt sich an der Erfahrung prüfen. Eine Erklärung für die als Materiepartikel zu deutenden Feldsingularitäten kann die Theorie freilich auch nicht erbringen.

Diese, sowie die am Schlusse unter 1. und 2. hervorgehobenen Schwierigkeiten, weiter die Tatsache, daß man auf Grund von neueren experimentellen Erfahrungen genötigt ist, auch dem bisher als Kontinuum angesehenen Strahlungsfeld eine diskontinuierliche Struktur zuzuschreiben (Aufbau aus „*Lichtquanten*"), läßt es hoffnungslos erscheinen, das Ziel, die Diskontinuumtheorie in der Kontinuumtheorie aufgehen zu lassen, auf diesem Wege zu erreichen; aussichtsreicher erscheint der statistische, im folgenden beschriebene Weg.

4. Die statistische Theorie des Kontinuums. Die Atomtheorie behauptet, wie unter 1. auseinandergesetzt wurde, daß sich sämtliche Veränderungen an den materiellen Körpern auf die Bewegung der Atome zurückführen und daher mit den Hilfsmitteln der Diskontinuumtheorie behandeln lassen. Anderseits steht fest, daß einem makroskopischen Beobachter die Materie als Kontinuum erscheint und mit den Hilfsmitteln der Kontinuumtheorie theoretisch behandelt werden kann. Das bedeutet, daß es offenbar möglich sein muß, die der makroskopischen Beobachtung zugänglichen physikalischen Größen auf Grund der Diskontinuumtheorie zu deuten und die Grundgleichungen der Kontinuumtheorie aus denen der Diskontinuumtheorie abzuleiten.

Was zunächst die Definition der makroskopischen Zustandsgrößen der Kontinuumphysik anlangt, ist es klar, daß in sie nicht die auf die individuellen Atome bezüglichen Daten eingehen können, sondern nur Pauschaldaten über eine große Schar von Atomen, da sich ja die individuellen Atome der makroskopischen Beobachtung entziehen. Klar ist ferner, daß die Größen nur dann den Charakter stetiger Veränderlichkeit tragen werden, wenn diese Schar unendlich groß ist. Definiert man z. B. „Dichte" als Anzahl der Atome pro Volumeneinheit mal Masse eines Atoms, so ist sie nur dann eine stetige Funktion des Ortes, wenn in jedem, noch so kleinen Volumenelement unendlich viele Atome enthalten sind. Da diese Forderung sicher nicht erfüllt ist, sind die so vorgenommenen Definitionen der Zustandsgrößen theoretisch genommen unzulässig; daß sie sich doch praktisch weitgehend bewähren, beruht darauf, daß die Anzahl der Atome in den der makroskopischen Messung zugänglichen Bereichen außerordentlich groß ist.

Um nun die Grundgleichungen der Kontinuumtheorie, denen die so definierten Größen gehorchen, aus denen der Diskontinuumtheorie abzuleiten, muß man diese auf die Bewegung von großen Scharen von gleichen Massenpunkten anwenden, indem man versucht, aus ihnen Sätze zu gewinnen, die nichts mehr über die Bewegung der individuellen Massenpunkte enthalten. Daß dies überhaupt möglich ist, ist von vornherein durchaus nicht klar. Eine Fülle der mannigfaltigsten Erfahrungen beweist jedoch, daß für das Schicksal großer Scharen gleichartiger Dinge, sogenannter „*Kollektive*" selbst bei weitgehender Verschiedenheit im Schicksal der Einzelindividuen bestimmte Sätze gelten, die auf die einzelnen Dinge keine Anwendung finden. Wir nennen solche Gesetzmäßigkeiten „*statistische*" und die Wissenschaft, die sich mit ihrer Erforschung abgibt, die *Statistik*. Um daher die Grundgleichungen der Kontinuumtheorie aus denen der Diskontinuumtheorie zu gewinnen, hat man versucht, statistische Methoden in die theoretische Physik einzuführen. Diese Versuche führen zu einem vollen Erfolg. Es gelingt, mit Hilfe der „*statistischen Mechanik*" nicht nur die Sätze der Kontinuummechanik, sondern mit Verwendung der früher erwähnten kinetischen Wärmetheorie auch die Sätze der Wärmelehre aus denen der klassischen Mechanik unter Hinzuziehung bestimmter statistischer Sätze und statistischer Methoden zu gewinnen.

Der Umstand, daß die statistischen Sätze streng nur für Kollektive mit unendlich vielen Bestandteilen gelten, das Verhalten von endlichen Kollektiven jedoch nur ungenau beschreiben und die Möglichkeit des Auftretens beliebig großer Abweichungen des wirklich eintretenden vom vorhergesagten Verlauf offen lassen, bringt es mit sich, daß die mit Hilfe der statistischen Mechanik gewonnenen Sätze, insbesondere die Sätze der Thermodynamik, da ja die Zustandsgrößen nur durch endliche Kollektive von Atomen definiert sind, keine strenge Gültigkeit beanspruchen dürfen. Diese Ungenauigkeit wird zwar, so lange es sich um makroskopische Beobachtungen handelt, praktisch nicht in Erscheinung treten, sich dagegen bei Verwendung feinerer experimenteller Hilfsmittel durch das Auftreten von sogenannten „*Schwankungserscheinungen*" bemerkbar machen. Die experimentelle Entdeckung der Schwankungserscheinungen, z. B. der BROWNschen Bewegung, beweist den diskontinuierlichen Aufbau der Materie und den statistischen Charakter der Kontinuumgesetze.

In ähnlicher Weise kann man durch Übertragung der statistischen Methode auf die Elektronentheorie, indem man die makroskopisch meßbaren, elektrischen und magnetischen Größen in geeigneter Weise durch Daten über Scharen von Elementarteilchen definiert, eine statistische Theorie der elektrischen und magnetischen Erscheinungen begründen und so die phänomenologischen Sätze der Elektrodynamik in materiellen Körpern, die erwähnten MAXWELLschen Gleichungen, und die Gesetze des Kontinuums der Wärmestrahlung aus den Grundgleichungen der Elektronentheorie gewinnen.

5. **Die Quantentheorie.** Die unter 4. ausgeführte statistische Theorie des Kontinuums kann trotz ihrer unleugbaren Erfolge nicht vollkommen befriedigen. Zunächst erscheint es völlig unverständlich, wieso eine Gesamtheit von Teilchen, in der die Bewegung jedes Einzelteilchens nach den Gesetzen der Diskontinuumtheorie vollkommen determiniert ist, Gesetzen ganz anderer Art, nämlich statistischen Gesetzen, gehorchen kann, wobei das Schicksal der Gesamtheit von dem des Einzelteilchens weitgehend unabhängig ist. Ganz abgesehen hievon hat sich jedoch gezeigt, daß eine Reihe von Voraussagen der „klassischen" statistischen Physik mit der Erfahrung im Widerspruche stehen. Dies gilt insbesondere für die Theorie der Wärmestrahlung, von der auch der erste Impuls zur Aufstellung einer neuen, der Quantentheorie ausgegangen ist.

Diese Theorie hat gezeigt, daß sich die erwähnten Unstimmigkeiten beseitigen und alle Erscheinungen, die mit der Bewegung von Elektronen in den Atomen zusammenhängen, insbesondere die Struktur der Spektren, erklären lassen, wenn man annimmt, wie früher bereits angedeutet wurde, daß die Energieänderungen bei diesen Bewegungen nicht kontinuierlich, sondern nur diskontinuierlich in der Form von „Quantensprüngen" erfolgen können. Dies bringt es weiter mit sich, daß eine genaue Festlegung der Bewegung eines Elektrons durch Messung seiner Koordinaten und Geschwindigkeiten in einem bestimmten Zeitpunkte prinzipiell unmöglich wird, da die Vornahme der Messung stets eine endliche und nicht voraussagbare Energieänderung der Elektronenbewegung mit sich bringt. Da es demnach nicht möglich ist, die zur Beschreibung der Bewegung eines Teilchens im Raume notwendigen Messungen wirklich auszuführen, verliert die Aussage, daß sich das Teilchen in der üblichen Bedeutung des Wortes im Raume „bewege", nach unserer Auffassung, zumindest für Bewegungen in atomaren Dimensionen, ihren Sinn.

Diesen grundlegenden Erkenntnissen Rechnung tragend, hat die Quantentheorie der Materie nach mannigfachen Wandlungen schließlich die Gestalt der sogenannten „*Quantenmechanik*" angenommen. Ihre Grundgleichungen haben, ebenso wie die Grundgleichungen der Elektronentheorie die typische Gestalt von Differentialgleichungen der Kontinuumtheorie (vgl. 2.), wie es ja schon in der klassischen HAMILTON-JACOBISchen Theorie der Fall war. Ebenso wie dort gehen auch hier in die Grundgleichungen die auf die materiellen Partikel wirkenden Kräfte ein, die sich aus dem Feld an der Stelle des Partikels berechnen lassen (vgl. 3.). Der wesentliche Unterschied besteht jedoch darin, daß sich aus der Lösung dieser Gleichungen nicht die Bewegung der einzelnen Teilchen berechnen läßt. Die unabhängig Veränderliche (SCHRÖDINGER-Funktion), die sich als Funktion von Ort und Zeit unter gegebenen Anfangs- und Randbedingungen berechnen läßt, gibt nur eine „*Wahrscheinlichkeit*" für die Lage der Teilchen im Raume an, was den Prinzipien der Theorie entspricht, da die Bahn des Einzelteilchens gar nicht definiert ist. Hingegen läßt sich über die Bewegung einer Schar von ähnlichen Teilchen eine bestimmte Aussage machen, die den Charakter vollkommener Sicherheit hat, wenn die Schar unendlich groß ist, und um so ungenauer wird, je weniger Glieder die Schar enthält.

Damit verschwindet auch die am Beginn dieser Ziffer angedeutete Schwierigkeit: Die Statistik wird nicht als fremdes Element in die Theorie hineingetragen, sondern gehört zu ihrem wesentlichen Bestand. Die Tatsache, daß die klassische Diskontinuumtheorie die Bewegung von „Massenpunkten" im makroskopischen Versuch richtig wiedergibt, erklärt sich daraus, daß diese der makroskopischen Beobachtung zugänglichen Gebilde ja in Wirklichkeit bereits eine große Schar von Elementarteilchen enthalten. Im Gebiete der atomaren Dimensionen verliert die klassische Mechanik ihre Gültigkeit.

In neuerer Zeit sind erfolgversprechende Ansätze gemacht worden, nach ähnlichen Prinzipien auch eine „*Quantenelektrodynamik*" aufzubauen, die die Schwierigkeiten zu beseitigen haben wird, die der Elektrodynamik dadurch erwachsen, daß man gleichzeitig ein kontinuierliches elektromagnetisches Feld und diskontinuierliche Lichtquanten zur Erklärung der beobachteten Erscheinungen annehmen muß. Es ist ferner zu hoffen, daß mit Hilfe der quantentheoretischen Prinzipien auch die schwierigen Fragen, die mit der Existenz von Elementarpartikeln der Elektrizität und Materie verbunden sind und oben bereits gestreift wurden, einmal befriedigend beantwortet werden.

Zweites Kapitel.

Mathematische Darstellung physikalischer Größen.

§ 3. Skalare und Vektoren.

1. Skalare. Aus den Entwicklungen von § 1 geht hervor, daß sich jede wohldefinierte, physikalische Größe — zumindest prinzipiell — messen lassen muß. Das Meßresultat besteht aus einer endlichen Menge von Zahlen, deren Angabe die betreffende Größe vollkommen genau festlegt. Die zu dieser vollkommenen

Festlegung nötige Anzahl von Zahlengrößen ergibt einen wichtigen Einteilungsgrund zur Klassifizierung der physikalischen Größen.

Der einfachste Fall liegt dann vor, wenn zur Festlegung einer physikalischen Größe die Angabe einer *einzigen* Zahl genügt. Ein Beispiel hiefür ist die Lage oder Koordinate eines punktförmigen Gegenstandes P, der sich nur auf einer bestimmten Kurve σ im Raume bewegen kann (Abb. 1). Wählt man auf dieser einen festen Punkt O als Ausgangspunkt (Koordinatenursprung), und ordnet jedem P seinen mit Hilfe eines geeigneten Maßstabes auf der Kurve gemessenen Abstand s von O zu, und zwar mit positivem Vorzeichen, wenn P auf der einen Seite, mit negativem Vorzeichen, wenn es auf der anderen Seite von O liegt, dann ist die Lage des Punktes P durch die Angabe von s, das heißt durch eine algebraische Zahl eindeutig festgelegt.

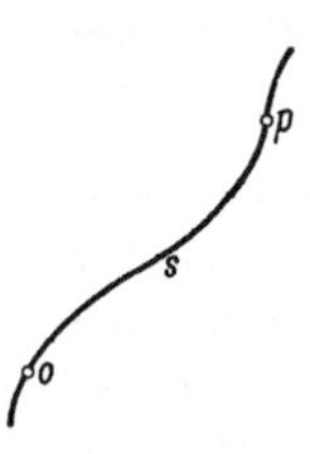

Abb. 1.

Besonders einfach ist die Messung dann, wenn die Kurve σ eine gerade Linie ist, da man dann s durch Anlegen eines starren Maßstabes mit im übrigen willkürlich gewählter Einteilung oder „Skala" bestimmen kann, deren Anfangspunkt man mit O zusammenfallen läßt. Man nennt daher alle physikalischen Größen, die durch die Angabe einer einzigen Zahl eindeutig bestimmt sind, wenn man nur ein für alle Male zu ihrer Messung eine geeignete und im übrigen willkürliche Skala definiert hat, „*skalare Größen*" oder kurz „*Skalare*". Beispiele für skalare physikalische Größen sind: Länge, Zeit, elektrische Ladung, Temperatur, Energie, elektrostatisches und Gravitationspotential, Lichtintensität usw.

Da ein Skalar durch eine algebraische Zahl dargestellt wird, gelten für das Rechnen mit Skalaren die Rechenregeln der gewöhnlichen Algebra. Zu beachten ist nur, daß die Addition oder Subtraktion zweier Skalare physikalisch nur dann einen Sinn hat, wenn sie von der gleichen physikalischen *Dimension* sind. Man kann also z. B. die Summe zweier elektrischer Ladungen durch algebraische Addition ihrer Maßzahlen bilden, nicht aber die Summe einer Masse und einer elektrischen Ladung. Zu beachten ist ferner, daß durch die Bildung des Produktes oder des Quotienten zweier skalarer Größen ein neuer Skalar definiert wird, dessen Dimension von der der Faktoren verschieden ist.

2. Vektoren. Nicht skalare physikalische Größen sind solche, die sich nicht durch die Angabe einer einzigen Zahl festlegen lassen. Das einfachste Beispiel

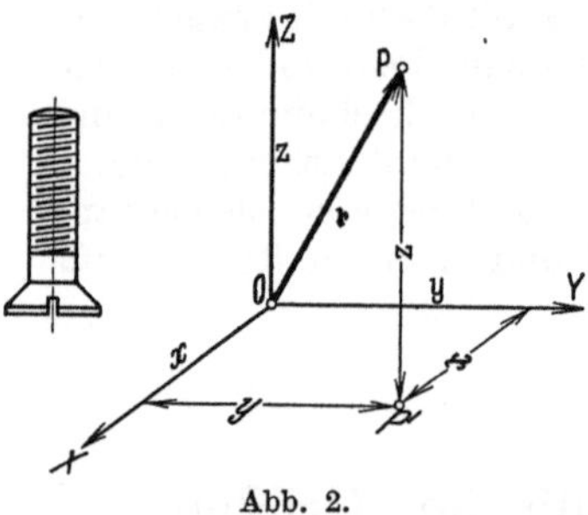

Abb. 2.

hiefür ist wieder die Lage eines punktförmigen Gegenstandes P, der sich im Raume fortbewegen kann (Abb. 2). Die Lage des Punktes P kann bekanntlich durch die Angabe dreier Zahlengrößen, seiner Koordinaten festgelegt werden, die man in geeigneter Weise definiert. Am häufigsten geschieht dies durch Beziehung auf ein festes, rechtwinkeliges, kartesisches Koordinatensystem mit drei Achsen X, Y, Z, auf denen man die Abstände von Punkten vom Koordinatenursprung O mittels fester Skalen messen kann. Als Koordinaten von P bezeichnet man dann die mit Hilfe dieser Skalen gemessenen Längen der Projektionen der Strecke OP auf die Koordinatenachsen. Wenn im folgenden von einem kartesischen Koordinatensystem die Rede ist, so soll darunter stets ein *Rechtssystem* verstanden werden; faßt man die x-y-Ebene eines solchen Systems als Schraubenkopf und die Z-Achse als Schraubenspindel einer gewöhnlichen Holzschraube auf, so kommt beim *Einschrauben* der Schraube nach einer Vierteldrehung die positive X-Achse dorthin, wo vorher die positive Y-Achse war. Wir werden später gelegentlich auch schiefwinklig-geradlinige und krummlinige Koordinatensysteme (z. B. Polarkoordinaten oder Zylinderkoordinaten) verwenden, die mit den rechtwinkligen kartesischen Koordinaten durch die aus der analytischen Geometrie bekannten Transformationsgleichungen verknüpft sind.

Eine durch drei Zahlengrößen charakterisierte physikalische (oder geometrische) Größe nennt man einen gewöhnlichen (oder räumlichen) „*Vektor*". Der Vektor, der die Lage eines Punktes P im Raume festlegt, heißt speziell der „*Radiusvektor*" des Punktes und wird geometrisch durch einen von O nach P gerichteten Pfeil dargestellt, dessen Spitze in P und dessen Ende in O ruht. Wir bezeichnen Vektorgrößen im allgemeinen mit deutschen Buchstaben, Skalare mit lateinischen Buchstaben. Den Radiusvektor nennen wir $\mathfrak{r}$; als „*Komponenten*" von $\mathfrak{r}$ bezeichnen wir seine drei Projektionen auf die Koordinatenachsen; als „*Länge*" oder „*Betrag*" des Vektors bezeichnen wir die Länge der Strecke OP und schreiben dies $|\mathfrak{r}|$ oder r. Die Längen der Komponenten sind offenbar gleich den Koordinaten von P, nämlich x, y, z. Nach dem Pythagoräischen Lehrsatz gilt zwischen r, x, y, z die Beziehung

$$|\mathfrak{r}|^2 = r^2 = x^2 + y^2 + z^2. \tag{1}$$

Einen Vektor von der Länge 1 nennt man einen „*Einheitsvektor*"; seine Komponenten sind gemäß der obigen Definition gleich den Kosinus der Winkel, die er mit den Koordinatenachsen einschließt. Die drei Einheitsvektoren, die die Richtung der Koordinatenachsen haben, die *Fundamentalvektoren*, nennen wir im folgenden stets $\mathfrak{i}, \mathfrak{j}, \mathfrak{k}$.

In der analytischen Geometrie pflegt man als Vektor jede Strecke mit einem Richtungssinn zu bezeichnen. Versteht man auch hier unter seinen Komponenten die Projektionen auf die drei Koordinatenachsen, dann ist durch deren Angabe der Vektor bis auf eine willkürliche Parallelverschiebung im Raume definiert. In der Physik nennen wir einen Vektor jede Größe, deren Messung in der Bestimmung von drei Größen besteht und die dieselben Rechenregeln wie ein geometrischer Vektor befolgt; jeder physikalische Vektor kann daher bildlich durch einen geometrischen, einen Pfeil, dargestellt werden. Beispiele für physikalische Vektorgrößen sind: Geschwindigkeit, Kraft, elektrische Feldstärke, Stromdichte usw.

3. Addition von Vektoren. Für die Addition (oder Subtraktion) von Vektoren der gleichen physikalischen Dimension definieren wir die folgende Regel: Summe bzw. Differenz zweier Vektoren $\mathfrak{a}$ und $\mathfrak{a}'$ ist jener Vektor $\mathfrak{b}$, dessen Komponenten gleich der Summe bzw. Differenz der entsprechenden Komponenten von $\mathfrak{a}$ und $\mathfrak{a}'$ sind. Wir schreiben dies symbolisch in der Form

$$\mathfrak{b} = \mathfrak{a} \pm \mathfrak{a}'. \tag{2}$$

Nach der obigen Definition ist diese *Vektorgleichung* den drei skalaren Gleichungen

$$b_x = a_x \pm a_x', \quad b_y = a_y \pm a_y', \quad b_z = a_z \pm a_z' \tag{3}$$

äquivalent, worin a_x, a_y, a_z die Komponenten von $\mathfrak{a}$, a_x', a_y', a_z' die Komponenten von $\mathfrak{a}'$ und b_x, b_y, b_z die Komponenten von $\mathfrak{b}$ bedeuten.

Aus (2) und (3) folgt unmittelbar, daß für die Addition von Vektoren das kommutative und das assoziative Gesetz ebenso wie für die Addition von Skalaren gilt, was sich durch die folgenden Vektorgleichungen ausdrücken läßt:

$$\mathfrak{a} + \mathfrak{a}' = \mathfrak{a}' + \mathfrak{a} \tag{4}$$

$$\mathfrak{a} + (\mathfrak{a}' + \mathfrak{a}'') = (\mathfrak{a} + \mathfrak{a}') + \mathfrak{a}''. \tag{5}$$

14   Mathematische Darstellung physikalischer Größen.

Unter dem Produkt eines Vektors $\mathfrak{a}$ mit einem Skalar s wollen wir ferner jenen Vektor $\mathfrak{c}$ verstehen, dessen Komponenten aus denen von $\mathfrak{a}$ durch Multiplikation mit s hervorgehen. Wir schreiben dies symbolisch in der Form der Vektorgleichung

$$\mathfrak{c} = s\,\mathfrak{a}, \tag{6}$$

die den folgenden skalaren Gleichungen äquivalent ist:

$$c_x = s\,a_x, \quad c_y = s\,a_y, \quad c_z = s\,a_z. \tag{7}$$

Für die Multiplikation von Vektoren mit Skalaren gilt gemäß ihrer Definition das distributive Gesetz der Multiplikation:

$$s\,(\mathfrak{a} + \mathfrak{a}' + \mathfrak{a}'' + \ldots) = s\,\mathfrak{a} + s\,\mathfrak{a}' + s\,\mathfrak{a}'' + \ldots \tag{8}$$

Geometrisch bedeutet das Gleichungssystem (3), daß man den Summenvektor durch unmittelbares Aneinandersetzen der Projektionen der Summandenvektoren auf den Achsen findet oder daß man zur Konstruktion des Summenvektors durch Parallelverschiebung die beiden Pfeile der Summandenvektoren in einer der aus Abb. 3 ersichtlichen Arten aneinanderzusetzen und den Pfeil vom Anfangspunkt des ersten zum Endpunkt des zweiten Vektors zu ziehen hat. (Geometrische Addition.) Ferner sieht man unmittelbar, daß die Multiplikation eines Vektors mit einem Skalar darin besteht, daß der dargestellte Pfeil ohne Änderung der Richtung im Raume auf das s-fache zu verlängern ist.

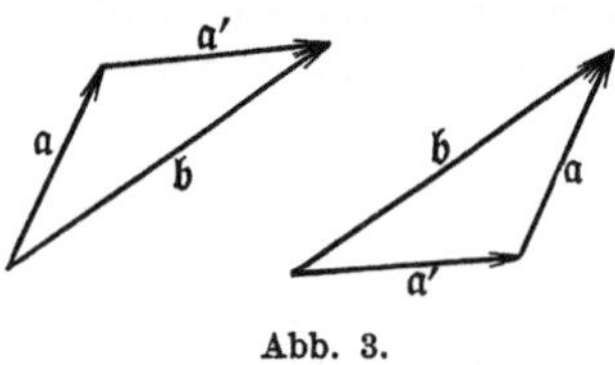

Abb. 3.

Aus den oben gegebenen Definitionen folgt, daß man jeden Vektor durch seine Komponenten und die Einheitsvektoren $\mathfrak{i}$, $\mathfrak{j}$, $\mathfrak{k}$ in der folgenden Form darstellen kann:

$$\mathfrak{a} = \mathfrak{i}\,a_x + \mathfrak{j}\,a_y + \mathfrak{k}\,a_z. \tag{9}$$

Die Gleichung (2) kann man dann ausführlich so schreiben:

$$\mathfrak{b} = (\mathfrak{i}\,a_x + \mathfrak{j}\,a_y + \mathfrak{k}\,a_z) \pm (\mathfrak{i}\,a_x' + \mathfrak{j}\,a_y' + \mathfrak{k}\,a_z') = \mathfrak{i}\,(a_x \pm a_x') + \mathfrak{j}\,(a_y \pm a_y') +$$
$$+ \mathfrak{k}\,(a_z \pm a_z') \tag{10}$$

und die Gleichung (6) in der Form:

$$\mathfrak{c} = s\,(\mathfrak{i}\,a_x + \mathfrak{j}\,a_y + \mathfrak{k}\,a_z) = \mathfrak{i}\,s\,a_x + \mathfrak{j}\,s\,a_y + \mathfrak{k}\,s\,a_z. \tag{11}$$

4. Allgemeine Produkte von Vektoren; Tensoren. Als allgemeines (dyadisches) Produkt zweier Vektoren $\mathfrak{a}$ und $\mathfrak{b}$ definieren wir eine Größe, die wir erhalten, wenn wir die Vektoren in der Komponentendarstellung (9) schreiben und diese Ausdrücke unter der Annahme der Gültigkeit des distributiven Gesetzes miteinander multiplizieren:

$$\mathfrak{a}; \mathfrak{b} = a_x\,b_x \cdot \mathfrak{i}; \mathfrak{i} + a_x\,b_y \cdot \mathfrak{i}; \mathfrak{j} + a_x\,b_z \cdot \mathfrak{i}; \mathfrak{k}$$
$$+ a_y\,b_x \cdot \mathfrak{j}; \mathfrak{i} + a_y\,b_y \cdot \mathfrak{j}; \mathfrak{j} + a_y\,b_z \cdot \mathfrak{j}; \mathfrak{k} \tag{12}$$
$$+ a_z\,b_x \cdot \mathfrak{k}; \mathfrak{i} + a_z\,b_y \cdot \mathfrak{k}; \mathfrak{j} + a_z\,b_z \cdot \mathfrak{k}; \mathfrak{k}.$$

Der Ausdruck (12) enthält als Fundamentalgrößen die 9 Produkte je zweier Einheitsvektoren, über deren Bedeutung man noch durch geeignete Definitionen verfügen kann. Die Faktoren dieser Produkte, 9 an der Zahl, kann man als „Komponenten" von $\mathfrak{a}; \mathfrak{b}$ bezeichnen. Wir nennen eine Größe, die durch die Angabe von im allgemeinen 9 Zahlen festgelegt wird, einen „*Tensor*". Das allgemeine Produkt zweier Vektoren hat also den Charakter eines Tensors.

In der Vektoralgebra sind zwei spezielle Formen des allgemeinen, dyadischen Produktes zweier Vektoren üblich, zu denen man durch die in den folgenden Ziffern angegebenen Definitionen der Produkte der Einheitsvektoren kommt:

5. Inneres (skalares) Produkt. Wir setzen definitionsgemäß fest, daß die Produkte zweier *gleicher* Einheitsvektoren gleich der Zahl 1, die zweier *verschiedener* Einheitsvektoren gleich 0 seien. Daß diese Art von Multiplikation gemeint ist, deuten wir dadurch an, daß wir als Produktsymbol zwischen die Faktoren einen Punkt setzen oder sie einfach hintereinander schreiben. Wir nennen es das „*innere Produkt*", weil nur die Produkte zweier *ineinander* fallender Einheitsvektoren von Null verschieden sind. Für das innere Produkt gilt also

$$\mathfrak{i}\,\mathfrak{i}=\mathfrak{j}\,\mathfrak{j}=\mathfrak{k}\,\mathfrak{k}=1 \qquad \mathfrak{i}\,\mathfrak{j}=\mathfrak{j}\,\mathfrak{i}=\mathfrak{i}\,\mathfrak{k}=\mathfrak{k}\,\mathfrak{i}=\mathfrak{j}\,\mathfrak{k}=\mathfrak{k}\,\mathfrak{j}=0. \tag{13}$$

Mit Benutzung von (13) wird aus (12)

$$\mathfrak{a}\,\mathfrak{b}=a_x\,b_x+a_y\,b_y+a_z\,b_z. \qquad (\text{Sprich: } a \text{ in } b!) \tag{14}$$

Das innere Produkt zweier Vektoren wird also gebildet, indem man die Produkte der entsprechenden Komponenten der beiden Faktoren addiert. Es ist, wie man sieht, eine *skalare* Größe und wird daher auch als „*skalares Produkt*" bezeichnet.

Aus (14) geht unter Bezugnahme auf 3. unmittelbar hervor, daß das innere Produkt das kommutative und das distributive Gesetz befolgt in der Form:

$$\mathfrak{a}\,\mathfrak{b}=\mathfrak{b}\,\mathfrak{a}, \tag{15}$$

$$\mathfrak{a}\,(\mathfrak{b}+\mathfrak{b}'+\mathfrak{b}''+\ldots)=\mathfrak{a}\,\mathfrak{b}+\mathfrak{a}\,\mathfrak{b}'+\mathfrak{a}\,\mathfrak{b}''+\ldots \tag{16}$$

Nennen wir die Winkel, die die beiden Vektoren mit den Koordinatenachsen einschließen, $\alpha_x,\ \alpha_y,\ \alpha_z$, bzw. $\beta_x,\ \beta_y,\ \beta_z$, dann können wir (14) auch schreiben:

$$\mathfrak{a}\,\mathfrak{b}=a\,b\,(\cos\alpha_x\cos\beta_x+\cos\alpha_y\cos\beta_y+\cos\alpha_z\cos\beta_z).$$

Der Klammerausdruck auf der rechten Seite ist, wie die analytische Geometrie lehrt, nichts anderes als der Cosinus des Winkels φ zwischen den positiven Richtungen von $\mathfrak{a}$ und $\mathfrak{b}$, so daß wir erhalten

$$\mathfrak{a}\,\mathfrak{b}=a\,b\cos\varphi. \tag{17}$$

Das innere Produkt zweier Vektoren ist also gleich dem Produkt ihrer Beträge multipliziert mit dem Cosinus des von ihnen eingeschlossenen Winkels. Da $b\,.\cos\varphi$ die Projektion von $\mathfrak{b}$ auf die Richtung von $\mathfrak{a}$ oder die „*Komponente von $\mathfrak{b}$ in der Richtung $\mathfrak{a}$*" ist, kann man den Satz auch so aussprechen: Das innere Produkt zweier Vektoren ist gleich dem Betrag des einen Vektors multipliziert mit der Komponente des anderen Vektors in der Richtung des ersten. Das innere Produkt zweier aufeinander senkrecht stehender Vektoren ist daher stets gleich Null. Die Komponente eines Vektors in irgend einer Richtung erhält man nach (17), wenn man den Vektor mit dem Einheitsvektor in der betreffenden Richtung innerlich multipliziert.

Das innere Produkt eines Vektors $\mathfrak{a}$ mit sich selbst ist gemäß (14) und (17) gleich dem Quadrat seines Absolutbetrages:

$$\mathfrak{a}\,\mathfrak{a}=\mathfrak{a}^2=a_x^2+a_y^2+a_z^2=a^2. \tag{18}$$

6. Äußeres (vektorielles) Produkt. Wir wollen nun definitionsgemäß festsetzen, daß in (12) die Produkte zweier *gleicher* Einheitsvektoren gleich Null, die zweier *verschiedener* Einheitsvektoren gleich Fundamentalgrößen von anderer, nicht vektorieller Art zu setzen seien, die bei einer Vertauschung der Reihenfolge der Faktoren ihr Vorzeichen umkehren sollen. Diese Art der Multiplikation deuten wir dadurch an, daß wir zwischen die Faktoren ein Malzeichen ($\times$) setzen. Wir nennen dieses Produkt das „*äußere Produkt*", da nur die Produkte zweier *auseinander* fallender Einheitsvektoren von Null verschieden sind. Es gelten demnach für das äußere Produkt die folgenden Definitionsgleichungen:

$$\mathfrak{i}\times\mathfrak{i}=\mathfrak{j}\times\mathfrak{j}=\mathfrak{k}\times\mathfrak{k}=0,$$

$$\mathfrak{j}\times\mathfrak{k}=-\mathfrak{k}\times\mathfrak{j}=\mathfrak{i}^*,\quad \mathfrak{k}\times\mathfrak{i}=-\mathfrak{i}\times\mathfrak{k}=\mathfrak{j}^*,\quad \mathfrak{i}\times\mathfrak{j}=-\mathfrak{j}\times\mathfrak{i}=\mathfrak{k}^*. \tag{19}$$

Mit Benutzung von (19) wird aus (12)

$$\mathfrak{a} \times \mathfrak{b} = \mathfrak{i}^* (a_y\,b_z - a_z\,b_y) + \mathfrak{j}^* (a_z\,b_x - a_x\,b_z) + \mathfrak{k}^* (a_x\,b_y - a_y\,b_x) \qquad (20)$$

(Sprich: $\mathfrak{a}$ mal $\mathfrak{b}$) oder in Determinantenform geschrieben

$$\mathfrak{a} \times \mathfrak{b} = \begin{vmatrix} \mathfrak{i}^* & \mathfrak{j}^* & \mathfrak{k}^* \\ a_x & a_y & a_z \\ b_x & b_y & b_z \end{vmatrix}. \qquad (21)$$

Die Faktoren der Fundamentalgrößen $\mathfrak{i}^*$, $\mathfrak{j}^*$, $\mathfrak{k}^*$ nennen wir die „*Komponenten*" des äußeren Produktes. Sie sind nach (21) gleich den zweireihigen Determinanten der Matrix

$$\begin{pmatrix} a_x & a_y & a_z \\ b_x & b_y & b_z \end{pmatrix}.$$

Da das Vorzeichen einer Determinante sich bei Vertauschung zweier Zeilen umkehrt, folgt aus (21) sofort

$$\mathfrak{a} \times \mathfrak{b} = - \mathfrak{b} \times \mathfrak{a}. \qquad (22)$$

Das äußere Produkt befolgt also *nicht* das kommutative Gesetz, es ändert vielmehr bei Veränderung der Reihenfolge der Faktoren sein Vorzeichen. Das distributive Gesetz hingegen ist erfüllt; denn nach (21) ist

$$\mathfrak{a} \times (\mathfrak{b} + \mathfrak{b}' + \mathfrak{b}'' + \ldots) = \begin{vmatrix} \mathfrak{i}^* & \mathfrak{j}^* & \mathfrak{k}^* \\ a_x & a_y & a_z \\ b_x + b_x' + b_x'' + \ldots, & b_y + b_y' + b_y'' \ldots, & b_z + b_z' + b_z'' + \ldots \end{vmatrix} =$$

$$= \begin{vmatrix} \mathfrak{i}^* & \mathfrak{j}^* & \mathfrak{k}^* \\ a_x & a_y & a_z \\ b_x & b_y & b_z \end{vmatrix} + \begin{vmatrix} \mathfrak{i}^* & \mathfrak{j}^* & \mathfrak{k}^* \\ a_x & a_y & a_z \\ b_x' & b_y' & b_z' \end{vmatrix} + \begin{vmatrix} \mathfrak{i}^* & \mathfrak{j}^* & \mathfrak{k}^* \\ a_x & a_y & a_z \\ b_x'' & b_y'' & b_z'' \end{vmatrix} + \ldots =$$

$$= \mathfrak{a} \times \mathfrak{b} + \mathfrak{a} \times \mathfrak{b}' + \mathfrak{a} \times \mathfrak{b}'' + \ldots \qquad (23)$$

Als Absolutbetrag des äußeren Produktes zweier Vektoren wollen wir in Analogie zu der Definition dieser Größe bei einem Vektor die Wurzel aus der Quadratsumme der Komponenten verstehen. Nach (20) ist dies

$$|\mathfrak{a} \times \mathfrak{b}|^2 = (a_y\,b_z - a_z\,b_y)^2 + (a_z\,b_x - a_x\,b_z)^2 + (a_x\,b_y - a_y\,b_x)^2 =$$
$$= (a_x^2 + a_y^2 + a_z^2)(b_x^2 + b_y^2 + b_z^2) - (a_x\,b_x + a_y\,b_y + a_z\,b_z)^2.$$

Mit Benutzung von (14), (17) und (18) wird hieraus

$$|\mathfrak{a} \times \mathfrak{b}| = \sqrt{a^2\,b^2 - (a\,b\,\cos\varphi)^2} = a\,b\,\sin\varphi. \qquad (24)$$

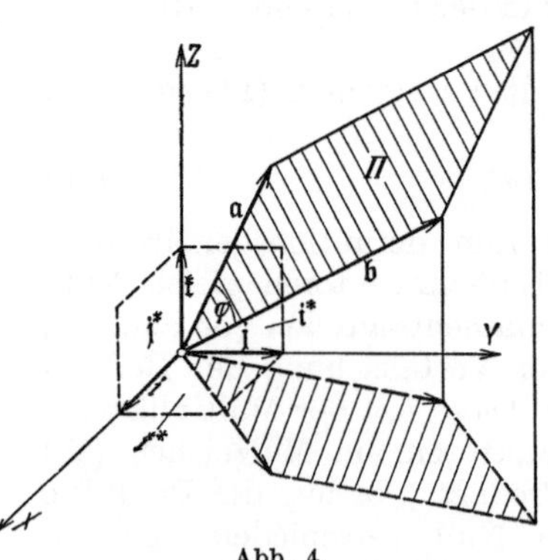

Abb. 4.

Der Betrag des äußeren Produktes zweier Vektoren ist also gleich dem Produkt ihrer Längen mal dem Sinus des eingeschlossenen Winkels. Das äußere Produkt zweier paralleler Vektoren ist daher stets gleich Null.

Das äußere Produkt hat, wie aus seiner Definition hervorgeht, den Charakter eines Tensors und zwar, wie wir später (§ 4, 2.) sehen werden, eines antisymmetrischen Tensors (mit drei Komponenten). Zu seiner geometrischen Veranschaulichung kann man zwei Wege einschlagen. Man kann erstens das äußere Produkt $\mathfrak{a} \times \mathfrak{b}$ als das von den beiden Vektoren im Raume aufgespannte Parallelogramm $\mathit{\Pi}$ deuten (Abb. 4), gedacht als orientiertes Flächenstück mit bestimmten Winkeln gegen die Koordinatenebenen und bestimmtem Flächeninhalt, dessen zwei Seiten nicht miteinander vertauschbar sein sollen (man denke sie

sich z. B. verschiedenfarbig, etwa die obere Seite weiß, die untere Seite schwarz!).
Der Betrag von $\mathfrak{a} \times \mathfrak{b}$ ist dann nach (24) einfach der Flächeninhalt des Flächenstückes, der, wie es (22) verlangt, sein Vorzeichen umkehrt, wenn man $\mathfrak{a}$ mit $\mathfrak{b}$
(oder φ mit $-\varphi$) vertauscht. Die Komponenten von $\mathfrak{a} \times \mathfrak{b}$ sind nach (20) die
Projektionen des Flächenstückes auf die drei Koordinatenebenen. Die Funda-
mentalgrößen $\mathfrak{i}^*$, $\mathfrak{j}^*$, $\mathfrak{k}^*$ sind die von je zweien der Einheitsvektoren $\mathfrak{i}$, $\mathfrak{j}$, $\mathfrak{k}$ aufgespannten und orientiert gedachten Flächenstücke.

Eine andere geometrische Deutung des äußeren Produktes erhält man,
wenn man die Fundamentalgrößen $\mathfrak{i}^*$, $\mathfrak{j}^*$, $\mathfrak{k}^*$ mit den Einheitsvektoren $\mathfrak{i}$, $\mathfrak{j}$, $\mathfrak{k}$
identifiziert, also das äußere Produkt zweier Einheitsvektoren durch jenen Ein-
heitsvektor ersetzt, der sie zu einem orthogonalen Rechtssystem ergänzt. $\mathfrak{a} \times \mathfrak{b}$
wird dann gemäß (20) und (21) gleich dem Vektor

$$\mathfrak{a} \times \mathfrak{b} = \begin{vmatrix} \mathfrak{i} & \mathfrak{j} & \mathfrak{k} \\ a_x & a_y & a_z \\ b_x & b_y & b_z \end{vmatrix} \tag{25}$$

vom Betrage (24). Bildet man nach der Regel (14) das innere Produkt aus $\mathfrak{a}$ und
$\mathfrak{a} \times \mathfrak{b}$, so erhält man

$$\mathfrak{a} \cdot (\mathfrak{a} \times \mathfrak{b}) = \begin{vmatrix} a_x & a_y & a_z \\ a_x & a_y & a_z \\ b_x & b_y & b_z \end{vmatrix} = 0.$$

Ebenso findet man, daß auch $\mathfrak{b} \cdot (\mathfrak{a} \times \mathfrak{b}) = 0$ gelten muß. Der Vektor $\mathfrak{a} \times \mathfrak{b}$ steht
also senkrecht auf $\mathfrak{a}$ und auf $\mathfrak{b}$ und zwar derart, daß $\mathfrak{a}$, $\mathfrak{b}$ und $\mathfrak{a} \times \mathfrak{b}$ in dieser
Reihenfolge ein Rechtssystem bilden. Im Hinblick auf diese geometrische Deu-
tung pflegt man auch das äußere Produkt mitunter als *„Vektorprodukt“* zu
bezeichnen.

7. **Vektoren in Räumen mit beliebiger Dimensionenzahl.** Der unter 2. er-
läuterte Begriff eines gewöhnlichen dreidimensionalen Vektors läßt sich leicht
für beliebige Dimensionenzahlen erweitern. Wir nennen eine physikalische
Größe dann einen n-dimensionalen Vektor, wenn sie durch n Zahlen bestimmt ist,
denen man im n-dimensionalen Raume eine gerichtete Strecke so zuordnen kann,
daß die Längen der Projektionen dieser Strecke auf die Koordinatenachsen gleich
diesen n Zahlen sind. Wir wollen uns die Koordinatenachsen mit den Zahlen
1 bis n numeriert denken und nennen die Komponenten von $\mathfrak{a}$: $a_1, a_2, a_3 \ldots a_n$.
Die fundamentalen Einheitsvektoren nennen wir $\mathfrak{i}_1, \mathfrak{i}_2 \ldots, \mathfrak{i}_n$. Für die Addition
bzw. Subtraktion sollen dann wieder die Rechenregeln von 3. gelten. Zwei Vek-
toren werden addiert, indem man ihre entsprechenden Komponenten addiert.
Der Vektor kann daher in der Form

$$\mathfrak{a} = \mathfrak{i}_1 a_1 + \mathfrak{i}_2 a_2 + \ldots + \mathfrak{i}_n a_n = \sum_{k=1}^{n} \mathfrak{i}_k a_k \tag{26}$$

geschrieben werden und es gilt

$$\mathfrak{a} + \mathfrak{a}' = \sum_{k=1}^{n} \mathfrak{i}_k (a_k + a'_k). \tag{27}$$

Für das innere Produkt gilt in sinngemäßer Verallgemeinerung von (13)

$$\mathfrak{i}_k \mathfrak{i}_k = 1, \qquad \mathfrak{i}_k \mathfrak{i}_l = 0 \ (k \neq l), \qquad (k, l = 1, 2, \ldots, n) \tag{28}$$

und daher

$$\mathfrak{a} \mathfrak{b} = \sum_{k=1}^{n} a_k b_k = a b \cos \varphi. \tag{29}$$

Für das äußere Produkt gilt in Verallgemeinerung von (19)

$$\mathfrak{i}_k \times \mathfrak{i}_k = 0, \qquad \mathfrak{i}_k \times \mathfrak{i}_l = -\mathfrak{i}_l \times \mathfrak{i}_k, \qquad (k, l = 1, 2, \ldots, n) \tag{30}$$

Die Komponenten von $\mathfrak{a} \times \mathfrak{b}$ sind die zweireihigen Determinanten der Matrix

$$\begin{pmatrix} a_1 & a_2 & \ldots & a_n \\ b_1 & b_2 & \ldots & b_n \end{pmatrix},$$

$\binom{n}{2}$ an der Zahl; die Formeln (22) und (24) bleiben offenbar in Geltung. Die geometrische Bedeutung des äußeren Produktes durch das von den Vektoren aufgespannte, orientierte Flächenstück bleibt ebenfalls im n-dimensionalen Raume anwendbar, nicht aber die Deutung durch den ergänzenden Vektor, da nur der dreidimensionale Raum die Eigenschaft hat, daß zu jedem Flächenstück ein Vektor eindeutig zugeordnet werden kann, bzw. nur der dreidimensionale Raum ebensoviele Koordinatenachsen wie Koordinatenebenen besitzt.

8. Einige einfache Vektorformeln. a) Das innere Produkt eines Vektors $\mathfrak{a}$ mit dem äußeren Produkt aus zwei anderen Vektoren $\mathfrak{b}$ und $\mathfrak{c}$ (aufgefaßt als Vektorprodukt) ergibt sich nach (14) und (25) zu

$$\mathfrak{a}\,(\mathfrak{b} \times \mathfrak{c}) = \begin{vmatrix} a_x & a_y & a_z \\ b_x & b_y & b_z \\ c_x & c_y & c_z \end{vmatrix}. \tag{31}$$

Da die Aufeinanderfolge von zwei Zeilenvertauschungen in der Determinante (31) ihren Wert nicht ändert, ergeben sich die Identitäten

$$\mathfrak{a}\,(\mathfrak{b} \times \mathfrak{c}) = \mathfrak{b}\,(\mathfrak{c} \times \mathfrak{a}) = \mathfrak{c}\,(\mathfrak{a} \times \mathfrak{b}). \tag{32}$$

Da der Betrag von $\mathfrak{b} \times \mathfrak{c}$ gleich dem Flächeninhalt des Parallelogrammes zwischen $\mathfrak{b}$ und $\mathfrak{c}$ ist, ist $\mathfrak{a}\,(\mathfrak{b} \times \mathfrak{c})$ nach (17) gleich dem Produkte dieses Flächeninhaltes mit der Projektion von $\mathfrak{a}$ auf die Flächennormale, also gleich dem Volumen des von $\mathfrak{a}$, $\mathfrak{b}$ und $\mathfrak{c}$ aufgespannten Parallelepipedes, mit positivem Vorzeichen, wenn die Vektoren in dieser Reihenfolge ein Rechtssystem bilden.

b) Das äußere Produkt eines Vektors $\mathfrak{a}$ mit dem Vektor $\mathfrak{b} \times \mathfrak{c}$ findet man am besten, indem man hiervon die einzelnen Komponenten berechnet. Nach (20) ist

$$\begin{aligned} [\mathfrak{a} \times (\mathfrak{b} \times \mathfrak{c})]_x &= a_y\,(\mathfrak{b} \times \mathfrak{c})_z - a_z\,(\mathfrak{b} \times \mathfrak{c})_y = a_y\,(b_x c_y - b_y c_x) - a_z\,(b_z c_x - b_x c_z) = \\ &= b_x\,(a_x c_x + a_y c_y + a_z c_z) - c_x\,(a_x b_x + a_y b_y + a_z b_z) = \\ &= b_x\,(\mathfrak{a}\,\mathfrak{c}) - c_x\,(\mathfrak{a}\,\mathfrak{b}). \end{aligned}$$

Analoge Ausdrücke, in denen nur der Index x mit y, resp. z zu vertauschen ist, erhält man für die übrigen Komponenten; daher ist

$$\mathfrak{a} \times (\mathfrak{b} \times \mathfrak{c}) = \mathfrak{b}\,(\mathfrak{a}\,\mathfrak{c}) - \mathfrak{c}\,(\mathfrak{a}\,\mathfrak{b}). \tag{33}$$

c) Mit Benutzung der Formeln (32) und (33) findet man leicht die weitere Identität

$$[(\mathfrak{a} \times \mathfrak{b}) \cdot (\mathfrak{c} \times \mathfrak{b})] = \mathfrak{c} \cdot [\mathfrak{b} \times (\mathfrak{a} \times \mathfrak{b})] = \mathfrak{c} \cdot [\mathfrak{a}\,(\mathfrak{b}\,\mathfrak{b}) - \mathfrak{b}\,(\mathfrak{a} \cdot \mathfrak{b})] =$$
$$= (\mathfrak{a}\,\mathfrak{c})\,(\mathfrak{b}\,\mathfrak{b}) - (\mathfrak{b}\,\mathfrak{c})\,(\mathfrak{a}\,\mathfrak{b}).$$

§ 4. Vektorfunktionen und Tensoren.

1. Skalare- und Vektorfunktionen. Unter einer *skalaren* Funktion versteht man die Zuordnung zweier veränderlicher, skalarer Größen x und y zueinander, derart, daß zu jedem Wert der unabhängig veränderlichen Größe x ein Wert (oder mehrere) der abhängig veränderlichen Größe y gehören. Wir schreiben dies in der symbolischen Form $y = f(x)$ oder $y = y(x)$, indem wir auf der rechten Seite y als Funktionssymbol gebrauchen.

Analog versteht man unter einer „*Vektorfunktion*" eine Zuordnung von zwei veränderlichen Vektorgrößen $\mathfrak{x}$ und $\mathfrak{y}$, derart, daß zu jedem Wert der unabhängig Veränderlichen $\mathfrak{x}$ — das heißt zu jeder Wertekombination der Komponenten $x_1, x_2, x_3, \ldots, x_n$ — ein Wert (oder mehrere) der abhängig Veränderlichen — das heißt eine Wertekombination (oder mehrere) der Komponenten $y_1, y_2, \ldots, y_n$ gehören. Wir schreiben dies symbolisch in der Form der Vektorgleichung

$$\mathfrak{y} = \mathfrak{y}\,(\mathfrak{x}), \tag{1}$$

die mit den n skalaren Gleichungen

$$y_i = y_i\,(x_1, x_2, \ldots x_n) \qquad i = 1, 2, \ldots n \tag{2}$$

identisch ist. Für gewöhnliche dreidimensionale Vektoren ist $n = 3$.

Sind $\mathfrak{x}$ und $\mathfrak{y}$ Radiusvektoren von Punkten im Raume, so definieren die Gleichung (1) bzw. (2) eine Punkttransformation, bei der jedem Punkt mit dem Radiusvektor $\mathfrak{x}$ ein Punkt mit dem Radiusvektor $\mathfrak{y}$ zugeordnet wird.

Die einfachste und in der Physik am häufigsten gebrauchte Vektorfunktion ist die lineare, homogene Vektorfunktion, die dadurch definiert ist, daß die Funktionen y_i lineare, homogene Funktionen der x_i sind, von der Form

$$y_i = \sum_{k=1}^{n} \alpha_{ik}\, x_k, \tag{3}$$

worin die Größen α_{ik} skalare Konstanten sind. Die nicht homogene Funktion geht aus der homogenen hervor, indem man zu $\mathfrak{y}$ einen konstanten Vektor addiert oder das Koordinatensystem parallel zu sich selbst um eine gewisse Strecke verschiebt.

2. Tensoren. Die n^2 Glieder enthaltende Matrix der α_{ik} definiert eine Größe, die man als „*n-dimensionalen Tensor*" bezeichnet. Als Spezialfall eines dreidimensionalen Tensors ist uns in § 3 bereits das dyadische Produkt zweier Vektoren begegnet. Wir wollen Tensoren im folgenden stets mit großen griechischen Buchstaben, den Tensor der α_{ik} mit A bezeichnen. Die α_{ik} nennen wir die „*Komponenten*" des Tensors. Wir nennen den Tensor „*symmetrisch*", wenn die Bedingung $\alpha_{ik} = \alpha_{ki}$ für alle i und k erfüllt ist, wir nennen ihn „*antisymmetrisch*" (oder „schiefsymmetrisch"), wenn die Bedingungen $\alpha_{ik} = -\alpha_{ki}$, $\alpha_{ii} = 0$ für alle i und k gelten. Ein symmetrischer Tensor hat allgemein $\dfrac{n\,(n+1)}{2}$, speziell im dreidimensionalen Raum sechs Komponenten; ein antisymmetrischer Tensor hat allgemein $\dfrac{n\,(n-1)}{2} = \binom{n}{2}$, speziell im dreidimensionalen Raum drei Komponenten.

Man kann die in der k-ten Spalte stehenden Glieder der Matrix α_{ik} als die Komponenten eines Vektors $\mathfrak{a}_k$ auffassen und bezeichnet dann die n Vektoren $\mathfrak{a}_k$ als die „*Vektorkomponenten*" des Tensors A. Mit Benutzung der Größen $\mathfrak{a}_k$ kann man gemäß (3) den Vektor $\mathfrak{y}$ durch die Komponenten von $\mathfrak{x}$ folgendermaßen darstellen:

$$\mathfrak{y} = \sum_{i=1}^{n} y_i\, \mathfrak{i}_i = \sum_{i,\,k} \alpha_{ik}\, \mathfrak{i}_i\, x_k = \sum_{k=1}^{n} \mathfrak{a}_k\, x_k. \tag{4}$$

Die Formel (4) erinnert an die Formel (29) § 3, den Ausdruck für das innere Produkt zweier Vektoren. Es liegt daher nahe, $\mathfrak{y}$ als „Produkt" des Tensors A (mit den Komponenten $\mathfrak{a}_k$) und des Vektors $\mathfrak{x}$ (mit den Komponenten x_k) zu definieren und symbolisch zu schreiben:

$$A\,\mathfrak{x} = \sum_{k} \mathfrak{a}_k\, x_k. \tag{5}$$

Das Produkt eines Tensors mit einem Einheitsvektor nennt man die *Komponente* des Tensors in der Richtung des Einheitsvektors.

Ist A ein dreidimensionaler, antisymmetrischer Tensor, dann können wir setzen

$$\beta_1 = \alpha_{23} = -\alpha_{32}, \quad \beta_2 = \alpha_{31} = -\alpha_{13}, \quad \beta_3 = \alpha_{12} = -\alpha_{21},$$

und erhalten daher nach (3)

$$y_1 = \beta_3\, x_2 - \beta_2\, x_3, \quad y_2 = \beta_1\, x_3 - \beta_3\, x_1, \quad y_3 = \beta_2\, x_1 - \beta_1\, x_2,$$

$\mathfrak{y}$ wird also nach (25) § 3 einfach gleich dem äußeren Produkt der beiden Vektoren $\mathfrak{b}$ (mit den Komponenten: β_1, β_2, β_3) und $\mathfrak{x}$, oder in symbolischer Form geschrieben

$$\mathfrak{y} = A\,\mathfrak{x} = \mathfrak{b} \times \mathfrak{x}. \tag{6}$$

3. Rechenregeln für Tensoren. Setzt sich eine Vektorfunktion $\mathfrak{z}\,(\mathfrak{x})$ aus den linearen und homogenen Funktionen $\mathfrak{y}\,(\mathfrak{x})$, $\mathfrak{y}'\,(\mathfrak{x})$, $\mathfrak{y}''\,(\mathfrak{x})$, ... linear und homogen zusammen in der Form

$$\mathfrak{z}\,(\mathfrak{x}) = s\,\mathfrak{y}\,(\mathfrak{x}) + s'\,\mathfrak{y}'\,(\mathfrak{x}) + s''\,\mathfrak{y}''\,(\mathfrak{x}) + \cdots,$$

worin $s, s', s'', \ldots$ skalare Konstanten sind, dann ist $\mathfrak{z}$ ebenfalls eine lineare, homogene Funktion von $\mathfrak{x}$, deren Matrixelemente β_{ik} sich nach (3) aus den $\alpha_{ik}, \alpha'_{ik}, \alpha''_{ik}, \ldots$ gemäß

$$\beta_{ik} = s\,\alpha_{ik} + s'\,\alpha'_{ik} + s''\,\alpha''_{ik} + \cdots \tag{7}$$

zusammensetzen. In der symbolischen Schreibweise (5) drückt sich dies folgendermaßen aus:

$$B\,\mathfrak{x} = sA\,\mathfrak{x} + s'A'\,\mathfrak{x} + s''A''\,\mathfrak{x} + \cdots = (sA + s'A' + s''A'' + \cdots)\,\mathfrak{x}. \tag{8}$$

In den Formeln (7) und (8) sind die folgenden einfachen Sätze für das Rechnen mit Tensoren enthalten: Tensoren gleicher Dimensionenzahl werden addiert, indem man die entsprechenden Elemente ihrer Matrizen addiert. Ein Tensor wird mit einem Skalar multipliziert, indem man seine Komponenten mit dem Skalar multipliziert. Offensichtlich sind für diese Rechnungsoperationen das kommutative, das assoziative und das distributive Gesetz erfüllt.

Jeder beliebige Tensor A läßt sich stets als Summe aus einem symmetrischen Tensor A' und einem antisymmetrischen Tensor A'' darstellen, wenn man setzt:

$$\alpha'_{ik} = \frac{\alpha_{ik} + \alpha_{ki}}{2}, \qquad \alpha''_{ik} = \frac{\alpha_{ik} - \alpha_{ki}}{2}. \tag{9}$$

In der Tat ist nach (9) $\alpha'_{ik} = \alpha'_{ki}$ und $\alpha''_{ik} = -\alpha''_{ki}$, ferner $\alpha_{ik} = \alpha'_{ik} + \alpha''_{ik}$, demnach gemäß der Additionsregel

$$A = A' + A''.$$

Bildet man die lineare, homogene Vektorfunktion $\mathfrak{y}\,(\mathfrak{x}) = A\,\mathfrak{x}$ und ferner die ebenfalls lineare, homogene Funktion $\mathfrak{z}\,(\mathfrak{y}) = B\,\mathfrak{y}$, dann ist die Funktion $\mathfrak{z}\,(\mathfrak{x})$ ebenfalls eine lineare, homogene Funktion, deren Matrix mit den Komponenten γ_{ik} man leicht berechnen kann, wenn man nach (3) den Ausdruck für die i te Komponente des Vektors $\mathfrak{z}$ sucht. Man findet durch zweimalige Anwendung von (3)

$$z_i = \sum_{r=1}^{n} \beta_{ir}\,y_r = \sum_{r=1}^{n} \beta_{ir} \sum_{k=1}^{n} \alpha_{rk}\,x_k = \sum_{k=1}^{n} \left[\sum_{r=1}^{n} (\beta_{ir}\,\alpha_{rk}) \right] x_k = \sum_{k=1}^{n} \gamma_{ik}\,x_k$$

und daher

$$\gamma_{ik} = \sum_{r=1}^{n} \beta_{ir}\,\alpha_{rk}. \tag{10}$$

In Tensorschreibweise drückt sich die gefundene Beziehung so aus:

$$\Gamma\,\mathfrak{x} = B\,(A\,\mathfrak{x}) = (B\,A)\,\mathfrak{x}. \tag{11}$$

Wir nennen Γ das „*Produkt*" der beiden Tensoren B und A. Nach (10) werden seine Komponenten berechnet, indem man die *Zeilen* des ersten Faktors mit den *Spalten* des zweiten Faktors linear kombiniert. Das Tensorprodukt ist im allgemeinen *nicht* kommutativ, wie ja auch die Reihenfolge zweier linearer Punkttransformationen im allgemeinen nicht vertauschbar ist.

4. Invarianzeigenschaften eines symmetrischen Tensors. Ist $\mathfrak{y} = A\,\mathfrak{x}$ und A ein symmetrischer Tensor, dann erhält man durch Bildung des inneren Produktes $\mathfrak{x}\cdot\mathfrak{y}$ nach (3)

$$\mathfrak{x}\cdot\mathfrak{y} = \sum_{i=1}^{n} x_i\,y_i = \sum_{ik}\alpha_{ik}\,x_i\,x_k = S \qquad (\alpha_{ik}=\alpha_{ki}), \tag{12}$$

also eine quadratische Form in den Variablen $x_1.\ x_2,\ \ldots,\ x_n$, deren Koeffizientenmatrix mit der Matrix von A übereinstimmt. Es ergibt sich demnach ein enger Zusammenhang der Tensoranalysis mit der Theorie der quadratischen Formen, den man ausnützen kann, um verschiedene Sätze über die Transformation von Tensoren auf bekannte Sätze über quadratische Formen zurückzuführen.

In der Theorie der quadratischen Formen wird bewiesen, daß man jede quadratische Form S durch eine geeignete orthogonale Transformation der Koordinaten x_i in $x_i{}^*$ auf die sogenannte „Hauptachsenform"

$$S = \sum_{k}\alpha_k{}^*\,x_k{}^{*2} \tag{13}$$

bringen kann, in der nur die Koeffizienten $\alpha_k{}^*$ der quadratischen Glieder von Null verschieden sind, die Matrix der $\alpha_k{}^*$ sich also auf eine „Diagonalmatrix" reduziert. Die Größen $\alpha_k{}^*$ findet man als die Wurzeln der „Säkulargleichung":

$$\begin{vmatrix} \alpha_{11}-u, & \alpha_{12}, & \alpha_{13}, & \ldots \alpha_{1n} \\ \alpha_{21}, & \alpha_{22}-u, & \alpha_{23} & \ldots \alpha_{2n} \\ \multicolumn{4}{c}{\cdots\cdots\cdots\cdots\cdots\cdots} \\ \alpha_{n1}, & \alpha_{n2}, & \ldots\ldots & \alpha_{nn}-u \end{vmatrix} = 0. \tag{14}$$

Da S gegenüber jeder orthogonalen Transformation der x_i invariant ist, muß die Gleichung (14) wegen der Eindeutigkeit des Hauptachsenproblems beim Übergang von den α_{ik} zu den durch die Transformation entstandenen Größen dieselben Wurzeln liefern; hierzu ist notwendig und hinreichend, daß die Koeffizienten der verschiedenen Potenzen von u in (14) gegenüber jeder orthogonalen Transformation invariant sind.

Auf die Tensoranalysis übertragen lautet dieser Satz so: durch eine orthogonale Transformation der Koordinaten kann jeder symmetrische Tensor auf eine Form gebracht werden, in der nur die Diagonalglieder seiner Matrix von Null verschieden sind. Bei jeder orthogonalen Transformation der Koordinaten müssen ferner gewisse Ausdrücke in den Komponenten invariant bleiben. Speziell für den dreidimensionalen Tensor erhält man diese Ausdrücke, wenn man (14) nach Potenzen von u ordnet:

$$-u^3 + u^2(\alpha_{11}+\alpha_{22}+\alpha_{33}) - u\left(\begin{vmatrix}\alpha_{11} & \alpha_{12}\\ \alpha_{21} & \alpha_{22}\end{vmatrix} + \begin{vmatrix}\alpha_{11} & \alpha_{13}\\ \alpha_{31} & \alpha_{33}\end{vmatrix} + \begin{vmatrix}\alpha_{22} & \alpha_{23}\\ \alpha_{32} & \alpha_{33}\end{vmatrix}\right) + \begin{vmatrix}\alpha_{11} & \alpha_{12} & \alpha_{13}\\ \alpha_{21} & \alpha_{22} & \alpha_{23}\\ \alpha_{31} & \alpha_{32} & \alpha_{33}\end{vmatrix} = 0.$$

Die Koeffizienten in dieser Gleichung sind die gesuchten Invarianten.

Setzt man die rechte Seite des Ausdruckes (12) gleich Null, so erhält man die Gleichung eines Ellipsoides, das man als geometrisches Abbild des Tensors A ansehen kann. Die Achsen dieses „*Tensorellipsoides*" sind gleich den Komponenten $\alpha_k{}^*$ des Tensors in der Hauptachsenform.

§ 5. Der Wertevorrat skalarer physikalischer Größen.

1. Größen mit kontinuierlich unendlich großem Wertevorrat (kontinuierlich veränderliche Größen). Wie wir unter § 3, 1. ausgeführt haben, ist das Resultat der Messung einer skalaren physikalischen Größe die Angabe einer Zahl, die die betreffende Größe kennzeichnet. Dabei ist angenommen, daß sich die Genauigkeit der Meßmethode prinzipiell beliebig weit steigern läßt, so daß das Meßresultat im Grenzfalle unendlich genauer Messung wirklich eine exakt bestimmte Zahl ist.

Macht man mehrere Messungen derselben Größe nacheinander, so ergibt sich als Meßresultat entweder derselbe Zahlenwert oder jedesmal ein anderer Wert. Im ersten Falle ist die Größe zeitlich konstant, im zweiten, dem allgemeineren Falle, zeitlich veränderlich. Macht man mit jeder Messung der betreffenden physikalischen Größe a gleichzeitig eine Messung der Zeit t durch Ablesung der Zeigerstellung einer Uhr, so erhält man eine Reihe zusammengehöriger Werte von a und t. Vermehrt man nun die Menge der so ermittelten Wertepaare a, t indem man zwischen je zwei Beobachtungen immer wieder neue Beobachtungen zwischenschaltet, dann kann es geschehen, daß sich dieser Prozeß (wenigstens im Gedankenexperiment) kontinuierlich unendlich oft vervielfachen läßt. In diesem Falle hat die Größe a einen kontinuierlich unendlich großen Wertevorrat, dessen einzelne Werte sie im Laufe der Zeit in gesetzmäßiger Weise annimmt. Mathematisch ausgedrückt heißt das, daß a eine kontinuierliche Funktion der Zeit a (t) ist; wir nennen sie dann eine kontinuierlich veränderliche Größe. Die klassische Physik operierte ausschließlich mit solchen kontinuierlich veränderlichen Größen.

Nehmen wir an, daß alle physikalischen Größen kontinuierlich veränderlich seien, dann lassen sich die physikalischen Gesetze durch Gleichungen zwischen den verschiedenen physikalischen Größen a, b, c ausdrücken, die im allgemeinen die Zeit t explizite enthalten:

$$f(a, b, c, \ldots ; t) = 0. \tag{1}$$

Ein physikalisches Problem ist mathematisch lösbar, wenn so viele Gleichungen von der Form (1) gegeben sind, als in das Problem Größen $a, b, c \ldots$ eingehen. Man kann dann aus diesen Gleichungen durch Auflösung die Größen $a, b, c \ldots$ als Funktionen der Zeit ermitteln.

Haben die Gleichungen, wie es im allgemeinen der Fall ist, die Form von Differentialgleichungen, enthalten sie also außer den Größen $a, b, c \ldots$ noch ihre Ableitungen nach der Zeit, so müssen zur vollständigen Bestimmung der Funktionen a (t), b (t), c $(t) \ldots$ noch die sogenannten *„Anfangsbedingungen"*, d. h. die Werte von $a, b, c \ldots$ und ihrer Ableitungen nach der Zeit bis zu einer bestimmten Ordnung zu einer Zeit $t = 0$ gegeben sein. Ist demnach der „Anfangszustand" eines abgeschlossenen physikalischen Systems gegeben, so kann man seinen „Zustand" zu einer beliebigen späteren Zeit, d. h. die Werte der das System bestimmenden Größen $a, b, c, \ldots$ als Funktionen der Zeit vorausberechnen.

Das klassische Beispiel für ein Problem der oben beschriebenen Art ist die mathematische Behandlung der Bewegung eines abgeschlossenen Systems von Massenpunkten. Die klassischen Grundgleichungen der Mechanik haben die Form von Differentialgleichungen der Gestalt (1) zwischen den Komponenten der Kräfte auf die einzelnen Massenpunkte, den Koordinaten dieser Massenpunkte und der Zeit. Ihre Lösung besteht darin, unter gegebenen Anfangsbedingungen, nämlich Anfangslage und Anfangsgeschwindigkeit der einzelnen Massenpunkte, die Koordinaten und Kraftkomponenten als Funktionen der Zeit für jeden beliebigen späteren Zeitpunkt zu berechnen.

2. Größen mit abzählbar unendlich großem oder endlichem Wertevorrat. Diskontinuierlich veränderliche Größen. Die neue Physik hat erkannt, daß es außer den kontinuierlich veränderlichen Größen noch Größen anderer Art gibt, die keinen kontinuierlich unendlich großen Wertevorrat besitzen, sondern nur einen abzählbar unendlich großen oder einen endlichen Wertevorrat, die also nur bestimmter, diskreter Werte $a_1, a_2, a_3 \ldots$ fähig sind, die sich durch ganzzahlige Indizes numerieren lassen. Beispiele für solche Größen sind u. a. die Energie eines Atomes oder die Wellenlängen der Spektrallinien eines Emissionsspektrums, Größen, die nur eine diskrete Menge von Werten annehmen können, die sich durch ganzzahlige Indizes numerieren lassen. Aus dieser Tatsache folgt, daß diese Größen sich mit der Zeit nicht kontinuierlich ändern können, sondern nur diskontinuierlich in der Form von „Sprüngen" zwischen je zwei Werten ihres Wertevorrates. Wir können sie daher als *„diskontinuierlich veränderliche"* Größen bezeichnen.

Es hat sich ferner gezeigt, daß sich die Werte von Größen a der oben gekennzeichneten Art zwar durch immer weiter gehende Verfeinerung der Meßmethoden prinzipiell beliebig genau messen lassen, daß jedoch eine *gleichzeitige* Messung der Größe a *und* der Zeit t mit völliger Exaktheit nicht möglich ist. Die vollkommen exakte Messung von a schließt die Messung von t überhaupt aus und umgekehrt (HEISENBERGsche Unschärferelation). Wir sind daher zwar in der Lage, die einzelnen Werte des Wertevorrates der Größe a mit beliebiger Genauigkeit zu ermitteln, keineswegs jedoch das Gesetz der zeitlichen Aufeinanderfolge dieser Werte. Diese bleibt, wenn man sich so ausdrücken will, dem „Zufall" überlassen; genauer gesagt: sie ist für uns nicht durch Messung erfaßbar und daher ohne physikalische Bedeutung. Eine solche Größe a ist also durch die Angabe ihres Wertevorrates $a_1, a_2, a_3 \ldots$ bereits vollkommen bestimmt.

In manchen Fällen lassen sich die Einzelwerte des Wertevorrates von a, z. B. nach ihrer Größe, in eine einfache Reihe ordnen. Die einzelnen Glieder dieser Reihe können dann durch *einen* Index charakterisiert werden, der mit der Nummer des Gliedes in der Reihe identisch ist. So kann man z. B. die sogenannten „ausgezeichneten" Werte der Energie E eines Wasserstoffatoms in einer unendlichen Zahlenfolge von der Form

$$E_1, E_2, E_3, \ldots E_n \ldots \to E_\infty \tag{2}$$

anordnen, in der überall $E_k > E_{k-1}$ ist; E_∞ ist dann ein Häufungswert der Folge (Die „Ionisationsenergie").

In manchen Fällen entspricht eine solche Anordnung der Werte von a nicht den physikalischen Verhältnissen, vielmehr eine Anordnung, bei der jeder Einzelwert von a durch *zwei* Indizes festgelegt wird. So z. B. kann man die Frequenzen der Spektrallinien im Wasserstoffspektrum in ein durch zwei Indizes charakterisiertes unendliches Zahlenschema

$$\begin{pmatrix} \nu_{11} & \nu_{12} & \nu_{13} \cdots \\ \nu_{21} & \nu_{22} & \nu_{23} \cdots \\ \cdots \cdots \cdots \cdots \end{pmatrix} \tag{3}$$

mit dem allgemeinen Glied ν_{mn} bringen, worin die Indizes m und n alle ganzzahligen Werte zwischen 1 und Unendlich annehmen können. Das Schema (3) heißt eine *„unendliche Matrix"*.

Die Zahlenfolge (2) kann man auch als Spezialfall einer Matrix (3) auffassen, einer solchen nämlich, in der alle Glieder mit Ausnahme der „Diagonalglieder" $m = n$ verschwinden. Die Größen ν_{nn} bilden dann eine einfache Zahlenfolge. Eine unendliche Matrix, bei der alle Glieder mit Ausnahme der Diagonalglieder verschwinden, heißt eine „*Diagonalmatrix*". An Stelle von (2) können wir daher auch die folgende Diagonalmatrix setzen:

$$\begin{pmatrix} E_1 & 0 & 0 & 0 & \ldots \\ 0 & E_2 & 0 & 0 & \ldots \\ 0 & 0 & E_3 & 0 & \ldots \\ \cdot & \cdot & \cdot & \cdot & \cdot \end{pmatrix} \tag{4}$$

Sind zwei oder mehrere physikalische Größen der oben beschriebenen Arten miteinander verknüpft, sind sie also „Funktionen" von einander, so heißt das, daß zwischen ihren einzelnen Elementen $a_1, a_2, a_3, \ldots$; $b_1, b_2, b_3, \ldots$; $c_1, c_2, c_3, \ldots$ bestimmte Gleichungen bestehen. Die physikalischen Gesetze bestehen demnach in Gleichungssystemen von der Form

$$f(a_1, a_2\, a_3, \ldots\,; \, b_1, b_2, b_3, \ldots\,; \, c_1, c_2, c_3, \ldots) = 0. \tag{5}$$

Die mathematische Lösung eines physikalischen Problems besteht dann in der Auflösung der Gleichungssysteme (5), also in der Berechnung der Größen $a_k, b_k, c_k, \ldots$

3. Rechengesetze für Matrizen. Es zeigt sich, daß man mit diskontinuierlich veränderlichen Größen, deren Wertevorrat sich durch Matrizen nach Art von (3) darstellen läßt, genau so symbolisch rechnen kann, wie mit kontinuierlichen Funktionen der Zeit mit unendlich großem Wertevorrat, wenn man die aus der Theorie der linearen Gleichungen bekannten Rechengesetze für endliche Matrizen auf die unendlichen Matrizen überträgt. Da wir dieselben Regeln auch schon bei dem Rechnen mit Tensoren kennen gelernt haben, können wir uns hier kurz fassen. Wir bezeichnen im folgenden eine Matrix stets durch einen *fettgedruckten* lateinischen Buchstaben.

Für die Addition bzw. Subtraktion gilt der Satz: Zwei Matrizen werden addiert oder subtrahiert, indem man ihre entsprechenden Elemente addiert bzw. subtrahiert; in Formeln:

$$a + a' = b, \tag{6}$$

was mit dem Gleichungssystem

$$a_{ik} \pm a'_{ik} = b_{ik} \qquad i,\, k = 1,\, 2,\, 3,\, \ldots \tag{7}$$

identisch ist. Aus (6) und (7) folgt, daß für die Addition von Matrizen das kommutative und assoziative Gesetz gilt:

$$a + a' = a' + a \tag{8}$$

$$a + (a' + a'') = (a + a') + a''. \tag{9}$$

Eine Matrix wird mit einer „Konstanten", d. h. einer einfachen Zahl multipliziert, indem man jedes Element der Matrix mit der Zahl multipliziert;

$$c = s \cdot a \tag{10}$$

ist also gleichbedeutend mit dem Gleichungssystem

$$c_{ik} = s \cdot a_{ik} \qquad i,\, k = 1, 2, 3, \ldots \tag{11}$$

Für diese Multiplikation gilt das distributive Gesetz

$$s\,(a + a' + a'' + . \,—) = s\,a + s\,a' + s\,a'' + \ldots \tag{12}$$

Unter dem Produkt zweier Matrizen

$$c = b \cdot a \tag{13}$$

versteht man jene Matrix, deren Elemente aus denen von a und b durch die der Formel (10) des § 4 entsprechende Operation der Kombination von Zeilen und Spalten hervorgeht:

$$c_{ik} = \sum_{r=1}^{\infty} b_{ir}\, a_{rk}. \tag{14}$$

Die symbolische Gleichung (13) ist also mit dem Gleichungssystem (14) für alle $i, k = 1, 2, 3, \ldots$ identisch. Die Multiplikation zweier Matrizen erfüllt, wie man sieht, zwar das distributive und assoziative, nicht aber das kommutative Gesetz, die Produkte

$$a \cdot b \text{ und } b \cdot a$$

sind im allgemeinen voneinander *verschieden*. Ist $a \cdot b = b \cdot a$, dann nennt man a und b „*vertauschbar*".

Unter einer Potenz a^n versteht man das nach der Rechenregel (14) $(n\text{-}1)$-mal nacheinander gebildete Produkt von a mit sich selbst.

Als „*Einheitsmatrix*" bezeichnet man die Matrix

$$1 = \begin{pmatrix} 1 & 0 & 0 & 0 \ldots \\ 0 & 1 & 0 & 0 \ldots \\ 0 & 0 & 1 & 0 \ldots \\ \ldots\ldots\ldots \end{pmatrix}. \tag{15}$$

Aus der Regel (14) folgt unmittelbar, daß das Produkt einer beliebigen Matrix a mit der Einheitsmatrix unabhängig von der Reihenfolge der Faktoren gleich a ist, also die Identität gilt

$$a \cdot 1 = 1 \cdot a = a. \tag{16}$$

Unter dem Reziprokwert a^{-1} einer Matrix a versteht man jene Matrix, die mit a multipliziert 1 ergibt, also in Formeln ausgedrückt

$$a \cdot a^{-1} = 1. \tag{17}$$

Multipliziert man die Gleichung (17) auf beiden Seiten vorne mit a^{-1}, so folgt wegen der Gültigkeit des assoziativen Gesetzes und wegen (16)

$$a^{-1} (a \cdot a^{-1}) = (a^{-1} \cdot a) \cdot a^{-1} = a^{-1}.$$

Die Multiplikation von a^{-1} mit $(a^{-1} \cdot a)$ führt also zur Identität oder der Ausdruck $(a^{-1} \cdot a)$ ist gemäß (16) gleich der Einheitsmatrix. Es gilt demnach in Ergänzung zu (17)

$$a^{-1} \cdot a = 1. \tag{18}$$

Aus den oben definierten Grundoperationen für das Rechnen mit Matrizen kann man nun durch eine endliche Anzahl von Kombinationen jede algebraische Funktionsbeziehung zwischen gewöhnlichen skalaren Größen in eine solche zwischen Matrizen übertragen, und durch eine unendliche Anzahl von Kombinationen auch jede analytische transzendente Funktionsbeziehung. Die physikalischen Gesetze zwischen Größen, die sich durch Matrizen ausdrücken lassen, haben dann in Analogie zu (1) die Form von Gleichungen der folgenden Gestalt:

$$f(a, b, c, \ldots) = 0, \tag{19}$$

worin nun aber $a, b, c \ldots$ Matrizen sind. Ein wesentlicher Unterschied zwischen den Gleichungen (1) und (19) liegt allerdings in der Nichtkommutierbarkeit des Produktes zweier Matrizen, die, wie wir später sehen werden, auch einen tiefgreifenden physikalischen Unterschied bedeutet.

Erwähnt möge noch werden, daß sich auch die Differentiation von Matrixfunktionen in geeigneter Weise definieren läßt, wenn man die Formeln für die Differentiation eines Produktes auf Matrizen überträgt.

Drittes Kapitel.
Theorie der Felder.

§ 6. Skalarfelder und Vektorfelder.

1. Definitionen und hydrodynamisches Modell. Unter einem „*Skalarfeld*" verstehen wir die Zuordnung einer skalaren Größe φ zu den Punkten des Raumes, derart, daß diese Größe in jedem Punkte mit dem Radiusvektor $\mathfrak{r}$ und den Koordinaten x, y, z einen bestimmten Wert hat. Analytisch ist demnach ein Skalarfeld durch die Angabe einer Funktion $\varphi\,(\mathfrak{r})$ oder $\varphi\,(x, y, z)$ bestimmt. Das Feld kann entweder zeitlich unveränderlich oder zeitlich veränderlich sein; im zweiten Fall enthält die Funktion φ noch die Zeit explizite. Physikalische Beispiele für Skalarfelder sind: Dichte, Temperatur und Druckverteilung in der Atmosphäre.

Unter einem „*Vektorfeld*" versteht man die Zuordnung einer Vektorgröße $\mathfrak{v}$ zu den Punkten des Raumes, derart, daß $\mathfrak{v}$, bzw. seine Komponenten v_x, v_y, v_z in einem Punkte mit dem Radiusvektor $\mathfrak{r}$ bestimmte Werte haben. Analytisch ist also ein Vektorfeld durch die Angabe der Vektorfunktion $\mathfrak{v}\,(\mathfrak{r})$ oder $\mathfrak{v}\,(x, y, z)$ bestimmt. Ist speziell $\mathfrak{v}$ von $\mathfrak{r}$ unabhängig, dann heißt das Vektorfeld „*homogen*". Auch ein Vektorfeld kann zeitlich konstant oder veränderlich sein. Im letzteren Falle enthält die Funktion $\mathfrak{v}$ die Zeit explizite. Unter der Ableitung des Feldvektors nach den Koordinaten bzw. nach der Zeit wollen wir stets einen Vektor verstehen, dessen Komponenten gleich den Ableitungen der Komponenten des Feldvektors nach den Koordinaten, bzw. der Zeit sind.

Die wichtigsten physikalischen Vektorfelder sind die „*Strömungsfelder*" und die „*Kraftfelder*". Ein Strömungsfeld kann durch die Strömung einer den Raum kontinuierlich erfüllenden Flüssigkeit dargestellt werden, indem man als *Strömungsvektor* in einem Punkte des Raumes jenen Vektor definiert, dessen Richtung mit der Richtung der Strömung in diesem Punkte übereinstimmt und dessen Betrag gleich jenem Flüssigkeitsvolumen ist, das durch eine senkrecht zur Strömungsrichtung gelegte Fläche vom Flächeninhalt Eins in der Zeiteinheit hindurchströmt. Unter den „*Strömungslinien*" eines Strömungsfeldes versteht man jene Kurven, deren Tangenten in jedem ihrer Punkte die Richtung des Strömungsvektors in diesem Punkte haben. Wir werden im folgenden zur leichteren Veranschaulichung der allgemeinen Sätze über Vektorfelder oft von ihrer Darstellung durch Strömungsfelder Gebrauch machen.

Unter einem Kraftfeld versteht man ein Vektorfeld, dessen Feldvektor den Charakter einer Kraft hat. Das Analogon der Strömungslinien sind in diesem Falle die „*Kraftlinien*". Beispiele für Kraftfelder sind das Schwerefeld, das elektrische und das magnetische Kraftfeld.

2. Das wirbelfreie Feld. Unter einem wirbelfreien Feld versteht man ein Vektorfeld $\mathfrak{v}\,(x, y, z)$, dessen Komponenten sich aus einem skalaren Feld $\varphi\,(x, y, z)$ durch Differentiation nach den Koordinaten gewinnen lassen:

$$v_x = -\frac{\partial \varphi}{\partial x}, \qquad v_y = -\frac{\partial \varphi}{\partial y}, \qquad v_z = -\frac{\partial \varphi}{\partial z}. \tag{1}$$

Die Größe φ nennen wir ein *skalares* „*Potential*" und den Vektor $\mathfrak{v}$, dessen Komponenten die partiellen Ableitungen eines skalaren Potentiales nach den Koordinaten sind, bezeichnen wir als den „*Gradienten*" dieses Potentiales. Symbolisch schreiben wir ihn: $\operatorname{grad}\varphi$ (ausgesprochen: Gradient φ). Es gilt daher

$$\operatorname{grad}\varphi = \mathfrak{i}\,\frac{\partial \varphi}{\partial x} + \mathfrak{j}\,\frac{\partial \varphi}{\partial y} + \mathfrak{k}\,\frac{\partial \varphi}{\partial z} \tag{2}$$

und die Gleichungen (1) lauten in Vektorform geschrieben:

$$\mathfrak{v} = -\operatorname{grad}\varphi. \tag{3}$$

Führt man den symbolischen Vektor ∇ (sprich: „Nabla") durch die Definition

$$\nabla = \mathfrak{i}\,\frac{\partial}{\partial x} + \mathfrak{j}\,\frac{\partial}{\partial y} + \mathfrak{k}\,\frac{\partial}{\partial z} \tag{4}$$

ein, so kann man die rechte Seite von (2) als Produkt des Vektors ∇ mit dem Skalar φ auffassen und daher $\nabla\varphi$ an Stelle von grad φ schreiben. Mit Benutzung dieser symbolischen Schreibweise wird aus (3)

$$\mathfrak{v} = -\nabla\varphi. \tag{5}$$

Hängt φ außer von den Koordinaten des Aufpunktes x, y, z noch von den Koordinaten eines zweiten Punktes ξ, η, ζ derart ab, daß $\varphi = \varphi\,(x-\xi, y-\eta, z-\zeta)$ ist, dann kann die Operation ∇ durch Differentiation nach x, y, z gemäß (4) oder auch durch Differentiation nach ξ, η, ζ definiert werden, in welchem Falle wir sie mit ∇' bezeichnen wollen. Wegen

$$\frac{\partial\varphi}{\partial x} = -\frac{\partial\varphi}{\partial\xi}, \quad \frac{\partial\varphi}{\partial y} = -\frac{\partial\varphi}{\partial\eta}, \quad \frac{\partial\varphi}{\partial z} = -\frac{\partial\varphi}{\partial\zeta}$$

gilt in diesem Falle die Indentität

$$\nabla'\varphi = -\nabla\varphi. \tag{6}$$

Der geometrische Ort der Punkte gleichen Potentials heißt eine „*Äquipotential*"- oder „*Niveaufläche*". Die Schar der Äquipotentialflächen ist durch die Gleichung

$$\varphi = \text{const}$$

gegeben. Da die Richtungscosinus der Normalen auf eine Fläche dieser Schar den Größen $\dfrac{\partial\varphi}{\partial x}$, $\dfrac{\partial\varphi}{\partial y}$, $\dfrac{\partial\varphi}{\partial z}$ proportional sind, steht der Vektor grad φ in jedem Punkte auf der durch diesen Punkt hindurchgehenden Niveaufläche senkrecht. Nach (3) bilden daher die Strömungslinien die orthogonalen Trajektorien zu der Schar der Äquipotentialflächen.

Wir denken uns nun eine Kurve im Raume konstruiert (Abb. 5), auf der die Entfernung eines Punktes P vom Ausgangspunkte O durch die Bogenlänge s gemessen werde. s ist dann eine gegebene Funktion von x, y, z. Das Bogenelement nennen

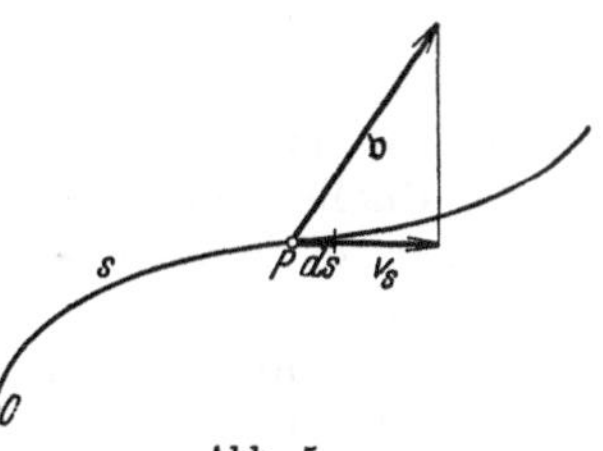

Abb. 5.

wir ds, seine Projektionen auf die Achsen dx, dy, dz. Unter der Komponente v_s von $\mathfrak{v}$ in der Richtung s in irgend einem Punkte P der Kurve verstehen wir die Projektion von $\mathfrak{v}$ auf die Richtung der Tangente der Kurve in P, also nach § 3, 5. das innere Produkt von $\mathfrak{v}$ mit dem Einheitsvektor in der Richtung der Tangente. Seine Komponenten sind offenbar $\dfrac{dx}{ds}$, $\dfrac{dy}{ds}$, $\dfrac{dz}{ds}$, da diese Größen den Projektionen von ds auf die Achsen proportional sind und die Quadratsumme Eins haben. Es ist daher nach (1) und (14) § 3

$$-v_s = (\text{grad}\,\varphi)_s = \frac{\partial\varphi}{\partial x}\,\frac{dx}{ds} + \frac{\partial\varphi}{\partial y}\,\frac{dy}{ds} + \frac{\partial\varphi}{\partial z}\,\frac{dz}{ds} = \frac{d\varphi}{ds}. \tag{7}$$

Die Komponente von grad φ in der Richtung s erhält man also einfach, indem man die Ableitung von φ nach s bildet.

Verbindet man zwei Punkte P_1 und P_2 durch eine beliebige Kurve σ und erstreckt längs dieser das Linienintegral

$$\int_1^2 v_s\,ds,$$

so erhält man nach (7)

$$\int\limits_1^2 v_s\, ds = -\int\limits_1^2 \frac{d\varphi}{ds}\, ds = \varphi_1 - \varphi_2. \tag{8}$$

Der Wert des Integrals ist also gleich der Differenz der Potentialwerte im Anfangs- und im Endpunkt und daher von der speziellen Wahl der Kurve σ unab-

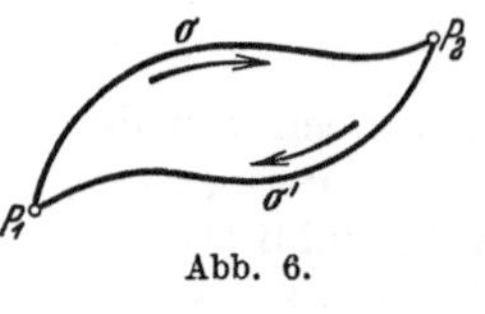

Abb. 6.

hängig. Verbindet man P_1 und P_2 durch eine zweite Kurve σ', so ist der Wert des längs σ' erstreckten Linienintegrals ebenfalls gleich dem Ausdruck (8). Bildet man schließlich das Linienintegral auf dem geschlossenen, durch die Pfeile in Abb. 6 angedeuteten Wege, also längs σ von P_1 nach P_2 und längs σ' von P_2 nach P_1, so ist sein Wert gemäß (8) gleich Null; wir schreiben dies:

$$\oint v_s\, ds = 0. \tag{9}$$

Die Sätze (8) und (9), die ausdrücken, daß das Linienintegral der Tangentialkomponente des Feldvektors zwischen zwei Punkten *vom Wege unabhängig* und nur von der Lage der Endpunkte abhängig ist und daß das Linienintegral über jeden *geschlossenen Weg verschwindet*, charakterisieren ein „*wirbelfreies Feld*". Die Bezeichnung ist im Hinblick auf das Gesetz (9) gewählt, das man auch so ausdrücken kann, daß in einem solchen Felde keine geschlossenen Stromlinien existieren können; in der Tat hat längs einer Stromlinie der Integrand von (9) immer dasselbe Vorzeichen, das Integral könnte also nicht verschwinden, wenn es längs einer Stromlinie erstreckt würde. Geschlossene Stromlinien aber würden ein Kreisen oder Wirbeln der Flüssigkeit bedeuten, deren Strömung durch $\mathfrak{v}$ dargestellt wird. Nach den Entwicklungen dieser Ziffer ist jedes aus einem Potentialfeld gemäß (3) abgeleitete Vektorfeld wirbelfrei und umgekehrt.

3. Quellen und Senken. Ergiebigkeit von Quellen. Wir sahen oben, daß in einem wirbelfreien Feld keine geschlossenen Stromlinien existieren. Jede Stromlinie muß daher einen Anfang und ein Ende haben. Den Anfang einer Stromlinie, den Punkt also, wo sie „entspringt", nennen wir eine „*Quelle*" des Vektorfeldes, ihren Endpunkt, oder jenen Punkt, wo sie „versiegt", eine „*Senke*". In einem Quellpunkt tritt sozusagen „aus der vierten Dimension" Flüssigkeit zutage, die, nachdem sie eine Zeitlang längs einer Stromlinie gelaufen ist, in einer Senke wieder in die vierte Dimension verschwindet.

Unter der „*Ergiebigkeit*" einer Quelle versteht man jene Flüssigkeitsmenge, die in der Zeiteinheit von der Quelle geliefert wird. Der Einfachheit des Ausdrucks halber wollen wir im folgenden Quellen und Senken gemeinsam mit dem Ausdruck „Quellen" bezeichnen und darunter Quellen im eigentlichen Sinne verstehen, wenn ihre Ergiebigkeiten positiv sind, und Senken, wenn sie negativ sind.

Die Quellen können entweder als einzelne Quellpunkte diskontinuierlich über das Feld verteilt sein oder das ganze Feld (bzw. einzelne, endliche Gebietsteile desselben) kontinuierlich erfüllen. Im ersten Fall muß die Ergiebigkeit jedes einzelnen Quellpunktes einen endlichen Wert haben; wir bezeichnen im folgenden die Ergiebigkeit des k-ten Quellpunktes mit $4\pi e_k$.

Sind die Quellen kontinuierlich verteilt, dann muß natürlich, damit aus einem endlichen Gebiet nur eine endliche Flüssigkeitsmenge entspringt, jeder einzelne Quellpunkt eine verschwindend kleine Ergiebigkeit besitzen. Eine für den betreffenden Punkt charakteristische Größe können wir jedoch gewinnen, wenn wir um den Punkt ein endliches Gebiet abgrenzen und die Flüssigkeitsmenge, die pro Zeiteinheit von allen Quellen im Innern des Gebietes insgesamt geliefert wird, durch das Volumen des Gebietes dividieren. Den Grenzwert dieses Ausdruckes für verschwindend kleine Gebietsgröße nennen wir die „*Divergenz*" des Vektorfeldes. Nach ihrer Definition ist sie in einem gegebenen Vektorfeld eine skalare Ortsfunktion. Wir schreiben dies symbolisch in der Form

$$\operatorname{div} \mathfrak{v} = 4\pi\varrho\,(x,\,y,\,z). \tag{10}$$

Die skalare Ortsfunktion $\varrho\,(x,\,y,\,z)$ nennen wir die (räumliche) „*Dichte*" der Quellen. Ist im ganzen Raume $\varrho = 0$, dann nennen wir das Feld „*quellenfrei*".

Es kann schließlich noch vorkommen, daß die Quellpunkte im Raume zwar kontinuierlich dicht liegen, aber hiebei auf ein bloß zweidimensionales Gebilde, eine Fläche beschränkt sind. In diesem Falle ist natürlich überall $\varrho = 0$. Um die Ergiebigkeit in einem Punkte der Quellenfläche zu charakterisieren, gehen wir analog wie oben vor, indem wir um den betreffenden Punkt auf der Fläche ein Flächenstück abgrenzen, die im Überschuß aus diesem Flächenstück in den umgebenden Raum pro Zeiteinheit ausfließende Flüssigkeitsmenge durch den Flächeninhalt des Flächenstückes dividieren und zur Grenze für ein verschwindend kleines Flächenstück übergehen. Die so gewonnene Größe nennen wir die „*Flächendivergenz*". Bezeichnet v_n die „*Normalkomponente*" von $\mathfrak{v}$ in einem Punkte der Quellenfläche, das heißt die Komponente von $\mathfrak{v}$ in der Richtung der von der Fläche wegweisenden Normalen auf die Fläche, dann ist die pro Sekunde von einem Flächenstück der Größe Eins der Quellenfläche abströmende Flüssigkeitsmenge gleich der Summe der Größen v_n für die beiden Seiten der Fläche, also gleich $v_{n1} + v_{n2}$, wenn wir ihre beiden Seiten mit den Indices 1 und 2 bezeichnen. Dies ist aber nach der obigen Definition die Flächendivergenz. Auf der Fläche ist sie eine skalare Funktion des Ortes, außerhalb der Fläche hat sie den Wert Null. Wir schreiben dies in der Form:

$$v_{n1} + v_{n2} = 4\pi\omega\,(x,\,y,\,z) \tag{11}$$

und nennen die Ortsfunktion $\omega\,(x,\,y,\,z)$ die „*Flächendichte*" der Quellen.

4. Differentialausdruck für die Divergenz. Um die Divergenz eines Vektorfeldes in einem seiner Punkte aus dem Feldvektor $\mathfrak{v}$ zu berechnen, errichten wir in seiner Umgebung ein kleines Parallelepiped mit den Kantenlängen a, b, c, die zu den Koordinatenachsen parallel sein mögen. Wir verschieben ferner das Koordinatensystem so, daß sein Ursprung mit einem Eckpunkt des Parallelepipedes zusammenfällt (Abb. 7). Den Wert von $\mathfrak{v}$ im Koordinatenursprung nennen wir $\mathfrak{v}_0$ und nehmen an, daß sich $\mathfrak{v}$ in der Umgebung von O in eine TAYLORsche Reihe entwickeln läßt. Sind a, b, c genügend klein, dann kann man unter Vernachlässigung von Größen, die von höherer Ordnung klein sind, schreiben

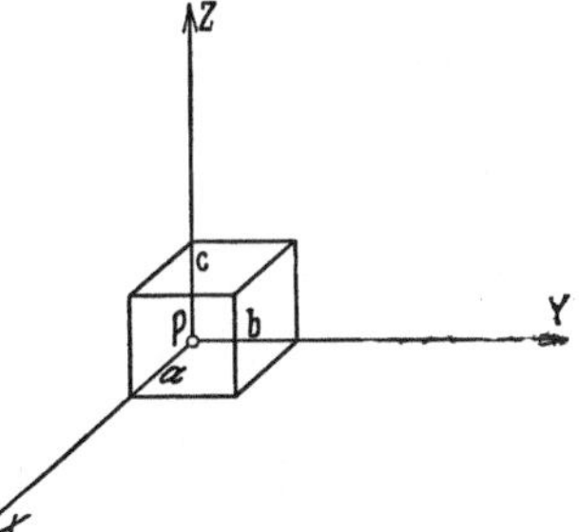

Abb. 7.

$$\mathfrak{v} = \mathfrak{v}_0 + \left(\frac{\partial \mathfrak{v}}{\partial x}\right)_0 x + \left(\frac{\partial \mathfrak{v}}{\partial y}\right)_0 y + \left(\frac{\partial \mathfrak{v}}{\partial z}\right)_0 z. \tag{12}$$

Durch ein Flächenelement dF der yz-Ebene fließt pro Zeiteinheit in der Richtung der positiven x-Achse die Flüssigkeitsmenge

$$\left[(v_x)_0 + \left(\frac{\partial v_x}{\partial y}\right)_0 y + \left(\frac{\partial v_x}{\partial z}\right)_0 z\right] dF.$$

Durch das im Abstande a gegenüberliegende Flächenelement fließt in derselben Richtung die Flüssigkeitsmenge

$$\left[(v_x)_0 + \left(\frac{\partial v_x}{\partial x}\right)_0 a + \left(\frac{\partial v_x}{\partial y}\right)_0 y + \left(\frac{\partial v_x}{\partial z}\right)_0 z\right] dF.$$

Die Differenz dieser beiden Ausdrücke

$$\left(\frac{\partial v_x}{\partial x}\right)_0 a\, dF,$$

über das Rechteck bc integriert, ergibt

$$\left(\frac{\partial v_x}{\partial x}\right)_0 b\, c.$$

Dies stellt offenbar den Überschuß der aus dem Parallelepiped in der Richtung der positiven x-Achse ausströmenden Flüssigkeit über die einströmende dar.

Bildet man die analogen Ausdrücke für die Komponenten der Flüssigkeitsströmung in der y- und in der z-Richtung und addiert alle drei Ausdrücke, so erhält man bis auf Größen, die von höherer Ordnung klein sind, genau den Gesamtüberschuß der aus dem Parallelepiped in der Zeiteinheit austretenden über die eintretende Flüssigkeitsmenge

$$\left[\left(\frac{\partial v_x}{\partial x}\right)_0 + \left(\frac{\partial v_y}{\partial y}\right)_0 + \left(\frac{\partial v_z}{\partial z}\right)_0\right] a\, b\, c. \tag{13}$$

Dividiert man (13) durch das Volumen abc des Parallelepipedes und geht zur Grenze für verschwindend kleine a, b, c über, so erhält man definitionsgemäß für die Divergenz von $\mathfrak{v}$ im Punkte 0 den Ausdruck in der eckigen Klammer von (13). Da die obige Ableitung offenbar von der speziellen Wahl des Punktes O als Koordinatenursprung unabhängig ist, ergibt sich für div $\mathfrak{v}$ der Differentialausdruck

$$\operatorname{div} \mathfrak{v} = \frac{\partial v_x}{\partial x} + \frac{\partial v_y}{\partial y} + \frac{\partial v_z}{\partial z}, \tag{14}$$

den man mit Benutzung des Operators (4) auch als inneres Produkt von ∇ und $\mathfrak{v}$ schreiben kann:

$$\operatorname{div} \mathfrak{v} = \nabla \cdot \mathfrak{v}. \tag{15}$$

5. Einige einfache auf den Operationen grad und div beruhende Formeln.

a) Aus der Definitionsgleichung (2) des Vektors grad φ folgt unmittelbar die Additionsformel

$$\operatorname{grad}(\varphi + \varphi' + \varphi'' + \dots) = \mathfrak{i}\,\frac{\partial(\varphi + \varphi' + \varphi'' + \dots)}{\partial x} + \mathfrak{j}\,\frac{\partial(\varphi + \varphi' + \varphi'' + \dots)}{\partial y} +$$

$$+ \mathfrak{k}\,\frac{\partial(\varphi + \varphi' + \varphi'' + \dots)}{\partial z} = \operatorname{grad}\varphi + \operatorname{grad}\varphi' + \operatorname{grad}\varphi'' + \dots \tag{16}$$

b) Ist r der Betrag des Radiusvektors

$$r = |\mathfrak{r}| = \sqrt{x^2 + y^2 + z^2},$$

dann gilt nach (1)

$$\operatorname{grad}_x r = \frac{\partial r}{\partial x} = \frac{x}{r}, \quad \operatorname{grad}_y r = \frac{\partial r}{\partial y} = \frac{y}{r}, \quad \operatorname{grad}_z r = \frac{\partial r}{\partial z} = \frac{z}{r} \tag{17}$$

und daher nach (2)

$$\operatorname{grad} r = \frac{\mathfrak{r}}{r}. \tag{18}$$

Ferner gilt

$$\operatorname{grad}\frac{1}{r} = -\frac{1}{r^2}\operatorname{grad} r = -\frac{\mathfrak{r}}{r^3}. \tag{19}$$

c) Aus der Formel (14) für die Divergenz folgt das Additionstheorem

$$\operatorname{div}\,(\mathfrak{v}+\mathfrak{v}'+\mathfrak{v}''+\ldots)=\frac{\partial}{\partial x}\,(v_x+v_x'+v_x''+\ldots)+\frac{\partial}{\partial y}\,(v_y+v_y'+v_y''+\ldots)+$$
$$+\frac{\partial}{\partial z}\,(v_z+v_z'+v_z''+\ldots)=\operatorname{div}\,\mathfrak{v}+\operatorname{div}\,\mathfrak{v}'+\operatorname{div}\,\mathfrak{v}''+\ldots \qquad (20)$$

d) Die Divergenz des Radiusvektors $\mathfrak{r}$ ist nach (14)

$$\operatorname{div}\,\mathfrak{r}=\frac{\partial x}{\partial x}+\frac{\partial y}{\partial y}+\frac{\partial z}{\partial z}=3. \qquad (21)$$

e) Für die Divergenz des Produktes aus einem Vektor $\mathfrak{a}$ und einem Skalar φ erhalten wir

$$\operatorname{div}\,(\varphi\,\mathfrak{a})=\frac{\partial\,(\varphi\,a_x)}{\partial x}+\frac{\partial\,(\varphi\,a_y)}{\partial y}+\frac{\partial\,(\varphi\,a_z)}{\partial z}$$
$$=\left(a_x\frac{\partial\varphi}{\partial x}+a_y\frac{\partial\varphi}{\partial y}+a_z\frac{\partial\varphi}{\partial z}\right)+\varphi\left(\frac{\partial a_x}{\partial x}+\frac{\partial a_y}{\partial y}+\frac{\partial a_z}{\partial z}\right)$$
$$=\mathfrak{a}\,\operatorname{grad}\varphi+\varphi\,\operatorname{div}\,\mathfrak{a}. \qquad (22)$$

f) Aus den Formeln (3) und (14) erhält man

$$\operatorname{div}\,(\operatorname{grad}\varphi)=\frac{\partial^2\varphi}{\partial x^2}+\frac{\partial^2\varphi}{\partial y^2}+\frac{\partial^2\varphi}{\partial z^2}. \qquad (23)$$

Nach (15), (4) und (5) kann man für (23) auch schreiben

$$\nabla\cdot(\nabla\varphi)=\nabla^2\varphi=\varDelta\varphi \quad \text{(Sprich: Delta-}\varphi\text{)}, \qquad (24)$$

wenn man unter ∇^2 oder (üblicher) $\varDelta$ den folgenden Differentialoperator (LAPLACE-schen Operator) versteht:

$$\nabla^2=\varDelta=\frac{\partial^2}{\partial x^2}+\frac{\partial^2}{\partial y^2}+\frac{\partial^2}{\partial z^2}. \qquad (25)$$

Wir wollen nun sehen, welche Gestalt der Ausdruck $\varDelta\varphi$ annimmt, wenn φ die Forderung der Kugelsymmetrie erfüllt, das heißt, wenn der Wert von φ in einem Punkte mit den Koordinaten x, y, z nur vom Abstande r dieses Punktes vom Koordinatenursprung abhängt, also eine Funktion von r allein ist. In diesem Falle wird

$$\frac{\partial\varphi}{\partial x}=\frac{d\varphi}{dr}\,\frac{\partial r}{\partial x}=\frac{d\varphi}{dr}\,\frac{x}{r}$$
$$\frac{\partial^2\varphi}{\partial x^2}=\frac{d^2\varphi}{dr^2}\,\frac{x^2}{r^2}+\frac{d\varphi}{dr}\,\frac{1}{r}-\frac{d\varphi}{dr}\,\frac{x^2}{r^3}$$

und analoge Ausdrücke gelten für $\dfrac{\partial^2\varphi}{\partial y^2}$ und $\dfrac{\partial^2\varphi}{\partial z^2}$. Die Summe dieser drei Ausdrücke ergibt

$$\varDelta\varphi=\frac{d^2\varphi}{dr^2}\left(\frac{x^2}{r^2}+\frac{y^2}{r^2}+\frac{z^2}{r^2}\right)+\frac{d\varphi}{dr}\left(\frac{3}{r}-\frac{x^2}{r^3}-\frac{y^2}{r^3}-\frac{z^2}{r^3}\right)$$
$$=\frac{d^2\varphi}{dr^2}+\frac{2}{r}\,\frac{d\varphi}{dr}. \qquad (26)$$

Erfüllt statt dessen φ die Forderung der Zylindersymmetrie um die z-Achse, das heißt hängt φ nur vom Abstande $r'=\sqrt{x^2+y^2}$ von der z-Achse ab, dann erhält man analog wie oben (da $\dfrac{\partial\varphi}{\partial z}$ und $\dfrac{\partial^2\varphi}{\partial z^2}$ verschwinden)

$$\varDelta\varphi=\frac{d^2\varphi}{dr'^2}+\frac{1}{r'}\,\frac{d\varphi}{dr'}. \qquad (27)$$

Wir behandeln schließlich noch den Fall, daß φ von z und r' unabhängig und nur vom Winkel ϑ zwischen r' und der x-z-Ebene abhängig sei. Wegen

$$\frac{\partial\varphi}{\partial x}=\frac{\partial\varphi}{\partial\vartheta}\,\frac{\partial\vartheta}{\partial x}, \quad \frac{\partial\varphi}{\partial y}=\frac{d\varphi}{d\vartheta}\,\frac{\partial\vartheta}{\partial y}$$

folgt zunächst

$$\Delta \varphi = \frac{\partial^2 \varphi}{\partial x^2} + \frac{\partial^2 \varphi}{\partial y^2} = \frac{d^2 \varphi}{d\vartheta^2}\left[\left(\frac{\partial \vartheta}{\partial x}\right)^2 + \left(\frac{\partial \vartheta}{\partial y}\right)^2\right] + \frac{d\varphi}{d\vartheta}\left[\frac{\partial^2 \vartheta}{\partial x^2} + \frac{\partial^2 \vartheta}{\partial y^2}\right]. \qquad (28)$$

Wegen $\vartheta = \operatorname{arctg} y/x$, $r'^2 = x^2 + y^2$ folgt weiter

$$\left.\begin{aligned}
\frac{\partial \vartheta}{\partial x} &= \frac{1}{1 + y^2/x^2} \cdot -\frac{y}{x^2} = -\frac{y}{r'^2}, & \frac{\partial \vartheta}{\partial y} &= \frac{1}{1 + y^2/x^2} \cdot \frac{1}{x} = \frac{x}{r'^2} \\
\frac{\partial^2 \vartheta}{\partial x^2} &= \frac{2\,x\,y}{r'^4}, & \frac{\partial^2 \vartheta}{\partial y^2} &= -\frac{2\,x\,y}{r'^4}
\end{aligned}\right\} \qquad (29)$$

Einsetzen von (29) in (28) ergibt schließlich

$$\Delta \varphi = \frac{1}{r'^2}\frac{d^2 \varphi}{d\vartheta^2}. \qquad (30)$$

6. Der Gaußsche und der Greensche Satz. Einen in der theoretischen Physik sehr häufig gebrauchten Integralsatz kann man aus den obigen Entwicklungen durch die folgende Überlegung gewinnen:

Nach der in 3. gegebenen Definition der Divergenz ist das über ein endliches Volumen des Feldes erstreckte Volumenintegral

$$\iiint \operatorname{div} \mathfrak{v}\, d\,V \qquad (31)$$

gleich der Flüssigkeitsmenge, die in der Zeiteinheit in diesem Volumen entspringt, also gleich dem Überschuß der aus dem Volumen austretenden über die eintretende Flüssigkeitsmenge.

Ist v_n die nach außen weisende Normalkomponente in einem Punkte der Oberfläche des Volumens, dann ist $v_n dF$ die durch ein Flächenelement dF der Oberfläche pro Zeiteinheit nach außen strömende Flüssigkeitsmenge. Daher ist der Gesamtüberschuß der austretenden über die einströmende Flüssigkeit gleich dem Flächenintegral dieses Ausdruckes über die ganze Oberfläche des Gebietes

$$\iint v_n\, dF. \qquad (32)$$

Die Gleichsetzung der Ausdrücke (31) und (32) liefert

$$\iiint \operatorname{div} \mathfrak{v}\, d\,V = \iint v_n\, dF. \qquad (33)$$

Die Gleichung (33) führt den Namen „GAUSS*scher Satz*".

Macht man speziell für $\mathfrak{v}$ den Ansatz

$$\mathfrak{v} = \chi \operatorname{grad} \varphi - \varphi \operatorname{grad} \chi, \qquad (34)$$

worin φ und χ beliebige skalare Ortsfunktionen sein sollen, dann erhält man mit Benützung der Formeln (22) und (23)

$$\operatorname{div} \mathfrak{v} = \chi \Delta \varphi - \varphi \Delta \chi \qquad (35)$$

und wegen (7)

$$v_n = \chi \frac{\partial \varphi}{\partial n} - \varphi \frac{\partial \chi}{\partial n}. \qquad (36)$$

Einsetzen der Ausdrücke (35) und (36) in die GAUSSsche Formel (33) ergibt die Beziehung

$$\iiint (\chi \Delta \varphi - \varphi \Delta \chi)\, d\,V = \iint \left(\chi \frac{\partial \varphi}{\partial n} - \varphi \frac{\partial \chi}{\partial n}\right) dF, \qquad (37)$$

die als „GREEN*scher Satz*" bekannt ist.

Der GAUSSsche und der GREENsche Satz können dazu dienen, Volumenintegrale in Flächenintegrale zu verwandeln und umgekehrt.

§ 7. Wirbelfreie Felder; Potentialtheorie.

1. Berechnung des wirbelfreien Vektorfeldes aus seinen Quellen. Wir betrachten nun in den folgenden Ziffern speziell ein *wirbelfreies* Vektorfeld $\mathfrak{v}$ (x, y, z), das sich nach § 6, 2. stets von einem Potential ableiten läßt. Die theoretische Behandlung der wirbelfreien Vektorfelder bildet den Inhalt der *Potentialtheorie*. Eine ihrer wichtigsten Aufgaben besteht darin, das Vektorfeld zu berechnen, wenn die Verteilung und Ergiebigkeit seiner (punktförmigen, flächenhaften und räumlich verteilten) Quellen bekannt ist.

Daß diese Aufgabe *eindeutig* lösbar ist, kann man leicht zeigen. Gäbe es nämlich zwei voneinander verschiedene, wirbelfreie Felder $\mathfrak{v}_1$ und $\mathfrak{v}_2$ mit den gleichen Quellen, dann wäre [gemäß (16) § 6] auch $\mathfrak{v} = \mathfrak{v}_1 - \mathfrak{v}_2$ ein wirbelfreies Feld, dessen Quellen offenbar im ganzen Raum die Ergiebigkeit Null haben müßten, das also gleichzeitig quellenfrei wäre. Ein solches Feld kann es aber nicht geben, da seine Strömungslinien weder in sich geschlossen sein könnten, noch einen Anfangs- und einen Endpunkt haben dürften. Es kann also tatsächlich, wie behauptet wurde, nur eine Lösung $\mathfrak{v}$ (x, y, z) geben, die der vorgegebenen Quellenverteilung genügt.

Aus der Lösung $\mathfrak{v}$ kann man dann das Potential φ (x, y, z) nach (3) § 6 bzw. (1) § 6 durch eine einfache Quadratur finden, bis auf eine willkürliche und unwesentliche additive Konstante, die man gewöhnlich so bestimmt, daß φ im Unendlichen verschwindet.

2. Systeme diskreter Quellpunkte. Wir suchen nun zunächst die Lösung der unter 1. umschriebenen Aufgabe für den einfachsten Fall, wo nur eine einzige punktförmige Quelle von der Ergiebigkeit $4\pi e$ im Koordinatenursprung vorhanden ist. Aus Symmetriegründen erhellt, daß φ nur von der Entfernung r vom Quellpunkt abhängen kann. Die Niveauflächen sind also Kugelflächen mit dem Quellpunkt als Mittelpunkt und der Vektor $\mathfrak{v}$ hat nach § 6, 2. überall die Richtung des Radiusvektors. Durch jede Niveaufläche muß in der Zeiteinheit die Flüssigkeitsmenge $4\pi e$ fließen (da ja nur die eine Quelle vorhanden ist); anderseits ist diese Menge durch $\mathfrak{v}$ ausgedrückt gleich $4\pi r^2 \cdot v$. Die Gleichsetzung beider Ausdrücke liefert für v die Gleichung

$$|\mathfrak{v}| = v_r = \frac{e}{r^2}. \tag{1}$$

Nach (7) § 6 ergibt sich hieraus für das Potential eines einzigen Quellpunktes

$$\varphi = -\int v_r \, dr = \frac{e}{r}, \tag{2}$$

wenn man die Integrationskonstante so wählt, daß φ im Unendlichen verschwindet.

Hat das Feld, statt eines einzigen Quellpunktes n Quellpunkte mit den Ergiebigkeiten $4\pi e_1$, $4\pi e_2$, ..., $4\pi e_n$, dann kann man es durch Superposition von n Feldern konstruieren, deren jedes nur einen einzigen Quellpunkt aufweist. Das Potential φ muß sich dann wegen (16) § 6 additiv aus den Potentialen der Bestandteile zusammensetzen, die Formeln von der Gestalt (2) genügen. Wir erhalten daher für φ die Formel

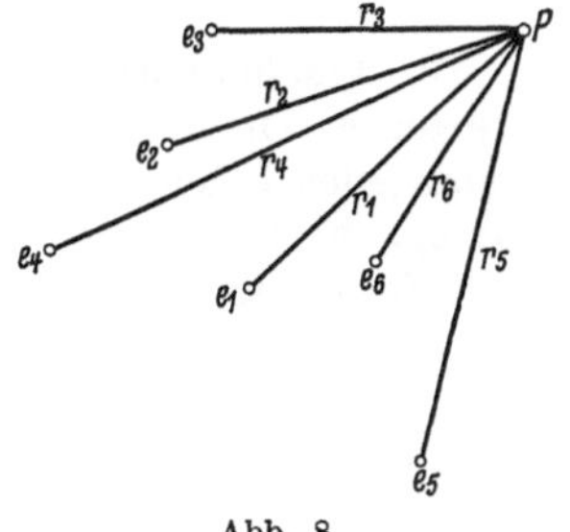

Abb. 8.

$$\varphi = \sum_{k=1}^{n} \frac{e_k}{r_k} \tag{3}$$

worin r_k den Abstand des „Aufpunktes" P vom k-ten Quellpunkte bedeutet (Abb. 8).

Um aus φ das Vektorfeld $\mathfrak{v}$ abzuleiten, hat man nach (3) § 6 den Gradienten zu bilden, wobei man die Koordinaten der Quellpunkte als unveränderlich ansieht und nach den Koordinaten des Aufpunktes gemäß (1) § 6 zu differentiieren hat. In der Folge werden wir auch mitunter eine Gradientenbildung bei festgehaltenem Aufpunkt und variablem Quellpunkt vornehmen. Da φ ersichtlicherweise von den Koordinaten von Aufpunkt und Quellpunkt in der unter § 6, 2., Abs. 3 beschriebenen Art abhängt, gilt gemäß den Formeln (5) und (6) daselbst, wenn wir die erste Art der Gradientenbildung durch den Index a, die zweite durch den Index q kennzeichnen:

$$\operatorname{grad}_a \varphi = \nabla \varphi, \quad \operatorname{grad}_q \varphi = \nabla' \varphi = -\nabla \varphi = -\operatorname{grad}_a \varphi. \tag{4}$$

Wir betrachten nun (Abb. 9) speziell zwei Quellen von gleicher und entgegengesetzter Ergiebigkeit $4\pi e$ und $-4\pi e$, die voneinander den Abstand l haben. Wir wollen ein solches Gebilde als ein „*Quellenpaar*" bezeichnen. Sind r_1 und r_2 die Abstände der beiden Quellpunkte vom Aufpunkt P, dann ist das Potential φ nach (3) gleich

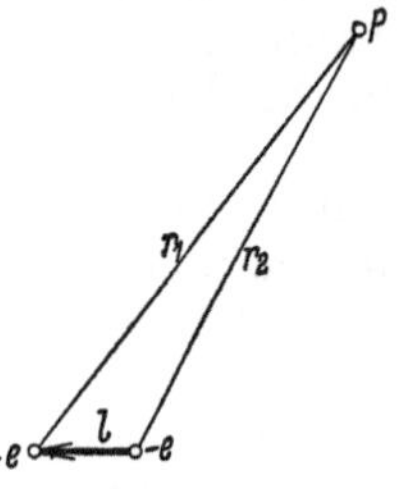

$$\varphi = \frac{e}{r_1} - \frac{e}{r_2} = e\, l\, \frac{\dfrac{1}{r_1} - \dfrac{1}{r_2}}{l} = m \cdot \frac{\dfrac{1}{r_1} - \dfrac{1}{r_2}}{l}. \tag{5}$$

Den Vektor $\mathfrak{m}$, dessen Betrag gleich m ist und der von der Senke zur Quelle weist, nennen wir das „*Moment*" des Quellenpaares.

Vermindert man den Abstand l der Quellen bei gleichzeitiger Vergrößerung von e derart, daß das Moment konstant bleibt, so kommt man im Grenzfalle mit verschwindend kleinem l zu einem Gebilde, das man „*Doppelquelle*" nennt. Nach (5) gilt für das Potential der Doppelquelle gemäß der Definition des Gradienten in § 6, 2., wenn man bedenkt, daß bei der Gradientenbildung der Aufpunkt festgehalten wird und die Formel (4) berücksichtigt:

$$\varphi = m \cdot \lim_{l=0} \frac{\dfrac{1}{r_1} - \dfrac{1}{r_2}}{l} = \mathfrak{m} \cdot \operatorname{grad}_q \frac{1}{r} = -\mathfrak{m} \cdot \operatorname{grad}_a \frac{1}{r}, \tag{6}$$

worin r die Entfernung des Aufpunktes von der Doppelquelle bedeutet. Mit Benützung der Formeln (17) § 3 und (19) § 6 ergibt sich hieraus weiter

$$\varphi = \frac{\mathfrak{m} \cdot \mathfrak{r}}{r^3} = \frac{m}{r^2} \cos(\mathfrak{m}\,\mathfrak{r}). \tag{7}$$

3. Flächenhaft verteilte Quellen. Zu dem Fall kontinuierlich flächenhaft verteilter Quellen kann man durch einen Grenzübergang aus (3) gelangen, indem man jedes Flächenelement dF der Quellenfläche als Quelle mit der Ergiebigkeit $4\pi e_k = 4\pi \omega\, dF$ auffaßt und die Summe mit kontinuierlich unendlich vielen Gliedern durch das Flächenintegral über die ganze Quellenfläche ersetzt:

$$\varphi = \iint \frac{\omega\, dF}{r}; \tag{8}$$

r ist hiebei der Abstand von dF zu dem während der Integration festgehaltenen Aufpunkte P.

Während das Potential gemäß (6) beim Durchgang durch die Quellenfläche seinen Wert stetig ändert, erleidet der Feldvektor $\mathfrak{v} = \operatorname{grad} \varphi$ beim Durchgang durch die Fläche gemäß Gleichung (11) § 6 einen Sprung seiner Normalkomponente vom Betrage $4\pi\omega$.

Abb. 9.

Belegt man zwei parallele Flächen derart mit Quellen, daß in je zwei einander gegenüberliegenden Punkten die gleiche und entgegengesetzte Flächendichte ω herrscht, und verkleinert man bei gleichzeitiger Vergrößerung von ω den Abstand l der Flächen derart, daß das Produkt $\eta = \omega\, l$ konstant bleibt, dann erhält man im Grenzfall von verschwindend kleinem l ein Gebilde, das als „*Doppelschicht*" bezeichnet wird. η heißt das „*Moment*" der Doppelschicht.

Jedes Flächenelement der Doppelschicht kann man als Doppelquelle vom Moment $\eta\, dF \cdot \mathfrak{n}$ auffassen, wenn $\mathfrak{n}$ den von der negativen zur positiven Seite der Doppelschicht weisenden Normalvektor der Länge Eins bedeutet. Nach (7) ist ihr Potential in dem Aufpunkte P gleich $\dfrac{\eta \cos(\mathfrak{r}\,\mathfrak{n})\, dF}{r^2}$.

Nun ist, wie aus der Abb. 10 ersichtlich ist, $\cos(\mathfrak{r}\,\mathfrak{n})\, dF$ die Projektion von dF auf eine zu $\mathfrak{r}$ senkrechte Ebene und daher $\dfrac{\cos(\mathfrak{r}\,\mathfrak{n})\, dF}{r^2}$ gleich dem räumlichen Winkel $d\Omega$, unter dem das Flächenelement dF dem Beschauer in P erscheint. Durch Integration über die ganze Doppelschichtfläche folgt demnach für ihr Potential im Aufpunkte P die Formel:

$$\varphi = \pm \int \eta\, d\Omega, \qquad (9)$$

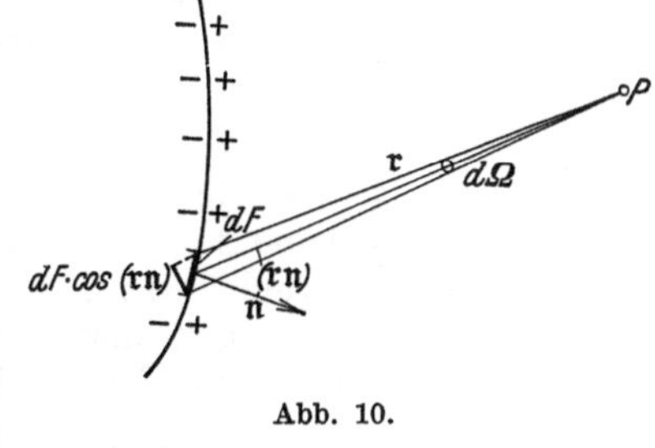

Abb. 10.

und zwar mit positivem Vorzeichen, wenn die Doppelschicht dem Beobachter in P die positive Seite zukehrt und mit negativem Vorzeichen im entgegengesetzten Falle.

Nähert man sich dem Punkte Q der Fläche von der positiven Seite her, so konvergiert das zum Flächenelement dF in Q gehörige $d\Omega$ gegen $2\,\pi$, alle anderen $d\Omega$ konvergieren gegen Null; der Wert des Potentials in Q ist also gleich $2\,\pi\eta$. Nähert man sich dem Punkte Q jedoch von der negativen Seite her, so kommt man mit Hilfe derselben Überlegung zu dem Werte $-2\pi\eta$ für das Potential in Q. Das Potential φ erleidet also beim Durchgang durch die Doppelschichtfläche einen Sprung vom Betrage $4\pi\eta$, wenn man sich in der Richtung des Momentes bewegt.

Wir nennen eine Doppelschicht „*homogen*", wenn η auf ihr überall den gleichen Wert besitzt. Nach (9) ist das Potential einer solchen Doppelschicht gleich

$$\varphi = \pm\eta\Omega, \qquad (10)$$

worin Ω den räumlichen Winkel bedeutet, unter dem die Fläche dem Beobachter im Aufpunkte erscheint.

Ist die Doppelschicht in sich geschlossen (Abb. 11), dann kann man sie sich aus zwei Hälften zusammengesetzt denken, die beide, von einem außen gelegenen Punkte aus gesehen, unter dem gleichen Ω erscheinen und von denen die eine dem Beobachter die positive, die andere die negative Seite zukehrt. Nach (10) ist daher das Potential in einem Punkte P *außerhalb* der Fläche stets gleich *Null*. Für jeden im Innern der Fläche gelegenen Punkt hingegen ist $\Omega = 4\,\pi$; das Potential im *Innern der Fläche* ist daher *konstant* gleich $\pm 4\,\pi\eta$, wobei das obere Vorzeichen gilt, wenn die Fläche innen positiv ist. Beim Durchgang durch die Fläche ändert

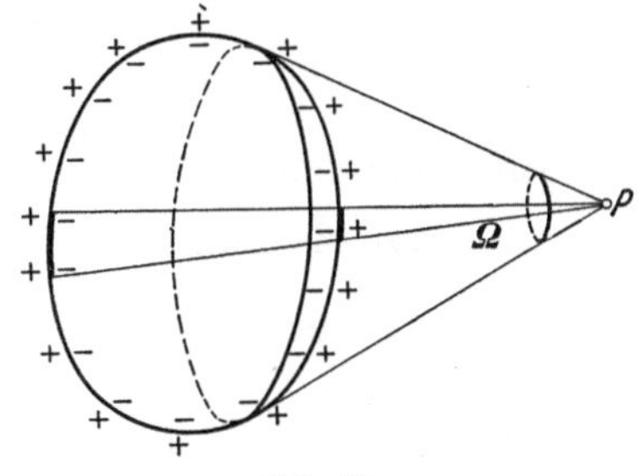

Abb. 11.

sich der Wert von φ sprunghaft um den Betrag $4\,\pi\eta$, wie es nach dem Gesagten auch sein muß.

4. Räumlich verteilte Quellen. Die Poissonsche und die Laplacesche Gleichung.

Das Potential räumlich verteilter Quellen muß wegen (3) § 6 und (10) § 6 der Differentialgleichung

$$\operatorname{div} \operatorname{grad} \varphi = -4\,\pi\varrho$$

genügen, die wegen (23) § 6 und (24) § 6 ausführlich geschrieben lautet:

$$\varDelta \varphi = \frac{\partial^2 \varphi}{\partial x^2} + \frac{\partial^2 \varphi}{\partial y^2} + \frac{\partial^2 \varphi}{\partial z^2} = -4\pi\varrho. \tag{11}$$

Die Gleichung (11) heißt die „POISSON*sche Gleichung*"; sie lösen heißt, bei gegebener Funktion $\varrho\,(x, y, z)$ in jedem Punkte des Feldes φ berechnen. Ist in einem geschlossenen Raumgebiet überall $\varrho = 0$, dann gilt dort die Differentialgleichung:

$$\varDelta \varphi = \frac{\partial^2 \varphi}{\partial x^2} + \frac{\partial^2 \varphi}{\partial y^2} + \frac{\partial^2 \varphi}{\partial z^2} = 0, \tag{12}$$

die „LAPLACE*sche Gleichung*".

In Analogie zu (3) und (6) werden wir schließen, daß sich das Potential räumlich verteilter Quellen aus ihren Dichten $\varrho\,(x, y, z)$ durch das über den ganzen Raum erstreckte Volumenintegral

$$\varphi = \iiint \frac{\varrho\,d\,V}{r} \tag{13}$$

ausdrücken läßt, worin r den Abstand des bei der Integration fixen Aufpunktes vom Volumenelement $d\,V$ bedeutet.

Daß der Ausdruck (13) tatsächlich eine Lösung der POISSONschen Gleichung ist, kann man zeigen, wenn man auf ihn die Operation $\varDelta$ ausübt, die Reihenfolge von Differentiation und Integration vertauscht und Formel (4) berücksichtigt:

$$\varDelta \varphi = \varDelta \iiint \frac{\varrho\,d\,V}{r} = - \iiint \operatorname{div} \operatorname{grad}_q\left(\frac{\varrho}{r}\right) d\,V. \tag{14}$$

Die Integration in (14) ist bei festgehaltenem Aufpunkte P über das gesamte Raumgebiet zu erstrecken, in dem die Dichte ϱ von Null verschieden ist. Nach dem GAUSSschen Satz kann man diese räumliche Integration durch eine Integration über eine oder mehrere Flächen erstrecken, die das erwähnte Raumgebiet vollkommen umschließen. Benützt man als Begrenzungsflächen zwei konzentrische Kugelflächen mit P als Mittelpunkt und wählt die äußere Kugel so groß, daß sie das gesamte Quellengebiet umfaßt und an ihrer Oberfläche ϱ überall verschwindet und läßt die innere Kugel mit dem Radius R gegen Null konvergieren, dann verschwindet offenbar das Flächenintegral von $\operatorname{grad}_n\left(\dfrac{\varrho}{r}\right)$ erstreckt über die äußere Kugelfläche und aus (14) wird

$$\varDelta \varphi = -\lim_{R=0} \iint_R \operatorname{grad}_n \left(\frac{\varrho}{r}\right) d\,F. \tag{15}$$

Hierin ist nun für $\operatorname{grad}_n\left(\dfrac{\varrho}{r}\right)$ zu setzen: $-\dfrac{\partial}{\partial r}\left(\dfrac{\varrho}{r}\right)$, da die nach außen weisende Normale auf die Fläche die Richtung $-r$ hat. (15) geht daher über in

$$\varDelta \varphi = \lim_{R=0} \iint \frac{\partial}{\partial r}\left(\frac{\varrho}{r}\right) d\,F = \lim_{R=0} \iint \left[\left(\frac{\partial \varrho}{\partial r}\right)_{r=R}\frac{1}{R} - \frac{\varrho}{R^2}\right] d\,F = -4\pi\varrho, \tag{16}$$

die POISSONsche Gleichung (11) ist also in der Tat erfüllt.

Da wir ferner in 1. gezeigt haben, daß die Lösung des Potentialproblems eindeutig ist, folgt, daß die Formel (13) die Lösung der Aufgabe darstellt, das Potential eines wirbelfreien Vektorfeldes aus der Dichte seiner räumlich verteilten Quellen zu berechnen.

5. Räumlich verteilte Doppelquellen; Polarisation. Ist ein System kontinuierlich räumlich verteilter Quellen so beschaffen, daß die Ergiebigkeit jedes einzelnen Volumenelementes gleich Null ist, d. h. die Summe der Ergiebigkeiten aller darin enthaltenen Quellen und Senken gleich Null ist und seine Wirkung nach außen äquivalent mit der einer Doppelquelle, dann haben wir ein System kontinuierlich räumlich verteilter Doppelquellen vor uns. Wir setzen das Moment des Volumenelementes gleich $\mathfrak{M}\,dV$. Der Vektor $\mathfrak{M}$, das „Moment der Volumeneinheit", führt den Namen „*Polarisation*". Durch die Angabe des Vektorfeldes $\mathfrak{M}\,(x, y, z)$ ist das System eindeutig bestimmt.

Um das Potential φ und damit das Vektorfeld $\mathfrak{v}$ eines Systems der beschriebenen Art zu finden, können wir von der Formel (6) ausgehen, indem wir darin $\mathfrak{m}$ durch $\mathfrak{M}\,dV$ ersetzen und wie in 4. bei festgehaltenem Aufpunkte das Volumenintegral über den ganzen Raum bilden:

$$\varphi = \int\int\int \left(\mathfrak{M}\,\operatorname{grad}_q \frac{1}{r}\right) dV. \tag{17}$$

Wir nehmen nun an, daß $\mathfrak{M}$ im ganzen Raum stetig sei und nur auf gewissen sich nicht ins Unendliche erstreckenden Flächen Unstetigkeiten habe, die wir uns durch beliebige Fortsetzungen (auf denen keine Unstetigkeiten sind) zu geschlossenen Flächen ergänzt denken wollen. Wir können dann das Integral in (17) stets in Teilintegrale über die durch diese Flächen eingeschlossenen Volumina zerlegen, in deren jedem $\mathfrak{M}$ überall stetig ist. Wir können daher für das Innere dieser Gebiete die Formel (22), § 6 anwenden und mit ihrer Hilfe den Integranden von (17) wie folgt umformen:

$$\mathfrak{M}\,\operatorname{grad} \frac{1}{r} = \operatorname{div}\left(\frac{\mathfrak{M}}{r}\right) - \frac{1}{r}\,\operatorname{div}\mathfrak{M}. \tag{18}$$

Wir nehmen zunächst an, daß nur eine Unstetigkeitsfläche von $\mathfrak{M}$ vorhanden sei, außerhalb derer $\mathfrak{M}$ überall gleich Null ist. Die Einsetzung von (18) in (17) und die Anwendung des GAUSSschen Satzes (33), § 6 liefert dann für φ, da die Integration bei festgehaltenem Aufpunkt vorzunehmen ist, die Formel:

$$\varphi = \int\int\int \operatorname{div}\left(\frac{\mathfrak{M}}{r}\right) dV - \int\int\int \frac{\operatorname{div}\mathfrak{M}}{r}\,dV = \int\int \frac{M_n}{r}\,dF - \int\int\int \frac{\operatorname{div}\mathfrak{M}}{r}\,dV, \tag{19}$$

worin das Flächenintegral über die Unstetigkeitsfläche zu erstrecken ist und M_n die Komponente von $\mathfrak{M}$ in der Richtung der nach außen weisenden Normalen auf die Oberfläche bedeutet. Der Vergleich der Formel (19) mit den Formeln (8) und (13) zeigt, daß das Potential ebenso groß ist, als ob die Unstetigkeitsfläche mit Quellen von der Flächendichte M_n und ihr Inneres mit räumlich verteilten Quellen von der Dichte —div $\mathfrak{M}$ belegt wäre.

Im allgemeinen Fall ergibt sich φ als die Summe von Ausdrücken der Form (19) über sämtliche Teilgebiete. Das Vektorfeld $\mathfrak{v}$ ist also wiederum äquivalent einem solchen, das von einem System räumlich verteilter Quellen der Dichte

$$\varrho_p = -\operatorname{div}\mathfrak{M} \tag{20}$$

und einem System flächenhaft verteilter Quellen der Dichte

$$\omega_p = -(M_{n1} + M_{n2}) \tag{21}$$

erzeugt ist. M_{n1} und M_{n2} bedeuten hierin die Komponenten von $\mathfrak{M}$ auf beiden Seiten der Unstetigkeitsfläche, jeweils genommen in der Richtung der von der Fläche wegweisenden Normalen; der Ausdruck (21) ist also nach Formel (11) § 6 nichts anderes als die negativ genommene Flächendivergenz von $\mathfrak{M}$ an der betrachteten Unstetigkeitsstelle.

6. Das Randwertproblem der Potentialtheorie. Wir haben in § 7 1. bewiesen, daß man die POISSONsche Gleichung stets eindeutig lösen kann, wenn die Dichtefunktion ϱ im ganzen Raum gegeben ist. Ist ϱ nur in einem bestimmten, abgegrenzten Raumgebiet G bekannt, außerhalb von G dagegen nicht, sind aber außerdem die Werte des Potentials φ an der Oberfläche von G gegeben, dann kann man, wie sich zeigen läßt, ebenfalls eine eindeutige Lösung der POISSONschen Gleichung im Innern von G angeben oder es lassen sich die Werte von φ im *Innern* von G auf die Werte von φ an der *Oberfläche* von G, die sogenannten *„Randwerte"* eindeutig zurückführen. Das hierdurch gekennzeichnete Problem heißt das *Randwertproblem der Potentialtheorie.*

Um diese Behauptung zu beweisen, beweisen wir zunächst einen anderen Satz, der in der Potentialtheorie ebenfalls eine wichtige Rolle spielt: Ist an der Oberfläche eines geschlossenen Gebietes φ überall gleich Null und sind im Innern und an der Oberfläche keine Quellen vorhanden, so daß also dort die LAPLACEsche Gleichung (12) gilt, dann muß φ auch im Innern des Gebietes überall verschwinden. Wäre dies nämlich nicht der Fall, dann wären zwei Fälle möglich: Entweder müßte φ im Innern von G überall dasselbe Vorzeichen haben oder in verschiedenen Teilen von G verschiedene Vorzeichen besitzen. Im ersten Falle wäre das Vorzeichen von $v_n = -\dfrac{\partial \varphi}{\partial n}$ an der Oberfläche überall gleich und es könnte daher nach dem GAUSSschen Satz div $\mathfrak{v}$ im Innern unmöglich überall verschwinden, im Widerspruch zu unserer Voraussetzung. Im zweiten Falle müßte sich das Gebiet G in Teilgebiete so einteilen lassen, daß im Innern eines jeden Teilgebietes φ sein Vorzeichen nicht ändert und an der Berandung verschwindet. Man kann hier ebenso wie oben beweisen, daß dies mit der Forderung der Quellenfreiheit innerhalb jedes Teilgebietes unvereinbar ist. Es muß daher in jedem Teilgebiet und demnach im ganzen Gebiete G, wie behauptet wurde, $\varphi = 0$ sein.

Da das Potential nur bis auf eine additive Konstante definiert ist und der oben angenommene Wert Null offenbar nicht wesentlich sein kann, kann man den Satz sofort in der folgenden erweiterten Form aussprechen: Ist an der Oberfläche eines abgeschlossenen Gebietes das Potential konstant und sind im Innern und an der Oberfläche des Gebietes keine Quellen vorhanden, dann muß auch im ganzen Innern φ konstant und zwar gleich dem Wert an der Oberfläche sein; der Feldvektor $\mathfrak{v} = -\mathrm{grad}\,\varphi$ muß im ganzen Innern gleich Null sein.

Mit Hilfe des eben abgeleiteten Satzes kann man nun die Eindeutigkeit der Randwertaufgabe folgendermaßen beweisen: Gäbe es nämlich zwei voneinander verschiedene Lösungen φ_1 und φ_2, dann müßten sie beide die Gleichung (11) befriedigen:

$$\Delta \varphi_1 = -4\pi\varrho, \qquad \Delta \varphi_2 = -4\pi\varrho.$$

Durch Subtraktion der zweiten Gleichung von der ersten erhält man

$$\Delta\,(\varphi_1 - \varphi_2) = 0;$$

$\varphi_1 - \varphi_2$ müßte also im ganzen Innern und an der Oberfläche des Gebietes die LAPLACEsche Gleichung erfüllen und außerdem an der Oberfläche überall verschwinden. Dies ist aber, wie wir oben bewiesen haben, nur möglich, wenn im ganzen Inneren $\varphi_1 - \varphi_2 = 0$ ist, im Gegensatz zu unserer Voraussetzung $\varphi_1 \lessgtr \varphi_2$. Die Lösung ist also in der Tat eindeutig.

7. Einige einfache Randwertaufgaben. a) Auf der Ebene $x = 0$ möge φ überall den Wert Null, auf der Ebene $x = l$ den Wert Φ haben. Zu berechnen sind die Werte von φ in dem quellenfreien Gebiete G zwischen den beiden Ebenen. Es ist klar, daß man die Randbedingungen befriedigen kann, wenn man φ von vornherein als Funktion von x allein ansetzt, so daß die Niveauflächen alle parallel zur y-z-Ebene sind. Für das Gebiet G gilt dann die LAPLACEsche Gleichung (12) in der Gestalt:

$$\frac{d^2 \varphi}{d x^2} = 0, \tag{22}$$

aus der durch zweimalige Integration folgt

$$\varphi = A x + B, \tag{23}$$

worin A und B willkürliche Integrationskonstanten sind. Damit auch die Randbedingungen erfüllt sind, müssen die beiden Gleichungen

$$0 = A \cdot 0 + B, \quad \Phi = A l + B$$

erfüllt sein, was man erreicht, wenn man für die Integrationskonstanten setzt

$$A = \frac{\Phi}{l}, \quad B = 0. \tag{24}$$

Setzt man diese Werte in (23) ein, so erhält man

$$\varphi = \frac{\Phi}{l} x. \tag{25}$$

Der Ausdruck (25) erfüllt die Randbedingungen und die LAPLACEsche Gleichung, ist also gemäß 6. die eindeutige Lösung unserer Aufgabe. Man sieht, daß φ in G eine lineare Funktion von x ist.

b) Auf dem Mantel eines unendlich langen Kreiszylinders vom Radius R_2, dessen Achse die Z-Achse ist, sei $\varphi = 0$, auf einem zweiten, konzentrischen, engeren Kreiszylinder mit dem Radius $r' = R_1$ sei $\varphi = \Phi$. Zu berechnen sind die Werte von φ in dem quellenfreien Gebiete G zwischen den beiden Zylindermänteln. Es leuchtet ein, daß sich die Randbedingungen befriedigen lassen, wenn φ Zylindersymmetrie besitzt, d. h., wenn die Niveauflächen ebenfalls konzentrische Kreiszylinder mit der Z-Achse als Achse sind. Nach Formel (27), § 6 kann man dann die LAPLACEsche Gleichung, die für das Gebiet G erfüllt sein muß, in der Gestalt schreiben

$$\frac{d^2 \varphi}{d r'^2} + \frac{1}{r'} \frac{d \varphi}{d r'} = 0. \tag{26}$$

Setzt man in (26) $\dfrac{d \varphi}{d r'} = u$, so wird daraus

$$\frac{d u}{d r'} + \frac{u}{r'} = 0 .$$

oder

$$\frac{d u}{u} = - \frac{d r'}{r'}$$

und integriert

$$\log u = - \log r' + \text{const},$$

oder

$$u = \frac{d \varphi}{d r'} = \frac{A}{r'}. \tag{27}$$

Durch nochmalige Integration findet man aus dem ersten Integral (27) schließlich

$$\varphi = A \log r' + B, \tag{28}$$

worin A und B willkürliche Integrationskonstanten sind. Die Forderung, daß der Ausdruck (28) die beiden Randbedingungen erfüllen muß, liefert für die Bestimmung von A und B zwei Gleichungen, die, nach A und B aufgelöst, lauten:

$$A = \frac{\Phi}{\log R_1 - \log R_2}, \quad B = \frac{- \Phi \log R_2}{\log R_1 - \log R_2}. \tag{29}$$

Durch Einsetzen von (29) in (28) bekommt man die gesuchte Lösung der Aufgabe. Man sieht, daß φ eine lineare Funktion von $\log r'$ ist.

c) Auf einer Kugelfläche vom Radius R_2 mit dem Koordinatenursprung als Mittelpunkt habe das Potential den Wert $\varphi = 0$, auf einer zweiten, konzentrischen und kleineren Kugelfläche mit $r = R_1$ sei $\varphi = \Phi$. Zu berechnen sind die Werte von φ in dem quellenfreien Gebiete G zwischen den beiden Kugelflächen. In diesem Falle lassen sich die Randbedingungen offenbar befriedigen, wenn man φ kugelsymmetrisch wählt, d. h. wenn die Niveauflächen konzentrische Kugelflächen mit dem Nullpunkt als Mittelpunkt sind. Nach Formel (26) § 6 lautet in diesem Falle die LAPLACEsche Gleichung, die im Gebiete G erfüllt sein muß:

$$\frac{d^2\varphi}{dr^2} + \frac{2}{r}\frac{d\varphi}{dr} = 0. \tag{30}$$

Durch Ausführung der Differentiation überzeugt man sich leicht, daß man diese Gleichung auch in der Form

$$\frac{1}{r}\frac{d^2(r\varphi)}{dr^2} = 0 \tag{31}$$

schreiben kann. Die Gleichung (31) ist genau so gebaut wie die Gleichung (22) und liefert daher analog zu (23) die allgemeine Lösung

$$r\varphi = A\,r + B$$

oder

$$\varphi = A + \frac{B}{r}, \tag{32}$$

worin wieder A und B willkürliche Integrationskonstanten sind. Die Einsetzung der Randbedingungen in (32) liefert für sie die Ausdrücke

$$A = \frac{\Phi R_1}{R_1 - R_2}, \qquad B = \frac{-\Phi R_1 R_2}{R_1 - R_2}. \tag{33}$$

Setzt man die Werte (33) in (32) ein, so erhält man die gesuchte Lösung, die, wie man sieht, in $\frac{1}{r}$ linear ist.

8. Das Feld einer homogen mit Quellen erfüllten Kugel. Als Beispiel der Berechnung eines Feldes räumlich verteilter Quellen wollen wir die folgende Aufgabe behandeln: Eine Kugel mit dem Radius R, deren Mittelpunkt im Nullpunkt liegen möge, sei homogen mit Quellen von der Dichte ϱ erfüllt, der äußere Raum sei quellenfrei; es gelten also die Gleichungen:

$$\varrho = 0 \text{ für } r > R; \qquad \varrho = \text{const für } r \leq R.$$

Zur Berechnung des Potentials könnten wir die Formel (13) benutzen; einfacher ist es, in diesem Falle direkt die POISSONsche Gleichung zu lösen. Da φ jedenfalls kugelsymmetrisch sein wird, lautet diese Gleichung gemäß (11) und (26) § 6:

$$\left.\begin{array}{ll} \dfrac{d^2\varphi}{dr^2} + \dfrac{2}{r}\dfrac{d\varphi}{dr} = -4\pi\varrho & \text{für } r \leq R \\[3mm] \dfrac{d^2\varphi}{dr^2} + \dfrac{2}{r}\dfrac{d\varphi}{dr} = 0 & \text{für } r > R. \end{array}\right\} \tag{34}$$

und

Die zweite dieser Gleichungen ist, wie man sieht, mit (30) identisch und liefert daher die allgemeine Lösung (32). Verlangen wir, daß φ im Unendlichen verschwindet, so gilt daher

$$\varphi = \frac{B}{r} \qquad \text{für } r > R. \tag{35}$$

Die erste der Gleichungen (34) kann man nach dem Muster von (31) umformen, so daß sie die Gestalt

$$\frac{1}{r}\frac{d^2(r\varphi)}{dr^2} = -4\pi\varrho$$

annimmt. Durch einmalige Integration findet man hieraus

$$\frac{d\,(r\,\varphi)}{d\,r} = -\,2\,\pi\,\varrho\,r^2 + C. \tag{36}$$

Da φ samt seiner ersten Ableitung im ganzen Raume stetig sein muß, muß auch der Wert von $d\,(r\,\varphi)/d\,r$ auf der Kugeloberfläche stetig sein. Da nun dieser Ausdruck gemäß (35) verschwindet, muß auch die rechte Seite von (36) für $r = R$ verschwinden, was für die Konstante die Gleichung

$$C = 2\,\pi\,\varrho\,R^2$$

liefert. Setzt man diesen Wert in (36) ein und integriert ein zweites Mal, so erhält man

$$r\,\varphi = 2\,\pi\,\varrho\,\left(R^2\,r - \frac{r^3}{3}\right) + \text{const.} \tag{37}$$

Die Integrationskonstante in (37) muß den Wert Null haben, da sonst φ für $r = 0$ unendlich groß würde. Für das Innere der Kugel lautet also die Lösung:

$$\varphi_i = 2\,\pi\,\varrho\,\left(R^2 - \frac{r^2}{3}\right) \qquad \text{für } r \leq R. \tag{38}$$

Um der Stetigkeitsforderung zu genügen, müssen für die Oberfläche die beiden aus (35) und (38) berechneten Werte von φ miteinander übereinstimmen, es muß also gelten:

$$\frac{B}{R} = 2\,\pi\,\varrho\cdot\frac{2\,R^2}{3},$$

woraus sich für die bisher noch unbestimmte Konstante B der Wert

$$B = \frac{4\,\pi}{3}\,R^3\,\varrho$$

ergibt. Für den Außenraum der Kugel lautet also die Lösung:

$$\varphi_a = \frac{4\,\pi}{3}\,R^3\,\varrho\cdot\frac{1}{r} \qquad \text{für } r > R. \tag{39}$$

Da $\dfrac{4\,\pi}{3}\,R^3\,\varrho$ gleich der durch $4\,\pi$ dividierten Gesamtergiebigkeit der in der Kugel enthaltenen Quellen ist, ist das Feld im Außenraum, wie man durch den Vergleich mit der Formel (2) sieht, mit dem Feld einer fiktiven punktförmigen Quelle im Mittelpunkte der Kugel identisch, deren Ergiebigkeit gleich der Summe der Ergiebigkeiten sämtlicher in der Kugel befindlichen Quellen ist.

§ 8. Wirbelfelder.

1. Der Rotor eines Wirbelfeldes. In § 6, 2. erkannten wir als charakteristische Bedingung für ein *wirbelfreies Feld* das Bestehen der Gleichung (9), also das Verschwinden des Linienintegrals $\oint v_s\,d\,s$ über jeden geschlossenen Weg im Felde. Unter einem „*Wirbelfeld*“ verstehen wir ein Feld, für das die Bedingung (9) im allgemeinen nicht erfüllt ist, so daß also der Ausdruck $\oint v_s\,d\,s$ im allgemeinen von Null verschieden ist. Zur Charakterisierung der „Wirbelstärke“ eines solchen Feldes führen wir eine Vektorfunktion des Ortes ein, die man als „*Wirbel*“ oder „*Rotor*“ bezeichnet und symbolisch rot $\mathfrak{v}$ schreibt (sprich: Rotor-$\mathfrak{v}$). (Häufig findet man in der Literatur statt rot $\mathfrak{v}$ auch curl $\mathfrak{v}$.) Wir gelangen zu ihrer Definition in folgender Weise:

Wir denken uns in einen beliebigen Punkt P des Feldes ein beliebig orientiertes Flächenstück vom Flächeninhalt F hineingelegt und errichten darauf in P einen normalen Einheitsvektor $\mathfrak{n}$. Bilden wir jetzt über die Berandung von F das Linienintegral $v_s\,d\,s$, derart, daß der Umlaufungssinn zu der Richtung von n im Sinne einer Rechtsschraube zugeordnet ist, dividieren den erhaltenen Wert durch F und gehen zur Grenze für $F = 0$ über, dann erhalten wir, wie wir gleich zeigen werden, eine endliche Größe, die wir mit der Normalkomponente von rot $\mathfrak{v}$ in der Richtung n, also mit $\mathrm{rot}_n\,\mathfrak{v}$ identifizieren.

Um die Komponenten des Vektors oder, genauer gesagt, des antisymmetrischen Tensors rot $\mathfrak{v}$ durch die Komponenten des Feldvektors v_x, v_y, v_z auszudrücken,

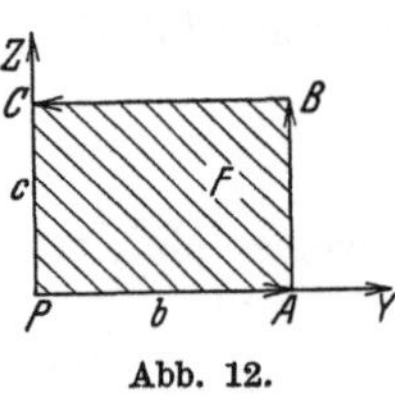

Abb. 12.

gehen wir folgendermaßen vor: Wir denken uns das Koordinatensystem so verschoben, daß sein Nullpunkt mit dem Bezugspunkt P zusammenfällt, und errichten in ihm ein kleines Rechteck (Abb. 12) derart, daß ein Eckpunkt in P liegt und die beiden dort zusammenstoßenden Seiten auf der y- bzw. z-Achse liegen.

Wir nehmen wieder wie in § 6, 4. an, daß sich $\mathfrak{v}$ in der Umgebung von P nach der Formel (12) entwickeln läßt und bilden das Linienintegral $\oint v_s\,ds$ auf dem Wege $PABCP$. Wir erhalten

$$\oint v_s\,ds = \int_0^b\left[(v_y)_0 + \left(\frac{\partial v_y}{\partial y}\right)_0 y\right]dy + \int_0^c\left[(v_z)_0 + \left(\frac{\partial v_z}{\partial y}\right)_0 b + \left(\frac{\partial v_z}{\partial z}\right)_0 z\right]dz +$$

$$+ \int_b^0\left[(v_y)_0 + \left(\frac{\partial v_y}{\partial y}\right)_0 y + \left(\frac{\partial v_y}{\partial z}\right)_0 c\right]dy + \int_c^0\left[(v_z)_0 + \left(\frac{\partial v_z}{\partial z}\right)_0 z\right]dz = \left(\frac{\partial v_z}{\partial y} - \frac{\partial v_y}{\partial z}\right)b\,c. \quad (1)$$

Dividiert man den Ausdruck (1) durch den Flächeninhalt $F = b\,c$ und geht zur Grenze für $F = 0$ über, so erhält man den Klammerausdruck in (1); nach der oben gegebenen Definition ist er streng gleich der x-Komponente von rot $\mathfrak{v}$ im Koordinatenursprung. Da die angestellte Überlegung offenbar von der speziellen Wahl des Koordinatenursprungs unabhängig ist und die Ausdrücke für die übrigen Komponenten, wie man leicht einsieht, aus (1) durch zyklische Vertauschung der Indizes hervorgehen, gelten für die Komponenten von rot $\mathfrak{v}$ allgemein die Gleichungen

$$\left.\begin{aligned}
\mathrm{rot}_x\,\mathfrak{v} &= \frac{\partial v_z}{\partial y} - \frac{\partial v_y}{\partial z}\\[4pt]
\mathrm{rot}_y\,\mathfrak{v} &= \frac{\partial v_x}{\partial z} - \frac{\partial v_z}{\partial x}\\[4pt]
\mathrm{rot}_z\,\mathfrak{v} &= \frac{\partial v_y}{\partial x} - \frac{\partial v_x}{\partial y}
\end{aligned}\right\} \quad (2)$$

Der Vergleich mit der Formel (4) § 6 und der Formel (20) § 3 lehrt, daß man rot $\mathfrak{v}$ als Vektorprodukt aus dem symbolischen Vektor ∇ und dem Vektor $\mathfrak{v}$ auffassen und daher wie folgt schreiben kann:

$$\mathrm{rot}\,\mathfrak{v} = \nabla \times \mathfrak{v} = \begin{vmatrix} \mathfrak{i} & \mathfrak{j} & \mathfrak{k} \\[4pt] \dfrac{\partial}{\partial x} & \dfrac{\partial}{\partial y} & \dfrac{\partial}{\partial z} \\[4pt] v_x & v_y & v_z \end{vmatrix} \quad (3)$$

Aus der Definition des Rotors geht unmittelbar hervor, daß in einem wirbelfreien Feld überall rot $\mathfrak{v} = 0$ gelten muß. Man erhält dies auch rein formal aus der Darstellung (2), wenn man der in § 6, 2. gegebenen Definition des wirbelfreien Feldes folgend $\mathfrak{v} = -\,\mathrm{grad}\,\varphi$ setzt, also für die Komponenten von $\mathfrak{v}$ die Gleichungen (1) § 6 benutzt. Man sieht, daß stets die folgende Identität erfüllt ist:

$$\mathrm{rot\,grad}\,\varphi \equiv 0 \quad (4)$$

Aus den Formeln (2) und (3) in Verbindung mit (14) § 6 geht ferner die für jedes beliebige Vektorfeld gültige Identität

$$\operatorname{div} \operatorname{rot} \mathfrak{v} = 0 \tag{5}$$

hervor. Das Vektorfeld rot $\mathfrak{v}$ ist also stets quellenfrei.

2. Einige einfache Formeln über die Operation rot. a) Mit Hilfe der bekannten Additionsformel für Determinanten erhält man aus (3)

$$\operatorname{rot}(\mathfrak{v} + \mathfrak{v}' + \mathfrak{v}'' + \ldots) =$$

$$= \begin{vmatrix} \mathfrak{i} & \mathfrak{j} & \mathfrak{k} \\ \dfrac{\partial}{\partial x} & \dfrac{\partial}{\partial y} & \dfrac{\partial}{\partial z} \\ v_x + v_x' + v_x'' + \ldots, & v_y + v_y' + v_y'' + \ldots, & v_z + v_z' + v_z'' + \ldots \end{vmatrix} = \begin{vmatrix} \mathfrak{i} & \mathfrak{j} & \mathfrak{k} \\ \dfrac{\partial}{\partial x} & \dfrac{\partial}{\partial y} & \dfrac{\partial}{\partial z} \\ v_x & v_y & v_z \end{vmatrix} +$$

$$+ \begin{vmatrix} \mathfrak{i} & \mathfrak{j} & \mathfrak{k} \\ \dfrac{\partial}{\partial x} & \dfrac{\partial}{\partial y} & \dfrac{\partial}{\partial z} \\ v_x' & v_y' & v_z' \end{vmatrix} + \begin{vmatrix} \mathfrak{i} & \mathfrak{j} & \mathfrak{k} \\ \dfrac{\partial}{\partial x} & \dfrac{\partial}{\partial y} & \dfrac{\partial}{\partial z} \\ v_x'' & v_y'' & v_z'' \end{vmatrix} + \ldots = \operatorname{rot} \mathfrak{v} + \operatorname{rot} \mathfrak{v}' + \operatorname{rot} \mathfrak{v}'' + \ldots \tag{6}$$

b) Für den Rotor eines Produktes aus einem Skalar φ und einem Vektor $\mathfrak{a}$ erhält man ebenfalls mit Benutzung von (3) und (25) § 3

$$\operatorname{rot}(\varphi \mathfrak{a}) = \begin{vmatrix} \mathfrak{i} & \mathfrak{j} & \mathfrak{k} \\ \dfrac{\partial}{\partial x} & \dfrac{\partial}{\partial y} & \dfrac{\partial}{\partial z} \\ \varphi a_x & \varphi a_y & \varphi a_z \end{vmatrix} = \varphi \begin{vmatrix} \mathfrak{i} & \mathfrak{j} & \mathfrak{k} \\ \dfrac{\partial}{\partial x} & \dfrac{\partial}{\partial y} & \dfrac{\partial}{\partial z} \\ a_x & a_y & a_z \end{vmatrix} + \begin{vmatrix} \mathfrak{i} & \mathfrak{j} & \mathfrak{k} \\ \dfrac{\partial \varphi}{\partial x} & \dfrac{\partial \varphi}{\partial y} & \dfrac{\partial \varphi}{\partial z} \\ a_x & a_y & a_z \end{vmatrix} =$$

$$= \varphi \operatorname{rot} \mathfrak{a} + \operatorname{grad} \varphi \times \mathfrak{a}. \tag{7}$$

c) Die Divergenz eines äußeren Produktes aus zwei Vektoren $\mathfrak{a}$ und $\mathfrak{b}$ läßt sich durch die Rotoren der beiden Vektoren ausdrücken, wenn man auf den Ausdruck (25) § 3 die Regel (15) § 6 anwendet:

$$\operatorname{div}(\mathfrak{a} \times \mathfrak{b}) = \nabla \cdot \begin{vmatrix} \mathfrak{i} & \mathfrak{j} & \mathfrak{k} \\ a_x & a_y & a_z \\ b_x & b_y & b_z \end{vmatrix} = \begin{vmatrix} \dfrac{\partial}{\partial x} & \dfrac{\partial}{\partial y} & \dfrac{\partial}{\partial z} \\ a_x & a_y & a_z \\ b_x & b_y & b_z \end{vmatrix} = - \begin{vmatrix} a_x & a_y & a_z \\ \dfrac{\partial}{\partial x} & \dfrac{\partial}{\partial y} & \dfrac{\partial}{\partial z} \\ b_x & b_y & b_z \end{vmatrix} + \begin{vmatrix} b_x & b_y & b_z \\ \dfrac{\partial}{\partial x} & \dfrac{\partial}{\partial y} & \dfrac{\partial}{\partial z} \\ a_x & a_y & a_z \end{vmatrix} =$$

$$= \mathfrak{b} \cdot \operatorname{rot} \mathfrak{a} - \mathfrak{a} \cdot \operatorname{rot} \mathfrak{b}. \tag{8}$$

d) Für den Rotor des äußeren Produktes aus einem konstanten Vektor $\mathfrak{a}$ und dem Radiusvektor $\mathfrak{r}$ findet man mit Benutzung der Formeln (3), (33) § 3, (15) § 6 und (21) § 6

$$\operatorname{rot}(\mathfrak{a} \times \mathfrak{r}) = \nabla \times (\mathfrak{a} \times \mathfrak{r}) = \mathfrak{a}(\nabla \mathfrak{r}) - (\mathfrak{a} \nabla) \mathfrak{r} =$$
$$= \mathfrak{a} \operatorname{div} \mathfrak{r} - (a_x \mathfrak{i} + a_y \mathfrak{j} + a_z \mathfrak{k}) = 3 \mathfrak{a} - \mathfrak{a} = 2 \mathfrak{a}. \tag{9}$$

e) Das Vektorprodukt aus einem Vektor $\mathfrak{v}$ und seinem Rotor hat gemäß den Definitionen (2) und (21) § 3 die x-Komponente

$$(\mathfrak{v} \times \operatorname{rot} \mathfrak{v})_x = v_y \left(\frac{\partial v_y}{\partial x} - \frac{\partial v_x}{\partial y} \right) - v_z \left(\frac{\partial v_x}{\partial z} - \frac{\partial v_z}{\partial x} \right) = \frac{1}{2} \frac{\partial}{\partial x} (v_x^2 + v_y^2 + v_z^2) -$$

$$- \left(v_x \frac{\partial v_x}{\partial x} + v_y \frac{\partial v_x}{\partial y} + v_z \frac{\partial v_x}{\partial z} \right) = \frac{1}{2} \frac{\partial}{\partial x} (v^2) - (\mathfrak{v} \nabla) v_x;$$

analog lauten die y- und z-Komponente, so daß die folgende Vektorformel resultiert:

$$(\mathfrak{v} \times \operatorname{rot} \mathfrak{v}) = \frac{1}{2} \operatorname{grad}(v^2) - (\mathfrak{v} \nabla) \mathfrak{v}. \tag{10}$$

f) Der Rotor eines Rotors kann gemäß (3), ferner (5) § 6, (15) § 6, (24) § 6 und (33) § 3 wie folgt umgeformt werden:

$$\operatorname{rot}(\operatorname{rot}\mathfrak{v}) = \nabla \times (\nabla \times \mathfrak{v}) = \nabla \cdot (\nabla \cdot \mathfrak{v}) - (\nabla \cdot \nabla)\,\mathfrak{v} = \operatorname{grad\,div}\mathfrak{v} - \varDelta\,\mathfrak{v}. \tag{11}$$

3. Der Stokessche Satz. Einen wichtigen, auf Wirbelfelder bezüglichen Integralsatz gewinnt man durch die folgende Überlegung: Wir konstruieren im Raum eine beliebige, in sich geschlossene Kurve S und spannen auf ihr als Berandung eine beliebige Fläche F auf, die wir durch zwei einander schneidende Scharen paralleler Kurven in Flächenelemente dF teilen. Um jedes dieser Flächenelemente erstrecken wir das Linienintegral $\oint v_s\,ds$ im gleichen Sinne und addieren sämtliche so erhaltenen Werte.

Aus der Betrachtung der Abb. 13 erkennt man unmittelbar, daß bei dieser Summation diejenigen Beträge einander aufheben, die von der Integration über die im Innern von F gelegenen Parallelogrammseiten herrühren, da über jede solche Parallelogrammseite zweimal in entgegengesetztem Sinne integriert wird. Der Wert der Summe reduziert sich also auf das im selben Sinne wie über die einzelnen Flächenelemente erstreckte Linienintegral über die Randkurve S.

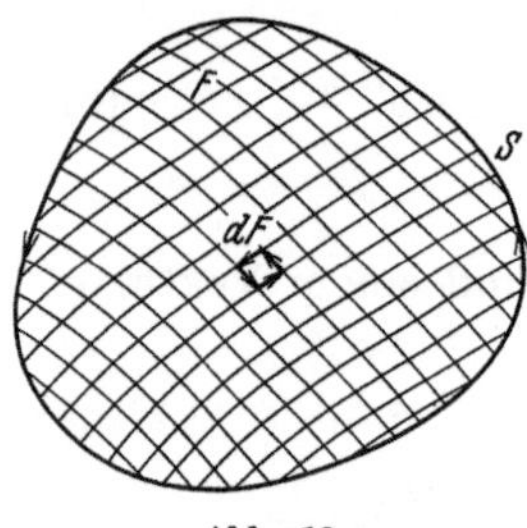

Abb. 13.

Nach der Definition von 1. ist das Linienintegral über ein Flächenelement gleich dem Flächeninhalt dF des Elementes multipliziert mit dem Werte von $\operatorname{rot}_n\mathfrak{v}$ im Innern des Elementes. Die oben betrachtete Summe ist demnach einerseits im Grenzfalle unendlich feiner Einteilung von F gleich dem Flächenintegral $\int\int \operatorname{rot}_n\mathfrak{v}\,dF$; nach der eben angestellten Überlegung aber muß sie anderseits gleich dem Linienintegral $\oint v_s\,ds$ über die Randkurve S sein. Es gilt also der Satz

$$\int\int \operatorname{rot}_n\mathfrak{v}\,dF = \oint v_s\,ds, \tag{12}$$

und zwar stets, wenn das Linienintegral auf der rechten Seite über eine beliebige Raumkurve, das Flächenintegral auf der linken Seite über eine beliebige, auf der Kurve als Berandung aufgespannte Fläche erstreckt wird.

Der Satz (12) heißt der „STOKES*sche Satz*". Er wird in der theoretischen Physik häufig verwendet, wenn man ein Flächen- in ein Linienintegral verwandeln will oder umgekehrt.

4. Berechnung des quellenfreien Vektorfeldes aus seinen Wirbeln. Wir legen den folgenden Betrachtungen ein beliebiges quellenfreies Feld $\mathfrak{v}\,(x, y, z)$ zugrunde. Seine Wirbelverteilung sei bekannt, d. h. $\operatorname{rot}\mathfrak{v}$ sei eine bekannte Vektorfunktion des Ortes, die wir in der Form

$$\operatorname{rot}\mathfrak{v} = 4\,\pi\,\mathfrak{c}\,(x, y, z) \tag{13}$$

ansetzen. Die Vektorfunktion $\mathfrak{c}\,(x, y, z)$ nennen wir in Analogie zu der skalaren „Quellendichte" die „*Wirbeldichte*".

In § 7, 1. haben wir bewiesen, daß man ein wirbelfreies Feld aus seinen Quellen eindeutig bestimmen kann. Wir wollen nun zeigen, daß man ein quellenfreies Feld aus seinen Wirbeln eindeutig bestimmen kann, d. h. daß man $\mathfrak{v}\,(x, y, z)$ eindeutig bestimmen kann, wenn $\mathfrak{c}\,(x, y, z)$ gegeben ist. Der Beweis läuft analog zu dem in § 7 durchgeführten Beweise. Gäbe es nämlich zwei voneinander verschiedene Felder $\mathfrak{v}_1$ und $\mathfrak{v}_2$ mit der gleichen Wirbeldichte $\mathfrak{c}$, die beide die Gleichung (13) befriedigen, dann müßte nach Formel (6) der Vektor $(\mathfrak{v}_1 - \mathfrak{v}_2)$ die Gleichung

$$\operatorname{rot}(\mathfrak{v}_1 - \mathfrak{v}_2) = 0$$

und gleichzeitig wegen der Quellenfreiheit gemäß Formel (20) § 6 die Gleichung

$$\operatorname{div}(\mathfrak{v}_1 - \mathfrak{v}_2) = 0$$

im ganzen Raume erfüllen, also gleichzeitig im ganzen Raume quellen- und wirbelfrei sein, was, wie wir bereits wissen, nicht möglich ist. Die Lösung der Gleichung (13) ist also in der Tat eindeutig.

Wir können nun leicht zeigen, daß sich ein *beliebiges* Feld stets *eindeutig* in ein *wirbelfreies* Feld $\mathfrak{v}_1$ und ein *quellenfreies* Feld $\mathfrak{v}_2$ zerlegen lassen muß. In der Tat kann man aus den gegebenen Quellen des Feldes $\mathfrak{v}_1$ und aus den gegebenen Wirbeln des Feldes $\mathfrak{v}_2$ eindeutig bestimmen. Wegen der Wirbelfreiheit von $\mathfrak{v}_1$ ist dann der Rotor von $\mathfrak{v} = \mathfrak{v}_1 + \mathfrak{v}_2$ gleich dem Rotor von $\mathfrak{v}_2$, entspricht also den gegebenen Wirbeln des Feldes; wegen der Quellenfreiheit von $\mathfrak{v}_2$ ist ferner die Divergenz von $\mathfrak{v}$ gleich der Divergenz von $\mathfrak{v}_1$, stimmt also mit den gegebenen Quellen des Feldes überein.

5. Das Vektorpotential. Zur praktischen Durchführung der Lösung führen wir einen Vektor $\mathfrak{A}\,(x,\,y,\,z)$ durch die Gleichung

$$\mathfrak{v} = \operatorname{rot} \mathfrak{A} \tag{14}$$

ein, was sicher möglich ist, da ja nach Gleichung (5) der Rotor eines beliebigen Vektorfeldes stets quellenfrei ist. Wir nehmen an, daß sich $\mathfrak{A}$ so wählen läßt, daß das Vektorfeld $\mathfrak{A}$ ebenfalls quellenfrei ist, daß also gilt

$$\operatorname{div} \mathfrak{A} = 0; \tag{15}$$

den Beweis für die Richtigkeit dieser Annahme werden wir später erbringen.

Mit Hilfe der Formeln (11), (14) und (15) erhält man für rot $\mathfrak{v}$ den Ausdruck

$$\operatorname{rot} \mathfrak{v} = \operatorname{rot} \operatorname{rot} \mathfrak{A} = \operatorname{grad} \operatorname{div} \mathfrak{A} - \varDelta\,\mathfrak{A} = -\varDelta\,\mathfrak{A},$$

mit Hilfe dessen man die Gleichung (13) umformen kann in

$$\varDelta\,\mathfrak{A} = -4\,\pi\,\mathfrak{c}. \tag{16}$$

Die Vektorgleichung (16) ist den drei skalaren Gleichungen

$$\left.\begin{aligned}
\varDelta\,A_x &= -4\,\pi\,c_x \\
\varDelta\,A_y &= -4\,\pi\,c_y \\
\varDelta\,A_z &= -4\,\pi\,c_z
\end{aligned}\right\} \tag{17}$$

äquivalent, deren rechte Seiten skalare Ortsfunktionen sind. Jede dieser Gleichungen ist formal mit der POISSONschen Gleichung (11) § 7 identisch. Ihre allgemeine Lösung kann daher aus der in § 7, 4. ermittelten Lösung der POISSONschen Gleichung sofort gefunden werden, wenn man in der Formel (13) an Stelle von ϱ eine der Komponenten von $\mathfrak{c}$ und an Stelle von φ die entsprechenden Komponenten von $\mathfrak{A}$ setzt:

$$\left.\begin{aligned}
A_x &= \iiint \frac{c_x}{r}\,dV \\[2mm]
A_y &= \iiint \frac{c_y}{r}\,dV \\[2mm]
A_z &= \iiint \frac{c_z}{r}\,dV
\end{aligned}\right\} \tag{18}$$

oder in Vektorform:

$$\mathfrak{A} = \iiint \frac{\mathfrak{c}}{r}\,dV. \tag{19}$$

Wegen der formalen Analogie der Komponenten von $\mathfrak{A}$ mit dem skalaren Potential φ nennt man $\mathfrak{A}$ das „*Vektorpotential*". Ist die Wirbeldichte als Funktion des Ortes bekannt, so kann man mittels der Gleichungen (18) oder (19) hieraus das Vektorpotential in einem beliebigen Aufpunkte P berechnen, indem man den Wert der Wirbeldichte für jedes Volumenelement dV des Feldes durch die Entfernung r dieses Volumenelementes vom Aufpunkte dividiert und über den ganzen Raum integriert.

Wir müssen nun noch den Beweis nachtragen, daß das auf diese Weise bestimmte $\mathfrak{A}$ tatsächlich, wie wir vorausgesetzt haben, quellenfrei ist, also die Gleichung (15) befriedigt. Wir bilden zu diesem Zwecke mit Hilfe von (19) den Ausdruck div $\mathfrak{A}$ und formen ihn vermöge des GAUSSschen Satzes um:

$$\operatorname{div} \mathfrak{A} = \operatorname{div} \int\!\int\!\int \frac{\mathfrak{c}}{r}\, dV = \int\!\int\!\int \operatorname{div}\left(\frac{\mathfrak{c}}{r}\right) dV = \int\!\int \frac{c_n}{r}\, dF. \tag{20}$$

Die Integration in dem letzten Integral in (20) ist dabei auf einer beliebigen Fläche vorzunehmen, die das *ganze* Wirbelsystem umschließt; auf ihr müssen daher alle Komponenten von $\mathfrak{c}$ verschwinden, so daß auch der Ausdruck (20) verschwindet, was zu beweisen war.

Hat man nun $\mathfrak{A}$ aus seinen Wirbeln mit Hilfe der Gleichungen (18) ermittelt, dann erhält man hieraus sofort den Feldvektor $\mathfrak{v}$ aus den Gleichungen (14). Damit ist also die Aufgabe, ein Feld aus seinen Wirbeln zu bestimmen, vollkommen gelöst.

6. Wirbellinien. Unter einem „*Wirbelfaden*" verstehen wir eine Wirbelverteilung, die der Bedingung genügt, daß rot $\mathfrak{v}$ nur im Innern und an der Oberfläche eines engen Schlauches, der das Feld durchzieht, von Null verschieden ist, außerhalb dieses Schlauches aber verschwindet. Stellen wir uns für den Augenblick das Vektorfeld der Wirbeldichte $\mathfrak{c}$ als Strömungsfeld vor, dann ist die Oberfläche der Wirbelfäden aus lauter Strömungslinien von $\mathfrak{c}$ gebildet.

Da $\mathfrak{c}$ nach (5) ein quellenfreier Vektor ist, müssen seine Strömungslinien alle in sich geschlossen sein, der die Wirbellinien bildende Schlauch muß also ebenfalls in sich geschlossen sein. Als weitere Folge der Quellenfreiheit von $\mathfrak{c}$ muß ferner durch jeden senkrechten Querschnitt q des Wirbelfadens pro Sekunde die gleiche „Flüssigkeitsmenge" des Strömungsfeldes $\mathfrak{c}$ hindurchströmen oder der Ausdruck $|\mathfrak{c}| \cdot q$ muß längs des ganzen Wirbelfadens konstant sein.

Lassen wir den Wirbelfaden immer enger und enger werden und vergrößern wir gleichzeitig $|\mathfrak{c}|$ derart, daß das Produkt $|\mathfrak{c}| \cdot q$ konstant bleibt, dann kommt man im Grenzfalle verschwindend kleinen Querschnittes zu einem als „*Wirbellinie*" bezeichneten Gebilde. Die Größe

$$\lim_{q=0} (q\,|\mathfrak{c}|) = \eta \tag{21}$$

nennen wir das „*Moment*" der Wirbellinie. Es ist nach dem oben Gesagten eine endliche, längs der ganzen in sich geschlossenen Wirbellinie konstante Größe. Mit Ausnahme der Punkte der Wirbellinie soll $\mathfrak{c}$ im ganzen Raume verschwinden.

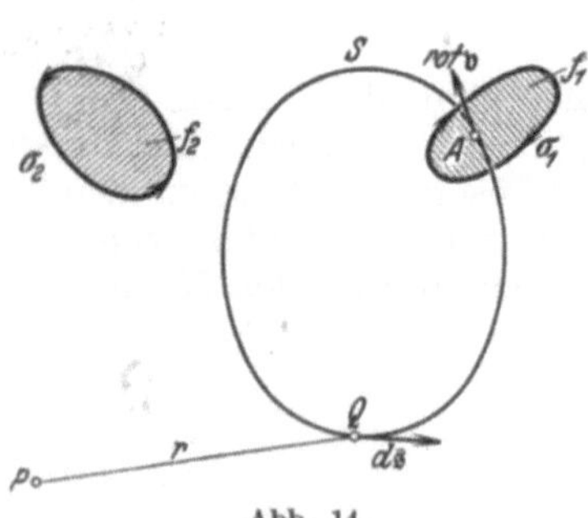

Abb. 14.

Um das einer Wirbellinie S (Abb. 14) entsprechende Vektorfeld $\mathfrak{v}$ aus der geometrischen Gestalt und dem Moment η der Wirbellinie zu bestimmen, was offenbar nach 4. möglich sein muß, bilden wir nach Formel (19) das Vektorpotential eines die Wirbellinie umgebenden Wirbelfadens mit dem Querschnitt q,

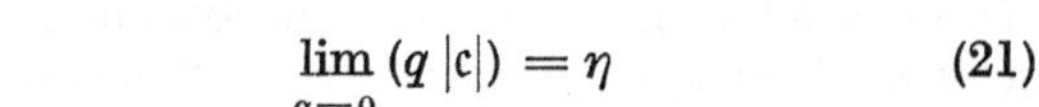

$$\mathfrak{A} = \int\!\int\!\int \frac{\mathfrak{c}}{r}\, dV = \oint \frac{\mathfrak{c}\, q\, ds}{r} = \oint \frac{|\mathfrak{c}|\, q\, d\mathfrak{s}}{r}, \tag{22}$$

worin $d\mathfrak{s}$ den Vektor des Linienelementes der Kurve S und ds seinen Betrag bedeutet. Geht man jetzt zur Grenze für $q = 0$ über, so erhält man mit Benutzung von (21)

$$\mathfrak{A} = \lim_{q=0} \oint \frac{|\mathfrak{c}|\, q\, d\mathfrak{s}}{r} = \eta \oint \frac{d\mathfrak{s}}{r} \tag{23}$$

als Vektorpotential der Wirbellinie. Die Integration in dem Linienintegral (23) ist dabei über die ganze Wirbellinie S zu erstrecken; r bedeutet die jeweilige Entfernung des bei der Integration festgehaltenen Aufpunktes P von dem Linienelement $d\mathfrak{s}$.

Aus dem so ermittelten $\mathfrak{A}$ erhält man das Vektorfeld der Wirbellinie mit Hilfe der Gleichung (14):

$$\mathfrak{v} = \operatorname{rot}\mathfrak{A} = \eta \operatorname{rot}\oint \frac{d\mathfrak{s}}{r} = \eta \oint \operatorname{rot}\left(\frac{d\mathfrak{s}}{r}\right). \tag{24}$$

Den Integranden des letzten Integrals in (24) kann man mit Hilfe der Formeln (7) und (19) § 6 umformen in

$$\operatorname{rot}\left(\frac{d\mathfrak{s}}{r}\right) = \operatorname{grad}\frac{1}{r} \times d\mathfrak{s} = -\frac{\mathfrak{r} \times d\mathfrak{s}}{r^3},$$

da der Rotor des Vektors $d\mathfrak{s}$ mit den Komponenten dx, dy, dz augenscheinlich verschwindet. Durch Einsetzen in (24) erhält man schließlich

$$\mathfrak{v} = \eta \oint \frac{d\mathfrak{s} \times \mathfrak{r}}{r^3}, \tag{25}$$

worin wieder die Integration über die ganze Wirbellinie zu erstrecken ist.

Als Beispiel zur Anwendung der Formel (25) behandeln wir das Feld einer unendlich langen geraden Wirbellinie (die man sich im Unendlichen als geschlossen denken mag). S habe die Richtung der x-Achse; die Entfernung des Aufpunktes P von S sei a.

Man sieht aus der Abb. 15 unmittelbar, daß die Richtung von $\mathfrak{v}$ auf der Ebene $a\,x$ senkrecht steht. Die Strömungslinien sind also Kreise, deren Ebenen senkrecht auf S stehen und deren Mittelpunkte auf S liegen. Ihr Durchlaufungssinn ist der Richtung des Wirbelvektors wie eine Rechtsschraube zugeordnet. Für den Betrag von $\mathfrak{v}$ ergibt sich nach (25)

$$v = \eta \int_{-\infty}^{+\infty} \frac{dx \cdot r\sin\alpha}{r^3} = \eta a \int_{-\infty}^{+\infty} \frac{dx}{(x^2 + a^2)^{3/2}} = \frac{2\eta}{a}. \tag{26}$$

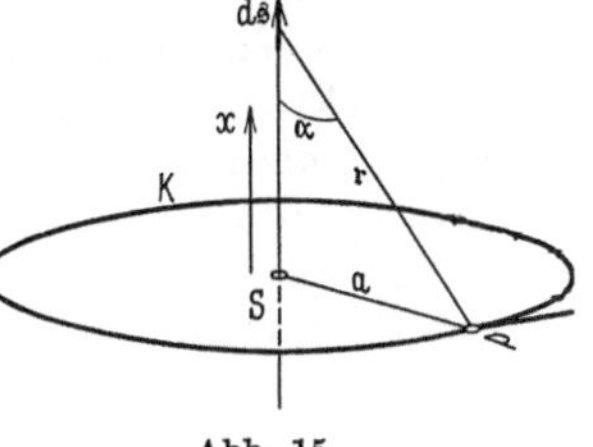

Abb. 15.

7. Äquivalenz von Wirbellinie und Doppelschicht.

Wir konstruieren im Feld einer Wirbellinie S eine beliebige, geschlossene Raumkurve σ, die S nicht schneidet, und erstrecken längs ihrer in einem vorgegebenen Sinne das Linienintegral $\oint v_s\, ds$. Nach dem STOKESschen Satz kann man es in der Form

$$\oint v_s\, ds = \int\int \operatorname{rot}_n \mathfrak{v}\, dF$$

schreiben, wenn man die Integration auf der rechten Seite der Gleichung über eine beliebige, auf σ als Randkurve aufgespannte Fläche f erstreckt. Wird diese Fläche von S *nicht geschnitten*, d. h. *umschlingt* die Kurve σ die Kurve S *nicht* (σ_2 in Abb. 14), dann gilt auf der ganzen Fläche f: $\operatorname{rot}\mathfrak{v} = 0$, und der obige Ausdruck *verschwindet*. Wird hingegen f von S in einem Punkte A *geschnitten*, d. h. umschlingt σ die Kurve S (σ_1 in Abb. 14), dann ist der Ausdruck $\operatorname{rot}_n \mathfrak{v}\, dF$ überall auf f gleich Null, mit Ausnahme des Schnittpunktes A, wo er nach (13) und (21) gleich $4\pi\eta$ ist; der Wert des Integrals ist also gleich $4\pi\eta$.

Wir erhalten demnach den folgenden Satz: In dem Felde $\mathfrak{v}$ einer Wirbellinie mit dem Moment η ist

$$\oint v_s\,ds = 0 \tag{27}$$

längs aller geschlossenen Kurven, die die Wirbellinie nicht umschlingen, und

$$\oint v_s\,ds = \pm\,4\,\pi\,\eta \tag{28}$$

längs aller geschlossener Kurven, die sie umschlingen; das positive Vorzeichen gilt, wenn der Durchlaufungssinn der Integrationskurve und der Sinn des Wirbelvektors in der Wirbellinie einander so zugeordnet sind, wie es die Abb. 14 zeigt; im entgegengesetzten Falle gilt das negative Vorzeichen.

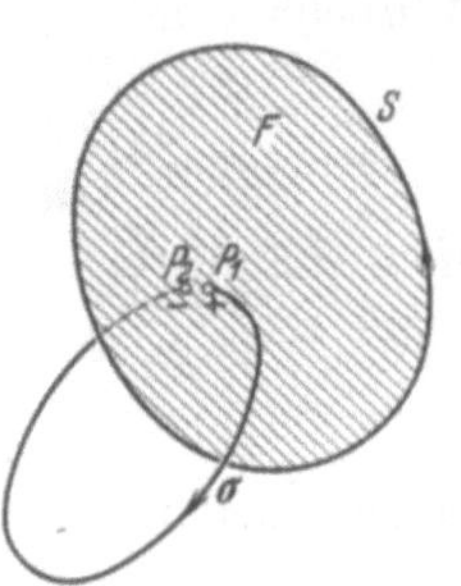

Abb. 16.

Würde die Gleichung (27) für jeden Integrationsweg im Felde von $\mathfrak{v}$ gelten, dann wäre das Feld nach (9) § 6 wirbelfrei und daher von einem skalaren Potential φ ableitbar. Dies gilt auch noch für das vorliegende Feld einer Wirbellinie, wenn wir die zu (28) führenden Integrationswege durch einen Kunstgriff ausschalten, indem wir über der Wirbellinie S eine beliebige Fläche F aufspannen, die „undurchdringlich“ sein soll, also bei der Integration längs einer Kurve σ (Abb. 16) nicht durchstoßen werden kann. Es gilt dann in der Tat für jeden geschlossenen Integrationsweg die Gleichung (27).

Erstreckt man das Integral $\oint v_s\,ds$ von einem Punkte P_1 auf der einen Seite der Fläche längs der Kurve σ bis zu einem P_1 gegenüber liegenden Punkte P_2 auf der anderen Seite der Fläche, so ist der Wert des Integrals nach (28) gleich $4\pi\eta$, wenn der Durchlaufungssinn von σ so wie in der Abb. 16 gewählt ist. Anderseits ist nach (8) § 6 der Wert des Integrals gleich der Differenz $\varphi_1-\varphi_2$ der Potentiale in den beiden Punkten P_1 und P_2. Die Fläche F ist also eine Unstetigkeitsfläche des Potentials, das in allen ihren Punkten einen Sprung von der gleichen Größe, nämlich $4\pi\eta$ erleidet. Dies ist aber, wie wir in § 7, 3. gesehen haben, das Charakteristikum des Feldes einer homogenen Doppelschicht vom Moment η. Wir erhalten demnach den wichtigen Satz:

Das Vektorfeld einer Wirbellinie vom Moment η ist dem Felde einer auf der Wirbellinie als Berandung aufgespannten homogenen Doppelschicht vom gleichen Moment η äquivalent; von der positiven Seite dieser Doppelschicht gesehen, umfließt dabei der „Wirbelstrom“ die Berandung im positiven Sinne (entgegengesetzt dem Sinne der Uhrzeigerbewegung).

§ 9. Ebene Vektorfelder.

1. Vektorfelder in Räumen mit beliebiger Dimensionenzahl. Die in den §§ 6 bis 8 angestellten Betrachtungen über Vektorfelder im dreidimensionalen Raume lassen sich in entsprechend modifizierter Form auch auf Vektorfelder mit beliebiger Dimensionenzahl übertragen. Wir werden uns in diesem Paragraphen speziell mit *zweidimensionalen* oder *ebenen* Vektorfeldern beschäftigen.

Die in § 6 eingeführten Differentialoperationen grad, div, ∇, $\varDelta$ und rot lassen sich ohne weiteres für ein Vektorfeld mit beliebiger Dimensionszahl n erweitern. Bezeichnen $x_1, x_2, \ldots x_n$ die Koordinaten in diesem Raume, $\mathfrak{i}_1, \mathfrak{i}_2, \ldots \mathfrak{i}_n$ die fundamentalen Einheitsvektoren und $\mathfrak{v}$ mit den Komponenten $v_1, v_2, \ldots v_n$ den Feldvektor, dann gilt an Stelle von (2) § 6

$$\operatorname{grad}\varphi = \nabla\,\varphi = \sum_{k=1}^{n} \mathfrak{i}_k\,\frac{\partial\,\varphi}{\partial\,x_k}, \tag{1}$$

an Stelle von (14) § 6 [mit Benutzung von (29) § 3]

$$\operatorname{div} \mathfrak{v} = \nabla \cdot \mathfrak{v} = \sum_{k=1}^{n} \frac{\partial v_k}{\partial x_k}, \tag{2}$$

an Stelle von (24) § 6 und (25) § 6

$$\Delta \varphi = \sum_{k=1}^{n} \frac{\partial^2 \varphi}{\partial x_k^2}. \tag{3}$$

An Stelle von (3) § 8 tritt wieder

$$\operatorname{rot} \mathfrak{v} = \nabla \times \mathfrak{v}, \tag{4}$$

was gemäß § 3, 7. bedeutet, daß $\operatorname{rot} \mathfrak{v}$ kein Vektor, sondern (wie ja auch im dreidimensionalen Falle) ein antisymmetrischer Tensor mit $\binom{n}{2}$ Komponenten, nämlich den zweireihigen Determinanten der Matrix

$$\begin{pmatrix} \dfrac{\partial}{\partial x_1} & \dfrac{\partial}{\partial x_2} & \dfrac{\partial}{\partial x_3} & \cdots & \dfrac{\partial}{\partial x_n} \\ v_1 & v_2 & v_3 & \cdots & v_n \end{pmatrix} \tag{5}$$

ist, die sich für $n=3$ auf die Ausdrücke (2) § 8 reduzieren.

2. **Zweidimensionale Vektorfelder, Potentialproblem der Ebene.** Die zweidimensionalen Vektorfelder spielen in einem euklidischen Raume mit zwei Dimensionen, also in einer Ebene. Die Koordinaten in ihr seien x und y, $\mathfrak{v}$ habe die Komponenten v_x und v_y.

Ein wirbelfreies Vektorfeld ist wiederum ein solches, das sich als Gradient einer skalaren Funktion $\varphi (x, y)$ gemäß (1) darstellen läßt; es gilt also

$$v_x = -\frac{\partial \varphi}{\partial x}, \qquad v_y = -\frac{\partial \varphi}{\partial y}. \tag{6}$$

Die Divergenz des Feldes, bzw. die Dichte seiner Quellen $\omega (x, y)$ hängt mit φ durch die zweidimensionale POISSONsche Gleichung

$$\operatorname{div} \mathfrak{v} = -\Delta \varphi = -\left(\frac{\partial^2 \varphi}{\partial x^2} + \frac{\partial^2 \varphi}{\partial y^2} \right) = 4 \pi \omega \tag{7}$$

zusammen. Die Strömungslinien bilden die Schar der orthogonalen Trajektorien zu der Schar der Kurven $\varphi = \text{const}$, der φ-Linien oder „*Äquipotentiallinien*" (*Niveaulinien*).

Ein quellenfreies Vektorfeld hat einen, im allgemeinen von Null verschiedenen *Rotor*, der gemäß Formel (5) für $n=2$ ein *Skalar* ist; er hängt mit den Komponenten von $\mathfrak{v}$ durch die Beziehung

$$\operatorname{rot} \mathfrak{v} = \frac{\partial v_y}{\partial x} - \frac{\partial v_x}{\partial y} \tag{8}$$

zusammen. Die Wirbeldichte ist beim ebenen Vektorfeld eine skalare Ortsfunktion $\gamma (x, y)$, die mit $\operatorname{rot} \mathfrak{v}$ in Verallgemeinerung von (13) § 8 durch die folgende Gleichung zusammenhängen soll;

$$\operatorname{rot} \mathfrak{v} = 4 \pi \gamma \tag{9}$$

Um der Bedingung der Quellenfreiheit zu genügen, kann man v_x und v_y in der folgenden Form ansetzen:

$$v_x = -\frac{\partial \chi}{\partial y}, \qquad v_y = \frac{\partial \chi}{\partial x}, \tag{10}$$

worin $\chi (x, y)$ eine skalare Ortsfunktion ist, die im Zweidimensionalen dieselbe

Rolle spielt, wie das Vektorpotential im Dreidimensionalen. In der Tat folgt aus (10) unmittelbar

$$\operatorname{div}\mathfrak{v} = \frac{\partial v_x}{\partial x} + \frac{\partial v_y}{\partial y} = 0.$$

Mit Benutzung von (10) kann man die Gleichungen (8) und (9) in der folgenden Form schreiben:

$$\operatorname{rot}\mathfrak{v} = \frac{\partial^2\chi}{\partial x^2} + \frac{\partial^2\chi}{\partial y^2} = 4\pi\gamma. \tag{11}$$

Die Schar der Kurven $\chi = \text{const}$, der χ-Linien ist mit der Schar der Strömungslinien identisch, denn die Komponenten des Normalvektors auf eine χ-Linie sind den Größen $\dfrac{\partial\chi}{\partial x}$ und $\dfrac{\partial\chi}{\partial y}$ proportional und daher das innere Produkt dieses Vektors mit $\mathfrak{v}$ nach (10) gleich Null.

In einem endlichen Gebietsteil der Ebene kann das Feld sowohl quellen- als auch wirbelfrei sein. Es existieren dann in diesem Gebiete zwei skalare Ortsfunktionen $\varphi\,(x,\,y)$, $\chi\,(x,\,y)$, die *„konjugierten Potentiale"*, die mit $\mathfrak{v}$ nach (6) und (10) durch die Gleichungen

$$\left.\begin{aligned} v_x &= -\frac{\partial\varphi}{\partial x} = -\frac{\partial\chi}{\partial y}\\[2mm] v_y &= -\frac{\partial\varphi}{\partial y} = \frac{\partial\chi}{\partial x} \end{aligned}\right\} \tag{12}$$

zusammenhängen und beide der LAPLACEschen Gleichung genügen:

$$\Delta\varphi = 0, \qquad \Delta\chi = 0. \tag{13}$$

Die φ-Linien ($\varphi = \text{const}$) und die χ-Linien ($\chi = \text{const}$) bilden ein System orthogonaler Kurvenscharen, von denen die letzteren mit den Stromlinien zusammenfallen.

Die Lösung der Gleichungen (13) unter vorgegebenen Randbedingungen ist genau so wie im dreidimensionalen Fall eindeutig und ihre Aufsuchung bildet das Potentialproblem der Ebene.

3. Darstellung durch komplexe Funktionen. Anstatt jeden Punkt der Ebene durch ein Zahlenpaar x, y zu charakterisieren, kann man ihm bekanntlich eine komplexe Zahl

$$z = x + iy \tag{14}$$

zuordnen. Jeder Punkt und daher auch der zu ihm gehörige Radiusvektor $\mathfrak{r}$ ist daher durch die Angabe einer komplexen Zahl z eindeutig bestimmt und umgekehrt. Führt man statt der Komponenten x, y von $\mathfrak{r}$ seine Länge r und sein Azimut α (Winkel mit der x-Achse) ein, so ist wegen

$$x = r.\cos\alpha, \quad y = r.\sin\alpha$$

und

$$e^{i\alpha} = \cos\alpha + i\sin\alpha:$$

$$z = re^{i\alpha}. \tag{15}$$

Wir behaupten nun, daß jede (im allgemeinen komplexe) Funktion der komplexen Veränderlichen z

$$\psi\,(z) = \varphi\,(x,\,y) + i\chi\,(x,\,y) \tag{16}$$

die Eigenschaft besitzt, daß ihr Realteil φ und ihr Imaginärteil χ die Gleichungen (12) und (13) erfüllen und daher Lösungen des Potentialproblems der Ebene sind.

In der Tat erhält man durch partielle Differentiation von (16) nach x und y einerseits

$$\left.\begin{aligned} \frac{\partial\psi}{\partial x} &= \frac{\partial\varphi}{\partial x} + i\,\frac{\partial\chi}{\partial x}\\[2mm] \frac{\partial\psi}{\partial y} &= \frac{\partial\varphi}{\partial y} + i\,\frac{\partial\chi}{\partial y} \end{aligned}\right\} \tag{17}$$

Da ψ explizite nur von z abhängig ist, erhält man anderseits mit Benutzung von (14)

$$\left. \begin{aligned} \frac{\partial \psi}{\partial x} &= \frac{d\psi}{dz}\frac{\partial z}{\partial x} = \frac{d\psi}{dz} \\[2mm] \frac{\partial \psi}{\partial y} &= \frac{d\psi}{dz}\frac{\partial z}{\partial y} = i\,\frac{d\psi}{dz} \end{aligned} \right\} \tag{18}$$

und daher

$$i\,\frac{\partial \psi}{\partial x} = \frac{\partial \psi}{\partial y}.$$

Setzt man hierin aus (17) ein und ordnet nach reellen und imaginären Gliedern, so erhält man die Gleichung

$$\left(\frac{\partial \varphi}{\partial y} + \frac{\partial \chi}{\partial x}\right) + i\left(\frac{\partial \chi}{\partial y} - \frac{\partial \varphi}{\partial x}\right) = 0, \tag{19}$$

die nur erfüllt sein kann, wenn der Realteil und der Imaginärteil für sich verschwinden, also die Gleichungen (12) befriedigt sind. Hieraus folgt dann weiter

$$\frac{\partial^2 \varphi}{\partial x^2} + \frac{\partial^2 \varphi}{\partial y^2} = \frac{\partial}{\partial x}\left(\frac{\partial \chi}{\partial y}\right) + \frac{\partial}{\partial y}\left(-\frac{\partial \chi}{\partial x}\right) = 0,$$

$$\frac{\partial^2 \chi}{\partial x^2} + \frac{\partial^2 \chi}{\partial y^2} = \frac{\partial}{\partial x}\left(-\frac{\partial \varphi}{\partial y}\right) + \frac{\partial}{\partial y}\left(\frac{\partial \varphi}{\partial x}\right) = 0,$$

also die Gültigkeit der Gleichungen (13).

Die Funktion $\psi(z)$ heißt die zu dem betreffenden Potentialproblem gehörige (komplexe) *„Strömungsfunktion"*. Die Lösung des Problems reduziert sich auf die Aufgabe, eine Funktion der komplexen Veränderlichen z zu suchen, die auf der Berandung des vorgegebenen Gebietes bestimmte Randbedingungen (vorgegebene Werte von φ und χ) erfüllt. Dies ist, wie die Funktionentheorie lehrt, stets *eindeutig* möglich. Die Komponenten des Vektorfeldes gewinnt man dann, wie aus den Gleichungen (17) und (18) hervorgeht, durch Bildung von $\dfrac{d\psi}{dz}$:

$$\frac{d\psi}{dz} = \frac{\partial \psi}{\partial x} = \frac{\partial \varphi}{\partial x} + i\,\frac{\partial \chi}{\partial x} = -v_x + i v_y. \tag{20}$$

Mit dem Bestehen der Gleichungen (13) verträglich ist die Existenz von einzelnen punktförmigen Quellen oder Wirbeln in dem betrachteten Gebiete, entsprechend singulären Punkten der im übrigen regulären Funktion $\psi(z)$. Um ihre Ergiebigkeit zu bestimmen, bilde man das Integral der Funktion $-\dfrac{d\psi}{dz}$ auf einem beliebigen, in sich geschlossenen Wege S, der ganz in dem zu untersuchenden Gebiet liegt. Mit Hilfe von (20) und (14) erhält man hiefür

$$-\oint \frac{d\psi}{dz}\,dz = \oint (v_x - i v_y)\,(dx + i dy)$$

$$= \oint (v_x\,dx + v_y\,dy) + i\oint (v_x\,dy - v_y\,dx)$$

$$= \oint v_s\,ds + i\oint v_n\,ds. \tag{21}$$

Der Realteil des Integrals ist also nach dem STOKESschen Satz gleich der gesamten Wirbelstärke der von der Kurve S eingeschlossenen punktförmigen Wirbel und der Imaginärteil nach dem GAUSSschen Satz gleich der Gesamtergiebigkeit der von S eingeschlossenen punktförmigen Quellen.

4. Beispiele für komplexe Strömungsfunktionen.

a) Es sei

$$\psi(z) = a_0 + a_1 z, \tag{22}$$

worin a_0 und a_1 beliebige komplexe Konstanten bedeuten. Nach (20) ist dann

$$v_x - i v_y = -\frac{d\psi}{dz} = -a_1 = -\alpha_1 - i\beta_1,$$

worin α_1 und β_1 reelle Konstanten sind.

Hieraus folgt
$$v_x = -\alpha_1, \quad v_y = \beta_1; \tag{23}$$

$\mathfrak{v}$ ist also ein *konstanter* Vektor, das Vektorfeld ist in der ganzen Ebene *homogen*.

b) Es sei
$$\psi(z) = a_0 + a_1 z + \frac{a_2}{z}, \tag{24}$$

worin a_0 eine beliebige komplexe, a_1 und a_2 beliebige reelle Konstanten bedeuten.

Den Verlauf der Strömungslinien erhält man zunächst durch Aufsuchung der χ-Linien. Bildet man den Imaginärteil von (24), so erhält man nach (16)

$$\chi(x, y) = \beta_0 + a_1 y - \frac{a_2 y}{x^2 + y^2}. \tag{25}$$

Die Linien $\chi = $ const sind also die Kurven

$$y\left(a_1 - \frac{a_2}{r^2}\right) = \text{const.} \tag{26}$$

Aus (26) erkennt man ohne weiteres, daß sie für $x = \infty$, also $r = \infty$ zur x-Achse parallel laufen. Setzt man die rechte Seite gleich Null, so zerfällt (26) in die beiden Gleichungen

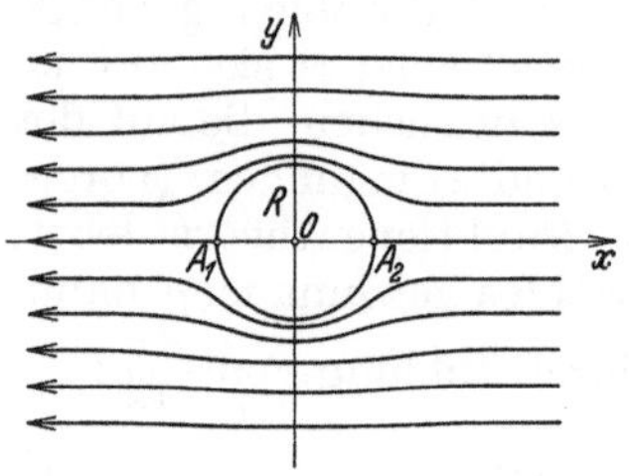

$$y = 0 \quad \text{und} \quad r = \sqrt{\frac{a_2}{a_1}} = R.$$

Eine der Kurven der Schar besteht also aus der x-Achse und dem Kreis mit dem Radius R und dem Mittelpunkt im Koordinatenursprung. Die übrigen Kurven sind nach (26) leicht zu zeichnen. Einige von ihnen sind in Abb. 17 dargestellt.

Abb. 17.

Bildet man ferner nach (24) die Ableitung $\frac{d\psi}{dz}$, so erhält man nach (20)

$$v_x - i v_y = -a_1 + \frac{a_2}{z^2}. \tag{27}$$

Für $x = \infty$, also $z = \infty$ wird demnach $v_y = 0$, $v_x = -a_1$. Die Strömung erfolgt daher im Sinne der eingezeichneten Pfeile und im Unendlichen mit dem Betrage a_1 des Strömungsvektors parallel zur x-Achse. In den Punkten A_1 und A_2 mit $z = \pm R = \pm \sqrt{\frac{a_2}{a_1}}$ verschwindet der Ausdruck (27), der Betrag von $\mathfrak{v}$ ist also in diesen beiden Punkten gleich Null; sie werden deshalb als „*Staupunkte*" bezeichnet.

c) Es sei
$$\psi(z) = A \log z, \tag{28}$$

worin A eine beliebige komplexe Konstante bedeutet.

Dann ist nach (16) und (15)

$$\varphi + i\chi = A \log(r e^{i\alpha}) = A \log r + i\alpha A \tag{29}$$

und nach (20)
$$v_x - i v_y = -\frac{d\psi}{dz} = -\frac{A}{z}. \tag{30}$$

Die Funktion (28) hat ersichtlicherweise im Endlichen nur einen singulären

Punkt, nämlich den Punkt $z = 0$. Erstreckt man das Integral (21) beispielsweise längs eines Kreises vom Radius r um diesen Punkt, so erhält man mittels (30)

$$-\oint \frac{d\psi}{dz}\, dz = \oint \frac{A}{z}\, dz = \oint \frac{A}{r\, e^{ia}}\, d\,(r e^{ia}) = A\, i \oint d\alpha = 2\,\pi i A. \qquad (31)$$

Ist die Konstante A reell, dann wird nach (29)

$$\varphi = A \log r, \quad \chi = \alpha A. \qquad (32)$$

Die φ-Linien sind also Kreise mit dem Koordinatenursprung als Mittelpunkt und die χ-Linien die Geraden durch den Ursprung. Die Lösung für φ stimmt mit der in § 7 gefundenen Lösung (28) für das Potentialproblem mit Zylindersymmetrie überein, wie es naturgemäß sein muß. Der Koordinatenursprung erweist sich nach (21) und (31) als Quellpunkt mit der Ergiebigkeit $2\pi A$.

Ist die Konstante A rein imaginär, dann vertauschen einfach in (32) φ und χ ihre Rollen, die Strömungslinien sind also Kreise um den Koordinatenursprung als Mittelpunkt. Der Betrag von $\mathfrak{v}$ im Abstande a vom Ursprung ist nach (30), wenn wir A mit reellem η in der Form $A = -2 i \eta$ ansetzen,

$$|\mathfrak{v}| = \frac{2\,\eta}{a}. \qquad (33)$$

Im Koordinatenursprung sitzt nach (31) ein punktförmiger Wirbel von der Stärke $4\pi\eta$. Wie man sieht, entspricht die Lösung völlig der in § 8, 6. gefundenen Lösung (26) für das Feld einer geraden Wirbellinie mit dem Wirbelmoment η, was natürlich so sein muß, da jeder senkrechte Querschnitt durch dieses Feld ein ebenes Wirbelfeld mit einem einzigen Wirbelpunkt ergeben muß.

Viertes Kapitel.

Kinematik.

§ 10. Kinematik eines einzelnen Punktes.

1. Grundlegende Begriffe, Bewegungsgleichung und Bahnkurve. Die „*Kinematik*" (oder „*Phoronomie*") beschäftigt sich mit der mathematisch-geometrischen Beschreibung der (kontinuierlichen) Bewegung von Punkten im Raume. Da jeder materielle Körper als System von endlich oder unendlich vielen „materiellen Punkten" aufgefaßt werden kann, bildet die Kinematik die unentbehrliche mathematische Grundlage für die theoretisch-physikalische Behandlung der Bewegung der materiellen Körper. Wir beginnen bei ihrer Besprechung mit dem einfachsten Fall, nämlich der Kinematik eines einzelnen Punktes.

Die Lage eines beweglichen Punktes P zu irgend einer Zeit t beschreiben wir durch den vom Koordinatenursprung zu ihm hin gezogenen Radiusvektor $\mathfrak{r}$ oder seine Komponenten x, y, z (Abb. 18). Die Tatsache, daß der Punkt sich bewegt, drückt sich dadurch aus, daß $\mathfrak{r}$ eine bestimmte Funktion der Zeit

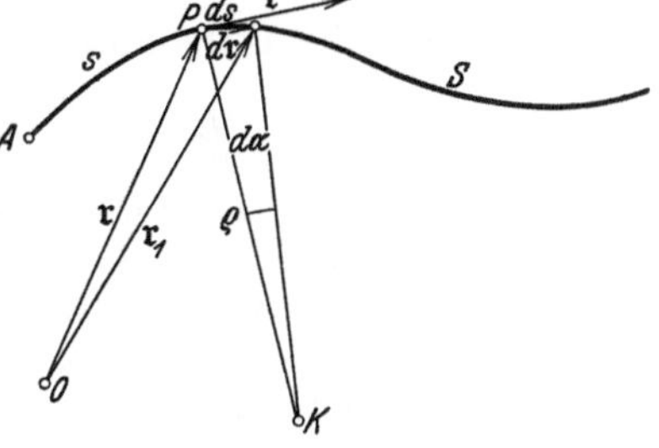

Abb. 18.

$$\mathfrak{r} = \mathfrak{r}\,(t) \qquad (1)$$

ist. Die Gleichung (1) heißt die „*Bewegungsgleichung*" des Punktes.

Bei seiner Bewegung beschreibt der Punkt eine Kurve S im Raume, die man seine „*Bahnkurve*" nennt. Wir wählen auf ihr einen beliebigen Anfangspunkt A

und messen die Entfernung eines beliebigen Punktes P der Kurve von A durch die Bogenlänge s der Kurve zwischen A und P. Das Element der Bogenlänge, das „Bogenelement", nennen wir ds.

Gibt man zu jedem Punkte P der Kurve seinen Radiusvektor $\mathfrak{r}$ als Funktion der Bogenlänge s an, dann ist durch die Vektorfunktion

$$\mathfrak{r} = \mathfrak{r}\,(s) \tag{2}$$

oder, ausführlich geschrieben, durch die drei skalaren Funktionen

$$x = x\,(s), \qquad y = y\,(s), \qquad z = z\,(s) \tag{3}$$

die Kurve (bis auf den willkürlichen Anfangspunkt) vollkommen bestimmt. Wir nennen die Gleichungen (2) bzw. (3) die *Gleichungen der Bahnkurve* in „Parameterdarstellung", wobei als Parameter die Bogenlänge benützt ist.

Um die Bewegung des Punktes auf der Bahnkurve festzulegen, ist außer der Gleichung der Bahnkurve (2) noch die Angabe der skalaren Funktion (4)

$$s = s\,(t) \tag{4}$$

erforderlich, durch welche die zu P gehörige Bogenlänge als bestimmte Funktion der Zeit festgelegt wird. Betrachtet man in (2) s als implizite Funktion der Zeit gemäß (4), dann kommt man wieder auf die Bewegungsgleichung (1) zurück.

2. Geschwindigkeitsvektor und Tangentialvektor. Als „*Geschwindigkeitsvektor*" der Bewegung bezeichnet man den aus (1) durch Differentiation nach der Zeit hervorgehenden Vektor

$$\mathfrak{v}\,(t) = \frac{d\mathfrak{r}}{dt} \tag{5}$$

mit den Komponenten

$$v_x = \frac{dx}{dt}, \qquad v_y = \frac{dy}{dt}, \qquad v_z = \frac{dz}{dt}. \tag{6}$$

v_x bedeutet gemäß (6) offenbar den von der Projektion des Punktes P auf die x-Achse zwischen t und $t + dt$ zurückgelegten Weg dx, dividiert durch die dafür benötigte Zeit dt, also ihren „Weg pro Zeiteinheit". Analog sind v_y und v_z die Wege der Projektion von P auf die y- und die z-Achse pro Zeiteinheit.

Differentiiert man anderseits $\mathfrak{r}$ gemäß Gleichung (2) nach der Bogenlänge s, so erhält man einen Vektor

$$\mathfrak{t}\,(s) = \frac{d\mathfrak{r}}{ds} \tag{7}$$

mit den durch die Differentiation der Gleichungen (3) gebildeten Komponenten

$$t_x = \frac{dx}{ds}, \qquad t_y = \frac{dy}{ds}, \qquad t_z = \frac{dz}{ds}. \tag{8}$$

In § 6, 2. haben wir bereits bewiesen, daß die durch die Ausdrücke (8) dargestellten Komponenten von $\mathfrak{t}$ gleich den Komponenten eines Einheitsvektors sind, der die Richtung der Tangente an die Kurve im betrachteten Punkte P hat. Wir nennen daher $\mathfrak{t}$ den „*Tangentialvektor*" der Kurve.

Zur Vereinfachung der Schreibweise und um Verwechslungen auszuschalten, wollen wir im folgenden, wie es in der Kinematik und in der Physik allgemein üblich ist, die Ableitung einer implizite oder explizite von der Zeit abhängigen Größe nach der Zeit mit dem NEWTONschen Fluxionssymbol, nämlich durch einen über den betreffenden Buchstaben gesetzten Punkt, die Ableitung nach dem Parameter s mit der LEIBNIZschen Bezeichnung, nämlich durch einen dem betreffenden Buchstaben aufgesetzten Akzent bezeichnen. An Stelle von (5) und (6) können wir daher schreiben

$$\mathfrak{v} = \dot{\mathfrak{r}} \;(v_x = \dot{x},\; v_y = \dot{y},\; v_z = \dot{z}) \;\text{(sprich: } r \text{ Punkt!)} \tag{9}$$

und an Stelle von (7) und (8)

$$\mathfrak{t} = \mathfrak{r}' \quad (t_x = x', \quad t_y = y', \quad t_z = z') \quad \text{(sprich: r Strich!)}. \tag{10}$$

Differentiiert man die Gleichung (2) implizite nach der Zeit, dann erhält man

$$\frac{d\mathfrak{r}}{dt} = \frac{d\mathfrak{r}}{ds} \cdot \frac{ds}{dt},$$

oder nach (5) und (7)
$$\mathfrak{v} = \mathfrak{t} \cdot \dot{s}. \tag{11}$$

Der Geschwindigkeitsvektor hat also die Richtung der Tangente an die Bahnkurve. Bildet man auf beiden Seiten der Gleichung (11) den Absolutbetrag, so erhält man, da $\mathfrak{t}$, wie gezeigt wurde, ein Einheitsvektor ist,

$$|\mathfrak{v}| = v = \dot{s}\,(t); \tag{12}$$

der Betrag des Geschwindigkeitsvektors oder die *„Bahngeschwindigkeit"* ist also einfach der auf der Bahnkurve gemessene (zeitlich veränderliche) „Weg pro Zeiteinheit".

Bezeichnet man mit ϱ den Krümmungsradius der Kurve S an der betrachteten Stelle P, dann kann man eine Größe $\omega\,(t)$ durch die Bezeichnung

$$v = \omega \cdot \varrho \tag{13}$$

einführen, die man die *„Winkelgeschwindigkeit"* des Punktes P nennt. Der Name ist im Hinblick auf die Tatsache gewählt, daß nach (13) und (12) (Abb. 18)

$$\omega = \frac{v}{\varrho} = \frac{ds}{\varrho}\bigg/ dt = \frac{d\alpha}{dt}$$

gilt, worin $d\alpha$ der Winkel ist, unter dem vom Krümmungsmittelpunkt K gesehen das Bahnelement ds erscheint.

Als *„Flächengeschwindigkeit"* bezeichnet man in Analogie zur Definition des Geschwindigkeitsvektors $\mathfrak{v}$ die vom Radiusvektor pro Zeiteinheit überstrichene Fläche nach Größe und Richtung. Aus Abb. 18 ersieht man unmittelbar, daß die in der Zeit dt überstrichene Fläche gleich der Hälfte des von den Vektoren $\mathfrak{r}$ und $d\mathfrak{r}$ aufgespannten Flächenstückes ist; die Flächengeschwindigkeit $\mathfrak{f}$ erhält man hieraus durch Division durch dt, also nach § 3, 6.:

$$\mathfrak{f} = \frac{1}{2}\,\frac{\mathfrak{r} \times d\mathfrak{r}}{dt} = \frac{1}{2}\,(\mathfrak{r} \times \mathfrak{v}). \tag{14}$$

3. Beschleunigungsvektor und Hauptnormalvektor. Als *„Beschleunigungsvektor"* der Bewegung bezeichnet man den aus (9) durch einmalige oder aus (1) durch zweimalige Differentiation nach der Zeit hervorgehenden Vektor

mit den Komponenten
$$\mathfrak{b} = \dot{\mathfrak{v}} = \ddot{\mathfrak{r}} \tag{15}$$
$$b_x = \ddot{x}, \quad b_y = \ddot{y}, \quad b_z = \ddot{z}, \tag{16}$$

die gleich den Geschwindigkeitszuwächsen der Projektionen von P pro Zeiteinheit sind.

Durch nochmalige Differentiation der Gleichung (10) nach s erhält man ferner den Vektor
$$\frac{d\mathfrak{t}}{ds} = \mathfrak{t}' = \mathfrak{r}'', \tag{17}$$

dessen Richtung mit der Richtung von $d\mathfrak{t}$ übereinstimmt und dessen Betrag gleich ist $\frac{|d\mathfrak{t}|}{ds}$. Trägt man die Tangentialvektoren $\mathfrak{t}$ und $\mathfrak{t}_1$ in den beiden unendlich benachbarten Punkten P und P_1 in Abb. 18 von einem Punkte A aus auf (Abb. 19), dann bestimmen sie die sogenannte „Schmiegungsebene" der Bahnkurve im Punkte P, also diejenige Ebene, die durch drei benachbarte

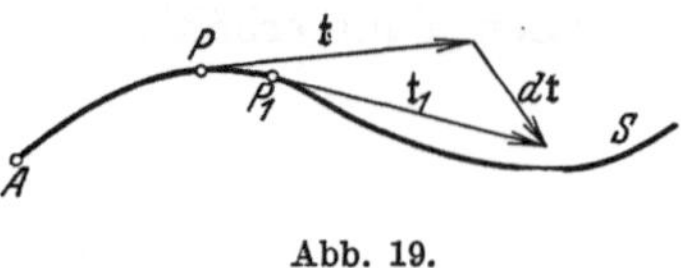

Abb. 19.

Punkte der Kurve hindurchgelegt werden kann und daher auch den Krümmungsmittelpunkt enthält. Der in dieser Ebene gelegene Vektor $d\,t$ ist die Differenz von t_1 und t. Da t_1 und t beide die Länge Eins haben, steht $d\,t$ auf t bzw. t_1 senkrecht, also auch senkrecht auf der Bahnkurve im Punkte P.

Der Winkel zwischen t und t_1 ist gleich dem in 2. eingeführten Winkel $d\,\alpha$, daher ist der Betrag $|d\,t|$ von $d\,t$ ebenfalls gleich $d\,\alpha$ und nach (17) gilt mit Benutzung von (12) und (13)

$$|t'| = \frac{d\,\alpha}{d\,s} = \frac{\omega}{\dot{s}} = \frac{1}{\varrho}. \tag{18}$$

Wir führen nun einen Vektor $\mathfrak{h}$ von der Länge Eins ein, der auf der Kurve im Punkte P senkrecht steht und in der Schmiegungsebene liegt. Man nennt ihn den „*Hauptnormalvektor*" der Kurve. Nach den obigen Ausführungen hat $\mathfrak{h}$ dieselbe Richtung wie t' und sein Betrag geht nach (18) aus dem von t' durch Multiplikation mit ϱ hervor. Es gilt daher die Beziehung

$$\mathfrak{h} = \varrho \cdot t'. \tag{19}$$

Die Gleichungen (10) und (19) heißen die „FRENET*schen Gleichungen*" der Differentialgeometrie.

Differentiiert man die Gleichung (11) implizite nach der Zeit, so erhält man nach (15), (12) und (19)

$$\mathfrak{b} = \frac{d\,t}{d\,s} \cdot \dot{s}^2 + t \cdot \ddot{s} = \mathfrak{h} \cdot \frac{v^2}{\varrho} + t \cdot \dot{v}. \tag{20}$$

Die Formel (20) läßt erkennen, daß man den Beschleunigungsvektor stets in zwei zueinander senkrecht stehende Komponenten zerlegen kann, von denen die eine die Richtung der Tangente an die Bahnkurve, die andere die Richtung der Hauptnormalen zur Bahnkurve hat.

Die erste Komponente nennt man die „*Bahnbeschleunigung*"; ihr Betrag ist einfach gleich der zweiten Ableitung von s nach der Zeit, also gleich dem im Bogenmaß auf der Kurve gemessenen Zuwachs der Bahngeschwindigkeit pro Zeiteinheit. Die zweite Komponente nennt man die „*Zentripetalbeschleunigung*", da ihre Richtung vom beweglichen Punkt zum Krümmungsmittelpunkt hinweist. Der Betrag der Zentripetalbeschleunigung ist nach (20) und (13) gleich

$$\frac{v^2}{\varrho} = \omega^2 \varrho, \tag{21}$$

also bei *gegebener Bahngeschwindigkeit* um so größer, je *kleiner* der Krümmungsradius ist, und bei *gegebener Winkelgeschwindigkeit* um so größer, je *größer* der Krümmungsradius ist.

Die Größe $\beta = \dot{\omega}$ bezeichnet man als „*Winkelbeschleunigung*".

4. Diskussion einiger einfacher Bewegungstypen. a) Eine Bewegung mit konstantem Geschwindigkeitsvektor nennt man eine „*gleichförmige*" Bewegung.

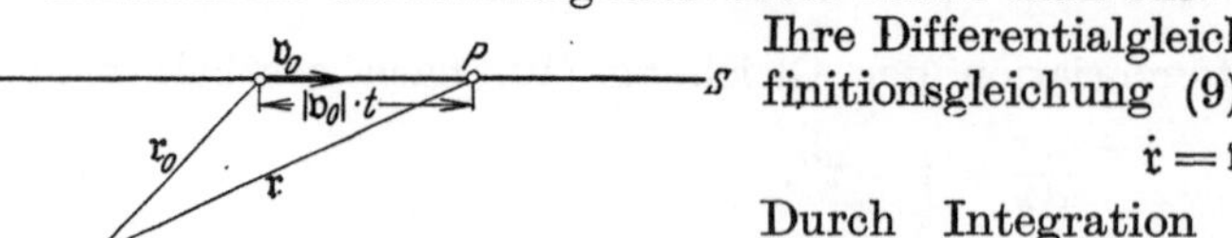

Abb. 20.

Ihre Differentialgleichung lautet nach der Definitionsgleichung (9)

$$\dot{\mathfrak{r}} = \mathfrak{v}_0 = \text{const.} \tag{22}$$

Durch Integration erhält man hieraus die endliche Bewegungsgleichung:

$$\mathfrak{r} = \mathfrak{v}_0\, t + \mathfrak{r}_0, \tag{23}$$

worin $\mathfrak{v}_0$ und $\mathfrak{r}_0$ konstante Vektoren bedeuten.

Die Bahnkurve ist also, wie aus der Konstruktion der Abb. 20 hervorgeht, eine *gerade Linie*, die mit der konstanten Bahngeschwindigkeit $|\mathfrak{v}_0|$ durchlaufen wird und deren Richtung gleich der des Vektors $\mathfrak{v}_0$ ist. $\mathfrak{r}_0$ ist der Radiusvektor von P für $t=0$.

b) Eine Bewegung mit konstantem Beschleunigungsvektor nennt man eine „*gleichförmig beschleunigte*" Bewegung. Ihre Differentialgleichung lautet nach der Definition (15)

$$\ddot{\mathfrak{r}} = \mathfrak{b}_0 = \text{const.} \tag{24}$$

Durch einmalige Integration der Gleichung (24) erhält man

$$\dot{\mathfrak{r}} = \mathfrak{b}_0 t + \mathfrak{v}_0$$

und hieraus durch nochmalige Integration die endliche Bewegungsgleichung in Vektorform

$$\mathfrak{r} = \frac{\mathfrak{b}_0}{2} t^2 + \mathfrak{v}_0 t + \mathfrak{r}_0 \tag{25}$$

worin $\mathfrak{b}_0$, $\mathfrak{v}_0$ und $\mathfrak{r}_0$ konstante Vektoren sind.

$\mathfrak{r}_0$ bedeutet wieder wie oben den Radiusvektor der „Ausgangslage" von P für $t=0$, $\mathfrak{v}_0$ den Vektor der „*Anfangsgeschwindigkeit*". Nach (25) geht der Vektor $(\mathfrak{r}-\mathfrak{r}_0)$ durch lineare Kombination aus den Vektoren $\mathfrak{b}_0$ und $\mathfrak{v}_0$ hervor; er liegt also stets in der durch $\mathfrak{b}_0$ und $\mathfrak{v}_0$ bestimmten Ebene. Die Bahnkurve ist demnach eine ‚*ebene*' Kurve. Wählen wir ihre Ebene als x-y-Ebene (Abb. 21) und errichten die y-Achse in der Richtung von $\mathfrak{b}_0$, die x-Achse senkrecht dazu und verlegen den Koordinatenursprung in den Punkt $\mathfrak{r}_0$, dann ist

$$b_{0x} = b_{0z} = 0, \quad b_{0y} = b_0, \quad \mathfrak{r}_0 = 0, \quad v_{0z} = 0.$$

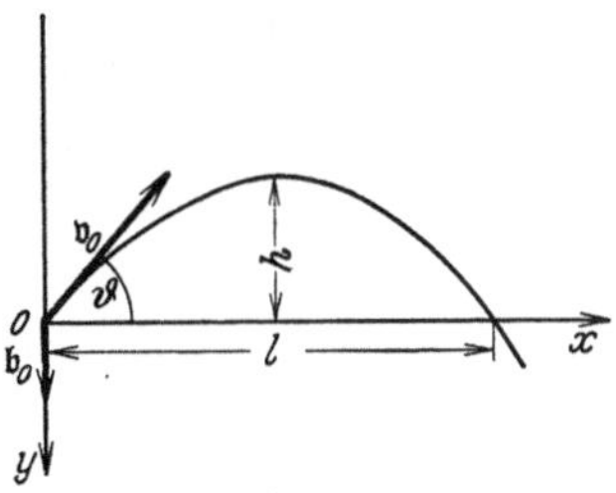

Abb. 21.

Die x- und y-Komponenten von $\mathfrak{r}$ lauten also nach (25)

$$\left.\begin{array}{l} x = v_{0x} \cdot t \\[2mm] y = \dfrac{b_0}{2} \cdot t^2 + v_{0y} \cdot t \end{array}\right\} \tag{26}$$

Durch Elimination von t aus den Gleichungen (26) erhält man die Gleichung der Bahnkurve

$$y = \frac{b_0}{2 v_{0x}{}^2} \cdot x^2 + \frac{v_{0y}}{v_{0x}} \cdot x. \tag{27}$$

Die Bahnkurve ist also eine Parabel, deren Achse die Richtung von $\mathfrak{b}_0$ hat. Haben $\mathfrak{b}_0$ und $\mathfrak{v}_0$ die gleiche Richtung, ist also in (27) $v_{0x} = 0$, dann reduziert sich die Bahnkurve auf eine Gerade mit der Richtung $\mathfrak{b}_0$.

Ist die Anfangsgeschwindigkeit gleich Null, dann wird nach (25)

$$\mathfrak{r} - \mathfrak{r}_0 = \frac{\mathfrak{b}_0}{2} t^2,$$

die Bahnkurve ist also eine Gerade in der Richtung $\mathfrak{b}_0$, die nach dem Zeitgesetz

$$s = |\mathfrak{r} - \mathfrak{r}_0| = \frac{b_0}{2} t^2 \tag{28}$$

durchlaufen wird (geradlinige, gleichförmig beschleunigte Bewegung).

c) Eine Bewegung mit konstanter Bahngeschwindigkeit genügt der Differentialgleichung

$$\ddot{s} = 0 \quad \text{oder} \quad \dot{s} = v_0 = \text{const.} \tag{29}$$

Durch Integration erhält man die endliche Bewegungsgleichung

$$s = v_0 t + s_0. \tag{30}$$

Aus (20) und (29) folgt

$$\mathfrak{b} = \mathfrak{h} \cdot \frac{v_{\mathfrak{o}}^2}{\varrho},$$

der Beschleunigungsvektor steht also auf der Bahnkurve stets senkrecht.

d) Eine Bewegung auf einem Kreis erfüllt stets die Bedingung

$$\varrho = \text{const.}$$

Die Zentripetalbeschleunigung muß, um dieser Bedingung zu genügen, gemäß (21) dem Quadrat der Bahngeschwindigkeit oder dem der Winkelgeschwindigkeit proportional sein.

5. Die lineare harmonische Bewegung. Bewegt sich ein Punkt P auf einer Geraden derart, daß sein von einem festen Punkt O der Geraden gemessener Abstand x der Gleichung

$$x = a \cos (\omega t + \gamma) \tag{31}$$

genügt, in der a, ω und γ Konstanten sind, dann sprechen wir von einer *linearen, harmonischen Bewegung*. Aus der Bewegungsgleichung (31) kann man folgende Eigenschaften dieser Bewegung ablesen:

Die Bewegung hat den Charakter einer regelmäßigen *Schwingung* oder *Oszillation* um das Zentrum O. x heißt die „*Elongation*" der Schwingung; ihre Extremalwerte lauten $x = \pm a$; a nennt man daher die „*Amplitude*" oder „*Schwingungsweite*" der Schwingung. x ist eine periodische Funktion der Zeit mit der „*Periode*" oder „*Schwingungsdauer*"

$$\tau = \frac{2\pi}{\omega}, \tag{32}$$

denn wenn in (31) t um τ wächst, so ändert sich der Wert von x nicht. Die Konstante ω heißt die „*Kreisfrequenz*" der Schwingung, die Größe

$$\nu = \frac{\omega}{2\pi} \tag{33}$$

die „*Schwingungszahl*" oder „*Frequenz*". Sie ist nach (32) der Reziprokwert der Schwingungsdauer und daher gleich der Anzahl der Schwingungen pro Zeiteinheit. Die Konstante γ, deren Wert davon abhängt, in welcher „*Phase*" der Schwingung man den Nullpunkt der Zeitzählung ansetzt, bezeichnet man als „*Phasenkonstante*".

Die Geschwindigkeit v der Bewegung erhält man durch Differentiation von (31) nach der Zeit:

$$v = \dot{x} = -a\omega \cdot \sin (\omega t + \gamma) = a\omega \cdot \cos \left(\omega t + \gamma + \frac{\pi}{2} \right). \tag{34}$$

$v(t)$ ist also ebenfalls eine harmonische Schwingung mit der Kreisfrequenz ω und der Amplitude $a\omega$, deren Phase gegenüber der Schwingung (31) um $\frac{\pi}{2}$ verschoben ist.

Durch nochmalige Differentiation von (34) erhält man die Beschleunigung

$$b = \ddot{x} = -a\omega^2 \cdot \cos (\omega t + \gamma). \tag{35}$$

Der Vergleich der Ausdrücke (31) und (35) liefert die Beziehung

$$\ddot{x} + \omega^2 x = 0, \tag{36}$$

die nur mehr die Konstante ω enthält. Sie ist also für eine harmonische Schwingung mit der Kreisfrequenz ω und beliebiger Amplitude und Phase charakteristisch.

Wir wollen nun umgekehrt zeigen, daß jede Lösung der Differentialgleichung (36) die Gestalt (31) haben muß. In der Tat lehrt die Theorie der linearen Differentialgleichungen mit konstanten Koeffizienten, daß die allgemeine Lösung von (36) lautet:

$$x = A_1 e^{u_1 t} + A_2 e^{u_2 t}, \tag{37}$$

worin A_1 und A_2 willkürliche (reelle oder komplexe) Konstanten und u_1 und u_2 die Wurzeln der „charakteristischen Gleichung"

$$u^2 + \omega^2 = 0 \tag{38}$$

sind, also

$$u_1 = i\omega, \quad u_2 = -i\omega. \tag{39}$$

Die Einsetzung von (39) in (37) liefert demnach die allgemeine Lösung

$$x = A_1 e^{i\omega t} + A_2 e^{-i\omega t}. \tag{40}$$

Da für unser Problem nur *reelle* Lösungen in Betracht kommen, müssen wir die Konstanten A_1 und A_2 in (40) so wählen, daß x für alle t reell wird. Man sieht leicht, daß die notwendige und hinreichende Bedingung hiefür lautet, daß die beiden Summanden auf der rechten Seite von (40) zueinander konjugiert komplex sind. Setzt man

$$A_1 = \frac{a}{2} e^{i\gamma} \qquad (a \text{ und } \gamma \text{ reell}),$$

dann muß also

$$A_2 = \frac{a}{2} e^{-i\gamma}$$

gesetzt werden und dies in (40) eingesetzt, ergibt

$$x = \frac{a}{2} [e^{i(\omega t + \gamma)} + e^{-i(\omega t + \gamma)}]. \tag{41}$$

Durch Benutzung der bekannten MOIVREschen Formel

$$e^{iu} = \cos u + i \sin u \tag{42}$$

findet man, daß die rechte Seite von (41) gleich ist $a \cos(\omega t + \gamma)$, daß also in der Tat wieder die Bewegungsgleichung (31) als allgemeine Lösung von (36) herauskommt, wie wir behauptet haben.

6. Symbolische Darstellung harmonischer Schwingungen. Sehr zweckmäßig erweist sich die Darstellung von harmonischen Schwingungen durch komplexe Größen, die wir im folgenden häufig benutzen werden. Man setzt hiebei die Bewegungsgleichung in der Form

$$x = A \cdot e^{i\omega t} = a e^{i\gamma} \cdot e^{i\omega t} \tag{43}$$

an, deren reeller Teil gemäß (42) mit der gewöhnlichen Bewegungsgleichung (31) zusammenfällt. Die komplexe Konstante A, deren Absolutbetrag gleich der Amplitude a und deren Azimut gleich der Phasenkonstante γ ist (weswegen man sie auch oft als „*Phasenwinkel*" bezeichnet), nennt man die „*komplexe Amplitude*".

In der komplexen Zahlenebene stellt x den Radiusvektor dar, dessen Betrag gleich a ist und dessen Azimut sich als lineare Funktion der Zeit verändert. Sein Endpunkt bewegt sich also auf einem Kreise mit dem Radius a mit der konstanten Winkelgeschwindigkeit ω. Die Projektion dieser Bewegung auf die reelle Achse ist nach dem oben Gesagten eine harmonische Schwingung mit der „Kreisfrequenz" ω (daher der Ursprung dieses Namens).

Die komplexe Amplitude einer Schwingung gegebener Frequenz kann durch einen konstanten Vektor, nämlich den Radiusvektor des Punktes $x = A$ dargestellt werden.

7. Zusammensetzung gleichgerichteter harmonischer Schwingungen. Unter einer aus mehreren einfachen harmonischen Schwingungen zusammengesetzten

Schwingung versteht man eine Bewegung, deren Radiusvektor durch Addition aus denen der Komponenten entsteht. Wir betrachten zunächst die Zusammensetzung von Schwingungen mit der gleichen Schwingungsrichtung.

Die Addition von beliebig vielen Schwingungen der gleichen Frequenz mit verschiedenen Amplituden und Phasen ergibt nach (43)

$$x = A_1 e^{i\omega t} + A_2 e^{i\omega t} + \ldots + A_n e^{i\omega t} = A e^{i\omega t}, \tag{44}$$

worin gesetzt ist

$$A = A_1 + A_2 + \ldots + A_n. \tag{45}$$

Die Summe ist also gemäß (44) wieder eine Schwingung mit der gleichen Frequenz und einer komplexen Amplitude, die nach (45) gleich der Summe der komplexen Amplituden der Komponenten ist. Graphisch kann man die Konstanten der zusammengesetzten Schwingung finden, indem man in der komplexen Zahlenebene die den komplexen Amplituden der Komponenten entsprechenden Vektoren addiert.

Die Addition von Schwingungen mit verschiedener Frequenz ergibt jedoch keine harmonische Schwingung, sondern eine kompliziertere Bewegungsform. Addieren wir z. B. speziell die beiden Schwingungen

$$x_1 = a e^{i\omega_1 t} \quad \text{und} \quad x_2 = a e^{i\omega_2 t}$$

mit den Kreisfrequenzen ω_1 und $\omega_2 < \omega_1$, der gleichen Amplitude a und der gleichen Phase, dann erhalten wir, wenn wir setzen

$$\omega = \frac{\omega_1 + \omega_2}{2}, \qquad \alpha = \frac{\omega_1 - \omega_2}{2} \tag{46}$$

mit Benutzung von (42)

$$x = x_1 + x_2 = a\,(e^{i\omega_1 t} + e^{i\omega_2 t}) = a e^{i\omega t}(e^{i\alpha t} + e^{-i\alpha t}) = 2a \cos \alpha t \cdot e^{i\omega t}. \tag{47}$$

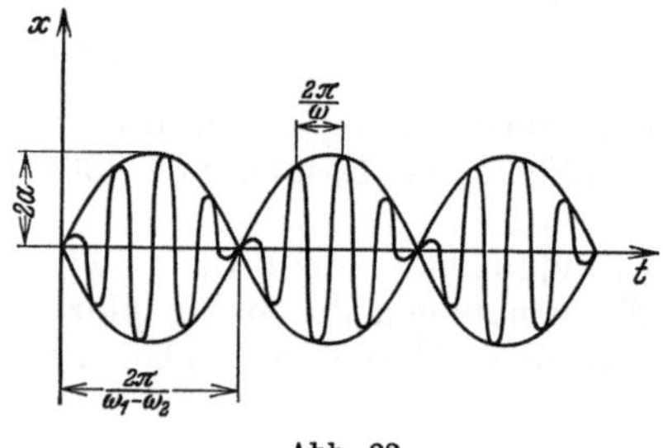

Abb. 22.

Ist die Differenz $(\omega_1 - \omega_2)$ klein gegen ω, dann können wir die durch (47) dargestellte Bewegung als eine Schwingung mit der Kreisfrequenz ω auffassen, bei der aber die Amplitude nicht konstant ist, sondern selbst periodisch mit der Frequenz $\nu = \dfrac{2\alpha}{2\pi} = \dfrac{\omega_1 - \omega_2}{2\pi}$ zwischen Null und $2a$ variiert. Wir bezeichnen diese Schwingungsform als „*Schwebung*" (Abb. 22)[1].

Fügt man zu (47) noch eine Schwingung mit der Kreisfrequenz ω und der Amplitude $b = na$ hinzu $(n > 2)$, so erhält man

$$x = b\left(1 + \frac{2}{n} \cos \alpha t\right) e^{i\omega t}. \tag{48}$$

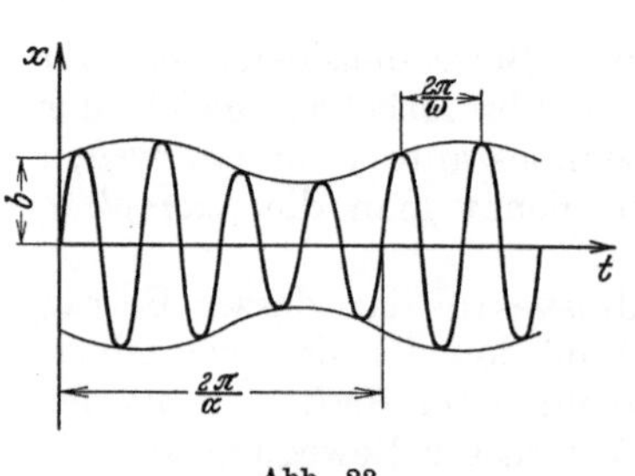

Abb. 23.

Ist auch hier wieder α klein gegen ω, dann kann man diese Bewegung als Schwingung mit der Kreisfrequenz ω auffassen, deren Amplitude b im Rhythmus α um den Bruchteil $2/n$ nach oben und unten schwankt. Eine solche Schwingung wird als eine „*modulierte*", und zwar speziell mit einer Frequenz α „harmonisch modulierte" Schwingung bezeichnet. Man kann sie sich nach der vorstehenden Entwicklung stets aus der „*Trägerschwingung*" ω

---

[1] Hierauf beruht die bekannte akustische Erscheinung (vgl. „Exp.-Physik" Kap. X), sowie die Wirkungsweise der „Überlagerungsempfänger" in der Radiotelegraphie (vgl. „Exp.-Physik" Kap. XXII).

und den beiden „*Seitenbändern*" $\omega_1 = \omega + \alpha$ und $\omega_2 = \omega - \alpha$ zusammengesetzt denken (Abb. 23)[1].

Wir betrachten schließlich noch den Fall der Zusammensetzung unendlich vieler Schwingungen von der Gestalt $a e^{i \omega t}$, wobei ω das Intervall $\omega_1 - \omega_2 = 2\alpha$ kontinuierlich erfüllt. Wir haben dann statt der Addition eine Integration auszuführen und erhalten

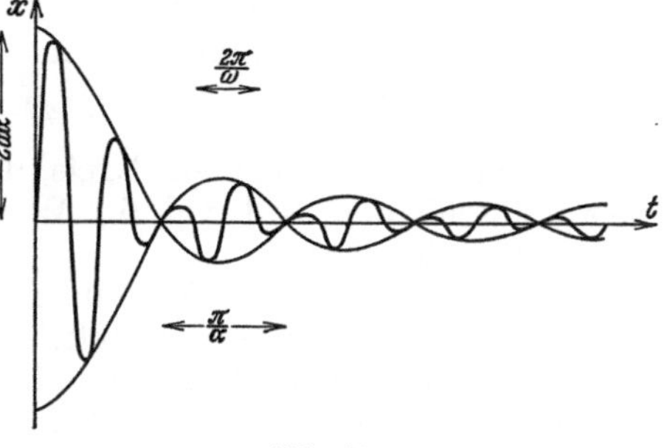

Abb. 24.

$$x = \int_{\omega_2}^{\omega_1} a e^{i \omega t} d\omega = \frac{a}{it} \left(e^{i \omega_1 t} - e^{i \omega_2 t} \right) =$$

$$= \frac{a}{t} e^{i \omega t} \frac{e^{i a t} - e^{-i a t}}{i} =$$

$$= \frac{2a}{t} e^{i \omega t} \sin \alpha t. \tag{49}$$

Dies ist wieder eine Schwingung von der Frequenz ω mit Schwebungen von der Frequenz α, wobei jedoch die Amplitude wegen des im Nenner stehenden t dauernd abnimmt (Abb. 24).

8. Elliptische Schwingungen; Lissajou-Schwingungen. Wir gehen jetzt zur Betrachtung jener Bewegung über, die entsteht, wenn man zwei zueinander senkrechte Schwingungen mit der gleichen Kreisfrequenz ω addiert. Wir denken uns ein Koordinatensystem so gelegt, daß die eine Schwingung mit der Amplitude a in der x-Achse und die andere Schwingung mit der Amplitude b in der y-Achse um den Ursprung als Mittelpunkt der Schwingung erfolgt. Die Phasendifferenz zwischen beiden Schwingungen sei γ. Durch eine geeignete Wahl des Nullpunktes der Zeitzählung können wir es dann stets so einrichten, daß die Bewegungsgleichungen lauten:

$$\left.\begin{array}{l} x = a \cos \omega t \\ y = b \cos (\omega t + \gamma) \end{array}\right\} \tag{50}$$

Die Gleichung der Bahnkurve erhalten wir durch Elimination von t aus den Gleichungen (50):

$$y = b (\cos \omega t \cdot \cos \gamma - \sin \omega t \cdot \sin \gamma) = b \cdot \frac{x}{a} \cos \gamma - b \cdot \sqrt{1 - \frac{x^2}{a^2}} \sin \gamma$$

oder

$$y^2 + \frac{b^2}{a^2} x^2 - 2 \frac{b}{a} \cos \gamma \cdot xy = b^2 \sin^2 \gamma. \tag{51}$$

Dies ist die Gleichung einer Ellipse, die dem Rechteck mit den Seitenlängen $2a$ und $2b$ eingeschrieben ist, da nach (50) x zwischen den Grenzen $-a$ und $+a$ und y zwischen den Grenzen $-b$ und $+b$ bleiben muß. Die Länge und die Richtung der Achsen richtet sich nach dem Werte von γ (Abb. 25).

Eine Schwingung der betrachteten Art wird als eine „*elliptische*" Schwingung bezeichnet[2]. Man kann sie sich stets aus der Zusammenwirkung von zwei zueinander senkrechten linearen Schwingungen entstanden denken. Ist die Phasendifferenz zwischen den beiden Schwingungskomponenten gleich Null oder gleich π, dann artet die elliptische

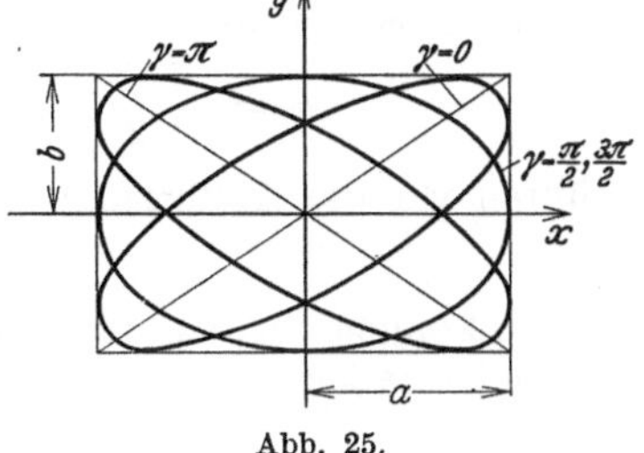

Abb. 25.

<hr>

[1] Bezüglich der grundlegenden Rolle, die diese Erscheinung bei der Radiotelegraphie spielt vgl. „Exp.-Physik" Kap. XXII.

[2] Über die experimentelle Herstellung dieser Schwingungsform vgl. „Exp.-Physik" § 23.

Schwingung in eine *lineare* Schwingung aus, da dann die Gleichung der Bahnellipse (51) in die Gleichung einer Doppelgeraden

$$\left(y \mp \frac{b}{a}\,x\right)^2 = 0 \tag{52}$$

übergeht (vgl. Abb. 25). Ist die Phasendifferenz gleich $\frac{\pi}{2}$ und $a = b$, dann verwandelt sich die Gleichung (51) in

$$x^2 + y^2 = a^2, \tag{53}$$

die Bahnkurve wird also ein Kreis, der mit der konstanten Winkelgeschwindigkeit ω durchlaufen wird (vgl. 6.). Wir sprechen in diesem Falle von einer „zirku-
laren" Schwingung[1].

Sind die Frequenzen der beiden zusammenzusetzenden Schwingungen verschieden, dann entstehen kompliziertere Bewegungstypen, bei denen offenbar
wiederum der bewegte Punkt stets innerhalb des Rechteckes der Abb. 25 bleiben
und je zwei gegenüberliegende Seiten desselben in regelmäßigen Zeitabständen
berühren muß. Die entstehenden Bahnkurven führen den Namen „*Lissajou-
Figuren*". Stehen die beiden Frequenzen in einem ratio-
nalen Verhältnis, dann sind diese Kurven algebraische
Kurven und in sich geschlossen. Stehen die Frequenzen jedoch in einem irrationalen Verhältnis, dann sind die Kurven transzendent und nicht in sich geschlossen. Der bewegliche Punkt kommt also nie mehr in seine Anfangslage
zurück; er kommt jedoch im Verlaufe seiner Bewegung,
wie man zeigen kann, jedem Punkte im Innern des Rechteckes beliebig nahe, so daß die Punkte der Bahnkurve
die Fläche des Rechteckes „dicht" erfüllen (Abb. 26)[1].

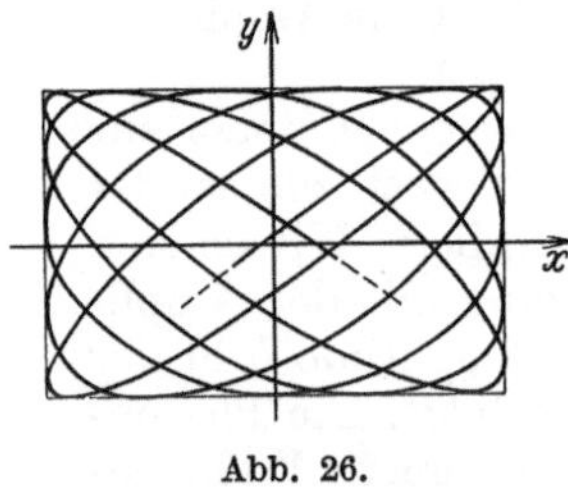
Abb. 26.

9. Gedämpfte, harmonische Schwingungen. Wie wir in 5. sahen, ist die
Differentialgleichung einer linearen, harmonischen Schwingung die spezielle
lineare Differentialgleichung zweiter Ordnung (36) mit konstanten Koeffizienten.
Es liegt nahe, zu untersuchen, welche Bewegungsformen einer allgemeinen
linearen Differentialgleichung zweiter Ordnung mit konstanten Koeffizienten
entsprechen, die im Gegensatz zu der Gleichung (36) noch ein Glied erster Ordnung enthält. Wir schreiben sie in der Form

$$\ddot{x} + \beta\,\dot{x} + \omega^2 x = 0, \tag{54}$$

worin β und ω reelle Konstanten sind.

Nach dem Muster von 5. finden wir die allgemeine Lösung, indem wir in (37)
die Wurzeln der charakteristischen Gleichung

$$u^2 + \beta u + \omega^2 = 0 \tag{55}$$

einsetzen. Sie lauten

$$u_1 = -\frac{\beta}{2} + \sqrt{\frac{\beta^2}{4} - \omega^2}, \quad u_2 = -\frac{\beta}{2} - \sqrt{\frac{\beta^2}{4} - \omega^2}. \tag{56}$$

Führen wir die Abkürzung

$$\alpha = \sqrt{\omega^2 - \frac{\beta^2}{4}} \tag{57}$$

ein, so können wir demnach die allgemeine Lösung der Differentialgleichung (54)
folgendermaßen schreiben:

$$x = e^{-\frac{\beta}{2}t}\left(A_1 e^{i\,a\,t} + A_2 e^{-i\,a\,t}\right), \tag{58}$$

worin A_1 und A_2 willkürliche reelle oder komplexe Konstanten sind.

---

[1] Siehe Anm. 2, S. 61.

Ist der Radikand von (57) positiv, also $\frac{\beta}{2} < \omega$, dann ist α reell und der Ausdruck (58) unterscheidet sich von dem früher gefundenen (40) nur dadurch, daß er mit dem Faktor $e^{-\frac{\beta}{2}t}$ multipliziert ist. Die Bewegung ist also eine harmonische Schwingung mit der Frequenz α, deren Amplitude im Laufe der Zeit nach einer Exponentialfunktion monoton wächst oder abnimmt, je nachdem β kleiner oder größer als Null ist. Der zweite Fall ist physikalisch wichtiger.

Wir nennen eine Schwingung, deren Amplitude im Laufe der Zeit nach dem Gesetz

$$a = a_0 e^{-\frac{\beta}{2}t} \qquad (59)$$

abnimmt, eine „*gedämpfte Schwingung*" (Abb. 27). Aus (59) folgt, daß der Logarithmus von a während einer Periode um den Betrag

$$\delta = \frac{\beta}{\alpha}\pi \qquad (60)$$

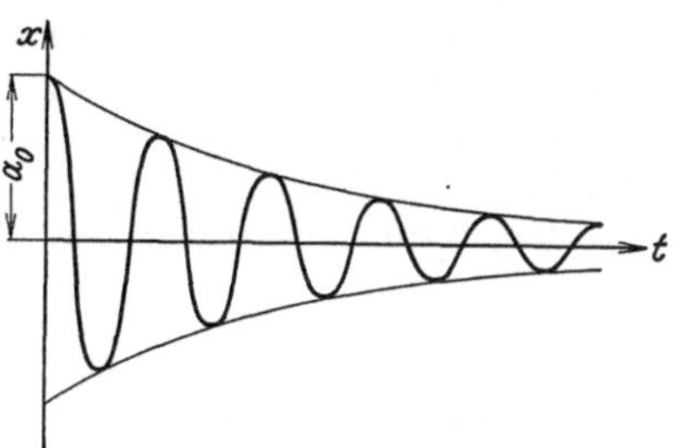
Abb. 27.

abnimmt. Die Größe δ heißt das „*logarithmische Dekrement*" der Schwingung. Sind die Schwingungsdauer und das logarithmische Dekrement einer Schwingung durch Beobachtungen ermittelt, dann kann man hieraus nach (60) die Dämpfungskonstante β berechnen.

Ist $\frac{\beta}{2} > \omega$, dann sind u_1 und u_2 in (56) reell und negativ, falls wieder $\beta > 0$ ist. x setzt sich also aus zwei Gliedern zusammen, die beide mit der Zeit exponentiell abnehmen. Die Bewegung hat nicht mehr den Charakter einer Schwingung, sie ist „*aperiodisch*". Ist $\beta = 2\omega$, dann fallen die beiden Wurzeln der charakteristischen Gleichung zusammen, es wird $u_1 = u_2 = -\frac{\beta}{2}$; in diesem Falle lautet die allgemeine Lösung der Differentialgleichung (54), wie die Theorie lehrt und wie man durch Einsetzen leicht verifizieren kann,

$$x = A e^{-\frac{\beta}{2}t}(1 + \lambda t), \qquad (61)$$

worin A und λ willkürliche Konstanten sind. Auch diese Bewegung hat aperiodischen Charakter; x geht für große t exponentiell gegen Null.

Durch allmähliches Vergrößern der Dämpfungskonstanten β kann man aus einer ungedämpften Schwingung ($\beta = 0$) eine gedämpfte Schwingung und schließlich beim Überschreiten der „kritischen Dämpfung" $\beta = 2\omega$ eine aperiodische (überdämpfte) Bewegung herstellen; die Schwingungsdauer wächst dabei vom Werte $\frac{2\pi}{\omega}$ angefangen bis Unendlich beim Erreichen der kritischen Dämpfung an.

§ 11. Kinematik von Punktsystemen.

1. Diskontinuierliche und kontinuierliche Punktsysteme. Unter einem *diskontinuierlichen Punktsystem* verstehen wir ein System von endlich vielen oder abzählbar unendlich vielen Punkten, die sich durch einen fortlaufenden Index k numerieren lassen. Die Lage des k-ten Punktes P_k zu irgendeiner Zeit t kann dann durch den Radiusvektor $\mathfrak{r}_k$ zu diesem Punkte beschrieben werden. Die Bewegung des Punktsystems ist vollkommen bestimmt, wenn die Funktionen

$$\mathfrak{r}_k = \mathfrak{r}_k(t) \dots \qquad k = 1, 2, 3 \dots \qquad (1)$$

gegeben sind. Die Gleichungen (1) stellen also die Bewegungsgleichungen des Punktsystems dar. Ihre Anzahl ist gleich der Anzahl der Punkte des Systems.

Aus den Bewegungsgleichungen erhält man die Geschwindigkeit und die Beschleunigung des k-ten Punktes durch Differentiation von (1) nach der Zeit:

$$\mathfrak{v}_k = \dot{\mathfrak{r}}_k\,(t), \qquad (2) \qquad\qquad \mathfrak{b}_k = \ddot{\mathfrak{r}}_k\,(t). \qquad (3)$$

Unter einem *kontinuierlichen Punktsystem* verstehen wir ein System von Punkten, die ein endliches oder unendlich großes Raumgebiet kontinuierlich erfüllen. Die Lage eines Punktes zu irgendeiner Zeit soll durch die Angabe seines Radiusvektors $\mathfrak{r}$, seine Lage zur Zeit Null durch $\mathfrak{r}_0$, bezogen auf ein festes Koordinatensystem, bestimmt werden. Nach einer Zeit t wird im allgemeinen jeder Punkt eine Verschiebung aus seiner Anfangslage erfahren haben, die durch den Vektor $\mathfrak{D} = \mathfrak{r} - \mathfrak{r}_0$, den „*Verschiebungsvektor*", gemessen werden soll. Wenn man $\mathfrak{D}$ als Funktion von $\mathfrak{r}_0$ und von t für alle Punkte des betrachteten Raumgebietes angibt, dann ist die Bewegung des Systems vollkommen bestimmt:

$$\mathfrak{r} - \mathfrak{r}_0 = \mathfrak{D}\,(\mathfrak{r}_0,\, t). \qquad (4)$$

$\mathfrak{D}$ ist also eine Vektorfunktion von $\mathfrak{r}_0$, die außerdem noch die Zeit t enthält.

Die Geschwindigkeit $\mathfrak{v}$ eines *individuellen* bewegten Punktes erhält man aus (4) durch Differentiation nach der Zeit:

$$\mathfrak{v} = \dot{\mathfrak{r}} = \dot{\mathfrak{D}}\,(\mathfrak{r}_0,\, t) \qquad (5)$$

als Funktion der Ausgangslage $\mathfrak{r}_0$ und der Zeit t, wenn man ihn auf seiner Bahn im Auge behält. Faßt man jedoch einen in bezug auf das verwendete Koordinatensystem *festen* Punkt des Raumes ins Auge, dann kann man als *Geschwindigkeit in diesem festen Raumpunkte* in jedem Augenblick die Geschwindigkeit jenes bewegten Punktes ansehen, der gerade den betrachteten festen Punkt passiert. Wir können so für jeden Punkt des Raumes einen Geschwindigkeitsvektor $\mathfrak{v}$ definieren, dessen Abhängigkeit von Ort und Zeit wir erhalten, wenn wir aus den Gleichungen (4) und (5) $\mathfrak{r}_0$ eliminieren:

$$\mathfrak{v} = \mathfrak{v}\,(\mathfrak{r},\, t). \qquad (6)$$

Die Vektorfunktion (6) bestimmt ein zeitlich veränderliches „*Geschwindigkeitsfeld*" im Raume.

Die Änderung der Geschwindigkeit, also die Änderung des Feldvektors $\mathfrak{v}$ an einer festgehaltenen Stelle des Raumes erhält man, wenn man den Ausdruck (6) nach der Zeit bei festgehaltenem $\mathfrak{r}$ differentiiert. Wir deuten dies durch die Schreibweise: $\dfrac{\partial \mathfrak{v}}{\partial t}$ an.

Um jedoch die Änderung der Geschwindigkeit eines individuellen beweglichen Punktes im Verlaufe seiner Bewegung oder seine Beschleunigung $\mathfrak{b}$ zu erhalten, müssen wir berücksichtigen, daß $\mathfrak{v}$ nach Gleichung (6) in zweierlei Weise von t abhängt, einmal explizite und einmal implizite dadurch, daß der Radiusvektor $\mathfrak{r}$ des bewegten Punktes sich mit t verändert. Wir erhalten daher $\mathfrak{b}$ durch implizite Differentiation von (6) nach der Zeit und schreiben dies mit Benutzung von (5), (6) § 10 und (4) § 6 wie folgt:

$$\mathfrak{b} = \frac{d\mathfrak{v}}{dt} = \frac{\partial \mathfrak{v}}{\partial t} + \frac{\partial \mathfrak{v}}{\partial x}\frac{dx}{dt} + \frac{\partial \mathfrak{v}}{\partial y}\frac{dy}{dt} + \frac{\partial \mathfrak{v}}{\partial z}\frac{dz}{dt} = \frac{d\mathfrak{v}}{dt} + (\mathfrak{v}\,V)\,\mathfrak{v}. \qquad (7)$$

2. Das starre Punktsystem. Als *starres* Punktsystem bezeichnet man ein kontinuierliches oder diskontinuierliches Punktsystem, bei dem die Entfernung je zweier Punkte im System voneinander fest ist, sich also im Laufe der Zeit nicht verändert. Bevor wir die allgemeinste Form der Bewegung eines starren Systems beschreiben, wollen wir zunächst zwei einfache Spezialtypen dieser Bewegung studieren.

Unter einer „*Verschiebung*" oder „*Translation*" versteht man eine solche Bewegung eines starren Punktsystems, bei der die Geschwindigkeit $\mathfrak{v}$ nur von der Zeit, nicht aber vom Orte abhängt; d. h. bei der alle Bahnkurven zueinander parallel sind (durch Parallelverschiebung auseinander hervorgehen) und korrespondierende Punkte auf ihnen mit der gleichen Bahngeschwindigkeit durchlaufen werden. Die Translationsbewegung eines starren Systems wird durch die Bewegungsgleichung (1) § 10 eines beliebigen seiner Punkte völlig bestimmt.

Unter der „*Drehung*" oder „*Rotation*" eines starren Punktsystems um eine feste Achse versteht man eine Bewegung, bei der alle auf einer bestimmten Geraden, der „*Rotationsachse*", gelegenen Punkte in Ruhe bleiben. Offenbar muß dann der Abstand eines beliebigen Punktes P des Systems von einem Punkte O auf der Achse konstant bleiben, d. h. jeder Punkt P beschreibt bei seiner Bewegung einen Kreis, dessen Ebene senkrecht auf der Achse steht und dessen Mittelpunkt auf ihr liegt, mit der gleichen Winkelgeschwindigkeit ω (Abb. 28).

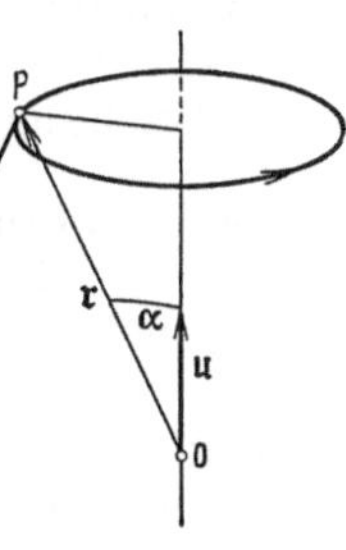
Abb. 28.

Wir wählen O als Koordinatenursprung und legen in die Achse einen Vektor $\mathfrak{u}$ hinein derart, daß seine Richtung und die Richtung der Rotation einander im Sinne einer Rechtsschraube zugeordnet sind und daß sein Betrag gleich der Winkelgeschwindigkeit ω der Rotation ist. Wir wollen $\mathfrak{u}$ den „*Rotationsvektor*" nennen.

Der Betrag v der Geschwindigkeit von P ist nach Abb. 28 gleich

$$v = r \sin \alpha \cdot \omega \qquad (8)$$

und ihre Richtung steht normal auf der durch $\mathfrak{r}$ und $\mathfrak{u}$ bestimmten Ebene. Wir können daher allgemein setzen

$$\mathfrak{v} = \mathfrak{u} \times \mathfrak{r}. \qquad (9)$$

Setzt sich eine Bewegung aus mehreren, gleichzeitig erfolgenden Rotationen um Achsen zusammen, die alle durch einen Punkt O hindurchgehen, dann findet man ihre Geschwindigkeit $\mathfrak{v}$ durch Addition der Ausdrücke (9) für die einzelnen Rotationen mit den Rotationsvektoren $\mathfrak{u}_1, \mathfrak{u}_2, \mathfrak{u}_3, \ldots$, also

$$\mathfrak{v} = \mathfrak{u}_1 \times \mathfrak{r} + \mathfrak{u}_2 \times \mathfrak{r} + \mathfrak{u}_3 \times \mathfrak{r} + \ldots = \mathfrak{u} \times \mathfrak{r}, \qquad (10)$$

worin gesetzt ist

$$\mathfrak{u} = \mathfrak{u}_1 + \mathfrak{u}_2 + \mathfrak{u}_3 + \ldots \qquad (11)$$

Die zusammengesetzte Bewegung ist also wieder eine Rotation, deren Rotationsvektor gleich der Summe der Rotationsvektoren der Einzelrotationen ist.

Ist in der Gleichung (9) $\mathfrak{u}$ konstant, so erfolgt die Drehung um eine feste Achse mit konstanter Winkelgeschwindigkeit oder mit der Winkelbeschleunigung Null. Ist der Betrag von $\mathfrak{u}$ variabel, aber seine Richtung fest, dann ist die Bewegung eine Rotation um eine feste Achse mit variabler Winkelgeschwindigkeit. Ist schließlich $\mathfrak{u}$ nach Größe *und* Richtung veränderlich, dann bleibt bei der Bewegung des Punktsystems nur der Mittelpunkt O fest, wir sprechen dann von einer *Rotation um einen festen Punkt*. Wir können uns diese Bewegung als eine zeitliche Aufeinanderfolge von unendlich kurz dauernden Rotationen um eine Achse vorstellen, die ihre Richtung im Raume stetig verändert.

Die allgemeinste Bewegung eines starren Punktsystems setzt sich offenbar aus der Rotation um einen beliebigen, festgehaltenen Punkt O des Systems und einer Translation dieses Punktes zusammen. Nennen wir die Geschwindigkeit dieser Translation $\mathfrak{v}_0$, dann ist der Geschwindigkeitsvektor eines beliebigen Punktes bei der Bewegung eines starren Punktsystems allgemein gegeben durch die Gleichung

$$\mathfrak{v} = \mathfrak{v}_0 + \mathfrak{u} \times \mathfrak{r}, \qquad (12)$$

worin $\mathfrak{v}_0$ und $\mathfrak{u}$ noch von der Zeit, nicht aber von $\mathfrak{r}$ abhängen.

Bildet man den rot des Vektorfeldes $\mathfrak{v}$ nach (12) mittels der Formel (9) § 8, so erhält man

$$\operatorname{rot}\mathfrak{v} = 2\,\mathfrak{u}, \tag{13}$$

was in sehr anschaulicher Weise die Bedeutung des Rotors eines Geschwindigkeitsfeldes vor Augen führt. Eliminiert man $\mathfrak{u}$ aus (12) und (13), so kann man die Differentialgleichung der Bewegung eines starren Punktsystems folgendermaßen schreiben:

$$\mathfrak{v} = \mathfrak{v}_0 + \frac{1}{2}\operatorname{rot}\mathfrak{v} \times \mathfrak{r} \tag{14}$$

3. Lineare Deformation. Eine *lineare Deformation* wollen wir die Verschiebung eines kontinuierlichen Punktsystems aus seiner Anfangslage dann nennen, wenn die Vektorfunktion (4) *linear* ist (vgl. § 4), wenn also der Verschiebungsvektor $\mathfrak{D}$ der Gleichung

$$\mathfrak{D} = \Gamma(t) \cdot \mathfrak{r}_0 + \mathfrak{D}_0(t) \tag{15}$$

gehorcht, worin Γ einen dreidimensionalen Tensor und $\mathfrak{D}_0$ einen vom Orte unabhängigen Vektor bezeichnet. Sind diese beiden Größen auch zeitlich konstant, dann stellt die Gleichung (15) eine zeitlich unveränderliche Deformation des Punktsystems aus seiner Anfangslage dar. Sind Γ und $\mathfrak{D}_0$ noch von der Zeit abhängig, dann ändert sich die Deformation mit der Zeit.

Nach (15) können wir durch eine lineare Deformation $\mathfrak{D}_1 = \Gamma_1 \mathfrak{r}_0 + \mathfrak{D}_0'$ aus den Anfangslagen $\mathfrak{r}_0$ der beweglichen Punkte zu gewissen anderen Lagen $\mathfrak{r}_1$ übergehen. Gehen wir nun von diesen als Anfangslagen durch eine weitere lineare Deformation $\mathfrak{D}_2 = \Gamma_2 \mathfrak{r}_1 + \mathfrak{D}_0''$ zu Lagen $\mathfrak{r}_2$ über, dann lassen sie sich durch Anwendung der in § 4 entwickelten Rechengesetze für Tensoren wie folgt ausdrücken:

$$\mathfrak{r}_2 - \mathfrak{r}_0 = (\mathfrak{r}_2 - \mathfrak{r}_1) + (\mathfrak{r}_1 - \mathfrak{r}_0) = \mathfrak{D}_2 + \mathfrak{D}_1 = \Gamma_2 \mathfrak{r}_1 + \mathfrak{D}_0'' + \mathfrak{D}_1 = \Gamma_2 (\mathfrak{D}_1 + \mathfrak{r}_0) + \mathfrak{D}_1 +$$

$$+ \mathfrak{D}_0'' = (\Gamma_2 + 1)\,\mathfrak{D}_1 + \Gamma_2 \mathfrak{r}_0 + \mathfrak{D}_0'' = (\Gamma_2 + 1)\,(\Gamma_1 \mathfrak{r}_0 + \mathfrak{D}_0') + \Gamma_2 \mathfrak{r}_0 +$$

$$+ \mathfrak{D}_0'' = (\Gamma_2 \Gamma_1 + \Gamma_1 + \Gamma_2)\,\mathfrak{r}_0 + [(\Gamma_2 + 1)\,\mathfrak{D}_0' + \mathfrak{D}_0''] = \Gamma \mathfrak{r}_0 + \mathfrak{D}_0, \tag{16}$$

wenn man unter Γ den Tensor $(\Gamma_2 \Gamma_1 + \Gamma_1 + \Gamma_2)$ und unter $\mathfrak{D}_0$ den vom Orte unabhängigen Vektor $[(\Gamma_2 + 1)\,\mathfrak{D}_0' + \mathfrak{D}_0'']$ versteht. $(\mathfrak{r}_2 - \mathfrak{r}_0)$ ist also wiederum eine lineare Deformation aus der Anfangslage $\mathfrak{r}_0$, und daher ergibt die wiederholte Vornahme linearer Deformationen immer wieder eine lineare Deformation: die linearen Deformationen (15) bilden eine „Gruppe". Die durch (15) ausgedrückte Bewegung eines Punktsystems kann man sich auch als stetige Aufeinanderfolge unendlich kleiner linearer Deformationen aufgefaßt denken.

Nach den Ausführungen von § 4, 2. können wir einen Tensor Γ stets in einen symmetrischen Bestandteil B und einen antisymmetrischen Bestandteil A zerlegen, so daß die Gleichung (15) auch in der Gestalt

$$\mathfrak{D} = B\mathfrak{r}_0 + A\mathfrak{r}_0 + \mathfrak{D}_0 \tag{17}$$

geschrieben werden kann. Nach Formel (6) § 4 können wir nun, wenn $\mathfrak{a}$ einen von $\mathfrak{r}_0$ unabhängigen Vektor bezeichnet, schreiben

$$A\mathfrak{r}_0 = \mathfrak{a} \times \mathfrak{r}_0. \tag{18}$$

Aus (17) wird daher

$$\mathfrak{D} = B\mathfrak{r}_0 + (\mathfrak{a} \times \mathfrak{r}_0 + \mathfrak{D}_0), \tag{19}$$

worin der symmetrische Tensor B und die beiden Vektoren $\mathfrak{a}$ und $\mathfrak{D}_0$ noch Funktionen der Zeit sein können.

Bilden wir aus (19) durch Differentiation nach der Zeit die Geschwindigkeit $\mathfrak{v}$ und setzen $\dot{\mathfrak{a}} = \mathfrak{u}$ und $\dot{\mathfrak{D}}_0 = \mathfrak{v}_0$, so erhalten wir

$$\mathfrak{v} = \dot{B}\mathfrak{r}_0 + (\mathfrak{u} \times \mathfrak{r}_0 + \mathfrak{v}_0). \tag{20}$$

$\mathfrak{v}$ setzt sich also aus zwei Bestandteilen zusammen, von denen der erste eine Deformation mit dem symmetrischen Tensor $\dot{B}$ bedeutet, während der zweite, da er mit dem Ausdruck (12) identisch ist, einfach eine Bewegung des als starr gedachten Punktsystems als Ganzen vorstellt. Wir können daher jede Bewegung (15) eines Punktsystems stets als Superposition aus einer linearen Deformation mit einem symmetrischen Tensor, (einer linearen „*Verzerrung*") und einer Bewegung des Punktsystems als Ganzen auffassen.

Die Bedeutung der Verzerrung
$$\mathfrak{D} = B\mathfrak{r}_0 \tag{21}$$

wird klar, wenn man durch eine orthogonale Transformation der Koordinaten zu einem Koordinatensystem übergeht, in dem der symmetrische Tensor B in seiner „Hauptachsenform" erscheint (vgl. § 4, 4.), in der sich seine Matrix auf eine Diagonalmatrix

$$B^* = \begin{pmatrix} \beta_1{}^* & 0 & 0 \\ 0 & \beta_2{}^* & 0 \\ 0 & 0 & \beta_3{}^* \end{pmatrix} \tag{22}$$

reduziert. In diesem Koordinatensystem geschrieben, lauten die Gleichungen (21) in Koordinatenzerlegung:

$$\left. \begin{aligned} x - x_0 &= \beta_1{}^* x_0 \\ y - y_0 &= \beta_2{}^* y_0 \\ z - z_0 &= \beta_3{}^* z_0 \end{aligned} \right\} \tag{23}$$

Der Radiusvektor jedes Punktes wird also in den drei ausgezeichneten Achsenrichtungen proportional zu seinen auf diese Achsen bezogenen Komponenten gedehnt. Die Punkttransformation (23) ist eine affine Transformation mit festgehaltenem Koordinatenursprung.

4. Allgemeine Darstellung kleiner Deformationen eines Kontinuums. Wir betrachten nun wieder ein kontinuierliches Punktsystem, an dem wir eine beliebige, aber kleine Deformation vornehmen, d. h. es soll $|\mathfrak{D}|$ stets klein gegen $|\mathfrak{r}_0|$ sein. Wir können dann wegen (4) $\mathfrak{r}$ und $\mathfrak{r}_0$ identifizieren und die Deformation durch das Vektorfeld $\mathfrak{D}(\mathfrak{r})$ darstellen.

In der unmittelbaren Umgebung eines Punktes $\mathfrak{r}_a$ können wir die Funktion $\mathfrak{D}(\mathfrak{r})$ nach den Komponenten von $\mathfrak{r} - \mathfrak{r}_a$: $x - x_a$, $y - y_a$, $z - z_a$ entwickeln und diese Entwicklung mit den linearen Gliedern abbrechen, also setzen

$$\mathfrak{D}(\mathfrak{r}) = \mathfrak{D}_a + \left(\frac{\partial \mathfrak{D}}{\partial x}\right)_a (x - x_a) + \left(\frac{\partial \mathfrak{D}}{\partial y}\right)_a (y - y_a) + \left(\frac{\partial \mathfrak{D}}{\partial z}\right)_a (z - z_a). \tag{24}$$

Die Vektorfunktion (24) ist eine lineare Funktion und kann daher gemäß 3. in der Form
$$\mathfrak{D}(\mathfrak{r}) = \Gamma_a \cdot (\mathfrak{r} - \mathfrak{r}_a) + \mathfrak{D}_a \tag{25}$$
geschrieben werden, worin der Tensor Γ_a die Komponentenmatrix

$$\Gamma_a = \begin{pmatrix} \dfrac{\partial D_x}{\partial x} & \dfrac{\partial D_x}{\partial y} & \dfrac{\partial D_x}{\partial z} \\[2mm] \dfrac{\partial D_y}{\partial x} & \dfrac{\partial D_y}{\partial y} & \dfrac{\partial D_y}{\partial z} \\[2mm] \dfrac{\partial D_z}{\partial x} & \dfrac{\partial D_z}{\partial y} & \dfrac{\partial D_z}{\partial z} \end{pmatrix} \tag{26}$$

hat. Zerlegt man ihn gemäß Formel (9) § 4 in einen symmetrischen Bestandteil B und einen antisymmetrischen Bestandteil A, so erhält man für die sechs Komponenten β_{xx}, β_{yy}, β_{zz}, β_{xy}, β_{xz}, β_{yz} von B die Formeln

$$\beta_{xx} = \frac{\partial D_x}{\partial x}, \quad \beta_{yy} = \frac{\partial D_y}{\partial y}, \quad \beta_{zz} = \frac{\partial D_z}{\partial z}.$$

$$\beta_{xy} = \frac{1}{2}\left(\frac{\partial D_x}{\partial y} + \frac{\partial D_y}{\partial x}\right), \quad \beta_{xz} = \frac{1}{2}\left(\frac{\partial D_x}{\partial z} + \frac{\partial D_z}{\partial x}\right), \quad \beta_{yz} = \frac{1}{2}\left(\frac{\partial D_y}{\partial z} + \frac{\partial D_z}{\partial y}\right), \tag{27}$$

während die Komponenten von A offenbar gemäß Formel (2) § 8 gleich den Komponenten von $\frac{1}{2}$ rot $\mathfrak{D}$ sind.

Analog zu (19) wird also $\mathfrak{D}$ in der Umgebung eines jeden Punktes in einen „Verzerrungsanteil" und einen „Bewegungsanteil" zerlegt. Der letztere entspricht nach (20) einer Bewegung mit dem Geschwindigkeitsvektor

$$\mathfrak{v} = \frac{1}{2} \cdot \text{rot } \mathfrak{D} \times (\mathfrak{r} - \mathfrak{r}_a) + \dot{\mathfrak{D}}_a = \frac{1}{2} \cdot \text{rot } \mathfrak{v} \times (\mathfrak{r} - \mathfrak{r}_a) + \mathfrak{v}_a,$$

was nach (14) in der Tat bedeutet, daß die Umgebung von $\mathfrak{r}_a$ als Ganzes eine Bewegung im Raume ausführt. Die Verzerrung wird im ganzen Raume eindeutig durch die Angabe des Verzerrungstensors in einem jeden Punkte des Kontinuums, d. h. durch die Funktion $B(\mathfrak{r})$ bzw. durch die Angabe der Komponenten (27) des Verzerrungstensors als Funktionen von $\mathfrak{r}$ beschrieben.

Fünftes Kapitel.

Wellenbewegung und Wellenfelder.

§ 12. Wellenbewegung eines eindimensionalen Kontinuums.

1. Harmonische Bewegung einer Punktreihe. Zu einer besonders wichtigen Klasse von Bewegungen kontinuierlicher Punktsysteme im Raume, der Wellenbewegung, gelangen wir durch die folgende Betrachtung. Wir fassen die Punkte einer beliebigen Geraden im Raume, z. B. der z-Achse, ins Auge und nehmen an, daß jeder dieser Punkte eine lineare, harmonische Schwingung senkrecht zur z-Achse, z. B. in der Richtung der x-Achse, ausführt. Alle Punkte sollen mit der gleichen Frequenz $\nu = \frac{\omega}{2\pi}$ und der gleichen Amplitude a schwingen, ihre Phasenkonstante γ sei jedoch eine lineare Funktion von z. Wir können daher die Bewegung in komplexer Form nach (43) § 10 in der Gestalt

$$x = a \cdot e^{i\omega\left(t - \frac{z}{c}\right)} \tag{1}$$

ansetzen, worin c eine reelle Konstante bedeutet und der Koordinatenursprung so gelegt ist, daß in ihm die Phasenkonstante gleich Null ist.

Die durch die Gleichung (1) definierte Bewegung hat die folgenden Eigenschaften: In einem gegebenen Zeitpunkt t ist x eine harmonische (Sinus- oder Kosinus-) Funktion von z. Eine Momentphotographie der Bewegung (Abb. 29) zeigt also das Bild einer Sinuskurve oder „*Wellenlinie*" mit abwechselnd aufeinanderfolgenden „*Wellenbergen*" B und „*Wellentälern*" T, deren Höhe bzw. Tiefe gleich der Amplitude a ist. Die kleinste Entfernung zweier Punkte gleicher „Phase", im besonderen die Entfernung zweier benachbarter Wellenberge oder Wellentäler, nennen wir die „*Wellenlänge*" λ. Da nach (1) die Elongation x zum gleichen Werte zurückkehrt, wenn $\frac{z\omega}{c}$ um 2π vermehrt oder vermindert wird, ist nach Formel (32) § 10 und (33) § 10

$$\lambda = \frac{2\pi c}{\omega} = \frac{c}{\nu} = c\tau. \tag{2}$$

Die Anzahl der auf die Längeneinheit der z-Achse entfallenden Wellenlängen nennen wir die „*Wellenzahl*" der Welle und bezeichnen sie mit ν^*. Sie ist offenbar gleich dem Reziprokwert der Wellenlänge, und es gilt für sie wegen (2)

$$\nu^* = \frac{1}{\lambda} = \frac{\omega}{2\pi c} = \frac{\nu}{c}. \tag{3}$$

Die in aufeinanderfolgenden Zeitpunkten aufgenommenen Schwingungsbilder (die einzelnen Bilder des Filmstreifens einer kinematographischen Aufnahme der Schwingung) unterscheiden sich voneinander nur dadurch, daß die entsprechenden Wellenkurven ohne Veränderung ihrer Gestalt gegeneinander in der z-Richtung verschoben erscheinen. Da zwei Punkte nach (1) in gleicher Phase sind, wenn der Ausdruck $t - \dfrac{z}{c}$ den gleichen Wert hat, beträgt die Verschiebung in der Zeit t offenbar ct. Dem Beobachter der Bewegung scheint sich also die Wellenkurve der Abb. 29 mit der Geschwindigkeit c in der Richtung der wachsenden z zu verschieben. Wir nennen die durch die Bewegungsgleichung (1) dargestellte Bewegung eine *„fortschreitende Schwingung“* oder *„fortschreitende Welle“* und c ihre „Geschwindigkeit“.

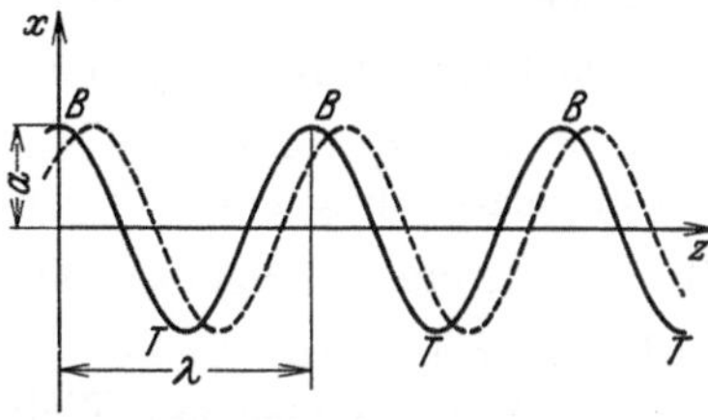

Abb. 29.

Erfolgt die Schwingung, wie wir oben angenommen haben, senkrecht zur „Fortpflanzungsrichtung“, dann spricht man von einer *„transversalen Schwingung“* oder einer transversalen Welle, und zwar speziell von einer *„linear polarisierten Welle“*, da die Schwingungsrichtungen aller Punkte parallel stehen. Erfolgt die Schwingung in der Richtung der Wellenfortschreitung, dann spricht man von einer *„longitudinalen Schwingung“* oder einer longitudinalen Welle.

2. Interferenz harmonischer Wellen. Die Zusammensetzung zweier Wellenbewegungen mit der gleichen Fortschreitungsrichtung zu einer resultierenden Bewegung durch vektorielle Addition ihrer Elongationen nennt man *„Interferenz“*. Die Interferenz zweier Wellenzüge mit der *gleichen Schwingungsrichtung* und der gleichen Frequenz, jedoch einem *„Gangunterschied“* δ:

$$\left. \begin{aligned} x_1 &= a_1\, e^{\,i\omega\left(t - \frac{z}{c}\right)} \\ x_2 &= a_2\, e^{\,i\omega\left(t - \frac{z-\delta}{c}\right)} \end{aligned} \right\} \tag{4}$$

liefert wieder eine harmonische Welle von der Gestalt (1) mit der Amplitude

$$a = \left| a_1 + a_2\, e^{\frac{i\omega\delta}{c}} \right| = \sqrt{\left(a_1 + a_2\, e^{\frac{i\omega\delta}{c}}\right)\left(a_1 + a_2\, e^{-\frac{i\omega\delta}{c}}\right)}$$

$$= \sqrt{a_1{}^2 + a_2{}^2 + 2\,a_1 a_2 \cos\frac{\omega\delta}{c}}. \tag{5}$$

Ist in (5) $\dfrac{\omega\delta}{c}$ ein ganzzahliges Vielfaches von 2π oder nach (2) der Gangunterschied δ ein ganzzahliges Vielfaches der Wellenlänge λ, dann wird $a = a_1 + a_2$, die Amplituden addieren sich also einfach. Ist jedoch $\dfrac{\omega\delta}{c}$ ein ungeradzahliges Vielfaches von π, der Gangunterschied δ daher ein ungeradzahliges Vielfaches von $\dfrac{\lambda}{2}$, dann wird $a = |a_1 - a_2|$, die Amplituden subtrahieren sich also. Ist $a_1 = a_2$, dann heben sich in diesem Falle die beiden Wellenzüge durch Interferenz auf.

Setzt man durch Interferenz zwei linear polarisierte, transversale Wellenzüge zusammen, deren Schwingungsebenen aufeinander *senkrecht* stehen, lauten also ihre beiden Bewegungsgleichungen beispielsweise

$$\left. \begin{aligned} x &= a_1 e^{\,i\omega\left(t - \frac{z}{c}\right)} \\ y &= a_2 e^{\,i\omega\left(t - \frac{z-\delta}{c}\right)} \end{aligned} \right\} \tag{6}$$

dann beschreibt jeder Punkt nach § 10, 8. im allgemeinen eine *elliptische* Schwingung, deren Ebene auf der Fortpflanzungsrichtung senkrecht steht. Wir sprechen dann von einer „*elliptischen* oder *elliptisch polarisierten Welle*". Ist die Phasendifferenz zwischen x und y gleich einem Vielfachen von π, dann artet die elliptische Schwingung in eine lineare aus; die Zusammensetzung zweier linear polarisierter Wellen mit einem Gangunterschied der gleich einem ganzzahligen Vielfachen von $\dfrac{\lambda}{2}$ ist, liefert demnach wieder eine linear polarisierte Welle. Ist die Phasendifferenz jedoch gleich einem ungeradzahligen Vielfachen von $\dfrac{\pi}{2}$ und ist $a_1 = a_2$, dann wird aus der elliptischen Schwingung eine *zirkulare*; die Zusammensetzung zweier linear polarisierter Wellen mit einem Gangunterschied, der gleich einem ungeradzahligen Vielfachen von $\dfrac{\lambda}{4}$ ist, liefert demnach eine zirkular polarisierte Welle.

3. Die eindimensionale Wellengleichung und ihre Lösung. Differentiiert man die Gleichung (1) zweimal partiell nach t, so erhält man

$$\frac{\partial^2 x}{\partial t^2} = - a\,\omega^2\, e^{i\,\omega\left(t - \frac{z}{c}\right)}. \tag{7}$$

Die zweimalige partielle Differentiation nach z liefert ferner

$$\frac{\partial^2 x}{\partial z^2} = - \frac{a\,\omega^2}{c^2}\, e^{i\,\omega\left(t - \frac{z}{c}\right)}. \tag{8}$$

Aus (7) und (8) folgt, daß x als Funktion von z und t der linearen partiellen Differentialgleichung zweiter Ordnung

$$\frac{\partial^2 x}{\partial t^2} = c^2\, \frac{\partial^2 x}{\partial z^2} \tag{9}$$

genügt, die man als die Differentialgleichung der eindimensionalen Wellenbewegung oder kurz als die *eindimensionale Wellengleichung* bezeichnet.

Aus der Theorie der partiellen Differentialgleichungen ist es bekannt, daß die allgemeine Lösung einer Gleichung von der Form (9) zwei *willkürliche Funktionen* enthalten muß. Es kann daher die Funktion (1) nicht die einzige Lösung von (9) sein, sondern es muß auch noch andere Lösungen dieser Gleichung geben. Um die allgemeinste Lösung zu finden, zeigen wir zunächst, daß die Differentialgleichung (9) durch jede Funktion vom Argument $(z - ct)$ befriedigt wird. Setzt man nämlich

$$x = f(z - ct), \tag{10}$$

dann gilt, wenn man mit f' und f'' die Ableitungen von f nach seinem Argument bezeichnet

$$\frac{\partial^2 f}{\partial t^2} = f'' \cdot c^2, \qquad \frac{\partial^2 f}{\partial z^2} = f''$$

Der Ansatz (10) erfüllt also in der Tat die Gleichung (9).

Analog kann man zeigen, daß auch jede Funktion vom Argument $(z + ct)$ die Wellengleichung erfüllt. Wegen der Linearität dieser Gleichung ist also auch die Summe zweier Funktionen der gekennzeichneten Art, also die Funktion

$$x = \frac{1}{2}\,[f(z - ct) + g(z + ct)] \tag{11}$$

eine Lösung der Wellengleichung (9). Da der Ausdruck (11) zwei völlig willkürliche Funktionen f und g enthält, ist er nach dem oben zitierten allgemeinen Satz die allgemeinste Lösung der Differentialgleichung (9) (D'ALEMBERTsche *Lösung*).

4. Diskussion der Lösung. Die Lösung (9) läßt sich geometrisch sehr leicht veranschaulichen. Zur Zeit $t = 0$ nämlich stellt die Kurve $x = f(z)$ die Deformation der Punkte der z-Achse durch ihre Verschiebung aus der Mittellinie dar. Die entsprechende Deformationskurve für irgendeine spätere Zeit t erhält man, wenn man in $f(z)$ das Argument z durch $(z-ct)$ ersetzt, d. h. wenn man die Kurve $f(z)$ ohne Änderung ihrer Gestalt in der Richtung der wachsenden z um das Stück ct verschiebt (Abb. 30). Dem Beobachter der Bewegung scheint sich also die Kurve der Abb. 30 mit der Geschwindigkeit c in der Richtung der wachsenden z zu verschieben. Wir sprechen auch in diesem Falle von einer *fortschreitenden* (jedoch nicht harmonischen) *Welle*.

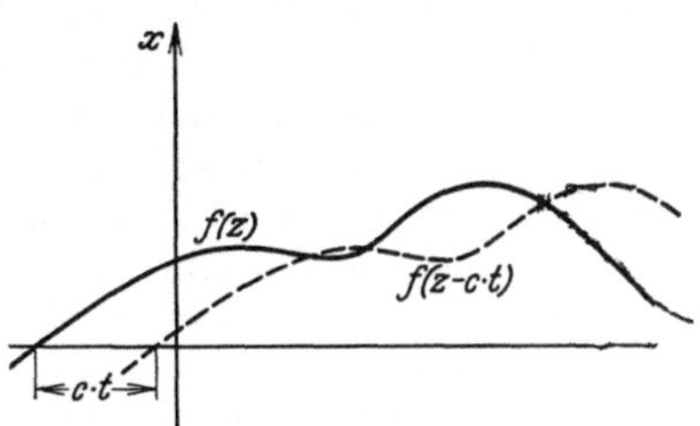

Abb. 30.

Die harmonische Welle (1), von der wir ausgegangen sind, ist offenbar ein Spezialfall der allgemeinen Welle (10), bei dem f eine harmonische (Sinus- oder Kosinus-) Funktion ihres Arguments ist. Da man nach dem FOURIERschen Satz jede (gewissen, sehr allgemeinen Eigenschaften genügende) Funktion f als Summe aus lauter Sinus- und Kosinus-Funktionen darstellen kann, sieht man, daß jede fortschreitende Welle als Summe aus (im allgemeinen unendlich vielen) harmonischen Wellen zusammengesetzt gedacht werden kann.

Die allgemeine Lösung (11) erweist sich als die Superposition von zwei fortschreitenden Wellen, von denen die eine von links nach rechts, die andere von rechts nach links längs der z-Achse fortschreitet. Die Deformationskurve zur Zeit Null hat nach (11) die Gleichung

$$x(0, z) = \frac{1}{2}\,[f(z) + g(z)]. \tag{12}$$

Die Anfangsgeschwindigkeit der einzelnen Punkte dieser Kurve gewinnt man, indem man (11) nach der Zeit differentiiert und nachher $t = 0$ setzt:

$$\dot{x}(0, z) = \frac{c}{2}\,[-f'(z) + g'(z)]. \tag{13}$$

Sind die Anfangslagen und Anfangsgeschwindigkeiten aller Punkte der Punktreihe gegeben, so kann man aus den Gleichungen (12) und (13) die Funktionen $f(z)$ und $g(z)$ einzeln ermitteln und daher nach Einsetzen in (11) die Bewegung, die der Differentialgleichung (9) genügt, für die folgenden Zeitpunkte vorausberechnen.

Ist beispielsweise die Anfangsgeschwindigkeit gleich Null, dann ist nach (13) $f'(z) = g'(z)$ und daher bis auf eine willkürliche Konstante, die man weglassen kann, $f(z) = g(z)$. Die Lösung (11) nimmt daher die Gestalt an:

$$x = \frac{1}{2}\,[f(z-ct) + f(z+ct)]. \tag{14}$$

Die anfängliche Deformationskurve $f(z)$ zerspaltet sich also in zwei symmetrische Hälften, die mit der gleichen Geschwindigkeit c nach verschiedenen Seiten längs der z-Achse davoneilen.

5. Randwertprobleme. Wir wollen nun annehmen, daß zur Zeit Null der Anfangszustand nicht auf der ganzen z-Achse gegeben sei, sondern nur auf einem endlichen Stück derselben, beispielsweise in dem Intervall (z_1, z_2). In den Endpunkten dieses Intervalls seien ferner die Elongationen x, die „*Randwerte*" von x, für alle Zeiten vorgegeben. Gesucht ist die dieser Bedingung entsprechende Lösung der Wellengleichung. Wir nennen dieses Problem das *Randwertproblem* der Differentialgleichung (9).

Daß seine Lösung stets existiert und eindeutig ist, wird in der Theorie der partiellen Differentialgleichungen exakt bewiesen. Wir wollen den Eindeutigkeitsbeweis nur andeuten. Gäbe es nämlich zwei voneinander verschiedene Lösungen $x = f_1(z, t)$ und $x = f_2(z\,t)$, die den gleichen Anfangs- und Randbedingungen genügen, dann müßte wegen der Linearität von (9) auch $x = f_1(z, t) - f_2(z, t)$ eine Lösung sein, die zur Zeit Null im ganzen Intervall samt ihrer Ableitung nach der Zeit und für alle t an den Rändern desselben verschwindet. Zur Zeit Null müßte also die rechte Seite der Gleichung (9) im ganzen Intervall einschließlich der Ränder verschwinden und daher auch die linke Seite. Das heißt aber, daß auch in einem um dt späteren Zeitpunkte der Anfangszustand unverändert beibehalten werden muß. Geht man nun von hier als neuem Anfangszustand aus, so kann man auf dieselbe Weise wieder auf einen späteren Zeitpunkt schließen und so fort; x müßte also für alle Zeiten im ganzen Intervall verschwinden oder f_1 und f_2 könnten nicht, wie angenommen wurde, voneinander verschieden sein.

6. Das Problem der schwingenden Saite. Als Beispiel für die Behandlung eines Randwertproblems der eindimensionalen Wellengleichung wollen wir das „*Problem der schwingenden Saite*" behandeln, bei dem die Randbedingungen so lauten, daß in zwei Punkten, z. B. für $z = 0$ und $z = l$, die Elongationen dauernd gleich Null sein sollen. Da die Bewegung einer schwingenden Saite, wie wir später noch zeigen werden, (§ 24, 3.) in der Tat der Differentialgleichung (9) genügt, liefert die Behandlung des eben gekennzeichneten Problems die Bewegungsgleichung einer in den Endpunkten fest eingespannten Saite von der Länge l.

Nach Bernoulli suchen wir die gestellte Aufgabe allgemein dadurch zu lösen, daß wir zunächst Partikularlösungen der Differentialgleichung (9) aufsuchen, die sich als Produkte von Funktionen von z allein und von Funktionen von t allein darstellen lassen und die vorgegebenen Randbedingungen erfüllen; die allgemeine Lösung suchen wir dann aus solchen Partikularlösungen zusammenzusetzen. Wir setzen also x in der Form an

$$x = f_1(z) \cdot f_2(t). \tag{15}$$

Setzt man den Ansatz (15) in (9) ein, so erhält man nach einfacher Umformung

$$\frac{1}{f_2}\frac{d^2 f_2}{dt^2} = c^2 \frac{1}{f_1}\frac{d^2 f_1}{dz^2}. \tag{16}$$

In dieser Gleichung ist die linke Seite eine Funktion von t allein, die rechte Seite eine Funktion von z allein. Soll sie daher für alle z und t erfüllt sein, dann müssen beide Seiten für sich gleich einer und derselben, im übrigen willkürlichen, Konstanten sein, die wir gleich $-\omega^2$ wählen. Die Gleichung (16) zerfällt also in die zwei gewöhnlichen Differentialgleichungen

$$\frac{d^2 f_2}{dt^2} + \omega^2 f_2 = 0, \tag{17} \qquad\qquad \frac{d^2 f_1}{dz^2} + \frac{\omega^2}{c^2} f_1 = 0. \tag{18}$$

Die Gleichung (17) ist mit der Differentialgleichung (36) § 10 der harmonischen Schwingung identisch; ihre Lösung lautet daher nach (31) § 10

$$f_2(t) = a' \cos(\omega t + \gamma) \tag{19}$$

mit willkürlichem a' und γ.

Die Gleichung (18) hat dieselbe Bauart, ihre Lösung geht daher aus (19) hervor, wenn man f_1 an Stelle von f_2, z an Stelle von t und $\frac{\omega}{c}$ an Stelle von ω setzt:

$$f_1(z) = b \cos\left(\frac{\omega}{c} z + \beta\right), \tag{20}$$

worin b und β willkürliche Konstanten sind.

Damit die Lösung (15) die Randbedingungen erfüllt, muß der Ausdruck (20) für $z = 0$ und $z = l$ verschwinden. Man sieht, daß das nicht für alle Werte des Parameters ω der Differentialgleichung (18) möglich ist, sondern nur für ganz bestimmte Werte, die sogenannten „*Eigenwerte*" dieser Differentialgleichung. Die zu diesen Eigenwerten gehörigen Lösungen nennt man die „*Eigenfunktionen*" des betreffenden Randwertproblems. Wir gehen nun an ihre Berechnung heran.

Um der ersten Randbedingung Genüge zu leisten, müssen die Ausdrücke (20) für $z = 0$ verschwinden. Dies ist, wenn man den trivialen Fall $b = 0$ ausschließt, (da dann x identisch verschwinden würde), nur möglich, wenn β gleich einem ungeraden Vielfachen von $\frac{\pi}{2}$ ist, wenn also f_1 die Gestalt

$$f_1(z) = b' \sin \frac{\omega}{c} z \tag{21}$$

hat. Um der zweiten Randbedingung zu genügen, muß der Ausdruck (21) für $z = l$ verschwinden, was wiederum mit Ausschluß des trivialen Falles $b' = 0$ nur möglich ist, wenn die Bedingung

$$\omega = \omega_n = \frac{n \pi c}{l} \tag{22}$$

befriedigt ist, worin n eine beliebige ganze (positive oder negative) Zahl bedeutet. Die durch die Gleichung (22) bestimmten Werte ω_n sind die gesuchten Eigenwerte.

Die zugehörigen Eigenfunktionen findet man nach (15), wenn man (22) in (19) und (21) einsetzt und beide Ausdrücke miteinander multipliziert:

$$x = a \cos\left(\frac{n \pi c}{l} \cdot t + \gamma\right) \cdot \sin \frac{n \pi}{l} \cdot z. \tag{23}$$

a und γ sind hierin willkürliche reelle Konstanten und n eine ganze Zahl, die man ohne Beschränkung der Allgemeinheit positiv ansetzen kann.

7. Stehende Schwingungen. Die durch eine der Lösungen (23) dargestellte Bewegung hat den folgenden Charakter: Die Momentaufnahme der Bewegung für ein beliebiges t zeigt die Gestalt einer Sinuskurve; die in verschiedenen, aufeinanderfolgenden Zeitpunkten aufgenommenen Sinuskurven unterscheiden sich voneinander nur durch die Höhe ihrer Berge und Täler, nicht aber durch ihre Lage, im Gegensatze zu dem in 1. gefundenen Sachverhalt. Wir nennen eine solche Bewegung eine „*stehende Schwingung*". Die Eigenfunktionen (23) stellen demnach sämtlich „stehende harmonische Schwingungen" dar; man bezeichnet sie gewöhnlich als „*Eigenschwingungen*". Die zum Index $n = 1$ gehörige Eigenschwingung heißt die „*Grundschwingung*", die zu $n = 2, 3, \dots$ gehörigen Eigenschwingungen heißen „*harmonische Oberschwingungen*".

Jeder individuelle Punkt führt senkrecht zur z-Achse eine harmonische Schwingung mit der gleichen Frequenz aus. Zur n-ten Eigenschwingung gehört die Frequenz $v_n = \frac{\omega_n}{2\pi}$, die man als die zu dieser Eigenschwingung gehörige „*Eigenfrequenz*" bezeichnet. Gemäß (22) sind die Eigenfrequenzen der Oberschwingungen ganzzahlige Vielfache der Frequenz der Grundschwingung.

Die Phasenkonstante γ ist für alle Punkte gleich; im Gegensatz zur fortschreitenden Schwingung gehen also alle Punkte gleichzeitig durch die Mittellage und erreichen gleichzeitig ihre maximale Elongation. Die Amplitude

$$a \sin \frac{n \pi}{l} z$$

ist jedoch von Punkt zu Punkt verschieden. Die die Amplitudenfunktion beherrschende Differentialgleichung (18) heißt die zu (9) gehörige „*Amplitudengleichung*".

Die Punkte, für die

$$\frac{n\pi}{l} z = m\pi,$$

also

$$z = \frac{m}{n}\, l \quad \text{für } m = 1, 2, 3 \ldots n \tag{24}$$

gilt, haben die Amplitude Null, sie bleiben also dauernd in Ruhe. Man nennt sie die „*Knoten*" der Schwingung. Zur n-ten Eigenschwingung gehören $n+1$

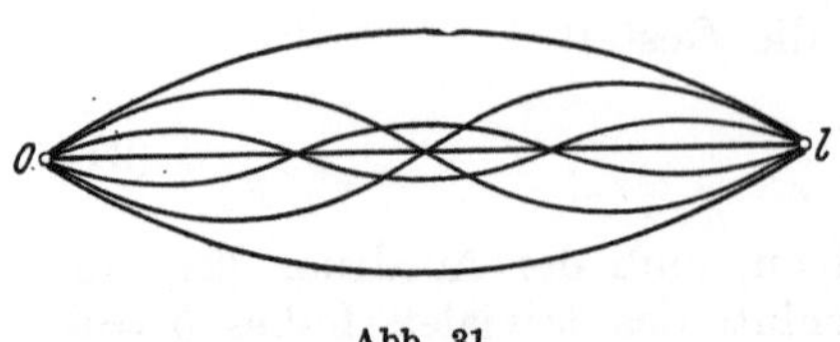

Abb. 31.

Knoten, die das Intervall $(0, l)$ in n Teile teilen (Abb. 31). Die in der Mitte zwischen je zwei Knoten gelegenen Punkte schwingen mit der maximalen Amplitude a, sie heißen die „*Bäuche*" der Schwingung. Die Entfernung zwischen zwei aufeinanderfolgenden Knoten oder Bäuchen wird die „*Wellenlänge*" der stehenden Schwingung genannt.

Nach (22) und (24) ergibt sich für sie

$$\lambda_n = \frac{l}{n} = \frac{\pi c}{\omega_n}; \tag{25}$$

sie ist also nach (2) halb so groß als die Wellenlänge der zur gleichen Frequenz gehörigen Wellenlänge der fortschreitenden Schwingung (1).

8. Die allgemeine Lösung des Problems der schwingenden Saite. Nach den vorausgehenden Entwicklungen ist jede Funktion von der Gestalt (23) mit beliebigem a und γ und ganzzahligem n eine Lösung, nämlich die n-te Eigenfunktion oder Eigenschwingung unseres Randwertproblems. Wegen der Linearität der Wellengleichung (9) muß daher auch die Summe aus beliebig vielen solchen Lösungen wieder eine Lösung sein. Bilden wir demnach die Größe

$$x(z, t) = \sum_{n=1}^{\infty} a_n \sin\frac{n\pi}{l} z \cdot \cos\left(\frac{n\pi c}{l} t + \gamma_n\right) \tag{26}$$

und erteilen den Konstanten $a_1, a_2, \ldots; \gamma_1, \gamma_2, \ldots$ beliebige Werte, so stellt sie eine Lösung der Wellengleichung dar, die die vorgegebenen Randbedingungen erfüllt.

Wir wollen nun versuchen, ob es möglich ist, durch geeignete Wahl der Größen a_n und γ_n auch die Anfangsbedingungen zu erfüllen, die darin bestehen sollen, daß x für $t = 0$ gleich wird einer gegebenen Funktion von z:

$$x(z, 0) = F(z) \tag{27}$$

und $\dot{x}$ gleich wird einer anderen gegebenen Funktion von z:

$$\dot{x}(z, 0) = G(z). \tag{28}$$

Soll die Funktion (26) die Bedingungen (27) und (28) erfüllen, dann müssen sich die Funktionen $F(z)$ und $G(z)$ als unendliche trigonometrische Reihen von der folgenden Form schreiben lassen:

$$\left.\begin{aligned} F(z) &= \sum_{n=1}^{\infty} A_n \sin\frac{n\pi}{l} z \\[1em] G(z) &= \sum_{n=1}^{\infty} B_n \sin\frac{n\pi}{l} z \end{aligned}\right\} \tag{29}$$

worin die Konstanten A_n und B_n mit den Konstanten a_n und γ_n durch die Beziehungen

$$\left.\begin{aligned} A_n &= a_n \cos\gamma_n \\[0.5em] B_n &= -a_n \sin\gamma_n \cdot \frac{n\pi c}{l} \end{aligned}\right\} \tag{30}$$

zusammenhängen.

Nach dem FOURIERschen Satz ist es stets möglich, die Funktionen $F(z)$ und $G(z)$, die an den Enden des Intervalls $(0, l)$ verschwinden, im Innern des Intervalls durch die Entwicklungen (29) nach Sinusfunktionen, deren Periode ein ganzzahliger Bruchteil dieses Intervalls ist, darzustellen. Die Koeffizienten der Entwicklung A_n und B_n lauten hierbei:

$$\left.\begin{aligned} A_n &= \frac{2}{l}\int_0^l F(z)\sin\frac{n\pi}{l}z\cdot dz \\[2ex] B_n &= \frac{2}{l}\int_0^l G(z)\sin\frac{n\pi}{l}z\cdot dz \end{aligned}\right\}$$

lassen sich demnach berechnen, wenn die Funktionen $F(z)$ und $G(z)$, also die Anfangsbedingungen bekannt sind. Aus den so berechneten A_n und B_n kann man dann mittels (30) die Konstanten a_n und γ_n berechnen, deren Einsetzung in (26) die endgültige Lösung unseres Problems liefert, die nicht nur die Randbedingungen, sondern auch die Anfangsbedingungen erfüllt. Nach 5. ist sie die einzige Lösung.

Wir merken schließlich noch an, daß nach bekannten, einfachen goniometrischen Formeln der Ausdruck (26) auch auf die folgende Gestalt gebracht werden kann:

$$x = \sum_{n=1}^{\infty}\frac{a_n}{2}\left\{\sin\left[\frac{n\pi}{l}(z+ct)+\gamma_n\right]+\sin\left[\frac{n\pi}{l}(z-ct)-\gamma_n\right]\right\}. \tag{32}$$

Er hat also, wie wir es nach den Entwicklungen von 3. fordern müssen, die Gestalt der D'ALEMBERTschen Lösung (10).

§ 13. Wellenbewegung im Raume.

1. Die dreidimensionale Wellengleichung. Im vorhergehenden Paragraphen haben wir uns mit der Bewegung einer kontinuierlichen Punkt*reihe* beschäftigt, die der eindimensionalen Wellengleichung (9) genügt. Wir gehen jetzt zur Betrachtung eines kontinuierlichen, *dreidimensionalen* Punktsystems über. Es liegt dann nahe, im Zusammenhang mit den obigen Überlegungen solche Punktbewegungen besonders ins Auge zu fassen, bei denen die Deformation durch eine skalare Größe φ gemessen werden kann, die als Funktion von Ort und Zeit einer Differentialgleichung genügt, welche durch die Verallgemeinerung der eindimensionalen Schwingungsgleichung auf drei Dimensionen hervorgeht:

$$\frac{\partial^2\varphi}{\partial t^2} = c^2\left(\frac{\partial^2\varphi}{\partial x^2} + \frac{\partial^2\varphi}{\partial y^2} + \frac{\partial^2\varphi}{\partial z^2}\right) = c^2\cdot\Delta\varphi. \tag{1}$$

Die lineare, partielle Differentialgleichung (1) nennt man die *allgemeine* oder dreidimensionale *Wellengleichung*, die Funktion φ die „*Wellenfunktion*".

Ist φ nur von den Raumkoordinaten, *nicht aber von der Zeit* abhängig, dann reduziert sich die Wellengleichung auf die LAPLACEsche Gleichung (12) § 7 der Potentialtheorie. In Anlehnung an die Bezeichnung „Potential" für die Lösung der LAPLACEschen Gleichung nennt man mitunter die Wellenfunktion φ in (1) auch „*Wellenpotential*".

Ist φ nur von *einer Raumkoordinate*, z. B. z, und von der Zeit abhängig, $\varphi = \varphi(z, t)$, dann reduziert sich die Wellengleichung (1) auf die Gleichung

$$\frac{\partial^2\varphi}{\partial t^2} = c^2\frac{\partial^2\varphi}{\partial z^2}, \tag{2}$$

die formal mit der bereits behandelten eindimensionalen Wellengleichung (9) § 12 übereinstimmt. Die Bewegung hat demnach den Charakter einer in der z-Richtung mit der Geschwindigkeit c fortschreitenden Welle, wobei in jedem Augenblick alle auf einer zur Fortschreitungsrichtung senkrechten Ebene liegenden Punkte den gleichen φ-Wert aufweisen. Nennen wir den geometrischen Ort der Punkte gleicher „Phase" eine „*Wellenfläche*", dann können wir die Bewegung dadurch kennzeichnen, daß alle Wellenflächen parallele Ebenen, senkrecht zur Fortschreitungsrichtung, sind. Eine solche Welle heißt eine „*ebene Welle*" oder „*Planwelle*".

Um die Bewegungsgleichung für eine Planwelle aufzustellen, die sich in einer beliebigen Richtung fortpflanzt, welche mit den Koordinatenachsen die Winkel α, β, γ bildet, müssen wir in (10) § 12 an Stelle von z den Abstand des Koordinatenursprungs von einer zur Fortpflanzungsrichtung senkrechten Ebene einsetzen, also den Ausdruck $(x \cos\alpha + y \cos\beta + z \cos\gamma)$, so daß wir in Verallgemeinerung von (10) § 12 erhalten

$$\varphi = f[(x \cos\alpha + y \cos\beta + z \cos\gamma) - ct]. \tag{3}$$

Bedeutet φ eine Deformation senkrecht zur Fortpflanzungsrichtung, dann ist die Welle transversal, ist φ eine Deformation in der Fortpflanzungsrichtung, dann ist die Welle longitudinal. Im besonderen kann eine ebene Welle natürlich wieder harmonisch, eine harmonische, ebene Transversalwelle wieder linear, elliptisch oder zirkular polarisiert sein.

Für eine ebene, harmonische Welle mit der Kreisfrequenz ω und der Wellenlänge λ erhalten wir aus (3) in Verallgemeinerung von (1) § 12 und mit Benutzung von (2) § 12

$$\left.\begin{aligned}\varphi &= a \cdot e^{\,i\omega\left(t - \frac{x\cos a + y\cos\beta + z\cos\gamma}{c}\right)} \\ &= a \cdot e^{\,2\pi i\left(\nu t - \frac{x\cos a + y\cos\beta + z\cos\gamma}{\lambda}\right)}\end{aligned}\right\} \tag{4}$$

Ist φ in den Raumkoordinaten *kugelsymmetrisch*, hängt es also beispielsweise nur von der Entfernung r vom Koordinatenursprung ab, dann wird wegen Gleichung (26) § 6 aus (1)

$$\frac{\partial^2\varphi}{\partial t^2} = c^2\left(\frac{\partial^2\varphi}{\partial r^2} + \frac{2}{r}\frac{\partial\varphi}{\partial r}\right). \tag{5}$$

Führt man hierin $r\varphi$ an Stelle von φ als abhängige Veränderliche ein, ähnlich wie wir es bei dem entsprechenden Problem der Potentialtheorie in § 7, 7. gemacht haben, dann wird aus (5)

$$\frac{\partial^2(r\varphi)}{\partial t^2} = c^2\frac{\partial^2(r\varphi)}{\partial r^2}.$$

Diese Gleichung ist aber wiederum mit (9) § 12 formal identisch, wenn man darin x durch $r\varphi$ und z durch r ersetzt. Der Lösung (11) § 12 entspricht demnach die Lösung

$$\varphi = \frac{1}{r}[f(r - ct) + g(r + ct)] \tag{6}$$

von (5). Die Bewegungsgleichung (6) bedeutet eine aus zwei Wellenbewegungen im Raume zusammengesetzte Bewegung, bei deren einer sich der Wellenzustand mit der Geschwindigkeit c vom Koordinatenursprung aus nach allen Richtungen hin ausbreitet, während er sich bei der anderen zum Koordinatenursprung hin zusammenzieht. Auf jeder Kugelfläche mit O als Mittelpunkt ist φ in jedem Zeitpunkte konstant, die Wellenflächen sind also konzentrische Kugelflächen mit dem Koordinatenursprung als Mittelpunkt. Wir bezeichnen eine solche Welle als „*Kugelwelle*". Im Gegensatz zu einer ebenen Welle, bei der der Wellenzustand φ von Wellenfläche zu Wellenfläche unverändert fortschreitet, nimmt bei der Kugelwelle die Amplitude verkehrt proportional zur Entfernung vom Kugelmittelpunkte ab.

2. Interferenz ebener, harmonischer Wellenzüge. Bezüglich der Zusammensetzung ebener, harmonischer Wellenzüge, die sich in der gleichen Richtung fortpflanzen, gilt im allgemeinen das, was wir in § 12, 2. über die Zusammensetzung von Wellenbewegungen längs einer Geraden auseinandergesetzt haben. Insbesondere kann man wieder zeigen, daß die Zusammensetzung beliebig vieler linear polarisierter Wellen mit der *gleichen* Schwingungsebene wieder eine polarisierte Welle mit dieser Schwingungsebene ergibt und die Zusammensetzung von zwei Wellenzügen, deren Schwingungsebenen aufeinander senkrecht stehen, eine im allgemeinen elliptisch polarisierte Welle.

Wir wollen hier, da wir es im folgenden brauchen werden, noch die Zusammensetzung einer beliebigen Anzahl n von ebenen, mit der gleichen Frequenz und Amplitude schwingenden und in der gleichen Richtung fortschreitenden Wellen behandeln, deren Gangunterschiede in ganzzahligem Verhältnis zueinander stehen. Wir setzen sie in der Form

$$\varphi_k = a_0 e^{i\omega\left(t-\frac{z-\delta_k}{c}\right)} \qquad k = 1, 2, 3 \ldots n \tag{7}$$

an und fordern, daß die Gangunterschiede δ_k ganzzahlige Vielfache einer konstanten Größe δ seien, also

$$\varphi_k = a_0 e^{i\omega\left(t-\frac{z-(k-1)\delta}{c}\right)} \qquad k = 1, 2, 3, \ldots n. \tag{8}$$

Die Interferenzwelle erhalten wir, indem wir alle Ausdrücke (8) von $k = 1$ bis $k = n$ addieren:

$$\varphi = \sum_{k=1}^{n} \varphi_k = a_0 e^{i\omega\left(t-\frac{z}{c}\right)} \sum_{k=1}^{n} e^{\frac{i\omega(k-1)\delta}{c}}. \tag{9}$$

Die Summe auf der rechten Seite von (9) ist eine geometrische Reihe mit dem Quotienten $e^{\frac{i\omega\delta}{c}}$, die Ausführung der Summation liefert daher für φ den Ausdruck

$$\varphi = A \cdot e^{i\omega\left(t-\frac{z}{c}\right)} \tag{10}$$

mit

$$A = a_0 \frac{e^{\frac{i\omega\delta n}{c}} - 1}{e^{\frac{i\omega\delta}{c}} - 1}. \tag{11}$$

φ ist also, wie wir erwarten mußten, wieder eine harmonische Welle mit der Kreisfrequenz ω und der komplexen Amplitude (11). Die gewöhnliche, reelle Amplitude a ist nach § 10, 6. der Absolutbetrag des Ausdruckes (11), also

$$a = |A| = a_0 \left| \frac{e^{\frac{i\omega\delta n}{c}} - 1}{e^{\frac{i\omega\delta}{c}} - 1} \right| = a_0 \sqrt{\frac{1-\cos\frac{\omega\delta n}{c}}{1-\cos\frac{\omega\delta}{c}}} = a_0 \left| \frac{\sin\frac{\omega\delta n}{2c}}{\sin\frac{\omega\delta}{2c}} \right|. \tag{12}$$

Läßt man δ stetig variieren, so ändert sich, wie man sieht, a periodisch, indem es an den Nullstellen des Zählers von (12) verschwindet und zwischen je zwei solchen Nullstellen Maximalwerte annimmt, die sogenannten „*Nebenmaxima*". Zu den Maximis von (12) gehören ferner die Nullstellen des Nenners, die „*Hauptmaxima*", für die

$$\delta = \frac{2\pi c}{\omega} k = k\lambda \qquad k = 0, 1, 2, \ldots \tag{13}$$

ist. In ihnen ist die Amplitude, wie man durch Entwicklung von (12) nach dem Satz von DE L'HOSPITAL findet, gleich na_0, während sie in den Nebenmaximis offenbar von der Größenordnung a_0 bleibt. Für sehr große n ist demnach die Amplitude für alle Werte von δ, die nicht der Gleichung (13) genügen, gegen die dieser Gleichung genügenden verschwindend klein.

3. Das Randwertproblem in drei Dimensionen. Analog zu dem Randwertproblem des § 12 ergibt sich auch im allgemeinen, dreidimensionalen Falle die Aufgabe, Lösungen der Wellengleichung (1) in einem abgeschlossenen Volumen zu suchen, an dessen Oberfläche die Werte der Wellenfunktion φ, die Randwerte, als Funktionen der Zeit gegeben sind. Die Eindeutigkeit der Lösung des Randwertproblems, bei gegebenem Anfangszustande, d. h. bei gegebenen Werten der Funktion $\varphi\,(x,\,y,\,z)$ zur Zeit Null im Innern des betrachteten Volumens, kann auf demselben Wege, den wir bereits in § 12, 5. angedeutet haben, erwiesen werden. Wir wollen deshalb hier nicht näher darauf eingehen.

Die praktische Durchführung der Aufgabe kann in enger Analogie zu der im eindimensionalen Falle befolgten Methode erfolgen, indem man versucht, die den vorgegebenen Rand- und Anfangsbedingungen entsprechende Lösung aus Partikularlösungen besonderer Art zusammenzusetzen, die sich als Produkte einer Funktion der Zeit allein und einer Funktion der Koordinaten allein schreiben lassen. Nach den Resultaten in § 12, 6. werden wir vermuten, daß die Zeitfunktion eine harmonische Schwingung ist und setzen daher versuchsweise φ in der Form

$$\varphi = e^{i\,\omega\,t} \cdot \psi\,(x,\,y,\,z) \tag{14}$$

an, worin ψ die vom Ort abhängige komplexe Amplitude der Schwingung, die sogenannte „*Amplitudenfunktion*" ist. Durch zweimalige Differentiation des Ausdruckes (14) nach t und nach $x,\,y,\,z$ erhält man

$$\frac{\partial^2\varphi}{\partial t^2} = -\,\omega^2 e^{i\,\omega\,t} \cdot \psi,$$

$$\varDelta\varphi = \frac{\partial^2\varphi}{\partial x^2} + \frac{\partial^2\varphi}{\partial y^2} + \frac{\partial^2\varphi}{\partial z^2} = e^{i\,\omega\,t} \cdot \varDelta\,\psi.$$

Setzt man diese Ausdrücke in die Wellengleichung (1) ein, so kürzt sich der zeitabhängige Bestandteil und für die Amplitudenfunktion ergibt sich die Differentialgleichung

$$\varDelta\,\psi + \frac{\omega^2}{c^2}\,\psi = 0. \tag{15}$$

Der Ansatz (14) erfüllt also in der Tat die Wellengleichung, wenn ψ der „*Amplitudengleichung*" (15) genügt.

Wie im eindimensionalen Falle, wird es auch hier wiederum im allgemeinen nicht möglich sein, für jeden Wert des Parameters ω Lösungen der Differentialgleichung (15) zu finden, die mit den vorgegebenen Randbedingungen verträglich sind, sondern nur für bestimmte Werte $\omega_1,\,\omega_2,\,\omega_3,\,\ldots$, die *Eigenwerte* oder *Eigenfrequenzen* des Problems. Die zu diesen Eigenwerten gehörigen Lösungen $\psi_1,\,\psi_2,\,\psi_3,\,\ldots$ sind die *Eigenfunktionen* oder *Eigenschwingungen*. Hat man einmal die Eigenwerte und Eigenfunktionen ermittelt, dann kann man wegen der Linearität der Wellengleichung aus ihnen eine allgemeine Lösung

$$\varphi = \sum_{n=1}^{\infty} A_n e^{i\,\omega n\,t}\,\psi_n\,(x,\,y,\,z) \tag{16}$$

bilden, worin die A_n beliebige, komplexe Konstanten sind. Von dem Ausdruck (16) ist natürlich, unserer symbolischen Schreibweise entsprechend, der reelle Teil als Lösung zu betrachten.

Man kann nun versuchen, durch geeignete Wahl der Konstanten A_n die Lösung (16) dem gegebenen Anfangszustand anzupassen, d. h. zu erreichen, daß für $t = 0$ sowohl φ als auch $\dfrac{\partial \varphi}{\partial t}$ gegebene Funktionen des Ortes sind. Dies ist in der Tat möglich, wenn es gelingt, die gegebenen Funktionen in unendliche Reihen nach den Eigenfunktionen ψ_n zu entwickeln. Es läßt sich zeigen, daß sich solche Entwicklungen einer Funktion nach bestimmten Eigenfunktionen, von denen die in § 12, 8. benutzte FOURIERsche Entwicklung ein besonders einfacher Spezialfall ist, stets durchführen lassen, wenn die Funktionen gewisse, sehr allgemeine Bedingungen erfüllen. Damit ist dann die vollständige Lösung der Randwertaufgabe gewonnen.

4. Eigenschwingungen eines Parallelepipedes. Wir wollen die Berechnung der Eigenwerte und Eigenfunktionen in einem einfachen Falle, der uns später noch beschäftigen wird (§ 40, 2.), wirklich durchführen. Wir betrachten als Volumen ein Parallelepiped mit den Kantenlängen l_1, l_2, l_3 und verlangen, daß an der Oberfläche dieses Volumens die Wellenfunktion φ dauernd gleich Null sei.

Wir wählen das Koordinatensystem so, daß ein Eckpunkt des Parallelepipeds in den Koordinatenursprung zu liegen kommt und die drei dort zusammenstoßenden Kanten l_1, l_2, l_3 auf der x-, y- bzw. z-Achse liegen. Wir versuchen, die Amplitudengleichung (15) zu lösen, indem wir ψ als Produkt einer Funktion f_1 von x allein, einer Funktion f_2 von y allein und einer Funktion f_3 von z allein ansetzen:

$$\psi\,(x,\,y,\,z) = f_1\,(x) \cdot f_2\,(y) \cdot f_3\,(z). \tag{17}$$

Mit Verwendung dieses Ansatzes geht die Gleichung (15) in

$$\frac{1}{f_1}\frac{d^2 f_1}{d x^2} + \frac{1}{f_2}\frac{d^2 f_2}{d y^2} + \frac{1}{f_3}\frac{d^2 f_3}{d z^2} + \frac{\omega^2}{c^2} = 0 \tag{18}$$

über. Da hierin das erste Glied nur von x, das zweite nur von y, das dritte nur von z abhängt, kann diese Gleichung offenbar nur dann für alle Werte von x, y, z erfüllt sein, wenn diese Glieder einzeln gleich Konstanten sind, die wir in der Form $-C_1{}^2$, $-C_2{}^2$, bzw. $-C_3{}^2$ schreiben. Es gelten dann statt (18) die drei Differentialgleichungen

$$\left.\begin{aligned}
\frac{d^2 f_1}{d x^2} + C_1{}^2 f_1 &= 0 \\[4pt]
\frac{d^2 f_2}{d y^2} + C_2{}^2 f_2 &= 0 \\[4pt]
\frac{d^2 f_3}{d z^2} + C_3{}^2 f_3 &= 0
\end{aligned}\right\} \tag{19}$$

und die Konstanten C_1, C_2 C_3 sind durch die Gleichung

$$C_1{}^2 + C_2{}^2 + C_3{}^2 = \frac{\omega^2}{c^2} \tag{20}$$

miteinander verknüpft.

Die Gleichungen (19) sind von der Gestalt der Gleichung (18) § 12 und unterliegen auch den gleichen Randbedingungen; denn damit, wie verlangt, φ an der Oberfläche des Parallelepipedes verschwindet, muß f_1 für $x = 0$ und $x = l$, f_2 für $y = 0$ und $y = l$ und f_3 für $z = 0$ und $z = l$ verschwinden. Die Lösungen lauten also nach (21) § 12 und (22) § 12:

$$\left.\begin{aligned}
f_1 &= a_1 \sin C_1\,x = a_1 \sin \frac{n_1\,\pi}{l_1}\,x \\[6pt]
f_2 &= a_2 \sin C_2\,y = a_2 \sin \frac{n_2\,\pi}{l_2}\,y \\[6pt]
f_3 &= a_3 \sin C_3\,z = a_3 \sin \frac{n_3\,\pi}{l^2}\,z
\end{aligned}\right\} \tag{21}$$

worin a_1, a_2, a_3 beliebige reelle Konstanten und n_1, n_2, n_3 beliebige *ganze* Zahlen bedeuten, die wir ohne Beeinträchtigung der Allgemeinheit als positiv voraussetzen können. Zwischen ihnen besteht gemäß (20) die Beziehung

$$\left(\frac{n_1}{l_1}\right)^2 + \left(\frac{n_2}{l_2}\right)^2 + \left(\frac{n_3}{l_3}\right)^2 = \frac{\omega^2}{\pi^2 c^2}. \tag{22}$$

Die Eigenfrequenzen unseres Randwertproblems sind alle Werte ω_n von ω, die sich durch ein aus drei ganzen Zahlen n_1, n_2, n_3 gebildetes Zahlentripel in der durch die Gleichung (22) angedeuteten Form ausdrücken lassen. Die zugehörigen Eigenfunktionen lauten nach (17) und (21)

$$\psi = a \sin \frac{n_1 \pi}{l_1} x \cdot \sin \frac{n_2 \pi}{l_2} y \cdot \sin \frac{n_3 \pi}{l_3} z. \tag{23}$$

Die zu den ψ nach (14) zugehörigen Eigenlösungen φ bilden ein System von räumlichen stehenden Schwingungen in dem Parallelepiped. Man sieht, daß zu jeder Eigenfrequenz ω_n mehr als eine Eigenschwingung gehört, da z. B. schon die Vertauschung der drei Zahlen n_1, n_2, n_3 stets möglich ist und im allgemeinen drei verschiedene Systeme von stehenden Schwingungen liefert. Man nennt solche Eigenwerte, zu denen mehr als eine Eigenfunktion gehört, *entartete* Eigenwerte und die Anzahl der zu ihnen gehörigen Eigenfunktionen den *Grad* der Entartung.

5. Beugung ebener Wellen. Fällt eine ebene Welle senkrecht auf eine ebene „Wand" mit einer Öffnung auf, wobei wir annehmen, daß das Material der Wand zur Fortleitung einer Wellenbewegung nicht geeignet ist und die Wand daher die Welle „abschneidet", dann zeigt sich, daß die Wellenausbreitung jenseits der Öffnung nicht allein in der Richtung der einfallenden Welle, sondern nach allen Richtungen im Raume mit einer ganz bestimmten Amplitudenverteilung erfolgt. Diese Erscheinung wird als „*Beugung*" oder „*Diffraktion*" der Welle an der Öffnung bezeichnet.

Die theoretische Behandlung der Beugungserscheinungen gehört offenbar ebenfalls unter die Randwertprobleme der Wellengleichung. Ihre exakte Ausführung ist schon in einfachen Spezialfällen sehr schwierig und kann daher im Rahmen dieses Buches nicht wiedergegeben werden. Eine näherungsweise richtige Lösung der Aufgabe, die Amplitudenverteilung jenseits der Öffnung in einer undurchdringlichen Wand zu ermitteln, auf die eine Planwelle senkrecht auftrifft, kann man recht einfach erhalten, wenn man für die Begrenzungsfläche die folgende Randbedingung ansetzt: In allen Punkten der Wand soll die Wellenfunktion φ dauernd verschwinden, in allen Punkten der Öffnung soll φ die gleichen Werte haben, die es bei ungestörter Wellenausbreitung (in Abwesenheit der Wand) hätte.

Wir wollen hier einen besonders einfachen Spezialfall durchrechnen, der auch von besonderer praktischer Bedeutung ist: die Öffnung soll die Form eines „Spaltes" von unendlicher Länge und der Breite b haben. Auf den Spalt soll senkrecht zu seiner Ebene eine harmonische Planwelle mit der Wellenlänge $\lambda = \frac{2 \pi c}{\omega}$ [vgl. (2) § 12] auffallen. Wir suchen die Verteilung der Amplituden auf einer zur Wand parallelen Ebene E in einem sehr großen Abstand r von der Wand.

Wir finden diese Verteilung, indem wir alle Punkte des Spaltes als Erregungspunkte von Wellen auffassen, die mit der gleichen Frequenz, der gleichen Amplitude und der gleichen Phase schwingen. Wegen der unendlichen Erstreckung des Spaltes in einer Dimension wird φ jedenfalls auf jeder zur Spaltrichtung parallelen Geraden konstant sein. Wir können daher den Wellenzustand jenseits der Öffnung als Superposition von unendlich vielen „Zylinderwellen" auffassen,

die sich um die sämtlichen erzeugenden Geraden des Spaltes als Achsen ausbilden. In genügend großer Entfernung r kann man in hinreichender Näherung
diese Zylinderwellen durch ebene Wellen ersetzt denken. Um daher den Wellenzustand in einem Punkte P der Ebene E zu finden, genügt es, wenn wir durch P
eine Ebene senkrecht zur Spaltrichtung legen (Abb. 32)
und die Amplitude derjenigen Welle suchen, die
durch Interferenz aus allen von den Schnittpunkten
der Bildebene mit dem Spalt ausgehenden und in der
Richtung OP fortschreitenden ebenen Wellenzügen
entsteht. Die Lage des Punktes P legen wir durch seine
Entfernung x von der in der Bildebene errichteten
Symmetralen zum Spalte fest.

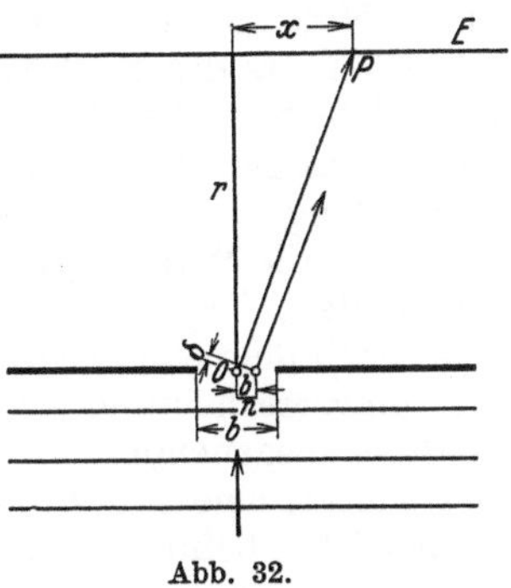

Abb. 32.

In 2. haben wir dieselbe Aufgabe für eine endliche
Anzahl von Wellenzügen gelöst, die gegeneinander
einen konstanten Gangunterschied δ haben. Wir gewinnen daraus die Lösung für den vorliegenden Fall,
indem wir statt aller Punkte unseres Spaltschnittes
zunächst nur n äquidistante Erregungspunkte herausgreifen und n unbegrenzt zunehmen lassen. Der Gangunterschied zwischen
den von zwei benachbarten Punkten ausgehenden und nach P hinzielenden
Wellen ist, wie die Betrachtung der Abb. 32 lehrt, gleich $\delta = \dfrac{b}{n} \cdot \dfrac{x}{r}$, und daher
nach (12) die Amplitudenverteilung als Funktion von x

$$\psi(x) = a_0 \left| \frac{\sin \dfrac{\omega \delta n}{2c}}{\sin \dfrac{\omega \delta}{2c}} \right| = a_0 \left| \frac{\sin \dfrac{\pi b}{\lambda r} x}{\sin \dfrac{\pi b}{n \lambda r} x} \right|. \tag{24}$$

Läßt man hierin n unbegrenzt zunehmen, so kann man im Nenner von (24)
den Sinus durch sein Argument ersetzen und erhält

$$\psi(x) = a \frac{\left| \sin \dfrac{\pi b}{\lambda r} x \right|}{\dfrac{\pi b}{\lambda r} x}, \tag{25}$$

worin a an Stelle der endlichen Größe $n a_0$ gesetzt wurde.

Der Ausdruck (25) stellt die gesuchte Amplitudenverteilung dar. Seine Diskussion ergibt das folgende Bild dieser Verteilung: an allen Stellen, für die $\sin \dfrac{\pi b}{\lambda r} \cdot x$
verschwindet, wo also
$$|x| = \frac{r \lambda}{b} \cdot k \qquad k = 1, 2, 3, \ldots \tag{26}$$

gilt, ist die Amplitude gleich Null. Die
Verteilung weist also Minima der Amplitude in äquidistanten Abständen auf.
Die zwischen je zwei solchen Minimis
liegenden Maxima nehmen, wie man aus
(25) sieht, wegen des mit x wachsenden
Nenners mit wachsender Gliednummer
stetig ab. An der Stelle $x = 0$ befindet
sich ebenfalls ein Maximum mit der Amplitude a (Abb. 33).

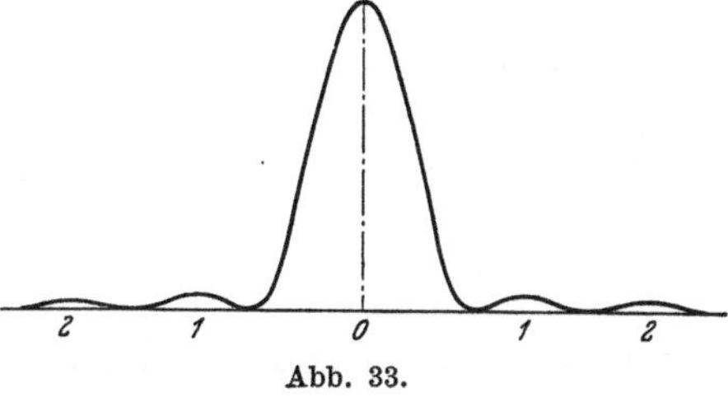

Abb. 33.

Je größer λ und je kleiner b wird, desto weiter rücken die Extrema der
Amplitudenverteilung auseinander. Im Grenzfall eines unendlich engen Spaltes

$\left(\dfrac{b}{\lambda} \to 0\right)$ wird für jeden endlichen Wert von $x : \psi(x) = a$. Ein unendlich enger Spalt wirkt also ebenso wie eine einzige „Erregungslinie", wie es zu erwarten war. Je kleiner λ und je größer b wird, desto näher rücken die Extrema aneinander.

Im Grenzfall eines unendlich breiten Spaltes, $\dfrac{b}{\lambda} \to \infty$, wird ψ nach (25) für alle x gleich Null mit Ausnahme von $x = 0$, wo ψ gleich a wird; die Welle pflanzt sich dann jenseits des Spaltes ebenfalls ausschließlich in der Richtung der einfallenden Welle fort, die Beugungserscheinung ist verschwunden. Die charakteristische Beugungsfigur der Abb. 33 tritt also nur dann auf, wenn Spaltbreite b und Wellenlänge λ der Welle in derselben Größenordnung liegen.

Ist in die Wand statt des einen Spaltes ein aus n sehr engen und in gleichem Abstande g liegenden Spalten bestehendes „*Gitter*" eingeschnitten, dann kann man nach dem eben Gesagten von der durch die einzelnen Spalte hervorgerufenen Beugungserscheinung absehen. Die Interferenz aller von den einzelnen Gitterspalten ausgehenden Wellen ergibt, unter den gleichen Bedingungen wie oben betrachtet, eine Amplitudenverteilung auf einer in genügend großem Abstand r vom Gitter befindlichen Ebene, die aus (12) hervorgeht, wenn man darin für δ den Wert $g\,\dfrac{x}{r}$ einsetzt, also

$$\psi(x) = a_0 \left| \frac{\sin \dfrac{\pi g n}{\lambda r} \cdot x}{\sin \dfrac{\pi g}{\lambda r} \cdot x} \right|. \tag{27}$$

Die Verteilung (27) haben wir schon unter 2. diskutiert. Sie weist Haupt- und Nebenmaxima auf, von denen die letzteren für genügend große n immer schwächer werden, so daß schließlich nur die Hauptmaxima mit der Amplitude $a_0 n$ an den Stellen

$$x = \frac{\lambda r}{g} \cdot k \quad k = 1, 2, 3, \ldots \tag{28}$$

allein übrigbleiben (Abb. 34). Nach (28) rücken die Maxima immer weiter auseinander, je kleiner die „Gitterkonstante" g im Verhältnis zur Wellenlänge ist, während sie für große g immer näher zusammenrücken[1].

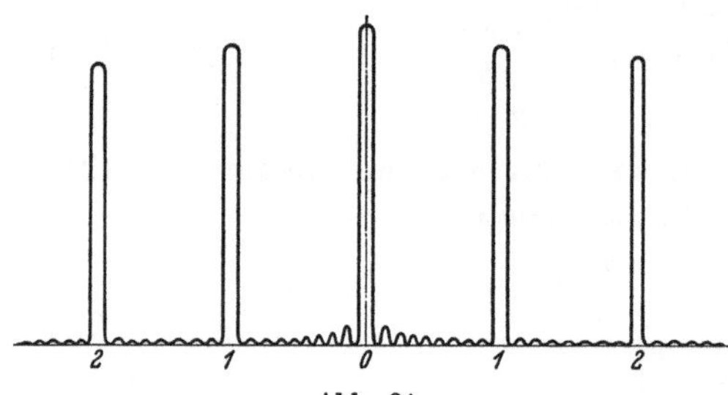

Abb. 34.

6. Reflexion von Wellen. Auch die Erscheinung der Reflexion von Wellen durch eine starre Wand kann als Randwertproblem der Wellengleichung theoretisch behandelt werden. Die Starrheit der Wand verhindert das Auftreten von Deformationen und zwingt daher der Wellenfunktion φ die Randbedingung auf, an der Oberfläche der Wand überall zu verschwinden.

Besonders einfach läßt sich die Aufgabe im Falle einer ebenen Wand lösen. Wir legen das Koordinatensystem so, daß ihre Oberfläche mit der x-y-Ebene zusammenfällt; die Wellenausbreitung soll in der positiven Halbebene erfolgen. Ist dann φ eine Lösung der Wellengleichung (1), die der Bedingung

$$\varphi(z) = -\varphi(-z) \tag{29}$$

gehorcht, dann muß offenbar φ für $z = 0$ verschwinden. Die Funktion ist also im ganzen positiven Halbraum eine Lösung der Wellengleichung und erfüllt die vorgeschriebene Randbedingung. Im negativen Halbraum, wo nach unserer

---

[1] Bezüglich der experimentellen Anwendungen der Entwicklungen dieser Ziffer in der Akustik und in der Optik vgl. „Exp.-Physik", § 37 bzw. § 123.

Annahme eine Wellenausbreitung nicht erfolgen soll, ist die gefundene Lösung rein fiktiv und hat keine physikalische Bedeutung.

Ein einfaches Beispiel für eine Funktion der geforderten Art ist die folgende:

$$\varphi = \frac{1}{r}\, f\,(r-ct) - \frac{1}{r'}\, f\,(r'-ct), \tag{30}$$

worin zur Abkürzung gesetzt ist:

$$\left. \begin{aligned} r &= [(x-x_0)^2 + (y-y_0)^2 + (z-z_0)^2]^{\frac{1}{2}} \\ r' &= [(x-x_0)^2 + (y-y_0)^2 + (z+z_0)^2]^{\frac{1}{2}} \end{aligned} \right\} \tag{31}$$

Man sieht ohneweiters, daß r und r' bei Vertauschung von z mit $-z$ ihre Rollen tauschen und daher φ in $-\varphi$ übergeht, wie es die Gleichung (29) verlangt. Da φ ferner die Summe von zwei Ausdrücken von der Gestalt (6) ist, genügt es der Wellengleichung.

Die durch (30) ausgedrückte Welle ist offensichtlich die Superposition von zwei Kugelwellen spiegelbildlich gleicher Schwingungsform, von denen die eine sich um den Erregungspunkt $P\,(x_0, y_0, z_0)$, die andere um einen zur Wand „spiegelbildlich" gelegenen Erregungspunkt $P'\,(x_0, y_0, -z_0)$ ausbreitet. Anders ausgedrückt: Breitet sich im positiven Halbraum eine Kugelwelle um den Punkt P aus, so ist die von einer ebenen, starren Wand reflektierte Welle wieder eine Kugelwelle, die sich so ausbreitet, als ob sie von dem in bezug auf die Wand zu P gehörenden Spiegelpunkt P' herkommen würde.

Ein anderes, ebenso einfaches Beispiel liefert die Funktion

$$\varphi = f\,(x\cos\alpha + y\cos\beta + z\cos\gamma - ct) - f\,(x\cos\alpha + y\cos\beta - z\cos\gamma - ct), \tag{32}$$

die als Summe von zwei Ausdrücken der Gestalt (3) ebenfalls der Wellengleichung genügt und auch die Bedingung (29) erfüllt. Wir haben hier die Superposition von zwei ebenen Wellen vor uns, die wiederum spiegelbildlich gleiche Schwingungsform haben und deren Fortpflanzungsrichtung mit den Koordinatenachsen die Winkel α, β, γ bzw. α, β, $\pi-\gamma$ einschließen. Dies ist offenbar dann der Fall, wenn die Wellennormalen der beiden Wellen mit der Normalen auf die Wand, dem „Einfallslot", in einer Ebene, der „Einfallsebene", liegen und mit ihm gleiche Winkel einschließen, wobei die eine Welle zur Wand hin, die andere von ihr wegläuft. Zu der ersten, der „einfallenden" Welle gehört also, wenn die Randbedingung erfüllt sein soll, die zweite, „reflektierte" Welle notwendig hinzu, wobei, wie man sieht, das bekannte Reflexionsgesetz gilt (Abb. 35).

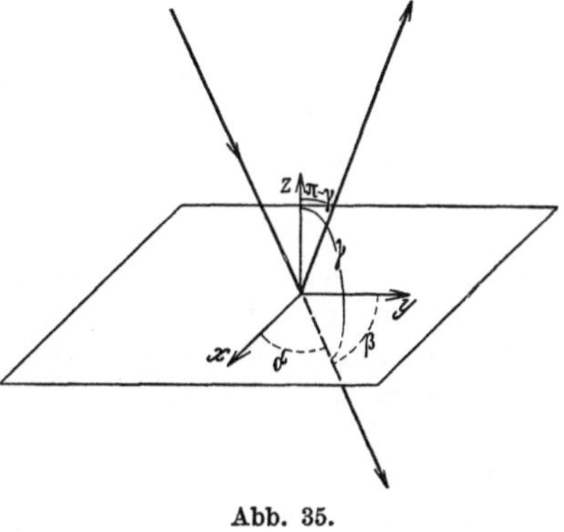

Abb. 35.

Für den Fall senkrechter Inzidenz, wo $\alpha = \beta = \dfrac{\pi}{2}$, $\gamma = 0$ gilt, wird die Funktion (32), wenn man f in eine FOURIERsche Reihe entwickelt, die Gestalt (32) § 12 annehmen. Die Superposition der einfallenden und der reflektierten Welle ergibt also ein System stehender harmonischer Wellen, die in der Wand eine gemeinsame Knotenfläche haben.

Ist die reflektierende Wand nicht die x-y-Ebene, sondern die Ebene $z = -k\,\delta$, dann wird die Bedingung $\varphi = 0$ an dieser Ebene erfüllt, wenn man anstatt (32) setzt:

$$\varphi = f[x\cos\alpha + y\cos\beta + z\cos\gamma - ct] - f[x\cos\alpha + y\cos\beta - (z + 2k\delta)\cos\gamma - ct]. \tag{33}$$

Schaltet man daher in den Gang der einfallenden Welle eine Schar von parallelen, in den Abständen δ voneinander befindlichen, teilweise reflektierenden Wänden ein, dann haben die von den einzelnen Wänden reflektierten Wellen alle die gleiche Richtung, und ihre gegenseitigen Gangunterschiede sind ganzzahlige Vielfache von $2\,\delta\cos\gamma$.

Handelt es sich um eine harmonische Welle mit der Wellenlänge λ und ist die Anzahl der reflektierenden Ebenen sehr groß, dann wird gemäß 2. die durch Interferenz aller dieser Wellen gebildete Resultierende nur dann eine von Null merklich verschiedene Amplitude haben, wenn der Gangunterschied gleich einer ganzen Zahl von Wellenlängen ist, wenn demnach der Einfallswinkel γ der Bedingung

$$\cos\gamma = \frac{n\,\lambda}{2\,\delta} \tag{34}$$

entspricht, worin n eine ganze Zahl bedeutet. Die Formel (34) findet unter anderem Anwendung bei der Reflexion von Röntgenstrahlen von Kristallen, wo die „Netzebenen" der Atome die Rolle der reflektierenden Wände spielen[1].

§ 14. Wellenfelder in inhomogenen und anisotropen Medien.

1. Allgemeines über Wellenfelder. Die im § 13 eingeführte Wellenfunktion φ bedeutete die Deformation in einem Kontinuum von Massenpunkten. Offenbar werden alle dort angestellten Überlegungen ihre Gültigkeit behalten, wenn φ eine andere physikalische Bedeutung hat, sofern es nur der Wellengleichung genügt. Wir wollen allgemein von einem Wellenfeld sprechen, wenn in einem den Raum kontinuierlich erfüllenden Medium eine physikalische Größe als ein skalares Feld $\varphi\,(\mathfrak{r})$ oder als ein Vektorfeld $\mathfrak{A}\,(\mathfrak{r})$ beschrieben werden kann, derart, daß $\varphi\,(\mathfrak{r})$ bzw. die Komponenten von $\mathfrak{A}\,(\mathfrak{r})$ Wellengleichungen genügen, wenn also eine an einer Stelle des Mediums vorgenommene Veränderung von φ oder $\mathfrak{A}$ sich mit einer endlichen Geschwindigkeit c in dem Medium ausbreitet. Beispiele für solche Wellenfunktionen sind: Dichte, Druck, elektrische und magnetische Feldstärke.

Wir sprechen von einem „*homogenen*" Medium, wenn die Größe c eine Konstante ist, wie wir es in den vorhergehenden Paragraphen angenommen hatten. Die Ergebnisse unserer Betrachtungen lassen sich demnach unverändert auf die Wellenausbreitung in einem beliebigen homogenen Medium übertragen. Wir sprechen von einem „*inhomogenen*" Medium, wenn c eine Funktion des Ortes $c\,(x,\,y,\,z)$ ist. Wir werden später sehen, daß dies auch der physikalisch wichtigere Fall ist, da im allgemeinen tatsächlich die Ausbreitungsgeschwindigkeit von Wellen in einem Medium vom Orte abhängt (wenn z. B. die elastischen und elektrischen Konstanten des Mediums nicht an allen Orten den gleichen Wert haben).

Wir sprechen von einem „*anisotropen*" Medium, wenn die Fortpflanzungsgeschwindigkeit von der Richtung der Wellenausbreitung abhängig ist. Dies ist dann der Fall, wenn die elastischen oder elektrischen Konstanten des Mediums den Charakter von Tensoren haben, wie in manchen Kristallen. Die Wellengleichung wird dann natürlich eine allgemeinere und kompliziertere Gestalt haben.

Wir sprechen schließlich von einer „*Dispersion*", wenn die Fortpflanzungsgeschwindigkeit einer harmonischen Welle von ihrer Frequenz abhängt. Das bekannteste Beispiel hierfür ist die Abhängigkeit des Brechungsquotienten von der Frequenz bei elektromagnetischen Wellen in materiellen Medien (siehe § 58). Mathematisch drückt sich dies darin aus, daß in der Amplitudengleichung (15) § 13

---

[1] Vgl. „Exp.-Physik", § 125.

c eine bestimmte Funktion von ω ist. An der Lösung des Randwertproblems ändert sich dabei zunächst nichts, soweit es sich um die Bestimmung der Eigenwerte und Eigenfunktionen handelt. Bei der Konstruktion von allgemeinen Lösungen aus den Eigenfunktionen macht sich jedoch die Dispersion dadurch bemerkbar, daß diese Lösungen im allgemeinen nicht mehr den Charakter von „stehenden" Schwingungen haben. Ebenso kann auch bei einer nichtharmonischen, fortschreitenden Welle dann nicht mehr von einer „Fortpflanzungsgeschwindigkeit" einer bestimmten Phase gesprochen werden, da sich mit der Ausbreitung der Wellen ihre Schwingungsform verändert.

2. Die Eikonalgleichung in inhomogenen Medien. In einem inhomogenen Medium" lautet gemäß § 13, 1. die Wellengleichung

$$\frac{\partial^2 \varphi}{\partial t^2} = c^2\,(x,\,y,\,z)\,.\,\varDelta\,\varphi. \tag{1}$$

Wir setzen die Lösung wiederum in der Form (14) § 13 an und erhalten daher wie in § 13, 3. für die Amplitudenfunktion ψ die Amplitudengleichung

$$\varDelta\,\psi + \frac{\omega^2}{c^2\,(x,\,y,\,z)}\,\psi = 0, \tag{2}$$

worin aber c im Gegensatz zu (15) § 13 noch vom Orte abhängt. ψ ist im allgemeinen eine komplexe Ortsfunktion von der Gestalt

$$\psi = a\,.\,e^{i\,S}; \tag{3}$$

hierin sind die reellen Größen a und S, von denen die erste die gewöhnliche Amplitude und die zweite die Phase der Schwingung bedeutet, noch Funktionen des Ortes $a = a\,(x,\,y,\,z)$, $S = S\,(x,\,y,\,z)$. Die Funktion $S\,(x,\,y,\,z)$ wird mitunter als das „*Eikonal*" bezeichnet. In § 13, 1. definierten wir als Wellenflächen die geometrischen Orte gleicher Phase. Die Schar der Wellenflächen ist also durch Gleichungen von der Form

$$S\,(x,\,y,\,z) = \text{const}$$

gegeben; wir stellen uns die Aufgabe, die Differentialgleichung dieser Flächenschar abzuleiten.

Die zweimalige Differentiation von ψ nach x gemäß Gleichung (3) liefert

$$\frac{\partial \psi}{\partial x} = \frac{\partial a}{\partial x}\,e^{i\,S} + a\,i\,\frac{\partial S}{\partial x}\,e^{i\,S},$$

$$\frac{\partial^2 \psi}{\partial x^2} = \frac{\partial^2 a}{\partial x^2}\,e^{i\,S} + 2i\,\frac{\partial a}{\partial x}\,\frac{\partial S}{\partial x}\,e^{i\,S} + a\,i\,\frac{\partial^2 S}{\partial x^2}\,e^{i\,S} - a\left(\frac{\partial S}{\partial x}\right)^2 e^{i\,S}.$$

Analoge Ausdrücke ergeben sich für die Ableitungen nach y und z. Die Einsetzung in Gleichung (2) liefert demnach

$$\varDelta a + 2i\,.\,\operatorname{grad} a\,.\,\operatorname{grad} S + a\,i\,\varDelta S - a\,|\operatorname{grad} S|^2 + \frac{\omega^2}{c^2}\,a = 0. \tag{4}$$

Soll diese komplexe Gleichung erfüllt sein, dann muß sowohl der reelle als auch der imaginäre Teil des Ausdruckes auf ihrer linken Seite verschwinden, es müssen also die Gleichungen

$$\varDelta a - a\,|\operatorname{grad} S|^2 + \frac{\omega^2}{c^2}\,a = 0 \tag{5}$$

und

$$\operatorname{grad} a\,.\,\operatorname{grad} S + \frac{a}{2}\,\varDelta S = 0 \tag{6}$$

bestehen. Die Elimination von a aus den Gleichungen (5) und (6) würde die gesuchte Differentialgleichung der Wellenflächen liefern.

Unsere Aufgabe vereinfacht sich sehr wesentlich, wenn wir uns mit einer Näherung begnügen, indem wir annehmen, daß die Funktion $a\,(x,\,y,\,z)$ sich mit dem Orte so langsam verändert, daß man das erste Glied in der Gleichung (5), das die Ableitungen von a nach den Koordinaten enthält, gegen die beiden anderen Glieder, die a selbst enthalten, vernachlässigen kann. Das wird immer dann möglich sein, wenn

$$\frac{\varDelta a}{a} << \frac{\omega^2}{c^2} = \left(\frac{2\pi}{\lambda}\right)^2$$

gilt oder wenn die relative Änderung von a beim Fortschreiten um die Länge Eins klein gegen $\frac{1}{\lambda}$ und daher die relative Änderung von a beim Fortschreiten um die Länge λ klein gegen Eins ist, wenn also in Dimensionen von der Größenordnung der Wellenlänge a merklich konstant bleibt.

Unter dieser Voraussetzung verwandelt sich die Gleichung (5) in

$$|\operatorname{grad} S|^2 = \left(\frac{\partial S}{\partial x}\right)^2 + \left(\frac{\partial S}{\partial y}\right)^2 + \left(\frac{\partial S}{\partial z}\right)^2 = \frac{\omega^2}{c^2\,(x,\,y,\,z)}. \tag{7}$$

Da hierin a nicht mehr vorkommt, ist dies bereits die gesuchte Differentialgleichung für S, die sogenannte „*Eikonalgleichung*". Die rechte Seite dieser Gleichung ist eine gegebene Funktion des Ortes, man kann daher durch Integration der Gleichung unter gegebenen Randbedingungen die Schar der Wellenflächen finden, vorausgesetzt, daß man sich auf Fälle beschränkt, bei denen die Näherungsannahme, unter der wir die Differentialgleichung (7) abgeleitet haben, tatsächlich gilt. Insbesondere werden wir also gerade die Beugungsprobleme, für die gemäß § 13, 5. wesentliche Änderungen von a in Dimensionen der Wellenlänge charakteristisch sind, auf diese Weise nicht behandeln können.

3. Das Huyghenssche Prinzip. Die Eikonalgleichung (7) gestattet in sehr einfacher Weise die Schar der Wellenflächen geometrisch zu konstruieren, wenn eine Fläche der Schar gegeben ist. Wir denken uns für den Augenblick diese Konstruktion bereits durchgeführt. Dann können wir zu der Schar der Wellenflächen die zugehörige Schar der orthogonalen Trajektorien zeichnen. Nennen wir das Element einer Linie dieser Schar dn, so gilt nach Formel (7) § 6 und Gleichung (7)

$$\frac{dS}{dn} = \frac{\omega}{c} = \frac{2\pi}{\lambda} \tag{8}$$

da grad S die Richtung dn hat. Die Distanz dn zwischen den benachbarten Wellenflächen $S = S_1$ und $S = S_1 + dS$ ist demnach gleich $dS \cdot \frac{c}{\omega}$, also eine

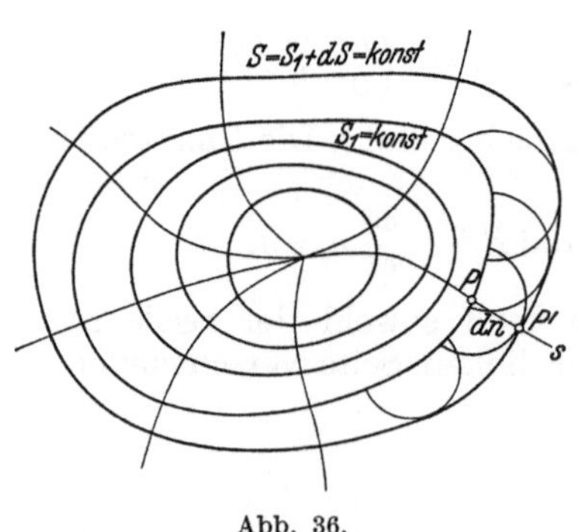

Abb. 36.

gegebene Funktion des Ortes. Der Abstand zweier Wellenflächen, auf denen die Phase um 2π verschieden ist, ist gleich $2\pi \cdot \frac{c}{\omega} = \lambda$, wie es nach der Definition der Wellenlänge als Abstand zweier Punkte gleicher Phase auch sein muß.

Will man also zu der Fläche $S = S_1$ (Abb. 36) die benachbarte Wellenfläche konstruieren, auf der die Phase um dS größer ist, dann hat man einfach von jedem Punkte P der Fläche senkrecht zu ihr um das Stück $dS \cdot \frac{c}{\omega}$ fortzuschreiten; alle so erhaltenen Punkte P' liegen auf der Wellenfläche $S = S_1 + dS$. Von hier kann man dann zur nächsten Wellenfläche weitergehen und so fort. In einem homogenen Medium, wo c konstant ist, sind die Wellenflächen, wie man sieht, alle zueinander parallel.

Da die Stücke, um die man fortschreiten muß, der Fortpflanzungsgeschwindigkeit c der Welle proportional sind, kann man die Konstruktion auch so durchführen, daß man um jeden Punkt der Ausgangswellenfläche eine „*Elementarwelle*" konstruiert, d. h. eine Kugelwelle mit einem der Größe c proportionalen Radius, und die Einhüllende aller dieser Elementarwellen bildet; diese ist dann wieder eine Wellenfläche der Schar. Diese Konstruktion ist von HUYGHENS zuerst angegeben worden; das auf dieser Konstruktion beruhende Prinzip zur Herstellung der Wellenflächen wird daher als „HUYGHENS*sches Prinzip*" bezeichnet. Entsprechend seiner Herleitung ist es nur unter den unter 2. formulierten Bedingungen anwendbar und versagt speziell bei den Erscheinungen der Beugung. Hingegen lassen sich die Gesetze der Reflexion und der Brechung an der Grenzfläche zweier homogener Medien aus dem HUYGHENSschen Prinzip leicht gewinnen, wie aus den Elementen der Physik als bekannt vorausgesetzt werden darf.

4. Das Fermatsche Prinzip. Dem HUYGHENSschen Prinzip liegt offenbar die Vorstellung zugrunde, daß der „Wellenzustand" im Raume längs der orthogonalen Trajektorien der Wellenfläche von Punkt zu Punkt fortschreitet, wobei die Geschwindigkeit dieser Bewegung die gegebene Ortsfunktion $c\,(x,\,y,\,z)$ ist. Die Zeit T, die benötigt wird, damit der Wellenzustand von dem Punkte P_1 auf der Wellenfläche $S = S_1$ zu dem Punkte P_2 auf der Wellenfläche $S = S_2$ gelangt, der auf derselben Trajektorie τ wie P liegt, ergibt sich als Wert des Linienintegrals

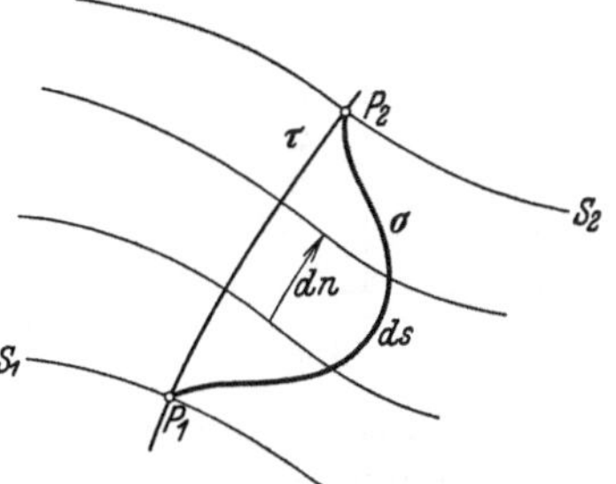

$$T = \int\limits_{t_1}^{t_2} dt = \int\limits_{P_1}^{P_2} \frac{dt}{ds}\, ds = \int\limits_{P_1}^{P_2} \frac{ds}{c} \qquad (9)$$

längs des Weges τ von P_1 bis P_2 (Abb. 37).

Die Zeit, die verstreichen müßte, damit der Wellenzustand auf einem anderen, beliebig gestalteten Wege σ von P_1 nach P_2 gelange, könnte man offenbar auch mit Hilfe des Integrals (9) berechnen, wenn man es anstatt über τ über σ erstreckt. Wir stellen uns die Frage, auf welchen unter allen möglichen von P_1 nach P_2 gezogenen Kurven T ein *Minimum* ist.

Wir setzen für c aus (8) in das Integral (9) ein und erhalten:

$$T = \frac{1}{\omega} \int\limits_{P_1}^{P_2} \frac{dS}{dn}\, ds = \frac{1}{\omega} \int\limits_{S_1}^{S_2} \frac{ds}{dn}\, dS, \qquad (10)$$

worin ds das Linienelement von σ bedeutet, das durch zwei benachbarte Wellenflächen $S = S_1$ und $S = S_1 + dS$ herausgeschnitten wird, und dn den Normalabstand dieser beiden Flächen, der gleichzeitig das Linienelement von τ ist (Abb. 37). Da jedenfalls $ds \geq dn$ ist, gilt auf dem ganzen Integrationswege

$$\frac{ds}{dn} \geq 1. \qquad (11)$$

Die Ungleichung (11) geht dann und nur dann auf dem ganzen Integrationswege in eine Gleichung über, wenn σ mit τ identisch wird. Daraus folgt, daß der Integrand in (10) in jedem anderen Falle mindestens auf einem Teile des Integrationsweges größer als Eins sein muß und daher der Wert des Integrals sicherlich größer als der Wert des längs τ erstreckten Integrals: $\dfrac{S_2 - S_1}{\omega}$. Die gesuchte Minimalkurve ist also gerade die Kurve τ.

Daraus ergibt sich ein einfaches Prinzip zur Berechnung bzw. Konstruktion der orthogonalen Trajektorien zu den Wellenflächen, die in der geometrischen

Optik, wie wir später sehen werden, die Rolle der „Lichtstrahlen" spielen: das „FERMATsche Prinzip". Um den „Strahl" zwischen zwei Punkten P_1 und P_2 zu finden, berechne man das Integral (9) längs einer beliebigen, zwischen P_1 und P_2 gezogenen Kurve. Diejenige unter allen diesen Kurven, längs derer das Integral seinen kleinsten Wert hat, ist die gesuchte Strahlkurve. Aus der so gewonnenen Schar von Strahlkurven kann man wiederum die Schar der Wellenflächen, die in jedem Punkte auf den Strahlkurven senkrecht stehen, konstruieren.

Als Proben für die Verwendbarkeit des FERMATschen Prinzips wollen wir die drei folgenden einfachen Beispiele durchrechnen.

a) In einem homogenen, durch keine Wand begrenzten Medium ist c konstant und nach (9) die Strahlkurve die kürzeste Verbindungslinie zwischen zwei Punkten, d. h. die zwischen diesen beiden Punkten gezogene Gerade. Man spricht daher auch manchmal von der „geradlinigen" Wellenausbreitung in einem homogenen Medium.

b) Der Beweis des *Reflexionsgesetzes* nach dem FERMATschen Prinzip gestaltet sich folgendermaßen (Abb. 38). Gegeben seien die beiden Punkte P_1 und P_2

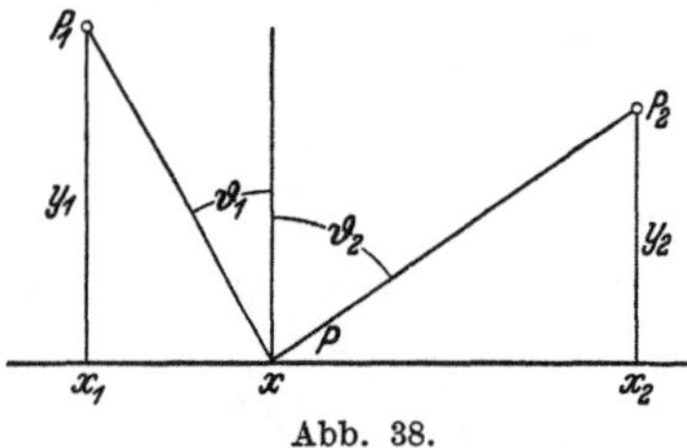
Abb. 38.

mit den Koordinaten x_1, y_1 und x_2, y_2. Von P_1 gehe ein Strahl über P mit den Koordinaten x, 0, wo er von der x-Achse reflektiert wird, nach P_2. Der Einfallswinkel sei ϑ_1 und der Reflexionswinkel ϑ_2. Nach dem FERMATschen Prinzip haben wir jenen Wert von x und demnach von ϑ_1 und ϑ_2 zu suchen, für den die Zeit zum Durchlaufen der Strecke $P_1 P P_2$ ein Minimum wird. c werde als konstant angenommen; dann muß die Strecke $P_1 P P_2$ selbst ein Minimum sein. Wir haben also jenen Wert von x zu suchen, für den der Ausdruck

$$\sqrt{(x-x_1)^2+y_1{}^2}+\sqrt{(x_2-x)^2+y_2{}^2}$$

ein Minimum ist. Die Differentiation dieses Ausdruckes nach x liefert die Bedingung hiefür:

$$\frac{x-x_1}{\sqrt{(x-x_1)^2+y_1{}^2}}-\frac{x_2-x}{\sqrt{(x_2-x)^2+y_2{}^2}}=\sin\vartheta_1-\sin\vartheta_2=0,$$

woraus $\vartheta_1=\vartheta_2$, also in der Tat das Reflexionsgesetz folgt.

c) Der Beweis des *Brechungsgesetzes* nach dem FERMATschen Prinzip läuft darauf hinaus, die Zeit zur Durchlaufung des Weges $P_1 P P_2$ (Abb. 39) zu einem

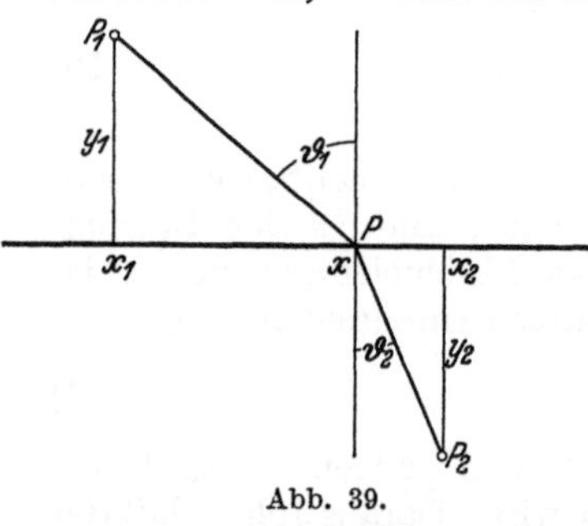
Abb. 39.

Minimum zu machen, wobei der Punkt P_1 in einem Medium mit der Fortpflanzungsgeschwindigkeit c_1 und der Punkt P_2 in einem Medium mit der Fortpflanzungsgeschwindigkeit c_2, der Punkt P auf der Trennungsfläche der beiden Medien liegt. ϑ_1 sei der Einfallswinkel, ϑ_2 der Brechungswinkel. Es ist also jenes x zu suchen, für das der Ausdruck

$$\frac{\sqrt{(x-x_1)^2+y_1{}^2}}{c_1}+\frac{\sqrt{(x_2-x)^2+y_2{}^2}}{c_2}$$

ein Minimum ist. Die Differentiation dieses Ausdruckes nach x liefert die Bedingung hiefür:

$$\frac{x-x_1}{c_1\sqrt{(x-x_1)^2+y_1{}^2}}-\frac{x_2-x}{c_2\sqrt{(x_2-x)^2+y_2{}^2}}=\frac{\sin\vartheta_1}{c_1}-\frac{\sin\vartheta_2}{c_2}=0$$

oder

$$\frac{\sin\vartheta_1}{\sin\vartheta_2}=\frac{c_1}{c_2}, \tag{12}$$

also in der Tat das SNELLIUSsche Brechungsgesetz.

5. Anisotrope Medien. Während in einem isotropen, homogenen Medium die Wellenflächen einer von einem Erregungspunkte ausgehenden Welle Kugelflächen mit dem Erregungspunkt als Mittelpunkt sind, haben die Wellenflächen in einem anisotropen, homogenen Medium eine andere Gestalt. Man konstruiert sie, indem man auf den vom Erregungspunkte ausgehenden Strahlen Strecken abträgt, die den Fortpflanzungsgeschwindigkeiten in der betreffenden Strahlrichtung proportional sind (Abb. 40). Offenbar werden in diesem Falle die Strahlen s zu den einzelnen Punkten der Wellenfläche mit den Wellennormalen n in den gleichen Punkten im allgemeinen nicht zusammenfallen, wie bei Kugelwellen. In anisotropen Medien sind also nicht wie in isotropen die „Strahlen" mit den orthogonalen Trajektorien der Wellenfläche identisch.

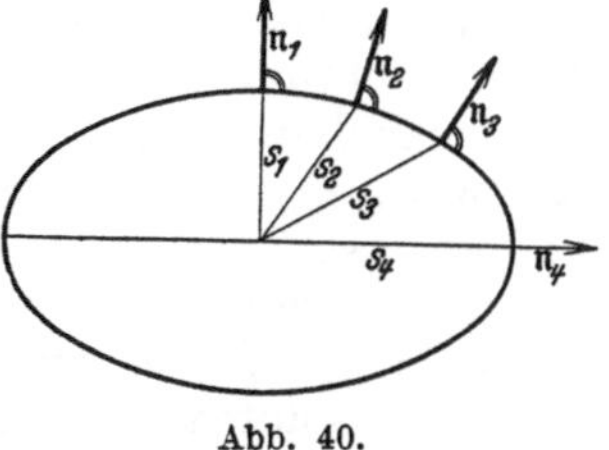

Abb. 40.

Obzwar die Eikonalgleichung (7) und die daran geknüpfte Ableitung des HUYGHENSschen Prinzips hier natürlich ihre Gültigkeit verlieren, können wir doch nach dem Vorgange von HUYGHENS die Konstruktion der Wellenflächen als Einhüllende von „Elementarwellen" auch in anisotropen Medien benutzen, wobei natürlich als Elementarwelle anstatt einer Kugelfläche eine Fläche zu benutzen ist, die durch eine der Abb. 40 entsprechende Konstruktion gewonnen wird.

Als Beispiel betrachten wir die Brechung einer ebenen Welle an der Grenze zwischen einem isotropen und einem anisotropen Medium. In der Abb. 41 ist die Konstruktion gemäß dem HUYGHENSschen Prinzip durchgeführt und zwar, um die Unterschiede deutlich vor Augen zu führen, sowohl für den Fall, daß die Elementarwellen im zweiten Medium Kugeln sind (Index o), als auch für den Fall, daß sie nicht Kugeln (Ellipsoide) sind (Index a). f_o und f_a sind die als Einhüllende

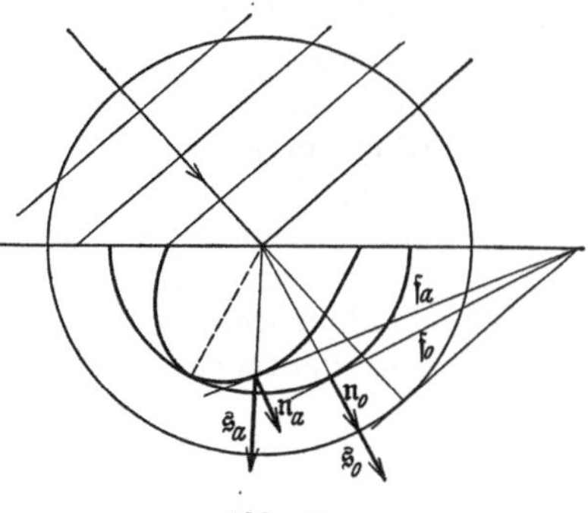

Abb. 41.

der Elementarwellen gebildeten Wellenfronten, n_o und n_a die zugehörigen Wellennormalen und s_o bzw. s_a die Strahlrichtungen. Man sieht, daß zwar s_o und n_o, nicht aber s_a und n_a miteinander zusammenfallen. Das SNELLIUSsche Brechungsgesetz gilt nur für jene, nicht aber für diese.

Sechstes Kapitel.

Physikalische Statistik.

§ 15. Wahrscheinlichkeitsrechnung.

1. Statistische Gesetzmäßigkeiten. Aus den Darlegungen der Kapitel I und II folgt, daß sich der Zustand eines jeden physikalischen Systems durch Zahlen beschreiben läßt. Wäre es möglich, das System mit vollkommener Genauigkeit zu beobachten und zwar so, daß der Vorgang der Beobachtung an dem System selbst keine Veränderung hervorruft, dann würde die wiederholte Beobachtung einer jeden physikalischen Größe an dem betrachteten System immer exakt die gleichen Zahlenresultate ergeben. Da jedoch, wie wir in § 2 gesehen haben, jede Beobachtung einerseits bloß einen endlichen Genauigkeitsgrad hat und anderseits nicht vorgenommen werden kann, ohne eine endliche Veränderung an dem zu beobachtenden System hervorzurufen, wird in Wirklichkeit bei wiederholter Beobachtung der betreffenden physikalischen Größe das Resultat der Messung jedesmal in einer anderen Zahl, bzw. in einer anderen Gruppe von Zahlen bestehen.

Wir nehmen der Einfachheit halber zunächst an, daß die zu beobachtende physikalische Größe a einen endlichen Wertevorrat besitze, also nur bestimmter diskreter Werte $a_1, a_2, a_3, \ldots, a_m$ fähig sei (§ 5, 2.). Wir werden später unsere Betrachtungen auch auf Größen mit kontinuierlich unendlich großem Wertevorrat erweitern. Wir machen nun unter den gleichen Bedingungen nacheinander N Beobachtungen und notieren ihren Ausfall. Aus dem Beobachtungsprotokoll kann man dann ohne weiteres entnehmen, wie oft unter diesen N „*Proben*" der Wert a_1 bzw. $a_2, a_3, \ldots$ von a aufgetreten ist oder, wie wir uns kurz ausdrücken wollen, wie oft das „*Ereignis*" $a_1, a_2, a_3, \ldots$ eingetreten ist. Es sei n_1 die Anzahl der Ereignisse a_1, n_2 die Anzahl der Ereignisse a_2, allgemein n_k die Anzahl der Ereignisse a_k. Die Zahl n_k nennen wir die „*absolute Häufigkeit*" des Ereignisses a_k; dividiert man die absoluten Häufigkeiten n_k durch die Gesamtzahl N der Proben, so erhält man die „*relativen Häufigkeiten*" $\frac{n_k}{N}$, die sämtlich echte Brüche sind.

Wiederholt man nun die oben beschriebene Serie von N Versuchen öfters, so werden die relativen Häufigkeiten $\frac{n_k}{N}$ in den einzelnen Serien im allgemeinen nicht miteinander übereinstimmen, sondern von Serie zu Serie verschieden sein. Die Erfahrung lehrt nun ganz allgemein, daß diese Abweichungen zwischen den relativen Häufigkeiten in verschiedenen Serien um so kleiner ausfallen, je größer die Zahl N der Proben einer Serie ist. Wir vermuten daher, daß es in der Natur ein bestimmtes Gesetz gibt, wonach bei unbegrenzter Zunahme von N in einer Serie die Abweichungen der relativen Häufigkeiten in verschiedenen Serien verschwindend klein werden, die relativen Häufigkeiten selbst daher im Grenzfalle $N \to \infty$ exakt definierte Zahlenwerte annehmen:

$$\lim_{N=\infty} \frac{n_k}{N} = w_k, \tag{1}$$

die für das beobachtete System und für die Methode der Beobachtung charakteristisch sind. Dieses Gesetz, das wir im folgenden stets als gültig ansehen wollen, bezeichnen wir als das „*Gesetz der großen Zahlen*". Es ist sehr wichtig, sich stets darüber im klaren zu sein, daß das Gesetz der großen Zahlen deduktiv-logisch nicht bewiesen werden, sondern nur aus der Erfahrung induktiv erschlossen werden kann.

Wir gehen nun zu der Betrachtung eines physikalischen Experimentes über. Ein solches Experiment besteht stets darin, daß man ein physikalisches System in einen bestimmten „Anfangszustand" bringt und die Veränderung dieses Zustandes nach einer gewissen Zeit beobachtet. Die wiederholte Ausführung desselben Experimentes könnte nur dann immer das gleiche Resultat ergeben, wenn sich sowohl der Anfangszustand exakt wiederherstellen als der Endzustand exakt beobachten ließe. Aus den oben angeführten Gründen ist beides prinzipiell unmöglich. Das „gleiche" Experiment, zu wiederholten Malen angestellt, wird also in Wirklichkeit im allgemeinen jedesmal ein anderes Ergebnis liefern.

Wir beschränken uns auch hier wiederum auf die Beobachtung einer Größe a mit endlichem Wertevorrat. Aus dem Beobachtungsprotokoll einer Serie von N Experimenten kann man dann die absoluten Häufigkeiten n_{ik} bestimmen, mit denen sich aus dem gegebenen Anfangszustand a_i der Endzustand a_k eingestellt hat. Die Größen $\frac{n_{ik}}{N}$ nennen wir die relativen Häufigkeiten der Ereignisse, die in dem Übergang $a_i \rightarrow a_k$ bestehen. Die Erfahrung legt es uns nahe, dem analogen Gedankengang wie oben folgend, das Bestehen einer besonderen Gesetzmäßigkeit in der Natur anzunehmen, wonach die Grenzwerte der relativen Häufigkeiten der verschiedenen Übergänge sich bei unendlicher Vermehrung der Proben bestimmten Zahlenwerten w_{ik} annähern:

$$\lim_{N=\infty} \frac{n_{ik}}{N} = w_{ik}(t), \tag{2}$$

die im allgemeinen auch noch von der Zeit zwischen dem Anfang und dem Ende des Experimentes abhängen werden. In besonderen Fällen kann w_{ik} entweder vom Anfangszustand a_i oder von der Zeit t oder auch von beiden Größen unabhängig sein. Wir werden solchen Fällen später noch wiederholt begegnen.

Wir nennen, wie wir bereits in § 2, 4. andeuteten, eine Gesetzmäßigkeit, die für den Ausfall eines einzelnen Experimentes kein bestimmtes Resultat vorschreibt, sondern nur bestimmte relative Häufigkeiten (2) für ein *„Kollektiv"* von Experimenten, eine *„statistische Gesetzmäßigkeit"*, im Gegensatz zu einer *„kausalen Gesetzmäßigkeit"*, gemäß welcher der Ausfall jedes Experimentes exakt bestimmt ist.

2. Der Begriff der Wahrscheinlichkeit. Nach dem eben Gesagten ist es immer dann, wenn für eine Erscheinungsgruppe eine kausale Gesetzmäßigkeit bekannt ist, möglich, den Ausfall eines Versuches oder einer Probe mit Sicherheit vorauszusagen, also das Eintreten eines bestimmten Ereignisses in der Zukunft mit Sicherheit zu prophezeien. Ist jedoch für die betreffende Erscheinungsgruppe nur eine statistische Gesetzmäßigkeit bekannt, dann kann man zwar eine Voraussage über ein Kollektiv von Versuchen machen, eine Prophezeiung über den Ausfall eines einzelnen Ereignisses in der Zukunft ist jedoch mit Sicherheit nicht möglich. Macht man dennoch eine solche Prophezeiung, so kann sie, wenn man Glück hat, eintreffen; wir haben dann den Ausfall des Ereignisses „erraten". Sie kann aber auch falsch sein; wir haben dann eben falsch geraten.

Landläufig drückt man die Tatsache der Unmöglichkeit einer exakten Prophezeiung eines Ereignisses aus, indem man sagt, daß das betreffende Ereignis *„zufällig"* zustande kommt, oder daß die betreffende Erscheinung „dem Zufall allein unterworfen ist". Das Wort Zufall pflegt man, dem allgemeinen Sprachgebrauch nach, immer dann anzuwenden, wenn man das Fehlen einer gesetzmäßigen, kausalen Verknüpfung von Ereignissen andeuten will. Nun haben wir oben gesehen, daß sehr wohl für ein Kollektiv eine statistische Gesetzmäßigkeit bestehen kann, auch dann, wenn das Einzelereignis scheinbar völlig zufällig verläuft. Hält man an dieser Terminologie fest, so ist man paradoxerweise genötigt anzunehmen, daß es auch für den Zufall Gesetze, nämlich die statistischen Gesetze gibt, die man dann *„Zufallsgesetze"* nennt. Da nach der Definition des Zufalls schon das Wort „Zufallsgesetz" einen Widerspruch in sich enthält, empfiehlt es sich, den Begriff des Zufalls überhaupt aus statistischen Betrachtungen auszuschalten.

Ist die Prophezeiung eines bestimmten Ereignisses aus prinzipiellen Gründen unsicher, dann kann man sie nach dem Grade dieser Unsicherheit in eine bestimmte Rangordnung einreihen. Wir nennen eine Prophezeiung *„wahrscheinlich"*, wenn sie sich in einer relativ großen Menge von ähnlichen Fällen bereits früher erprobt hat, *„unwahrscheinlich"*, wenn sie in früheren, ähnlichen Fällen nur selten eingetroffen ist. Dem Sinne dieser Bezeichnung folgend, führen wir als rationelles Maß für die *„Wahrscheinlichkeit"* eines gewissen Ereignisses die durch die Gleichungen (1) bzw. (2) definierten Größen ein, also die Grenzwerte der relativen Häufigkeiten des betreffenden Ereignisses bei unendlicher Vermehrung der Anzahl der Proben. Ihrer Definition nach ist die Wahrscheinlichkeit demnach stets ein echter Bruch.

Unter der „*Zustandswahrscheinlichkeit*" eines physikalischen Systems versteht man speziell die Wahrscheinlichkeit dafür, das System bei einer in einem willkürlichen Zeitpunkte vorgenommenen Probe in einem vorgegebenen Zustand a_k anzutreffen. Denkt man sich zum Beispiel ein von einem Gas erfülltes Gefäß in eine Anzahl von Gebietsteilen eingeteilt und definiert den Zustand des Gases durch die Angabe der Zahl der Gasmoleküle in jedem dieser Gebietsteile, dann ist die Wahrscheinlichkeit für einen bestimmten Zustand nach der Definition (1) gleich der relativen Häufigkeit, mit der bei sehr oftmaliger Beobachtung des Gases die Moleküle in einer solchen Verteilung angetroffen werden, die der Definition des betreffenden Zustandes entspricht.

Unter der „*Übergangswahrscheinlichkeit*" eines physikalischen Systems aus einem Zustand a_i in einen anderen Zustand a_k versteht man die Wahrscheinlichkeit dafür, das System bei einer Beobachtung zur Zeit t in dem Zustande a_k anzutreffen, wenn es zur Zeit Null sich im Zustande a_i befunden hat. Bringt man ein Gas durch irgendeine geeignete Maßnahme auf einen vorgegebenen Anfangszustand und beobachtet seinen Endzustand nach einer Zeit t, wobei Anfangs- und Endzustand durch eine entsprechende Verteilung der Moleküle definiert sein sollen, dann ist nach der Definition (2) die Wahrscheinlichkeit des Überganges aus dem Anfangs- in den Endzustand gleich der relativen Häufigkeit, mit der bei wiederholter Vornahme dieses Experimentes mit dem gleichen Anfangszustand der betreffende Endzustand erreicht wird.

3. Aufgabe der Wahrscheinlichkeitsrechnung. Wahrscheinlichkeiten a priori. Da beim Bestehen von statistischen Gesetzmäßigkeiten für Kollektive von Einzelfällen die Wahrscheinlichkeiten für diese Kollektive vollkommen exakt definierte Zahlen sind, muß es offenbar möglich sein, die Wahrscheinlichkeiten für ein Kollektiv A aus den Wahrscheinlichkeiten für andere Kollektive B, C, D, ... abzuleiten, wenn man das Kollektiv A aus den Kollektiven B, C, D, ... konstruieren kann. So muß es z. B. möglich sein, die Wahrscheinlichkeiten für die unter 2. definierten Zustände und Übergänge eines Gases zu berechnen, wenn von jedem einzelnen Gasmolekül bekannt ist, mit welcher Wahrscheinlichkeit es sich in jedem Gebietsteil des Gefäßes aufhält und mit welcher Wahrscheinlichkeit es aus einem Gebietsteil in einen anderen übergeht.

Der Kalkül, mit dem die eben formulierte Aufgabe gelöst werden kann, wird als „*Wahrscheinlichkeitsrechnung*" bezeichnet. Die Wahrscheinlichkeitsrechnung gestattet also, Wahrscheinlichkeiten aus anderen Wahrscheinlichkeiten zu berechnen. Es ist ein weit verbreiteter Irrtum, wenn man glaubt, daß die Wahrscheinlichkeitsrechnung es ermögliche, „den Ausfall eines rein zufälligen Vorganges vorauszuberechnen". Weder läßt sich der Zufall vorausberechnen, noch hat die Wahrscheinlichkeitsrechnung mit ihm das geringste zu tun.

Da man demnach mit Hilfe der Wahrscheinlichkeitsrechnung immer nur Wahrscheinlichkeiten aus anderen Wahrscheinlichkeiten berechnen kann, lassen sich auf Grund der Wahrscheinlichkeitsrechnung nur dann bestimmte Aussagen über ein System machen, wenn bereits eine Vielheit von Beobachtungen statistischer Natur an diesem oder einem ähnlichen System vorliegt. Es gibt jedoch Fälle, deren Mechanismus von so einfacher Art ist, daß der Ausfall eines entsprechenden statistischen Versuches ohne wirkliche Ausführung des Versuches aus der Betrachtung des Systems direkt abgelesen werden kann. Dies ist stets dann der Fall, wenn das betrachtete System eine derartige Symmetrie besitzt, daß die verschiedenen möglichen Ereignisse untereinander völlig gleichwertig erscheinen. Man wird dann mit Recht annehmen können, daß bei einer wirklichen Vornahme sehr vieler Proben die verschiedenen möglichen Ereignisse relativ gleich häufig auftreten werden, so daß die Wahrscheinlichkeiten dieser Ereignisse gleich groß angesetzt werden können. Ist die Anzahl der möglichen Fälle gleich m, dann ist nach 1. und 2. die Wahrscheinlichkeit jedes Einzelfalles gleich $1/m$. So wird man beispielsweise die Wahrscheinlichkeit dafür, die Spitze des Sekundenzeigers einer Uhr bei einer willkürlichen Beobachtung in einem beliebigen der 60 Intervalle des Minutenkreises anzutreffen, von vornherein als gleich groß ansetzen und ihr daher den Wert $1/60$ zuschreiben.

Gelingt es demnach, ein zu untersuchendes Kollektiv auf ein anderes Kollektiv oder mehrere andere zurückzuführen, denen man die Gleichwahrscheinlichkeit ihrer einzelnen möglichen Ereignisse von vornherein ansehen kann, dann kann man auch die Wahrscheinlichkeit, die das zu untersuchende Kollektiv beherrscht, ohne Ausführung eigener Versuche von vornherein berechnen. Die so berechneten Wahrscheinlichkeiten führen den Namen *„Wahrscheinlichkeiten a priori"*.

4. Der Additionssatz der Wahrscheinlichkeitsrechnung. Wir betrachten nun ein System, bei dem sämtliche Möglichkeiten für den Ausfall einer Probe durch die Fälle $a_1, a_2, a_3, \ldots a_m$ mit den Häufigkeiten $n_1, n_2, n_3, \ldots n_m$ erschöpft sein mögen. Es sei

$$N = \sum_{k=1}^{m} n_k. \tag{3}$$

Wir wollen nun aus den Fällen a_k „Ereignisse" $E_1, E_2, E_3, \ldots E_j$ konstruieren, derart, daß unter das Ereignis E_1 die Fälle $a_1, a_2, a_3, \ldots a_{s_1}$, unter das Ereignis E_2 die Fälle $a_{s_1+1}, a_{s_1+2}, \ldots a_{s_2}, \ldots$ subsumiert werden. Das Ereignis E_1 soll also dann eingetreten sein, wenn der Index k von a einen der Werte $1, 2, \ldots s_1$ angenommen hat, usf. Die absolute Häufigkeit von E_1 ist dann gleich $n_1 + n_2 + \ldots + n_{s_1}$ und die Wahrscheinlichkeit $w(E_1)$ nach (1) gleich

$$w(E_1) = \lim_{N=\infty} \frac{n_1 + n_2 + \ldots + n_{s_1}}{N} = \lim_{N=\infty} \frac{n_1}{N} + \lim_{N=\infty} \frac{n_2}{N} + \ldots + \lim_{N=\infty} \frac{n_{s_1}}{N} =$$

$$= w_1 + w_2 + \ldots + w_{s_1}; \tag{4}$$

analoge Ausdrücke erhält man für $w(E_2), \ldots w(E_j)$.

Die sogenannte *„vollständige Wahrscheinlichkeit"* eines Ereignisses, das durch verschiedene, einander ausschließende Möglichkeiten realisiert werden kann, ist also gleich der Summe der Wahrscheinlichkeiten für die einzelnen Möglichkeiten. Dieser Satz wird als *Additionssatz* der Wahrscheinlichkeitsrechnung bezeichnet.

Bildet man die Summe der Wahrscheinlichkeiten für alle möglichen Ereignisse $E_1, E_2, \ldots E_j$, so erhält man wegen (3) und (4)

$$w(E_1) + w(E_2) + \ldots + w(E_j) = 1; \tag{5}$$

die Summe der Wahrscheinlichkeiten aller für den Ausfall einer Probe möglichen Ereignisse ist stets gleich Eins. Faßt man alle von einem Ereignis E verschiedenen Ereignisse wiederum zu einem Einzelereignis E', dem kontradiktorischen Gegenteil von E zusammen, so erhält man wegen (4) und (5)

$$w(E) + w(E') = 1. \tag{6}$$

Die Summe aus der Wahrscheinlichkeit und der *„Gegenwahrscheinlichkeit"* eines Ereignisses ist stets gleich Eins.

Besonders einfache Verhältnisse ergeben sich, wenn alle Fälle a_k untereinander die gleiche Wahrscheinlichkeit $w_k = \dfrac{1}{m}$ besitzen. Nennen wir g die Anzahl der für ein Ereignis „günstigen" unter allen m „möglichen" Fällen a_k, dann ist nach (4)

$$w(E) = \frac{g}{m}. \tag{7}$$

Die Apriori-Wahrscheinlichkeit eines Ereignisses, das durch das Eintreffen von untereinander gleich wahrscheinlichen, möglichen Fällen realisiert werden kann, ist also gleich dem Quotienten aus der Anzahl der günstigen durch die Anzahl der möglichen Fälle. Ist $g = 0$, also für das betreffende Ereignis a priori kein Fall günstig, dann ist $w = 0$. $w = 0$ bedeutet also die *Unmöglichkeit* für das Eintreffen eines Ereignisses. Ist umgekehrt $g = m$, also für das betreffende Ereignis a priori jeder Fall günstig, dann ist $w = 1$; $w = 1$ bedeutet also die *Sicherheit* für das Eintreffen eines Ereignisses.

Beispiele: Die Wahrscheinlichkeit dafür, den Sekundenzeiger einer Uhr bei einer willkürlichen Beobachtung eine Zeit zwischen der nullten und der zehnten Sekunde anzeigen zu sehen, ist wegen $g = 10$ und $m = 60$ gleich $1/6$; die Wahrscheinlichkeit für eine angezeigte Zeit in der oberen Hälfte des Zifferblattes ist wegen $g = 30$ und $m = 60$ gleich $1/2$. Man kann ferner aus der Formel (7) leicht die Wahrscheinlichkeit dafür ableiten, daß bei n-fach wiederholter Beobachtung einer gewissen Größe „rein zufällig" ein regelmäßiger Gang auftritt, derart, daß jeder folgende Wert größer ist als der vorhergehende. Offenbar ist die Anzahl der Möglichkeiten für eine beliebige Anordnung der beobachteten Werte gleich der Gesamtzahl der Möglichkeiten für die Anordnung von n Elementen, also gleich $n!$, während für das gekennzeichnete Ereignis nur eine von diesen Anordnungen günstig ist. Es ist also $g = 1$, $m = n!$, die gesuchte Wahrscheinlichkeit also gleich $\dfrac{1}{n!}$.

5. Der Multiplikationssatz der Wahrscheinlichkeitsrechnung. Wir gehen nun an die Betrachtung eines Systems, an dem sich zwei Merkmale a und b beobachten lassen. Eine jede Probe soll dann in der Beobachtung beider Größen a und b bestehen. Das Ereignis E_1 soll darin bestehen, daß bei einer Probe der Wert von a bestimmten Bedingungen genügt, das Ereignis E_2 darin, daß der Wert von b bestimmten Bedingungen genügt. Wir fragen nach der Wahrscheinlichkeit dafür, daß bei einer Probe gleichzeitig E_1 und E_2 eintritt, und nennen dieses aus den Ereignissen E_1 und E_2 zusammengesetzte Ereignis E. Es soll angenommen werden, daß das Eintreffen von E_1 von dem Eintreffen von E_2 vollkommen unabhängig ist und umgekehrt.

Unter N Proben soll das Ereignis E_1 n_1-mal eingetreten sein und unter diesen n_1 Fällen das Ereignis E_2 gleichzeitig n-mal. Nach der Definition (1) gilt dann für die Wahrscheinlichkeiten $w(E_1)$ und $w(E_2)$ von E_1 und E_2:

$$w(E_1) = \lim_{N=\infty} \frac{n_1}{N}, \qquad w(E_2) = \lim_{n_1=\infty} \frac{n}{n_1} \tag{8}$$

und für die Wahrscheinlichkeit $w(E)$ des zusammengesetzten Ereignisses:

$$w(E) = \lim_{N=\infty} \frac{n}{N}. \tag{9}$$

Multipliziert man die beiden Ausdrücke (8), so erhält man den Ausdruck (9); es gilt also:

$$w(E) = w(E_1) \cdot w(E_2). \tag{10}$$

Die „*zusammengesetzte Wahrscheinlichkeit*" für das gleichzeitige Eintreffen zweier unabhängiger Ereignisse ist also gleich dem Produkt der Wahrscheinlichkeiten für das Eintreffen der einzelnen Ereignisse. Dieser Satz wird als *Multiplikationssatz* der Wahrscheinlichkeitsrechnung bezeichnet. Er läßt sich offenbar ohneweiters auch auf die Zusammensetzung von beliebig vielen unabhängigen Ereignissen $E_1, E_2, \ldots, E_j$ erweitern und lautet dann

$$w\,(E) = w\,(E_1)\,.\,w\,(E_2)\,\ldots\ldots\,w\,(E_j). \tag{11}$$

So ist z. B. die Wahrscheinlichkeit dafür, daß die Sekundenzeiger zweier ungleich gehender Uhren bei einer willkürlichen Beobachtung beide die gleiche Sekunde anzeigen, gleich $1/60\,.\,1/60=1/3600$, die Wahrscheinlichkeit dafür, die Sekundenzeiger dreier ungleich gehender Uhren gleichzeitig eine Zeit zwischen der nullten und der zehnten Sekunde anzeigen zu sehen, gleich $1/6\,.\,1/6\,.\,1/6 = {}= 1/216$.

6. Die Newtonsche Formel. Bildet $E_1, E_2, \ldots, E_j$ die vollständige Aufzählung der möglichen Ereignisse beim Anstellen eines bestimmten Versuches und sind $w_1, w_2, \ldots, w_j$ ihre Wahrscheinlichkeiten, dann geben diese Größen an, wie oft unter N Proben die betreffenden Ereignisse eintreten, wenn N über alle Grenzen vermehrt wird. Ist die Anzahl N der Proben endlich, dann kann über die Häufigkeit, mit der die einzelnen Ereignisse darunter aufgetreten sind, aus der Wahrscheinlichkeitsrechnung nichts Bestimmtes ausgesagt werden. Die absoluten Häufigkeiten n_k der Ereignisse E_k können beliebige Werte haben, wenn nur ihre Summe gleich N ist. Stellt man nun aber denselben, aus einer Serie von N Proben bestehenden Versuch sehr oft hintereinander an, dann muß man offenbar aus der Wahrscheinlichkeitsrechnung angeben können, wie groß die relative Anzahl der Versuche mit dem gleichen Versuchsausfall, d. h. den gleichen Zahlen n_k ist, wenn man die Anzahl der Versuche unbegrenzt zunehmen läßt. Mit anderen Worten: wir fragen nach der Wahrscheinlichkeit dafür, daß unter N Proben n_1-mal das Ereignis E_1, n_2-mal das Ereignis E_2, $\ldots$, n_j-mal das Ereignis E_j auftritt.

Nach dem Multiplikationssatz der Wahrscheinlichkeitsrechnung ist offenbar die Wahrscheinlichkeit dafür, daß das Ereignis E_1 bei n_1 individuell durch ihre Nummer bestimmten Proben auftritt, gleich $w_1{}^{n_1}$, ebenso die Wahrscheinlichkeit dafür, daß das Ereignis E_2 bei n_2 individuell durch ihre Nummer bestimmten Proben auftritt, gleich $w_2{}^{n_2}$; allgemein ist $w_k{}^{n_k}$ die Wahrscheinlichkeit dafür, daß das Ereignis E_k bei n_k bestimmten unter den N Proben auftritt. Nach demselben Satz ist daher die Wahrscheinlichkeit dafür, daß sowohl E_1 n_1-mal als auch E_2 n_2-mal, $\ldots$, als auch E_j n_j-mal unter N Proben, und zwar in *ganz bestimmter Reihenfolge* auftritt, gleich

$$w_1{}^{n_1}\,.\,w_2{}^{n_2}\,\ldots\ldots\,w_j{}^{n_j}. \tag{12}$$

Nun kommt es uns aber nicht darauf an, die Wahrscheinlichkeit des Auftretens gewisser n_k in bestimmter Reihenfolge zu erfahren, wir wollen vielmehr wissen, wie groß die Wahrscheinlichkeit dafür ist, daß unter N Proben die bestimmten Zahlen $n_1, n_2, \ldots, n_j$ ohne Rücksicht auf die Reihenfolge der einzelnen Ereignisse auftreten. Nach dem Additionssatz der Wahrscheinlichkeitsrechnung wird diese Wahrscheinlichkeit um so viele male größer sein als der Ausdruck (12), als es Vertauschungen der Reihenfolge der einzelnen Ereignisse gibt, bei denen die Zahlen n_k unverändert bleiben. Nach einer bekannten Formel der Kombinatorik ist die Anzahl dieser „*Komplexionen*" gleich

$$\frac{N!}{n_1!\,n_2!\ldots n_j!}. \tag{13}$$

Die gesuchte Wahrscheinlichkeit für das Auftreten der Zahlen $n_1, n_2, \ldots, n_j$

für die Ereignisse $E_1, E_2, \ldots, E_j$ bei N Versuchen ist daher gleich dem Produkt der Ausdrücke (12) und (13), also gleich

$$w(n_1, n_2, \ldots, n_j) = \frac{N!}{n_1!\, n_2! \ldots n_j!}\, w_1^{n_1} \cdot w_2^{n_2} \ldots \ldots w_j^{n_j} \quad \left(\sum_{k=1}^{j} n_k = N\right). \quad (14)$$

Dies ist die „NEWTONsche Formel" der Wahrscheinlichkeitsrechnung, die in der physikalischen Statistik eine hervorragend wichtige Rolle spielt.

Heben wir unter allen möglichen Ereignissen nur eines, E mit der Wahrscheinlichkeit p hervor und fassen alle anderen in E' mit der Wahrscheinlichkeit q zusammen, dann ist aus (14) sofort die Wahrscheinlichkeit dafür zu gewinnen, unter N Proben das Ereignis E n-mal und daher das Ereignis E' $N-n = {}= m$-mal eintreten zu sehen:

$$w(n) = \frac{N!}{n!\, m!}\, p^n\, q^m \qquad (N = n+m, \quad p+q = 1). \quad (15)$$

Bei jeder endlichen Anzahl von Proben ist also für jede beliebige Häufigkeit n des Eintreffens von E eine endliche Wahrscheinlichkeit vorhanden, läßt man jedoch N unbegrenzt zunehmen, dann wird n genau bestimmt und ergibt sich gemäß der Definitionsgleichung (1) als N-facher Wert der Apriori-Wahrscheinlichkeit p von E:

$$\lim_{N=\infty} n = p\, N. \quad (16)$$

Aus der Formel (15) kann man z. B. berechnen, daß die Wahrscheinlichkeit dafür, unter N willkürlichen Beobachtungen die Spitze des Sekundenzeigers einer Uhr n-mal in der oberen Hälfte des Zifferblattes aufzufinden, wegen $p = q = 1/2$ gleich ist:

$$w(n) = \binom{N}{n}\left(\frac{1}{2}\right)^N.$$

Wir zeigen zum Schlusse noch, daß die Formel (15) die Forderung (5) erfüllt, daß also bei festgehaltenem N die Summe aller $w(n)$ für sämtliche Werte von n, die kleiner oder gleich N sind, Eins ergeben muß, da hiedurch offenbar alle Möglichkeiten erschöpft sind. In der Tat gilt nach dem binomischen Lehrsatz:

$$\sum_{n=0}^{N} \binom{N}{n} p^n\, q^{N-n} = (p+q)^N = 1. \quad (17)$$

7. Thermodynamische Wahrscheinlichkeit von Verteilungen. Statt einen Versuch an einem bestimmten System N-mal zu wiederholen und abzuzählen, wie oft unter den Versuchsausfällen die einzelnen möglichen Ereignisse vertreten sind, kann man offenbar auch so vorgehen, daß man eine „Gesamtheit" von Systemen mit genau dem gleichen Mechanismus konstruiert und an allen Gliedern dieser Gesamtheit gleichzeitig den Versuch ausführt. Das Resultat des Versuches besteht dann darin, daß an n_1 Exemplaren der Gesamtheit das Versuchsresultat E_1, an n_2 Exemplaren das Resultat E_2, ... auftreten wird. Der (im allgemeinen ungleichmäßige) Zustand, in den die anfangs ganz gleichförmige Gesamtheit durch den Versuch übergeführt wurde, nennen wir eine „Verteilung" der Gesamtheit.

Jeder durch die Zahlen $n_1, n_2, \ldots, n_j$ charakterisierten Verteilung kommt eine gewisse Wahrscheinlichkeit zu, die gleich der relativen Häufigkeit ist, mit der diese Verteilung auftreten würde, wenn man, immer vom gleichen Anfangszustand der Gesamtheit ausgehend, denselben Versuch unzählige Male wiederholen würde. Nach der obigen Überlegung muß sie offenbar gleichfalls der Formel (14) genügen, worin jetzt w_k die für alle Glieder der Gesamtheit gleiche

Wahrscheinlichkeit dafür bedeutet, durch den Versuch in den Zustand E_k übergeführt zu werden (oder sich zur Zeit der Beobachtung im Zustand E_k zu befinden), n_k die Anzahl der Glieder, bei denen der Zustand E_k registriert wird, und N die Gesamtzahl aller Glieder der Gesamtheit.

Die Formel (14) liefert demnach z. B. unmittelbar die Lösung der unter 3. angedeuteten Aufgabe, die Wahrscheinlichkeit w für eine bestimmte Verteilung der Gasmoleküle über die einzelnen Abteilungen des Gefäßes zu finden, wenn die Wahrscheinlichkeiten $w_1, w_2, \ldots, w_j$ dafür bekannt sind, daß sich ein individuelles Gasmolekül in der 1., 2., 3., $\ldots$, j.-Abteilung des Gefäßes befindet.

Ein besonders wichtiger und häufig auftretender Spezialfall liegt vor, wenn die w_k alle untereinander gleich sind (wenn beispielsweise in dem obigen Beispiel das Gefäß in lauter gleich große Abteilungen eingeteilt gedacht ist). In diesem Falle wird aus (14)

$$w\,(n_1, n_2, \ldots, n_j) = \frac{N!}{n_1!\,n_2!\ldots n_j!}\left(\frac{1}{j}\right)^N. \tag{18}$$

Hier ist der zweite Faktor auf der rechten Seite von (18) von den n_k vollkommen unabhängig, die Wahrscheinlichkeiten der verschiedenen Verteilungen sind also der Anzahl (13) ihrer Komplexionen direkt proportional. Kommt es, wie bei manchen Problemen der statistischen Mechanik (vgl. Kap. XII), nur auf die Verhältnisse der w an, dann kann man zur Kennzeichnung der Wahrscheinlichkeit von Verteilungen direkt die Ausdrücke (13) benutzen, die als „*thermodynamische Wahrscheinlichkeiten*" bezeichnet werden. Die thermodynamischen Wahrscheinlichkeiten sind, da sie ja die Zahlen von Komplexionen angeben, stets ganze und positive Zahlen.

Sind die Zahlen n_k alle sehr groß gegen Eins, dann kann man die STIRLINGsche Näherungsformel für die Faktoriellen:

$$n! = n^n\,e^{-n}\sqrt{2\,\pi\,n} \tag{19}$$

benutzen und erhält daher für die thermodynamische Wahrscheinlichkeit (13) den Näherungsausdruck

$$\frac{N^N\,e^{-N}\,\sqrt{2\,\pi\,N}}{n_1{}^{n_1}\,e^{-n_1}\,\sqrt{2\,\pi\,n_1}\,.\,n_2{}^{n_2}\,e^{-n_2}\,\sqrt{2\,\pi\,n_2}\,\ldots\,n_j{}^{n_j}\,e^{-n_j}\,\sqrt{2\,\pi\,n_j}} =$$

$$= \frac{N^{N+\frac{1}{2}}}{n_1{}^{n_1+\frac{1}{2}}\,.\,n_2{}^{n_2+\frac{1}{2}}\ldots\ldots n_j{}^{n_j+\frac{1}{2}}\,(\sqrt{2\,\pi})^{j-1}}$$

oder, wenn man alle von den n_k unabhängigen Faktoren zusammenfaßt und $\frac{1}{2}$ gegen n_k vernachlässigt,

$$W\,(n_1, \ldots, n_j) = C\,.\,n_1{}^{-n_1}\,.\,n_2{}^{-n_2}\ldots\ldots n_j{}^{-n_j} \qquad \left(\sum_{k=1}^{j} n_k = N\right). \tag{20}$$

§ 16. Diskontinuierliche Wahrscheinlichkeitsfunktionen.

1. **Definition.** Läßt sich der Zustand eines physikalischen Systems durch die Angabe des Wertes einer gewissen Größe a definieren, von der wir zunächst annehmen, daß sie einen endlichen Wertevorrat besitze, dann wird gemäß den Entwicklungen von § 15 jedem solchen Zustand, also jedem Werte a_k von a eine gewisse Wahrscheinlichkeit

$$w\,(a_k) = w_k \tag{1}$$

entsprechen. w ist also eine diskontinuierliche Funktion der Zustandsvariablen a. Wir nennen sie die dem Zustand des betrachteten Systems zugeordnete Wahrscheinlichkeitsfunktion.

Gemäß der allgemeinen Bedingungsgleichung (5) § 15, der jede Wahrscheinlichkeit genügen muß, unterliegt eine Wahrscheinlichkeitsfunktion der Normierungsbedingung:

$$\sum_k w\,(a_k) = 1, \tag{2}$$

worin die Summation über alle Werte der Variablen zu erstrecken ist.

Denkt man sich die Numerierung der a_k so durchgeführt, daß die Werte a_k mit steigendem k zunehmen, dann kann man die Wahrscheinlichkeiten S_k dafür bilden, daß $a \leqq a_k$ ist. Nach dem Additionssatz der Wahrscheinlichkeitsrechnung § 15, 4. ist

$$S_k = w_1 + w_2 + \ldots + w_k. \tag{3}$$

Die Werte S_k definieren ebenfalls eine diskontinuierliche Funktion

$$S\,(a_k) = S_k, \tag{4}$$

die wir die zu der Wahrscheinlichkeitsfunktion w_k gehörige „*Summenfunktion*" nennen wollen. Die Summenfunktion beginnt mit dem Werte Null für $a < a_1$ und endet mit dem Werte Eins gemäß der Bedingung (2).

Wir können die obigen Definitionen ohneweiters auch auf Variable mit abzählbar unendlich großem Wertevorrat übertragen. In diesem Falle läuft der Index k von Eins bis Unendlich und die Summation in (2) ist natürlich ebenfalls von Eins bis Unendlich zu erstrecken. Damit die Bedingung (2) erfüllbar sei, ist es jedenfalls notwendig, daß die auf der linken Seite der Gleichung stehende unendliche Reihe konvergiere.

Wir können uns die Wahrscheinlichkeitsfunktion (1) dadurch veranschaulichen, daß wir, wie in Abb. 42, in einem Koordinatensystem in den Punkten a_k

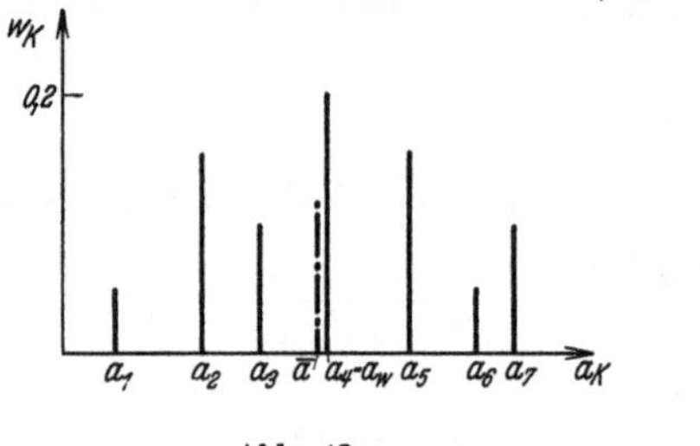

Abb. 42.

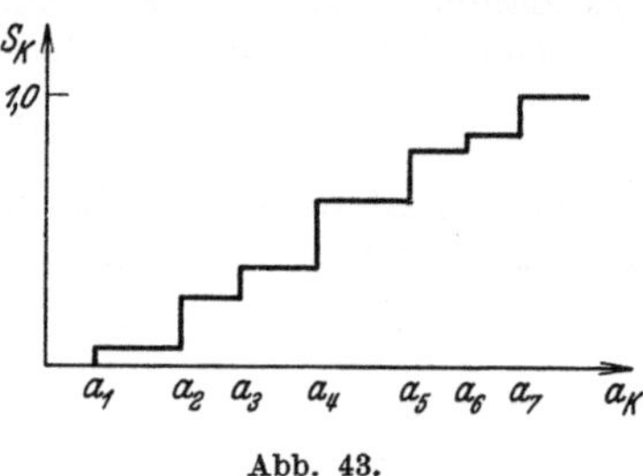

Abb. 43.

der Abszissenachse Ordinatenstrecken von der Länge $w\,(a_k)$ errichten. Die zugehörige Summenfunktion (4) wird durch die „Stufenkurve" der Abb. 43 dargestellt mit Stufen von der Höhe w_k in den Punkten a_k. Sie beginnt vom Niveau Null und steigt bis zur Höhe Eins monoton an.

Ganz analog zu der oben definierten Wahrscheinlichkeitsfunktion für den Zustand eines Systems kann man nun auch Wahrscheinlichkeitsfunktionen definieren, die die Übergänge zwischen den einzelnen Zuständen des Systems regeln. Für den Übergang aus dem Zustand a_i in den Zustand a_k in der Zeit t existiert eine diskontinuierliche Wahrscheinlichkeitsfunktion

$$w\,(a_i,\ a_k,\ t) = w_{i\,k}, \tag{5}$$

die der Normierungsbedingung unterliegt, daß die Summe der Ausdrücke (5) über alle möglichen Endzustände bei gegebenem Anfangszustand oder über alle möglichen Anfangszustände bei gegebenem Endzustand gleich Eins sein muß:

$$\sum_k w\,(a_i,\ a_k,\ t) = 1, \qquad (6) \qquad\qquad \sum_i w\,(a_i,\ a_k,\ t) = 1. \qquad (7)$$

Die Funktion (15) § 15 gibt ein Beispiel für eine Wahrscheinlichkeitsfunktion von einer Veränderlichen n, die alle ganzzahligen Werte zwischen Null und N annehmen kann. Gemäß den obenstehenden Entwicklungen und denen von § 15, 7. stellt sie die Wahrscheinlichkeit dafür dar, daß sich unter N in einem Gefäß befindlichen Gasmolekülen im Zeitpunkte der Beobachtung n in einer bestimmten Abteilung des Gefäßes befinden, ohne Rücksicht auf die Verteilung der übrigen Gasmoleküle, wenn p die Wahrscheinlichkeit a priori für den Aufenthalt eines individuellen Gasmoleküls in dem betrachteten Raumgebiet darstellt.

2. Wahrscheinlichster Wert einer diskontinuierlich veränderlichen Größe. Als „*wahrscheinlichsten Wert*" einer diskontinuierlich veränderlichen Größe a wollen wir einen solchen Wert a_w bezeichnen, der zu einem Maximum der Funktion $w(a)$ gehört. Ein absolut wahrscheinlichster Wert ist ein solcher, der zu einem absoluten Maximum von w gehört, der also unter allen Werten von a die größte Wahrscheinlichkeit besitzt. Daß es mindestens einen solchen Wert geben muß, ist klar, da unter endlich oder abzählbar unendlich vielen Größen mindestens eine die größte sein muß. Ein relativ wahrscheinlichster Wert ist ein solcher, der zu einem relativen Maximum von w gehört, der also unter allen Werten von a in einer gewissen Umgebung der größte ist.

Die notwendige und hinreichende Bedingung dafür, daß ein Wert a_w von a ein Maximum ist, lautet gemäß der gegebenen Definition

$$w(a_w) \geq w(a_{w-1}); \qquad w(a_w) \geq w(a_{w+1}). \tag{8}$$

Wir wollen speziell für die Funktion (15) § 15 die wahrscheinlichsten Werte n_w von n aufsuchen. Gemäß der Bedingung (8) muß also n die Ungleichungen

$$\left.\begin{aligned}
\frac{N!}{n!\,m!}\,p^n q^m &\geq \frac{N!}{(n-1)!\,(m+1)!}\,p^{n-1}q^{m+1} \\
\frac{N!}{n!\,m!}\,p^n q^m &\geq \frac{N!}{(n+1)!\,(m-1)!}\,p^{n+1}q^{m-1}
\end{aligned}\right\} \tag{9}$$

erfüllen, die nach Vornahme einiger Kürzungen die Gestalt

$$p(m+1) \geq qn; \qquad q(n+1) \geq pm$$

annehmen.

Addiert man zu beiden Seiten dieser Ungleichungen die Größe pn, so folgen wegen

$$p+q=1, \quad m+n=N$$

für $n = n_w$ die Ungleichungen:

$$pN - q \leq n_w \leq pN + p. \tag{10}$$

Da die Differenz zwischen $(pN+p)$ und $(pN-q)$ gerade gleich Eins ist, gibt es, falls die beiden Grenzen, wie es im allgemeinen der Fall sein wird, keine ganzen Zahlen sind, nur einen einzigen wahrscheinlichsten Wert n_w, der demnach der absolut wahrscheinlichste Wert von n sein muß (Abb. 42). Ist dagegen $(pN+p)$ und daher auch $(pN-q)$ ganzzahlig, dann gibt es zwei wahrscheinlichste Werte von n, nämlich gerade diese beiden. Jedenfalls ist n_w entweder gleich pN oder einer der zu pN benachbarten ganzen Zahlen. Während also im Grenzfalle $N = \infty$ gemäß (16) § 15 n exakt gleich pN wird, ist pN bei endlichem N wenigstens der wahrscheinlichste Wert von n.

3. Mittelwert einer diskontinuierlich veränderlichen Größe. Beobachtet man eine diskontinuierlich veränderliche Größe a N-mal und tritt unter diesen N Beobachtungen der Wert a_1 von a n_1-mal, der Wert a_2 n_2-mal, allgemein der

Wert $a_k\, n_k$-mal auf, so ist das arithmetische Mittel sämtlicher in einem gewissen Intervall von a beobachteten a-Werte gleich

$$m(a) = \frac{a_1 n_1 + a_2 n_2 + \dots}{n_1 + n_2 + \dots} = \frac{\sum\limits_k a_k n_k}{\sum\limits_k n_k}, \tag{11}$$

worin die Summation über alle dem betrachteten Intervall entsprechenden Werte des Index k zu erstrecken ist. $m(a)$ fällt natürlich im allgemeinen für jede Serie von N Beobachtungen derselben Größe a verschieden aus.

Läßt man die Zahl N der Beobachtungen unbegrenzt wachsen, dann geht der Ausdruck (11) auf Grund der Beziehung (1) § 15 über in

$$\overline{a} = \lim_{N=\infty} \left[\frac{a_1 n_1 + a_2 n_2 + \dots}{N} : \frac{n_1 + n_2 + \dots}{N} \right] =$$

$$= \left[a_1 \lim \frac{n_1}{N} + a_2 \lim \frac{n_2}{N} + \dots \right] : \left[\lim \frac{n_1}{N} + \lim \frac{n_2}{N} + \dots \right] =$$

$$= \frac{a_1 w_1 + a_2 w_2 + \dots}{w_1 + w_2 + \dots} = \frac{\sum\limits_k a_k w(a_k)}{\sum\limits_k w(a_k)}. \tag{12}$$

Wir nennen $\overline{a}$ den „*Mittelwert*" oder „*Erwartungswert*" oder den „*mathematischen Hoffnungswert*" der Größe a. Er läßt sich gemäß (12) berechnen, wenn die Funktion $w(a_k)$, also die zu a gehörige Wahrscheinlichkeitsfunktion bekannt ist. Nach dem Gesetz der großen Zahlen soll die von Serie zu Serie verschiedene Größe $m(a)$, die sich nur durch wirklich ausgeführte Beobachtungen bestimmen läßt, im Grenzfalle unendlich ausgedehnter Serien in den Mittelwert $\overline{a}$ übergehen, der eine exakt definierte Zahl ist.

Erstreckt sich das Intervall, in dem der Mittelwert von a berechnet werden soll, über alle möglichen Werte von a, so ist nach (2) der Nenner von (12) gleich Eins.

Im allgemeinen sind der wahrscheinlichste Wert a_w und der Mittelwert $\overline{a}$ voneinander verschieden, in besonderen Fällen jedoch können beide Werte zusammenfallen, insbesondere stets dann, wenn die Funktion $w(a)$ um den Wert a_w symmetrisch ist.

Ähnlich wie wir den Mittelwert $\overline{a}$ einer Größe a definieren, können wir auch den Mittelwert einer beliebigen Funktion f von a, also die Größe $\overline{f(a)}$ definieren; indem wir in den Gleichungen (11) und (12) $f(a_k)$ an Stelle von a_k setzen, erhalten wir

$$\overline{f(a)} = \frac{\sum\limits_k f(a_k)\, w(a_k)}{\sum\limits_k w(a_k)}. \tag{13}$$

Speziell erhält man z. B., wenn $f(a)$ eine Potenz von a ist,

$$\overline{(a^s)} = \frac{\sum\limits_k a_k{}^s\, w(a_k)}{\sum\limits_k w(a_k)}. \tag{14}$$

4. Mittlere Schwankung; Dispersion. Die Abweichung eines Wertes a_k der Variablen a von ihrem Mittelwert $\overline{a}$, also die Größe

$$\Delta a_k = a_k - \overline{a}, \tag{15}$$

nennen wir seine „*absolute Schwankung*", das Verhältnis dieser Größe zu dem Mittelwert $\bar{a}$, also die Größe

$$\delta a_k = \frac{a_k - \bar{a}}{\bar{a}}, \tag{16}$$

seine „*relative Schwankung*".

Man sieht unmittelbar, daß der Mittelwert sowohl der absoluten als auch der relativen Schwankung stets verschwinden muß:

$$\left.\begin{array}{l} (\overline{\varDelta\, a}) = (\overline{a_k - \bar{a}}) = \bar{a} - \bar{a} = 0 \\[2mm] (\overline{\delta a}) = \dfrac{(\overline{\varDelta\, a})}{\bar{a}} = 0 \end{array}\right\} \tag{17}$$

Bildet man hingegen den Mittelwert des Quadrates der relativen oder absoluten Schwankung in einer Beobachtungsreihe der Größe a, dann erhält man sicher eine von Null verschiedene positive Zahl, da das arithmetische Mittel aus lauter positiven Zahlen nicht verschwinden kann. Die so erhaltenen Größen

$$\left.\begin{array}{l} (\overline{\varDelta\, a})^2 = (\overline{a_k - \bar{a}})^2 = (\overline{a^2}) - 2\bar{a} \cdot \bar{a} + (\overline{a})^2 = (\overline{a^2}) - (\overline{a})^2 \\[2mm] (\overline{\delta a})^2 = \dfrac{(\overline{\varDelta\, a})^2}{(\bar{a})^2} = \dfrac{(\overline{a^2})}{(\bar{a})^2} - 1 \end{array}\right\} \tag{18}$$

werden als „*mittleres absolutes* bzw. *mittleres relatives Schwankungsquadrat*" von a bezeichnet, die Quadratwurzeln daraus als „*mittlere absolute* bzw. *mittlere relative Schwankung*" von a. Sie geben ein Maß dafür, wie weit sich die einzelnen Werte a_k von ihrem Mittelwert $\bar{a}$ entfernen, wie stark sie um diesen Wert „*gestreut*" sind, wie groß also die „*Dispersion*" der Häufigkeitsverteilung der a ist. Je kleiner die mittlere Schwankung ist, desto schmäler und höher wird die Verteilungskurve 42 ausfallen, je größer die mittlere Schwankung ist, desto breiter und niedriger wird sie.

5. Mittelwert und mittlere Schwankung gemäß der Newtonschen Verteilung. Als Beispiel für die Entwicklungen unter 3. und 4. wollen wir den Mittelwert und die mittlere Schwankung einer Größe n berechnen, die nur ganzzahlige Werte zwischen Null und N annehmen kann und deren Wahrscheinlichkeit nach der Newtonschen Formel (15) § 15 bestimmt ist.

Nach der Formel (12) erhalten wir

$$\bar{n} = \sum_{n=0}^{N} n\, w\,(n) = \sum_{n=0}^{N} n \cdot \frac{N!}{n!\,(N-n)!}\, p^n\, q^{N-n} = p\, N \sum_{n=1}^{N} \frac{(N-1)!}{(n-1)!\,(N-n)!}\, p^{n-1}\, q^{N-n};$$

setzen wir hierin

$$N - 1 = N', \qquad n - 1 = n'$$

so wird daraus

$$\bar{n} = p\, N \sum_{n'=0}^{N'} \frac{N'!}{n'!\,(N'-n')!}\, p^{n'}\, q^{N'-n'}.$$

Da die Summe auf der rechten Seite dieser Gleichung von der Gestalt der Summe (17) § 15 ist, muß sie den Wert Eins haben; wir erhalten also für $\bar{n}$ die einfache Formel

$$\bar{n} = p\, N. \tag{19}$$

Ist $p\, N$ eine ganze Zahl, dann fallen gemäß 2. der wahrscheinlichste Wert und der Mittelwert von n zusammen. Ist jedoch, wie es im allgemeinen der Fall sein wird, $p\, N$ keine ganze Zahl, dann sind n_w und $\bar{n}$ um weniger als eine Einheit voneinander verschieden.

Auf ähnlichem Wege kann man auch den Mittelwert von n^2, die Größe $\overline{n^2}$ berechnen. Gemäß Formel (14) erhalten wir

$$\overline{n^2} = \sum_{n=0}^{N} n^2\, w\,(n) = \sum_{n=0}^{N} [n\,(n-1)+n]\, w\,(n) = \bar{n} + \sum_{n=2}^{N} n\,(n-1)\,\frac{N!}{n!\,(N-n)!}\, p^n\, q^{N-n} =$$

$$= \bar{n} + p^2 N\,(N-1) \sum_{n=2}^{N} \frac{(N-2)!}{(n-2)\,(N-n)!}\, p^{n-2}\, q^{N-n}.$$

Setzt man in der letzten Summe

$$N-2 = N'', \qquad n-2 = n'',$$

so sieht man nach einem zu dem oben gegebenen, analogen Beweis, daß sie den Wert Eins haben muß. Es wird also

$$\overline{n^2} = \bar{n} + p^2 N\,(N-1) = \bar{n} + (\bar{n})^2 - p\bar{n} = q\bar{n} + (\bar{n})^2. \tag{20}$$

Aus (18), (19) und (20) folgt nun sofort für das absolute Schwankungsquadrat von n

$$(\overline{\varDelta n})^2 = \overline{n^2} - (\bar{n})^2 = q\bar{n} = pqN. \tag{21}$$

Die mittlere absolute Schwankung einer dem Newtonschen Wahrscheinlichkeitsgesetz gehorchenden Größe n ist also bei gegebener Apriori-Wahrscheinlichkeit p (bzw. q) der Quadratwurzel aus ihrem Mittelwert bzw. aus der Gesamtzahl der Beobachtungen einer Serie direkt proportional. Für das relative mittlere Schwankungsquadrat erhält man aus (18) und (21)

$$(\overline{\delta n})^2 = \frac{q}{\bar{n}} = \frac{q}{p} \cdot \frac{1}{N}. \tag{22}$$

Die mittlere relative Schwankung von n ist also der Quadratwurzel aus dem Mittelwert $\bar{n}$ bzw. aus der Gesamtzahl N der Beobachtungen verkehrt proportional.

Deutet man $w\,(n)$ gemäß der Bemerkung am Schlusse von 1., dann stellt der Ausdruck (22) das mittlere relative Schwankungsquadrat der Anzahl n der Gasmoleküle in einem bestimmten, herausgegriffenen Raumteil eines mit N Gasmolekülen gefüllten Gefäßes vor. Man sieht, daß die Schwankung dieser Anzahl um ihren Mittelwert $\bar{n}$ cet. par. um so kleiner wird, je größer $\bar{n}$ ist und sich daher der Beobachtung um so mehr entzieht, je größer die ins Auge gefaßte mittlere Molekülzahl ist.

§ 17. Kontinuierliche Wahrscheinlichkeitsfunktionen.

1. Übergang von diskontinuierlichen zu kontinuierlichen Wahrscheinlichkeitsfunktionen. Wahrscheinlichkeitsdichte. Denkt man sich die Intervalle zwischen den einzelnen Werten einer diskontinuierlich veränderlichen Größe immer weiter verkleinert und gleichzeitig die Anzahl der Werte immer weiter vergrößert, so kommt man in der Grenze zu einer kontinuierlich veränderlichen Größe mit unendlich großem Wertevorrat. Wir wollen untersuchen, was in diesem Falle aus der zugehörigen Wahrscheinlichkeitsfunktion wird.

Da bei einer kontinuierlich Veränderlichen x in jedem noch so kleinen endlichen Intervall unendlich viele Werte liegen, ist es zunächst wegen der Normierungsbedingung (2) § 16 klar, daß für jeden einzelnen Wert x_i die Wahrscheinlichkeit gleich Null sein muß. Dagegen gibt es eine von Null verschiedene, endliche Wahrscheinlichkeit dafür, daß x in einem endlichen Intervall zwischen zwei Werten x_i und x_k liegt.

Um die Wahrscheinlichkeitsfunktion empirisch zu definieren, teilt man den gesamten Wertebereich von x in eine Anzahl von Intervallen $\varDelta x_i$ und bestimmt die relativen Häufigkeiten $h\,(x_i)$, mit denen bei wiederholter Beobachtung die

Größe x in den Intervallen Δx_i angetroffen wird. In der Grenze für unendlich viele Beobachtungen sind dann die Größen $h\,(x_i)$ exakt definierte Zahlen. Wir machen nun die Intervalle Δx_i immer kleiner und bilden jedesmal die Ausdrücke $\frac{h\,(x_i)}{\Delta x_i}$. Wir nehmen an, daß es bestimmte Grenzwerte dieser Ausdrücke für den Grenzfall verschwindend kleiner Intervalle Δx_i gibt, die wir $\mathfrak{w}\,(x_i)$ nennen. Die durch die Vorschrift

$$\mathfrak{w}\,(x_i) = \lim_{\Delta x_i = 0} \frac{h\,(x_i)}{\Delta x_i} \tag{1}$$

definierte Funktion $\mathfrak{w}\,(x)$, die wir im allgemeinen mit Ausnahme einzelner Stellen als stetig und stetig differenzierbar voraussetzen wollen, nennen wir die zu der Veränderlichen x gehörige *kontinuierliche Wahrscheinlichkeitsfunktion*. (In der Folge wollen wir kontinuierliche Wahrscheinlichkeitsfunktionen stets mit $\mathfrak{w}$ bezeichnen, um Verwechslungen mit diskontinuierlichen Wahrscheinlichkeiten zu vermeiden). Geometrisch wird die Funktion $\mathfrak{w}\,(x)$ durch eine Kurve nach Art der Abb. 44 dargestellt. Wegen der formalen Analogie der Definition (1) zu der üblichen Definition der Dichte in der Mechanik (vgl. § 25) wird die Größe $\mathfrak{w}\,(x)$ mitunter auch als „*Wahrscheinlichkeitsdichte*" bezeichnet.

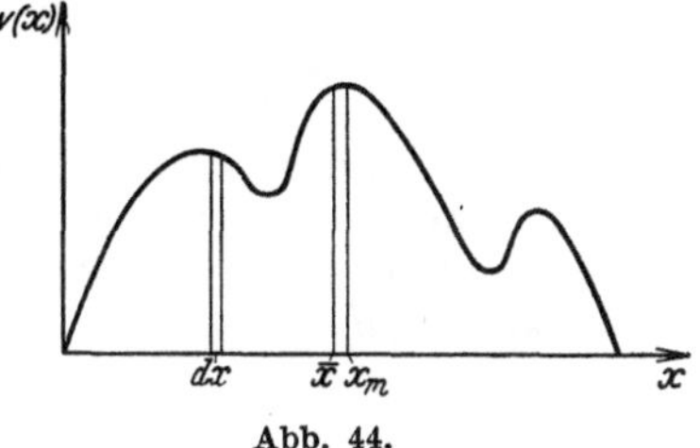

Abb. 44.

Praktisch läßt sich natürlich der Grenzprozeß (25) nicht durchführen. Durch genügende Verfeinerung der Intervalle und genügend große Beobachtungszahl kann man jedoch die Funktion $\mathfrak{w}\,(x)$ bzw. die Kurve Abb. 44 stets mit genügender Genauigkeit approximieren. Die Wahrscheinlichkeitsfunktion apriori kann man immer mit vollkommener Exaktheit gewinnen, wenn es gelingt, die relativen Häufigkeiten für unendlich kleine Intervalle a priori zu definieren oder durch den angedeuteten Grenzprozeß den Übergang von einer diskontinuierlichen Wahrscheinlichkeitsfunktion a priori zu einer kontinuierlichen Wahrscheinlichkeitsfunktion zu finden. Die Frage, ob es „in Wirklichkeit" kontinuierlich veränderliche Größen und dementsprechende Wahrscheinlichkeiten gibt, bleibe dahingestellt.

Nach der Definition (1) ist $\mathfrak{w}\,(x)\,dx$ die Wahrscheinlichkeit dafür, daß die Variable x bei einer willkürlichen Probe in dem unendlich kleinen Intervall zwischen x und $x + dx$ angetroffen wird. Die Wahrscheinlichkeit dafür, daß x in einem endlichen Intervall zwischen a und b liegt, erhält man hieraus nach dem Additionssatz der Wahrscheinlichkeitsrechnung durch kontinuierliche Summation, d. h. durch Integration

$$\mathfrak{w}\,(a,\ b) = \int_a^b \mathfrak{w}\,(x)\,dx. \tag{2}$$

Die Normierungsbedingung (2) § 16 nimmt dann die Form

$$\int_{-\infty}^{+\infty} \mathfrak{w}\,(x)\,dx = 1 \tag{3}$$

an, die geometrisch gedeutet ausdrückt, daß das von der Wahrscheinlichkeitskurve und der x-Achse eingeschlossene Flächenstück den Inhalt Eins hat.

Gemäß (2) kann man nun auch für den kontinuierlichen Fall die unter § 16, 1. definierte Summenfunktion bilden, d. h. eine Funktion $S\,(x)$, die die Wahrscheinlichkeit dafür angibt, daß eine Beobachtung einen kleineren Wert ergibt als x:

$$S(x) = \int_{-\infty}^{x} \mathfrak{w}(x)\,dx. \tag{4}$$

Die geometrische Darstellung der Funktion $S(x)$ ergibt eine Kurve von der Art der Abb. 45, die aus der Stufenkurve 43 durch unbegrenzte Vermehrung der Stufenzahl und Verkleinerung der Stufenhöhe entstanden gedacht werden kann. Sie beginnt wiederum links mit dem Wert Null und steigt bis zum Wert Eins stetig an, den sie möglicherweise erst für $x = \infty$ asymptotisch erreicht.

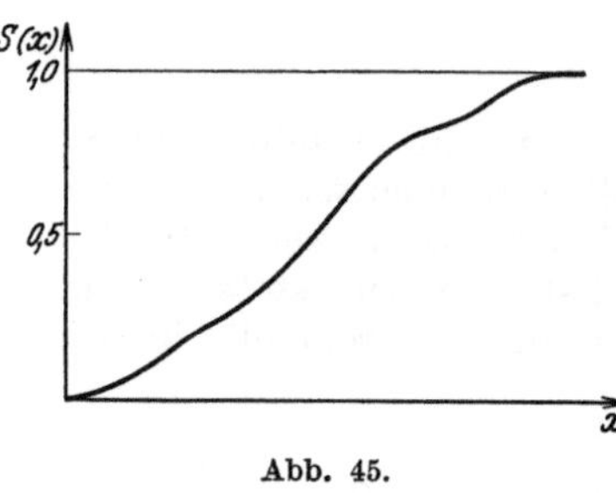

Abb. 45.

Dem obigen Gedankengange folgend, kann man nun auch ohne Schwierigkeiten Wahrscheinlichkeitsfunktionen für den Übergang einer kontinuierlich veränderlichen Größe von einem ihrer Werte zu einem anderen konstruieren. Wir werden $\mathfrak{w}(x_0, x, t)\,dx$ die Wahrscheinlichkeit dafür nennen, daß das betrachtete System vom Werte x_0 zur Zeit Null zu einem zwischen x und $x + dx$ gelegenen Werte zur Zeit t übergegangen ist.

Für die Wahrscheinlichkeit eines Überganges von x_0 in einen beliebigen, im Intervalle (a, b) gelegenen Wert von x erhalten wir dann:

$$\mathfrak{w}(x_0, [a, b], t) = \int_{a}^{b} \mathfrak{w}(x_0, x, t)\,dx \tag{5}$$

und die Normierungsbedingung lautet:

$$\int_{-\infty}^{+\infty} \mathfrak{w}(x_0, x, t)\,dx = 1. \tag{6}$$

2. Wahrscheinlichster Wert und Mittelwerte kontinuierlicher Wahrscheinlichkeitsfunktionen. Nach den Ausführungen von 1. ist es leicht, die Begriffe: wahrscheinlichster Wert, Mittelwert und mittlere Schwankung auf kontinuierlich veränderliche Größen zu übertragen und die Formeln zu ihrer Berechnung aus der Wahrscheinlichkeitsfunktion anzugeben. Für den wahrscheinlichsten Wert erhält man gemäß der Definition dieses Wertes als Maximalwert der Wahrscheinlichkeitsfunktion die Bedingungen

$$\left(\frac{d\,\mathfrak{w}(x)}{d\,x}\right)_{x=x_w} = 0, \qquad \left(\frac{d^2\,\mathfrak{w}(x)}{d\,x^2}\right)_{x=x_w} \leqq 0. \tag{7}$$

Für den Mittelwert von x in dem Intervall (a, b) erhält man in Verallgemeinerung der Formel (12) § 16

$$\bar{x} = \int_{a}^{b} x\,\mathfrak{w}(x)\,dx : \int_{a}^{b} \mathfrak{w}(x)\,dx, \tag{8}$$

bzw. für den Mittelwert einer beliebigen Funktion f von x an Stelle von (13) § 16

$$\overline{f(x)} = \int_{a}^{b} f(x)\,\mathfrak{w}(x)\,dx : \int_{a}^{b} \mathfrak{w}(x)\,dx, \tag{9}$$

speziell für den Mittelwert einer Potenz s von x an Stelle von (14) § 16

$$\overline{(x^s)} = \int_{a}^{b} x^s\,\mathfrak{w}(x)\,dx : \int_{a}^{b} \mathfrak{w}(x)\,dx, \tag{10}$$

Ist in dem betrachteten Intervall $\mathfrak{w}\,(x)$ konstant, sind also alle Werte von x darin a priori gleich wahrscheinlich, dann wird aus (9)

$$\overline{f(x)} = \int\limits_a^b f(x)\,dx : \int\limits_a^b dx = \frac{1}{b-a}\int\limits_a^b f(x)\,dx, \tag{11}$$

die als „Mittelwertsatz der Integralrechnung" bekannte Formel.

3. Die Gaußsche Wahrscheinlichkeitsfunktion. Eine sehr wichtige Rolle bei vielen physikalischen Problemen spielt die Wahrscheinlichkeitsfunktion

$$\mathfrak{w}\,(x) = \frac{h}{\sqrt{\pi}}\,e^{-h^2(x-x_0)^2}, \tag{12}$$

worin h und x_0 willkürliche Konstanten bedeuten und x alle möglichen Werte zwischen $-\infty$ und $+\infty$ annehmen kann; sie wird als „Gaußsche Wahrschein-lichkeitsfunktion" bezeichnet. Sie ist um den Wert $x = x_0$ symmetrisch; ihre graphische Darstellung zeigt die Abb. 46.

Führen wir in (12) als neue Variable die Größe

$$z = x - x_0 \tag{13}$$

ein, dann wird die Wahrscheinlichkeit dafür, daß z zwischen z und $z + dz$ liegt,

$$\mathfrak{w}\,(z)\,dz = \mathfrak{w}\,(x)\,dx = \frac{h}{\sqrt{\pi}}\,e^{-h^2 z^2}\,dz; \tag{14}$$

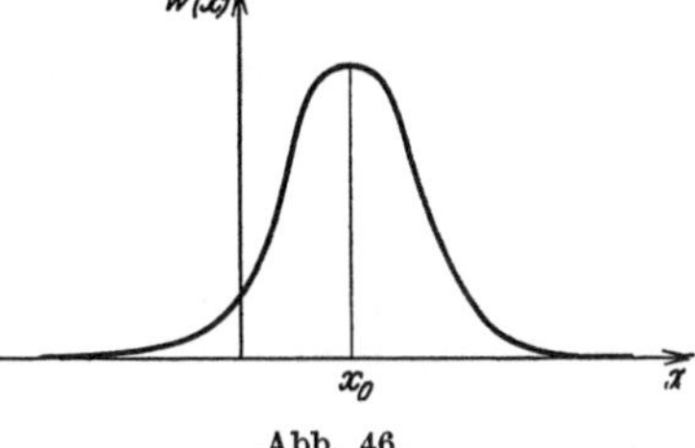

Abb. 46.

z kann dabei alle Werte zwischen $-\infty$ und $+\infty$ annehmen. Durch die neuerliche Substitution

$$u = hz \tag{15}$$

nimmt die rechte Seite dieses Ausdruckes die Gestalt an:

$$\frac{h}{\sqrt{\pi}}\,e^{-u^2}\,d\left(\frac{u}{h}\right) = \frac{1}{\sqrt{\pi}}\,e^{-u^2}\,du. \tag{16}$$

Wir zeigen zunächst, daß die Funktion (12) die Bedingung (3) erfüllt. In der Tat ist wegen (14) und (16) nach einem einfachen Satz der Integralrechnung

$$\int\limits_{-\infty}^{+\infty} \mathfrak{w}\,(x)\,dx = \int\limits_{-\infty}^{+\infty} \mathfrak{w}\,(z)\,dz = \frac{1}{\sqrt{\pi}}\int\limits_{-\infty}^{+\infty} e^{-u^2}\,du = 1.$$

Für die Wahrscheinlichkeit, daß x in dem Intervall zwischen a und b bzw. z in dem Intervall zwischen $a-x_0$ und $b-x_0$ liegt, erhalten wir ferner nach Formel (2) mit Benutzung von (14) und (16)

$$\mathfrak{w}\,(a,\,b) = \int\limits_a^b \mathfrak{w}\,(x)\,dx = \int\limits_{a-x_0}^{b-x_0} \mathfrak{w}\,(z)\,dz = \frac{1}{\sqrt{\pi}}\int\limits_{h(a-x_0)}^{h(b-x_0)} e^{-u^2}\,du =$$

$$= \frac{1}{\sqrt{\pi}}\left\{\int\limits_0^{h(b-x_0)} e^{-u^2}\,du - \int\limits_0^{h(a-x_0)} e^{-u^2}\,du\right\} = \frac{1}{2}\left\{\psi\,[h\,(b-x_0)] - \psi\,[h\,(a-x_0)]\right\}, \tag{17}$$

worin ψ eine transzendente Funktion bedeutet, die durch das bestimmte Integral

$$\psi\,(y) = \frac{2}{\sqrt{\pi}}\int\limits_0^y e^{-u^2}\,du \tag{18}$$

definiert ist und „GAUSSsches *Fehlerintegral*" genannt wird. Tabellen für diese Funktion findet man in jedem Lehrbuch der Wahrscheinlichkeitsrechnung.

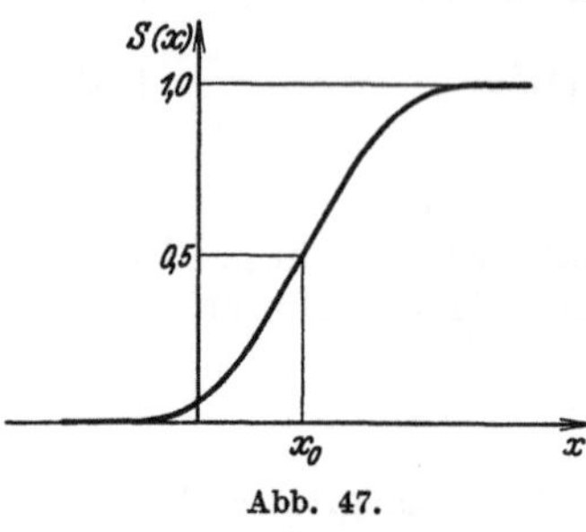

Abb. 47.

Aus Formel (17) folgt sofort für die zu der Wahrscheinlichkeitsfunktion (12) gehörige Summenfunktion (4)

$$S(x) = \frac{1}{2}\left\{\psi\left[h(x-x_0)\right]+1\right\}, \tag{19}$$

die in Abb. 47 gezeichnet ist und mit dem GAUSSschen Fehlerintegral (18) in einfacher Weise zusammenhängt.

Aus der Gestalt der Funktion (14) liest man unmittelbar ab, daß ihr Maximum bei $z=0$ liegt. Der wahrscheinlichste Wert von x ist daher nach (13)

$$x_w = x_0. \tag{20}$$

Ferner sieht man ebenfalls ohne Rechnung, daß sämtliche Integrale von der Form

$$\int\limits_{-\infty}^{+\infty} z^s e^{-h^2 z^2}\,dz$$

für ungerade s verschwinden müssen. Daher gilt für alle Mittelwerte der ungeraden Potenzen von $(x-x_0)$:

$$\overline{(x-x_0)^s} = 0; \tag{21}$$

insbesondere gilt für $s=1$:

$$\overline{(x-x_0)} = 0$$

und daher

$$\overline{x} = x_0. \tag{22}$$

Der wahrscheinlichste Wert und der Mittelwert von x fallen daher, wie für jede symmetrische Verteilungsfunktion, zusammen.

Um die Dispersion der Verteilung (12) zu bestimmen, berechnen wir das mittlere absolute Schwankungsquadrat von x. Es ergibt sich mit Benutzung der Formeln (10), (22), (13) und (14) unter Verwendung der Substitution (15) durch partielle Integration die Beziehung:

$$\overline{(x-\overline{x})^2} = \overline{(x-x_0)^2} = \overline{z^2} = \frac{h}{\sqrt{\pi}}\int\limits_{-\infty}^{+\infty} z^2 e^{-h^2 z^2}\,dz = \frac{1}{h^2\sqrt{\pi}}\int\limits_{-\infty}^{+\infty} u^2 e^{-u^2}\,du = \frac{1}{2h^2}. \tag{23}$$

Die Dispersion ist also nur von der Konstanten h abhängig und ihr verkehrt proportional. In der Tat wird die Kurve der Abb. 47 um so steiler und schmäler, je größer h ist, und um so breiter und flacher, je kleiner h ist.

4. Beispiele für unsymmetrische Wahrscheinlichkeitsfunktionen. Als Beispiele für unsymmetrische Wahrscheinlichkeitsfunktionen, die ebenfalls physikalisch von Bedeutung sind, betrachten wir die beiden folgenden:

a) Es sei

$$\mathfrak{w}(x) = \frac{4}{\sqrt{\pi}}h^3 \cdot x^2 e^{-h^2 x^2}, \tag{24}$$

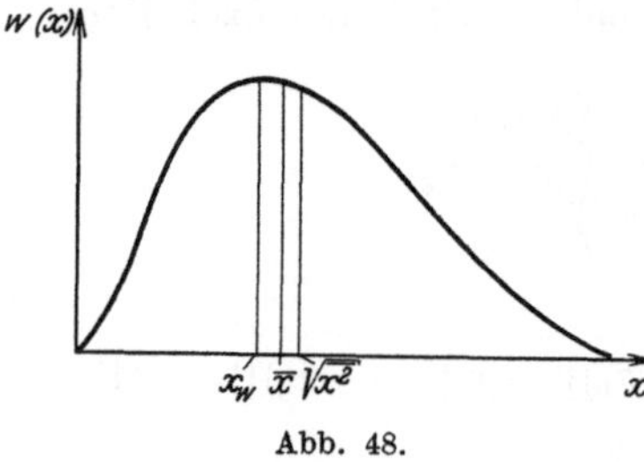

Abb. 48.

worin x alle Werte zwischen Null und Unendlich annehmen kann (Abb. 48). Man verifiziert zunächst ohneweiters die Gültigkeit der Normierungsbedingung (3)

$$\int\limits_0^\infty \mathfrak{w}(x)\,dx = \frac{4h^3}{\sqrt{\pi}}\int\limits_0^\infty x^2 e^{-h^2 x^2}\,dx = \frac{4}{\sqrt{\pi}}\int\limits_0^\infty u^2 e^{-u^2}\,du = 1. \tag{25}$$

Für den wahrscheinlichsten Wert von x findet man nach (7) aus

$$\frac{d}{dx}\left(x^2 e^{-h^2 x^2}\right)_{x=x_w} = e^{-h^2 x_w^2}\left(2x_w - 2h^2 x_w^3\right) = 0:$$

$$x_w = \frac{1}{h}. \tag{26}$$

Für den Mittelwert $\bar{x}$ findet man nach (8)

$$\bar{x} = \int\limits_0^\infty x\cdot \mathfrak{w}(x)\,dx = \frac{4h^3}{\sqrt{\pi}}\int\limits_0^\infty x^3 e^{-h^2 x^2}\,dx = \frac{4}{h\sqrt{\pi}}\int\limits_0^\infty u^3 e^{-u^2}\,du = \frac{2}{\sqrt{\pi}}\cdot\frac{1}{h}. \tag{27}$$

$\bar{x}$ ist also größer als x_w und beide stehen zueinander im konstanten Verhältnis $\dfrac{2}{\sqrt{\pi}} = 1{,}13\ldots$

Wir berechnen schließlich noch den Mittelwert von x^2 nach (10)

$$\overline{x^2} = \int\limits_0^\infty x^2\cdot \mathfrak{w}(x)\,dx = \frac{4h^3}{\sqrt{\pi}}\int\limits_0^\infty x^4\cdot e^{-h^2 x^2}\,dx = \frac{4}{h^2\sqrt{\pi}}\int\limits_0^\infty u^4 e^{-u^2}\,du = \frac{3}{2h^2}. \tag{28}$$

$\sqrt{\overline{x^2}}$ ist also größer als x_w und größer als $\bar{x}$ und steht zu diesen beiden Größen in den konstanten Verhältnissen $\sqrt{\dfrac{3}{2}} = 1{,}22\ldots$, bzw. $\sqrt{\dfrac{3\pi}{8}} = 1{,}09\ldots$

b) Es sei

$$\mathfrak{w}(x) = \lambda e^{-\lambda x}, \tag{29}$$

worin λ eine Konstante bedeutet und x alle Werte zwischen Null und Unendlich annehmen kann (Abb. 49).

Man verifiziert zunächst wiederum sofort

$$\int\limits_0^\infty \mathfrak{w}(x)\,dx = \lambda \int\limits_0^\infty e^{-\lambda x}\,dx = 1. \tag{30}$$

Aus (29) ersieht man ferner unmittelbar, daß der wahrscheinlichste Wert von x der Wert $x = 0$ ist:

$$x_w = 0. \tag{31}$$

Für die Mittelwerte $\bar{x}$ und $\overline{x^2}$ erhält man nach (8) und (10)

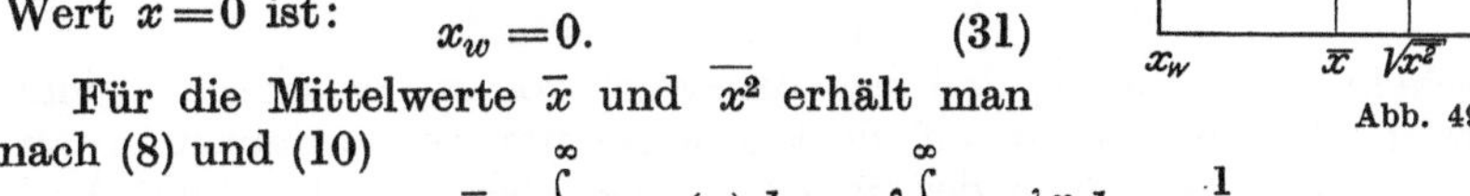

$$\bar{x} = \int\limits_0^\infty x\cdot\mathfrak{w}(x)\,dx = \lambda\int\limits_0^\infty x e^{-\lambda x}\,dx = \frac{1}{\lambda}, \tag{32}$$

$$\overline{x^2} = \int\limits_0^\infty x^2\cdot\mathfrak{w}(x)\,dx = \lambda\int\limits_0^\infty x^2 e^{-\lambda x}\,dx = \frac{2}{\lambda^2}. \tag{33}$$

Die Dispersion der Verteilung ergibt sich gemäß Formel (18) § 16 mit Benutzung von (32) und (33) zu

$$\overline{(\delta x)^2} = \frac{\overline{x^2}}{(\bar{x})^2} - 1 = \frac{2}{\lambda^2}\cdot\lambda^2 - 1 = 1. \tag{34}$$

Sie ist also für alle Verteilungen von der Form (29), unabhängig von der Steilheit der Kurve der Abb. 49, gleich groß.

Die zu der Wahrscheinlichkeitsfunktion (29) gehörige Summenfunktion lautet

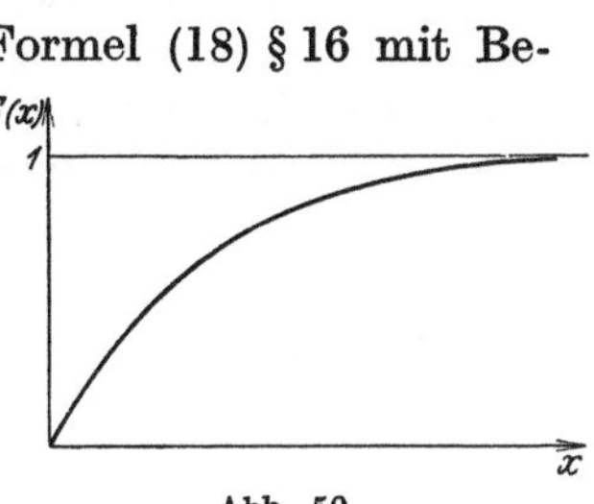

Abb. 50.

$$S(x) = \int\limits_0^x \mathfrak{w}(x)\,dx = 1 - e^{-\lambda x}; \tag{35}$$

sie ist in Abb. 50 dargestellt.

5. Wahrscheinlichkeitsfunktionen von mehreren Veränderlichen. Wir haben bisher angenommen, daß der Zustand des betrachteten Systems durch eine einzige Variable a bzw. x bestimmt sei. Nehmen wir nun allgemein an, daß der Zustand des Systems von einer endlichen Zahl von Variablen $a_1, a_2, \ldots, a_s$ (mit diskontinuierlichem Wertevorrat), bzw. $x_1, x_2, \ldots, x_s$ (mit kontinuierlichem Wertevorrat) abhängt, dann werden durch die relativen Häufigkeiten der verschiedenen Wertekombinationen dieser Variablen in Verallgemeinerung von (1) §16 und (1) § 17 Wahrscheinlichkeitsfunktionen von mehreren Veränderlichen

$$w (a_1, a_2, \ldots, a_s) \quad \text{bzw.} \quad \mathfrak{w} (x_1, x_2, \ldots, x_s)$$

definiert.

Ein Beispiel für eine diskontinuierliche Wahrscheinlichkeitsfunktion von mehreren Veränderlichen haben wir in § 15 in der Funktion (14) kennengelernt, bei der die Variablen $n_1, n_2, \ldots$ alle ganzzahligen Werte zwischen Null und N annehmen können. Im folgenden werden wir uns, um lästige Wiederholungen zu vermeiden, auf den Fall kontinuierlich veränderlicher Größen beschränken. $\mathfrak{w} (x_1, \ldots, x_s)\, d x_1 \ldots d x_s$ bedeutet demgemäß die Wahrscheinlichkeit dafür, daß die Veränderliche x_1 einen Wert zwischen x_1 und $x_1 + d x_1$, x_2 einen Wert zwischen x_2 und $x_2 + d x_2, \ldots, x_s$ einen Wert zwischen x_s und $x_s + d x_s$ hat.

Die Wahrscheinlichkeit dafür, daß sich x_1 in einem endlichen Intervall zwischen a_1 und b_1 usw. aufhält, erhält man durch Summation bzw. Integration über alle diesen Bedingungen genügenden Wertekombinationen der x

$$\mathfrak{w} ([a_1, b_1], [a_2, b_2], \ldots [a_s, b_s]) = \int\limits_{a_1}^{b_1} \ldots \int\limits_{a_s}^{b_s} \mathfrak{w} (x_1 \ldots x_s)\, d x_1 \ldots d x_s. \tag{36}$$

Erstreckt man das Integral in (36) über den ganzen Wertebereich der Variablen, so muß es natürlich Eins ergeben:

$$\int\limits_{-\infty}^{+\infty} \ldots \int\limits_{-\infty}^{+\infty} \mathfrak{w} (x_1 \ldots x_s)\, d x_1 \ldots d x_s = 1. \tag{37}$$

Die Wahrscheinlichkeit dafür, daß sich der Wert von x_k zwischen x_k und $x_k + d x_k$ befindet, ohne Rücksicht auf die Werte der übrigen Variablen, erhält man durch Integration von $\mathfrak{w}$ über den gesamten Wertebereich aller x mit Ausnahme von x_k:

$$\mathfrak{w} (x_k)\, d x_k = \int\limits_{-\infty}^{+\infty} \ldots \int\limits_{-\infty}^{+\infty} \mathfrak{w} (x_1 \ldots x_s)\, d x_1 \ldots d x_{k-1} \cdot d x_{k+1} \ldots d x_s. \tag{38}$$

Die so erhaltene Wahrscheinlichkeitsfunktion $\mathfrak{w} (x_k)$ ist eine Funktion von nur einer Veränderlichen, wie wir sie früher betrachtet haben.

Für den Mittelwert einer beliebigen Funktion $f (x_1, \ldots, x_s)$ in dem betrachteten Intervall erhält man nach dem Muster von (9)

$$\overline{f (x_1 \ldots x_s)} = \frac{\int\limits_{a_1}^{b_1} \ldots \int\limits_{a_s}^{b_s} f (x_1 \ldots x_s)\, \mathfrak{w} (x_1 \ldots x_s)\, d x_1 \ldots d x_s}{\int\limits_{a_1}^{b_1} \ldots \int\limits_{a_s}^{b_s} \mathfrak{w} (x_1 \ldots x_s)\, d x_1 \ldots d x_s}. \tag{39}$$

Auf diese Weise kann man genau so wie bei einer einzigen Variablen die Mittelwerte und die mittleren Schwankungen der einzelnen Variablen $x_1, \ldots, x_s$ berechnen, wenn die Funktion $\mathfrak{w} (x_1, \ldots, x_s)$ bekannt ist.

6. Korrelationen. Wir betrachten als besonderen Spezialfall der Formel (39) den Mittelwert des Produktes $\Delta x_i \Delta x_k$ zweier verschiedener x, für den wir allgemein die Formel:

$$\overline{(\Delta x_i \Delta x_k)} = \overline{(x_i - \overline{x}_i)(x_k - \overline{x}_k)} = \overline{(x_i x_k)} - 2\,\overline{x}_i . \overline{x}_k + \overline{x}_i . \overline{x}_k = \overline{(x_i x_k)} - \overline{x}_i . \overline{x}_k, \quad (40)$$

erhalten, die im Falle $i = k$ in die Formel (18) § 16 für das mittlere absolute Schwankungsquadrat übergeht. Während jedoch dieses seiner Definition entsprechend nur dann verschwinden kann, wenn x konstant ist, wird der durch (40) ausgedrückte Mittelwert offenbar stets dann verschwinden, wenn sich die Funktion $\mathfrak{w}$ in ein Produkt zerspalten läßt, derart, daß x_i nur in dem einen Faktor und x_k nur in dem anderen vorkommt. Wir können nämlich dann nach Integration über alle anderen x gemäß (38) schreiben:

$$\mathfrak{w}\,(x_i, x_k)\,dx_i\,dx_k = \mathfrak{u}\,(x_i)\,\mathfrak{v}\,(x_k)\,dx_i\,dx_k; \quad (41)$$

daraus folgt nach der Definition (39)

$$\overline{(x_i x_k)} = \frac{\displaystyle\int\!\!\int x_i x_k \mathfrak{w}\,(x_i, x_k)\,d x_i\,d x_k}{\displaystyle\int\!\!\int \mathfrak{w}\,(x_i, x_k)\,d x_i\,d x_k} = \frac{\displaystyle\int x_i \mathfrak{u}\,(x_i)\,d x_i . \int x_k \mathfrak{v}\,(x_k)\,d x_k}{\displaystyle\int \mathfrak{u}\,(x_i)\,d x_i . \int \mathfrak{v}\,(x_k)\,d x_k} = \overline{x}_i . \overline{x}_k,$$

wodurch unsere Behauptung erwiesen ist.

Die Beziehung (41) drückt aus, daß die Wahrscheinlichkeit für das gleichzeitige Eintreffen der „Ereignisse" x_i und x_k gleich dem Produkt aus der Wahrscheinlichkeit $\mathfrak{u}$ für das Ereignis x_i und der Wahrscheinlichkeit $\mathfrak{v}$ für das Ereignis x_k ist. Nach dem Multiplikationssatz der Wahrscheinlichkeitsrechnung gilt dies dann und nur dann, wenn die Ereignisse x_i und x_k voneinander „unabhängig" sind. Das Verschwinden des mittleren Schwankungsproduktes (40) zweier variabler Zustandsgrößen drückt also stets aus, daß diese Zustandsgrößen voneinander statistisch unabhängig sind.

Verschwindet das Schwankungsprodukt (40) für ein paar von Zustandsgrößen nicht, so bedeutet das, daß sie voneinander statistisch nicht unabhängig sind, daß sie miteinander in einer gewissen „*Korrelation*" stehen. Die Größe dieser Korrelation wird durch den Ausdruck (40) gemessen. Ist er positiv, so heißt das, daß das Eintreffen von x_i eine *erhöhte* Wahrscheinlichkeit für das Eintreffen von x_k schafft oder umgekehrt (positive Korrelation); ist er negativ, so heißt das, daß das Eintreffen von x_i eine *verminderte* Wahrscheinlichkeit für das Eintreffen von x_k schafft oder umgekehrt (negative Korrelation).

Für das mittlere, absolute Schwankungsquadrat der Summe $(x_1 + x_2 +, \ldots + x_s)$ der Variablen x_i erhalten wir allgemein

$$\overline{\Delta^2}\,(x_1 + x_2 + \ldots + x_s) = \overline{(\Delta x_1 + \Delta x_2 + \ldots + \Delta x_s)^2} =$$

$$= \sum_{i=1}^{s} \overline{(\Delta x_i)^2} + 2 \sum_{i<k=1}^{s} \overline{(\Delta x_i \Delta x_k)}. \quad (42)$$

Sind die x_1 sämtlich voneinander unabhängig, dann verschwinden nach dem oben Gesagten die mittleren Schwankungsprodukte in (42) und es resultiert

$$\overline{\Delta^2}\,(x_1 + x_2 + \ldots + x_s) = \overline{(\Delta x_1)^2} + \overline{(\Delta x_2)^2} + \ldots + \overline{(\Delta x_s)^2}: \quad (43)$$

das absolute Schwankungsquadrat der Summe einer Anzahl unabhängiger Zustandsvariablen ist gleich der Summe der Schwankungsquadrate dieser Größen.

Sind insbesondere sämtliche $\overline{(\Delta x_i)^2}$ untereinander gleich, dann gilt

$$\overline{\Delta^2}\,(x_1 + x_2 + \ldots + x_s) = s . \overline{(\Delta x_i)^2}: \quad (44)$$

das mittlere Schwankungsquadrat der Summe von s untereinander unabhängigen Zustandsgrößen ist dann s-mal so groß als das mittlere Schwankungsquadrat der einzelnen Größe.

Die Formeln (43) und (44) behalten ihre Gültigkeit offenbar auch dann, wenn man in den Ausdrücken $(x_1 + x_2 + \ldots + x_s)$ einige oder alle positiven Vorzeichen durch negative ersetzt.

Siebentes Kapitel.

Mechanik der Massenpunkte und starren Körper.

§ 18. Dynamik der Systeme von Massenpunkten.

1. Die Bewegungsgleichungen und ihre Lösung. Wir wollen in diesem Kapitel die Mechanik eines Systems von diskreten materiellen Punkten gemäß dem in § 2, 2. eingenommenen Standpunkte behandeln. Aus der Erfahrung läßt sich für die Bewegung eines materiellen Punktes unter der Wirkung einer auf ihn wirkenden Kraft das Newtonsche Bewegungsgesetz herleiten[1]. Es läßt sich folgendermaßen ausdrücken:

Messen wir die Lage des materiellen Punktes durch den Radiusvektor $\mathfrak{r}$ in bezug auf ein bestimmtes, ausgezeichnetes Koordinatensystem, das wir das „*Inertialsystem*" nennen wollen, und wirkt auf ihn eine *Kraft* $\mathfrak{k}$, die eine beliebige Funktion von $\mathfrak{r}$ und t sein kann, dann ist der Beschleunigungsvektor $\ddot{\mathfrak{r}}$ dem Kraftvektor proportional, was wir in der Form

$$\mathfrak{k} = m\ddot{\mathfrak{r}} \tag{1}$$

schreiben wollen. Hierin ist m eine für den materiellen Punkt charakteristische Konstante, die wir seine „*Masse*" nennen.

Nennen wir die Komponenten von $\mathfrak{k}$ in bezug auf ein rechtwinkliges Koordinatensystem k_x, k_y, k_z, die im allgemeinen Funktionen der Koordinaten x, y, z und der Zeit t sein werden, dann können wir die Vektorgleichung (1) in die drei skalaren Gleichungen

$$k_x = m\ddot{x}, \quad k_y = m\ddot{y}, \quad k_z = m\ddot{z} \tag{2}$$

zerlegen.

Als Inertialsystem sah die Newtonsche Mechanik den „absoluten Raum" an. Da jedoch Ortsmessungen im Raume immer nur in bezug auf andere materielle Körper vorgenommen werden können, ist im Sinne unserer in § 1, 3. entwickelten Auffassung der Begriff des absoluten Raumes als unphysikalisch aus der theoretischen Physik auszuscheiden. Die Erfahrung lehrt[1], daß ein durch die Gesamtheit der Fixsterne festgelegtes Koordinatensystem die Eigenschaft eines Inertialsystems der Newtonschen Mechanik hat.

Beobachtungen an sehr schnell bewegten Teilchen[2] haben ferner gelehrt, daß die Masse in Wirklichkeit nicht konstant ist, sondern noch von der Geschwindigkeit $\mathfrak{v}$ abhängt. Diese Massenveränderlichkeit wird jedoch erst merklich bei sehr großen, mit der Lichtgeschwindigkeit vergleichbaren Geschwindigkeiten. In diesem Kapitel wollen wir uns auf Geschwindigkeiten beschränken, bei denen die Masse als konstant angesehen werden kann.

Die Integration der Differentialgleichungen (1) bzw. (2) liefert die endlichen Bewegungsgleichungen (1) § 10 des Massenpunktes im Sinne der Kinematik. Da die Differentialgleichungen von der zweiten Ordnung sind, treten bei der Integration zwei willkürliche Konstanten auf, als welche wir stets die Anfangslage $\mathfrak{r}_0$

---

[1] Vgl. „Exp.-Physik", Kap. IV.
[2] Vgl. „Exp.-Physik", Kap. XXVI und XXVIII.

und die Anfangsgeschwindigkeit $\mathfrak{v}_0$ verwenden können. Die endlichen Bewegungsgleichungen lauten also:

$$\mathfrak{r} = \mathfrak{r}\,(\mathfrak{r}_0,\ \mathfrak{v}_0,\ t). \tag{3}$$

Bei bekanntem Kraftgesetz $\mathfrak{k}\,(\mathfrak{r},\ t)$ ist die Bewegung des Massenpunktes demnach
durch seine Anfangslage und seine Anfangsgeschwindigkeit eindeutig bestimmt.

Für ein System von Massenpunkten: $m_1, m_2, \ldots, m_N$ gilt das System von
Differentialgleichungen

$$\mathfrak{k}_i = m_i\,\ddot{\mathfrak{r}}_i \qquad i = 1, 2, \ldots, N. \tag{4}$$

Die Kräfte $\mathfrak{k}_i$ sind entweder solche, die die einzelnen Massenpunkte aufeinander
ausüben (*„innere Kräfte“*), oder solche, die von außen auf das System ausgeübt
werden (*„äußere Kräfte“*). Die Lösung des Systems der Differentialgleichungen
(4) liefert die endlichen Bewegungsgleichungen der Massenpunkte durch die Angabe der Funktionen $\mathfrak{r}_i\,(t)$. Sie enthalten $2\,N$ willkürliche Integrationskonstanten,
als welche wir zweckmäßigerweise wieder die Anfangslagen $\mathfrak{r}_i{}^0$ und Anfangsgeschwindigkeiten $\mathfrak{v}_i{}^0$ der N Massenpunkte wählen können. Die endlichen Bewegungsgleichungen lauten dann:

$$\mathfrak{r}_i = \mathfrak{r}_i\,(\mathfrak{r}_1{}^0, \ldots, \mathfrak{r}_N{}^0;\quad \mathfrak{v}_1{}^0, \ldots, \mathfrak{v}_N{}^0;\quad t). \tag{5}$$

Sind die Kraftfunktionen $\mathfrak{k}_i\,(\mathfrak{r}_1, \ldots, \mathfrak{r}_N,\ t)$ bekannt, so ist die Bewegung des Systems
von Massenpunkten, wie man sieht, durch seine Anfangslagen und Anfangs-
geschwindigkeiten eindeutig bestimmt.

2. Impuls, Massenmittelpunkt und Impulssatz. Als *„Bewegungsgröße“* oder
„linearen Impuls“ eines Massenpunktes bezeichnet man die Vektorgröße

$$\mathfrak{p} = m\,\mathfrak{v} = m\,\dot{\mathfrak{r}} \tag{6}$$

mit den Komponenten $\qquad p_x = m\,\dot{x},\quad p_y = m\,\dot{y},\quad p_z = m\,\dot{z},$ $\qquad\qquad$ (7)

als *„Gesamtimpuls“* oder *„resultierenden Impuls“* eines Systems von Massenpunkten $m_1, m_2, \ldots, m_N$ die Vektorsumme

$$\mathfrak{P} = \sum_{i=1}^{N} \mathfrak{p}_i = \sum_{i=1}^{N} m_i\,\dot{\mathfrak{r}}_i. \tag{8}$$

Durch Einführung des Impulses in die Bewegungsgleichung (1) nimmt sie
die Gestalt

$$\mathfrak{k} = \dot{\mathfrak{p}} \tag{9}$$

an, die integriert lautet $\qquad \mathfrak{p}_2 - \mathfrak{p}_1 = \displaystyle\int_{t_1}^{t_2} \mathfrak{k}\,dt.$ $\qquad\qquad$ (10)

Für ein System von Massenpunkten erhält man durch Einführung der Impulse in die Gleichungen (4) und Summation über alle Massenpunkte mit Benutzung von (8)

$$\mathfrak{K} = \sum_{i=1}^{N} \mathfrak{k}_i = \frac{d}{dt} \sum_{i=1}^{N} \mathfrak{p}_i = \dot{\mathfrak{P}}. \tag{11}$$

Nehmen wir an, daß die inneren Kräfte, die die Massenpunkte aufeinander
ausüben, einander paarweise gleich und entgegengesetzt gerichtet sind, sodaß
ihre Resultierende verschwindet, dann bedeutet $\mathfrak{K}$ die Resultierende aller äußeren
Kräfte oder die an dem System angreifende *Gesamtkraft*. Der Satz (11) sagt
aus, daß die Gesamtkraft gleich ist der zeitlichen Änderung des *Gesamtimpulses*
des Systems.

Ist $\mathfrak{K} = 0$, dann ist $\mathfrak{P} = \mathrm{const}$. In einem System von Massenpunkten also, das ausschließlich unter der Wirkung von inneren Kräften steht, bleibt der Gesamtimpuls konstant. Dies ist der „*Satz von der Erhaltung des Impulses*"[1].

Als „*Massenmittelpunkt*" des Systems bezeichnen wir jenen Punkt, dessen Radiusvektor $\Re$ durch die Gleichung

$$\Re = \frac{1}{M} \sum_{i=1}^{N} m_i \, \mathfrak{r}_i \tag{12}$$

definiert ist, worin $M = \sum_{i=1}^{N} m_i$ die Gesamtmasse des Systems bedeutet. Aus (8)

und (12) folgt $$\mathfrak{P} = M \dot{\Re} \tag{13}$$

und die Einsetzung in (11) ergibt die Bewegungsgleichung in der Form

$$\Re = M \ddot{\Re}. \tag{14}$$

Der Massenmittelpunkt bewegt sich also gemäß der Bewegungsgleichung eines einzelnen Massenpunktes (1), in dem die Gesamtmasse des Systems vereint ist und in dem die Gesamtkraft angreift.

Ist wieder $\Re = 0$, dann folgt aus (13) wegen $\mathfrak{P} = \text{const}$: $\dot{\Re} = \text{const}$. Die Geschwindigkeit des Massenmittelpunktes ist in diesem Falle konstant, d. h. der Massenmittelpunkt bewegt sich geradlinig und gleichförmig. War also zur Zeit Null der Massenmittelpunkt in einem System von Massenpunkten in Ruhe, dann bleibt er dauernd in Ruhe, sofern in dem System nur innere Kräfte wirken. Dieser Satz, der nur eine andere Formulierung des Impulssatzes ist, führt den Namen „*Satz von der Erhaltung des Massenmittelpunktes*".

3. Drehmoment, Drehimpuls und Flächensatz. Multipliziert man die Bewegungsgleichung (1) äußerlich mit $\mathfrak{r}$, dann erhält man

$$\mathfrak{r} \times \mathfrak{k} = m \, (\mathfrak{r} \times \ddot{\mathfrak{r}}) = m \, \frac{d}{dt} \, (\mathfrak{r} \times \dot{\mathfrak{r}}), \tag{15}$$

da das äußere Produkt $\dot{\mathfrak{r}} \times \dot{\mathfrak{r}}$ gemäß § 3, 6. verschwindet.

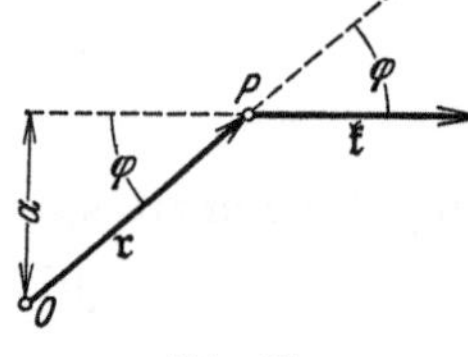

Abb. 51.

Der Vektor
$$\mathfrak{m} = \mathfrak{r} \times \mathfrak{k} \tag{16}$$

führt den Namen „*Drehmoment*" der Kraft $\mathfrak{k}$ in bezug auf den Koordinatenursprung. Sein Betrag ist nach Formel (24) § 3 gleich $|\mathfrak{k}| \cdot |\mathfrak{r}| \sin \varphi = |\mathfrak{k}| \cdot a$ (Abb. 51), also gleich dem Betrag der Kraft mal dem Abstand a ihrer Wirkungslinie vom Bezugspunkte, dem „*Arm*" der Kraft.

Der Vektor
$$\mathfrak{g} = m \, (\mathfrak{r} \times \dot{\mathfrak{r}}) \tag{17}$$

heißt „*Drehimpuls*" oder „*Impulsmoment*". Nach (14) § 10 ist er gleich dem Produkt aus der Masse und der doppelten Flächengeschwindigkeit des Punktes P in bezug auf den Koordinatenursprung O.

Mit Einführung der Bezeichnungen (16) und (17) kann man die Gleichung (15) in der Form $$\mathfrak{m} = \dot{\mathfrak{g}} \tag{18}$$

schreiben, die in enger Analogie zu der Gleichung (9) steht.

Für ein System von Massenpunkten erhält man durch Summation über alle Massen des Systems aus (18)
$$\mathfrak{M} = \dot{\mathfrak{G}}, \tag{19}$$

worin gesetzt ist
$$\mathfrak{M} = \sum_{i=1}^{N} \mathfrak{m}_i, \qquad \mathfrak{G} = \sum_{i=1}^{N} \mathfrak{g}_i. \tag{20}$$

---

[1] Es kann auch direkt experimentell bewiesen werden, wie in „Exp.-Physik", Kap. IV gezeigt wird, woselbst auch eine Reihe von Folgerungen aus diesem Satze besprochen werden.

Sind die unter 2. gekennzeichneten Bedingungen erfüllt, dann heben sich offenbar die Drehmomente der inneren Kräfte der Massenpunkte aufeinander paarweise auf, so daß $\mathfrak{M}$ das „*resultierende Moment*" der äußeren Kräfte auf das System und $\mathfrak{G}$ der *gesamte Drehimpuls* des Systems ist.

Wir betrachten nun speziell ein System, das aus bloß zwei Massenpunkten m_1 und m_2 besteht, zwischen denen ausschließlich *innere* Kräfte wirken sollen. Nach 2. bleibt in diesem Falle der Massenmittelpunkt in Ruhe und wir können ihn als Koordinatenursprung O benutzen, also $\mathfrak{R} = 0$ setzen. Nach (12) gilt dann

$$\left.\begin{array}{l} m_1\,\mathfrak{r}_1 + m_2\,\mathfrak{r}_2 = 0 \\ m_1\,\dot{\mathfrak{r}}_1 + m_2\,\dot{\mathfrak{r}}_2 = 0 \end{array}\right\} \tag{21}$$

Für den Drehimpuls ergibt sich daher aus (17), (20) und (21)

$$\mathfrak{G} = m_1\,(\mathfrak{r}_1 \times \dot{\mathfrak{r}}_1) + m_2\,(\mathfrak{r}_2 \times \dot{\mathfrak{r}}_2) = \left(1 + \frac{m_1}{m_2}\right) m_1\,(\mathfrak{r}_1 \times \dot{\mathfrak{r}}_1) = \left(1 + \frac{m_1}{m_2}\right) \mathfrak{g}_1 =$$

$$= \left(1 + \frac{m_2}{m_1}\right) \mathfrak{g}_2. \tag{22}$$

Wegen $\mathfrak{G} = \mathrm{const}$ folgt aus (22) $\mathfrak{g}_1 = \mathrm{const}$ und $\mathfrak{g}_2 = \mathrm{const}$: die auf den Massenmittelpunkt bezogenen Drehimpulse der beiden Massen bleiben alo während der Bewegung einzeln konstant, ebenso natürlich die entsprechenden Flächengeschwindigkeiten.

Die Bewegung der Massenpunkte kann man in diesem Falle auch dadurch kennzeichnen, daß sie unter der Wirkung von Kräften zustande kommt, die gegen ein fixes Zentrum, nämlich gegen den gemeinsamen Massenmittelpunkt gerichtet sind. Wir nennen solche Kräfte allgemein „*Zentralkräfte*". Der oben abgeleitete Satz kann also auch so ausgesprochen werden: Bewegt sich ein Massenpunkt unter der Wirkung einer Zentralkraft, dann ist seine Flächengeschwindigkeit während der Bewegung konstant. Dieser Satz führt den Namen „*Flächensatz*" oder „*Satz von der Erhaltung der Flächenräume*".

4. Arbeit, Energie und Energiesatz. Als „*Arbeit*" A einer Kraft $\mathfrak{k}$ längs eines geradlinigen Wegstückes $\mathfrak{s}$ bezeichnet man gemäß der üblichen Terminologie das Produkt aus der Komponente von $\mathfrak{k}$ in der Richtung von $\mathfrak{s}$ mal dem Betrage von $\mathfrak{s}$, also

$$A = \mathfrak{k} \cdot \mathfrak{s}. \tag{23}$$

Bewegt sich daher ein Punkt P unter der Wirkung einer Kraft auf einer beliebigen Bahn im Raume, dann ist nach (23) die Arbeit dieser Kraft gleich dem längs der Bahn vom Anfangspunkte 1 bis zum Endpunkte 2 erstreckten Linienintegral

$$A = \int\limits_1^2 \mathfrak{k}\,d\mathfrak{r} = \int\limits_1^2 k_s\,ds, \tag{24}$$

worin k_s die Tangentialkomponente von $\mathfrak{k}$ und ds das Linienelement der Bahnkurve bedeutet.

Multipliziert man die Gleichung (1) auf beiden Seiten skalar mit $\dot{\mathfrak{r}}$, so erhält man

$$\mathfrak{k}\dot{\mathfrak{r}} = m\,\dot{\mathfrak{r}} \cdot \ddot{\mathfrak{r}} = \frac{d}{dt}\left(\frac{1}{2}\,m\dot{\mathfrak{r}}^2\right) = \frac{d}{dt}\left(\frac{1}{2}\,mv^2\right)$$

und durch Integration nach t vom Zeitpunkte t_1 bis zum Zeitpunkte t_2

$$\int\limits_1^2 (\mathfrak{k}\dot{\mathfrak{r}})\,dt = \int\limits_1^2 \mathfrak{k}\,d\mathfrak{r} = \frac{1}{2}\,mv_2{}^2 - \frac{1}{2}\,mv_1{}^2. \tag{25}$$

Der Ausdruck auf der linken Seite dieser Gleichung ist gemäß (24) gleich der in dem Zeitintervall $t_2 - t_1$ von der Kraft $\mathfrak{k}$ geleisteten Arbeit. Bezeichnet

man ferner die nur vom Betrage der Geschwindigkeit und der Masse abhängige
Größe

$$L = \frac{m}{2} \cdot v^2 = \frac{p^2}{2\,m} \tag{26}$$

als seine „*kinetische Energie*", dann läßt sich die Gleichung (25) in der Form

$$A = L_2 - L_1 \tag{27}$$

schreiben, worin L_1 und L_2 die kinetischen Energien in den Zeitpunkten t_1 und t_2
bedeuten.

Der Satz (27) kann durch Summation sofort auf ein beliebiges System von
Massenpunkten übertragen werden, wenn man unter A die Gesamtarbeit der an dem
System angreifenden Kräfte und unter L_1 bzw. L_2 die gesamte kinetische Energie
(die Summe der kinetischen Energien der einzelnen Massenpunkte) des Systems
zu Beginn und am Ende des betrachteten Zeitintervalls versteht. Er kann dann
in der Form ausgesprochen werden, daß die *von* dem System gegen die Kräfte
geleistete Arbeit $(-A)$ gleich ist der Abnahme der kinetischen Energie des
Systems, unabhängig davon, wie diese Abnahme bewerkstelligt worden ist.
Dadurch rechtfertigt sich die Bezeichnung „Energie" für die Größe (26) als
„Fähigkeit, eine bestimmte Arbeit zu leisten".

Ist die Arbeit zur Bewegung eines Massenpunktes von einer Lage $\mathfrak{r}_1$ in eine
Lage $\mathfrak{r}_2$ unabhängig vom Wege und nur abhängig von Anfangs- und Endlage,
dann können wir offenbar eine skalare Größe $U(\mathfrak{r})$, die wir „*potentielle Energie*"
nennen wollen, durch die Beziehung

$$A = U_1 - U_2 \tag{28}$$

einführen, worin U_1 die potentielle Energie der Ausgangs- und U_2 die der Endlage
und A wie oben die Arbeit der Kraft bei dieser Verschiebung bedeutet. Die Funktion
$U(\mathfrak{r})$ ist natürlich durch die Definition (28) nur bis auf eine willkürliche additive
Konstante definiert, über die man zweckmäßigerweise so verfügt, daß man für
einen bestimmten Wert von $\mathfrak{r}: U = 0$ setzt. Aus (27) und (28) folgt

$$U_1 + L_1 = U_2 + L_2 = E. \tag{29}$$

Nennen wir E, die Summe aus der kinetischen und potentiellen Energie, die
„*Gesamtenergie*", dann kann der Inhalt der Gleichung (29), da sie für je zwei
beliebige Phasen der Bewegung gilt, in der Form

$$E = U + L = \mathrm{const} \tag{30}$$

ausgedrückt werden. Unter der oben gekennzeichneten Bedingung bleibt also
die Gesamtenergie des Massenpunktes während seiner Bewegung konstant.

Ein einfaches Beispiel für eine dieser Bedingung entsprechende Kraftfunk-
tion bildet ein wirbelfreies Kraftfeld $\mathfrak{k}(\mathfrak{r})$, das sich mit der Zeit nicht ändert und
worin auf einen Massenpunkt in der Lage $\mathfrak{r}$ stets die Kraft $\mathfrak{k}$ ausgeübt werden
soll. Schreiben wir gemäß § 6, 2.

$$\mathfrak{k}(\mathfrak{r}) = -\operatorname{grad} U(\mathfrak{r}), \tag{31}$$

dann liefern die Formeln (24) und (8) § 6 in der Tat die Gleichung (28).

Ist in einem System von Massenpunkten die Bedingung erfüllt, daß die für
eine bestimmte Verschiebung der einzelnen Massenpunkte von den äußeren
und inneren Kräften geleistete Arbeit A nur von der Anfangs- und Endkonfigu-
ration abhängt, dann läßt sich für das Gesamtsystem eine Funktion $U(\mathfrak{r}_1, \mathfrak{r}_2, \ldots, \mathfrak{r}_N)$
der Lagen der einzelnen Massenpunkte definieren, die der Gleichung (28)
genügt und als *gesamte potentielle Energie* des Systems bezeichnet werden
kann. Sie ist wieder nur bis auf eine willkürliche Konstante definiert. Für ein

solches System, das wir ein „*konservatives System*" nennen wollen, gilt dann offenbar wieder die Gleichung (30), die ausdrückt, daß die Gesamtenergie E als Summe der gesamten potentiellen und der gesamten kinetischen Energie während der Bewegung des Systems erhalten bleibt. Dieser Satz heißt: „*Satz von der Erhaltung der Energie*".

5. Bahnkurven materieller Systeme, Wirkungsfunktion und Analogie zur geometrischen Optik. Um die Bewegung eines beliebigen Systems von N Massenpunkten anschaulich darzustellen, empfiehlt sich das folgende Verfahren: Man führe die Größen

$$\left.\begin{array}{lll} q_1 = \sqrt{m_1} \cdot x_1, & q_4 = \sqrt{m_2} \cdot x_2, \ldots, q_{3N-2} = \sqrt{m_N} \cdot x_N \\[4pt] q_2 = \sqrt{m_1} \cdot y_1, & q_5 = \sqrt{m_2} \cdot y_2, \ldots, q_{3N-1} = \sqrt{m_N} \cdot y_N \\[4pt] q_3 = \sqrt{m_1} \cdot z_1, & q_6 = \sqrt{m_2} \cdot z_2, \ldots, q_{3N} = \sqrt{m_N} \cdot z_N \end{array}\right\} \tag{32}$$

ein, die die Konfiguration des Systems vollkommen festlegen und deute sie als rechtwinkelige, kartesische Koordinaten in einem Raume mit $3\,N$ Dimensionen, dem „*Konfigurationsraum*" oder „*q-Raum*". Jeder Konfiguration des Systems entspricht dann ein Punkt in diesem Raume und jeder Bewegung des Systems eine Bewegung des darstellenden Punktes.

Die Geschwindigkeit $\mathfrak{v}$ des darstellenden Punktes ist der Vektor mit den $3\,N$ Komponenten $\dot{q}_1, \ldots, \dot{q}_{3N}$. Sein Betrag v ist demnach gemäß (26) und (32)

$$v = \sqrt{\sum_{i=1}^{3N} \dot{q}_i{}^2} = \sqrt{m_1\,(\dot{x}_1{}^2 + \dot{y}_1{}^2 + \dot{z}_1{}^2) + \ldots + m_N\,(\dot{x}_N{}^2 + \dot{y}_N{}^2 + \dot{z}_N{}^2)} = \sqrt{2L}. \tag{33}$$

Wir betrachten im folgenden ein konservatives System und stellen uns die Aufgabe, die Schar der Bahnkurven zu konstruieren, die allen jenen Systemen zugehören, die mit einer gegebenen Gesamtenergie E von einem bestimmten Punkte des q-Raumes ihren Ausgang nehmen. Da durch diese Anfangsbedingung für jede Konfiguration des Systems auch die Geschwindigkeitskomponenten $\dot{q}$ gegeben sind, ist der Vektor $\mathfrak{v}$ eine bestimmte Funktion des Ortes im q-Raum. Wir wollen annehmen, daß das Vektorfeld $\mathfrak{v}$ wirbelfrei sei und sich daher von einem skalaren Potential $W\,(q)$, der sogenannten „*Wirkungsfunktion*", durch die Beziehung

$$\mathfrak{v} = \operatorname{grad} W \tag{34}$$

ableiten lasse; die Operation grad ist dabei als Differentialoperation im $3\,N$-dimensionalen q-Raum nach dem Muster von (1) § 9 aufzufassen, mit den Komponenten

$$\dot{q}_i = \frac{\partial W}{\partial q_i}. \tag{35}$$

Ist die Bedingung der Wirbelfreiheit von $\mathfrak{v}$ nicht erfüllt, d. h. gibt es Bahnkurven, die in sich geschlossen sind, dann kann man dennoch eine eindeutige Funktion $W\,(q)$ einführen, wenn man nach dem Vorgange von § 8, 7. um den Ausgangspunkt eine „Diskontinuitätsfläche" legt, längs welcher W unstetig ist.

Die Flächen $W = \text{const}$ stehen auf den Bahnkurven gemäß (34) senkrecht, die Schar der Bahnkurven bildet also die orthogonalen Trajektorien der Flächenschar $W = \text{const}$. Im Falle eines einzelnen Massenpunktes, wenn also der q-Raum bloß dreidimensional ist, erhalten wir eine unmittelbare Analogie zu der geometrischen Optik (vgl. § 14, 4.). Die nach Abb. 36 von einem Punkte in einem inhomogenen Medium ausgehenden Strahlen braucht man bloß durch die Bahnkurven und die Schar der Wellenflächen durch die Schar der Flächen $W = \text{const}$ zu ersetzen. Daß diese Analogie auch im Falle $N > 3$ in Gültigkeit bleibt, liegt auf der Hand.

Diese von Hamilton aufgedeckte Beziehung zwischen geometrischer Optik und Mechanik läßt sich noch weiter treiben, wenn man in die Energiegleichung (30) die Wirkungsfunktion gemäß den Formeln (33), (34) und (35) einführt. Man erhält

$$|\text{grad } W|^2 = \sum_{i=1}^{3N} \left(\frac{\partial W}{\partial q_i}\right)^2 = 2L = 2(E - U), \tag{36}$$

worin die rechte Seite eine gegebene Ortsfunktion ist. Die Gleichung (36), die „Hamilton-Jacobische *Differentialgleichung*", ist, wie man sieht, das Analogon zur Eikonalgleichung (7) § 14 der geometrischen Optik. Ihre Integration liefert W als Funktion von $q_1, \ldots, q_{3N}$ und von $3N$ willkürlichen Konstanten, die sich durch die gegebenen Anfangsgeschwindigkeiten bestimmen lassen. Hieraus läßt sich dann ohneweiters die Schar der Flächen $W = $ const und die Schar der Bahnkurven als orthogonale Trajektorien hierzu konstruieren. Aus $W(q_1, \ldots, q_{3N})$ erhält man dann nach (35) die Geschwindigkeiten als Funktionen der Koordinaten und hieraus durch nochmalige Integration die endlichen Bewegungsgleichungen. Eine allgemeine Bemerkung über diese Methode der Integration der Bewegungsgleichungen der Mechanik machten wir bereits im § 2, 3.

6. Das Prinzip der kleinsten Wirkung. In § 14, 4. wurde zur Konstruktion der Strahlen in der geometrischen Optik das Fermatsche Prinzip als Folgerung aus der Eikonalgleichung abgeleitet. Im Sinne der unter 5. ausgeführten Analogie zwischen geometrischer Optik und Mechanik der Punktsysteme wollen wir nun versuchen, auch für die Bewegung eines materiellen Punktsystems ein ähnliches Minimalprinzip abzuleiten.

Wir denken uns zu diesem Zwecke zwischen zwei Punkten P_1 und P_2, die durch das Stück τ einer Bahnkurve miteinander verbunden sind, einen beliebigen anderen Weg σ (Abb. 37) konstruiert, längs dessen wir das Integral

$$J = \int_{t_1}^{t_2} 2L \, dt \tag{37}$$

erstrecken, das den Namen „*Wirkungsintegral*" führt.

Durch eine einfache Umformung mit Benutzung der Gleichungen (33) und (36) erhält man aus (37)

$$J = \int_{P_1}^{P_2} 2L \frac{dt}{ds} \, ds = \int_{P_1}^{P_2} \frac{2L}{v} \, ds = \int_{P_1}^{P_2} \sqrt{2L} \cdot ds = \int_{P_1}^{P_2} |\text{grad } W| \, ds = \int_{P_1}^{P_2} \frac{\partial W}{\partial n} \, ds, \tag{38}$$

worin dn das Linienelement der Normalen auf die Flächenschar $W = $ const, also der wirklichen Bahnkurve τ bedeutet. Durch einen Gedankengang, der dem im § 14, 4. durchgeführten völlig gleich ist, zeigt man nun sofort, daß J auf jeder Kurve σ größer sein muß als auf der Bahnkurve τ zwischen den gegebenen Endpunkten P_1 und P_2. Für diese letztere ist $dn = ds$ und das Wirkungsintegral (38) wird gleich

$$J = W_2 - W_1, \tag{39}$$

also gleich der Differenz der Werte der Wirkungsfunktion in den beiden Endpunkten der Bahn.

Die von dem betrachteten konservativen System zwischen zwei vorgegebenen Punkten wirklich durchlaufene Bahnkurve ist also jene, die dem Wirkungsintegral (37) bei gegebener Gesamtenergie E den kleinsten Wert erteilt. Dieses Prinzip zur Konstruktion der Bahnkurven führt den Namen „Maupertuis*sches Prinzip*" oder „*Prinzip der kleinsten Wirkung*".

7. Bewegte Bezugssysteme. Beschreiben wir die Bewegung eines materiellen Punktes P von einem Bezugssystem aus, das mit dem unter 1. definierten Inertialsystem nicht zusammenfällt, dann wird natürlich die Bewegungsgleichung (1) im allgemeinen nicht mehr gelten. Formal kann man jedoch stets die Form (1) der Bewegungsgleichung aufrechterhalten, wenn man auf der linken Seite einen weiteren, von $\mathfrak{r}$ und t abhängigen Vektor $\mathfrak{k}^*$ hinzufügt, also die Gleichung in der Form

$$\mathfrak{k} + \mathfrak{k}^* = m \frac{d^2\mathfrak{r}'}{dt^2} = m\,\mathfrak{b}' \tag{40}$$

schreibt, worin $\mathfrak{r}'$ den Radiusvektor und $\mathfrak{b}'$ die Beschleunigung von P, gemessen im bewegten Bezugssystem, bedeutet. Die Gleichung (40) können wir so deuten: Von dem Nicht-Inertialsystem betrachtet, erfolgt die Bewegung des Massenpunktes so, als ob zu der gegebenen Kraft $\mathfrak{k}$ noch eine weitere Kraft $\mathfrak{k}^*$ hinzutreten würde, die man „*Scheinkraft*“ oder „*Trägheitskraft*“ nennt.

Wir untersuchen zunächst, welche Trägheitskräfte auf einen Massenpunkt ausgeübt werden, der sich gegenüber dem Inertialsystem gemäß der Bewegungsgleichung (1) § 10

$$\mathfrak{r} = \mathfrak{r}\,(t) \tag{41}$$

bewegt, wenn man ein Bezugssystem benutzt, in dem der Massenpunkt ruht, das also gegenüber dem Inertialsystem eine Translation mit der Bewegungsgleichung (41) beschreibt (§ 11, 2.).

In einem solchen System ist offenbar $\dfrac{d^2\mathfrak{r}'}{dt^2} = 0$ und daher nach (40) und (1)

$$\mathfrak{k}^* = -\mathfrak{k} = -m\,\ddot{\mathfrak{r}} = -m\,\mathfrak{b}; \tag{42}$$

die Trägheitskräfte gehen also aus der zu der Bewegung (41) gehörigen Beschleunigung durch Multiplikation mit $-m$ hervor. Nach Formel (20) § 10 setzt sich $\mathfrak{b}$ aus zwei Bestandteilen, der Bahnbeschleunigung und der Zentripetalbeschleunigung, zusammen. Den zu der ersten gehörigen Anteil der Trägheitskraft,

$$\mathfrak{k}_1^* = -m\,\dot{v}\,\mathfrak{t}, \tag{43}$$

nennt man den „*Trägheitswiderstand*“; er hat, wie man sieht, die Richtung der Bahntangente und ist zur Geschwindigkeit entgegengesetzt gerichtet, wenn $\dot{v}$ positiv ist, er widersetzt sich also einer Vergrößerung der Geschwindigkeit. Den zu der Zentripetalbeschleunigung gehörigen Anteil von $\mathfrak{k}^*$

$$\mathfrak{k}_2^* = -m\,\frac{v^2}{\varrho}\,\mathfrak{h} = -m\,\omega^2\varrho\,\mathfrak{h} \tag{44}$$

nennt man „*Zentrifugalkraft*“, da er vom Krümmungszentrum weg gerichtet ist[1].

Etwas verwickelter werden die Erscheinungen, wenn wir Bezugssysteme benutzen, in bezug auf die sich der betrachtete Massenpunkt bewegt. Wir wollen hier bloß zwei Spezialfälle diskutieren, nämlich erstens den Fall, daß das bewegte System sich gegenüber dem Inertialsystem gleichförmig und geradlinig mit einer Geschwindigkeit $\mathfrak{v}$ bewegt, und zweitens den Fall, daß es gegenüber dem Inertialsystem eine Rotation mit dem konstanten Rotationsvektor $\mathfrak{u}$ ausführt.

Im ersten Falle gilt offenbar zwischen $\mathfrak{r}'$ und $\mathfrak{r}$ wegen (23) § 10 die Transformationsgleichung

$$\mathfrak{r} = \mathfrak{r}' + \mathfrak{v}\cdot t + \mathfrak{r}_0, \tag{45}$$

die als „*Galileitransformation*“ bezeichnet wird. Aus (45) folgt durch zweimalige Differentiation

$$\frac{d^2\mathfrak{r}}{dt^2} = \frac{d^2\mathfrak{r}'}{dt^2}$$

---

[1] Bezüglich der experimentellen Bestätigung dieser Formeln vgl. „Exp.-Physik“, § 13 und § 16, woselbst auch eine Reihe von Schlußfolgerungen besprochen wird.

und daher schließlich wegen (1) und (40)

$$\mathfrak{k}^* = 0. \tag{46}$$

Alle Bezugssysteme also, die sich gegenüber dem Inertialsystem geradlinig und gleichförmig bewegen, sind ihm völlig äquivalent; es treten in ihnen keine Trägheitskräfte auf.

Im zweiten Fall ist die Geschwindigkeit eines in bezug auf das rotierende System ruhenden Punktes, gemessen vom ruhenden System, nach Formel (9) § 11, gleich $\mathfrak{u} \times \mathfrak{r}$, also

$$\frac{d\mathfrak{r}}{dt} = \frac{d\mathfrak{r}'}{dt} + \mathfrak{u} \times \mathfrak{r}. \tag{47}$$

Die Formel (47) gibt die Anweisung dafür, wie die zeitliche Veränderung des Radiusvektors $\mathfrak{r}$, beurteilt vom bewegten Bezugssystem, aus der vom ruhenden System beurteilten Veränderung gewonnen werden soll, man hat einfach den Differentialoperator $\dfrac{d}{dt}$ durch den folgenden Differentialoperator zu ersetzen:

$$\left(\frac{d}{dt} - \mathfrak{u} \times \right). \tag{48}$$

Um nun die vom bewegten System gemessene Beschleunigung $\mathfrak{b}'$ zu erhalten, müssen wir gemäß dieser Anweisung den Differentialoperator (48) auf den Geschwindigkeitsvektor $\mathfrak{v}' = \dfrac{d\mathfrak{r}'}{dt}$ anwenden und erhalten daher mit Benutzung von (47):

$$\mathfrak{b}' = \frac{d\mathfrak{v}'}{dt} - \mathfrak{u} \times \mathfrak{v}' = \frac{d^2\mathfrak{r}}{dt^2} - \mathfrak{u} \times \frac{d\mathfrak{r}}{dt} - \mathfrak{u} \times \mathfrak{v}' =$$

$$= \frac{d^2\mathfrak{r}}{dt^2} - 2(\mathfrak{u} \times \mathfrak{v}') - \mathfrak{u} \times (\mathfrak{u} \times \mathfrak{r}). \tag{49}$$

Aus (49), (40) und (1) erhält man nun für die Trägheitskraft

$$\mathfrak{k}^* = -2\,m\,(\mathfrak{u} \times \mathfrak{v}') - m\,\mathfrak{u} \times (\mathfrak{u} \times \mathfrak{r}). \tag{50}$$

Der zweite Term auf der rechten Seite von (50) ist nichts anderes als die oben bereits behandelte Zentrifugalkraft, denn der Vektor $\mathfrak{u} \times (\mathfrak{u} \times \mathfrak{r})$ steht senkrecht auf der Rotationsachse und weist zu ihr hin und sein Betrag ist gleich $\omega^2 \varrho$, worin ϱ den Abstand von der Rotationsachse bedeutet; es ergibt sich also für diesen Term in der Tat der Ausdruck (44).

Der erste Term jedoch, der neu hinzukommt und nur auftritt, wenn $\mathfrak{v}' \gtrless 0$ ist, wenn sich also der Massenpunkt in bezug auf das rotierende System bewegt, stellt eine Kraft dar, die senkrecht auf der Rotationsachse und senkrecht auf dieser Relativgeschwindigkeit steht, also den Massenpunkt stets aus seiner Bahn abzulenken sucht. Diese Kraft führt den Namen „*Corioliskraft*"[1].

§ 19. Dynamik des einzelnen Massenpunktes.

1. Bewegung unter Wirkung einer konstanten Kraft. Fall und Wurf. Der einfachste Spezialfall eines materiellen Punktsystems ist der einzelne Massenpunkt. Wir wollen daher in diesem Paragraphen zunächst unter Benutzung der im § 18 abgeleiteten allgemeinen Gesetzmäßigkeiten die Bewegung eines einzelnen Massenpunktes unter Zugrundelegung bestimmter Kraftgesetze diskutieren.

Ist die auf den Massenpunkt wirkende Kraft nach Größe und Richtung konstant, dann ist nach dem NEWTONschen Bewegungsgesetz (1) § 18 der Beschleunigungsvektor konstant und er hat die Richtung der Kraft. Der Massenpunkt wird also eine gleichförmig beschleunigte Bewegung (§ 10, 4.) ausführen und seine Bahnkurve ist nach (27) § 10 im allgemeinen eine Parabel.

---

[1] Über die experimentellen Beweise für das Auftreten der Corioliskräfte vergleiche „Exp.-Physik", § 16.

Ein besonders wichtiges Beispiel hierfür ist die Bewegung eines Massenpunktes unter der Wirkung seines eigenen Gewichtes. Wir beschränken uns hierbei zunächst auf Dimensionen, in denen sich das Gewicht mit der Lage auf der Erde nicht merklich verändert und beschreiben die Bewegung in einem in bezug auf die Erde festen Koordinatensystem, wobei wir zunächst von der Rotationsbewegung der Erde gegen den Fixsternhimmel absehen. Nach § 18, 6. ist dieses Koordinatensystem dann ein Inertialsystem, wenn wir die Translationsbewegung der Erde in nicht zu langen Beobachtungszeiträumen als geradlinig und gleichförmig ansehen.

Nennen wir das Gewicht des Massenpunktes G und den Betrag der nach abwärts gerichteten Beschleunigung g, dann ist nach (1) § 18

$$G = mg, \tag{1}$$

worin wegen der Proportionalität von träger und schwerer Masse[1] g konstant ist.

Beim „*freien Fall*" ist die Anfangsgeschwindigkeit gleich Null, nach (28) § 10 durchläuft also der Massenpunkt eine vertikale Gerade entsprechend dem Bewegungsgesetz

$$s = g/2 \cdot t^2, \tag{2}$$

worin s den vom Ausgangspunkt nach abwärts zurückgelegten Weg bedeutet.

Hat der Massenpunkt eine „Anfangsgeschwindigkeit" („*Wurf*") mit der nach abwärts positiv gerechneten Vertikalkomponente v_{0y} und der Horizontalkomponente v_{0x}, dann durchläuft der Massenpunkt nach (27) § 10 eine Parabel, die „Wurfparabel", mit der Gleichung

$$y = \frac{g}{2\,v_{0x}{}^2}\,x^2 + \frac{v_{0y}}{v_{0x}}\,x, \tag{3}$$

die durch die Abb. 21, S. 57 wiedergegeben ist. Die „*Wurfweite*" l ist die Entfernung zwischen den beiden Schnittpunkten der Kurve (3) mit der Abszissenachse, also

$$l = -\frac{2\,v_{0y}\,v_{0x}}{g}.$$

Führen wir hierin den „*Elevationswinkel*" ϑ und den Betrag der Anfangsgeschwindigkeit v_0 gemäß

$$v_{0x} = v_0 \cos\vartheta, \qquad v_{0y} = -\,v_0 \sin\vartheta$$

ein, so erhalten wir

$$l = \frac{v_0{}^2}{g}\sin 2\vartheta. \tag{4}$$

Für die „Wurfhöhe" folgt als negative Ordinate im Punkte $x = l/2$ aus (3)

$$h = \frac{v_{0y}{}^2}{2g}, \tag{5}$$

unabhängig von v_{0x}.

Bei Berücksichtigung der Erdrotation müssen gemäß § 18, 7. noch Zentrifugal- und Corioliskräfte auftreten. Diese bewirken eine Abweichung der Fallrichtung des frei fallenden Körpers von der Lotlinie und eine seitliche Abweichung der Flugrichtung des geworfenen Körpers, jene eine scheinbare Gewichtsverminderung des Körpers[2].

2. Fall im widerstehenden Mittel. Erfolgt der Fall des Massenpunktes in einem „widerstehenden Mittel", dann wirkt auf ihn außer der Schwere noch eine *Reibungskraft*, die die Bewegung zu bremsen sucht. Wir setzen sie proportional zur Geschwindigkeit an (vgl. § 27, 4.) in der Form

$$\mathfrak{k}_2 = -R\,\mathfrak{v} = -m\beta\,\mathfrak{v}, \tag{6}$$

worin R bzw. β positive Konstanten sein sollen.

---

[1] Vgl. „Exp.-Physik", § 13.
[2] Vgl. „Exp.-Physik", § 16.

Die Bewegungsgleichung lautet dann mit Benutzung von (1) und (6)

$$g - \beta \dot{s} = \ddot{s}, \tag{7}$$

worin s die gleiche Bedeutung hat wie in 1.

Um sie zu integrieren, setzen wir in (7) als neue Variable

$$z = \dot{s} - \frac{g}{\beta} \tag{8}$$

ein und erhalten für z die Differentialgleichung

$$\frac{dz}{dt} = -\beta z,$$

die integriert

$$z = \text{Const} \cdot e^{-\beta t}$$

liefert; hieraus folgt für die Geschwindigkeit der Bewegung durch Einsetzen in (8) die Formel

$$v = \dot{s} = \frac{g}{\beta}(1 - e^{-\beta t}) = \frac{mg}{R}(1 - e^{-R/m \cdot t}), \tag{9}$$

in der wir über die Konstante so verfügt haben, daß die Anfangsgeschwindigkeit gleich Null ist. Die Geschwindigkeit wächst also mit t bis zur größten Geschwindigkeit $\frac{mg}{R}$ an, bei der die Reibungskraft nach (1) und (6) gerade gleich dem Gewicht ist.

Aus (9) folgt durch nochmalige Integration für s

$$s = \frac{mg}{R}t + \frac{m^2 g}{R^2}(e^{-R/m \cdot t} - 1), \tag{10}$$

worin wieder über die Integrationskonstante bereits so verfügt ist, daß für $t = 0$ $s = 0$ ist.

3. Bewegung unter der Wirkung einer elastischen Kraft. Als weiteres Beispiel behandeln wir die Bewegung eines Massenpunktes unter der Wirkung einer *„elastischen Kraft"*. Wir verstehen darunter eine Kraft, die gegen ein festes Zentrum gerichtet und ihrem Betrage nach der Entfernung von diesem Zentrum proportional ist. Der Name ist im Hinblick auf die Tatsache gewählt, daß die bei der Deformation eines elastischen Körpers geweckten Kräfte den Deformationen proportional sind und sie rückgängig zu machen suchen (vgl. §§ 22, 23).

Machen wir den Koordinatenursprung zum Zentrum, dann können wir setzen

$$\mathfrak{k} = -\varkappa \mathfrak{r}. \tag{11}$$

Die darin enthaltene positive Konstante $\varkappa$ ist gleich dem Betrag von $\mathfrak{k}$ im Abstande 1 vom Zentrum; wir nennen sie *„Direktionskraft"*.

Die Bewegungsgleichung lautet nun

mit den drei Komponenten

$$m\ddot{\mathfrak{r}} = -\varkappa \mathfrak{r} \tag{12}$$

$$m\ddot{x} = -\varkappa x, \quad m\ddot{y} = -\varkappa y, \quad m\ddot{z} = -\varkappa z. \tag{13}$$

Diese Gleichungen haben die Gestalt der Differentialgleichung (36) § 10 für die lineare, harmonische Bewegung. Die Projektionen des Massenpunktes auf die drei Koordinatenachsen beschreiben demnach harmonische Schwingungen, wie sie durch die Gleichung (31) § 10 beschrieben werden, mit der gemeinsamen Kreisfrequenz

$$\omega = \sqrt{\frac{\varkappa}{m}} \tag{14}$$

und Amplituden und Phasenkonstanten, die sich aus den Anfangsbedingungen bestimmen lassen. Als Spezialfall ergibt sich die in § 10, 5. behandelte lineare, harmonische Bewegung und die in § 10, 8. behandelte elliptische Schwingung.

Daß das betrachtete System ein konservatives System ist, sieht man, wenn man die zu einer Verschiebung s aus der Ruhelage nötige Arbeit nach Formel (24) § 18 ausrechnet. Mit Benutzung von (12) und (14) erhält man

$$A = \int\limits_0^s \varkappa\, \mathfrak{r}\, d\mathfrak{r} = \varkappa\, \frac{s^2}{2} = m\, \frac{\omega^2}{2}\, s^2, \tag{15}$$

also einen Ausdruck, der in der Tat vom Integrationswege unabhängig ist. Schreibt man der potentiellen Energie in der Ruhelage den Wert Null zu, dann wird sie durch den Ausdruck (15) dargestellt.

Für die lineare harmonische Bewegung ist die Gesamtenergie E gleich der potentiellen Energie in der Amplitude, da dort die kinetische Energie gleich Null ist, also

$$E = \frac{m\,\omega^2 a^2}{2}, \tag{16}$$

d. h. bei gegebener Frequenz proportional dem Quadrate der Amplitude.

Das über die ganze Schwingungsdauer τ erstreckte Wirkungsintegral (37) § 18 ergibt sich mit Benutzung von (31) § 10 zu

$$J = \int\limits_0^\tau 2L\,dt = m \int\limits_0^\tau \dot s^2 dt = m a^2 \omega^2 \int\limits_0^\tau \sin^2(\omega t + \gamma)\,dt =$$

$$= m\,a^2\,\omega \int\limits_\gamma^{\gamma+2\pi} \sin^2 z\, dz = m a^2 \omega\,\pi. \tag{17}$$

J und E hängen gemäß (16) und (17) durch die einfache Beziehung

$$E = \frac{J\,\omega}{2\,\pi} = J\,\nu \tag{18}$$

zusammen.

4. Das mathematische Pendel. Mit der oben behandelten Type von Bewegungen in engem Zusammenhange steht die Bewegung des mathematischen Pendels, worunter wir einen Massenpunkt verstehen, der an einem gewichtlosen und unausdehnbaren Faden von der Länge l angehängt sein soll (Abb. 52). Infolge dieses Mechanismus ist der Massenpunkt gezwungen, eine Bewegung zu durchlaufen, die auf der Oberfläche einer Kugel mit dem Mittelpunkte P und dem Radius l gelegen ist.

Bringt man den Massenpunkt aus seiner Ruhelage P_0 und läßt ihn in irgendeiner Lage mit der Anfangsgeschwindigkeit Null los, so ist, wenn wir wieder von der Erdrotation absehen, wie aus Symmetriegründen unmittelbar einleuchtet, die Bahn der durch die Ausgangslage und den Punkt P_0 bestimmte größte Kugelkreis, das Pendel schwingt also dauernd in einer Ebene, der Zeichenebene der Abb. 52.

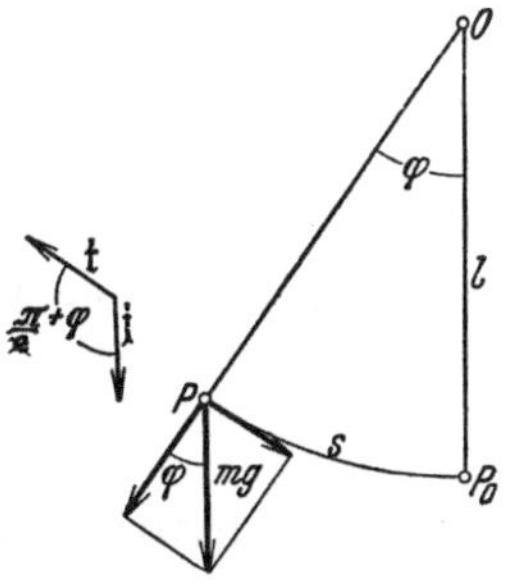

Wählen wir den Punkt O zum Koordinatenursprung, dann lautet die Bewegungsgleichung

Abb. 52.

$$mg\,\mathfrak{j} + \mathfrak{k}_0 = m\ddot{\mathfrak{r}}, \tag{19}$$

worin $\mathfrak{j}$ den lotrecht nach abwärts gerichteten Einheitsvektor und $\mathfrak{k}_0$ die Kraft des gespannten Fadens auf den Massenpunkt bedeutet. Zerlegen wir die Vektoren auf beiden Seiten dieser Gleichung in Komponenten in der Richtung von $\mathfrak{h}$ und $\mathfrak{t}$ (vgl. § 10, 3.), so erhalten wir mit Benutzung von Formel (20) § 10, da die Richtung von $\mathfrak{k}_0$ mit der von $\mathfrak{h}$ zusammenfällt wenn wir die Bogenlänge s von P_0 angefangen rechnen

$$mg\,\mathfrak{j}\,.\,\mathfrak{t} = mg\cos\left(\frac{\pi}{2}+\varphi\right) = -\,mg\sin\varphi = m\ddot{s}\,. \tag{20}$$

Beschränken wir die Bewegung auf kleine Winkel φ, dann können wir mit ausreichender Genauigkeit setzen

$$\sin\varphi \sim \varphi = \frac{s}{l}, \tag{21}$$

was in (20) eingesetzt für s die Differentialgleichung

$$m\,\ddot{s} = -\frac{m\,g}{l}\,s \tag{22}$$

ergibt. Sie hat, wie man sieht, die Bauart der Bewegungsgleichung (13), wenn man darin als Direktionskraft

$$\varkappa = \frac{m\,g}{l} \tag{23}$$

setzt. Das Pendel vollführt also mit der einschränkenden Bedingung (21) eine harmonische Schwingung mit einer Schwingungsdauer τ, die gemäß (23) und (14) gleich dem bekannten Ausdrucke

$$\tau = \frac{2\,\pi}{\omega} = 2\,\pi\sqrt{\frac{m}{\varkappa}} = 2\,\pi\sqrt{\frac{l}{g}} \tag{24}$$

ist, den man auch aus dem Experiment direkt gewinnen kann[1].

Bei Berücksichtigung der Rotation der Erde muß man noch die Einwirkung der Corioliskräfte in Rechnung setzen, die, da sie senkrecht auf die Schwingungsrichtung des Pendels wirken, eine Drehung der Pendelebene hervorrufen, die in dem FOUCAULTschen Pendelversuch sichtbar gemacht wird[2].

5. Gedämpfte Schwingungen. Nehmen wir an, daß ein unter der Wirkung einer elastischen Kraft stehender Massenpunkt außerdem noch unter der Wirkung einer Reibungskraft steht, was wir z. B. durch ein mathematisches Pendel realisieren können, das in einem widerstehenden Mittel schwingt, dann tritt auf der rechten Seite der Bewegungsgleichung (12) noch ein Glied von der Gestalt (6) hinzu, so daß die Komponenten die Gestalt

annehmen.
$$m\ddot{s} + \varkappa\,s + R\dot{s} = 0 \tag{25}$$

Macht man hierin die Einsetzung (14), dann erhält man genau die Differentialgleichung (54) § 10, deren Lösung in § 10, 9. ausführlich diskutiert ist. Für $\frac{\beta}{2} < \omega$, d. h.

$$R < 2\sqrt{m\,\varkappa} = R_0 \tag{26}$$

erhält man demnach eine gedämpfte, harmonische Schwingung mit der Kreisfrequenz

$$\alpha = \sqrt{\frac{\varkappa}{m} - \frac{R^2}{4\,m^2}} \tag{27}$$

und dem logarithmischen Dekrement

$$\delta = \frac{R}{m\,\alpha}\,\pi = \frac{2\,\pi}{\sqrt{\dfrac{R_0{}^2}{R^2} - 1}}\,. \tag{28}$$

Überschreitet R die „kritische Reibung R_0, dann wird die Bewegung aperiodisch.

---

[1] Vgl. „Exp.-Physik", § 15.
[2] Vgl. „Exp.-Physik", § 16.

In beiden Fällen wird nach genügend langer Zeit die Geschwindigkeit und damit die kinetische Energie der Bewegung beliebig klein, das betrachtete System ist demnach wie jedes System, in dem Reibungskräfte wirken, ebenso wie das in 2. betrachtete System *nicht* konservativ.

6. Erzwungene Schwingungen. Wir wollen nun auf das oben betrachtete System noch eine äußere periodische Kraft mit der Amplitude b und der Kreisfrequenz ω' in der Richtung von s einwirken lassen, die wir nach dem Vorgange von § 10, 6. in der Form

$$b \cdot e^{i\omega't}$$

ansetzen können. Diese Kraft kann z. B. durch die Wirkung einer im umgebenden Medium laufenden mechanischen, harmonischen Welle hervorgerufen sein (vgl. § 24, 4. und § 26, 7.).

Die Bewegungsgleichung (25), um diese Kraft erweitert, lautet dann:

$$m\ddot{s} + \varkappa s + R\dot{s} = b \cdot e^{i\omega't} \tag{29}$$

oder mit den Abkürzungen β und ω:

$$\ddot{s} + \beta\dot{s} + \omega^2 s = \frac{b}{m} e^{i\omega't}. \tag{30}$$

Die Lösung dieser inhomogenen Differentialgleichung wird, wie in der Theorie der linearen Differentialgleichungen gelehrt wird, gefunden, indem man zu der oben besprochenen Lösung der homogenen Gleichung (25) eine partikuläre Lösung der inhomogenen Gleichung (30) hinzufügt.

Durch Einsetzen überzeugt man sich, daß der Ansatz

$$s' = A' e^{i\omega't} = a' e^{i\gamma} e^{i\omega't} \tag{31}$$

die Differentialgleichung (30) erfüllt, also eine partikuläre Lösung derselben darstellt, wenn A' der Gleichung

$$A' = \frac{b}{[(\omega^2 - \omega'^2) + i\beta\omega']m} \tag{32}$$

genügt.

Der Massenpunkt führt also eine Bewegung aus, die als Überlagerung einer gedämpften Schwingung mit der Frequenz α (bzw. einer aperiodischen Bewegung) und der Bewegung (31), also einer ungedämpften Schwingung mit der Frequenz ω' aufgefaßt werden kann. Die erste dieser beiden Bewegungen klingt, wie wir oben gesehen haben, nach einer gewissen Zeit zu einem unmerklich kleinen Betrag ab, so daß nur die Schwingung (31) übrigbleibt. Der Massenpunkt wird also nach Verlauf einer gewissen „Einschwingungszeit" die mit der Frequenz der äußeren Kraft erfolgende periodische Bewegung (31) ausführen, die wir als „*erzwungene Schwingung*" bezeichnen.

Ihre Amplitude a' ergibt sich aus (32) als Absolutbetrag von A':

$$a' = \frac{b}{m\sqrt{(\omega^2 - \omega'^2)^2 + \beta^2\omega'^2}}. \tag{33}$$

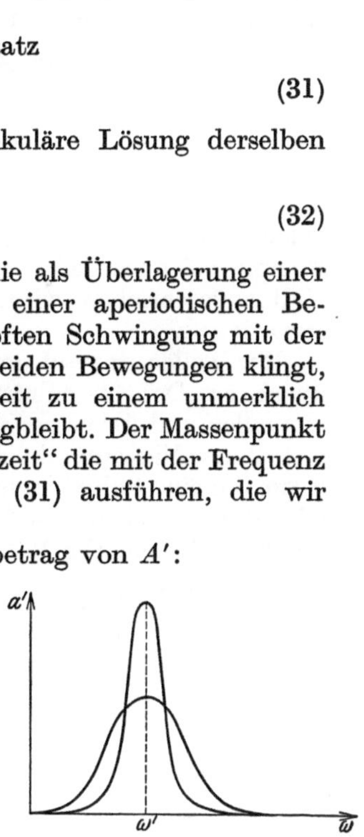

Tragen wir a' als Funktion von ω bei gegebenem ω' auf, so erhalten wir Kurven von der Gestalt der Abb. 53, die an der Stelle $\omega = \omega'$ ein Maximum haben. Die Amplitude der erzwungenen Schwingung ist demnach ein Maximum, wenn die „*Eigenfrequenz*" ω mit der aufgezwungenen Frequenz ω' übereinstimmt. Wir sprechen in diesem Falle von „*Resonanz*".

Abb. 53.

Die Amplitude im Resonanzfalle ist nach (33) gleich

$$a'\,(\text{Res}) = \frac{b}{m\beta\omega'}, \tag{34}$$

also um so größer, je kleiner die Dämpfung ist, und wächst für verschwindende Dämpfung unbeschränkt an. Die „Resonanzkurven" der Abb. 53 werden um so schmäler und höher, je kleiner die Dämpfung ist und um so breiter und niedriger, je größer die Dämpfung ist.

Für die Phasendifferenz γ zwischen erzwungener Schwingung und Kraft erhalten wir wegen

$$A' = \frac{a'^2 m}{b}\,[(\omega^2 - \omega'^2) - i\,\beta\,\omega'] = a'e^{i\gamma} = a'\,(\cos\gamma + i\sin\gamma):$$

$$\operatorname{tg}\gamma = -\,\frac{\beta\,\omega'}{\omega^2 - \omega'^2}. \tag{35}$$

Die Schwingung bleibt also hinter der anregenden Kraft zurück, und zwar um einen Winkel zwischen 0 und $\dfrac{\pi}{2}$, wenn $\omega' < \omega$ ist, und um einen Winkel zwischen $\dfrac{\pi}{2}$ und π, wenn $\omega' > \omega$ ist. Im Resonanzfalle beträgt die Phasendifferenz gerade $\dfrac{\pi}{2}$.

7. Bewegung in einem Gravitationsfelde. Nach dem NEWTONschen Gravitationsgesetz[1] ziehen einander zwei Massenpunkte mit den Massen M und m in einer Entfernung r mit einer in der Richtung der Verbindungslinie wirkenden Kraft

$$|\mathfrak{k}| = \frac{m\,M}{r^2}\cdot G \tag{36}$$

an ($G =$ Gravitationskonstante). Wir können diese Tatsache so deuten, daß der Massenpunkt M, den wir uns im Koordinatenursprung angebracht denken, von einem Kraftfelde $\mathfrak{k}(\mathfrak{r})$ umgeben ist, das auf den Massenpunkt m die Kraft $-G\,\dfrac{m\,M}{r^2}$ in der Richtung des Radiusvektors ausübt. Ein solches Kraftfeld ist nach § 7, 2. ein wirbelfreies, von einem einzigen Quellpunkt erzeugtes Feld, das sich von einem Potential

$$U(\mathfrak{r}) = -\frac{G\,m\,M}{r} \tag{37}$$

ableiten läßt, wenn die Integrationskonstante so gewählt ist, daß der potentiellen Energie bei unendlicher Entfernung der beiden Massen voneinander der Wert Null zugeschrieben wird. Nach § 18, 4. ist dieses mechanische System konservativ.

Wir wollen uns auf den Fall beschränken, daß die Masse M sehr groß gegenüber m ist. Der Massenmittelpunkt des Systems wird dann praktisch mit M zusammenfallen und daher nach dem Satz von der Erhaltung des Massenmittelpunktes § 18, 2. der Massenpunkt M dauernd im Koordinatenursprung verweilen, während m um ihn eine Bahn beschreibt. Gemäß den in § 18, 3. angestellten Betrachtungen wird dann auch der Drehimpuls von m in bezug auf den Koordinatenursprung erhalten bleiben. Die Bahn von m liegt also mit M in einer Ebene und wird mit konstanter Flächengeschwindigkeit durchlaufen (*zweites* KEPLER*sches Gesetz*).

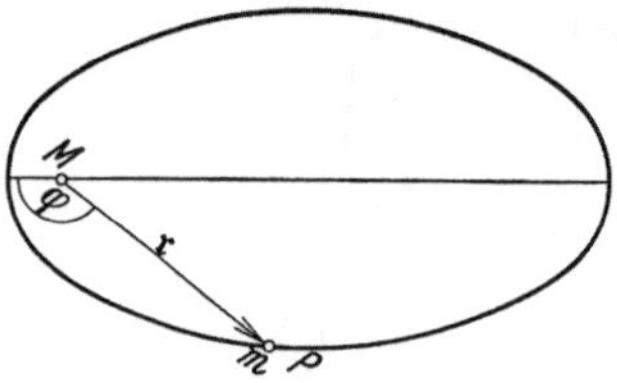

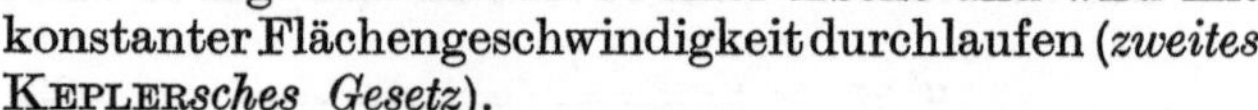

Statt die Bewegungsgleichung anzusetzen und zu integrieren, können wir, was wesentlich einfacher ist, von den beiden Sätzen von der Erhaltung des Drehimpulses und der Energie Gebrauch machen. Wir führen in der Bahnebene (Abb. 54) Polarkoordinaten r und φ ein und zerlegen die Geschwindigkeit von m in zwei Komponenten, die eine in der Richtung von $\mathfrak{r}$, die andere senkrecht dazu, deren Beträge lauten $\dot{r}$ und $r\dot{\varphi}$. Es ergibt sich daher

Abb. 54.

$$v^2 = \dot{r}^2 + r^2\,\dot{\varphi}^2 = \left(\frac{d\,r}{d\,\varphi}\,\dot{\varphi}\right)^2 + r^2\,\dot{\varphi}^2 = \dot{\varphi}^2\left[r^2 + \left(\frac{d\,r}{d\,\varphi}\right)^2\right]. \tag{38}$$

---

[1] Vgl. „Exp.-Physik", § 9.

Der Betrag der Flächengeschwindigkeit ist nach (14) § 10

$$|\mathfrak{f}| = \frac{1}{2}\,|\mathfrak{r} \times \mathfrak{v}| = \frac{1}{2}\,r\,.\,r\,\dot\varphi = \frac{1}{2}\,r^2\,\dot\varphi. \tag{39}$$

Mit Benutzung von (37), (38) und (39) können wir Energie- und Impulssatz in der folgenden Form schreiben:

$$\frac{m\,v^2}{2} + U = \frac{m\,\dot\varphi^2}{2}\left[r^2 + \left(\frac{d\,r}{d\,\varphi}\right)^2\right] - \frac{G\,m\,M}{r} = E, \tag{40}$$

$$2\,m\,|\mathfrak{f}| = m\,r^2\,\dot\varphi = \gamma, \tag{41}$$

worin E und γ Konstanten sind.

Durch Elimination von φ aus den beiden Gleichungen (40) und (41) erhalten wir die Differentialgleichung der Bahnkurve

$$\left(\frac{d\,r}{d\,\varphi}\right)^2 + r^2 - \frac{2\,G\,m^2\,M}{\gamma^2}\,r^3 - \frac{2\,m\,E}{\gamma^2}\,r^4 = 0.$$

Führen wir darin die neue Variable $y = 1/r$ ein und setzen zur Abkürzung

$$\frac{2\,m\,E}{\gamma^2} = C, \qquad \frac{2\,G\,m^2\,M}{\gamma^2} = B, \tag{42}$$

so ergibt sich für $y\,(\varphi)$ die Differentialgleichung

$$\left(\frac{d\,y}{d\,\varphi}\right)^2 + y^2 - B\,y - C = 0. \tag{43}$$

Zur Integration von (43) führt man am einfachsten als neue Veränderliche statt y die Größe

$$x = \frac{y - B/2}{\sqrt{C + B^2/4}} = \frac{y - B/2}{A} \tag{44}$$

ein und erhält nach einfacher Rechnung die Gleichung

$$\left(\frac{d\,x}{d\,\varphi}\right)^2 = 1 - x^2, \tag{45}$$

die integriert die Lösung

$$x = \sin\,(\varphi + \varphi_0) \tag{46}$$

liefert, in der φ_0 eine willkürliche Integrationskonstante bedeutet.

Aus (46) ergibt sich mit Benutzung von (44)

$$y = A\,\sin\,(\varphi + \varphi_0) + \frac{B}{2}.$$

Verfügt man hierin über φ_0 so, daß y für $\varphi = 0$ seinen größten Wert hat, setzt also $\varphi_0 = \dfrac{\pi}{2}$ und setzt für B aus (42) ein, so erhält man die gesuchte Gleichung der Bahnkurve:

$$\frac{1}{r} = A\,\cos\varphi + \frac{G\,m^2\,M}{\gamma^2}. \tag{47}$$

Dies ist, wie aus der analytischen Geometrie als bekannt angenommen werden kann, die Gleichung einer Kegelschnittskurve in Polarkoordinaten mit dem Brennpunkt als Ursprung. Als Spezialfall ergibt sich also das *erste KEPLERsche Gesetz*, das aussagt, daß der Planet (m) um den Zentralkörper (M) eine Ellipse beschreibt, in deren einem Brennpunkt der Zentralkörper steht. Ob die Bahn eine Ellipse, Parabel oder Hyperbel ist, hängt von der Größe der Konstanten A, also von der Wahl der Konstanten E und γ ab.

Wir beschränken uns nun auf eine Ellipsenbahn und versuchen, das dritte KEPLERsche Gesetz zu gewinnen. Da gemäß unserer Verfügung über φ_0 die große Achse der Ellipse dem Azimutwinkel $\varphi = 0$ entspricht, ist der „Parameter" p der Ellipse gleich dem Wert von r für $\varphi = \dfrac{\pi}{2}$, also nach (47)

$$p = \frac{\gamma^2}{G\,m^2\,M}. \tag{48}$$

Da der Parameter p und der Flächeninhalt F der Bahnellipse mit den Achsen a und b durch die bekannten Beziehungen

$$p = b^2/a, \quad F = a b \pi$$

zusammenhängen, erhalten wir für F mit Benutzung von (48)

$$F = a^{\frac{3}{2}} \sqrt{p} \cdot \pi = \frac{a^{\frac{3}{2}} \gamma}{m} \frac{\pi}{\sqrt{G M}}. \tag{49}$$

Anderseits gilt wegen der Konstanz der Flächengeschwindigkeit f nach (41)

$$F = f \tau = \frac{\gamma}{2 m} \tau, \tag{50}$$

worin τ die Umlaufszeit bedeutet. Aus (49) und (50) folgt

$$\frac{\tau^2}{a^3} = \frac{4 \pi^2}{G M}. \tag{51}$$

Bei gegebenem M sind also unabhängig von m und den sonstigen Bahnkonstanten die Quadrate der Umlaufszeiten den dritten Potenzen der großen Achsen der Bahn proportional (*drittes* KEPLER*sches Gesetz*).

Das Problem, die Bewegung von mehr als zwei Massenpunkten zu berechnen, die einander nach dem Gesetz (36) anziehen, bildet das Mehrkörperproblem der Himmelsmechanik, das wegen seiner Schwierigkeit im Rahmen dieses Lehrbuches nicht behandelt werden kann.

§ 20. Statik von materiellen Punktsystemen und starren Körpern.

1. Bedingungen für das Gleichgewicht eines materiellen Punktsystems. Ein einziger Massenpunkt befindet sich dann im *Gleichgewicht*, wenn die Summe aller an ihm angreifenden Kräfte gleich Null ist. Zu diesen Kräften müssen natürlich auch noch die „Trägheitskräfte" (§ 18, 7.) gerechnet werden, wenn das Koordinatensystem, in bezug auf das der Massenpunkt in Ruhe bleiben soll, kein Inertialsystem ist.

In einem System von Massenpunkten sind jedenfalls das Verschwinden der resultierenden Kraft $\mathfrak{K}$ und des resultierenden Momentes $\mathfrak{M}$ für das Gleichgewicht notwendige Bedingungen (vgl. § 18), da ja im Gleichgewichtszustand die Impulse sämtlicher Massenpunkte und daher auch der gesamte Linearimpuls und der gesamte Drehimpuls verschwinden müssen. Umgekehrt folgt aber aus dem Verschwinden von $\mathfrak{K}$ und $\mathfrak{M}$ noch nicht das Verschwinden sämtlicher Einzelimpulse. Die Bedingungen $\mathfrak{K} = 0$ und $\mathfrak{M} = 0$ für das Gleichgewicht sind also zwar notwendig, aber nicht hinreichend.

Wir nennen ein Gleichgewicht dann „*stabil*", wenn bei einer kleinen Störung desselben das System eine Bewegung ausführt, die stets in der Nähe dieser Gleichgewichtslage bleibt. Die notwendige und hinreichende Bedingung hierfür lautet bei einem konservativen System: Die stabile Gleichgewichtslage ist jene Lage, für die die Funktion $U (\mathfrak{r}_1, \ldots, \mathfrak{r}_N)$ ein Minimum hat. Entfernt sich nämlich bei seiner Bewegung das System aus seiner Gleichgewichtslage, so wird, wenn diese Bedingung erfüllt ist, die potentielle Energie zunehmen, die kinetische Energie also abnehmen müssen, so lange, bis diese ihren kleinsten Wert angenommen hat, der sicherlich existieren muß, da sie nie kleiner als Null werden kann. Von diesem Augenblicke an muß also die Bewegung so weiterlaufen, daß die kinetische Energie wieder zunimmt, die potentielle Energie wieder abnimmt, d. h. das System sich wieder der Gleichgewichtslage nähert, worauf sich das Spiel wiederholen kann. Damit ist gezeigt, daß bei genügend kleiner Gesamtenergie, also bei kleiner Störung des Gleichgewichtes, das System in der Tat stets in der Nähe der Gleichgewichtslage bleiben muß.

2. Bedingungen für das Gleichgewicht eines starren Körpers. Unter einem *„starren Körper"* verstehen wir ein starres System materieller Punkte. In § 11 sahen wir, daß sich die Bewegung eines solchen Punktsystems stets aus einer Translation und einer Rotation um einen festen Punkt des Systems zusammensetzen läßt.

Die notwendige und hinreichende Bedingung dafür, daß ein in Ruhe befindlicher starrer Körper von selbst keine Translationsbewegung beginnt, ist, da die einzelnen Teile des Körpers gegeneinander keine Bewegung ausführen können, offenbar identisch mit der Forderung, daß der gesamte Linearimpuls $\mathfrak{P}$ dauernd gleich Null ist, daß also die resultierende Kraft $\mathfrak{K} = 0$ ist.

Analog ist die notwendige und hinreichende Bedingung dafür, daß der Körper sich nicht von selbst um einen Punkt O in Rotationsbewegung setzt, das dauernde Verschwinden des auf diesen Punkt bezogenen resultierenden Drehimpulses $\mathfrak{G}$, also die Bedingung $\mathfrak{M} = 0$.

Daß unter diesen Bedingungen auch keine Rotation um einen anderen Punkt O' des Systems stattfinden kann, läßt sich sogleich zeigen. Wir wählen den Punkt O zum Koordinatenursprung, dann ist nach (16) § 18 und (20) § 18 das Drehmoment in bezug auf diesen Punkt gleich

$$\mathfrak{M} = \sum_{i=1}^{N} (\mathfrak{r}_i \times \mathfrak{k}_i). \tag{1}$$

Ist $\mathfrak{r}_0$ der Radiusvektor von O' in bezug auf O, dann ist das Drehmoment $\mathfrak{M}'$ in bezug auf O' gleich

$$\mathfrak{M}' = \sum_{i=1}^{N} [(\mathfrak{r}_i - \mathfrak{r}_0) \times \mathfrak{k}_i] = \sum_{i=1}^{N} (\mathfrak{r}_i \times \mathfrak{k}_i) - \sum_{i=1}^{N} (\mathfrak{r}_0 \, \mathfrak{k}_i) = \mathfrak{M} - \mathfrak{r}_0 \, \mathfrak{K}. \tag{2}$$

Ist also $\mathfrak{K} = 0$, dann ist $\mathfrak{M}' = \mathfrak{M}$. Ist demnach $\mathfrak{M} = 0$, dann folgt, daß auch $\mathfrak{M}'$ in bezug auf einen beliebigen anderen Punkt des starren Körpers verschwindet. Die Bedingungen $\mathfrak{K} = 0$ und $\mathfrak{M} = 0$ sind also notwendig und hinreichend für das Gleichgewicht des starren Körpers.

Die Arbeit eines beliebigen auf einen starren Körper wirkenden Kraftsystems bei einer kleinen Verschiebung erhält man mit Benutzung der Formel (12) § 11 und (32) § 3 aus (24) § 18:

$$dA = \sum_{i=1}^{N} \mathfrak{k}_i \, d\mathfrak{r}_i = \sum_{i=1}^{N} \mathfrak{k}_i \mathfrak{v}_i dt = \sum_{i=1}^{N} \mathfrak{k}_i (\mathfrak{v}_0 + \mathfrak{u} \times \mathfrak{r}_i) dt = \left[\sum_{i=1}^{N} \mathfrak{k}_i \mathfrak{v}_0 + \sum_{i=1}^{N} \mathfrak{k}_i (\mathfrak{u} \times \mathfrak{r}_i) \right] dt =$$

$$= \left[\sum_{i=1}^{N} \mathfrak{k}_i \mathfrak{v}_0 + \sum_{i=1}^{N} \mathfrak{u} (\mathfrak{r}_i \times \mathfrak{k}_i) \right] dt = \left[\mathfrak{v}_0 \sum_{i=1}^{N} \mathfrak{k}_i + \mathfrak{u} \sum_{i=1}^{N} \mathfrak{r}_i \times \mathfrak{k}_i \right] dt =$$

$$= (\mathfrak{v}_0 \, \mathfrak{K} + \mathfrak{u} \, \mathfrak{M}) \, dt, \tag{3}$$

worin der Term $\mathfrak{v}_0 \, \mathfrak{K}$ die *„Leistung"* (Arbeit pro Zeiteinheit) der resultierenden Kraft und $\mathfrak{u} \, \mathfrak{M}$ die Leistung des resultierenden Momentes darstellt. Im Falle des Gleichgewichtes sind $\mathfrak{K}$ und $\mathfrak{M}$ gleich Null. Die bei einer beliebigen kleinen Verschiebung aus der Gleichgewichtslage geleistete Arbeit δA ist also gleich Null, was gleichbedeutend damit ist, daß die potentielle Energie U hier einen stationären Wert hat. Dies kann dann eintreten, wenn die Funktion $U(\mathfrak{r}_1, \ldots \mathfrak{r}_N)$ für die betreffende Lage entweder ein Maximum oder ein Minimum besitzt oder überhaupt konstant, d. h. von den $\mathfrak{r}_i$ unabhängig ist. Im ersten Falle ist das Gleichgewicht gemäß 1. *stabil*, im zweiten Falle nennen wir es *„labil“*, denn bei einer Störung des Gleichgewichtes wird U abnehmen, d. h. die kinetische Energie wird zunehmen und der Körper wird sich mit wachsender Geschwindigkeit aus der Gleichgewichtslage · entfernen. Im dritten Falle sprechen wir von einem *„indifferenten“* Gleichgewicht, der Körper bleibt in jeder Lage, in die er versetzt wurde, in Ruhe.

3. Das Prinzip der virtuellen Verschiebungen. Die eben angestellten Überlegungen über das Gleichgewicht eines starren Körpers lassen sich ohne weiteres auf das Gleichgewicht eines Systems von starren Körpern übertragen, deren gegenseitige Bewegung durch die Starrheit ihrer Begrenzungen behindert wird, indem diese Grenzflächen aufeinander gleiten oder aufeinander abrollen. Beispiele hierfür sind: Bewegung einer Achse in einem Achsenlager, Abrollen einer Kugel auf einer Unterlage, Gleiten in einer Schienenführung, Eingreifen von Zähnen zweier Zahnräder ineinander u. dgl.

Nennen wir eine *„virtuelle Verschiebung“* eine solche, im übrigen willkürliche Verschiebung, die mit den oben formulierten Bedingungen des Systems verträglich ist, und *„virtuelle Arbeit“* die bei einer virtuellen Verschiebung geleistete Arbeit, dann lautet in Verallgemeinerung des in 2. erhaltenen Resultates die Bedingung für das Gleichgewicht in einem solchen System, daß die bei einer kleinen virtuellen Verschiebung aus der Gleichgewichtslage geleistete virtuelle Arbeit gleich Null sein muß. Dies ist das *„Prinzip der virtuellen Verschiebungen“*. Es ist gleichbedeutend mit der Aussage, daß in der Gleichgewichtslage des Systems die potentielle Energie einen stationären Wert haben soll. Wieder ist das Gleichgewicht stabil, labil oder indifferent, wenn die potentielle Energie dabei ein Minimum oder ein Maximum hat oder schließlich von der Lage unabhängig ist[1].

4. Das Gleichgewicht des schweren Körpers. Wir untersuchen jetzt speziell die Bedingungen für das Gleichgewicht eines *schweren* Körpers, d. h. eines starren Körpers, in dem auf jeden Massenpunkt von der Masse m_i eine Kraft

$$\mathfrak{k}_i = m_i\, g \cdot \mathfrak{j} \tag{4}$$

einwirkt, worin $\mathfrak{j}$ den vertikal nach abwärts weisenden Einheitsvektor und g die Beschleunigung der Schwere bedeuten.

Wir berechnen zunächst das resultierende Drehmoment dieser Kräfte gemäß den Formeln (16) § 18 und (20) § 18 und erhalten mit Benutzung von (4) und Formel (12) § 18

$$\mathfrak{M} = \sum_{i=1}^{N} \mathfrak{r}_i \times \mathfrak{k}_i = \sum_{i=1}^{N} \mathfrak{r}_i \times m_i\, g\, \mathfrak{j} = \left(\sum_{i=1}^{N} m_i \mathfrak{r}_i \right) \times g\, \mathfrak{j} = \mathfrak{R} \times (M g \mathfrak{j}) = \mathfrak{R} \times \mathfrak{K}, \tag{5}$$

worin $\mathfrak{K}$ der Vektor des Gesamtgewichtes und $\mathfrak{R}$ der Radiusvektor des Massenmittelpunktes ist. Das System der Kräfte $\mathfrak{k}_i$ ruft also an dem Körper die gleiche Wirkung hervor, als ob das Gesamtgewicht in seinem Massenmittelpunkt konzentriert wäre; aus diesem Grunde führt der Massenmittelpunkt meist auch den Namen *„Schwerpunkt“*.

Die potentielle Energie des schweren Körpers ist demnach gleich der potentiellen Energie eines im Schwerpunkt des Körpers angebrachten Massenpunktes der gleichen Masse, also gleich dem Gewicht des Körpers multipliziert mit dem von irgendeinem beliebigen horizontalen Ausgangsniveau gemessenen vertika-

---

[1] Bezüglich der Anwendung des Prinzips der virtuellen Verschiebungen auf das Gleichgewicht der einfachen *„Maschinen“* sei auf „Exp.-Physik“, Kap. III verwiesen.

len Abstand des Schwerpunktes. Sie ist ein Minimum, wenn der Schwerpunkt die tiefste, mit den Bedingungen verträgliche Lage einnimmt; dies ist gleichzeitig das stabile Gleichgewicht des Körpers (Prinzip der tiefsten Schwerpunktslage). Das labile Gleichgewicht ist dadurch charakterisiert, daß der Schwerpunkt darin seine höchste Lage hat, und indifferent ist das Gleichgewicht schließlich dann, wenn der Schwerpunkt bei allen mit den Bedingungen des Systems verträglichen Lagen in der gleichen Höhe bleibt.

Ein um einen festen Punkt drehbar aufgehängter Körper beispielsweise ist dann im stabilen Gleichgewicht, wenn der Schwerpunkt sich vertikal unter, im labilen Gleichgewicht, wenn er sich vertikal über dem Unterstützungspunkt befindet; er ist schließlich im indifferenten Gleichgewicht, wenn der Unterstützungspunkt mit dem Schwerpunkt zusammenfällt. Eine Kugel auf ebener Unterlage ist ferner im indifferenten Gleichgewicht, auf unebener Unterlage ist sie im stabilen Gleichgewicht auf dem Boden einer Mulde, im labilen Gleichgewicht auf dem Gipfel eines Hügels[1].

5. Die Berechnung der Schwerpunktslage. Nach Formel (12), § 18 ist der Radiusvektor des Schwerpunktes in einem diskontinuierlichen materiellen Punktsystem gegeben durch

$$\mathfrak{R} = \frac{1}{M} \sum_{i=1}^{N} \mathfrak{r}_i \, m_i. \tag{6}$$

In einem kontinuierlich mit Materie erfüllten Körper kann man die Massenverteilung durch die Angabe der Masse $\varrho \, dV$ eines jeden Volumenelementes dV mit dem Radiusvektor $\mathfrak{r}$ beschreiben. Die skalare Ortsfunktion $\varrho \, (\mathfrak{r})$, die „Masse pro Volumeneinheit", nennt man bekanntlich die „*Dichte*" des Körpers. In diesem Falle verwandelt sich die Summe in der Formel (6) in ein über alle Volumenelemente erstrecktes Integral. Für die Lage des Schwerpunktes erhält man daher

$$\mathfrak{R} = \frac{1}{M} \iiint \varrho \, \mathfrak{r} \, dV, \tag{7}$$

worin das Integral über den ganzen Körper zu erstrecken ist. Für die drei rechtwinkeligen Koordinaten des Schwerpunktes folgt aus (7)

$$\xi = \frac{1}{M} \iiint \varrho \, x \, dV, \qquad \eta = \frac{1}{M} \iiint \varrho \, y \, dV, \qquad \zeta = \frac{1}{M} \iiint \varrho \, z \, dV. \tag{8}$$

Ist die Dichte räumlich konstant und bezeichnet man das Volumen des Körpers mit V, dann gilt wegen $M = \varrho \, V$ statt (7) und (8)

$$\mathfrak{R} = \frac{1}{V} \iiint \mathfrak{r} \, dV, \tag{9}$$

$$\xi = \frac{1}{V} \iiint x \, dV, \qquad \eta = \frac{1}{V} \iiint y \, dV, \qquad \zeta = \frac{1}{V} \iiint z \, dV. \tag{10}$$

Wir besprechen einige einfache Beispiele:

a) Hat der Körper ein Symmetriezentrum, in bezug auf das sowohl seine Dichteverteilung als auch seine Begrenzungsflächen symmetrisch sind, dann fällt, wie unmittelbar einleuchtet, der Schwerpunkt mit dem Symmetriezentrum zusammen. So liegt der Schwerpunkt einer homogenen Kugel in ihrem Mittelpunkte und der Schwerpunkt eines homogenen Kreiszylinders im Halbierungspunkt seiner Achse.

---

[1] Bezüglich weiterer Beispiele vgl. „Exp.-Physik", Kap. III.

b) Der Schwerpunkt S einer homogenen Platte mit der konstanten Dicke D liegt offenbar in der zur Platte parallelen Mittelebene, die wir als x-y-Ebene wählen (Abb. 55). Die Begrenzungsflächen der Platte schneiden diese Ebene in einer geschlossenen Kurve $y = f(x)$. Nennen wir die von dieser Kurve eingeschlossene Fläche F und das Flächenelement dF, dann ist wegen $V = D \cdot F$ und $dV = D\,dF$ nach (10)

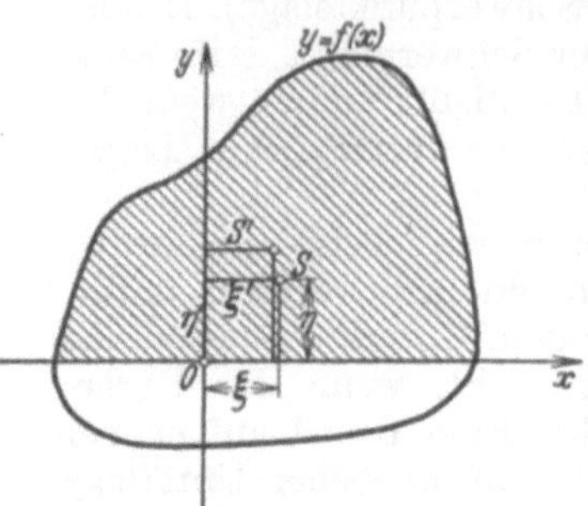

Abb. 55.

$$\left.\begin{aligned} \xi &= \frac{1}{F}\int\!\!\int x\,dF = \frac{1}{F}\int xy\,dx = \int xy\,dx : \int y\,dx \\ \eta &= \frac{1}{F}\int\!\!\int y\,dF = \frac{1}{F}\int xy\,dy = \int xy\,dy : \int x\,dy \end{aligned}\right\} \tag{11}$$

worin die Integrationen über den vollen Wertebereich der Variablen x und y zu erstrecken sind.

c) Der Schwerpunkt eines zylindrischen Stabes, in dem die Dichte nur von der längs der Stabachse gemessenen Koordinate x abhängt, liegt auf der Achse. Ist der Querschnitt des Stabes Q und seine Länge L, dann ist $dV = Q \cdot dx$ und

$$M = \int\!\!\int\!\!\int \varrho\,dV = Q\int_{x_1}^{x_2} \varrho\,dx \qquad (x_2 - x_1 = L),$$

daher

$$\xi = \int_{x_1}^{x_2} \varrho\,x\,dx : \int_{x_1}^{x_2} \varrho\,d x. \tag{12}$$

Trägt man die Funktion $\varrho(x)$ als Ordinate y über der Stabachse x auf, so wird die Formel (12) mit der ersten der Formeln (11) identisch. Die Abszisse des Schwerpunktes der in Abb. 55 schraffiert gezeichneten Fläche ergibt also den Schwerpunkt des Stabes in der vorliegenden Aufgabe.

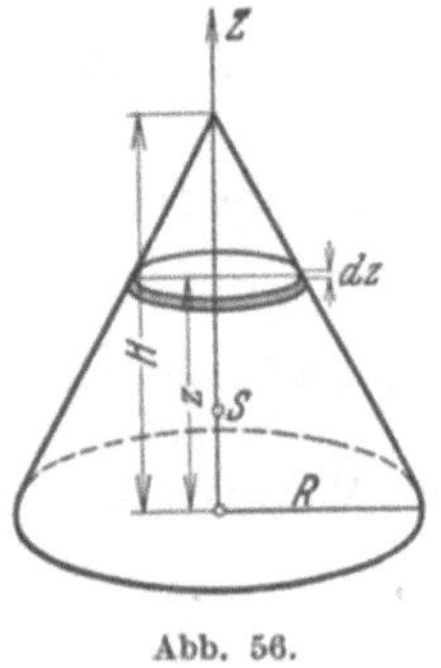

d) Der Schwerpunkt eines geraden homogenen Kreiskegels liegt aus Symmetriegründen auf seiner Achse, die wir als z-Achse wählen (Abb. 56). Die x-y-Ebene falle in die Grundfläche. Wir nennen seine Höhe H, den Radius seiner Grundfläche R und wählen als Volumenelement eine dünne Schicht von der Höhe dz parallel zur Grundfläche. Dann ist

$$dV = dz \cdot R^2\pi\left(\frac{H-z}{H}\right)^2, \qquad V = \frac{1}{3}R^2\pi H, \tag{13}$$

Abb. 56.   also nach (10)

$$\zeta = \frac{1}{V}\int\!\!\int\!\!\int z\,dV = \frac{3}{R^2\pi H}\int_0^H z\,R^2\pi\left(\frac{H-z}{H}\right)^2 dz = \frac{3}{H^3}\int_0^H z\,(H-z)^2\,dz =$$

$$= \frac{3}{H^3}\left(\frac{H^4}{2} - \frac{2H^4}{3} + \frac{H^4}{4}\right) = \frac{H}{4}. \tag{14}$$

Der Schwerpunkt liegt also in einem Viertel der Höhe des Kegels.

§ 21. Dynamik des starren Körpers.

1. Translation. In § 11, 2. sahen wir, daß die Bewegung eines starren Punktsystems im Raume stets aus einer Translation und einer Rotation um einen festen Punkt zusammengesetzt werden kann. Wir wollen zunächst die Bewegungsgleichung für die Translation des starren Körpers herleiten.

Nach (6) § 18 und (11) § 18 gilt für ein beliebiges Punktsystem die Gleichung

$$\Re = \frac{d}{dt} \sum_{i=1}^{N} m_i \,\dot{\mathfrak{r}}_i. \tag{1}$$

Da bei der Translationsbewegung alle Massenpunkte die gleiche Geschwindigkeit $\dot{\mathfrak{r}}_i = \dot{\Re}$ haben, so folgt aus (1)

$$\Re = M \cdot \ddot{\Re}, \tag{2}$$

worin $\Re$ den Radiusvektor eines beliebigen Punktes des starren Körpers und M seine Masse bedeutet.

Die Bewegungsgleichung für die Translation eines starren Körpers ist also formal identisch mit der Bewegungsgleichung eines einzigen Massenpunktes (1) § 18, auf den die Gesamtkraft $\Re$ wirkt und in dem man sich die Gesamtmasse des Körpers vereinigt denkt.

2. Rotation um eine feste Achse. Hält man einen Punkt des starren Körpers fest, den man zum Koordinatenursprung wählt, dann kann der Körper bloß eine Rotationsbewegung um diesen Punkt ausführen (vgl. § 11, 2.). Die entsprechende Bewegungsgleichung erhalten wir aus der für jedes Punktsystem gültigen Gleichung (19) § 18, die unter Benutzung der Formeln (17) § 18 und (20) § 18 ergibt

$$\mathfrak{M} = \frac{d}{dt} \sum_{i=1}^{N} m_i \,(\mathfrak{r}_i \times \dot{\mathfrak{r}}_i). \tag{3}$$

Hier bedeutet $\mathfrak{M}$ das resultierende Moment der an dem starren Körper angreifenden äußeren Kräfte. Die Kraft, mit der wir den Punkt O festhalten müssen, damit der Körper keine Translation ausführt, ergibt zu diesem Drehmoment keinen Beitrag.

Setzen wir für $\dot{\mathfrak{r}}$ den für die Rotation des starren Körpers gültigen Ausdruck (9) § 11

$$\dot{\mathfrak{r}} = \mathfrak{u} \times \mathfrak{r}$$

ein, so erhalten wir die gesuchte Bewegungsgleichung:

$$\mathfrak{M} = \frac{d}{dt} \sum_{i=1}^{N} m_i \,[\mathfrak{r}_i \times (\mathfrak{u} \times \mathfrak{r}_i)], \tag{4}$$

worin die Summation über alle Massenpunkte des starren Körpers zu erstrecken ist. Ihre Lösung ergibt den Rotationsvektor $\mathfrak{u}$ als Funktion der Zeit, wobei sich im allgemeinen sowohl der Betrag als auch die Richtung von $\mathfrak{u}$ verändern wird.

Wir wollen jetzt noch einen zweiten Punkt O' des starren Körpers festhalten, so daß er gezwungen wird, um eine durch die beiden Punkte hindurchgelegte, im Raume feste Achse zu rotieren. Wir nennen den in die Richtung dieser Achse weisenden Einheitsvektor $\mathfrak{a}$ und bilden die Komponente D von (4) in der Richtung von $\mathfrak{a}$. Da die Kraft, die wir in O' anbringen müssen, um die Achse in ihrer Lage zu erhalten, senkrecht auf $\mathfrak{a}$ steht, liefert sie zu der Komponente des Drehmomentes in der Richtung von $\mathfrak{a}$ keinen Beitrag, und wir erhalten aus (4) wegen $\mathfrak{u} = \mathfrak{a}\omega$

$$D = \mathfrak{a} \cdot \mathfrak{M} = \frac{d}{dt} \left\{ \omega \sum_{i=1}^{N} m_i \,\mathfrak{a}\,[\mathfrak{r}_i \times (\mathfrak{a} \times \mathfrak{r}_i)] \right\}. \tag{5}$$

Mit Benutzung der Vektorformeln (24) § 3 und (32) § 3 können wir die folgende Umformung vornehmen (vgl. Abb. 57):

$$\mathfrak{a}\,[\mathfrak{r}_i \times (\mathfrak{a} \times \mathfrak{r}_i)] = (\mathfrak{a} \times \mathfrak{r}_i) \cdot (\mathfrak{a} \times \mathfrak{r}_i) = |\mathfrak{a} \times \mathfrak{r}_i|^2 = (r_i \sin \varphi)^2 = a_i^2,$$

wobei a_i, der Abstand des i-ten Massenpunktes von der Achse, sich während der Bewegung nicht ändert. Die Summe in der Formel (5) ist also zeitlich konstant und wir können sie in der Form

$$D = T\,\dot\omega = T\cdot\beta \tag{6}$$

schreiben, worin β die Winkelbeschleunigung bedeutet und gesetzt ist:

$$T = \sum_{i=1}^{N} m_i\,|\mathfrak{a} \times \mathfrak{r}_i|^2 = \sum_{i=1}^{N} m_i\,a_i^2. \tag{7}$$

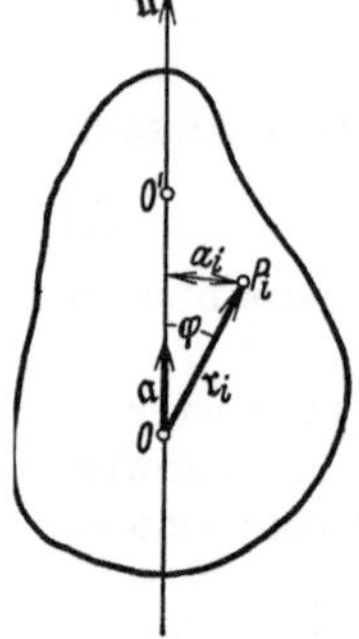

Abb. 57.

Die Größe T nennt man das auf die Achse O—O' bezogene „*Trägheitsmoment*" des Körpers. Es ist, wie man sieht, nur von der Lage der Achse in dem Körper, nicht aber von der Lage des Punktes O abhängig.

Die Komponente D des Drehmomentes der äußeren Kräfte in der Richtung der Rotationsachse lautet, ebenfalls mit Hilfe der Formel (32) § 3 umgeformt, mit Benutzung der Formeln (16) § 18 und (20) § 18

$$D = \mathfrak{a}\,\mathfrak{M} = \sum_{i=1}^{N} \mathfrak{a}\,(\mathfrak{r}_i \times \mathfrak{k}_i) = \sum_{i=1}^{N} \mathfrak{k}_i\,(\mathfrak{a} \times \mathfrak{r}_i) = \sum_{i=1}^{N} k_i'\,a_i, \tag{8}$$

worin k_i' die Komponente der Kraft $\mathfrak{k}_i$ in der im Angriffspunkte P auf der Ebene $(\mathfrak{r}_i, \mathfrak{a})$ senkrechten Richtung bedeutet und a_i wie oben den Abstand des Punktes P von der Achse. D ist also ebenfalls von der Lage von O unabhängig und nur von der Lage der Achse im Körper abhängig; wir wollen D als das „*Drehmoment der äußeren Kräfte in bezug auf die Achse* $\mathfrak{a}$" bezeichnen.

Die Größe

$$G = T\omega \tag{9}$$

nennen wir den „*Drehimpuls des starren Körpers in bezug auf die Achse* $\mathfrak{a}$". Wir können dann die Bewegungsgleichung (6) in der Form

$$D = \dot{G} \tag{10}$$

schreiben.

Für die kinetische Energie der Rotationsbewegung um eine feste Achse erhalten wir schließlich mit Benutzung von (7) und (9)

$$L = \frac{1}{2}\sum_{i=1}^{N} m_i\,v_i^2 = \frac{1}{2}\sum_{i=1}^{N} m_i\,(a_i\,\omega)^2 = \frac{T}{2}\,\omega^2 = \frac{G^2}{2T}. \tag{11}$$

Die Gleichungen (6), (9), (10) und (11) zeigen eine formale Analogie mit den auf den einzelnen Massenpunkt bezüglichen Gleichungen (1), (6), (9) und (26) des § 18, wenn man die Größen D, T, G, ω, β mit den entsprechenden Größen $\mathfrak{k}$, m, $\mathfrak{p}$, $\mathfrak{v}$, $\mathfrak{b}$ in Beziehung setzt.

Ist $D = 0$, dann ist G konstant und $\dot\omega = 0$. Ein starrer Körper bewegt sich also um eine feste Achse mit konstantem Drehimpuls bzw. mit konstanter Winkelgeschwindigkeit, wenn das Drehmoment der äußeren Kräfte in bezug auf die Achse gleich Null ist.

3. Hauptträgheitsachsen und Hauptträgheitsmomente; das Trägheitsellipsoid. Zu jeder durch den Punkt O (Abb. 57) gelegten Achse gehört gemäß der Formel (7) im allgemeinen ein verschiedenes Trägheitsmoment T. Ist wieder $\mathfrak{a}$ der Einheitsvektor in der Richtung der Rotationsachse, sind ferner $\mathfrak{i}$, $\mathfrak{j}$, $\mathfrak{k}$ die Einheitsvektoren in der Richtung der Koordinatenachsen und α, β, γ die Winkel von $\mathfrak{a}$ gegen die Koordinatenachsen, dann können wir schreiben

$$T = \sum_{i=1}^{N} m_i \,|(\mathfrak{i} \cos \alpha + \mathfrak{j} \cos \beta + \mathfrak{k} \cos \gamma) \times \mathfrak{r}_i|^2$$

$$= \cos^2\alpha \sum_{i=1}^{N} m_i \,|\mathfrak{i} \times \mathfrak{r}_i|^2 + \cos^2\beta \sum_{i=1}^{N} m_i \,|\mathfrak{j} \times \mathfrak{r}_i|^2 + \cos^2\gamma \sum_{i=1}^{N} m_i \,|\mathfrak{k} \times \mathfrak{r}_i|^2 +$$

$$+ 2 \cos\alpha \cos\beta \sum_{i=1}^{N} m_i \,(\mathfrak{i} \times \mathfrak{r}_i)\,(\mathfrak{j} \times \mathfrak{r}_i) + 2 \cos\alpha \cos\gamma \sum_{i=1}^{N} m_i \,(\mathfrak{i} \times \mathfrak{r}_i)\,(\mathfrak{k} \times \mathfrak{r}_i) +$$

$$+ 2 \cos\beta \cos\gamma \sum_{i=1}^{N} m_i \,(\mathfrak{j} \times \mathfrak{r}_i)\,(\mathfrak{k} \times \mathfrak{r}_i). \tag{12}$$

T ist also eine quadratische Form in den Komponenten des Vektors $\mathfrak{a}$, deren Koeffizienten man gemäß Formel (12) § 4 als die Komponenten eines symmetrischen Tensors auffassen kann. Wie im § 4, 4. gezeigt wurde, kann man es durch geeignete Wahl des Koordinatensystems stets bewirken, daß von den sechs Komponenten dieses Tensors nur die drei Diagonalkomponenten übrigbleiben, die wir mit A, B, C bezeichnen wollen. Die Formel (12) nimmt dann die Gestalt an

$$T = A \cos^2\alpha + B \cos^2\beta + C \cos^2\gamma. \tag{13}$$

Setzt man $\alpha = 0$, $\beta = \gamma = \dfrac{\pi}{2}$, läßt man also $\mathfrak{a}$ mit $\mathfrak{i}$ zusammenfallen, dann wird $T = A$. A ist also nichts anderes als das Trägheitsmoment des betrachteten Körpers um die $\mathfrak{i}$-Achse; analog sind B und C die Trägheitsmomente um die Achsen $\mathfrak{j}$ und $\mathfrak{k}$. Wir nennen daher A, B, C die „*Hauptträgheitsmomente*" des Körpers, die zugehörigen Achsenlagen die „*Hauptträgheitsachsen*". Das Trägheitsmoment T in bezug auf irgendeine Achse durch den Punkt O drückt sich demnach durch die Winkel gegen die durch den gleichen Punkt hindurchgehenden Hauptträgheitsachsen und die zugehörigen Hauptträgheitsmomente A, B, C gemäß der Formel (13) aus.

Trägt man von O aus nach allen Richtungen Vektoren $\mathfrak{x}$ mit den Komponenten ξ, η, ζ auf, die mit $\mathfrak{a}$ und T durch die Beziehungen

$$\mathfrak{x} = \frac{1}{\sqrt{T}}\,\mathfrak{a}, \qquad \xi = \frac{1}{\sqrt{T}} \cos\alpha, \qquad \eta = \frac{1}{\sqrt{T}} \cos\beta, \qquad \zeta = \frac{1}{\sqrt{T}} \cos\gamma \tag{14}$$

verbunden sind, so daß

$$T = \frac{1}{|\mathfrak{x}|^2} \tag{15}$$

gilt, dann folgt durch Einsetzen von (14) in (13) die Gleichung

$$A\,\xi^2 + B\,\eta^2 + C\,\zeta^2 = 1. \tag{16}$$

Die Endpunkte der Vektoren $\mathfrak{x}$ liegen also auf einem Ellipsoid mit der Gleichung (16), dessen Achsen mit den Hauptträgheitsachsen zusammenfallen und die Längen $1/\sqrt{A}$, $1/\sqrt{B}$, $1/\sqrt{C}$ haben. Es führt den Namen „*Trägheitsellipsoid*". Seine Konstruktion ergibt unmittelbar die Trägheitsmomente in einer beliebigen vorgeschriebenen Richtung, da ein von O aus in dieser Richtung gezogener Strahl gemäß (15) das Trägheitsellipsoid im Abstande $1/\sqrt{T}$ von O schneidet.

Wir sehen schließlich, daß die Achse des größten und die des kleinsten Trägheitsmomentes, also das Minimum und das Maximum von T mit je einer der Hauptträgheitsachsen zusammenfallen.

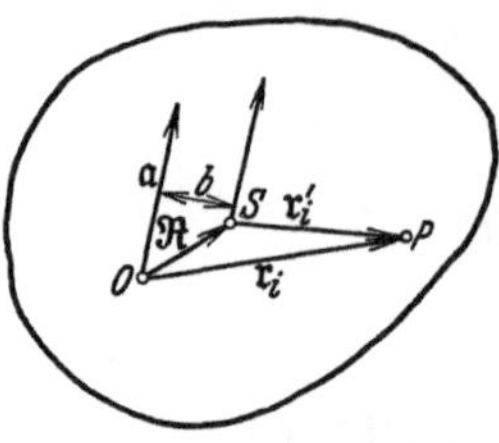
Abb. 58.

4. Der Steinersche Satz. Wir untersuchen nun, wie sich das Trägheitsmoment bei Parallelverschiebung der Rotationsachse in einem starren Körper verändert (Abb. 58). Nennen wir wie früher $\Re$ den Radiusvektor des Schwerpunktes S in bezug auf O und den Radiusvektor von S zum i-ten Massenpunkt $\mathfrak{r}_i'$, dann ist

$$\mathfrak{r}_i = \mathfrak{r}_i' + \Re$$

und nach Formel (7)

$$T = \sum_{i=1}^{N} m_i \, |\mathfrak{a} \times \mathfrak{r}_i|^2 = \sum_{i=1}^{N} m_i \, |\mathfrak{a} \times (\mathfrak{r}_i' + \Re)|^2 =$$

$$= \sum_{i=1}^{N} m_i \, |\mathfrak{a} \times \mathfrak{r}_i'|^2 + |\mathfrak{a}\,\Re|^2 \cdot M + 2\left[(\mathfrak{a} \times \Re)\left(\mathfrak{a} \times \sum_{i=1}^{N} m_i \, \mathfrak{r}_i'\right)\right].$$

Hierin ist der erste Term gleich dem Trägheitsmoment T' in bezug auf eine durch den Schwerpunkt in der Richtung $\mathfrak{a}$ hindurchgelegte Achse. Der Ausdruck $|\mathfrak{a}\,\Re|$ ist gleich dem Abstand b der beiden durch O und S hindurchgehenden parallelen Achsen, der dritte Term muß verschwinden, weil die Größe $\sum_i m_i \mathfrak{r}_i'$ nach Formel (12) § 18 verschwindet. Wir können also schreiben

$$T = T' + M\,b^2. \tag{17}$$

Das Trägheitsmoment in bezug auf irgendeine durch den Körper gelegte Achse ist also gleich dem Trägheitsmoment um eine parallel hierzu durch den Schwerpunkt gelegte Achse vermehrt um das Trägheitsmoment des im Schwerpunkt konzentriert gedachten Körpers in bezug auf die erste Achse. Dieser Satz heißt der „STEINERsche Satz" über das Trägheitsmoment.

5. Beispiele für die Berechnung von Trägheitsmomenten. Die Formel (7) ergibt für einen kontinuierlich mit Masse von der Dichte ϱ erfüllten Körper (vgl. § 20, 5.) zur Berechnung des Trägheitsmomentes die Formel

$$T = \iiint \varrho \, a^2 \, dV, \tag{18}$$

worin a den Abstand des Volumenelementes dV von der Achse bedeutet. Ist ϱ überall konstant, dann vereinfacht sich die Formel (18) in

$$T = \varrho \iiint a^2 \, dV. \tag{19}$$

Als Anwendungen dieser Formeln rechnen wir die folgenden Beispiele durch:

a) Das Trägheitsmoment eines homogenen, geraden Kreiszylinders von der Länge L und vom Radius R um seine Rotationsachse berechnen wir mittels der Formel (19), indem wir darin als Volumenelement das Volumen eines Hohlzylinders von der Dicke dr, also $dV = 2r\pi L\,dr$ einführen:

$$T_1 = \varrho L \int_0^R r^2 \cdot 2\,r\,\pi\,dr = \frac{\varrho\,L\,R^4\,\pi}{2} = \frac{M\,R^2}{2}, \tag{20}$$

worin M die Masse des Zylinders bedeutet.

b) Das Trägheitsmoment des gleichen Zylinders um einen durch den Schwerpunkt gehenden Kreisdurchmesser als Achse finden wir, wenn wir in den Zylinder ein Koordinatensystem legen, dessen x-Achse mit der Zylinderachse und dessen z-Achse mit der betrachteten Rotationsachse zusammenfällt (Abb. 59), aus

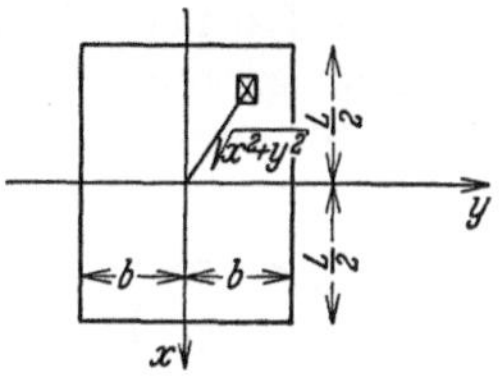

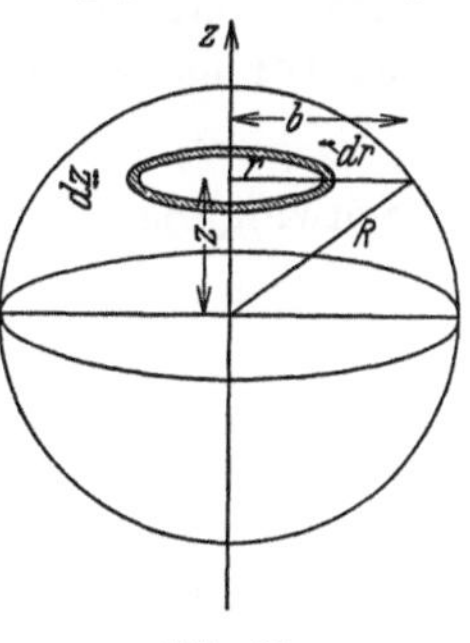

Abb. 59.

$$T_2 = \varrho \int_{-\frac{L}{2}}^{+\frac{L}{2}} \int_{-b}^{+b} \int_{-R}^{+R} (x^2 + y^2)\, dx\, dy\, dz = \varrho \int_{-R}^{+R} \frac{2}{3} L b \left(\frac{L^2}{4} + b^2 \right) dz =$$

$$= \frac{1}{6} L^3 \varrho \int_{-R}^{+R} \sqrt{R^2 - z^2} \cdot dz + \frac{2}{3} L \varrho \int_{-R}^{+R} (R^2 - z^2)^{\frac{3}{2}}\, dz =$$

$$= \frac{\varrho}{12} L^3 R^2 \pi + \frac{\varrho}{4} L R^4 \pi = M \left(\frac{L^2}{12} + \frac{R^2}{4} \right). \tag{21}$$

Solange demnach $L > \sqrt{3} \cdot R$ ist, ist das Trägheitsmoment T_2 größer als T_1. Die Zylinderachse ist dann die Hauptträgheitsachse kleinsten Trägheitsmomentes, die darauf senkrechten Achsen sind Achsen größten Trägheitsmomentes und alle untereinander gleichwertig. Das Trägheitsellipsoid ist ein verlängertes Rotationsellipsoid.

c) Das Trägheitsmoment einer homogenen Kugel vom Radius R um einen ihrer Durchmesser erhält man, wenn man als Volumenelement einen Zylinderring mit der Höhe dz und dem Radius r und der Dicke dr wählt, dessen Mittelpunkt im Abstande z vom Kugelmittelpunkt auf der Rotationsachse liegt (Abb. 60), also $dV = 2 r \pi dr \cdot dz$ setzt. Nach Formel (19) folgt

Abb. 60.

$$T = \varrho \int_{-R}^{+R} \int_{0}^{b} r^2 \cdot 2 r \pi\, dz dr = 2 \varrho \pi \int_{-R}^{+R} \frac{b^4}{4}\, dz = \frac{\pi \varrho}{2} \int_{-R}^{+R} (R^2 - z^2)^2\, dz =$$

$$= \frac{8}{15} \varrho R^5 \pi = \frac{2}{5} M R^2. \tag{22}$$

6. Torsionsschwingungen; das physische Pendel. Wir nennen das Moment D ein *„elastisches Torsionsmoment“*, wenn es mit dem von einer bestimmten Ruhelage aus gerechneten Drehwinkel φ um die Rotationsachse durch die Gleichung

$$D = -\delta \cdot \varphi \tag{23}$$

zusammenhängt (vgl. § 23, 5.). Die positive Konstante δ ist gleich dem Betrage von D für eine Verdrehung um den Winkel 1 aus der Ruhelage; wir nennen sie das *„Direktionsmoment“*. Gemäß Formel (6) lautet in diesem Falle die Bewegungsgleichung

$$T \ddot{\varphi} = -\delta \cdot \varphi. \tag{24}$$

Diese Gleichung ist formal vollkommen identisch mit der Bewegungsgleichung eines Massenpunktes unter der Wirkung einer elastischen Kraft (12) § 19, wenn man darin r durch φ, m durch T und $\varkappa$ durch δ ersetzt. Die Bewegung ist also eine harmonische Schwingung, eine *„Torsionsschwingung“* mit der Schwingungsdauer

$$\tau = 2 \pi \sqrt{\frac{T}{\delta}}. \tag{25}$$

Analog lassen sich die Betrachtungen von § 19, 5. und 6. über die gedämpfte und erzwungene Schwingung ohne weiteres auf die Torsionsschwingungen eines starren Körpers übertragen, was wohl nicht näher ausgeführt werden muß.

Zum gleichen Typus gehört auch die Bewegung eines *„physischen Pendels"*, worunter man einen schweren, starren Körper versteht, der um eine festgehaltene, horizontale, nicht durch den Schwerpunkt hindurchgehende Achse drehbar ist (Abb. 61). Für das Moment D finden wir in diesem Falle, da wir uns nach § 20, 4. das Gesamtgewicht durch die im Schwerpunkt angreifende Kraft Mg ersetzt denken können,

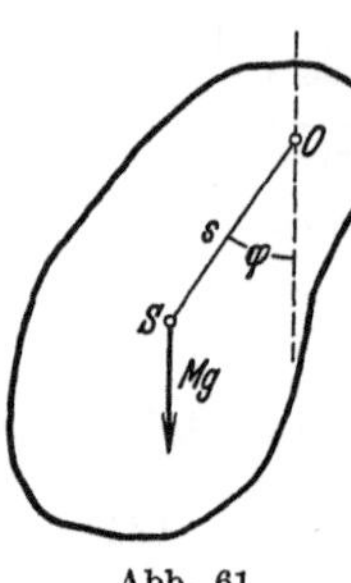

$$D = -Mgs \cdot \sin\varphi, \tag{26}$$

worin s den Abstand des Schwerpunktes von der Achse und φ den Winkel zwischen dieser Strecke und der Vertikalen bedeutet. Die Stellung $\varphi = 0$ ist nach § 20, 4. die stabile Gleichgewichtslage des Pendels.

Für kleine Winkel φ können wir $\sin\varphi$ durch φ ersetzen und schreiben

Abb. 61.

$$D = -Mgs \cdot \varphi. \tag{27}$$

Man sieht, daß die Schwere mit dieser Beschränkung ebenso wirkt wie eine elastische Torsionskraft (23) mit dem Direktionsmoment

$$\delta = Mgs, \tag{28}$$

die Schwingungsdauer ist also nach (25) gleich

$$\tau = 2\pi \sqrt{\frac{T}{Mgs}}. \tag{29}$$

Das in § 19, 4. behandelte mathematische Pendel ist nichts anderes als ein physisches Pendel, bei dem die ganze Masse wirklich im Schwerpunkte vereinigt ist; da in diesem Falle nach (7) $s = l$, $T = Ml^2$ ist, erhalten wir aus (29) in der Tat die Formel (24) § 19 für die Schwingungsdauer des mathematischen Pendels.

Setzt man für T in (29) aus Formel (17) ein, so sieht man, daß für eine gegebene Richtung der Achse in dem betrachteten Körper die Schwingungsdauer τ nur vom Abstand s der Achse vom Schwerpunkt abhängt. Die Erzeugenden eines jeden Kreiszylinders, dessen Achse durch S hindurchgeht, ergeben also, wenn man den Körper um sie als Pendelachse schwingen läßt, die gleiche Schwingungsdauer.

Da s der quadratischen Gleichung

$$s^2 - \frac{g\tau^2}{4\pi^2}s + \frac{T'}{M} = 0 \tag{30}$$

gehorcht, die stets ein Paar reeller Wurzeln s_1 und s_2 ergibt, sieht man, daß zu einer gegebenen Schwingungsdauer τ zwei solche Kreiszylinder mit den Radien s_1 und s_2 gehören (Abb. 62). Ihre Summe ist gleich dem negativ genommenen Koeffizienten des linearen Gliedes in (30), also gleich

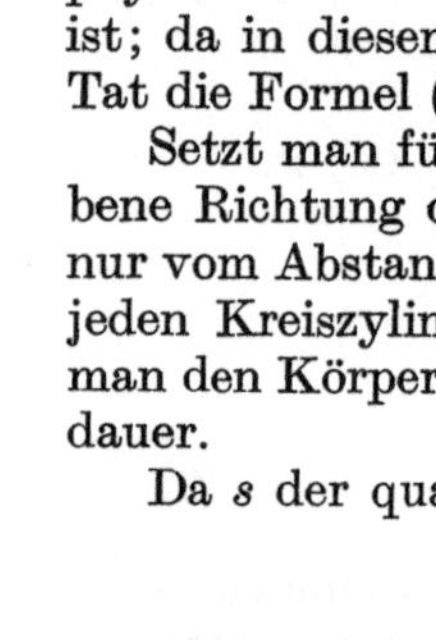

$$s_1 + s_2 = \frac{g\tau^2}{4\pi^2}. \tag{31}$$

Die rechte Seite dieser Gleichung ist nach Formel (24) § 19 gleich der Länge l eines mathematischen Pendels, mit der gleichen Schwingungsdauer τ, der sogenannten *„reduzierten Pendellänge"*. Nach (31) gilt für sie die Gleichung

Abb. 62.

$$l = s_1 + s_2. \tag{32}$$

In der Ebene senkrecht zur vorgeschriebenen Achsenrichtung gibt es also auf jeder Geraden durch S zwei Punkte O_1 und O_2, durch die Achsen gleicher Schwingungsdauer hindurchgehen. Ihr Abstand ist gleich der zugehörigen reduzierten Pendellänge. Hierauf beruht das „*Reversionspendel*", das zur Messung der Schwerebeschleunigung g Verwendung findet[1].

7. Rotation um einen festen Punkt. Freie Achsen. Hält man einen Punkt des starren Körpers fest, dann wird, wenn das resultierende Moment der äußeren Kräfte $\mathfrak{M}$ verschwindet, zwar die Summe auf der rechten Seite der Gleichung (4), der auf diesen Punkt bezogene Drehimpuls, erhalten bleiben, die Richtung der Achse im Raume jedoch und die Winkelgeschwindigkeit der Rotation werden sich im allgemeinen dauernd verändern. Wir legen uns die Frage vor, unter welchen Umständen dies nicht der Fall sein, der Körper also mit konstanter Winkelgeschwindigkeit um eine Achse mit konstanter Richtung rotieren wird, ohne daß diese Achse durch ein Lager wie in 2. festgehalten wird. Wir wollen eine solche Achse eine „*freie Achse*" nennen.

Die Bedingung dafür, daß die Rotationsachse eine freie Achse sei, läßt sich am einfachsten formulieren, wenn man ein Koordinatensystem benutzt, das mit dem Körper mitrotiert. Von diesem Koordinatensystem beurteilt, muß dann der Körper im Gleichgewicht sein, d. h. das resultierende Moment der Zentrifugalkräfte in bezug auf diese Achse muß nach § 20, 2. verschwinden.

Ist dies nicht der Fall, dann wird sich der Körper mit einer vom mitbewegten Bezugssystem gemessenen kinetischen Energie L' bewegen. Seine Gesamtenergie L setzt sich aus dieser Energie L' und der kinetischen Energie L'' der Rotation um die betrachtete Achse zusammen. Die letztere läßt sich mit Benutzung der Formel (11) in der Gestalt

$$L'' = \frac{T}{2}\,\omega^2 = \frac{G^2}{2\,T}$$

schreiben, so daß die Gleichung gilt

$$L = L' + L'' = L' + \frac{G^2}{2\,T}. \tag{33}$$

Da in dieser Gleichung L und G wegen des verschwindenden $\mathfrak{M}$ konstant bleiben müssen, muß L' um so größer sein, je größer T ist.

Wird also während der Bewegung des Körpers infolge der Verlagerung der Achse im Körper das Trägheitsmoment größer, dann wächst im bewegten Bezugssystem gemessen die kinetische Energie L', die potentielle Energie U der Trägheitskräfte nimmt also ab und umgekehrt. Die potentielle Energie hat demnach ein Minimum, wenn T ein Maximum hat.

Da nach § 20, 2. das stabile Gleichgewicht durch das Minimum der potentiellen Energie gekennzeichnet ist, folgt, daß der Körper im bewegten Bezugssystem dann und nur dann im stabilen Gleichgewicht ist, d. h., im Inertialsystem betrachtet, dann und nur dann mit konstanter Winkelgeschwindigkeit stabil um eine freie Achse rotieren kann, wenn diese Achse mit der Hauptträgheitsachse größten Trägheitsmomentes zusammenfällt. Kleine Störungen der Bewegung äußern sich in diesem Falle in einer Pendelung der Rotationsachse um diese Hauptträgheitsachse.

Da das Maximum der potentiellen Energie ein labiles Gleichgewicht kennzeichnet, kann eine gleichförmige Rotation um eine freie Achse auch dann erfolgen, wenn diese Achse die Hauptträgheitsachse kleinsten Trägheitsmomentes ist. Doch wird in diesem Falle eine noch so kleine Störung die Bewegung vollkommen verändern.

Ist schließlich das Trägheitsellipsoid eine Kugel, dann kann der Körper um jede Achse als freie Achse rotieren.

---

[1] Vgl. „Exp.-Physik" § 15.

8. Kreiselbewegung. Als Beispiel für eine Rotationsbewegung um einen festen Punkt, bei der das resultierende Moment der äußeren Kräfte $\mathfrak{M}$ von Null verschieden ist, betrachten wir noch die Bewegung eines schweren *Kreisels*. Er sei in bezug auf seine Achse, die gleichzeitig Hauptträgheitsachse mit maximalem Trägheitsmoment sein soll, rotationssymmetrisch gebaut. Erteilt man dem Kreisel um seine Achse eine bestimmte Winkelgeschwindigkeit ω und hält man das untere Ende der Achse fest, dann beschreibt sie, wie das Experiment lehrt[1], um die Vertikale durch diesen Punkt einen Kegelmantel mit der konstanten Winkelgeschwindigkeit Ω. Das Zustandekommen dieser *„Präzessionsbewegung"* läßt sich auf Grund der oben abgeleiteten allgemeinen Sätze verstehen und ihre Winkelgeschwindigkeit Ω berechnen.

Ist Ω klein gegen ω, dann fällt der Rotationsvektor der zusammengesetzten Bewegung, der sich gemäß Formel (11) § 11 aus den Rotationsvektoren von Ω und ω additiv zusammensetzt, in jedem Augenblick sehr angenähert mit der Kreiselachse zusammen. Wir wollen annehmen, daß dies genau erfüllt sei. Der Kreisel dreht sich dann in jedem Augenblick um die freie Achse größten Trägheitsmomentes, die Drehmomente der an ihm angreifenden Trägheitskräfte heben einander also stets auf.

Die Vertikalkomponente des gesamten Drehimpulses bleibt bei dieser Bewegung konstant, der Vektor der Horizontalkomponente $\mathfrak{G}$ dreht sich mit der konstanten Winkelgeschwindigkeit Ω herum und hat den konstanten Betrag $|\mathfrak{G}| = T\omega \sin\vartheta$, worin T das Trägheitsmoment des Kreisels um eine durch den festgehaltenen Endpunkt der Kreiselachse hindurchgehenden, zu ihr senkrecht stehenden Achse und ϑ den Winkel zwischen der Kreiselachse und der Vertikalen bedeutet. Der Vektor $\dot{\mathfrak{G}}$ steht daher stets senkrecht auf $\mathfrak{G}$ und dreht sich in der Horizontalebene ebenfalls mit der Winkelgeschwindigkeit Ω herum; sein Betrag ist

$$|\dot{\mathfrak{G}}| = |\mathfrak{G}|\Omega = T\omega\,\Omega \sin\vartheta. \tag{34}$$

Auf den Kreisel wirkt nun ein durch die Schwere hervorgerufenes Drehmoment $\mathfrak{M}$ ein, das in jedem Augenblick horizontal gerichtet ist, senkrecht auf $\mathfrak{G}$ steht und den Betrag

$$|\mathfrak{M}| = Mgs \,.\, \sin\vartheta \tag{35}$$

hat. Die Bewegungsgleichung (10) ist, wie man sieht, in jedem Augenblick für jede Richtung im Raume erfüllt; denn in der Vertikalrichtung ist die Komponente von $\mathfrak{M}$ gleich Null und der Drehimpuls ist, wie oben erwähnt wurde, konstant; in der Horizontalebene fällt die Richtung von $\mathfrak{M}$ mit der Richtung von $\dot{\mathfrak{G}}$ in jedem Augenblick zusammen und da die Beiträge konstant sind, genügt es, um die Bewegungsgleichung zu erfüllen, wenn man die Ausdrücke (34) und (35) einander gleich setzt, also verlangt, daß

$$\Omega = \frac{Mgs}{T\omega} = \frac{Mgs}{G} \tag{36}$$

gilt, worin G nach (9) den Drehimpuls um die Kreiselachse bedeutet.

Die beschriebene Präzessionsbewegung ist also mit den mechanischen Bewegungsgleichungen in der Tat verträglich und erfolgt mit der Winkelgeschwindigkeit (36). Macht man ω genügend groß, so ist Ω klein; die oben gemachte vereinfachende Annahme, daß Ω klein gegen ω sein soll, läßt sich also stets dadurch erfüllen, daß man die Winkelgeschwindigkeit der Kreiselrotation genügend groß macht. Ist diese Bedingung nicht erfüllt, dann fällt die Momentanrotationsachse des Kreisels mit seiner Hauptträgheitsachse nicht zusammen und wir erhalten daher eine Bewegung, die man nach 7. als eine Art Pendelung um die hier beschriebene Bewegung auffassen kann, die man *„Nutation"* nennt.

---

[1] Vgl. „Exp.-Physik", § 18.

Achtes Kapitel.

Mechanik elastischer Festkörper.

§ 22. Allgemeine Prinzipien der Statik elastischer Körper.

1. Der elastische Festkörper. Unter einem „*elastischen Festkörper*" verstehen wir im Gegensatz zu einem starren Körper ein materielles Punktsystem, das bei Abwesenheit äußerer Kräfte, unter der Wirkung der inneren Kräfte allein, eine bestimmte Gleichgewichtskonfiguration einnimmt; diese soll unter der Einwirkung äußerer Kräfte kleine Veränderungen erfahren, die allein durch diese Kräfte bestimmt und von der Vorgeschichte des Systems unabhängig sind. Wie sich durch den Versuch zeigen läßt[1], genügen die meisten Festkörper dieser Forderung, sofern die Deformationen gewisse Grenzen, die „*Elastizitätsgrenzen*" nicht überschreiten. Die beim Überschreiten der Elastizitätsgrenzen auftretenden Erscheinungen der „*Verformung*", der „*Plastizität*" und der „*elastischen Nachwirkung*" sollen hier keine Berücksichtigung finden[2].

Vom Standpunkte der Atomtheorie erscheint der Festkörper als ein aus Atomen zusammengesetztes Gebilde, die an bestimmte Lagen gebunden sind. Durch die Anordnung der Atome im Raume, die in der Regel durch ein „*Kristallgitter*"[3] beschrieben werden kann, ist der mechanische Zustand des Körpers bestimmt. Eine Deformation des Körpers wird beschrieben, indem für jedes Atom oder, allgemeiner, jeden Gitterbaustein die Verschiebung aus der normalen Ruhelage angegeben wird.

In makroskopischen Dimensionen können wir gemäß § 2, 2. den materiellen Körper als Kontinuum auffassen. Die Beschreibung der Deformationen eines solchen Körpers kann demnach mit den Hilfsmitteln der Kinematik der deformierbaren, kontinuierlichen Punktsysteme erfolgen, die wir in § 11, 3. und § 11, 4. kennengelernt haben.

Zur Herstellung einer Deformation in einem elastischen Körper ist erfahrungsgemäß eine Arbeit, die „*Deformationsarbeit*" erforderlich. Das heißt, daß in dem Körper durch die Deformation Kräfte geweckt werden, die bestrebt sind, die Deformation wieder rückgängig zu machen.

Vom Standpunkte der Atomtheorie wird das System dieser elastischen Kräfte beschrieben durch die Angabe der auf jeden einzelnen Gitterbaustein des Körpers wirkenden, durch die Verschiebung der Gitterbausteine hervorgerufenen Kraft.

Vom Standpunkte der Kontinuumtheorie werden die im Innern des Körpers wirkenden elastischen Kräfte beschrieben, indem man sich den Körper in kleine Volumenelemente eingeteilt denkt und für jedes Volumenelement dV in der Lage $\mathfrak{r}$ die darauf wirkende Kraft $\mathfrak{f} \cdot dV$ angibt. Die Beschreibung erfolgt also durch die Angabe des Vektorfeldes $\mathfrak{f}(\mathfrak{r})$, wobei $\mathfrak{f}$ die Bedeutung einer „Kraft pro Volumeneinheit" hat. Hierzu kommen nun noch die auf die Oberfläche des Körpers wirkenden elastischen Kräfte, die sich beschreiben lassen, indem man die Oberfläche in kleine Flächenelemente unterteilt denkt und für jedes solche Flächenelement dF in der Lage $\mathfrak{r}$ mit dem nach *innen* weisenden Normalvektor $\mathfrak{n}$ die darauf wirkende Kraft $\mathfrak{P} \cdot dF$ angibt. Die Beschreibung der Oberflächenkräfte erfolgt also durch die Vektorfunktion $\mathfrak{P}(\mathfrak{r}, \mathfrak{n})$. Die „Kraft pro Flächeneinheit" $\mathfrak{P}$ nennen wir die „*elastische Spannung*".

---

[1] Vgl. „Exp.-Physik", § 19.

[2] Vom experimentellen Standpunkte sind diese Erscheinungen in „Exp.-Physik", § 20 behandelt.

[3] Bezüglich der experimentellen Beweise hierfür und genauerer Einzelheiten vgl. „Exp.-Physik", § 21.

In diesem Lehrbuche wollen wir uns auf die Darstellung der klassischen Kontinuums-Elastizitätstheorie beschränken. Ihre Aufgabe besteht erstens in der Aufstellung des Zusammenhanges zwischen der Deformation und den elastischen Kräften und zweitens der Aufstellung von Gleichungen, aus denen sich feststellen läßt, welche Deformationen der Körper unter der Wirkung gegebener äußerer Kräfte erfährt. Die *Statik* der elastischen Körper untersucht speziell, wann das System der äußeren und der inneren elastischen Kräfte im Gleichgewichte ist, die *Dynamik* der elastischen Körper untersucht, welcher Bewegungszustand unter der Wirkung dieser Kräfte zustande kommt.

2. Die potentielle Energie der elastischen Deformation. Erfahrungsgemäß[1] ist ein elastischer Körper ein konservatives System. Jede Konfiguration ist also durch eine bestimmte potentielle Energie U gekennzeichnet und die Arbeit, um einen Körper aus einem Zustande A in einen Zustand B zu deformieren, ist gleich der Differenz der zugehörigen potentiellen Energien $U(B) - U(A)$. Nach § 11, 4. können wir jede Deformation als Superposition einer Bewegung und einer Verzerrung der einzelnen Volumenelemente des Körpers betrachten.

Da in einem festen Körper Bewegungen der Volumenelemente ohne gleichzeitige Verzerrung derselben nicht möglich sind, liegt es nahe anzunehmen, daß die potentielle Energie nur von dem Verzerrungsanteil der Deformation abhängt. Wir werden später sehen, daß diese Annahme zu Folgerungen führt, die mit der Erfahrung im Einklange sind, womit ihre Berechtigung erwiesen ist.

Da der Verzerrungszustand des Punktsystems durch die Angabe des Verzerrungstensors B in jedem Punkte des Kontinuums mit dem Radiusvektor $\mathfrak{r}$ bestimmt ist, wird gemäß dieser Überlegung die potentielle Energie eines Deformationszustandes durch die Angabe der Funktion $B(\mathfrak{r})$ bestimmt. Schreiben wir unter Einführung der kontinuierlichen Ortsfunktion $\Phi(\mathfrak{r})$ die potentielle Energie des Volumenelementes dV in der Form $\Phi(\mathfrak{r})\,dV$, dann wird $\Phi(\mathfrak{r})$ durch die Angabe des zum gleichen $\mathfrak{r}$ gehörigen $B(\mathfrak{r})$ vollkommen bestimmt. Φ soll sich also durch die Komponenten des Verzerrungstensors β_{xx}, β_{yy}, β_{zz}, β_{xy}, β_{xz}, β_{yz} eindeutig ausdrücken lassen. Die Größe Φ hat die Bedeutung einer „potentiellen Energie pro Volumeneinheit", wir nennen sie die „*Energiedichte*".

Da die potentielle Energie nur bis auf eine willkürliche Konstante definiert ist, können wir Φ stets so normieren, daß für den undeformierten Normalzustand des Körpers überall $\Phi = 0$ ist. Nach dem in 1. Gesagten soll dieser Normalzustand ein stabiler Gleichgewichtszustand sein, er stellt also gleichzeitig ein Minimum von Φ dar. Daraus folgt, daß die Funktion $\Phi(\beta)$ stets positiv sein muß. Entwickeln wir diese Funktion in eine Reihe nach Potenzen der β, dann müssen in dieser Entwicklung nach dem eben Gesagten die Glieder nullter und erster Ordnung wegfallen, sie beginnt also mit den Gliedern zweiter Ordnung, mit denen wir sie auch abbrechen können, da wir ja angenommen haben, daß die Deformationen klein seien. Φ erscheint demnach als homogene, quadratische Funktion in den β.

Wir wollen nun annehmen, daß der Körper in mechanischer Hinsicht „*isotrop*" sei, d. h. alle Richtungen in ihm vollkommen gleichberechtigt seien. (Auf die Besprechung der wesentlich komplizierteren Elastizitätstheorie der „*anisotropen*" Körper, insbesondere der Kristalle, müssen wir hier verzichten.) Wir müssen dann fordern, daß $\Phi(\beta)$ bei einer beliebigen Drehung des Koordinatensystems invariant bleibe. Wir haben also zunächst zu untersuchen, wie eine homogene, quadratische Form beschaffen sein muß, damit sie gegenüber beliebigen Drehungen des Koordinatensystems invariant sei.

---

[1] Vgl. „Exp.-Physik", § 19.

Nach §4, 4. sind die Koeffizienten in der Gleichung (15) §4 gegenüber Drehungen des Koordinatensystems invariant. Von ihnen ist der Koeffizient des linearen Gliedes vom zweiten Grad und der des quadratischen Gliedes linear, sein Quadrat also ebenfalls vom zweiten Grad. Der Koeffizient des Gliedes nullter Ordnung kommt nicht in Betracht, da er vom dritten Grade in den β ist. Die beiden Ausdrücke

$$(\beta_{xx}+\beta_{yy}+\beta_{zz})^2 \tag{1}$$

und

$$\begin{vmatrix} \beta_{xx} & \beta_{xy} \\ \beta_{yx} & \beta_{yy} \end{vmatrix} + \begin{vmatrix} \beta_{xx} & \beta_{xz} \\ \beta_{zx} & \beta_{zz} \end{vmatrix} + \begin{vmatrix} \beta_{yy} & \beta_{yz} \\ \beta_{zy} & \beta_{zz} \end{vmatrix} = (\beta_{xx}\beta_{yy}+\beta_{xx}\beta_{zz}+\beta_{yy}\beta_{zz})-(\beta_{xy}^2+\beta_{xz}^2+\beta_{yz}^2) \tag{2}$$

haben also die gewünschte Invarianzeigenschaft und jede Form zweiten Grades in den β, die diese Eigenschaft ebenfalls haben soll, muß eine lineare Kombination der Ausdrücke (1) und (2) sein.

Unter den oben gemachten Voraussetzungen hat demnach die Energiedichte in einem isotropen, deformierten, elastischen Körper die folgende Gestalt:

$$\Phi(B) = a \left\{ b\,(\beta_{xx}+\beta_{yy}+\beta_{zz})^2 + (\beta_{xy}^2+\beta_{xz}^2+\beta_{yz}^2 - \beta_{xx}\beta_{yy} - \beta_{xx}\beta_{zz} - \beta_{yy}\beta_{zz}) \right\}, \tag{3}$$

worin a und b Konstanten sind. Nun haben wir aber weiter noch verlangt, daß Φ stets positiv, d. h. die quadratische Form (3) positiv definit sein soll. Formt man die rechte Seite wie folgt um:

$$\Phi(B) = a \left\{ \left(b-\frac{1}{2}\right)(\beta_{xx}+\beta_{yy}+\beta_{zz})^2 + \frac{1}{2}\,(\beta_{xx}^2+\beta_{yy}^2+\beta_{zz}^2) + (\beta_{xy}^2+\beta_{xz}^2+\beta_{yz}^2) \right\},$$

dann sieht man sofort, daß die notwendige und hinreichende Bedingung hiefür lautet:

$$a > 0, \qquad b \geqq \frac{1}{2}. \tag{4}$$

Im Hinblick auf die späteren Anwendungen führen wir statt der Konstanten a und b die Konstanten E und μ durch die Gleichungen

$$a = \frac{E}{\mu+1}, \qquad b = \frac{\mu-1}{2\,(2\mu-1)} \tag{5}$$

ein. Setzen wir fest, daß $E > 0$ sein möge, dann folgt aus den Bedingungen (4) für μ die Ungleichung

$$0 \leqq \mu \leqq \frac{1}{2}. \tag{6}$$

Das elastische Verhalten eines isotropen Körpers wird im Sinne der hier entwickelten Kontinuumtheorie durch die Angabe der beiden „Materialkonstanten" E und μ an jeder Stelle des Körpers vollkommen bestimmt. In einem „homogenen" Körper haben E und μ überall die gleichen Werte. Die Atomtheorie der Festkörper sucht die Größen E und μ auf andere, auf die Atome bezügliche Größen, wie ihre Anordnung im Kristallgitter und die Anordnung der Elektronen in den Atomen zurückzuführen.

Ist E sehr groß, dann wird Φ bereits für sehr kleine Deformationen außerordentlich groß und im Grenzfalle für $E = \infty$ wird der Körper überhaupt nicht deformierbar, da für eine jede endliche Deformation eine unendlich große Arbeit geleistet werden müßte. Der im Kapitel VII behandelte „starre Körper" ist also nichts anderes als der Grenzfall eines elastischen Körpers mit $E = \infty$.

3. Der Tensor der elastischen Spannung. In Verallgemeinerung des bei einem einzigen Massenpunkt gültigen Vorganges, wo man die Kraftkomponenten den Ableitungen der potentiellen Energie U nach den Koordinaten proportional setzt (vgl. § 18, 4.), liegt es nahe, den „elastischen Spannungszustand" des deformierten

Körpers durch die Ableitungen von Φ nach den Komponenten des Verzerrungstensors zu kennzeichnen.

Setzen wir

$$\tau_{xx} = \frac{\partial \Phi}{\partial \beta_{xx}}, \qquad \tau_{yy} = \frac{\partial \Phi}{\partial \beta_{yy}}, \qquad \tau_{zz} = \frac{\partial \Phi}{\partial \beta_{zz}} \left.\begin{array}{c}\\\\\end{array}\right\}$$
$$2\,\tau_{xy} = \frac{\partial \Phi}{\partial \beta_{xy}}, \quad 2\,\tau_{xz} = \frac{\partial \Phi}{\partial \beta_{xz}}, \quad 2\,\tau_{yz} = \frac{\partial \Phi}{\partial \beta_{yz}} \qquad (7)$$

dann bilden die sechs Größen $\tau_{xx}, \ldots, \tau_{yz}$ die Komponenten eines symmetrischen Tensors T, den wir den „*Spannungstensor*" nennen wollen. Seine Komponenten haben, wie man aus (7) sieht, die Dimension: Kraft/Fläche. Genaueres hierüber und die Beziehungen zu den in 1. eingeführten elastischen Kräften werden wir später kennenlernen.

Durch die Gleichungen (7) in Verbindung mit dem Ausdrucke (3) für die Energiedichte sind die beiden Tensoren B und T miteinander verknüpft, indem sich die Komponenten von T linear durch die Komponenten von B wie folgt ausdrücken:

$$\begin{aligned}
\tau_{xx} &= a\,[2b\beta_{xx} + (2b-1)\,(\beta_{yy}+\beta_{zz})], & \tau_{xy} &= a\beta_{xy} \\
\tau_{yy} &= a\,[2b\beta_{yy} + (2b-1)\,(\beta_{xx}+\beta_{zz})], & \tau_{xz} &= a\beta_{xz} \\
\tau_{zz} &= a\,[2b\beta_{zz} + (2b-1)\,(\beta_{xx}+\beta_{yy})], & \tau_{yz} &= a\beta_{yz}.
\end{aligned} \qquad (8)$$

Die Auflösung des Gleichungssystems (8) nach den β ergibt, wenn wir darin statt a und b die Größen E und μ gemäß (5) einführen,

$$\begin{aligned}
\beta_{xx} &= \frac{1}{E}\,[\tau_{xx} - \mu\,(\tau_{yy}+\tau_{zz})], & \beta_{xy} &= \frac{\mu+1}{E}\,\tau_{xy} \\[2mm]
\beta_{yy} &= \frac{1}{E}\,[\tau_{yy} - \mu\,(\tau_{xx}+\tau_{zz})], & \beta_{xz} &= \frac{\mu+1}{E}\,\tau_{xz} \\[2mm]
\beta_{zz} &= \frac{1}{E}\,[\tau_{zz} - \mu\,(\tau_{xx}+\tau_{yy})], & \beta_{yz} &= \frac{\mu+1}{E}\,\tau_{yz}
\end{aligned} \qquad (9)$$

4. Die bei einer unendlich kleinen Deformation geleistete Arbeit. Nehmen wir an dem betrachteten elastischen Körper eine infinitesimale Änderung der Deformation vor, die einer Änderung von B um δB entspricht, dann ändert sich die Energiedichte Φ um $\delta\Phi$ wie folgt:

$$\delta\Phi = \frac{\partial \Phi}{\partial \beta_{xx}}\,\delta\beta_{xx} + \frac{\partial \Phi}{\partial \beta_{yy}}\,\delta\beta_{yy} + \frac{\partial \Phi}{\partial \beta_{zz}}\,\delta\beta_{zz} +$$
$$+ \frac{\partial \Phi}{\partial \beta_{xy}}\,\delta\beta_{xy} + \frac{\partial \Phi}{\partial \beta_{xz}}\,\delta\beta_{xz} + \frac{\partial \Phi}{\partial \beta_{yz}}\,\delta\beta_{yz}. \qquad (10)$$

Setzen wir hierin für die Ableitungen von Φ nach den Komponenten von B die Größen τ gemäß (7) ein und berücksichtigen, daß nach (27) § 11 die Größen $\delta\beta$ sich durch den Deformationsvektor $\mathfrak{D}$ in folgender Weise ausdrücken:

$$\delta\beta_{xx} = \frac{\partial}{\partial x}\,\delta D_x, \quad \delta\beta_{yy} = \frac{\partial}{\partial y}\,\delta D_y, \quad \delta\beta_{zz} = \frac{\partial}{\partial z}\,\delta D_z,$$
$$\delta\beta_{xy} = \frac{1}{2}\left(\frac{\partial}{\partial y}\,\delta D_x + \frac{\partial}{\partial x}\,\delta D_y\right), \quad \delta\beta_{xz} = \frac{1}{2}\left(\frac{\partial}{\partial z}\,\delta D_x + \frac{\partial}{\partial x}\,\delta D_z\right),$$
$$\delta\beta_{yz} = \frac{1}{2}\left(\frac{\partial}{\partial z}\,\delta D_y + \frac{\partial}{\partial y}\,\delta D x\right),$$

dann erhalten wir

$$\delta\Phi = \tau_{xx}\frac{\partial}{\partial x}\,\delta D_x + \tau_{xy}\frac{\partial}{\partial y}\,\delta D_x + \tau_{xz}\frac{\partial}{\partial z}\,\delta D_x + \tau_{yx}\frac{\partial}{\partial x}\,\delta D_y + \tau_{yy}\frac{\partial}{\partial y}\,\delta D_y +$$
$$+ \tau_{yz}\frac{\partial}{\partial z}\,\delta D_y + \tau_{zx}\frac{\partial}{\partial x}\,\delta D_z + \tau_{zy}\frac{\partial}{\partial y}\,\delta D_z + \tau_{zz}\frac{\partial}{\partial z}\,\delta D_z. \qquad (11)$$

Wir führen zur Vereinfachung der Schreibweise die „Vektorkomponenten" t_x, t_y, t_z des Tensors T (vgl. § 4, 2.) ein. t_x hat hierbei die Komponenten τ_{xx}, τ_{xy}, τ_{xz}, t_y die Komponenten τ_{yx}, τ_{yy}, τ_{yz} und t_z die Komponenten τ_{zx}, τ_{zy}, τ_{zz}. Der Ausdruck (11) kann dann folgendermaßen geschrieben werden:

$$\delta\Phi = t_x \cdot \operatorname{grad} \delta D_x + t_y \cdot \operatorname{grad} \delta D_y + t_z \cdot \operatorname{grad} \delta D_z. \tag{12}$$

Die auf der rechten Seite dieser Gleichung stehenden skalaren Produkte lassen sich nach Formel (22) § 6 umformen, so daß man erhält

$$\delta\Phi = \operatorname{div}\,(t_x \delta D_x + t_y \delta D_y + t_z \delta D_z) - (\delta D_x \operatorname{div} t_x + \delta D_y \operatorname{div} t_y + \delta D_z \operatorname{div} t_z). \tag{13}$$

Für die gesamte, von den elastischen Kräften bei der unendlich kleinen Deformation an dem Körper geleistete Arbeit δA erhalten wir durch Integration des Ausdruckes (13) über das ganze Volumen

$$\delta A = -\iiint \delta\Phi\, dV = -\iiint \operatorname{div}\,(t_x \delta D_x + t_y \delta D_y + t_z \delta D_z)\, dV +$$

$$+ \iiint (\delta D_x \operatorname{div} t_x + \delta D_y \operatorname{div} t_y + \delta D_z \operatorname{div} t_z)\, dV. \tag{14}$$

Das erste der beiden, auf der rechten Seite von (14) stehenden Volumenintegrale kann man nach dem GAUSSschen Satz § 6, 6. in ein Integral über die Oberfläche des Körpers verwandeln und erhält

$$\iiint \operatorname{div}\,(t_x \delta D_x + t_y \delta D_y + t_z \delta D_z)\, dV = \iint (t_x \delta D_x + t_y \delta D_y + t_z \delta D_z)_n\, dF =$$

$$= -\iint [\delta D_x (t_x \mathfrak{n}) + \delta D_y (t_y \mathfrak{n}) + \delta D_z (t_z \mathfrak{n})]\, dF = -\iint (P_x \delta D_x + P_y \delta D_y +$$

$$+ P_z \delta D_z)\, dF = -\iint (\mathfrak{P} \delta \mathfrak{D})\, dF, \tag{15}$$

worin $\mathfrak{n}$ den *nach innen* weisenden Einheitsvektor der Normalen des Flächenelementes dF und $\mathfrak{P}$ einen Vektor mit den Komponenten P_x, P_y, P_z bedeutet, die durch die Gleichungen

$$\left.\begin{aligned}
P_x &= t_x \cdot \mathfrak{n} = \tau_{xx}\, n_x + \tau_{xy}\, n_y + \tau_{xz}\, n_z \\
P_y &= t_y \cdot \mathfrak{n} = \tau_{yx}\, n_x + \tau_{yy}\, n_y + \tau_{yz}\, n_z \\
P_z &= t_z \cdot \mathfrak{n} = \tau_{zx}\, n_x + \tau_{zy}\, n_y + \tau_{zz}\, n_z
\end{aligned}\right\} \tag{16}$$

definiert sind. Sie bedeuten, daß die Vektoren $\mathfrak{P}$ und $\mathfrak{n}$ durch eine lineare Vektorfunktion miteinander verbunden sind, die in der Sprache der Tensorrechnung einfach in der Form (5) § 4

$$\mathfrak{P} = T \cdot \mathfrak{n} \tag{17}$$

geschrieben werden kann.

Das zweite Volumenintegral auf der rechten Seite von (14) kann in der Form

$$\iiint (\delta D_x \operatorname{div} t_x + \delta D_y \operatorname{div} t_y + \delta D_z \operatorname{div} t_z)\, dV = \iiint (\delta D_x f_x + \delta D_y f_y + \delta D_z f_z)\, dV =$$

$$= \iiint (\mathfrak{f} \delta \mathfrak{D})\, dV \tag{18}$$

geschrieben werden, worin der Vektor $\mathfrak{f}$ mit den Komponenten f_x, f_y, f_z durch die Gleichungen

$$\left.\begin{aligned}
f_x &= \operatorname{div} t_x = \frac{\partial \tau_{xx}}{\partial x} + \frac{\partial \tau_{xy}}{\partial y} + \frac{\partial \tau_{xz}}{\partial z} \\[4pt]
f_y &= \operatorname{div} t_y = \frac{\partial \tau_{yx}}{\partial x} + \frac{\partial \tau_{yy}}{\partial y} + \frac{\partial \tau_{yz}}{\partial z} \\[4pt]
f_z &= \operatorname{div} t_z = \frac{\partial \tau_{zx}}{\partial x} + \frac{\partial \tau_{zy}}{\partial y} + \frac{\partial \tau_{zz}}{\partial z}
\end{aligned}\right\} \tag{19}$$

definiert ist.

Nach (14), (15) und (18) erscheint nun schließlich δA in der einfachen Gestalt

$$\delta A = \int \int (\mathfrak{P} \cdot \delta \mathfrak{D})\, dF + \int \int \int (\mathfrak{f} \cdot \delta \mathfrak{D})\, dV. \tag{20}$$

5. Die Beziehungen zwischen dem Spannungstensor und den elastischen Kräften. Aus der Formel (20) kann die Beziehung zwischen dem Tensor T der elastischen Spannung und den in 1. eingeführten elastischen Kräften unmittelbar abgesehen werden. Der erste Term ist nämlich offenbar die Arbeit, welche bei der betrachteten Deformation von denjenigen Kräften geleistet wird, die an den Flächenelementen der Oberfläche des Körpers angreifen, der zweite Term die Arbeit, welche von den Kräften geleistet wird, die an den Volumenelementen im Innern des Körpers angreifen. Da $\delta \mathfrak{D}$ der Vektor der Verschiebung des betreffenden Flächen- bzw. Volumenelementes ist, muß demnach der Vektor $\mathfrak{P}$ mit dem in 1. eingeführten Spannungsvektor, der Vektor $\mathfrak{f}$ mit der ebenda eingeführten Volumenkraft identisch sein. Die Gleichungen (17) und (19) geben die Anweisungen, wie man diese Vektoren aus den Komponenten des Spannungstensors berechnet, sie stellen also die gesuchte Verknüpfung zwischen diesem Tensor und den elastischen Kräften dar.

Erweitert man den Definitionsbereich der Gleichung (17) auch auf das Innere des elastischen Körpers, indem man setzt:

$$\mathfrak{P}\,(\mathfrak{r},\, \mathfrak{n}) = T\,(\mathfrak{r}) \cdot \mathfrak{n}, \tag{21}$$

dann gewinnt man eine anschauliche Vorstellung von der Bedeutung des Spannungstensors: Auf jedes Flächenelement dF im Innern des Körpers mit dem Radiusvektor $\mathfrak{r}$ und der Normalenrichtung $\mathfrak{n}$ wirken zwei Kräfte $\mathfrak{P}\,(\mathfrak{r},\, \mathfrak{n})\, dF$ nach zwei entgegengesetzten Richtungen in gleicher Stärke, da die Vertauschung von $\mathfrak{n}$ in $-\mathfrak{n}$ in (21) auch das Vorzeichen von $\mathfrak{P}$ umkehrt. Dies rechtfertigt auch die Bezeichnung „Spannung", da ja z. B. ein Seil von zwei in entgegengesetzter Richtung wirkenden, gleich großen Kräften „gespannt" wird.

6. Ein Satz über die elastischen Kräfte. Um die Resultierende der gesamten inneren, d. h. der elastischen Kräfte auf den festen Körper zu erhalten, müssen wir die sämtlichen auf die Volumenelemente des Innern und die Flächenelemente der Oberfläche wirkenden Kräfte addieren, erhalten also

$$\mathfrak{K} = \int \int \int \mathfrak{f}\, dV + \int \int \mathfrak{P}\, dF. \tag{22}$$

Bildet man die x-Komponente von (22), so ergibt sich mit Benutzung der Formeln (19) und (16) und Anwendung des GAUSSschen Satzes

$$K_x = \int \int \int \operatorname{div} \mathfrak{t}_x\, dV + \int \int (\mathfrak{t}_x \cdot \mathfrak{n})\, dF = 0.$$

Ebenso kann man natürlich auch das Verschwinden der y- und der z-Komponente von $\mathfrak{K}$ nachweisen. Die Resultierende der inneren Kräfte ist also stets gleich Null.

Für das resultierende Moment der elastischen Kräfte ergibt sich analog

$$\mathfrak{M} = \int \int \int (\mathfrak{r} \times \mathfrak{f})\, dV + \int \int (\mathfrak{r} \times \mathfrak{P})\, dF. \tag{23}$$

Bildet man auch hier wiederum die x-Komponente, so erhält man ebenfalls mit Benutzung der Formeln (19), (16), (20) § 3 und (22) § 6 sowie Anwendung des GAUSSschen Satzes

$$M_x = \int \int \int (y \operatorname{div} \mathfrak{t}_z - z \operatorname{div} \mathfrak{t}_y)\, dV + \int \int (y\, \mathfrak{t}_z \cdot \mathfrak{n} - z\, \mathfrak{t}_y \cdot \mathfrak{n})\, dF =$$

$$= \int \int \int \{(y \operatorname{div} \mathfrak{t}_z - z \operatorname{div} \mathfrak{t}_y) - \operatorname{div} (y\, \mathfrak{t}_z - z\, \mathfrak{t}_y)\}\, dV =$$

$$= \int \int \int (\mathfrak{t}_y \operatorname{grad} z - \mathfrak{t}_z \operatorname{grad} y)\, dV = \int \int \int (\tau_{yz} - \tau_{zy})\, dV = 0.$$

Die gleiche Rechnung ergibt auch das Verschwinden der y- und z-Komponente von $\mathfrak{M}$. Das resultierende Moment der inneren Kräfte ist also ebenfalls gleich Null.

Das Verschwinden von $\mathfrak{K}$ und $\mathfrak{M}$ zieht, wie in § 18, 2. und § 18, 3. gezeigt wurde, die Gültigkeit der Sätze von der Erhaltung des linearen und des Drehimpulses bei Abwesenheit von *äußeren* Kräften nach sich. Da diese Sätze durch die Erfahrung durchwegs bestätigt werden, haben wir damit für unsere grundlegende unter 2. formulierte Annahme, daß die Energiedichte ausschließlich von den Verzerrungen abhängt, was die Symmetrie des Spannungstensors zwangsläufig nach sich zieht, eine Rechtfertigung erhalten.

§ 23. Statik elastischer Körper.

1. Die Bedingungen für das Gleichgewicht eines elastischen Körpers. Soll ein elastischer Körper unter der Wirkung von äußeren an ihm angreifenden Kräften im Gleichgewicht bleiben, dann muß gefordert werden, daß sich die äußeren und inneren Kräfte an jedem Volumenelement des Innern und an jedem Flächenelement der Oberfläche aufheben. Nennen wir die „äußere Kraft pro Volumeneinheit" $\mathfrak{f}^*$ und die „äußere Kraft pro Flächeneinheit" der Oberfläche $\mathfrak{P}^*$, dann erhalten wir die folgenden Gleichgewichtsbedingungen: für das Innere des Körpers

$$\mathfrak{f}^* + \mathfrak{f} = 0 \tag{1}$$

oder in Komponentenzerlegung mit Benutzung von (19) § 22

$$\left. \begin{array}{l} f_x^* + \dfrac{\partial \tau_{xx}}{\partial x} + \dfrac{\partial \tau_{xy}}{\partial y} + \dfrac{\partial \tau_{xz}}{\partial z} = 0 \\[2ex] f_y^* + \dfrac{\partial \tau_{yx}}{\partial x} + \dfrac{\partial \tau_{yy}}{\partial y} + \dfrac{\partial \tau_{yz}}{\partial z} = 0 \\[2ex] f_z^* + \dfrac{\partial \tau_{zx}}{\partial x} + \dfrac{\partial \tau_{zy}}{\partial y} + \dfrac{\partial \tau_{zz}}{\partial z} = 0 \end{array} \right\} \tag{2}$$

für die Oberfläche des Körpers

$$\mathfrak{P}^* + \mathfrak{P} = 0 \tag{3}$$

oder in Komponentenzerlegung mit Benutzung von (16) § 22

$$\left. \begin{array}{l} P_x^* + \tau_{xx}\, n_x + \tau_{xy}\, n_y + \tau_{xz}\, n_z = 0 \\[1ex] P_y^* + \tau_{yx}\, n_x + \tau_{yy}\, n_y + \tau_{yz}\, n_z = 0 \\[1ex] P_z^* + \tau_{zx}\, n_x + \tau_{zy}\, n_y + \tau_{zz}\, n_z = 0 \end{array} \right\} \tag{4}$$

Drückt man in den Gleichungen (2) und (4) die Komponenten des Spannungstensors T gemäß den Gleichungen (8) § 22 durch die des Verzerrungstensors B aus, dann stellt das Gleichungssystem (2) ein System von Differentialgleichungen für die Größen β dar, die unter den Randbedingungen (4) zu integrieren sind. Die Lösung dieses *Randwertproblems der Elastizitätstheorie*, von dem sich, ähnlich wie dies bei der Besprechung des Randwertproblems der Potentialtheorie § 7, 6. geschehen ist, die Eindeutigkeit nachweisen läßt, liefert für das ganze Innere und die Oberfläche des betrachteten Körpers B ($\mathfrak{r}$). Hieraus kann dann schließlich durch eine neuerliche Integration vermöge der Gleichungen (27) § 11 der Deformationsvektor in jedem Punkte des Körpers, also die Vektorfunktion $\mathfrak{D}$ ($\mathfrak{r}$) ermittelt werden, womit die Aufgabe, die Deformation des Körpers unter der Wirkung der an ihm angreifenden Kräfte zu finden, vollkommen erledigt ist.

2. Dehnung eines homogenen Balkens. Als erstes Spezialproblem untersuchen wir die Deformation, die ein prismatischer Balken von der Länge L und den Querschnittsdimensionen A und B erfährt, wenn seine obere Fläche fest eingespannt ist (Abb. 63) und auf seine untere Fläche die konstante Spannung P in der Richtung von L wirkt. Von der Wirkung der Schwere auf die Teilchen des Balkens selbst wollen wir absehen, also $\mathfrak{f}^* = 0$ setzen.

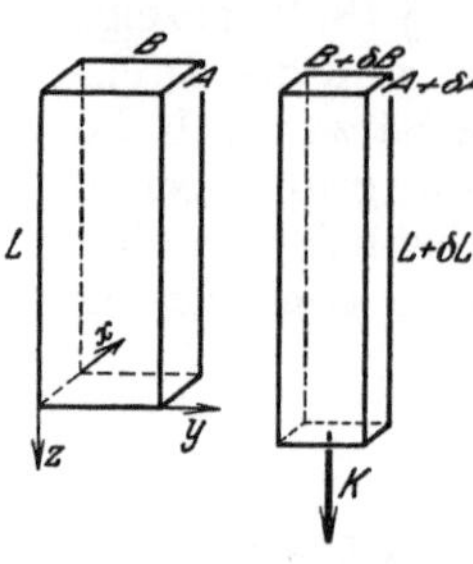

Abb. 63.

Die Gleichungen (2) können dann offenbar befriedigt werden, wenn man im ganzen Körper T konstant ansetzt. Legen wir das Koordinatensystem so, daß die x-Achse mit A, die y-Achse mit B und die z-Achse mit L zusammenfällt, dann lassen sich die Randbedingungen so formulieren: An den Seitenflächen des Balkens verschwinden die Spannungen, an der unteren Fläche ist $P_z^* = P$, $P_x^* = P_y^* = 0$.

Die Gleichungen (4) lassen sich unter diesen Randbedingungen bei konstantem T in der Tat erfüllen, wenn man setzt

$$\tau_{zz} = P, \quad \tau_{xx} = \tau_{yy} = \tau_{xy} = \tau_{xz} = \tau_{yz} = 0, \tag{5}$$

womit die oben gemachte Annahme über die Konstanz von T innerhalb des Balkens nachträglich gerechtfertigt ist.

Aus den Gleichungen (9) § 22 folgt nun vermöge (5)

$$\beta_{zz} = \frac{1}{E}\tau_{zz} = \frac{P}{E}, \quad \beta_{xx} = \beta_{yy} = -\frac{\mu}{E}\tau_{zz} = -\frac{\mu}{E}P, \quad \beta_{xy} = \beta_{xz} = \beta_{yz} = 0. \tag{6}$$

Der Tensor B hat also, wie man sieht, in dem verwendeten Koordinatensystem seine Hauptachsenform. Nach § 11, 3. besteht die Deformation aus einer Dehnung in der Richtung der Koordinatenachsen, d. h. in der Richtung der Kanten des Balkens. Nennen wir δL, δA, δB die Veränderungen von L, A und B bei dieser Dehnung, dann folgt aus (23) § 11

$$\delta L = \beta_{zz} L, \quad \delta A = \beta_{xx} A, \quad \delta B = \beta_{yy} B \tag{7}$$

und daher schließlich wegen (6) und (7)

$$\frac{\delta L}{L} = \frac{1}{E}P, \quad \frac{\delta A}{A} = \frac{\delta B}{B} = -\frac{\mu}{E}P = -\mu\frac{\delta L}{L}. \tag{8}$$

Die Formeln (8) drücken aus, daß erstens die relative Längenänderung des Balkens der Kraft pro Flächeneinheit der Endfläche proportional ist, ein Gesetz, das als „HOOKEs*ches Gesetz*" bezeichnet und durch die Erfahrung bestätigt wird[1]. Gleichzeitig sehen wir, daß die Konstante E nichts anderes ist als der „*Elastizitätsmodul*" des Balkenmaterials. Zweitens erkennt man aus (8), daß mit der Längenvergrößerung eine „*Querkontraktion*" des Balkens Hand in Hand geht, was ebenfalls durch die Erfahrung bestätigt wird[1]. Die Konstante μ erscheint als das Verhältnis der relativen Querkontraktion zur relativen Längsdehnung, ist also nichts anderes als der „POISSON*sche Koeffizient*", der in der Tat, wie das Experiment lehrt, der Ungleichung (6) § 22 genügt, d. h. zwischen 0 und 1/2 gelegen ist[1].

3. Kompression. Als nächstes Problem untersuchen wir, wie sich das Volumen eines homogenen Körpers verändert, wenn auf seine Oberfläche überall senkrecht zu ihr der Druck (Kraft pro Flächeneinheit) p wirkt und die Wirkung der Schwere auf die Volumenelemente des Körpers wieder vernachlässigt wird. Die Lösung gestaltet sich am einfachsten, wenn man dem Körper wie in dem vorhergehenden Beispiel, die Gestalt eines rechtwinkeligen Prismas gibt. Die Gleichungen (2) und (4) lassen sich unter den erwähnten Randbedingungen erfüllen, wenn man im ganzen Innern und an der Oberfläche setzt

$$\tau_{xx} = \tau_{yy} = \tau_{zz} = -p, \quad \tau_{xy} = \tau_{xz} = \tau_{yz} = 0. \tag{9}$$

---

[1] Vgl. „Exp.-Physik", § 19.

Aus (9) und (9) § 22 folgt für die Komponenten des Verzerrungstensors

$$\beta_{xx} = \beta_{yy} = \beta_{zz} = -\frac{1-2\mu}{E}\, p, \qquad \beta_{xy} = \beta_{xz} = \beta_{yz} = 0. \tag{10}$$

Die Kantenlängen erfahren also die relativen Verkürzungen $\frac{1-2\mu}{E}\, p$ und daher erfährt das Volumen V, da wir uns ja von vornherein auf kleine Deformationen beschränkt haben, eine relative Verminderung vom Betrage

$$\left|\frac{\delta V}{V}\right| = C \cdot p = \frac{3\,(1-2\mu)}{E}\, p. \tag{11}$$

Hier ist C die „*Kompressibilität*" der Substanz, die sich, wie die Formel (11) zeigt, durch die Größen E und μ ausdrücken läßt. Sie ist gleich Null, der Körper also „*inkompressibel*", wenn μ seinen Maximalwert $1/2$ annimmt.

4. Scherung. Während für die unter 2. behandelte Dehnung das Verschwinden der Komponenten des Spannungs- und Verzerrungstensors mit gemischten Indizes charakteristisch ist, wollen wir als „*Scherung*" eine Deformation bezeichnen, bei der die Komponenten mit zwei gleichen Indizes verschwinden.

Wir legen wieder ein aus einem homogenen Material verfertigtes Prisma zugrunde und verwenden das gleiche Koordinatensystem, wie unter 2. (Abb. 64). Wir gehen jedoch diesmal den entgegengesetzten Weg, indem wir von dem Ansatz

$$\beta_{xy} = \text{const}, \ \ \beta_{xx} = \beta_{yy} = \beta_{zz} = \beta_{xz} = \beta_{yz} = 0 \tag{12}$$

für die Verzerrung ausgehen und fragen, durch welche an der Oberfläche angreifenden Kräfte diese Deformation hervorgerufen wird.

Aus den Gleichungen (9) § 22 folgt wegen (12)

$$\tau_{xy} = \frac{E}{\mu+1}\,\beta_{xy}, \qquad \tau_{xx} = \tau_{yy} = \tau_{zz} = \tau_{xz} = \tau_{yz} = 0, \tag{13}$$

was in die Gleichgewichtsbedingungen (2) und (4) eingesetzt ergibt:

im ganzen Innern des Körpers, $\qquad \mathfrak{f}^* = 0$

$$P_y^* = \pm\,\tau_{xy}, \qquad P_x^* = P_z^* = 0$$

an der oberen bzw. unteren Begrenzungsfläche,

$$P_x^* = \pm\,\tau_{xy}, \qquad P_y^* = P_z^* = 0$$

an der rechten bzw. linken Begrenzungsfläche und schließlich

$$P_x^* = P_y^* = P_z^* = 0$$

an der vorderen und hinteren Begrenzungsfläche des Prismas.

Auf die Seitenflächen des Körpers wirken also Tangentialkräfte, sogenannte „*Schubspannungen*" ein, die in dem betrachteten Fall alle den gleichen Betrag τ_{xy} haben und deren Richtung in dem rechten Teil der Abb. 64 eingezeichnet ist.

Die Annahme (12) über den Verzerrungstensor kann nach (27) § 11 realisiert werden, wenn man setzt

$$D_y = 2\beta_{xy} \cdot x, \qquad D_x = D_z = 0, \tag{14}$$

was, wie die Abb. 64 zeigt, darauf hinausläuft, daß alle in der x-Richtung laufenden Fasern des Körpers parallel zur x-y-Ebene um einen Winkel

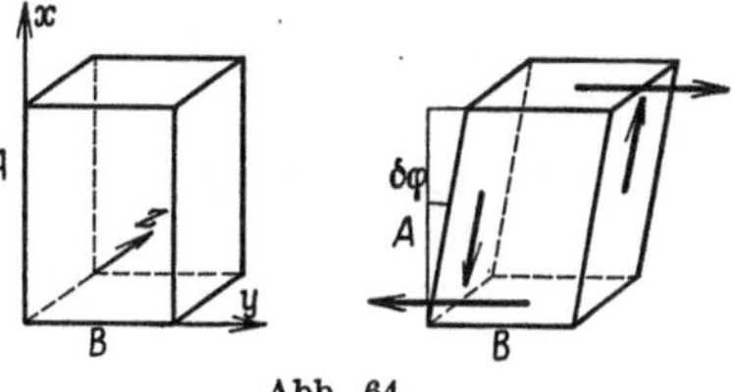

Abb. 64.

$$\delta\varphi = \frac{D_y}{x} = 2\beta_{xy} = \frac{2\,(\mu+1)}{E}\,\tau_{xy} = \frac{1}{G}\,\tau_{xy} \tag{15}$$

gedreht werden.

Die Konstante G führt den Namen „*Scherungsmodul*" oder „*Torsionsmodul*".
Zwischen Scherungsmodul, Elastizitätsmodul und Poissonscher Konstanten
besteht nach (15) die experimentell[1] nachprüfbare Beziehung

$$G = \frac{E}{2\,(\mu+1)}. \tag{16}$$

5. Torsion eines zylindrischen Stabes. Unter der „*Torsion*" eines zylindrischen,
aus einem elastischen Material hergestellten Stabes wollen wir eine Deformation
verstehen, bei der jeder senkrecht zur Achse gelegte Querschnitt durch den
Zylinder als Ganzes eine Verdrehung um einen Winkel φ erfährt.

Wir lassen die Zylinderachse mit der z-Achse zusammenfallen und nennen L
die Länge des Zylinders und R seinen Radius. Jeder Punkt erfährt bei der Torsion eine Verschiebung, die durch den Deformationsvektor

$$\mathfrak{D} = \mathfrak{a}\varphi \times \mathfrak{r} \quad (D_x = -\varphi y,\; D_y = \varphi x,\; D_z = 0) \tag{17}$$

beschrieben wird, worin $\mathfrak{a}$ der Einheitsvektor in der z-Richtung, $\mathfrak{r}$ der Radiusvektor in der x-y-Ebene und φ eine noch zu bestimmende Funktion von z
allein ist.

Aus (17) folgt für die Komponenten des Verzerrungstensors nach (27) § 11

$$\beta_{xx} = \beta_{yy} = \beta_{zz} = \beta_{xy} = 0, \qquad \beta_{xz} = -\frac{1}{2}\,y\,\frac{d\varphi}{dz}, \qquad \beta_{yz} = \frac{1}{2}\,x\,\frac{d\varphi}{dz}. \tag{18}$$

Aus (18) ergeben sich die Komponenten des Spannungstensors mit Benutzung
von (16) und (9) § 22 zu

$$\tau_{xx} = \tau_{yy} = \tau_{zz} = \tau_{xy} = 0, \qquad \tau_{xz} = 2\,G\cdot\beta_{xz} = -G\,y\,\frac{d\varphi}{dz}, \qquad \tau_{yz} = G\,x\,\frac{d\varphi}{dz}. \tag{19}$$

Schließen wir wieder äußere Volumenkräfte (z. B. die Schwere) aus, dann
ergeben die Gleichgewichtsbedingungen (2), wenn man in sie aus (19) einsetzt,
die Bedingungen

$$\frac{\partial\tau_{xz}}{\partial z} = 0, \qquad \frac{\partial\tau_{yz}}{\partial z} = 0, \tag{20}$$

die sich in der Tat erfüllen lassen, wenn man

$$\frac{d^2\varphi}{dz^2} = 0$$

oder

$$\varphi = a z \tag{21}$$

setzt, worin a eine Konstante ist und über die zweite Integrationskonstante so verfügt wurde, daß für $z=0$ die Verdrehung Null ist,
die untere Endfläche des Zylinders (Abb. 65) also starr eingespannt ist.

Die Gleichgewichtsbedingungen (4) auf die obere Endfläche des
Zylinders $(z=L,\,\varphi=\varphi_L)$ angewendet, ergeben nach (19) und (21)

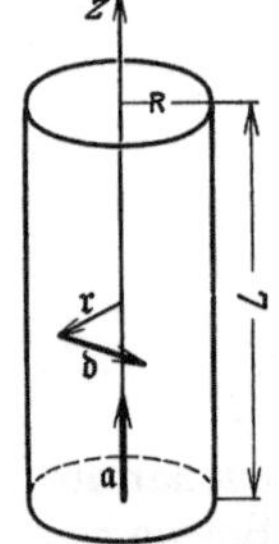

Abb. 65.

$$P_x{}^* = -G\,y\,a = -G\,y\,\frac{\varphi_L}{L}, \qquad P_y{}^* = G\,x\,a = G\,x\,\frac{\varphi_L}{L}, \qquad P_z{}^* = 0, \tag{22}$$

also eine reine Schubspannung, die in jedem Punkte senkrecht auf $\mathfrak{r}$ steht und
den Betrag

$$|\mathfrak{P}^*| = \sqrt{P_x{}^{*2} + P_y{}^{*2}} = \frac{G\,r\,\varphi_L}{L} \tag{23}$$

hat.

Auf einen Kreisring vom Radius r und der Breite dr wird durch die Wirkung
von $\mathfrak{P}^*$ in bezug auf die Zylinderachse ein Drehmoment $|\mathfrak{P}^*|\cdot 2\,\pi\,r\,dr\cdot r$ aus-

---

[1] Vgl. „Exp.-Physik", § 19.

geübt, das gesamte Drehmoment auf die Zylinderendfläche beträgt also mit Benutzung von (23)

$$D = \int_0^R |\mathfrak{P}^*|\, 2\,\pi\, r^2\, dr = \frac{2\,\pi\, G\, \varphi_L}{L} \int_0^R r^3\, d\,r = \frac{G\,\pi}{2}\, \frac{R^4\, \varphi_L}{L}. \tag{24}$$

Wird demnach auf die eine Endfläche eines Zylinders von der Länge L und dem Radius R ein Drehmoment vom Betrage D ausgeübt, während die andere Endfläche eingespannt ist, dann erfährt der Zylinder eine Torsion, bei der sich die beiden Endflächen gegeneinander um einen Winkel

$$\varphi_L = \frac{2}{G\,\pi}\, \frac{L}{R^4} \cdot D \tag{25}$$

verdrehen. Die durch die Formel (25) ausgedrückte Abhängigkeit des φ_L von L, R und G sowie die Proportionalität mit D lassen sich experimentell vollkommen bestätigen[1].

6. Biegung eines Balkens. Als letztes behandeln wir das folgende Problem: Ein dünner zylindrischer Balken mit beliebigem Querschnitt sei an einem Ende horizontal fest eingespannt, am anderen Ende wirke in vertikaler Richtung eine Kraft K. Wir fragen nach der hierbei auftretenden Verbiegung des Balkens (Abb. 66).

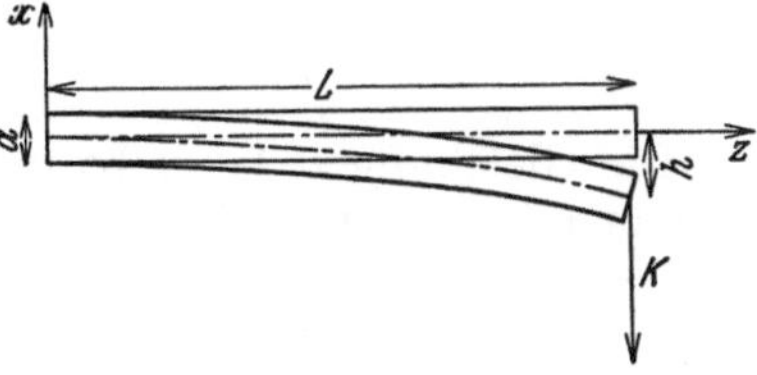

Abb. 66.

Wir legen die z-Achse parallel zur Stabachse durch die Schwerpunkte der Stabquerschnitte, die x-Achse zeige vertikal nach aufwärts.

Wir betrachten zunächst ein kurzes Stück des Balkens und setzen in ihm einen Spannungszustand von folgender Form an

$$\tau_{zz} = c\,x, \qquad \tau_{xx} = \tau_{yy} = \tau_{xz} = \tau_{yz} = \tau_{xy} = 0, \tag{26}$$

worin c eine Konstante sein soll. Die Spannungsverteilung (26) genügt offenbar, wenn wir wieder Volumenkräfte ausschließen, überall im Innern den Bedingungen (2). Die Bedingung (4) wird erfüllt, wenn auf die rechte Endfläche des betrachteten Balkenstückes eine Spannung $\mathfrak{P}^*$ mit den Komponenten

$$P_z^* = c\,x, \quad P_x^* = P_y^* = 0 \tag{27}$$

wirkt. An der linken Endfläche ist $\mathfrak{P}^*$ durch $-\mathfrak{P}^*$ zu ersetzen.

Für die resultierende Kraft auf den ganzen Querschnitt erhalten wir durch Integration über denselben aus (27)

$$\int\int P_z^*\, dF = c \int\int x\, dF.$$

Durch Vergleich mit Formel (11) § 20 erkennen wir, daß diese Kraft verschwindet, weil wir die z-Achse durch den Schwerpunkt der Querschnittsfigur gelegt haben.

Für das resultierende Drehmoment auf den Querschnitt um die horizontale y-Achse erhalten wir analog

$$M = -\int\int P_z^*\, x\, dF = -c \int\int x^2\, d\,F = -c\,J, \tag{28}$$

worin die Größe J als das „*Biegungsmoment*" auf den betreffenden Querschnitt bezeichnet wird. Wie man durch Vergleich mit Formel (19) § 21 erkennt, geht J durch Multiplikation mit $\varrho\,dz$ in das *Trägheitsmoment* einer aus dem Stab

---

[1] Vgl. „Exp.-Physik", § 19.

herausgeschnittenen Platte von der Dicke dz um die durch den Schwerpunkt horizontal gelegte Achse über.

Aus (26) folgt weiter wegen (27) § 11 und (9) § 22

$$\beta_{zz} = \frac{\partial D_z}{\partial z} = \frac{c\,x}{E}. \tag{29}$$

Aus Symmetriegründen haben wir anzunehmen, daß D_z von y nicht abhängt, so daß aus (29) folgt

$$D_z = \frac{c\,x\,z}{E} + f(x)$$

und hieraus

$$\frac{\partial D_z}{\partial x} = \frac{c\,z}{E} + f'(x). \tag{30}$$

Wegen $\tau_{xz} = 0$ muß auch $\beta_{xz} = 0$ sein oder

$$\frac{\partial D_x}{\partial z} + \frac{\partial D_z}{\partial x} = 0. \tag{31}$$

Aus (30) und (31) folgt

$$\frac{\partial D_x}{\partial z} = -\frac{c\,z}{E} - f'(x) \tag{32}$$

und hieraus durch einmalige Differentiation

$$\frac{\partial^2 D_x}{\partial z^2} = -\frac{c}{E}. \tag{33}$$

Die Gleichung (33) ergibt uns die Bedeutung der Konstanten c, für die wir nun in (28) einsetzen können, so daß wir erhalten

$$M = E J \cdot \frac{\partial^2 D_x}{\partial z^2}. \tag{34}$$

Um also an einer Stelle des Balkens die durch $\dfrac{\partial^2 D_x}{\partial z^2}$ gemessene „Biegung" hervorzubringen, muß man auf den dort befindlichen Querschnitt das Drehmoment M ausüben, das mit der Biegung durch die Gleichung (34) verknüpft ist. Die Proportionalitätskonstante $E J$ zwischen Moment und Biegung führt mitunter den Namen „*Biegungssteifigkeit*", da zur Hervorbringung einer gegebenen Biegung offenbar ein um so größeres Moment erforderlich ist, je größer die Biegungssteifigkeit ist.

Wollen wir die Gleichung (34) auf den oben gekennzeichneten Spezialfall anwenden, dann müssen wir das Drehmoment M der Kraft K, die am Ende des Balkens von der Länge L angreift und vertikal nach abwärts gerichtet ist, auf einen an der Stelle z befindlichen Querschnitt ausrechnen und erhalten

$$M = K(z - L). \tag{35}$$

Einsetzen von (35) in (34) liefert für $D_x(z)$ die Differentialgleichung

$$\frac{\partial^2 D_x}{\partial z^2} = \frac{K}{E J}(z - L), \tag{36}$$

die unter den Randbedingungen

$$D_x = 0 \quad \text{und} \quad \frac{\partial D_x}{\partial z} = 0 \quad \text{für} \quad z = 0$$

zu lösen ist. Die zweimalige Integration mit Berücksichtigung der Randbedingungen ergibt

$$D_x = \frac{K}{E J}\left(\frac{z^3}{6} - \frac{L z^2}{2}\right), \tag{37}$$

die einzelnen Fasern des Balkens deformieren sich also aus horizontalen Geraden in Kurven dritten Grades, wie es in der Abb. 66 angedeutet ist.

Für die Senkung des Balkenendes h erhält man aus (37)

$$h = -D_x(z = L) = \frac{L^3}{3\,E\,J} \cdot K, \tag{38}$$

sie ist also der dritten Potenz der Balkenlänge und der Kraft K direkt, dem Elastizitätsmodul umgekehrt proportional in Übereinstimmung mit der Erfahrung[1]. Die Abhängigkeit von der Querschnittsgestalt drückt sich durch J aus.

Für einen Balken von rechteckigem Querschnitt mit der Höhe a und der Breite b erhält man aus (28)

$$J_\square = \int\limits_{-a/2}^{+a/2} x^2\,b\,d\,x = \frac{a^3\,b}{12}. \tag{39}$$

Für einen Stab mit kreisförmigem Querschnitt vom Radius R folgt aus Formel (21) § 21, wenn man darin $L = dz$ setzt, auf Grund der oben gemachten Bemerkung über den Zusammenhang zwischen Biegungsmoment und Trägheitsmoment

$$J_\bigcirc = \frac{R^4\,\pi}{4}. \tag{40}$$

Die Formeln (39) und (40) lassen sich ebenfalls durch den Versuch bestätigen[1].

§ 24. Dynamik elastischer Körper.

1. Schwingungen eines Stabes von verschwindend kleiner Masse. Der einfachste Fall der Dynamik elastischer Körper liegt vor, wenn man ein System aus einem starren Körper und einem mit ihm fest verbundenen elastischen Körper betrachtet, dessen Masse gegen die des ersten verschwindend klein ist. Man kann dann bei der Behandlung des Bewegungsproblems so vorgehen, daß man das System als starren Körper betrachtet, an dem Kräfte angreifen, die durch die Deformation des mit ihm verbundenen elastischen Körpers geweckt werden. Da diese Kräfte den Deformationen innerhalb der Gültigkeitsgrenzen der hier behandelten Elastizitätstheorie proportional sind, haben wir es mit „elastischen Kräften" im Sinne von § 19, 3. zu tun.

Wir untersuchen als Beispiel die Schwingungen eines an einem Ende eingespannten kreiszylindrischen Stabes von der Länge L und dem Radius R, der aus einem homogenen, elastischen Material mit den Elastizitätskonstanten E und μ verfertigt ist und an dessen freiem Ende ein starrer Körper mit einer im Verhältnis zur Stabmasse großen Masse M befestigt ist. Wir können diesen auf drei verschiedene Arten aus der Gleichgewichtslage bringen, indem wir nämlich eine Verschiebung in der Richtung des Stabes vornehmen oder senkrecht hierzu oder indem wir schließlich eine Drehung des Körpers um die Stabachse vornehmen.

Im ersten Falle wird nach (8) § 23 bei der Längenänderung δL des Stabes auf den Körper eine Kraft vom Betrage

$$K = -\frac{R^2\,\pi\,E}{L}\,\delta L$$

ausgeübt, also eine elastische Kraft im Sinne von § 19, 3., entsprechend einer Direktionskraft

$$\varkappa = \frac{R^2\,\pi\,E}{L}.$$

Der Stab wird also, sich selbst überlassen, eine Schwingung in der Richtung seiner Achse, eine „Longitudinalschwingung" ausführen, die gemäß Formel (14) §19 die Schwingungsdauer

$$\tau_l = 2\,\pi\sqrt{\frac{M}{\varkappa}} = \frac{2}{R}\sqrt{\frac{L\,M\,\pi}{E}} \tag{1}$$

hat.

---

[1] Vgl. „Exp.-Physik", § 19.

Im zweiten Falle wird nach (38) § 23 und (40) § 23 bei der Verschiebung h aus der Ruhelage auf den Körper eine Kraft

$$K = -\frac{3\,E_\mathrm{O}\,J\,h}{L^3} = -\frac{3\,\pi}{4}\,\frac{E\,R^4}{L^3}\,h$$

ausgeübt, also wieder eine „elastische Kraft" entsprechend einer Direktionskraft

$$\varkappa = \frac{3\,\pi}{4}\,\frac{E\,R^4}{L^3}.$$

Das System wird also, sich selbst überlassen, eine Schwingung senkrecht zur Stabachse, eine „Transversalschwingung" mit der Schwingungsdauer

$$\tau_t = \frac{4}{R^2}\sqrt{\frac{L^3\,M\,\pi}{3\,E}} \tag{2}$$

ausführen.

Im dritten Falle wirkt auf den Körper bei einer Verdrehung um den Winkel φ gemäß (25) § 23 ein Drehmoment vom Betrage

$$D = -\frac{G\,\pi\,R^4}{2\,L}\,\varphi,$$

also im Sinne von § 21, 6. ein „elastisches Torsionsmoment", entsprechend einem Direktionsmoment

$$\delta = \frac{G\,\pi\,R^4}{2\,L}.$$

Der Körper wird also, sich selbst überlassen, eine Torsionsschwingung um die Stabachse ausführen, die nach Formel (25) § 21 die Schwingungsdauer

$$\tau_d = 2\,\pi\sqrt{\frac{T}{\delta}} = \frac{2}{R^2}\sqrt{\frac{2\,\pi\,L\,T}{G}} \tag{3}$$

hat, worin T das Trägheitsmoment des Körpers um die Stabachse und G den Torsionsmodul bedeutet, den man nach (16) § 23 auch noch durch E und μ ausdrücken kann.

Die Formeln (1) bis (3) werden zur experimentellen Ermittlung von Elastizitätskonstanten aus Schwingungsbeobachtungen in der praktischen Physik vielfach verwendet.

2. Longitudinalschwingungen eines elastischen Stabes. Wir wollen nun die beschränkende Bedingung unter 1. fallen lassen und untersuchen, was für eine Bewegung die Teilchen eines homogenen elastischen Stabes ausführen, den man durch eine Deformation in der Richtung der Stabachse aus seiner Gleichgewichtslage gebracht hat, derart, daß alle zur Stabachse senkrechten Querschnitte parallel mit sich selbst verschoben werden. Aus Symmetriegründen folgt dann das Verschwinden sämtlicher Komponenten des Spannungstensors mit Ausnahme von τ_{xx}, wenn wir die x-Achse in die Stabachse legen.

Auf ein Volumenelement dV wirkt dann nach (19) § 22 die Kraft

$$f_x\,dV = \frac{\partial\,\tau_{xx}}{\partial\,x}\,dV\,; \tag{4}$$

hierdurch erfährt es eine Verschiebung D_x, die, da die Masse des Volumenelementes gleich $\varrho\,dV$ ist, nach der Newtonschen Bewegungsgleichung (1) § 18 der Differentialgleichung

$$\varrho\,\ddot{D}_x = \frac{\partial\,\tau_{xx}}{\partial\,x} \tag{5}$$

genügt. Mit Benutzung von (9) § 22 und (27) § 11 folgt aus (5)

$$\frac{\partial^2\,D_x}{\partial\,t^2} = \frac{E}{\varrho}\,\frac{\partial\,\beta_{xx}}{\partial\,x} = \frac{E}{\varrho}\,\frac{\partial^2\,D_x}{\partial\,x^2}. \tag{6}$$

Die Differentialgleichung (6) ist augenscheinlich formal identisch mit der Differentialgleichung (9) § 12 der eindimensionalen Wellenbewegung mit der Fortpflanzungsgeschwindigkeit

$$c = \sqrt{\frac{E}{\varrho}}.\tag{7}$$

Die an dem Stab hervorgerufene Störung pflanzt sich also mit der Geschwindigkeit (7) längs des Stabes fort. Die Tatsache, daß D_x der Wellengleichung gehorcht, läßt erwarten, daß man im Sinne der Entwicklungen des § 12 fortschreitende und stehende „Longitudinalwellen" in dem Stabe mit der Geschwindigkeit (7) hervorbringen kann[1].

3. Transversalschwingungen einer gespannten Saite. Eine im Verhältnis zu ihrer Länge sehr dünne Saite sei zwischen zwei Punkten im Abstande L geradlinig ausgespannt (Abb. 67). In der Saite ent-
steht hierbei eine Spannung p. Dies können wir
z. B. so bewirken, daß wir die Saite um ein
solches Stück δL dehnen, daß die Spannung nach
Formel (8) § 23 den gewünschten Betrag annimmt und sie dann fest einspannen.

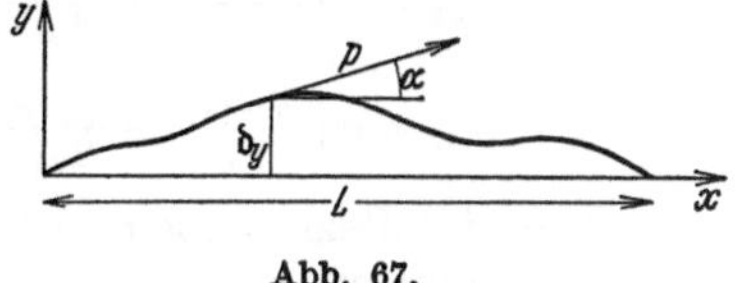

Abb. 67.

Wir verlegen die x-Achse eines Koordinatensystems in die Saite und ver-
zerren sie nun aus ihrer Gleichgewichtslage in beliebiger Weise, jedoch so, daß jeder ihrer Punkte in der x-y-Ebene um ein kleines Stück D_y aus der Ruhelage entfernt wird (Abb. 67).

Da die Saite dünn sein soll, ist die durch die Verzerrung hervorgerufene Querspannung nach den Formeln (38) § 23 und (40) § 23 verschwindend klein, die Spannung in der Saite hat überall die Richtung der Tangente an die Saite und ihr Betrag ist von p nur unmerklich verschieden. Ist der Neigungswinkel der Tangente gegen die x-Achse gleich α, dann liefert diese Spannung in der y-Richtung die Komponente τ_{xy}, für die wir wegen der Kleinheit des Winkels α mit genügender Näherung schreiben können

$$\tau_{xy} = p \sin \alpha \sim p \, \mathrm{tg} \, \alpha = p \frac{\partial D_y}{\partial x}.\tag{8}$$

Nach (19) § 22 ergibt sich hieraus eine auf ein Volumenelement dV mit den Koordinaten x, y wirkende Kraft

$$f_y \, dV = \frac{\partial \tau_{xy}}{\partial x} \, dV = p \frac{\partial^2 D_y}{\partial x^2} \, dV.\tag{9}$$

Unter der Wirkung dieser Kraft erfährt das Volumenelement eine Verschiebung D_y, die der Differentialgleichung

$$\frac{\partial^2 D_y}{\partial t^2} = \frac{f_y}{\varrho} = \frac{p}{\varrho} \frac{\partial^2 D_y}{\partial x^2}\tag{10}$$

genügt.

Dies ist wieder, wie unter 2., die eindimensionale Wellengleichung mit der Fortpflanzungsgeschwindigkeit

$$c = \sqrt{\frac{p}{\varrho}}.\tag{11}$$

Daß D_y der Wellengleichung genügt, bedeutet, daß die Saite in der x-y-Ebene *transversale* Schwingungen ausführen kann, die sich mit der Geschwindigkeit (11) ausbreiten, wobei noch die Randbedingung gilt, daß für $x = 0$ und $x = L$ dauernd $D_y = 0$ gilt. Die hierdurch bedingte Bewegung wurde ausführlich unter 6., 7. und 8. des § 12 diskutiert[2].

---

[1] Vgl. „Exp.-Physik", § 23.
[2] Bezüglich des Experimentellen vgl. „Exp.-Physik", § 23.

4. Die Ausbreitung einer Störung in einem unendlich ausgedehnten Medium.
Wir wollen nun das allgemeine Problem in Angriff nehmen, Differentialgleichungen für die Deformation in einem unendlich ausgedehnten Medium zu finden, wobei wir von der Einwirkung äußerer Kräfte absehen wollen. Da in diesem Falle eine Oberfläche des Körpers nicht vorhanden ist, haben wir von den Differentialgleichungen (19) § 22 auszugehen, während die Gleichungen (16) § 22 keine Bedeutung haben.

Die Komponenten von T können wir mit Benutzung von (5) § 22 und (27) § 22 gemäß den Formeln (8) § 22 wie folgt schreiben:

$$\left.\begin{aligned}
\tau_{xx} &= a\left(\frac{\partial D_x}{\partial x} - \frac{\mu}{2\mu-1}\operatorname{div}\mathfrak{D}\right), & \tau_{xy} &= \frac{a}{2}\left(\frac{\partial D_x}{\partial y} + \frac{\partial D_y}{\partial x}\right)\\[2mm]
\tau_{yy} &= a\left(\frac{\partial D_y}{\partial y} - \frac{\mu}{2\mu-1}\operatorname{div}\mathfrak{D}\right), & \tau_{xz} &= \frac{a}{2}\left(\frac{\partial D_x}{\partial z} + \frac{\partial D_z}{\partial x}\right)\\[2mm]
\tau_{zz} &= a\left(\frac{\partial D_z}{\partial z} - \frac{\mu}{2\mu-1}\operatorname{div}\mathfrak{D}\right), & \tau_{yz} &= \frac{a}{2}\left(\frac{\partial D_y}{\partial z} + \frac{\partial D_z}{\partial y}\right)
\end{aligned}\right\} \quad (12)$$

Mit Hilfe der Beziehungen (12) kann nun die erste der Gleichungen (19) § 22 wie folgt umgeformt werden:

$$\begin{aligned}
f_x &= a\left\{\frac{\partial^2 D_x}{\partial x^2} - \frac{\mu}{2\mu-1}\frac{\partial \operatorname{div}\mathfrak{D}}{\partial x} + \frac{1}{2}\left(\frac{\partial^2 D_x}{\partial y^2} + \frac{\partial^2 D_x}{\partial z^2} + \frac{\partial^2 D_y}{\partial x\partial y} + \frac{\partial^2 D_z}{\partial x\partial z}\right)\right\} =\\[2mm]
&= a\left\{\frac{1}{2}\left(\frac{\partial^2 D_x}{\partial x^2} + \frac{\partial^2 D_x}{\partial y^2} + \frac{\partial^2 D_x}{\partial z^2}\right) + \frac{1}{2}\frac{\partial}{\partial x}\left(\frac{\partial D_x}{\partial x} + \frac{\partial D_y}{\partial y} + \frac{\partial D_z}{\partial z}\right) -\right.\\[2mm]
&\quad\left. - \frac{\mu}{2\mu-1}\frac{\partial}{\partial x}\operatorname{div}\mathfrak{D}\right\} = \frac{a}{2}\left\{\varDelta D_x - \frac{1}{2\mu-1}\frac{\partial}{\partial x}\operatorname{div}\mathfrak{D}\right\}.
\end{aligned} \quad (13)$$

Analoge Ausdrücke erhält man für f_y und f_z, so daß für $\mathfrak{f}$ der Ausdruck

$$\mathfrak{f} = \frac{a}{2}\left(\varDelta\,\mathfrak{D} - \frac{1}{2\mu-1}\operatorname{grad}\operatorname{div}\mathfrak{D}\right) \quad (14)$$

resultiert.

Wenden wir wieder auf die Bewegung der Volumenelemente die NEWTONschen Bewegungsgleichungen an, so erhalten wir die gesuchte Differentialgleichung für $\mathfrak{D}$:

$$\varrho\,\frac{\partial^2 \mathfrak{D}}{\partial t^2} = \frac{a}{2}\left(\varDelta\,\mathfrak{D} - \frac{1}{2\mu-1}\operatorname{grad}\,\operatorname{div}\mathfrak{D}\right). \quad (15)$$

Um ihre Bedeutung zu diskutieren, nehmen wir zunächst an, daß ϑ nur von einer Raumkoordinate, z. B. z abhängig sei und selbst die Richtung von z habe, also

$$|\mathfrak{D}| = D_z\,(z). \quad (16)$$

Unter dieser Voraussetzung wird aus (16) mit Berücksichtigung von (5) § 22

$$\frac{\partial^2 D_z}{\partial t^2} = c_l{}^2\,\frac{\partial^2 D_z}{\partial z^2}, \quad (17)$$

worin gesetzt ist

$$c_l = \sqrt{\frac{E\,(1-\mu)}{(1+\mu)\,(1-2\,\mu)\,\varrho}}. \quad (18)$$

Die Differentialgleichung (17) ist identisch mit der Gleichung (2) § 13 für eine ebene Welle, die sich in der Richtung z mit der Geschwindigkeit c_l fortpflanzt. Da die Richtung der Teilchenbewegung mit der Fortpflanzungsrichtung zusammenfällt, haben wir es mit einer *Longitudinalwelle* zu tun. Die Fortpflanzungsgeschwindigkeit (18) einer Longitudinalwelle in einem unendlich ausgedehnten Medium ist, wie man sieht, von der Geschwindigkeit (7) einer Longitudinalwelle in einem seitlich begrenzten Stabe im allgemeinen verschieden und fällt mit ihr nur im Falle $\mu = 0$ zusammen. Für $\mu = 1/2$, d. h. für die Kompressibilität Null (§ 23, 3.), wird $c_l = \infty$.

Setzen wir statt (16)
$$|\mathfrak{D}| = D_x\,(z),$$
(19)

dann wird aus (15)
$$\frac{\partial^2 D_x}{\partial t^2} = c_t^2\,\frac{\partial^2 D_x}{\partial z^2},$$
(20)

mit
$$c_t = \sqrt{\frac{E}{2\,(1+\mu)\,\varrho}}\,.$$
(21)

Die Differentialgleichung (20) stellt wieder eine in der Richtung z fortschreitende Planwelle vor, und zwar eine *Transversalwelle*, da die Richtung der Teilchenbewegung auf der Fortpflanzungsrichtung senkrecht steht. Die Fortpflanzungsgeschwindigkeit (21) ist von der der Longitudinalwellen (18) verschieden.

Ist die Welle harmonisch, dann führt jedes Teilchen des Mediums eine harmonische Bewegung aus, deren Energie nach Formel (16) § 19 bei gegebener Frequenz dem Quadrate der Amplitude proportional ist. In der Volumeneinheit des Mediums ist also infolge der in ihm fortschreitenden Welle eine ebenfalls dem Quadrate der Wellenamplitude proportionale Energie enthalten, die am zweckmäßigsten als Maß für die „*Intensität*" der Welle benutzt wird. Die Intensität einer elastischen Welle ist also dem Quadrat ihrer Amplitude bei gegebener Frequenz proportional[1].

5. Elastischer Stoß. In die Dynamik der elastischen Körper gehört auch die Behandlung des *elastischen Stoßes* zweier Körper[2], die im allgemeinen ein recht schwieriges Problem darstellt. In manchen Spezialfällen kommt man jedoch mit der Benutzung der Tatsache aus, daß ein System von elastischen Körpern ein konservatives System ist, so daß beim Ausschluß äußerer Kräfte für einen Stoßprozeß die Sätze von der Erhaltung der Energie und des Impulses Geltung haben.

Wir beschränken uns auf die nähere Betrachtung des Stoßes von elastischen Kugeln, und zwar zunächst des „*zentralen*" Stoßes, bei dem die Kugeln vor dem Stoß Translationsbewegungen derart ausführen, daß ihre Mittelpunkte sich auf einer und derselben Geraden bewegen. Es ist dann aus Symmetriegründen unmittelbar klar, daß dies auch nach dem Stoße der Fall sein wird.

Nach dem Impulssatz (vgl. § 18, 2.) muß sich der Schwerpunkt des Systems geradlinig und gleichförmig bewegen, ohne daß daran durch den Stoßprozeß etwas geändert würde, da wir ja äußere Kräfte ausgeschlossen haben und die inneren Kräfte nach § 22, 5. die Resultierende Null haben. Wir können daher als Koordinatensystem ein solches benutzen, in dem der Schwerpunkt dauernd ruht, da dieses nach § 18, 7. dem Inertialsystem völlig äquivalent ist.

Die in diesem System gemessenen Geschwindigkeiten der Kugeln vor dem Stoß nennen wir w_1 und w_2, nach dem Stoß $w_1{}^*$ und $w_2{}^*$, die Massen der Kugeln m_1 und m_2. Es gilt dann wegen (12) § 18 und (13) § 18

$$m_1\,w_1 + m_2\,w_2 = 0; \qquad m_1\,w_1{}^* + m_2\,w_2{}^* = 0.$$
(22)

Da nach vollzogenem Stoßprozeß die gesamte potentielle elastische Energie der stoßenden Körper ebenso groß geworden sein muß, wie sie vor dem Stoß war, und da ferner, wenn die Kugeln vor dem Stoß keine Rotation ausführten, aus Symmetriegründen auch nach dem Stoß keine Rotation auftreten kann, gilt der Energiesatz in der Form

$$\frac{m_1\,w_1{}^2}{2} + \frac{m_2\,w_2{}^2}{2} = \frac{m_1\,w_1{}^{*2}}{2} + \frac{m_2\,w_2{}^{*2}}{2}.$$
(23)

Aus (22) und (23) folgt sogleich

$$w_1{}^2 = w_1{}^{*2}, \qquad w_2{}^2 = w_2{}^{*2},$$

---

[1] Betreffs der experimentellen Untersuchung der Ausbreitung von Longitudinal- und Transversalwellen in einem dreidimensionalen, elastischen Medium und der Prüfung der Formeln (18) und (21) sei auf „Exp.-Physik", § 25 verwiesen.

[2] Vgl. „Exp.-Physik", § 22.

woraus, da sich die Kugeln ja nicht durchdringen können, also $w_1^* = w_1$ und $w_2^* = w_2$ unmöglich ist, eindeutig gefolgert werden kann

$$w_1^* = -w_1, \qquad w_2^* = -w_2. \tag{24}$$

Die Geschwindigkeiten kehren sich also durch den Stoß einfach um.

Um die Geschwindigkeiten v_1, v_2, v_1^*, v_2^* in bezug auf ein beliebiges anderes Koordinatensystem zu erhalten, das sich gegen das oben benutzte mit der Geschwindigkeit v bewegt, brauchen wir in (24) bloß einzusetzen

$$w_1 = v_1 - v, \qquad w_1^* = v_1^* - v,$$
$$w_2 = v_2 - v, \qquad w_2^* = v_2^* - v,$$

und zu berücksichtigen, daß

$$v = \frac{m_1 v_1 + m_2 v_2}{m_1 + m_2} \quad \text{ist.}$$

Wir erhalten dann die Gleichungen

$$v_1^* = \frac{m_1 - m_2}{m_1 + m_2} v_1 + \frac{2 m_2}{m_1 + m_2} v_2, \qquad v_2^* = \frac{2 m_1}{m_2 + m_1} v_1 + \frac{m_2 - m_1}{m_2 + m_1} v_2, \tag{25}$$

aus denen man die Geschwindigkeiten nach dem Stoß aus denen vor dem Stoß berechnen kann.

Ist speziell $m_1 = m_2$, dann folgt aus (25)

$$v_1^* = v_2, \qquad v_2^* = v_1, \tag{26}$$

die Kugeln tauschen ihre Geschwindigkeiten beim Stoß aus.

Ist m_2 sehr groß gegen m_1 und $v_2 = 0$, dann folgt aus (25)

$$v_1^* = -v_1, \qquad v_2^* = 0. \tag{27}$$

Die Formeln (27) gelten auch für die „Reflexion" einer Kugel von einer ebenen Wand, die man als Kugel mit unendlich großem Radius und sehr großer Masse auffassen kann. Hierbei wird, da die Kugel bei der Reflexion eine Impulsveränderung vom Betrage $2mv_1$ erfährt, durch den Stoß auf die Wand der Impuls $2mv_1$ übertragen.

Nicht ganz so einfach liegen die Verhältnisse beim *schiefen* Stoß, da hier im allgemeinen die Kugeln während des Stoßaktes auch Drehimpuls und Rotationsenergie aufeinander übertragen. Nimmt man aber an, daß ihre Oberflächen vollkommen glatt sind, so daß an der Berührungsfläche keine Tangentialspannungen geweckt werden, dann können wir die Verhältnisse ohne weiteres übersehen, wenn wir wieder ein Koordinatensystem benutzen, in dem der gemeinsame Schwerpunkt ruht und die Geschwindigkeiten in je eine Komponente in der Richtung der x-Achse und eine hierzu senkrechte zerlegen. Für jene gilt dann die Gleichung (24), während diese, da in ihrer Richtung keine Impulsübertragung stattfindet, unverändert bleibt. Wie die Abb. 68 erkennen läßt, gehen die Geschwindigkeitsvektoren w_1^* und w_2^* nach dem Stoß aus denen vor dem Stoß w_1 und w_2 durch Spiegelung an der x-Achse und Umkehrung ihrer Richtung hervor. Darnach

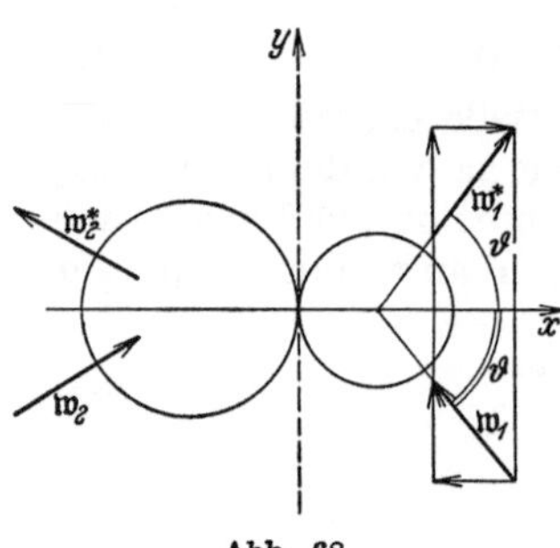

Abb. 68.

können die Geschwindigkeiten in einem anderen Koordinatensystem, in dem der Schwerpunkt sich bewegt, leicht konstruiert werden.

Ersetzen wir wieder die eine Kugel durch eine feste Wand mit sehr großer Masse, dann ruht der Schwerpunkt praktisch dauernd in ihr, und wir erhalten für die „Reflexion" der Kugel an ihrer Oberfläche (y), wie die Abb. 68 zeigt, das bekannte Reflexionsgesetz, wonach Einfalls- und Reflexionswinkel einander gleich sind[1]. Der auf die Wand übertragene Impuls ist in diesem Falle gleich $2\,m\,v_1 \cdot \cos\vartheta$.

Neuntes Kapitel.

Mechanik der Gase und Flüssigkeiten.

§ 25. Hydro- und Aerostatik.

1. Kennzeichnung der Gase und Flüssigkeiten vom Standpunkte der Kontinuumtheorie. Vom Standpunkte der Atomtheorie unterscheiden sich die Gase und Flüssigkeiten von den festen Körpern dadurch, daß ihre Teilchen nicht an bestimmte Ruhelagen gebunden, sondern frei im Raume beweglich sind. Der Zustand eines solchen Körpers wird demnach, da die Atome der gleichen Sorte nicht voneinander unterscheidbar sind, beschrieben, wenn für jedes Volumenelement im Raume die Anzahl der darin enthaltenen Atome der verschiedenen Sorten und die Verteilung ihrer Geschwindigkeiten bekannt ist.

In makroskopischen Dimensionen können wir auch die Gase und Flüssigkeiten als Kontinua auffassen, wenn die kleinsten, der Messung noch zugänglichen Volumenelemente so groß gegen die Abmessungen der Atome sind, daß sie sehr viele Atome enthalten. Der mechanische Zustand wird dann in jedem Augenblick durch die Angabe der Dichte ϱ (vgl. §20, 5.) und der Geschwindigkeit $\mathfrak{v}$ in jedem Volumenelement $d\,V$ beschrieben. Ist $\mathfrak{v}$ überall gleich Null, dann ist das Gas bzw. die Flüssigkeit in Ruhe. In diesem Falle genügt also die Angabe der skalaren Ortsfunktion $\varrho\,(\mathfrak{r})$ zur Beschreibung. Im allgemeinen Fall wird sich die Dichte mit der Zeit ändern, so daß man sie durch eine Funktion $\varrho\,(\mathfrak{r}, t)$ und die Geschwindigkeit durch die Funktion $\mathfrak{v}\,(\mathfrak{r}, t)$ darstellen kann, die, wie in § 11, 1. auseinandergesetzt wurde, ein zeitlich veränderliches Geschwindigkeitsfeld darstellt.

Ebenso wie ein elastischer Körper befindet sich auch ein Gas bzw. eine Flüssigkeit in einem „Spannungszustand", der durch die auf die Volumenelemente im Innern und auf die Oberflächenelemente der Oberfläche wirkenden Kräfte beschrieben werden kann. Die Erfahrung lehrt nun[2], daß in einem *ruhenden* Gas oder einer *ruhenden* Flüssigkeit die Oberflächenkräfte stets *senkrecht* auf der Oberfläche stehen. Setzen wir den Betrag der auf das Flächenelement dF wirkenden Kraft gleich $p\,dF$ und nennen die „Kraft pro Flächeneinheit" p wie üblich den „*Druck*", den wir positiv rechnen, wenn er von innen nach außen gerichtet ist, dann lauten die Komponenten des Spannungsvektors

$$P_x = -p\,n_x, \qquad P_y = -p\,n_y, \qquad P_z = -p\,n_z. \tag{1}$$

Der Vergleich dieser Formeln mit den Formeln (16) § 22 lehrt, daß in dem ruhenden Körper stets gilt:

$$\tau_{xx} = \tau_{yy} = \tau_{zz} = -p, \qquad \tau_{xy} = \tau_{xz} = \tau_{yz} = 0. \tag{2}$$

Der Spannungstensor reduziert sich also auf einen Skalar p und der Spannungszustand des Körpers wird durch die skalare Ortsfunktion $p\,(\mathfrak{r})$ beschrieben. Dies kann man in Sinne von § 22, 5. durch die Aussage deuten, daß auf ein in der Lage $\mathfrak{r}$ befindliches Flächenelement im Innern des Körpers eine von der Orientierung des Flächenelementes unabhängige Kraft $p\,dF$ wirkt.

Statt der Beziehung (8) § 22 bzw. (9) § 22 zwischen dem Spannungs- und dem Verzerrungstensor in einem elastischen Körper muß in einem Gas oder in

---

[1] Vgl. „Exp.-Physik", § 22.
[2] Vgl. „Exp.-Physik", Kap. VIII.

einer Flüssigkeit eine Beziehung zwischen den skalaren Größen p und ϱ bestehen von der Form

$$p = p\,(\varrho), \tag{3}$$

die wir die „*Zustandsgleichung*" der Substanz nennen und in die im allgemeinen auch noch die Temperatur als Parameter eingeht (vgl. § 32, 2.). Sie kann für jede Substanz durch geeignete Experimente ermittelt werden[1].

Im Gegensatz zu den elastischen Körpern sind die Gase und Flüssigkeiten gegenüber mechanischen Zustandsänderungen *keine* konservativen Systeme. Hierüber werden wir in Kapitel XI noch ausführlicher zu sprechen haben.

Flüssigkeiten, auf die die obigen Ausführungen nicht zutreffen, in denen nämlich Schubspannungen auftreten und die daher auch elastische Eigenschaften aufweisen, wollen wir in diesem Lehrbuche ebensowenig behandeln wie die plastischen Festkörper, zu denen ein kontinuierlicher Übergang besteht[2].

2. Der hydro- und aerostatische Druck. Den Druck p in einer ruhenden Flüssigkeit bezeichnet man als „*hydrostatischen*", den in einem ruhenden Gas als „*aerostatischen*" Druck. Die Aufgabe der Hydro- bzw. Aerostatik besteht darin, die Funktion $p\,(\mathfrak{r})$ in einer Flüssigkeit bzw. in einem Gase zu bestimmen, die unter der Wirkung gegebener äußerer Kräfte stehen. Die Dichteverteilung $\varrho\,(\mathfrak{r})$ folgt hieraus vermöge der Zustandsgleichung (3).

Die Wirkung des Druckes auf eine Oberfläche haben wir unter 1. bereits besprochen. Sie wird durch die Gleichung (1) ausgedrückt und besteht in einer Kraft $p\,dF$ auf das Oberflächenelement dF, die auf ihm senkrecht steht und nach *außen* gerichtet ist. Um das Gleichgewicht aufrecht zu erhalten, müssen daher äußere Kräfte auf die Flüssigkeit bzw. das Gas derart wirken, daß sie die Druckwirkungen derselben gerade aufheben, d. h. auf jedes Flächenelement dF muß eine Kraft $p\,dF$ senkrecht von außen nach *innen* wirken.

Die durch den Druck auf ein Volumenelement im Innern ausgeübte Kraft ergibt sich, wenn wir aus (2) in (19) § 22 einsetzen, zu

$$\mathfrak{f}_x = -\frac{\partial p}{\partial x}, \qquad \mathfrak{f}_y = -\frac{\partial p}{\partial y}, \qquad \mathfrak{f}_z = -\frac{\partial p}{\partial z} \tag{4}$$

oder

$$\mathfrak{f} = -\operatorname{grad} p. \tag{5}$$

Der Vektor $\mathfrak{f}$ bildet also ein wirbelfreies Kraftfeld mit dem Potential p (§ 6, 2.). Die Niveauflächen dieses Feldes sind die geometrischen Orte der Punkte gleichen Druckes, auf denen die Kraftlinien des Kraftfeldes $\mathfrak{f}\,(\mathfrak{r})$ senkrecht stehen. Speziell ist die „freie Oberfläche" einer Flüssigkeit, die der Bedingung $p = 0$ genügt, stets eine Niveaufläche.

Damit auch im Innern Gleichgewicht herrsche, muß die Summe der äußeren Kraft $\mathfrak{f}^*\,dV$ und der inneren Kraft $\mathfrak{f}\,.\,dV$ auf jedes Volumenelement verschwinden oder vermöge (5) die Gleichung

$$\mathfrak{f}^* - \operatorname{grad} p = 0 \tag{6}$$

gelten. Sie ist offenbar nur erfüllbar, wenn auch das Kraftfeld $\mathfrak{f}^*\,(\mathfrak{r})$ wirbelfrei ist.

Ist $\mathfrak{f}^* = 0$, wirken also auf die Volumenelemente keine äußeren Kräfte ein, dann ist nach (6) $\operatorname{grad} p = 0$ oder p im ganzen Innern des Körpers und an der Oberfläche konstant, in Übereinstimmung mit dem Versuch[3].

3. Druck- und Dichteverteilung in schweren Flüssigkeiten und Gasen. Wir untersuchen nun, welche Druck- und Dichteverteilung in einer ruhenden Flüssigkeit bzw. in einem ruhenden Gase eintritt, das unter der Wirkung der Schwere

---

[1] Vgl. „Exp.-Physik", Kap. VIII und XI.
[2] Vgl. „Exp.-Physik", §§ 20 und 28.
[3] Vgl. „Exp.-Physik", Kap. VIII.

steht, wenn man sich auf Dimensionen beschränkt, in denen die Schwere sich mit dem Orte nicht merklich ändert.

Legen wir die x-Achse in die Vertikale und bezeichnet $\mathfrak{i}$ den nach aufwärts weisenden Einheitsvektor, dann ist in diesem Falle

$$\mathfrak{f}^* = -\mathfrak{i}\varrho g \tag{7}$$

und daher gilt gemäß (6)

$$\mathfrak{i}\varrho g + \operatorname{grad} p = 0 \tag{8}$$

oder

$$\frac{\partial p}{\partial x} = -\varrho g, \quad \frac{\partial p}{\partial y} = \frac{\partial p}{\partial z} = 0. \tag{9}$$

Die Niveauflächen sind also Horizontalebenen und die freie Oberfläche einer Flüssigkeit in einem zusammenhängenden Gefäßsystem ist stets eine Horizontalebene (Satz von den kommunizierenden Gefäßen)[1].

Ist die Substanz eine inkompressible Flüssigkeit, also ϱ von p unabhängig, was bei vielen Flüssigkeiten sehr angenähert der Fall ist[1], dann folgt aus (9)

$$p = -\varrho g x, \tag{10}$$

worin über die Integrationskonstante so verfügt wurde, daß für $x = 0$ $p = 0$ ist, daß also die Oberfläche der Flüssigkeit in die y-z-Ebene fällt[2].

Ist die Substanz ein ideales Gas, das, wie wir später noch zeigen werden (§ 32, 2., § 38, 5., und § 35, 1.), der Zustandsgleichung

$$p = \frac{R\,T}{\mu} \cdot \varrho \tag{11}$$

gehorcht, worin R die absolute Gaskonstante, T die absolute Temperatur und μ das Molgewicht des Gases bedeuten, dann folgt durch Einsetzen in (9)

$$\frac{d p}{d x} = -\frac{p\,\mu\,g}{R\,T},$$

woraus durch Integration

$$p = p_0 \, e^{-\frac{\mu g}{R T} x} \tag{12}$$

folgt.

Der Druck nimmt also mit der Höhe nach einer Exponentialfunktion ab; die Integrationskonstante p_0 bedeutet den Druck im Niveau $x = 0$. Die Formel (12) kann unmittelbar auf die Druckverteilung in der Atmosphäre angewendet werden (barometrische Höhenformel), an der man sie auch bestätigen kann[3].

Aus (11) und (12) kann nun auch die Dichteverteilung gefunden werden:

$$\varrho = \varrho_0 \, e^{-\frac{\mu g}{R T} x}, \tag{13}$$

worin wieder ϱ_0 die Dichte im Niveau $x = 0$ bedeutet. Die Tatsache, daß μ im Exponenten als Faktor vorkommt, bewirkt, daß die Dichte in einer bestimmten Höhe um so kleiner ist, je größer das Molgewicht ist[3].

4. Der Auftrieb in Gasen und Flüssigkeiten. Taucht man einen festen Körper in eine der Schwere unterliegende Flüssigkeit, so wird auf seine Begrenzungsflächen der Druck (10) ausgeübt. Die Summation der Druckwirkungen auf alle Flächenelemente ergibt eine resultierende Kraft $\mathfrak{K}$ auf den Körper und im allgemeinen auch ein resultierendes Moment $\mathfrak{M}$. Wir können uns die Berechnung von $\mathfrak{K}$ und $\mathfrak{M}$ durch die folgende Überlegung wesentlich vereinfachen.

Wir denken uns den vom Körper eingenommenen Raum für einen Augenblick von der umgebenden Flüssigkeit ausgefüllt. Diese muß dann unter der Druckverteilung (10), die ja durch das Eintauchen des Körpers nicht gestört wird,

---

[1] Vgl. „Exp.-Physik“, Kap. VIII.

[2] Bezüglich der experimentellen Bestätigungen der Formel (10) und ihrer mannigfaltigen Anwendungen vergleiche man „Exp.-Physik“, § 26.

[3] Vgl. „Exp.-Physik“, § 27.

im Gleichgewicht und zwar im indifferenten Gleichgewicht stehen. Da die Wirkung der Schwere auf den „Flüssigkeitskörper“ durch eine in seinem Schwerpunkte angreifende Kraft vom Betrag seines Gewichtes ersetzt werden kann, muß die Kraftwirkung der umgebenden Flüssigkeit durch eine Einzelkraft ersetzbar sein, die ebenfalls im Schwerpunkt des Flüssigkeitskörpers angreift, vertikal nach aufwärts gerichtet und dem Betrage nach gleich dem Gewicht des Körpers, also gleich ϱV ist, worin V das Volumen des Körpers ist.

Ersetzen wir nun wieder den Flüssigkeitskörper durch den wirklich eingetauchten Körper, so wird die Wirkung der Druckkräfte auf ihn genau die gleiche sein. Sie besteht also in einem „*Auftrieb*“ von der Größe ϱV oder gleich dem „Gewicht der verdrängten Flüssigkeitsmenge“, der in jenem Punkte des Körpers angreift, der mit seinem Schwerpunkt zusammenfallen würde, wenn er mit Masse homogen erfüllt wäre, dem sogenannten „*Metazentrum*“. Seine Lage kann nach der Formel (9) § 20 stets gefunden werden.

Die gesamte Kraftwirkung auf den eingetauchten Körper ergibt sich aus der Zusammenwirkung des im Schwerpunkte angreifenden Gewichtes und des im Metazentrum angreifenden Auftriebes. Der Körper wird in der Flüssigkeit im stabilen Gleichgewicht schweben, wenn das Gewicht gleich dem Auftrieb ist und der Schwerpunkt vertikal unterhalb des Metazentrums liegt. Ähnliche Überlegungen gelten für das Schwimmen eines Körpers auf der Flüssigkeitsoberfläche.

Ganz analog kann auch der Auftrieb eines Körpers in einem Gase behandelt werden, wenn die Dichteabhängigkeit des Gases von der Höhe in den Dimensionen des Körpers als verschwindend klein angenommen werden kann[1].

5. Die Gleichgewichtsfigur einer rotierenden Flüssigkeit. Ein Gefäß, das eine Flüssigkeit enthält, rotiere mit konstanter Winkelgeschwindigkeit um eine vertikale Achse. Wir fragen, ob sie, von einem mitrotierenden Beobachter beurteilt, im Gleichgewichte sein kann. Da dieses System kein Inertialsystem ist, müssen die auftretenden Trägheitskräfte als äußere Kräfte neben der Schwere berücksichtigt werden (vgl. § 18, 7.).

Da die Flüssigkeit im gleichmäßig rotierenden System ruhen soll, reduzieren sich die Trägheitskräfte auf die Zentrifugalkraft, die nach Formel (44) § 18 pro Volumeneinheit gleich ist
$$\mathfrak{f}_1{}^* = \varrho\omega^2\mathfrak{r}, \tag{14}$$
worin $\mathfrak{r}$ den Radiusvektor in der Horizontalebene bedeutet (Abb. 69). Macht man die Rotationsachse zur x-Achse, dann gilt für die Schwerkraft pro Volumeneinheit die Formel (7) und daher für die Gesamtkraft als Summe von (7) und (14)
$$\mathfrak{f}^* = \varrho\omega^2\mathfrak{r} - \mathfrak{i}\varrho g. \tag{15}$$

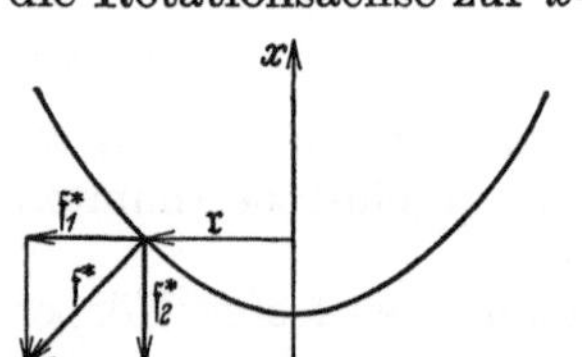

Durch Einsetzen des Ausdruckes (15) in (6) erhalten wir für p die Differentialgleichung
$$\varrho\omega^2\mathfrak{r} - \mathfrak{i}\varrho g - \operatorname{grad} p = 0, \tag{16}$$
worin wir ϱ als konstant ansehen wollen.

Durch Zerlegen in Komponenten in der Richtung von $\mathfrak{r}$ und von $\mathfrak{i}$ findet man aus (16)
$$\frac{\partial p}{\partial r} = \varrho\omega^2 r, \qquad \frac{\partial p}{\partial x} = -\varrho g. \tag{17}$$

Da p offensichtlich nur von den Variablen r und x abhängen kann, folgt aus (17)
$$dp = \frac{\partial p}{\partial r}\,dr + \frac{\partial p}{\partial x}\,dx = \varrho\omega^2 r\,dr - \varrho g\,dx = d\left(\frac{\varrho\,\omega^2 r^2}{2} - \varrho g x\right)$$

Abb. 69.

---

[1] Bezüglich der experimentellen Bestätigung der hier abgeleiteten Gesetzmäßigkeiten und ihrer Anwendung sei wieder auf „Exp.-Physik“, Kap. VIII verwiesen,

und hieraus durch Integration

$$p = \varrho \left(\frac{\omega^2 r^2}{2} - g x \right) + \text{const.} \tag{18}$$

Die Niveauflächen haben, wie man aus (18) entnimmt, die Gleichung

$$\frac{\omega^2 r^2}{2} - g x = \text{const,} \tag{19}$$

sie sind also Rotationsparaboloide mit der x-Achse als Rotationsachse, die nach oben geöffnet sind. Die gleiche Gestalt hat auch die Oberfläche der rotierenden Flüssigkeit[1].

§ 26. Dynamik reibungsloser Flüssigkeiten und Gase.

1. Grundlegende Begriffe. Wie in § 25, 1. erörtert wurde, läßt sich der Spannungszustand in einem ruhenden Gas oder einer ruhenden Flüssigkeit durch die skalare Größe „Druck" kennzeichnen, die im mechanischen Sinne allein von der Dichte abhängt und mit ihr durch die Zustandsgleichung (3) § 25 verknüpft ist. Es ist zu erwarten, daß in bewegten Gasen und Flüssigkeiten die Verhältnisse komplizierter sind, da hier der Spannungszustand an einer bestimmten Raumstelle nicht nur von der Dichte, sondern auch von der daselbst herrschenden Geschwindigkeitsverteilung abhängt. Daher wird im allgemeinen auf die Teilchen im Innern der Substanz eine Kraft ausgeübt, die eine Funktion der Geschwindigkeit der Teilchen ist. Solche innere Kräfte werden als „*Reibungskräfte*" bezeichnet; denn sie sind nicht konservativ und müssen, wie der zweite Hauptsatz der Thermodynamik lehrt (vgl. § 32), stets so wirken, daß sie die gesamte kinetische Energie der Flüssigkeit vermindern, also die Relativbewegung der Teilchen hemmen.

Obzwar erfahrungsgemäß in jeder Flüssigkeit und in jedem Gas innere Reibungskräfte auftreten, kann man doch eine Reihe von Problemen der Hydro- und Aerodynamik in erster Annäherung behandeln, wenn man von diesen Kräften abstrahiert, so wie man in der Mechanik der starren Körper von der wirklich auftretenden Deformation der festen Körper abstrahiert. Unter dieser Annahme haben wir zu verlangen, daß die Spannungen von den Geschwindigkeiten *nicht* abhängen. Der Spannungszustand wird demnach ebenso wie im statischen Fall durch eine skalare Ortsfunktion, den Druck p bestimmt, der mit der Dichte ϱ durch die Zustandsgleichung (3) § 25 zusammenhängt und aus dem sich die Kräfte auf die Oberfläche nach Gleichung (1) § 25 und die Kräfte auf die Volumenelemente im Innern durch die Gleichungen (4) § 25 bzw. (5) § 25 berechnen lassen; wir nennen ihn den „*hydrodynamischen*" bzw. „*aerodynamischen*" *Druck*.

Die Aufgabe der Hydro- und Aerodynamik besteht in der Ermittlung des Geschwindigkeitsfeldes $\mathfrak{v}\,(\mathfrak{r}, t)$ und der skalaren Felder $p\,(\mathfrak{r}, t)$ und $\varrho\,(\mathfrak{r}, t)$ unter gegebenen äußeren Bedingungen. Wir sprechen von einer „*stationären Strömung*", wenn die eben genannten Funktionen reine Ortsfunktionen sind, die Zeit also nicht explizite enthalten. Wir sprechen von einer „*wirbelfreien Strömung*", wenn das Vektorfeld wirbelfrei ist. Wir sprechen schließlich von der Strömung einer „*inkompressiblen Flüssigkeit*", wenn die *individuellen* Flüssigkeitsteilchen ihre Dichte im Laufe der Zeit nicht ändern; dabei kann sich jedoch die Dichte an derselben *Raumstelle* im Laufe der Zeit ändern, also die Funktion $\varrho\,(\mathfrak{r}, t)$ die Zeit explizite enthalten.

2. Die hydrodynamischen Grundgleichungen. Die Kinematik der Strömungsfelder haben wir sehr ausführlich im Kapitel III, anläßlich der allgemeinen Be-

---

[1] Dies zeigt in der Tat das Experiment, wie in „Exp.-Physik", § 16 auseinandergesetzt wird (vgl. dortselbst auch die Beziehung zum „NEWTONschen Eimerversuch").

sprechung der Vektorfelder, behandelt, wobei wir uns zur besseren Veranschaulichung wiederholt der Begriffe der Hydrodynamik bedient hatten. Der dort
eingeführte „Strömungsvektor" ist mit dem Geschwindigkeitsvektor $\mathfrak{v}$ identisch,
da das Volumen der durch eine Fläche vom Querschnitt Eins senkrecht zu ihr
pro Zeiteinheit hindurchströmenden Flüssigkeitsmenge gerade gleich $\mathfrak{v}$ ist.
Ferner haben wir in § 11 die Kinematik von Punktsystemen allgemein behandelt.
Die physikalische Aufgabe besteht nunmehr in der Aufstellung von Beziehungen
zwischen den Größen $\mathfrak{v}$, p und ϱ, an die wir nun herangehen.

Nach dem Vorbilde von EULER setzen wir für die individuellen Flüssigkeitsteilchen die Gültigkeit der NEWTONschen Bewegungsgleichungen voraus. Nennen
wir die äußere Kraft auf die Volumeneinheit der Flüssigkeit wieder wie in § 25
$\mathfrak{f}^*$, dann ist die gesuchte, auf ein Flüssigkeitsteilchen mit dem Volumen dV in
der Lage $\mathfrak{r}$ zur Zeit t ausgeübte Kraft nach (5) § 25 gleich

$$[\mathfrak{f}^*(\mathfrak{r}, t) - \operatorname{grad} p(\mathfrak{r}, t)]\, dV. \tag{1}$$

Die Beschleunigung ist nach (7) § 11 gleich

$$\mathfrak{b} = \frac{d\mathfrak{v}}{dt} = \frac{\partial \mathfrak{v}}{\partial t} + (\mathfrak{v}\, \nabla)\, \mathfrak{v} = \frac{\partial \mathfrak{v}}{\partial t} + \frac{\partial \mathfrak{v}}{\partial x}\, v_x + \frac{\partial \mathfrak{v}}{\partial y}\, v_y + \frac{\partial \mathfrak{v}}{\partial z}\, v_z. \tag{2}$$

Aus (1) und (2) folgt die „EULERsche Bewegungsgleichung":

$$\varrho\, \frac{d\mathfrak{v}}{dt} = \varrho\left[\frac{\partial \mathfrak{v}}{\partial t} + (\mathfrak{v}\, \nabla)\, \mathfrak{v}\right] = \mathfrak{f}^* - \operatorname{grad} p. \tag{3}$$

Zu der Bewegungsgleichung (3) tritt noch eine weitere Beziehung zwischen
den Größen $\mathfrak{v}$, ϱ und p, die sich aus der Tatsache herleitet, daß von der strömenden
Materie nichts verschwinden und auch nichts neu entstehen kann. Da $\mathfrak{v}$ der
Strömungsvektor ist, ist die Flüssigkeitsmasse, welche durch den zu $\mathfrak{v}$ senkrechten
Querschnitt Eins pro Zeiteinheit hindurchströmt, gleich $\varrho\, \mathfrak{v}$ und daher nach § 6, 3.
der Überschuß der aus dem Volumenelement dV in der Zeit dt ausströmenden
Flüssigkeitsmasse über die einströmende gleich

$$\operatorname{div}(\varrho\, \mathfrak{v})\, dV\, dt. \tag{4}$$

Da anderseits die in dem Volumenelement enthaltene Masse gleich $\varrho\, dV$
ist, so ist die Massenabnahme in der Zeit dt gleich

$$-\frac{\partial \varrho}{\partial t}\, dV\, dt. \tag{5}$$

Die Forderung nach der Erhaltung der Masse verlangt, daß die Ausdrücke (4)
und (5) einander gleich sind für jedes dV und dt, also das Bestehen der Differentialgleichung

$$\frac{\partial \varrho}{\partial t} + \operatorname{div}(\varrho\, \mathfrak{v}) = 0, \tag{6}$$

die den Namen „Kontinuitätsgleichung" führt.

Machen wir nach Formel (22) § 6 die Umformung

$$\operatorname{div}(\varrho\, \mathfrak{v}) = \varrho \operatorname{div} \mathfrak{v} + \mathfrak{v} \operatorname{grad} \varrho$$

und bezeichnen wieder die Änderung der Dichte eines individuellen Flüssigkeits-
teilchens bei seiner Bewegung mit $\dfrac{d\varrho}{dt}$, was analog zu (2) folgendermaßen geschrieben
werden kann:

$$\frac{d\varrho}{dt} = \frac{\partial \varrho}{\partial t} + \frac{\partial \varrho}{\partial x}\, v_x + \frac{\partial \varrho}{\partial y}\, v_y + \frac{\partial \varrho}{\partial z}\, v_z = \frac{\partial \varrho}{\partial t} + \mathfrak{v} \operatorname{grad} \varrho,$$

dann kann die Gleichung (6) auf die Gestalt

gebracht werden.
$$\frac{d\varrho}{dt} + \varrho \operatorname{div} \mathfrak{v} = 0 \tag{7}$$

Für die stationäre Strömung ist $\dfrac{\partial \varrho}{\partial t} = 0$, daher div $(\varrho\,\mathfrak{v}) = 0$; der Vektor $\varrho\,\mathfrak{v}$ ist quellenfrei. Für eine inkompressible Flüssigkeit ist nach der Definition unter 1. $\dfrac{d\varrho}{dt} = 0$, daher div $\mathfrak{v} = 0$; das Feld des Strömungsvektors selbst ist quellenfrei.

Für die fünf Größen: $\mathfrak{v}$ (mit drei Komponenten), p und ϱ die die Flüssigkeitsbewegung bestimmen, haben wir nun fünf Verknüpfungsgleichungen, nämlich die Bewegungsgleichung (mit drei Komponenten), die Kontinuitätsgleichung und die Zustandsgleichung gewonnen. Das *Randwertproblem der Hydrodynamik* besteht darin, aus diesen Gleichungen unter gegebenen Randbedingungen und Anfangsbedingungen sowie gegebener Kraftfunktion $\mathfrak{f}^*\,(\mathfrak{r}, t)$ die unbekannten Funktionen $\mathfrak{v}\,(\mathfrak{r}, t)$, $p\,(\mathfrak{r}, t)$ und $\varrho\,(\mathfrak{r}, t)$ zu ermitteln. Auch hier läßt sich, ähnlich wie in der Potentialtheorie, die Existenz und Eindeutigkeit der Lösung nachweisen, was hier nicht näher ausgeführt werden soll.

3. Stationäre Strömung; die Bernoullische Gleichung. Ist die Strömung stationär, dann ist, wie oben erwähnt wurde, $\dfrac{\partial \varrho}{\partial t} = 0$ und die EULERsche Bewegungsgleichung (3) lautet:

$$(\mathfrak{v}\,V)\,\mathfrak{v} = \frac{1}{\varrho}\,(\mathfrak{f}^* - \operatorname{grad} p). \tag{8}$$

Mit Verwendung der Formel (10) § 8 kann man hier die linke Seite umformen und daher statt (8) schreiben

$$\frac{1}{2}\operatorname{grad}(v^2) - (\mathfrak{v}\times\operatorname{rot}\mathfrak{v}) - \frac{1}{\varrho}\,(\mathfrak{f}^* - \operatorname{grad} p) = 0. \tag{9}$$

Wir fassen nun eine beliebige Stromlinie ins Auge und bilden zwischen zwei Punkten 1 und 2 derselben das Linienintegral über die Tangentialkomponente des auf der linken Seite von (9) stehenden Vektors. Dies gibt mit Benutzung von Formel (8) § 6 und Berücksichtigung der Tatsache, daß $\mathfrak{v}\times\operatorname{rot}\mathfrak{v}$ auf der Stromlinie senkrecht steht

$$\frac{v_2{}^2 - v_1{}^2}{2} - \int\limits_1^2 \frac{f_s^*}{\varrho}\,ds + \int\limits_1^2 \frac{dp}{\varrho} = 0. \tag{10}$$

Die Gleichung (10) ist nichts anderes als die *Energiegleichung*, denn der erste Term ist der Zuwachs der kinetischen Energie eines Teilchens von der Masse Eins bei seiner Bewegung vom Punkt 1 zum Punkt 2; und der zweite bzw. der dritte Term stellen die Arbeit der äußeren bzw. der inneren Kräfte an dem gleichen Teilchen längs des betrachteten Weges dar.

Ist die Flüssigkeit inkompressibel, also $\varrho = \text{const}$, dann nimmt die Gleichung (10) die Gestalt an

$$\varrho\,\frac{v_2{}^2 - v_1{}^2}{2} + (p_2 - p_1) = \int\limits_1^2 f_s^*\,ds. \tag{11}$$

Ist das Kraftfeld $\mathfrak{f}^*\,(\mathfrak{r})$ außerdem noch wirbelfrei und von einem Potential Φ, der Dichte der potentiellen Energie der äußeren Kraft gemäß

$$\mathfrak{f}^* = -\operatorname{grad}\Phi \tag{12}$$

ableitbar, dann wird wegen (8) § 6 und (11)

$$\frac{\varrho}{2}\,v_1{}^2 + p_1 + \Phi_1 = \frac{\varrho}{2}\,v_2{}^2 + p_2 + \Phi_2,$$

es gilt also längs jeder Stromlinie die Gleichung

$$\frac{\varrho}{2}\,v^2 + p + \Phi = \text{const},\tag{13}$$

die als „BERNOULLIsche *Gleichung*" der Hydrodynamik bekannt ist.

Die Gleichung (9) läßt sich ferner für $\varrho = \text{const}$ in der Form

$$\text{grad}\left(\frac{\varrho\,v^2}{2} + p\right) = \varrho\,(\mathfrak{v} \times \text{rot}\,\mathfrak{v}) + \mathfrak{f}^*\tag{14}$$

schreiben. Verlangen wir, daß die Strömung wirbelfrei sei, dann muß, da die linke Seite von (14) wirbelfrei ist und rot $\mathfrak{v} = 0$ gilt, auch $\mathfrak{f}^*$ wirbelfrei sein. Eine wirbelfreie, stationäre Strömung in einer inkompressiblen Flüssigkeit ist also nur dann möglich, wenn sie unter der Wirkung eines wirbelfreien Kraftfeldes steht, das der Gleichung (12) genügt.

Umgekehrt folgt aus dem Bestehen der Bedingung (12) nur das Verschwinden von $\mathfrak{v} \times \text{rot}\,\mathfrak{v}$. In diesem Falle kann man die Gleichung (14) auf beiden Seiten zwischen zwei beliebigen Punkten in der Flüssigkeit integrieren und erhält wieder die BERNOULLIsche Gleichung (13), die nun nicht nur längs einer Stromlinie, sondern überhaupt innerhalb der ganzen Flüssigkeit erfüllt ist.

Verschwindet das äußere Kraftfeld, ist also $\Phi = \text{const}$, dann kann die Gleichung (13) auf die Form

$$p = p_0 - \frac{\varrho}{2}\,v^2\tag{15}$$

gebracht werden, worin p_0 eine Konstante ist. Ihre Bedeutung ergibt sich aus der Tatsache, daß für $v = 0 : p = p_0$ ist. p_0 ist also nichts anderes als der Druck an jener Stelle der Flüssigkeit, wo sie ruht, ist also gleich dem hydrostatischen Druck. Im kraftfreien Fall kann, wie man sieht, der hydrodynamische Druck p aus dem statischen Druck p_0 und der Geschwindigkeit nach der einfachen Formel (15) ermittelt werden[1].

Die Bedingung der Wirbelfreiheit einer inkompressiblen Flüssigkeit ist stets nur in endlichen Gebietsteilen erfüllbar, denn nach 2. folgt in diesem Falle aus der Kontinuitätsgleichung div $\mathfrak{v} = 0$, eine Bedingung, die mit rot $\mathfrak{v} = 0$ nur in endlichen Gebietsteilen verträglich ist. Führt man ein „Geschwindigkeitspotential" φ gemäß der Beziehung $\mathfrak{v} = -\text{grad}\,\varphi$ ein, dann genügt φ in dem betrachteten Gebietsteil der LAPLACEschen Gleichung $\Delta\varphi = 0$ (§ 7, 4.). Die Bestimmung des Strömungsfeldes läßt sich also bei vorgegebenen Randwerten nach den Methoden der Potentialtheorie durchführen. Ist $\mathfrak{v}\,(\mathfrak{r})$ bekannt, dann folgt die Druckverteilung aus der BERNOULLIschen Gleichung (13) bis auf eine willkürliche Konstante, die bestimmt ist, wenn der Druck in irgendeinem Punkte gegeben ist. Damit ist dann die Aufgabe vollkommen gelöst.

4. **Ausfluß aus einer engen Öffnung.** Läßt man eine Flüssigkeit oder ein Gas aus einer engen Öffnung eines genügend großen Gefäßes ausströmen, dann ändert sich während einer nicht zu langen Zeit die Geschwindigkeits- und Druckverteilung im Innern des Gefäßes nur sehr wenig, wir können daher diese Erscheinung näherungsweise als stationäres Problem behandeln und darauf die Ergebnisse von 3. anwenden.

Wir betrachten zunächst den Ausfluß einer inkompressiblen Flüssigkeit aus einem Loch im Boden eines Gefäßes. Den Abstand der Öffnung von der Oberfläche der Flüssigkeit nennen wir h. Es gilt dann das Kraftgesetz (7) § 25 und daher $\Phi = \varrho g x$, wenn x nach oben zunimmt. Die Gleichung (13) lautet also:

$$\frac{\varrho}{2}\,v^2 + \varrho g x + p = \text{const}.$$

---

[1] Bezüglich der experimentellen Herleitung dieser Formel und ihrer Anwendungen sei auf „Exp.-Physik" § 33 verwiesen.

An der Oberfläche der Flüssigkeit und an der Ausflußöffnung ist p gleich groß, nämlich gleich dem äußeren Luftdruck, es gilt also weiter

$$\frac{1}{2}\,(v^2 - v_0{}^2) = g\,h,$$

worin v die Ausflußgeschwindigkeit und v_0 die Geschwindigkeit eines Punktes des Flüssigkeitsspiegels bedeutet. Ist das Gefäß genügend weit, dann ist v_0 verschwindend klein, und wir erhalten für v die einfache Beziehung

$$v = \sqrt{2gh}\,, \tag{16}$$

das „TORICELLI*sche Ausflußgesetz*"[1].

Als zweites Beispiel behandeln wir den Ausfluß eines Gases aus einer engen Öffnung eines Behälters. Die Wirkung der Schwere auf das Gas sei vernachlässigbar, so daß $\mathfrak{f}^* = 0$ gesetzt werden kann; es gilt dann wegen (10), wenn wir wieder die Ausflußgeschwindigkeit v nennen und die Geschwindigkeit im Innern des Behälters als verschwindend klein ansehen,

$$\frac{v^2}{2} = \int\limits_{p_a}^{p_i} \frac{d\,p}{\varrho}, \tag{17}$$

worin p_a den Außendruck und p_i den (wegen $\mathfrak{f}^* = 0$ im ganzen Innern konstanten) Innendruck bezeichnet.

Genügt das Gas dem BOYLE-MARIOTTEschen Gesetz

$$\frac{p}{\varrho} = \frac{p_0}{\varrho_0},$$

worin p_0 den Normaldruck und ϱ_0 die zugehörige Dichte bei normaler Temperatur bezeichnet, dann kann die Formel (17) auf die Gestalt

$$v^2 = \frac{2\,p_0}{\varrho_0} \int\limits_{p_a}^{p_i} \frac{d\,p}{p} = \frac{C}{\varrho_0} \tag{18}$$

gebracht werden, worin C nur von p_0, p_i und p_a abhängt. Läßt man also zwei Gase unter gleichen Druckverhältnissen aus der gleichen Öffnung ausströmen, dann verhalten sich nach (18) die Ausströmungsgeschwindigkeiten umgekehrt wie die Wurzeln aus den auf gleichen Druck und gleiche Temperatur bezogenen Gasdichten. Dies ist das „BUNSEN*sche Ausströmungsgesetz*"[2].

5. Kraftwirkung einer strömenden Flüssigkeit auf einen festen Körper. Wird ein fester Körper von einer Flüssigkeit umströmt, dann wirkt auf jedes Flächenelement der Oberfläche des Körpers der an der betreffenden Stelle herrschende hydrodynamische Druck. Die Gesamtheit der so auf einen Körper ausgeübten Druckkräfte ergibt im allgemeinen eine resultierende Kraft auf den Körper. Um sie zu berechnen, muß zunächst das hydrodynamische Randwertproblem gelöst werden unter der Randbedingung, daß an der Oberfläche des Körpers überall die Normalkomponente der Flüssigkeitsströmung verschwindet.

Wir wollen hier zur Veranschaulichung der Methode nur eines der einfachsten Probleme dieser Art behandeln. Ein unendlich langer Kreiszylinder vom Radius R sei in einer unbegrenzten, inkompressiblen Flüssigkeit, die sich in genügend großer Entfernung von dem Körper mit der Geschwindigkeit v_0 in der Richtung der x-Achse bewegt, derart eingetaucht, daß seine Achse mit der z-Achse zu-

---

[1] Vgl. „Exp.-Physik", § 31.
[2] Vgl. „Exp.-Physik", § 32.

sammenfällt. Die Wirkung der Schwere auf die Flüssigkeit werde vernachlässigt. Zu berechnen ist die auf die Längeneinheit des Zylinders ausgeübte Kraft.

Aus den Bedingungen ist unmittelbar ersichtlich, daß der Strömungszustand von der z-Koordinate nicht abhängen kann. Wir haben also ein zweidimensionales Strömungsproblem vor uns, wodurch die Aufgabe sehr vereinfacht wird. Wir wollen ferner annehmen, daß sich bereits ein stationärer Zustand eingestellt hat und daß die Strömung wirbelfrei verläuft. Nach 3. können wir dann den Strömungszustand durch Lösung der LAPLACEschen Gleichung finden, eine Aufgabe, die sich, wie in § 9 gezeigt wurde, durch Benutzung von komplexen Funktionen lösen läßt.

Die beiden unter b) und c) in § 9, 4. behandelten Beispiele von Strömungsfunktionen erfüllen offenbar die von uns geforderten Randbedingungen. Denn im Falle b ist der Kreis mit dem Radius R um den Koordinatenursprung eine Stromlinie, im Falle c sind alle Kreise mit dem Mittelpunkt im Koordinatenursprung Stromlinien, wenn die Konstante A imaginär ist; in beiden Fällen sind also überall an der Oberfläche unseres Zylinders die Normalkomponenten des Strömungsvektors gleich Null. Die Strömungsfunktion (24) § 9 ist ferner überall wirbelfrei und hat nur Quellen im Unendlichen. Die Funktion (28) § 9 ist quellenfrei im ganzen Raume und hat nur eine Wirbellinie in der z-Achse, also im Innern des untersuchten Zylinders.

Bildet man in irgendeiner zur x-y-Ebene parallelen Ebene auf einem vollkommen in der Flüssigkeit verlaufenden und den betrachteten Körper einmal umschlingenden Wege das Linienintegral

$$c = \oint v_s \, ds, \tag{19}$$

dann ist sein Wert, da in der Flüssigkeit keine Wirbel enthalten sind und nur im Innern des Körpers unter Umständen „virtuelle" Wirbel, nach dem STOKESschen Satz, § 8, 3., für alle oben gekennzeichneten Kurven gleich groß. Wir nennen c die „*Zirkulation*" um das betrachtete „Profil". Für die unter b) in § 9, 4. behandelte Strömung ist wegen der Wirbelfreiheit die Zirkulation gleich Null. Für den Fall c) gilt nach Formel (31) § 9: $c = 4\pi\eta$, wo η das Moment des in der z-Achse liegenden Wirbelfadens ist.

Schreiben wir außer den oben erwähnten Randbedingungen für die betrachtete Strömung noch eine Zirkulation in der Größe c um den Zylinder vor, dann erfüllt die Strömungsfunktion

$$\psi(z) = a_0 + a_1 z + \frac{a_2}{z} + A \log z, \tag{20}$$

die sich aus den Strömungsfunktionen (24) § 9 und (28) § 9 additiv zusammensetzt, alle Bedingungen, wenn man darin gemäß den Ausführungen in § 9, 4. für die Konstanten setzt:

$$a_1 = v_0, \quad a_2 = a_1 R^2 = v_0 R^2, \quad A = -2i\eta = -\frac{ic}{2\pi}. \tag{21}$$

Wegen der Eindeutigkeit der Randwertaufgabe haben wir damit also den wirklich im stationären Fall eintretenden Strömungszustand gefunden.

Aus (20) und (21) erhält man für das Quadrat des Betrages der Strömungsgeschwindigkeit gemäß Formel (20) § 9

$$v^2 = \left| \frac{d\psi}{dz} \right|^2 = \left| v_0\left(1 - \frac{R^2}{z^2}\right) - \frac{ic}{2\pi z} \right|^2. \tag{22}$$

Es genügt, wenn wir v^2 auf dem Mantel des Zylinders kennen, der durch

$$z = R \, e^{ia} \tag{23}$$

gekennzeichnet ist, worin α den Winkel zwischen dem Radiusvektor und der x-Achse bedeutet. Aus (22) und (23) erhält man bis auf eine von α unabhängige Konstante

$$v_R{}^2 = \left| v_0 \, (1 - e^{-2ia}) - \frac{ic}{2\pi R} \, e^{-ia} \right|^2 = -\frac{2v_0 c}{\pi R} \, \sin\alpha - 2v_0{}^2 \cos 2\alpha + \text{Const.} \qquad (24)$$

Die gesuchte resultierende Kraft $\Re$ auf die Längeneinheit des Zylinders erhalten wir durch Integration über die Druckkräfte nach der Formel

$$\Re = \oint p\,\mathfrak{n}\,ds = R \int_0^{2\pi} p\,\mathfrak{n}\,d\alpha \qquad (25)$$

beziehungsweise

$$K_x = -R \int_0^{2\pi} p \cos\alpha\,d\alpha, \qquad K_y = -R \int_0^{2\pi} p \sin\alpha\,d\alpha, \qquad (26)$$

worin für p aus der BERNOULLIschen Gleichung, die in diesem Falle die Form (15) hat und für v^2 aus (24) einzusetzen ist.

Da die Integrale über die Ausdrücke $\sin\alpha$, $\cos\alpha$, $\sin\alpha . \cos\alpha$, $\sin\alpha . \cos 2\alpha$, $\cos\alpha . \cos 2\alpha$ über eine volle Periode Null ergeben müssen, folgt aus (26)

$$K_x = 0, \qquad K_y = -\varrho \, \frac{v_0 c}{\pi} \int_0^{2\pi} \sin^2\alpha\,d\alpha = -\varrho\,v_0 c. \qquad (27)$$

Aus den Formeln (27) ersieht man, daß auf den Körper durch die umströmende Flüssigkeit *keine* Kraft ausgeübt wird, wenn die Zirkulation verschwindet. Ist eine Zirkulation vorhanden, dann ist die resultierende Kraft von Null verschieden und steht auf der Strömungsrichtung im Unendlichen senkrecht, derart, daß eine Drehung in der Zirkulationsrichtung von $\Re$ nach $\mathfrak{v}_0$ führt; ihr Betrag ist gleich $\varrho\,v_0\,c$. Damit erhalten wir eine Erklärung für den sogenannten „Magnuseffekt"[1].

Von einem mit der Geschwindigkeit v_0 mitbewegten Koordinatensystem beurteilt, das, wie wir wissen, ebenfalls als Inertialsystem benutzt werden kann, ruht die Flüssigkeit im Unendlichen und der Körper bewegt sich durch sie mit der konstanten Geschwindigkeit $-\mathfrak{v}_0$ hindurch. Die auf den Körper ausgeübte Kraft wird nach wie vor durch die Formel (27) angegeben. In der Richtung der Bewegung ist die Kraft also Null, d. h. der Körper erfährt bei seiner Bewegung durch die (reibungslose) Flüssigkeit keinen „Reibungswiderstand". Erfolgt die Bewegung horizontal und die Zirkulation so, daß unter dem Zylinder die Zirkulationsströmung die Richtung der Bewegung und über ihm die entgegengesetzte Richtung hat, dann wird auf den Körper nach *aufwärts* eine Kraft vom Betrage $\varrho v_0 c$ ausgeübt, die man den „*dynamischen Auftrieb*" nennt.

In Erweiterung der oben durchgeführten Rechnung läßt sich zeigen, daß die Formel (27) nicht nur für Kreiszylinder, sondern für beliebige Profile Geltung hat, solange bei der Bewegung keine Wirbel entstehen, was stets der Fall ist, wenn das Profil keine Ecken und Kanten hat[2].

6. Der Helmholtzsche Wirbelsatz. Wir gehen nun wieder zur Betrachtung einer beliebigen Strömung in einer Flüssigkeit oder einem Gase zurück. Wir denken uns an irgendeiner Stelle eine Fläche in die Flüssigkeit hineingelegt und fassen alle Flüssigkeitsteilchen ins Auge, die sich zur Zeit Null auf dieser Fläche befinden. Zu irgendeiner späteren Zeit werden dieselben Flüssigkeitsteilchen

---

[1] Vgl. „Exp.-Physik", § 32.

[2] Über die Bedeutung dieser Resultate für die Erklärung des dynamischen Auftriebes der Flugzeuge und verwandte Probleme vgl. „Exp.-Physik", § 32.

wieder auf einer Fläche liegen, die aus der ursprünglichen durch stetige Bewegung und Deformation hervorgeht. Wir bilden nun die Zirkulation längs der Berandung der Fläche nach Formel (19) und untersuchen, wie sich diese Größe im Laufe der Zeit verändert, während sich die Fläche in der angegebenen Weise durch die Flüssigkeit bewegt.

Schreiben wir die Bewegungsgleichung (3) in der Form

$$\frac{d\mathfrak{v}}{dt} = \frac{1}{\varrho}\,(\mathfrak{f}^* - \operatorname{grad} p)$$

und bilden auf beiden Seiten das Linienintegral um die Berandung der Fläche, so ergibt sich

$$\oint\left(\frac{d\mathfrak{v}}{dt}\right)_s ds = \frac{d}{dt}\oint v_s\,ds = \frac{dc}{dt} = \oint\frac{1}{\varrho}\,f_s^*\,ds, \tag{28}$$

da wegen des Bestehens der Zustandsgleichung $\varrho = f(p)$ stets geschrieben werden kann

$$\frac{1}{\varrho}\operatorname{grad} p = \operatorname{grad}\,[F\,(p)]$$

und daher das Linienintegral $\oint\dfrac{1}{\varrho}\,(\operatorname{grad} p)_s\,d\,s$ nach (9) § 16 stets verschwindet.

dc/dt ist nun nichts anderes als die an den individuellen Flüssigkeitsteilchen während ihrer Bewegung auftretende Änderung der Zirkulation. Ist das der Kraft auf die Masseneinheit entsprechende Kraftfeld $\dfrac{\mathfrak{f}^*}{\varrho}\,(\mathfrak{r})$ von einem Potential ableitbar, dann verschwindet die rechte Seite der Gleichung (28), ebenfalls nach (9) § 16 und es wird

$$\frac{dc}{dt} = 0. \tag{29}$$

Die Zirkulation ändert sich also während der Bewegung der Flüssigkeitsteilchen nicht.

Ist die oben betrachtete Fläche der Querschnitt eines Wirbelfadens, dann ist c nach § 8, 7. dem Moment des Wirbelfadens proportional und der Satz (29) sagt aus, daß ein in einer Flüssigkeit oder einem Gas zu irgendeinem Zeitpunkte bestehender Wirbelfaden (der stets geschlossen ist, also die Gestalt eines „Wirbelringes" hat) an den individuellen Flüssigkeitsteilchen haftet und mit ihnen mit unverminderter Wirbelstärke fortschreitet. Dies ist der „HELMHOLTZ*sche Wirbelsatz*". Er wird durch das tatsächliche Verhalten von Wirbelringen in Gasen und Flüssigkeiten bestätigt, insoweit von der Wirkung der Reibung abgesehen werden darf[1].

7. Ausbreitung kleiner Störungen in Flüssigkeiten und Gasen. Nehmen wir an einer im Gleichgewicht befindlichen Flüssigkeit oder einem im Gleichgewicht befindlichen Gase eine kleine Störung vor, indem wir in beliebiger Weise die Dichte (und damit auch den Druck) in den einzelnen Volumenelementen ein wenig verändern, dann wird eine Bewegung einsetzen, bei der auch die Geschwindigkeit als klein angenommen werden kann. Hierdurch wird der ursprünglich hergestellte Störungszustand dauernd geändert.

Um diesen Vorgang zu untersuchen, führen wir zunächst die relative Dichteänderung σ und die relative Druckänderung τ ein, die durch die Gleichungen

$$\varrho = \bar{\varrho}\,(1+\sigma), \qquad p = \bar{p}\,(1+\tau) \tag{30}$$

definiert sind, worin $\bar{\varrho}$ und $\bar{p}$ die Dichte und den Druck im ungestörten Gleichgewichtszustande bedeuten. σ, τ und die Komponenten von $\mathfrak{v}$ und ihre Ableitungen seien so klein, daß nur Glieder erster Ordnung in ihnen berücksichtigt zu werden brauchen.

---

[1] Vgl. „Exp.-Physik", §§ 31, 32.

Die Bewegungsgleichung (3) kann man mit Hilfe von (30) unter den erwähnten Vernachlässigungen folgendermaßen schreiben:

$$\bar{\varrho} \cdot \frac{\partial \mathfrak{v}}{\partial t} = \mathfrak{f}^* - \operatorname{grad} \bar{p} - \bar{p} \operatorname{grad} \tau.$$

Da nun wegen (6) § 25 für den Ruhezustand gelten muß

$$\mathfrak{f}^* - \operatorname{grad} \bar{p} = 0, \qquad \frac{\partial \bar{\varrho}}{\partial t} = 0,$$

folgt weiter

$$\frac{\partial (\bar{\varrho}\, \mathfrak{v})}{\partial t} = - \bar{p} \cdot \operatorname{grad} \tau. \tag{31}$$

Die Kontinuitätsgleichung (6) in gleicher Weise umgeformt, lautet

$$\bar{\varrho}\, \frac{\partial \sigma}{\partial t} + \operatorname{div} (\bar{\varrho}\, \mathfrak{v}) = 0. \tag{32}$$

Bildet man in (31) auf beiden Seiten die Divergenz und setzt aus (32) ein, so erhält man nach Vertauschung der Operationen $\dfrac{\partial}{\partial t}$ und div

$$\bar{\varrho}\, \frac{\partial^2 \sigma}{\partial t^2} = \bar{p}\, \varDelta\, \tau. \tag{33}$$

Um aus der Zustandsgleichung (3) § 25 eine Beziehung zwischen σ und τ zu gewinnen, entwickeln wir p um den Wert $\bar{p}$ nach Potenzen von τ und beschränken uns auf die ersten Glieder dieser Entwicklung:

$$p = \bar{p} + a\,\sigma + \ldots$$

Dies gibt in (30) eingesetzt
$$\tau = \frac{p - \bar{p}}{\bar{p}} = \frac{a}{\bar{p}}\, \sigma = \varkappa\, \sigma, \tag{34}$$

worin $\varkappa$ eine im allgemeinen noch von $\bar{p}$ (oder $\bar{\varrho}$) abhängige Konstante bedeutet.

Mittels der Beziehung (34) können wir nun in (33) τ durch σ oder σ durch τ ausdrücken und erhalten so schließlich für $\sigma\,(\mathfrak{r}, t)$ und $\tau\,(\mathfrak{r}, t)$ die Differentialgleichungen:

$$\frac{\partial^2 \sigma}{\partial t^2} = c^2\, \varDelta\sigma, \qquad \frac{\partial^2 \tau}{\partial t^2} = c^2 \varDelta\, \tau, \tag{35}$$

worin gesetzt ist

$$c = \sqrt{\frac{\bar{p}}{\bar{\varrho}}\, \varkappa}. \tag{36}$$

Die Gleichungen (35) sind identisch mit der dreidimensionalen Wellengleichung (1) § 13, und c ist die zugehörige Fortpflanzungsgeschwindigkeit. Man sieht also, daß sich kleine Störungen der Dichte und des Druckes in einer Flüssigkeit oder einem Gas in der Form von fortschreitenden Wellen mit einer Geschwindigkeit ausbreiten, die durch die Formel (36) mit dem mittleren Druck und der mittleren Dichte in dem Medium verknüpft ist. Da die Wellenfunktionen σ und τ Skalare sind, also im Wellenfelde keine Richtung senkrecht zur Fortpflanzungsrichtung bevorzugt ist, pflegt man die durch die Gleichungen (35) gekennzeichneten Wellen in flüssigen und gasförmigen Medien als „Longitudinalwellen" zu bezeichnen, obzwar diese Bezeichnung nicht ganz zutreffend ist und besser durch „*Kompressionswellen*" ersetzt werden sollte.

Ist das Medium ein ideales Gas, dann ist als Zustandsgleichung die „adiabatische Zustandsgleichung" des idealen Gases (13) § 33 zugrunde zu legen, da im allgemeinen die Dichteänderungen so rasch erfolgen, daß in der schlecht leitenden Substanz kein merklicher Wärmeaustausch erfolgt. Aus

$$p = \operatorname{Const} . \varrho^{\varkappa} \tag{37}$$

folgt wegen (30), wie zu erwarten ist, wieder die Gleichung (34), in der nun $\varkappa$ eine Konstante, nämlich das Verhältnis der beiden spezifischen Wärmen des Gases c_p/c_v ist. Die Gleichung (36) gibt also die „*Schallgeschwindigkeit*" in einem idealen Gase wieder, wenn man darin unter $\varkappa$ das Verhältnis der beiden spezifischen Wärmen versteht[1].

§ 27. Dynamik der Flüssigkeiten mit innerer Reibung.

1. Der Spannungstensor in einer Flüssigkeit mit innerer Reibung. Wie bereits im § 26, 1. erwähnt wurde, haben wir zu erwarten, daß in einer Flüssigkeit oder einem Gase mit innerer Reibung ein nicht nur von der Dichte, sondern auch von der Geschwindigkeitsverteilung abhängiger Spannungszustand herrsche. Zu seiner Formulierung berufen wir uns auf ein Ergebnis der kinetischen Gastheorie (vgl. § 39 4.). Diese lehrt, daß durch ein Flächenelement mit der Normalenrichtung $\mathfrak{n}$, das in ein makroskopisch strömendes, ideales Gas hineingelegt ist, pro Zeit- und Flächeneinheit ein Impuls vom Betrage $\eta \dfrac{\partial v}{\partial n}$ und der Richtung von $\mathfrak{v}$ infolge der ungeordneten Molekularbewegung hindurchgetragen wird, worin η eine von den Molekulareigenschaften des Gases abhängige Konstante ist. In der Sprache der Kontinuumtheorie ausgedrückt, heißt das, daß auf das Flächenelement eine Spannung $\mathfrak{P}_r$ in der Richtung von $\mathfrak{v}$ und vom Betrage $\eta \dfrac{\partial v}{\partial n}$ ausgeübt wird, da ja nach § 18, 2. die Kraft gleich der Änderung des Impulses pro Zeiteinheit ist.

Für die x-Komponente der Spannung gilt demnach

$$P_x = \eta \frac{\partial v}{\partial n} \cos(\mathfrak{v}\, x) = \eta \frac{\partial v_x}{\partial n} = \eta \left(\frac{\partial v_x}{\partial x} n_x + \frac{\partial v_x}{\partial y} n_y + \frac{\partial v_x}{\partial z} n_z \right) \tag{1}$$

und analoge Ausdrücke gelten für P_y und P_z. Der Vergleich mit den Formeln (16) § 22 und (17) § 22 ergibt, daß sich $\mathfrak{P}_r$ wieder in der Form

$$\mathfrak{P}_r = T_r \cdot \mathfrak{n} \tag{2}$$

darstellen läßt, worin der Spannungstensor T_r die Matrix

$$T_r = \eta \begin{pmatrix} \dfrac{\partial v_x}{\partial x} & \dfrac{\partial v_x}{\partial y} & \dfrac{\partial v_x}{\partial z} \\[2ex] \dfrac{\partial v_y}{\partial x} & \dfrac{\partial v_y}{\partial y} & \dfrac{\partial v_y}{\partial z} \\[2ex] \dfrac{\partial v_z}{\partial x} & \dfrac{\partial v_z}{\partial y} & \dfrac{\partial v_z}{\partial z} \end{pmatrix} \tag{3}$$

hat. Wie man sieht, hängt er mit dem „Deformationstensor" Γ der Strömung [Formel (26) § 11] durch die einfache Beziehung

$$T_r = \eta \dot{\Gamma} \tag{4}$$

zusammen. Er verschwindet, wenn $\dot{\Gamma} = 0$ ist, d. h. wenn das Gas ruht, aber auch dann, wenn $\mathfrak{v}$ im ganzen Innern des Gases konstant ist, im Einklange mit der Behauptung in § 26, 1., wonach nämlich Reibungskräfte nicht auftreten, wenn die Teilchen keine Relativbewegung ausführen.

Zu den durch (2) festgelegten, durch die innere Reibung hervorgerufenen Kräften auf das betrachtete Flächenelement treten noch die in den §§ 25 und 26

---

[1] Bezüglich der experimentellen Untersuchung der Gesetze der Schallfortpflanzung und des Vergleiches der Formeln (35) und (36) mit der Erfahrung sei auf „Exp.-Physik", Kap. IX, § 34 und Kap. X verwiesen.

eingeführten Druckkräfte p hinzu, die stets senkrecht auf dem Flächenelement angreifen, so daß die Gesamtspannung gleich ist

$$\mathfrak{P} = -p\,\mathfrak{n} + T_r\,.\,\mathfrak{n}. \tag{5}$$

Wir wollen den Ansatz (5), der zunächst für ein ideales Gas gemacht wurde, auf Gase und Flüssigkeiten beliebiger Art (sofern sie keine elastischen Eigenschaften haben) erweitern und die darin vorkommende Konstante η, die als „*Koeffizient der inneren Reibung*" oder „*Zähigkeit*" oder „*Viskosität*" bezeichnet wird, als Materialkonstante ansehen, die von der Dichte unabhängig, aber eventuell von der Temperatur abhängig sein soll.

2. Die vollständigen Bewegungsgleichungen mit Berücksichtigung der inneren Reibung. Nach der Formel (19) § 22, erhalten wir mit Benutzung von (3) für die durch die Spannungskräfte (2) der inneren Reibung auf die Volumeneinheit des Körpers hervorgerufene Kraft die Ausdrücke

$$\mathfrak{f}_{rx} = \eta\left(\frac{\partial^2 v_x}{\partial x^2} + \frac{\partial^2 v_x}{\partial y^2} + \frac{\partial^2 v_x}{\partial z^2}\right) = \eta\,\Delta v_x, \qquad \mathfrak{f}_{ry} = \eta\,\Delta v_y, \qquad \mathfrak{f}_{rz} = \eta\,\Delta v_z \tag{6}$$

oder

$$\mathfrak{f}_r = \eta\,\Delta\,\mathfrak{v}; \tag{7}$$

die Kraft $\mathfrak{f}_r$ haben wir zu der durch den Druck hervorgerufenen Kraft $-\mathrm{grad}\,p$ pro Volumeneinheit hinzuzufügen.

Statt der Gleichung (3) § 26 erhalten wir demnach die vollständige Bewegungsgleichung in der Form

$$\varrho\left[\frac{\partial\,\mathfrak{v}}{\partial t} + (\mathfrak{v}\,V)\,\mathfrak{v}\right] = \mathfrak{f}^* - \mathrm{grad}\,p + \eta\,\Delta\,\mathfrak{v}. \tag{8}$$

Die an der Berührungsfläche zwischen der Flüssigkeit (bzw. dem Gas) und einer festen Wand auftretende „äußere Reibung" ist erfahrungsgemäß (bis auf Gase von sehr niedrigem Druck) so groß, daß eine Relativbewegung der Substanz gegen die Wand überhaupt nicht zustande kommt. Als Grenzbedingung an der Wand kann also fast stets das Verschwinden von $\mathfrak{v}$ angenommen werden[1].

3. Die laminare Strömung durch ein Rohr. Man bezeichnet eine Flüssigkeitsströmung als „*laminar*", wenn man sie in parallel laufende, unendlich dünne Lamellen unterteilen kann, innerhalb derer die Geschwindigkeit konstant ist. Wir wollen uns nicht mit der schwierigen Frage befassen, wann eine solche Strömung eintritt, sondern sie in bestimmten Fällen als gegeben ansehen. Die Behandlung der Bewegungsgleichung (8) gestaltet sich dann besonders einfach.

Wir untersuchen genauer das folgende, praktisch wichtige Problem. Eine inkompressible Flüssigkeit von der Dichte ϱ ströme durch ein vertikales Rohr von der Länge L mit kreisförmigem Querschnitt vom Radius R hindurch. Die Strömung sei laminar, wobei aus Symmetriegründen anzunehmen sein wird, daß die Lamellen dünne Hohlzylinder mit der Rohrachse als Achse sind. An der Rohrwand sei (vgl. 2.) die Geschwindigkeit gleich Null. Stationarität ist vorausgesetzt.

Die z-Achse legen wir in die Rohrachse mit der Richtung nach abwärts. Die Stromlinien laufen also parallel zur z-Achse und daher ist $v_x = v_y = 0$, $v_z = v$. Die Kontinuitätsgleichung (6) § 26 lautet daher einfach

$$\mathrm{div}\,\mathfrak{v} = \frac{d\,v}{d\,z} = 0; \tag{9}$$

v ist also von z unabhängig und wegen der oben gemachten Annahme über die Gestalt der Lamellen nur abhängig vom Abstand r von der Achse:

$$v = v\,(r).$$

---

[1] Vgl. „Exp.-Physik", § 33.

Die linke Seite der Bewegungsgleichung (8) verschwindet wegen (9) und der Bedingung der Stationarität. Da $\mathfrak{f}^*$ und $\mathfrak{v}$ die Richtung der z-Achse haben, muß auch grad p die Richtung der z-Achse haben; p ist also nur von z abhängig:

$$p = p\,(z).$$

Die z-Komponente der Gleichung (8) liefert nun mit Benutzung der Formel (27) § 6 die Beziehung

$$\varrho\,g - \frac{d\,p}{d\,z} + \eta\left(\frac{d^2\,v}{d\,r^2} + \frac{1}{r}\,\frac{d\,v}{d\,r}\right) = 0. \tag{10}$$

In dieser Gleichung ist das zweite Glied von z allein, das dritte von r allein abhängig, sie wird also erfüllt, wenn man setzt

$$\varrho g - \frac{d\,p}{d\,z} = C, \tag{11}$$

$$\eta\left(\frac{d^2\,v}{d\,r^2} + \frac{1}{r}\,\frac{d\,v}{d\,r}\right) = -\,C, \tag{12}$$

worin C eine willkürliche Konstante ist.

Die Differentialgleichung (11) ergibt integriert

$$p = (\varrho g - C)\,z + \text{Const.} \tag{13}$$

Setzen wir fest, daß der Druck am oberen Rohrende gleich p_1 und am unteren Ende gleich p_2 sein soll, dann ergibt sich aus (13)

$$p_2 - p_1 = (\varrho g - C)\,L. \tag{14}$$

Die Differentialgleichung (12) kann auf die Gestalt

$$\frac{d}{d\,r}\left(r\,\frac{d\,v}{d\,r}\right) = -\,r\,\frac{C}{\eta} \tag{15}$$

gebracht werden. Einmalige Integration dieser Gleichung ergibt

$$r\,\frac{d\,v}{d\,r} = -\,\frac{C\,r^2}{2\,\eta} + A$$

und dies nochmals integriert

$$v = -\,\frac{C\,r^2}{4\,\eta} + A\,\log r + B. \tag{16}$$

Da v für $r = 0$ jedenfalls endlich bleiben muß, muß die Konstante A in (16) gleich Null sein. Wegen unserer Randbedingung muß ferner für $r = R$ $v = 0$ gelten, also $B = \dfrac{C\,R^2}{4\,\eta}$. Die Gleichung (16) lautet also schließlich

$$v = \frac{C}{4\,\eta}\,(R^2 - r^2). \tag{17}$$

Eliminiert man die Konstante C aus den Gleichungen (14) und (17), so ergibt sich schließlich

$$v\,(r) = \frac{1}{4\,\eta}\left(\varrho g + \frac{p_1 - p_2}{L}\right)(R^2 - r^2), \tag{18}$$

womit das Problem erledigt ist.

Für die pro Sekunde durch einen horizontalen Querschnitt des Rohres strömende Flüssigkeitsmenge Q, die „*Stromstärke*" der Strömung, erhält man aus (18) durch Integration über den Querschnitt

$$Q = \iint v\,dF = \int_0^R 2\,\pi\,r\,.\,v\,(r)\,dr = \left(\varrho g + \frac{p_1 - p_2}{L}\right)\frac{R^4\,\pi}{8\,\eta}. \tag{19}$$

Bei nicht zu weiten Rohren und nicht zu großer Geschwindigkeit wird das Gesetz (19) als „POISEULLE*sches Gesetz*" durch die Erfahrung bestätigt[1]. Beim Überschreiten einer bestimmten Geschwindigkeit tritt erfahrungsgemäß „*Turbulenz*" ein[1], bei der die Störung ihren laminaren Charakter verliert und das POISEULLEsche Gesetz nicht mehr Geltung hat. Die theoretische Behandlung der turbulenten Strömung kann wegen ihrer Schwierigkeit in diesem Lehrbuch nicht durchgeführt verden.

Beim Verschwinden der äußeren Kraft ϱg wird durch die Strömung ein der Stromstärke Q und dem Reibungskoeffizienten proportionales „Druckgefälle" $\dfrac{p_1 - p_2}{L}$ in dem Rohr erzeugt, eine Gesetzmäßigkeit, die übrigens auch für andere Rohrquerschnitte gilt, wie das Experiment zeigt[2]. Bei verschwindender Reibung, also $\eta = 0$, wird auch das Druckgefälle gleich Null, wie es das BERNOULLIsche Gesetz (15) § 26 verlangt.

4. Reibungswiderstand bei der Bewegung eines festen Körpers in einer Flüssigkeit. In § 26, 5. wurde das Problem behandelt, die Kraftwirkung zu berechnen, die eine reibungslose Flüssigkeit auf einen von ihr umströmten Körper ausübt. Um das gleiche Problem für eine Flüssigkeit mit innerer Reibung zu lösen, muß die Bewegungsgleichung (8) unter der Randbedingung integriert werden, daß an der Oberfläche des Körpers die Strömungsgeschwindigkeit gleich Null ist. In dem in § 26, 5. behandelten Beispiel, wo wir Wirbelfreiheit der Strömung angenommen hatten, war diese Bedingung nicht erfüllt. Man sieht daher, daß bei Berücksichtigung der inneren Reibung die Strömung nicht wirbelfrei sein kann. Dies bedingt eine wesentliche Komplikation der Randwertaufgabe, da man nun nicht mehr die so bequeme Methode der ebenen Potentialströmung anwenden kann.

Im Rahmen dieses Lehrbuches müssen wir auf die exakte Behandlung dieser Probleme verzichten. Eine wichtige Gesetzmäßigkeit läßt sich jedoch aus den Entwicklungen unter 1. über den Spannungstensor der inneren Reibung ohne Rechnung ableiten. Aus der Formel (3) sieht man nämlich unmittelbar, daß T_r zu η proportional ist und sich, wenn man bei gegebener Geschwindigkeitsverteilung v mit einer Konstanten multipliziert, mit derselben Konstanten vervielfacht. Hieraus folgt, daß die Reibungskraft $\mathfrak{K}_r$ auf den von der Flüssigkeit umströmten Körper zu η und zu der Geschwindigkeit $\mathfrak{v}_0$ der Strömung im Unendlichen proportional ist. Wir können also setzen

$$\mathfrak{K}_r = -\frac{1}{B} \cdot \mathfrak{v}_0, \tag{20}$$

worin die Größe B, die man die „*Beweglichkeit*" nennt, zu η verkehrt proportional ist und im übrigen nur noch von der Gestalt des Körpers abhängen kann.

Umgekehrt können wir sagen, daß ein Körper, der sich mit der Geschwindigkeit v_0 durch eine Flüssigkeit mit innerer Reibung hindurchbewegt, dabei durch die Flüssigkeit einen „*Reibungswiderstand*" von der Größe (20) erfährt, der um so kleiner ist, je größer B ist (daher der Name Beweglichkeit) und der der Geschwindigkeit proportional ist. Wir haben von einem Widerstandsgesetz von der Form (20) bereits wiederholt (§ 19, 2. und § 19, 5.) Gebrauch gemacht.

Für die Beweglichkeit einer Kugel vom Radius a ergibt die Berechnung das „STOKES*sche Gesetz*"

$$B = \frac{1}{6\,\pi\,\eta\,a}, \tag{21}$$

---

[1] Die Geschwindigkeitsverteilung (18) läßt sich direkt experimentell prüfen, ebenso das POISEULLEsche Gesetz (19), das für die Messung der Zähigkeit praktische Anwendung findet; vgl. hiezu „Exp.-Physik", § 33.

[2] Vgl. „Exp.-Physik", § 33.

das durch die Erfahrung für nicht zu große Geschwindigkeiten und nicht zu große a bestätigt wird[1]. Hieraus läßt sich schließen, daß unsere grundlegenden, unter 1. gemachten Annahmen über den Zusammenhang zwischen dem Spannungs- und dem Deformationstensor richtig sind.

Für große Geschwindigkeiten und große Kugelradien versagen die Formeln (20) und (21), indem die Proportionalität von $\Re_r$ mit $\mathfrak{v}_0$ verlorengeht. Es beruht dies wiederum auf der Entstehung von Turbulenz[1].

§ 28. Kapillarerscheinungen.

1. Oberflächen- und Grenzflächenspannung. Wie das Experiment lehrt[2], wirkt auf die Berandung einer in einen Rahmen eingespannten „Flüssigkeitshaut" eine Kraft tangential zur Oberfläche derart, daß auf ein Linienelement ds der Berandung eine zu ds senkrecht gerichtete Kraft vom Betrage $\alpha\,ds$ einwirkt, worin α eine von der Natur der Flüssigkeit abhängige Konstante, die *„Oberflächenspannung"* ist.

Wir nehmen deshalb an, daß die Oberfläche einer jeden Flüssigkeit sich in einem Spannungszustande befindet, der durch die Angabe einer einzigen Konstanten, nämlich der Oberflächenspannung, charakterisiert ist, die auf der ganzen Oberfläche den gleichen Wert hat. Auf jedes in die Fläche hineingelegte Linienstück ds mit der in der Fläche gelegenen Normalen $\mathfrak{n}$ wirkt nach beiden Seiten die Kraft $\alpha\,ds$ nach entgegengesetzten Richtungen ein.

Wir denken uns nun in die Oberfläche einer Flüssigkeit eine beliebige geschlossene Kurve S hineingelegt (Abb. 70), die das Flächenstück F umschließt.

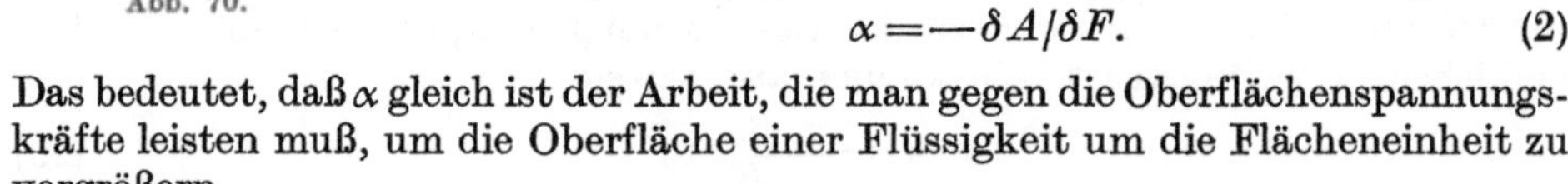

Wird die Oberfläche ein wenig verkleinert, dann zieht sich die Kurve S zu der Kurve S' zusammen. Die hierbei von den Spannungskräften geleistete Arbeit δA ist offenbar gleich

$$\delta A = \oint \alpha\,\delta n\,ds = \alpha \oint \delta n\,ds, \tag{1}$$

wenn der Normalabstand der Kurven S und S' an der Stelle von ds gleich δn ist. Nun ist $\oint \delta n\,ds$ nichts anderes als der Flächeninhalt des von den beiden Kurven eingeschlossenen ringförmigen Gebietes, also gleich $-\delta F$. Es gilt also

Abb. 70.

$$\alpha = -\delta A/\delta F. \tag{2}$$

Das bedeutet, daß α gleich ist der Arbeit, die man gegen die Oberflächenspannungskräfte leisten muß, um die Oberfläche einer Flüssigkeit um die Flächeneinheit zu vergrößern.

Analog kann man für die Grenzfläche zwischen zwei Flüssigkeiten oder die Grenzfläche zwischen einer Flüssigkeit und einem Gas oder einem Festkörper *„Grenzflächenspannungen"* α_{12} definieren, für die die obigen Überlegungen ebenfalls zutreffen, mit dem einzigen Unterschied, daß α_{12} sowohl positiv als auch negativ sein kann.

Stoßen mehrere Grenz- bzw. Oberflächen in einer Kante zusammen, so müssen die an jedem Linienelement der Kante angreifenden Kräfte einander im Gleichgewichtszustande aufheben. Daraus folgt zunächst, daß die freie Oberfläche einer Flüssigkeit nirgendwo eine solche Kante haben kann; denn wenn nur zwei Flächen in der Kante zusammenstoßen, müssen die Kräfte entgegengesetzt gerichtet und gleich groß sein, der Winkel zwischen den Flächen muß also gleich π sein.

---

[1] Vgl. „Exp.-Physik", § 33.
[2] Vgl. „Exp.-Physik", § 29.

Für den Fall, daß eine Flüssigkeit in einer Kante an eine feste Wand angrenzt (Abb. 71), genügt die Bedingung, daß die Komponente der Oberflächenspannung α und der Grenzflächenspannung α_{12} zwischen Flüssigkeit und fester Wand in der Richtung der Wand sich gegenseitig aufheben, da senkrecht zur Wand das Gleichgewicht wegen der Starrheit der Wand von selbst erfüllt ist. Die Gleichgewichtsbedingung lautet also

$$\alpha_{12} + \alpha \cos \varphi_0 = 0, \tag{3}$$

worin φ_0 den „*Randwinkel*" der Flüssigkeit an der Gefäßwand bedeutet. Ist $\alpha_{12} = 0$, dann ist der Randwinkel gleich $\dfrac{\pi}{2}$, ist $\alpha_{12} > 0$, dann ist der Randwinkel stumpf, ist

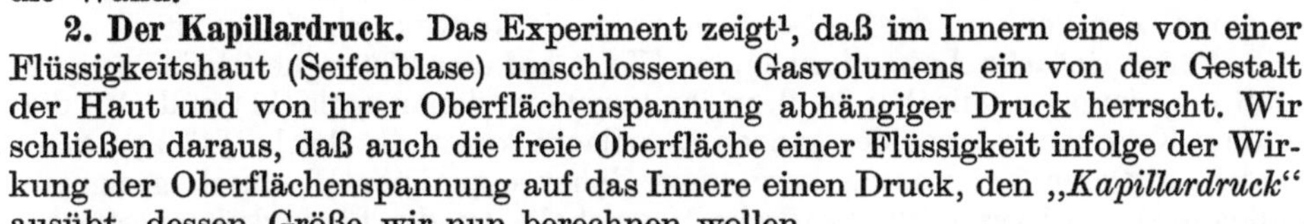

Abb. 71.

$\alpha_{12} < 0$, dann ist er spitz; ist im letzteren Falle $|\alpha_{12}| > \alpha$, dann kann das Gleichgewicht nicht existieren, die Flüssigkeit verläuft also auf der Oberfläche der Wand und bedeckt sie in einer dünnen Schicht, sie „benetzt" die Wand.

2. Der Kapillardruck. Das Experiment zeigt[1], daß im Innern eines von einer Flüssigkeitshaut (Seifenblase) umschlossenen Gasvolumens ein von der Gestalt der Haut und von ihrer Oberflächenspannung abhängiger Druck herrscht. Wir schließen daraus, daß auch die freie Oberfläche einer Flüssigkeit infolge der Wirkung der Oberflächenspannung auf das Innere einen Druck, den „*Kapillardruck*" ausübt, dessen Größe wir nun berechnen wollen.

Konstruiert man sämtliche durch einen Punkt P der Oberfläche hindurchgehenden geodätischen Linien, dann stehen bekanntlich die beiden Kurven, denen der größte und der kleinste Wert der Krümmung entsprechen, aufeinander senkrecht, ihre Krümmungsradien heißen die „Hauptkrümmungsradien" R_1 und R_2. Wir konstruieren nun um P ein kleines geodätisches Rechteck (Abb. 72) derart, daß die Seiten ds_1 und ds_2 desselben zu den Hauptkrümmungslinien parallel laufen. Der Flächeninhalt des Rechteckes ist dann

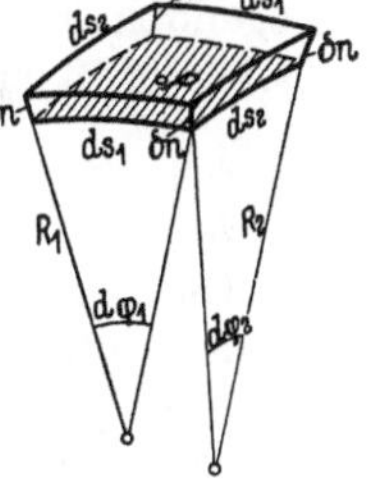

$$dF = ds_1\, ds_2 = R_1\, d\varphi_1 \,.\, R_2\, d\varphi_2. \tag{4}$$

Wir nehmen nun eine Deformation der Fläche vor, indem wir sämtliche ihrer Punkte um ein Stück δn normal zur Fläche nach der konvexen Seite zu verschieben. Hierbei wird sich der Flächeninhalt dF um $\delta(dF)$ vergrößern. Wir erhalten aus (4) bis auf Größen, die von höherer Ordnung klein sind,

Abb. 72.

$$\delta(dF) = d\varphi_1\, d\varphi_2\,(R_1\,\delta R_2 + R_2\,\delta R_1) = \delta n\, d\varphi_1\, d\varphi_2\,(R_1 + R_2) = \delta n\, dF\left(\frac{1}{R_1} + \frac{1}{R_2}\right). \tag{5}$$

Gemäß (2) muß man hierbei gegen die Oberflächenspannungskräfte die Arbeit

$$\delta A = \alpha\, \delta(dF) = \alpha\, \delta n\, dF\left(\frac{1}{R_1} + \frac{1}{R_2}\right) \tag{6}$$

leisten.

Wirkt auf das Flächenelement ein Druck p von der konvexen gegen die konkave Seite, dann müssen wir bei der gleichen Deformation gegen diesen Druck die Arbeit

$$\delta A = p\, \delta n\, dF \tag{7}$$

leisten.

Ist nun p_a der Kapillardruck und soll er in seiner Wirkung der Wirkung der Oberflächenspannung äquivalent sein, dann müssen die Ausdrücke (6) und (7)

---

[1] Vgl. „Exp.-Physik", § 29.

einander gleich sein, wenn man darin $p = p_a$ setzt. Wir finden also, daß der Kapillardruck senkrecht auf der Fläche von der konvexen gegen die konkave Seite hin mit dem Betrag

$$p_a = \alpha \left(\frac{1}{R_1} + \frac{1}{R_2} \right) \tag{8}$$

wirkt. Führt man die „mittlere Krümmung" durch die Beziehung

$$\frac{1}{R} = \frac{1}{2} \left(\frac{1}{R_1} + \frac{1}{R_2} \right) \tag{9}$$

ein, so kann statt (8) auch geschrieben werden

$$p_a = \frac{2\,\alpha}{R}. \tag{10}$$

Da nach § 25, 2. an der Oberfläche einer ruhenden Flüssigkeit stets der Druck konstant sein muß, gilt bei Berücksichtigung der Oberflächenspannung die Bedingung

$$p \pm p_a = \text{const}, \tag{11}$$

worin p den hydrostatischen Druck bezeichnet und das $+$-Zeichen gilt, wenn die Oberfläche konkav, das $-$-Zeichen, wenn sie konvex gekrümmt ist.

3. Einige einfache Anwendungen. a) Wirkt auf eine Flüssigkeit keine äußere Kraft ein, dann ist p nach § 25, 2. in ihr konstant, daher nach (11) und (10) die mittlere Krümmung längs der ganzen Oberfläche konstant. Solche Flächen konstanter mittlerer Krümmung kann man daher experimentell durch geeignete Maßnahmen realisieren (PLATEAUsche Versuche[1]). Ist die Flüssigkeitsoberfläche in sich geschlossen, hat sie keine Berandung, dann folgt nach einem bekannten Satze der Differentialgeometrie, daß sie die Gestalt einer Kugel haben muß.

b) An einer dünnen Flüssigkeitslamelle, die in einem Rahmen eingespannt ist und der Wirkung der Schwere nicht unterliegt, muß im Gleichgewichtszustande längs der ganzen Lamelle p_a nach (11) verschwinden, da an je zwei gegenüberliegenden Punkten der Begrenzungsflächen die Krümmungen entgegengesetzt gleich groß sind. Nach (9) und (10) ist also

$$\frac{1}{R} = 0 \quad \text{oder} \quad \frac{1}{R_1} + \frac{1}{R_2} = 0.$$

Die Lamelle bildet also stets eine Fläche von der mittleren Krümmung Null, in der Infinitesimalgeometrie auch „*Minimalfläche*" genannt, da sie, wie aus unseren physikalischen Überlegungen hervorgeht, die Eigenschaft hat, bei gegebener Berandung den kleinsten Flächeninhalt zu haben.

Der Druck in einer geschlossenen Seifenblase muß gleich der Summe der Kapillardrucke der äußeren und der inneren Fläche der Lamelle, also nach (10) gleich

$$p = \frac{4\,\alpha}{r} \tag{12}$$

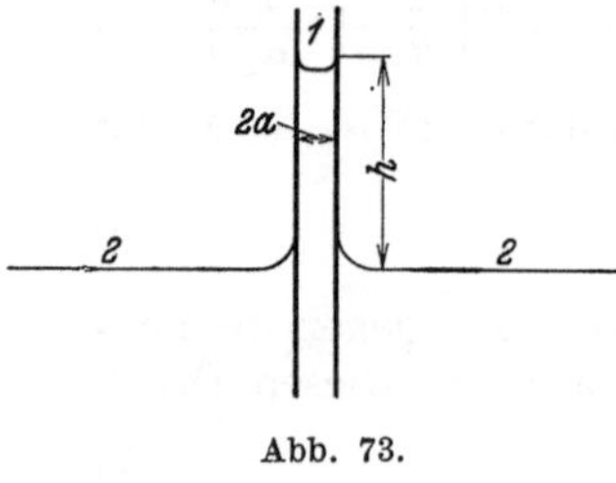
Abb. 73.

sein, worin r den Radius der Blase bedeutet[2].

c) Taucht ein enges Rohr, ein sogenanntes „*Kapillarrohr*", vom Radius a in ein weites, mit einer „benetzenden" Flüssigkeit gefülltes Gefäß ein (Abb. 73), dann wird man in dem weiten Gefäß die Flüssigkeitsoberfläche mit genügender Näherung als eben, in der Kapillare wegen des Randwinkels Null (vgl. 1.) als Halbkugel vom Radius a ansehen können. In der Kapillare

---

[1] Vgl. „Exp.-Physik", § 29.

[2] Diese Sätze lassen sich experimentell durch Versuche mit Seifenblasen und -häuten prüfen, wie in „Exp.-Physik", § 29 beschrieben wird.

ist demnach gemäß (10) $p_{a1} = \dfrac{2\alpha}{a}$ und im Gefäß $p_{a2} = 0$. Bezeichnet p_1 den hydrostatischen Druck an der Oberfläche in der Kapillare und p_2 im Gefäß, dann gilt nach (11)

$$p_1 + \frac{2\alpha}{a} = p_2. \tag{13}$$

Es ist also $p_2 > p_1$. Nach Formel (10) § 25 steht daher die Flüssigkeit in der Kapillare *höher* als im Gefäß, und zwar ist die Steighöhe[1]

$$h = \frac{p_2 - p_1}{\varrho g} = \frac{2\alpha}{a\varrho g}. \tag{14}$$

d) In einem Gefäß mit ebenen Wänden steigt eine Flüssigkeit an der Wand in die Höhe, wenn der Randwinkel φ_0 kleiner als $\dfrac{\pi}{2}$ ist, und fällt gegen die Wand zu ab, wenn φ_0 größer als $\dfrac{\pi}{2}$ ist. Um die Erhebung im ersten Falle zu finden (Abb. 74), nehmen wir an, daß die zu betrachtende Begrenzungsfläche sich unendlich weit erstrecke, so daß aus Symmetriegründen die Flüssigkeitsoberfläche die Gestalt einer Zylinderfläche mit horizontalen Erzeugenden haben muß, die der Gefäßwand parallel laufen.

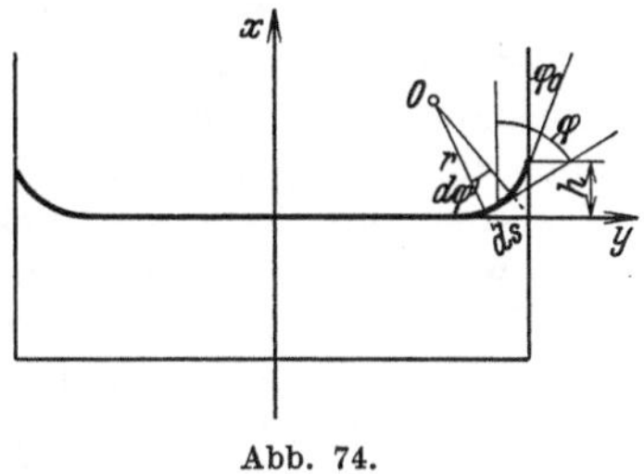

Abb. 74.

Wir legen die y-Achse eines Koordinatensystems horizontal in den in genügender Entfernung von der Wand ebenen Teil der Flüssigkeitsoberfläche hinein, so daß sie senkrecht zur Wand steht; die x-Achse zeige wieder vertikal nach aufwärts.

Setzen wir fest, daß im horizontalen Teil der Flüssigkeitsoberfläche der Druck gleich Null sein soll, dann folgt aus (11), da hier das positive Vorzeichen zu nehmen ist:

$$p + p_a = 0.$$

Setzt man hierin für p aus Formel (10) § 25 ein und für p_a aus (8) und berücksichtigt, daß der eine Hauptkrümmungsradius R_2 wegen der Zylindersymmetrie unendlich groß ist und $R_1 = r$, gleich dem Krümmungsradius der Schnittkurve der Oberfläche mit der x-y-Ebene, dann wird hieraus

$$\varrho g x = \frac{\alpha}{r} = -\alpha \frac{d\varphi}{ds}, \tag{15}$$

worin ds das Bogenelement dieser Kurve und φ der Winkel zwischen ds und der x-Achse ist.

Setzen wir in (15)

$$dx = ds \cdot \cos\varphi$$

ein, so erhalten wir die Differentialgleichung

$$\varrho g x \, dx = -\alpha \cos\varphi \, d\varphi,$$

die sich ohne weiteres integrieren läßt, und liefert:

$$\frac{\varrho g x^2}{2} = \alpha \, (1 - \sin\varphi); \tag{16}$$

hierin ist über die Integrationskonstante so verfügt, daß, wie oben verlangt wurde, in der y-Achse, also für $x = 0$, die Flüssigkeitsoberfläche horizontal, also $\varphi = \dfrac{\pi}{2}$ ist.

---

[1] Die Formel (14) läßt sich durch den Versuch bestätigen und spielt eine wichtige Rolle bei der Kapillarmethode zur Messung der Oberflächenspannung. Hierüber, sowie über die manigfachen, hierauf beruhenden „Kapillarerscheinungen", vgl. „Exp.-Physik", § 29.

An der Wand soll $\varphi = \varphi_0$ sein, daher ist die gesuchte Steighöhe

$$h = \sqrt{\frac{2\,\alpha\,(1 - \sin\varphi_0)}{\varrho\,g}}\,. \tag{17}$$

Für benetzende Flüssigkeiten ist $\varphi_0 = 0$, also die „kapillare Randerhebung" einfach[1]

$$h = \sqrt{\frac{2\,\alpha}{\varrho\,g}}\,. \tag{18}$$

Zehntes Kapitel.

Atommechanik.

§ 29. Quanten- (Wellen-) Mechanik konservativer Systeme.

1. Die Entwicklung der Atommechanik. Wie in § 2, 5. kurz angedeutet wurde, ist die NEWTONsche Mechanik, auf die Bewegung der Elektronen im Atom angewendet, außerstande, von der Struktur der von ihnen ausgesandten Spektren Rechenschaft zu geben (vergl. auch § 59, 1.). Man ist vielmehr nach dem Vorgange von BOHR genötigt anzunehmen, daß diese mechanischen Systeme nur in einer diskreten Menge sogenannter *„stationärer Zustände"* mit ganz bestimmten Energiewerten zu bestehen vermögen, zwischen denen die Übergänge sprunghaft erfolgen. Die heute vielfach bereits als „klassisch" bezeichnete Theorie von BOHR suchte diesen Verhältnissen Rechnung zu tragen, indem sie die Atommechanik prinzipiell mit den Hilfsmitteln der NEWTONschen Mechanik behandelt, jedoch aus der kontinuierlichen Menge der hiernach möglichen Energiezustände durch neu hinzugefügte Bedingungen, die sogenannten *„Quantenbedingungen"*, eine diskontinuierliche Menge „erlaubter" Zustände heraussiebt. Über die Übergänge von einem diesei Quantenzustände zu einem anderen konnte die BOHRsche Theorie nichts anderes aussagen, als daß die hierfür geltenden Gesetzmäßigkeiten beim Übergange zu immer größeren Energien sich den nach der klassischen Mechanik und Elektrodynamik zu erwartenden ohne „qualitative" Änderung annähern sollten (BOHRsches *„Korrespondenzprinzip"*).

Obzwar die BOHRsche Theorie sehr große Erfolge zeitigte, konnte doch die Kombination der klassischen Bewegungsgleichungen mit den Quantenbedingungen auf die Dauer nicht befriedigen. Von größter Fruchtbarkeit für die weitere Entwicklung der Atommechanik war daher die Idee von DE BROGLIE, der Bewegung der materiellen Partikel eine Wellenbewegung zuzuordnen und die stationären Zustände der Atome als Ausbildung von „stehenden Wellen" in den Atomen zu deuten. Diese Annahme wurde dadurch zur Gewißheit erhoben, daß Elektronenstrahlen, genau so wie Lichtstrahlen, den Gesetzen der Wellenoptik entsprechend die typischen Erscheinungen der Reflexion, Brechung, Interferenz und Beugung aufweisen, durch deren Untersuchung es gelingt, ihre Wellenlänge zu messen[2]. Wir nennen diese Wellen *„DE-BROGLIE-Wellen"*.

Auf Grund des DE BROGLIEschen Ansatzes gelang es SCHRÖDINGER, eine systematische Theorie aufzubauen, die er als *„Wellenmechanik"* bezeichnete und aus der man die speziellen Probleme der Atommechanik ebenso einfach zu behandeln vermag wie die der makroskopischen Mechanik auf der Grundlage der NEWTONschen Gleichungen. Die wesentlichsten Gedankengänge der Wellen-

---

[1] Durch geeignete Versuche kann leicht gezeigt werden, daß die Gestalt der Flüssigkeitsoberfläche in der Nähe der Wand tatsächlich der Gleichung (16) genügt und die Randerhebung den Gleichungen (17) und (18); vgl. hiezu „Exp.-Physik", § 29.

[2] Vgl. „Exp.-Physik", § 115.

mechanik wurden bereits im § 2, 5. angedeutet. Im folgenden wollen wir ihre Elemente entwickeln und sie auf einige der wichtigsten Probleme der Atommechanik anwenden.

Auf einem ganz anderen Wege wurde bereits vor SCHRÖDINGER von HEISENBERG, BORN, JORDAN u. a. eine systematische Atommechanik aufgebaut, die als „*Quantenmechanik*" bezeichnet wurde und in der statt der kontinuierlich veränderlichen Größen der klassischen Mechanik Größen mit diskontinuierlich unendlich großem Wertevorrat, nämlich Matrizen (vgl. § 5) eingeführt wurden, die Gleichungen gehorchen sollen, die durch sinngemäße Veränderung aus den NEWTONschen Gleichungen hervorgehen. Da sich später herausstellte, daß diese beiden Theorien formal vollkommen identisch sind und auch identische Resultate ergeben müssen, bezeichnet man heute das von ihnen gemeinsam beherrschte Gebiet der Physik mit dem Namen Quantenmechanik und bedient sich fast allgemein des wesentlich einfacher zu handhabenden Formalismus der Wellenmechanik.

2. Die de-Broglie-Wellen. Im § 18, 5. zeigten wir, daß sich die Bewegung eines konservativen mechanischen Systems durch die HAMILTON-JACOBIsche Gleichung (36) § 18 beschreiben läßt, die mit Berücksichtigung von (32) § 18 für einen einzigen Massenpunkt von der Masse m lautet:

$$|\mathrm{grad}\ W|^2 = \left(\frac{\partial W}{\partial x}\right)^2 + \left(\frac{\partial W}{\partial y}\right)^2 + \left(\frac{\partial W}{\partial z}\right)^2 = 2\,m\,(E-U) = 2\,m\,L. \tag{1}$$

Wir wiesen auch dort bereits auf die formale Analogie zu der Eikonalgleichung (7) § 14 der geometrischen Optik

$$|\mathrm{grad}\ S|^2 = \left(\frac{\partial S}{\partial x}\right)^2 + \left(\frac{\partial S}{\partial y}\right)^2 + \left(\frac{\partial S}{\partial z}\right)^2 = \frac{\omega^2}{c^2} = 4\,\pi^2\,\nu^{*2} \tag{2}$$

hin, worin ν^* die Wellenzahl gemäß (3) § 12 bedeutet.

Um zum Verständnis der DE-BROGLIE-Wellen zu gelangen, liegt es nahe, die Gleichungen (1) und (2) zu identifizieren und so jeder Partikelbewegung eine Wellenbewegung mit bestimmter Wellenlänge zuzuordnen. Dabei ist jedoch zu berücksichtigen, daß die Größen W und S nicht die gleiche Dimension haben, denn W, die Wirkungsfunktion, hat nach (37) § 18 und (38) § 18 die Dimension: Energie mal Zeit, während das Eikonal S dimensionslos ist. Wir machen nun die grundlegende Annahme, daß W aus S durch Multiplikation mit einer *universellen Konstanten* hervorgeht, die nach dem eben Gesagten die Dimension einer „Wirkung" haben muß.

Wir schreiben diese Beziehung in der Form

$$W = \frac{h}{2\,\pi} \cdot S = \hbar \cdot S, \tag{3}$$

worin h bzw. $\hbar$ universelle Konstanten sind, von denen die erste, wie sich später (§ 61) zeigen wird, mit dem von PLANCK in die Strahlungstheorie eingeführten „*Wirkungsquantum*" identisch ist; sie hat den Wert $6{,}55 \cdot 10^{-27}$ erg . sec. (die Bezeichnung $\hbar$ wird mitunter zur Vereinfachung der Schreibweise gewisser Formeln benutzt).

Setzt man aus (3) für W in (1) ein und vergleicht mit (2), so ergibt sich die Beziehung
$$h^2\,\nu^{*2} = 2\,m\,(E-U) = 2\,m\,L = p^2, \tag{4}$$

worin p der Betrag des Linearimpulses des Teilchens ist. Hieraus folgt, daß die DE BROGLIEsche Wellenlänge λ, die dem bewegten Teilchen zugeordnet ist, mit seinem Impuls durch die einfache Beziehung

$$\lambda = \frac{1}{\nu^*} = \frac{h}{p} = \frac{h}{m\,v} = \frac{h}{\sqrt{2\,m\,(E-U)}}, \tag{5}$$

die „DE-BROGLIE-*Gleichung*", zusammenhängt, die durch das Experiment ausgezeichnet bestätigt wird[1]; hierdurch findet die oben gemachte Annahme ihre Rechtfertigung.

Für die Frequenz ν der DE-BROGLIE-Wellen wollen wir nach DE BROGLIE in Anlehnung an die experimentell so gut bestätigte „BOHRsche Frequenzbedingung"[2] (vgl. § 59, 1) den Ansatz machen:

$$\nu = \frac{E}{h}. \tag{6}$$

Aus (5) und (6) folgt für die Geschwindigkeit c der DE-BROGLIE-Wellen:

$$c = \nu \lambda = \frac{E}{p} = \frac{E}{\sqrt{2\,m\,(E - U)}}. \tag{7}$$

Bewegt sich das Teilchen in einem Kraftfelde mit dem Potential $U\,(x, y, z)$, dann ist c nach (7) eine Funktion des Ortes; ein Kraftfeld verhält sich also für die Fortpflanzung der DE-BROGLIE-Wellen wie ein inhomogenes Medium. Bezeichnet man, wie in der Optik, das Verhältnis der Wellengeschwindigkeit im leeren Raum zu der an einer bestimmten Stelle des Mediums als den „Brechungsquotienten" n des Mediums an der betreffenden Stelle (§ 49, 2.), dann gilt für die DE-BROGLIE-Wellen, da hier an Stelle des „leeren Raumes" sinngemäß $U = 0$ zu setzen ist, gemäß (7) das Brechungsgesetz

$$n = \frac{c\,(U=0)}{c\,(U)} = \sqrt{\frac{E - U}{E}} = \sqrt{1 - \frac{U}{E}}. \tag{8}$$

3. Die Schrödingersche Wellengleichung für einen einzigen Massenpunkt. In § 14, 2. haben wir gezeigt, daß die Eikonalgleichung aus der Amplitudengleichung hergeleitet werden kann in dem Grenzfalle, wo die Amplituden der Wellen sich in Dimensionen von der Größenordnung der Wellenlänge nicht merklich verändern; die Eikonalgleichung genügt demnach zur mathematischen Beschreibung der Wellenvorgänge in Dimensionen, die groß gegen die Wellenlänge sind. Der entscheidende Gedanke der Wellenmechanik besteht darin, auch die Beschreibung der mechanischen Vorgänge durch die NEWTONsche Mechanik, die ihren Ausdruck in der HAMILTON-JACOBIschen Gleichung findet, als einen Grenzfall anzusehen, der dann realisiert ist, wenn die Dimensionen, in denen sich die Bewegung abspielt, groß gegen die DE-BROGLIEsche Wellenlänge (5) sind. Einsetzen numerischer Werte in die Gleichung (5) zeigt nun in der Tat sogleich, daß diese Bedingung für alle *makroskopischen* Vorgänge erfüllt ist, daß dagegen in *atomaren* Dimensionen die Bedingung nicht mehr befriedigt wird.

Es gilt nun, für die Behandlung von Problemen der Atommechanik eine Differentialgleichung aufzustellen, die sich zur HAMILTON-JACOBIschen Gleichung (1) so verhält wie die Amplitudengleichung der Wellenkinematik zur Eikonalgleichung. Man gewinnt sie nach SCHRÖDINGER, indem man einfach in die Gleichung (2) § 14 für $\dfrac{\omega}{c} = \dfrac{2\,\pi}{\lambda}$ aus der Beziehung (5) einsetzt:

$$\varDelta\,\psi + \frac{8\,\pi^2\,m}{h^2}\,(E - U)\,\psi = 0. \tag{9}$$

Die Differentialgleichung (9) wird als „SCHRÖDINGER*sche Wellengleichung*" oder kurz „*Schrödingergleichung*" für den einzelnen Massenpunkt bezeichnet, obzwar sie eigentlich keine „Wellengleichung", sondern eine Amplitudengleichung ist. Die im allgemeinen komplexe Amplitudenfunktion ψ heißt die „SCHRÖDINGERsche *Wellenfunktion*" oder auch kurz die „*Schrödingerfunktion*".

---

[1] Vgl. „Exp.-Physik" § 115.
[2] Vgl. „Exp.-Physik" §§ 114 und 147.

4. Die Lösung der Wellengleichung. Ein gegebenes atommechanisches Problem behandeln heißt bei gegebener Potentialfunktion $U(x, y, z)$ Lösungen der Wellengleichung (9) suchen, die bestimmten, auferlegten Bedingungen genügen. Bei den meisten der im folgenden Paragraphen behandelten Probleme sind Begrenzungen im Endlichen, an denen bestimmte Randbedingungen vorgeschrieben sind, nicht vorhanden. Statt dessen verlangen wir sinngemäß, daß ψ im Unendlichen in genügend hoher Ordnung verschwinde. In Anbetracht des Umstandes, daß ψ die Bedeutung einer Wellenamplitude hat, werden wir weiter verlangen, daß es im Endlichen überall regulär und eine *eindeutige* Funktion der Koordinaten sei. Gerade diese letzte Forderung ist, wie wir noch sehen werden, von fundamentaler Bedeutung.

Wie in § 13, 3. gezeigt wurde, ist es im allgemeinen nicht möglich, diesen Bedingungen genügende Lösungen ψ für jeden Wert der in die Gleichung (9) als Parameter eingehenden Energiekonstanten E zu finden, sondern nur für diskrete Werte E_i, die *Eigenwerte* dieser Gleichung, die wir mit den BOHRschen ausgezeichneten Energiewerten identifizieren. Die zugehörigen *Eigenfunktionen* ψ_i repräsentieren die stationären Bahnen der BOHRschen bzw. die stehenden Wellen der DE BROGLIEschen Theorie. Die konjugiert komplexen Werte der ψ_i bezeichnen wir mit $\psi_i{}^*$.

Wegen der oben formulierten Bedingungen für das Unendliche bleiben die über den ganzen Raum erstreckten Integrale $\iiint \psi_i \psi_i{}^* \, dV$ endlich. Da wegen der Homogenität der Gleichung (9) jede Eigenfunktion noch mit einer beliebigen Konstanten multipliziert werden kann, ohne die Eigenschaft zu verlieren, eine Lösung dieser Gleichung zu bilden, können wir durch geeignete Wahl dieser Konstanten die ψ_i stets so normieren, daß für alle i gilt:

$$\iiint \psi_i \psi_i{}^* \, dV = 1. \tag{10}$$

Im folgenden wollen wir uns diese Normierung stets durchgeführt denken.

Wir wollen nun zeigen, daß wegen der gleichen Bedingungen im Unendlichen die Eigenwerte E_i stets reell sein müssen. Bildet man nämlich die zu der Gleichung (9) zugehörige konjugiert komplexe

$$\Delta \psi^* + \frac{8\pi^2 m}{h^2}(E^* - U)\psi^* = 0, \tag{11}$$

so folgt aus (9) und (11) durch Multiplikation mit ψ^* bzw. ψ

$$\psi \Delta \psi^* - \psi^* \Delta \psi = \frac{8\pi^2 m}{h^2}(E - E^*)\psi\psi^*. \tag{12}$$

Setzt man hierin für ψ einen der Eigenwerte ψ_i ein und integriert auf beiden Seiten der Gleichung über den ganzen Raum, dann erhält man wegen (10)

$$\iiint (\psi_i \Delta \psi_i{}^* - \psi_i{}^* \Delta \psi_i) \, dV = \frac{8\pi^2 m}{h^2}(E_i - E_i{}^*). \tag{13}$$

Die linke Seite der Gleichung (13) verschwindet wegen der erwähnten Bedingungen nach dem GREENschen Satz (37) § 6, und daher muß $E_i = E_i{}^*$, d. h. E_i reell sein, wie behauptet wurde. Dieses Resultat ist von größter Wichtigkeit, denn nur unter dieser Bedingung können die Eigenwerte E_i als ausgezeichnete Energiestufen angesehen werden.

Setzen wir in (9) eine Eigenfunktion ψ_i und in (11) eine zu einem anderen Eigenwerte gehörige Eigenfunktion ψ_k ein, so erhalten wir analog zu (12) mit Benutzung des eben bewiesenen Resultates

$$\psi_i \Delta \psi_k{}^* - \psi_k{}^* \Delta \psi_i = \frac{8\pi^2 m}{h^2}(E_i - E_k)\psi_i \psi_k{}^*. \tag{14}$$

Integriert man auch hier wieder auf beiden Seiten über den ganzen Raum, so verschwindet die linke Seite wieder nach dem GREENschen Satz, und man erhält für alle $i \gtrless k$

$$\int \int \int \psi_i \, \psi_k{}^* \, d\,V = 0. \tag{15}$$

Zwei Funktionen, die der Bedingung (15) genügen, werden gewöhnlich als „orthogonal" bezeichnet. Wir haben also gefunden, daß die zu verschiedenen Eigenwerten gehörigen Eigenfunktionen der Schrödingergleichung paarweise zueinander orthogonal sind.

Gehören zu einem Eigenwerte mehrere Eigenfunktionen, ist er also „entartet" (vgl. § 13, 4.), dann gilt für sie, wie man aus (14) sieht, die Orthogonalitätsbedingung (15) nicht.

Um eine anschauliche Vorstellung davon zu erhalten, was die Eindeutigkeitsforderung für die Wellenfunktion ψ bedeutet, wollen wir sie in die Sprache der NEWTONschen Mechanik übersetzen. Wir knüpfen zu diesem Zwecke an die durch die Gleichung (3) ausgedrückte Beziehung zwischen der Wirkungsfunktion und dem Eikonal an. Da S die Bedeutung einer Wellenphase hat, heißt offenbar Eindeutigkeit von S, daß es sich auf einem geschlossenen Wege nur um ein ganzzahliges Vielfaches von $2\,\pi$ ändern darf. Nach (3) ändert sich dabei W um ein ganzzahliges Vielfaches von h.

Durchläuft also das Massenteilchen in der Ausdrucksweise der klassischen Mechanik eine geschlossene Bahn, so soll dabei das über die Umlaufszeit erstreckte Wirkungsintegral (37) § 18 ein ganzzahliges Vielfaches von h sein. Dies ist nun in der Tat für den einfachsten Fall einer rein periodischen Bewegung eines Elektrons im Atom die BOHRsche Quantenbedingung der älteren Quantentheorie in der Formulierung von SOMMERFELD.

5. Die statistische Deutung der Eigenfunktionen. Die Tatsache, daß es DE-BROGLIE-Wellen gibt und daß die Atommechanik von einer Wellengleichung beherrscht wird, steht mit der Vorstellung bewegter Partikel im Sinne der NEWTONschen Mechanik in krassem Widerspruch. Beide Vorstellungen lassen sich nur dann vereinigen, wenn man, wie in § 2, 5. bereits angedeutet wurde, annimmt, daß die Wellengleichung nicht die Bewegung eines Einzelteilchens, sondern die einer Schar gleichartiger Teilchen beschreibt. Man wird dann plausiblerweise die relative Häufigkeit, mit der man Teilchen der Schar an einer bestimmten Raumstelle antrifft, mit der „Intensität" der Welle an der betreffenden Stelle identifizieren, d. h. sie wie bei einer elastischen Welle (§ 24, 4.) dem Quadrat der reellen Amplitude oder nach Formel (3) § 14 dem Ausdruck $a^2 = |\psi|^2 = \psi \cdot \psi^*$ proportional setzen.

Diesem Gedankengange folgend, müssen wir sagen, daß der Bewegung des Einzelpartikels in der Quantenmechanik keine anschauliche Bedeutung zukommt, wie schon im § 2 auseinandergesetzt wurde. Die Grundgleichung (9) sagt nichts über die Lage des Teilchens zu einer bestimmten Zeit aus, sondern gibt nur die „Wahrscheinlichkeit" dafür an, das Teilchen in einem beliebig herausgegriffenen Zeitpunkt an einer bestimmten Raumstelle aufzufinden. Genauer gesagt: Definiert man im Sinne von § 17, 5. eine „Wahrscheinlichkeitsdichte" $\mathfrak{w}\,(x, y, z)$ für den Aufenthalt des Teilchens im Raumpunkte (x, y, z), dann wird der Zusammenhang zwischen der Wahrscheinlichkeitsdichte $\mathfrak{w}_i\,(x, y, z)$ für den i-ten Quantenzustand und der zugehörigen Eigenfunktion $\psi_i\,(x, y, z)$ durch die Gleichung

$$\mathfrak{w}_i\,(x, y, z) = |\psi_i\,(x, y, z)|^2 = \psi_i\,(x, y, z) \cdot \psi_i{}^*\,(x, y, z) \tag{16}$$

ausgedrückt, die, wie man unmittelbar sieht, wegen der Gültigkeit der Normierungsbedingung (10) auch die Bedingung (37) § 17 erfüllt, der jede Wahrscheinlichkeitsfunktion gehorchen muß. Zweckmäßigerweise bezeichnet man die zu $\mathfrak{w}_i$ nach (16) zugehörige Funktion ψ_i selbst als „*Wahrscheinlichkeitsamplitude*".

Gemäß (16) kann man die Mittelwerte der Koordinaten des Massenpunktes in den einzelnen Quantenzuständen mit Benutzung der Formel (39) § 17 wie folgt berechnen:

$$\bar{x}_i = \iiint x\,\psi_i\,\psi_i{}^* dV, \quad \bar{y}_i = \iiint y\,\psi_i\,\psi_i{}^* dV, \quad \bar{z}_i = \iiint z\,\psi_i\,\psi_i{}^* dV. \tag{17}$$

Denkt man sich die Masse des Massenpunktes entsprechend einer Dichtefunktion

$$\varrho_i\,(x,\,y,\,z) = m\,\mathfrak{w}_i\,(x,\,y,\,z) \tag{18}$$

kontinuierlich im Raume „verschmiert", dann liefern die Gleichungen (17) in Verbindung mit (16) und (18), wie man durch Vergleich mit den Formeln (8) § 20 erkennt, die Koordinaten des Schwerpunktes dieser Massenverteilung.

6. Koordinaten- und Energiematrix. Es liegt nahe, in Erweiterung der Formeln (17) für jedes Paar von Eigenwerten E_i und E_k die Größen

$$x_{ik} = \iiint x\,\psi_i\,\psi_k{}^* dV, \quad y_{ik} = \iiint y\,\psi_i\,\psi_k{}^* dV, \quad z_{ik} = \iiint z\,\psi_i\,\psi_k{}^* dV \tag{19}$$

zu definieren, die für $i = k$ in (17) übergehen. Sie können als die Elemente von unendlichen Matrizen $\boldsymbol{x}$, $\boldsymbol{y}$, $\boldsymbol{z}$ aufgefaßt werden, die wir als „*Koordinatenmatrizen*" bezeichnen. Sie haben, wie man aus den Formeln (19) unmittelbar ersieht, die Eigenschaft, daß bei Vertauschung der beiden Indizes i und k jedes ihrer Elemente in seinen konjugiert komplexen Wert übergeht, so daß also gilt:

$$x_{ki} = x_{ik}{}^*, \quad y_{ki} = y_{ik}{}^*, \quad z_{ki} = z_{ik}{}^*. \tag{20}$$

Eine Matrix, die die durch die Formeln (20) ausgedrückte Eigenschaft hat, daß die zur Diagonale symmetrischen Glieder zueinander konjugiert komplex sind, die Diagonalglieder selbst reell, heißt eine „HERMITEsche *Matrix*". Die Koordinatenmatrizen sind also HERMITEsche Matrizen.

Ähnlich kann man, wiederum mit Benutzung der Formel (39) § 17, zu jeder Funktion $f\,(x,\,y,\,z)$ der Koordinaten eine unendliche Matrix f herstellen, deren Elemente f_{ik} definiert sind durch:

$$f_{ik} = \iiint f\,(x,\,y,\,z)\,\psi_i\,\psi_k{}^* dV. \tag{21}$$

Es leuchtet ein, daß sich durch makroskopische Experimente eine Messung der ψ_i bzw. der $\mathfrak{w}_i$ nicht durchführen läßt, daß vielmehr nur Mittelwerte von Koordinatenfunktionen der in den Atomen sich bewegenden Elektronen von dem Makrobeobachter erfaßt werden können. Anderseits zeigt die Erfahrung (vgl. § 5, 2. und § 59, 2.), daß die durch das Experiment bestimmbaren Größen (beispielsweise Schwingungszahl, Intensität und Polarisationszustand der ausgesandten Spektrallinien) den Charakter von unendlichen Matrizen haben[1].

Als solche haben wir die Koordinatenmatrizen (17) und (19), allgemeiner die Matrizen f kennengelernt, aus denen wir durch die im § 5 entwickelten Rechenoperationen weitere Matrizen bilden können. Hierzu kommt noch die „*Energiematrix*", da wir nach Formel (4) § 5 die Gesamtheit der Eigenwerte E_i als unendliche Diagonalmatrix $\boldsymbol{E}$ in der Gestalt

$$\boldsymbol{E} = \begin{pmatrix} E_1, & 0, & 0, & \dots \\ 0, & E_2, & 0, & \dots \\ 0, & 0, & E_3, & \dots \end{pmatrix} \tag{22}$$

schreiben können. Wir vermuten daher, daß zwischen diesen Matrizen und den beobachtbaren Größen ein enger Zusammenhang besteht. Dies ist in der Tat der

---

[1] Vgl. „Exp.-Physik", Kap. XXXV und XXXVI.

Fall, wovon in Kapitel XXI noch ausführlich die Rede sein wird. In der unter 1. erwähnten HEISENBERGschen Quantenmechanik spielen die Matrizen (22) die Rolle der Energie und die Koordinatenmatrizen (15) und (17) die Rolle der Koordinaten der NEWTONschen Mechanik, denen entsprechende Matrizen für die Impulse zur Seite treten.

7. Die Wellengleichung für ein System von Massenpunkten. Um die Wellengleichung für ein System von N Massenpunkten zu erhalten, knüpfen wir wieder an die Überlegungen von § 18, 5. an, müssen nunmehr aber von der allgemeinen, für $3 N$ Koordinaten gültigen Gleichung (36) § 18 ausgehen. Beschränken wir uns auf den Fall, daß alle Massenpunkte die gleiche Masse m haben (daß z. B. alle Massenpunkte Elektronen sind), dann haben wir statt (1) zu setzen

$$\sum_{n=1}^{N} \left\{ \left(\frac{\partial W}{\partial x_n} \right)^2 + \left(\frac{\partial W}{\partial y_n} \right)^2 + \left(\frac{\partial W}{\partial z_n} \right)^2 \right\} = 2\,m\,(E - U) = 2\,m\,L, \tag{23}$$

worin x_n, y_n, z_n die rechtwinkeligen Koordinaten des n-ten Massenpunktes und E, U, L die Gesamtenergie, die gesamte potentielle bzw. die gesamte kinetische Energie des Systems bedeuten.

Der Übergang von der HAMILTON-JACOBIschen Gleichung (23) zu der entsprechenden Wellengleichung vollzieht sich genau so wie unter 3.; wir brauchen bloß den Differentialoperator Δ in der Gleichung (9) durch die Summe der entsprechenden Operatoren Δ_n

$$\Delta_n = \frac{\partial^2}{\partial x_n^2} + \frac{\partial^2}{\partial y_n^2} + \frac{\partial^2}{\partial z_n^2} \tag{24}$$

zu ersetzen und erhalten für $\Psi\,(x_1, y_1, z_1, x_2, y_2, z_2, \ldots, x_N, y_N, z_N)$ die Differentialgleichung

$$\sum_{n=1}^{N} \Delta_n \Psi + \frac{8\pi^2 m}{h^2}\,(E - U)\,\Psi = 0. \tag{25}$$

Über die Eigenwerte und Eigenfunktionen der Gleichung (25) gelten alle früheren Überlegungen, ferner in sinngemäßer Übertragung alles, was unter 5. über die statistische Deutung der Wellenfunktion ausgeführt wurde. Zu beachten ist jedoch, daß Ψ nun nicht mehr als Amplitude von DE-BROGLIE-Wellen im dreidimensionalen Raum aufgefaßt werden kann, vielmehr zu einem Wellenvorgang gehört, der sich in einem $3 N$-dimensionalen „q-Raum" (vgl. § 18, 5.) abspielt.

8. Die Massenpunkte üben aufeinander keine Kräfte aus. Der einfachste Fall, der sich für die Anwendung der Wellengleichung (25) bietet, liegt dann vor, wenn die Massenpunkte aufeinander keine Kräfte ausüben, so daß die potentielle Energie U des Systems als Summe der potentiellen Energien $U(n) = U(x_n, y_n, z_n)$ der einzelnen Massenpunkte in bezug auf das äußere Kraftfeld angesetzt werden kann. Die Gesamtenergie E ist ferner gleich der Summe der Energien $E(n)$ der einzelnen Massenpunkte, die während des Ablaufes der Bewegung einzeln konstant bleiben.

Wir können dann die Gleichung (25) lösen, indem wir Ψ in der Form

$$\Psi\,(x_1, y_1, z_1, \ldots, x_N, y_N, z_N) =$$
$$= \psi_1\,(x_1, y_1, z_1) \cdot \psi_2\,(x_2, y_2, z_2) \ldots \psi_n\,(x_N, y_N, z_N) = \prod_n \psi_n\,(n) \tag{26}$$

ansetzen. Dividiert man (25) durch Ψ und setzt aus (26) ein, so erhält man

$$\sum_{n=1}^{N} \left\{ \frac{\Delta_n \psi_n\,(n)}{\psi_n\,(n)} + \frac{8\pi^2 m}{h^2}\,[E\,(n) - U\,(n)] \right\} = 0. \tag{27}$$

Da das n-te Glied dieser Summe nur von den Koordinaten des n-ten Massenpunktes abhängt, kann die Gleichung (27) nur dann erfüllt sein, wenn jedes einzelne Glied der Summe verschwindet, d. h. wenn die N Gleichungen

$$\Delta_n \psi(n) + \frac{8\pi^2 m}{h^2}\left[E(n) - U(n)\right]\psi(n) = 0 \tag{28}$$

erfüllt sind, worin wir den Index n von ψ weggelassen haben, da sie alle untereinander gleich und mit der Gleichung (9) für den einzelnen Massenpunkt identisch sind.

Nennen wir wie früher die Eigenwerte der Gleichungen (28) E_i und die zugehörigen Eigenfunktionen ψ_i, dann erhalten wir sämtliche Eigenwerte von (25) oder sämtliche Energiezustände E_j des Gesamtsystems, wenn wir in beliebiger Weise den Einzelteilchen mit der Nummer n die Quantenzahlen i zuordnen, also setzen

$$E_j = \sum_n E_i(n). \tag{29}$$

Aus (26) erhalten wir die zugehörigen Eigenfunktionen Ψ_j des Gesamtsystems gemäß

$$\Psi_j = \prod_n \psi_i(n). \tag{30}$$

Da sich bei gegebenem E_j die Zuordnung der i zu den n in (29) in sehr verschiedener Weise vornehmen läßt, sind dem Eigenwert E_j nach (30) mehrere, voneinander verschiedene Eigenfunktionen zugeordnet; die Eigenwerte sind also „entartet". Nennen wir die zu E_j gehörigen Eigenfunktionen Ψ_{j_1}, Ψ_{j_2}, ... dann ist wegen der Linearität der Gleichung (25) auch jede Linearkombination dieser Funktionen mit beliebigen konstanten Koeffizienten $c_1, c_2, \ldots$ eine Lösung, so daß wir als allgemeinste zu dem Energiezustand E_j zugehörige Wellenfunktion schreiben können:

$$\Psi_j = c_1 \Psi_{j_1} + c_2 \Psi_{j_2} + \ldots \tag{31}$$

Wir nennen eine Eigenfunktion (31) „*symmetrisch*" in den Koordinaten, wenn sie bei Vertauschung zweier oder mehrerer Indizes n unverändert bleibt, und „*antisymmetrisch*", wenn sie bei Vertauschung zweier Indizes ihr Vorzeichen umkehrt.

Beschränken wir uns auf den Fall zweier Teilchen, dann gibt es für die beiden Quantenzahlen i und k nur die zwei Möglichkeiten

$$E_j = E_i(1) + E_k(2) \quad \text{und} \quad E_j = E_k(1) + E_i(2)$$

und daher hat Ψ_j nach (30) und (31) die Gestalt

$$\Psi_j = c_1 \psi_i(1)\psi_k(2) + c_2 \psi_k(1)\psi_i(2). \tag{32}$$

Man sieht, daß Ψ_j dann symmetrisch sein wird, wenn $c_1 = c_2$ ist und antisymmetrisch, wenn $c_1 = -c_2$ ist; wir erhalten also in diesem Falle bis auf eine willkürliche Konstante einfach

$$\left.\begin{aligned}\Psi_j \text{ (symm.)} &= \psi_i(1)\psi_k(2) + \psi_k(1)\psi_i(2) \\ \Psi_j \text{ (antisymm.)} &= \psi_i(1)\psi_k(2) - \psi_k(1)\psi_i(2)\end{aligned}\right\} \tag{33}$$

Man sieht, daß Ψ (antisymm.) verschwindet, wenn $i = k$ ist. Dies gilt, wie sich leicht zeigen läßt, auch im Falle beliebig vieler Massenpunkte. Ist also die zu einem System gleicher Massenpunkte zugehörige Eigenfunktion antisymmetrisch, dann können sich darin keine zwei Teilchen im gleichen Quantenzustand befinden.

Das sogenannte „*Pauliprinzip*", das aussagt, daß die im Verbande eines Atoms befindlichen Elektronen stets sämtlich in verschiedenen Quantenzuständen sein müssen[1], kann also durch die Aussage ersetzt werden, daß die Eigenfunktion dieses Systems stets antisymmetrisch ist.

Üben die Teilchen aufeinander Kräfte aus, dann ist die oben durchgeführte Zerspaltung der Wellengleichung (25) nicht mehr möglich und die Entartung ist aufgehoben. Die Lösung des Problems ist dann im allgemeinen wesentlich komplizierter.

§ 30. Quanten- (Wellen-) Mechanik nicht konservativer Systeme.

1. Die zeitabhängige Schrödingergleichung. Während wir uns im § 29 auf die Betrachtung von konservativen Systemen beschränkten und dementsprechend auf die quantenmechanische Behandlung der stationären Zustände, wollen wir in diesem Paragraphen versuchen, eine Differentialgleichung zur Behandlung von quantenmechanischen Problemen abzuleiten, die auch dann gültig ist, wenn die auf den Massenpunkt wirkenden Kräfte explizite von der Zeit abhängen, so daß U eine Funktion von x, y, z und t ist. Das betrachtete System ist in diesem Falle nicht konservativ und die gesuchte Differentialgleichung darf daher die Energiekonstante nicht enthalten. Dies läßt sich erreichen, wenn man in Umkehrung des Gedankenganges von § 13, 3., wo für eine harmonische Welle aus der allgemeinen Wellengleichung eine Amplitudengleichung gewonnen worden war, hier von der Amplitudengleichung (9) § 29 zu einer allgemeinen Wellengleichung zu gelangen sucht.

Wir definieren in Anlehnung an den Satz (14) § 13 mit Benutzung von (6) § 29 eine zeitabhängige Wellenfunktion φ gemäß

$$\varphi\,(x, y, z, t) = e^{2\pi i \nu \cdot t} \cdot \psi\,(x, y, z) = e^{\frac{2\pi i}{h} E \cdot t}\, \psi\,(x, y, z), \tag{1}$$

woraus durch Differentiation nach der Zeit folgt

$$\frac{\partial \varphi}{\partial t} = \frac{2\pi i}{h} E \cdot \varphi. \tag{2}$$

Aus der Gleichung (9) § 29 folgt ferner durch Multiplikation mit $e^{\frac{2\pi i}{h} E \cdot t}$

$$\Delta \varphi + \frac{8\pi^2 m}{h^2}\,(E - U)\,\varphi = 0. \tag{3}$$

Eliminiert man nun aus (2) und (3) den Energieparameter E, so ergibt sich die Differentialgleichung

$$\frac{h}{2\pi i}\,\frac{\partial \varphi}{\partial t} = U \varphi - \frac{h^2}{8\pi^2 m}\,\Delta \varphi, \tag{4}$$

die als die *„zeitabhängige Schrödingergleichung"* bezeichnet wird.

2. Die Lösung der Zeitgleichung. Um eine eindeutige Lösung $\varphi\,(x, y, z, t)$ der Wellengleichung (4) zu erhalten, ist außer der Angabe der Randbedingungen gemäß § 29, 4. auch noch die Angabe der entsprechenden Anfangsbedingungen erforderlich.

Wir zeigen zunächst, daß sich ebenso wie ψ auch φ stets so normieren läßt, daß die Bedingung

$$\int \int \int \varphi\,\varphi^* \, dV = 1 \tag{5}$$

für alle Zeiten erfüllt ist. Wir bilden zu diesem Zwecke die zu (4) konjugiert komplexe Gleichung

$$-\frac{h}{2\pi i}\,\frac{\partial \varphi^*}{\partial t} = U\,\varphi^* - \frac{h^2}{8\pi^2 m}\,\Delta \varphi^*. \tag{6}$$

---

[1] Bezüglich der empirischen Begründung dieses Prinzipes auf Grund der Systematik der Linienspektren vgl. „Exp.-Physik", § 147.

Multipliziert man (4) auf beiden Seiten mit φ^*, (6) mit φ und subtrahiert, so erhält man

$$\frac{h}{2\pi i}\frac{\partial}{\partial t}(\varphi\varphi^*) = \frac{h^2}{8\pi^2 m}(\varphi\Delta\varphi^* - \varphi^*\Delta\varphi). \tag{7}$$

Integriert man auf beiden Seiten der Gleichung (7) über den ganzen Raum, so verschwindet, wie in § 29, 4., die rechte Seite nach dem GREENschen Satz (37) § 6 wegen der der Funktion φ auferlegten Bedingungen; die zeitliche Ableitung des Ausdruckes auf der linken Seite von (5) ist also gleich Null. Da man nun wegen der Homogenität der Differentialgleichung (4) in irgendeinem Zeitpunkte, z. B. $t = 0$, die Bedingung (5) sicher erfüllen kann, folgt, daß sie dann für alle Zeiten erfüllt bleibt. Es läßt sich also, wie behauptet wurde, φ stets der Bedingung (5) gemäß normieren.

Für einen gegebenen Zeitpunkt t kann man wegen der Linearität der Wellengleichung (4) eine allgemeine Lösung stets durch lineare Kombination von Lösungen der Form (1) zusammensetzen, wenn man darin die Eigenwerte und Eigenfunktionen der entsprechenden Amplitudengleichung einsetzt:

$$\varphi = \sum_{k=1}^{\infty} c_k\, e^{\frac{2\pi i}{h} E_k t}\, \psi_k(x, y, z). \tag{8}$$

Umgekehrt läßt sich in Verallgemeinerung des FOURIERschen Satzes zeigen, daß sich jede Lösung von (4), die bestimmten, sehr allgemeinen Bedingungen entspricht, in eine Reihe nach den Eigenfunktionen ψ_k gemäß (8) entwickeln läßt.

Unter Berücksichtigung der Beziehungen (10) § 29, (15) § 29 und (5) folgt aus (8) durch Multiplikation mit φ^* und Integration über den ganzen Raum:

$$\iiint \varphi\,\varphi^*\,dV = \iiint \sum_{k,\,j=1}^{\infty} c_k\, c_j^*\, e^{\frac{2\pi i}{h}(E_k - E_j)\,t}\, \psi_k\,\psi_j^*\,dV =$$

$$= \sum_{k=1}^{\infty} c_k\, c_k^* = \sum_{k=1}^{\infty} |c_k|^2 = 1. \tag{9}$$

Die Summe der Normen der Koeffizienten c_k in der Entwicklung (8) ist also stets gleich Eins.

Geht man von einem durch den Eigenwert E_i und die zugehörige Eigenfunktion ψ_i gekennzeichneten Anfangszustand aus, so wird unter der Einwirkung gegebener äußerer Kräfte, also bei gegebener Funktion $U(x, y, z, t)$, zur Zeit t eine Lösung φ gehören, die nach (8) entwickelt im allgemeinen für die Entwicklungskoeffizienten von Null verschiedene Werte $c_{ik}(t)$ liefert. Gemäß (9) muß dabei stets die Bedingung erfüllt sein:

$$\sum_k |c_{ik}(t)|^2 = 1. \tag{10}$$

3. Die statistische Deutung der Lösung. Wegen der Erfüllbarkeit der Bedingung (5) für die zeitabhängige Wellenfunktion ist die Möglichkeit gegeben, in Erweiterung der Überlegungen von § 29, 5. für das allgemeine, zeitabhängige Problem die Wahrscheinlichkeitsdichte $\mathfrak{w}(x, y, z, t)$ für den Aufenthalt eines Teilchens zur Zeit t im Raumpunkte x, y, z mit der Wellenfunktion φ in der Form

$$\mathfrak{w}(x, y, z, t) = |\varphi(x, y, z, t)|^2 = \varphi(x, y, z, t)\,\varphi^*(x, y, z, t) \tag{11}$$

in Verbindung zu bringen.

Weiß man, daß sich das System in einem stationären Zustand mit der Quantenzahl k befindet, dann hat man in (11) gemäß (1) einzusetzen und erhält

$$\mathfrak{w}\,(x, y, z) = e^{\frac{2\pi i}{h} E_k t}\,\psi_k\,(x, y, z)\,.\,e^{-\frac{2\pi i}{h} E_k t}\,\psi_k^*\,(x, y, z) = \psi_k \cdot \psi_k^* \qquad (12)$$

in Übereinstimmung mit der Formel (16) § 29.

In dem allgemeinen Fall, wo über den Quantenzustand, in dem sich das System zur Zeit t befindet, nichts bekannt ist, hat man φ gemäß der Entwicklung (8) anzusetzen. Man wird dann wegen der Gültigkeit der Gleichung (9) die Größen $|c_k|^2$ als die Wahrscheinlichkeiten dafür anzusehen haben, daß sich das System in den entsprechenden Quantenzuständen befindet, da die Summe dieser Wahrscheinlichkeiten gleich Eins sein muß. Wie man sieht, setzt sich die Wahrscheinlichkeitsamplitude φ additiv aus ·den Wahrscheinlichkeitsamplituden der einzelnen Quantenzustände zusammen.

Ist es bekannt, daß sich das System zur Zeit Null im Quantenzustand i befindet, dann wird man bei wiederholter Ausführung des gleichen Versuches (d. h. bei gleichbleibenden äußeren Bedingungen) das System zur Zeit t mit den relativen Häufigkeiten $|c_{ik}\,(t)|^2$ in den durch die Quantenzahlen k gekennzeichneten Zuständen auffinden. Die Größen $|c_{ik}\,(t)|^2$ geben also für $i \gtrless k$ die „*Übergangswahrscheinlichkeiten*“ aus dem Zustand i in den Zustand k während der Zeit t an (vgl. § 15, 2.), d. h. die Wahrscheinlichkeiten dafür, daß unter der Einwirkung der gegebenen äußeren Kräfte das System in der Zeit t aus dem Zustand i in den Zustand k übergeht. Analog geben die Größen $|c_{ii}|^2$ die Wahrscheinlichkeiten dafür an, daß das System trotz der Einwirkung der äußeren Kräfte während der Zeit t in den Quantenzuständen i verbleibt.

Ändert sich das äußere Kraftfeld sehr langsam, d. h. erfährt U in einer Zeit von der Größenordnung der Periode h/E des Systems eine verschwindend kleine Änderung, dann wollen wir von einer „*adiabatischen*“ Veränderung sprechen (die Erklärung für die Wahl gerade dieser Bezeichnung wird in § 36, 2. gegeben). Es läßt sich zeigen, was hier nicht durchgeführt werden kann, daß bei einer solchen adiabatischen Änderung in der Matrix $c\,(t)$ der Übergangswahrscheinlichkeiten alle Elemente mit zwei verschiedenen Indizes verschwinden, d. h. daß durch eine solche Veränderung keine Übergänge von einem zu einem anderen Quantenzustand bewirkt werden. Die Energie des Systems ändert sich aber hierbei stetig, da ja die Eigenwerte durch die Funktion $U\,(x, y, z)$ bestimmt sind und diese noch von der Zeit abhängig ist.

Besteht umgekehrt die Änderung des Kraftfeldes in einer sich über ein zeitlich konstantes U überlagernden unregelmäßigen Störung, wobei die Störungsperiode von der gleichen Größenordnung ist wie die Eigenperiode des ungestörten Systems, dann ändern sich die Eigenwerte mit der Zeit nicht, wohl aber werden durch die Störungen Übergänge von einem zu einem anderen Quantenzustand ermöglicht. Für kurze Zeiten dt, die aber noch lang gegenüber der Störungsperiode sein sollen, wird man dann sicherlich die Übergangswahrscheinlichkeiten zur Zeit proportional, die Matrix $c\,(t)$ demnach in der Form $w\,.\,dt$ ansetzen können, in der die Elemente w_{ik}, die „Übergangswahrscheinlichkeiten pro Zeiteinheit“, von der Zeit unabhängig sind.

Besonders wichtig ist der Fall, in dem die erwähnten Störungen durch „innere Kräfte“, d. h. durch die Wechselwirkung einzelner sich gegeneinander bewegender Teile des betrachteten Systems hervorgerufen werden. Es läßt sich zeigen, daß in diesem Falle die w_{ik} mit den Elementen der im § 29, 6. eingeführten Koordinatenmatrix in einfachem Zusammenhang stehen (vgl. auch § 59, 3.). Da die letzteren der Formel (20) § 29 genügen und die w_{ik}, ihrer Bedeutung entsprechend, reell sind, folgt, daß für jedes Wertepaar i, k die Gleichungen $w_{ik} = w_{ki}$ gelten; die Matrix w der „spontanen Übergangswahrscheinlichkeiten" ist also symmetrisch.

4. Die Bewegung des Schwerpunktes. Auf Grund der Formel (9) können wir in Verallgemeinerung der Beziehungen (17) § 29 für die Mittelwerte der Koordinaten des Massenpunktes die Formeln

$$\bar{x} = \int\int\int x\,\varphi\,\varphi^*dV, \qquad \bar{y} = \int\int\int y\,\varphi\,\varphi^*dV, \qquad \bar{z} = \int\int\int z\,\varphi\,\varphi^*dV \qquad (13)$$

aufstellen. Auch hier kann man wieder $\bar{x}, \bar{y}, \bar{z}$ als die Koordinaten des Schwerpunktes einer Massenverteilung auffassen, die entsteht, wenn man sich die Masse des Massenpunktes gemäß der Dichtefunktion (11) im Raume verschmiert denkt. Nennen wir $\bar{\mathfrak{r}}$ den Radiusvektor des Schwerpunktes, also den Vektor mit den Komponenten $\bar{x}, \bar{y}, \bar{z}$, dann gilt

$$\bar{\mathfrak{r}} = \int\int\int \mathfrak{r}\,\varphi\,\varphi^*dV. \qquad (14)$$

Da φ im allgemeinen auch von der Zeit abhängt, wird auch $\bar{\mathfrak{r}}$ von der Zeit abhängig sein, d. h. der Schwerpunkt wird sich im Raume bewegen. Wir wollen versuchen, das Bewegungsgesetz für diese Bewegung zu gewinnen.

Multiplizieren wir beide Seiten der Gleichung (7) mit $\dfrac{2\,\pi\,i}{h}\,x$ und integrieren über den ganzen Raum, dann erhalten wir mit Berücksichtigung von (13)

$$\frac{d\,\bar{x}}{d\,t} = \frac{\partial}{\partial t}\int\int\int x\,\varphi\,\varphi^*dV = \frac{i\,h}{4\,\pi\,m}\int\int\int (\varphi\,\varDelta\,\varphi^* - \varphi^*\,\varDelta\,\varphi)\,x\,dV. \qquad (15)$$

Auf Grund der Vektorformel (22) § 6 können wir den Integranden des letzten Integrals wie folgt umformen:

$$x\,(\varphi\,\varDelta\,\varphi^* - \varphi^*\,\varDelta\,\varphi) = \operatorname{div}\,[(x\,\varphi)\,\operatorname{grad}\varphi^* - (x\varphi^*)\,\operatorname{grad}\varphi] - [\operatorname{grad}\,(x\,\varphi)\,.\,\operatorname{grad}\varphi^* -$$
$$- \operatorname{grad}\,(x\varphi^*)\,.\,\operatorname{grad}\varphi] = \operatorname{div}\,[(x\varphi)\,\operatorname{grad}\varphi^* - (x\varphi^*)\,\operatorname{grad}\varphi] - \left(\varphi\frac{\partial\varphi^*}{\partial x} - \varphi^*\frac{\partial\varphi}{\partial x}\right).$$

Das Volumenintegral über das erste Glied auf der rechten Seite dieser Gleichung verschwindet nach dem GAUSSschen Satz (33) § 6 wegen der der Funktion φ im Unendlichen auferlegten Bedingungen, so daß nur das Integral über das zweite Glied übrigbleibt, das in (15) eingesetzt ergibt

$$\frac{d\,\bar{x}}{d\,t} = \frac{i\,h}{4\,\pi\,m}\int\int\int \left(\varphi^*\frac{\partial\varphi}{\partial x} - \varphi\frac{\partial\varphi^*}{\partial x}\right)d\,V. \qquad (16)$$

Differentiiert man die Gleichung (16) auf beiden Seiten nach t, so ergibt sich bei Vertauschung der Reihenfolge der Integration und der Differentiation

$$\frac{d^2\,\bar{x}}{d\,t^2} = \frac{i\,h}{4\,\pi\,m}\int\int\int \frac{\partial}{\partial t}\left(\varphi^*\frac{\partial\varphi}{\partial x} - \varphi\frac{\partial\varphi^*}{\partial x}\right)d\,V. \qquad (17)$$

Multipliziert man die Gleichung (4) mit $\dfrac{1}{2\,m}\cdot\dfrac{\partial\varphi^*}{\partial x}$, die Gleichung (6) mit $\dfrac{1}{2\,m}\cdot\dfrac{\partial\varphi}{\partial x}$ und addiert, so ergibt sich

$$\frac{i\,h}{4\,\pi\,m}\left(\frac{\partial\varphi^*}{\partial t}\frac{\partial\varphi}{\partial x} - \frac{\partial\varphi}{\partial t}\frac{\partial\varphi^*}{\partial x}\right) = \frac{1}{2\,m}\,U\left(\varphi^*\frac{\partial\varphi}{\partial x} + \varphi\frac{\partial\varphi^*}{\partial x}\right) -$$
$$- \frac{h^2}{16\,\pi^2\,m^2}\left(\varDelta\,\varphi^*\frac{\partial\varphi}{\partial x} + \varDelta\,\varphi\frac{\partial\varphi^*}{\partial x}\right). \qquad (18)$$

Differentiiert man ferner die Gleichung (4) nach x und multipliziert mit

$\dfrac{1}{2\,m}\cdot\varphi^*$, differentiiert ebenso die Gleichung (6) nach x und multipliziert mit $\dfrac{1}{2\,m}\cdot\varphi$ und addiert, dann erhält man

$$\frac{i\,h}{4\,\pi\,m}\left(\varphi^*\,\frac{\partial^2\varphi}{\partial x\,\partial t}-\varphi\,\frac{\partial^2\varphi^*}{\partial x\,\partial t}\right)=-\frac{1}{2\,m}\left(\varphi^*\,\frac{\partial(U\,\varphi)}{\partial x}+\varphi\,\frac{\partial(U\,\varphi^*)}{\partial x}\right)+$$
$$+\frac{h^2}{16\,\pi^2\,m^2}\left(\varphi^*\,\frac{\partial\,\varDelta\,\varphi}{\partial x}+\varphi\,\frac{\partial\,\varDelta\,\varphi^*}{\partial x}\right). \tag{19}$$

Die Addition der beiden Ausdrücke (18) und (19) liefert

$$\frac{i\,h}{4\,\pi\,m}\,\frac{\partial}{\partial t}\left(\varphi^*\,\frac{\partial\varphi}{\partial x}-\varphi\,\frac{\partial\varphi^*}{\partial x}\right)=-\frac{1}{m}\,\frac{\partial U}{\partial x}\,\varphi\,\varphi^*+$$
$$+\frac{h^2}{16\,\pi^2\,m^2}\left\{\left(\varphi^*\,\varDelta\,\frac{\partial\varphi}{\partial x}-\frac{\partial\varphi}{\partial x}\,\varDelta\,\varphi^*\right)+\left(\varphi\,\varDelta\,\frac{\partial\varphi^*}{\partial x}-\frac{\partial\varphi^*}{\partial x}\,\varDelta\,\varphi\right)\right\}. \tag{20}$$

Wir setzen aus (20) in das Integral auf der rechten Seite von (17) ein und finden

$$\frac{d^2\bar{x}}{d\,t^2}=-\frac{1}{m}\iiint\frac{\partial U}{\partial x}\,\varphi\,\varphi^*\,d\,V+\frac{h^2}{16\,\pi^2\,m^2}\iiint\left(\varphi^*\,\varDelta\,\frac{\partial\varphi}{\partial x}-\frac{\partial\varphi}{\partial x}\,\varDelta\,\varphi^*\right)d\,V+$$
$$+\frac{h^2}{16\,\pi^2\,m^2}\iiint\left(\varphi\,\varDelta\,\frac{\partial\varphi^*}{\partial x}-\frac{\partial\varphi^*}{\partial x}\,\varDelta\,\varphi\right)d\,V. \tag{21}$$

Auf die beiden letzten Integrale in (21) kann man wieder den GREENschen Satz (37) § 6 anwenden und so wie früher (unter 2.) beweisen, daß sie gleich Null sein müssen. Es gilt ferner auf Grund der Definition des Mittelwertes

$$\iiint\frac{\partial U}{\partial x}\,\varphi\,\varphi^*\,d\,V=\left(\overline{\frac{\partial U}{\partial x}}\right). \tag{22}$$

Man erhält also schließlich, wenn man die gleichen Rechnungen auch auf die beiden anderen Koordinaten anwendet, die drei Gleichungen

$$m\,\frac{d^2\bar{x}}{d\,t^2}=-\left(\overline{\frac{\partial U}{\partial x}}\right),\qquad m\,\frac{d^2\bar{y}}{d\,t^2}=-\left(\overline{\frac{\partial U}{\partial y}}\right),\qquad m\,\frac{d^2\bar{z}}{d\,t^2}=-\left(\overline{\frac{\partial U}{\partial z}}\right), \tag{23}$$

die man mit Benutzung von (14) und (31) § 18 als Vektorgleichung wie folgt zusammenfassen kann:

$$m\,\ddot{\bar{\mathfrak{r}}}=-\,(\overline{\mathrm{grad}\,U})=\bar{\mathfrak{k}}, \tag{24}$$

worin $\bar{\mathfrak{k}}$ den resultierenden Kraftvektor für die kontinuierlich gedachte Massenverteilung bedeutet.

Die Formel (24) ist, wie man sieht, identisch mit der für die Bewegung des Schwerpunktes eines Massensystems geltenden Gleichung (14) § 18 der NEWTONschen Mechanik. In die Sprache der Statistik übertragen, läßt sich unser Ergebnis demnach in der Form des folgenden wichtigen, von EHRENFEST herrührenden Satzes aussprechen, der die Brücke zwischen der NEWTONschen und der Quantenmechanik schlägt: Bewegt sich ein Massenpunkt unter der Wirkung gegebener äußerer Kräfte, so läßt sich über den Ablauf dieser Bewegung, d. h. die Abhängigkeit der Lage des Massenpunktes als Funktion der Zeit im Einzelexperiment aus der Quantenmechanik keine Aussage machen; wiederholt man aber den gleichen Versuch sehr oft, dann gilt im Versuchskollektiv für den Mittelwert der Lagekoordinaten als Funktion der Zeit exakt die Bewegungsgleichung (1) § 18 der NEWTONschen Mechanik.

5. Fortschreitende De Broglie-Wellen; Wellenpakete. Ist die auf einen Massenpunkt wirkende Kraft gleich Null und liegen keine Randbedingungen im Endlichen vor, dann ist U in der Amplitudengleichung (9) § 29 eine Konstante. Wir versuchen eine Lösung durch den Ansatz

$$\psi = a\,e^{-\,2\,\pi\,i\,\nu^*\,(x\cos\alpha + y\cos\beta + z\cos\gamma)} \qquad (25)$$

zu gewinnen, worin a, ν^*, α, β, γ Konstanten sind.

Aus (25) folgt durch zweimalige Differentiation nach den Koordinaten

$$\Delta\,\psi = \psi\,(2\,\pi\,i\,\nu^*)^2\,(\cos^2\alpha + \cos^2\beta + \cos^2\gamma) = -\,4\,\pi^2\,\nu^{*2}\,.\,\psi.$$

Setzt man diesen Ausdruck in die Amplitudengleichung ein, so wird sie in der Tat befriedigt, wenn die Gleichung

$$-\,4\,\pi^2\,\nu^{*2} + \frac{8\,\pi^2\,m}{h^2}\,(E - U) = 0$$

erfüllt ist, d. h. wenn ν^* die Gleichung (5) § 29 erfüllt. Man sieht, daß in diesem Falle jeder Wert von E zu einer Lösung führt, daß also das „Eigenwertspektrum" hier „kontinuierlich" ist. Da ferner zu jedem Wert von E Lösungen von der Form (25) mit beliebigen Werten von α, β, γ gehören, haben wir es hier mit entarteten Eigenwerten zu tun.

Aus (25) gewinnen wir entsprechende Lösungen der Wellengleichung (4) mittels des Ansatzes (1) und der Beziehungen (6) § 29 und (3) § 12:

$$\left.\begin{aligned}
\varphi &= e^{\frac{2\,\pi\,i}{h}\,E\,.\,t}\,.\,\psi = a\,.\,e^{\,2\,\pi\,i\,[\nu t - \nu^*\,(x\cos\alpha + y\cos\beta + z\cos\gamma)]}\\[2mm]
&= a\,e^{\,2\,\pi\,i\left(\nu t - \frac{x\cos\alpha + y\cos\beta + z\cos\gamma}{\lambda}\right)}.
\end{aligned}\right\} \qquad (26)$$

Ist $E - U > 0$, dann ist wegen (5) § 29 λ in dem Ausdruck (26) reell. Wir haben es also, wie man durch Vergleich mit der allgemeinen Darstellung (4) § 13 erkennt, mit einer DE BROGLIE*schen Planwelle* zu tun, die sich mit der Frequenz ν, der Wellenlänge λ und der Geschwindigkeit c in einer Richtung fortpflanzt, die mit den Koordinatenachsen die Winkel α, β, γ einschließt.

Ist $E - U < 0$, ein Fall, der, wie wir später noch sehen werden, ebenfalls von praktischer Bedeutung ist, dann sind ν^* und λ imaginär. ψ ändert sich hier nicht wie oben periodisch, sondern monoton mit x, y, z. Schreitet man in der Richtung α, β, γ um ein Stück b vor, dann ändert sich nach (26) $\varphi\varphi^*$ um den Faktor $e^{\pm\,4\,\pi\,|\nu^*|\,b}$.

Gemäß der der Wellenmechanik zugrunde liegenden optisch-mechanischen Analogie gehört die DE BROGLIE-Welle (26) mit $L = E - U > 0$ zu einer geradlinigen und gleichförmigen Partikelbewegung in der Richtung der Wellennormalen der Welle, wobei die Energie E mit der Frequenz ν durch die Beziehung (6) § 29 verknüpft ist. Ebenso wie in der NEWTONschen Mechanik erfolgt also auch in der Quantenmechanik beim Fehlen äußerer Kräfte die Bewegung eines Massenpunktes mit konstanter Geschwindigkeit bzw. konstanter kinetischer Energie.

Während jedoch dort die Bewegung durch Beobachtung der Lage des Massenpunktes als Funktion der Zeit verfolgt werden kann, ergibt sich hier für die Wahrscheinlichkeitsdichte $\mathfrak{w}\,(x, y, z, t)$ nach (11) und (26)

$$\mathfrak{w} = \varphi\,\varphi^* = a^2. \qquad (27)$$

Das bedeutet, daß die Wahrscheinlichkeit dafür, das Teilchen zur Zeit t in irgendeinem Raumpunkte anzutreffen, für alle Raumpunkte gleich groß, und zwar, wenn wir noch die Bedingung (5) berücksichtigen, verschwindend klein ist. Es läßt sich also in diesem Falle überhaupt nichts über die Bewegung des Teilchens aussagen. Dies wird sofort verständlich, wenn man bedenkt, daß eine solche

Feststellung nur durch eine Beobachtung des Teilchens möglich wäre, die (vgl. § 2, 5.) nicht ohne eine Energieänderung des zu beobachtenden Teilchens vor sich gehen kann, im Widerspruch zu der Annahme, daß äußere Kräfte nicht wirken, die Energie also konstant bleiben soll.

Will man demnach über die Bewegung des Teilchens eine Aussage machen, dann muß man, dieser Überlegung folgend, eine wenn auch kleine Kraft auf das Teilchen ausüben. Hierdurch wird, wie unter 2. erörtert wurde, bewirkt, daß die Lösung (26) in eine allgemeinere übergeht, die als Superposition von Lösungen der Gestalt (26) mit verschiedenen Werten der Konstanten dargestellt werden kann. Die Koeffizienten a, deren Normen nach 3. die Wahrscheinlichkeiten der Übergänge von der Ausgangsenergie in die Endenergie darstellen, werden bei kleinen äußeren Kräften nur für solche Übergänge einen merklichen Wert haben, die kleinen Energieänderungen und daher kleinen Änderungen von ν entsprechen.

Wir können also den durch die Beobachtung hervorgerufenen Wellenzustand als ein Bündel von DE BROGLIE-Wellen oder, wie man vielfach sagt, als ein „*Wellenpaket*" auffassen, das aus fortschreitenden Wellen besteht, deren Frequenzen einen schmalen Bereich $\Delta\nu$ kontinuierlich erfüllen.

6. Die Heisenbergschen Ungenauigkeitsrelationen. Gemäß dem unter 4. abgeleiteten Satz wissen wir, daß sich der Schwerpunkt eines Wellenpaketes beim Fehlen äußerer Kräfte (mit Ausnahme derer, die durch die Beobachtung selbst hervorgerufen werden) mit konstanter Geschwindigkeit bewegt. Der Genauigkeitsgrad, mit dem sich dies voraussichtlich bei einer einzelnen Versuchsreihe feststellen lassen kann, wird offenbar von der „Breite" des Wellenpaketes abhängen, d. h. von der mehr oder weniger großen Streuung der Verteilung $\mathfrak{w}(x, y, z, t)$ um den Mittelwert.

Um die Verhältnisse zu überblicken, genügt es, einen einfachen Spezialfall zu betrachten, nämlich ein Wellenpaket, das aus sämtlichen ebenen Wellen besteht, deren Amplituden in dem Frequenzintervall $\Delta\nu = \nu_1 - \nu_2$ gleich groß und außerhalb desselben gleich Null sind. Wir setzen also φ an in der Form

$$\varphi = \int_{\nu_2}^{\nu_1} a\, e^{2\pi i\nu\left(t-\frac{x}{c}\right)}\, d\nu. \tag{28}$$

In einem festen Raumpunkt, z. B. dem Koordinatenursprung, wird gemäß Formel (49) § 10 die Zeitabhängigkeit von φ durch einen Ausdruck von der Gestalt

$$\varphi(t) = \text{Const} \cdot \frac{1}{t}\, e^{2\pi i\nu t} \sin(\pi\Delta\nu \cdot t) \tag{29}$$

dargestellt, und daher ergibt sich für die Wahrscheinlichkeitsdichte des Aufenthaltes des Teilchens dortselbst nach (11)

$$\mathfrak{w}(t) = \text{Const} \cdot \frac{1}{t^2}\, \sin^2(\pi\Delta\nu \cdot t). \tag{30}$$

Dieser Ausdruck hat für $t = 0$ sein Maximum und nimmt nach beiden Zeitrichtungen rasch ab. Für $t = \dfrac{1}{2\Delta\nu}$ sinkt er auf den Bruchteil $\left(\dfrac{2}{\pi}\right)^2 \sim 0{,}4$ herab. Wir werden daher die Breite der Verteilung (30) um den Zeitpunkt $t = 0$ durch das Zeitintervall Δt kennzeichnen können, das der halben Periode von $\sin(\pi\Delta\nu \cdot t)$ entspricht, also durch die größenordnungsmäßige Beziehung

$$\Delta t \approx \frac{1}{\Delta\nu} \tag{31}$$

gegeben ist.

Wir können demnach sagen, daß durch eine Beobachtung, die den Wellenzustand (29) hervorruft, die Lage des Teilchens in einem bestimmten Raumpunkt in bezug auf die Zeit nicht exakt, sondern nur mit einer Ungenauigkeit (31) festgelegt werden kann.

Dem Frequenzbereich $\Delta \nu$ entspricht nach Formel (6) § 29 ein Energiebereich

$$\Delta E = h \Delta \nu, \tag{32}$$

oder, anders ausgedrückt: infolge des Eingriffes, den die Beobachtung des Teilchens auf seine Bewegung hervorruft, ist seine Energie nur mit der Ungenauigkeit ΔE vom Betrage (32) meßbar.

Die Kombination der Beziehungen (31) und (32) liefert nach Elimination von $\Delta \nu$

$$\Delta E \cdot \Delta t \approx h. \tag{33}$$

Diese von HEISENBERG aufgestellte Beziehung sagt aus, daß kombinierte Energie- und Zeitmessungen *prinzipiell* nur mit Ungenauigkeiten durchgeführt werden können, deren Produkt von der Größenordnung h ist.

Analog kann man aus (28) schließen, mit welcher Ungenauigkeit zu einem bestimmten Zeitpunkt, z. B. $t = 0$, die Lage des Massenpunktes festgestellt werden kann. Die oben durchgeführte Überlegung läßt sich offenbar auch hier anwenden, wenn man einfach t durch x und ν durch $\dfrac{\nu}{c} = \nu^*$ ersetzt. Statt (31) erhält man demnach

$$\Delta x \approx \frac{1}{\Delta (\nu^*)}. \tag{34}$$

Der Ungenauigkeit $\Delta \nu^*$ der Wellenzahl entspricht eine Ungenauigkeit Δp des Impulses, die sich nach Formel (5) § 29 zu

$$\Delta p = h \Delta (\nu^*) \tag{35}$$

berechnet.

Aus (34) und (35) folgt durch Elimination von $\Delta (\nu^*)$

$$\Delta x \cdot \Delta p \approx h. \tag{36}$$

Die ebenfalls von HEISENBERG aufgestellte Beziehung (36) sagt aus, daß sich kombinierte Messungen von Lage und Impuls eines Massenpunktes prinzipiell nur mit Ungenauigkeiten durchführen lassen, deren Produkt wieder von der Größenordnung h ist.

Da bei allen bekannten makroskopischen Beobachtungsmethoden die durch die Unvollkommenheit der Meßinstrumente bewirkten Ungenauigkeiten bedeutend größer sind, als die durch die Relationen (33) und (36) vorgeschriebenen, sind diese für derartige makroskopische Beobachtungen ohne Bedeutung, d. h. es gilt praktisch, wie das Experiment es lehrt, die NEWTONsche Mechanik, und es bleiben alle auf sie aufgebauten theoretischen Schlußfolgerungen (Kapitel VII bis IX) im Gebiet des Makroskopischen vollkommen in Geltung.

Im Gebiet des Mikroskopischen hingegen sind die durch die Relationen (33) und (36) bedingten Ungenauigkeiten bereits so beträchtlich, daß von einer Gültigkeit der NEWTONschen Mechanik und des ihr zugrunde liegenden Bewegungsbegriffes, wie bereits wiederholt bemerkt wurde, keine Rede sein kann, so daß die in den beiden vorstehenden Paragraphen entwickelte Quantenmechanik an ihre Stelle treten muß.

Es möge noch erwähnt werden, daß die Ungenauigkeitsbeziehungen (33) und (36) auch im Rahmen der HEISENBERGschen Quantenmechanik abgeleitet werden können und zwar auf Grund der Tatsache, daß die entsprechenden Matrizen nicht kommutierbar sind (vgl. § 5, 3.).

§ 31. Spezielle Probleme der Atommechanik.

1. Der lineare harmonische Oszillator. In diesem Paragraphen sollen einige spezielle Probleme der Atommechanik auf Grund der allgemeinen, in den §§ 29 und 30 entwickelten Prinzipien ihre Behandlung finden. Als erstes besprechen wir den *„linearen harmonischen Oszillator"*, worunter wir ein System verstehen wollen, das aus einem Massenpunkt besteht, der, unter der Einwirkung einer elastischen Kraft stehend, eine Bewegung auf einer geraden Linie ausführt. Vom Standpunkte der klassischen Mechanik haben wir dieses System bereits in § 19, 3. behandelt und dort gefunden, daß der Massenpunkt eine harmonische Schwingung ausführt.

Für die quantenmechanische Behandlung haben wir in die Amplitudengleichung (9) § 29 für U gemäß der Formel (15) § 19 den Ausdruck

$$U = \frac{m\,\omega^2\,x^2}{2} \tag{1}$$

einzusetzen und erhalten, da ψ nur von x abhängen soll,

$$\frac{d^2\psi}{d\,x^2} + \frac{8\,\pi^2\,m}{h^2}\left(E - \frac{m\,\omega^2}{2}\,x^2\right)\psi = 0. \tag{2}$$

Führen wir hierin als neue unabhängig Veränderliche die Größe

$$\xi = \sqrt{\frac{2\,\pi\,m\,\omega}{h}}\cdot x \tag{3}$$

ein und setzen zur Abkürzung

$$A = \frac{4\,\pi\,E}{\omega\,h}, \tag{4}$$

dann erhalten wir statt (2)

$$\frac{d^2\psi}{d\,\xi^2} + (A - \xi^2)\,\psi = 0. \tag{5}$$

Wir versuchen, diese Gleichung durch den Ansatz

$$\psi = e^{-\xi^2/2}\cdot v\,(\xi) \tag{6}$$

zu lösen. In der Tat folgt aus (6)

$$\frac{d\psi}{d\xi} = (-\,\xi v + v')\,e^{-\xi^2/2}, \qquad \frac{d^2\psi}{d\,\xi^2} = (\xi^2 v - 2\,\xi v' - v + v'')\,e^{-\xi^2/2} \tag{7}$$

und Einsetzen von (6) und (7) in (5) zeigt, daß diese Gleichung befriedigt wird, wenn v die Gleichung

$$v'' - 2\,\xi v' + (A - 1)\,v = 0 \tag{8}$$

erfüllt.

Gelingt es, die Gleichung (8) dadurch zu befriedigen, daß man v als Polynom in ξ vom n-ten Grade ansetzt, also in der Form

$$v = \sum_{k=0}^{n} a_k\,\xi^k, \tag{9}$$

dann genügt der Lösungsansatz (6) sämtlichen Forderungen, die wir in § 29, 4. für die Lösung der Wellengleichung erhoben haben. In der Tat verschwindet die Funktion (6) dann im Unendlichen exponentiell und ist im Endlichen überall regulär und eindeutig.

Setzt man den Lösungsansatz (9) in die Differentialgleichung (8) ein, so verwandelt sie sich in eine algebraische Gleichung vom n-ten Grade für ξ. Damit diese identisch (d. h. für alle Werte von ξ) erfüllt sei, ist notwendig und hinreichend, daß die Koeffizienten der einzelnen Potenzen von ξ sämtlich verschwinden. Diese Bedingung, auf den Koeffizienten der höchsten Potenz, also ξ^n angewendet, liefert die Gleichung

$$-\,2\,a_n\,.\,n + (A - 1)\,a_n = 0$$

oder, da a_n nicht verschwinden darf, da ja sonst entgegen der Voraussetzung das Polynom (9) nicht vom n-ten Grade wäre:

$$A = 1 + 2n. \tag{10}$$

Aus (10) folgt in Verbindung mit (4), daß zu der Lösung (9) der Energieeigenwert

$$E_n = \frac{\omega h}{4\pi}(1 + 2n) = h\nu\left(n + \frac{1}{2}\right) \tag{11}$$

gehört. Nach der Quantenmechanik kann der Oszillator also nicht mit jeder beliebigen Energie, sondern nur mit solchen Energien schwingen, die der Bedingung (11) mit ganzzahligem n genügen.

Die am Schluß von § 29, 4. formulierte Quantenbedingung der älteren Quantentheorie, die vorschreibt, daß das Wirkungsintegral J über eine volle Periode gleich einem ganzzahligen Vielfachen von h sein soll, würde mit Benutzung von (18) § 19 ergeben

$$E_n = J_n\nu = h\nu \cdot n. \tag{12}$$

Wie man sieht, unterscheidet sich die richtige Quantenbedingung (11) von der Bedingung (12) dadurch, daß statt der ganzen Zahlen n die „halben Quantenzahlen" $n + 1/2$ zu setzen sind.

Die zu den Eigenwerten (11) gehörigen Eigenfunktionen der Gleichung (8) sind in der Mathematik als „HERMITEsche Polynome" H_n bekannt. Man findet ihre Koeffizienten, wie oben erwähnt wurde, indem man (9) in (8) einsetzt und verlangt, daß alle Koeffizienten der entstehenden algebraischen Gleichung verschwinden. Man erhält so in der meist üblichen Normierung:

$$\left.\begin{aligned} &H_0 = 1, \quad H_1 = 2\,\xi, \quad H_2 = 4\,\xi^2 - 2, \quad H_3 = 8\,\xi^3 - 12\,\xi \\ &H_4 = 16\,\xi^4 - 48\,\xi^2 + 12, \ldots \end{aligned}\right\} \tag{13}$$

Für die Eigenfunktionen der Gleichung (2) erhält man aus (6) und (3)

$$\psi_n = \text{Const.}\,H_n\left(\sqrt{\frac{2\pi m\omega}{h}} \cdot x\right) \cdot e^{-\frac{\pi m\omega}{h}x^2}, \tag{14}$$

worin für H_n die Ausdrücke (13) einzusetzen sind. Die Konstanten sind aus der Normierungsbedingung (10) § 29 zu ermitteln. Die Funktionen (14) sind für $n = 1$ bis 4 in der Abb. 75 graphisch dargestellt.

Wir wollen nun noch die Koordinatenmatrix (§ 29, 6.) des linearen Oszillators berechnen, deren Elemente nach (19) § 29 den Größen

$$\xi_{n,\,m} = \int_{-\infty}^{+\infty} \xi\, e^{-\xi^2} H_n(\xi) \cdot H_m(\xi)\, d\xi \tag{15}$$

proportional sind.

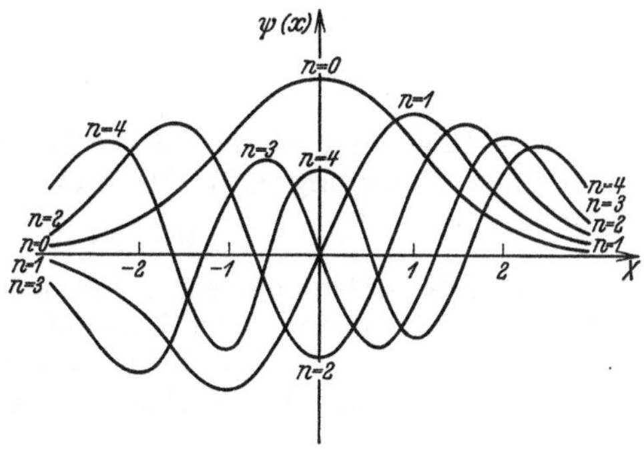

Es sei $m > n$. Wir können dann das Polynom $\xi H_n(\xi)$, das vom $(n+1)$-ten Grade ist, sicher linear aus den Polynomen $H_0, H_1, \ldots, H_{n+1}$ zusammensetzen in der Form

$$\xi H_n(\xi) = \sum_{i=0}^{n+1} c_i H_i,$$

Abb. 75.

worin die c_i geeignet gewählte Konstanten sind. Setzt man aus (16) in (15) ein, so erhält man

$$\xi_{n,m} = \sum_{i=0}^{n+1} c_i \int_{-\infty}^{+\infty} H_i\, H_m\, e^{-\frac{\xi^2}{2}}\, d\,\xi. \tag{17}$$

Auf Grund des Satzes (15) § 29 über die Orthogonalität der Eigenfunktionen verschwinden in der Summe (17) alle Integrale, für die $i \gtreqless m$ ist, und daher sämtliche $\xi_{n,m}$, für die $m > n + 1$ ist, da i nicht größer sein kann als $n + 1$. Nur im Falle $m = n + 1$ verschwindet das $n + 1$-te Glied der Summe nicht und daher ist $\xi_{n,n+1}$ von Null verschieden. Ebenso leicht beweist man, daß für $m < n$ alle $\xi_{n,m}$ mit Ausnahme von $\xi_{n,n-1}$ verschwinden müssen. Für $m = n$ schließlich kann man ohne Rechnung sehen, daß die Ausdrücke (15) verschwinden müssen; denn $e^{-\xi^2}$ und $H_n^2(\xi)$ sind gerade Funktionen von ξ, der Integrand ist also eine ungerade Funktion von ξ und daher ist das von $-\infty$ bis $+\infty$ erstreckte Integral gleich Null.

Wir finden also den wichtigen Satz: In der Koordinatenmatrix x verschwinden alle Glieder mit Ausnahme derjenigen, die die Hauptdiagonale links und rechts begleiten, die also die Form $x_{n,n+1}$ und $x_{n,n-1}$ haben.

2. Der Rotator. Unter einem *„eindimensionalen Rotator“* wollen wir ein starres System verstehen, das sich um eine im Raum feststehende Achse drehen kann. Vom Standpunkte der klassischen Mechanik haben wir solche Systeme in § 21, 2. bereits behandelt. Wir gehen nun an die quantenmechanische Behandlung heran, indem wir zunächst den einfachsten Fall besprechen, in dem der Rotator aus einem einzigen Massenpunkt besteht, der durch irgendeinen Mechanismus gezwungen wird, sich auf einem Kreis vom Radius r zu bewegen. Weitere äußere Kräfte sollen nicht auf das System wirken.

Wir lassen die Bahnebene mit der x-y-Ebene zusammenfallen und führen in ihr den Azimutwinkel ϑ ein. ψ ist dann nach unserer Annahme eine Funktion von ϑ allein. Gemäß (30) § 6 gilt dann einfach

$$\Delta\,\psi = \frac{1}{r^2}\,\frac{d^2\,\psi}{d\,\vartheta^2}. \tag{18}$$

Die Amplitudengleichung lautet demnach

$$\frac{d^2\,\psi}{d\,\vartheta^2} + \alpha^2\,\psi = 0, \tag{19}$$

worin zur Abkürzung die Konstante

$$\alpha^2 = \frac{8\,\pi^2\,m\,L\,r^2}{h^2} \tag{20}$$

eingeführt ist.

Diese Gleichung ist formal identisch mit der Differentialgleichung der harmonischen Bewegung (36) § 10 und hat daher nach (40) § 10 die allgemeine Lösung

$$\psi = A_1\,e^{i\,a\,\vartheta} + A_2\,e^{-i\,a\,\vartheta}. \tag{21}$$

Soll wieder ψ eine eindeutige Funktion des Ortes, d. h. in diesem Falle von ϑ sein, dann muß α eine ganze Zahl sein, denn nur dann ist ψ in ϑ periodisch mit der Periode $2\,\pi$. Die Eigenwerte unseres Problems sind also dadurch gekennzeichnet, daß die kinetische Energie des Rotators nach (20) auf die Werte

$$L_n = \frac{h^2}{8\,\pi^2\,m\,r^2}\cdot n^2 \qquad n = 0, 1, 2, \ldots \tag{22}$$

beschränkt ist, während sie im klassischen Fall jeden beliebigen Wert annehmen kann.

Die zugehörigen Eigenfunktionen ψ_n erhält man aus (21), indem man darin für α die Werte $0, 1, 2, 3 \ldots$ einsetzt. Man sieht, daß es sich um lauter entartete

Eigenwerte handelt, denn die ψ_n enthalten zwei willkürliche Konstanten, von denen sich nur eine durch die Normierungsbedingung (10) § 29 festlegen läßt.

Im allgemeineren Fall eines beliebigen starren Systems von Massenpunkten bleiben die erhaltenen Resultate, wie sich zeigen läßt, gültig, wenn in (22) an Stelle von $m\,r^2$ das Trägheitsmoment T des Systems um die Rotationsachse nach (7) § 21 eingesetzt wird. Die Eigenwerte lauten also

$$L_n = \frac{h^2}{8\,\pi^2\,T} \cdot n^2 \qquad n = 0,\ 1,\ 2,\ 3,\ \ldots \tag{23}$$

Die Quantenbedingung (23) kann in sehr einfacher Form ausgesprochen werden, wenn man statt der kinetischen Energie L den Drehimpuls G gemäß der Beziehung (11) § 21 einführt. Man erhält dann

$$G_n = \sqrt{2\,L_n\,T} = \frac{h}{2\,\pi} \cdot n; \tag{24}$$

der Drehimpuls muß also ein ganzzahliges Vielfaches von h sein.

Der allgemeinere Fall des „*zweidimensionalen Rotators*", der aus einem starren System besteht, das in einem einzigen Punkte festgehalten ist und das mit Hilfe der Newtonschen Mechanik im § 21, 7. behandelt worden ist, läßt sich ebenfalls quantenmechanisch erledigen. Man muß in diesem Falle statt des einen Winkels ϑ zwei räumliche Polarwinkel ϑ, φ zur Festlegung der Lage des Systems einführen. ψ erscheint dann als Funktion der beiden Größen ϑ und φ und statt der Differentialgleichung (19) erhält man eine kompliziertere Gleichung, deren Eigenwerte und Eigenfunktionen sich wiederum durch die Forderung bestimmen lassen, daß ψ eine eindeutige Funktion der beiden Winkel ϑ und φ sein und im Unendlichen verschwinden soll. Die Durchführung der Rechnung würde hier zu weit führen; wir teilen daher nur die Hauptresultate mit:

Für den zu der Quantenzahl l gehörigen Energieeigenwert ergibt sich wiederum die Formel (23) mit dem Unterschied, daß darin $l\,(l+1)$ statt n^2 zu setzen ist:

$$L_l = \frac{h^2}{8\,\pi^2\,T} \cdot l\,(l+1) \qquad l = 0,\ 1,\ 2,\ \ldots \tag{25}$$

Die zugehörigen Eigenfunktionen hängen mit den sogenannten „Kugelflächenfunktionen" in einfacher Weise zusammen und enthalten zwei ganzzahlige Parameter l und m, sind also von der Gestalt $\psi_{l,\,m}\,(\vartheta,\varphi)$, worin m alle Werte zwischen l und $-l$, also im Ganzen $2\,l+1$ verschiedene Werte annehmen kann. Die Eigenwerte (25) sind also $2n$-fach entartet.

Die Berechnung der Koordinatenmatrix führt schließlich zu den folgenden Resultaten: 1. Die Elemente der Matrix $\mathfrak{z}$, die zu der in die Richtung der Polarachse weisenden z-Koordinate gehört, verschwinden alle mit Ausnahme jener, die zu Übergängen gehören, bei denen sich die Quantenzahl l um eine Einheit und die Quantenzahl m nicht verändert. 2. Die Elemente der Matrizen x und y, die zu den senkrecht zur Polarachse gezogenen x- und y-Achsen gehören, verschwinden alle mit Ausnahme jener, die zu Übergängen gehören, bei denen sich die Quantenzahlen l und m um je eine Einheit verändern.

3. Die Kepler-Bewegung. Im § 19, 7. behandelten wir die Bewegung eines Massenpunktes unter der Wirkung einer Newtonschen Anziehungskraft von einem festen Zentrum aus mit den Hilfsmitteln der klassischen Mechanik. Wir wollen hier das gleiche Problem quantentheoretisch behandeln, wobei, was formal auf dasselbe hinausläuft, statt der Gravitationskraft eine elektrische Anziehungskraft des mit der Ladung e versehenen Massenpunktes von einem punktförmigen Ladungszentrum von der Größe eZ, also statt (36) § 19 eine Kraft vom Betrage (vgl. Formel (3), § 42)

$$|\mathfrak{k}| = \frac{e^2\,Z}{r^2} \tag{26}$$

zugrunde gelegt werden soll. Dies entspricht gemäß (37) § 19 einer potentiellen Energie

$$U(r) = -\frac{e^2 Z}{r}. \tag{27}$$

Wir versuchen die Wellengleichung zu lösen, indem wir die Wellenfunktion ψ als Produkt einer Funktion u von r allein und einer Funktion χ der Polarwinkel ϑ und φ allein (vgl. 2.) ansetzen:

$$\psi(r, \vartheta, \varphi) = u(r) \cdot \chi(\vartheta, \varphi). \tag{28}$$

Aus (28) folgt

$$\operatorname{grad} \psi = u \operatorname{grad} \chi + \chi \operatorname{grad} u$$

und weiter mit Benutzung der Formel (22) § 6

$$\Delta \psi = \operatorname{div} \operatorname{grad} \psi = u \Delta \chi + \chi \Delta u + 2 \operatorname{grad} u \cdot \operatorname{grad} \chi.$$

Da ferner $\operatorname{grad} u$ die Richtung von $\mathfrak{r}$ hat und $\operatorname{grad} \chi$ hierauf senkrecht steht, verschwindet das 3. Glied auf der rechten Seite dieser Gleichung, und es gilt

$$\Delta \psi = u \Delta \chi + \chi \Delta u. \tag{29}$$

Nennen wir L_r den auf die Bewegung in der Richtung von $\mathfrak{r}$ entfallenden Anteil der kinetischen Energie und L_t den auf die Bewegung in der Kugelfläche vom Radius r entfallenden Anteil, dann ist

$$E = U(r) + L_r(r) + L_t. \tag{30}$$

Setzen wir aus (28), (29) und (30) in die Wellengleichung (9) § 29 ein, so können wir sie durch Umstellung der Glieder und Division durch ψ auf die Gestalt

$$\left[\frac{1}{u}\Delta u + \frac{8\pi^2 m}{h^2} L_r(r)\right] = -\left[\frac{1}{\chi}\Delta \chi + \frac{8\pi^2 m}{h^2} L_t\right] \tag{31}$$

bringen. In dieser Gleichung ist die linke Seite nur von r, die rechte nur von ϑ, φ abhängig; soll sie also für alle Werte der Variablen erfüllt sein, dann müssen beide Seiten gleich einer und derselben Konstanten sein, die wir gleich $\dfrac{8\pi^2 m}{h^2} L_0$ setzen.

Die Gleichung (31) zerfällt also in die beiden Gleichungen

$$\Delta \chi + \frac{8\pi^2 m}{h^2}(L_t + L_0)\chi = 0 \tag{32}$$

und

$$\Delta u + \frac{8\pi^2 m}{h^2}(L_r - L_0)u = 0. \tag{33}$$

Die Gleichung (32) haben wir unter 2. behandelt und fanden, daß sie erfüllbar ist, wenn $L_t + L_0$ gleich einem der Werte (25) gesetzt wird. Setzen wir dementsprechend für $L_r - L_0$ mit Benutzung von (27) und (30) den Ausdruck

$$L_r - L_0 = E + \frac{e^2 Z}{r} - \frac{h^2}{8\pi^2 m r^2} l(l+1) \quad \text{mit } l = 0, 1, 2, \ldots$$

in die Gleichung (33) ein, so wird daraus

$$\Delta u + \left[\frac{8\pi^2 m}{h^2}\left(E + \frac{e^2 Z}{r}\right) - \frac{l(l+1)}{r^2}\right] u = 0. \tag{34}$$

Da hierin u nur von r allein abhängt, können wir für Δu die Formel (26) § 6 anwenden, so daß wir (34) auf die Gestalt

$$\frac{d^2 u}{d r^2} + \frac{2}{r}\frac{d u}{d r} + \left(-A + \frac{2 B \sqrt{A}}{r} + \frac{C}{r^2}\right) u = 0 \tag{35}$$

bringen können, worin zur Abkürzung die Größen

$$A = -\frac{8\pi^2 m E}{h^2}, \qquad B^2 = -\frac{2\pi^2 m e^4 Z^2}{E h^2}, \qquad C = -l(l+1) \tag{36}$$

eingeführt sind.

Wir wollen nun annehmen, daß $E < 0$ ist, da für positive E die kinetische Energie bis ins Unendliche, wo $U(r) = 0$ ist, positiv wäre und sich daher der Massenpunkt dauernd von seinem Anziehungszentrum entfernen müßte. Daher sind B und $\sqrt{A}$ reell.

Zur Integration der Gleichung (35) führen wir zunächst als neue unabhängig Veränderliche die Größe

$$\xi = 2\,r\,\sqrt{A} \tag{37}$$

ein und erhalten daher statt (35)

$$\frac{d^2 u}{d\xi^2} + \frac{2}{\xi}\frac{du}{d\xi} + \left(-\frac{1}{4} + \frac{B}{\xi} + \frac{C}{\xi^2}\right)u = 0. \tag{38}$$

Wir versuchen, die Gleichung (38) durch den Ansatz

$$u = e^{-\xi/2} \cdot v(\xi) \tag{39}$$

zu lösen. Aus (39) folgt durch Differentiation

$$\left.\begin{aligned}
\frac{du}{d\xi} &= \left(-\frac{1}{2}v + v'\right)e^{-\xi/2} \\
\frac{d^2 u}{d\xi^2} &= \left(\frac{1}{4}v - v' + v''\right)e^{-\xi/2}
\end{aligned}\right\} \tag{40}$$

Setzt man aus (40) in (38) ein, so sieht man, daß diese Gleichung in der Tat erfüllt wird, wenn v der folgenden Gleichung genügt:

$$v'' + \left(\frac{2}{\xi} - 1\right)v' + \left(\frac{B-1}{\xi} + \frac{C}{\xi^2}\right)v = 0. \tag{41}$$

Wir versuchen wieder, wie unter 1., die Differentialgleichung (41) durch ein Polynom

$$v = \sum_{k=0}^{n-1} a_k\,\xi^k \tag{42}$$

zu lösen. Gelingt dies, dann genügt der Lösungsansatz (39) der Bedingung, daß ψ im Unendlichen in genügend hoher Ordnung verschwindet und im Endlichen überall eindeutig ist.

Führt man (42) in (41) ein, so entsteht eine algebraische Gleichung vom $(n-1)$-ten Grad, die nur dann für alle Werte von ξ erfüllt wird, wenn die Koeffizienten aller Potenzen von ξ einzeln verschwinden. Die Berechnung des Koeffizienten von ξ^{k-2} liefert demgemäß für $k < n$ die Gleichung

$$a_k\,[k\,(k-1) + 2\,k + C] + a_{k-1}\,[-(k-1) + (B-1)] = 0,$$

die mit Benutzung von (36) und nach einfacher Umformung übergeht in

$$a_k\,[k\,(k+1) - l\,(l+1)] + a_{k-1}\,[B - k] = 0 \qquad k < n. \tag{43}$$

Für $k = n$ verschwindet der erste Term in (43), da ja der Voraussetzung nach das Polynom (42) vom $(n-1)$-ten Grade sein soll, und es muß daher auch der zweite Term gleich Null sein, woraus folgt:

$$B = n. \tag{44}$$

Solange $k < l$ und $k < n$ ist, sind die Koeffizienten von a_k und a_{k-1} in (43) von Null verschieden, ist also $a_{k-1} = 0$, dann muß auch $a_k = 0$ sein. Nun ist sicher $a_0 = 0$ für $n > 1$, denn wie man unmittelbar aus der Betrachtung der Gleichung (41) absieht, kann v keine von Null verschiedene Konstante sein. Es verschwinden demnach gemäß dem eben Gesagten alle Koeffizienten a_k in (42), für die $k < l$ und $k < n$ ist. Für $k = l$ verschwindet der Koeffizient von a_k in (43) zum ersten Male, die Gleichung kann also für $a_l \lessgtr 0$ befriedigt werden. Die Reihe (42) beginnt demnach mit dem Glied $k = l$, und es muß darum stets gelten:

$$l \leq n - 1. \tag{45}$$

Nach (44) und (36) lauten die Energieeigenwerte

$$E_n = -\frac{2\,\pi^2\,m\,e^4\,Z^2}{h^2\,n^2} \qquad n = 1, 2, 3, \ldots \tag{46}$$

Mittels der Formel (43) als Rekursionsformel lassen sich nun zu jedem der Bedingung (45) genügenden Wertepaar l, n die Polynome (42) und daraus nach (39) die Eigenfunktionen der Differentialgleichung (35), d. h. die Funktionen $u_{n,l}(\xi)$ berechnen. In der Abb. 76 ist der Funktionsverlauf für einige einfache Fälle gezeichnet.

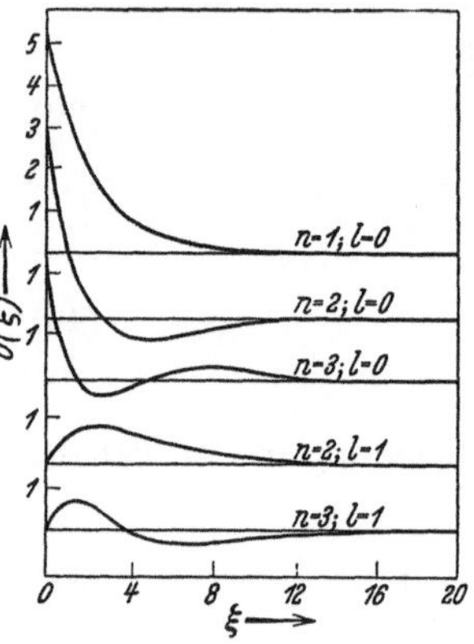

Die vollständigen Eigenfunktionen des KEPLER-Problems ergeben sich schließlich nach (28) als die Produkte der eben berechneten Funktionen und der Eigenfunktionen des zweidimensionalen Rotators, die nach 2. von zwei ganzzahligen Parametern l und m abhängen, also Funktionen von der Gestalt

$$\psi_{l,m,n}(r, \vartheta, \varphi). \tag{47}$$

Zu jedem Eigenwert (46) gehören, wie man sieht, mehrere Eigenfunktionen (47), da l alle ganzzahligen Werte annehmen kann, die der Gleichung (45) genügen, und m nach 2. alle Werte zwischen $-l$ und $+l$ annehmen kann, also der Ungleichung

$$|m| \leq l \tag{48}$$

genügen muß. Die Eigenwerte sind also entartet und wir wollen noch ausrechnen, welches der Entartungsgrad S_n ist, d. h. wieviele Eigenfunktionen zu einem bestimmten n gehören. Wegen der Bedingungen (45) und (48) ergibt sich

$$S_n = \sum_{l=0}^{n-1} (2\,l + 1) = n^2. \tag{49}$$

Für $n = 1$ muß $l = 0$ und $m = 0$ sein und es gibt nur eine einzige Eigenfunktion (47). Ferner sind in diesem Falle die Funktionen χ und v Konstanten, so daß sich ψ vermöge (39) und (37) auf

$$\psi(r) = \text{Const. } e^{-\frac{r}{r_0}} \tag{50}$$

reduziert, worin $\sqrt{A} = \dfrac{1}{r_0}$ gesetzt ist. Die Wellenfunktion ist also kugelsymmetrisch. Den Wert der Konstanten r_0 entnimmt man aus (36), wenn man darin für E den Eigenwert E_1 nach (46) einsetzt; man erhält

$$r_0 = \frac{h^2}{4\,\pi^2\,m\,e^2\,Z}. \tag{51}$$

Die multiplikative Konstante in (50) kann aus der Normierungsbedingung (10) § 29 bestimmt werden.

Die Größe r_0, die offenbar nach (50) ein Maß dafür darstellt, in welcher Entfernung vom Zentrum die kugelsymmetrische Dichteverteilung, die dem bewegten Massenpunkt gemäß (18) § 29 zuzuordnen ist, auf einen bestimmten Bruchteil herabgesunken ist, kann als der „*Radius*" dieser Massenverteilung bezeichnet werden. Für den Radius des „unangeregten" *Wasserstoffatoms*, das

Abb. 76.

aus einem „Kern" mit der Ladung e und einem Elektron besteht, für das also $Z = 1$ gilt (vgl. §60, 1.), ergibt sich nach Einsetzung der Werte der Zahlenkonstanten aus (51): $r_0 = 0{,}53 \cdot 10^{-8}$. Dieser Wert stimmt annähernd mit den auf Grund der kinetischen Gastheorie aus Beobachtungsdaten ermittelten Werten überein (vgl. §§ 38, 39).

4. Gestörte Kepler-Bewegung. Beziehungen zum Atombau. In Erweiterung der unter 3. angestellten Rechnung kann auch noch das allgemeine Problem behandelt werden, die Bewegung eines Massenpunktes gemäß der Quantenmechanik zu berechnen, wenn auf ihn nicht nur eine Anziehungskraft von einem festen Zentrum, sondern auch noch eine weitere äußere Kraft einwirkt, die z. B. durch ein auf den geladenen Massenpunkt wirkendes elektrisches oder magnetisches Feld erzeugt wird.

Solange diese Felder genügend schwach sind, werden jedenfalls die Änderungen, die die Eigenwerte und Eigenfunktionen des gestörten gegenüber dem ungestörten System aufweisen, klein sein. Prinzipiell neu ist jedoch der Umstand, daß, wie man auch ohne Durchführung der Rechnung leicht einsieht, die in 3. besprochene Entartung der Eigenwerte im allgemeinen aufgehoben sein wird. Das heißt, daß nunmehr jedem Eigenwert ein bestimmtes Wertetripel l, m, n von Quantenzahlen zugeordnet ist und umgekehrt. Zu jedem Wert von n gehört nicht mehr ein einziges Energieniveau E_n gemäß (46), sondern es gehören dazu so viele verschiedene Energieniveaus, als es Kombinationen der beiden übrigen Quantenzahlen l und m gibt, also nach (49) n^2 verschiedene Energiewerte. Wir sprechen deshalb von einer „*Aufspaltung*" der Eigenwerte. Sie wird um so größer, je stärker sich die Wirkung des Störfeldes bemerkbar macht und sie verschwindet, wenn diese Wirkung gleich Null ist. Auf die Bedeutung dieser Tatsache kommen wir in § 60, 5. noch zurück (STARK- und ZEEMAN-Effekt).

Bewegen sich in einem Atom um einen zentralen Kern mehrere Elektronen[1], dann wirkt auf jedes Elektron außer der vom Kern ausgeübten Kraft noch eine von den übrigen Elektronen herrührende Kraft. Die Rechnungen unter 3. können also streng nur auf ein Atom angewendet werden, das außer dem Kern nur ein einziges Elektron enthält. Bei allen anderen Atomen müssen die Störungen durch die übrigen Elektronen mehr oder weniger große Veränderungen an den Eigenwerten und Eigenfunktionen hervorrufen. An der Tatsache jedoch, daß jeder Bewegungszustand eines Elektrons durch die Angabe von drei Quantenzahlen l, m, n beschrieben werden kann, von denen die Energie dieses Zustandes in bestimmter Weise abhängt, sollte sich nichts ändern.

Wie wir später (§§ 59 und 60) noch zeigen werden, lassen sich die Energieniveaus der im Atom umlaufenden Elektronen experimentell aus dem Linienspektrum der Strahlung ermitteln, die von dem Atom im „angeregten" Zustande ausgesendet wird[2]. Im Widerspruch zu der oben ausgesprochenen Vermutung zeigt es sich nun, daß man, um die sämtlichen Linien eines Spektrums zu erhalten, genötigt ist, jeden Energieeigenwert durch *vier* Quantenzahlen zu beschreiben, ihm nämlich außer den früher eingeführten Quantenzahlen l, m, n noch eine vierte Quantenzahl s zuzuordnen, die nur zwei Werte annehmen kann.

Auf dem Boden der älteren, BOHRschen Quantentheorie wurde diese Tatsache durch UHLENBECK und GOUDSMIT gedeutet mit der Annahme, daß einem jeden Atomelektron, abgesehen von dem Drehimpuls, der seiner Bewegung im Atom entspricht, noch ein weiterer Drehimpuls

$$G_0 = \pm\, h/4\,\pi \tag{52}$$

---

[1] Vgl. „Exp.-Physik", Kap. XXIX.
[2] Vgl. „Exp.-Physik", § 147.

zuzuordnen ist, der einer Rotation des Elektrons um eine durch seinen Mittelpunkt hindurchgehende Achse entspricht. Diese Rotationsbewegung wird als der „*Drall*“ oder „*Spin*“ des Elektrons bezeichnet. Die Formel (52) entspricht der für die Bewegung des starren Rotators abgeleiteten Formel (24), wenn man darin statt n einen der Werte $s = 1/2$ oder $s = -1/2$ einsetzt. Die oben eingeführte vierte Quantenzahl s ist also dem Spin des Elektrons zugeordnet.

Der Elektronenspin muß sich natürlich auch bei dem oben behandelten Problem der Störung des Atoms durch äußere Kräfte dadurch bemerkbar machen, daß die Aufspaltung der Eigenwerte eine größere Mannigfaltigkeit aufweist. Daß dies wirklich zutrifft, zeigt die Analyse des ZEEMAN- und STARK-Effektes[1]; die Einführung des Spinimpulses (52) stellt auch hier wieder die Übereinstimmung zwischen Theorie und Erfahrung her.

Im Rahmen der in diesem Lehrbuche behandelten SCHRÖDINGERschen Quantenmechanik läßt sich allerdings das Auftreten des Spins völlig konsequent nicht behandeln, auch nicht eine Erklärung für die Halbzahligkeit der Quantenzahl s erbringen. Diese Erscheinungen ergeben sich jedoch als notwendige Konsequenzen der von DIRAC begründeten Verbindung von Quantenmechanik und Relativitätstheorie, der „*relativistischen Quantenmechanik*“, die im Rahmen dieses Lehrbuches nicht behandelt werden kann.

Die Anwendung des PAULI-Prinzips (vgl. § 29, Schluß), das verlangt, daß im Atom sämtliche Elektronen in verschiedenen Quantenzuständen sein müssen, ergäbe, wenn ein Quantenzustand durch die drei Quantenzahlen l, m, n bestimmt wäre, gemäß der Formel (49), daß zu einer und derselben Quantenzahl n nicht mehr als n^2 Elektronen gehören könnten. Die Tatsache, daß die Spinquantenzahl s noch für jedes Wertetripel l, m, n zweier Werte fähig ist, bedingt, daß sich die Anzahl der zu einem bestimmten n gehörigen Atomelektronen auf $2\,n^2$ vermehrt.

Dies bedingt zunächst den sogenannten „schalenartigen“ Aufbau der Elektronenhülle der Atome, der für das Verständnis der Röntgenspektren (vgl. § 60, 3.) und des periodischen Systems der Elemente grundlegend ist. Die Anzahl der Elektronen in der „tiefsten“ Schale, die zu der Quantenzahl $n = 1$ gehört, der sogenannten „*K-Schale*“, ist gemäß den vorstehenden Entwicklungen gleich 2, in der nächsthöheren Schale mit der Quantenzahl $n = 2$, der „*L-Schale*“, sitzen 8 Elektronen, in der M-Schale mit $n = 3 : 18$ Elektronen, in der N-Schale mit $n = 4 : 32$ Elektronen; eine komplette O-Schale mit $n = 5$ ist bei keinem der in der Natur vorkommenden Elemente realisiert.

5. Das Problem der Molekülbildung. Austauschentartung. Als weitere Anwendung der Quantenmechanik besprechen wir das Problem der Molekülbildung, d. h. des Zusammenschlusses von zwei oder mehreren Atomen zu einem größeren Gebilde. Dem Charakter dieses Lehrbuches entsprechend, beschränken wir uns hier auf den allereinfachsten Fall, nämlich die Bildung des H_2-Moleküls aus zwei im Grundzustand befindlichen Wasserstoffatomen, von denen jedes aus einem Kern mit der Ladung e und einem sich in seinem Anziehungsbereich bewegenden Elektron der Ladung $-e$ besteht.

Nennen wir x_1, y_1, z_1 und x_2, y_2, z_2 die Koordinaten der beiden Elektronen, R den Abstand der Kerne A und B, r_{1a} und r_{1b} die Abstände des ersten Elektrons von den Kernen, analog r_{2a} und r_{2b} die Abstände des zweiten Elektrons von den Kernen, r_{12} den Abstand der beiden Elektronen voneinander, dann lautet die SCHRÖDINGER-Gleichung des Gesamtsystems nach (24) § 29 und (25) § 29

$$\Delta_1 \Psi + \Delta_2 \Psi + \frac{8\,\pi^2\,m}{h^2}\,(E - U)\,\Psi = 0, \tag{53}$$

---

[1] Vgl. „Exp.-Physik“, § 132.

worin die potentielle Energie U nach (37) § 19 gleich ist

$$U = -e^2\left(\frac{1}{r_{1a}} + \frac{1}{r_{2b}}\right) - e^2\left(\frac{1}{r_{1b}} + \frac{1}{r_{2a}}\right) + e^2\left(\frac{1}{R} + \frac{1}{r_{12}}\right). \tag{54}$$

Ist R sehr groß und hält sich das erste Elektron in der Nähe des Kernes A, das zweite in der Nähe des Kernes B auf, dann können wir in (54) den zweiten und dritten Term als „Wechselwirkungsglieder" der beiden H-Atome gegeneinander vernachlässigen. Wir können dann nach § 29, 8. die Amplitudengleichung (53) in zwei Gleichungen zerspalten, die beide von der gleichen Bauart und offenbar identisch mit der Amplitudengleichung des einfachen H-Atoms sind. Ihre Lösung geht aus der unter 3. behandelten allgemeinen Lösung des ungestörten KEPLER-Problems für $Z=1$ hervor. Da sich laut Voraussetzung die beiden Atome im Grundzustand befinden sollen, haben wir $n = 1$ zu setzen und erhalten daher das gesuchte Ψ, wenn wir in die Formel (50) für r einmal r_{1a} und einmal r_{2b} einsetzen und das Produkt bilden:

$$\Psi = \psi_a(1) \cdot \psi_b(2) = \mathrm{Const} \cdot e^{-\frac{r_{1a}+r_{2b}}{r_0}}. \tag{55}$$

Befindet sich umgekehrt das erste Elektron in der Nähe des Kernes B, das zweite in der Nähe von A, dann ändert sich an den eben durchgeführten Überlegungen nichts und es gilt wieder die Formel (55) für Ψ, worin aber jetzt r_{1a} durch r_{1b} und r_{2b} durch r_{2a} zu ersetzen ist.

Für alle übrigen Lagen der Elektronen sind die Werte von Ψ, wie man aus (55) sieht, verschwindend klein, so daß man nunmehr allgemein für den erwähnten Grenzfall sehr großer Kerndistanz R durch lineare Kombination der eben gefundenen Lösungen mit willkürlichen Koeffizienten erhält:

$$\Psi(R = \infty) = c_1\,\psi_a(1)\,\psi_b(2) + c_2\,\psi_b(1)\,\psi_a(2). \tag{56}$$

Die Energie jedes der beiden Elektronen ist dabei gleich dem Eigenwert der Formel (46) für $n=1$, die Gesamtenergie also doppelt so groß; wir bezeichnen sie mit $E(\infty)$. Da zum Eigenwert $E(\infty)$ alle Eigenfunktionen (56) mit beliebigen Werten der Koeffizienten c_1 und c_2 gehören, haben wir es hier wieder mit einer Entartung zu tun. Diese Entartung ist aber von der in § 29, 8. betrachteten wohl zu unterscheiden. Während sie nämlich dort davon herrührte, daß die Gesamtenergie des Systems in verschiedener Weise auf die Teilsysteme aufgeteilt werden konnte, ist dies hier nicht der Fall, die Teilsysteme haben stets die gleiche Energie. Die Entartung rührt vielmehr davon her, daß die beiden Elektronen 1 und 2 den beiden Kernen A und B in verschiedener Weise zugeordnet werden können.

Statistisch ausgedrückt sagt die Formel (56) aus, daß nicht unabänderlich das Elektron 1 zum Kern A und das Elektron 2 zum Kern B gehört, sondern daß bisweilen Übergänge stattfinden, bei denen die Elektronen zwischen den Kernen „ausgetauscht" werden. Die relative Häufigkeit dieser Übergänge wird nach § 30, 3. durch die Größe der Koeffizienten c_1 und c_2 gemessen. Man spricht daher häufig von einer „*Austauschentartung*".

Im Sinne der Kontinuumvorstellung kann man die Formel (56) deuten, wenn man sich die Masse der beiden Elektronen nach einer Dichtefunktion $|\Psi|^2$ im Raume verschmiert denkt; man kann dann nicht sagen, welcher Teil dieser Dichteverteilung zu dem einen oder dem anderen Elektron gehört: sie sind durch die Beobachtung nicht voneinander unterscheidbar.

Auch im Falle der Austauschentartung wird man wieder eine symmetrische und eine antisymmetrische Eigenfunktion aus (56) als Hauptfälle aussondern können, wenn man darin entweder $c_1=c_2$ oder $c_1=-c_2$ setzt. In beiden Fällen ist die Dichteverteilung um die Kerne symmetrisch oder, statistisch ausgedrückt, der Austausch der Elektronen zwischen den beiden Kernen erfolgt symmetrisch.

Ist der Kernabstand R endlich, dann kann man die Wechselwirkungsglieder in U nicht mehr vernachlässigen. Die Lösung der Wellengleichung (53) läßt sich in diesem Fall durch eine Näherungsmethode finden, die hier nicht behandelt werden kann. Auch hier tritt wieder Austauschentartung ein und es lassen sich auch hier wieder Eigenwerte angeben, die in den Koordinaten der beiden Elektronen symmetrisch oder antisymmetrisch sind, wenn sie sich auch nicht in der einfachen Form (55) bzw. (56) darstellen lassen. Die Energieeigenwerte erscheinen

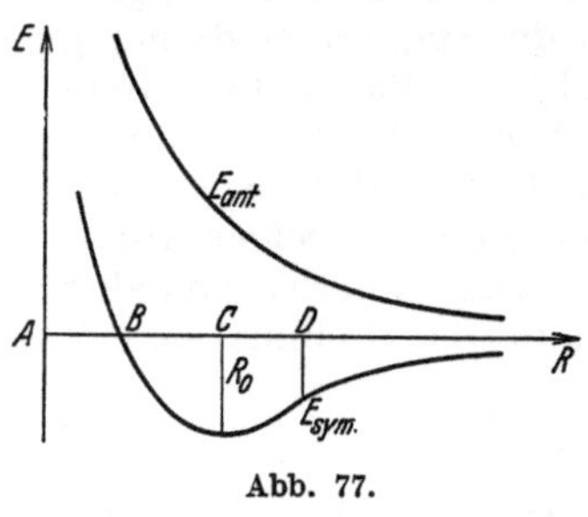

nunmehr als Funktionen des Parameters R und sind, da die Entartung im früher gebrauchten Sinne des Wortes infolge der Wechselwirkung aufgehoben ist, für den symmetrischen und den antisymmetrischen Fall verschieden. Wir erhalten demnach bei der Durchführung der Rechnung zwei verschiedene Funktionen $E_{\text{sym.}}(R)$ und $E_{\text{antisym.}}(R)$, deren Verlauf in der Abb. 77 dargestellt ist.

Abb. 77.

Man sieht, daß im antisymmetrischen Falle E mit R monoton wächst. Dies bedeutet, daß zur Annäherung der Kerne von außen Energie zugeführt werden muß oder daß die Kerne einander in jeder Distanz abstoßen. Es kann also in diesem Falle zu einer Molekülbildung nicht kommen. Im symmetrischen Falle hingegen nimmt E mit abnehmendem R zunächst ab und steigt nach Durchlaufung eines Minimums wieder an. Dies bedeutet, daß die Kerne einander in großer Entfernung anziehen, in kleiner Entfernung abstoßen; in der Entfernung R_0 (Abb. 77) üben sie keine Kraft aufeinander aus, es besteht daselbst Gleichgewicht und zwar, da die Energie hier ein Minimum hat, gemäß § 20, 2. ein stabiles Gleichgewicht; die Atome sind dann also zu einem stabilen Molekül vereinigt.

Da die Kräfte, die zur Molekülbildung Veranlassung geben, wie man sieht, wesentlich durch die Austauschentartung des Systems bedingt sind, spricht man mitunter von „*Austauschkräften*", die bei der Molekülbildung wirksam sind. Allgemein sind die Austauschkräfte für die Bindung der Atome in den sogenannten „*homoeopolaren*" chemischen Verbindungen verantwortlich.

6. Der radioaktive Zerfall; der „Tunneleffekt". Es liegt nahe, die Quantenmechanik auch auf das Problem des Baues der Atomkerne anzuwenden, die, wie die Erscheinung des „*radioaktiven Zerfalles*" lehrt[1], aus kleineren Teilchen aufgebaut sind. Es scheint jedoch, daß dies nicht ohneweiters möglich ist, daß vielmehr die bisher vorliegende Quantenmechanik ebensowenig imstande ist, die Einzelheiten des Kernbaues zu erklären, wie die klassische Mechanik die Gesetzmäßigkeiten des Atombaues zu erklären imstande war. Gewisse prinzipielle Aussagen lassen sich jedoch auch über die Kerne bereits mit

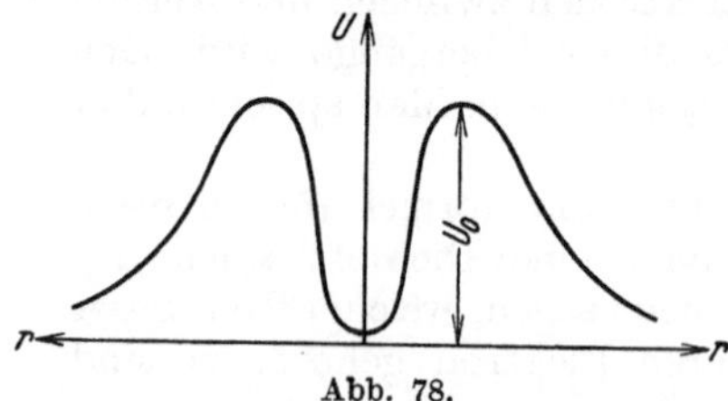

Hilfe der Quantenmechanik machen; u. a. lassen sich die Gesetzmäßigkeiten des radioaktiven Zerfalles in großen Zügen erklären, was im folgenden angedeutet werden soll.

Auf Grund entsprechender Experimente läßt sich feststellen[2], daß das einen Kern umgebende elektrische Kraftfeld in genügender Entfernung mit dem Kraftfelde einer punktförmigen, positiven elektrischen Ladung über-

Abb. 78.

einstimmt. Um zu erklären, daß die positiv geladenen „α-*Teilchen*" nicht aus dem Kern herausgestoßen werden, muß man annehmen, daß das Potential im

---

[1] Vgl. „Exp.-Physik", Kap. XXVIII.
[2] Vgl. „Exp.-Physik", § 113.

Innern des Kernes ein Minimum hat, so daß das Teilchen dort eine stabile Gleichgewichtslage vorfindet. Schematisch kann demnach das Kraftfeld durch einen Potentialverlauf gemäß Abb. 78 dargestellt werden. Das Kerninnere erscheint als eine „*Potentialmulde*", die von einem „*Potentialwall*" oder einer „*Potentialschwelle*" von der Höhe U_0 umgeben ist.

Nach der NEWTONschen Mechanik vermag ein α-Teilchen, dessen Energie E kleiner ist als U_0, die Mulde ohne das Eingreifen äußerer Kräfte nicht zu verlassen, da es die Schwelle nicht überschreiten kann. Gemäß der Quantenmechanik besteht jedoch, wie wir nun zeigen wollen, eine endliche Wahrscheinlichkeit dafür, daß das Teilchen das Kerninnere verlasse, indem es durch den Potentialwall hindurchdringt und gewissermaßen durch einen Tunnel durch ihn hindurchfährt. Man bezeichnet daher diesen Effekt häufig als den „*Tunneleffekt*".

Um zu einem Verständnis des Tunneleffektes zu gelangen, genügt es, den einfachen eindimensionalen Fall ins Auge zu fassen, in dem die Potentialschwelle „rechteckige" Gestalt hat; d. h. in einem Intervall von der Breite b habe U den konstanten Betrag U_0, außerhalb des Intervalles sei überall $U = 0$. Läuft ein Teilchen mit einer Energie $E < U_0$ in diesem Potentialfelde in der Richtung der wachsenden x, dann kann seine Wellenfunktion nach § 30, 5. in dem Raume rechts und links von der Potentialschwelle als ebene DE-BROGLIE-Welle mit konstanter Intensität (= Amplitudenquadrat) $a_1{}^2$ bzw. $a_2{}^2$ dargestellt werden, während sie innerhalb der Potentialschwelle nach einer e-Potenz monoton abnimmt. Der Verlauf von $|\varphi|^2$ wird daher durch die Kurve der Abb. 79 wiedergegeben, die außerhalb der Schwelle wellig gezeichnet ist, um anzudeuten, daß dort DE-BROGLIE-Wellen laufen, während dies im Innern nicht der Fall ist. Für das Verhältnis von $a_1{}^2$ und $a_2{}^2$ gilt die Formel

$$\left(\frac{a_2}{a_1}\right)^2 = e^{-4\pi|\nu^*|\,b}, \qquad (57)$$

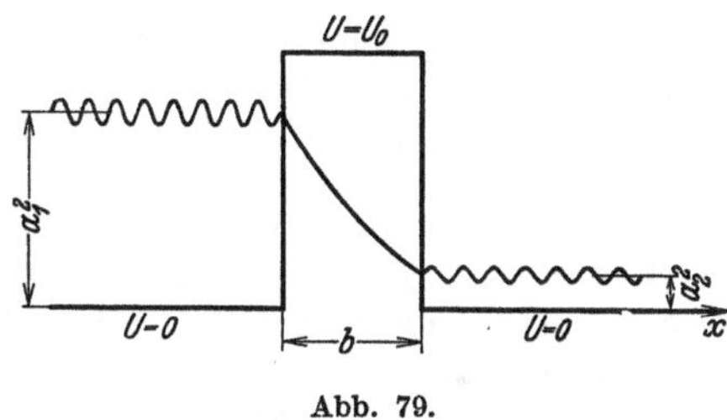

Abb. 79.

worin für ν^* aus der Formel (5) § 29 einzusetzen ist.

In der Wellensprache können wir den vorliegenden Tatbestand folgendermaßen interpretieren: Fällt eine DE-BROGLIE-Welle mit der Intensität $a_1{}^2$ von links auf die Potentialschwelle auf, so wird sie mit der Intensität $a_2{}^2$ rechts aus ihr austreten, wobei das Intensitätsverhältnis durch die Formel (57) ausgedrückt wird. Der Rest wird offenbar an den Wänden der Potentialschwelle nach links „zurückreflektiert". Da jedenfalls die austretende Welle eine kleinere Intensität haben muß als die eintretende, haben wir von vornherein in der Formel (57) das negative Vorzeichen im Exponenten gewählt (das positive Vorzeichen würde bedeuten, daß die Welle in der entgegengesetzten Richtung läuft.)

In die statistische Ausdrucksweise übertragen heißt dies: Lassen wir ein Teilchen mit der Masse m und der Energie $E < U_0$ gegen die Potentialschwelle anlaufen, dann wird bei wiederholter Anstellung dieses Versuches das Teilchen mit der relativen Häufigkeit (57) durch die Potentialschwelle hindurchdringen, in allen anderen Fällen wieder zurückgeworfen werden. Wie man sieht, ist die Wahrscheinlichkeit des Durchdringens infolge des Tunneleffektes exponentiell von der Breite und der Wurzel aus der „Höhe des Berges über dem Tunnel" abhängig.

Wir wenden nun die eben gewonnene Erkenntnis auf das Problem des Atomzerfalles an. Hat das in der Potentialmulde des Kernes eingeschlossene α-Teilchen die kinetische Energie E, dann wird es um die stabile Gleichgewichtslage Schwin-

gungen mit einer Frequenz n ausführen. Bei jeder Schwingung stößt es zweimal
gegen den umgebenden Potentialwall an, in einer im Verhältnis zur Schwingungsdauer langen Zeit dt also $2\,n\,.\,dt$-mal. Es existiert daher eine gewisse Wahrscheinlichkeit $\lambda\,dt$ dafür, daß das α-Teilchen in einem Zeitintervall dt den Kern verläßt
oder ein Atomzerfall stattfindet, die nach (57) durch die Formel

$$\lambda\,dt = 2\,n\,.\,e^{-4\pi\,|v^*|\,b}\,dt \tag{58}$$

gegeben ist. Die „Zerfallswahrscheinlichkeit pro Zeiteinheit" λ ist, wie man sieht,
vom Alter des betrachteten radioaktiven Atoms unabhängig und hängt wegen (5)
§ 29 mit der Energie E des ausgeschleuderten Teilchens durch eine Beziehung
von der Gestalt

$$\log \lambda = A - B\,\sqrt{U_0 - E} \tag{59}$$

zusammen. λ wächst also mit steigendem E logarithmisch an.

Ist die Anzahl der im Zeitpunkte t noch nicht zerfallenen Atome eines radioaktiven Elementes gleich N, dann zerfallen hiervon in der Zeit dt auf Grund der
angestellten Überlegung $N\lambda\,dt$ Atome, so daß N während dt um

$$-dN = N\lambda\,dt \tag{60}$$

abnimmt. Die Gleichung (60), als Differentialgleichung für $N\,(t)$ aufgefaßt, ergibt als Lösung
$$N\,(t) = N_0\,e^{-\lambda t}, \tag{61}$$

worin die Konstante N_0 offenbar die Anzahl der Atome zur Zeit Null angibt.

Die Formel (61) ist in vollkommener Übereinstimmung mit dem aus dem
Experiment abgeleiteten radioaktiven Zerfallsgesetz. Auch der Zusammenhang
zwischen der „*Zerfallskonstanten*" λ und der Energie der α-Partikel gemäß
Formel (59) stimmt mit der empirischen „GEIGER-NUTTAL*schen Formel*" im
wesentlichen überein[1].

Die Diskussion der Verteilungsformel (61) vom Standpunkte der Wahrscheinlichkeitsrechnung findet man in den Formeln (29) bis (35) des § 17. Man sieht
daraus insbesondere, daß die „*mittlere Lebensdauer*" eines radioaktiven Elementes
gleich dem Reziprokwerte der Zerfallskonstanten ist. Man sieht ferner, daß wegen
der Endlichkeit der Anzahl der beobachteten radioaktiven Zerfallsprozesse das
Auftreten von „*radioaktiven Schwankungen*" gefordert werden muß, eine Voraussage, die sich auch bewahrheitet[2].

Elftes Kapitel.

Thermodynamik.

§ 32. Die Hauptsätze der Thermodynamik.

1. Die thermodynamischen Zustandsgrößen. Vom Standpunkte der Kontinuumtheorie wird, wie wir in § 25, 1. gezeigt haben, der Zustand einer ruhenden
Flüssigkeit oder eines ruhenden Gases mechanisch durch die beiden skalaren
Ortsfunktionen $\varrho\,(\mathfrak{r})$ und $p\,(\mathfrak{r})$, d. h. durch die Angabe von Dichte und Druck in
jedem Volumenelement des Körpers, beschrieben. In einem festen Körper ist
im allgemeinen statt des Druckes der Spannungstensor und statt der Dichte
der Deformationstensor als Funktion von $\mathfrak{r}$ anzugeben. Wir wollen uns aber
hier auf den Fall beschränken, daß für die betrachteten Festkörper stets die Bedingung (2) § 25 erfüllt sei und daher auch hier zur mechanischen Beschreibung
die beiden Größen Dichte und Druck hinreichen.

---

[1] Vgl. „Exp.-Physik", Kap. XXVIII.
[2] Vgl. „Exp.-Physik", § 109.

Zur *thermischen* Beschreibung eines materiellen Kontinuums ist die Angabe der „*Temperatur*" T in jedem Volumenelement erforderlich, also die Angabe einer weiteren skalaren Ortsfunktion $T(\mathfrak{r})$. Die Temperatur wird in der üblichen Weise durch die Angabe eines geeigneten Thermometers gemessen. Im folgenden soll stets angenommen werden, daß T die „*absolute Temperatur*" bedeute, die durch die Messung mit einem „*idealen Gasthermometer*" definiert ist[1]. In § 35, 6. werden wir zeigen, daß sich die absolute Temperatur auch statistisch definieren läßt.

Die Aufgabe der „*Thermodynamik*" ist die Untersuchung der mechanischen Veränderungen, die ein System infolge von thermischen Veränderungen erleidet und umgekehrt, sowie die Aufstellung von allgemeinen, diese Wechselwirkungen beherrschenden Gesetzmäßigkeiten. Der „*Zustand*" eines Systems im Sinne der Thermodynamik wird durch die skalaren Ortsfunktionen p, ϱ und T beschrieben, die daher auch als thermodynamische „*Zustandsgrößen*" oder „*Zustandsparameter*" bezeichnet werden.

Unter einem „*homogenen System*" wollen wir ein System verstehen, das aus einem einheitlichen Körper mit konstanter Dichte, konstantem Druck und konstanter Temperatur besteht. Sein thermodynamischer Zustand wird also durch drei Zahlen, nämlich die Werte von p, ϱ, und T gekennzeichnet, wozu noch die Angabe der Masse m des Körpers hinzukommt.

Die Masse wollen wir uns im folgenden stets statt in Grammen in *Molen* (Grammolekülen) gemessen denken; ebenso natürlich die Dichte in Molen pro Volumeneinheit. Statt ϱ kann man auch das Volumen $V = m/\varrho$ als Zustandsgröße benutzen, was wir im folgenden meistens tun werden. Im allgemeinen werden wir annehmen, daß das System gerade die Masse von einem Mol besitzt; das entsprechende Volumen, das „*Molvolumen*", bezeichnen wir mit v.

Unter einem „*heterogenen System*" wollen wir ein solches verstehen, das aus einer endlichen Zahl von homogenen Teilsystemen zusammengesetzt ist. Sein thermodynamischer Zustand wird durch die Angabe von m, p, ϱ und T oder V, p, ϱ und T für jedes Teilsystem vollkommen beschrieben. Im Grenzfalle unendlich vieler unendlich kleiner Teilsysteme kommt man auf den oben besprochenen allgemeinen Fall zurück, wo für jedes „Teilsystem" vom Volumen dV die Größen p, ϱ und T anzugeben sind.

2. Gleichgewichtszustände und Zustandsgleichung. In § 25, 1. stellten wir fest, daß in einer ruhenden Flüssigkeit oder in einem ruhenden Gas zwischen den beiden Zustandsgrößen p und ϱ eine Beziehung von der Gestalt (3) besteht, in die auch noch die Temperatur als Parameter eingeht: die „*Zustandsgleichung*". Gemäß den unter 1. gemachten Annahmen muß das gleiche auch für die von uns betrachteten Gleichgewichtszustände fester Körper gelten. Im Sinne der Thermodynamik ist die Zustandsgleichung eine zwischen den drei Zustandsgrößen p, ϱ und T bzw. p, V und T herrschende Beziehung, die im Gleichgewichtszustande eines homogenen Systems erfüllt sein muß.

Die Gestalt der Zustandsgleichung kann für jedes spezielle System durch das Experiment ermittelt werden[2], oder auf Grund der kinetischen Theorie der Materie hergeleitet werden, wovon noch in den §§ 38 und 39 die Rede sein wird. Für ein „ideales Gas" lautet die Zustandsgleichung

$$pv = RT, \tag{1}$$

worin die universelle Konstante R, die „*absolute Gaskonstante*", den Wert $8{,}313 \cdot 10^7$ erg/Grad hat.

---

[1] Näheres über Thermometer im allgemeinen und das Gasthermometer sowie den Begriff der absoluten Temperatur findet man in „Exp.-Physik", Kap. XI.

[2] Vgl. „Exp.-Physik", § 40.

Infolge des Bestehens der Zustandsgleichung im Falle des Gleichgewichtes können wir von den drei Zustandsgrößen nach Willkür eine als Funktion der beiden anderen ansehen, die dann als unabhängige Veränderliche auftreten. Wählen wir z. B. p und T als unabhängige Zustandsgrößen, so erscheint V in der Form

$$V = V(T, p) \tag{2}$$

als Zustandsfunktion. Ebenso kann man jede andere Zustandsgröße stets als Funktion zweier unabhängiger Zustandsgrößen, z. B. T und p, darstellen. Ist U eine solche Größe, dann kann sie als Funktion von T und p in der Form

$$U = f(T, p) \tag{3}$$

geschrieben werden.

Gemäß (3) kann man die partiellen Ableitungen von U nach den unabhängig Veränderlichen T und p bilden. Es ist in der Thermodynamik üblich, die zweite Variable, die bei der Differentiation konstant gehalten wird, als Index an das Symbol der Ableitung anzuhängen, um sogleich in Evidenz zu setzen, als Funktion welcher Zustandsveränderlicher die betreffende Größe im vorliegenden Falle betrachtet wird. Die beiden partiellen Ableitungen von U nach T und p gemäß (3) schreibt man also

$$\left(\frac{\partial U}{\partial T}\right)_p, \quad \left(\frac{\partial U}{\partial p}\right)_T. \tag{4}$$

Ähnlich gewinnt man gemäß (2) die Größen:

$$\left(\frac{\partial V}{\partial T}\right)_p, \quad \left(\frac{\partial V}{\partial p}\right)_T,$$

die eine einfache Bedeutung haben. Die erste ist die Vergrößerung des Volumens bei Erhöhung der Temperatur und gleichbleibendem Druck, die man, auf das ursprüngliche Volumen bezogen, den „*Ausdehnungskoeffizienten*" α der Substanz nennt, also:

$$\alpha = \frac{1}{V}\left(\frac{\partial V}{\partial T}\right)_p. \tag{5}$$

Die zweite ist die Vergrößerung des Volumens bei Erhöhung des Druckes und gleichbleibender Temperatur; auf das ursprüngliche Volumen bezogen, ist dies nichts anderes als die negativ genommene „*Kompressibilität*" C, die wir in § 23, 3. eingeführt hatten, also

$$C = -\frac{1}{V}\left(\frac{\partial V}{\partial p}\right)_T \tag{6}$$

Die ähnlich gebildete Größe

$$\beta = \frac{1}{p}\left(\frac{\partial p}{\partial T}\right)_V \tag{7}$$

wird schließlich als „*Spannungskoeffizient*" bezeichnet.

Eine sehr anschauliche Darstellung einer Zustandsfunktion gewinnt man durch die Zeichnung des „*Zustandsdiagrammes*" in der Weise, daß man in einer Ebene die beiden unabhängigen Zustandsgrößen als rechtwinkelige Koordinaten einführt. Jedem Wert der abhängigen Zustandsgröße entspricht dann eine Kurve in dieser Ebene, dem gesamten Wertebereich der abhängig Veränderlichen eine Kurvenschar, derart, daß jeder Kurve der Schar ein Wert der abhängig Veränderlichen als Parameter zugeordnet ist.

Wählt man beispielsweise p und V als unabhängig Veränderliche, dann kann man die Zustandsgleichung (2) durch die Schar der „*Isothermen*" darstellen, d. h. derjenigen Kurven, die die Abhängigkeit von p und V bei konstant gehaltenem T ausdrücken. Die Isothermen eines idealen Gases sind gemäß (1) die Kurven mit den Gleichungen

$$pv = \text{const}, \tag{8}$$

d. h. die Schar der gleichseitigen Hyperbeln, die die Koordinatenachsen als Asymptoten haben (Abb. 80).

Wählt man als unabhängige Zustandsvariable V und T, dann kann man die Zustandsgleichung durch die Kurvenschar der „*Isobaren*" darstellen, d. h. der Kurven, die die Abhängigkeit von V und T bei konstantem p darstellen. Die Isobaren eines idealen Gases sind nach (1) Geraden durch den Koordinatenursprung (Abb. 81).

Als „*Isochoren*" schließlich bezeichnet man die Schar der Kurven von konstanter Dichte (bzw. konstantem Volumen), bei Wahl der unabhängigen Veränderlichen p und T.

Für das thermodynamische Gleichgewicht in einem heterogenen System müssen außer der Bedingung, daß in jedem homogenen Bestandteil des Systems die entsprechende Zustandsgleichung erfüllt ist, auch noch spezielle Gleichgewichtsbedingungen zwischen den einzelnen Bestandteilen erfüllt sein, die im allgemeinen eine weitere Einschränkung der Möglichkeiten nach sich ziehen. Wir kommen hierauf in § 33, 5. zurück.

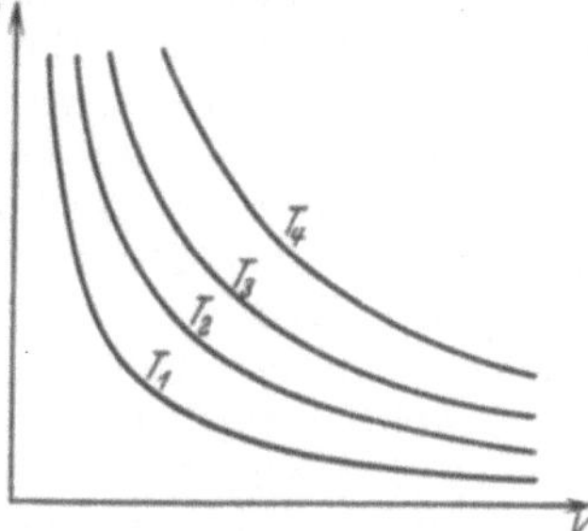

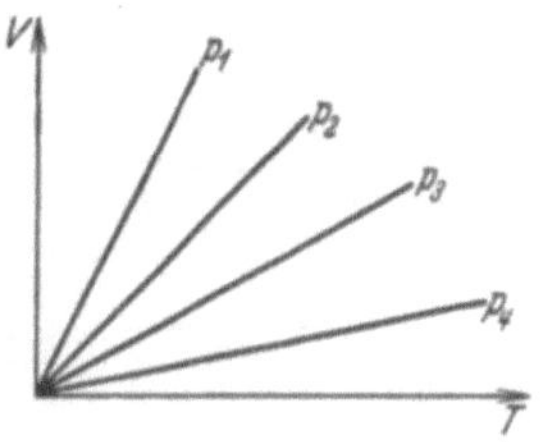

Abb. 80.

Abb. 81.

3. Thermodynamische Prozesse. Durch äußere Eingriffe, z. B. Einwirkung von Kräften, Zuführung von Wärme u. dgl. kann man den thermodynamischen Zustand eines Systems verändern oder, wie wir uns ausdrücken wollen, mit dem System einen „*thermodynamischen Prozeß*" ausführen. Während eines solchen Prozesses durchläuft das System eine kontinuierliche Folge von Zuständen, die durch die Werte der Zustandsgrößen gekennzeichnet sind. Graphisch kann man einen thermodynamischen Prozeß durch eine Kurve in einem dreidimensionalen p-V-T-Raum darstellen, die von dem Punkt durchlaufen wird, der den jeweiligen Zustand des Systems repräsentiert. Statt dessen kann man auch bloß die Projektion dieser Kurve auf eine der unter 2. eingeführten Zustandsebenen, z. B. die p-V-Ebene, betrachten, wobei allerdings noch zu jedem Punkte der Kurve der zugehörige Wert von T hinzugesetzt werden muß.

Von einem „*Kreisprozeß*" sprechen wir dann, wenn die erwähnte Kurve in sich geschlossen ist und der Prozeß nach Durchlaufung verschiedener Zwischenzustände zum Ausgangszustande zurückführt (Abb. 82).

Es ist von vornherein natürlich keineswegs sicher, daß man einen thermodynamischen Prozeß, der von einem Gleichgewichtszustand A nach einem anderen Gleichgewichtszustand B führt, auch in umgekehrter Richtung von B nach A durchlaufen kann. Wir werden in der Tat später sehen (5.), daß im allgemeinen diese Umkehrung nicht durchführbar ist. Wir sprechen dann von einem „*nicht umkehrbaren*" oder „*irreversiblen*" Prozeß. Insbesondere wird auch ein Kreisprozeß im allgemeinen irreversibel sein und die ihn darstellende geschlossene Kurve sich nur in *einem* Sinne durchlaufen lassen, was in der Abb. 82 durch die eingezeichneten Pfeile angedeutet wird.

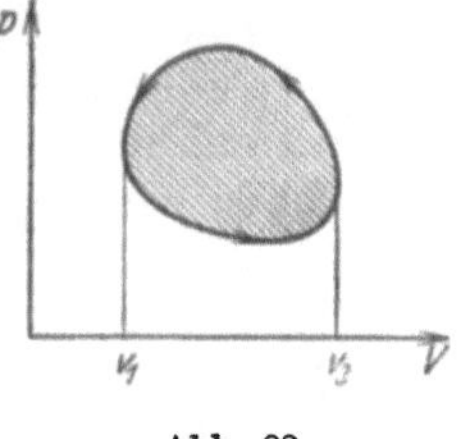

Abb. 82.

Wir denken uns nun einen thermodynamischen Prozeß in der Weise durchgeführt, daß die äußeren Eingriffe nicht plötzlich, sondern in sehr kleinen Schritten durchgeführt werden und zwischen je zwei Schritten stets so lange gewartet wird, bis das System wieder ins Gleichgewicht gekommen ist. Im Gedankenexperiment bietet es keine Schwierigkeit, die Größe dieser Schritte immer mehr zu verkleinern und ihre Anzahl entsprechend zu vergrößern, so daß man schließlich im Grenzfalle zur Betrachtung eines Prozesses geführt wird, der „unendlich langsam" vorgenommen wird und bei dem das System eine stetige Reihe von Gleichgewichtszuständen durchläuft. Ein solcher Prozeß kann offenbar stets auch in der entgegengesetzten Richtung durchlaufen werden, wir nennen ihn daher „*umkehrbar*" oder „*reversibel*". Insbesondere ist ein reversibler Kreisprozeß ein solcher, bei dem die Kurve der Abb. 82 in beiden Richtungen durchlaufen werden kann. Gemäß dem eben Gesagten ist es klar, daß ein reversibler Prozeß nicht in einem wirklichen Experiment ausgeführt werden kann, da ja die Ausführung des Versuches unendlich lange Zeit in Anspruch nehmen würde.

Graphisch wird ein reversibler Prozeß durch eine Kurve in einer der Zustandsebenen eindeutig dargestellt, da er ja laut Definition nur Gleichgewichtszustände durchläuft und jedem Punkt der Zustandsebene gemäß der Zustandsgleichung eindeutig ein Wert der dritten Variablen zugeordnet ist. Insbesondere sind die unter 2. eingeführten Isothermen, Isobaren und Isochoren Abbilder reversibler

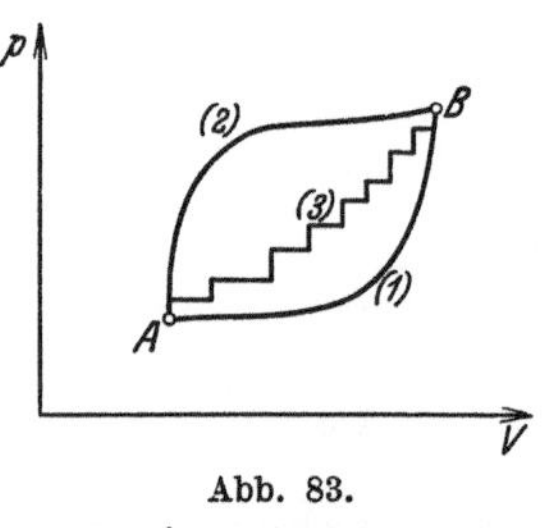

Abb. 83.

Prozesse, bei denen T bzw. p oder V konstant gehalten werden. In der Abb. 83 möge die Kurve (1) einen reversiblen Prozeß darstellen, der vom Zustand A nach dem Zustand B führt oder umgekehrt. Es ist stets möglich, von A nach B auf einem anderen Wege als (1), z. B. auf dem Wege (2) überzugehen, ja es läßt sich sogar sofort zeigen, daß es unendlich viele von A nach B laufende, reversible Wege geben muß. In der Tat können wir jede Kurve in der p-v-Ebene durch eine Stufenkurve nach Art der Kurve (3) in Abb. 83 mit beliebiger Genauigkeit approximieren, d. h. den entsprechenden Prozeß durch eine Aufeinanderfolge von unendlich vielen unendlich kleinen reversibel vorgenommenen isobaren und isochoren Zustandsänderungen durchlaufen.

4. Der erste Hauptsatz der Thermodynamik. In § 18, 4. zeigten wir, daß für homogene, mechanische Systeme der Energiesatz gilt. Das Experiment lehrt nun, daß bei Zustandsänderungen nicht homogener, abgeschlossener Systeme stets Wärme entsteht, wenn mechanische Energie verschwindet und umgekehrt, und zwar derart, daß die entstandene „*Wärmemenge*" in Kalorien mit einer universellen Konstanten, dem „*mechanischen Wärmeäquivalent*" 4,186 . 10⁷ multipliziert, der verschwundenen mechanischen Energie in erg gemessen gleich ist und umgekehrt. Wir können also sagen, daß „*Wärme*" eine Form von Energie ist und daß der Energiesatz auch für nicht konservative Systeme gilt, wenn man ihn in der Form ausspricht: In einem abgeschlossenen System ist die Summe aus mechanischer und Wärmeenergie konstant. Dieser Satz heißt der erste Hauptsatz der Thermodynamik[1].

Zu jedem thermodynamischen Gleichgewichtszustand eines homogenen Systems gehört ein bestimmter Wert der Gesamtenergie oder „*inneren Energie*" U des Systems, die gleich der Summe aus der in dem System enthaltenen potentiellen mechanischen Energie und der Wärmeenergie ist. U ist daher im Sinne von 2. eine Zustandsgröße und kann als Funktion zweier unabhängiger Zustandsvariablen, z. B. V und T oder p und T angesehen werden. Bei einem idealen Gas ist, wie entsprechende Versuche gezeigt haben[2], U nur von T, aber nicht von V abhängig.

---

[1] Bezüglich der experimentellen Begründung dieses Satzes und der Bestimmung des mechanischen Wärmeäquivalentes vgl. „Exp.-Physik", § 47.

[2] Vgl. „Exp.-Ppysik", § 45.

Ebenso wie die potentielle mechanische Energie (vgl. § 18, 4.), ist U nur bis auf eine willkürliche additive Konstante definiert, die man so festlegt, daß man irgendeinem geeignet gewählten „Normalzustand" den Wert $U = 0$ zuordnet. Hat das betrachtete System die Masse 1 Mol, dann soll die innere Energie mit u bezeichnet werden. Für ein heterogenes System ist natürlich die gesamte innere Energie gleich der Summe der inneren Energien der einzelnen homogenen Teilsysteme.

Führt man mit einem homogenen System einen beliebigen thermodynamischen Prozeß aus, der von einem Zustand 1 nach einem Zustand 2 führt, dann muß nach dem Energiesatz die Zunahme der inneren Energie gleich der bei der Zustandsänderung dem System zugeführten Energie sein. Diese setzt sich im allgemeinen wieder aus der zugeführten Wärmeenergie Q und der mechanischen Arbeit A zusammen, die die an dem System angreifenden Kräfte bei der Zustandsänderung leisten; es gilt also

$$U_2 - U_1 = Q + A. \tag{9}$$

Die linke Seite von (9) hängt dabei nach den vorstehenden Ausführungen nur vom Ausgangs- und Endzustand ab, während die Werte von Q und A im allgemeinen verschieden sind, je nachdem, auf welchem Wege der Übergang vorgenommen wurde. Q und A sind also im Gegensatz zu U *keine* Zustandsfunktionen. Für einen Kreisprozeß ist $U_1 = U_2$ und daher $Q + A = 0$: die am System geleistete Arbeit A wird also restlos in der Form der Wärmemenge $- Q$ von dem System nach außen abgegeben oder umgekehrt die zugeführte Wärmemenge Q restlos zur Hervorbringung von äußerer Arbeit $- A$ verwendet. Im zweiten Falle nennen wir das System eine „*Wärmekraftmaschine*".

Sind die Zustände 1 und 2 sehr nahe benachbart, dann geht $U_2 - U_1$ in dU, das vollständige Differential von U über. Die entsprechenden Werte von Q und A nennen wir δQ und δA, um anzudeuten, daß es sich hier um *keine* vollständigen Differentiale handelt, da ja Q und A keine Zustandsfunktionen sind. Die Gleichung (9) geht dann in die folgende über:

$$dU = \delta Q + \delta A, \tag{10}$$

die wir als die mathematische Formulierung des ersten Hauptsatzes ansehen können.

Ist die betrachtete Zustandsänderung reversibel, geht also das System während der Zustandsänderung durch lauter Gleichgewichtszustände hindurch, dann sind in jedem Augenblick die am System außen angreifenden Kräfte gleich den vom System nach außen ausgeübten Kräften, und daher ist die Arbeit δA entgegengesetzt gleich der bei der Zustandsänderung von den Druckkräften geleisteten Arbeit. Wir erhalten sie aus Formel (20) § 22, wenn wir darin unsere Grundannahme über die Existenz eines im ganzen System konstanten Druckes nach Formel (2) § 25 berücksichtigen, mit Benutzung von (16) § 22 und (19) § 22:

$$\delta A = - p \int \int (\mathfrak{n}\,\delta\mathfrak{D})\, dF. \tag{11}$$

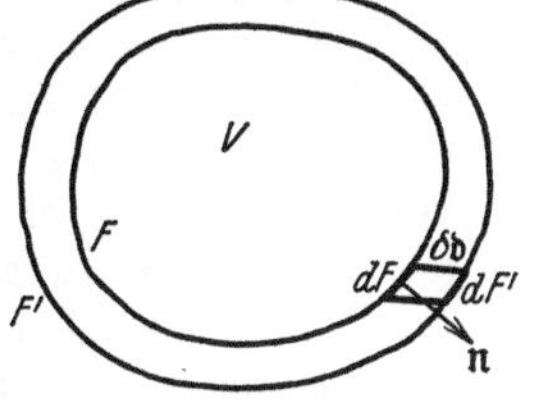

Abb. 84.

Durch die vorgenommene kleine Deformation des Körpers soll seine Oberfläche F in die Fläche F' übergegangen sein (Abb. 84). Jedes Flächenelement dF von F geht dabei in ein entsprechendes Flächenelement dF' von F' über, wobei das Volumen sich um das Volumen des von dF und dF' aufgespannten schiefen Zylinders mit der Höhe $(\mathfrak{n}\,\delta\mathfrak{D})$ und der Grundfläche dF, d. h. um $(\mathfrak{n}\,\delta\mathfrak{D}) \cdot dF$ vergrößert. Das Integral in (11) ist also nichts anderes als die gesamte Volumenänderung dV des Körpers, so daß für eine kleine *reversible* Zustandsänderung gilt

$$\delta A = - p\, dV \tag{12}$$

und mit Benutzung von (10)

$$\delta Q = d U + p\, dV. \tag{13}$$

Für eine endliche, reversible Zustandsänderung zwischen zwei Zuständen 1 und 2 erhält man aus (13) durch Integration:

$$Q = \int_1^2 (d U + p\, dV.) \tag{14}$$

Da der Differentialausdruck (13) im allgemeinen kein vollständiges Differential ist, ist das Integral (14) im allgemeinen vom Integrationswege abhängig und daher auch für einen reversiblen Prozeß die für eine Zustandsänderung verbrauchte Wärmemenge keine Zustandsfunktion. Für einen reversiblen Kreisprozeß ist wegen $\oint dU = 0$:

$$Q = \oint p\, dV. \tag{15}$$

Die bei einem Kreisprozeß in Arbeit umgesetzte Wärmeenergie kann demnach aus der graphischen Darstellung des Kreisprozesses im p-V-Diagramm (Abb. 82) direkt als der Flächeninhalt der von der geschlossenen Zustandskurve eingeschlossenen Fläche abgelesen werden.

Ein Prozeß, bei dem dem betrachteten System weder Wärme zugeführt noch entzogen wird, heißt ein *„adiabatischer"* Prozeß. Für einen adiabatischen, reversiblen Prozeß gilt $\delta Q = 0$, also nach (13) die Differentialgleichung

$$d U + p\, dV = 0, \tag{16}$$

die integriert die Kurvenschar der *„Adiabaten"* ergibt.

Für einen adiabatischen Prozeß ohne äußere Arbeitsleistung, der natürlich nicht reversibel ist, ist $\delta A = 0$ und daher gilt für ihn die Differentialgleichung

$$d U = 0. \tag{17}$$

5. Der zweite Hauptsatz der Thermodynamik; Wirkungsgrad reversibler Kreisprozesse. Die experimentelle Erfahrung hat in zahllosen Einzelfällen gelehrt, daß es nicht möglich ist, thermodynamische Prozesse derart durchzuführen, daß der Endzustand sich vom Anfangszustand nur darin unterscheidet, daß einem „Wärmebehälter" eine gewisse Wärmemenge entzogen und in mechanische Arbeit umgewandelt worden ist. Erhebt man diese Erfahrungstatsache durch Verallgemeinerung zu einem allgemein gültigen Prinzip, dann bildet dieses Prinzip den Inhalt des *„zweiten Hauptsatzes der Thermodynamik"*. Er kann auch als *„Satz von der Unmöglichkeit eines Perpetuum mobile zweiter Art"* ausgesprochen werden, wenn man unter Perpetuum mobile zweiter Art eine thermische Maschine versteht, die die zu ihrem Betrieb nötige Wärmemenge einem einzigen Wärmebehälter entziehen und vollkommen in mechanische Arbeit umwandeln könnte. Wir werden später (§ 36, 4.) zeigen, daß auf Grund der statistischen Deutung der zweite Hauptsatz nur eine beschränkte Gültigkeit hat[1].

Damit eine thermische Maschine funktionieren kann, müssen demnach stets mindestens zwei Wärmebehälter mit zwei verschiedenen Temperaturen T_1 und T_2 vorhanden sein. Die dem wärmeren Behälter 1 entzogene Wärmemenge Q_1 wird bei einem Arbeitsgang der Maschine zum Teil auf den kälteren Behälter 2 übertragen ($- Q_2$), der Rest in mechanische Arbeit umgewandelt. Wir stellen

---

[1] Bezüglich der experimentellen Begründung des zweiten Hauptsatzes vgl. „Exp.-Physik", § 49.

uns zunächst die Aufgabe, den Wirkungsgrad thermischer Maschinen zu berechnen, bei denen das benutzte System einen reversiblen Kreisprozeß durchläuft.

Wir betrachten hierzu zunächst den sogenannten „CARNOT*schen Kreisprozeß*", bei dem als System ein Mol eines idealen Gases verwendet wird, das den in der Abb. 85 im p-V-Diagramm gezeichneten Kreisprozeß durchläuft, der aus den beiden Isothermen J_1 und J_2 mit den Temperaturen T_1 und T_2 und den beiden Adiabaten A_1 und A_2 zusammengesetzt ist.

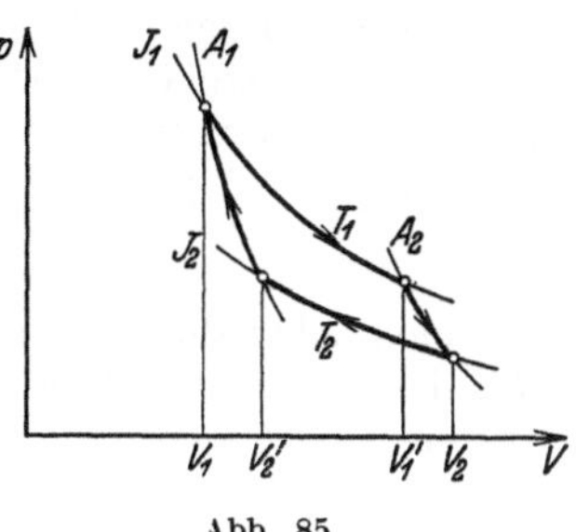

Abb. 85.

Für die dem wärmeren Behälter bei der isothermen Expansion von v_1 auf v_1' entzogene und dem System zugeführte Wärmemenge q_1 gilt nach (14) mit Benutzung der Zustandsgleichung (1) und der unter 4. erwähnten Tatsache, daß u von v nicht abhängt:

$$q_1 = \int_{v_1}^{v_1'} p\,(T_1)\,dv = R\,T_1 \int_{v_1}^{v_1'} \frac{d\,v}{v} = R\,T_1 \log \frac{v_1'}{v_1}. \tag{18}$$

Analog findet man für die bei der isothermen Kompression von v_2 auf v'_2 längs J_2 an den kälteren Behälter abgegebene Wärmemenge $- q_2$:

$$- q_2 = \int_{v_2'}^{v_2} p\,(T_2)\,dv = R\,T_2 \log \frac{v_2}{v_2'}. \tag{19}$$

Wie in § 33, 2. gezeigt werden wird, ist längs einer Adiabate eines idealen Gases die Gleichung (12) § 33 erfüllt, es gilt also längs A_1

$$T_1\,v_1^{\varkappa-1} = T_2\,v_2'^{\varkappa-1}$$

und längs A_2

$$T_1\,v_1'^{\varkappa-1} = T_2\,v_2^{\varkappa-1}.$$

Durch Division dieser beiden Ausdrücke folgt

$$\frac{v_1}{v_1'} = \frac{v_2'}{v_2}. \tag{20}$$

Aus (18) und (19) folgt nun mit Berücksichtigung von (20)

$$\frac{q_1}{T_1} + \frac{q_2}{T_2} = 0. \tag{21}$$

Da längs der beiden Adiabaten definitionsgemäß zwischen dem System und seiner Umgebung kein Wärmeaustausch stattfindet, ist die gesamte in Arbeit umgesetzte Wärmeenergie gleich $q_1 + q_2$ und der „*Nutzeffekt*" oder „*Wirkungsgrad*" der Maschine gemäß (21)

$$N = \frac{q_1 + q_2}{q_1} = 1 - \frac{T_2}{T_1} = \frac{T_1 - T_2}{T_1}. \tag{22}$$

Wir wollen nun zeigen, daß jeder andere reversible Kreisprozeß, der ebenfalls in der gleichen Weise arbeitet, daß nämlich das System während eines Umlaufes mit zwei Wärmebehältern von den Temperaturen T_1 und T_2 in Verbindung gesetzt wird, den gleichen Wirkungsgrad wie der CARNOTsche Kreisprozeß, also den Wirkungsgrad (22) haben muß. Wir führen den Beweis auf indirektem Wege, indem wir von der Annahme ausgehen, daß ein reversibler Prozeß existieren möge, dessen Nutzeffekt N' größer sei als N. Nach (22) gilt dann

$$1 + \frac{Q_2'}{Q_1'} > 1 + \frac{Q_2}{Q_1}. \tag{23}$$

Wir führen nun mit dem angenommenen System einen Kreisprozeß durch, bei dem die Wärmemenge $-Q_2'$ auf den kälteren Behälter übertragen wird und die Wärmeenergie $Q_1' + Q_2'$ in mechanische Arbeit verwandelt wird. Hierauf lassen wir einen CARNOTschen Kreisprozeß folgen, bei dem gerade die Wärmemenge $-Q_2'$ dem kälteren Behälter wieder entnommen wird, so daß $Q_2 = -Q_2' > 0$ gilt. Wegen (23) gilt dann die Ungleichung

$$Q_1 + Q_1' > 0. \tag{24}$$

Nach Abschluß des Gesamtprozesses ist also nichts anderes geschehen, als daß dem wärmeren Behälter die Wärmemenge $Q_1 + Q_1'$ entzogen, dabei auf das System übertragen und in mechanische Arbeit verwandelt wurde. Ein solcher Prozeß soll aber nach dem zweiten Hauptsatz ausgeschlossen sein, womit unsere Annahme, daß N' größer als N sein könnte, widerlegt ist. Ebenso leicht beweist man, daß auch N' nicht kleiner sein kann als N, womit unsere Behauptung, daß jeder reversible Kreisprozeß den Wirkungsgrad (22) hat, bewiesen erscheint.

6. Die Entropie. Der unter 5. durchgeführte Gedankengang, der zu der Gleichung (21) führt, läßt sich leicht auf einen beliebigen Kreisprozeß ausdehnen. Unter 3. zeigten wir, daß sich jeder reversible Prozeß durch eine aus Isobaren und Isochoren zusammengesetzte Stufenkurve beliebig genau approximieren läßt. Ganz ähnlich kann man offenbar, wie es die Abb. 86 zeigt, diese Approximation auch durch eine Aneinanderfügung von kleinen Stücken von Isothermen und Adiabaten durchführen. Denkt man sich nun den durch die beiden kleinen Stücke s_1 und s_2 der Isothermen J_1 und J_2 und die beiden durch sie herausgeschnittenen Stücke der Adiabaten A_1 und A_2 gebildeten Kreisprozeß ausgeführt, dann gilt für ihn die Gleichung (21), worin q_1 und q_2 die auf den Wegen s_1 und s_2 dem System zugeführten Wärmemengen bedeuten. Auf die gleiche Weise kann man fortfahren und so die den Kreisprozeß repräsentierende geschlossene Kurve so in zwei Teile zerlegen, daß jedem isothermen Linienelement des ersten Teiles ein isothermes Linienelement des zweiten Teiles zugeordnet ist, für die Gleichungen vom Typus (21) gelten, während für die adiabatischen Linienelemente die entsprechenden Q verschwinden.

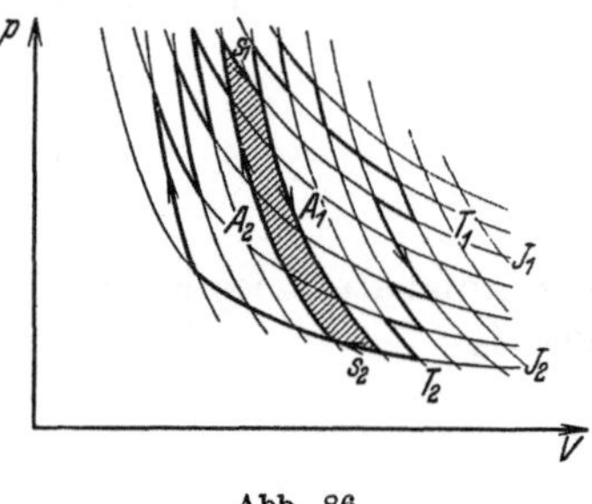

Abb. 86.

Durch Summation erhält man so die für jeden reversiblen Kreisprozeß geltende Gleichung

$$\sum \frac{\delta Q}{T} = 0, \tag{25}$$

worin δQ die auf einem kleinen Stück des Kreisprozesses dem System zugeführte Wärmemenge und T die dabei herrschende Temperatur bedeutet und die Summe über den ganzen Kreisprozeß zu erstrecken ist.

Setzt man in die Gleichung (25) für δQ aus (13) ein, dann kann man statt der Summe das über den geschlossenen Weg erstreckte Linienintegral setzen und erhält

$$\oint \frac{dU + p\, dV}{T} = 0. \tag{26}$$

Soll das Linienintegral (26) über jeden geschlossenen Weg erstreckt verschwinden, so heißt das, daß der Integrand das vollständige Differential einer Zustandsfunktion S sein muß, die wir als die „*Entropie*" bezeichnen. Ihr Differential dS ist demnach durch die Gleichung

$$dS = \frac{dU + p\, dV}{T} \tag{27}$$

definiert. Hieraus folgt durch Integration zwischen zwei Zuständen 1 und 2

$$S_2 - S_1 = \int_1^2 \frac{d\,U + p\,d\,V}{T}, \tag{28}$$

worin das auf der rechten Seite stehende Integral über einen beliebigen, reversiblen Weg zu erstrecken ist, der das System aus dem Zustand 1 in den Zustand 2 überführt.

Längs einer Adiabate mit der Gleichung (16) ändert sich die Entropie nach (28) nicht, ein reversibler, adiabatischer Prozeß kann also auch als „*isentropisch*" bezeichnet werden.

Vermöge (28) kann man jedem beliebigen Zustand eines homogenen Systems einen Wert der Entropie zuordnen, indem man das Integral von einem willkürlich gewählten Zustand, dem man die Entropie Null zuschreibt, zu dem betreffenden Zustand erstreckt. Die Entropie eines Mols eines homogenen Systems wollen wir mit s bezeichnen. In einem heterogenen System wollen wir unter der Gesamtentropie die Summe der Teilentropien der einzelnen homogenen Bestandteile verstehen.

7. Mathematische Formulierung des zweiten Hauptsatzes. Der Entropiesatz.
Einen wichtigen Satz über die Entropieänderung bei adiabatischen und irreversiblen Prozessen erhält man durch die folgende Betrachtung: Es möge die Kurve (12) in Abb. 87 einen Prozeß darstellen, der nur in der eingezeichneten Pfeilrichtung durchlaufen werden kann. Wir können dann stets auch auf einer Adiabate (13) und einer Isotherme (32), also auf einem reversiblen Wege vom Zustand 1 zum Zustand 2 gelangen, wobei die Entropieänderung die gleiche ist. Auf der Adiabate (13) ist die Entropieänderung nach 6. gleich Null, auf dem isothermen Wege (32) ist sie gleich Q/T, wenn Q die auf dem Wege (32) dem System aus einem Behälter mit sehr großem Wärmevorrat der Temperatur T zugeführte Wärmemenge bedeutet. Es ist also

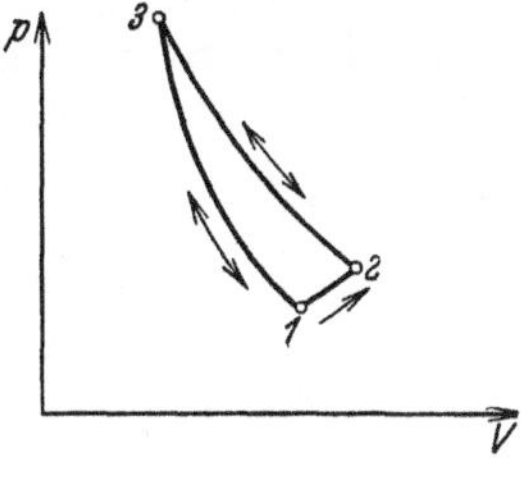

Abb. 87.

$$S_2 - S_1 = Q/T. \tag{29}$$

Durchläuft man nun den geschlossenen Weg (1231), d. h. vollführt man mit dem System einen Kreisprozeß, dann wird hierbei dem System die Wärmemenge $-Q$ zugeführt und in mechanische Arbeit verwandelt. Dies ist aber nach dem zweiten Hauptsatz nicht möglich, wenn $-Q > 0$ oder Q negativ ist. Es gilt demnach notwendigerweise $Q > 0$ und daher nach (29):

$$S_2 \geqq S_1. \tag{30}$$

Der Satz (30) sagt aus, daß bei einem irreversiblen, adiabatischen Prozeß die Entropie immer nur zunehmen, niemals aber abnehmen kann und er reduziert sich auf den unter 6. abgeleiteten Satz, daß die Entropie bei einem adiabatischen Prozeß gleich bleibt, wenn er reversibel durchlaufen wird. Dieser von CLAUSIUS ausgesprochene „*Satz von der Vermehrung der Entropie*" in einem adiabatisch abgeschlossenen System ist dem zweiten Hauptsatz völlig äquivalent und kann als seine mathematische Formulierung angesehen werden.

Durchläuft ein System einen beliebigen irreversiblen Kreisprozeß, dann kann man ihn, ähnlich wie wir das unter 6. getan haben, stets mit genügender Näherung aus irreversiblen, adiabatischen und reversiblen, isothermen Teilprozessen zusammensetzen. Da nach dem Entropiesatz auf den ersteren die Entropie zunehmen muß, sich jedoch insgesamt, da es sich ja um einen Kreisprozeß handelt, nicht ändern darf, muß die Summe der Entropieänderungen auf den isothermen Stücken negativ sein. Bezeichnet demnach δQ wieder, wie unter 6., die dem System auf einem Element der Zustandskurve zugeführte Wärmemenge und T die zugehörige Temperatur, dann ist nach (27) und (13) die entsprechende Entropieänderung gleich $\delta Q/T$ und es gilt auf Grund der durchgeführten Überlegung die Ungleichung

$$\sum \frac{\delta Q}{T} \leqq 0, \tag{31}$$

worin die Summe über alle Linienelemente der geschlossenen Zustandskurve zu erstrecken ist. Die Ungleichung (31) kann ebenfalls als mathematische Formulierung des zweiten Hauptsatzes benutzt werden. Sie geht für einen reversiblen Kreisprozeß in die Gleichung (25) über.

8. Freie Energie und dritter Wärmesatz. Für eine isotherme, reversible Zustandsänderung erhält man aus (28) mit Benutzung von (12)

$$S_2 - S_1 = \frac{1}{T} (U_2 - U_1 - A). \tag{32}$$

Durch Einführung der Zustandsgröße

$$F = U - TS, \tag{33}$$

die als „*freie Energie*" bezeichnet wird, kann man die Gleichung (32) auf die folgende einfache Gestalt bringen:

$$F_2 - F_1 = A. \tag{34}$$

Die Beziehung (34) sagt aus, daß die bei einem isothermen, reversiblen Prozeß aus einem System zu gewinnende mechanische Energie $(-A)$ gleich ist der Abnahme der freien Energie des Systems. Dies rechtfertigt den Namen „freie Energie": F ist jener Teil der Gesamtenergie U eines Systems, der als mechanische Energie bei einem isothermen Prozeß maximal nutzbar gemacht werden kann (bei einem irreversiblen Prozeß ist er stets kleiner als bei einem reversiblen).

Bei Annäherung an den absoluten Nullpunkt nähern sich die Zustandsfunktionen F und U, wie (33) zeigt, immer mehr an, es gilt also

$$\lim_{T=0} F(T) = \lim_{T=0} U(T). \tag{35}$$

Die experimentelle Aufnahme der Kurven $F(T)$ und $U(T)$ zeigt nun in zahlreichen untersuchten Fällen, daß sie bei Annäherung an $T = 0$ sich dortselbst nicht nur zu schneiden, sondern auch zu berühren scheinen[1]. Nehmen wir an, daß diese Vermutung richtig sei und erheben sie zu einem allgemeinen Prinzip, dem „NERNSTschen *Wärmetheorem*", dann tritt der Grenzbeziehung (35) noch die weitere Grenzbeziehung

$$\lim_{T=0} \frac{\partial F}{\partial T} = \lim_{T=0} \frac{\partial U}{\partial T} \tag{36}$$

an die Seite.

Die Anwendung von (36) auf (33) ergibt sogleich die weitere Beziehung

$$\lim_{T=0} \frac{\partial (ST)}{\partial T} = 0,$$

die nur dann erfüllt sein kann, wenn S im absoluten Nullpunkt entweder wie $1/T$ unendlich wird oder dortselbst verschwindet. Schließen wir die erste Möglichkeit aus, dann erhalten wir die PLANCKsche Formulierung des NERNSTschen Wärmesatzes: Im absoluten Nullpunkt ist die Entropie eines beliebigen Systems gleich Null. Dieser Satz wird auch als der „*dritte Hauptsatz der Thermodynamik*" bezeichnet.

---

[1] Vgl. „Exp.-Physik", Kap. XII.

Da die Entropie ihrer Definition nach nur bis auf eine willkürliche additive
Konstante definiert ist, ist das Wesentliche an dem oben formulierten dritten
Hauptsatz nicht die Tatsache, daß die Entropie am absoluten Nullpunkt gerade
den Wert Null hat, vielmehr die Tatsache, daß jede mit einem beliebigen System
beim absoluten Nullpunkt vorgenommene Zustandsänderung ohne Änderung
der Entropie vor sich geht.

§ 33. Anwendungen der Hauptsätze.

1. Spezifische Wärmen. Unter der „*spezifischen Wärme*" einer Substanz
versteht man die zu einer Erhöhung der Temperatur der Masseneinheit um 1^0
erforderliche Wärmemenge[1]. Verwendet man als Masseneinheit das Mol, dann
spricht man meist von der „*Molwärme*". Wenn im folgenden von spezifischer
Wärme die Rede ist, so soll immer die Molwärme gemeint sein. Je nachdem, ob
bei der Wärmezufuhr das Volumen oder der Druck konstant gehalten wird,
spricht man von „*spezifischer Wärme bei konstantem Volumen*" c_v und „*spezifischer
Wärme bei konstantem Druck*" c_p. Gemäß der eben gegebenen Definition gilt

$$c_v = \left(\frac{\delta q}{\delta T}\right)_v, \qquad c_p = \left(\frac{\delta q}{dT}\right)_p. \tag{1}$$

Führt man in die Gleichung (13) § 32 v und T als Variable ein und bezieht
auf ein Mol, dann erhält man

$$\delta q = du + p\,dv = \left(\frac{\partial u}{\partial T}\right)_v dT + \left[\left(\frac{\partial u}{\partial v}\right)_T + p\right] dv, \tag{2}$$

daher für $v = $ const, also $dv = 0$ nach (1)

$$c_v = \left(\frac{\partial u}{\partial T}\right)_v. \tag{3}$$

Benutzt man statt v und T die Größen p und T als Variable, dann erscheint
dv als der Differentialausdruck:

$$dv = \left(\frac{\partial v}{\partial p}\right)_T dp + \left(\frac{\partial v}{\partial T}\right)_p dT, \tag{4}$$

der, in (2) eingesetzt, liefert

$$\delta q = \left\{\left(\frac{\partial u}{\partial T}\right)_v + \left[\left(\frac{\partial u}{\partial v}\right)_T + p\right]\left(\frac{\partial v}{\partial T}\right)_p\right\} dT + \left[\left(\frac{\partial u}{\partial v}\right)_T + p\right]\left(\frac{\partial v}{\partial p}\right)_T dp. \tag{5}$$

Setzt man hier $p = $ const, also $dp = 0$, so erhält man mit Benutzung von (1)
und (3) sowie (5) § 32:

$$c_p = c_v + \left[\left(\frac{\partial u}{\partial v}\right)_T + p\right] \cdot \alpha v. \tag{6}$$

Für ein ideales Gas ist u gemäß § 32, 4. nur von T abhängig, also $\left(\frac{\partial u}{\partial v}\right)_T = 0$
und gemäß der Zustandsgleichung (1) § 33

$$\alpha v = \left(\frac{\partial v}{\partial T}\right)_p = \frac{R}{p},$$

daher nach (6)

$$c_p - c_v = R, \tag{7}$$

eine Beziehung, auf die R. Meyer seine erstmalige Ermittlung des mechanischen
Wärmeäquivalentes begründet hat[2].

Bei einem festen Körper oder einer Flüssigkeit ist der Ausdehnungskoeffizient
sehr klein und daher, wenn p nicht sehr groß ist, der zweite Term in (6) gegen den

---

[1] Die Methoden zur Messung der spezifischen Wärme sind in „Exp.-Physik",
§ 44 behandelt.
[2] Vgl. „Exp.-Physik", § 47.

ersten zu vernachlässigen; der Unterschied zwischen den beiden spezifischen Wärmen ist also vernachlässigbar klein, in Übereinstimmung mit der Erfahrung.

2. Die adiabatische Zustandsgleichung. Unter der adiabatischen Zustandsgleichung eines homogenen Systems versteht man jene Beziehung, die zwischen zweien der Zustandsvariablen besteht, wenn mit dem System ein reversibler, adiabatischer Prozeß vorgenommen wird. Wir erhalten sie demnach als Lösung der Differentialgleichung (16) § 32, d. h. durch Nullsetzung des Ausdruckes (2), wenn wir als Variable v und T wählen. Dies ergibt mit Benutzung von (3)

$$c_v\, dT + \left[\left(\frac{\partial u}{\partial v}\right)_T + p\right] dv = 0. \tag{8}$$

Die Differentialgleichung (8) läßt sich integrieren, wenn die Funktion $u\,(v,\,T)$ und die Zustandsgleichung $p\,(v,\,T)$ bekannt sind.

Wir wollen die Rechnung für ein ideales Gas ausführen, für das $\left(\frac{\partial u}{\partial v}\right)_T = 0$ gilt, c_v eine Konstante ist und die Zustandsgleichung (1) § 32 zutrifft. Die Gleichung (8) geht dann über in

$$c_v\, dT + \frac{R\,T}{v}\, dv = 0. \tag{9}$$

Hierin lassen sich die Veränderlichen v und T separieren:

$$\frac{dT}{T} = -\frac{R}{c_v}\,\frac{dv}{v},$$

so daß die Integration auf beiden Seiten mit Benutzung der Beziehung (7)

$$\log T + \text{Const} = -\frac{R}{c_v}\log v = \frac{c_v - c_p}{c_v}\log v = (1 - \varkappa)\log v \tag{10}$$

liefert mit der üblichen Abkürzung $\quad \varkappa = \dfrac{c_p}{c_v}.$ $\tag{11}$

Aus (10) folgt weiter

$$\log\left(T \cdot v^{\varkappa - 1}\right) = \text{const}$$

und hieraus schließlich

$$T \cdot v^{\varkappa - 1} = \text{const} \tag{12}$$

als adiabatische Zustandsgleichung eines idealen Gases bei Verwendung von v und T als Zustandsgrößen. Wegen $\varkappa > 1$ steigt bei adiabatischer, reversibler Kompression des idealen Gases die Temperatur an und nimmt ab bei adiabatischer Expansion, eine Tatsache, von der wir stillschweigend bei der Behandlung des CARNOTschen Kreisprozesses im § 32, 5. Gebrauch gemacht haben[1].

Bei Verwendung von v und p als Zustandsgrößen erhält man aus (12), wenn man darin für T aus der Zustandsgleichung (1) § 32 einsetzt

$$p v^{\varkappa} = \text{const} \tag{13}$$

als adiabatische Zustandsgleichung, die gleichzeitig die Gleichung der Kurvenschar der Adiabaten eines idealen Gases im p-v-Diagramm wiedergibt.

Bei Verwendung von p und T als Zustandsgrößen gilt schließlich

$$T \cdot p^{\frac{1}{\varkappa} - 1} = \text{const}. \tag{14}$$

3. Einige Folgerungen aus dem zweiten Hauptsatz. Nach dem zweiten Hauptsatz ist das Differential der Entropie dS ein vollständiges Differential, man kann daher mit Benutzung von v und T als Zustandsgrößen schreiben

$$ds = \left(\frac{\partial s}{\partial T}\right)_v dT + \left(\frac{\partial s}{\partial v}\right)_T dv. \tag{15}$$

---

[1] Über die experimentelle Untersuchung dieser Erscheinung und ihre mannigfachen Anwendungen in der experimentellen Physik vgl. „Exp.-Physik", § 45.

Anderseits gilt nach der Definitionsgleichung (27) § 32 mit Benutzung von (2) und (3)

$$ds = \frac{du + p\,dv}{T} = \frac{c_v}{T}\,dT + \frac{1}{T}\left[\left(\frac{\partial u}{\partial v}\right)_T + p\right] d\,v. \tag{16}$$

Es müssen daher die Koeffizienten von dv und dT in den beiden Differential-ausdrücken (15) und (16) identisch sein und die folgenden Beziehungen gelten:

$$\left(\frac{\partial s}{\partial T}\right)_v = \frac{1}{T}\left(\frac{\partial u}{\partial T}\right)_v = \frac{c_v}{T}, \qquad \left(\frac{\partial s}{\partial v}\right)_T = \frac{1}{T}\left[p + \left(\frac{\partial u}{\partial v}\right)_T\right]. \tag{17}$$

Differentiiert man den ersten der Ausdrücke (17) nach v und den zweiten nach T, dann müssen die linken Seiten nach einem bekannten Satze der Differential-rechnung übereinstimmen, und es ergibt sich die weitere Beziehung

$$\frac{1}{T}\,\frac{\partial^2 u}{\partial v\,\partial T} = -\frac{1}{T^2}\left[p + \left(\frac{\partial u}{\partial v}\right)_T\right] + \frac{1}{T}\left[\left(\frac{\partial p}{\partial T}\right)_v + \frac{\partial^2 u}{\partial v\,\partial T}\right]$$

oder nach einfacher Umformung

$$\left(\frac{\partial u}{\partial v}\right)_T = T\left(\frac{\partial p}{\partial T}\right)_v - p. \tag{18}$$

Die Gleichung (18) gestattet, die Größe $\left(\dfrac{\partial u}{\partial v}\right)_T$ zu berechnen, d. h. die Abhängigkeit der Energie vom Volumen zu ermitteln, wenn die Zustandsgleichung bekannt ist, während die Abhängigkeit der Energie von der Temperatur, die durch die Gleichung (3) dargestellt wird, aus der Kenntnis der Zustandsgleichung allein nicht entnommen werden kann.

Soll $\left(\dfrac{\partial u}{\partial v}\right)_T = 0$ sein, dann muß die Differentialgleichung

$$T\left(\frac{\partial p}{\partial T}\right)_v - p = 0 \tag{19}$$

erfüllt sein oder die Gleichung $\dfrac{\partial}{\partial T}\log p\,(v, T) = \dfrac{1}{T}$

gelten, die integriert zu der Beziehung

$$\log p\,(v,\,T) = \log T + f\,(v),$$

also $$p = T \cdot g\,(v) \tag{20}$$

führt, worin $g\,(v)$ eine willkürliche Funktion bedeutet. Jedes System also, das der Zustandsgleichung (20) genügt, erfüllt die gestellte Bedingung, daß u nur von T und nicht von v abhängt. Insbesondere ist ersichtlichermaßen die Zustandsgleichung (1) § 32 eines idealen Gases von der Gestalt (20), womit die Tatsache, daß auch ein ideales Gas diese Bedingung erfüllt, sich als Folgerung aus den beiden Hauptsätzen und der Gültigkeit der idealen Zustandsgleichung ergibt.

Die Gleichung (6) läßt sich ferner mit Benutzung von (18) und Einführung des Spannungskoeffizienten (7) § 32 allgemein in der einfachen Form

$$c_p - c_v = \alpha\beta p v T \tag{21}$$

schreiben, woraus man sieht, daß c_p stets größer ist als c_v, wenn der Ausdehnungs- und der Spannungskoeffizient positiv sind.

Einsetzen von (18) in die Differentialgleichung (8) der Adiabate ergibt schließlich

$$\frac{dT}{dv} = -\frac{T}{c_v}\left(\frac{\partial p}{\partial T}\right)_v. \tag{22}$$

Man sieht hieraus, in Verallgemeinerung des unter 2. für ein ideales Gas festgestellten Sachverhaltes, daß bei einer adiabatischen Kompression stets eine

Temperatursteigerung stattfindet, wenn $\left(\dfrac{\partial p}{\partial T}\right)_v > 0$, der Spannungskoeffizient also positiv ist.

Bei einer adiabatischen Zustandsänderung ohne äußere Arbeitsleistung gilt nach (17) § 32 mit Benutzung von (3) und (18)

$$\left(\frac{\partial u}{\partial T}\right)_v d T + \left(\frac{\partial u}{\partial v}\right)_T d v = c_v d T + \left[T\left(\frac{\partial p}{\partial T}\right)_v - p \right] d v = 0$$

oder

$$\frac{d T}{d v} = -\frac{\left(\dfrac{\partial u}{\partial v}\right)_T}{c_v} = -\frac{T\left(\dfrac{\partial p}{\partial T}\right)_v - p}{c_v}. \tag{23}$$

Ist der Ausdruck auf der rechten Seite dieser Gleichung negativ, dann kühlt sich bei einer adiabatischen Expansion ohne äußere Arbeitsleistung die Substanz ab, eine Erscheinung, die als „JOULE-THOMSON-*Effekt*" bekannt ist. Sie verschwindet, gemäß dem früher Gesagten, für ein ideales Gas[1].

4. Entropie und freie Energie als Zustandsfunktionen. Aus den Beziehungen (17) folgt mit Benutzung von (18)

$$\left(\frac{\partial s}{\partial T}\right)_v = \frac{c_v}{T}, \qquad \left(\frac{\partial s}{\partial v}\right)_T = \left(\frac{\partial p}{\partial T}\right)_v, \tag{24}$$

wonach man s durch Integration der Differentialgleichung (15) ermitteln kann, wenn die Zustandsgleichung und die spezifische Wärme der Substanz gegeben sind.

Speziell für ein Mol eines idealen Gases erhält man

$$d s = \frac{c_v}{T} d T + \frac{R}{v} d v$$

und daraus

$$s = c_v \log T + R \log v + \text{Const.} \tag{25}$$

Umgekehrt kann man, wenn die Entropie S als Funktion von T und V bekannt ist, aus (24) die spezifische Wärme und den Spannungskoeffizienten berechnen. Um die Zustandsgleichung, d. h. $p(V, T)$ zu ermitteln, genügt die Kenntnis von $S(V, T)$ nicht, wohl aber ist hierzu die Kenntnis der freien Energie F als Funktion von V und T ausreichend. In der Tat folgt aus der Definitionsgleichung (33) § 32 in Verbindung mit den Gleichungen (3), (18) und (24)

$$\left.\begin{aligned}
\left(\frac{\partial F}{\partial T}\right)_V &= \left(\frac{\partial U}{\partial T}\right)_V - S - T\left(\frac{\partial S}{\partial T}\right)_V = -S \\
\left(\frac{\partial F}{\partial V}\right)_T &= \left(\frac{\partial U}{\partial V}\right)_T - T\left(\frac{\partial S}{\partial V}\right)_T = -p
\end{aligned}\right\} \tag{26}$$

und hieraus schließlich

$$U = F + S T = F - T\left(\frac{\partial F}{\partial T}\right)_V. \tag{27}$$

Ist also die Funktion $F(V, T)$ bekannt, dann können sämtliche Zustandsfunktionen und sämtliche thermischen Eigenschaften der betreffenden Substanz unmittelbar berechnet werden.

5. Gleichgewichtsbedingungen eines heterogenen Systems. Mit Hilfe des zweiten Hauptsatzes läßt sich auch die am Schlusse von § 32, 2. angeschnittene Frage nach den Bedingungen für das thermische Gleichgewicht in einem heterogenen System beantworten.

Wir nehmen an, daß das betrachtete System aus n homogenen Teilsystemen von den Massen $m_1, m_2, \ldots, m_n$ bestehen möge; die Gesamtmasse sei M. Wir

---

[1] Näheres über diesen Effekt und seine Anwendung für die Verflüssigung der Gase findet man in „Exp.-Physik", §§ 45 und 48.

lassen dabei zu, daß alle oder auch nur einige Teilsysteme aus dem gleichen Stoff bestehen können und nur verschiedene Modifikationen oder „*Phasen*" desselben, z. B. verschiedene Aggregatzustände oder verschiedene Kristallsysteme bilden. Es können dann Umwandlungen zwischen jenen Teilsystemen stattfinden, die verschiedene Phasen der gleichen Substanz sind, wobei sich die Größen m_i verändern, aber die Gesamtmasse M konstant bleibt.

Das System sei ferner adiabatisch abgeschlossen und werde auf konstantem Volumen gehalten, so daß die Gesamtenergie U und das Gesamtvolumen V bei allen Veränderungen konstant bleiben. Die Teilsysteme selbst aber können ihre spezifischen Volumina v_i und ihre spezifischen Energien u_i verändern. Es bestehen demnach für alle vorzunehmenden Veränderungen die drei Bedingungsgleichungen

$$\sum_{i=1}^{n} m_i = M, \qquad \sum_{i=1}^{n} m_i v_i = V, \qquad \sum_{i=1}^{n} m_i u_i = U. \tag{28}$$

Die Gesamtentropie S setzt sich aus den spezifischen Entropien s_i der Teilsysteme nach § 32, 6. additiv zusammen, so daß gilt

$$S = \sum_{i=1}^{n} m_i s_i. \tag{29}$$

Eine notwendige Bedingung für das thermodynamische Gleichgewicht wird durch die Forderung ausgedrückt, daß S unter den Nebenbedingungen (28) ein Maximum haben muß. Denn da bei jedem irreversiblen Prozeß die Entropie nach dem Entropiesatz zunehmen muß, ist hierdurch die Möglichkeit des Eintretens solcher Prozesse ausgeschlossen. Die notwendige Bedingung dafür, daß S ein Extremum sei, wird durch die Forderung ausgedrückt, daß bei jeder Veränderung δs_i der Teilentropien, die mit den Bedingungen (28) verträglich sind, die Variation δS verschwindet.

Um den Nebenbedingungen Genüge zu leisten, müssen die Variationen δm_i, δv_i, δu_i wegen der Konstanz von M, V und U die aus (28) unmittelbar folgenden Gleichungen

$$\sum_{i=1}^{n} \delta m_i = 0, \qquad \sum_{i=1}^{n} (m_i \, \delta v_i + v_i \, \delta m_i) = 0, \qquad \sum_{i=1}^{n} (m_i \, \delta u_i + u_i \, \delta m_i) = 0 \tag{30}$$

erfüllen. Für δS erhält man ferner aus (29) mit Benutzung von (27) § 32

$$\delta S = \sum_{i=1}^{n} (m_i \, \delta s_i + s_i \, \delta m_i) = \sum_{i=1}^{n} \left[m_i \frac{\delta u_i + p_i \, \delta v_i}{T_i} + s_i \, \delta m_i \right] = 0. \tag{31}$$

Wir multiplizieren nach LAGRANGE die Bedingungsgleichungen (30) der Reihe nach mit den willkürlichen Konstanten λ, μ, ν, addieren sie zu (31) und ordnen nach den Größen δm_i, δu_i, δv_i. Dies ergibt

$$\sum_{i=1}^{n} \left\{ (\lambda + \mu v_i + \nu u_i + s_i) \, \delta m_i + m_i \left(\mu + \frac{p_i}{T_i} \right) \delta v_i + m_i \left(\nu + \frac{1}{T_i} \right) \delta u_i \right\} = 0. \tag{32}$$

Hierin können nun δm_i, δu_i, δv_i alle möglichen Werte annehmen, da die Nebenbedingungen durch die Willkürlichkeit der Konstanten λ, μ, ν bereits berücksichtigt sind. Soll daher für alle möglichen Veränderungen, d. h. für alle möglichen

Werte von δm_i, δu_i, $d v_i$ die Gleichung (32) erfüllt sein, dann müssen die Koeffizienten dieser Größen einzeln verschwinden, also die Gleichungen

$$\lambda + \mu v_i + \nu u_i + s_i = 0, \qquad \mu + \frac{p_i}{T_i} = 0, \qquad \nu + \frac{1}{T_i} = 0, \qquad i = 1, 2, \ldots, n \qquad (33)$$

erfüllt sein.

Aus der zweiten und dritten der Gleichungen (33) folgt

$$\left.\begin{aligned} T_1 &= T_2 = \ldots = T_n = -1/\nu = T \\ p_1 &= p_2 = \ldots = p_n = -\mu T = P \end{aligned}\right\} \qquad (34)$$

Eine notwendige Bedingung für das thermische Gleichgewicht in dem betrachteten System ist also die Gleichheit von Temperatur und Druck in den einzelnen Teilsystemen.

Sind die Teilsysteme in einander nicht umwandelbar, sind also die m_i konstant, dann sind diese Bedingungen auch hinreichend, da bei Festlegung von p und T für jedes Teilsystem sein thermodynamischer Zustand eindeutig bestimmt und also keine reversible Zustandsänderung denkbar ist, die mit den Bedingungen (34) verträglich wäre.

Mit Berücksichtigung von (34) kann die erste der Gleichungen (33) nun auf die Form

$$s_i = \frac{u_i + P v_i}{T} - \lambda, \qquad i = 1, 2, \ldots, n \qquad (35)$$

gebracht werden oder bei Einführung der freien Energie f_i pro Mol gemäß der Gleichung (33) § 32

$$f_i = - P v_i + C \qquad i = 1, 2, \ldots, n, \qquad (36)$$

worin C eine von i unabhängige Konstante bedeutet.

Subtrahiert man die Gleichungen (36) für zwei Teilsysteme 1 und 2, so erhält man

$$f_1 - f_2 = P (v_2 - v_1). \qquad (37)$$

Die Gleichgewichtsbedingung (37) hat natürlich nur eine Bedeutung für zwei solche Teilsysteme, die verschiedene Phasen eines und desselben Stoffes darstellen, da ja die freie Energie nur bis auf eine Konstante definiert ist und daher die Differenz $f_1 - f_2$ für zwei nicht ineinander überführbare Zustände keinen bestimmten Wert hat. Da $P(v_2 - v_1)$ gleich ist der Arbeit, die bei einer reversibel bei der Temperatur T erfolgenden isothermen Umwandlung der Phase 1 in die Phase 2 vom System pro Mol geleistet wird, ist die Gleichung (37) identisch mit der Gleichung (34) § 32, die ja für einen isotherm reversiblen Vorgang gültig sein soll, und hätte daher auch direkt aus ihr abgeleitet werden können.

Ist die freie Energie f für die betrachtete Substanz als Zustandsfunktion bekannt, dann kann die linke Seite von (37) durch P und T ausgedrückt werden; anderseits ist nach der Zustandsgleichung für jede der beiden Phasen $v_1 (P, T)$ und $v_2 (P, T)$ bekannt, so daß in der Gleichung (37) nur noch die Größen P und T vorkommen und daher aus ihr $P (T)$ berechnet werden kann. Man sieht also, daß zwei Phasen bei gegebener Temperatur T nur dann im Gleichgewicht bestehen können, wenn der Druck P dabei einen bestimmten Wert hat, daß aber die Massen der beiden Phasen ohne Belang sind.

Die bekanntesten Beispiele für derartige Gleichgewichte sind: 1. Das Gleichgewicht zwischen einer Substanz im flüssigen und im gasförmigen Aggregatzustande, dem „gesättigten Dampf" der Flüssigkeit; in diesem Falle ist P der „Dampfdruck" und die Funktion $P (T)$ ergibt die „Dampfdruckkurve" der Substanz. 2. Das Gleichgewicht zwischen einem festen Körper und seinem gesättigten Dampf, in welchem Falle $P(T)$ die „Sublimationskurve" der Substanz wiedergibt. 3. Das Gleichgewicht zwischen einem festen Körper und seiner Schmelze; hier gibt $P\,(T)$ die „*Schmelzkurve*" wieder[1].

Für das Gleichgewicht von drei Phasen muß einerseits die Bedingung $P = g\,(T)$ für das Gleichgewicht der Phasen 1 und 2 und anderseits die Bedingung $P = h\,(T)$ für das Gleichgewicht der Phasen 2 und 3 erfüllt sein, woraus folgt, daß es im allgemeinen nur eine Temperatur und einen dazugehörigen Druck geben wird, für den das Gleichgewicht zwischen allen drei Phasen bestehen kann, den „*dreifachen Punkt*" oder „*Tripelpunkt*" der Substanz, z. B. den Tripelpunkt für das Gleichgewicht zwischen festem, flüssigem und gasförmigem Aggregatzustand. Für mehr als drei Phasen wird schließlich im allgemeinen überhaupt kein Gleichgewichtszustand bestehen können. Ein unmittelbar verständliches Gleichgewichtsdiagramm für die drei Aggregatzustände des Wassers stellt die Abb. 88 dar.

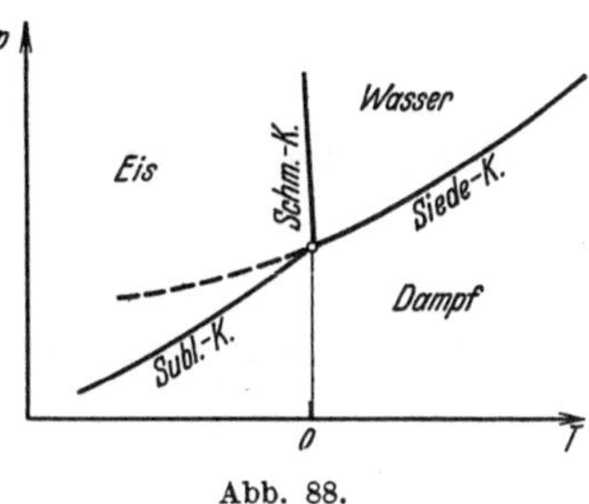

Abb. 88.

6. **Umwandlungswärmen. Die Clausius-Clapeyronsche Gleichung.** Bei der Umwandlung zweier Phasen ineinander wird erfahrungsgemäß Energie umgesetzt, was sich darin äußert, daß bei einer solchen Umwandlung eine „*Wärmetönung*" auftritt, d. h. zur Umwandlung von einem Mol der Substanz aus der einen in die andere Modifikation eine gewisse „*Umwandlungswärme*" entweder zugeführt werden muß oder frei wird. Wir wollen sie im folgenden mit r bezeichnen. Beispiele hierfür sind: Die „*Schmelzwärme*", die „*Verdampfungswärme*", die „*Sublimationswärme*" usw.[2].

Eine allgemeingültige, thermodynamische Beziehung für die Umwandlungswärme kann aus der Gleichung (2) in Verbindung mit den Gleichungen (3) und (18) abgeleitet werden:

$$\delta q = c_v\, d\,T + T \left(\frac{\partial p}{\partial T}\right)_v d\,v. \tag{38}$$

Für eine isotherme Umwandlung der beiden Phasen ist hier $d\,T = 0$ und $p = P\,(T)$, daher $\left(\dfrac{\partial p}{\partial T}\right)_v = \dfrac{d\,P}{d\,T}$ zu setzen. Die Integration nach v zwischen den spezifischen Voluminen v_1 und v_2 der beiden Phasen ergibt daher für die Umwandlungswärme

$$r = \int_{v_1}^{v_2} T\, \frac{d\,P}{d\,T}\, d\,v;$$

da hierin der Integrand von v unabhängig ist, folgt die Beziehung

$$r = T\, \frac{d\,P}{d\,T}\,(v_2 - v_1), \tag{39}$$

die als „CLAUSIUS-CLAPEYRON*sche Gleichung*" bekannt ist.

Die CLAUSIUS-CLAPEYRONsche Gleichung kann benutzt werden, um, wenn die Funktion $P\,(T)$ bekannt ist, r zu berechnen; man kann sie aber auch umgekehrt dazu verwenden, um aus der experimentell ermittelten Kenntnis von r die Funktion $P\,(T)$ zu bestimmen.

Ist v_1 das Molvolumen der Flüssigkeit und v_2 das der Gasphase, dann ist wegen der sehr viel kleineren Dichte des gesättigten Dampfes gegenüber der Flüssigkeit v_1 gegenüber v_2 zu vernachlässigen. Wir nehmen ferner in erster

---

[1] Bezüglich der experimentellen Ermittlung der Gleichgewichtskurven vgl. „Exp.-Physik", §§ 41 und 42.
[2] Vgl. „Exp.-Physik", § 46.

Näherung an, daß der gesättigte Dampf die ideale Gasgleichung befriedige, daß also zwischen P, T und v_2 die Gleichung

$$Pv_2 = RT$$

gelte und daß ferner r von T unabhängig sei.

Die Berücksichtigung dieser Annahmen in der CLAUSIUS-CLAPEYRONschen Gleichung (39) liefert für $P(T)$ die Differentialgleichung

$$r = \frac{RT^2}{P} \cdot \frac{dP}{dT}. \tag{40}$$

Hierin lassen sich die Variablen separieren wie folgt:

$$\frac{dP}{P} = \frac{r}{R}\frac{dT}{T^2}.$$

Die Integration auf beiden Seiten dieser Gleichung ergibt

$$\log P = -\frac{r}{RT} + \text{Const}, \tag{41}$$

woraus sich die gesuchte Dampfdruckformel in der Gestalt

$$P = P_0\, e^{-\frac{r}{RT}} \tag{42}$$

ergibt, die mit der Erfahrung leidlich gut übereinstimmt[1].

7. Verdünnte Lösungen. Die Lösung eines Stoffes in einer Flüssigkeit kann man vom thermodynamischen Standpunkte als eine besondere Phase dieser Substanz auffassen, wobei der „*osmotische Druck*" die Rolle des Druckes im gewöhnlichen Sinne und die „*Konzentration*" c die Rolle der Dichte spielt. c soll stets die „*molare Konzentration*", d. h. die Anzahl der in der Volumeneinheit der Lösung enthaltenen Mole gelöster Substanz bedeuten.

In genügend verdünnten Lösungen gilt, wie die Erfahrung lehrt[2] und auch aus der kinetischen Theorie folgt (§ 38, 5.), das „VAN T'HOFFsche Gesetz"

$$p = RT \cdot c. \tag{43}$$

Bringt man einen festen Körper mit einer Flüssigkeit in Berührung, dann löst sich der Körper in der Flüssigkeit, was man als einen Übergang des Stoffes aus der festen in die Lösungsphase ansehen kann. Die hierbei auftretende Wärmetönung r_L nennen wir die „*Lösungswärme*". Sie kann entweder positiv oder negativ sein. Bei einer bestimmten Konzentration der Lösung besteht Gleichgewicht zwischen der Lösung und dem festen Körper, die Lösung heißt „*gesättigt*"[2].

Da die Konzentration der gesättigten Lösung stets klein gegen die Dichte des festen Körpers ist, kann, wenn r_L als konstant angenommen und für die gesättigte Lösung die Formel (43) als richtig angesehen wird, die unter 6. angestellte Überlegung über den Übergang aus dem flüssigen in den Dampfzustand vollkommen unverändert auf den Lösungsvorgang übertragen werden. Die Formel (42) gibt daher die Abhängigkeit des osmotischen Druckes der gesättigten Lösung von der Temperatur wieder, wenn darin statt r die Lösungswärme r_L eingesetzt wird. Führt man weiter statt P gemäß (43) die Sättigungskonzentration oder „*Löslichkeit*" C ein, so erhält man

$$C = \text{Const} \cdot T^{-1} e^{-\frac{r_L}{RT}}. \tag{44}$$

---

[1] Vgl. „Exp.-Physik", §§ 41 und 46.
[2] Vgl. „Exp.-Physik", § 52.

Man sieht hieraus in Übereinstimmung mit der Erfahrung, daß die Löslichkeit mit wachsender Temperatur zunimmt, wenn $r_L > 0$ $\left(\text{und } T < \dfrac{r_L}{R}\right)$ ist, d. h. wenn zum Auflösen der Substanz Wärme verbraucht wird und mit der Temperatur abnimmt, wenn $r_L < 0$ ist, d. h. beim Lösen der Substanz Wärme frei wird[1].

Die gleichen Überlegungen gelten auch für die Lösung eines Gases in einer Flüssigkeit. Die Abhängigkeit der Löslichkeit vom Druck des Gases folgt direkt aus (42). Setzt man darin nämlich $r = 0$, dann wird $P = P_0$. P_0 ist also nichts anderes als der Druck des mit der Flüssigkeit im Gleichgewicht stehenden Gases. Man sieht, daß P und damit auch C zu P_0 bei gegebener Temperatur proportional ist (HENRYsches Gesetz)[1].

Daß der Dampfdruck einer Lösung von dem des Lösungsmittels verschieden sein muß, läßt sich ebenfalls leicht verstehen. Um nämlich aus der Lösung das Lösungsmittel zu verdampfen, muß außer der Verdampfungswärme r noch Arbeit gegen den osmotischen Druck der Lösung geleistet werden, die bei Vernachlässigung von v_1 gegen v_2 und Gültigkeit der VAN T'HOFFschen Gleichung (43) beträgt:

$$p v_2 = R T \cdot c v_2. \tag{45}$$

Addiert man den Ausdruck (45) zu r in (41), so erhält man für den Dampfdruck P' der Lösung

$$\log P' = -\frac{r}{R T} - c v_2 + \text{Const} = \log P - c v_2$$

oder

$$\log \frac{P'}{P} = -\frac{c}{\varrho}, \tag{46}$$

worin ϱ die Dampfdichte des reinen Lösungsmittels bedeutet.

Für kleine Konzentrationen, also kleine Dampfdruckänderungen $\varDelta P = P' - P$, kann die linke Seite von (46) wie folgt umgeformt werden:

$$\log \frac{P'}{P} = \log \left(\frac{P' - P}{P} + 1\right) = \frac{\varDelta P}{P},$$

so daß aus (46) wird

$$\frac{\varDelta P}{P} = -\frac{c}{\varrho}. \tag{47}$$

Die relative Dampfdruckerniedrigung ist also der molaren Konzentration der Lösung direkt proportional. Dies ist das erste „RAOULTsche Gesetz“, das von der Erfahrung ausgezeichnet bestätigt wird. Hieraus kann auf Grund des Phasendiagramms die „Siedepunktserhöhung“ und die „Gefrierpunktserniedrigung“ der Lösung gegenüber dem Lösungsmittel entnommen werden[2].

8. Folgerungen aus dem dritten Hauptsatz. a) Nach (25) müßte die Entropie des Mols eines idealen Gases für $T = 0$ gleich $-\infty$ werden, während der dritte Hauptsatz das Verschwinden der Entropie beim absoluten Nullpunkt vorschreibt. Ist dieser Satz also richtig, dann kann die ideale Zustandsgleichung nicht bis zu beliebig tiefen Temperaturen erfüllt sein, es tritt eine sogenannte „Gasentartung“ ein, auf die wir später (§ 38, 7.) noch zurückkommen.

b) Aus der ersten der Gleichungen (26) folgt, daß für $S = 0$ auch $\left(\dfrac{\partial F}{\partial T}\right)_V = 0$ gelten muß. Nach dem dritten Wärmesatz muß dies für $T = 0$ eintreten. Es gilt also

$$\lim_{T=0} \left(\frac{\partial F}{\partial T}\right)_V = 0. \tag{48}$$

---

[1] Vgl. „Exp.-Physik“, § 52.
[2] Genaueres hierüber findet man in „Exp.-Physik“, § 52.

Verbindet man (48) mit der dem dritten Wärmesatz äquivalenten Gleichung (36) § 32, so erhält man weiter mit Benutzung von (3)

$$\lim_{T=0}\left(\frac{\partial U}{\partial T}\right)_v = \lim_{T=0} c_v = 0. \tag{49}$$

Aus (49) und (21) folgt weiter $\quad \lim_{T=0} c_p = 0.$ (50)

Die spezifischen Wärmen aller Substanzen sollen also bei Annäherung an den absoluten Nullpunkt gegen Null gehen, ein Satz, der von der Erfahrung bestätigt wird[1].

c) Aus der zweiten der Gleichungen (24) folgt, da nach dem dritten Wärmesatz bei $T = 0$ die Entropie vom Volumen nicht abhängen kann,

$$\lim_{T=0}\left(\frac{\partial p}{\partial T}\right)_v = \lim_{T=0}\beta = 0. \tag{51}$$

Analog läßt sich zeigen, daß auch

$$\lim_{T=0}\left(\frac{\partial v}{\partial T}\right)_p = \lim_{T=0}\alpha = 0 \tag{52}$$

gelten muß; der Spannungs- und der Ausdehnungskoeffizient einer jeden Substanz gehen also bei Annäherung an den absoluten Nullpunkt ebenfalls gegen Null, was wieder als Äußerung der unter a) besprochenen Gasentartung aufgefaßt werden kann.

§ 34. Wärmeleitung und Diffusion.

1. Grundbegriffe der Wärmeleitungstheorie. Die in den §§ 32 und 33 entwickelte Thermodynamik gestattet zwar Aussagen über die bei thermischen Prozessen eintretenden Änderungen, sie sagt aber nichts über den zeitlichen Verlauf derselben aus; die thermodynamischen Gleichungen enthalten die Zeit nicht als Veränderliche. Ein Teil dieser Lücke wird durch die Wärmeleitungstheorie geschlossen.

Im § 33, 5. wurde gezeigt, daß in einem jeden adiabatisch abgeschlossenen System (sei es nun homogen oder heterogen) der Gleichgewichtszustand durch die Gleichheit der Temperatur in allen Volumenelementen des Systems gekennzeichnet ist. Ist diese Temperaturgleichheit nicht vorhanden, dann kann aus dem zweiten Hauptsatz geschlossen werden, daß in einem „sich selbst überlassenen" System so lange ein Austausch von Wärmeenergie zwischen den einzelnen Teilen, d. h. eine „*Wärmeströmung*" vor sich gehen muß, bis der Temperaturausgleich eingetreten ist. Über die Geschwindigkeit dieses als „*Wärmeleitung*" gekennzeichneten Vorganges kann jedoch aus thermodynamischen Betrachtungen nichts ausgesagt werden.

Wir beschränken uns im folgenden auf die Untersuchung der Wärmeleitungserscheinungen in homogenen und isotropen Medien, in denen keine makroskopische Materieströmung vor sich gehen soll. In jedem Volumenelement dV herrscht in jedem Zeitpunkte t eine bestimmte Temperatur T; die Temperaturverteilung in dem Körper ist also durch ein skalares, noch von der Zeit abhängiges Feld $T(x, y, z, t)$ gegeben, in dem ein ebenfalls zeitabhängiger Temperaturgradient herrscht.

Ist dieser von Null verschieden, dann findet eine Wärmeströmung statt, die wir durch den Vektor $\mathfrak{Q}_w$, der „*Wärmestromdichte*", kennzeichnen können. Seine Richtung soll in jedem Punkte des Körpers mit der Richtung der Wärmeströmung

---

[1] Vgl. „Exp.-Physik", § 44.

zusammenfallen; es soll ferner $|\mathfrak{Q}_w|\, dF\, dt$ die Wärmemenge messen, die in der Zeit dt durch ein zur Strömungsrichtung senkrechtes Flächenelement dF an der betreffenden Stelle hindurchströmt. Die Wärmeströmung wird also durch das im allgemeinen von der Zeit abhängige Vektorfeld $\mathfrak{Q}_w\,(x, y, z, t)$ beschrieben.

Durch Verallgemeinerung von Ergebnissen entsprechend angestellter Versuche[1] läßt sich die folgende einfache Gesetzmäßigkeit zwischen $\mathfrak{Q}_w$ und grad T aufstellen:

$$\mathfrak{Q}_w = - \varkappa \operatorname{grad} T, \tag{1}$$

worin der Proportionalitätsfaktor k, die „*Wärmeleitfähigkeit*", eine für jede Substanz charakteristische Zustandsfunktion ist, also im allgemeinen von der Temperatur und der Dichte (bzw. dem Drucke) abhängt. Beschränkt man sich auf kleine Temperaturänderungen, dann kann man in jedem Falle $\varkappa$ als eine Materialkonstante der untersuchten Substanz auffassen, was wir im folgenden stets tun wollen.

Die Gleichung (1) kann in gewissen Fällen auch auf Grund der kinetischen Theorie der Wärme abgeleitet werden, was an einer späteren Stelle (§ 39, 5.) gezeigt werden soll.

2. Die Differentialgleichung der Wärmeleitung. Wir gehen nun daran, aus dem Grundgesetz (1) der Wärmeleitung eine Differentialgleichung abzuleiten, durch deren Lösung spezielle Probleme der Wärmeleitung ebenso gelöst werden können, wie spezielle Probleme der Mechanik durch Lösung der Bewegungsgleichungen der Mechanik.

Schließen wir Entstehung oder Verbrauch von Wärme (durch Umsetzung in andere Energieformen) aus, dann muß nach dem ersten Hauptsatz die Zunahme des Energieinhaltes in jedem Volumenelement dV in der Zeit dt gleich sein dem Überschuß der in der gleichen Zeit in das Volumenelement einströmenden über die ausströmende Wärmemenge. Aus dieser Forderung ergibt sich, ganz analog wie in der Hydrodynamik für den Materiestrom (§ 26, 2.), die folgende Kontinuitätsgleichung für den Wärmestrom:

$$\frac{\partial U}{\partial t} + \operatorname{div} \mathfrak{Q}_w = 0,$$

worin U den Energieinhalt der Volumeneinheit bedeutet.

Es gilt weiter

$$\frac{\partial U}{\partial t} = \frac{\partial (\varrho u)}{\partial t} = \varrho\, \frac{\partial u}{\partial t} = \varrho \left(\frac{\partial u}{\partial T}\right)_v \frac{\partial T}{\partial t} = \varrho\, c_v\, \frac{\partial T}{\partial t},$$

wenn wir wieder annehmen, daß die eintretenden Temperaturveränderungen so klein sind, daß ϱ mit genügender Näherung als Konstante angesehen werden kann.

Einsetzen von (1) und (3) in (2) liefert nun die Differentialgleichung

$$\frac{\partial T}{\partial t} = \frac{\varkappa}{\varrho\, c_v}\, \operatorname{div} \operatorname{grad} T. \tag{4}$$

Nimmt man schließlich noch an, daß auch die spezifische Wärme eine Konstante sei, und führt zur Abkürzung die Konstante a^2 gemäß

$$a^2 = \frac{\varkappa}{\varrho\, c_v} \tag{5}$$

ein, die mitunter als „*Temperaturleitfähigkeit*" bezeichnet wird, dann ergibt sich

---

[1] Vgl. „Exp.-Physik", § 50.

aus (4) bei Verwendung des Symboles Δ [(25) § 6] für die Funktion $T(x, y, z, t)$ die Differentialgleichung

$$\frac{\partial T}{\partial t} = a^2 \Delta T = a^2 \left(\frac{\partial^2 T}{\partial x^2} + \frac{\partial^2 T}{\partial y^2} + \frac{\partial^2 T}{\partial z^2} \right), \tag{6}$$

die kurz als „*Wärmeleitungsgleichung*" bezeichnet werden soll.

Nennt man, wie in der Hydrodynamik (§ 26, 1.), einen Wärmeleitungsvorgang „*stationär*", wenn T eine reine Ortsfunktion ist, dann verschwindet in (6) die linke Seite und die Wärmeleitungsgleichung nimmt die Gestalt der LAPLACEschen Gleichung der Potentialtheorie (12) § 7 an. Wie in § 7, 6. gezeigt wurde, ergibt in diesem Falle die Differentialgleichung (6) eindeutige Lösungen $T(x, y, z)$ im ganzen untersuchten Gebiet, wenn die Randwerte an der Oberfläche des Gebietes gegeben sind. Darüber hinaus kann auch, analog wie bei der ähnlich gebauten Wellengleichung (1) § 13, im nichtstationären Falle der Beweis der Eindeutigkeit des *Randwertproblems der Wärmeleitungstheorie* erbracht werden: Sind die Randwerte von T an der Oberfläche des untersuchten Gebietes als Funktionen der Zeit gegeben und ist $T(x, y, z)$ im ganzen Innern des Gebietes zur Zeit Null bekannt, dann ergibt die Differentialgleichung (6) eindeutig $T(x, y, z, t)$ für alle t im ganzen Innern des Gebietes.

Zu bemerken ist noch, daß, wie aus der oben gegebenen Ableitung hervorgeht, T hier nicht die absolute Temperatur bedeuten muß, daß vielmehr der Nullpunkt der Temperaturskala willkürlich gewählt sein kann.

3. Grundbegriffe der Diffusionstheorie. Für das Gleichgewicht in einem adiabatisch abgeschlossenen, homogenen System ist nach § 33, 5. nicht nur die Gleichheit der Temperatur, sondern auch die Gleichheit des Druckes bzw. der Dichte in jedem Volumenelement notwendig. Ist diese Bedingung nicht erfüllt, dann muß nach dem zweiten Hauptsatze in dem „sich selbst überlassenen" System so lange eine Bewegung bzw. eine Strömung erfolgen, bis der Druck- und Dichteausgleich vollzogen ist. Über den zeitlichen Verlauf dieses Vorganges sagt die Thermodynamik ebensowenig aus wie über den zeitlichen Ablauf der Wärmeleitungserscheinungen.

Die Behandlung des zeitlichen Ablaufes dieser irreversiblen Erscheinung erfolgt in der Mechanik der nicht konservativen Systeme, solcher Systeme also, bei denen Umsetzungen von mechanischer Energie in Wärmeenergie stattfinden und umgekehrt. (Die Behandlung von reversiblen Erscheinungen an solchen Systemen kann in diesem Problemenkreis nicht erfolgen, da sie ja definitionsgemäß „unendlich langsam" vor sich gehen.)

Ganz ähnliche Überlegungen gelten für die Mischung oder Lösung mehrerer Substanzen ineinander. Auch hier ist der stabile Endzustand dadurch gekennzeichnet, daß die Partialdrucke der einzelnen Mischungsbestandteile bzw. der osmotische Druck in einer Lösung in jedem Volumenelement gleich groß sein müssen. Sind in einem solchen System Ungleichheiten des Mischungsverhältnisses bzw. der Konzentration vorhanden, so werden sich diese im Laufe der Zeit „von selbst" ausgleichen. Vorgänge dieser Art heißen „*Diffusionserscheinungen*"[1]. Einen weiteren Beitrag zur Ausfüllung der durch die Thermodynamik offengelassenen Lücke liefert die Diffusionstheorie, die es sich zur Aufgabe stellt, die Gesetze des zeitlichen Ablaufes der Diffusionserscheinungen in Gemischen und Lösungen zu ermitteln.

Vom Standpunkte der Molekulartheorie werden die Diffusionserscheinungen durch die Wärmebewegung der kleinsten Teilchen der diffundierenden Sub-

---

[1] Näheres über den experimentellen Nachweis dieser Erscheinung und die Ermittlung ihrer Gesetzmäßigkeiten findet man in „Exp.-Physik", Kap. XIV.

stanzen bewirkt. Ihre Behandlung auf Grund der kinetischen Theorie werden wir in § 39, 6. durchführen. Um jedoch das Grundgesetz der Diffusion einer in einem Lösungsmittel gelösten Substanz abzuleiten, kann man auch nach NERNST die folgende einfache, makroskopische Überlegung anstellen.

Infolge des in der Lösung herrschenden osmotischen Druckes p wird auf die Partikel des gelösten Stoffes, die in der Volumeneinheit der Lösung enthalten sind, insgesamt eine Kraft $\mathfrak{f}$ ausgeübt, die sich durch einfache Übertragung der entsprechenden Formel (5) §25 der Hydrostatik zu

$$\mathfrak{f} = -\operatorname{grad} p \tag{7}$$

berechnet. Unter der Wirkung dieser Kraft setzen sich die Teilchen in Bewegung mit einer Geschwindigkeit $\mathfrak{v}$, die, wenn die hydrodynamische Beweglichkeit des Teilchens gleich B ist, nach (20) § 27 pro Teilchen eine Reibungskraft von der Größe $-\dfrac{\mathfrak{v}}{B}$ hervorruft. Sind in der Volumeneinheit n Teilchen vorhanden, dann ist die gesamte Reibungskraft, die sich der Bewegung der in der Volumeneinheit enthaltenen Partikel mit der Geschwindigkeit $\mathfrak{v}$ entgegensetzt, gleich

$$\mathfrak{f}^* = -\frac{n\,\mathfrak{v}}{B}. \tag{8}$$

Die Erfahrung zeigt[1], daß die bei der Diffusion auftretenden Beschleunigungen, d. h. die Größen $\dot{\mathfrak{v}}$ stets so klein sind, daß in der hydrodynamischen Bewegungsgleichung (3) § 26 die linke Seite gleich Null gesetzt werden kann, so daß aus (7) und (8) folgt

$$\frac{n\,\mathfrak{v}}{B} = -\operatorname{grad} p. \tag{9}$$

Führt man analog zur Wärmestromdichte der Wärmeleitungstheorie die Materiestromdichte $\mathfrak{Q}_m$, den „*Diffusionsstrom*" ein, als jenen Vektor, der die durch den Querschnitt Eins pro Zeiteinheit in der Strömungsrichtung hindurchlaufende Masse gelöster Substanz als Funktion des Ortes und der Zeit mißt, dann ist, wenn m die Masse eines gelösten Partikels bedeutet,

$$\mathfrak{Q}_m = \mathfrak{v}\,c = \mathfrak{v}\,n\,m. \tag{10}$$

Für den osmotischen Druck möge die VAN T'HOFFsche Gleichung (43) § 33 gelten, worin wir aber, da nun c nicht in Molen, sondern in Grammen pro Volumeneinheit gemessen wird, die rechte Seite noch durch das Molekulargewicht μ der gelösten Substanz dividieren müssen. Hieraus folgt mit Benutzung der Gleichungen (9) und (10)

$$\mathfrak{Q}_m = -\frac{m}{\mu}\,R\,T\,.\,B\operatorname{grad} c. \tag{11}$$

Berücksichtigt man, daß $\dfrac{\mu}{m} = N_0$, gleich der Anzahl der Moleküle pro Mol (LOSCHMIDTsche Zahl) ist und setzt zur Abkürzung

$$D = \frac{R\,T}{N_0}\,.\,B, \tag{12}$$

dann kann die Gleichung (11) in die Form

$$\mathfrak{Q}_m = -D\operatorname{grad} c \tag{13}$$

gebracht werden.

Sie drückt aus, daß der Diffusionsstrom dem Konzentrationsgradienten proportional ist. Die Proportionalitätskonstante D heißt der „*Diffusionskoeffizient*". Er kann aus der Gleichung (12), der EINSTEINschen Gleichung, berechnet werden, wenn die hydrodynamische Beweglichkeit der gelösten Teilchen und die Tem-

---

[1] S. Anm. 1, S. 228.

peratur bekannt sind. Für kugelförmige Teilchen mit dem Radius a in einer Flüssigkeit mit der Zähigkeit η gilt speziell, gemäß dem STOKESschen Gesetz (21) § 27,

$$D = \frac{R\,T}{N_0} \cdot \frac{1}{6\,\pi\,\eta\,a}. \tag{14}$$

Das Grundgesetz (13) der Diffusion stimmt mit dem aus entsprechenden Versuchen für verdünnte Lösungen festgestellten Gesetze sehr gut überein, ebenso die Beziehung (14) für den Diffusionskoeffizienten[1]. Darüber hinaus zeigt es sich, daß auch für die Diffusion in Gasgemischen die Gleichung (13) gültig ist, wenn man darin für c die Konzentration eines der Bestandteile einsetzt. Über die kinetische Ableitung dieses Gesetzes aus der kinetischen Gastheorie vergleiche § 39, 6.

4. Die Differentialgleichung der Diffusion. Das Grundgesetz (13) der Diffusion ist, wie man sieht, mit dem Grundgesetz (1) der Wärmeleitung formal identisch, wenn man $\mathfrak{Q}_w$ durch $\mathfrak{Q}_m$, T durch c und $\varkappa$ durch D ersetzt. Es muß daher auch möglich sein, für den Diffusionsvorgang eine zur Wärmeleitungsgleichung (6) analoge Differentialgleichung abzuleiten. Dies gelingt ohne weiteres, da man die Kontinuitätsgleichung der Hydrodynamik auf den Diffusionsvorgang unmittelbar übertragen kann, wenn man in der Gleichung (6) § 26 ϱ durch c ersetzt und (10) berücksichtigt:

$$\frac{\partial c}{\delta t} + \operatorname{div} \mathfrak{Q}_m = 0. \tag{15}$$

Setzt man in (15) für $\mathfrak{Q}_m$ aus (13) ein, so erhält man für $c\,(x,\,y,\,z,\,t)$ die Differentialgleichung

$$\frac{\partial c}{\partial t} = D\varDelta c = D\left(\frac{\partial^2 c}{\partial x^2} + \frac{\partial^2 c}{\partial y^2} + \frac{\partial^2 c}{\partial z^2}\right), \tag{16}$$

die als die „FICKsche-*Diffusionsgleichung*" bezeichnet wird.

Sie ist, wie zu erwarten war, mit der Wärmeleitungsgleichung formal identisch und es gilt daher über ihre Lösung alles, was unter 2. über die Lösung der Wärmeleitungsgleichung gesagt worden ist. Es läßt sich ferner jede Lösung eines Wärmeleitungsproblems unmittelbar in eine entsprechende Lösung eines Diffusionsproblems umwandeln, wenn man statt der Temperatur die Konzentration und statt der Temperaturleitfähigkeit den Diffusionskoeffizienten setzt.

5. Wärmeleitung und Diffusion in einem unbegrenzten Körper. Wir behandeln zunächst das Problem der Wärmeleitung in einem unendlich ausgedehnten Medium, bei dem also Randbedingungen im Endlichen nicht vorliegen, wobei von vornherein angenommen sein soll, daß T nur von einer Koordinate, z. B. x, abhängen möge. Die Differentialgleichung (6) reduziert sich unter dieser Annahme auf die einfachere, eindimensionale Wärmeleitungsgleichung

$$\frac{\partial T}{\partial t} = a^2\,\frac{\partial^2 T}{\partial x^2}. \tag{17}$$

Wir suchen zunächst nach FOURIER in ähnlicher Weise, wie wir es bei dem Problem der schwingenden Saite im § 12, 6. gemacht haben, partikuläre Lösungen von (17) zu gewinnen, die sich als Produkte von Funktionen von x allein und von Funktionen von t allein darstellen lassen. Wir setzen also T an in der Form

$$T = f_1\,(x)\,.\,f_2\,(t). \tag{18}$$

Führt man den Ansatz (18) in (17) ein, so erhält man nach einfacher Umformung

$$\frac{1}{f_2}\,\frac{df_2}{dt} = \frac{a^2}{f_1}\,\frac{d^2 f_1}{dx^2}. \tag{19}$$

---

[1] Vgl. „Exp.-Physik", Kap. XIV.

In dieser Gleichung ist die linke Seite eine Funktion von t allein, die rechte eine Funktion von x allein. Soll sie daher für alle x und t erfüllt sein, dann müssen beide Seiten gleich einer und derselben im übrigen willkürlichen Konstanten sein, die wir gleich $- \lambda^2 a^2$ setzen. Die Gleichung (19) zerfällt also in die beiden gewöhnlichen Differentialgleichungen

$$\frac{df_2}{dt} + \lambda^2 a^2 f_2 = 0, \qquad (20) \qquad\qquad \frac{d^2 f_1}{dx^2} + \lambda^2 f_1 = 0. \qquad (21)$$

Die Gleichung (20) läßt sich sofort integrieren und ergibt die Lösung

$$f_2 = c \cdot e^{-\lambda^2 a^2 t} \qquad (22)$$

mit willkürlichem c.

Die Gleichung (21) ist identisch mit der Gleichung (18) § 12 und hat daher nach (20) § 12 die allgemeine Lösung

$$f_1 = b \cos \lambda\, (x - \alpha) \qquad (23)$$

mit willkürlichem α und b.

Sollen f_1 und f_2 für alle x und $t > 0$ endlich bleiben, dann muß λ eine reelle, im übrigen aber willkürliche Zahl sein, die wir ohne Beeinträchtigung der Allgemeinheit als positiv annehmen können. Aus (22) und (23) erhalten wir nach (18) die Lösung

$$T = A \cos \lambda\, (x - \alpha)\, e^{-\lambda^2 a^2 t}, \qquad (24)$$

worin A und α willkürliche reelle Zahlen und λ nach dem oben Gesagten eine willkürliche, positive Zahl sein sollen.

Wegen der Linearität der Differentialgleichung (17) gewinnen wir eine allgemeine Lösung durch Summation über beliebig viele Partikularlösungen der Form (24). Da darin A, α und λ kontinuierlich unendlich vieler Werte fähig sind, können wir diese Summe als Integral über λ von Null bis Unendlich und nach α von $-\infty$ bis $+\infty$ schreiben und dabei jedem Werte von α einen Wert von A zuordnen, also A als willkürliche Funktion $A\,(\alpha)$ ansetzen. Diese allgemeine Lösung lautet also:

$$T = \int\limits_{-\infty}^{+\infty} \int\limits_{0}^{\infty} A\,(\alpha) \cos \lambda\, (x - \alpha)\, e^{-\lambda^2 a^2 t}\, d\alpha\, d\lambda. \qquad (25)$$

Die Lösung (25) enthält, wie man sieht, eine willkürliche Funktion und ist daher, wie in der Theorie der partiellen Differentialgleichungen gezeigt wird, die allgemeinste Lösung einer parabolischen Differentialgleichung vom Typus (17). Wir müssen nun sehen, ob sich diese Funktion so wählen läßt, daß die Anfangsbedingung erfüllt ist, die so lauten soll, daß T für $t = 0$ eine gegebene Funktion $\Phi\,(x)$ ist, so daß die folgende Integralgleichung erfüllt ist:

$$\Phi\,(x) = \int\limits_{-\infty}^{+\infty} \int\limits_{0}^{\infty} A\,(\alpha) \cos \lambda\, (x - \alpha)\, d\alpha\, d\lambda. \qquad (26)$$

Nach dem FOURIERschen Integraltheorem läßt sich eine jede Funktion $\Phi\,(x)$, die gewissen, sehr allgemeinen Bedingungen genügt, stets in der folgenden Form darstellen:

$$\Phi\,(x) = \frac{1}{\pi} \int\limits_{-\infty}^{+\infty} \int\limits_{0}^{\infty} \Phi\,(\alpha) \cos \lambda\, (x - \alpha)\, d\alpha\, d\lambda. \qquad (27)$$

Wie man sieht, werden die Ausdrücke (26) und (27) identisch, wenn man setzt

$$A\,(\alpha) = \frac{1}{\pi}\, \Phi\,(\alpha). \qquad (28)$$

Setzt man daher aus (28) in (25) ein, so lautet die unsere Anfangsbedingung befriedigende Lösung des vorliegenden Wärmeleitungsproblems:

$$T = \frac{1}{\pi} \int\limits_{-\infty}^{+\infty} \Phi(\alpha)\, d\alpha \int\limits_{0}^{\infty} e^{-\lambda^2 a^2 t} \cos \lambda\, (x - \alpha)\, d\lambda. \tag{29}$$

Die Integration nach λ kann man mit Hilfe der folgenden einfachen Rechnung mit Benutzung der Moivreschen Formel (42) § 10 umformen:

$$J = \int\limits_{0}^{\infty} e^{-\lambda^2 a^2 t} \cos \lambda\, (x - \alpha)\, d\lambda = \frac{1}{2} \int\limits_{0}^{\infty} e^{-\lambda^2 a^2 t} \left\{ e^{i\lambda(x-a)} + e^{-i\lambda(x-a)} \right\} d\lambda$$

$$= \frac{1}{2} e^{-\frac{(x-a)^2}{4 a^2 t}} \left\{ \int\limits_{0}^{\infty} e^{-\left[\lambda a \sqrt{t} - \frac{i(x-a)}{2 a \sqrt{t}}\right]^2} d\lambda + \int\limits_{0}^{\infty} e^{-\left[\lambda a \sqrt{t} + \frac{i(x-a)}{2 a \sqrt{t}}\right]^2} d\lambda \right\}.$$

Führt man in dem ersten der beiden Integrale die Größe $\xi = \lambda a \sqrt{t} - \dfrac{i\,(x-\alpha)}{2 a \sqrt{t}}$ und in dem zweiten die Größe $\eta = \lambda a \sqrt{t} + \dfrac{i\,(x-\alpha)}{2 a \sqrt{t}}$ als Integrationsvariable ein, so kann man für J weiter schreiben:

$$J = \frac{1}{2 a \sqrt{t}} e^{-\frac{(x-a)^2}{4 a^2 t}} \left\{ \int\limits_{-\frac{i(x-a)}{2 a \sqrt{t}}}^{0} e^{-\xi^2} d\xi + \int\limits_{0}^{\infty} e^{-\xi^2} d\xi + \int\limits_{0}^{\infty} e^{-\eta^2} d\eta - \int\limits_{0}^{\frac{i(x-a)}{2 a \sqrt{t}}} e^{-\eta^2} d\eta \right\}.$$

Hierin sind das 1. und das 4. Integral offenbar entgegengesetzt gleich und sie heben einander daher auf; das 2. und das 3. Integral ergeben beide den Wert $\dfrac{\sqrt{\pi}}{2}$, der Wert des Ausdruckes in der geschlungenen Klammer ist also gleich $\sqrt{\pi}$ und es wird schließlich

$$J = \frac{\sqrt{\pi}}{2 a \sqrt{t}}\, e^{-\frac{(x-a)^2}{4 a^2 t}}.$$

Einsetzen dieses Ausdruckes in (29) ergibt nun die endgültige Lösung unserer Aufgabe

$$T(x, t) = \frac{1}{2 a \sqrt{\pi t}} \cdot \int\limits_{-\infty}^{+\infty} \Phi(\alpha)\, e^{-\frac{(x-a)^2}{4 a^2 t}}\, d\alpha. \tag{30}$$

Gemäß der Bemerkung am Schlusse von 4. können wir aus (30) sogleich auch die Lösung des analogen linearen Diffusionsproblems im unendlich ausgedehnten Medium gewinnen, d. h. die Konzentration c als Funktion von x und t ermitteln, wenn sie zur Zeit Null gegeben ist:

$$c(x, t) = \frac{1}{2 \sqrt{\pi D t}} \int\limits_{-\infty}^{+\infty} \Phi(\alpha)\, e^{-\frac{(x-a)^2}{4 D t}}\, d\alpha. \tag{31}$$

6. Zwei einfache Beispiele. a) Wir betrachten als ersten Spezialfall der unter 5. gefundenen allgemeinen Lösung (30) das folgende Wärmeleitungsproblem: Zur Zeit Null soll T im ganzen Raum gleich Null und nur in einer sehr dünnen Schicht von der Dicke δ um die Ebene $x = 0$ von Null verschieden und gleich T_0 sein.

In (30) verschwindet auf Grund dieser Annahme der Integrand für alle außerhalb dieser Schicht gelegenen α und das Integral kann mit genügender Näherung wie folgt angenähert werden:

$$\int\limits_{-\delta/2}^{+\delta/2} T_0 e^{-\frac{x^2}{4a^2t}}\, d\alpha = T_0\, \delta\, e^{-\frac{x^2}{4a^2t}}.$$

Für $T(x,t)$ folgt daher

$$T(x,t) = \frac{T_0\,\delta}{2a\sqrt{\pi t}} \cdot e^{-\frac{x^2}{4a^2t}}. \qquad (32)$$

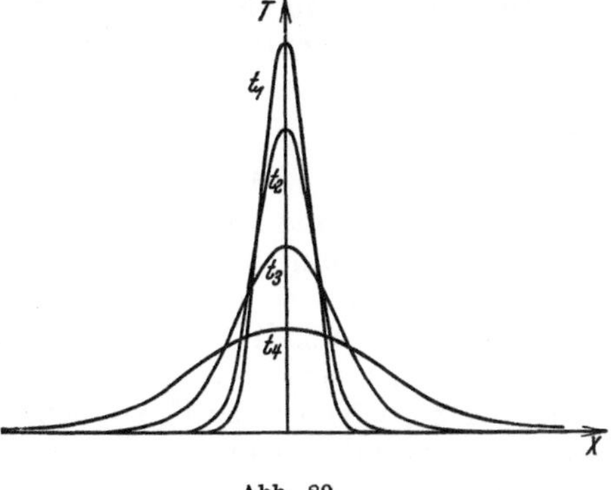
Abb. 89.

Der Funktionsverlauf (32) ist durch die Kurvenschar der Abb. 89 graphisch dargestellt, in der $T(x)$ für verschiedene t gezeichnet ist. Man sieht daraus sehr anschaulich, wie sich die Wärme mit wachsender Zeit immer weiter in dem Körper ausbreitet und die Temperaturverteilung dabei immer flacher wird.

Das analoge Diffusionsproblem lautet so: für $t = 0$ sei c überall gleich Null, nur in der schmalen Schicht von der Dicke δ um $x = 0$ von Null verschieden und gleich c_0. Statt (32) erhält man für $c(x,t)$

$$c(x,t) = \frac{c_0\,\delta}{2\sqrt{\pi D t}} \cdot e^{-\frac{x^2}{4Dt}}, \qquad (33)$$

eine Funktion, die durch die gleiche Kurvenschar der Abb. 89 dargestellt wird.

b) Als zweiten Spezialfall untersuchen wir das durch die folgende Anfangsbedingung gekennzeichnete Wärmeleitungsproblem: Zur Zeit Null möge T im ganzen positiven Halbraum verschwinden und im negativen Halbraum den konstanten Wert T_0 haben. Es gilt also

$$\left.\begin{array}{ll} \Phi(\alpha) = 0 & \text{für } \alpha > 0 \\ \Phi(\alpha) = T_0 & \text{für } \alpha \leqq 0 \end{array}\right\} \qquad (34)$$

Die Anfangsbedingung (34) in (30) eingesetzt ergibt

$$T(x,t) = \frac{T_0}{2a\sqrt{\pi t}} \int\limits_{-\infty}^{0} e^{-\frac{(x-a)^2}{4a^2t}}\, d\alpha. \qquad (35)$$

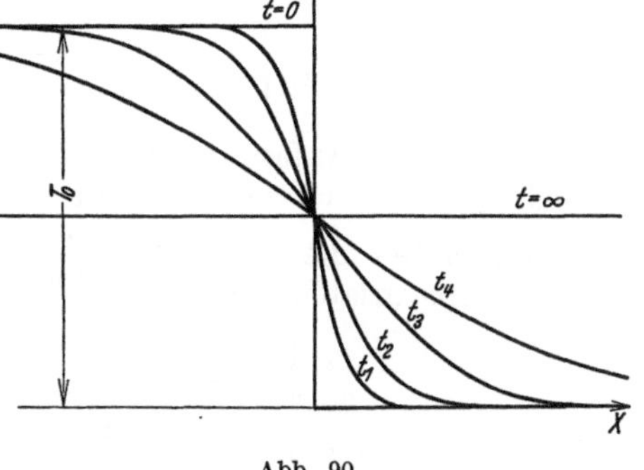
Abb. 90.

Führt man hierin als neue Integrationsvariable die Größe $\xi = \dfrac{x-\alpha}{2a\sqrt{t}}$ ein, so kann man mit Benutzung des Gaussschen Fehlerintegrals (18) § 17 wie folgt umformen:

$$T(x,t) = -\frac{T_0}{\sqrt{\pi}} \int\limits_{\infty}^{\frac{x}{2a\sqrt{t}}} e^{-\xi^2}\, d\xi =$$

$$= -\frac{T_0}{\sqrt{\pi}} \left[\int\limits_{\infty}^{0} e^{-\xi^2} d\xi + \int\limits_{0}^{\frac{x}{2a\sqrt{t}}} e^{-\xi^2} d\xi \right] = \frac{T_0}{2}\left[1 - \psi\left(\frac{x}{2a\sqrt{t}}\right)\right]. \qquad (36)$$

Der Funktionsverlauf (36) wird durch die Kurvenschar der Abb. 90 dargestellt. Man sieht hier wieder, wie die Wärme allmählich in den positiven Halb-

raum eindringt, bis sich nach unendlich langer Zeit die Temperatur im ganzen
Körper ausgeglichen hat, wie es der zweite Hauptsatz verlangt.

Das analoge Diffusionsproblem, bei dem für $t = 0$ die Konzentration im ganzen
positiven Halbraum gleich Null ist und im negativen Halbraum gleich c_0, hat die
aus (36) durch einfache Übertragung hervorgehende Lösung

$$c\,(x,\,t) = \frac{c_0}{2}\left[1 - \psi\left(\frac{x}{2\sqrt{D t}}\right)\right],\tag{37}$$

die ebenfalls durch die Kurvenschar der Abb. 90 dargestellt wird[1].

7. Wärmeleitung und Diffusion in einem begrenzten Körper. Als Beispiel
für die Behandlung von Wärmeleitungsproblemen in begrenzten Körpern, wo
also Randbedingungen im Endlichen vorliegen, betrachten wir den folgenden
eindimensionalen Fall: Nach einer Seite sei der Körper durch die Ebene $x = 0$
begrenzt und erstrecke sich nach der anderen Seite, beispielsweise in der Richtung der negativen x ins Unendliche. An der Begrenzungsfläche werde die Temperatur dauernd konstant, z. B. auf dem Wert $T = 0$ gehalten.

Wir können in diesem wie in zahlreichen anderen Fällen die Lösung mittels
des folgenden Kunstgriffes erhalten: Wir suchen die Anfangsbedingung über die
Begrenzungsfläche hinaus in geeigneter Weise so fortzusetzen, daß die Randbedingungen identisch erfüllt sind. Man sieht unmittelbar, daß die Fortsetzung

$$\Phi\,(-x) = -\,\Phi\,(x)\tag{38}$$

die gewünschte Eigenschaft hat. Denn wenn T für $t = 0$ eine ungerade Funktion
ist, dann wird auch aus Symmetriegründen für alle späteren t der Funktionsverlauf $T(x)$ ungerade sein und daher für $x = 0$ dauernd $T = 0$ sein müssen.

Setzt man aus (38) in (30) ein, so wird daraus

$$T = \frac{1}{2\,a\sqrt{\pi t}}\left\{\int\limits_{-\infty}^{0}\Phi\,(\alpha)\,e^{-\frac{(x-\alpha)^2}{4\,a^2 t}}\,d\alpha - \int\limits_{0}^{\infty}\Phi\,(-\alpha)\,e^{-\frac{(x-\alpha)^2}{4\,a^2 t}}\,d\alpha\right\}.$$

Führt man in dem zweiten Integral statt α die Veränderliche $-\alpha$ ein, so erhält man

$$T\,(x,\,t) = \frac{1}{2\,a\sqrt{\pi t}}\left\{\int\limits_{-\infty}^{0}\Phi\,(\alpha)\,e^{-\frac{(x-\alpha)^2}{4\,a^2 t}}\,d\alpha + \int\limits_{0}^{-\infty}\Phi\,(\alpha)\,e^{-\frac{(x+\alpha)^2}{4\,a^2 t}}\,d\alpha\right\}$$

$$= \frac{1}{2\,a\sqrt{\pi t}}\int\limits_{-\infty}^{0}\Phi\,(\alpha)\left[e^{-\frac{(x-\alpha)^2}{4\,a^2 t}} - e^{-\frac{(x+\alpha)^2}{4\,a^2 t}}\right]d\alpha.\tag{39}$$

Ist z. B. die Anfangstemperatur im ganzen Körper konstant und gleich T_0,
also $\Phi\,(\alpha) = T_0$, dann erhält man aus (39), wenn man es in zwei Integrale zerlegt
und im ersten die Größe $\xi = \dfrac{x-\alpha}{2\,a\sqrt{t}}$, im zweiten die Größe $\eta = \dfrac{x+\alpha}{2\,a\sqrt{t}}$ als
Integrationsvariable benutzt:

$$T = \frac{T_0}{\sqrt{\pi}}\left\{-\int\limits_{\infty}^{\frac{x}{2\,a\sqrt{t}}}e^{-\xi^2}\,d\xi - \int\limits_{-\infty}^{\frac{x}{2\,a\sqrt{t}}}e^{-\eta^2}\,d\eta\right\} =$$

$$= -\frac{T_0}{\sqrt{\pi}}\left\{\int\limits_{\infty}^{0}e^{-\xi^2}\,d\xi + \int\limits_{0}^{\frac{x}{2\,a\sqrt{t}}}e^{-\xi^2}\,d\xi + \int\limits_{-\infty}^{0}e^{-\eta^2}\,d\eta + \int\limits_{0}^{\frac{x}{2\,a\sqrt{t}}}e^{-\eta^2}\,d\eta\right\}$$

---

[1] Die in b) benutzten Randbedingungen lassen sich für die Diffusion leicht experi-

Hierin sind das erste und das dritte Integral entgegengesetzt gleich, heben einander also gegenseitig auf und wir erhalten daher wiederum mit Benutzung des GAUSSschen Fehlerintegrals (18) § 17

$$T(x, t) = - T_0 \, \psi \left(\frac{x}{2\,a\,\sqrt{t}} \right).$$

Die Funktion (40) geht aus der früher gefundenen Funktion (36) durch Subtraktion von $\frac{T_0}{2}$ und Multiplikation mit 2 hervor. Sie wird daher durch die Kurvenschar der Abb. 90 dargestellt, wenn man die x-Achse um $T_0/2$ hinaufschiebt, also nur die obere Hälfte der Abbildung ins Auge faßt. In der Tat ist, wie man sieht, bei $x = 0$ nun dauernd $T = 0$. Die gefundene Lösung kann dazu benutzt werden, um die Abkühlung eines anfangs gleichmäßig erhitzten Körpers durch die Berührung mit einem konstanten „Temperaturbad" zu übersehen[1].

Ganz ähnlich kann auch die analoge Randwertaufgabe erledigt werden, bei der an der Begrenzungsfläche $x = 0$ nicht die Temperatur konstant gehalten wird, sondern durch eine geeignete Maßnahme der Wärmefluß durch die Fläche verhindert wird. In diesem Falle muß nach (1) die Normalkomponente von grad T an der Oberfläche verschwinden, oder für $x = 0$ dauernd $\frac{\partial T}{\partial x} = 0$ gelten.

Man sieht leicht, daß diese Grenzbedingung befriedigt wird, wenn man $\Phi(\alpha)$ über die Grenze ins positive Gebiet so fortsetzt, daß

$$\Phi(-x) = \Phi(x) \tag{41}$$

gilt, die Funktion Φ also gerade ist. Es wird dann auch wieder aus Symmetriegründen für alle späteren Zeiten $T(x)$ eine gerade Funktion sein und daher für $x = 0$ ein Extremum haben, d. h. es wird dortselbst $\frac{\partial T}{\partial x}$ verschwinden.

An der oben angestellten Rechnung ändert sich, wenn man statt (38) die Gleichung (41) verwendet, nichts mit der einzigen Ausnahme, daß das Vorzeichen des zweiten Integrals in (39) umgekehrt wird, so daß man statt (39) erhält:

$$T(x, t) = \frac{1}{2\,a\,\sqrt{\pi t}} \int\limits_{-\infty}^{0} \Phi(\alpha) \left[e^{-\frac{(x-a)^2}{4\,a^2 t}} + e^{-\frac{(x+a)^2}{4\,a^2 t}} \right] d\alpha. \tag{42}$$

Für $t = \infty$ wird hierin die e-Potenz für jedes endliche x und α gleich 1 und im Grenzfalle sehr großer α von x unabhängig. Daher wird auch T selbst von x unabhängig, d. h. im ganzen Körper wird die Temperatur konstant, wiederum in Übereinstimmung mit dem zweiten Hauptsatz. Darüber hinaus läßt aber die Formel (42) erkennen, in welcher Weise dieses Gleichgewicht im Laufe der Zeit erreicht wird.

Natürlich können die beiden hier behandelten Randwertprobleme der Wärmeleitungstheorie ohne weiteres in entsprechende Probleme der Diffusionstheorie umgewandelt werden, was wohl nicht näher ausgeführt werden muß.

---

mentell verwirklichen und die Formel (37) kann dazu benutzt werden, um aus solchen Versuchen den Diffusionskoeffizierten D zu ermitteln. Vgl. „Exp.-Physik", Kap. XIV.

[1] Vgl. „Exp.-Physik", § 50.

Zwölftes Kapitel.

Statistische Mechanik.

§ 35. Theorie der Zeitgesamtheiten.

1. Aufgaben und Methoden der statistischen Mechanik. Wie im § 2, 4. bereits kurz ausgeführt wurde, hat die *„statistische Mechanik"* die Aufgabe, die Sätze der Kontinuummechanik und der Wärmelehre aus denen der Diskontinuummechanik durch Benutzung statistischer Methoden zu gewinnen. Es wurde dort auch (unter 5.) auf die Schwierigkeiten hingewiesen, die sich der „klassischen" statistischen Mechanik bei der Durchführung dieser Aufgabe in den Weg stellen, die ihren Ausgang von der klassischen Mechanik nimmt, während die *„Quantenstatistik"* diese Schwierigkeiten von vornherein vermeidet, da sie von der ihrer Natur nach statistischen Charakter tragenden Quantenmechanik ausgeht.

Wir werden deshalb, um alle mit dem Gebrauch der klassischen statistischen Mechanik verbundenen begrifflichen Schwierigkeiten zu vermeiden, in diesem Lehrbuch nicht den historischen Weg beschreiten, sondern von vornherein auf der im Kapitel X entwickelten Quantenmechanik fußend und mit Benutzung der allgemeinen, im Kapitel VI entwickelten Methoden der physikalischen Statistik die wichtigsten Methoden und Sätze der Quantenstatistik entwickeln. Da wir bereits früher (§ 30, 4., § 30, 6.) gezeigt haben, daß die Sätze der Quantenmechanik in die der klassischen Mechanik im Grenzfalle großer Quantenzahlen übergehen, werden wir die Sätze der klassischen statistischen Mechanik, die für diejenigen Erscheinungen Geltung haben, die sich im Gebiete der großen Quantenzahlen abspielen, durch einfache Grenzübergänge aus denen der Quantenstatistik ableiten können.

In diesem Paragraphen soll zunächst die *„Zeitgesamtheit"* eines makroskopischen, aus Atomen oder Molekülen zusammengesetztes Systems untersucht werden, d. h. es sollen Sätze über die relativen Häufigkeiten aufgestellt werden, mit denen man das betrachtete System bei sehr oft wiederholter Beobachtung und sehr langer Beobachtungsdauer in den mit den äußeren Bedingungen verträglichen atomaren Konfigurationen auffindet. Im § 36 wird versucht, auf Grund der so gewonnenen Sätze die in der Thermodynamik eingeführten phänomenologischen Zustandsgrößen auf statistische Weise zu definieren, d. h. auf statistische Weise mit entsprechenden Größen der Atommechanik zu verknüpfen und die in der Thermodynamik im Kapitel XI ebenfalls auf phänomenologischer Grundlage eingeführten Hauptsätze, denen diese Zustandsgrößen genügen, auf die Grundgesetze der Mechanik zurückzuführen. Im § 37 schließlich werden speziell Systeme betrachtet, die aus einer sehr großen Zahl von gleichen Teilen (Atomen oder Molekülen) bestehen, also im Sinne von § 15, 7. Gesamtheiten bilden, die wir als „Raumgesamtheiten" bezeichnen. Es lassen sich gewisse allgemeine Sätze über die Verteilungen solcher Gesamtheiten und ihre thermodynamischen Wahrscheinlichkeiten ableiten; ferner lassen sich so bestimmte Aussagen über die durch makroskopische Beobachtungen meßbaren Mittelwerte und die Schwankungen um diese Mittelwerte machen, die wegen der Endlichkeit des Kollektivs, das eine jede reale Raumgesamtheit naturgemäß darstellt, auftreten müssen, wie bereits in § 2, 4. kurz angedeutet wurde.

2. Phase und Phasenraum. Das betrachtete System möge aus N Teilchen (materiellen Punkten) bestehen, über deren spezielle Natur keine genauere Aussage gemacht werden muß als die, daß der Zustand jedes Einzelteilchens in jedem Augenblick durch die Angabe seiner Lage $\mathfrak{r}$ und seines Impulses $\mathfrak{p}$ in bezug auf ein Inertialsystem vollkommen bestimmt sein soll. (Die Teilchen können im

besonderen Moleküle, Atome, Elektronen, Protonen usw. sein.) Das System hat
dann $3 N$ „*Freiheitsgrade*" der Bewegung, da sein Zustand oder seine „*Phase*"
durch die Angabe von $6 N$ Größen, nämlich den $3 N$ rechtwinkeligen Koordinaten
und den $3 N$ Impulskomponenten in jedem Zeitpunkt t bestimmt ist, die in willkürlicher Weise durchnumeriert mit $q_1, \ldots, q_{3N}, p_1, \ldots, p_{3N}$ bezeichnet werden
sollen.

Nach allgemeinen quantenmechanischen Prinzipien ist die genaue Festlegung
der $6 N$ Größen $q_1, \ldots, q_{3N}, p_1, \ldots, p_{3N}$ nicht möglich, da zwischen je zweien von
ihnen die HEISENBERGsche Ungenauigkeitsrelation (36) § 30 in der Form

$$\Delta q_i \, \Delta p_i \approx h, \qquad i = 1, \ldots, 3 \cdot N \tag{1}$$

gelten muß.

Eine anschauliche geometrische Darstellung der Phasen und ihrer Veränderungen ergibt sich, wenn man die Größen $q_1, \ldots, q_{3N}, p_1, \ldots, p_{3N}$ gemeinsam in
beliebiger Weise durchnumeriert mit $x_1, \ldots, x_{6N}$ bezeichnet und als rechtwinkelige Koordinaten in einem Raum mit $6 N$ Dimensionen, dem „*Phasenraum*" des Systems darstellt. Jeder Phase entspricht dann offenbar ein Punkt
in diesem Raum und die Veränderung der Phasen kann durch die Bewegung des
„*Phasenpunktes*" dargestellt werden.

Wegen der Gültigkeit der Beziehungen (1) kann die Lage des Phasenpunktes
im Phasenraum nicht genau angegeben werden; es steht ihm stets ein Spielraum
vom Volumen $\Delta x_1, \Delta x_2, \ldots, \Delta x_{6N} = (h)^{3N}$ zur Verfügung. Man kann dies in einer
von PLANCK herrührenden und aus den ersten Entwicklungsstadien der Quanten-
theorie stammenden Ausdrucksweise so deuten, als ob der Phasenraum eine natürliche Netz- oder Zellstruktur besäße. Die einzelnen „*Zellen*" haben alle das gleiche
Volumen h^{3N} und können in irgendeiner Weise numeriert werden. Die Lage des
Phasenpunktes angeben heißt dann die Nummer der Zelle angeben, in der sich
der Phasenpunkt gerade befindet, während seine Lage innerhalb der Zelle vollkommen unbestimmt bleibt. Die Veränderung des Systems stellt sich als ein
„Springen" des Phasenpunktes von einer zur anderen Zelle dar.

Nicht zu verwechseln ist die hier verwendete Darstellung im q-p-Phasenraum
mit der früher von uns verwendeten Darstellung der Veränderung eines materiellen
Punktsystems im Konfigurations- oder q-Raum (§ 18, 5. und Kapitel X), die in
der statistischen Mechanik seltener Verwendung findet.

3. Arten von Veränderungen und ihre mathematische Behandlung. Die Energie
E eines Systems ist im allgemeinen eine Funktion der Koordinaten und Impulse
der einzelnen Teilchen, also eine Funktion von $x_1, \ldots, x_{6N}$, hängt aber außerdem
noch von gewissen anderen Parametern $\lambda_1, \ldots, \lambda_s$ ab, die die „äußeren Bedingungen" festlegen, die dem System auferlegt werden (Kräfte, die auf das System
von außen ausgeübt werden, Wände, die seine Teilchen an ihrer Bewegung ver-
hindern u. dgl.). E ist also eine Funktion von folgender Gestalt:

$$E = E\,(x_1, \ldots, x_{6N}; \; \lambda_1, \ldots, \lambda_s). \tag{2}$$

Wir wollen unter einer „*Veränderung erster Art*" eine solche Veränderung des
Systems verstehen, bei der sowohl die λ als auch der Wert der Energie unverändert bleiben. Eine „*Veränderung zweiter Art*" möge darin bestehen, daß wieder
die λ konstant sind und daher die Energie als Funktion der $x_1, \ldots, x_{6N}$ bestimmt
ist, der Wert der Energie jedoch unbestimmt bleibt und sich verändern kann.
Eine „*Veränderung dritter Art*" schließlich nennen wir eine solche, bei der die
Werte der λ verändert werden, also auch die Gestalt der Energiefunktion sich
ändert.

Zur besseren Veranschaulichung betrachten wir als Beispiel die Bewegung
eines mathematischen Pendels. Lassen wir es, nachdem es angestoßen wurde,

ruhig schwingen, so bleibt seine Energie konstant, das System erfährt also Veränderungen erster Art. Stoßen wir die Pendelmasse des schwingenden Pendels an und ändern dadurch seine Bewegung ab, so haben wir seine Energie geändert, ohne den Mechanismus, die Form der Energiefunktion zu ändern, also eine Änderung zweiter Art vorgenommen. Ändern wir schließlich die Pendellänge, so ändert sich dadurch die Gestalt der Energiefunktion; dies wäre also eine Änderung dritter Art.

Ein zweites Beispiel bietet ein in einem Zylinder mit beweglichem Kolben eingeschlossenes Gas. Bei einer Änderung erster Art wird der Kolben festgehalten und der Zylinder nach außen adiabatisch abgeschlossen. Die Energiefunktion des aus den einzelnen Gasmolekülen bestehenden Systems ist dann gegeben und ebenso der Wert der Energie konstant. Entfernen wir die adiabatische Hülle, dann wird eine energetische Wechselwirkung mit der Umgebung ermöglicht, ohne daß die Form der Energiefunktion geändert worden wäre, das System kann also jetzt Veränderungen zweiter Art ausführen. Verändern wir schließlich das Volumen des Gases durch Bewegen des Kolbens, dann ändert sich die Gestalt der Energiefunktion, wir haben also eine Veränderung dritter Art vorgenommen.

Die Veränderungen erster Art werden mathematisch erfaßt, wenn man die Energiefunktion in die entsprechende SCHRÖDINGERsche Amplitudengleichung (§ 29) einsetzt und die Gleichung löst. Im allgemeinen werden dann, wie wir wissen, nicht alle Werte der Energiekonstanten zulässig sein, sondern nur die Eigenwerte der Amplitudengleichung, die ausgezeichneten Energiewerte $E_1,$ $E_2, \ldots$ Eine Veränderung erster Art wird also durch einen der Eigenwerte E_j und die zugehörige Eigenfunktion beschrieben, wenn der Eigenwert nicht entartet ist bzw. die zugehörigen Eigenfunktionen, wenn der Eigenwert entartet ist.

Um die Veränderungen zweiter Art mathematisch zu behandeln, muß die zeitabhängige SCHRÖDINGER-Gleichung (§ 30) herangezogen werden, wobei die Zeitabhängigkeit von U als eine unregelmäßige Störung aufgefaßt werden kann. Gemäß den Ausführungen in § 30, 3. werden hierdurch Übergänge zwischen den ausgezeichneten Energiewerten ermöglicht, deren Wahrscheinlichkeiten durch eine von der Zeit unabhängige Matrix w dargestellt werden. Bei sehr langer Beobachtungsdauer wird man daher das System mit bestimmten relativen Häufigkeiten in den einzelnen Quantenzuständen antreffen, die durch die „*relativen Verweilzeiten*" in diesen Zuständen gemessen werden; als relative Verweilzeit einer Phase i soll hierbei das Verhältnis der vom Phasenpunkt insgesamt in ihr verbrachten Zeit τ_i zur gesamten Beobachtungszeit T verstanden werden. Nach der Definition von § 15, 2. geben die relativen Verweilzeiten der einzelnen Zustände gleichzeitig ihre Zustandswahrscheinlichkeiten w_i an, d. h. die Wahrscheinlichkeiten dafür, bei Beobachtung in einem willkürlichen Zeitpunkte das System gerade im Zustande i aufzufinden.

Alles, was oben über Veränderungen zweiter Art gesagt wurde, gilt auch für die Veränderungen erster Art in einem entarteten System bezüglich der Übergänge und relativen Verweilzeiten in den einzelnen, mit der gegebenen Gesamtenergie verträglichen Konfigurationen.

Zur mathematischen Behandlung der Veränderungen dritter Art hat man wieder die zeitabhängige SCHRÖDINGER-Gleichung heranzuziehen, da die Änderung der λ eine Zeitabhängigkeit der Funktion $U(x_1, \ldots, x_{6N})$ bewirkt. Bei kontinuierlicher Veränderung der λ ändern sich dann auch die Eigenwerte kontinuierlich. Aus § 30, 3. wissen wir, daß durch eine solche Veränderung, wenn sie unendlich langsam, „*adiabatisch*" vorgenommen wird, keine Übergänge in andere Quantenzustände hervorgerufen werden.

4. Die mikrokanonische Gesamtheit; Liouvillescher Satz. Unter einer „*mikrokanonischen Gesamtheit*" wollen wir nach GIBBS die Zeitgesamtheit eines abgeschlossenen Systems verstehen, eines Systems also, dessen Energie konstant bleibt und das daher nach der Bezeichnungsweise von 3. Veränderungen erster Art ausführt.

Da die Gesamtheiten, auf die die statistische Mechanik angewendet wird, in der Regel sehr vielfach entartet sind (materielle Körper, die aus sehr vielen gleichen Atomen bestehen), werden mit dem vorgegebenen Wert E der Gesamtenergie noch sehr viele, beispielsweise g Quantenzustände oder Phasen verträglich sein. Dem Phasenpunkt des Systems stehen dann im Phasenraum für seinen Aufenthalt g Zellen zur Verfügung, deren Gesamtvolumen gleich V sein möge. Die Veränderungen des Systems werden durch sprunghafte Bewegungen des Phasenpunktes von einer Zelle zur anderen dargestellt.

Wir wollen annehmen, daß die Übergangswahrscheinlichkeiten zwischen den einzelnen Phasen so beschaffen seien, daß der Phasenpunkt aus jeder Zelle von V auf direktem oder indirektem Wege in jede andere Zelle übergehen kann, daß also V nicht in zwei oder mehrere Teilräume zerfällt, zwischen denen Übergänge überhaupt nicht möglich sind. Daß diese Forderung erfüllbar ist, sieht man ein, wenn man sich vor Augen hält, daß, falls zwei Gebiete existieren, zwischen denen die Übergangswahrscheinlichkeit gleich Null ist, durch eine kleine äußere Störung stets eine endliche Übergangswahrscheinlichkeit geschaffen werden kann. Solche kleine Störungen sind mit unserer Forderung der Energiekonstanz verträglich, ja sie sind sogar unvermeidlich, da ja nach der HEISENBERGschen Ungenauigkeitsrelation (33) § 30 in einem endlichen Beobachtungsintervall Δt stets die Energie nur mit der endlichen Genauigkeit ΔE definiert ist.

Wir stellen uns die Aufgabe, die Zustandswahrscheinlichkeiten für die einzelnen Phasen oder die relativen Verweilzeiten des Phasenpunktes in den einzelnen Zellen von V zu berechnen. Wir berufen uns hierzu auf den im letzten Absatz von § 30, 3. abgeleiteten Satz, der offenbar auf das vorliegende Problem angewendet werden kann, daß die Matrix der Übergangswahrscheinlichkeiten w symmetrisch ist, sowie auf die selbstverständliche Tatsache, daß im Laufe der Zeit der Phasenpunkt in jede Zelle ebenso häufig eintreten als aus ihr austreten muß.

Da die Wahrscheinlichkeit des Aufenthaltes des Phasenpunktes in der i-ten Zelle gleich w_i ist und die Wahrscheinlichkeit eines Überganges von der i-ten in die k-te Zelle pro Zeiteinheit gleich w_{ik}, so ist nach dem Multiplikationssatz der Wahrscheinlichkeitsrechnung § 15, 5. die relative Häufigkeit der Übergänge von der i-ten in die k-te Zelle gleich $w_i \cdot w_{ik}$. Die relative Anzahl der Übergänge in die k-te Zelle von einer beliebigen Anfangslage aus ergibt sich hieraus nach dem Additionssatz der Wahrscheinlichkeitsrechnung § 15, 4. zu $\sum_i w_i \cdot w_{ik}$. Analog ist die relative Anzahl der Übergänge aus der k-ten Zelle in irgendeine andere Lage gleich $\sum_i w_k \cdot w_{ki}$. Nach dem oben Gesagten müssen diese beiden Ausdrücke einander gleich sein:

$$\sum_i w_i \cdot w_{ik} = \sum_i w_k \cdot w_{ki}. \tag{3}$$

Da ferner wegen der Symmetrie von w für jedes Wertepaar i, k gilt

$$w_{ik} = w_{ki}, \tag{4}$$

folgt weiter $\qquad \sum_i w_{ki}(w_k - w_i) = 0, \qquad i, k = 1, 2, \ldots, g. \tag{5}$

Man sieht sofort, daß die Gleichungen (5) sicherlich befriedigt sind, wenn man sämtliche w_i einander gleich setzt. Wir können leicht sehen, daß es keine andere Lösung des Gleichungssystems (5) geben kann, die mit den oben ausgesprochenen Forderungen verträglich ist.

Wäre dies nämlich der Fall, wären also nicht alle w_i untereinander gleich, dann könnte man die Numerierung der Zellen stets so vornehmen, daß

$$w_1 = w_2 = \ldots = w_r \quad \text{und} \quad w_1 > w_{r+1}, \; w_1 > w_{r+2}, \ldots, w_1 > w_g \qquad (6)$$

gilt. Wählen wir nun $k \leq r$, dann verschwinden in (5) sämtliche Glieder $i \leq r$. Von den übrigen Gliedern können jedoch nicht alle verschwinden, da für sie die Ausdrücke $w_k - w_i$ nach (6) alle positiv sind und von den w_{ki} nicht alle verschwinden können, da sonst entgegen der Annahme das Gebiet der Zellen $1, 2, \ldots, r$ von dem der restlichen Zellen $r + 1, r + 2, \ldots, n$ vollkommen isoliert wäre. Da die nicht verschwindenden w_{ki} ihrer Bedeutung als Wahrscheinlichkeiten entsprechend positiv sind, folgt, daß die Summe in (5) positiv sein müßte und die Gleichung (5) nicht erfüllbar wäre. Damit ist die Unmöglichkeit der Annahme (6) bewiesen, d. h. es müssen alle w_i, wie behauptet wurde, untereinander gleich, also gleich $1/g$ sein.

Wir haben hiermit den Satz bewiesen, daß in einer mikrokanonischen Gesamtheit alle Phasen die gleiche Zustandswahrscheinlichkeit haben oder daß die relative Verweilzeit des Systems in allen Phasen gleich groß ist. Dieser Satz, der auch der älteren statistischen Mechanik bekannt war, wo er allerdings nur unter einer nicht beweisbaren Annahme, der sogenannten „*Ergodenhypothese*", aus den Bewegungsgleichungen der klassischen Mechanik abgeleitet werden kann, heißt der „LIOUVILLE*sche Satz*" der statistischen Mechanik. Aus ihm folgt sogleich, daß in einer mikrokanonischen Gesamtheit die Wahrscheinlichkeit dafür, den Phasenpunkt in einem bestimmten Zustandsgebiet des Phasenraumes aufzufinden, dem Volumen v dieses Gebietes proportional ist.

5. Die kanonische Gesamtheit. Wir wollen nun versuchen, die Zustandswahrscheinlichkeit eines Systems zu berechnen, das nach außen nicht abgeschlossen ist und Veränderungen zweiter Art ausführt. Die Zeitgesamtheit eines solchen Systems nennen wir nach GIBBS eine „*kanonische Gesamtheit*". Da nach dem LIOUVILLEschen Satz die Zustandswahrscheinlichkeiten für alle Phasen, die zur gleichen Energie E_i des Systems gehören, untereinander gleich sind, muß die Zustandswahrscheinlichkeit für eine beliebige Phase eine Funktion $w\,(E)$ der Energie allein sein.

Wir gehen von einem abgeschlossenen System der Gesamtenergie E aus, das sich in eine Anzahl n von Teilsystemen zerlegen lassen soll, die sich individuell wohl definieren lassen, aber nicht abgeschlossen sind, so daß sie miteinander in energetischer Wechselwirkung stehen. Die Wahrscheinlichkeit w dafür, daß sich das Gesamtsystem in einem bestimmten Zustand befindet, ist dann nach dem Multiplikationssatz der Wahrscheinlichkeitsrechnung durch das Produkt der Zustandswahrscheinlichkeiten für die Teilsysteme gegeben. Nennen wir die Zustandswahrscheinlichkeit des ersten Teilsystems w', dann ist nach der obenstehenden Überlegung w' eine Funktion der Energie E' des ersten Teilsystems allein. Analoges gilt für die Zustandswahrscheinlichkeiten w'', w''', $\ldots$, $w^{(n)}$ und die Energien E'', E''', $\ldots$, $E^{(n)}$ der übrigen Teilsysteme. Ebenso ist schließlich w eine Funktion der Gesamtenergie E allein. Es gilt also

$$w'\,(E') \cdot w''\,(E'') \cdot \;\ldots\; \cdot w^{(n)}\,(E^{(n)}) = w\,(E) = w\,(E' + E'' + \ldots + E^{(n)}). \qquad (7)$$

Logarithmiert man die Gleichung (7) und setzt

$$f^{(s)} = \log w^{(s)}, \quad f = \log w, \qquad (8)$$

so wird daraus

$$f'(E') + f''(E'') + \ldots + f^{(n)}(E^{(n)}) = f(E' + E'' + \ldots + E^{(n)}). \tag{9}$$

Soll die Funktionalgleichung (9) für alle möglichen Verteilungen der Gesamtenergie auf die Teilsysteme erfüllt sein, soll also die Summe der Funktionen $f^{(s)}$ gleich einer Funktion der Summe der Argumente sein, dann müssen die Funktionen $f^{(s)}$ linear sein, also von der Gestalt

$$f^{(s)} = a_s - b_s \cdot E^{(s)}, \qquad f = a - bE. \tag{10}$$

Einsetzen von (10) in (9) ergibt

$$\sum_{s=1}^{n} a_s - \sum_{s=1}^{n} b_s \cdot E^{(s)} = a - b \sum_{s=1}^{n} E^{(s)}, \tag{11}$$

eine Gleichung, die offenbar nur dann allgemein befriedigt werden kann, wenn alle b_s untereinander gleich und zwar gleich b sind. Aus (8) und (10) folgt also

$$w^{(s)} = e^{f^{(s)}} = C_s \cdot e^{-bE^{(s)}}, \tag{12}$$

worin b eine für alle Teilsysteme gemeinsame Konstante ist.

Nun kann man offenbar jedes System, das mit einer Umgebung von praktisch unendlich großem Energieinhalt in statistischer Wechselwirkung steht und daher Veränderungen zweiter Art ausführt, als Teilsystem eines aus ihm und seiner Umgebung bestehenden Gesamtsystems auffassen. Die Zustandswahrscheinlichkeit eines solchen Systems genügt also einer Formel von der Gestalt (12); für die Wahrscheinlichkeit der i-ten Phase können wir schreiben

$$w_i = C \cdot e^{-\frac{\varepsilon_i}{\Theta}} = e^{\frac{\psi - \varepsilon_i}{\Theta}}, \tag{13}$$

worin ε_i die Energie dieser Phase ist und C bzw. ψ Konstanten sind, die sich dadurch bestimmen, daß die Summe der Ausdrücke (13) über alle möglichen Phasen gleich Eins ergeben muß, d. h. die Gleichung

$$\sum_{i=1}^{\infty} C e^{-\frac{\varepsilon_i}{\Theta}} = \sum_{i=1}^{\infty} e^{\frac{\psi - \varepsilon_i}{\Theta}} = 1 \tag{14}$$

erfüllt ist. Die Konstante Θ, die, wie wir oben gesehen haben, durch die Beschaffenheit der Umgebung des Systems bestimmt ist (da sie für alle Teilsysteme den gleichen Wert hat), nennen wir den „*Modul*" der kanonischen Gesamtheit. Damit die Gleichung (14) erfüllbar ist, muß offenbar $\Theta > 0$ sein.

Aus (13) können wir nun die Wahrscheinlichkeit $w(E_k)$ dafür ableiten, daß das betrachtete System sich auf der k-ten Energiestufe befindet. Umfaßt diese nämlich g_k Phasen (das entsprechende Zustandsgebiet im Phasenraum g_k Zellen), so ist, da nach dem LIOUVILLEschen Satz alle diese Phasen die gleiche Wahrscheinlichkeit haben,

$$w(E_k) = C \cdot g_k \cdot e^{-\frac{E_k}{\Theta}} = g_k \cdot e^{\frac{\psi - E_k}{\Theta}}. \tag{15}$$

Wir nennen die Zahl g_k, die die Vielfachheit des k-ten Energieniveaus angibt, sein „*statistisches Gewicht*".

Da g_k dem Volumen V_k des zur Energie E_k gehörigen Zustandsgebietes im Phasenraum proportional ist, können wir statt (15) auch schreiben

$$w(E_k) = C \cdot V_k \cdot e^{-\frac{E_k}{\Theta}}. \tag{16}$$

Um die für den Bereich der *klassischen Mechanik* gültige Wahrscheinlichkeitsformel für die kanonische Gesamtheit zu erhalten, müssen wir bloß bedenken, daß hier die Meßgenauigkeit für Koordinaten und Impulse so klein ist, daß jeder „infinitesimale" Bereich $dV = dx_1\, dx_2 \ldots dx_{6N}$ des Phasenraumes noch sehr viele Zellen enthält und ebenso die Meßgenauigkeit für die Energie so klein ist, daß in jedem infinitesimalen Bereich dE noch sehr viele Eigenwerte liegen, so daß man die Energie als stetig veränderlich ansehen kann. Daher wird dann auch die Zustandswahrscheinlichkeit in eine kontinuierliche Wahrscheinlichkeitsfunktion übergehen. Führen wir gemäß § 17, 1. und § 17, 5. die „Wahrscheinlichkeitsdichte" $\mathfrak{w}\,(x_1, \ldots, x_{6N})$ ein, d. h. bezeichnet $\mathfrak{w}\,(x_1, x_2, \ldots, x_{6N})\, dx_1 \ldots dx_{6N}$ die Wahrscheinlichkeit dafür, daß sich das System in dem Zustandsgebiet dV befindet, dann folgt durch Grenzübergang aus (16)

$$\mathfrak{w}\,(x_1, \ldots, x_{6N})\, dx_1 \ldots dx_{6N} = C\,.\,e^{-\dfrac{E\,(x_1,\ldots,x_{6N})}{\Theta}}\, dV = e^{\dfrac{\psi-E}{\Theta}}\, dV, \tag{17}$$

worin nun wieder C bzw. ψ so zu bestimmen sind, daß die Bedingung (37) § 17 erfüllt ist, also

$$\int \ldots \int C\,.\,e^{-\dfrac{E\,(x_1,\ldots,x_{6N})}{\Theta}}\, dV = \int \ldots \int e^{\dfrac{\psi-E}{\Theta}}\, dV = 1 \tag{18}$$

gilt, worin die Integration über den ganzen Phasenraum zu erstrecken ist.

6. Der Gleichverteilungssatz. Mit Hilfe der unter 5. abgeleiteten Formel für die Zustandswahrscheinlichkeit in einer kanonischen Gesamtheit kann man nach den Anweisungen der Formeln (13) § 16 bzw. (9) § 17 und (39) § 17 den zeitlichen Mittelwert einer jeden Zustandsfunktion berechnen. Wir wollen zunächst mit Benutzung der Formeln (17) und (18) den Mittelwert der kinetischen Energie eines beliebigen Freiheitsgrades unseres Systems im Gültigkeitsbereich der klassischen Mechanik berechnen.

Nach (26) § 18 ist die kinetische Energie eines Systems von Massenpunkten eine quadratische Funktion der Impulskomponenten der einzelnen Massenpunkte, während die potentielle Energie von den Impulsen nicht abhängt. Nennen wir die Impulskomponente des betrachteten Freiheitsgrades p, dann können wir E in der Form

$$E = \lambda p^2 + E_1 \tag{19}$$

ansetzen, worin λ eine Konstante ist und E_1 von den p unabhängig und bloß eine Funktion der übrigen Impulskomponenten und der Koordinaten des Systems ist. Nun können wir das Volumenelement dV im Phasenraum wie folgt zerlegen:

$$dV = dp\,.\,dV_1, \tag{20}$$

worin wieder dV_1 das Produkt der Differentiale aller übrigen Impulskomponenten und Koordinaten ist.

Für den gesuchten Mittelwert $\overline{L}$ der auf den hervorgehobenen Freiheitsgrad entfallenden kinetischen Energie, also den Mittelwert der Größe λp^2, erhalten wir nun gemäß Formel (39) § 17 mit Benutzung von (17), (19) und (20)

$$\overline{L} = \frac{\displaystyle\int \ldots \int \lambda p^2\,.\,C\,.\,e^{-\dfrac{E_1}{\Theta}}\,.\,e^{-\dfrac{\lambda p^2}{\Theta}}\, dV_1\, dp}{\displaystyle\int \ldots \int C\,.\,e^{-\dfrac{E_1}{\Theta}}\,.\,e^{-\dfrac{\lambda p^2}{\Theta}}\, dV_1\, dp} = \frac{\displaystyle\int_{-\infty}^{+\infty} \lambda p^2 e^{-\dfrac{\lambda p^2}{\Theta}}\, dp}{\displaystyle\int_{-\infty}^{+\infty} e^{-\dfrac{\lambda p^2}{\Theta}}\, dp}\,. \tag{21}$$

Wie man sieht, reduziert sich die Berechnung von $\overline{L}$ auf die des Mittelwertes der Größe λp^2 in bezug auf die Wahrscheinlichkeitsfunktion $e^{-\dfrac{\lambda p^2}{\Theta}}$ einer einzigen

Variablen p. Diese Funktion ist mit der GAUSSschen Funktion (12) § 17 identisch, wie man sieht, wenn man dortselbst $x - x_0$ durch p und h^2 durch $\dfrac{\lambda}{\Theta}$ ersetzt. Die Formel (23) § 17 ergibt für den Mittelwert der Größe $(x - x_0)^2$ gemäß der GAUSSschen Wahrscheinlichkeitsfunktion den Wert $1/2h^2$. Auf unseren Fall übertragen bedeutet dies, daß der Mittelwert von p^2 gleich ist $\dfrac{1}{2}\dfrac{\Theta}{\lambda}$; der Mittelwert von λp^2 ist λ-mal so groß.

Wir erhalten also schließlich die einfache Beziehung

$$\overline{L} = \frac{\Theta}{2}. \tag{22}$$

Auf jeden Freiheitsgrad des betrachteten Systems entfällt im zeitlichen Mittel die gleiche kinetische Energie. Dieser von BOLTZMANN gefundene Satz heißt der „*Gleichverteilungssatz*" der statistischen Mechanik.

Der eben abgeleitete Satz muß natürlich auch für die Freiheitsgrade einer mikrokanonischen Gesamtheit Geltung haben (die ja nur ein Spezialfall einer kanonischen Gesamtheit ist). Zerlegt man sie, wie unter 5. in Teilsysteme, so muß in Übereinstimmung mit dem dortselbst gefundenen Resultat für alle Teilsysteme Θ den gleichen Wert haben. In § 38, 5. werden wir zeigen, daß die Zustandsgleichung des idealen Gases aus der kanonischen Formel (17) abgeleitet werden kann, wenn man darin

$$\Theta = kT \tag{23}$$

setzt, worin T die absolute Temperatur des Gases ist und die universelle Konstante k, die „BOLTZMANNsche *Konstante*" gleich ist R/N_0 (Gaskonstante durch LOSCHMIDTsche Zahl) mit dem Zahlenwert $1{,}371 \cdot 10^{-16}$ Erg . Grad^{-1}. Durch Vergleich der Formeln (22) und (23) folgt, daß für ein ideales Gas die mittlere kinetische Energie eines Moleküls pro Freiheitsgrad mit der absoluten Temperatur T durch die Gleichung

$$\overline{L} = \frac{1}{2}kT \tag{24}$$

zusammenhängt.

Da man die Temperatur eines beliebigen Körpers dadurch bestimmt, daß man ihn mit einem „idealen Gasthermometer"[1] in Berührung bringt und wartet, bis sich ein Gleichgewicht eingestellt hat, und da nach Erreichung dieses Gleichgewichtes der Modul des zu messenden Körpers gleich dem des Thermometers sein muß, da ja beide zusammen eine mikrokanonische Gesamtheit bilden, so folgt, daß die Beziehungen (23) und (24) ganz allgemein gültig sind und daß man in den Formeln (13) bis (18) Θ durch kT ersetzen kann.

Für große Θ, d. h. hohe Temperaturen, ändert sich in der Formel (16) der Exponent der e-Potenz beim Übergang von einem zu einem anderen Quantenzustand nur sehr wenig; man kann daher in diesem Falle für nicht zu große Energien die Zustandswahrscheinlichkeit als kontinuierliche Funktion der Energie ansehen und sieht demnach, daß die klassische kanonische Formel (17) gerade für den Grenzfall hoher Temperaturen Gültigkeit haben wird.

7. Zwei Beispiele für kanonische Gesamtheiten. a) Der lineare, harmonische Oszillator.

Als erstes Beispiel einer kanonischen Gesamtheit betrachten wir den *linearen harmonischen Oszillator*, dessen quantenmechanische Behandlung in § 31, 1. durchgeführt worden ist. Wir fanden gemäß Formel (11) § 31, daß zur Frequenz ν des Oszillators die Energieeigenwerte

$$E_n = h\nu\left(n + \frac{1}{2}\right) \qquad n = 0, 1, 2, \ldots \tag{25}$$

---

[1] Vgl. „Exp.-Physik", § 39.

gehören. Alle diese Eigenwerte erwiesen sich als einfach, daher sind sämtliche g_n gleich 1 zu setzen.

Aus Formel (15) in Verbindung mit (24) und (25) folgt nun für die Zustandswahrscheinlichkeit des n-ten Quantenzustandes w_n in einer Umgebung der Temperatur T

$$w_n = C \cdot e^{-\frac{h\nu\left(n+\frac{1}{2}\right)}{kT}}, \tag{26}$$

worin wieder C so zu bestimmen ist, daß die Summe der Ausdrücke (26) über alle Werte von n von Null bis Unendlich gleich Eins ist.

Für den Mittelwert der Energie $\overline{E}$ ergibt sich hieraus gemäß Formel (13) § 16:

$$\overline{E} = \frac{\sum\limits_{n=0}^{\infty} E_n w_n}{\sum\limits_{n=0}^{\infty} w_n} = h\nu \frac{\sum\limits_{n=0}^{\infty}\left(n+\frac{1}{2}\right)e^{-\frac{n h\nu}{kT}}}{\sum\limits_{n=0}^{\infty} e^{-\frac{n h\nu}{kT}}} = \frac{h\nu}{2} + h\nu \frac{\sum\limits_{n=0}^{\infty} n\, e^{an}}{\sum\limits_{n=0}^{\infty} e^{an}}, \tag{27}$$

wo zur Abkürzung gesetzt ist

$$\alpha = -\frac{h\nu}{kT}. \tag{28}$$

Nach der bekannten Formel für die Summe einer geometrischen Reihe gilt

$$\sum\limits_{n=0}^{\infty} e^{an} = \frac{1}{1-e^{a}}. \tag{29}$$

Differentiiert man hierin auf der linken Seite gliedweise nach α (was hier offenbar gestattet ist) und ebenso die rechte Seite nach α, so erhält man

$$\sum\limits_{n=0}^{\infty} n\, e^{an} = \frac{e^{a}}{(1-e^{a})^{2}}. \tag{30}$$

Durch Einsetzen aus (29) und (30) in (27) folgt schließlich mit Benutzung von (28) für den gesuchten zeitlichen Mittelwert der Energie:

$$\left.\begin{aligned} \overline{E} &= \frac{h\nu}{2} + h\nu \frac{e^{a}}{1-e^{a}} = \frac{h\nu}{2} + h\nu \frac{1}{e^{-a}-1} \\ &= \frac{h\nu}{2} + h\nu \frac{1}{e^{\frac{h\nu}{kT}}-1} \end{aligned}\right\} \tag{31}$$

Für den Grenzfall sehr hoher T (d. h. $kT \gg h\nu$) erhält man durch Entwicklung der e-Potenz im Nenner nach einer Potenzreihe

$$\overline{E} = \frac{h\nu}{2} + \frac{h\nu}{1+\frac{h\nu}{kT}+\cdots-1} = kT. \tag{32}$$

Der Mittelwert der Gesamtenergie des Oszillators wird also doppelt so groß als der Mittelwert der kinetischen Energie, da ja für diesen Grenzfall die Formel (23) gilt. Dies läßt sich leicht verstehen, da ja bei jeder harmonischen Bewegung die Maximalwerte der kinetischen und der potentiellen Energie gleich groß sind und daher auch der zeitliche Mittelwert der potentiellen gleich dem Mittelwert der kinetischen Energie sein muß, also die Gesamtenergie gerade doppelt so groß.

b) *Der Rotator.* Als zweites Beispiel betrachten wir den in § 31, 2. quantenmechanisch behandelten zweidimensionalen Rotator mit dem Hauptträgheitsmomten A. Nach Formel (25) § 31 gehört zur Quantenzahl l die Energie

$$E_l = \frac{h^2}{8\,\pi^2 A}\, l\,(l+1), \qquad l = 0, 1, 2, \ldots, \tag{33}$$

wobei dem l-ten Quantenzustand das Gewicht

$$g_l = 2\,l + 1 \tag{34}$$

zukommt.

Aus Formel (15) folgt nun wieder für die Zustandswahrscheinlichkeit w_l bei der Temperatur T

$$w_l = C\,(2\,l+1)\cdot e^{-\frac{h^2\,l\,(l+1)}{8\,\pi^2 A\,k\,T}} = C'\,(2\,l+1)\,e^{-\frac{h^2\left(l+\frac{1}{2}\right)^2}{8\,\pi^2 A\,k\,T}}, \tag{35}$$

worin die Konstante C' durch die Bedingung bestimmt ist, daß die Summe der Ausdrücke (35) über alle Werte von l von Null bis Unendlich gleich Eins sein soll.

Wir wollen auch hier wieder den zeitlichen Mittelwert der Energie berechnen und erhalten dafür

$$\overline{E} = \frac{h^2}{8\,\pi^2 A}\,\frac{\sum\limits_{l=0}^{\infty}(2\,l+1)\,l\,(l+1)\,e^{-\left(l+\frac{1}{2}\right)^2 y}}{\sum\limits_{l=0}^{\infty}(2\,l+1)\,e^{-\left(l+\frac{1}{2}\right)^2 y}}, \tag{36}$$

worin zur Abkürzung gesetzt ist

$$y = \frac{h^2}{8\,\pi^2 A\,k\,T}. \tag{37}$$

Für den Grenzfall sehr kleiner y kann man die Summen in (36) durch die von Null bis Unendlich erstreckten Integrale über eine stetige Veränderliche l ersetzen. Benutzt man als Integrationsvariable die Größe

$$x = \left(l+\frac{1}{2}\right)^2, \tag{38}$$

dann gilt als Näherungswert für die Summe im Nenner von (36)

$$\int\limits_0^{\infty} e^{-xy}\,d\,x = \frac{1}{y}$$

und als Näherungswert für die Summe im Zähler von (36)

$$\int\limits_0^{\infty}\left(x-\frac{1}{4}\right)e^{-xy}\,d\,x = -\frac{1}{4\,y} + \frac{1}{y^2},$$

daher für kleine y

$$\overline{E} = \frac{h^2}{8\pi^2 A}\left(\frac{1}{y} - \frac{1}{4}\right) \sim \frac{h^2}{8\,\pi^2 A\,y} = k\,T. \tag{39}$$

Da der hier betrachtete Rotator zwei Freiheitsgrade der Rotation besitzt — die Achse ist in bezug auf den Rotator fest und in bezug auf ein ruhendes Koordinatensystem durch die Angabe von zwei Winkeln festlegbar — entfällt, wie man sieht, in dem vorliegenden Grenzfall auf jeden Freiheitsgrad der Rotation im Mittel die kinetische Energie $1/2\,.\,k\,T$ (die potentielle Energie ist ja gleich Null).

Die Bedingung kleiner y ist für genügend hohe Temperaturen erfüllt, wenn gleichzeitig das Trägheitsmoment A um die Rotationsachse nicht zu klein ist. In Erweiterung des Gleichverteilungssatzes von 6. können wir also jetzt sagen, daß unter dieser Bedingung in einem aus starren Körpern zusammengesetzten System im zeitlichen Mittel auf jeden Freiheitsgrad der Translation und der Rotation in einer kanonischen Gesamtheit die mittlere kinetische Energie $1/2\,.\,k\,T$ entfällt.

Für den entgegengesetzten Grenzfall sehr großer y kann man in der Summe in (36) alle Glieder gegen das erste nicht verschwindende, d. h. im Zähler gegen das Glied $l = 1$ und im Nenner gegen das Glied $l = 0$ vernachlässigen und erhält

$$\overline{E} \sim \frac{h^2}{8\pi^2 A}\, \frac{6\, e^{-\frac{9}{4}y}}{e^{-\frac{1}{4}y}} = \frac{3\,h^2}{4\pi^2 A}\, e^{-2\,y} = \frac{3\,h^2}{4\pi^2 A} \cdot e^{-\frac{h^2}{4\pi^2 A\,k\,T}}. \tag{40}$$

Für sehr niedrige Temperaturen bzw. kleine Trägheitsmomente A geht also $\overline{E}$ exponentiell gegen Null.

8. Mittelwert und Schwankungen von Phasenfunktionen. Als *„Phasenfunktion"* ξ eines Systems wollen wir eine Größe bezeichnen, die von den $6\,N$ Phasenkoordinaten $x_1, \ldots, x_{6N}$ abhängt und auch noch die äußeren Parameter $\lambda_1, \ldots, \lambda_s$ enthalten kann, also eine Funktion von der Gestalt

$$\xi = f\,(x_1, \ldots, x_{6N};\ \lambda_1, \ldots, \lambda_s). \tag{41}$$

Als Beispiel einer solchen Phasenfunktion haben wir bereits die Energiefunktion (2) kennengelernt.

In einer kanonischen Zeitgesamtheit kommt jedem Wert von ξ eine bestimmte relative Verweilzeit oder Wahrscheinlichkeit zu, die man vermöge der Formel (13) bzw. (17) berechnen kann. Hat das betrachtete System, wie es ja meistens der Fall ist, sehr viele Freiheitsgrade und ist die Größe ξ eine „makroskopisch beobachtbare Größe", dann können wir in Verallgemeinerung des unter 5. durchgeführten Gedankenganges annehmen, daß zu jedem infinitesimalen Bereich $d\xi$ von ξ noch sehr viele Quantenzustände hinzugehören. Wir können also eine kontinuierliche Wahrscheinlichkeitsdichte $\mathfrak{w}\,(\xi)$ so definieren, daß $\mathfrak{w}\,(\xi)\,d\xi$ die Wahrscheinlichkeit dafür angibt, ξ in einem Intervall zwischen ξ und $\xi + d\xi$ anzutreffen. Nach (17) und (23) erhalten wir

$$\mathfrak{w}\,(\xi)\,d\xi = C \cdot e^{-\frac{E\,(\xi)}{k\,T}}\,dV_\xi, \tag{42}$$

worin $E\,(\xi)$ den zu dem betrachteten Wert von ξ gehörigen Energiewert und dV_ξ das Volumen im Phasenraum bezeichnet, das alle Phasen umfaßt, die mit dem vorgegebenen Intervall von ξ verträglich sind.

Man sieht leicht, daß die Funktion (42) für ein bestimmtes ξ ein sehr scharfes Maximum haben muß. Da nämlich kT nach 6. die Größenordnung der mittleren Energie pro Freiheitsgrad hat und E die Gesamtenergie des Systems ist, muß der Exponent der e-Potenz mit wachsendem E sehr rasch zunehmen und daher der erste Faktor von $w\,(\xi)$ mit wachsendem E außerordentlich rasch abnehmen. Anderseits nimmt aber die Entartung des Systems mit wachsendem E sehr rasch zu, da man auf um so mannigfaltigere Weise die Energie über die einzelnen Systembestandteile aufteilen kann, je größer sie ist. Es nimmt daher dV_ξ mit wachsendem E außerordentlich rasch zu, womit die Richtigkeit der oben aufgestellten Behauptung erwiesen erscheint.

Wegen der Steilheit der Häufigkeitsverteilung (42) fällt praktisch der Mittelwert $\overline{\xi}$ mit dem wahrscheinlichsten Wert ξ_0 zusammen und die durch das mittlere Schwankungsquadrat $\overline{\delta_\xi^2}$ gemessene Dispersion dieser Verteilung ist in dem betrachteten Fall sehr klein.

In gewissen Fällen läßt sich nach EINSTEIN die Gestalt der Wahrscheinlichkeitsfunktion (42) explizite angeben, nämlich wenn es sich durch eine Abänderung der äußeren Bedingungen, z. B. durch eine Änderung der auf das System von außen wirkenden Kräfte erzielen läßt, daß alle Werte von ξ die gleiche Wahrscheinlichkeit $A\,d\xi$ erhalten, also

$$e^{-\frac{E_0(\xi)}{k\,T}}\,dV_\xi = A\,d\xi \tag{43}$$

gilt, worin $E_0(\xi)$ den Energieinhalt des abgeänderten Systems bedeutet. Stellt man jetzt die ursprünglichen Bedingungen wieder her, so wird von den äußeren Kräften eine gewisse Arbeit $\chi(\xi)$ geleistet, um die sich der Energieinhalt vermehrt, so daß für die Energie des ursprünglichen Systems gilt

$$E(\xi) = E_0(\xi) + \chi(\xi). \tag{44}$$

Aus (42), (43) und (44) folgt

$$\mathfrak{w}(\xi)\,d\xi = \text{Const}\,.\,e^{-\frac{\chi(\xi)}{kT}}\,d\xi. \tag{45}$$

Da E als Energie nur bis auf eine additive Konstante definiert ist, können wir $\chi(\xi)$ in (45) stets so ansetzen, daß

$$\chi(\xi_0) = 0 \tag{46}$$

ist, $\chi(\xi)$ also die Arbeit bedeutet, die an dem System von außen geleistet werden muß, um es aus dem wahrscheinlichsten Zustand mit $\xi = \xi_0$ in den Zustand ξ zu bringen. Die Konstante in (45) ergibt sich aus der Bedingung, daß das über alle Werte von ξ erstreckte Integral den Wert Eins ergeben muß.

Da gemäß der obigen Normierung $w(\xi)$ für $\chi = 0$ seinen größten Wert haben soll, so muß $\chi(\xi)$ stets positiv sein, es muß also stets Arbeit von außen an dem System geleistet werden, um es aus dem wahrscheinlichsten in einen weniger wahrscheinlichen Zustand zu bringen. Der wahrscheinlichste Zustand ist also im Sinne der Statik der materiellen Punktsysteme gleichzeitig die Lage stabilen Gleichgewichtes (§ 20, 1.). Infolge der statistischen Wechselwirkung mit der Umgebung wird jedoch das System ständig Schwankungen um die stabile Gleichgewichtslage ausführen, deren Wahrscheinlichkeit aus (45) ermittelt werden kann.

Man sieht, daß in einem makroskopischen System, bei dem in der Regel die zur Hervorbringung einer merklichen Veränderung von ξ erforderliche Arbeit sehr groß gegen kT ist, die Wahrscheinlichkeit für ein dem ξ_0 nicht unmittelbar benachbartes ξ äußerst klein sein wird. Für kleine Werte von $(\xi - \xi_0)$ kann man aber sicher $\chi(\xi)$ in eine Potenzreihe nach $(\xi - \xi_0)$ entwickeln, die mit dem Gliede zweiter Ordnung beginnen muß, da ja nach der obenstehenden Bemerkung χ für $\xi = 0$ ein Minimum haben soll und dortselbst der Bedingung (46) genügt. Setzen wir also

$$\chi(\xi) = a\,(\xi - \xi_0)^2, \tag{47}$$

worin a eine positive Konstante ist, die von dem Mechanismus des Systems (den äußeren Kräften) abhängt, dann nimmt (45) die Gestalt

$$\mathfrak{w}(\xi) = \text{Const}\,.\,e^{-\frac{a}{kT}(\xi - \xi_0)^2} \tag{48}$$

an, hat also die Form der GAUSSschen Wahrscheinlichkeitsfunktion (12) § 17. Hieraus erhellt die große Bedeutung gerade dieser Wahrscheinlichkeitsfunktion für die physikalische Statistik. Für das mittlere Schwankungsquadrat von ξ folgt aus (23) § 17

$$\overline{(\xi - \xi_0)^2} = \frac{kT}{2a}, \tag{49}$$

die Schwankung ist also um so größer, je höher die Temperatur und je kleiner die zur Störung des Gleichgewichtes erforderliche Arbeit ist.

§ 36. Die statistische Begründung der Hauptsätze der Thermodynamik.

1. Die statistische Deutung der thermodynamischen Zustandsgrößen. Alle an einem statistisch-mechanischen System beobachtbaren Größen müssen offenbar im Sinne von § 35, 8. Phasenfunktionen sein. Wie wir dort sahen, führen diese

Größen um gewisse Mittelwerte unregelmäßige zeitliche Schwankungen aus, die um so kleiner sind, je größer die betrachteten Systeme sind. Die in der Thermodynamik zur Kennzeichnung des Zustandes eines makroskopischen Systems verwendeten Zustandsgrößen (§ 32, 1.) können daher statistisch ebenfalls als Mittelwerte entsprechender Phasenfunktionen definiert werden. Infolge der Kleinheit der Schwankungen entziehen sich diese der Beobachtung bei Verwendung nicht sehr feiner Beobachtungsmittel, so daß es verständlich wird, wieso es möglich ist, die im Kapitel XI entwickelte klassische Thermodynamik mit Verwendung der phänomenologisch definierten thermodynamischen Zustandsgrößen aufzubauen. Daß die Zurückführung dieser Größen auf statistische Phasenfunktionen berechtigt ist, beweist die Existenz der Schwankungen, die sich bei Verwendung feiner Beobachtungsmittel enthüllen[1].

Die statistische Definition der Temperatur haben wir bereits in § 35, 6. vorgenommen. Die Gleichung (23) § 35 verknüpft den Modul einer kanonischen Gesamtheit mit der durch ein ideales Gasthermometer definierten absoluten Temperatur. Daß die so eingeführte Zustandsgröße wirklich die Eigenschaften der Temperatur hat, folgt aus der Tatsache, daß, wie wir in § 35, 5. zeigten, bei der Vereinigung mehrerer Teilsysteme zu einem gemeinsamen, abgeschlossenen System die Moduln der Teilsysteme den gleichen Wert annehmen müssen, so daß sich ein „*statistisches Gleichgewicht*" zwischen ihnen einstellt; dies steht offenbar mit dem Erfahrungssatz im Einklang, nach dem sich die Temperaturen mehrerer, zu einem Gesamtsystem vereinigter Teilsysteme im Zustand des „thermodynamischen Gleichgewichtes" ausgleichen.

Die in § 32, 4. eingeführte innere Energie U eines Systems werden wir offenbar mit dem Mittelwert $\overline{E}$ der durch die Formel (2) § 35 eingeführten Phasenfunktion zu identifizieren haben, wofür eine nähere Erklärung zu geben sich wohl erübrigt. Die Definition der Zustandsfunktion p, des Druckes, werden wir sogleich in 2. vornehmen. Das Volumen V kann für einen festen Körper als Mittelwert des Inhaltes der kleinsten das System umhüllenden Fläche definiert werden. Im Falle von Gasen und Flüssigkeiten jedoch, wo das Volumen durch starre, das System begrenzende Wände bestimmt ist, bildet es einen der äußeren Parameter λ des Systems; im festen Körper spielen die gleiche Rolle die Komponenten des Deformationstensors B (§ 22, 2.).

2. Die statistische Formulierung des ersten Hauptsatzes. Für die Variation δE des Energieinhaltes eines Systems ergibt sich gemäß (2) § 35

$$\delta E = \sum_{k=1}^{6\,N} \frac{\partial E}{\partial x_k}\, \delta x_k + \sum_{r=1}^{s} \frac{\partial E}{\partial \lambda_r}\, \delta \lambda_r. \tag{1}$$

Bildet man auf beiden Seiten den kanonischen Mittelwert, so erhält man

$$(\overline{\delta E}) = \delta \overline{E} = \sum_{k=1}^{6\,N} \overline{\frac{\partial E}{\partial x_k}\, \delta x_k} + \sum_{r=1}^{s} \overline{\frac{\partial E}{\partial \lambda_r}\, \delta \lambda_r}. \tag{2}$$

Die Gleichung (2) kann man in unmittelbare Beziehung zu der Formulierung des ersten Hauptsatzes durch die Gleichung (10) § 32 setzen. In der Tat ist die Größe $\delta \overline{E}$ auf der linken Seite von (2) nach dem unter 1. Gesagten nichts anderes als die Änderung dU der inneren Energie. Der erste Term auf der rechten Seite stellt die Änderung des Energieinhaltes eines Systems dar, die auf die Veränderungen zweiter Art zurückzuführen ist, also auf die statistische Wechselwirkung

---

[1] Vgl. „Exp.-Physik", § 55.

zwischen dem betrachteten System und seiner Umgebung. Wir werden ihn gemäß der kinetischen Auffassung der Wärme als unregelmäßige Bewegung der kleinsten Teile eines Körpers, also als die zugeführte Wärmemenge δQ zu deuten haben. Der zweite Term auf der rechten Seite von (2) schließlich stellt die Änderung des Energieinhaltes des Systems dar, die durch die Veränderungen dritter Art bewirkt sind; er ist also mit der bei dieser Veränderung an dem System von außen geleisteten Arbeit δA identisch.

Ist nur ein einziger Parameter λ vorhanden, nämlich das Volumen V, wie wir es in der vereinfachten Behandlung der Thermodynamik im Kapitel XI stets angenommen hatten, dann reduziert sich dieser zweite Term auf

$$\delta A = \left(\overline{\frac{\partial E}{\partial V} \, \delta V} \right). \tag{3}$$

Vergleichen wir diese Beziehung mit der Gleichung (12) § 32, so sehen wir, daß wir die Zustandsfunktion p statistisch durch den Mittelwert der Phasenfunktion $- \dfrac{\partial E}{\partial V}$ zu definieren haben:

$$p = -\left(\overline{\frac{\partial E}{\partial V}} \right). \tag{4}$$

Analog erhält man für einen festen, elastischen Körper bei Einführung der Komponenten des Verzerrungstensors B als Parameter λ_r durch Vergleich mit den Formeln (7) § 22 und (10) § 22 die statistische Deutung der Komponenten des Tensors T der elastischen Spannungen als kanonische Mittelwerte der Ableitungen von E nach den β.

Da gemäß § 30, 3. und § 35, 3. bei einer unendlich langsamen Änderung der λ_r keine Übergänge in andere Quantenzustände hervorgerufen werden, ist bei einer solchen Änderung der erste Term in (2) gleich Null, also auf Grund des Vorhergehenden $\delta Q = 0$. Ein solcher Prozeß ist demnach gemäß der Definition von § 32, 4. als adiabatisch zu bezeichnen. Dies rechtfertigt die von uns bereits früher eingeführte Bezeichnung „adiabatisch" für solche Vorgänge.

3. Die statistische Deutung der Entropie und der freien Energie. Um die statistische Deutung der Entropie zu gewinnen, gehen wir nach EINSTEIN von der Gleichung (14) § 35 aus. Führen wir eine kleine Variation der äußeren Parameter λ_r und des Moduls Θ (durch Veränderung der äußeren Temperatur) also eine kleine Veränderung dritter Art des Systems aus, dann muß, da die rechte Seite dieser Gleichung konstant ist, die Variation der linken Seite verschwinden:

$$\delta \sum_{i=1}^{\infty} e^{\frac{\psi - \varepsilon_i}{\Theta}} = \sum_{i=1}^{\infty} \delta \left(\frac{\psi - \varepsilon_i}{\Theta} \right) \cdot e^{\frac{\psi - \varepsilon_i}{\Theta}} = 0, \tag{5}$$

Die linke Seite von (5) ist nun nach Formel (9) § 17 und Formel (13) § 35 der zeitliche Mittelwert der Phasenfunktion $\delta \left(\dfrac{\psi - E}{\Theta} \right)$, wir können also statt (5) auch schreiben

$$\overline{\delta \left(\frac{\psi - E}{\Theta} \right)} = \overline{\delta \left(\frac{\psi}{\Theta} \right)} - \delta \left(\frac{1}{\Theta} \right) \cdot \bar{E} - \frac{1}{\Theta} \sum_{r=1}^{s} \overline{\frac{\partial E}{\partial \lambda_r}} \, \delta \lambda_r = 0. \tag{6}$$

Setzen wir hierin nach den Entwicklungen von 2. für $\bar{E}$ die innere Energie U und gemäß Gleichung (2) statt der Summe im dritten Glied $\delta (U - Q)$, so gilt weiter

$$\delta \left(\frac{\psi}{\Theta} \right) - \delta \left(\frac{1}{\Theta} \right) \cdot U - \frac{1}{\Theta} (\delta U - \delta Q) = 0$$

oder mit Benutzung von (23) § 35

$$\frac{\delta Q}{T} = -\delta \left(\frac{\psi}{T} \right) + \delta \left(\frac{U}{T} \right) = \delta \left(\frac{U - \psi}{T} \right). \tag{7}$$

Da die Größe $\dfrac{U-\psi}{T}$ als Mittelwert einer Phasenfunktion eine thermodynamische Zustandsgröße darstellt, ist die Größe $\dfrac{\delta Q}{T}$ das Differential einer Zustandsgröße, die nach der phänomenologischen Definition (27) § 32 mit der Entropie identisch ist. Aus (7) folgt also weiter

$$d\,S = d\left(\frac{U-\psi}{T}\right) \tag{8}$$

und hieraus bis auf eine belanglose additive Konstante mit Berücksichtigung von (33) § 32

$$\psi = U - S\,T = F. \tag{9}$$

Wie man sieht, kann die in der Thermodynamik aus dem zweiten Hauptsatze abgeleitete Tatsache, daß die Größe $\dfrac{\delta Q}{T}$ ein vollständiges Differential einer Zustandsfunktion ist, aus der statistischen Mechanik gefolgert werden; ferner sieht man, daß die in der Thermodynamik benutzte Zustandsgröße „freie Energie" mit der in der kanonischen Verteilungsformel eingeführten Phasenfunktion ψ identisch ist. Da aus den Formeln (14) § 35 und (15) § 35 für ψ die Beziehung

$$e^{-\frac{\psi}{kT}} = \sum_i g_i\, e^{-\frac{E_i}{kT}}$$

folgt, ergibt sich nun für die freie Energie mit Benutzung von (9) die Formel

$$F = -\,k\,T\,\log\sum_i g_i\, e^{-\frac{E_i}{kT}}\,; \tag{10}$$

die hierin auftretende Summe wird als die „Zustandssumme" des Systems bezeichnet und ist über alle voneinander verschiedenen Quantenzustände des Systems zu erstrecken.

Sind demnach alle Energieeigenwerte E_i und die zugehörigen Gewichte g_i eines Systems bekannt, dann kann man mittels der Formel (10) die freie Energie des Systems als Funktion der Temperatur und der in die E_i eingehenden äußeren Parameter (z. B. des Volumens) berechnen. Damit ist aber das thermodynamische Verhalten des Systems vollkommen festgelegt, wie in § 33, 4. gezeigt worden ist.

Innerhalb des Gültigkeitsgebietes der klassischen Mechanik ist gemäß § 35, 5. die Zustandssumme in (10) durch das entsprechende „Zustandsintegral" zu ersetzen, also

$$F = -\,k\,T\,\log\int\ldots\int e^{-\frac{E(x_1,\ldots,x_{6N})}{kT}}\,d\,V \tag{11}$$

zu setzen, ein Ausdruck, der sich berechnen läßt, wenn die Energiefunktion des Systems bekannt ist.

4. Das Boltzmannsche Prinzip und die statistische Deutung des zweiten Hauptsatzes der Thermodynamik. Unter § 35, 8. haben wir gezeigt, daß die unter dem Summenzeichen der Zustandssumme stehende Phasenfunktion bei einem makroskopischen System mit vielen Freiheitsgraden für einen bestimmten Wert $\bar{E}$ der Energie, der mit dem Mittelwert praktisch zusammenfällt, ein sehr scharfes Maximum hat. Wir können daher für ein solches System alle weiteren Glieder der Summe gegen das diesem Maximum entsprechende vernachlässigen. Aus (10) folgt dann bis auf eine additive Konstante

$$F = -\,k\,T\,\log\left(V\,e^{-\frac{\bar{E}}{kT}}\right) = U - k\,T\,\log V, \tag{12}$$

worin V das dem wahrscheinlichsten Energiezustand zukommende Volumen im Phasenraum bedeutet, das noch eine Funktion der äußeren Parameter und der Temperatur ist. Aus (9) und (12) ergibt sich weiter

$$S = k \cdot \log V\,(\lambda_1, \ldots, \lambda_s, T). \tag{13}$$

Vereinigt man eine Reihe von Teilsystemen mit den Partikelzahlen $N_1, N_2, \ldots, N_n$, deren wahrscheinlichste Energiezustände die Gewichte $g_1, g_2, \ldots, g_n$ haben, zu einem Gesamtsystem, dann ist das Gewicht g des entsprechenden Zustandes des Gesamtsystems offenbar

$$g = g_1 \cdot g_2 \cdots g_n. \tag{14}$$

Da ferner nach § 35, 2. für das Phasenvolumen V_s des s-ten Systems gilt

$$V_s = g_s\,(h)^{3\,N_s}, \tag{15}$$

folgt aus (14) weiter

$$V_1 \cdot V_2 \cdots V_n = g_1\,(h)^{3\,N_1} \cdot g_2\,(h)^{3\,N_2} \cdots g_n\,(h)^{3\,N_n} = g\,(h)^{3\,N},$$

also für das Gesamtphasenvolumen V:

$$V = V_1 \cdot V_2 \cdots V_n. \tag{16}$$

Bedeuten $S_1, S_2, \ldots, S_n$ die Entropien der Teilsysteme und S die Entropie des Gesamtsystems, dann folgt aus (13) und (16)

$$S = k \cdot \log V = k \log\,(V_1 \cdot V_2 \cdots V_n) = S_1 + S_2 + \ldots + S_n; \tag{17}$$

die Entropie des Gesamtsystems ist also gleich der Summe der Entropien der Teilsysteme, wiederum in Übereinstimmung mit der in der Thermodynamik (§ 32, 6.) verwendeten Definition.

In einem nach außen adiabatisch abgeschlossenen Gesamtsystem sind mit der gegebenen Energie, wie wir schon wissen, so viele Zustände verträglich, als es mit den Bedingungen des Systems verträgliche Aufteilungen der Energie auf die Teilsysteme gibt. Jeder dieser Aufteilungen entspricht ein bestimmtes Gewicht g bzw. ein zugehöriges Phasenvolumen V. Nach dem LIOUVILLEschen Satz § 35, 4. ist die Wahrscheinlichkeit W jeder dieser Aufteilungen dem zugehörigen Phasenvolumen proportional. Wir können also in diesem Falle den Satz (13) in der Form

$$S = k \cdot \log W + \text{Const} \tag{18}$$

schreiben, wodurch die Entropie eines adiabatisch abgeschlossenen Systems mit der Wahrscheinlichkeit W der verschiedenen Energieaufteilungen auf die Teilsysteme in Zusammenhang gebracht wird. Die Beziehung (18) heißt das „BOLTZMANNsche Prinzip" der statistischen Mechanik.

Das BOLTZMANNsche Prinzip stellt die statistische Deutung des zweiten Hauptsatzes der Thermodynamik dar. Geht man nämlich von einem unwahrscheinlichen Anfangszustand des betrachteten Systems, also einem Zustand mit kleinem W aus und überläßt es sich selbst, so wird man erwarten dürfen, es nach einer gewissen Zeit in einem Zustande größerer Wahrscheinlichkeit aufzufinden, da ja die relativen Verweilzeiten der einzelnen Zustände ihren Wahrscheinlichkeiten proportional sind. Dabei muß sich nach (18) die Entropie vergrößern. Demjenigen Zustand, dem das größte W, also auch der größte Wert der Entropie zukommt, entspricht auch die größte relative Verweilzeit. Wir werden später (§ 37, 3.) zeigen, daß bei den meisten makroskopischen Systemen die relative Verweilzeit der wahrscheinlichsten Verteilung die aller anderen erdrückend überwiegt. Geht man also von einem beliebigen Anfangszustand aus und überläßt das System eine Zeitlang sich selbst, so wird man es bei späterer Beobachtung fast stets in dem wahrscheinlichsten Zustand antreffen, also den Maximalwert der Entropie

an ihm feststellen können: es hat sich das „thermodynamische Gleichgewicht"
eingestellt.

Während in der Thermodynamik der zweite Hauptsatz ebenso wie der erste
als strenges Naturgesetz eingeführt wird, ergibt die hier entwickelte statistische
Deutung, daß dem nicht so ist. Die Vermehrung der Entropie in dem sich selbst
überlassenen System ist nur die wahrscheinlichste Veränderung, die nach der
statistischen Mechanik zu erwarten ist. Bei Anstellung genügend vieler Versuche
müssen sich demnach, wenn diese Auffassung richtig ist, auch Veränderungen
zeigen, bei denen die Entropie nicht zu-, sondern abnimmt; z. B. müssen dann
auch an einem im thermodynamischen Gleichgewicht befindlichen System im
Laufe der Zeit „von selbst" Veränderungen auftreten, bei denen die Entropie
wieder abnimmt. Infolge des oben erwähnten erdrückenden Überwiegens der
Maximalwahrscheinlichkeit bei makroskopischen Systemen werden diese Veränderungen jedoch sehr selten auftreten, bzw. nur zu sehr kleinen Schwankungen
um die von der klassischen Thermodynamik geforderten Zustände und Zustandsveränderungen führen, wie im § 2, 4. bereits kurz erwähnt wurde[1].

5. Die statistische Deutung des dritten Hauptsatzes der Thermodynamik.
Bei Annäherung an den absoluten Nullpunkt werden die Exponenten der
e-Potenzen in der Zustandssumme sehr groß und die e-Potenzen selbst werden
daher mit wachsendem E_i sehr rasch unmerklich klein. Für den Grenzfall $T = 0$
kann man daher in der Zustandssumme alle Glieder gegen das erste, das dem
tiefsten Energieniveau E_1 zugehört, vernachlässigen und die Formel (10) für
die freie Energie nimmt die Gestalt an

$$\lim_{T=0} F = \lim_{T=0} \left[- k\,T \log \left(g_1\, e^{-\frac{E_1}{k\,T}} \right) \right]$$

$$= \lim_{T=0} [E_1 - k\,T \log g_1] = \lim_{T=0} [U - k\,T \log g_1]. \tag{19}$$

Hieraus erhält man nach der Formel (33) § 32 für die Entropie beim absoluten
Nullpunkt

$$S_{T=0} = \lim_{T=0} \left(\frac{U-F}{T} \right) = k \log g_1. \tag{20}$$

Macht man die plausible Annahme, daß der tiefste Energiewert eines jeden
Systems nicht entartet sein darf, daß also für alle Systeme $g_1 = 1$ sein muß,
dann folgt aus (20)

$$S_{T=0} = 0, \tag{21}$$

also das NERNSTsche Wärmetheorem (§ 32, 8.).

§ 37. Theorie der Raumgesamtheiten.

**1. Darstellung der Raumgesamtheiten im μ-Phasenraum; Verteilungen und
ihre thermodynamische Wahrscheinlichkeit.** Nach der Definition von § 35, 1.
wollen wir unter einer Raumgesamtheit ein System verstehen, das aus sehr vielen,
N, untereinander gleichgearteten Teilsystemen besteht, von denen jedes s Freiheitsgrade der Bewegung haben soll. Zwischen den Teilsystemen soll insofern
eine Wechselwirkung bestehen, als sie untereinander Energie auszutauschen
imstande sein sollen; jedoch sollen sie sich in ihrem Mechanismus gegenseitig
nicht beeinflussen, sie sollen also im Laufe der Zeit Veränderungen zweiter Art
ausführen. Das einfachste Beispiel einer solchen Raumgesamtheit bildet ein aus
gleichen Molekülen bestehendes Gas.

---

[1] Näheres über die experimentelle Untersuchung dieser Schwankungen findet
man in „Exp.-Physik", § 55.

Eine Raumgesamtheit könnte man natürlich, wie jedes statistisch-mechanische System, durch einen Punkt in einem Phasenraum von $2sN$ Dimensionen darstellen. Zweckmäßiger erweist sich jedoch eine andere Darstellung in einem Phasenraum mit nur $2s$ Dimensionen, den wir nach EHRENFEST zum Unterschiede von dem im § 35 eingeführten „Γ-*Phasenraum*" (als Abkürzung für „Gas"phasenraum), den „μ-*Phasenraum*" (als Abkürzung für „Molekül"phasenraum) nennen wollen. Jedem einzelnen Teilsystem kann offenbar als Phasenpunkt ein Punkt im μ-Phasenraum zugeordnet werden, und der Zustand des Gesamtsystems wird daher beschrieben, wenn die Lage aller N Phasenpunkte im μ-Phasenraum angegeben wird.

Da natürlich die in § 35, 2. angestellten Überlegungen auch auf den μ-Phasenraum Geltung haben, werden wir ihm eine Zellstruktur mit Zellen von der Größe h^s zuzuschreiben haben, die wir uns in irgendeiner Weise durchnumeriert denken wollen. Die Beschreibung des Zustandes einer Raumgesamtheit in einem bestimmten Zeitpunkte erfolgt dann dadurch, daß für jeden der N Phasenpunkte die Nummer der Zelle angegeben wird, in der er sich gerade aufhält und die Beschreibung der Veränderung einer Gesamtheit dadurch, daß für jeden Phasenpunkt die Nummern der Zellen angegeben werden, zwischen denen er in dem betrachteten Zeitintervall einen „Sprung" ausgeführt hat.

Die soeben geschilderte *individuelle* Zustandsbeschreibung einer Raumgesamtheit läßt sich durch physikalische Beobachtungen an einem vorgelegten System dann nicht durchführen, wenn, wie wir es oben gefordert haben, die Teilsysteme wirklich vollkommen gleichartig sind, da es in diesem Falle keine Möglichkeit gibt, sie voneinander zu unterscheiden. Wir müssen uns daher unter diesen Umständen damit begnügen, durch Beobachtungen ermitteln zu können, wie viele Phasenpunkte n_i sich in der i-ten Zelle des μ-Phasenraumes aufhalten, nicht aber welchen individuellen Teilsystemen sie angehören oder, in der Terminologie von § 15, 7. die *Verteilung* der Gesamtheit anzugeben. Wenn im folgenden von einem bestimmten „Zustand" einer Raumgesamtheit die Rede ist, so soll damit immer eine bestimmte Verteilung der Gesamtheit gemeint sein.

Da jeder Phase des Gesamtsystems bei gegebenen äußeren Parametern und bei gegebener Energie, also bei Veränderungen erster Art nach dem LIOUVILLE-schen Satz § 35, 4., die gleiche Wahrscheinlichkeit zukommt, ist die im obigen Sinne definierte Zustandswahrscheinlichkeit der Anzahl der Komplexionen der zugehörigen Verteilung oder ihrer *thermodynamischen Wahrscheinlichkeit* (§ 15, 7.)

$$W = \frac{N!}{n_1!\,n_2!\,\ldots\,n_j!} \tag{1}$$

proportional, worin j die Gesamtzahl der Zellen bedeutet, die dem einzelnen System im μ-Phasenraum infolge der äußeren, auferlegten Bedingungen zur Verfügung stehen.

Die Zelle angeben, in der sich ein Phasenpunkt befindet, heißt nichts anderes als den Quantenzustand angeben, in dem sich das betreffende Teilsystem befindet. Die individuelle Zustandsbeschreibung des Gesamtsystems kommt also auf die Angabe einer Zuordnung von Quantenzahlen zu den Teilsystemen hinaus, die mit der gegebenen Gesamtenergie E verträglich ist. Hierdurch ist aber, wie in § 29, 8. gezeigt wurde, eine bestimmte, zum Eigenwert E des Gesamtsystems gehörige Eigenfunktion bestimmt. Wir können daher auch sagen, daß die thermodynamische Wahrscheinlichkeit W einer Verteilung der Anzahl der zu dieser Verteilung gehörigen Eigenfunktionen gleich ist.

2. Stationäre Verteilung. Wir wollen die Verteilung einer Raumgesamtheit und demnach ihren Zustand „*stationär*" nennen, wenn die Zellenbesetzungszahlen n_i sich im Laufe der Zeit nicht ändern.

Im Grenzfalle sehr großer N läßt sich die Verteilungsformel sogleich angeben. Ist nämlich w_i, wie in § 35, 5., die Wahrscheinlichkeit dafür, ein bestimmtes der Teilsysteme in einem beliebigen Beobachtungszeitpunkt im Quantenzustand i mit der Energie ε_i aufzufinden, so muß w_i gleichzeitig, da alle Teilsysteme laut Voraussetzung die gleiche Beschaffenheit haben, die Wahrscheinlichkeit dafür angeben, ein beliebig unter den Teilsystemen herausgegriffenes System im Quantenzustand i anzutreffen; d. h. aber, daß im Grenzfalle unendlich großer N unsere Raumgesamtheit ein Kollektiv darstellt, in dem die Quantenzustände i mit den relativen Häufigkeiten

$$w_i = n_i/N \tag{2}$$

verteilt sind. Und da nun die w_i von der Zeit nicht abhängen, hängen auch die Besetzungszahlen n_i nicht von der Zeit ab, die Verteilung ist also stationär.

Aus (2) sowie (13) § 35 und (23) § 35 folgt als Verteilungsformel

$$n_i = C \cdot e^{-\frac{E_i}{kT}}, \tag{3}$$

worin die Konstante C so zu bestimmen ist, daß die Bedingung

$$\sum_{i=1}^{j} n_i = N \tag{4}$$

erfüllt ist. Die Verteilung (3) heißt die „BOLTZMANNsche Verteilung".

Daß es für ein endliches System eine stationäre Verteilung streng genommen überhaupt nicht geben kann, sieht man unmittelbar ein, wenn man bedenkt, daß jeder Phase des Gesamtsystems eine nach den Formeln des § 35 berechenbare endliche Wahrscheinlichkeit zukommt, also jede beliebige Verteilung im Verlaufe einer genügend langen Beobachtungszeit mit einer endlichen relativen Verweilzeit auftreten muß, was der Forderung der Stationarität widerspricht. Daß für ein unendlich großes System auf Grund der vorstehenden Überlegung dennoch eine stationäre Verteilung herauskommt, erklärt sich dadurch, daß in diesem Falle die thermodynamische Wahrscheinlichkeit der Verteilung (3) die aller anderen Verteilungen erdrückend überwiegt, so daß Störungen der Stationarität „fast nie" auftreten. Für die in der Natur auftretenden, makroskopisch beobachtbaren Raumgesamtheiten ist zwar N niemals unendlich groß, aber dennoch stets so groß, daß praktisch Abweichungen von der Stationarität, also von der BOLTZMANNschen Verteilung nur bei Anwendung besonders feiner Beobachtungsmethoden feststellbar sind (siehe unter 4.).

3. Die wahrscheinlichste Verteilung. Als wahrscheinlichste Verteilung einer Raumgesamtheit werden wir nach 1. jene Verteilung zu bezeichnen haben, der das Maximum der thermodynamischen Wahrscheinlichkeit zukommt.

Statt des Maximums von W können wir offenbar auch das Minimum der Funktion

$$H = -\log W \tag{5}$$

aufsuchen, und zwar unter der Nebenbedingung (4) und der weiteren Bedingung, daß die Gesamtenergie des Systems einen gegebenen Wert E_0 haben soll, also die Gleichung gilt:

$$\sum_{i=1}^{j} n_i \varepsilon_i = E_0. \tag{6}$$

Wir wollen annehmen, daß die Anzahl der Teilsysteme des betrachteten Systems so groß sei, daß nicht nur N, sondern auch die einzelnen n_i große Zahlen

sind. In diesem Falle können wir den Ausdruck (1) durch den Ausdruck (20) § 15
ersetzen und daher statt (5) schreiben

$$H = \sum_{i=1}^{j} n_i \log n_i + \text{Const.} \tag{7}$$

Nach bekannten Vorschriften bilden wir nun die Variation von (7) und
addieren hierzu die mit willkürlichen Faktoren λ und μ multiplizierten Variationen von (4) und (6). Das Verschwinden dieses Ausdruckes ist die Bedingung
für das gesuchte Extremum. Wir erhalten

$$\delta \sum_{i=1}^{j} n_i \log n_i + \lambda \delta \sum_{i=1}^{j} n_i + \mu \delta \sum_{i=1}^{j} n_i \varepsilon_i = \sum_{i=1}^{j} (\log n_i + 1 + \lambda + \mu \varepsilon_i) \delta n_i = 0. \tag{8}$$

Soll die Gleichung (8) für jede beliebige Variation δn_i erfüllt sein, dann muß
der Klammerausdruck in (8) für alle i verschwinden, also

$$\log n_i = -\mu \varepsilon_i - (1 + \lambda)$$

oder

$$n_i = C \cdot e^{-\mu \varepsilon_i} \tag{9}$$

gelten, worin C und μ von i unabhängige Konstanten sind.

Die Bedeutung der Konstanten C ergibt sich ohne weiteres daraus, daß die
Summe aller n_i nach (4) gleich N sein muß, also:

$$N = C \cdot \sum_{i=1}^{j} e^{-\mu \varepsilon_i}. \tag{10}$$

Die Bedeutung der Konstanten μ ergibt sich, wenn man die Ausdrücke (9) in
(7) einsetzt und so den Extremwert von H ausrechnet. Mit Benutzung von (4),
(6) und (10) ergibt sich so:

$$H_{\min} = \sum_{i=1}^{j} n_i \cdot - \mu \varepsilon_i + \sum_{i=1}^{j} n_i \log C + \text{Const}$$

$$= - \mu E_0 - N \log \sum_{i=1}^{j} e^{-\mu \varepsilon_i} + \text{Const.} \tag{11}$$

Nach dem Boltzmannschen Prinzip ergibt sich anderseits die Entropie aus
der Formel (18) § 36, wenn man darin für W die Wahrscheinlichkeit des wahrscheinlichsten Zustandes des betrachteten Systems einsetzt, die bis auf eine belanglose Konstante mit der thermodynamischen Wahrscheinlichkeit der wahrscheinlichsten Verteilung identisch ist. Mit Benutzung von (5) und (11) erhalten
wir also

$$S = k \log W_{\max} + \text{Const} = - k H_{\min} + \text{Const} =$$

$$= k \mu E_0 + k N \log \sum_{i=1}^{j} e^{-\mu \varepsilon_i} + \text{Const.} \tag{12}$$

Führen wir nun ohne Veränderung der äußeren Parameter, also bei konstant
gehaltenen μ und ε_i eine Veränderung zweiter Art an dem System aus, bei der
sich die Energie E_0 um δQ ändert, wobei δQ die zugeführte Wärmemenge bedeutet, dann gilt nach (12) für die dabei eintretende Entropieänderung

$$dS = k \mu \, \delta Q. \tag{13}$$

Durch Vergleich mit der Formel (27) § 32 ergibt sich hieraus schließlich, daß die Konstante μ mit der Temperatur T durch die einfache Beziehung

$$\mu = \frac{1}{kT} \tag{14}$$

zusammenhängen muß.

Einsetzen von (14) in (9) ergibt endlich die gesuchte Verteilungsformel für die wahrscheinlichste Verteilung einer Raumgesamtheit der Temperatur T. Man sieht, daß sie mit der Formel (3) für die stationäre Verteilung vollkommen übereinstimmt. Die wahrscheinlichste Verteilung soll also gleichzeitig die Eigenschaft der Stationarität haben. Hat demnach ein abgeschlossenes System einmal diesen wahrscheinlichsten Zustand angenommen, der nach dem BOLTZMANNschen Prinzip dem thermodynamischen Gleichgewichtszustand oder dem Maximum der Entropie entspricht, dann wird es wegen der Stationarität diesen Zustand nicht mehr verlassen; das Gleichgewicht bleibt also erhalten und die Entropie kann nicht mehr abnehmen, wie es der zweite Hauptsatz der Thermodynamik verlangt.

Daß dieser Satz streng nur für ein unendlich großes System gelten kann, wurde bereits in § 36, 4. besprochen. Wir sehen jetzt genauer, woher das kommt: die wahrscheinlichste Verteilung (3) ist nur dann gleichzeitig stationär, wenn die Zahl N der Teilsysteme unendlich groß ist. Bei endlichem N wird die wahrscheinlichste Verteilung, auch wenn sie sich einmal eingestellt hat, doch immer wieder von unwahrscheinlicheren Verteilungen abgelöst, es treten die bereits wiederholt erwähnten Schwankungen auf.

4. Mittelwerte und mittlere Schwankung der Besetzungszahlen. Nach dem unter 3. über die Übereinstimmung der Verteilungsformeln für die stationäre und die wahrscheinlichste Verteilung Gesagten müssen wir schließen, daß die Wahrscheinlichkeit der BOLTZMANNschen Verteilung (3) die aller anderen erdrückend überwiegt, wenn N sehr groß ist. In diesem Falle stellen also die Zahlen n_i offenbar die Erwartungswerte der Besetzungszahlen der einzelnen Zellen dar oder, mit anderen Worten, die Formel (3) liefert gleichzeitig die Mittelwerte $\overline{n_i}$ der Besetzungszahlen im Mittel über viele Beobachtungen des Systems. Die wirklich bei einer bestimmten Beobachtung auftretenden Besetzungszahlen n_i werden im allgemeinen von den $\overline{n_i}$ verschieden sein, die Abweichungen werden sich aber in sehr engen Grenzen halten.

Infolge dieser Kleinheit der Schwankungen können wir die Sachlage so auffassen, als ob ungeachtet der Bedingung (6) eine vom Zustand des Restes des Gesamtsystems unabhängige, feste Wahrscheinlichkeit w_i dafür bestünde, ein bestimmtes unter den N Teilsystemen bei einer Beobachtung in einem willkürlichen Zeitpunkte in der i-ten Zelle aufzufinden. Unter dieser Voraussetzung gilt nun, wie wir in § 15, 6. gezeigt haben, für die Wahrscheinlichkeit $w\,(n_i)$ einer Besetzungszahl n_i die NEWTONsche Formel (15) § 15, worin n durch n_i, p durch w_i und q durch $(1 - w_i)$ zu ersetzen ist. Daher gilt weiter für das mittlere relative Schwankungsquadrat von n_i die Formel (22) § 16. Da $\overline{n_i}$ klein gegen N ist, ist nach (2) w_i sehr klein gegen Eins und daher $q = 1 - w_i$ sehr nahe an Eins. Wir können also mit verschwindend kleinem Fehler setzen

$$\overline{\delta_{n_i}{}^2} = \frac{\overline{(n_i - \overline{n_i})^2}}{\overline{n_i}{}^2} = \frac{1}{\overline{n_i}}. \tag{15}$$

Die Formel (15) kann dazu dienen, die Größe der Schwankungen der Besetzungszahlen um ihre Mittelwerte wirklich zu berechnen. Da die $\overline{n_i}$ gemäß Formel (2) zu N proportional sind, sieht man, daß die mittlere relative Schwankung von n_i bei einer Vergrößerung des Systems wie $\dfrac{1}{\sqrt{N}}$ abnimmt und daher schon bei Systemen klein ist, die in makroskopischen Maßen gemessen bereits als „sehr klein" zu bezeichnen wären. Damit ist nun auch die Ursache dafür aufgedeckt, daß es möglich ist, die klassische Mechanik der Kontinua und die Thermodynamik, in denen von (makroskopisch genommen) „unendlich kleinen" Volumenelementen Gebrauch gemacht wird, nach dem Programm von § 2, 4. zu begründen, ohne auf die Schwankungen Rücksicht zu nehmen; die vom makroskopischen Standpunkte unendlich kleinen Volumenelemente sind eben vom mikroskopischen Standpunkte betrachtet noch immer sehr große Systeme mit sehr großen N, so daß die Schwankungen nach (15) nicht merklich ins Gewicht fallen.

5. Die Bose-Einsteinsche und die Fermi-Diracsche Statistik. Die unter 2. bis 4. abgeleiteten Gesetzmäßigkeiten wurden unter der Voraussetzung gewonnen, daß dem betrachteten System, als Raumgesamtheit aufgefaßt, alle Eigenfunktionen zugeordnet werden können, die mit der gegebenen Gesamtenergie verträglich sind, denn nur dann ist die thermodynamische Wahrscheinlichkeit einer Verteilung gleich der Komplexionenzahl (1). Diese Voraussetzung muß nun aber keineswegs zutreffen. Aus gewissen, aus der Analyse der Spektren gezogenen Schlußfolgerungen über den Bau der Atome können wir vermuten, daß in einem aus lauter gleichartigen Bestandteilen zusammengesetzten System sich nicht alle Eigenfunktionen realisieren lassen, daß vielmehr entweder nur symmetrische oder nur antisymmetrische Eigenfunktionen vorkommen.

Nehmen wir an, daß zu der vorgelegten Raumgesamtheit nur *symmetrische* Eigenfunktionen gehören, dann hat dies zur Folge, daß zu verschiedenen Zuteilungen der Quantenzahlen zu den Teilsystemen oder zu verschiedenen Vertauschungen der Phasenpunkte zwischen den Zellen im μ-Phasenraum, bei denen die Besetzungszahlen nicht geändert werden, die *gleichen* Eigenfunktionen gehören. Zu jeder Verteilung der Gesamtheit gehört also nunmehr nur eine Eigenfunktion, und daher genügen die thermodynamischen Wahrscheinlichkeiten der verschiedenen Verteilungen nicht mehr der Formel (1), sie sind vielmehr alle gleich Eins. Eine auf dieser Voraussetzung aufgebaute Statistik wird nach ihren Begründern als „Bose-Einstein-*Statistik*" (abgekürzt B. E.-Statistik) bezeichnet, während man die auf der Formel (1) aufgebaute Statistik die „Boltzmannsche" nennt.

Ähnlich liegt die Sachlage, falls die vorgelegte Raumgesamtheit nur *antisymmetrische* Eigenfunktionen zuläßt. Auch hier gehört zu jeder Verteilung nur eine Eigenfunktion. Dabei ist jedoch noch zu berücksichtigen, daß nach § 29, 8. in diesem Falle nur solche Zuordnungen der Quantenzahlen zu den Teilsystemen möglich sind, bei denen zu jeder Quantenzahl nicht mehr als ein Teilsystem gehört. Das bedeutet, daß in jeder Zelle des μ-Phasenraumes höchstens ein Phasenpunkt sitzen kann oder daß die Besetzungszahlen n_i nur die Werte 0 oder 1 annehmen können. Unter allen Verteilungen sind also nur jene realisierbar, bei denen keine Besetzungszahl einen anderen Wert als 0 oder 1 hat. Alle diese Verteilungen haben die thermodynamische Wahrscheinlichkeit Eins, alle anderen die thermodynamische Wahrscheinlichkeit Null. Die unter dieser Voraussetzung aufgebaute Statistik führt nach ihren Begründern den Namen „Fermi-Dirac-*Statistik*" (abgekürzt F. D.-Statistik).

6. Die Verteilungsformeln gemäß der Bose-Einsteinschen und der Fermi-Diracschen Statistik. Wir gehen nun daran, die Verteilungsformel herzuleiten, die beim Übergange von der Boltzmannschen zur B. E.-Statistik an die Stelle der Verteilungsformel (3) zu treten hat. Wir denken uns zu diesem Zwecke den μ-Phasenraum in Gebiete derart eingeteilt, daß jedes Gebiet mit der Nummer k

noch eine sehr große Zahl Z_k von Zellen umfaßt, die sich in ihren Energien nur relativ wenig unterscheiden, so daß wir allen Z_k Zellen die gleiche Energie ε_k zuordnen können. Eine Verteilung der Gesamtheit ist dann bestimmt, wenn für jedes Gebiet nicht nur die Zahl Z_k, sondern auch die Zahlen $Z_k^{(s)}$ bekannt sind, die angeben, wie viele Zellen des k-ten Gebietes die Besetzungszahl s tragen.

Da nach 5. im vorliegenden Fall alle Verteilungen das gleiche Gewicht haben, ist die thermodynamische Wahrscheinlichkeit eines durch die Zahlen Z_k definierten Zustandes gleich der Anzahl der Komplexionen der Zahlen $Z_k^{(s)}$, die mit den gegebenen Z_k verträglich sind.

Zu einem bestimmten Z_k gehört wegen

$$\sum_s Z_k^{(s)} = Z_k \tag{16}$$

die Komplexionenzahl

$$\frac{Z_k!}{Z_k^{(0)}!\,Z_k^{(1)}!\ldots Z_k^{(N)}!}.$$

Daher ist die gesamte Komplexionenzahl gleich dem Produkt aller dieser Ausdrücke über alle k

$$W = \prod_k \frac{Z_k!}{Z_k^{(0)}!\,Z_k^{(1)}!\ldots Z_k^{(N)}!}. \tag{17}$$

Wir wollen annehmen, daß nicht nur die Z_k, sondern auch die $Z_k^{(s)}$ große Zahlen sind, so daß wir aus (17) mit Hilfe der STIRLINGschen Näherungsformel nach dem Muster von (20) § 15 erhalten

$$H = -\log W = \sum_k \sum_s Z_k^{(s)} \log Z_k^{(s)} + \text{Const.} \tag{18}$$

Um den wahrscheinlichsten Zustand zu erhalten, gehen wir wie unter 3. so vor, daß wir das Minimum des Ausdruckes (18) unter der Nebenbedingung (16) und den weiteren Nebenbedingungen

$$\sum_k \sum_s s\, Z_k^{(s)} = N \tag{19}$$

und

$$\sum_k \sum_s \varepsilon_k s\, Z_k^{(s)} = E \tag{20}$$

aufsuchen, die mit den Bedingungen (4) und (6) identisch sind und ausdrücken, daß die Gesamtzahl der Teilsysteme und die Gesamtenergie gegeben sind.

Nach dem LAGRANGEschen Verfahren bilden wir die Variation von (18) addieren hierzu die mit den willkürlichen Konstanten ν_k, λ, μ multiplizierten Variationen von (16), (19) und (20) und setzen gleich Null. Dies ergibt

$$\sum_k \sum_s \left(\log Z_k^{(s)} + 1 + \nu_k + \lambda s + \mu s\, \varepsilon_k \right) \delta Z_k^{(s)} = 0, \tag{21}$$

woraus weiter wegen der Unabhängigkeit der Variationen $\delta Z_k^{(s)}$ für alle k und s folgt

$$\log Z_k^{(s)} + 1 + \nu_k + \lambda s + \mu s\, \varepsilon_k = 0$$

oder

$$Z_k^{(s)} = C_k \cdot e^{-\lambda s - \mu s\, \varepsilon_k}. \tag{22}$$

Der Ausdruck (22) gibt die Anzahl der Zellen, die die Besetzungszahl s tragen und zur Energie ε_k gehören. Die im Mittel auf eine Zelle des k-ten Bereiches mit der Energie ε_k entfallende Besetzungszahl n_k beträgt demnach mit Benutzung von (16)

$$n_k = \frac{\sum\limits_s s\, Z_k^{(s)}}{Z_k} = \sum_s s\, e^{\alpha_k s} : \sum_s e^{\alpha_k s} \tag{23}$$

mit

$$\alpha_k = -\lambda - \mu\, \varepsilon_k. \tag{24}$$

Hierin sind die Summationen über alle Werte von s von Null bis N zu erstrecken. Da N als sehr groß angenommen wurde, können wir ohne merklichen Fehler die Summen bis Unendlich erstrecken und sie daher gemäß den Formeln (29) § 35 und (30) § 35 auswerten. Dies liefert

$$n_k = \frac{e^{\alpha_k}}{1 - e^{\alpha_k}} = \frac{1}{e^{-\alpha_k} - 1} = \frac{1}{e^{\lambda + \mu\, \varepsilon_k} - 1} \tag{25}$$

als Verteilungsformel der B. E.-Statistik.

Um die Verteilungsformel der F. D.-Statistik zu gewinnen, hat man an der eben durchgeführten Rechnung, die zu der Formel (22) geführt hat, nichts zu ändern; diese Formel gilt also auch hier. Bei der Berechnung der mittleren Besetzungszahlen ist jedoch nun darauf zu achten, daß jetzt nach dem unter 5. Gesagten nur die Besetzungszahlen $s = 0$ und $s = 1$ zugelassen werden dürfen, die Summen in (23) also auf das erste und das zweite Glied zu beschränken sind. Dies ergibt

$$n_k = \frac{e^{\alpha_k}}{1 + e^{\alpha_k}} = \frac{1}{e^{-\alpha_k} + 1} = \frac{1}{e^{\lambda + \mu\, \varepsilon_k} + 1} \tag{26}$$

als Verteilungsformel für die F. D.-Statistik, die sich, wie man sieht, von der Formel (25) nur dadurch unterscheidet, daß im Nenner -1 durch $+1$ ersetzt ist.

Für große Werte von ε_k gehen die Formeln (25) und (26), da der erste Term im Nenner gegen Eins groß ist, in die Formel (9) der BOLTZMANN-Statistik über. Hieraus folgt sogleich, daß die Konstante μ ebenso wie dort mit der Temperatur durch die Formel (14) zusammenhängt. Wir können daher nunmehr die Formeln in der folgenden Form schreiben:

$$n_i = \frac{1}{e^{\frac{\varepsilon_i - \varepsilon_0}{k\,T}} \mp 1}, \tag{27}$$

worin ε_0 eine Konstante ist, die sich aus der Bedingung (4) bestimmt und im allgemeinen noch von der Temperatur abhängen wird, und das obere Vorzeichen zu nehmen ist, wenn es sich um die B. E.-Statistik, das untere, wenn es sich um die F. D.-Statistik handelt.

Im Grenzfalle $T = 0$ möge der Wert von ε_0 gleich η sein; es wird dann die e-Potenz in (27) gleich Null für $\varepsilon_i < \eta$, gleich Unendlich für $\varepsilon_i > \eta$ und bleibt endlich für $\varepsilon_i = \eta$. Der erste Fall kann offenbar bei der B. E.-Statistik nicht vorkommen, da sonst das entsprechende n_i negativ würde; für alle $\varepsilon_i > \eta$ werden die Besetzungszahlen Null und für $\varepsilon_i = \eta$ wird n_i nach (4) gleich N: alle Phasenpunkte halten sich im Gebiet des tiefsten überhaupt möglichen Energieniveaus η auf. Bei einem der F. D.-Statistik gehorchenden System sind hingegen für alle $\varepsilon_i < \eta$ die Besetzungszahlen $n_i = 1$ und für alle $\varepsilon_i > \eta$ die Besetzungszahlen $n_i = 0$, im Einklang mit der dieser Statistik zugrunde liegenden Voraussetzung; alle Zellen der niedrigsten Energieniveaus werden also mit je einem Phasenpunkt besetzt „so lange der Vorrat reicht", d. h. bis zum Niveau η, alle Zellen der höheren Energieniveaus gehen leer aus.

Dreizehntes Kapitel.
Kinetische Theorie der Materie.

§ 38. Statistische Theorie der Gase und Flüssigkeiten.

1. Kennzeichnung der Gase und Flüssigkeiten vom Standpunkte der Molekulartheorie. Die im Kapitel XII entwickelte statistische Mechanik löst die Aufgabe, die allgemeinen Sätze der Kontinuummechanik und der Thermodynamik aus denen der Diskontinuummechanik unter Verwendung statistischer Methoden herzuleiten. Die Aufgabe der kinetischen Theorie der Gase und Flüssigkeiten ist es, mit Hilfe dieser so gewonnenen allgemeinen Sätze und darüber hinaus mittels besonderer Methoden auf der Grundlage geeigneter Vorstellungen über die Konstitution der Gase und Flüssigkeiten die speziell für diese Körper geltenden mechanischen und thermodynamischen Gesetzmäßigkeiten zu gewinnen.

Gemäß der Atomtheorie bestehen die Gase und Flüssigkeiten wie alle materiellen Körper aus Molekülen, die selbst wieder komplizierte, aus den Elementarteilchen aufgebaute Gebilde sind. Die Moleküle üben aufeinander bei größerer Distanz ihrer Mittelpunkte Anziehungskräfte aus, die teils auf die sie umgebenden elektrischen Kraftfelder zurückzuführen sind, teils auf die in § 31, 5. behandelten Austauschkräfte; sie nehmen mit wachsender Entfernung sehr rasch ab. Bei kleiner Distanz der Mittelpunkte üben die Moleküle aus den gleichen Ursachen aufeinander Abstoßungskräfte aus, die mit abnehmender Entfernung außerordentlich rasch ansteigen (vgl. Abb. 77, S. 204). Aus diesem Grunde kann man meist in sehr guter Annäherung an die Wirklichkeit so rechnen, als ob die Moleküle Kugeln von bestimmtem Radius wären, die sich beim Zustammenstoß wie harte, elastische Körper verhalten.

Nach der kinetischen Auffassung der Wärme sind die Moleküle in ständiger Bewegung, in deren Verlauf sie sehr häufig miteinander und mit den Wänden des begrenzenden Gefäßes zusammenstoßen. Die kinetische Energie dieser ungeordneten Bewegung identifizieren wir mit der Wärmemenge. Ist die kinetische Energie der Moleküle groß gegen die potentielle Energie infolge der Anziehungskräfte, was immer dann der Fall ist, wenn die Temperatur genügend hoch ist oder die Abstände zwischen den Molekülen genügend groß sind, dann machen sich die Anziehungskräfte nur wenig bemerkbar, die Moleküle werden jedes ihnen zur Verfügung gestellte Volumen erfüllen: der Körper verhält sich wie ein Gas. Ist hingegen die kinetische Energie der Moleküle mit ihrer potentiellen vergleichbar, was durch Erniedrigung der Temperatur und durch Verkleinerung des Volumens zu erzielen ist, dann werden die Anziehungskräfte bewirken, daß eine Änderung des Molekülabstandes nur bei Anwendung sehr starker äußerer Kräfte bewirkt werden kann oder daß das Volumen des Körpers sich bei Vergrößerung des Druckes nur wenig verändert: er verhält sich wie eine Flüssigkeit. Wie man sieht, läßt sich auf diesem Wege eine scharfe Abgrenzung von Gas und Flüssigkeit nicht durchführen. Dies entspricht den tatsächlichen Verhältnissen, da sich Flüssigkeit und Gas, wie man weiß[1] unter bestimmten Verhältnissen ineinander kontinuierlich überführen lassen.

Die Lösungen in Flüssigkeiten, die vom thermodynamischen Standpunkte als homogene Körper erscheinen (§ 33, 7.), haben nach der Molekulartheorie eine Konstitution, die der eines Gases vergleichbar ist. Die Moleküle einer kristalloiden Lösung bzw. die Teilchen einer kolloiden Lösung[2] führen ebenfalls eine Wärmebewegung aus, in deren Verlauf sie sowohl miteinander als auch mit

---

[1] Vgl. „Exp.-Physik", § 41.
[2] Vgl. „Exp.-Physik", §§ 54 und 55.

den Molekülen des Lösungsmittels und mit den Gefäßwänden zusammenstoßen. Die Methoden der kinetischen Gastheorie können daher ohne weiteres auf die Theorie der verdünnten Lösungen übertragen werden.

Die in diesem Paragraphen entwickelte statistische Theorie der Gase und Flüssigkeiten sieht diese als Gesamtheiten im Sinne der statistischen Mechanik an. Es gelingt so, mittels der im Kapitel XII abgeleiteten Sätze die wichtigsten thermodynamischen Eigenschaften dieser Körper zu erklären.

Die im nächsten Paragraphen entwickelte kinetische Gastheorie versucht das gleiche Ziel auf einem direkten Wege zu erreichen, und zwar durch die Anwendung der Bewegungsgesetze der Mechanik auf die Bewegung der Moleküle und ihre Stöße gegeneinander und gegen die Gefäßwände. Es gelingt so insbesondere, die durch die statistische Theorie nicht erfaßbaren Erscheinungen der Wärmeleitung, der inneren Reibung und der Diffusion sowie der BROWNschen Bewegung zu erklären.

2. Das Geschwindigkeitsverteilungsgesetz. Ein Gas, dessen Moleküle aufeinander keine Kräfte ausüben, kann als Raumgesamtheit dieser Moleküle aufgefaßt werden. Hat das Molekül s Freiheitsgrade der Bewegung, so hat der μ-Phasenraum $2s$ Dimensionen; zu den $2s$ Koordinaten des Phasenpunktes gehören dann jedenfalls die rechtwinkeligen Koordinaten des Molekülschwerpunktes x, y, z und die zugehörigen Impulskomponenten

$$p_x = mc_x, \quad p_y = mc_y, \quad p_z = mc_z,$$

worin c_x, c_y, c_z die Komponenten des Geschwindigkeitsvektors c des Molekülschwerpunktes bedeuten.

Überläßt man das Gas sich selbst, so stellt sich darin nach einiger Zeit, da die Zahl N der Moleküle in ihm, wenn es makroskopisch beobachtbar sein soll, sicherlich sehr groß ist, nach den Entwicklungen des § 37 eine stationäre Verteilung ein, die den Formeln (3) § 37 und (4) § 37 genügt. Im Grenzfalle genügend hoher Temperaturen kann man darin, wie wir bereits wissen, die Energie als kontinuierliche Funktion der Koordinaten und Impulse ansehen und sie in der Form

$$E = \frac{m}{2}\left(c_x^2 + c_y^2 + c_z^2\right) + u\,(x,\,y,\,z) + E_1 \tag{1}$$

schreiben, worin der erste Term die kinetische Energie der Translation des Moleküls, der zweite Term die potentielle Energie in bezug auf ein eventuell vorhandenes äußeres Kraftfeld und der dritte Term die restliche Energie bedeutet.

Setzt man den Ausdruck (1) statt ε_i in die Verteilungsformel ein, so kann man den von c_x, c_y, c_z abhängigen Bestandteil abspalten und nach den übrigen Koordinaten und Impulsen integrieren. Dies liefert für die Anzahl $n\,(c_x, c_y, c_z) \cdot dc_x\,dc_y\,dc_z$ derjenigen Moleküle, deren Geschwindigkeitskomponenten innerhalb der infinitesimalen Grenzen c_x und $c_x + dc_x$, c_y und $c_y + dc_y$, c_z und $c_z + dc_z$ liegen, die Formel

$$n\,(c_x, c_y, c_z)\,dc_x\,dc_y\,dc_z = C \cdot e^{-\frac{m}{2kT}\left(c_x^2 + c_y^2 + c_z^2\right)}\,dc_x\,dc_y\,dc_z, \tag{2}$$

worin die Konstante C durch die folgende Bedingung bestimmt ist:

$$\int\limits_{-\infty}^{+\infty}\!\!\int\int n\,(c_x, c_y, c_z)\,dc_x\,dc_y\,dc_z = N. \tag{3}$$

Das Gesetz (2), das angibt, mit welcher relativen Häufigkeit im stationären Gleichgewichtszustand die verschiedenen Geschwindigkeiten unter den Molekülen eines Gases verteilt sind, heißt das „MAXWELLsche *Geschwindigkeitsverteilungsgesetz*".

Man sieht unmittelbar, daß sich die Funktion (2) in der Form

$$n\,(c_x,\,c_y,\,c_z) = f\,(c_x) \cdot f\,(c_y) \cdot f\,(c_z) \cdot N \tag{4}$$

schreiben läßt. Unterwirft man hierin die Funktion $f\,(c_x)$ der Bedingung

$$\int_{-\infty}^{+\infty} f\,(c_x)\,dc_x = 1 \tag{5}$$

und der gleichen Bedingung auch die Funktionen $f\,(c_y)$ und $f\,(c_z)$, dann ist auch die Bedingung (3) erfüllt.

Integriert man (4) nach c_y und c_z von $-\infty$ bis $+\infty$, so erhält man $N \cdot f\,(c_x)$. Offenbar ist also $f\,(c_x)\,dc_x$ die relative Anzahl derjenigen Moleküle, bei denen die x-Komponente der Geschwindigkeit zwischen den infinitesimalen Grenzen c_x und $c_x + dc_x$ liegt, ungeachtet der Werte der übrigen Geschwindigkeitskomponenten. Aus (2) und (4) ergibt sich durch Vergleich mit der Formel (14) § 17, daß $f\,(c_x)$ einfach die GAUSSsche Funktion ist, in der man h^2 durch $m/2\,k\,T$ zu ersetzen hat. In der Tat genügt diese Funktion der Bedingung (5). Wir erhalten also

$$f\,(c_x)\,dc_x = \sqrt{\frac{m}{2\,\pi\,k\,T}} \cdot e^{-\frac{m}{2\,k\,T}\,c_x^{\,2}}\,dc_x \tag{6}$$

als *eindimensionales Geschwindigkeitsverteilungsgesetz*; das gleiche Gesetz gilt natürlich auch für c_y und c_z[1].

Durch Einsetzen von (6) in (4) ergibt sich nunmehr als Wert der Konstanten C in (2)

$$C = \left(\frac{m}{2\,\pi\,k\,T}\right)^{3/2} \cdot N. \tag{7}$$

Aus den Formeln (2) und (7) kann man noch die Anzahl $n\,(c)\,dc$ derjenigen Moleküle berechnen, deren Geschwindigkeitsbetrag zwischen c und $c + dc$ liegt. Hierzu muß man bloß die Funktion $n\,(c_x,\,c_y,\,c_z)$ über das Volumenelement im „Geschwindigkeitsraum" integrieren, das von den Flächen $c_x^2 + c_y^2 + c_z^2 = c^2$ und $c_x^2 + c_y^2 + c_z^2 = (c + dc)^2$, also den Kugelflächen mit den Radien c und $c + dc$ begrenzt wird und daher gleich ist $4\,\pi\,c^2\,dc$. Wir erhalten also

$$n\,(c)\,dc = C \cdot \int_{c}^{c+dc}\!\!\int\!\int e^{-\frac{m}{2\,k\,T}\,(c_x^2 + c_y^2 + c_z^2)}\,dc_x\,dc_y\,dc_z =$$

$$= \left(\frac{m}{2\,\pi\,k\,T}\right)^{3/2} \cdot N \cdot e^{-\frac{m}{2\,k\,T}\,c^2} \cdot 4\,\pi c^2\,dc$$

$$= \frac{4}{\sqrt{\pi}}\left(\frac{m}{2\,k\,T}\right)^{3/2} \cdot N\,c^2 e^{-\frac{m}{2\,k\,T}\,c^2}\,dc. \tag{8}$$

Die Funktion $n\,(c)/N$ ist mit der in § 17 behandelten Wahrscheinlichkeitsfunktion (24) § 17 identisch, wie man sieht, wenn man dortselbst wieder h^2 durch $m/2\,k\,T$ ersetzt. Die Abb. 48, S. 106 ist daher ein Abbild der Geschwindigkeitsverteilung.

Nach Formel (26) § 17 erhalten wir für den wahrscheinlichsten Wert von c, also für die häufigste Molekülgeschwindigkeit c_w den Wert

$$c_w = \sqrt{\frac{2\,k\,T}{m}}. \tag{9}$$

---

[1] Über die direkte experimentelle Prüfung dieser Gesetzmäßigkeit mittels der Methode der Molekularstrahlen vgl. „Exp.-Physik", § 56.

Für den Mittelwert c von c folgt nach (27) § 17 und mit Berücksichtigung der Beziehung $k/m = R/m\,N_0 = R/\mu$ (μ: Molgewicht, R: absolute Gaskonstante):

$$\bar{c} = \frac{2}{\sqrt{\pi}} \cdot c_w = \sqrt{\frac{8\,k\,T}{\pi\,m}} = \sqrt{\frac{8\,R\,T}{\pi\,\mu}}. \tag{10}$$

Man sieht also, daß man die mittlere Geschwindigkeit der Gasmoleküle berechnen kann, wenn die Temperatur und das Molgewicht gegeben sind[1].

Für den Mittelwert von c^2 folgt schließlich nach (28) § 17

$$\bar{c^2} = \frac{3}{2} \cdot \frac{2\,k\,T}{m} = \frac{3\,k\,T}{m}. \tag{11}$$

Hieraus folgt für die mittlere kinetische Energie eines Gasmoleküls

$$\left(\overline{\frac{m\,c^2}{2}}\right) = \frac{m}{2}\,\bar{c^2} = \frac{3}{2}\,k\,T, \tag{12}$$

in Übereinstimmung mit dem Gleichverteilungssatz § 35, 6., nach dem auf jeden Freiheitsgrad der Translationsbewegung im Mittel die kinetische Energie $1/2 \cdot k\,T$, also auf drei Freiheitsgrade in der Tat die Energie $3/2 \cdot k\,T$ entfällt.

Von dem Geschwindigkeitsverteilungsgesetz bei niedrigen Temperaturen wird unter 7. die Rede sein.

3. Die Dichteverteilung in Gasen und Lösungen; Dichteschwankungen. Statt von der BOLTZMANNschen Verteilungsformel wie unter 2. den von den Translationsgeschwindigkeiten der Moleküle abhängigen Bestandteil abzuspalten, kann man, wiederum für genügend hohe Temperaturen, auch den von den Koordinaten der Moleküle abhängigen Bestandteil abspalten und nach den übrigen Koordinaten und den Impulsen integrieren. Dies liefert für die Anzahl $n\,(x,\,y,\,z)\,dx\,dy\,dz$ der Moleküle im Volumenelement dV mit den Koordinaten $x,\,y,\,z$ die Formel

$$n\,(x,\,y,\,z)\,dx\,dy\,dz = C' \cdot e^{-\frac{u\,(x,\,y,\,z)}{k\,T}}\,dx\,dy\,dz, \tag{13}$$

worin die Konstante C' durch die Bedingung bestimmt ist, daß die Gesamtzahl der Moleküle gleich N sein soll, also:

$$\int\int\int n\,(x,\,y,\,z)\,dx\,dy\,dz = N. \tag{14}$$

Da die Gesamtmasse der Moleküle im Volumenelement dV gleich ist $m \cdot n \cdot dV$, ist mn nach der Definition § 20, 5. nichts anderes als die Dichte ϱ des Gases; es gilt also

$$\varrho = m \cdot n \tag{15}$$

und die Formel (13) gibt das Verteilungsgesetz der Dichte in einem Gase, das unter der Wirkung eines Kraftfeldes mit dem Potential u steht.

Ist u konstant, d. h. das äußere Kraftfeld gleich Null, dann ist nach (13) n und damit nach (15) auch ϱ konstant: das Gas hat überall die gleiche Dichte, wie es der zweite Hauptsatz der Thermodynamik verlangt (§ 33, 5.). Ist u vom Orte abhängig, also ein äußeres Kraftfeld vorhanden, dann ist auch die Gasdichte eine Funktion des Ortes.

Ist z. B. das äußere Kraftfeld das Schwerefeld der Erde, dann ist, wenn die x-Achse vertikal nach aufwärts weist, $u = mgx$, und daher nach (13) und (15)

$$\varrho = \varrho_0 \cdot e^{\frac{mgx}{kT}}, \tag{16}$$

worin ϱ_0 die Dichte im Niveau $x = 0$ bedeutet.

---

[1] S. Anm. 1, S. 262.

Multipliziert man im Exponenten von (16) Zähler und Nenner mit der LOSCHMIDTschen Zahl N_0, so verwandelt sich (16) in die Formel (13) § 25 für die Dichteverteilung in einem der Schwere unterworfenen idealen Gas. In der Tat ist die unter 2. gemachte Voraussetzung, daß die Moleküle aufeinander keine Kräfte ausüben sollen, nach 4. gleichbedeutend mit der Annahme, daß das Gas ideal ist.

Die hier gegebene statistische Ableitung der barometrischen Höhenformel geht jedenfalls über die des § 25 hinaus, da sie offenbar ohne weiteres auch auf die Dichteverteilung der Teilchen in einer verdünnten Lösung angewendet werden kann, bei der man ebenfalls die Kraftwirkungen zwischen den Teilchen vernachlässigen kann. Hier läßt sie sich auch unmittelbar experimentell prüfen, wenn m genügend groß ist, also ϱ mit x genügend rasch abnimmt, wie es bei kolloiden Lösungen der Fall ist. Durch die PERRINschen Versuche über das „Sedimentationsgleichgewicht" in einer kolloiden Lösung[1] wird die Formel (16) auch für Lösungen, deren Partikel noch mikroskopisch sichtbar sind, verifiziert, wobei sich bei bekannter Partikelmasse m die Möglichkeit bietet, die BOLTZMANNsche Konstante k und damit auch die Anzahl der Moleküle pro Mol, die LOSCHMIDTsche Zahl N_0 auf einem direkten Wege zu ermitteln. Es ergibt sich auf diese Weise der Wert $N_0 = 6{,}06 \cdot 10^{23}$.

Ist die Zahl n der Moleküle in dem betrachteten Volumen nicht sehr groß, dann wird n wegen der unregelmäßigen Wärmebewegung der Moleküle um einen Mittelwert $\bar{n}$ Schwankungen ausführen, die sich als *Dichteschwankungen* bemerkbar machen müssen. Nach den Entwicklungen von § 16 gilt für das mittlere Schwankungsquadrat die Formel (22) § 16, in der $p = \bar{n}/N$ außerordentlich klein und daher q nahe an 1 ist, also

$$\overline{\delta_n{}^2} = \frac{1}{\bar{n}}. \tag{17}$$

In Flüssigkeiten und Gasen sind die Dichteschwankungen, da n selbst in mikroskopischen Dimensionen noch sehr groß ist, nur sehr gering, sie lassen sich jedoch auf optischem Wege indirekt nachweisen[2] und es läßt sich so die Formel (17) bestätigen. In kolloiden Lösungen, wo die Zahl der Teilchen in einem mikroskopischen Bereich leicht beliebig klein gemacht werden kann, lassen sich die Dichteschwankungen direkt beobachten und messen, wobei ebenfalls die Formel (17) bestätigt wird[1].

4. Innere Energie und spezifische Wärme der Gase. Um die innere Energie u pro Mol eines Gases zu berechnen, müssen wir nach § 36, 1. die mittlere Energie der darin enthaltenen N Moleküle ausrechnen. Sie setzt sich aus einem von der Temperatur abhängigen Bestandteil u_1 und einem von ihr nicht abhängigen Bestandteil u_2 zusammen, der von den gegenseitigen Kräften der Moleküle herrührt (äußere Kraftfelder seien ausgeschlossen).

Es gilt offenbar $u_1 = N\bar{E}$, wenn $\bar{E}$ die mittlere kinetische Energie eines Moleküls bedeutet, die sich wiederum additiv aus der mittleren Energie der Translation $\bar{E}_t$ und der Rotation $\bar{E}_r$ des ganzen Moleküls und der mittleren Energie $\bar{E}_i$ der Bewegung der Molekülbestandteile gegeneinander zusammensetzt.

Da ein Molekül für seine Translationsbewegung drei Freiheitsgrade hat, ergibt sich nach dem Gleichverteilungssatz § 35, 6. sowie aus der Formel (12)

$$\bar{E}_t = \frac{3}{2}\, k\, T. \tag{18}$$

---

[1] Vgl. „Exp.-Physik", § 55.
[2] Vgl. „Exp.-Physik", § 123.

Für die mittlere Energie der Rotation gilt die Formel (36) § 35, die sich in der Form (39) § 35 oder (40) § 35 schreiben läßt, je nachdem der Ausdruck (37) § 35 klein oder groß gegen Eins ist. Für Zimmertemperatur erhält man nach Einsetzen der Werte der Konstanten

$$y \sim 1/A \cdot 10^{-41},$$

worin A das Trägheitsmoment des Moleküls um seine Rotationsachse ist. Für einatomige Moleküle ergibt eine einfache Abschätzung für A Werte von der Größenordnung 10^{-42}, so daß y von der Größenordnung 10 wird und $\overline{E}_r$ nach (40) § 35 gegen (18) verschwindend klein ist. Für zweiatomige Moleküle wird A für eine Rotation um die Kernverbindungslinie von der gleichen Größenordnung wie für einatomige Moleküle, also ebenfalls vernachlässigbar klein; für eine Rotation um eine dazu senkrechte Achse wird A von der Größenordnung 10^{-39}, daher y von der Größenordnung 10^{-2}, also sicher klein gegen Eins, so daß die Formel (39) § 35 für $\overline{E}_r$ den Wert

$$\overline{E}_r = kT \quad \text{(zweiatomige Moleküle)} \tag{19}$$

ergibt. Für drei- und mehratomige Moleküle werden alle drei Hauptträgheitsmomente von der Größenordnung 10^{-39}, so daß dann auf jeden der drei Rotationsfreiheitsgrade die kinetische Energie $1/2 \cdot kT$ entfällt, also im ganzen die Energie

$$\overline{E}_r = 3/2\, kT \quad \text{(dreiatomige Moleküle)}. \tag{20}$$

Die gegenseitige Bewegung der Atome innerhalb des Moleküls kann man, da das Molekül ja ein stabiles Gebilde darstellt, als „quasielastische" Schwingung der Atome gegeneinander auffassen und daher die auf diese Schwingung entfallende mittlere Energie auf Grund der Formel (31) § 35 berechnen, die für den harmonischen Oszillator gilt. Die Frequenz ν der Schwingung kann man, wie wir später (§ 60, 4.) noch zeigen werden, aus den Absorptionsbandenspektren der betreffenden Gase berechnen und findet hierfür Werte in der Größenordnung $3 \cdot 10^{13}$, so daß $h\nu$ die Größenordnung $2 \cdot 10^{-13}$ hat und $h\nu/kT$ wieder für Zimmertemperatur die Größenordnung 5. In Formel (31) § 35 ist daher der zweite Term gegen den ersten zu vernachlässigen, und da der erste Term konstant ist, müssen wir auf diesen Beitrag zu u_1 überhaupt keine Rücksicht nehmen.

Der temperaturabhängige Bestandteil der inneren Energie beträgt also gemäß (18), (19) und (20) bei normalen Temperaturen

$$\left.\begin{array}{l} u_1 = 3/2 \cdot N_0 kT = 3/2 \cdot RT \quad \text{für einatomige Gase} \\ u_1 = 5/2 \cdot N_0 kT = 5/2 \cdot RT \quad \text{für zweiatomige Gase} \\ u_1 = 6/2 \cdot N_0 kT = 3 \cdot RT \quad \text{für drei- oder mehratomige Gase} \end{array}\right\} \tag{21}$$

Aus (21) können wir sogleich die spezifischen Wärmen bei konstantem Volumen c_v für ein Mol eines Gases nach Formel (3) § 33 berechnen und finden für normale Temperaturen

$$\left.\begin{array}{l} c_v = 3/2 \cdot R \quad \text{für einatomige Gase} \\ c_v = 5/2 \cdot R \quad \text{für zweiatomige Gase} \\ c_v = 3\, R \quad \text{für drei- und mehratomige Gase} \end{array}\right\} \tag{22}$$

Mit Benutzung der Formeln (7) § 33 und (11) § 33 kann man hieraus für das Verhältnis $\varkappa$ der beiden spezifischen Wärmen die folgenden Werte berechnen:

$$\left.\begin{array}{l} \dfrac{5/2}{3/2} = 1{,}67 \quad \text{für einatomige Gase} \\[2ex] \dfrac{7/2}{5/2} = 1{,}4 \quad \text{für zweiatomige Gase} \\[2ex] \dfrac{4}{3} = 1{,}33 \quad \text{für drei- und mehratomige Gase} \end{array}\right\} \tag{23}$$

Für sehr tiefe Temperaturen muß der Rotationsanteil von u_1, da nun y nicht mehr klein gegen Eins ist, nach der Formel (40) § 35 abnehmen und daher auch die spezifische Wärme der zwei- und mehratomigen Gase mit abnehmender Temperatur abnehmen und sich dem Wert für das einatomige Gas annähern: „Die Rotationsfreiheitsgrade frieren bei tiefen Temperaturen ein"[1].

Über den von den inneren Kräften zwischen den Molekülen herrührenden Bestandteil u_2 der inneren Energie kann man keine bestimmten Aussagen machen, so lange über die Natur dieser Kräfte nichts Näheres bekannt ist. Er ist jedenfalls gleich Null (genauer gesagt vom Volumen unabhängig), wenn diese Kräfte verschwinden. Da erfahrungsgemäß für ein ideales Gas die innere Energie vom Volumen nicht abhängt (eine Tatsache, von der wir bereits im § 33 wiederholt Gebrauch gemacht haben), können wir schließen, daß in einem solchen Gas die Kräfte zwischen den Molekülen verschwinden (vgl. 3. und 5.).

Für ein reales Gas, bei dem die Kräfte nicht verschwinden, ist u_2 jedenfalls eine Funktion von ϱ, die mit verschwindendem ϱ gegen Null geht und daher für genügend kleines ϱ, also nach 1. bei genügend geringer Abweichung vom idealen Verhalten in der Form

$$u_2 = -a\varrho = -\frac{a}{v} \tag{24}$$

angesetzt werden kann. Hierin ist a eine positive, für das betreffende Gas charakteristische Konstante, da ja bei einer Kompression von den inneren Kräften Arbeit geleistet wird, also bei einer Vergrößerung von ϱ die innere Energie abnimmt. Da $\frac{\partial u_2}{\partial v} > 0$ ist, ergibt ein solches Gas nach § 33, 3. einen positiven JOULE-THOMSON-Effekt, wie es der Erfahrung entspricht[2].

5. Das ideale Gas. Wir wollen nun darangehen, die thermodynamischen Eigenschaften eines Gases abzuleiten, dessen Moleküle als ausdehnungslose Massenpunkte gedacht sein sollen, die aufeinander keine Kräfte ausüben. Ein solches Gas existiert natürlich in Wirklichkeit nicht, es wird aber annähernd realisiert durch ein Gas genügend kleiner Dichte, bei dem der mittlere Abstand der Moleküle groß gegenüber ihrem Durchmesser ist und die Anziehungskräfte nach 1. vernachlässigbar klein sind. Wir wollen zeigen, daß dieses fiktive Gas alle Eigenschaften eines „idealen" Gases hat.

In 4. zeigten wir bereits, daß die innere Energie eines Gases der betrachteten Art vom Volumen nicht abhängt, sondern nur von der Temperatur. Um die übrigen thermodynamischen Eigenschaften zu gewinnen, gehen wir nach § 36, 3. so vor, daß wir nach Formel (11) § 36 zunächst die freie Energie F berechnen. Wir wollen hierbei zunächst annehmen, daß das Gas einatomig sei, also nach 4. der Rotationsanteil der Energie der Molekularbewegung gegen den Translationsanteil zu vernachlässigen sei. Die Energiefunktion E reduziert sich dann auf die kinetische Energie der Translationsbewegung allein, also

$$E = \frac{m}{2} \sum_{j=1}^{N} c_j^2. \tag{25}$$

Die Einsetzung von (25) in (11) § 36 ergibt bis auf eine unwesentliche Konstante, die von der Integration über die übrigen Koordinaten und Impulse herrührt,

$$F = -kT \cdot \log \int \ldots \int e^{-\frac{E(c_1,\ldots,\,c_N)}{kT}} dx_1 dy_1 dz_1 \ldots dx_N dy_N dz_N \times$$
$$\times\, dc_{x_1} dc_{y_1} dc_{z_1} \ldots dc_{x_N} dc_{y_N} dc_{z_N}. \tag{26}$$

---

[1] Bezüglich der Methoden zur Messung der spezifischen Wärmen der Gase und der Bestätigung der oben gezogenen theoretischen Schlußfolgerungen durch den Versuch vgl. „Exp.-Physik", § 44.

[2] Vgl. „Exp.-Physik", § 45.

Von dem $6N$-fachen Integral in (26) lassen sich zunächst, wie man sieht, N Integrale von der Form

$$\int\int\int dx_j\, dy_j\, dz_j$$

abspalten, die über das Gesamtvolumen V des Gases zu erstrecken sind, von denen also jedes gleich V ist. Dies liefert

$$\int \ldots \int dx_1 \ldots dz_N = V^N. \tag{27}$$

Ferner lassen sich von dem Integral in (26) N Integrale von der Form

$$\int\int\int e^{-\frac{m}{2kT}c_j^2} dc_{x_j}\, dc_{y_j}\, dc_{z_j}$$

abspalten. Sie haben nach (2) und (3) alle den Wert N/C, also gemäß (7) den Wert $\left(\dfrac{2\pi k\,T}{m}\right)^{3/2}$, so daß gilt

$$\int \ldots \int e^{-\frac{E}{kT}} dc_{x_1} \ldots dc_{z_N} = \left(\frac{2\pi kT}{m}\right)^{\frac{3N}{2}}. \tag{28}$$

Einsetzen von (27) und (28) in (26) ergibt

$$F = -kT \cdot \log\left[V^N \cdot \left(\frac{2\pi kT}{m}\right)^{\frac{3N}{2}}\right] = -NkT\log V - \frac{3NkT}{2}(\log T + C'), \tag{29}$$

worin C' eine von V und T unabhängige Größe bedeutet. Für die freie Energie $f(v, T)$ eines Mols als Funktion des Molvolumens v und der Temperatur ergibt sich nun aus (29) unter Berücksichtigung von $N_0 k = R$:

$$f(v, T) = -RT\log v - \frac{3RT}{2}(\log T + C'). \tag{30}$$

Aus (30) erhalten wir zunächst nach (26) § 33 für die Entropie s pro Mol des Gases

$$s = -\left(\frac{\partial f}{\partial T}\right)_v = R\log v + \frac{3}{2}R\log T + \frac{3}{2}R(1 + C'), \tag{31}$$

in Übereinstimmung mit der aus der Zustandsgleichung des idealen Gases auf thermodynamischem Wege abgeleiteten Gleichung (25) § 33, da c_v nach (22) für ein einatomiges Gas gleich $3/2 \cdot R$ ist.

Nach der gleichen Vorschrift (26) § 33 erhalten wir ferner aus (30) für den Druck p:

$$p = -\left(\frac{\partial f}{\partial v}\right)_T = \frac{RT}{v}, \tag{32}$$

also in der Tat die Zustandsgleichung (1) § 32 des idealen Gases.

Für die innere Energie u pro Mol folgt schließlich aus (27) § 33 wegen (30) und (31)

$$u = f + sT = \frac{3}{2}RT, \tag{33}$$

in Übereinstimmung mit (21).

Daß für ein zwei- oder mehratomiges Gas die Zustandsgleichung ebenfalls die Gestalt (32) haben muß, geht daraus hervor, daß der allein von v abhängige erste Term von f in (30) ausschließlich von dem Bestandteil (27) des Zustandsintegrals herrührt, also von der kinetischen Energie der Molekülrotation unabhängig ist. Der Ausdruck (33) für die innere Energie ist in diesem Falle durch die allgemeineren Ausdrücke (21) zu ersetzen. Die thermodynamischen Überlegungen von § 33,4. zeigen ferner, daß dann in (31) und (30) $3/2 \cdot R$ durch c_v nach (22) zu ersetzen ist.

Da die im vorstehenden wiedergegebene Ableitung offenbar auch auf eine verdünnte Lösung übertragen werden kann, folgt, daß die Formeln (30) bis (33) auch für eine solche Lösung Gültigkeit haben müssen, wenn man darin $1/v$ durch die molare Konzentration c ersetzt. Insbesondere ergibt sich aus (32) in diesem Falle das VAN T'HOFFsche Gesetz (43) § 33 für den osmotischen Druck.

6. Reale Gase. Wir wollen nun versuchen, die Zustandsgleichung für ein reales Gas abzuleiten unter der Voraussetzung, daß es sich nicht sehr stark von einem idealen Gas unterscheidet. Wir müssen also jetzt die endliche Ausdehnung der Moleküle und ihre gegenseitigen Kräfte berücksichtigen.

Wir wollen uns nach 1. der vereinfachenden Annahme bedienen, daß die Moleküle starre Kugeln vom Durchmesser δ sind, so daß sich die Mittelpunkte zweier Moleküle beim Stoß nur auf eine Distanz δ nähern können. Durch die Anwesenheit eines Moleküls im Volumen V wird hierdurch für den Mittelpunkt eines zweiten Moleküls das Innere einer Kugel vom Radius δ und vom Volumen

$$\omega = \frac{4\pi}{3}\,\delta^3, \tag{34}$$

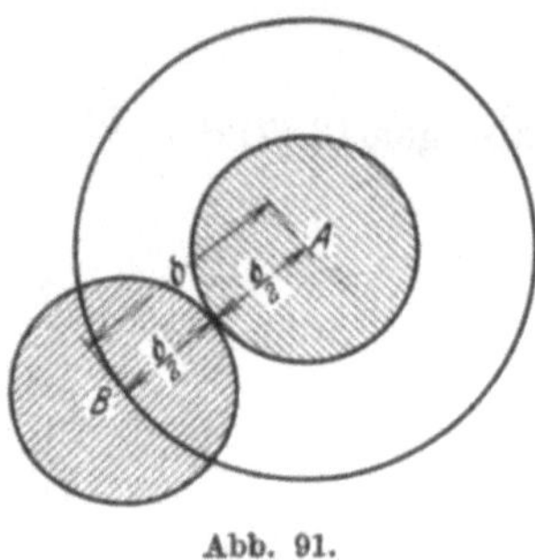
Abb. 91.

der „*Stoßsphäre*" des Moleküls unzugänglich (Abb. 91).

Bei der Berechnung des Integrals (27) haben wir nun folgendermaßen vorzugehen. Wir setzen zunächst ein Molekül in das Volumen V; dann ergibt die Integration über x_1, y_1, z_1 den Wert V. Setzt man jetzt das zweite Molekül hinzu, so steht ihm nach der oben gemachten Annahme nur das Volumen $V - \omega$ zur Verfügung, die Integration nach x_2, y_2, z_2 ergibt also $V - \omega$. Für das dritte Molekül ergibt sich analog $V - 2\omega$ und so fort, schließlich für das N-te Molekül der Wert $V - N\omega$. Statt (27) muß also geschrieben werden

$$\left. \begin{aligned} \int \ldots \int dx_1 \ldots dz_N &= V \cdot (V-\omega)\,(V-2\,\omega)\,\ldots\,(V-N\,\omega) \\ &= V^N \left(1 - \frac{\omega}{V}\right)\left(1 - \frac{2\,\omega}{V}\right)\ldots\left(1 - \frac{N\,\omega}{V}\right) \end{aligned} \right\} \tag{35}$$

Soll das Gas nicht sehr stark von einem idealen verschieden sein, dann muß nicht nur ω, sondern auch $N\omega$ als klein gegen V angenommen werden. Unter dieser Voraussetzung folgt aus (35) weiter für $N \gg 1$

$$\left. \begin{aligned} \int \ldots \int dx_1, \ldots, dz_N &\sim V^N \left(1 - \frac{\omega}{V} - \frac{2\,\omega}{V} - \ldots - \frac{N\,\omega}{V}\right) \\ &\sim V^N \left(1 - \frac{N^2\,\omega}{2\,V}\right) \sim V^N \left(1 - \frac{N\,\omega}{2\,V}\right)^N = \left(V - \frac{N\,\omega}{2}\right)^N = (V - b)^N \end{aligned} \right\} \tag{36}$$

worin zur Abkürzung gesetzt ist

$$b = \frac{N\,\omega}{2}. \tag{37}$$

Die Berücksichtigung des endlichen Volumens der Moleküle ändert, wie man sieht, an den Berechnungen von 5. nichts anderes, als daß (27) durch (36), also V durch $V - b$ zu ersetzen ist. In der Zustandsgleichung (32) ist also ebenfalls das Molvolumen v durch $v - b$ zu ersetzen (wobei in (37) N_0 an Stelle von N tritt).

Die Berücksichtigung der Anziehungskräfte zwischen den Molekülen führt, wieder für genügend geringe Abweichung vom idealen Verhalten, zu dem vom Volumen abhängigen Zusatzglied u_2 der inneren Energie nach (24). Da sich der temperaturabhängige Teil $s\,T$ von u in (33) durch die inneren Kräfte nicht ändern kann, ist demnach auch f mit dem Zusatzglied u_2 zu versehen. Dies ergibt nach (33) zum Druck p ein Zusatzglied

$$-\left(\frac{\partial u_2}{\partial v}\right)_T = \left(\frac{\partial\left(\frac{a}{v}\right)}{\partial v}\right)_T = -\frac{a}{v^2},$$

d. h. es ist in der Zustandsgleichung $p + a/v^2$ an die Stelle von p zu setzen.

Die Zustandsgleichung des realen Gases lautet also schließlich:

$$\left(p + \frac{a}{v^2}\right)(v-b) = RT. \tag{38}$$

Dies ist die „VAN DER WAALsche *Zustandsgleichung*", die, wie sich zeigen läßt, tatsächlich das Verhalten eines realen Gases bei nicht zu hohem Druck und nicht zu niedriger Temperatur befriedigend darstellt. Für starke Abweichungen vom idealen Gaszustand gilt natürlich die VAN DER WAALsche Gleichung nicht, wie aus der obigen Ableitung hervorgeht und muß durch kompliziertere Gleichungen ersetzt werden. Immerhin lassen sich wenigstens die qualitativen Verhältnisse auch solcher Gase auf Grund der Diskussion der VAN DER WAALschen Gleichung verstehen, insbesondere auch das Bestehen einer „*kritischen Temperatur*" und der Übergang aus dem gasförmigen in den flüssigen Zustand bei Erniedrigung der Temperatur bzw. Erhöhung des Druckes unterhalb der kritischen Temperatur[1].

Durch Einsetzen der bei einem bestimmten Gas wirklich beobachteten Werte von p, v und T in die Gleichung (38) kann man die unbekannten Konstanten a und b bestimmen. Hierdurch ergibt sich einerseits die Möglichkeit zu einer Abschätzung der Größe der Kräfte zwischen den Molekülen, anderseits durch Vermittlung der Gleichungen (34) und (37) die Möglichkeit zur Bestimmung der Moleküldurchmesser δ [2].

7. Die Gasentartung. Alle in den vorhergehenden Ziffern abgeleiteten Gesetzmäßigkeiten über die Geschwindigkeitsverteilung und das thermodynamische Verhalten der Gase gilt nur für Temperaturen, die so hoch sind, daß E/kT als kontinuierliche Funktion der Geschwindigkeitskomponenten angesehen werden kann. Für sehr tiefe Temperaturen jedoch muß der diskontinuierliche Charakter der Wahrscheinlichkeitsfunktionen (13) § 35 und (3) § 37 berücksichtigt werden. Dies bewirkt, daß auch ein ideales Gas bei diesen tiefsten Temperaturen in seinen thermodynamischen Eigenschaften von den unter 5. abgeleiteten abweichen muß. Man spricht deshalb von einer „*Entartung*" des Gases. Ganz allgemein folgt aus dem dritten Hauptsatz der Thermodynamik, den wir in § 36, 5. aus den allgemeinen Prinzipien der Quantenstatistik abgeleitet haben, daß (vgl. § 33, 8.) im Gegensatz zu den Resultaten von 4. und 5. die Entropie, die spezifische Wärme und der Ausdehnungskoeffizient der idealen Gase bei der Annäherung an $T = 0$ gegen Null gehen müssen.

Abgesehen von dieser durch die Quantelung der Energie bedingten Entartung, die sich im übrigen bei praktisch erreichbaren Temperaturen noch nicht bemerkbar macht, tritt eine Entartung in einem Gase stets dann auf, wenn es nicht der BOLTZMANNschen, sondern der B. E.- oder der F. D.-Statistik gehorcht (§ 37, 5.). Diese Entartung tritt, wie wir später noch sehen werden, in vielen Fällen tatsächlich in Erscheinung.

---

[1] Über die experimentelle Ermittlung der Zustandsgleichung realer Gase und ihre Diskussion im oben gekennzeichneten Sinne findet man das Wichtigste in „Exp.-Physik", §§ 40 und 41.

[2] Bezüglich der so erhaltenen Resultate und ihrer Übereinstimmung mit den auf Grund der „Molekularstrahlmethode" direkt gefundenen Werten für die Moleküldurchmesser vgl. „Exp.-Physik", § 56.

Um zunächst das Geschwindigkeitsverteilungsgesetz in einem in diesem Sinne entarteten, einatomigen idealen Gase zu finden, müssen wir zunächst die Anzahl z der Zellen im sechsdimensionalen μ-Phasenraum des Moleküls berechnen, die auf ein vom makroskopischen Standpunkte als unendlich klein zu bezeichnendes Volumenelement $dx\,dy\,dz\,dp_x\,dp_y\,dp_z$ dieses Raumes entfällt. Da das Volumen einer Zelle in diesem Falle gleich h^3 ist, so ergibt sich

$$z = \frac{1}{h^3}\,dx\,dy\,dz\,dp_x\,dp_y\,dp_z = \frac{m^3}{h^3}\,dx\,dy\,dz\,dc_x\,dc_y\,dc_z$$

und hieraus durch Integration nach den Koordinaten für die Anzahl Z der Zellen im Geschwindigkeitsgebiet $dc_x\,dc_y\,dc_z$ im Gesamtvolumen V eines Gases

$$Z = \frac{m^3}{h^3}V\,.\,dc_x\,dc_y\,dc_z. \tag{39}$$

Durch Multiplikation von (27) § 37 mit dem Ausdruck (39) erhalten wir das der abgeänderten Statistik entsprechende Geschwindigkeitsverteilungsgesetz:

$$n\,(c_x,c_y,c_z)\,dc_x\,dc_y\,dc_z = \frac{m^3}{h^3}\,V\,\frac{1}{e^{\frac{m(c_x^2+c_y^2+c_z^2)}{2kT}-\frac{\varepsilon_0}{kT}}\mp 1}\,dc_x\,dc_y\,dc_z, \tag{40}$$

das an die Stelle des MAXWELLschen Gesetzes zu treten hat und worin das obere Vorzeichen für die B. E.- und das untere Vorzeichen für die F. D.-Statistik gilt.

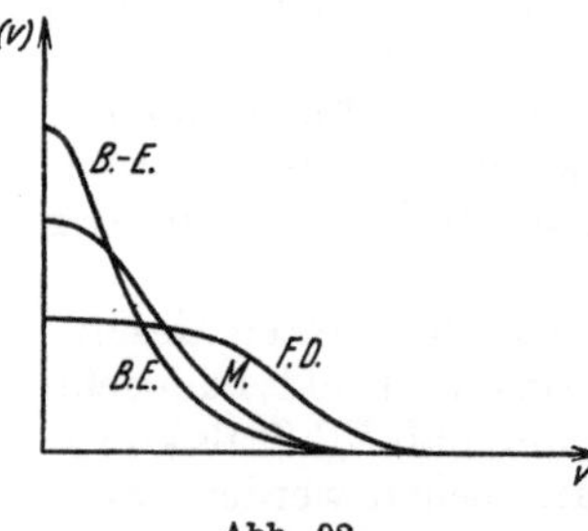

Abb. 92.

Die darin auftretende Größe ε_0 (die noch von der Temperatur abhängig ist), ergibt sich wiederum aus der Bedingung (3). In der Abb. 92 sind neben der MAXWELLschen Verteilung die der Geschwindigkeitsverteilung (40) entsprechenden Verteilungskurven für eine bestimmte Temperatur eingezeichnet.

Um aus dem Verteilungsgesetz (40) die Anzahl $n\,(c)\,dc$ der im Geschwindigkeitsbereich zwischen c und $c + dc$ enthaltenen Moleküle zu berechnen, muß man wie unter 2. das Volumenelement im Geschwindigkeitsraum gleich $4\pi c^2 dc$ wählen. Führt man ferner statt c die kinetische Energie $E = mc^2/2$ als Integrationsvariable ein, dann gilt

$$4\pi c^2\,dc = 4\pi\,\frac{2E}{m}\cdot\frac{1}{2}\sqrt{\frac{2}{mE}}\,dE = 2\pi\left(\frac{2}{m}\right)^{3/2}\sqrt{E}\,dE$$

und man erhält für die Anzahl $n\,(E)\,dE$ der dem Energiegebiet zwischen E und $E + dE$ angehörigen Moleküle

$$n\,(E)\,dE = \frac{2\pi V}{h^3}\,(2\,m)^{3/2}\,\frac{1}{e^{\frac{E-\varepsilon_0}{2kT}}\mp 1}\cdots\sqrt{E}\,dE. \tag{41}$$

Im Falle der F. D.-Statistik, auf die wir uns im folgenden beschränken wollen, ist für $T = 0$, wo wir $\varepsilon_0 = \eta$ setzen, wie wir bereits aus § 37, 6. wissen, der dritte Faktor auf der rechten Seite in (41), gleich Eins für $E < \eta$ und gleich Null für $E > \eta$. Das Integral (3) reduziert sich also auf

$$\int_0^\eta n\,(E)\,dE\Big|_{T=0} = \frac{2\pi V}{h^3}\,(2\,m)^{3/2}\int_0^\eta\sqrt{E}\,dE = \frac{4\pi V}{3h^3}\,(2\,m\eta)^{3/2} = N$$

und daher wird

$$\eta = \frac{h^2}{2m}\left(\frac{3N}{4\pi V}\right)^{2/3} = \frac{h^2}{2m}\left(\frac{3n}{4\pi}\right)^{2/3}. \tag{42}$$

Für endliche T ist zwar ε_0 von η verschieden, zur größenordnungsmäßigen Abschätzung der Stärke der Entartung bei einer bestimmten Temperatur kann man jedoch, wie die Betrachtung der Formel (40) lehrt, folgende Regel aufstellen: wenn für die betreffende Temperatur $\eta \ll k\,T$ ist, dann ist die Entartung schwach, wenn dagegen $\eta \gg k\,T$ ist, dann ist die Entartung praktisch vollständig. Man sieht, daß die Entartung bei um so höheren Temperaturen auftreten wird, je größer η ist, d. h. je größer die Anzahl n der Moleküle pro Volumeneinheit und je kleiner ihre Masse ist. Für H_2 bei normaler Dichte und Temperatur ist $\eta \sim 10^{-3}$. Die Gasentartung könnte sich also bei normalen Verhältnissen in Molekülgasen nicht bemerkbar machen. In dem „Elektronengas" im Innern eines Metalles jedoch, das ebenso wie die Elektronen eines Atoms erfahrungsgemäß dem PAULI-Prinzip und damit der F. D.-Statistik gehorcht, ist bei normaler Temperatur $\eta \sim 300$; dieses Gas ist demnach als vollkommen entartet anzusehen. (Bezüglich der Konsequenzen dieser Tatsache vgl. § 40, 3. und § 54.)

Wir berechnen noch die innere Energie und die spezifische Wärme eines entarteten Gases. Die innere Energie ergibt sich als Gesamtenergie aller N Moleküle aus (41) gemäß

$$U = \int\limits_0^\infty E \cdot n\,(E)\,dE, \tag{43}$$

worin die Konstante ε_0 entsprechend der Bedingung (3), also gemäß der Gleichung

$$N = \int\limits_0^\infty n\,(E)\,dE \tag{44}$$

durch V und T auszudrücken ist. Die Berechnung, die hier nicht wiedergegeben werden soll, ergibt für den Fall starker Entartung durch Entwicklung nach Potenzen von $k\,T/\eta$

$$\varepsilon_0 = \eta \left[1 - \frac{\pi^2}{12} \left(\frac{k\,T}{\eta} \right)^2 \right] \tag{45}$$

und

$$U = \frac{3}{5}\,\eta \left[1 + \frac{5\,\pi^2}{12} \left(\frac{k\,T}{\eta} \right)^2 \right] \cdot N. \tag{46}$$

U geht also mit abnehmendem T gegen den konstanten Wert $3/5 \cdot \eta N$, die „*Nullpunktsenergie*".

Aus (46) folgt weiter für die spezifische Wärme c_v

$$c_v = \left(\frac{\partial u}{\partial T} \right)_v = \frac{\pi^2}{2}\frac{k^2 N_0}{\eta} \cdot T = \frac{3}{2}\,R \cdot \frac{\pi^2}{3}\frac{k\,T}{\eta}. \tag{47}$$

Sie geht, wie man sieht, entsprechend dem dritten Hauptsatze, mit abnehmender Temperatur gegen Null. Der Ausdruck (47) geht aus dem Ausdruck (22) für die spezifische Wärme des nicht entarteten Gases durch Multiplikation mit dem Faktor $\dfrac{\pi^2}{3}\dfrac{k\,T}{\eta}$ hervor, der für das oben erwähnte Elektronengas bei normaler Temperatur die Größenordnung $1/100$ hat.

8. Verdampfungswärme und Oberflächenspannung. Bei der Umwandlung einer Flüssigkeit in ein Gas müssen die Moleküle aus ihrer geringen gegenseitigen Entfernung in der Flüssigkeit auf die verhältnismäßig große Entfernung im Gas gebracht werden. Hierzu muß gegen die Molekularkräfte eine gewisse Arbeit A geleistet werden, die gleich der in der Abb. 77, S. 204 von der Kurve $E_{\text{sym.}}$ und der R-Achse eingeschlossenen Fläche ist. Insgesamt muß also zur Verdampfung eines Mols der Flüssigkeit eine Arbeit $r = A N_0$ geleistet werden, die gleich der molaren Verdampfungswärme ist, aus deren Kenntnis die Dampfdruckkurve nach den Entwicklungen von § 33, 6. berechnet werden kann.

So läßt sich also auch die Thermodynamik des Verdampfungsprozesses auf Grund molekularer Vorstellungen und Daten entwickeln.

Da die molekularen Anziehungskräfte mit der Entfernung zwischen den Molekülen außerordentlich rasch abnehmen, ist die Arbeit, die erforderlich ist, um ein Molekül aus dem Innern einer Flüssigkeit an ihre Oberfläche zu bringen, wo es der Kraftwirkung seitens der übrigen Moleküle bereits zum größten Teil entzogen ist, ebenfalls von der Größenordnung A. Um also die Oberfläche einer Flüssigkeit um die Flächeneinheit zu vergrößern, muß eine Arbeit von der Größenordnung $A\,n$ geleistet werden, wenn n die Anzahl der auf der Flächeneinheit der Flüssigkeitsoberfläche sitzenden Moleküle bedeutet. Man sieht so, daß die Existenz einer Oberflächenspannung (§ 28, 1.) und selbstverständlich auch die einer Grenzflächenspannung ebenfalls aus der Annahme molekularer Anziehungskräfte gefolgert werden kann.

Nehmen wir an, daß die Moleküle der Oberflächenschicht eine einmolekulare Lage bilden und in ihr dicht gepackt sind, dann entfallen auf ein cm² $\left(\dfrac{1}{\delta}\right)^2$ Moleküle mit dem Durchmesser δ. Daher ist $n \sim \dfrac{1}{\delta^2}$ und für die Oberflächenspannung α gilt auf Grund der oben angestellten Überlegung:

$$\alpha \sim \frac{A}{\delta^2} = \frac{r}{N_0\delta^2}. \tag{48}$$

Berücksichtigt man weiter, daß bei dichter Packung der Moleküle in der Flüssigkeit $N_0\delta^3$ gleich dem Molvolumen v ist, so folgt aus (48) weiter

$$\alpha \sim \frac{r}{v}\,\delta. \tag{49}$$

Für Wasser ist $r/v \sim 2 . 10^{10}\,\mathrm{erg/cm^3}$, $\delta \sim 2 . 10^{-8}$ cm, also nach (48) $\alpha \sim 400\,\mathrm{dyn/cm}$, während der wirklich beobachtete Wert 70 dyn/cm ist; unsere ganz rohe Abschätzung liefert also tatsächlich die richtige Größenordnung für die Oberflächenspannung. Die genaue Theorie kann hier nicht besprochen werden.

Im kritischen Punkt, wo Flüssigkeit und Gas kontinuierlich ineinander übergehen, ist die Verdampfungswärme Null und daher sollte bei Annäherung an den kritischen Zustand die Grenzflächenspannung zwischen Flüssigkeit und Dampf immer mehr abnehmen. Diese Vermutung wird in der Tat durch das Experiment bestätigt[1].

§ 39. Kinetische Gastheorie.

1. Kinetische Herleitung der Zustandsgleichung des idealen Gases. Alle im § 38 mit Hilfe der statistischen Mechanik abgeleiteten Sätze über Gase und Flüssigkeiten lassen sich natürlich auch auf dem direkten, kinetischen Wege ableiten, wie unter § 38, 1. angedeutet wurde, sofern der Mechanismus der Wechselwirkung zwischen den Molekülen genau erfaßbar ist. In der Tat hat so BOLTZMANN zum ersten Male zeigen können, daß die unter § 37, 2. eingeführte H-Funktion (7) § 37, wenn man von einer beliebigen Anfangsverteilung der Geschwindigkeiten ausgeht, mit einer an Gewißheit grenzenden Wahrscheinlichkeit infolge der Zusammenstöße zwischen den Molekülen abnehmen muß, bis sich eine Geschwindigkeitsverteilung eingestellt hat, die dem absoluten Minimum von H entspricht. Aus den Entwicklungen von § 37, 2. und § 38, 2. geht hervor, daß diese Verteilung gerade die MAXWELLsche ist.

Dieser als „*H-Theorem*" bezeichnete Satz zieht gleichzeitig wegen der durch die Gleichungen (18) § 36 und (5) § 37 ebenfalls von BOLTZMANN ausgesprochenen

---

[1] Vgl. „Exp.-Physik", § 29.

Beziehung zwischen der H-Funktion und der Entropie den Beweis der Gültigkeit des zweiten Hauptsatzes für Gase nach sich. Wir wollen hier von einer Wiedergabe des Beweises für das H-Theorem absehen und ebenso von der kinetischen Begründung der übrigen Sätze über das thermodynamische Verhalten der Gase und Flüssigkeiten und uns auf die kinetische Herleitung der Zustandsgleichung der idealen Gase beschränken.

Nach der kinetischen Auffassung wird der Druck eines Gases auf die Gefäßwände durch die Stöße der Gasmoleküle gegen diese Wände hervorgerufen. Jedes Molekül überträgt bei seinem Stoß und Rückprall von der Wand auf diese einen gewissen Impuls. Die Summe der Normalkomponenten aller auf diese Weise in der Zeiteinheit auf die Flächeneinheit der Wand übertragenen Impulse ist nach Formel (9) § 18 gleich der Normalkomponente der auf die Flächeneinheit der Wand durch das Gas ausgeübten Kraft, also gleich dem Drucke p. Bezüglich des Stoßmechanismus setzen wir bloß voraus, daß sich die Moleküle beim Stoß gegeneinander und gegen die Wand wie vollkommen elastische Kugeln verhalten.

Um die Kraft auf ein Flächenelement dF der Wand zu berechnen, errichten wir die x-Achse eines Koordinatensystems senkrecht zur Wand nach außen weisend und berechnen die Anzahl dz der auf dieses Flächenelement in der Zeit dt auftreffenden Gasmoleküle, deren x-Komponente dem Geschwindigkeitsbereich zwischen c_x und $c_x + dc_x$ angehört. Die Anzahl dieser Moleküle pro Volumeneinheit sei $n\,(c_x)\,dc_x$.

Alle Moleküle, deren Geschwindigkeit $\mathfrak{c}$ ist und die sich zur Zeit Null in dem schiefen Zylinder mit der Grundfläche dF, der Achsenrichtung $\mathfrak{c}$ und der Seitenlänge $|\mathfrak{c}|\,.\,dt$ (Abb. 93) aufhalten, müssen offenbar in der Zeit dt auf dF auftreffen, sofern dt so kurz ist, daß während dieser Zeit keine gegenseitigen Zusammenstöße der Moleküle vorkommen. Das Volumen dieses Zylinders ist gleich $c_x dt\,.\,dF$ und daher unabhängig von der Richtung $\mathfrak{c}$. Die gesuchte Zahl dz ist also gleich

$$dz = n\,(c_x)\,dc_x\,.\,c_x\,dt\,.\,dF. \qquad (1)$$

Jedes Molekül überträgt auf die Wand gemäß den Gesetzen des elastischen Stoßes (§ 24, 5., letzter Absatz) den Impuls

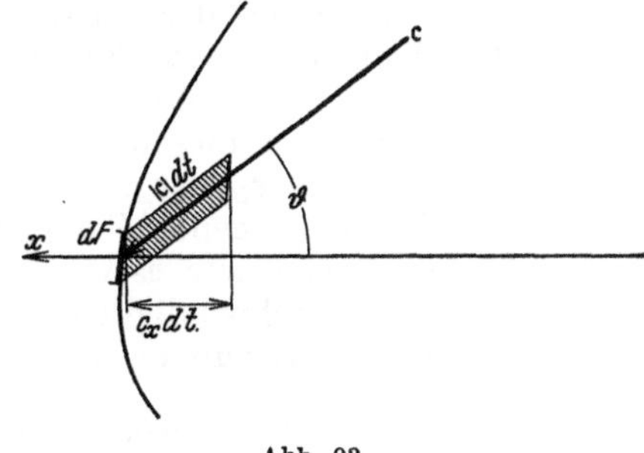

Abb. 93.

$$|\mathfrak{p}| = 2\,m\,|\mathfrak{c}|\cos\vartheta = 2\,m\,c_x \qquad (2)$$

senkrecht auf die Wand, während parallel zur Wand keine Impulsübertragung stattfindet.

Multipliziert man die Ausdrücke (1) und (2), integriert über alle c_x von Null bis Unendlich und dividiert durch $dF\,dt$, so erhält man nach dem Gesagten die senkrecht auf die Wand ausgeübte Kraft; die übrigen Komponenten verschwinden. Die Druckkraft steht also, wie die Erfahrung lehrt (vgl. § 25, 1.), senkrecht auf der Wand und hat den Betrag

$$p = 2\int_0^{\infty} m\,.\,n\,(c_x)\,dc_x\,.\,c_x{}^2 = 2\int_{-\infty}^{+\infty}\frac{m\,c_x{}^2}{2}\,.\,n\,(c_x)\,dc_x. \qquad (3)$$

Das Integral auf der rechten Seite von (3) ist nichts anderes als die auf die Bewegung in der x-Richtung entfallende kinetische Energie der Moleküle pro Volumeneinheit. Die gesamte kinetische Energie ist offenbar dreimal so groß, da ja in bezug auf die drei Achsenrichtungen x, y, z vollkommene Symmetrie herrscht. Da eine potentielle Energie wegen der fehlenden Kräfte zwischen den Molekülen nicht vorhanden ist, ist dies gleichzeitig die innere Energie der Volumeneinheit des Gases, also die Größe u/v, wenn wieder u die innere Energie pro Mol und v das Molvolumen bedeutet. Die Beziehung (3) kann also in der Form

$$p = \frac{2}{3}\frac{u}{v} \tag{4}$$

geschrieben werden, die als „BERNOULLIsche *Formel*" der kinetischen Gastheorie bezeichnet wird.

Nach der aus der MAXWELLschen Verteilung folgenden Formel (12) § 38 ist die mittlere kinetische Energie eines Moleküls gleich $3/2\, k\,.\,T$; es gilt also, da im Mol N_0 Moleküle enthalten sind,

$$p\,v = \frac{2}{3}N_0\frac{3}{2}k\,T = R\,T, \tag{5}$$

die ideale Zustandsgleichung in Übereinstimmung mit (32) § 38.

2. Stoßzahl und freie Weglänge. Infolge der endlichen Größe der Moleküle erfolgen zwischen ihnen Zusammenstöße; wenn keine Anziehungskräfte zwischen ihnen wirken, so bewegen sie sich zwischen zwei aufeinanderfolgenden Zusammenstößen geradlinig und gleichförmig, durchlaufen also aus lauter geradlinigen Stücken zusammengesetzte, unregelmäßige Zickzackbahnen. Die mittlere Länge eines solchen geradlinigen Stückes nennen wir die „*mittlere freie Weglänge*".

Wir wollen zunächst die Anzahl z_1 der Zusammenstöße berechnen, die ein herausgegriffenes Molekül A in der Zeiteinheit mit den anderen Molekülen erleidet. Wir denken uns das Koordinatensystem fest mit dem Molekül A verbunden und seinen Ursprung in dessen Mittelpunkt verlegt. Ein Molekül B bewegt sich dann, von diesem Koordinatensystem beurteilt, mit der Relativgeschwindigkeit $\mathfrak{w} = \mathfrak{c}_B - \mathfrak{c}_A$.

Auf ein Flächenelement dF der Stoßsphäre von A (Abb. 91, S. 268) mögen in der Zeit dt senkrecht zur x-Achse dz_1 Moleküle B auffallen, deren x-Komponente der Relativgeschwindigkeit zwischen w_x und $w_x + dw_x$ liegt. Wir erhalten dz_1 gemäß den Überlegungen von 1., indem wir in der Formel (1) w_x statt c_x einsetzen:

$$dz_1 = n\,(w_x)\,dw_x\,.\,w_x\,dF\,dt, \tag{6}$$

worin $n\,(w_x)\,dw_x$ die Anzahl der Moleküle pro Volumeneinheit des Gases bedeutet, bei denen w_x zwischen w_x und $w_x + dw_x$ liegt.

Da infolge des Fehlens von Kräften zwischen den Molekülen A und B ihre Geschwindigkeiten $\mathfrak{c}_A$ und $\mathfrak{c}_B$ voneinander vollkommen unabhängig sind, folgt für das mittlere Schwankungsquadrat von w_x, d. h. die Größe $\overline{w_x}^2$, da aus Symmetriegründen sicherlich $\overline{w_x} = 0$ ist, gemäß (43) § 17

$$\overline{w_x{}^2} = \overline{(c_{xB} - c_{xA})^2} = \overline{c_{xB}{}^2} + \overline{c_{xA}{}^2} = 2\,\overline{c_x{}^2}. \tag{7}$$

Da im Verteilungsgesetz (6) § 38 die Größe $m/k\,T$, wie man durch den Vergleich mit den Formeln (12) § 17 und (23) § 17 feststellt, gleich $1/\overline{c_x}^2$ ist, erhält man nach (7) das Verteilungsgesetz für die Relativgeschwindigkeit w_x, indem man $m/k\,T$ durch $m/2\,k\,T$ ersetzt. Es gilt demnach

$$n\,(w_x)\,d\,w_x = \sqrt{\frac{m}{4\,\pi\,k\,T}}\,e^{-\frac{m}{4\,k\,T}\,w_x{}^2}\,d\,w_x\,.\,n, \tag{8}$$

worin n die Anzahl der Moleküle pro Volumeneinheit des Gases bedeutet.

Setzt man (8) in (6) ein und integriert über alle Werte von w_x von Null bis Unendlich, so erhält man die Gesamtzahl der Stöße auf ein Flächenelement dF von A in der Zeit dt, wenn man die Integrationsvariable $\xi = \dfrac{m}{4\,k\,T}\,w_x{}^2$ einführt:

$$\sqrt{\frac{m}{4\,\pi\,k\,T}}\cdot n \int\limits_0^\infty e^{-\frac{m}{4\,k\,T}\,w_x{}^2}\,w_x\,d\,w_x\cdot dF\,d t = \sqrt{\frac{k\,T}{\pi\,m}}\cdot n \int\limits_0^\infty e^{-\xi}\,d\xi\,dF\,dt$$

$$= \sqrt{\frac{k\,T}{\pi\,m}}\cdot n\,dF\,dt.$$

Durch Integration über die ganze Oberfläche der Stoßsphäre vom Radius des Moleküldurchmessers δ folgt hieraus für das gesuchte z_1

$$z_1 = 4\,\delta^2\,\pi\,\sqrt{\frac{k\,T}{\pi\,m}}\cdot n. \tag{9}$$

Führt man hierin schließlich die mittlere Geschwindigkeit $\bar{c}$ der Gasmoleküle gemäß Formel (10) § 38 ein, so ergibt sich

$$z_1 = \sqrt{2}\,.\,\pi\,\delta^2\,.\,\bar{c}\,.\,n. \tag{10}$$

Die Gesamtzahl z_2 der Zusammenstöße aller in der Volumeneinheit enthaltener Moleküle pro Sekunde ist $n/2$ mal so groß als z_1, da bei jedem Stoß immer zwei Moleküle beteiligt sind, von denen jedes als „A-Molekül" aufgefaßt werden kann und die Zahl der A-Moleküle pro Volumeneinheit gleich n ist. Es gilt also

$$z_2 = \frac{\pi}{\sqrt{2}}\,\delta^2\,.\,\bar{c}\,.\,n^2. \tag{11}$$

Für H_2 bei normaler Temperatur ergibt sich so die Stoßzahl pro cm³ und sec zu annähernd $2\,.\,10^{39}$.

Die Zeit τ, die im Mittel zwischen zwei Zusammenstößen eines herausgegriffenen Moleküls mit den anderen Molekülen verstreicht, ist offenbar gleich $1/z_1$, also nach (10)

$$\tau = \frac{1}{\sqrt{2}\,.\,\pi\,\delta^2\,.\,\bar{c}\,.\,n}. \tag{12}$$

Während dieser Zeit legt das Molekül im Mittel einen Weg von der Länge

$$l = \bar{c}\,.\,\tau \tag{13}$$

zurück. l ist die eingangs erwähnte mittlere freie Weglänge. Aus (12) und (13) ergibt sich wegen $n = N_0/v = N_0\varrho/\mu$:

$$l = \frac{1}{\sqrt{2}\,.\,\pi\,\delta^2\,n} = \frac{\mu}{\sqrt{2}\,.\,\pi\,\varrho}\cdot\frac{1}{N_0\,\delta^2}. \tag{14}$$

Die freie Weglänge der Moleküle in einem Gase ist also der Dichte des Gases verkehrt proportional. Einsetzen der bekannten Werte von N_0 und δ ergibt für H_2 bei normalem Druck und normaler Temperatur $l \sim 10^{-5}$ cm, bei einem Druck von $1/1000$ mm Hg erhöht sich l auf rund 8 cm [1].

Wendet man die Formel (14), was allerdings wegen der Anziehungskräfte zwischen den Molekülen nicht ganz statthaft ist, auch auf Flüssigkeiten an, so ergeben sich freie Weglängen von der Größenordnung der Moleküldurchmesser, für Wasser z. B. $l \sim 2\,.\,10^{-8}$ cm. Unsere in § 38, 8. gemachte Annahme, daß die Moleküle in der Flüssigkeit sehr dicht gepackt sind, ist also tatsächlich gerechtfertigt.

---

[1] Über die direkte Messung der freien Weglänge mittels der Molekularstrahlmethode vgl. „Exp.-Physik", § 56.

3. Transportphänomene. Es sei G eine Zahl, die die in der Volumeneinheit eines Gases oder einer Flüssigkeit enthaltene Quantität einer physikalischen Größe A mißt. Beispiele hierfür sind: Dichte, Konzentration, Energiedichte, Impuls pro Volumeneinheit usw. Ist n die mittlere Anzahl der Moleküle pro Volumeneinheit, dann kann man G stets in der Form

$$G = n\bar{g} \tag{15}$$

schreiben, worin $\bar{g}$ den Mittelwert einer dem einzelnen Molekül zukommenden skalaren Größe g bedeutet. Ist z. B. G die Dichte, dann ist g die Masse des Moleküls, ist G die Energiedichte, dann ist g die Energie des Moleküls.

G ist im allgemeinen eine Funktion des Ortes und nur im Zustand des Gleichgewichtes (beim Ausschluß äußerer Kräfte) vom Orte unabhängig. Die zeitliche Veränderung von $G(x, y, z)$ und schließlich auch die Einstellung des Gleichgewichtes erfolgt nach der kinetischen Auffassung dadurch, daß die Moleküle infolge ihrer Wärmebewegung die ihnen zukommende Größe g von einer Stelle zur anderen transportieren. Wir nennen daher diese Vorgänge „*Transportphänomene*". Zu ihnen gehören die bereits früher phänomenologisch behandelten Erscheinungen der inneren Reibung (§ 27), der Wärmeleitung und der Diffusion (§ 34), die wir im folgenden (4., 5. und 6.) auf Grund der kinetischen Gastheorie behandeln wollen.

Die Gesamtmenge von A, die durch ein Flächenelement dF infolge der durch dasselbe hin- und herfliegenden Moleküle im Überschuß pro Zeiteinheit von der einen auf die andere Seite transportiert wird, nennen wir $\Gamma \cdot dF$. Die Größe Γ hat also die Bedeutung einer verallgemeinerten Stromdichte. Wir stellen uns die Aufgabe, Γ zu berechnen, wenn $G(x, y, z)$ gegeben ist. Wir machen hierzu die für das folgende grundlegende Annahme, daß die freie Weglänge l klein gegenüber den Dimensionen sein möge, in denen sich G merklich mit dem Orte ändert. Nach 2. ist diese Bedingung in Flüssigkeiten immer, in Gasen bei nicht zu starken Verdünnungen erfüllt.

Wir errichten das Flächenelement dF an der zu untersuchenden Stelle des Gases senkrecht auf die Richtung von grad G und lassen die x-Achse in die Richtung von grad G weisen; die y-z-Ebene möge mit dF zusammenfallen (Abb. 94). In der Umgebung von dF hängt dann G nur von x ab und wir können es wie folgt entwickeln:

$$G(x) = G_0 + \left(\frac{\partial G}{\partial x}\right)_0 x + \cdots \tag{16}$$

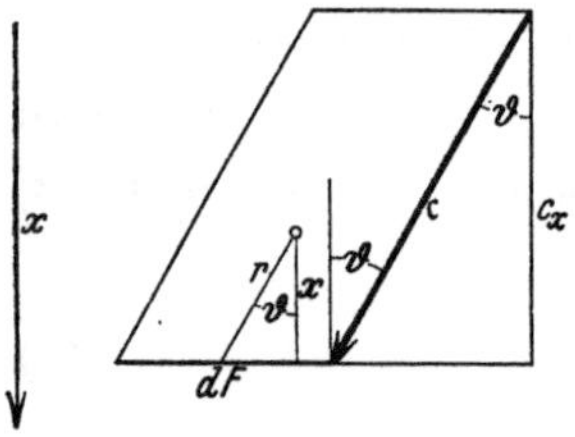

Die relative Anzahl der Moleküle pro Volumeneinheit, die sich unter einem Winkel zwischen ϑ und $\vartheta + d\vartheta$ gegen die x-Achse bewegen und deren Geschwindigkeit einen Betrag zwischen c und $c + dc$ hat, deren x-Komponente der Geschwindigkeit also gleich ist

$$c_x = c \cdot \cos\vartheta$$

Abb. 94.

und die in einer Distanz zwischen x und $x + dx$ von dF ihren letzten Zusammenstoß erlitten haben, nennen wir $f(c, r, \vartheta)\, dc\, dr\, d\vartheta$. Die Gesamtanzahl der pro Zeiteinheit auf dF auffallenden Moleküle der beschriebenen Art ist also gleich

$$n c_x\, dF \cdot f(c, r, \vartheta)\, dc\, dr\, d\vartheta = n c\, dF \cdot f(c, r, \vartheta) \cos\vartheta \cdot dc\, dr\, d\vartheta. \tag{17}$$

Jedes von ihnen transportiert im Mittel eine Größe $\bar{g}$, die wegen (15) aus (16) durch Division durch n hervorgeht. Setzt man hierin noch

$$- x = r \cdot \cos\vartheta$$

ein und multipliziert mit dem Ausdruck (17), so erhält man die durch die Moleküle der bezeichneten Art transportierte Menge g:

$$c\, dF \cdot f(c, r, \vartheta) \cos\vartheta\, dc\, dr\, d\vartheta \cdot \left[G_0 - \left(\frac{\partial G}{\partial x}\right)_0 r \cos\vartheta\right]; \qquad (18)$$

dabei haben wir uns bei der Entwicklung von $G(x)$ auf das lineare Glied beschränkt, da r im Mittel von der Größenordnung der freien Weglänge ist und G sich laut der oben gemachten Voraussetzung längs eines solchen Stückes nur verschwindend wenig ändern soll.

Die gesamte in der Zeiteinheit durch dF transportierte Menge von A, also die Größe $\Gamma \cdot dF$, erhalten wir aus (18) durch Integration über alle Werte von c, r und ϑ:

$$\Gamma\, dF = dF \int_0^\infty \int_0^\infty \int_0^\pi f(c, r, \vartheta)\, c \cdot \cos\vartheta \left[G_0 - \left(\frac{\partial G}{\partial x}\right)_0 r \cos\vartheta\right] dc\, dr\, d\vartheta. \qquad (19)$$

Multipliziert man den Klammerausdruck im Integranden von (19) aus, so zerfällt das Integral in zwei Integrale, von denen das erste nach der Definition der Funktion f gleich dem mit G_0 multiplizierten Mittelwert der Größe $c \cdot \cos\vartheta = c_x$ ist, das zweite gleich dem mit $\left(\frac{\partial G}{\partial x}\right)_0$ multiplizierten Mittelwert der Größe $cr \cdot \cos^2\vartheta$. Es gilt also

$$\Gamma = G_0 \overline{c_x} - \left(\frac{\partial G}{\partial x}\right)_0 \overline{(c\, r \cdot \cos^2\vartheta)}. \qquad (20)$$

Bei der Berechnung der Mittelwerte in (20) müßte man bei exakter Durchführung der Rechnung berücksichtigen, daß sich das betrachtete Gas nicht im stationären Gleichgewichtszustand befindet und daher das Verteilungsgesetz von dem allein für das stationäre Gleichgewicht gültigen MAXWELLschen abweicht. Da jedoch hierdurch die Rechnung außerordentlich erschwert würde, wollen wir von dieser Komplikation absehen und die Berechnung der Mittelwerte so vornehmen wie für den Gleichgewichtszustand. Es zeigt sich, daß hierdurch das Resultat nur unwesentlich verändert wird.

Wegen der allseitigen Symmetrie der Geschwindigkeitsrichtungen wird zunächst $\overline{c_x} = 0$, so daß das erste Glied auf der rechten Seite von (20) verschwindet. Wir können ferner den Mittelwert des Produktes im zweiten Glied durch das Produkt der Mittelwerte der Größen c, r und $\cos^2\vartheta$ ersetzen, da diese im stationären Gleichgewichtszustand voneinander unabhängig sind (vgl. § 17, 6.).

$\bar{r}$ ist die mittlere Distanz von dem vorgegebenen Punkte bis zu jenem Punkt, wo ein Molekül seinen letzten Zusammenstoß erlitten hat, es ist also nichts anderes als die mittlere freie Weglänge l.

Ist ferner $\mathfrak{a}$ ein Einheitsvektor in der Richtung der Molekülgeschwindigkeit, der mit den Koordinatenachsen die Winkel $(\mathfrak{a}\,\mathfrak{i})$, $(\mathfrak{a}\,\mathfrak{j})$, $(\mathfrak{a}\,\mathfrak{k})$ einschließt, dann gilt

$$|\mathfrak{a}|^2 = \cos^2(\mathfrak{a}\,\mathfrak{i}) + \cos^2(\mathfrak{a}\,\mathfrak{j}) + \cos^2(\mathfrak{a}\,\mathfrak{k}).$$

Bildet man auf beiden Seiten die Mittelwerte, so folgt, da aus Symmetriegründen jedenfalls

$$\overline{\cos^2(\mathfrak{a}\,\mathfrak{i})} = \overline{\cos^2(\mathfrak{a}\,\mathfrak{j})} = \overline{\cos^2(\mathfrak{a}\,\mathfrak{k})} = \overline{\cos^2\vartheta}$$

gilt:

$$\overline{\cos^2\vartheta} = \frac{1}{3}. \qquad (21)$$

Für Γ, d. h. die x-Komponente der „Stromdichte" an einer beliebigen Stelle, folgt nun schließlich nach (20) und (21)

$$\Gamma = -\frac{\bar{c}\, l}{3} \cdot \frac{\partial G}{\partial x}, \qquad (22)$$

während die y- und die z-Komponente aus Symmetriegründen verschwinden. Bezeichnet $\mathfrak{G}$ den Vektor der Stromdichte, dann kann man in Verallgemeinerung von (22) unabhängig vom Koordinatensystem schreiben:

$$\mathfrak{G} = -\frac{\bar{c}\,l}{3}\cdot\operatorname{grad} G. \tag{23}$$

Die Vektorgleichung (23) drückt das allgemeine Gesetz aus, dem die Transportphänomene unter unserer vereinfachenden Annahme genügen. Sie heißt die „BOLTZMANN*sche Transportgleichung*".

4. Innere Reibung. Wir spezialisieren zunächst die Berechnungen von 3. für den Fall, daß g die Komponente des Impulses eines Moleküls in der Richtung einer makroskopischen Strömung $\mathfrak{v}$ des Gases in der Umgebung des betrachteten Punktes sein möge. $\bar{g}$ ist dann offenbar gleich mv und nach (15) und (15) § 38 gilt

$$G = n\,.\,mv = \varrho v. \tag{24}$$

Die Größe $\Gamma\,.\,dF$ ist nach der Definition der gesamte, infolge der Molekularbewegung durch dF pro Zeiteinheit hindurchgetragene Impuls in der Strömungsrichtung $\mathfrak{v}$. Nennen wir diese Impulsstromdichte Γ_p und bedeutet $\mathfrak{n}$ einen gegen das Flächenelement dF hinweisenden Einheitsvektor, dann gilt nach (23) und (24)

$$\Gamma_p = \eta\cdot\frac{\partial v}{\partial n}, \tag{25}$$

worin gesetzt ist

$$\eta = \frac{\bar{c}\,.\,l\,.\,\varrho}{3}. \tag{26}$$

Die Größe η ist gemäß den Betrachtungen von § 27, 1. nichts anderes als der Koeffizient der inneren Reibung des Gases, der sich nach den Aussagen der kinetischen Gastheorie durch die mittlere Geschwindigkeit und die freie Weglänge der Moleküle sowie durch die Dichte des Gases in der einfachen Form (26) ausdrückt.

Setzt man in (26) für $\bar{c}$ den Ausdruck (10) § 38 und für l den Ausdruck (14) ein, so erhält man

$$\eta = \sqrt{\frac{8\,R\,T}{\pi\,\mu}}\cdot\frac{\mu}{\sqrt{2}\,\pi\varrho}\cdot\frac{1}{N_0\,\delta^2}\cdot\frac{\varrho}{3} = \frac{2}{3\,\pi^{3/2}}\sqrt{\mu\,R\,T}\cdot\frac{1}{N_0\,\delta^2}. \tag{27}$$

Wie man sieht, hängt der Koeffizient der inneren Reibung außer von molekularen Daten nur von der absoluten Temperatur des Gases ab, nicht aber von seiner Dichte; diese Voraussage der Theorie wird in der Tat durch die Versuche bestätigt[1], so lange man nicht zu extremen Verdünnungen übergeht, für die ja nach 3. die angestellten Überlegungen nicht mehr anwendbar sind. Man sieht ferner, daß man aus Messungen von η die Größe $N_0\delta^2$ bestimmen kann. Anderseits kann man nach den Formeln (34) § 38 und (37) § 38 aus Druck- und Volumenmessungen die VAN DER WAALSsche Konstante b und daraus die Größe $N_0\,\delta^3$ berechnen. Durch Kombination beider Meßresultate ist man daher in der Lage, die LOSCHMIDTsche Zahl N_0 und den Moleküldurchmesser δ gesondert zu bestimmen[2].

In extrem verdünnten Gasen, wo die freie Weglänge groß gegenüber den Gefäßdimensionen ist, gibt es auch keine innere Reibung, sondern nur eine durch die Impulsübertragung der Moleküle auf die Gefäßwände hervorgerufene äußere Reibung. Auf die theoretische Begründung dieser Erscheinungen, die z. B. bei der Strömung eines Gases von niedrigem Druck durch enge Röhren, ferner für

---

[1] Vgl. „Exp.-Physik", § 33.
[2] Über die Resultate dieser Untersuchungen vgl. „Exp.-Physik", § 56.

die Wirkung der Molekularpumpen eine wichtige Rolle spielen[1], müssen wir in diesem Rahmen verzichten.

5. Wärmeleitung. Um die Wärmeleitungserscheinungen als Transportphänomene zu deuten, muß man bloß für G den Wärmeinhalt der Volumeneinheit des Gases, also den von der Temperatur abhängigen Bestandteil der inneren Energie $u\varrho$ der Volumeneinheit einsetzen. Dies ergibt nach (3) § 33

$$\operatorname{grad} G = \left(\frac{\partial G}{\partial T}\right)_v \operatorname{grad} T = \varrho\left(\frac{\partial u}{\partial T}\right)_v \cdot \operatorname{grad} T = \varrho\, c_v \operatorname{grad} T. \tag{28}$$

$\mathfrak{G}$ ist in diesem Falle gleich der in § 34, 1. eingeführten „Wärmestromdichte" $\mathfrak{Q}_w$. Aus (23) und (28) folgt

$$\mathfrak{Q}_w = -\varkappa \operatorname{grad} T, \tag{29}$$

worin gesetzt ist

$$\varkappa = \frac{\bar{c}\, l\, \varrho\, c_v}{3}. \tag{30}$$

Die Gleichung (29) ist das aus den Experimenten über Wärmeleitung folgende Wärmeleitungsgesetz, das wir den Überlegungen des § 34 an die Spitze gestellt hatten, und $\varkappa$ die Wärmeleitfähigkeit. Die Wärmeleitfähigkeit eines Gases läßt sich demnach mittels der Formel (30) ebenso wie die innere Reibung auf molekularkinetische Daten zurückführen. Die Kombination der Formeln (26) und (30) ergibt die Beziehung

$$\varkappa = \eta\, c_v \tag{31}$$

zwischen diesen beiden Größen. Auch diese Beziehung ist bis zu einem gewissen Grad experimentell bestätigt[2].

6. Diffusion in Gasgemischen. Bei der kinetischen Behandlung der Diffusion in Gasgemischen wollen wir uns auf den Fall der gegenseitigen Diffusion zweier Gase gegeneinander beschränken, deren Moleküle in ihren Dimensionen nur unwesentlich verschieden sind, so daß man von einer einheitlichen freien Weglänge in dem Gasgemisch sprechen kann. Diese Bedingung ist exakt erfüllt, wenn es sich um ein Gemisch isotoper Gase handelt, sie kann aber auch in anderen Fällen, da die Moleküldurchmesser ja alle von der gleichen Größenordnung sind, zur näherungsweisen Behandlung der Diffusionserscheinungen herangezogen werden.

Für G haben wir in diesem Falle die Gesamtmasse der in der Volumeneinheit des Gasgemisches enthaltenen Moleküle der ersten Gassorte, d. h. ihre Konzentration c einzusetzen und für $\mathfrak{G}$ die „materielle Stromdichte" $\mathfrak{Q}_m$ der Diffusion (§ 34, 3.). Die Gleichung (23) geht demnach in

$$\mathfrak{Q}_m = -D \operatorname{grad} c \tag{32}$$

über, worin gesetzt ist

$$D = \frac{\bar{c}\, l}{3}. \tag{33}$$

Die Gleichung (32) gibt tatsächlich, wie das Experiment zeigt, die Gesetzmäßigkeit über den Diffusionsablauf in Gasgemischen wieder, wie bereits in § 34, 3. erwähnt wurde; D ist der Diffusionskoeffizient, den wir in dem vorliegenden Fall genauer als „*Koeffizienten der Selbstdiffusion*" zu bezeichnen hätten.

Die Kombination der Gleichungen (26) und (33) ergibt eine Beziehung zwischen den Koeffizienten der inneren Reibung und der Selbstdiffusion eines Gases von der Gestalt

$$\eta = D\varrho, \tag{34}$$

die experimentell ebenfalls bestätigt werden kann[2]. Da η von ϱ unabhängig ist, folgt aus (34) umgekehrte Proportionalität von D zu ϱ: die Diffusion erfolgt um so langsamer, je größer die Dichte ist.

---

[1] Vom experimentellen Standpunkte werden diese Erscheinungen in „Exp.-Physik", § 56, behandelt.

[2] Vgl. „Exp.-Physik", §§ 33, 50 und 51.

In sehr verdünnten Gasen, wo die freie Weglänge so groß ist, daß die Zusammenstöße der Moleküle, die den langsamen Ablauf der Diffusion bedingen, nicht mehr in Betracht kommen, erfolgt die Diffusion der Gase sehr viel rascher, als es die Gleichungen (32) bis (34) erwarten lassen. Dies ist von Bedeutung für die Wirkungsweise der Diffusionspumpen[1].

7. Die Brownsche Bewegung. Ein in einer Flüssigkeit oder einem Gas schwebendes Teilchen erfährt infolge der unregelmäßigen Stöße der Gas- bzw. der Flüssigkeitsmoleküle auf seine Oberfläche einen Bewegungsantrieb, so daß es in beständiger, unregelmäßiger Bewegung gehalten wird, die unter dem Mikroskop beobachtet und messend verfolgt werden kann. Diese Bewegung führt nach ihrem Entdecker den Namen „Brownsche Bewegung"[2].

Würden die Stöße von allen Seiten in jedem Zeitelement dt stets mit der gleichen Anzahl und dem gleichen Impuls erfolgen, würde mit anderen Worten der Druck des umgebenden Mediums von allen Seiten gleich und zeitlich konstant sein, dann würde das Teilchen in Ruhe bleiben. Die Unregelmäßigkeit in der Zahl und Stärke der Stöße bewirkt eine räumliche und zeitliche Schwankung des Druckes auf das Teilchen; die Brownsche Bewegung kann also auch als Folgeerscheinung der *Druckschwankungen* des umgebenden Mediums aufgefaßt werden.

Um die wichtigste Gesetzmäßigkeit der Brownschen Bewegung, die „Einsteinsche Formel für das mittlere Verschiebungsquadrat" abzuleiten, gehen wir nach Langevin folgendermaßen vor. Es sei m die Masse des betrachteten Teilchens, das groß gegenüber der freien Weglänge der Moleküle angenommen sein soll, so daß auf seine Bewegung die Gesetze der Hydrodynamik einer Flüssigkeit mit innerer Reibung angewendet werden können, und B in diesem Sinne seine Beweglichkeit. Die Bewegungsgleichung für die x-Komponente der Bewegung in bezug auf ein Koordinatensystem, das mit der makroskopisch ruhenden Flüssigkeit (bzw. dem ruhenden Gas) fest verbunden ist, lautet unter Benutzung von (2) § 18 und (20) § 27

$$m\,\ddot{x} = -\frac{1}{B}\,\dot{x} + X, \tag{35}$$

worin X die x-Komponente der durch die Stöße der Moleküle auf das Teilchen ausgeübten, unregelmäßig sich verändernden Kraft bedeutet.

Wir multiplizieren die Gleichung (35) auf beiden Seiten mit $x/2$ und können dann schreiben:

$$\frac{m}{2}\,\frac{d}{dt}\,(x\,\dot{x}) - \frac{m}{2}\,\dot{x}^2 = -\frac{1}{2B}\,x\,\dot{x} + \frac{x}{2}\,X. \tag{36}$$

Wir denken uns nun statt des einen Teilchens eine große Zahl von Teilchen betrachtet, die von der gleichen Ausgangsstellung ausgehen und sich bei ihrer Bewegung gegenseitig nicht beeinflussen sollen. Für jedes Teilchen werde die Bewegungsgleichung (36) gebildet. Die Bewegungsgleichung für den ganzen Teilchenschwarm erhalten wir aus (36) durch Mittelwertsbildung wie folgt:

$$\frac{m}{2}\,\frac{d}{dt}\,\overline{(x\,\dot{x})} - \frac{m}{2}\,\overline{\dot{x}^2} + \frac{1}{2B}\,\overline{(x\,\dot{x})} - \left(\overline{\frac{x}{2}\,X}\right) = 0. \tag{37}$$

Da die Lage x eines Teilchens von der zufälligen Kraft X statistisch unabhängig ist, verschwindet nach § 17, 6. das Schwankungsprodukt $\overline{(xX)}$. Das zweite Glied in (37) ist die mittlere kinetische Energie der Bewegung in der x-Richtung, also nach dem Gleichverteilungssatz § 35, 6. gleich $1/2 \cdot kT$. Setzen wir zur Abkürzung

$$\overline{(x\,\dot{x})} = y \tag{38}$$

---

[1] Vgl. Exp.-Physik", § 32.
[2] Über die Methoden zur Beobachtung und Messung der Brownschen Bewegung, vgl. „Exp.-Physik", § 55.

und vertauschen im ersten Glied von (37) die Reihenfolge der Operationen Mittelwertsbildung und zeitliche Ableitung (was allerdings nicht vollkommen korrekt ist), dann ergibt sich für y die folgende Differentialgleichung

$$\frac{m}{2}\,\dot{y} + \frac{1}{2\,B}\,y = \frac{1}{2}\,k\,T. \tag{39}$$

Die Lösung von (39) unter der Anfangsbedingung $x = 0$ für $t = 0$, also $y = 0$ für $t = 0$ lautet

$$y = k\,T\,B\left(1 - e^{-\frac{1}{m\,B}\,t}\right), \tag{40}$$

wovon man sich durch Einsetzen in (39) ohne weiteres überzeugen kann.

Für Zeiten, die groß sind gegen $m\,B$ (und das sind tatsächlich alle durch die Beobachtung erfaßbaren Zeiten für mikroskopisch sichtbare Teilchen in Gasen und Flüssigkeiten), ist die e-Potenz in (40) gegen Eins zu vernachlässigen und es gilt daher mit Benutzung von (38), wenn wir wieder Mittelwertsbildung und zeitliche Ableitung in ihrer Reihenfolge vertauschen

$$y = \overline{(x\,\dot{x})} = \frac{1}{2}\,\overline{\frac{d}{d\,t}\,(x^2)} = \frac{1}{2}\,\frac{d}{d\,t}\,\overline{(x^2)} = k\,T\,.\,B. \tag{41}$$

Aus (41) schließlich folgt nach einmaliger Integration mit Berücksichtigung der Anfangsbedingung

$$\overline{x^2} = 2\,k\,T\,B\,.\,t = 2\,\frac{R\,T}{N_0}\,B\,.\,t. \tag{42}$$

Die Formel (42) ist das oben erwähnte EINSTEINsche Grundgesetz der BROWNschen Bewegung. Es sagt aus, daß das im Mittel über viele gleichartige Teilchen oder, was auf dasselbe hinausläuft, im Mittel über viele gleichartige Versuche an einem und demselben Teilchen gebildete Verschiebungsquadrat in der Zeit t zu t proportional ist und daß der Proportionalitätsfaktor in einfacher Weise mit der BOLTZMANNschen Konstanten k, der absoluten Temperatur T und der hydrodynamischen Beweglichkeit B des Teilchens zusammenhängt. Für kugelförmige Teilchen ist für B aus dem STOKESschen Gesetz (21) § 27 einzusetzen. Da die Gültigkeit der EINSTEINschen Formel durch die Untersuchungen zahlreicher Forscher vollkommen sichergestellt ist[1], bietet die Messung der BROWNschen Bewegung ein einfaches und direktes Hilfsmittel zur Bestimmung der LOSCHMIDTschen Zahl N_0, weil alle anderen in (42) eingehenden Größen leicht meßbar sind. Es ergibt sich so wieder der in § 38, 3. angeführte Zahlenwert.

Die BROWNsche Bewegung spielt für die Teilchen einer kolloiden Lösung die gleiche Rolle wie die Wärmebewegung für die Moleküle. Sie bewirkt daher auch das Zustandekommen der Diffusion in einer Lösung, in der die Konzentration vom Orte abhängt. Den engen Zusammenhang zwischen der Diffusionstheorie und der oben entwickelten Theorie der BROWNschen Bewegung kann man durch die folgende Überlegung vor Augen führen.

Wir gehen, wie unter § 34, 6, a) von einer Anfangsverteilung der Konzentration in einer Lösung aus, bei der die Konzentration überall in der Lösung gleich Null und nur in einer schmalen Schicht von der Dicke δ um die Ebene $x = 0$ von Null verschieden und gleich c_0 sein möge. Die Diffusionstheorie ergibt dann für die Konzentrationsverteilung zu einer späteren Zeit t die Formel (33) § 34. Wir können diese Formel statistisch deuten, indem wir die Masse gelöster Substanz $c\,(x, t)\,dx$ in einer Schicht zwischen x und $x + d x$ zur Zeit t als das Produkt aus der Gesamtmasse $c_0\,\delta$ und der relativen Häufigkeit $\mathfrak{w}\,(x, t)\,dx$ ansehen, mit der

---

[1] Vgl. „Exp.-Physik", § 55.

die Teilchen in der Zeit t eine Verschiebung zwischen x und $x + dx$ erlitten haben. Es gilt daher

$$\mathfrak{w}\,(x, t)\,dx = \frac{c\,(x, t)\,dx}{c_0\,\delta} = \frac{1}{2\,\sqrt{\pi\,D\,t}} \cdot e^{-\frac{x^2}{4\,D\,t}}\,dx. \tag{43}$$

Die Größe $\mathfrak{w}\,(x, t)\,dx$ ist offenbar die Wahrscheinlichkeit dafür, daß die Verschiebung eines beliebig herausgegriffenen Teilchens nach einer Zeit t einen Betrag zwischen x und $x + dx$ besitzt. Sie hat, wie man sieht, die Gestalt der GAUSSschen Wahrscheinlichkeitsfunktion (12) § 17, worin man h^2 durch $1/4\,Dt$ zu ersetzen hat. Wir können daher mit Benutzung der Formel (23) § 17 sofort das mittlere Verschiebungsquadrat $\overline{x^2}$ zur Zeit t ausrechnen und erhalten

$$\overline{x^2} = 2\,Dt. \tag{44}$$

Setzt man in (44) den Ausdruck (12) § 34 ein, so ergibt sich wieder genau die EINSTEINsche Formel (42). Diese Übereinstimmung beweist, daß die Diffusion in einer Lösung in der Tat durch die BROWNsche Bewegung der Teilchen zustande kommt und daß die Gesetze der Diffusion in Lösungen auf die der BROWNschen Bewegung zurückgeführt werden können, wie oben behauptet wurde.

§ 40. Statistische Theorie der Festkörper.

1. Kennzeichnung der Festkörper vom Standpunkte der Molekulartheorie. Der Anblick der Abb. 77, die den Verlauf der potentiellen Energie infolge der Kräfte zwischen zwei Molekülen als Funktion ihrer Distanz R wiedergibt, läßt erkennen, daß in einem bestimmten Abstande R_0 die potentielle Energie ein Minimum hat, daß also in diesem Abstande die Moleküle sich im stabilen Gleichgewichte befinden. Man kann so verstehen, daß ein System von Molekülen bei einer bestimmten Anordnung derselben und bestimmten Abständen zwischen ihnen, sich im stabilen Gleichgewicht befindet, sofern die Moleküle keine kinetische Energie besitzen. Wie bereits in § 22, 1. erörtert wurde, befindet sich dann der aus diesen Molekülen aufgebaute Körper im festen Aggregatzustande.

Erteilt man den beiden oben betrachteten Molekülen eine kinetische Energie, so werden sie um die Gleichgewichtsentfernung R_0 Schwingungen ausführen, solange die kinetische Energie kleiner ist als die Arbeit U_0, die nötig ist, um die Moleküle aus der Ruhelage in unendlich große Entfernung zu bringen. In einem festen Körper, in dem ja die Moleküle bei jeder Temperatur eine bestimmte kinetische Energie haben, besteht, wie man aus dieser Betrachtung ersieht, die Wärmebewegung in einer Schwingung der Moleküle um ihre Ruhelagen im Gefüge des Körpers (der Gitterpunkte im Kristallgitter), so lange diese kinetische Energie kleiner ist als die zur vollkommenen Auflösung des Gefüges notwendige Arbeit. Bei allmählicher Steigerung der Temperatur und damit der kinetischen Energie wird also der feste Körper schließlich in einen anderen Aggregatzustand, den flüssigen oder den gasförmigen übergehen, er wird „schmelzen" bzw. „sublimieren". Die Energie $N \cdot U_0$ entspricht offenbar der „Schmelz"- bzw. der „Sublimationswärme" des Körpers[1].

Die statistische Theorie der Festkörper hat die Aufgabe, auf Grund dieser molekulartheoretischen Vorstellungen die thermodynamischen Eigenschaften dieser Körper unter Zuhilfenahme der allgemeinen Sätze der statistischen Mechanik abzuleiten.

2. Innere Energie und spezifische Wärme der Festkörper. Um die innere Energie des Festkörpers im Sinne der Thermodynamik zu berechnen, können wir ihn nach dem Vorgange von DEBYE, wie im Kapitel VIII, als elastisches Kontinuum auf-

---

[1] Vgl. „Exp.-Physik", §§ 42 und 46.

fassen. In einem solchen pflanzt sich, wie wir aus den Entwicklungen von § 24, 4. wissen, eine kleine Störung in der Form von Wellen, und zwar von Longitudinal- oder Transversalwellen aus, deren Geschwindigkeit durch die Ausdrücke (18) § 24 bzw. (21) § 24 gegeben sind. In einem von bestimmten Flächen begrenzten Körper entstehen also beim Vorhandensein irgendeiner Störung stehende, elastische Longitudinal- und Transversalwellen. Wie man die diesen stehenden Wellen entsprechenden Eigenfunktionen und Eigenfrequenzen bei gegebener Gestalt des Körpers als Lösungen des Randwertproblems der Wellengleichung finden kann, haben wir in § 13, 3. allgemein besprochen.

Der Grundgedanke der DEBYEschen Theorie besteht nun darin, den in einer Eigenschwingung schwingenden Körper als harmonischen Oszillator aufzufassen (was offenbar gestattet ist, solange die Amplituden genügend klein sind). Die Wärmebewegung der Moleküle wird in der Kontinuumtheorie durch eine unregelmäßige Schwingungsbewegung des elastischen Körpers ersetzt, die wir nach dem FOURIERschen Satz als Superposition aller möglichen Eigenschwingungen beschreiben können. Der in Wärmebewegung befindliche feste Körper ist also einem System von so viel harmonischen Oszillatoren äquivalent, als es in ihm voneinander verschiedene Eigenfunktionen gibt. Da jeder harmonische Oszillator nach § 35, 7. a) die mittlere Energie (31) § 35 hat, so ergibt sich der gesamte von der Temperatur abhängige Anteil der inneren Energie durch Summation dieser Ausdrücke über alle Eigenschwingungen.

Wir nehmen an, daß der betrachtete Körper ein Parallelepiped von den Kantenlängen l_1, l_2, l_3 sei. Für diesen Fall haben wir die Aufgabe, sämtliche Eigenfunktionen und Eigenfrequenzen zu berechnen, bereits in § 13, 4. gelöst. Nach Gleichung (22) daselbst müssen alle Eigenfrequenzen $\nu = \dfrac{\omega}{2\,\pi}$ der Gleichung

$$\left(\frac{n_1}{l_1}\right)^2 + \left(\frac{n_2}{l_2}\right)^2 + \left(\frac{n_3}{l_3}\right)^2 = \frac{4\,\nu^2}{c^2} \tag{1}$$

genügen, worin n_1, n_2, n_3 beliebige ganze und positive Zahlen sind.

Deuten wir n_1, n_2, n_3 als Koordinaten von „Gitterpunkten" in einem dreidimensionalen Raum, dann stellt die Beziehung (1) die Gleichung eines Ellipsoides mit den Achsen

$$a_1 = \frac{2\,\nu\,l_1}{c}, \qquad a_2 = \frac{2\,\nu\,l_2}{c}, \qquad a_3 = \frac{2\,\nu\,l_3}{c} \tag{2}$$

in diesem Raume dar.

Alle Eigenfrequenzen, die kleiner sind als ein vorgegebenes ν, gehören zu Gitterpunkten im Innern dieses Ellipsoides. Da sich in der Volumeneinheit gerade je ein Gitterpunkt befindet und da wegen der Beschränkung auf positive n nur die Gitterpunkte im positiven Oktanten in Betracht kommen, ist die gesuchte Zahl Z der Eigenfrequenzen, die kleiner sind als ν, gleich dem Volumen dieses Oktanten oder gleich einem Achtel des Volumens des ganzen Ellipsoids:

$$Z = \frac{4\,\pi}{3} \cdot \frac{a_1\,a_2\,a_3}{8} = \frac{4\,\pi\,\nu^3}{3\,c^3}\,l_1\,l_2\,l_3. \tag{3}$$

In einem „infinitesimalen" Frequenzbereich der Breite $d\nu$ — in dem aber noch viele Eigenfrequenzen liegen mögen, was bei genügend großem ν stets zu erzielen ist — liege eine Anzahl dZ von Eigenschwingungen, die man durch Differentiation von (3) zu

$$dZ = \frac{4\,\pi\,\nu^2}{c^3}\,l_1\,l_2\,l_3\,d\nu \tag{4}$$

berechnet. Da $l_1 \cdot l_2 \cdot l_3$ das Volumen des Parallelepipeds ist, so ergibt dies die Anzahl

$$dz = \frac{4\,\pi\,\nu^2}{c^3}\,d\nu \tag{5}$$

von Eigenschwingungen pro Volumeneinheit.

Die erhaltene Formel (5) gilt zunächst nur für den Fall, daß, wie es in den Entwicklungen in § 13, 4. angenommen war, der Wellenzustand durch eine einzige skalare Wellenfunktion ψ gegeben ist. Dies trifft in der Tat bei Longitudinalwellen zu. Bei Transversalwellen jedoch ist zur Festlegung des Wellenzustandes die Angabe von zwei Wellenfunktionen erforderlich, nämlich der Elongationen in zwei aufeinander und auf der Fortpflanzungsrichtung senkrechten Richtungen. Dieser Umstand bewirkt, daß die Anzahl der Eigenschwingungen für Transversalwellen genau doppelt so groß wird wie für Longitudinalwellen, d. h. daß die rechte Seite der Formel (5) mit dem Faktor 2 zu versehen ist.

In einem festen Körper gibt es, wie bereits oben erwähnt wurde, sowohl Longitudinal- als auch Transversalwellen. Nennen wir c_l die Fortpflanzungsgeschwindigkeit der ersteren, c_t die der letzteren, so folgt gemäß (5) und dem eben Gesagten für die Gesamtzahl der Eigenschwingungen zwischen v und $v + dv$ im Volumen v:

$$d z^* = 4\,\pi\, v^2\, dv \left(\frac{1}{c_l{}^3} + \frac{2}{c_t{}^3} \right) v. \tag{6}$$

Wäre der Körper wirklich ein Kontinuum, so wäre die Gesamtzahl der möglichen Eigenschwingungen natürlich unendlich groß. Vom molekularen Standpunkt betrachtet gibt es jedoch nur eine endliche Anzahl von linearen Eigenschwingungen. Da nämlich jedes Molekül (bzw. Atom) nach drei Richtungen im Raume lineare Schwingungen um seine Gleichgewichtslage im Gitter ausführen kann, sind im Mol bloß $3\,N_0$ Eigenschwingungen möglich. Die Maximalfrequenz v_m, mit der das „Spektrum" der Eigenschwingungen nach oben begrenzt ist, erhalten wir also aus der folgenden Gleichung, die durch Integration nach v von Null bis $3\,N_0$ aus (6) hervorgeht:

$$3\,N_0 = \frac{4\,\pi}{3}\, v_m{}^3 \left(\frac{1}{c_l{}^3} + \frac{2}{c_t{}^3} \right) v. \tag{7}$$

Multiplizieren wir den Ausdruck (6) mit dem Ausdruck (31) § 35 für die mittlere Energie des harmonischen Oszillators und integrieren von Null bis v_m, so ergibt sich für den von der Temperatur abhängigen Bestandteil der inneren Energie pro Mol

$$u = v \int_0^{v_m} 4\,\pi\, v^2\, dv \left(\frac{1}{c_l{}^3} + \frac{2}{c_t{}^3} \right) \frac{h\,v}{e^{\frac{h\,v}{k\,T}} - 1} + f(v). \tag{8}$$

Führen wir als neue Integrationsveränderliche in (8) die Größe

$$x = \frac{h\,v}{k\,T} \tag{9}$$

ein, dann ergibt sich aus (8) mit Benutzung von (7)

$$u = 4\,\pi\,v\,\frac{(k\,T)^4}{h^3} \left(\frac{1}{c_l{}^3} + \frac{2}{c_t{}^3} \right) \int_0^{\frac{h\,v_m}{k\,T}} \frac{x^3\,dx}{e^x - 1} = \frac{9\,N_0\,(k\,T)^4}{(h\,v_m)^3} \int_0^{\frac{h\,v_m}{k\,T}} \frac{x^3\,dx}{e^x - 1} + f(v). \tag{10}$$

Führen wir schließlich statt v_m die Größe

$$\Theta = \frac{h\,v_m}{k} = \frac{h}{k} \left(\frac{9\,N_0}{4\,\pi\,v}\, \frac{1}{\dfrac{1}{c_l{}^3} + \dfrac{2}{c_t{}^3}} \right)^{\frac{1}{3}} \tag{11}$$

von der Dimension einer Temperatur, die „DEBYEsche *charakteristische Temperatur*" des Körpers, und die transzendente Funktion

$$\varphi(y) = 3 \int\limits_0^{1/y} \frac{x^3\,dx}{e^x-1} \cdot y^3 \tag{12}$$

ein, dann kann man (10) schließlich auf die folgende Gestalt bringen:

$$u = 3\,RT \cdot \varphi\left(\frac{T}{\Theta}\right) + f(v). \tag{13}$$

Der Verlauf der Funktion $\varphi(y)$ läßt sich leicht diskutieren. Für kleine Werte von y kann man die Integration in (12) ohne merklichen Fehler von Null bis Unendlich erstrecken und findet hierfür unter Benutzung einer bekannten Summenformel

$$\int\limits_0^\infty \frac{x^3\,dx}{e^x-1} = \int\limits_0^\infty \frac{x^3 e^{-x}\,dx}{1-e^{-x}} = \int\limits_0^\infty x^3 e^{-x}(1 + e^{-x} + e^{-2x} + \ldots)\,dx = \int\limits_0^\infty x^3 \sum_{n=1}^\infty e^{-nx}\,dx =$$

$$= \sum_{n=1}^\infty \int\limits_0^\infty x^3 e^{-nx}\,dx = \sum_{n=1}^\infty \frac{1}{n^4} \int\limits_0^\infty \xi^3 e^{-\xi}\,d\xi = 6 \cdot \sum_{n=1}^\infty \frac{1}{n^4} = 6 \cdot \frac{\pi^4}{90} = \frac{\pi^4}{15}.$$

Für kleine Werte von y gilt also

$$\varphi(y) = \frac{\pi^4}{5} \cdot y^3 \qquad y \lll 1. \tag{14}$$

Für große Werte von y ist im Integranden von (12) x stets klein, man findet also durch Entwickeln der e-Potenz daselbst

$$\int\limits_0^{1/y} \frac{x^3\,dx}{e^x-1} = \int\limits_0^{1/y} \frac{x^3\,dx}{x+\ldots} \sim \int\limits_0^{1/y} x^2\,dx = \frac{1}{3\,y^3},$$

daher

$$\lim_{y=\infty} \varphi(y) = 1. \tag{15}$$

Für $u(T)$ ergibt sich nach (15) für Temperaturen, die groß gegen die charakteristische Temperatur Θ sind,

$$u(T) = 3\,RT + f(v) \qquad T \gg \Theta \tag{16}$$

und daraus für die spezifische Wärme pro Mol

$$c_v{}^0 = \frac{d\,u(T)}{d\,T} = 3\,R \qquad T \gg \Theta. \tag{17}$$

Das Gesetz (17), das ausdrückt, daß für genügend hohe Temperaturen die „Atomwärme" aller festen Körper den Wert $3\,R$ im mechanischen, also den Wert 5,96 Kalorien im thermischen Maß haben soll, heißt das „DULONG-PETITsche *Gesetz*". Es ist für die meisten Elemente bei Zimmertemperatur sehr gut bestätigt[1], was darauf beruht, daß bei diesen Substanzen Θ, wie man durch Berechnung aus der Formel (11) zeigen kann, klein ist.

Das DULONG-PETITsche Gesetz kann auch aus einer sehr viel einfacheren Betrachtung gewonnen werden. Faßt man nämlich wie oben die Wärmebewegung des Körpers als Schwingung von $3\,N_0$ linearen, harmonischen Oszillatoren auf und berücksichtigt, daß für hohe Temperaturen nach (32) § 35 auf jeden Oszillator im

---

[1] Vgl. „Exp.-Physik", § 44.

Mittel die kinetische Energie kT entfällt, so ergibt sich als Gesamtenergie pro
Mol $3\,N_0\,kT = 3\,RT$, also in der Tat für die Atomwärme der Wert $3\,R$.

Für sehr tiefe Temperaturen wird nach (13) und (14)

$$u.(T) = \frac{3\,\pi^4}{5}\,R \cdot \frac{T^4}{\Theta^3} + f(v) \tag{18}$$

und daher

$$c_v = \frac{12\,\pi^4}{5}\,R \cdot \frac{1}{\Theta^3} \cdot T^3 = c_v{}^0 \cdot 77{,}9 \left(\frac{T}{\Theta}\right)^3. \tag{19}$$

Die spezifische Wärme geht also mit der dritten Potenz der absoluten Temperatur gegen Null. Auch die Gesetzmäßigkeit (19) wird durch die Erfahrung befriedigend bestätigt[1].

Für beliebige Temperaturen gilt nach (13) und (17)

$$c_v = 3\,R\left[\varphi\left(\frac{T}{\Theta}\right) + \frac{T}{\Theta}\,\varphi'\left(\frac{T}{\Theta}\right)\right] = c_v{}^0 \cdot D\left(\frac{T}{\Theta}\right), \tag{20}$$

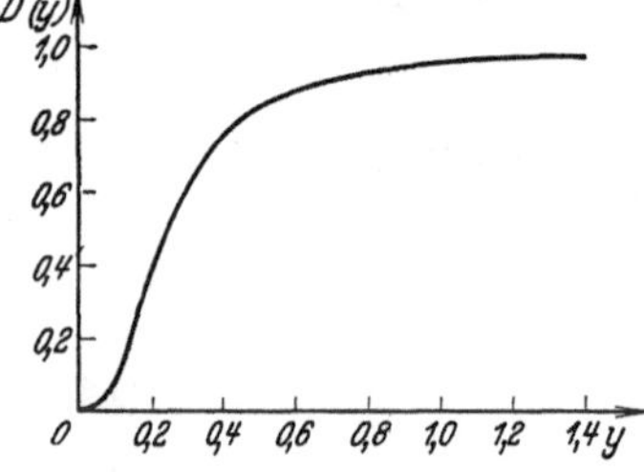

Abb. 95.

worin als neue transzendente Funktion die „DEBYE-
sche Funktion"

$$D(y) = \varphi(y) + y \cdot \varphi'(y) \tag{21}$$

eingeführt ist. Der Verlauf dieser Funktion, der
sich aus den Formeln (21) und (12) numerisch auswerten läßt, ist in der Abb. 95 gezeichnet. Hieraus
kann man mittels der Formel (20) bei gegebenem
Θ, das sich aus (11) berechnen läßt, die spezifische
Wärme für alle Temperaturen ausrechnen. Auch
hier ist die Übereinstimmung mit entsprechenden
Messungsresultaten sehr gut[1].

3. Spezifische Wärme und Wärmeleitung der Metalle. Zur Erklärung der
elektrischen Leitfähigkeit nehmen wir, wie in § 54, 1. noch näher ausgeführt werden
wird, an, daß sich im Innern der Metalle „freie Elektronen" befinden, die
sich zwischen den Metallatomen bewegen können und deren Austreten aus
dem Metall durch Kräfte verhindert wird. Es ist zu vermuten, daß diesem „Elektronengas" ebenso wie einem Molekülgas eine innere Energie zukommt und daß
es daher einen Beitrag zur spezifischen Wärme des Metalles liefern müßte, daß
ferner in ihm eine Wärmeleitung erfolgen kann, so daß die gute Wärmeleitfähigkeit der Metalle auf die Anwesenheit des Elektronengases in ihnen zurückzuführen wäre.

In § 38, 7. zeigten wir, daß das Elektronengas der Metalle sich bei nor-
malen Temperaturen wie ein im Sinne der FERMI-DIRACschen Statistik entartetes
Gas verhält. Nehmen wir an, daß jedes Atom im Metall ein Elektron zu dem
Elektronengas beisteuert, dann ist in einem Mol des Metalles auch ein „Mol"
Elektronengas enthalten. Der Beitrag zur spezifischen Wärme pro Mol durch das
Elektronengas beträgt also nach Formel (47) § 38

$$c_v{}^* = \frac{3}{2}\,R \cdot \frac{\pi^2}{3}\,\frac{k\,T}{\eta}. \tag{22}$$

Nehmen wir an, daß für das Metall bei normalen Temperaturen das DULONG-
PETITsche Gesetz gelte, der Beitrag der Metallatome zur spezifischen Wärme
also nach (17) gleich $3\,R$ sei, dann macht $c_v{}^*$, da der zweite Faktor in (22) für
das Elektronengas bei normalen Temperaturen nur etwa 0,01 beträgt, größen-
ordnungsmäßig bloß einige Promille des DULONG-PETITschen Wertes aus, ist
also, im Einklange mit der Erfahrung, vollkommen zu vernachlässigen.

---

[1] Vgl. „Exp.-Physik", § 44.

Die Wärmeleitfähigkeit der Nichtmetalle ist erfahrungsgemäß sehr klein[1] und beruht darauf, daß die im Verlaufe ihrer Wärmebewegung um ihre Gleichgewichtslagen schwingenden Moleküle infolge ihrer gegenseitigen Koppelung durch die Molekularkräfte aufeinander kinetische Energie übertragen, so daß diese von einer Stelle des Körpers zur anderen transportiert wird. Von einer theoretischen Behandlung dieser Erscheinungen im Rahmen dieses Lehrbuches wollen wir absehen und uns auf die Wärmeleitung der Metalle allein beschränken, die sehr viel größer ist als die der Nichtmetalle, was wir entsprechend der oben angestellten Überlegung auf die Wärmeleitung durch das Elektronengas zurückführen.

Die Ableitungen der Formeln (28) bis (30) § 39 für die Wärmeleitung durch ein Molekülgas können offenbar, da darin von der MAXWELLschen Geschwindigkeitsverteilung kein Gebrauch gemacht wird, auch auf das entartete Elektronengas übertragen werden, so daß die Gleichung (29) § 39, die das Grundgesetz der Wärmeleitung ausspricht, auch für ein festes Metall in Gültigkeit bleibt, wie es die Erfahrung lehrt[1]. Die Wärmeleitfähigkeit $\varkappa$ des Metalles erhalten wir aus der Formel (30) § 39, wenn wir darin ϱc_v durch die auf die Volumeneinheit bezogene spezifische Wärme ersetzen, die aus $c_v{}^*$ durch Multiplikation mit n/N_0 hervorgeht, wenn n die Anzahl der freien Elektronen pro Volumeneinheit bedeutet:

$$\varkappa = \frac{\bar{c}\,.\,l\,n\,c_v{}^*}{3\,N_0}. \tag{23}$$

Um die Größe $\bar{c}$, die mittlere Geschwindigkeit der Elektronen, zu berechnen, berücksichtigen wir, daß die gesamte kinetische Energie eines Mols des Elektronengases, also von N_0 Elektronen nach (46) § 38 für starke Entartung, wo wir uns auf das erste Glied in der eckigen Klammer beschränken können, gleich ist $3/5\,.\,\eta N_0$, daher die mittlere kinetische Energie eines Elektrons gleich

$$\frac{m\,\bar{c}^2}{2} = \frac{3}{5}\,\eta. \tag{24}$$

Wir machen im Zahlenfaktor des Resultates nur einen kleinen Fehler, wenn wir $\bar{c}$ durch $\sqrt{\bar{c}^2}$ ersetzen, also gemäß (24) setzen

$$\bar{c} = \sqrt{\frac{6}{5}\,\frac{\eta}{m}}. \tag{25}$$

Die mittlere freie Weglänge l des Elektronengases ist nicht, wie in einem Molekülgas, durch die Zusammenstöße zwischen den Elektronen selbst bedingt, sondern durch die Zusammenstöße der Elektronen mit den Metallatomen. Sie ist daher für jedes Metall eine charakteristische Konstante von der Größenordnung der Abstände der Atome im Kristallgitter. Wir nennen sie l^*.

Aus (23) ergibt sich nun mit Benutzung von (22) und (25) sowie (42) § 38 für die Wärmeleitfähigkeit des Metalles die Formel[2]

$$\left.\begin{aligned} \varkappa &= \sqrt{\frac{6}{5}\,\frac{\eta}{m}} \cdot \frac{l^*\,n}{3\,N_0} \cdot \frac{3}{2}\,R\,\frac{\pi^2}{3} \cdot \frac{k\,T}{\eta} = \frac{\pi^2}{3}\sqrt{\frac{3}{10}} \cdot \frac{l^*\,n\,k^2\,T}{\sqrt{m\,\eta}} \\ &\sim \frac{4\,l^*\,k^2\,n^{2/3}}{h} \cdot T \end{aligned}\right\} \tag{26}$$

4. Das Ausdehnungsgesetz. Wie bereits unter 2. erwähnt wurde, kann man die Moleküle des festen Körpers bei ihrer Wärmebewegung in erster Näherung als

---

[1] Vgl. „Exp.-Physik", § 50.
[2] Inwieweit die aus dieser Formel berechneten Werte von $\varkappa$ mit den gemessenen übereinstimmen, wird in „Exp.-Physik", § 50, diskutiert.

lineare Oszillatoren ansehen. Dies beruht darauf, daß man in der Umgebung des Normalabstandes R_0 die Kurve der Abb. 77, S. 204, durch eine Parabel approximieren, die Energie also als quadratische Funktion von $R - R_0$ ansetzen kann, wie es bei einer harmonischen Bewegung gemäß Formel (15) § 19 in der Tat der Fall ist. Wäre dieser Ansatz streng richtig, dann würde eine Vergrößerung der kinetischen Energie, d. h. eine Erhöhung der Temperatur, bloß eine Vergrößerung der Amplitude der Schwingungen hervorrufen, ohne daß die mittlere Distanz der Moleküle sich verändern würde. Die tatsächlich beobachtete Ausdehnung der Körper mit der Temperaturerhöhung wäre also unverständlich. Um von dieser Ausdehnung Rechenschaft zu geben, müssen wir auch die höheren Glieder in der Entwicklung der potentiellen Energie der Molekülschwingungen nach $(R - R_0)$ berücksichtigen.

In der Sprache der Kontinuummechanik entspricht dem eben besprochenen Näherungsansatz für die potentielle Energie der Moleküle der in der Elastizitätstheorie in § 22, 2. verwendete Ansatz für die Energiedichte Φ eines elastischen Körpers als quadratische Funktion der Verzerrungsgrößen, der zum HOOKESSchen Gesetz der Elastizitätstheorie führte. Aus der Erfahrung ist bekannt, daß das HOOKESSche Gesetz nur in erster Näherung gültig ist[1]. Wir werden daher vermuten, daß die Wärmeausdehnung der festen Körper mit diesen Abweichungen vom HOOKESSchen Gesetz im Zusammenhange steht.

Zum Zwecke der Ableitung der Gesetzmäßigkeit gehen wir von der Betrachtung der Kompression eines homogenen und isotropen Körpers aus, die der Formel (11) § 23 genügt. Die bei einer Volumenänderung δV von dem Körper mit dem Volumen V geleistete Arbeit ist nach Formel (12) § 32 bei allseitig wirkendem und konstantem Druck p gleich $p\,\delta V$. Wir erhalten daher für die der Volumenänderung δV entsprechende Energiedichte in der ersten Näherung

$$\Phi_0 = -\frac{p\,\delta V}{V} = \frac{1}{C}\left(\frac{\delta V}{V}\right)^2, \tag{27}$$

worin C die Kompressibilität ist.

Wir können nun von hier zu einer zweiten Näherung übergehen, indem wir auf der rechten Seite von (27) ein Glied mit $\left(\dfrac{\delta V}{V}\right)^3$ hinzufügen und schreiben:

$$\Phi = \frac{1}{C}\left(\frac{\delta V}{V}\right)^2\left(1 - a\,\frac{\delta V}{V}\right). \tag{28}$$

Die Konstante a setzen wir hierin positiv an, da aus der Betrachtung der Abb. 77, S. 204, folgt, daß die potentielle Energie zweier Moleküle bei einer Annäherung stärker ansteigt als bei einer gleich großen Entfernung; in unsere Sprache übertragen heißt das, daß die Energieänderung Φ bei einer Volumenverminderung größer ist als bei einer Volumenvergrößerung.

Da $\dfrac{a\,\delta V}{V} \ll 1$ ist, können wir statt (28) auch setzen

$$\Phi = \frac{1}{C}\frac{\left(\dfrac{\delta V}{V}\right)^2}{1 + a\left(\dfrac{\delta V}{V}\right)}$$

oder

$$(\delta V)^2 - a\,\Phi\,C\,V\,.\,\delta V - \Phi\,.\,C\,V^2 = 0. \tag{29}$$

Die in δV quadratische Gleichung (29) hat für jedes gegebene Φ zwei Wurzeln δV_1 und δV_2. $V + \delta V_1$ und $V + \delta V_2$ bedeuten dann die Volumina, die der Körper bei der Energieänderung Φ im Falle einer Dilatation bzw. einer Kompression annehmen würde. Bei der ungeordneten Wärmebewegung der Moleküle entspricht einer mittleren Energieänderung $\overline{\delta U} = V\,.\,\overline{\Phi}$ offenbar das arith-

---

[1] Vgl. „Exp.-Physik", §§ 19 und 20.

metische Mittel der beiden Volumenänderungen δV_1 und δV_2, also die Volumenänderung

$$\overline{\delta V} = \frac{\delta V_1 + \delta V_2}{2}. \tag{30}$$

In der quadratischen Gleichung (29) ist der Koeffizient des linearen Gliedes
bekanntlich gleich $-(\delta V_1 + \delta V_2)$; für $\overline{\delta V}$ folgt also gemäß (29) und (30)

$$\overline{\delta V} = \frac{a C V \overline{\Phi}}{2} = \frac{a C}{2} \cdot \overline{\delta U}. \tag{31}$$

Bei der sehr geringen Abweichung vom harmonischen Charakter der Molekülschwingungen können wir ebenso wie für die harmonische Bewegung die mittlere
kinetische Energie gleich der mittleren potentiellen Energie setzen [vgl. § 35, 7. a)]
und daher $\overline{\delta U}$ gleichsetzen der Änderung der Wärmeenergie bei einer Erhöhung der
Temperatur des Körpers um δT bei konstantem Druck, also nach der Definition
(1) § 33 der spezifischen Wärme bei konstantem Druck:

$$\overline{\delta U} = c_p \, \delta T \cdot \varrho \, V. \tag{32}$$

Aus (31) und (32) folgt

$$\frac{\overline{\delta V}}{V} = \frac{a C \varrho \, c_p}{2} \cdot \delta T = \alpha \cdot \delta T. \tag{33}$$

Die Gleichung (33) stellt das gesuchte Volumenausdehnungsgesetz der Festkörper dar, das aussagt, daß die relative Volumenvergrößerung zu der Tempe-
raturänderung proportional ist[1]. α ist nach der Definition (5) § 32 der „(kubische)
Ausdehnungskoeffizient" des Körpers. Er verschwindet, wie man sieht, wenn die
Abweichung vom HOOKEsschen Gesetz verschwindet, wenn also $a = 0$ ist.

Da die spezifische Wärme gemäß der Gleichung (19) bei Annäherung an den
absoluten Nullpunkt gegen Null geht, nimmt auch der Ausdehnungskoeffizient
mit abnehmender Temperatur ab und verschwindet bei $T = 0$. Diese Folgerung
aus der Theorie steht mit dem dritten Hauptsatz der Thermodynamik im Einklange, der uns zu der Forderung (52) § 33 geführt hatte. Da sich a, C und ϱ nur
wenig mit der Temperatur ändern, soll ferner der Verlauf der Funktion $\alpha\,(T)$
annähernd dem von $c_p\,(T)$ bei tiefen Temperaturen entsprechen; auch diese
Folgerung aus der Theorie ist bei den meisten Stoffen recht gut erfüllt und unter
dem Namen „GRÜNEISENscher Satz" bekannt[2].

Vierzehntes Kapitel.

Magneto- und Elektrostatik.

§ 41. Magnetostatik.

1. Grundlegende Begriffe und Definitionen. In diesem Paragraphen soll die
Theorie der Kraftwirkung von ruhenden, „permanenten Magneten" aufeinander
und auf nichtmagnetische Körper nach den in § 2, 2. kurz dargelegten Prinzipien
der Kontinuumphysik entwickelt werden. Nach dem Vorgang von FARADAY
und MAXWELL sehen wir den Raum, der einen magnetischen Körper umgibt, als
ein „magnetisches Kraftfeld" an, das seinerseits wieder auf Magnete, die sich in
ihm befinden, Kräfte ausübt. Der Schauplatz der magnetischen Erscheinungen
ist das magnetische Feld. Zur Aufstellung der Gesetzmäßigkeiten des magneto-

---

[1] Dieses Gesetz ist bei den meisten Festkörpern recht genau erfüllt, wie sich
durch entsprechende Messungen nachweisen läßt; vgl. „Exp.-Physik", § 40.
[2] Vgl. „Exp.-Physik", §§ 40 und 42.

statischen Feldes entnehmen wir dem Erfahrungsschatz des Experimentalphysikers die folgenden Tatsachen[1].

Ein System magnetischer Körper erweist sich bei genügend langsamer Bewegung derselben gegeneinander stets als konservatives System im Sinne der Mechanik materieller Körper (§ 18, 4.). Mißt man daher ein magnetisches Feld durch die Kraftwirkung auf einen geeigneten „Probekörper" aus, so läßt es sich durch die Angabe der potentiellen Energie des Probekörpers in jedem seiner Punkte beschreiben. Es existiert also eine skalare Potentialfunktion ψ, aus der sich der Feldvektor ableiten läßt. Das Magnetfeld ruhender Magnete ist demnach nach § 6, 2. stets *wirbelfrei*. Seine Quellen nennen wir „*Magnetpole*".

Wählt man als Probekörper einen in geeigneter Weise definierten „*Einheitspol*", dann kann das Magnetfeld durch die auf den Einheitspol ausgeübte Kraft, die „*magnetische Feldstärke*" beschrieben werden, die wir im folgenden mit $\mathfrak{H}$ bezeichnen wollen. Das Vektorfeld $\mathfrak{H}$ ist nach dem oben Gesagten stets wirbelfrei, genügt also der Gleichung

$$\operatorname{rot} \mathfrak{H} = 0. \tag{1}$$

Definiert man wie üblich die Stärke eines Magnetpols oder kurz die „*Polstärke*" h durch den Betrag der Kraft, die in einem Punkt des Feldes mit der Feldstärke Eins auf ihn ausgeübt wird, dann gilt für die Kraft $\mathfrak{k}$, die in einem Punkte mit der Feldstärke $\mathfrak{H}$ auf einen Pol von der Stärke h ausgeübt wird, die Gleichung

$$\mathfrak{k} = h\,\mathfrak{H}. \tag{2}$$

h kann entweder positiv oder negativ sein. Im ersten Falle nennen wir den Pol einen „*Nordpol*", im zweiten Fall einen „*Südpol*".

Für die Kraftwirkung zwischen zwei Polen von den Stärken h_1 und h_2, die sich im leeren Raum in der Entfernung r gegenüberstehen, gilt das „CoULOMBsche *Gesetz*", das aussagt, daß der Betrag der Kraft gleich ist

$$|\mathfrak{k}| = \frac{h_1 h_2}{r^2} \tag{3}$$

und die Richtung von $\mathfrak{k}$ mit der Richtung der Verbindungslinie der Pole zusammenfällt. Nennen wir $\mathfrak{H}_1$ die von dem Pol h_1 erzeugte Feldstärke, dann ist nach (2) und (3)

$$|\mathfrak{H}_1| = \frac{h_1}{r^2} \tag{4}$$

und die Richtung von $\mathfrak{H}_1$ fällt mit der Richtung des von h_1 gezogenen Radiusvektors zusammen.

Der Vergleich der Formeln (4) und (1) § 7 lehrt, daß $\mathfrak{H}_1$ in der Tat ein wirbelfreies, von einem einzigen Quellpunkt mit der Ergiebigkeit $4\,\pi h_1$ erzeugtes Vektorfeld ist. Analog kann man natürlich das Gesetz (3) auch als Wirkung des von dem Quellpunkt mit der Ergiebigkeit $4\,\pi h_2$ erzeugten Kraftfeldes $\mathfrak{H}_2$ auf den Pol von der Stärke h_1 deuten. Die Polstärke eines Magnetpols mißt also nicht nur die Größe der Kraft, die in einem gegebenen Kraftfelde auf ihn ausgeübt wird, sie ist auch gleichzeitig ein Maß für das von dem Magnetpol erzeugte Feld.

Ein Magnetpol läßt sich, wie wir unter 2. noch zeigen werden, annähernd durch die Herstellung eines sehr dünnen Magnetstabes realisieren. Es zeigt sich, daß dabei stets an *beiden* Enden des Stabes Pole von gleicher Stärke und mit entgegengesetztem Vorzeichen entstehen; er bildet also nach der Bezeichnungsweise von § 7, 2. ein Quellenpaar, das wir im vorliegenden Falle einen „*magneti*

---

[1] Was die experimentelle Begründung dieser Tatsachen betrifft, sei auf „Exp.-Physik", § 57, verwiesen.

schen Dipol" nennen wollen. Sein Moment $\mathfrak{m}$ hängt mit der Polstärke h und mit der Länge l des Magneten durch die folgende Formel zusammen:

$$|\mathfrak{m}| = h\,l. \tag{5}$$

Ein beliebig gestalteter Magnet kann vom makroskopischen Standpunkte stets als System unendlich vieler und unendlich kleiner magnetischer Dipole aufgefaßt werden. Nach § 7, 5. bildet er also ein System räumlich kontinuierlich verteilter Doppelquellen und kann durch die Angabe eines Vektorfeldes $\mathfrak{M}$, der *„magnetischen Polarisation"* oder kurz der *„Magnetisierung"* beschrieben werden. Ist $\mathfrak{M}$ im Innern eines Körpers überall konstant, dann nennen wir den Körper *„homogen magnetisiert"*.

Wir definieren schließlich als *„magnetischen Kraftfluß"* $\hat{H}$ durch eine auf einer geschlossenen Kurve S aufgespannte Fläche F das Integral

$$\hat{H} = \int\!\int H_n\, d\,F. \tag{6}$$

Denken wir uns auf der gleichen Berandung S zwei verschiedene Flächen F_1 und F_2 aufgespannt, derart, daß in dem von F_1 und F_2 begrenzten Raumteil keine Pole enthalten sind, dann ist offenbar, da dieser Raumteil quellenfrei ist, der Kraftfluß durch F_1 und F_2 gleich groß und nur durch die Randkurve S bestimmt.

In der üblichen graphischen Darstellung magnetischer Kraftfelder durch die *„Kraftlinien"* richtet man es meistens so ein, daß die Anzahl der eine Fläche durchsetzenden Kraftlinien numerisch gleich ist der Größe des Kraftflusses durch diese Fläche.

2. Berechnung des Feldes permanenter Magnete. Nach dem unter 1. Gesagten ist das Feld eines permanenten Magneten oder eines Systems permanenter Magnete im leeren Außenraum durch die Angabe des Magnetisierungsvektors $\mathfrak{M}$ in ihrem Innern bestimmt. Nach § 7, 5. kann man daher die Magnete durch ein System von räumlich und flächenhaft verteilten Quellen, d. h. von Polen ersetzen. Die räumliche Dichte oder *„Polstärke pro Volumeneinheit"* beträgt hierbei nach Formel (20) § 7

$$\varrho_p = -\operatorname{div}\mathfrak{M}. \tag{7}$$

In einem homogen magnetisierten Körper, wo $\mathfrak{M}$ räumlich konstant ist, ist daher $\varrho_p = 0$. Ein inhomogen magnetisierter Körper enthält dagegen räumlich verteilte Pole in seinem Innern.

Die Dichte ω_p der flächenhaften Quellen oder *„Polstärke pro Flächeneinheit"* beträgt nach (21) § 7

$$\omega_p = -(M_{n_1} + M_{n_2}). \tag{8}$$

Solche Polflächen müssen insbesondere an der Trennungsfläche verschieden magnetisierter Körper und an der Oberfläche eines Magneten auftreten, woselbst die Polstärke pro Flächeneinheit gleich der Normalkomponente von $\mathfrak{M}$ ist.

In einem geraden, zylindrischen Magnetstab von der Länge l und dem Querschnitt q, der in der Richtung der Zylinderachse homogen mit dem Moment M pro Volumeneinheit magnetisiert ist, sind die beiden Endflächen Polflächen von der Polstärke $h = M q$. Ist der Magnet genügend dünn, so kann er daher mit hinreichender Genauigkeit als magnetischer Dipol behandelt werden, wie bereits unter 1. angedeutet wurde und wie auch die Erfahrung lehrt. Sein magnetisches Moment ist nach (5) gleich $|\mathfrak{m}| = M q l$, in Übereinstimmung mit der Tatsache, daß M das Moment pro Volumeneinheit und $q l$ das Volumen des Magnetstabes ist.

Um sein Feld im Außenraume zu berechnen, braucht man bloß nach Formel (5) § 7 das Potential ψ zu berechnen

$$\psi = M q \left(\frac{1}{r_1} - \frac{1}{r_2}\right) = \frac{|\mathfrak{m}|}{l}\left(\frac{1}{r_1} - \frac{1}{r_2}\right), \tag{9}$$

worin r_1 und r_2 die Abstände des Aufpunktes von den beiden Polen sind. Für Distanzen r, die groß gegen die Länge l des Magneten sind, kann man die Formel (5) § 7 durch (6) bzw. (7) § 7 ersetzen und daher schreiben

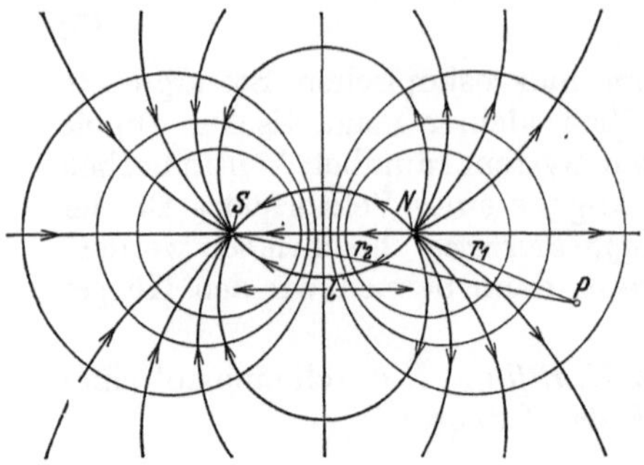

$$\psi = \frac{|\mathfrak{m}|}{r^2} \cos(\mathfrak{m}\,\mathfrak{r}). \tag{10}$$

Aus (9) bzw. (10) ergibt sich die Feldstärke nach (3) § 6 zu

$$\mathfrak{H} = -\operatorname{grad}\psi. \tag{11}$$

In der Abb. 96 sind für eine Reihe von Werten von ψ die Schnittlinien der Äquipotentialflächen mit einer die Magnetachse enthaltenden Ebene und die nach § 6, 2. dazu senkrecht stehenden Kraftlinien gezeichnet[1].

Abb. 95.

Wir wollen nun das Magnetfeld einer in der Richtung der x-Achse homogen magnetisierten Kugel vom Radius R berechnen. Wir bedienen uns zur Berechnung des Potentials der Formel (17) § 7, in der laut unserer Annahme im ganzen Innern der Kugel

$$M_x = M, \quad M_y = M_z = 0$$

und im Außenraum $\mathfrak{M} = 0$ ist. Es gilt also mit Benutzung von (4) § 7

$$\psi = \iiint \left(\mathfrak{M}\operatorname{grad}_a \frac{1}{r}\right) dV = -\,\mathfrak{M}\operatorname{grad}_a \Psi = -\,M \cdot \frac{\partial \Psi}{\partial x}; \tag{12}$$

hierin ist zur Abkürzung gesetzt

$$\Psi = \iiint \frac{1}{r}\, dV, \tag{13}$$

worin das Integral über das ganze Volumen der Kugel zu erstrecken ist und r den Abstand des Aufpunktes vom Volumenelement dV bedeutet.

Nach (13) § 7 ist Ψ nichts anderes als das Potential einer mit Quellen von der Dichte $\varrho = 1$ erfüllten Kugel vom Radius R. Dieses Potential haben wir in § 7, 8. berechnet. Wir erhielten dort für das Potential im Innern der Kugel die Formel (38) § 7; es gilt also

$$\Psi_i = 2\pi\left(R^2 - \frac{r^2}{3}\right) \qquad r \leqq R, \tag{14}$$

worin jetzt r den Abstand des Aufpunktes vom Kugelmittelpunkt bedeutet. Für das Potential im Außenraume erhielten wir die Formel (39) § 7; es gilt also

$$\Psi_a = \frac{4\pi}{3} R^3 \cdot \frac{1}{r} \qquad r \geqq R. \tag{15}$$

Aus (14) und (12) folgt für das gesuchte Potential ψ_i im Innern der Kugel

$$\psi_i = \frac{4\pi}{3} M r \frac{\partial r}{\partial x} = \frac{4\pi}{3} M x \qquad r \leqq R \tag{16}$$

und hieraus nach (11)

$$H_{ix} = -\frac{4\pi}{3} M, \qquad H_{iy} = H_{iz} = 0 \qquad r \leqq R. \tag{17}$$

Die Feldstärke im Innern der Kugel ist also konstant und läuft der Magnetisierung entgegen.

---

[1] Vgl. hierzu das entsprechende, empirisch gewonnene Kraftlinienbild in „Exp.-Physik", § 60.

Für das Potential im Außenraume der Kugel erhalten wir aus (15) und (12)

$$\psi_a = -\frac{4\pi}{3} R^3 M \frac{\partial \frac{1}{r}}{\partial x} = \frac{4\pi}{3} R^3 M \cdot \frac{x}{r^3} = |\mathfrak{m}| \cdot \frac{x}{r^3} = \frac{|\mathfrak{m}|}{r^2}\cos(\mathfrak{r}\,x). \quad r \geqq R. \quad (18)$$

Nach Formel (10) ist daher das Feld im Außenraum der Kugel einfach gleich dem Feld eines unendlich kurzen, im Mittelpunkte der Kugel sitzenden und in die Richtung der x-Achse weisenden Magneten von einem magnetischen Moment $|\mathfrak{m}|$, das gleich ist dem Volumen der Kugel mal dem Moment M pro Volumeneinheit, also gleich dem gesamten magnetischen Moment der Kugel. Die Abb. 97 zeigt analog zur Abb. 96 wieder einen Schnitt durch die Schar der Äquipotentialflächen und die Schar der dazu orthogonalen Kraftlinien im Innen- und Außenraum[1].

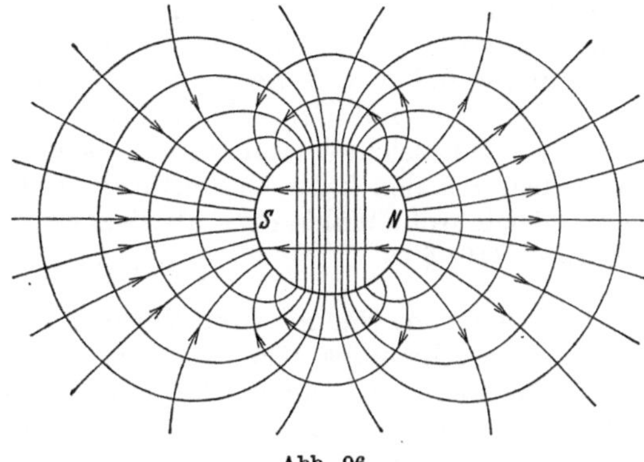

Abb. 96.

3. Die Kraftwirkung eines Magnetfeldes auf einen Magneten. Die Kraft, die ein Feld $\mathfrak{H}$ auf einen einzelnen Magnetpol ausübt, ist durch die Gleichung (2) bestimmt. Kombiniert man sie mit der Gleichung (11), so erhält man

$$\mathfrak{k} = -h\,\mathrm{grad}\,\psi = -\mathrm{grad}\,(h\,\psi). \quad (19)$$

Der Vergleich dieser Formel mit der Formel (31) § 18 lehrt, daß die potentielle Energie U eines Magnetpoles der Stärke h an einer Stelle des Feldes, wo das Potential ψ herrscht, gleich ist

$$U = h\,\psi. \quad (20)$$

Um die Kraftwirkung des Feldes auf einen endlichen Magneten bzw. seine potentielle Energie im Felde zu finden, muß man mittels der Formeln (2) bzw. (20) die Summe der Kräfte bzw. der Energien über alle Pole des Magneten bilden. Wir beginnen zunächst mit der Betrachtung eines einfachen magnetischen Dipols. Sind ψ_1 und ψ_2 die Potentiale an den Orten seines Nord- bzw. seines Südpols, so ist nach (20) seine potentielle Energie gleich

$$U = h\,(\psi_1 - \psi_2) = h\,l\,\frac{\psi_1 - \psi_2}{l} = |\mathfrak{m}| \cdot \frac{\psi_1 - \psi_2}{l}. \quad (21)$$

Für einen unendlich kleinen Dipol wird aus (21) im Grenzfalle $l = 0$

$$U = |\mathfrak{m}| \cdot \lim \frac{\psi_1 - \psi_2}{l} = \mathfrak{m} \cdot \mathrm{grad}\,\psi = -\mathfrak{m} \cdot \mathfrak{H} = -m\,H\cos\vartheta, \quad (22)$$

worin ϑ den Winkel zwischen der Richtung von $\mathfrak{H}$ und der Richtung von $\mathfrak{m}$ bedeutet.

An einer gegebenen Stelle des Feldes ist, wie aus (22) ersichtlich ist, U ein Maximum für $\cos\vartheta = -1$ und ein Minimum für $\cos\vartheta = 1$. Der Dipol befindet sich also, wenn etwa sein Mittelpunkt festgehalten wird, nach § 20, 1. im stabilen Gleichgewicht, wenn sein Moment in die Feldrichtung weist, und im labilen Gleichgewicht, wenn es der Feldrichtung entgegen weist. Läßt man außer Drehbewegungen auch Translationsbewegungen des Magneten zu, dann sieht man weiter, daß in der ersten Lage die potentielle Energie dort am kleinsten sein wird;

---

[1] S. Anm. 1, S. 292.

wo H am größten ist und umgekehrt. Überläßt man also den Magneten sich selbst, so wird er vom Felde stets gegen die Stelle gezogen, wo die Feldstärke absolut genommen am größten ist, d. h. gegen die Pole des felderzeugenden Magneten, wie es der Versuch tatsächlich zeigt[1].

In einem homogenen Feld, wo die Formel (22) offenbar exakt auch für endliche Dipole gilt, ist U nur von ϑ, nicht aber vom Orte im Felde abhängig, die resultierende Kraft $\mathfrak{K}$ des Feldes auf einen Magneten ist also gleich Null. Dies geht natürlich auch aus der Betrachtung der Formel (2) unmittelbar hervor, da in diesem Falle die Kräfte auf die beiden Pole entgegengesetzt gleich sind und ihre Summe daher verschwindet. Das resultierende Moment (das wir hier, um Verwechslungen mit dem Magnetisierungsvektor $\mathfrak{M}$ zu vermeiden, ausnahmsweise mit $\mathfrak{D}$ bezeichnen wollen) ist, da wir es hier mit einem starren Körper zu tun haben, auf den keine Gesamtkraft wirkt, in bezug auf alle Punkte des Magneten gleich groß. Wählen wir als Bezugspunkt den Südpol, dann wird nach (20) § 18 und (16) § 18

$$\mathfrak{D} = \mathfrak{r} \times h\,\mathfrak{H} = \mathfrak{m} \times \mathfrak{H}, \tag{23}$$

worin $\mathfrak{r}$ den vom Südpol zum Nordpol weisenden Vektor bedeutet. Das Drehmoment verschwindet also, wenn $\mathfrak{m}$ und $\mathfrak{H}$ die gleiche Richtung haben, was damit im Einklange steht, daß dies auf Grund der vorstehenden Überlegung gerade die Gleichgewichtsstellung sein soll.

Die resultierende Kraft auf den unendlich kleinen Dipol in einem inhomogenen Feld ergibt sich mit Benutzung der Formeln (2) und (5) auf Grund des gleichen Gedankenganges, der zu der Formel (22) geführt hat. Ersetzt man hierin ψ durch H_x, so ergibt sich für die x-Komponente der Kraft

$$K_x = \mathfrak{m} \cdot \operatorname{grad} H_x = m_x \frac{\partial H_x}{\partial x} + m_y \frac{\partial H_x}{\partial y} + m_z \frac{\partial H_x}{\partial z}$$

und analoge Ausdrücke gelten für die y- und die z-Komponente. Allgemein kann man daher schreiben

$$\mathfrak{K} = m_x \frac{\partial \mathfrak{H}}{\partial x} + m_y \frac{\partial \mathfrak{H}}{\partial y} + m_z \frac{\partial \mathfrak{H}}{\partial z} = (\mathfrak{m}\,V)\,\mathfrak{H}. \tag{24}$$

Die Kraft auf einen beliebig geformten Magneten erhält man ebenfalls nach (2) durch Integration über alle räumlich und flächenhaft verteilten Pole mit Benutzung der Formeln (7) und (8):

$$\mathfrak{K} = \int\!\!\int (M_n \cdot \mathfrak{H})\, dF - \int\!\!\int\!\!\int (\operatorname{div} \mathfrak{M} \cdot \mathfrak{H})\, dV. \tag{25}$$

4. Die magnetische Influenz. Unter „*magnetischer Influenz*" (mitunter auch als „*magnetische Induktion*" bezeichnet) versteht man die Erscheinung, daß sich materielle, in einem magnetischen Feld befindliche Körper durch dessen Einwirkung magnetisch polarisieren. Beschränken wir uns auf isotrope Medien, dann kann aus geeigneten Experimenten[2] gefolgert werden, daß zwischen der Feldstärke $\mathfrak{H}$ und der Magnetisierung $\mathfrak{M}$ in einem von dem Medium erfüllten Raume die einfache Beziehung

$$\mathfrak{M} = \chi\,\mathfrak{H} \tag{26}$$

gilt, worin χ eine von der Natur des Mediums und von der Temperatur abhängige skalare Größe ist, die als „*Suszeptibilität*" bezeichnet wird. Substanzen, für die $\chi > 0$ ist, nennen wir nach FARADAY „*paramagnetisch*", und solche, für die $\chi < 0$ ist, „*diamagnetisch*"; dem leeren Raum schreiben wir die Suszeptibilität $\chi = 0$ zu. (Über die atomtheoretische Herleitung der Gleichung (26) vgl. § 57.)

---

[1] Vgl. „Exp.-Physik", § 57.
[2] Vgl. „Exp.-Physik", § 58.

Für sehr stark magnetisierbare Substanzen, die man „*ferromagnetisch*" nennt, weil ihr Hauptvertreter das Eisen ist, gilt die Beziehung (26) nicht mehr. Auch hier haben zwar $\mathfrak{H}$ und $\mathfrak{M}$ die gleiche Richtung, doch hängt M sowohl von H als von der Magnetisierungsvorgeschichte in komplizierter Weise ab[1].

Während im materiefreien Raum außerhalb der das Feld erzeugenden Magnete div $\mathfrak{M}$ verschwindet, treten infolge der magnetischen Influenz im materieerfüllten Raume neue Pole auf, so daß div $\mathfrak{M}$ auch im Außenraum der Magnete im allgemeinen von Null verschieden sein wird. Aus den Gleichungen (10) § 6 und (11) § 6 sowie (7) und (8) folgt

$$\left.\begin{aligned} \operatorname{div} \mathfrak{H} &= 4\,\pi\,\varrho_p = -\,4\,\pi \operatorname{div} \mathfrak{M} \\ H_{n_1} + H_{n_2} &= 4\,\pi\,\omega_p = -\,4\,\pi\,(M_{n_1} + M_{n_2}) \end{aligned}\right\} \quad (27)$$

Führt man einen neuen Vektor $\mathfrak{B}$, den wir den Vektor der magnetischen Induktion oder kurz die „*magnetische Induktion*" nennen wollen, durch die Gleichung

$$\mathfrak{B} = \mathfrak{H} + 4\,\pi\,\mathfrak{M} \quad (28)$$

ein, so gilt für ihn nach (27)

$$\left.\begin{aligned} \operatorname{div} \mathfrak{B} &= \operatorname{div} \mathfrak{H} + 4\,\pi \operatorname{div} \mathfrak{M} = 0 \\ B_{n_1} + B_{n_2} &= H_{n_1} + H_{n_2} + 4\,\pi\,(M_{n_1} + M_{n_2}) = 0 \end{aligned}\right\} \quad (29)$$

Die räumliche und die Flächendivergenz von $\mathfrak{B}$ sind also überall gleich Null und da es einzelne Pole nicht gibt, ist $\mathfrak{B}$ im ganzen Raume quellenfrei. Im leeren Raum sind $\mathfrak{B}$ und $\mathfrak{H}$ identisch.

Analog zur Definition des magnetischen Kraftflusses unter 1. definieren wir als „*magnetischen Induktionsfluß*" $\hat{B}$ durch eine auf einer geschlossenen Kurve S aufgespannte Fläche F die Größe

$$\hat{B} = \int \int B_n\, dF. \quad (30)$$

$\hat{B}$ ist wegen der Quellenfreiheit von $\mathfrak{B}$ nur von der Randkurve S abhängig.

Kombiniert man die Formeln (26) und (28), so erhält man die für den Außenraum der permanenten Magnete gültige Beziehung

$$\mathfrak{B} = \mathfrak{H} + 4\,\pi\,\chi\,\mathfrak{H} = \mu \cdot \mathfrak{H}, \quad (31)$$

worin gesetzt ist

$$\mu = 1 + 4\,\pi\,\chi. \quad (32)$$

Die Größe μ heißt die magnetische „*Permeabilität*". Nach dem oben bezüglich χ Gesagten ist für paramagnetische Körper $\mu > 1$ und für diamagnetische Körper $\mu < 1$. Für den leeren Raum ist $\mu = 1$ und es wird $\mathfrak{B} = \mathfrak{H}$, wie bereits erwähnt wurde.

Im allgemeinen Falle, wo μ vom Orte abhängt, gilt, wie man aus (31) und (7) § 8 erkennt, rot $\mathfrak{B} \lessgtr 0$, das Vektorfeld $\mathfrak{B}$ ist also im Gegensatz zum Vektorfeld $\mathfrak{H}$ nach (1) nicht wirbelfrei. Das muß auch so sein, da gemäß § 7, 1. ein Vektorfeld nicht im ganzen Raum gleichzeitig wirbel- und quellenfrei sein kann. In einem Raumgebiet, in dem μ überall den gleichen Wert hat (und von $\mathfrak{H}$ unabhängig ist), ist hingegen nach (1) und (31) rot $\mathfrak{B} = 0$. Läßt sich also der ganze Raum in Gebiete unterteilen, in deren jedem μ konstant ist, dann kann man in jedem dieser Gebiete $\mathfrak{B}$ aus einem skalaren Potential ableiten, das der LAPLACEschen Gleichung genügt; als Randbedingung an der Grenze der Gebiete muß dann noch die zweite der Gleichungen (29) erfüllt sein.

5. Berechnung von Feldern im materieerfüllten Raum. Um das Feld eines fiktiven Einzelpols der Polstärke h_1 in einem homogenen und isotropen Me-

---

[1] Vgl. „Exp.-Physik", § 58.

dium der Permeabilität μ zu berechnen, schlagen wir um den Pol eine kleine Kugelfläche und entfernen aus ihrem Innern die Materie. Im Innern der Kugel ist dann $\mathfrak{H}_1 = \mathfrak{B}_1$ und gemäß (4)

$$|\mathfrak{B}_1| = \frac{h_1}{r^2}, \tag{33}$$

wobei $\mathfrak{B}_1$ die Richtung des vom Pol wegweisenden Radiusvektors hat. An der Kugeloberfläche ist ferner die Normalkomponente von $\mathfrak{B}$ nach (29) stetig und daher muß auch im Außenraume der Kugel die Gleichung (33) gelten. Nach (31) ist daher im Außenraum

$$|\mathfrak{H}_1| = \frac{|\mathfrak{B}_1|}{\mu} = \frac{h_1}{\mu\,r^2}. \tag{34}$$

Die Kraft $\mathfrak{k}$ auf einen Pol h_2 in der Entfernung r von h_1 ist nunmehr gemäß (2) gleich

$$|\mathfrak{k}| = \frac{h_1\,h_2}{\mu\,r^2}. \tag{35}$$

Dies ist das COULOMBsche *Gesetz für den materieerfüllten Raum.* Die Formel (35) unterscheidet sich von der im leeren Raum gültigen Formel (3) durch das Auftreten des Faktors μ im Nenner.

Allgemein kann man in ähnlicher Weise leicht zeigen, daß die Kraft, die gegebene Magnete mit unveränderlichem Moment aufeinander ausüben, im materieerfüllten Raum μ-mal so klein ist als im leeren Raum.

Als Beispiel zur Illustration der allgemeinen Methode wollen wir nun untersuchen, wie ein homogenes Magnetfeld im leeren Raum (das wir uns durch magnetische Polflächen im Unendlichen erzeugt denken können) durch das Hineinbringen einer Kugel aus magnetisierbarem Material modifiziert wird. Das ursprüngliche Feld habe die Richtung der x-Achse und den Betrag H_0, der Mittelpunkt der Kugel liege im Koordinatenursprung, ihr Radius sei R, ihre Permeabilität sei μ.

Da die Vermutung naheliegt, daß die Kugel im Magnetfeld homogen magnetisiert wird, versuchen wir die Aufgabe dadurch zu lösen, daß wir $\mathfrak{H}$ als Superposition des ursprünglichen Magnetfeldes und des unter 2. berechneten Feldes einer homogen in der Richtung der x-Achse magnetisierten Kugel ansetzen, also mit Benutzung von (17) und (18) setzen

$$\mathfrak{H}_i = \left(H_0 - \frac{4\pi}{3}M\right)\mathfrak{i}, \qquad \mathfrak{H}_a = H_0\,\mathfrak{i} - \frac{4\pi}{3}R^3 M \operatorname{grad}\left(\frac{x}{r^3}\right), \tag{36}$$

worin $\mathfrak{i}$ den Einheitsvektor in der x-Richtung bedeutet.

Nach (31) folgt hieraus für das Feld des magnetischen Induktionsvektors $\mathfrak{B}$

$$\mathfrak{B}_i = \left(H_0 - \frac{4\pi}{3}M\right)\mu\,\mathfrak{i}, \qquad \mathfrak{B}_a = H_0\,\mathfrak{i} - \frac{4\pi}{3}R^3 M \operatorname{grad}\left(\frac{x}{r^3}\right). \tag{37}$$

Nach (29) muß an der Kugeloberfläche die Normalkomponente von $\mathfrak{B}$ stetig sein, also die Gleichung

$$B_{ni} = B_{na} \qquad \text{für } r = R \tag{38}$$

erfüllt sein. Mit Benutzung von (37) folgt hieraus die Bedingungsgleichung

$$\left(H_0 - \frac{4\pi}{3}M\right)\mu \cos(\mathfrak{r}\,\mathfrak{i}) = H_0 \cos(\mathfrak{r}\,\mathfrak{i}) - \frac{4\pi}{3}R^3 M \frac{\partial}{\partial r}\left(\frac{x}{r^3}\right)_{r=R}$$

$$= H_0 \cos(\mathfrak{r}\,\mathfrak{i}) + \frac{8\pi}{3}M \cos(\mathfrak{r}\,\mathfrak{i}).$$

Diese Gleichung ist nun in der Tat erfüllt, wenn man setzt:

$$M = \frac{3}{4\pi}\frac{\mu-1}{\mu+2}\cdot H_0. \tag{39}$$

Im Unendlichen reduziert sich $\mathfrak{B}$ bzw. $\mathfrak{H}$ auf H_0 i. An der Polstärke der felderzeugenden Magnete ist also durch die Anwesenheit der Kugel im Felde nichts geändert worden, wie es unserer Voraussetzung entspricht. Wegen der Eindeutigkeit der Randwertaufgabe der Potentialtheorie (§ 7, 6.) ist also durch die Gleichungen (36) bzw. (37) unsere Aufgabe vollkommen gelöst, wenn man darin für M den Wert (39) einsetzt. Die Abb. 98 stellt das Feld durch den Verlauf der Äquipotentialflächen und der Kraftlinien anschaulich dar[1].

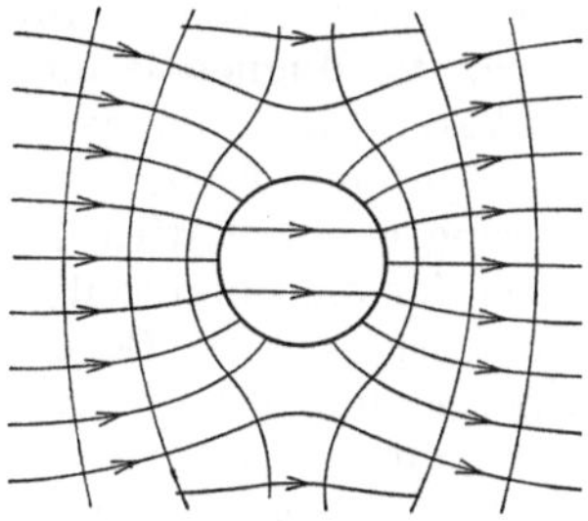

Gemäß der Bemerkung am Schlusse von 2. wirkt die magnetisierte Kugel im Außenraum wie ein in ihrem Mittelpunkt konzentrierter Dipol vom Moment

$$\mathfrak{m} = \frac{4\,\pi}{3}\,R^3\,M\,\mathfrak{i} = R^3\,\frac{\mu-1}{\mu+2}\cdot\mathfrak{H}_0. \qquad (40)$$

Abb. 98.

Ist sie aus paramagnetischem Material hergestellt ($\mu > 1$), dann hat $\mathfrak{m}$ die gleiche Richtung wie H_0, besteht sie aus diamagnetischem Material ($\mu < 1$), dann ist $\mathfrak{m}$ dem Feldvektor $\mathfrak{H}_0$ entgegengerichtet. Nach der Formel (23) ist in beiden Fällen das Drehmoment des Feldes auf den Dipol, d. h. auf die Kugel gleich Null. Die resultierende Kraft des Feldes auf die Kugel ist, da $\mathfrak{H}_0$ homogen ist, nach Formel (24) ebenfalls gleich Null. Beides leuchtet aus Symmetriegründen unmittelbar ein.

Ist das Feld inhomogen, so kann man die oben angestellten Berechnungen streng genommen natürlich nicht anwenden. Sie bleiben jedoch sicherlich dann angenähert richtig, wenn sich $\mathfrak{H}_0$ in Dimensionen von der Größenordnung des Kugeldurchmessers nur sehr wenig ändert. In diesem Falle ist die Kraft des Feldes auf die Kugel ebenso groß, als ob sich an der Stelle des Kugelmittelpunktes ein Dipol vom Moment (40) befinden würde. Nach Formel (24) erhalten wir daher

$$\mathfrak{K} = R^3\,\frac{\mu-1}{\mu+2}\,(\mathfrak{H}_0\,V)\,\mathfrak{H}_0.$$

Zur Umformung dieses Ausdruckes benutzen wir die Identität (10) § 8, in der wir $\mathfrak{H}$ für $\mathfrak{v}$ einsetzen und berücksichtigen die Gleichung (1). Dies ergibt schließlich für die gesuchte Kraft:

$$\mathfrak{K} = \frac{R^3}{2}\,\frac{\mu-1}{\mu+2}\,\operatorname{grad} H_0{}^2. \qquad (41)$$

Eine paramagnetische Kugel wird also in einem inhomogenen Felde in die Richtung von $\operatorname{grad} H_0{}^2$, d. h. dorthin gezogen, wo die Feldstärke dem Betrage nach am größten ist, eine diamagnetische Kugel in die entgegengesetzte Richtung. Daher wird insbesondere eine paramagnetische Kugel von beiden Polen eines permanenten Magneten angezogen, eine diamagnetische Kugel von beiden Polen abgestoßen, wie der Versuch tatsächlich zeigt[2].

Die Berechnung für anders gestaltete Körper ist wesentlich komplizierter und kann hier nicht wiedergegeben werden. Ohne Rechnung folgt in Analogie zu dem Obigen, daß in einem homogenen Magnetfeld ein in der Richtung von $\mathfrak{H}_0$ stehender paramagnetischer Stab so magnetisiert wird, daß $\mathfrak{m}$ und $\mathfrak{H}_0$ die gleiche Richtung haben. Nach 3. ist daher diese Stellung eine stabile Gleichgewichtslage und er wird sich, wenn er aus seiner Lage herausgedreht wird, von selbst wieder parallel zu den Kraftlinien einstellen. Bei einem diamagnetischen Stabe jedoch sind $\mathfrak{m}$ und $\mathfrak{H}_0$ entgegengesetzt gerichtet, die Lage parallel zu den Kraftlinien ist also eine labile Gleichgewichtslage und der Stab wird sich, wie aus Symmetriegründen ein-

---

[1] Vgl. hierzu das entsprechende, empirisch gewonnene Kraftlinienbild in „Exp.-Physik", § 60.

[2] Vgl. „Exp.-Physik", § 59.

leuchtet, senkrecht zu der Kraftlinienrichtung einstellen müssen. Auf dieses Verhalten von Stäben im homogenen Magnetfeld hat FARADAY gerade die Einteilung der magnetisierbaren Stoffe in die beiden Klassen begründet[1].

6. Die Magnetisierungsarbeit. Als „*Magnetisierungsarbeit*" A_m einer magnetisierbaren Substanz wollen wir die der Volumeneinheit des Körpers von außen zuzuführende Energie verstehen, die zu einer bestimmten Änderung der Magnetisierung benötigt wird. Zu ihrer Berechnung gehen wir von der Formel (22) aus, nach der die potentielle Energie eines Dipols vom Moment $\mathfrak{m}$ in einem Felde $\mathfrak{H}$ gleich ist — $\mathfrak{m} \cdot \mathfrak{H}$. Bei einer Änderung des Momentes um $d\mathfrak{m}$ vermindert sich diese Energie um $d\mathfrak{m} \cdot \mathfrak{H}$. Soll für diesen Prozeß der Energiesatz gelten, dann muß die „innere Energie" des Dipols um den gleichen Betrag zunehmen. Zur Änderung des Momentes um $d\mathfrak{m}$ ist also vom Felde an dem Dipol die Arbeit $d\mathfrak{m} \cdot \mathfrak{H}$ zu leisten. Das ergibt für die zur Änderung der Magnetisierung des Körpers um den Betrag $d\mathfrak{M}$ in einem Feld $\mathfrak{H}$ zu leistende Arbeit pro Volumeneinheit die Magnetisierungsarbeit

$$\delta A_m = \mathfrak{H}\, d\mathfrak{M} = H\, dM. \tag{42}$$

Der Ausdruck (42) stellt das genaue magnetische Analogon zu der mechanischen Arbeit der Druckkräfte dar, die in der Behandlung der Thermodynamik im Kapitel XI von uns ausschließlich berücksichtigt wurde, und ist daher auf der rechten Seite der Gleichung (10) § 32 hinzuzufügen.

Die für eine endliche Änderung der Magnetisierung von M_1 auf M_2, einen „*Magnetisierungsprozeß*", benötigte Arbeit folgt aus (42) der Ausdruck

$$A_m = \int\limits_{M_1}^{M_2} H\, dM, \tag{43}$$

den man berechnen kann, wenn die „*Magnetisierungskurve*" des Prozesses[2] bekannt ist. Das Integral (43) ist im allgemeinen bei ferromagnetischen Substanzen vom Integrationswege abhängig und der Ausdruck (42) daher kein vollständiges Differential. Man spricht in diesem Falle von „*magnetischer Hysteresis*"[2].

Bei einem geschlossenen Magnetisierungszyklus, einem „*magnetischen Kreisprozeß*", ist nach (43) die Arbeit gleich

$$A_m = \oint H\, dM, \tag{44}$$

d. h. gleich dem Flächeninhalt der Magnetisierungskurve (der „Hysteresisschleife"). In Analogie zu (15) § 32 folgt hieraus, daß bei dem Prozeß in dem Körper pro Volumeneinheit die Wärmemenge (44) (im mechanischen Maß gemessen), erzeugt wird, die als „*Magnetisierungswärme*" bezeichnet wird[3].

Im Falle der Gültigkeit der Gleichung (26) wird aus (42)

$$\delta A_m = \chi H\, dH = \frac{1}{2}\, \chi\, d\,(H^2),$$

zur Magnetisierung der Volumeneinheit vom Betrage Null auf den Betrag M ist daher nach (43) die Arbeit

$$A_m = \frac{1}{2}\, \chi\, H^2 \tag{45}$$

zu leisten. Die Magnetisierungsarbeit für einen Kreisprozeß ist in diesem Falle natürlich gleich Null.

---

[1] Vgl. „Exp.-Physik", § 59.

[2] Bezüglich der experimentellen Aufnahme der Magnetisierungskurven vergleiche die Ausführungen in „Exp.-Physik", § 58.

[3] Über die experimentelle Erforschung der thermisch-magnetischen Erscheinungen und verschiedene Anwendungen vgl. „Exp.-Physik", § 62.

7. Die magnetische Feldenergie. In unseren unter 1. angestellten Betrachtungen gingen wir von der experimentellen Tatsache aus, daß ein System magnetischer Körper sich bei einer gegenseitigen Bewegung seiner Teile als konservatives System erweist. Es besteht daher für jede Konfiguration eine bestimmte potentielle Energie U. Nach den Vorstellungen von FARADAY und MAXWELL soll diese potentielle Energie ihren Sitz im Felde selbst haben, d. h. sie soll mit einer gewissen Dichte $u\,(x,\,y,\,z)$ im Raume verteilt sein. Da das Feld nach 4. durch die Angabe von $\mathfrak{H}$ und μ als Funktionen des Ortes bestimmt ist, werden wir zu erwarten haben, daß die Energie $u\,(x,\,y,\,z)\,dV$ eines Volumenelementes dV durch die Werte von $\mathfrak{H}$ und μ an der betreffenden Stelle ausdrückbar ist. Um diesen Ausdruck zu gewinnen, stellen wir die folgende Überlegung an.

Wir denken uns im leeren Raume zwischen zwei parallelen, ebenen Flächen im Abstande a ein homogenes Feld vom Betrage H erzeugt, dessen Richtung senkrecht auf diesen Ebenen steht. Jenseits der Ebenen sei das Feld überall gleich Null. An den Ebenen hat daher das Feld Flächendivergenzen von der Größe $-H$ bzw. $+H$; die Ebenen sind daher der Sitz von Magnetpolen der Flächendichte $\omega_1 = \dfrac{H}{4\,\pi}$, bzw. $\omega_2 = -\dfrac{H}{4\,\pi}$. ψ_1 und ψ_2 seien die Werte des Potentials an den beiden Flächen. Da in einem homogenen Felde u sicherlich vom Orte unabhängig ist, ist die potentielle Energie in dem Volumen Fa, das durch einen Zylinder vom Querschnitt F und der Achsenrichtung $\mathfrak{H}$ aus dem Felde herausgeschnitten wird, nach der Formel (20) gleich

$$U = \frac{1}{2}\,(\omega_1\,\psi_1 + \omega_2\,\psi_2)\,F = \frac{H}{8\,\pi}\,(\psi_1 - \psi_2)\,F = \frac{H}{8\,\pi}\,\frac{\psi_1 - \psi_2}{a}\,.\,Fa =$$
$$= -\frac{H}{8\,\pi}\,\mathrm{grad}\,\psi\,.\,Fa = \frac{H^2}{8\,\pi}\,Fa. \tag{46}$$

Der Faktor $1/2$ tritt hierin deshalb auf, weil in dem Ausdruck $\omega_1\,\psi_1 + \omega_2\,\psi_2$ jeder Pol doppelt, einmal als Quelle der Kraft und einmal als ihr Angriffspunkt gezählt ist.

Aus (46) folgt für die gesuchte Energiedichte u_0 im Vakuum

$$u_0 = \frac{1}{8\,\pi}\,.\,H^2. \tag{47}$$

Füllt man den Raum zwischen den Polflächen mit einem homogenen und isotropen Medium der Permeabilität μ (bzw. der Suszeptibilität χ), dann wird es im Felde magnetisiert. Nach 6. ist für die Magnetisierung pro Volumeneinheit die Arbeit (45) zu leisten. Die Energiedichte im Felde vermehrt sich demnach gerade um diese Arbeit. Es gilt daher mit Berücksichtigung von (31) und (32) die Beziehung

$$u = u_0 + A_m = \frac{1}{8\pi}H^2 + \frac{1}{2}\,\chi\,H^2 = \frac{1}{8\pi}H^2 + \frac{\mu-1}{8\pi}H^2 = \frac{\mu}{8\pi}H^2 = \frac{1}{8\pi\mu}B^2, \tag{48}$$

die sich naturgemäß im leeren Raum auf (47) reduziert.

Durch den Ausdruck (48) erscheint die Energiedichte, wie es oben verlangt wurde, durch $\mathfrak{H}$ und μ allein ausgedrückt. Daraus folgt, daß dieser Ausdruck nicht nur in dem speziellen, zur Ableitung konstruierten Felde, sondern ganz allgemein gültig sein muß und daher $u\,dV$ die in dem Volumenelemente dV des Feldes enthaltene Energie angibt. Für die Energie in einem endlichen Volumen des Feldes gilt

$$U = \frac{1}{8\,\pi}\iiint \mu\,H^2\,dV = \frac{1}{8\,\pi}\iiint \frac{B^2}{\mu}\,dV. \tag{49}$$

8. Volumenkräfte im materieerfüllten, magnetostatischen Feld. Da infolge der magnetischen Influenz jedes von Materie erfüllte Volumen im magnetischen

Feld im allgemeinen ein magnetisches Moment erhält, übt das Feld darauf eine
bestimmte Kraftwirkung aus. Wir stellen uns die Aufgabe, diese Kraftwirkung
allgemein zu berechnen, nachdem wir unter 5. bereits einen Spezialfall erledigt
haben.

Wir denken uns den Raum kontinuierlich von Materie erfüllt, derart, daß μ
eine bestimmte Funktion des Ortes sei (Unstetigkeiten von μ kann man immer
durch stetige Änderungen von μ beliebig genau approximieren). Die auf ein
Volumenelement dV ausgeübte Kraft nennen wir $\mathfrak{f} \cdot dV$.

Wir nehmen nun eine kleine Veränderung in der Materieverteilung vor, indem wir mit jedem Volumenelement eine Verschiebung $\delta\mathfrak{s}$ ausführen, wobei die
Feldkräfte insgesamt die Arbeit $\iiint (\mathfrak{f}\,\delta\mathfrak{s})\,dV$ leisten. Diese Energie muß vom
Felde selbst aufgebracht werden; um den gleichen Betrag muß sich also die Feld-
energie U vermindern. Wir erhalten daher die Gleichung

$$\delta U = -\iiint (\mathfrak{f}\,\delta\mathfrak{s})\,dV, \tag{50}$$

worin das Integral über den ganzen Raum zu erstrecken ist.

Für δU erhalten wir anderseits aus (49) durch Vertauschung der δ-Operation
mit der Integration

$$\delta U = \frac{1}{8\pi}\,\delta\iiint \frac{B^2}{\mu}\,dV = \frac{1}{4\pi}\iiint \frac{\mathfrak{B}}{\mu}\,\delta\mathfrak{B} \cdot dV - \frac{1}{8\pi}\iiint \frac{B^2}{\mu^2}\,\delta\mu\,dV. \tag{51}$$

Das erste Integral hierin verschwindet, wie man aus der folgenden Reihe von
Umformungen mit Benutzung der Gleichungen (11), (29), (31) und (22) § 6 und des
GAUSSschen Satzes sowie der Tatsache ersieht, daß das Feld im Unendlichen ver-
schwindet:

$$\iiint \frac{\mathfrak{B}}{\mu}\,\delta\mathfrak{B}\,dV = \iiint \mathfrak{H}\,\delta\mathfrak{B}\,dV = -\iiint \mathrm{grad}\,\psi\,\delta\mathfrak{B}\,dV =$$

$$= -\iiint \mathrm{div}\,(\psi\,\delta\mathfrak{B})\,dV + \iiint \psi\,\mathrm{div}\,\delta\mathfrak{B}\,dV$$

$$= -\iint \psi\,\delta\,B_n\,dF + \iiint \psi\,\delta\,\mathrm{div}\,\mathfrak{B}\,dV = 0.$$

Bei der vorgenommenen Materieverschiebung wird der Inhalt von dV im Punkte $\mathfrak{r}$
durch den Inhalt des Volumenelementes im Punkte $\mathfrak{r} - \delta\mathfrak{s}$ ersetzt, wo statt μ
die Permeabilität $\mu - \dfrac{\partial\mu}{\delta s}\,\delta s$ herrscht. $\delta\mu$ in (51) ist also nach (7) § 6 gleich

$$\delta\mu = -\frac{\partial\mu}{\partial s}\,\delta s = -\mathrm{grad}_s\mu \cdot \delta s = -\mathrm{grad}\,\mu \cdot \delta\mathfrak{s},$$

so daß wir für δU schließlich aus (51) erhalten:

$$\delta U = -\frac{1}{8\pi}\iiint H^2\,\delta\mu\,dV = \frac{1}{8\pi}\iiint H^2\,(\mathrm{grad}\,\mu\,\delta\mathfrak{s})\,dV. \tag{52}$$

Die Gleichsetzung der Ausdrücke (52) und (50) liefert nun

$$\iiint (\mathfrak{f}\,\delta\mathfrak{s})\,dV = -\frac{1}{8\pi}\iiint H^2\,(\mathrm{grad}\,\mu \cdot \delta\mathfrak{s})\,dV. \tag{53}$$

Soll diese Gleichung für jede beliebige Wahl von $\delta\mathfrak{s}$ richtig bleiben, dann müssen
die Integranden auf beiden Seiten einander gleich sein oder es muß gelten

$$\mathfrak{f} = -\frac{1}{8\pi}\,H^2 \cdot \mathrm{grad}\,\mu. \tag{54}$$

Die Gleichung (54) stellt den gesuchten Ausdruck für die Kraft des Feldes auf die in ihm enthaltene Materie pro Volumeneinheit dar. Sie weist, wie man sieht, immer in die Richtung der abnehmenden μ und ist gleich Null, wenn μ räumlich konstant ist. Sie läßt sich allerdings gerade für die wichtigsten Probleme der Praxis, nämlich die Berechnung der Kräfte auf materielle Körper im Felde, nicht gut anwenden, da hier $\operatorname{grad}\mu$ an der Grenzfläche nicht existiert. Dieser Mangel wird durch die Betrachtungen über die MAXWELLschen Spannungen in § 47, 7. beseitigt.

§ 42. Elektrostatik.

1. Grundlegende Begriffe und Definitionen. Die Theorie der Kraftwirkungen ruhender elektrisch geladener Körper aufeinander und auf ungeladene Körper, die in diesem Paragraphen behandelt werden soll, hat in vieler Beziehung große Ähnlichkeit mit der im § 41 besprochenen Theorie des magnetostatischen Feldes. Auch hier gehen wir von dem fundamentalen experimentellen Erfahrungssatz aus, daß sich ein System geladener Körper bei genügend langsamer Bewegung derselben gegeneinander als konservativ erweist[1]. Wir können daher die Ladungen als Quellen eines wirbelfreien Feldes auffassen, das selbst wieder auf die in ihm befindlichen Ladungen Kräfte ausübt.

Definieren wir als *„elektrische Feldstärke"* $\mathfrak{E}$ die Kraft, die auf eine in geeigneter Weise festgelegte Einheitsladung als „Probekörper" im Felde ausgeübt wird, dann genügt das Vektorfeld $\mathfrak{E}\,(x,\ y,\ z)$ der Differentialgleichung

$$\operatorname{rot}\mathfrak{E} = 0. \tag{1}$$

Als Maß der *„elektrischen Ladung"* e wählen wir den Betrag der Kraft, der in einem Punkte mit der Feldstärke Eins auf einen Körper von sehr kleinen Dimensionen ausgeübt wird, der mit der betreffenden Ladung versehen wurde. Für die Kraft in einem beliebigen Punkte des Feldes gilt dann in Analogie zu (2) § 41

$$\mathfrak{k} = e\,\mathfrak{E}; \tag{2}$$

e kann positive oder negative Werte annehmen.

Aus der Gültigkeit des „COULOMBschen Gesetzes" über die Kraftwirkung zwischen zwei Ladungen e_1 und e_2, die sich im leeren Raum in einem Abstande r gegenüberstehen[1],

$$|\mathfrak{k}| = \frac{e_1 e_2}{r^2}, \tag{3}$$

schließen wir analog zu den Betrachtungen in § 41, 1., daß die Ergiebigkeit einer durch eine punktförmige Ladung e dargestellten Quelle gleich $4\pi e$ ist.

In Nichtleitern oder *„Isolatoren"* kann man elektrische Ladungen in willkürlicher Weise mit einer räumlichen Dichte $\varrho\,(x,\ y,\ z)$ verteilen. In Leitern hingegen sind im Zustande des Gleichgewichtes, wie der Versuch zeigt[2] und wie später auch noch aus theoretischen Gründen klar werden wird (6.), nur flächenhaft verteilte Ladungen an der Oberfläche der Leiter mit Flächendichten $\omega\,(x,\ y,\ z)$ möglich.

Ein elektrisches Quellenpaar, bestehend aus zwei Ladungen $+\,e$ und $-\,e$ im Abstande l wollen wir einen *„elektrischen Dipol"* nennen, sein Moment $\mathfrak{p}$ den von der negativen zur positiven Ladung weisenden Vektor vom Betrag

$$|\mathfrak{p}| = e\,l. \tag{4}$$

Durch das Hineinbringen eines Isolators in ein elektrisches Feld oder auch

---

[1] Vgl. „Exp.-Physik", § 63.
[2] Vgl. „Exp.-Physik", § 65.

bei manchen Kristallen durch mechanische Deformation (*Piezoelektrizität*)[1] kann man bewirken, daß jedes Volumenelement des Körpers die Eigenschaft eines un-endlich kleinen Dipols annimmt, der Körper selbst also nach § 7, 5. eine „*elektrische Polarisation*" erhält. Den „*Polarisationsvektor*", der das elektrische Moment pro Volumeneinheit mißt, bezeichnen wir mit $\mathfrak{P}$ (x, y, z).

Nach § 7, 5. ist das von einem polarisierten Körper erzeugte Feld äquivalent einem Feld räumlich verteilter Quellen der Dichte ϱ_f und flächenhafter Quellen der Dichte ω_f, die nach (20) § 7 bzw. (21) § 7 mit $\mathfrak{P}$ durch die Gleichungen

$$\varrho_f = -\operatorname{div} \mathfrak{P}, \qquad \omega_f = -(P_{n_1} + P_{n_2}) \tag{5}$$

zusammenhängen. Nach MAXWELL bezeichnen wir zum Unterschiede von den nach Belieben verschiebbaren „*wahren Ladungen*" ϱ bzw. ω die in den Gleichungen (5) auftretenden, von einem Körper nicht fortleitbaren Ladungen als „*freie Ladungen*".

Aus der gegebenen Ladungsverteilung erhalten wir unter Heranziehung der Formeln (10) § 6 und (11) § 6 für die Feldstärke die Differentialgleichungen

$$\operatorname{div} \mathfrak{E} = 4\pi \left(\varrho + \varrho_f\right) = 4\pi \varrho' \tag{6}$$

$$E_{n_1} + E_{n_2} = 4\pi \left(\omega + \omega_f\right) = 4\pi \omega'. \tag{7}$$

2. Das elektrostatische Feld im leeren Raum. Ist die Verteilung der Ladungen im Raume bekannt, dann kann man das Feld $\mathfrak{E}$ wegen seiner Wirbelfreiheit aus einer skalaren Potentialfunktion, dem „*elektrostatischen Potential*" φ gemäß

$$\mathfrak{E} = -\operatorname{grad} \varphi \tag{8}$$

ableiten. φ selbst bestimmt sich im Falle endlich vieler diskreter, punktförmiger Ladungen nach der Formel (3) § 7 zu

$$\varphi = \sum_{k=1}^{N} \frac{e_k}{r_k}, \tag{9}$$

worin r_k die Entfernung der Ladung e_k vom Aufpunkte ist. Im Falle räumlich bzw. flächenhaft verteilter Ladungen erhält man das Potential nach den Formeln (8) § 7, bzw. (13) § 7 aus

$$\varphi = \iiint \frac{\varrho' \, dV}{r} + \iint \frac{\omega' \, dF}{r}, \tag{10}$$

worin die Integration über den ganzen Raum zu erstrecken ist und r die Entfernung des Volumenelementes dV bzw. des Flächenelementes dF vom Aufpunkte bedeutet.

Für das Feld zweier gleichnamiger elektrischer Punktladungen e erhalten wir im besonderen aus (9)

$$\varphi = e\left(\frac{1}{r_1} + \frac{1}{r_2}\right), \tag{11}$$

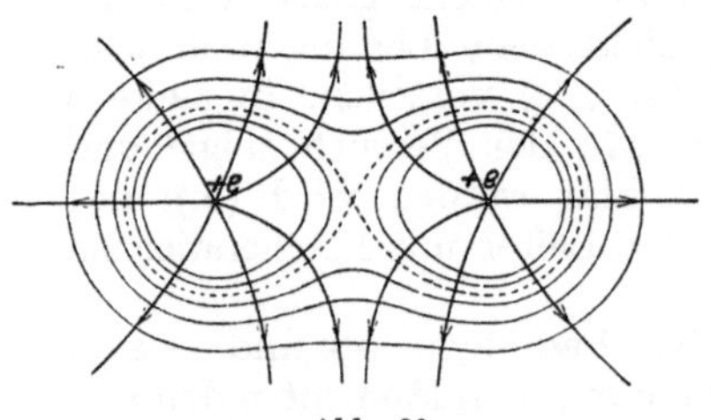

Abb. 99.

worin r_1 und r_2 die Entfernungen der beiden Ladungen vom Aufpunkte sind. Die Feldstärke folgt aus (11) nach (8). In der Abb. 99 sind für eine Reihe von Werten von φ die Schnittlinien der Äquipotentialflächen mit einer die beiden Ladungspunkte enthaltenden Ebene gezeichnet und die Schar der hierauf senkrecht stehenden Kraftlinien. Sind die beiden Ladungen ungleichnamig, bilden

---

[1] Vgl. „Exp.-Physik", § 66.

sie also einen elektrischen Dipol, dann ist das Feld mit dem eines entsprechenden magnetischen Dipols völlig identisch und es gilt daher dafür die Gleichung (9) § 41 bzw. die Abb. 95, S. 292[1].

Zur Ermittlung des elektrischen Feldes einer homogen polarisierten Kugel können wir die Berechnung in § 41, 2. ebenfalls ohne weiteres übernehmen, wenn wir in den entsprechenden Formeln (12) bis (18) § 41 überall $\mathfrak{M}$ durch $\mathfrak{P}$, $\mathfrak{H}$ durch $\mathfrak{E}$ und $\mathfrak{m}$ durch $\mathfrak{p}$ ersetzen.

Nach (10) sollte das Potential im ganzen Raume stetig sein. Tatsächlich beobachtet man jedoch das Auftreten von Potentialsprüngen an der Grenzfläche zweier sich berührender Körper von verschiedenem Material, deren Größe von der Natur der beiden Körper abhängt. Wir bezeichnen die hierbei auftretenden Potentialdifferenzen als „*Kontaktpotentiale*". Nach § 7, 3. muß die Berührungsfläche der Sitz einer „*elektrischen Doppelschicht*" sein, deren Moment (elektrisches Moment pro Flächeneinheit) gleich ist dem 4π-ten Teil des Kontaktpotentials. Den Beitrag dieser Doppelschichten zum Potential φ kann man nach den Formeln (9) § 7 und (10) § 7 berechnen.

Für die potentielle Energie einer einzelnen Ladung e bzw. eines Dipols $\mathfrak{p}$ in einem elektrischen Feld $\mathfrak{E}$ erhalten wir in sinngemäßer Übertragung der Formeln (20) § 41 und (22) § 41 sogleich

$$U = e\varphi \tag{12}$$

bzw.

$$U = -\mathfrak{p}\,\mathfrak{E} = -pE\cdot\cos\vartheta. \tag{13}$$

Für die Kraft auf eine Einzelladung gilt, wie wir bereits wissen, die Formel (2); für die Kraft $\mathfrak{K}$ bzw. das Drehmoment $\mathfrak{M}$ des Feldes auf einen Dipol folgt wieder durch Übertragung der Formeln (24) § 41 und (23) § 41

$$\mathfrak{K} = (\mathfrak{p}\,V)\,\mathfrak{E}, \tag{14}$$

$$\mathfrak{M} = \mathfrak{p} \times \mathfrak{E}. \tag{15}$$

In einem System räumlich bzw. flächenhaft verteilter Ladungen wird auf jedes Volumenelement gemäß (2) die Kraft $\varrho\,\mathfrak{E}\,dV$ und auf jedes Flächenelement die Kraft $\omega\,\mathfrak{E}\,dF$ ausgeübt; auf die in einem endlichen Volumen enthaltenen Ladungen wirkt also die Kraft

$$\mathfrak{K} = \iiint \varrho\,\mathfrak{E}\,dV + \iint \omega\,\mathfrak{E}\,dF, \tag{16}$$

worin das Integral über das ganze betrachtete Volumen zu erstrecken ist.

Wir berechnen schließlich noch die potentielle Energie eines Systems wahrer Ladungen nach (12) zu

$$U = \frac{1}{2}\left[\iiint \varrho\varphi\,dV + \iint \omega\,\varphi\,dF\right], \tag{17}$$

worin die Integration über den ganzen Raum zu erstrecken ist und der Faktor $^1/_2$ wie in § 41, 7. auftritt, weil bei der Integration jede Ladung doppelt, nämlich einmal als Quelle der Kraft und einmal als ihr Angriffspunkt gezählt ist.

3. Dielektrika. Bringt man einen Isolator in ein elektrisches Feld hinein, so tritt in ihm, wie bereits unter 1. bemerkt wurde, eine Polarisation auf. Um diese Eigenschaft einer Substanz zu kennzeichnen, wird sie meistens nach FARADAY als „*Dielektrikum*" bezeichnet. Wir nennen das Dielektrikum „*isotrop*", wenn zwischen $\mathfrak{P}$ und $\mathfrak{E}$ die Relation

$$\mathfrak{P} = \varkappa\,\mathfrak{E} \tag{18}$$

besteht, worin $\varkappa$ eine von der Natur des Mediums und von der Temperatur abhängige, skalare Größe ist, die wir zweckmäßigerweise als seine „*elektrische*

---

[1] Vgl. hierzu die entsprechenden, empirisch gewonnenen Kraftlinienbilder in „Exp.-Physik", §§ 66 und 67.

Suszeptibilität" bezeichnen. Die Erfahrung lehrt, daß $\varkappa$ stets positiv ist; dem leeren Raum schreiben wir die Suszeptibilität Null zu[1]. [Bezüglich der atomtheoretischen Herleitung der Gleichung (18) vgl. § 58, 3.]

Außer den isotropen gibt es in der Natur noch *„anisotrope"* Dielektrika (z. B. viele Kristalle). Es zeigt sich[1], daß bei ihnen $\mathfrak{P}$ eine lineare Vektorfunktion von $\mathfrak{E}$ ist, die sich gemäß § 4, 2. in der Form

$$\mathfrak{P} = K \cdot \mathfrak{E} \tag{19}$$

schreiben läßt, worin K ein dreidimensionaler, symmetrischer Tensor ist.

Zur Beschreibung des elektrostatischen Feldes in einem Dielektrikum ist es zweckmäßig, einen neuen Feldvektor $\mathfrak{D}$ einzuführen, den wir als den Vektor der elektrischen Verschiebung oder kurz als die *„elektrische Verschiebung"* bezeichnen und der durch die Gleichung

$$\mathfrak{D} = \mathfrak{E} + 4\pi\,\mathfrak{P} \tag{20}$$

definiert ist. Aus (5), (6) und (7) folgt

$$\operatorname{div} \mathfrak{D} = \operatorname{div} \mathfrak{E} + 4\pi \operatorname{div} \mathfrak{P} = 4\pi\,(\varrho + \varrho_f) - 4\pi\varrho_f = 4\pi\varrho, \tag{21}$$

$$D_{n_1} + D_{n_2} = (E_{n_1} + E_{n_2}) + 4\pi\,(P_{n_1} + P_{n_2}) = 4\pi\,(\omega + \omega_f) - 4\pi\omega_f = 4\pi\,\omega; \tag{22}$$

der Verschiebungsvektor $\mathfrak{D}$ hat also als Quellen die wahren Ladungen.

Kombiniert man (18) und (20), so erhält man, wenn man permanente Dipole ausschließt, also alle freien Ladungen auf dielektrische Polarisation zurückführt,

$$\mathfrak{D} = \mathfrak{E} + 4\pi\varkappa\,\mathfrak{E} = \varepsilon\,\mathfrak{E}, \tag{23}$$

worin gesetzt ist

$$\varepsilon = 1 + 4\pi\varkappa. \tag{24}$$

Die skalare Größe ε heißt die *„Dielektrizitätskonstante"*. Nach dem früher Gesagten gilt stets $\varepsilon > 1$, für den leeren Raum ist $\varepsilon = 1$ und es wird dort $\mathfrak{D} = \mathfrak{E}$.

In einem anisotropen Dielektrikum tritt an die Stelle der Beziehung (23) die aus (19) und (20) folgende Gleichung

$$\mathfrak{D} = E \cdot \mathfrak{E}, \tag{25}$$

worin statt der skalaren Dielektrizitätskonstante ε der symmetrische Tensor E mit den Komponenten ε_{ik} auftritt, die durch die dielektrischen Eigenschaften des betreffenden Körpers und durch die Lage der Koordinatenachsen in ihm bestimmt sind. Gemäß dem in § 4, 4. abgeleiteten Satz kann man das Koordinatensystem stets so legen, daß von E nur die Diagonalglieder ε_1, ε_2, ε_3 übrigbleiben, die wir die *„Hauptdielektrizitätskonstanten"* nennen; die entsprechenden Richtungen in dem Körper heißen seine *„elektrischen Hauptachsen"*. Für einen in die Richtung der i-ten Hauptachse weisenden Feldvektor $\mathfrak{E}$ gilt in Verallgemeinerung von (23)

$$\mathfrak{D} = \varepsilon_i\,\mathfrak{E}, \quad i = 1, 2, 3, \tag{26}$$

d. h. $\mathfrak{D}$ und $\mathfrak{E}$ haben die gleiche Richtung. Für alle anderen Richtungen fällt die Richtung von $\mathfrak{E}$ mit der von $\mathfrak{D}$ nicht zusammen.

4. Berechnung von Feldern im Dielektrikum. In einem isotropen und homogenen Dielektrikum, in dem ε vom Orte unabhängig ist, ist nach (1) und (23) rot $\mathfrak{D} = 0$, das Feld $\mathfrak{D}$ ist also wirbelfrei und kann von einem skalaren Potential abgeleitet werden. Um das Feld gegebener, in das Dielektrikum eingebetteter, wahrer Ladungen zu berechnen, geht man am besten von den Gleichungen (21), (22) und (23) aus, aus denen folgt:

$$\operatorname{div} \mathfrak{E} = \frac{1}{\varepsilon} \operatorname{div} \mathfrak{D} = \frac{4\pi\varrho}{\varepsilon}, \qquad E_{n_1} + E_{n_2} = \frac{4\pi\omega}{\varepsilon}. \tag{27}$$

---

[1] Vgl. „Exp.-Physik", § 66.

Das Vektorfeld $\mathfrak{E}$ ist also genau so beschaffen, als ob es im leeren Raum durch die räumliche Ladungsdichte $\dfrac{\varrho}{\varepsilon}$ und die Flächenladungsdichte $\dfrac{\omega}{\varepsilon}$ erzeugt würde.

Das Potential dieser Ladungen berechnet man aus ϱ, ω und ε mit Hilfe der über den ganzen Raum erstreckten Integrale

$$\varphi = \frac{1}{\varepsilon}\left[\iiint \frac{\varrho\,dV}{r} + \iint \frac{\omega\,dF}{r}\right]. \tag{28}$$

Potentiale und Feldstärken sind also bei gegebener Verteilung der wahren Ladungen im Dielektrikum ε-mal kleiner als im leeren Raum und daher auch die von ihnen aufeinander ausgeübten Kräfte.

Insbesondere gilt für die Kraft zwischen zwei punktförmigen Ladungen e_1 und e_2 im Abstande r das COULOMBsche Gesetz statt in der speziellen Form (3) in der allgemeinen Form[1]

$$|\mathfrak{k}| = \frac{e_1\,e_2}{\varepsilon\,r^2}. \tag{29}$$

Läßt sich der Raum in Gebiete unterteilen, innerhalb derer ε konstant ist, dann muß beim Fehlen von Flächenladungen das Potential in jedem dieser Gebiete vermöge (8) und (27) der POISSONschen Gleichung (11) § 7 in der Form

$$\Delta\,\varphi = -\frac{4\,\pi\,\varrho}{\varepsilon} \tag{30}$$

genügen. Als Randbedingung an den Grenzen der Gebiete muß ferner wegen (22) die Stetigkeit der Normalkomponente von $\mathfrak{D} = -\varepsilon\,\mathrm{grad}\,\varphi$ gefordert werden.

Aus dem Gesagten geht unmittelbar hervor, daß die in § 41, 5. angestellte Berechnung über die Magnetisierung einer Kugel im homogenen Feld unmittelbar auf den Fall übertragen werden kann, daß eine dielektrische Kugel in ein homogenes elektrisches Feld $\mathfrak{E}_0$ hineingebracht wird. Die Kugel polarisiert sich homogen in der Richtung des Feldes mit einem Moment pro Volumeneinheit:

$$P = \frac{3}{4\,\pi}\,\frac{\varepsilon - 1}{\varepsilon + 2}\cdot E_0 \tag{31}$$

und ist daher nach außen mit einem elektrischen Dipol vom Moment

$$\mathfrak{p} = R^3\,\frac{\varepsilon - 1}{\varepsilon + 2}\cdot \mathfrak{E}_0 \tag{32}$$

äquivalent. Für den Verlauf der Äquipotentialflächen und der Kraftlinien gilt die Abb. 98, S. 297.

Für die in einem inhomogenen Felde auf die Kugel ausgeübte Kraft gilt schließlich nach (41) § 41 annähernd

$$\mathfrak{K} = \frac{R^3}{2}\,\frac{\varepsilon - 1}{\varepsilon + 2}\,\mathrm{grad}\,(E_0{}^2). \tag{33}$$

Die Kugel wird also im Felde stets nach den Stellen gezogen, wo der Betrag der Feldstärke am größten ist, d. h. gegen die das Feld erzeugenden Ladungen hin. Hieraus erklärt sich die Anziehung ungeladener, isolierender Körper durch geladene, deren Beobachtung zur Entdeckung der elektrischen Erscheinungen den Anlaß gegeben hat[2].

5. Energie und Volumenkräfte im elektrischen Felde. Wie das magnetische sehen wir auch das elektrische Feld als Sitz einer Energiedichte $u\,(x, y, z)$ an, die sich durch die Größen $\mathfrak{E}$ und ε ausdrücken lassen soll, die das Feld bestimmen. Zur Herleitung des entsprechenden Ausdruckes können wir auch hier wiederum die entsprechenden Betrachtungen über die magnetische Feldenergie

---

[1] Die Gültigkeit dieser Formel kann experimentell unmittelbar bestätigt werden, wie in „Exp.-Physik", § 66, gezeigt wird.

[2] Vgl. „Exp.-Physik", § 63.

ohne weiteres übertragen und erhalten daher aus der Formel (48) § 41, indem wir darin $\mathfrak{H}$, $\mathfrak{B}$ und μ durch $\mathfrak{E}$, $\mathfrak{D}$ und ε ersetzen:

$$u = \frac{\varepsilon}{8\,\pi}\,E^2 = \frac{1}{8\,\pi\,\varepsilon}\cdot D^2 \tag{34}$$

und für die Energie in einem endlichen Volumen

$$U = \frac{1}{8\,\pi}\iiint \varepsilon\,E^2\,dV = \frac{1}{8\,\pi}\iiint \frac{1}{\varepsilon}\,D^2\,dV. \tag{35}$$

Man könnte zunächst im Zweifel sein, ob nicht die Anwesenheit wahrer Ladungen im Felde, die im magnetischen Falle nicht vorkamen, den Ausdruck (34) für die Energiedichte im elektrostatischen Felde modifizieren könnten. Um zu zeigen, daß dies nicht der Fall ist, gehen wir von dem Ausdruck (17) für die Gesamtenergie eines Systems wahrer Ladungen aus, der ja offenbar, wie aus seiner Herleitung hervorgeht, auch im materieerfüllten Raum gültig sein muß. Zur Vereinfachung nehmen wir an, daß nur Raumladungen vorhanden sind, da sich ja Flächenladungen stets als Grenzfall von Raumladungen gewinnen lassen.

Aus (17) folgt dann mit Benutzung von (21)

$$U = \frac{1}{2}\iiint \varrho\,\varphi\,dV = \frac{1}{8\,\pi}\iiint \varphi\,\operatorname{div}\mathfrak{D}\,.\,dV.$$

Dieser Ausdruck kann mittels der Formel (22) § 6 und mit Hilfe des GAUSSschen Satzes sowie der Formel (8) wie folgt umgeformt werden:

$$U = \frac{1}{8\,\pi}\iiint \operatorname{div}(\varphi\,\mathfrak{D})\,dV - \frac{1}{8\,\pi}\iiint (\mathfrak{D}\,\operatorname{grad}\varphi)\,dV$$

$$= \frac{1}{8\,\pi}\iint \varphi\,D_n\,dF + \frac{1}{8\,\pi}\iiint (\mathfrak{E}\,.\,\mathfrak{D})\,dV.$$

Die Volumenintegrale sind hierin über den ganzen Raum zu erstrecken. Nehmen wir an, daß das Feld im Unendlichen verschwindet, dann verschwindet auch das Flächenintegral über $\varphi\,D_n$ und es ergibt sich

$$U = \frac{1}{8\,\pi}\iiint (\mathfrak{E}\,.\,\mathfrak{D})\,dV. \tag{36}$$

Im Falle eines isotropen Dielektrikums fällt der Ausdruck (36) wegen (23), wie man sieht, mit (35) zusammen, wenn man das Integral dortselbst ebenfalls über den ganzen Raum erstreckt.

Damit ist unsere oben aufgestellte Behauptung erwiesen und darüber hinaus gezeigt, daß im Falle eines anisotropen Dielektrikums die Formel (34) für die Energiedichte durch die allgemeinere zu ersetzen ist:

$$u = \frac{1}{8\,\pi}\,\mathfrak{E}\,.\,\mathfrak{D} \tag{37}$$

Auch die Betrachtungen in § 41, 8. über die Volumenkräfte im materieerfüllten magnetischen Felde können wir ohne weiteres auf das elektrische Feld übertragen, wenn bei der betrachteten virtuellen Verschiebung die wahren Ladungen an ihren Orten belassen werden. Die Kraft $\mathfrak{f}$ pro Volumeneinheit erhalten wir demnach aus (54) § 41, wenn wir darin H durch E und μ durch ε ersetzen und noch (bei Ausschluß von Flächenladungen im Dielektrikum) gemäß Formel (16) die Kraft $\varrho\,\mathfrak{E}\,.\,dV$ auf das Volumenelement dV, also $\varrho\,\mathfrak{E}$ pro Volumeneinheit hinzufügen:

$$\mathfrak{f} = \varrho\,\mathfrak{E} - \frac{1}{8\,\pi}\,E^2\,\operatorname{grad}\varepsilon. \tag{38}$$

6. Ladungs- und Potentialverteilung auf Leitern. Gemäß dem Ohmschen Gesetz (2) § 43 fließt in einem homogenen Leiter ein elektrischer Strom, wenn in ihm Potentialdifferenzen wirksam sind. Für das Gleichgewicht der Elektrizität auf einem Leiter ist es also notwendig, daß in ihm überall das Potential φ den gleichen Wert habe. Nach (8) muß daher weiter die Feldstärke $\mathfrak{E}$ im Innern des Leiters gleich Null sein. Hieraus folgt weiter nach (27), daß im Innern eines Leiters überall $\varrho = 0$ gelten muß: die Ladung sitzt ausschließlich in der Form von Flächenladungen der Dichte ω an der Oberfläche des Leiters[1].

An der Grenzfläche zweier sich berührender Leiter von verschiedenem Material oder eines Leiters und eines Isolators, schließlich an der Oberfläche der Leiter tritt im allgemeinen, wie man experimentell feststellen kann[2], ebenso wie an der Berührungsfläche zweier Isolatoren ein Kontaktpotentialsprung auf, und damit nach 2. zwangsläufig verknüpft eine elektrische Doppelschicht. Von der Entstehung dieser Doppelschichten wird noch später (§ 55, 5.) die Rede sein.

Um das elektrische Feld in der Umgebung geladener elektrischer Leiter zu bestimmen, kann man nicht von der Formel (28) Gebrauch machen, da ja die Verteilung der Ladungen auf der Metalloberfläche, d. h. die Funktion $\omega\,(x, y, z)$ nicht bekannt ist. Die Lösung des Problems gelingt, wenn man bedenkt, daß im Außenraume, den wir uns der Einfachheit halber mit einem Dielektrikum von konstanter Dielektrizitätskonstante erfüllt denken wollen, die POISSONsche Gleichung (30) gelten muß und φ an der Oberfläche der Leiter konstante Werte haben soll. Verlangt man noch, daß φ im Unendlichen verschwindet, dann ist nach dem in § 7, 6. bewiesenen Satz über die Eindeutigkeit des Randwertproblems der Potentialtheorie das Potential im ganzen Raume eindeutig bestimmt und damit auch die Feldstärke $\mathfrak{E}$, wenn die Werte von φ an der Oberfläche der Leiter bekannt sind.

Die an der Leiteroberfläche sitzenden Doppelschichten können auf das Potential im Außenraum keinen Einfluß haben, da ihr Moment längs der ganzen Leiteroberfläche konstant ist und daher nach § 7, 3. das Potential im Außenraum überall verschwinden muß.

Aus dem bekannten Feld kann man nun nach der zweiten der Gleichungen (27) die Flächendichte ω an der Leiteroberfläche bestimmen. Da nämlich auf der Innenseite dieser Fläche E_n gemäß der Überlegung in Abs. 1 verschwindet, gilt

$$E_n = -\frac{\partial \varphi}{\partial n} = \frac{4\,\pi\,\omega}{\varepsilon}$$

und daher

$$\omega = -\frac{\varepsilon}{4\,\pi}\,\frac{\partial \varphi}{\partial n}, \tag{39}$$

worin n der nach außen weisende Normalvektor auf der Oberfläche ist. Wie man sieht, ist ω im allgemeinen an verschiedenen Stellen der Oberfläche verschieden und dort am größten, wo das Potentialgefälle am größten ist, wie man ebenfalls durch geeignete Experimente direkt feststellen kann[3].

Im Innern eines von einem Leiter umschlossenen Hohlraumes muß nach § 7, 6. (Abs. 3), das Potential überall den gleichen Wert haben wie in dem Leiter selbst, wenn der Hohlraum keine Ladungen enthält. Die Feldstärke in ihm ist also stets gleich Null, unabhängig davon, was für ein Feld im Außen-

---

[1] Die Versuche zum direkten, experimentellen Nachweis dieser Gesetzmäßigkeiten sind in „Exp.-Physik", §§ 64 und 65, beschrieben.

[2] Vgl. „Exp.-Physik", Kap. XXV.

[3] Vgl. „Exp.-Physik", § 65.

raume herrscht[1]. Da $\dfrac{\partial\varphi}{\partial n}$ an der Begrenzung des Hohlraumes verschwindet, kann dort nach (39) auch keine Flächenladung sitzen; bringt man daher einen geladenen Körper mit der Innenseite eines festen, völlig geschlossenen Metallkörpers in Verbindung, so läuft die ganze Ladung von selbst an die Oberfläche desselben[2].

Für die Gesamtladung e eines Leiters folgt aus (39) durch Integration über die ganze Oberfläche

$$e = \int\!\!\int \omega\, dF = -\frac{\varepsilon}{4\pi}\int\!\!\int \frac{\partial\varphi}{\partial n}\, dF. \tag{40}$$

Sind, wie es bei manchen Problemen der Elektrostatik der Fall ist, nicht die Potentiale φ_k, sondern die Ladungen e_k der einzelnen Leiter bekannt, dann setzt man die φ_k zunächst unbestimmt an, berechnet φ im ganzen Raume und hieraus nach (40) die Ladungen e_k. Man erhält so gerade so viele Gleichungen zwischen den e_k und φ_k, als Leiter vorhanden sind und kann daher durch Auflösung dieser Gleichungen die φ_k bestimmen und damit das Problem vollständig lösen.

Ist nur ein einziger Leiter vorhanden, dann ist der Zusammenhang zwischen seiner Ladung e und seinem Potential φ_0 aus der Gleichung (40) sofort abzusehen. Denkt man sich nämlich die Werte von φ im ganzen Raum mit einer Konstanten multipliziert, so multipliziert sich auch φ_0 mit der gleichen Konstanten und ebenso $\dfrac{\partial\varphi}{\partial n}$ und daher auch schließlich e. Daraus folgt, daß φ_0 und e einander proportional sind. Wir schreiben diese Beziehung in der Form

$$e = C \cdot \varphi_0 \tag{41}$$

und nennen C die „*Kapazität*" des Leiters. Sie ist offenbar nur von seiner geometrischen Gestalt, nicht aber von der Ladung und dem Material abhängig und, wie man aus (40) sieht, der Dielektrizitätskonstanten ε des umgebenden Mediums proportional.

Um die elektrische Energie des geladenen Leiters zu berechnen, benutzen wir die Formel (17), in der $\varrho = 0$ zu setzen ist;

$$U = \frac{1}{2}\int\!\!\int \omega\varphi\, dF;$$

hierin ist die Integration über die ganze Oberfläche des Leiters zu erstrecken, wo überall $\varphi = \varphi_0$ ist. Die Berücksichtigung von (40) und (41) liefert daher

$$U = \frac{\varphi_0}{2}\int\!\!\int \omega\, dF = \frac{\varphi_0 e}{2} = \frac{e^2}{2\,C} = \frac{C\cdot\varphi_0^2}{2}. \tag{42}$$

7. Die elektrische Influenz. Bringt man einen ungeladenen Leiter in ein elektrisches Feld, dann wird sich im allgemeinen eine Potentialverteilung einstellen, bei der $\operatorname{grad}_n \varphi$ längs der Leiteroberfläche variiert; nach (39) stellt sich also auf ihm eine bestimmte Dichteverteilung von elektrischer Oberflächenladung ein. Diese Erscheinung wird als „*elektrische Influenz*" bezeichnet. Die Influenzerscheinungen können mit den unter 6. beschriebenen allgemeinen Methoden mathematisch behandelt werden. Wir beschränken uns auf die folgenden beiden Spezialfälle[3].

---

[1] Darauf beruht die in der Experimentalphysik so häufig gebrauchte Schutzwirkung einer metallischen Hülle gegen elektrische Störungen (Faradaykäfig) (vgl. „Exp.-Physik", Kap. XVII).

[2] Genaueres über die Durchführung dieses „FARADAYschen Eiseimerversuches" und seine Verwendung zur Messung von Ladungen findet man in „Exp.-Physik", § 65.

[3] Bezüglich der experimentellen Untersuchung der Influenzerscheinungen vgl. „Exp.-Physik", § 65.

a) In ein homogenes Feld von der Feldstärke E_0 in der positiven x-Richtung im leeren Raum werde eine leitende, ungeladene Kugel vom Radius R hineingebracht. Ihr Mittelpunkt liege im Koordinatenursprung. Wir versuchen in diesem wie in vielen anderen Fällen, das Randwertproblem zu lösen, indem wir das Potential der auf dem Leiter influenzierten Ladungen durch fiktive Ladungen in seinem Innern ersetzen, derart, daß ihr Potential φ_k mit dem des ursprünglichen Feldes

$$\varphi_0 = - E_0 \, x + \text{Const} \tag{43}$$

zusammengesetzt an der Leiteroberfläche die Randbedingung $\varphi = \text{const}$ erfüllt.

Wir behaupten, daß sich dies in dem vorliegenden Falle durch die Anbringung eines unendlich kleinen Dipols $\mathfrak{p}$ mit der Achsenrichtung x im Kugelmittelpunkt bewerkstelligen läßt. Nach Formel (7) § 7 ist das Potential dieses Dipols, wenn ϑ den Winkel zwischen $\mathfrak{r}$ und der x-Achse bedeutet, gleich

$$\varphi_k = p \, \frac{\cos \vartheta}{r^2} = p \, \frac{x}{r^3}, \tag{44}$$

das Potential im Außenraum der Kugel ist daher gleich der Summe der Ausdrücke (43) und (44):

$$\varphi = \varphi_0 + \varphi_k = - E_0 \, x + p \, \frac{x}{r^3} + \text{Const}. \tag{45}$$

Wie man sieht, ergibt dies an der Kugeloberfläche, d. h. für $r = R$ dann einen konstanten Wert, wenn man setzt

$$p = R^3 . E_0, \tag{46}$$

womit unsere Behauptung erwiesen ist.

Die Formel (46) geht aus der Formel (32) hervor, wenn man darin $\varepsilon = \infty$ setzt. Eine leitende Kugel beeinflußt ein homogenes Feld also genau so wie eine dielektrische Kugel mit unendlich großer Dielektrizitätskonstante.

Setzt man aus (46) in (45) ein und setzt $x = r . \cos \vartheta$, dann erhält man

$$\varphi = E_0 \cos \vartheta \left(\frac{R^3}{r^2} - r \right) + \text{Const}. \tag{47}$$

Die Schar der Äquipotentiallinien gemäß dieser Formel und die Schar der hierzu senkrechten Kraftlinien ist in der Abb. 100 eingezeichnet[1]. Sie unterscheidet sich von der Abb. 98, S. 297, für die dielektrische Kugel wesentlich dadurch, daß hier die Kugeloberfläche eine Äquipotentialfläche ist und die Kraftlinien in sie senkrecht einmünden.

Um die Ladungsverteilung auf der Kugel zu finden, müssen wir $\dfrac{\partial \varphi}{\partial n}$ an der Kugeloberfläche berechnen. Aus (47) folgt

$$\frac{\partial \varphi}{\partial n} = \left(\frac{\partial \varphi}{\partial r} \right)_{r=R} = E_0 \cos \vartheta \left(- \frac{2 \, R^3}{r^3} - 1 \right)_{r=R} = - 3 \, E_0 \cos \vartheta$$

und hieraus nach (39)

$$\omega = - \frac{1}{4\,\pi} \frac{\partial \varphi}{\partial r} = \frac{3}{4\,\pi} E_0 \cos \vartheta. \tag{48}$$

Auf der in die Feldrichtung weisenden Halbkugel ist also die Ladung positiv, auf der anderen Halbkugel negativ und die Dichte ist absolut genommen am größten für die in der Feldrichtung am weitesten auseinanderliegenden Punkte der Kugeloberfläche. In der Abb. 100 ist diese Dichteverteilung durch die verschiedene Stärke der Kontur der Kugel angedeutet[2].

---

[1] Vgl. hierzu das entsprechende, empirisch gewonnene Kraftlinienbild in „Exp.-Physik“, § 67.

[2] S. Anm. 3, S. 308.

b) Einer leitenden Kugel vom Radius R werde eine punktförmige elektrische Ladung e bis zu einer Entfernung $a = \overline{AO}$ vom Kugelmittelpunkte O genähert (Abb. 101). Nun wird die Kugel durch „Erden" auf das Potential Null gebracht. Die durch Influenz auf der Kugel bewirkte Ladungsverteilung ist zu suchen.

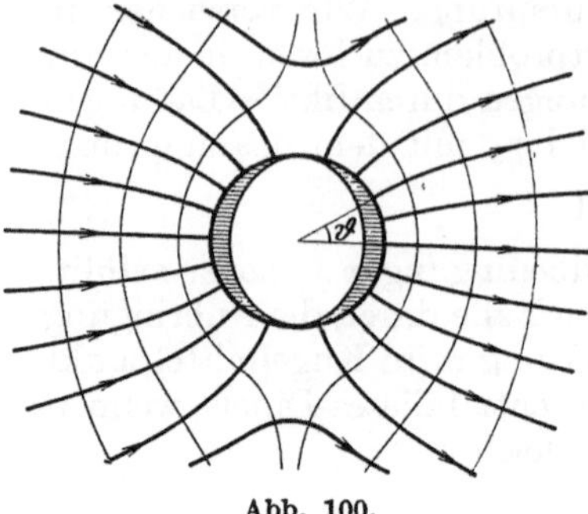

Abb. 100.

Wie in dem vorigen Beispiel suchen wir die Bedingung $\varphi = 0$ an der Kugeloberfläche durch das Hineinbringen von fiktiven Ladungen ins Innere der Kugel zu erfüllen. Wir behaupten, daß sich das in dem vorliegenden Falle durch das Einbringen einer einzelnen punktförmigen Ladung e' in den Punkt A' mit dem Mittelpunktsabstande a' auf der Verbindungslinie OA bewirken läßt. In diesem Falle ist nämlich das Potential in einem Punkt P gleich

$$\varphi = \frac{e}{r} + \frac{e'}{r'}, \tag{49}$$

worin r und r' die Entfernungen AP bzw. $A'P$ bedeuten.

Nun ist, wie aus der Abb. 101 hervorgeht, für einen Punkt der Kugeloberfläche

$$r^2 = a^2 + R^2 - 2\,Ra\cos\vartheta, \qquad r'^2 = a'^2 + R^2 - 2\,Ra'\cos\vartheta. \tag{50}$$

Soll also auf der Kugeloberfläche der Ausdruck (49) verschwinden, dann muß die Gleichung

$$\frac{e}{e'} = -\frac{r}{r'} = -\sqrt{\frac{a^2 + R^2 - 2\,Ra\cos\vartheta}{a'^2 + R^2 - 2\,Ra'\cos\vartheta}} = -\sqrt{\frac{a}{a'}\cdot\frac{(a + R^2/a) - 2\,R\cos\vartheta}{(a' + R^2/a') - 2\,R\cos\vartheta}} \tag{51}$$

unabhängig von ϑ erfüllt sein. Dies ist, wie man sieht, dann und nur dann der Fall, wenn gilt:

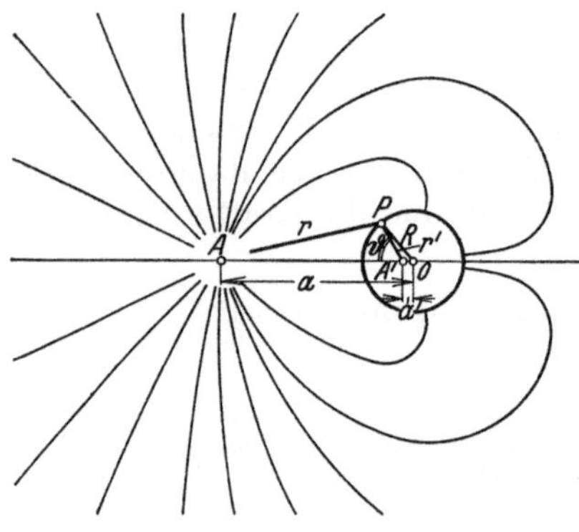

Abb. 101.

oder

$$a + \frac{R^2}{a} = a' + \frac{R^2}{a'}$$

$$R^2 = aa'. \tag{52}$$

Die beiden Punkte P und P' sind also in bezug auf die Kugel „konjugierte" Punkte. Für die Ladung e' ergibt sich aus (51) und (52)

$$e' = -e\sqrt{\frac{a'}{a}} = -e\,\frac{R}{a}. \tag{53}$$

Aus (49) kann man nunmehr mit Benutzung der Gleichungen (50), (52) und (53) für jeden Punkt P im Außenraume der Kugel das Potential und damit nach (39) auch die Ladungsverteilung auf der Kugel berechnen. Das entsprechende Kraftlinienbild ist in der Abb. 101 eingezeichnet[1]. Da man die Wirkung der auf der Kugel influenzierten Ladungen durch die fiktive Ladung e' ersetzt hat, muß auch die Gesamtladung der Kugel gleich e' sein. Auf der Kugel ist also durch das Annähern der Ladung e und vorübergehendes Erden die Ladung (53) influenziert worden, die das entgegengesetzte Vorzeichen wie e hat und absolut genommen stets kleiner ist als e[2].

---

[1] Vgl. hierzu das entsprechende, empirisch gewonnene Kraftlinienbild in „Exp.-Physik", § 67.

[2] Über die experimentelle Bestätigung dieses Resultats vgl. „Exp.-Physik", § 65.

8. Kondensatoren. Unter einem „*Kondensator*" versteht man eine aus zwei isolierten Leitersystemen bestehende Vorrichtung, von denen das eine mit der Erde in leitender Verbindung steht, also auf dem Potential Null gehalten wird, während das andere mit einer elektrischen Ladung e versehen wird. Unter der *Kapazität* des Kondensators versteht man in Übereinstimmung mit (41) das Verhältnis seiner Ladung e zu der Potentialdifferenz φ_0 zwischen den beiden Leitersystemen[1].

a) Der „*Kugelkondensator*" besteht aus zwei konzentrischen, leitenden Kugelflächen von den Radien R_1 und R_2, deren Zwischenraum mit einem Dielektrikum mit der Dielektrizitätskonstante ε gefüllt sei. Die äußere Kugel sei geerdet, habe also das Potential $\varphi = 0$, die innere werde auf das Potential φ_0 gebracht. Die Berechnung der entsprechenden Potentialverteilung haben wir bereits in § 7, 7. durchgeführt. Wir erhalten daher für die Ladungsdichte ω auf der inneren Kugel gemäß (32) § 7 und (33) § 7 und der Formel (39)

$$\omega = -\frac{\varepsilon}{4\pi}\frac{\partial\varphi}{\partial n} = -\frac{\varepsilon}{4\pi}\left(\frac{\partial\varphi}{\partial r}\right)_{r=R_1} = \frac{\varepsilon}{4\pi}\frac{B}{R_1^2} = \frac{\varepsilon}{4\pi}\varphi_0\frac{R_2}{(R_2-R_1)R_1}. \tag{54}$$

Die Ladung der inneren Kugel ist daher auf ihr gleichmäßig verteilt und beträgt insgesamt

$$e = 4\pi R_1^2\,\omega = \varepsilon\frac{R_1 R_2}{R_2-R_1}\cdot\varphi_0. \tag{55}$$

Für die Ladung der äußeren Kugel ergibt die analoge Rechnung den Wert $-e$. Die auf der geerdeten Kugel influenzierte Ladung ist also der Influenzladung e entgegengesetzt gleich, was man sich auch direkt klarmachen kann, wenn man bedenkt, daß alle von der inneren Kugel ausgehenden Kraftlinien auf der äußeren enden.

Für die Kapazität des Kugelkondensators folgt aus (41) und (55)

$$C = \frac{e}{\varphi_0} = \varepsilon\frac{R_1 R_2}{R_2-R_1}. \tag{56}$$

Rückt R_2 ins Unendliche, dann wird aus (56)

$$C = \varepsilon\,R_1. \tag{57}$$

Die Kapazität einer in ein Dielektrikum von der Dielektrizitätskonstante ε eingebetteten Kugel ist also gleich ε mal ihrem Radius, im leeren Raum ist sie gleich ihrem Radius[2].

b) Der „*Zylinderkondensator*" besteht aus zwei konzentrischen Kreiszylindern von den Radien R_1 und R_2 und der Länge L, deren Zwischenraum mit einem Dielektrikum der Dielektrizitätskonstanten ε ausgefüllt ist. Der äußere Zylinder mit dem Radius R_2 sei geerdet, der innere werde auf ein Potential φ_0 geladen. Die exakte Berechnung der Potentialverteilung ist in diesem Falle sehr schwierig, doch kann man für den Fall, daß $R_2 - R_1$ sehr klein gegenüber L ist, annähernd so rechnen, als ob der Zylinder unendlich lang wäre. Für diesen Fall haben wir das Randwertproblem im § 7, 7. b) bereits vollkommen gelöst. Wir erhalten daher für die Ladungsdichte ω auf dem inneren Zylinder gemäß (28) § 7 und (29) § 7 und der Formel (39)

$$\omega = -\frac{\varepsilon}{4\pi}\frac{\partial\varphi}{\partial n} = -\frac{\varepsilon}{4\pi}\left(\frac{\partial\varphi}{\partial r'}\right)_{r'=R_1} = -\frac{\varepsilon}{4\pi}\frac{A}{R_1} =$$
$$= \frac{\varepsilon}{4\pi}\varphi_0\frac{1}{R_1\,(\log R_2-\log R_1)}. \tag{58}$$

---

[1] Was den Bau und die Verwendung der Kondensatoren für verschiedene experimentelle Zwecke betrifft, sowie die Prüfung der im folgenden abgeleiteten Beziehungen vgl. „Exp.-Physik", § 66.

[2] Hierauf beruht die Wahl der Einheit „cm" für die Kapazität im C. G. S.-System; vgl. „Exp.-Physik", § 66.

Die Ladung des inneren Zylinders ist insgesamt gleich

$$e = 2\,\pi\,R_1\,L\,\omega = \varepsilon\,\frac{L}{2\,(\log R_2 - \log R_1)} \cdot \varphi_0; \tag{59}$$

für die Ladung des äußeren Zylinders ergibt sich wieder $- e$.

Für die Kapazität des Zylinderkondensators folgt aus (41) und (59)

$$C = \varepsilon\,\frac{L}{2\,\log\,(R_2/R_1)}. \tag{60}$$

c) Der „*Plattenkondensator*" besteht aus zwei parallelen, ebenen Platten vom Flächeninhalte F, die einander im Abstande a gegenüberstehen; der Raum zwischen den Platten sei wieder mit einem Dielektrikum der Dielektrizitätskonstanten ε gefüllt. Die Plattenebene stehe senkrecht auf der x-Achse, die linke Platte sei geerdet, die rechte auf das Potential φ_0 gebracht. Auch hier ist die exakte Berechnung des Potentials sehr schwierig; ist jedoch a klein gegenüber den Lineardimensionen der Platten, dann kann man, wie oben, näherungsweise so rechnen, als ob die Platten unendlich ausgedehnt wären. Die Behandlung der entsprechenden Randwertaufgabe haben wir in § 7, 7. unter a) durchgeführt.

Mit Benutzung der Formel (25) § 7 erhalten wir gemäß (39) für die Ladungsdichte auf der rechten Platte

$$\omega = -\frac{\varepsilon}{4\,\pi}\,\frac{\partial\,\varphi}{\partial\,n} = \frac{\varepsilon}{4\,\pi}\,\frac{\partial\,\varphi}{\partial\,x} = \frac{\varepsilon}{4\,\pi}\,\frac{\varphi_0}{a}. \tag{61}$$

Die gesamte Ladung auf dieser Platte ist daher gleich

$$e = \omega\,F = \varepsilon\,\frac{F}{4\,\pi\,a} \cdot \varphi_0 \tag{62}$$

und die Ladung der linken, geerdeten Platte gleich $- e$.

Gemäß den Formeln (55), (59) und (62) ist das Potential eines mit einer Ladung e geladenen *leeren* Kondensators stets ε-mal so groß als das Potential des gleichen, ebenfalls mit der Ladung e versehenen und mit dem Dielektrikum *gefüllten* Kondensators. Auf dieser experimentell festgestellten Tatsache[1] fußend, hat FARADAY den Begriff der Dielektrizitätskonstanten eingeführt.

Für die Kapazität des Plattenkondensators folgt aus (41) und (62)

$$C = \varepsilon\,\frac{F}{4\,\pi\,a}. \tag{63}$$

Wir berechnen noch die Kraft K mit der die entgegengesetzt geladenen Platten des Kondensators einander anziehen, für den Fall, daß der Raum zwischen ihnen leer sei, also $\varepsilon = 1$ gesetzt ist. Nach (42) und (63) ist die Energie U des auf das Potential φ_0 geladenen Kondensators gleich

$$U = \frac{C\,\varphi_0{}^2}{2} = \frac{F}{8\,\pi\,a} \cdot \varphi_0{}^2.$$

Bei einer Vergrößerung des Plattenabstandes um $d\,a$ muß also die Arbeit

$$d\,A = -\frac{\partial\,U}{\partial\,a}\,d\,a = \frac{F}{8\,\pi\,a^2}\,\varphi_0{}^2\,d\,a = K\,d\,a$$

geleistet werden. Hieraus folgt für die gesuchte Kraft[2]:

$$K = \frac{F}{8\,\pi\,a^2} \cdot \varphi_0{}^2. \tag{64}$$

---

[1] Über diese Versuche und ihre Verwendung zur Messung von Dielektrizitätskonstanten vgl. „Exp.-Physik", § 66.

[2] Die Formel (64) spielt eine wichtige Rolle bei der Potentialmessung mit dem „absoluten Elektrometer"; vgl. „Exp.-Physik", § 64.

Fünfzehntes Kapitel.

Elektrodynamik stationärer Ströme.

§ 43. Das elektrische Strömungsfeld.

1. Stationäre Stromleitung in Drähten; das Ohmsche Gesetz. Unter einem „*elektrischen Leitungsstrom*" versteht man bewegte elektrische Ladung. Ist de die in der Zeit dt durch einen Querschnitt eines drahtförmigen Leiters hindurchgehende Elektrizitätsmenge, dann nennt man die Größe

$$J = \frac{de}{dt}, \tag{1}$$

die „pro Zeiteinheit durch den Leiterquerschnitt fließende Elektrizitätsmenge", die „*Stromstärke*" des Stromes an der betreffenden Leiterstelle. Wir nennen den Strom „*stationär*", wenn J von der Zeit nicht abhängt.

Die Beobachtung lehrt[1], daß an jedem Punkte eines Leiters, der von einem stationären Strom durchflossen wird, ein bestimmtes, zeitlich unveränderliches, elektrisches Potential φ herrscht. Daraus folgt, daß auch die Ladungsdichte in dem Leiter sich mit der Zeit nicht explizite ändert. Da weiter elektrische Ladungen erfahrungsgemäß weder erzeugt noch vernichtet werden können, muß die Stromstärke an jedem Querschnitt des Leiters gleich groß sein; denn wenn dies nicht der Fall wäre, müßte sich an manchen Stellen die Ladung aufstauen und an anderen Stellen eine Ladungsverarmung eintreten, was nach dem eben Gesagten nicht der Fall ist. Hieraus folgt weiter, daß ein stationärer Strom stets eine geschlossene Leiterbahn, einen „*Stromkreis*" durchfließen muß.

Fließt der Strom von einem Querschnitt 1 zu einem Querschnitt 2 mit den Potentialen φ_1 bzw. φ_2 eines homogenen Leiters, dann ergibt das Experiment weiter[1], daß zwischen der Potentialdifferenz oder „*Spannung*" $V = \varphi_1 - \varphi_2$ und der Stromstärke J ein funktionaler Zusammenhang besteht, der im Falle eines festen oder flüssigen Stromleiters die einfache Gestalt des „OHMschen Gesetzes" hat:

$$V = J \cdot R. \tag{2}$$

Der Proportionalitätsfaktor R heißt der „*Widerstand*" des betrachteten Leiterstückes. Für zylindrische Drähte hängt R mit der Länge l und dem Querschnitt q des Leiterstückes durch die Beziehung

$$R = l/q\,\sigma \tag{3}$$

zusammen[1]. Die Größe σ, die von der Natur des Leiters und von der Temperatur abhängt, heißt die „*spezifische Leitfähigkeit*" der Leitersubstanz.

Schaltet man mehrere homogene Leiter mit den Widerständen $R_1, R_2, \ldots R_n$ und den Spannungen $V_1, V_2, \ldots V_n$ hintereinander, dann muß nach (2) gelten

$$V = V_1 + V_2 + \ldots + V_n = JR_1 + JR_2 + \ldots + JR_n =$$
$$= J\,(R_1 + R_2 + \ldots + R_n) = JR. \tag{4}$$

Zwischen der Gesamtspannung V und der Stromstärke J gilt also wieder das OHMsche Gesetz, wobei der Gesamtwiderstand R gleich der Summe der Einzelwiderstände ist.

Wendet man die Gleichung (4) auf einen geschlossenen Leiterkreis an, so muß natürlich $V = 0$ sein und es müßte demnach $J = 0$ gelten, d. h. es könnte überhaupt kein Strom in einem geschlossenen Stromkreis fließen. Da dies erfahrungsgemäß doch der Fall sein kann, müssen wir schließen, daß an der Berührungs-

---

[1] Vgl. „Exp.-Physik", § 69.

stelle zweier homogener Leiter oder in inhomogenen Leitern (z. B. Lösungen mit örtlich verschiedener Konzentration) das OHMsche Gesetz in der Form (2) nicht gilt und daß in ihnen außer den Potentialdifferenzen noch andere Ursachen vorhanden sein müssen, die eine Bewegung elektrischer Ladungen hervorrufen. Wir wollen derartige Gebilde im folgenden stets als „*Stromquellen*" bezeichnen[1].

Für den Stromverlauf innerhalb einer Stromquelle ersetzen wir das Gesetz (2) durch das allgemeinere

$$V + \Phi = J R. \tag{5}$$

Die Größe Φ von der Dimension eines Potentials nennen wir die „*Elektromotorische Kraft*", abgekürzt EMK der Stromquelle. Ihre Berechnung gelingt, wie wir später noch zeigen werden (Kap. XIX), wenn der Mechanismus der Stromquelle bekannt ist; sie kann auch noch von der Stromstärke selbst abhängen (*elektrolytische Polarisation*)[1].

In einer „offenen" Stromquelle ist natürlich $J = 0$, daher nach (5) $V_0 = -\Phi$. Die an den „Klemmen" der Stromquelle im stromlosen Zustande elektrostatisch meßbare Spannung V_0 ist also absolut genommen ihrer EMK gleich. Bei geschlossenem äußeren Stromkreis, also von Null verschiedenem J gilt nach (5)

$$V = V_0 - J R_i, \tag{6}$$

wenn man mit R_i den „inneren" Widerstand der Stromquelle bezeichnet und berücksichtigt, daß der Strom innerhalb der Stromquelle der Spannung entgegenfließt. Die „*Klemmenspannung*" sinkt also um das Produkt aus der Stromstärke und dem inneren Widerstand der Stromquelle, wie experimentell leicht nachweisbar ist[2].

Für einen geschlossenen Stromkreis folgt aus (5) an Stelle von (4)

$$\Phi = \sum_{i=1}^{n} \Phi_i = J R. \tag{7}$$

Die Bedingung dafür, daß in einem geschlossenen Stromkreis dauernd Strom fließen kann, besteht also darin, daß die gesamte EMK, die gleich der Summe der einzelnen EMK ist, einen von Null verschiedenen Wert hat.

2. Die Joulesche Wärme; der Energiesatz. Es ist eine weitere experimentelle Erfahrungstatsache, daß infolge des Hindurchfließens eines Stromes J durch einen Leiter vom Widerstande R in der Zeit t in ihm eine Wärmemenge Q, die „JOULEsche Wärme", erzeugt wird[3], die im mechanischen Maß gemessen gleich ist

$$Q = J^2 R . t. \tag{8}$$

Multipliziert man auf beiden Seiten der Gleichung (5) mit $J t = e$, so erhält man

$$V e + \Phi e = J^2 R . t. \tag{9}$$

Hierin ist die rechte Seite gemäß (8) gleich der im Leiter entwickelten JOULEschen Wärme; $V e = (\varphi_1 - \varphi_2) e$ ist nach (12) § 42 gleich der Abnahme der potentiellen Energie der im Leiter transportierten Ladung e. Soll der Satz von der Erhaltung der Energie gelten, dann muß Φe die von der EMK Φ beim Transport der Ladung e geleistete Arbeit sein. Hiermit haben wir auch eine anschauliche, energetische Deutung von Φ gewonnen.

---

[1] Vom experimentellen Standpunkte sind die Stromquellen in „Exp.-Physik", Kap. XXV, besprochen.

[2] Vgl. „Exp.-Physik", § 69.

[3] Vgl. „Exp.-Physik", § 71.

Wendet man die Gleichung (9) auf einen geschlossenen Leiterkreis an, so ergibt sich bei der Division durch t und mit Benutzung von (7) und (8)

$$\frac{Q}{t} = J^2 R = \Phi J = \frac{\Phi^2}{R}; \tag{10}$$

die zur Hervorbringung der JOULEschen Wärme benutzte Energie wird also ausschließlich durch die EMK der im Leiterkreis enthaltenen Stromquellen aufgebracht, deren Leistung gleich dem Produkt aus der gesamten elektromotorischen Kraft und der Stromstärke ist.

Ist der Leiterkreis nach außen abgeschlossen und gehen in ihm keine materiellen Veränderungen irgendwelcher Art vor sich, dann muß offenbar $Q = 0$ und daher auch $\Phi = 0$ sein. Hierauf beruht das für Kontaktpotentiale gültige „*Gesetz der elektrischen Spannungsreihe*", auf das wir später (§ 54, 5.) nochmals zurückkommen[1].

3. Das stationäre Strömungsfeld. In einem beliebig verzweigten Leiterkreis ist bei stationärem Stromverlauf nach dem „*ersten* KIRCHHOFF*schen Gesetz*" die algebraische Summe der Stromstärken in jedem Verzweigungspunkte gleich Null. Nach dem „*zweiten* KIRCHHOFF*schen Gesetz*" existiert in jedem Punkte eines Leitungsnetzes ein bestimmtes Potential. Ferner gilt für den Zusammenhang zwischen der Potentialdifferenz V zwischen zwei beliebigen Punkten des Leitungsnetzes (wenn man von Kontaktpotentialen absieht) und der Stärke des zwischen ihnen fließenden Stromes J das OHMsche Gesetz (2)[2]. Durch Grenzübergang kommt man von hier aus zu der Betrachtung der Strömung der Elektrizität in einem leitenden Medium, das den Raum kontinuierlich erfüllt.

Wir können die Strömung in einem beliebigen Punkte des Leiters durch den Vektor der „*Stromdichte*" $\mathfrak{i}$ kennzeichnen. Seine Richtung soll mit der Richtung der Elektrizitätsströmung übereinstimmen und es soll $|\mathfrak{i}| \cdot dF\, dt$ die Elektrizitätsmenge messen, die in der Zeit dt durch ein zur Stromrichtung senkrechtes Flächenelement dF an der ins Auge gefaßten Stelle hindurchströmt. Die Stromstärke J durch eine beliebige Fläche erhält man gemäß dieser Definition aus der Gleichung (1) durch Bildung des Integrals über diese Fläche:

$$J = \int \int \mathfrak{i}_n\, dF. \tag{11}$$

Das Vektorfeld $\mathfrak{i}\,(x, y, z)$ wollen wir das „*elektrische Strömungsfeld*" nennen. Es soll, wie in der Hydrodynamik (vgl. § 26, 1.) „*stationär*" heißen, wenn die Funktion $\mathfrak{i}\,(x, y, z)$ die Zeit nicht enthält.

Da der Vektor der Stromdichte offensichtlich in vollkommener Analogie zum Strömungsvektor der Hydrodynamik definiert ist und ferner, wie unter 1. bereits erwähnt wurde, beim Strömungsvorgang elektrische Ladung weder erzeugt noch vernichtet werden kann, kann in genauer Nachahmung des in § 26, 2. dargelegten Gedankenganges auch für das elektrische Strömungsfeld eine „*Kontinuitätsgleichung*" hergeleitet werden, die man aus der entsprechenden Gleichung (6) § 26 erhält, wenn man darin den Strömungsvektor $\varrho\,\mathfrak{v}$ durch $\mathfrak{i}$ und die materielle Dichte ϱ durch die elektrische Ladungsdichte ϱ ersetzt:

$$\frac{\partial \varrho}{\partial t} + \operatorname{div} \mathfrak{i} = 0. \tag{12}$$

In Verallgemeinerung des zweiten KIRCHHOFFschen Gesetzes haben wir anzunehmen, daß ein stationäres Strömungsfeld von einem zeitlich unveränderlichen

---

[1] Vgl. auch „Exp.-Physik", § 98.

[2] Bezüglich der experimentellen Begründung dieser Gesetzmäßigkeiten vgl. „Exp.-Physik", § 69.

elektrischen Feld $\mathfrak{E}$ begleitet ist, das sich aus einem skalaren Potential φ gemäß der Gleichung (8) § 42 ableitet. Hieraus folgt, daß auch das Skalarfeld $\varrho\,(x, y, z)$ zeitlich unveränderlich sein muß. Die Kontinuitätsgleichung (12) reduziert sich demnach für ein stationäres Strömungsfeld auf die Gleichung

$$\operatorname{div} \mathfrak{i} = 0, \tag{13}$$

die aussagt, daß das Vektorfeld $\mathfrak{i}$ quellenfrei ist. Dies ist die kontinuierliche Verallgemeinerung des ersten KIRCHHOFFschen Gesetzes. In Erweiterung des unter 1. ausgesprochenen Satzes können wir weiterhin sagen, daß im stationären Strömungsfeld alle Stromlinien geschlossen sein müssen.

4. Das Ohmsche Gesetz und der Energiesatz für stationäre Felder. Um die für ein stationäres Strömungsfeld gültige, allgemeine Fassung des OHMschen Gesetzes zu gewinnen, denken wir uns aus dem leitenden Medium an einer beliebigen Stelle ein zylindrisches Volumenelement dV mit der Grundfläche dF und der Länge dl herausgeschnitten, dessen Achse in die Strömungsrichtung weist. Ist $d\varphi$ die Potentialdifferenz zwischen den beiden Endflächen, dann gilt nach (2) und (3)

$$d\varphi = \mathfrak{i}\,dF \cdot R = \mathfrak{i}\,dF\,\frac{dl}{dF\cdot\sigma} = \frac{\mathfrak{i}\cdot dl}{\sigma}.$$

Nun ist $\dfrac{d\varphi}{dl}$ nichts anderes als das Potentialgefälle an der betreffenden Feldstelle, also gleich $-\,|\operatorname{grad}\varphi| = |\mathfrak{E}|$. Wir erhalten daher schließlich die Gleichung

$$\mathfrak{i} = \sigma\,\mathfrak{E} \tag{14}$$

als allgemeinsten Ausdruck für das OHMsche Gesetz.

Es erweist sich nunmehr als die Verknüpfungsgleichung zwischen den beiden Vektorfeldern $\mathfrak{i}\,(x, y, z)$ und $\mathfrak{E}\,(x, y, z)$, die das stationäre Strömungsfeld bestimmen, und sagt aus, daß die beiden Feldvektoren an jeder Stelle des Raumes einander proportional sind. Die Proportionalitätskonstante ist die an der betreffenden Stelle herrschende Leitfähigkeit. Die Gleichung (14) gilt im übrigen nur in isotropen Medien; in anisotropen Medien ist σ, ebenso wie ε, ein Tensor.

Da nach (13) in einem stationären Strömungsfeld $\mathfrak{i}$ quellenfrei, nach (1) § 42 jedoch $\mathfrak{E}$ wirbelfrei ist, kann die Gleichung (14) nur dann allgemein bestehen, wenn jede Strömungslinie an mindestens einer Stelle von einer Unstetigkeitsfläche des Potentials bzw. einer elektrischen Doppelschicht durchsetzt ist. Diese Kontaktpotentialflächen bilden die „Stromquellen" gemäß der Definition unter 1. (z. B. die Oberflächen der Elektroden von galvanischen Elementen oder Akkumulatoren).

Für die in dem oben betrachteten Volumenelement dV entwickelte JOULEsche Wärme pro Zeiteinheit erhalten wir aus (3) und (8)

$$(\mathfrak{i}\,dF)^2 \cdot R = \frac{(\mathfrak{i}\,dF)^2\,dl}{\sigma\,dF} = \frac{\mathfrak{i}^2\,dF\,dl}{\sigma} = \frac{\mathfrak{i}^2}{\sigma}\,dV,$$

also für die *Stromleistung* dA/dt pro Volumeneinheit mit Benutzung von (14)

$$\frac{dA}{dt} = \frac{\mathfrak{i}^2}{\sigma} = \sigma\,E^2 = \mathfrak{i}\cdot\mathfrak{E}. \tag{15}$$

5. Berechnung stationärer Strömungsfelder. In einem von Potentialunstetigkeitsstellen freien Gebiet des Strömungsfeldes gilt wegen (13) und (14) die Differentialgleichung

$$\operatorname{div}(\sigma\,\mathfrak{E}) = 0. \tag{16}$$

Wie man sieht, ist sie formal identisch mit der Differentialgleichung (21) § 42 für den Verschiebungsvektor $\mathfrak{D}$ in einem von Raumladungen freien Gebiet, wenn man die Dielektrizitätskonstante ε durch die Leitfähigkeit σ ersetzt. Deshalb kann man jede Aufgabe über stationäre Strömungsfelder auf ein entsprechendes Problem der Elektrostatik zurückführen und umgekehrt.

Wir wollen diese Tatsache zur Lösung der Aufgabe benutzen, das Strömungsfeld in einem unendlich ausgedehnten Medium der Leitfähigkeit σ zu berechnen, dem der Strom durch zwei „Elektroden" aus einem praktisch unendlich gut leitenden Material zugeführt wird (z. B. Metallelektroden in einer Elektrolytlösung). Innerhalb der Elektroden ist dann nach (14), da i endlich und σ unendlich groß ist, $\mathfrak{E} = 0$, d. h. das Potential ist dort konstant, ebenso als ob die Elektrode isoliert wäre. Aus dem gleichen Grunde stehen überall die Kraftlinien und daher auch die Strömungslinien auf der Oberfläche der Elektrode senkrecht. Unsere Aufgabe entspricht also auf Grund der vorstehenden Überlegung dem in der Elektrostatik (§ 42, 8.) behandelten Problem des Kondensators, so daß man die dort gewonnenen Resultate unmittelbar übertragen kann, wenn man ε durch σ ersetzt.

Nach (11) und (14) ist die aus einer Elektrode austretende Stromstärke J gleich

$$J = \int\int \sigma\, E_n\, dF = -\sigma \int\int \frac{\partial \varphi}{\partial n}\, dF, \tag{17}$$

worin das Integral über die ganze Oberfläche der Elektrode zu erstrecken ist. Der Vergleich der Formel (17) mit der Formel (40) § 42 zeigt, daß man beim Übergang vom Kondensatorproblem zum Elektrodenproblem die Ladung e durch $J/4\pi$ zu ersetzen hat.

Aus der Beziehung (41) § 42 wird infolgedessen

$$\frac{J}{4\pi} = V \cdot C_0\, \sigma, \tag{18}$$

worin V die Spannung zwischen den Elektroden und C_0 die Vakuumkapazität des entsprechenden Kondensators bedeutet. Bezeichnen wir auch hier wie in (2) die Proportionalitätskonstante zwischen der Spannung und der Stromstärke als den Widerstand R des Leitergebildes, dann folgt hierfür aus (18)

$$R = \frac{1}{4\pi\sigma C_0}. \tag{19}$$

Für zwei plattenförmige Elektroden vom Flächeninhalt F im Abstande a, der klein gegenüber den Plattendimensionen ist, haben wir für C_0 die Kapazität des leeren Plattenkondensators gemäß (63) § 42 einzusetzen und erhalten daher

$$R = \frac{1}{4\pi\sigma} \cdot \frac{4\pi a}{F} = \frac{a}{\sigma F}, \tag{20}$$

in Analogie zu der Formel (3) für den Widerstand eines Drahtes.

Für den Widerstand zwischen zwei Zylinderelektroden der Länge l und den Radien r_1 und r_2 erhält man ebenso mit Benutzung der Formel (60) § 42

$$R = \frac{\log\dfrac{r_2}{r_1}}{2\pi\sigma l}. \tag{21}$$

Verbindet man den einen Pol einer Stromquelle von der Spannung V gegen Erde durch einen Draht mit einem in die Erde eingesenkten Metallkörper, dann fließt durch ihn von der Stromquelle in die Erde ein Strom J. Das Verhältnis $R = \dfrac{V}{J}$ nennt man den „*Erdungswiderstand*" der Erdungsvorrichtung. Auf Grund der oben durchgeführten Überlegung gilt für den Erdungswiderstand die Formel (19), wenn für C_0 die Kapazität des Erdungskörpers im leeren Raum eingesetzt ist. Ist der Erdungskörper z. B. eine Kugel vom Radius a, dann ist nach (57) § 42 $C_0 = a$ und

$$R = \frac{1}{4\pi\sigma a}. \tag{22}$$

§ 44. Das Magnetfeld stationärer Ströme.

1. Das magnetische Kraftfeld stromdurchflossener Drähte. Nach der Entdeckung OERSTEDS übt ein stromdurchflossener Draht auf in die Nähe gebrachte Magnete Kraftwirkungen aus. Wir schließen daraus, daß die Umgebung eines elektrischen Stromes ein magnetisches Feld ist. Die Ausmessung des Magnetfeldes eines praktisch unendlich langen geraden und dünnen Drahtes, der von einem stationären Strom der (im elektrostatischen Maßsystem gemessenen) Stromstärke J durchflossen wird, ergibt, daß die Kraftlinien Kreise sind, deren Ebenen senkrecht auf dem Draht stehen und deren Mittelpunkte in ihm gelegen sind. Die Richtung von $\mathfrak{H}$ ist ferner der Stromrichtung im Sinne einer Rechtsschraube zugeordnet (AMPÈREsche Schwimmerregel). Der Betrag von $\mathfrak{H}$ hängt von J und vom Abstande a vom Draht gemäß dem „BIOT-SAVART*schen Gesetz*"

$$|\mathfrak{H}| = \frac{2J}{c\,a} \tag{1}$$

ab, worin die Konstante c, das Verhältnis zwischen elektrostatisch und elektromagnetisch gemessener Stromstärke, den Wert $3 \cdot 10^{10}$ cm/sec hat[1].

Da die Kraftlinien geschlossene Kurven sind, bildet $\mathfrak{H}$ ein Wirbelfeld. Vergleicht man die vorstehenden Ausführungen und die Formel (1) mit den Ausführungen am Schlusse von § 8, 6., so erkennt man, daß es sich hier um ein spezielles Wirbelfeld, nämlich das einer Wirbellinie vom Moment $\eta = J/c$ handelt, die mit dem stromdurchflossenen Draht zusammenfällt.

Wir verallgemeinern nun dieses Resultat für beliebig gestaltete, geschlossene, drahtförmige Stromleiter in einem Medium mit konstanter Permeabilität, indem wir den Satz aussprechen, daß auch hier das Magnetfeld in ihrer Umgebung identisch sei mit dem Feld einer Wirbellinie vom Moment J/c, die mit dem Drahte zusammenfällt.

Zur Berechnung der Feldstärke bilden wir nach der Formel (23) § 8 das Vektorpotential $\mathfrak{A}$ des Wirbelfeldes:

$$\mathfrak{A} = \frac{J}{c} \oint \frac{d\mathfrak{s}}{r}, \tag{2}$$

worin das Integral über den ganzen Stromleiter zu erstrecken ist und r die Entfernung des Aufpunktes von dem Linienelement $d\mathfrak{s}$ bedeutet. Aus (2) erhält man dann $\mathfrak{H}$ mit Benutzung der Formel (14) § 8:

$$\mathfrak{H} = \operatorname{rot} \mathfrak{A}. \tag{3}$$

Statt dessen kann man zur Berechnung von $\mathfrak{H}$ auch direkt die Formel (25) § 8 heranziehen, die auf unseren Fall angewendet ergibt:

$$\mathfrak{H} = \frac{J}{c} \oint \frac{d\mathfrak{s} \times \mathfrak{r}}{r^3}. \tag{4}$$

Diese Formel gestattet eine unmittelbare Deutung der Kraftwirkung eines elektrischen Stromes auf einen Magnetpol im Sinne der älteren Fernwirkungstheorie, die annahm, daß sich diese Kraftwirkung als die Zusammensetzung von Kräften der einzelnen „Stromelemente" auf den Magnetpol darstelle. Schreibt man jedem Stromelement $d\mathfrak{s}$ auf einen Magnetpol h die Kraftwirkung

$$d\mathfrak{k} = \frac{Jh}{c} \cdot \frac{d\mathfrak{s} \times \mathfrak{r}}{r^3} \tag{5}$$

zu, worin $\mathfrak{r}$ den Radiusvektor von $d\mathfrak{s}$ nach h bedeutet, dann ergibt sich durch Summation über alle Stromelemente in der Tat die Formel (4). Die Kraft $d\mathfrak{k}$

---

[1] Die Versuche, die zur Aufstellung dieser Gesetzmäßigkeiten führen, sind in „Exp.-Physik", § 72, beschrieben.

steht senkrecht auf der durch das Stromelement und den Vektor $\mathfrak{r}$ bestimmten Ebene und ihr Betrag ist gleich

$$|d\,\mathfrak{k}| = \frac{J\,h\,d\,s\,\sin\vartheta}{c\,r^2},\tag{6}$$

worin ϑ den Winkel zwischen $\mathfrak{r}$ und $d\,\mathfrak{s}$ bedeutet. Das Gesetz (6) wurde von LAPLACE aufgestellt, wird aber in den meisten Lehrbüchern irrtümlich als das „BIOT-SAVARTsche" Gesetz bezeichnet. Das wirkliche BIOT-SAVARTsche Gesetz (1) kann natürlich aus dem LAPLACEschen gewonnen werden.

Führt man einen Magnetpol von der Stärke h auf einer geschlossenen Bahn im Magnetfeld eines geschlossenen Stromes herum, so ist die dabei geleistete Arbeit gleich

$$A = h \oint H_s\,ds.\tag{7}$$

Nach den Resultaten in § 8, 7. ist $A = 0$, wenn die Bahnkurve den Stromleiter nicht umschlingt, hingegen gleich $4\,\pi\,J/c \cdot h$, wenn die Bahnkurve den Stromleiter einmal umschlingt (Abb. 14, S. 46), wie sich tatsächlich experimentell zeigen läßt[1]. Das bedeutet, daß im Gegensatz zu einem System permanenter Magnete ein aus stromdurchflossenen Leitern und Magneten bestehendes System *nicht* konservativ ist. Es kann also bei der Relativbewegung von Magneten und Stromleitern mechanische Energie erzeugt oder verbraucht werden und zwar, wie wir später noch sehen werden, auf Kosten der magnetischen Feldenergie. Von dieser Möglichkeit der Umwandlung elektromagnetischer in mechanische Energie und umgekehrt wird in der Elektrotechnik weitestgehender Gebrauch gemacht[2].

2. Das Magnetfeld zweier unendlich langer, paralleler Drähte. Wie wir in § 9, 4. bemerkten, ist das Vektorfeld einer geraden Wirbellinie in jeder zu ihr senkrechten Ebene ein ebenes Vektorfeld, das man nach den im § 9 entwickelten Methoden behandeln kann. Wir erhalten daher das Magnetfeld eines unendlich langen, geraden, senkrecht zur x-y-Ebene stehenden Drahtes gemäß der Formel (10) § 9 aus einem Potential χ (der z-Komponente des Vektorpotentials $\mathfrak{A}$), das aus der Formel (29) § 9 hervorgeht, wenn man darin $A = -2\,i\eta = -2\,i \cdot J/c$ setzt, also aus

$$\chi = -\frac{2\,J}{c}\log r,\tag{8}$$

worin r der Abstand des Aufpunktes vom Stromleiter ist, und

$$H_x = -\frac{\partial\chi}{\partial y}, \quad H_y = \frac{\partial\chi}{\partial x}.\tag{9}$$

Die Linien $\chi = $ const sind gleichzeitig die Kraftlinien.

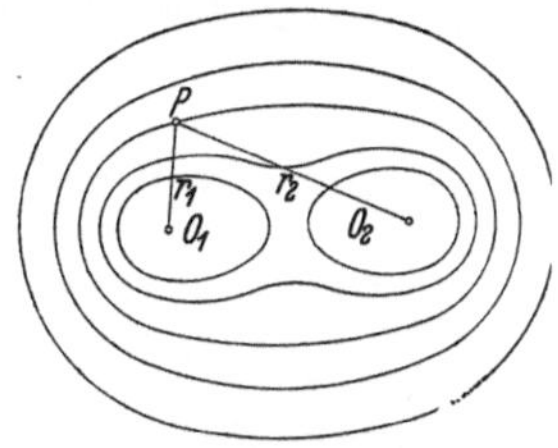

Abb. 102.

Das Feld zweier paralleler, unendlich langer und gerader Stromleiter ergibt sich durch Überlagerung der entsprechenden χ-Potentiale. Haben beide Ströme die gleiche Richtung (der z-Achse) und die gleiche Stromstärke, dann wird

$$\chi = -\frac{2\,J}{c}\log(r_1 \cdot r_2),\tag{10}$$

worin r_1 und r_2 die Abstände des Aufpunktes von den beiden Stromleitern sind. Die Kraftlinien sind daher die Kurven $r_1 r_2 = $ const, die in der Abb. 102 dargestellt sind[3].

---

[1] Z. B. durch die in „Exp.-Physik", § 72, beschriebenen Versuche von FARADAY.

[2] Vgl. die Ausführungen über „*Generatoren*" und „*Motoren*" in „Exp.-Physik", § 80.

[3] Vgl. hierzu die entsprechenden, empirisch gewonnenen Kraftlinienbilder in „Exp.-Physik", § 72.

Laufen die Ströme in entgegengesetzter Richtung, und zwar der Strom 1 in der Richtung der positiven und der Strom 2 in der Richtung der negativen z-Achse, und sind die Stromstärken beide gleich groß, dann wird

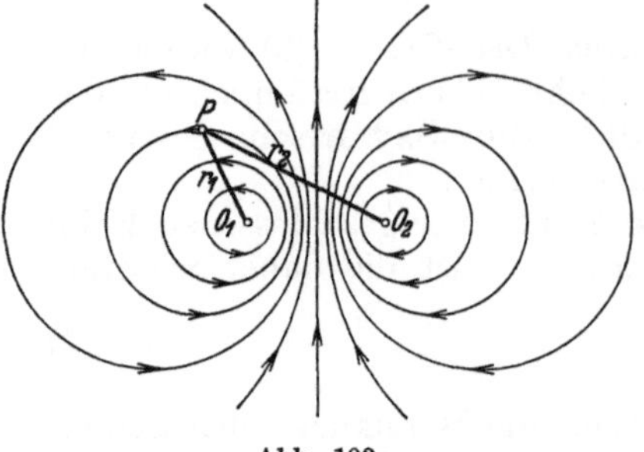

Abb. 103.

$$\chi = \frac{2\,J}{c} \log\left(\frac{r_2}{r_1}\right). \tag{11}$$

Die Kraftlinien sind die Kurven $r_2/r_1 = \text{const}$, sie sind also nach einem bekannten geometrischen Satz Kreise, in bezug auf die die beiden Durchstoßungspunkte O_1 und O_2 der Drähte durch die Zeichenebene konjugiert sind, wie die Abb. 103 zeigt[1].

3. Das Magnetfeld einer Stromschleife und einer Spule. Auf Grund der allgemeinen Formeln von 1. läßt sich bei gegebener Gestalt des Stromleiters in jedem Punkte des Magnetfeldes die Feldstärke berechnen. Wir wollen zunächst annehmen, daß der Draht eine geschlossene, ebene Kurve bilde, die eine Fläche vom Flächeninhalte F umschließt. Wir können uns in diesem Falle die Berechnung des Magnetfeldes wesentlich vereinfachen, indem wir an den in § 8, 7. abgeleiteten Satz erinnern, wonach das Feld einer Wirbellinie vom Moment η mit dem einer auf der Wirbellinie als Berandung aufgespannten Doppelschicht vom gleichen Moment η äquivalent ist. Auf unseren Fall angewendet heißt das, daß die Stromschleife in ihrer Umgebung die gleiche magnetische Wirkung hervorruft, als ob auf ihr eine sehr dünne magnetische Platte aufgespannt wäre, die pro Flächeneinheit das magnetische Moment J/c hat, und zwar derart, daß die Nordpole auf derjenigen Seite der Platte liegen, von der aus gesehen der Strom die Platte im entgegengesetzten Sinne des Uhrzeigers umkreist.

In großer Entfernung vom Stromleiter, d. h. in einer Entfernung, die groß ist gegenüber den Lineardimensionen der Stromschleife, ist ihre magnetische Wirkung daher äquivalent der eines magnetischen Dipols vom Moment

$$|\mathfrak{m}| = F \cdot \frac{J}{c}, \tag{12}$$

dessen Achse senkrecht auf der Ebene der Stromschleife steht.

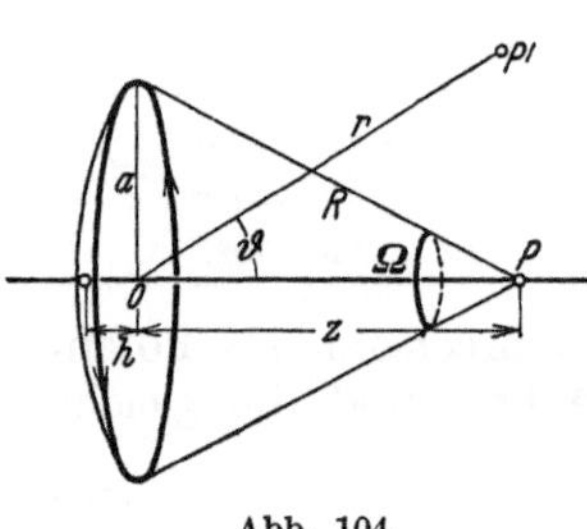

Abb. 104.

Um das Magnetfeld auch in beliebiger Entfernung exakt zu berechnen, kann man nach § 7, 3. zunächst mittels der Formel (10) § 7 ein magnetisches Potential ψ berechnen, aus dem sich dann $\mathfrak{H}$ gemäß (11) § 41 in allen Punkten außerhalb der magnetischen Doppelschicht berechnen läßt. Wir führen die Berechnung zunächst für eine kreisförmige Drahtschleife vom Radius a, und zwar für die Punkte der zum Kreis symmetrischen Achse aus (Abb. 104). Die Entfernung des Aufpunktes P vom Kreismittelpunkt O sei z.

Zur Ermittlung von ψ müssen wir zunächst den räumlichen Winkel Ω berechnen, unter dem die Kreisfläche von P aus gesehen erscheint. Die Oberfläche der auf der Kreislinie errichteten Kugelkappe mit dem Mittelpunkt P ist gleich

$$f = 2\,R\pi h = 2\pi \sqrt{a^2 + z^2}\,\left(\sqrt{a^2 + z^2} - z\right)$$

und daher

$$\Omega = \frac{f}{R^2} = 2\pi\left(1 - \frac{z}{\sqrt{a^2 + z^2}}\right).$$

---

[1] S. Anm. 3, S. 319.

Hieraus folgt für das gesuchte ψ:

$$\psi = \frac{J}{c}\,\Omega = \frac{2\,\pi J}{c}\left(1 - \frac{z}{\sqrt{a^2+z^2}}\right). \tag{13}$$

$\mathfrak{H}$ hat aus Symmetriegründen auf der Achse die Richtung von z und sein Betrag ergibt sich zu

$$H = -\frac{\partial\psi}{\partial z} = \frac{2\,\pi J}{c}\,\frac{d}{dz}\left(\frac{z}{\sqrt{a^2+z^2}}\right) = \frac{2\,\pi J}{c}\,\frac{a^2}{(a^2+z^2)^{3/2}}. \tag{14}$$

Für $z = 0$, d. h. den Mittelpunkt des Kreises, wird aus (14)

$$H_0 = \frac{2\,\pi J}{c\,a}, \tag{15}$$

eine Formel, die bei der Strommessung mit der Tangentenbussole und bei der Festsetzung der elektromagnetischen Maßeinheit für die Stromstärke eine Rolle spielt[1].

Für Punkte, deren Verbindungslinie zum Kreismittelpunkt mit der Achse den Winkel ϑ einschließen und deren Entfernung r von O sehr groß ist, wird annähernd

$$\Omega = \frac{F\cos\vartheta}{r^2}$$

und daher mit Benutzung von (12)

$$\psi = \frac{JF}{c}\,\frac{\cos\vartheta}{r^2} = \frac{|\mathfrak{m}|\cos\vartheta}{r^2}. \tag{16}$$

Der Vergleich mit der Formel (10) § 41 läßt erkennen, daß die Stromschleife in der Tat, wie oben bereits erwähnt wurde, in großer Entfernung wie ein Dipol vom Moment (12) wirkt.

Die allgemeine Berechnung von ψ (die hier nicht weiter durchgeführt werden soll) ergibt die Gestalt der Äquipotentialflächen und der Kraftlinien, die in der Abb. 105 graphisch dargestellt sind[2].

Das Feld einer kurzen, zylindrischen Spule von N Windungen ist in großer Entfernung von derselben offenbar als die Superposition des Feldes von N einzelnen Stromschleifen aufzufassen, sie wirkt also wie ein Magnet vom magnetischen Moment

$$|\mathfrak{m}| = \frac{NJ}{c}\cdot F; \tag{17}$$

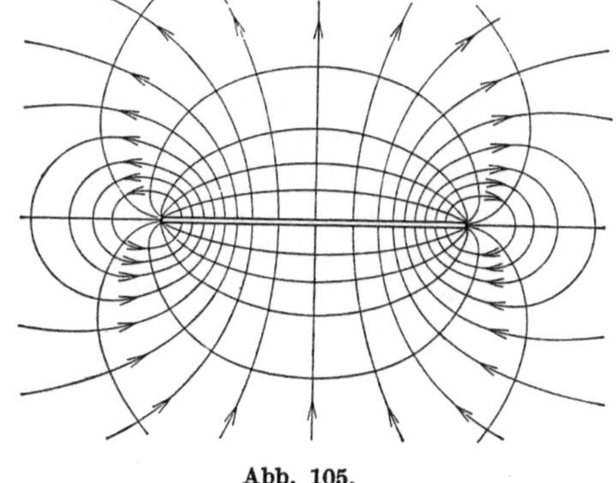

Abb. 105.

m ist bei gegebener Windungsfläche dem Produkt aus der Windungszahl und der Stromstärke, der „*Amperewindungszahl*" proportional.

Füllt man den Hohlraum der Spule mit einer magnetisierbaren Substanz, z. B. mit Eisen, so überlagert sich über das Feld der eisenlosen Spule noch das Feld des magnetisierten „Kernes", so daß das magnetische Moment durch diese Maßnahme vergrößert wird; wir nennen eine solche Anordnung einen „*Elektromagneten*"[3].

---

[1] Hierüber sowie über die experimentelle Prüfung der Formel (15) vgl. „Exp.-Physik", §§ 72 und 76.

[2] Vgl. das entsprechende, empirisch gewonnene Kraftlinienbild in „Exp.-Physik", § 72.

[3] Über die praktische Ausführung der Elektromagnete und magnetischen Kreise vgl. „Exp.-Physik", § 73.

4. Der geschlossene magnetische Kreis. Als geschlossenen „*magnetischen Kreis*" bezeichnen wir ein aus einer magnetisierbaren Substanz hergestelltes rahmen- oder ringförmiges Gebilde, in das nicht, wie im Felde permanenter Magnete, die Kraftlinien auf der einen Seite ein- und auf der anderen Seite austreten, sondern in dem sie geschlossene Kurven bilden. Dies läßt sich bewirken, indem man den Ring mit einer Drahtspule bewickelt, durch die ein elektrischer Strom hindurchfließt[1].

Um die hier obwaltenden Gesetzmäßigkeiten kennenzulernen, genügt es, wenn wir den einfachen Fall betrachten, in dem der Kern von der Permeabilität μ die Form eines Kreisringes vom Querschnitt q und dem mittleren Umfang $\bar{l}$ hat,

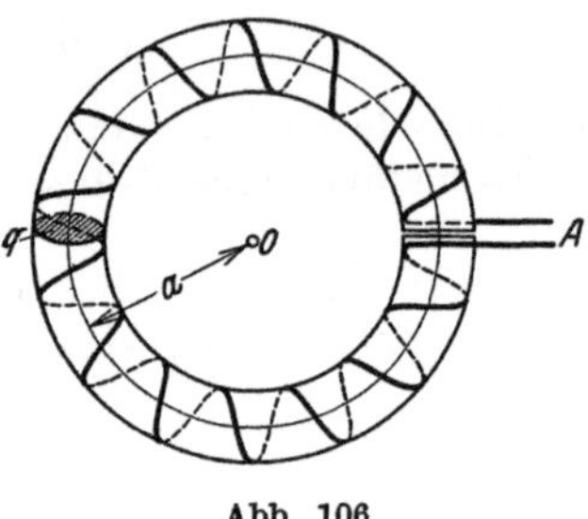

Abb. 106.

der mit N Drahtwindungen bewickelt sein möge (Abb. 106).

Ist die Wicklung sehr dicht, dann ist die Stromrichtung annähernd senkrecht auf den Parallelkreisen des Ringes; die auf der Stromrichtung senkrechten Kraftlinien sind also annähernd zu den Parallelkreisen des Ringes konzentrische Kreise. Bildet man längs eines dieser im Innern der Spule verlaufenden Kreise mit dem Umfang l das Linienintegral $\oint H_s\, ds$, so ergibt sich dafür gemäß den Ausführungen unter 1.

$$\Psi = \oint H_s\, ds = H \cdot l = \frac{4\pi JN}{c}, \tag{18}$$

da der Integrationsweg den Stromkreis gerade N-mal umschlingt.

Für die mittlere Feldstärke $\bar{H}$ im Innern der Spule folgt hieraus

$$\bar{H} = \frac{\Psi}{\bar{l}} = \frac{4\pi JN}{c\,\bar{l}}, \tag{19}$$

sie ist also der „Amperewindungszahl pro Längeneinheit" der Spule proportional.

Die Formel (19) bleibt auch dann richtig, wenn man den Radius a des Ringes unbegrenzt zunehmen läßt, wobei sich die Kraftlinien in Gerade verwandeln. Sie gibt also auch den Ausdruck für das annähernd homogene Feld im Innern einer sehr langen Zylinderspule in nicht zu großer Nähe von den Enden[2].

Für den magnetischen Induktionsfluß durch einen Ringquerschnitt folgt aus (19), (30) § 41 und (31) § 41

$$\hat{B} = \mu\bar{H}q = \frac{\mu q}{\bar{l}} \cdot \Psi = \Psi/R_m, \tag{20}$$

worin gesetzt ist

$$R_m = \frac{\bar{l}}{\mu q}. \tag{21}$$

Die gemäß (18) definierte Größe Ψ bezeichnet man als die „*magnetomotorische Kraft*", die Größe R_m als den „*magnetischen Widerstand*". Diese Bezeichnungsweise ist im Hinblick darauf gewählt, daß die Beziehung (20) zwischen dem magnetischen Kraftfluß in einem geschlossenen magnetischen Kreis, der magnetomotorischen Kraft und dem magnetischen Widerstand in formaler Analogie zu dem Ohmschen Gesetz (7) § 43 für einen geschlossenen Stromkreis steht. Auch die Abhängigkeit des magnetischen Widerstandes von der Länge und dem Querschnitt des „magnetischen Leiters" gemäß (21) entspricht genau der Formel (3) § 43 für den elektrischen Widerstand, wenn man statt σ die

---

[1] S. Anm, 3, S. 321.

[2] Über die Bestätigung dieses Ergebnisses durch den Versuch vgl. „Exp.-Physik", § 73.

Permeabilität μ setzt. Man kann daher die Permeabilität auch als eine Art „Leitfähigkeit" für den magnetischen Kraftfluß ansehen.

Ist der Spulenkern an einer Stelle A (Abb. 106, S. 322) durch einen „Luftspalt" unterbrochen, so ist wegen der Quellenfreiheit von $\mathfrak{B}$ der Induktionsfluß darin, wenn man von der Streuung der Kraftlinien absieht, ebenso groß wie im Innern des Kernes, und da im Luftspalt $\mathfrak{H} = \mathfrak{B}$ ist, ergibt sich für die magnetische Feldstärke im Luftspalt nach (19) und (20)[1]

$$H_0 = \frac{\hat{B}}{q} = \mu\,\overline{H} = \frac{4\pi J N}{c\,\overline{l}} \cdot \mu. \tag{22}$$

5. Die Kraftwirkung eines Magnetfeldes auf einen elektrischen Strom. Erfahrungsgemäß übt ein Magnetfeld auf einen darin verlaufenden stromführenden Draht eine Kraft aus. Durch geeignete Experimente läßt sich zunächst feststellen, daß in einem Medium der Permeabilität μ auf einen Stromleiter der Länge l, der von einem Strom der Stärke J durchflossen wird und sich in einem homogenen Magnetfeld mit der Feldstärke H befindet, derart, daß Feld- und Stromrichtung miteinander einen Winkel ϑ einschließen, eine Kraft vom Betrage

$$K = \frac{J}{c} \cdot H l \sin \vartheta \cdot \mu \tag{23}$$

ausgeübt wird, deren Richtung senkrecht auf der Feld- und auf der Stromrichtung steht, und zwar so, daß Strom-, Feld- und Kraftrichtung ein Rechtssystem bilden („Linke-Hand-Regel")[2].

Wir deuten dies, indem wir annehmen, daß das Feld auf jedes Element $d\mathfrak{s}$ des Stromleiters (positiv gerechnet in der Richtung des Stromflusses) eine Kraft

$$d\mathfrak{K} = \frac{J}{c}\,(d\mathfrak{s} \times \mathfrak{B}) \tag{24}$$

ausübt.

In Verallgemeinerung dieses Resultats für beliebige Felder schließen wir, daß die Kraft $\mathfrak{K}$ auf einen geschlossenen Stromleiter sich durch Integration über die auf die einzelnen Stromelemente ausgeübte Kraft (24) wie folgt ergibt:

$$\mathfrak{K} = \frac{J}{c} \oint (d\mathfrak{s} \times \mathfrak{B}), \tag{25}$$

worin die Integration über den ganzen Stromleiter zu erstrecken ist.

Durch Kombination des Biot-Savartschen Gesetzes (1) mit dem Gesetz (25) kann man zunächst sogleich feststellen, daß in der gleichen Richtung fließende parallele Ströme einander anziehen und in der entgegengesetzten Richtung laufende Ströme einander abstoßen, was hier wohl nicht näher ausgeführt werden muß („*elektrodynamisches Kraftgesetz*")[2].

Als wichtiges Anwendungsbeispiel wollen wir die Kraftwirkung berechnen, die ein homogenes Feld auf eine ebene Stromschleife im leeren Raum ausübt. Die Stromschleife liege in der x-z-Ebene; die Feldrichtung in der x-y-Ebene und schließe mit der y-Achse den Winkel ϑ ein. Für die resultierende Kraft ergibt sich zunächst aus (25)

$$\mathfrak{K} = -\frac{J}{c} \cdot \mathfrak{H} \times \oint d\mathfrak{s} = 0, \tag{26}$$

da auf einer ebenen, geschlossenen Kurve zu jedem Linienelement ein paralleles und entgegengesetzt gerichtetes existiert.

---

[1] S. Anm. 2, S. 322.

[2] Die zu diesen Gesetzmäßigkeiten führenden „Ampèreschen Versuche" sind in „Exp.-Physik", §§ 74 und 75, beschrieben.

Das Drehmoment des Feldes auf die Stromschleife in bezug auf die x-Achse ist aus Symmetriegründen gleich Null. Das Drehmoment D um die z-Achse gewinnen wir, indem wir zunächst das Drehmoment der Kraft (24) in bezug auf einen Punkt der Schleifenebene, z. B. den Koordinatenursprung nach (16) §18 bilden, über den ganzen Stromkreis integrieren und nach § 21, 2. die z-Komponente hiervon bilden. Das ergibt

$$D = \frac{J}{c} \oint [\mathfrak{r} \times (d\mathfrak{s} \times \mathfrak{H})]_z. \tag{27}$$

Mit Benutzung von (33) § 3 machen wir zunächst die Umformung

$$[\mathfrak{r} \times (d\mathfrak{s} \times \mathfrak{H})]_z = [d\mathfrak{s}\,(\mathfrak{r} \cdot \mathfrak{H}) - \mathfrak{H}\,(\mathfrak{r} \cdot d\mathfrak{s})]_z = dz \cdot \mathfrak{r} \cdot \mathfrak{H} = dz \cdot H\,x \sin\vartheta,$$

da $\mathfrak{H}$ senkrecht auf der z-Achse steht. Dies ergibt in (27) eingesetzt

$$D = \frac{J}{c}\,H \sin\vartheta \oint x\,dz = \frac{J}{c}\,F H \sin\vartheta, \tag{28}$$

worin F den Flächeninhalt der Stromschleife bedeutet.

Für eine flache Spule mit N Windungen ist das Drehmoment N-mal so groß. Bei gegebenem H und ϑ ist es demnach der Amperewindungszahl der Spule proportional und ein Maximum für $\vartheta = \dfrac{\pi}{2}$, d. h. für diejenige Stellung, bei der die Spulenebene die Feldrichtung enthält, und gleich Null für diejenige Stellung, bei der die Spulenebene zur Feldrichtung senkrecht steht. In dieser Stellung ist daher die Spule im Gleichgewicht[1].

Setzt man in (28) aus (12) ein, so erhält man gerade die Formel (23) § 41. Das Drehmoment des Feldes auf eine Stromschleife bzw. eine Spule ist also ebenso groß wie das Drehmoment auf einen Magneten, der in bezug auf seine magnetische Wirkung der Schleife bzw. Spule äquivalent ist.

6. Das magnetische Feld räumlich verteilter, stationärer Ströme. Bisher hatten wir uns auf die Betrachtung des magnetischen Feldes stromdurchflossener Drähte in einem homogenen Medium beschränkt. Wir wollen nun versuchen, auch den allgemeinen Fall zu erledigen, das Magnetfeld räumlich beliebig verteilter stationärer Ströme zu ermitteln. Wir denken uns zu diesem Zwecke das Strömungsfeld in einzelne „Stromfäden" zerteilt, längs derer das Produkt aus der Stromdichte $|\mathfrak{i}|$ und dem Querschnitt des Stromfadens dF konstant sei. Die Stromstärke in dem Stromfaden ist dann gleich $|\mathfrak{i}| \cdot dF$.

Aus (2) erhalten wir für das Vektorpotential des von einem einzelnen Stromfaden hervorgerufenen Feldes

$$\frac{|\mathfrak{i}|dF}{c} \oint \frac{d\mathfrak{s}}{r} = \frac{1}{c} \oint \frac{\mathfrak{i} \cdot dF \cdot d\mathfrak{s}}{r}.$$

Für das Vektorpotential des von allen Stromfäden im ganzen Raum erzeugten Feldes erhalten wir hieraus durch Integration über alle Stromfäden wegen $dF\,ds = dV$:

$$\mathfrak{A} = \frac{1}{c} \iiint \frac{\mathfrak{i}}{r}\,dV. \tag{29}$$

Der Vergleich der Formel (29) mit der Formel (19) § 8 zeigt sogleich, daß $\mathfrak{A}$ das Vektorpotential eines Wirbelfadens mit der räumlichen Wirbeldichte $\dfrac{\mathfrak{i}}{c}$ ist; es genügt daher der Differentialgleichung (16) § 8

$$\Delta\,\mathfrak{A} = -\frac{4\pi\mathfrak{i}}{c}. \tag{30}$$

---

[1] Diese Resultate werden praktisch bei der Messung elektrischer Ströme mit dem „Drehspulengalvanometer" verwendet; vgl. hierzu „Exp.-Physik", § 76.

Um bei gegebener Stromdichte $i\,(x, y, z)$ in einem homogenen Medium mit räumlich konstanter Permeabilität die Feldstärke $\mathfrak{H}\,(x, y, z)$ zu finden, kann man entweder zunächst $\mathfrak{A}$ vermöge (29) durch Ausführung der Integration oder direkt durch Lösung der Gleichung (30) berechnen und hieraus nach (3) die Feldstärke $\mathfrak{H}$ selbst.

Für den Feldvektor $\mathfrak{H}\,(x, y, z)$ gilt wegen (13) § 8 die Differentialgleichung

$$\operatorname{rot} \mathfrak{H} = \frac{4\,\pi\,i}{c}. \tag{31}$$

Wir wollen mit MAXWELL annehmen, daß diese Gleichung, die die Wirbel von $\mathfrak{H}$ mit der Stromdichte in unmittelbaren Zusammenhang bringt, auch dann gültig bleibt, wenn μ in beliebiger Weise vom Orte abhängig ist, wenn also das Vektorfeld $\mathfrak{H}$ nicht wie in einem homogenen Medium wegen (31) § 41 quellenfrei ist und sich daher auch nicht aus einem Vektorpotential gemäß (3) ableiten läßt.

Für die Kraft, die das Feld auf ein Volumenelement dV infolge der darin fließenden Ströme ausübt, erhalten wir nach (24) auf Grund des gleichen Gedankenganges wie oben

$$\frac{|i|\,dF}{c}\,(d\,\mathfrak{s} \times \mathfrak{B}) = \frac{1}{c}\,(i \times \mathfrak{B})\,.\,dV,$$

d. h. für die „Kraft pro Volumeneinheit" in einem Medium der konstanten Permeabilität μ

$$\mathfrak{f} = \frac{1}{c}\,(i \times \mathfrak{B}). \tag{32}$$

In einem inhomogenen Medium tritt zu (32) noch die Kraft (54) § 41 hinzu.

Sechzehntes Kapitel.

Elektrodynamik nichtstationärer Vorgänge.

§ 45. Quasistationäre Ströme.

1. Der Begriff des quasistationären Stromes; das Faradaysche Induktionsgesetz. Unter einem stationären Strom verstanden wir im § 43 einen solchen Strom, in dem die Stromstärke J zeitlich konstant ist. Als „*quasistationär*" wollen wir einen Strom dann bezeichnen, wenn sich J mit der Zeit verändert, jedoch so, daß in jedem Augenblick wie bei einem stationären Strom im ganzen Stromleiter J den gleichen Wert hat und das Magnetfeld des Stromes sich nach den Formeln des § 44, 1. aus der momentanen Stromstärke in jedem Zeitpunkte berechnen läßt. Wie wir später (§ 47, 4.) zeigen werden, ist die Bedingung der Quasistationarität exakt niemals realisierbar; sie gilt jedoch sehr angenähert dann, wenn die räumliche Erstreckung des Stromleiters nicht zu groß ist, wenn sich die Stromstärke nicht zu schnell verändert und wenn man sich schließlich auf die dem Stromleiter benachbarten Gebiete des Feldes beschränkt.

Da nach dem eben Gesagten das Magnetfeld quasistationärer Ströme zeitlich veränderlich ist, muß bei ihrer Behandlung die als „*Induktion*" bekannte Wirkung eines veränderlichen Magnetfeldes auf einen darin befindlichen Stromleiter in Rechnung gesetzt werden. Unter der Voraussetzung der Quasistationarität läßt sich das von FARADAY aufgestellte *Induktionsgesetz* in sehr einfacher Weise formulieren. Bezeichnet $\hat{B}$ den vom Stromleiter umschlossenen Induktionsfluß:

$$\hat{B} = \int\!\!\int B_n\,dF, \tag{1}$$

dann ruft eine zeitliche Veränderung desselben im Leiterkreis eine EMK Φ hervor, die der Beziehung

$$\Phi = -\frac{1}{c}\frac{d\hat{B}}{dt} \tag{2}$$

genügt. Für die Stromstärke J im Leiter gilt das OHMsche Gesetz (7) § 43, wenn man darin zu der EMK der übrigen Stromquellen noch die EMK der Induktion nach (2) hinzufügt. Für den „OHMschen Widerstand" R gilt die Formel (3) § 43[1].

2. Gegenseitige Induktion und Selbstinduktion. Als „*gegenseitige Induktion*" zweier Stromleiter bezeichnet man die Hervorbringung eines Induktionsstromes in dem einen Leiter infolge der zeitlichen Änderung des von dem zweiten Leiter erzeugten Magnetfeldes bzw. umgekehrt. Als „*Selbstinduktion*" bezeichnet man die Induktionswirkung eines Leiters auf sich selbst infolge der zeitlichen Änderung des von ihm erzeugten Magnetfeldes.

Bezeichnet $\mathfrak{B}_1$ den magnetischen Induktionsvektor des von dem Strom J_1 im Leiterkreis 1 erzeugten Feldes, dann ist wegen (2) § 44 und (3) § 44 die Änderungsgeschwindigkeit $\dot{\mathfrak{B}}_1$ an jeder Stelle des Feldes der Änderungsgeschwindigkeit $\dot{J}_1$ der Stromstärke proportional. Wegen (1) und (2) können wir daher für die EMK Φ_2 der Induktion auf den zweiten Leiter schreiben:

$$\Phi_2 = -L_{12} \cdot \dot{J}_1, \tag{3}$$

worin L_{12} eine von der geometrischen Gestalt der beiden Leiter und der Permeabilität der das Feld erfüllenden Medien, aber von J_1 unabhängige Konstante bedeutet, die wir den „*Koeffizienten der gegenseitigen Induktion*" oder kurz die „*Gegeninduktivität*" nennen wollen. Analog gilt

$$\Phi_1 = -L_{21} \cdot \dot{J}_2. \tag{4}$$

Für die EMK der Selbstinduktion gilt schließlich auf Grund des gleichen Gedankenganges

$$\Phi = -L \cdot \dot{J}, \tag{5}$$

worin die von der geometrischen Gestalt des Leiters und von der Permeabilität der das Feld erfüllenden Medien, aber nicht von J abhängige Konstante L als „*Selbstinduktionskoeffizient*" oder „*Selbstinduktivität*" bezeichnet wird.

Für ein aus n Stromkreisen zusammengesetztes System können wir in Verallgemeinerung von (3), (4) und (5) für die EMK im i-ten Stromkreis schreiben

$$\Phi_i = -\sum_{k=1}^{n} L_{ki} \dot{J}_k, \tag{6}$$

worin L_{ii} den Selbstinduktionskoeffizienten des i-ten Kreises bedeutet und stillschweigend angenommen ist, daß außer der EMK der Induktion keine anderen Stromquellen wirksam seien.

Nach (10) § 43 ist $\Phi_i J_i$ die Leistung des Stromes im i-ten Stromkreis und daher die gesamte Arbeit dA des ganzen Systems in der Zeit dt

$$dA = \sum_{i=1}^{n} \Phi_i J_i\, dt = -\sum_{i=1}^{n}\sum_{k=1}^{n} L_{ki} \dot{J}_k J_i\, dt = -\sum_{i=1}^{n}\sum_{k=1}^{n} L_{ki} J_i\, dJ_k. \tag{7}$$

Da, wie gesagt, andere Energiequellen nicht zur Verfügung stehen, kann diese Arbeit offenbar nur auf Kosten der magnetischen Feldenergie U gewonnen

---

[1] Über die experimentelle Begründung des FARADAYschen Gesetzes vgl. die Ausführungen in „Exp.-Physik", § 77.

werden. Der Ausdruck auf der rechten Seite von (7) ist also gleich $-dU$, d. h. gleich einem vollständigen Differential, was allgemein nur dann der Fall sein kann, wenn gilt:

$$L_{ik} = L_{ki}. \tag{8}$$

Die Gegeninduktivitäten zweier Stromkreise sind also stets untereinander gleich.

Mit Benutzung von (8) folgt nun aus (7) für die *magnetische Energie* unseres Leitersystems:

$$U = \frac{1}{2} \sum_{i=1}^{n} \sum_{k=1}^{n} L_{ik} J_i J_k. \tag{9}$$

Für den Fall, daß nur ein einziger Leiter vorhanden ist, reduziert sich dies auf

$$U = \frac{1}{2} L J^2. \tag{10}$$

Der Ausdruck (10) ist formal identisch mit dem Ausdruck (26) § 18 für die kinetische Energie eines bewegten Massenpunktes, wenn man die Masse durch den Selbstinduktionskoeffizienten und die Geschwindigkeit durch die Stromstärke ersetzt. Wir werden im folgenden sehen, daß diese formale Analogie zwischen der Mechanik der Massenpunkte und der Elektrodynamik quasistationärer Ströme eine wichtige Rolle spielt. Der tiefere Grund für das Bestehen dieser Analogie wird erst später in § 51, 6. einleuchten.

3. Integralausdrücke für Gegen- und Selbstinduktivität; verallgemeinertes Ohmsches Gesetz. Für den Fall, daß μ im ganzen Raum konstant ist, gestaltet sich die Berechnung der Gegeninduktivität zweier Stromkreise folgendermaßen: Mit Hilfe von (31) § 41, (3) § 44, (1) und (2) erhalten wir zunächst für die EMK der Induktion des Stromkreises k auf den Stromkreis i

$$\Phi_i = -\frac{\mu}{c} \frac{d}{dt} \iint H_n \, dF = -\frac{\mu}{c} \frac{d}{dt} \iint \operatorname{rot}_n \mathfrak{A}_k \, dF,$$

was sich mit Hilfe des Stokesschen Satzes (12) § 8 in

$$\Phi_i = -\frac{\mu}{c} \frac{d}{dt} \oint \mathfrak{A}_k \, d\mathfrak{s}_i \tag{11}$$

umformen läßt. Hierin bedeutet $\mathfrak{A}_k$ das Vektorpotential des Stromes J_k und $d\mathfrak{s}_i$ das vektorielle Linienelement des Leiters i; das Integral ist über den ganzen i-ten Stromkreis zu erstrecken.

Setzt man schließlich für $\mathfrak{A}_k$ aus der Formel (2) § 44 ein, so erhält man in der Tat eine Formel von der Gestalt (3) mit

$$L_{ik} = \frac{\mu}{c^2} \oint \oint \frac{d\mathfrak{s}_i \, d\mathfrak{s}_k}{r}. \tag{12}$$

Hierin bedeutet r den Abstand zweier Linienelemente $d\mathfrak{s}_i$, $d\mathfrak{s}_k$ der beiden Stromkreise und das Integral ist über sämtliche Linienelemente beider Stromkreise zu erstrecken. Offenbar ist die Bedingung (8) ebenfalls erfüllt.

Läßt man die beiden Leiterkreise zusammenfallen, so ergibt sich die Gültigkeit der Gleichung (5) und für den Selbstinduktionskoeffizienten erhält man die Formel

$$L = \frac{\mu}{c^2} \oint \oint \frac{d\mathfrak{s} \, d\mathfrak{s}'}{r}, \tag{13}$$

worin $d\mathfrak{s}$ und $d\mathfrak{s}'$ zwei Linienelemente des Leiterkreises sind und r ihren gegenseitigen Abstand bedeutet.

Erstreckt man die Integrale in (12) über zwei endliche Leiterstücke i und k, so kann man die so gewonnenen Größen L_{ik} als die Koeffizienten der gegenseitigen

Induktion dieser beiden Leiterstücke und ebenso L als den Selbstinduktionskoeffizienten eines endlichen Leiterstückes definieren. Die Gegen- und Selbstinduktivität geschlossener Leiterkreise kann dann als die Summe der Gegenbzw. Selbstinduktivitäten der sie zusammensetzenden Stücke aufgefaßt werden. Soll nun das Gesetz (7) § 43 wie bei stationärem Stromverlauf für jeden geschlossenen Leiterweg innerhalb eines beliebig verzweigten Leiterkreises Gültigkeit haben, dann muß für jedes einzelne Leiterstück i das OHMsche Gesetz in der verallgemeinerten Gestalt (5) § 43 gelten, also die Gleichung

$$V_i + \Phi_i = J_i R_i, \tag{14}$$

worin V_i die an den Enden des Leiterstückes mit einem elektrostatischen Meßinstrument meßbare Potentialdifferenz und Φ_i die EMK der Induktion auf das Leiterstück ist, die sich nach der Formel (6) aus der Selbstinduktivität des Leiterstückes und den Gegeninduktivitäten desselben gegenüber allen anderen Leiterstücken und den in ihnen fließenden Strömen berechnen läßt.

4. Gegen- und Selbstinduktivitäten von Spulen. In manchen Fällen führt die Berechnung von Gegen- und Selbstinduktivitäten direkt auf Grund der Definitionsgleichungen (3), (4) und (5) einfacher zum Ziel als die Berechnung mittels der Formeln (12) und (13). Wir zeigen dies zunächst für den folgenden praktisch wichtigen Fall: Ein geschlossener Eisenkern vom magnetischen Widerstand R_m (vgl. § 44, 4.) sei mit zwei Spulen von den Windungszahlen N_1 und N_2 bewickelt (*Transformator*). Ihre Gegeninduktivität ist zu berechnen.

Nach den Formeln (18) § 44 und (20) § 44 ist der von der Spule 1 erzeugte Induktionsfluß im Kern gleich

$$\hat{B} = \frac{\Psi}{R_m} = \frac{4 \pi J_1 N_1}{c} \cdot \frac{1}{R_m}.$$

Dieser Induktionsfluß geht durch jede einzelne Windung der Spule 2 hindurch. Der gesamte Induktionsfluß, der von der Spule 2 umfaßt wird, ist daher gleich $N_2 \hat{B}$ und die in ihr induzierte EMK nach (2)

$$\Phi_2 = - \frac{1}{c} N_2 \frac{d \hat{B}}{dt} = - \frac{4 \pi}{c^2} \frac{N_1 N_2}{R_m} \cdot \dot{J}_1. \tag{15}$$

Durch den Vergleich der Formeln (3) und (15) ergibt sich für die gesuchte Gegeninduktivität[1]

$$L_{12} = \frac{4 \pi}{c^2} \frac{N_1 N_2}{R_m}. \tag{16}$$

Den Selbstinduktionskoeffizienten einer *Ringspule* mit N Windungen erhält man aus (16) sogleich, wenn man die beiden Spulen miteinander zusammenfallen läßt, also $N_1 = N_2 = N$ setzt. Mit Benutzung der Formel (21) § 44 folgt

$$L = \frac{4 \pi}{c^2} \frac{N^2}{R_m} = \frac{4 \pi \mu}{c^2} \frac{q}{\bar{l}} \cdot N^2, \tag{17}$$

worin μ die Permeabilität des Spulenkernes, q sein Querschnitt und $\bar{l}$ seine mittlere Länge ist. Diese Formel kann auch ganz gut zur angenäherten Berechnung der Selbstinduktionskoeffizienten von genügend langen, nicht geschlossenen Spulen verwendet werden[1].

Zu der Formel (17) kann man auch noch auf einem ganz anderen Wege gelangen, wenn man von der Formel (10) ausgeht und in Rechnung setzt, daß U gleich ist der im Innern der Spule enthaltenen magnetischen Feldenergie. Nach (19) § 44 ist die mittlere Feldstärke in der Spule dem Betrage nach gleich

$$\bar{H} = \frac{4 \pi J N}{c \bar{l}}$$

---

[1] Vgl. „Exp.-Physik“, § 78.

und daher nach (49) § 41

$$U = \frac{1}{8\,\pi}\,\mu\,\overline{H}^2 \cdot q\,\overline{l} = \frac{2\,\pi}{c^2}\,\mu\,\frac{q}{\overline{l}}\,N^2 \cdot J^2. \tag{18}$$

Aus (18) und (10) ergibt sich in der Tat, wie behauptet wurde, wieder die Formel (17).

5. Stromkreis mit Widerstand und Selbstinduktion. Wir stellen uns die Aufgabe, den Stromverlauf in einem Leiter zu berechnen, an dessen Enden eine bestimmte Spannung V angelegt ist und der einen gewissen Widerstand R und einen Selbstinduktionskoeffizienten L hat. Gegeninduktivitäten seien ausgeschlossen. Nach (14) und (5) gilt dann für die Stromstärke J die folgende Differentialgleichung

$$V - L\,\dot{J} = R\,J. \tag{19}$$

Macht man von der am Schlusse von 2. erwähnten mechanischen Analogie Gebrauch, indem man J durch die Geschwindigkeit v eines Massenpunktes m ersetzt, so wird aus der Gleichung (19)

$$m\dot{v} = -\,Rv + V. \tag{20}$$

Dies ist, wie man sieht, die mechanische Bewegungsgleichung (1) § 18 für die Bewegung eines Massenpunktes auf einer Geraden unter der Wirkung einer Reibungskraft gemäß (6) § 19 mit der Reibungskonstanten R und einer äußeren Kraft V. Die mechanische Analogie bewährt sich also auch hier, indem sich das verallgemeinerte Oнmsche Gesetz (19) als Analogon der mechanischen Bewegungsgleichung (20) erweist.

Wir nehmen zunächst an, daß V konstant und J zur Zeit Null gleich Null sei, d. h. daß der Strom zur Zeit Null eingeschaltet werde, und wünschen den Verlauf der Funktion $J\,(t)$ festzustellen. Nach dem Gesagten können wir dies ohne Rechnung durchführen, wenn wir das Resultat der in § 19, 2. angestellten Berechnung übernehmen. Ersetzen wir in der Formel (9) § 19 m durch L, mg durch V und v durch J, so ergibt sich

$$J\,(t) = \frac{V}{R}\left(1 - e^{-\frac{R}{L}\,t}\right). \tag{21}$$

Die Stromstärke wächst also nach dem Einschalten vom Werte Null für $t = 0$ bis zu dem stationären Wert (2) §43, der dem Oнmschen Gesetz entspricht, allmählich an, erreicht ihn aber streng genommen erst nach unendlich langer Zeit. Praktisch stellt sich der stationäre Wert mit hinreichender Genauigkeit schon nach einer endlichen Zeit nach dem Einschalten ein, die um so kürzer ist, je größer R/L, das Verhältnis des Oнmschen Widerstandes zur Selbstinduktivität des Leiters ist.

Analog nimmt die Stromstärke beim Ausschalten nicht sofort den Wert Null an, sondern sinkt allmählich ab nach Maßgabe der Funktion

$$J\,(t) = \frac{V}{R}\,e^{-\frac{R}{L}\,t} \tag{22}$$

6. Der elektrische Schwingungskreis. Wir wollen nun annehmen, daß der unter 5. behandelte Leiter an die beiden Platten eines Kondensators mit der Kapazität C angeschlossen sei. Seine jeweilige Ladung wollen wir mit $-e$ bezeichnen. Gemäß (41) § 42 ist dann in die Gleichung (19) $V = -e/C$ einzusetzen:

$$-\frac{e}{C} - L\,\dot{J} = R\,J. \tag{23}$$

Nach unserer Festsetzung ist de die Abnahme der Ladung des Kondensators in der Zeit dt und daher gleich der in der gleichen Zeit durch einen Querschnitt des Entladungskreises fließenden Elektrizitätsmenge. Nach (1) § 43 können wir dann $J = \dot{e}$ setzen und statt (23) schreiben:

$$L\ddot{e} + R\dot{e} + \frac{1}{C}\, e = 0. \tag{24}$$

Machen wir wieder von unserer mechanischen Analogie Gebrauch, dann müssen wir konsequenterweise, da wir $\dot{e}$ durch die Geschwindigkeit eines Massenpunktes ersetzt haben, e selbst durch seine Koordinate s ersetzen. Setzen wir ferner wie oben m statt L und ferner $\varkappa$ statt $1/C$, so wird aus (24)

$$m\ddot{s} + R\dot{s} + \varkappa s = 0. \tag{25}$$

Dies ist die mechanische Bewegungsgleichung für die Bewegung eines Massenpunktes unter der Wirkung einer Reibungskraft und einer elastischen Kraft (25) § 19. Unsere mechanische Analogie bewährt sich also auch hier und zeigt weiter, daß ein an einen Leiter angeschlossener Kondensator so wirkt wie eine elastische Kraft auf einen Massenpunkt.

Wir können nunmehr die Lösung unseres Problems durch sinngemäße Übertragung der in § 10, 9. und § 19, 5. gefundenen Resultate unmittelbar angeben: Solange die Ungleichung

erfüllt ist, hat $e\,(t)$ die Gestalt $\qquad R < 2\sqrt{L/C} = R_0 \tag{26}$

$$\dot{e} = e_0\, e^{-\frac{R}{2L}t} \cos(\alpha t + \gamma) \tag{27}$$

mit

$$\alpha = \sqrt{\frac{1}{LC} - \frac{R^2}{4L^2}} \tag{28}$$

und willkürlichem e_0 und γ.

Die Ladung des Kondensators führt also durch den Entladungskreis hindurch eine gedämpfte Schwingung mit der Kreisfrequenz (28) aus. Wir nennen daher ein Gebilde, das aus einem Kondensator und einem mit Selbstinduktion versehenen Entladungskreis besteht, einen *„elektrischen Schwingungskreis"*.

Ist $R = 0$, dann ist die Schwingung ungedämpft und die Kreisfrequenz wird gleich

$$\omega = \frac{1}{\sqrt{LC}} \tag{29}$$

(THOMSON*sche Schwingungsformel*)[1].

Überschreitet der OHMsche Widerstand R den kritischen Wert R_0 [Formel (26)], dann erfolgt die Entladung des Kondensators aperiodisch. Im Grenzfall $L = 0$, also bei einem Entladungskreis mit rein OHMschem Widerstand, reduziert sich die Differentialgleichung (24) auf

$$R\dot{e} = -\frac{e}{C},$$

deren Lösung lautet

$$e = e_0\, e^{-\frac{1}{RC}\cdot t}. \tag{30}$$

Die Entladungsgeschwindigkeit des Kondensators hängt also nur von dem Produkt RC ab[2].

---

[1] Der oszillatorische Charakter der Entladung eines Kondensators wurde auf experimentellem Wege von FEDDERSEN nachgewiesen; hierüber sowie über die elektrischen Schwingungskreise und ihre Erregung im allgemeinen sowie die Prüfung der THOMSONschen Formel vgl. „Exp.-Physik", § 83.

[2] Die Formel (30) kann dazu benutzt werden, um durch elektrometrische Messungen an einem sich entladenden Kondensator das OHMsche Gesetz für nichtstationäre Ströme zu gewinnen. Vgl. „Exp.-Physik", § 68.

Wegen der Beziehungen $V = -e/C$ und $J = de/dt$ führt auch die Spannung am Kondensator und die Stromstärke im Entladungskreis eine gedämpfte harmonische Schwingung aus mit der gleichen Kreisfrequenz (28) bzw. (29) und der gleichen Dämpfung.

7. Schwingungskreis mit aufgeprägter EMK. In Erweiterung der unter 6. behandelten Aufgabe wollen wir nun annehmen, daß auf den dort betrachteten Schwingungskreis noch eine beliebige EMK Φ einwirken möge (z. B. durch Induktion eines äußeren Magnetfeldes). Wir haben dann einfach auf der linken Seite von (23) noch Φ zu addieren und erhalten

$$\Phi - L\dot{J} - \frac{e}{C} = RJ, \tag{31}$$

was nach t differentiiert die Differentialgleichung

$$L\ddot{J} + R\dot{J} + \frac{1}{C}J = \dot{\Phi} \tag{32}$$

für $J(t)$ liefert. Sie kann integriert werden, wenn $\Phi(t)$ bekannt ist.

Von besonderer Wichtigkeit ist der Fall, wo Φ eine periodische Funktion der Zeit mit der Kreisfrequenz ω' und der Amplitude Φ_0 ist. Wie man sieht, ist dann die Differentialgleichung (32) formal vollkommen identisch mit der Gleichung (29) § 19 für die erzwungene Schwingung. Wir können daher auch hier das Resultat durch sinngemäße Übertragung des dort Gefundenen unmittelbar hinschreiben: In dem Schwingungskreis entsteht eine elektrische Schwingung mit der Kreisfrequenz ω' der aufgezwungenen Schwingung; die Amplitude J_0 der Stromstärke erhalten wir aus der Formel (33) § 19, wenn wir darin a' durch J_0, b durch $\omega'\Phi_0$, m durch L, β durch R/L ersetzen und unter der Eigenfrequenz ω die Größe (29) verstehen:

$$J_0 = \frac{\omega'\Phi_0}{L\sqrt{(\omega^2 - \omega'^2)^2 + \dfrac{R^2}{L^2}\omega'^2}} = \frac{\Phi_0}{\sqrt{R^2 + \dfrac{L^2}{\omega'^2}(\omega^2 - \omega'^2)^2}}. \tag{33}$$

Verändert man die aufgezwungene Frequenz ω' allmählich, so wächst bei gegebenem Φ_0 die Stromamplitude J_0 zunächst von Null bei $\omega' = 0$ bis zu einem Maximum an, das bei $\omega' = \omega$ liegt und nimmt dann wieder ab, bis sie bei $\omega' = \infty$ wieder gleich Null geworden ist; die Funktion J_0 wird also durch eine Kurve von der Art der Abb. 53, S. 123, dargestellt. Wir sprechen daher auch hier von der Erscheinung der „*elektrischen Resonanz*". Das Resonanzmaximum tritt dann auf, wenn die aufgezwungene Frequenz mit der Eigenfrequenz (29) des Schwingungskreises übereinstimmt. Die Amplitude im Resonanzfall ist nach (33) gleich

$$J_0\,(\text{Res}) = \frac{\Phi_0}{R}, \tag{34}$$

die Stromstärke ist also ebenso groß, wie sie gemäß dem OHMschen Gesetz (7) § 43 sein müßte, wenn in dem Leiterkreis nur der OHMsche Widerstand R wirksam wäre[1].

Wir wollen noch an Hand der Gleichung (31) die Gültigkeit des Energiesatzes für unseren Leiterkreis beweisen. Wir multiplizieren zu diesem Zwecke auf beiden Seiten mit $J = \dot{e}$ und erhalten

$$\Phi J - LJ\cdot\dot{J} - \frac{e\cdot\dot{e}}{C} = RJ^2$$

oder

$$\Phi J - \frac{d}{dt}\left(\frac{L}{2}J^2\right) - \frac{d}{dt}\left(\frac{e^2}{2\,C}\right) = RJ^2. \tag{35}$$

---

[1] Über die experimentelle Bestätigung dieser Folgerungen vgl. „Exp.-Physik", § 84.

Hierin steht rechts die in der Form von JOULEscher Wärme produzierte Energie pro Zeiteinheit [(8) § 43]. Das erste Glied auf der linken Seite ist nach (10) § 43 die von der EMK Φ, also durch äußere Einwirkungen an dem Stromleiter geleistete Arbeit pro Zeiteinheit; das zweite Glied auf der linken Seite gibt nach (10) die Abnahme der magnetischen Feldenergie und das dritte Glied schließlich nach (42) § 42 die Abnahme der elektrischen Feldenergie des aufgeladenen Kondensators pro Zeiteinheit. Der Energiesatz ist also in der Tat erfüllt.

§ 46. Wechselströme.

1. Grundlegende Begriffe. In diesem Paragraphen wollen wir speziell die für die Elektrotechnik besonders wichtigen „*Wechselströme*" unter der Voraussetzung der Quasistationarität behandeln.

Unter einem Wechselstrom versteht man einen Strom, bei dem die Stromstärke J eine periodische Funktion der Zeit ist, derart, daß der über eine Periode (oder ein ganzes Vielfaches einer Periode) gebildete zeitliche Mittelwert $\bar{J}$ von J verschwindet. Verwendet man zur Messung eines solchen Stromes ein Meßinstrument, dessen Schwingungsdauer sehr groß gegenüber der Periode τ des Wechselstromes ist und dessen Ausschlag nur vom Quadrate der Stromstärke abhängt, dann definiert die Ablesung an einem solchen mit Gleichstrom geeichten Instrument gemäß (11) § 17 eine Größe

$$J^* = \sqrt{\overline{J^2}} = \sqrt{\frac{1}{\tau} \int_0^\tau J^2(t)\, dt}, \tag{1}$$

die wir als die „*effektive Stromstärke*" des Wechselstromes bezeichnen[1].

Analog mißt man mit einem nach dem gleichen Prinzip gebauten Spannungsmesser bei einem Wechselstrom die Größe

$$V^* = \sqrt{\overline{V^2}} = \sqrt{\frac{1}{\tau} \int_0^\tau V^2(t)\, dt}, \tag{2}$$

die wir „*effektive Spannung*" nennen[1].

Den Mittelwert der Leistung schließlich

$$\overline{(J V)} = \frac{1}{\tau} \int_0^\tau J(t) \cdot V(t)\, dt \tag{3}$$

nennen wir die „*effektive Leistung*" des Wechselstromes[1].

Wir nennen einen Wechselstrom „*harmonisch*", wenn V und J harmonische Funktionen der Zeit von der Gestalt

$$J = J_0 \cos(\omega t + \gamma_i), \tag{4}$$

$$V = V_0 \cos(\omega t + \gamma_v) \tag{5}$$

mit der Kreisfrequenz ω und den Phasenkonstanten γ_i bzw. γ_v sind. Die Amplituden J_0 und V_0 werden meist als die „*Scheitelwerte*" von Strom und Spannung bezeichnet. Nach dem FOURIERschen Satz kann man jeden nicht harmonischen Wechselstrom stets als die Überlagerung von harmonischen Wechselströmen mit Frequenzen auffassen, die ganzzahlige Vielfache der Grundfrequenz sind.

---

[1] Was die Konstruktion und die Eichung von Strom-, Spannungs- und Leistungsmessern für Wechselstrom betrifft, vgl. „Exp.-Physik", §§ 71 und 81.

Gemäß (1) und (4) bzw. (2) und (5) ergibt sich für den Effektivwert der Stromstärke eines harmonischen Wechselstromes wegen

$$\frac{1}{\tau}\int\limits_0^\tau \cos^2(\omega t + \gamma)\, dt = \frac{1}{2\pi}\int\limits_0^{2\pi}\cos^2 \xi \, d\xi = \frac{1}{2}:$$

$$J^* = \frac{1}{\sqrt{2}}\, J_0, \qquad V^* = \frac{1}{\sqrt{2}}\, V_0. \tag{6}$$

Der Scheitelwert eines harmonischen Wechselstromes ist also $\sqrt{2}$-mal so groß als der Effektivwert. Diese Beziehung gilt natürlich bei einem nichtharmonischen Wechselstrom nicht.

Für die effektive Leistung eines harmonischen Wechselstromes ergibt sich nach (3), (4), (5) und (6) wegen

$$\frac{1}{\tau}\int\limits_0^\tau \cos(\omega t + \gamma_i)\cos(\omega t + \gamma_v)\, dt =$$

$$= \frac{1}{\tau}\int\limits_0^\tau (\cos\omega t \cos\gamma_i - \sin\omega t \sin\gamma_i)(\cos\omega t \cos\gamma_v - \sin\omega t \sin\gamma_v)\, dt =$$

$$= \frac{1}{\tau}\left[\cos\gamma_i \cos\gamma_v \int\limits_0^\tau \cos^2\omega t.dt + \sin\gamma_i \sin\gamma_v \int\limits_0^\tau \sin^2\omega t.dt\right] = \frac{\cos(\gamma_i - \gamma_v)}{2} = \frac{\cos\gamma}{2}:$$

$$\overline{(J V)} = \frac{J_0 V_0}{2}\cos\gamma = J^* . V^* . \cos\gamma. \tag{7}$$

Die Formel (7) unterscheidet sich von der entsprechenden Formel für einen Gleichstrom durch das Hinzutreten des Faktors $\cos\gamma$, des *„Leistungsfaktors"*, der stets kleiner als 1 ist und worin $\gamma = \gamma_v - \gamma_i$ die Phasendifferenz zwischen Strom und Spannung bedeutet.

2. Berechnung des Stromverlaufes in Leitungskreisen mit Selbstinduktion.

Während man bei stationären Gleichströmen die Berechnung des Stromverlaufes in einem Leiterkreis auf Grund des Oнмschen Gesetzes vornehmen kann, muß bei Wechselstromkreisen auch beim Ausschluß gegenseitiger Induktion die Wirkung der Selbstinduktion der einzelnen Leiterteile berücksichtigt werden. Dies geschieht, indem man für jeden Leiterabschnitt die Differentialgleichung (19) § 45 heranzieht und darin für V den Ausdruck (5) einsetzt.

Die Aufgabe vereinfacht sich wesentlich, wenn wir nach § 10, 6. V als reellen Teil der komplexen Größe V' gemäß

$$V' = V_0'\, e^{i\omega t} \tag{8}$$

ansetzen, worin die komplexe Amplitude V_0' mit V_0 und γ_v durch

$$V_0' = V_0\, e^{i\gamma_v} \tag{9}$$

zusammenhängt. Analog können wir die Stromstärke des harmonischen Wechselstromes als reellen Teil der komplexen Größe J' in der Form

$$J' = J_0'\, e^{i\omega t} \tag{10}$$

ansetzen mit

$$J_0' = J_0\, e^{i\gamma_i}. \tag{11}$$

Wir versuchen zunächst eine Partikularlösung der Differentialgleichung (19) § 45 zu finden, wenn wir darin für V den Ausdruck (8) und für J den Ausdruck

(10) einsetzen. Man sieht, daß die Differentialgleichung in der Tat für alle t erfüllt ist, wenn die Gleichung

$$V_0{'} = (R + i\,\omega\,L)\,J_0{'} \tag{12}$$

erfüllt ist. Setzt man

$$R' = R + i\,\omega\,L, \tag{13}$$

dann gilt wegen (8), (10) und (12)

$$V' = R' \cdot J'. \tag{14}$$

Diese Gleichung ist formal identisch mit dem für stationäre Gleichströme gültigen OHMschen Gesetz (2) § 43. Wir bezeichnen daher R' als den „*komplexen Widerstand*" des betrachteten Leiters.

Durch Einsetzen aus (9) und (11) in (12) folgt weiter das Bestehen der Gleichungen

$$\frac{V_0}{J_0} = |R'| = \sqrt{R^2 + \omega^2\,L^2} = R^* \tag{15}$$

und

$$\operatorname{tg}(\gamma_v - \gamma_i) = \operatorname{tg}\gamma = \frac{\omega\,L}{R}. \tag{16}$$

Mit Benutzung der Gleichungen (6) kann man (15) in der Form

$$V^* = R^* \cdot J^* \tag{17}$$

schreiben.

Zwischen effektiver Spannung und effektiver Stromstärke in einem unverzweigten Leiterkreis gilt also das OHMsche Gesetz, jedoch mit einem von dem Gleichstromwiderstand R verschiedenen Widerstand R^*, der als „*Wechselstromwiderstand*" oder „*Scheinwiderstand*" oder „*Impedanz*" bezeichnet wird und sich gemäß (15) aus dem OHMschen Widerstand R, der Kreisfrequenz ω und dem Selbstinduktionskoeffizienten L des Leiterstückes berechnen läßt. Die Gleichung (16) sagt ferner aus, daß der Strom in der Phase gegen die Spannung um einen zwischen 0 und $\frac{\pi}{2}$ liegenden Winkel γ zurückbleibt, dessen Cosinus den Leistungsfaktor ergibt. Ist der Widerstand rein induktiv, d. h. ist $R = 0$, dann ist $\gamma = \frac{\pi}{2}$ und $\cos\gamma = 0$, die Leistung also gleich Null („*Blindstrom*").

Die allgemeine Lösung der Differentialgleichung (19) § 45 setzt sich bekanntlich aus der Lösung der homogenen Gleichung (mit $V = 0$) und einer Partikularlösung der inhomogenen Gleichung zusammen. Die allgemeine Lösung der homogenen Gleichung lautet nach (22) § 45

$$J = \text{Const} \cdot e^{-\frac{R}{L}\,t} \tag{18}$$

und eine Partikularlösung der inhomogenen Gleichung haben wir eben diskutiert. Wir sehen also, daß sich unmittelbar nach dem Einschalten der Wechselspannung über den Stromverlauf (4) ein Strom (18) überlagert, der nach Maßgabe des Verhältnisses R/L abklingt, so daß sich nach einer gewissen Zeit der oben besprochene Stromverlauf von selbst einstellt[1].

3. Der Transformator. Von den Problemen der gegenseitigen Induktion zweier Wechselstromkreise wollen wir bloß kurz den „*Wechselstromtransformator*" besprechen, der aus einem geschlossenen Eisenkern besteht, der mit zwei Spulen, der „primären" mit der Windungszahl N_1 und der „sekundären" mit der Windungszahl N_2 bewickelt sein möge. Die OHMschen Widerstände der Spulen seien gegen ihre Wechselstromwiderstände vernachlässigbar klein. An die Enden der Primärwicklung sei eine Wechselspannung V_1 angeschlossen. Es tritt dadurch an den Enden der Sekundärwicklung eine Wechselspannung V_2 auf. Die Primär-

---

[1] Bezüglich der experimentellen Untersuchung der besprochenen Erscheinungen und ihrer Anwendung zu Meßzwecken vgl. „Exp.-Physik", § 82.

und die Sekundärstromstärke seien J_1 und J_2, die Selbstinduktivitäten der beiden Spulen seien L_1 und L_2, ihre Gegeninduktivität gleich L_{12}.

Gemäß § 45, 2. gelten dann für die beiden Spulen die Differentialgleichungen

$$V_1 - L_1 \dot{J}_1 - L_{12} \dot{J}_2 = 0, \qquad V_2 - L_2 \dot{J}_2 - L_{12} \dot{J}_1 = 0. \tag{19}$$

Setzen wir Spannung und Stromstärke gemäß den Formeln (8) bis (11) als harmonische Zeitfunktionen mit der Kreisfrequenz ω an, dann werden die Gleichungen (19) augenscheinlich erfüllt, wenn die Gleichungen

$$V_{10}' - L_1 . i\omega J_{10}' - L_{12} . i\omega J_{20}' = 0, \qquad V_{20}' - L_2 . i\omega J_{20}' - L_{12} . i\omega J_{10}' = 0 \tag{20}$$

erfüllt sind.

Nach den Formeln (16) und (17) § 45 können wir mit der Abkürzung

$$a = \frac{4\,\pi}{c^2 R_m}$$

die Größen L_1, L_2 und L_{12} durch die Windungszahlen N_1 und N_2 in der Form

$$L_1 = a\,N_1{}^2, \qquad L_2 = a\,N_2{}^2, \qquad L_{12} = a\,N_1\,N_2 \tag{21}$$

ausdrücken, was in (20) eingesetzt ergibt

$$V_{10}' = N_1 i\omega a\,(N_1 J_{10}' + N_2 J_{20}'), \qquad V_{20}' = N_2 i\omega a\,(N_2 J_{20}' + N_1 J_{10}'),$$

also

$$\frac{V_{20}'}{V_{10}'} = \frac{N_2}{N_1} = \frac{V_{20}}{V_{10}} \tag{22}$$

und daher weiter nach (6)

$$\frac{V_2{}^*}{V_1{}^*} = \frac{N_2}{N_1}. \tag{23}$$

Das Verhältnis der Effektivwerte von Sekundär- und Primärspannung ist also gleich dem Verhältnis der Windungszahlen der Sekundär- und Primärspule, dem „*Übersetzungsverhältnis*" des Transformators.

Ist der Leistungsfaktor der die Primärspannung liefernden Stromquelle gleich $\cos \gamma_1$ und der des sekundären Verbraucherkreises gleich $\cos \gamma_2$, dann muß, da die dem Primärkreis zugeführte Leistung gleich der im Sekundärkreis verbrauchten Leistung sein muß und im Transformator selbst wegen des verschwindenden OHMschen Widerstandes keine Energie verbraucht wird, nach (7)

$$J_1{}^* V_1{}^* \cos \gamma_1 = J_2{}^* V_2{}^* \cos \gamma_2 \tag{24}$$

gelten oder mit Benutzung von (23)

$$\frac{J_2{}^*}{J_1{}^*} = \frac{N_1}{N_2} \frac{\cos \gamma_1}{\cos \gamma_2}. \tag{25}$$

Bei gegebenem Transformator und gegebenen Leistungsfaktoren der Stromkreise ist also die Stromstärke im Sekundärkreis der im Primärkreis proportional, der Transformator nimmt primär um so mehr Strom auf, je mehr Strom ihm sekundär entnommen wird. Das Verhältnis von Sekundär- zu Primärstromstärke ist ferner dem Übersetzungsverhältnis des Transformators verkehrt proportional[1].

4. Wechselstromkreis mit eingeschaltetem Kondensator. Erfahrungsgemäß läßt sich durch einen Stromkreis mit Widerstand und Selbstinduktion auch dann ein Wechselstrom hindurchschicken, wenn in ihn an irgendeiner Stelle ein Kondensator mit der Kapazität C eingeschaltet ist. In diesem Falle ist natürlich keine quasistationäre Strömung im Sinne der Definition des § 45, 1. vorhanden, da im Innern des Kondensators, der mit einem vollkommenen Isolator

---

[1] Über die experimentelle Untersuchung der Strom- und Spannungsverhältnisse sowie den Bau und die Anwendungen des Wechselstromtransformators vgl. „Exp.-Physik", § 79.

erfüllt sein möge, die Stromstärke gleich Null ist. Dennoch wäre es an sich natürlich möglich, daß in den übrigen Teilen des Stromkreises eine vom Orte unabhängige Stromstärke $J(t)$ herrsche, also die Bedingung der Quasistationarität überall, mit Ausnahme des Kondensatorinnern erfüllt wäre.

Daß dies in der Tat der Fall ist, läßt sich auf Grund der Entwicklungen in § 45, 7. sogleich beweisen. Denken wir uns nämlich den dort betrachteten Schwingungskreis an irgendeiner Stelle durchgeschnitten und an die beiden so entstandenen Leiterenden eine Wechselspannung V angeschlossen, so wirkt sie genau so wie eine dem Schwingungskreis aufgeprägte EMK vom Betrage V. Es gilt also für die Stromstärke die Differentialgleichung (32) § 45, wenn darin V statt Φ eingesetzt wird:

$$L\ddot{J} + R\dot{J} + \frac{1}{C}\,J = \dot{V}. \tag{26}$$

Setzt man in (26) für V den Ausdruck (8) ein, so sieht man, daß sie durch den Ansatz (11) für J gelöst werden kann, vorausgesetzt daß die Gleichung

$$\left(-L\omega^2 + Ri\omega + \frac{1}{C}\right) J_0' = i\omega\,V_0' \tag{27}$$

erfüllt ist, womit unsere Behauptung erwiesen ist.

Setzt man

$$R' = R + i L\,\omega - \frac{i}{\omega C}, \tag{28}$$

so gilt zwischen V' und J' wieder die Gleichung (14). Die Größe R' nennen wir wieder den komplexen Widerstand des Stromkreises. Er setzt sich additiv aus dem komplexen Widerstand (13) des Leiters mit Oнмschem Widerstand und Selbstinduktion und dem Ausdruck

$$R'' = -\frac{i}{\omega C} \tag{29}$$

zusammen, den wir als den komplexen Widerstand des in den Stromkreis eingeschalteten Kondensators ansprechen können, da ja die beiden Leiterelemente hintereinandergeschaltet sind.

Zwischen der effektiven Stromstärke und der effektiven Spannung gilt wieder das Gesetz (17) mit dem Wechselstromwiderstand

$$R^* = |R'| = \sqrt{R^2 + \left(L\,\omega - \frac{1}{\omega C}\right)^2}. \tag{30}$$

Er wird ein Minimum, wenn der zweite Term unter der Wurzel verschwindet, d. h. wenn die Gleichung (29) § 45 erfüllt ist, wenn also zwischen der Wechselstromquelle und dem aus der Kapazität und der Selbstinduktion gebildeten „*offenen Schwingungskreis*" Resonanz herrscht.

Für die Phasendifferenz γ zwischen Spannung und Stromstärke ergibt sich

$$\operatorname{tg}\gamma = \frac{L\,\omega - \dfrac{1}{\omega C}}{R}. \tag{31}$$

Der Strom bleibt also gegen die Spannung zurück, wenn der „induktive Widerstand" $L\omega$ den „kapazitiven Widerstand" $\dfrac{1}{\omega C}$ übertrifft, und eilt der Spannung voraus, wenn der kapazitive Widerstand größer ist als der induktive. Bei rein kapazitivem Widerstand ($R = 0$, $L = 0$) ist $\gamma = -\dfrac{\pi}{2}$, der Leistungsfaktor $\cos\gamma$ ist also gleich Null, ebenso wie bei rein induktivem Widerstand. Im Resonanzfall ist $\gamma = 0$ und $R = R^*$; die Wirkungen der Selbstinduktion und der Kapazität heben einander auf.

5. Berechnung der Stromstärke in verzweigten Leiterkreisen. Die Verteilung stationärer Ströme in einem beliebig verzweigten Leiterkreis läßt sich, wie im § 43 ausgeführt wurde, mit Hilfe des Ohmschen und der Kirchhoffschen Gesetze durchführen. Wegen der formalen Identität des Gesetzes (14) mit dem Ohmschen Gesetz kann man genau so auch bei der Berechnung der Stromverteilung von harmonischen Wechselströmen vorgehen, wenn man an Stelle der Ohmschen Widerstände die komplexen Widerstände (13) bzw. (28) oder (29) setzt, wodurch die Durchführung derartiger Aufgaben wesentlich erleichtert wird[1].

Wir begnügen uns, um die Anwendung der Methode zu illustrieren, mit dem folgenden einfachen Beispiel: Ein Wechselstromkreis sei zwischen den zwei Punkten A und B (Abb. 107), zwischen denen die effektive Spannung V^* herrschen möge, in zwei Zweige verzweigt, von denen der eine (I) aus einer Spule mit der Selbstinduktivität L und verschwindendem Ohmschen Widerstand, der andere (II) aus einem Kondensator mit der Kapazität C bestehen möge.

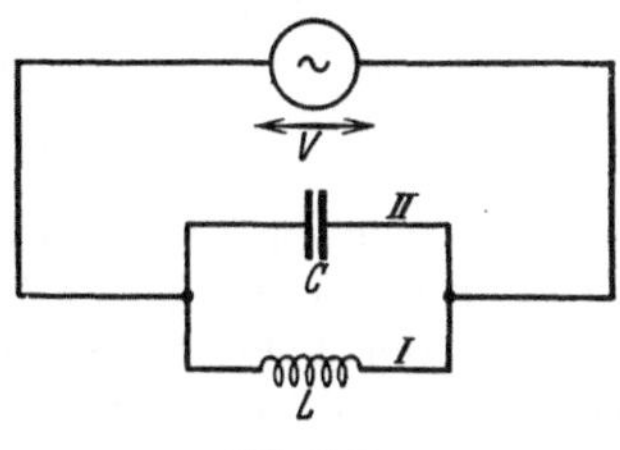
Abb. 107.

Für die Stromstärke in den beiden Zweigen gilt dann nach (14) und (13) bzw. (29)

$$J_1' = \frac{V'}{i\,\omega\,L}, \qquad J_2' = \frac{V'}{-\dfrac{i}{\omega\,C}}$$

und daher für die gesamte Stromstärke

$$J' = J_1' + J_2' = V'\left(\frac{1}{i\,\omega\,L} - \frac{\omega\,C}{i}\right) = V'\,\frac{1 - \omega^2\,L\,C}{i\,\omega\,L}.$$

Die Verzweigung besitzt also den komplexen Widerstand

$$R' = \frac{i\,\omega\,L}{1 - \omega^2\,L\,C}. \tag{32}$$

Aus (32) erhalten wir nun für den Wechselstromwiderstand R^*

$$R^* = \left|\frac{L\,\omega}{1 - \omega^2\,L\,C}\right|. \tag{33}$$

Er wird ∞, wenn der Nenner in (33) verschwindet oder die Gleichung (29) § 45 erfüllt ist, d. h. wenn die angelegte Wechselspannung mit der Eigenfrequenz des aus den Zweigen I und II bestehenden geschlossenen Schwingungskreises in Resonanz steht (*„Sperrkreis"*)[1].

Nach der gleichen Methode können auch komplizierte, aus Selbstinduktionen und Kapazitäten zusammengesetzte Leiterkreise, sogenannte *„Kettenleiter"* behandelt werden. Durch geeignete Abmessung ihrer Bestandteile kann man es dann erzielen, daß ihr Wechselstromwiderstand für bestimmte Frequenzbereiche klein, für andere groß ist, so daß sie zur Aussiebung von Strömen benutzt werden können, die aus einem Gemisch harmonischer Wechselströme bestehen (*„Siebketten"*)[1].

§ 47. Die Maxwellschen Gleichungen für das elektromagnetische Feld.

1. Die allgemeine Fassung des Induktionsgesetzes. In § 43, 1. sprachen wir den Satz aus, daß in einem homogenen, drahtförmigen Leiter ein elektrischer Strom nur dann fließen kann, wenn an seinen Enden eine Potentialdifferenz

---

[1] Bezüglich der experimentellen Anwendung dieser Erscheinungen vgl. „Exp.-Physik", §§ 82, 83, 84.

herrscht, d. h. wenn innerhalb des Leiters ein Potentialgefälle und daher ein elektrisches Feld vorhanden ist. Nennen wir die Feldstärke dieses Feldes $\mathfrak{E}$, ihre Tangentialkomponente in der Richtung der Drahtachse E_s, dann können wir nach (8) § 6 schreiben

$$V = \varphi_1 - \varphi_2 = \int_1^2 E_s\, ds. \tag{1}$$

Halten wir diesen Satz auch für den Fall nichtstationärer Ströme aufrecht, dann müssen wir auch die EMK der Induktion auf den betrachteten Leiter dem Vorhandensein eines elektrischen Feldes zuschreiben, das durch die zeitliche Änderung des Feldes der magnetischen Induktion $\mathfrak{B}$ in dem Leiter hervorgerufen wird. Wir setzen also für den geschlossenen Stromkreis die EMK der Induktion gleich

$$\Phi = \oint E_s\, ds, \tag{2}$$

genau so, wie wir für den geschlossenen magnetischen Kreis die magnetomotorische Kraft in der Form (18) § 44 angesetzt hatten. Hierin ist E_s die Tangentialkomponente der Feldstärke des elektrischen Feldes der Induktion, da ja der Ausdruck (1), auf einem geschlossenen Weg gebildet, wie schon in § 43, 1. erwähnt wurde, verschwindet.

Mit Benutzung von (2) können wir das Induktionsgesetz gemäß den Formeln (1) § 45 und (2) § 45 in die folgende Form bringen:

$$\oint E_s\, ds = -\frac{1}{c}\frac{d}{dt}\int\int B_n\, dF. \tag{3}$$

Soweit war unser Vorgang rein formaler Natur. Der entscheidende Schritt zur Weiterbildung der Theorie nach MAXWELL besteht nun darin, daß wir die Behauptung aufstellen, daß durch die zeitliche Änderung des Feldes $\mathfrak{B}$ *stets* ein Feld $\mathfrak{E}$ hervorgerufen wird, unabhängig davon, ob sich im Felde ein Leiter befindet oder nicht und daß das Auftreten des *Induktionsstromes* im Leiter nur ein sekundäres Merkmal für das Auftreten des elektrischen *Feldes der Induktion* sei. Wir müssen dann verlangen, daß die Gleichung (3) für jede beliebige geschlossene Kurve im Felde erfüllt sei.

Entsprechend dem Wesen des Feldbegriffes werden wir vermuten, daß sich das verallgemeinerte Induktionsgesetz in die Form einer Differentialgleichung zwischen den Vektorfunktionen $\mathfrak{E}$ und $\mathfrak{H}$ bringen lassen müsse. Dies läßt sich in der Tat sogleich zeigen, wenn man die linke Seite der Gleichung (3) mittels des STOKESschen Satzes (12) § 8 umformt, so daß daraus wird

$$\int\int \mathrm{rot}_n\, \mathfrak{E}\, dF = -\frac{1}{c}\frac{d}{dt}\int\int B_n\, dF,$$

worin die Integration auf beiden Seiten über das gleiche Flächenstück zu erstrecken ist. Da diese Beziehung für jedes beliebige Flächenstück im Raume gelten soll, müssen die Integranden auf beiden Seiten gleich sein, d. h. es muß die Differentialgleichung

$$\mathrm{rot}\, \mathfrak{E} = -\frac{1}{c}\frac{\partial \mathfrak{B}}{\partial t} \tag{4}$$

erfüllt sein, die wir als die allgemeinste Fassung des Induktionsgesetzes ansehen und als die *„zweite MAXWELLsche Gleichung"* bezeichnen. Das durch die Induktion hervorgerufene elektrische Feld ist im Gegensatz zum elektrostatischen Feld ruhender Ladungen, das der Gleichung (1) § 42 gehorcht, ein Wirbelfeld.

2. Die allgemeine Fassung des elektromagnetischen Grundgesetzes; der Verschiebungsstrom. Wir gehen nun daran, das Gesetz für das magnetische Feld räumlich beliebig verteilter elektrischer Ströme, das wir für den stationären

Fall in die Form der Gleichung (31) § 44 gekleidet hatten, für den nichtstationären Fall zu verallgemeinern. Daß es in der Form (31) § 44 für einen nichtstationären Stromverlauf nicht richtig sein kann, sieht man sogleich daraus, daß die Divergenz der linken Seite dieser Gleichung wegen der Beziehung (5) § 8 identisch verschwindet, während die Divergenz von i nach (13) § 43 nur für stationäre Ströme gleich Null ist. Es liegt nahe, die Verallgemeinerung des Gesetzes vorzunehmen, indem man das Vektorfeld i durch Hinzufügen eines weiteren Vektorfeldes, das im stationären Fall verschwindet, zu einem quellenfreien Feld ergänzt.

Wir sahen unter 1., daß ein veränderliches Magnetfeld ein elektrisches Feld zwangsweise hervorruft. Wir vermuten daher, daß auch umgekehrt ein veränderliches elektrisches Feld ein Magnetfeld zwangsweise erzeugt. Dies gibt uns einen weiteren Fingerzeig zur Auffindung des allgemeinen elektromagnetischen Grundgesetzes: das oben erwähnte Zusatzfeld zu i dürfte vermutlich mit der zeitlichen Änderung der elektrischen Feldstärke in einfachem Zusammenhange stehen.

Diesen Richtlinien folgend, gehen wir nun folgendermaßen vor: Wir setzen in die Kontinuitätsgleichung (12) § 43 für die Ladungsdichte ϱ der wahren Ladungen gemäß der Gleichung (21) § 42 ein, von der wir annehmen wollen, daß sie auch für zeitlich veränderliche Felder in Gültigkeit bleibt. Dies ergibt

$$\frac{\partial}{\partial t}\left(\frac{\operatorname{div}\mathfrak{D}}{4\pi}\right)+\operatorname{div}i=0$$

oder, wenn wir die Operationen div und $\dfrac{\partial}{\partial t}$ miteinander vertauschen,

$$\operatorname{div}\left(i+\frac{1}{4\pi}\frac{\partial\mathfrak{D}}{\partial t}\right)=0. \tag{5}$$

Der Vektor $\dfrac{1}{4\pi}\dfrac{\partial\mathfrak{D}}{\partial t}$ ergänzt also i zu einem quellenfreien Vektor und verschwindet im stationären Fall. Wir bezeichnen ihn nach MAXWELL als Dichte des „*Verschiebungsstromes*". Der Name ist im Hinblick darauf gewählt, daß er die Dimension von i hat und, wie wir später (§ 52, 3.) noch zeigen werden, in einem polarisierbaren Dielektrikum in der Verschiebung von freien Ladungen besteht. Auf Grund unserer Betrachtungen schreiben wir ihm, da er der zeitlichen Änderung des elektrischen Feldes proportional ist, die Fähigkeit zur Hervorbringung eines Magnetfeldes zu und stellen demnach in Verallgemeinerung der Gleichung (31) § 44 für nichtstationäre Ströme die Differentialgleichung

$$\operatorname{rot}\mathfrak{H}=\frac{4\pi}{c}i+\frac{1}{c}\frac{\partial\mathfrak{D}}{\partial t} \tag{6}$$

auf, die als die „*erste MAXWELLsche Gleichung*" bezeichnet wird.

Sie reduziert sich für Medien mit der Leitfähigkeit Null, wo $i=0$ ist, auf

$$\operatorname{rot}\mathfrak{H}=\frac{1}{c}\frac{\partial\mathfrak{D}}{\partial t}. \tag{7}$$

Diese Gleichung weist eine in die Augen fallende Symmetrie zu der Gleichung (4) auf, was uns in der Überzeugung bestärkt, daß die auf die Gleichung (6) führende Überlegung richtig ist. Der zwingende Beweis für die Richtigkeit der Gesetze (4) und (6) kann natürlich erst dann erbracht werden, wenn es gelingt, aus ihnen deduktiv abgeleitete Gesetzmäßigkeiten experimentell zu prüfen, was sich im folgenden in der Tat herausstellen wird.

3. Das System der Maxwellschen Gleichungen. Ein beliebiges, zeitlich veränderliches, elektromagnetisches Feld wird durch die Angabe der Feldvektoren $\mathfrak{H}$, $\mathfrak{B}$, $\mathfrak{E}$ und $\mathfrak{D}$, des Stromdichtevektors i und der Ladungsdichte ϱ als Funktionen von Ort und Zeit bestimmt, wenn wir, wie wir es im folgenden zur Vereinfachung stets tun wollen, die Anwesenheit permanenter Magnete im Felde ausschließen und flächenhafte Ladungen als Grenzfälle räumlich verteilter Ladungen in diese mit einbeziehen. Zwischen diesen Größen gelten, wie wir oben dargelegt haben, die Differentialgleichungen (4) und (6), wozu noch die Gleichungen (29) § 41 und (31) § 41, (21) § 42, (23) § 42 und (14) § 43 hinzutreten, von denen wir ebenfalls, wie früher bereits erwähnt wurde, annehmen wollen, daß sie für beliebige Felder in Geltung bleiben; schließlich tritt hiezu noch die Kontinuitätsgleichung (12) § 43.

Das Gleichungssystem

$$\left. \begin{array}{lll} \text{a) } \operatorname{rot} \mathfrak{H} = \dfrac{4\pi}{c}\,\mathfrak{i} + \dfrac{1}{c}\dfrac{\partial \mathfrak{D}}{\partial t}, & \text{b) } \operatorname{rot} \mathfrak{E} = -\dfrac{1}{c}\dfrac{\partial \mathfrak{B}}{\partial t}, & \text{c) } \operatorname{div} \mathfrak{D} = 4\,\pi\varrho, \\[3ex] \text{d) } \operatorname{div} \mathfrak{B} = 0, & \text{e) } \mathfrak{i} = \sigma\mathfrak{E}, & \text{f) } \mathfrak{D} = \varepsilon\mathfrak{E}, \\[3ex] \text{g) } \mathfrak{B} = \mu\,\mathfrak{H}, & \text{h) } \operatorname{div}\mathfrak{i} + \dfrac{\partial\varrho}{\partial t} = 0 & \end{array} \right\} \quad (8)$$

wollen wir das System der „MAXWELL*schen Gleichungen*" des elektromagnetischen Feldes nennen. Sie fassen den ganzen Inhalt der Kontinuumtheorie des elektromagnetischen Feldes zusammen, denn sie gestatten, die Berechnung des Feldes auf rein deduktivem Wege in jedem Spezialfall auszuführen, wenn im Sinne der Kontinuumauffassung der Materie die Größen σ, ε und μ als Funktionen des Ortes im ganzen Raume bekannt sind. Mit einer Reihe derartiger Probleme haben wir uns in den §§ 41 bis 46 bereits befaßt und ebenso ist der folgende § 48 der Behandlung einer besonderen Art nichtstationärer Felder, der „elektromagnetischen Wellen" gewidmet.

Für den Fall, daß der ganze Raum von einer homogenen und isotropen Substanz mit konstantem ε und μ erfüllt ist, kann man $\mathfrak{D}$ und $\mathfrak{B}$ aus dem Gleichungssystem (8) eliminieren und es in die Form

$$\left. \begin{array}{lll} \text{a) } \operatorname{rot} \mathfrak{H} = \dfrac{4\pi}{c}\,\mathfrak{i} + \dfrac{\varepsilon}{c}\dfrac{\partial \mathfrak{E}}{\partial t}, & \text{b) } \operatorname{rot} \mathfrak{E} = -\dfrac{\mu}{c}\dfrac{\partial \mathfrak{H}}{\partial t}, & \text{c) } \operatorname{div} \mathfrak{E} = \dfrac{4\pi\varrho}{\varepsilon}, \\[3ex] \text{d) } \operatorname{div} \mathfrak{H} = 0, & \text{e) } \mathfrak{i} = \sigma\mathfrak{E}, & \text{f) } \operatorname{div}\mathfrak{i} + \dfrac{\partial\varrho}{\partial t} = 0 \end{array} \right\} \quad (9)$$

bringen. Ist auch σ noch räumlich konstant, dann kann man auch $\mathfrak{i}$ aus dem Gleichungssystem (9) eliminieren und erhält

$$\left. \begin{array}{lll} \text{a) } \operatorname{rot} \mathfrak{H} = \dfrac{4\pi\sigma}{c}\,\mathfrak{E} + \dfrac{\varepsilon}{c}\dfrac{\partial \mathfrak{E}}{\partial t}, & \text{b) } \operatorname{rot} \mathfrak{E} = -\dfrac{\mu}{c}\dfrac{\partial \mathfrak{H}}{\partial t}, & \text{c) } \operatorname{div} \mathfrak{E} = \dfrac{4\pi\varrho}{\varepsilon} \\[3ex] \text{d) } \operatorname{div} \mathfrak{H} = 0, & \text{e) } \operatorname{div}\left(\sigma\,\mathfrak{E} + \dfrac{\varepsilon}{4\pi}\dfrac{\partial \mathfrak{E}}{\partial t}\right) = 0 \end{array} \right\} \quad (10)$$

An der Grenzfläche zweier verschiedener, homogener Medien müssen zwischen den Feldgrößen bestimmte Grenzbedingungen erfüllt sein. Um sie zu erhalten, denken wir uns zunächst, daß die beiden Medien in einer Übergangsschicht von sehr kleiner, aber endlicher Dicke kontinuierlich ineinander übergehen. Innerhalb der Grenzschicht müssen dann die Gleichungen (8) gelten. Im Grenzfalle einer unendlich dünnen Übergangsschicht bleiben die rechten Seiten der Gleichungen (8a) und (8b) endlich, da die Stromdichte $\mathfrak{i}$ nach der Gleichung (8e) wegen des endlichen σ stets endlich bleibt. Es müssen daher auch die linken Seiten der Gleichungen (8a) und (8b) innerhalb der Grenzschicht endlich bleiben, d. h. es müssen alle Komponenten von $\operatorname{rot} \mathfrak{H}$ und $\operatorname{rot} \mathfrak{E}$ innerhalb der Grenzschicht endliche Werte ergeben.

Denken wir uns die z-Achse senkrecht zur Grenzfläche gelegt, dann enthalten diese Ausdrücke gemäß den Formeln (2) § 8 von den Komponenten H_z und E_z

nur die Ableitungen nach x und y, dagegen von den übrigen Komponenten auch die Ableitungen nach z. Die Ableitungen nach x und y sind offenbar, da sie sich auf Fortschreitungen parallel zur Grenzfläche beziehen, stets endlich, sofern nur H_z und E_z in jedem der beiden Medien stetig sind. Die Ableitungen nach z hingegen bleiben in der Grenzfläche nur dann endlich, wenn die entsprechenden Funktionen beim Fortschreiten in der Richtung der Grenzflächennormalen stetig sind.

Daraus folgt, daß die „Tangentialkomponenten" von $\mathfrak{E}$ und $\mathfrak{H}$ in den beiden Medien an der Grenzfläche stetig ineinander übergehen müssen. Die „Normalkomponenten" von $\mathfrak{E}$ und $\mathfrak{H}$ hingegen können an der Grenzfläche einen Sprung erleiden, was nach den Gleichungen (27) § 41 und (7) § 42 das Auftreten von flächenhaften Magnetpolen bzw. flächenhaften elektrischen Ladungen in der Grenzfläche zur Folge hat.

Für die Volumenkraft $\mathfrak{f}$ des Feldes wollen wir ebenfalls die Gültigkeit der früher abgeleiteten Ausdrücke (54) § 41, (38) § 42 und (32) § 44 annehmen, deren Addition ergibt

$$\mathfrak{f} = \varrho\,\mathfrak{E} - \frac{1}{8\pi}\,(H^2\,\mathrm{grad}\,\mu + E^2\,\mathrm{grad}\,\varepsilon) + \frac{1}{c}\,(\mathfrak{i} \times \mathfrak{B}). \tag{11}$$

In einem homogenen Medium verschwindet hierin der zweite Term auf der rechten Seite und es gilt

$$\mathfrak{f} = \varrho\,\mathfrak{E} + \frac{1}{c}\,(\mathfrak{i} \times \mathfrak{B}). \tag{12}$$

4. Die elektrodynamischen Potentiale. In den §§ 42 und 44 behandelten wir allgemein die Aufgabe, die elektrische und die magnetische Feldstärke in einem stationären, elektromagnetischen Felde bei gegebener Verteilung der Ströme und Ladungen zu berechnen. Wir fanden speziell für den Fall, wo der ganze Raum mit einem homogenen und isotropen Medium erfüllt ist, daß sich $\mathfrak{E}$ vermöge der Gleichung (8) § 42 aus einem skalaren Potential φ ableiten läßt, das der Poissonschen Gleichung (30) § 42 genügt, durch deren Lösung bei gegebenem $\varrho\,(x, y, z)$ man φ und daraus $\mathfrak{E}$ erhält. Wir fanden ferner, daß sich $\mathfrak{H}$ vermöge der Gleichung (3) § 44 aus einem Vektorpotential $\mathfrak{A}$ ableiten läßt, das der Gleichung (30) § 44 genügt, durch deren Lösung bei gegebenem $\mathfrak{i}\,(x, y, z)$ man $\mathfrak{A}$ und daraus $\mathfrak{H}$ erhält. Wir wollen jetzt versuchen, die gleiche Aufgabe für ein nichtstationäres Feld ebenfalls in einem homogenen und isotropen Medium vermöge der Gleichungen (9) durch Einführung geeigneter Potentiale zu lösen, die wir, um sie von den früher benutzten zu unterscheiden, als „*elektrodynamische Potentiale*" bezeichnen wollen.

Der Gleichung (9d), die aussagt, daß $\mathfrak{H}$ quellenfrei ist, wird man gerecht, wenn man $\mathfrak{H}$ auch hier durch ein Vektorpotential $\mathfrak{A}$ gemäß

$$\mathfrak{H} = \mathrm{rot}\,\mathfrak{A} \tag{13}$$

ansetzt. Aus (13) und (9b) folgt nun durch Vertauschung der Operationen rot und $\dfrac{\partial}{\partial t}$

$$\mathrm{rot}\left(\mathfrak{E} + \frac{\mu}{c}\,\frac{\partial\mathfrak{A}}{\partial t}\right) = 0.$$

Der Vektor $\mathfrak{E} + \dfrac{\mu}{c}\,\dfrac{\partial\mathfrak{A}}{\partial t}$ ist also wirbelfrei und kann daher als Gradient eines skalaren Potentials in der Form

$$\mathfrak{E} + \frac{\mu}{c}\,\frac{\partial\mathfrak{A}}{\partial t} = -\,\mathrm{grad}\,\varphi$$

angesetzt werden. $\mathfrak{E}$ drückt sich demnach durch $\mathfrak{A}$ und φ in der folgenden Form aus:

$$\mathfrak{E} = -\,\mathrm{grad}\,\varphi - \frac{\mu}{c}\,\frac{\partial\mathfrak{A}}{\partial t}. \tag{14}$$

Für die Entwicklungen des § 8 erwies es sich als zweckmäßig, das Vektorfeld $\mathfrak{A}$ vermöge der Gleichung (15) § 8 als quellenfrei anzusetzen. Für die folgenden Entwicklungen erweist es sich als zweckmäßiger, über die Quellen von $\mathfrak{A}$ derart zu verfügen, daß die Gleichung

$$\operatorname{div} \mathfrak{A} = -\frac{\varepsilon}{c}\frac{\partial \varphi}{\partial t} \tag{15}$$

erfüllt ist. Den Beweis dafür, daß diese Annahme wirklich möglich ist, werden wir weiter unten erbringen.

Die Gleichung (9c) verwandelt sich nun mit Benutzung von (14) und (15), wenn man wieder die Operationen div und $\dfrac{\partial}{\partial t}$ miteinander vertauscht, in

$$\Delta\,\varphi - \frac{1}{c^{*2}}\frac{\partial^2 \varphi}{\partial t^2} = -\frac{4\,\pi\,\varrho}{\varepsilon}\,; \tag{16}$$

ähnlich erhalten wir aus (9a) mit Benutzung von (13), (14) und (15) und Hinzuziehung der Formel (11) § 8

$$\Delta\,\mathfrak{A} - \frac{1}{c^{*2}}\frac{\partial^2 \mathfrak{A}}{\partial t^2} = -\frac{4\,\pi\,\mathfrak{i}}{c}\,. \tag{17}$$

Zur Abkürzung ist hierin gesetzt:

$$c^* = \frac{c}{\sqrt{\varepsilon\,\mu}}\,. \tag{18}$$

Wir müssen nun noch zeigen, daß die Kontinuitätsgleichung mit unserer Annahme (15) nicht im Widerspruche steht. Wir setzen zu diesem Zwecke in (9f) für $\mathfrak{i}$ und ϱ aus (17) und (16) ein und erhalten

$$c\left(\operatorname{div}\Delta\,\mathfrak{A} - \frac{\varepsilon\,\mu}{c^2}\operatorname{div}\frac{\partial^2 \mathfrak{A}}{\partial t^2}\right) + \varepsilon\left(\frac{\partial}{\partial t}\Delta\,\varphi - \frac{\varepsilon\,\mu}{c^2}\frac{\partial^3 \varphi}{\partial t^3}\right) = 0$$

und hieraus wieder durch entsprechende Vertauschung der Differentialoperatoren

$$\Delta\left(\operatorname{div}\mathfrak{A} + \frac{\varepsilon}{c}\frac{\partial \varphi}{\partial t}\right) = \frac{\varepsilon\,\mu}{c^2}\frac{\partial^2}{\partial t^2}\left(\operatorname{div}\mathfrak{A} + \frac{\varepsilon}{c}\frac{\partial \varphi}{\partial t}\right),$$

eine Gleichung, die in der Tat erfüllt ist, wenn die Gleichung (15) für alle Zeiten gilt.

Die Lösung unseres Problems, das elektromagnetische Feld bei gegebener Strom- und Ladungsverteilung zu finden, läßt sich also erledigen, wenn man die Differentialgleichungen (16) und (17) unter gegebenen Rand- und Anfangsbedingungen löst und hieraus vermöge (13) und (14) $\mathfrak{E}$ und $\mathfrak{H}$ bestimmt. Wie man sieht, gehen diese Gleichungen für stationäre Felder, bei denen sämtliche das Feld bestimmenden Größen von der Zeit unabhängig sind, in die Gleichungen (30) § 42 und (30) § 44 über. Verschwinden anderseits ϱ und $\mathfrak{i}$, dann genügen φ und die drei Komponenten von $\mathfrak{A}$ Gleichungen von der Form der Wellengleichung (1) § 13. Auf Grund dieser Tatsachen wollen wir versuchen, die allgemeine Lösung für den Fall beliebig vorgegebener $\varrho\,(x,\,y,\,z,\,t)$ und $\mathfrak{i}\,(x,\,y,\,z,\,t)$ anzugeben.

Wir behaupten, daß diese Lösungen lauten

$$\varphi\,(x,\,y,\,z,\,t) = \frac{1}{\varepsilon}\int\!\!\int\!\!\int \frac{\varrho\left(\xi,\eta,\zeta,t - \dfrac{r}{c^*}\right)}{r}\,d\xi\,d\eta\,d\zeta, \tag{19}$$

$$\mathfrak{A}\,(x,\,y,\,z,\,t) = \frac{1}{c}\int\!\!\int\!\!\int \frac{\mathfrak{i}\left(\xi,\eta,\zeta,t - \dfrac{r}{c^*}\right)}{r}\,d\xi\,d\eta\,d\zeta, \tag{20}$$

worin r die Entfernung des Aufpunktes mit den Koordinaten x, y, z vom Quellpunkte mit den Koordinaten ξ, η, ζ ist und die Integrale über den ganzen Raum zu erstrecken sind.

Um die Richtigkeit der Lösung (19) zu beweisen, denken wir uns um den Aufpunkt ein sehr kleines Gebiet V_1 abgegrenzt und die Integration in die über V_1 und den übrigen Raum V_2 zerlegt. Wir nennen φ_1 den von der ersten Integration herrührenden Beitrag zu φ und φ_2 den von der zweiten herrührenden. Lassen wir V_1 gegen Null gehen, dann geht offenbar auch φ_1 gegen Null, $\Delta \varphi_1$ bleibt jedoch endlich; da nämlich in diesem Falle sicher innerhalb V_1 überall r/c^* klein gegen t ist, reduziert sich φ_1 auf den ersten Term des Ausdruckes (28) § 42 und ist daher die Lösung der POISSONschen Gleichung (30) § 42

$$\Delta \varphi_1 = - \frac{4\pi\varrho}{\varepsilon}. \tag{21}$$

Da ferner der Integrand von (19) für jedes gegebene ξ, η, ζ eine Funktion von x, y, z, t von der Gestalt (6) § 13 ist, genügt er der Differentialgleichung (1) § 13, und daher genügt wegen der Linearität dieser Gleichung auch das Integral über das Gebiet V_2 dieser Gleichung, da darin die singuläre Stelle $r = 0$ nicht enthalten ist; es gilt also wieder im Grenzfall $V_1 = 0$:

$$\Delta \varphi_2 = \frac{1}{c^{*2}} \frac{\partial^2 \varphi}{\partial t^2}. \tag{22}$$

Aus (21) und (22) folgt nun sogleich

$$\Delta \varphi = \Delta \varphi_1 + \Delta \varphi_2 = - \frac{4\pi\varrho}{\varepsilon} + \frac{1}{c^{*2}} \frac{\partial^2 \varphi}{\partial t^2}$$

also in der Tat die Gleichung (16). Da φ_1 bei gegebenen Randbedingungen die eindeutige Lösung von (21) und φ_2 bei gegebenen Rand- und Anfangsbedingungen die eindeutige Lösung von (22) ist, folgt, wie behauptet wurde, daß (19) die eindeutige Lösung der Differentialgleichung (16) ist. Analog läßt sich der Beweis für die einzelnen Komponenten von (20) führen.

Die Werte der elektrodynamischen Potentiale in irgendeinem Punkte des Feldes zu irgendeiner Zeit werden, wie man aus (19) und (20) sieht, ebenso wie im stationären Fall gebildet, jedoch mit dem Unterschied, daß für ϱ und i nicht die Werte zur Zeit t, sondern zur Zeit $t - r/c^*$, also zu einem Zeitpunkt zu nehmen sind, der um r/c^* früher liegt. Es ist also so, als ob eine gewisse Zeit verstreichen müßte, damit die Wirkung einer Veränderung von ϱ oder i vom Quellpunkte zum Aufpunkte hingelangen kann und als ob diese Wirkung mit der Geschwindigkeit c^* im Raume fortschreiten würde. Um diesem Umstande Rechnung zu tragen, werden die elektrodynamischen Potentiale mitunter auch als „*retardierte Potentiale*" bezeichnet. Die genauere Deutung dieser Tatsache werden wir im nächsten Paragraphen geben.

Verändern sich i und ϱ so langsam, daß innerhalb des zur Beobachtung gelangenden Feldgebietes r/c^* stets klein gegen die Zeit ist, innerhalb derer sich i und ϱ merklich verändern, dann kann man r/c^* in den Ausdrücken für die elektrodynamischen Potentiale einfach weglassen, d. h. das Feld in jedem Augenblick aus den jeweiligen Werten von i und ϱ so berechnen, als ob es stationär wäre. Auf diese Weise hatten wir im § 45, 1. die Quasistationarität definiert. Wir sehen jetzt, daß die Annahme der Quasistationarität für die näherungsweise Berechnung nichtstationärer elektromagnetischer Vorgänge in der Tat berechtigt ist und sind in der Lage, genau angeben zu können, wann mit dieser Annahme gerechnet werden kann und wann nicht.

5. Die Energiegleichung für das allgemeine elektromagnetische Feld; der Poyntingsche Vektor. Multipliziert man die erste der Gleichungen (8) mit $-\mathfrak{E}$, die zweite mit $\mathfrak{H}$ skalar und addiert, so ergibt sich mit Benutzung der Gleichungen (8e), (8f), (8g) und Verwendung der Vektorformel (8) § 8

$$\mathfrak{H}\operatorname{rot}\mathfrak{E} - \mathfrak{E}\operatorname{rot}\mathfrak{H} = \operatorname{div}(\mathfrak{E}\times\mathfrak{H}) = -\frac{4\pi}{c}\,\mathfrak{i}\,\mathfrak{E} - \frac{1}{c}\,\mathfrak{E}\frac{\partial\mathfrak{D}}{\partial t} - \frac{1}{c}\,\mathfrak{H}\frac{\partial\mathfrak{B}}{\partial t} =$$

$$= -\frac{4\pi}{c}\frac{i^2}{\sigma} - \frac{\varepsilon}{2c}\frac{\partial(E^2)}{\partial t} - \frac{\mu}{2c}\frac{\partial(H^2)}{\partial t}.$$

Wir bilden nun das Volumenintegral über ein beliebiges Gebiet des Feldes, wenden den Gaußsschen Satz (33) § 6 an und multiplizieren mit $-c/4\pi$. Dies ergibt

$$-\frac{c}{4\pi}\iiint\operatorname{div}(\mathfrak{E}\times\mathfrak{H})\,dV = -\frac{c}{4\pi}\iint(\mathfrak{E}\times\mathfrak{H})_n\,dF = \iiint\frac{i^2}{\sigma}\,dV\,+$$

$$+\frac{1}{8\pi}\iiint\left(\varepsilon\frac{\partial(E^2)}{\partial t} + \mu\frac{\partial(H^2)}{\partial t}\right)dV. \tag{23}$$

Das erste Glied auf der rechten Seite von (23) ist nach Formel (15) § 43 gleich der in dem betrachteten Volumen pro Zeiteinheit entwickelten Jouleschen Wärme Q. Das zweite Glied auf der rechten Seite von (23) ist nach (49) § 41 und (35) § 42 gleich der Zunahme der in dem betrachteten Volumen enthaltenen elektromagnetischen Feldenergie U, also gleich dU/dt. Führen wir noch einen Vektor $\mathfrak{S}$, den „Poyntingschen Vektor" durch die Definition

$$\mathfrak{S} = \frac{c}{4\pi}\,(\mathfrak{E}\times\mathfrak{H}) \tag{24}$$

ein, so können wir die Gleichung (23) in der folgenden Form schreiben:

$$\iint S_n\,dF + Q = -\frac{dU}{dt}. \tag{25}$$

Die Gleichung (25) enthält offenbar die Energiebilanz des elektromagnetischen Feldes. Will man den Satz von der Erhaltung der Energie auch für ein beliebiges Gebiet des Feldes aufrechterhalten, dann muß man annehmen, daß die durch die Abnahme $-dU/dt$ der Feldenergie in dem betrachteten Gebiet in der Zeit Eins freigewordene Energie nur zum Teil zur Hervorbringung der Jouleschen Wärme verwendet wird. Der Rest, der durch den ersten Term auf der linken Seite von (25) dargestellt wird, kann gedeutet werden, wenn man annimmt, daß im Felde eine *Strömung vou elektromagnetischer Energie* erfolgt, derart, daß der durch (24) definierte Vektor $\mathfrak{S}$ ebenso die Dichte dieser Strömung angibt, wie $\mathfrak{i}$ die Stromdichte des elektrischen Stromes. $\iint S_n\,dF$ ist dann nichts anderes als die in der Zeiteinheit aus der Begrenzungsfläche des betrachteten Gebietes nach außen ausströmende Energie.

Nach (24) kann man natürlich auch in einem stationären elektromagnetischen Feld eine Energieströmung mit der Dichte $\mathfrak{S}$ definieren, die aber nur eine fiktive Bedeutung hat. Denn da im stationären Feld $\operatorname{div}\mathfrak{S} = 0$ gilt, sind die Strömungslinien der Energieströmung in sich geschlossen, und da nur Energieänderungen experimentell faßbar sind, kommt dieser Energieströmung keine physikalische Bedeutung zu. Bedeutungsvoll wird sie erst im nichtstationären Felde, wo sie elektromagnetische Energie von einer Stelle des Feldes zur anderen transportiert und dadurch erst die Feldänderung ermöglicht.

6. Der Impulssatz für das elektromagnetische Feld; die elektromagnetische Bewegungsgröße. Wir wollen nun zeigen, daß sich auch eine Übertragung des

Impulssatzes der Mechanik auf das elektromagnetische Feld durchführen läßt. Wir gehen zu diesem Zwecke von dem Ausdrucke (11) für die Kraft $\mathfrak{f}$ aus, die das Feld auf die in der Volumeneinheit enthaltenen Ladungen und Ströme ausübt, und eliminieren daraus ϱ vermöge (8c) und $\mathfrak{i}$ vermöge (8a):

$$\mathfrak{f} = \frac{1}{4\pi}\left(\mathfrak{E}\operatorname{div}\mathfrak{D} + \operatorname{rot}\mathfrak{H}\times\mathfrak{B} - \frac{1}{c}\cdot\frac{\partial\mathfrak{D}}{\partial t}\times\mathfrak{B} - \frac{1}{2}E^2\operatorname{grad}\varepsilon - \frac{1}{2}H^2\operatorname{grad}\mu\right). \quad (26)$$

Vermöge (8b) machen wir ferner die folgende Umformung

$$\frac{\partial\mathfrak{D}}{\partial t}\times\mathfrak{B} = \frac{\partial}{\partial t}(\mathfrak{D}\times\mathfrak{B}) - \left(\mathfrak{D}\times\frac{\partial\mathfrak{B}}{\partial t}\right) = \frac{\partial}{\partial t}(\mathfrak{D}\times\mathfrak{B}) + c\cdot\mathfrak{D}\times\operatorname{rot}\mathfrak{E}.$$

Führen wir dies in (26) ein und addieren dazu noch den Ausdruck $\dfrac{1}{4\pi}\mathfrak{H}\operatorname{div}\mathfrak{B}$, der vermöge (8d) verschwindet, so können wir $\mathfrak{f}$ in der Form

$$\mathfrak{f} = \mathfrak{f}' + \mathfrak{f}'' - \frac{\partial\mathfrak{g}}{\partial t} \quad (27)$$

schreiben, worin gesetzt ist

$$\mathfrak{f}' = \frac{1}{4\pi}\left(\mathfrak{E}\operatorname{div}\mathfrak{D} + \operatorname{rot}\mathfrak{E}\times\mathfrak{D} - \frac{1}{2}E^2\operatorname{grad}\varepsilon\right), \quad (28)$$

$$\mathfrak{f}'' = \frac{1}{4\pi}\left(\mathfrak{H}\operatorname{div}\mathfrak{B} + \operatorname{rot}\mathfrak{H}\times\mathfrak{B} - \frac{1}{2}H^2\operatorname{grad}\mu\right), \quad (29)$$

$$\mathfrak{g} = \frac{1}{4\pi c}(\mathfrak{D}\times\mathfrak{B}) = \frac{\varepsilon\mu}{4\pi c}(\mathfrak{E}\times\mathfrak{H}). \quad (30)$$

Die Vektoren $\mathfrak{f}'$ und $\mathfrak{f}''$ sind beide von der gleichen Gestalt, und zwar hängt $\mathfrak{f}'$ nur von den elektrischen und $\mathfrak{f}''$ nur von den magnetischen Feldgrößen ab.

Wir berechnen nun zunächst die x-Komponente von $\mathfrak{f}'$ und erhalten dafür aus (28) mit Benutzung der Vektorformeln der Kapitel II und III und der Gleichung (8f)

$$\mathfrak{f}_x' = \frac{1}{4\pi}\left\{E_x\operatorname{div}\mathfrak{D} + \operatorname{rot}_y\mathfrak{E}\cdot D_z - \operatorname{rot}_z\mathfrak{E}\cdot D_y - \frac{1}{2}E^2\frac{\partial\varepsilon}{\partial x}\right\} = \frac{1}{4\pi}\left\{E_x\left(\frac{\partial D_x}{\partial x} + \right.\right.$$

$$+ \frac{\partial D_y}{\partial y} + \frac{\partial D_z}{\partial z}\bigg) + D_z\left(\frac{\partial E_x}{\partial z} - \frac{\partial E_z}{\partial x}\right) + D_y\left(\frac{\partial E_x}{\partial y} - \frac{\partial E_y}{\partial x}\right) - \frac{1}{2}E^2\frac{\partial\varepsilon}{\partial x}\bigg\} =$$

$$= \frac{1}{4\pi}\left\{\frac{\partial}{\partial x}(E_x D_x) + \frac{\partial}{\partial y}(E_x D_y) + \frac{\partial}{\partial z}(E_x D_z) - D_x\frac{\partial E_x}{\partial x} - D_y\frac{\partial E_y}{\partial x} - \right.$$

$$- D_z\frac{\partial E_z}{\partial x} - \frac{1}{2}E^2\frac{\partial\varepsilon}{\partial x}\bigg\} = \frac{1}{4\pi}\left\{\operatorname{div}(E_x\mathfrak{D}) - \frac{\varepsilon}{2}\frac{\partial}{\partial x}(E_x^2 + E_y^2 + E_z^2) - \frac{1}{2}E^2\frac{\partial\varepsilon}{\partial x}\right\} =$$

$$= \frac{1}{4\pi}\left\{\operatorname{div}(\varepsilon E_x\mathfrak{E}) - \frac{1}{2}\frac{\partial}{\partial x}(\varepsilon E^2)\right\} = \frac{1}{4\pi}\operatorname{div}\left(\varepsilon E_x\cdot\mathfrak{E} - \frac{1}{2}\varepsilon E^2\cdot\mathfrak{i}\right), \quad (31)$$

worin $\mathfrak{i}$ den Einheitsvektor in der x-Richtung bedeutet. Die x-Komponente von $\mathfrak{f}''$ erhält man hieraus durch Vertauschung von $\mathfrak{E}$ mit $\mathfrak{H}$ und von ε mit μ.

Führen wir den Vektor

$$\mathfrak{t}_x = \frac{\varepsilon}{4\pi}\left(E_x\mathfrak{E} - \frac{1}{2}E^2\mathfrak{i}\right) + \frac{\mu}{4\pi}\left(H_x\mathfrak{H} - \frac{1}{2}H^2\cdot\mathfrak{i}\right) \quad (32)$$

ein, so ergibt sich für die x-Komponente von $\mathfrak{f}' + \mathfrak{f}''$ die einfache Darstellung

$$(\mathfrak{f}' + \mathfrak{f}'')_x = \operatorname{div}\mathfrak{t}_x. \quad (33)$$

In analoger Weise lassen sich natürlich auch die anderen Komponenten durch die Divergenz eines Vektors $\mathfrak{t}_y$ bzw. $\mathfrak{t}_z$ ausdrücken, der aus (32) durch Vertauschung von x mit y bzw. z und $\mathfrak{i}$ mit $\mathfrak{j}$ bzw. $\mathfrak{k}$ hervorgeht.

Wir bilden nun auf beiden Seiten der Gleichung (27) das Volumenintegral der x-Komponente über ein bestimmtes Gebiet des Feldes. Dann ergibt sich links die x-Komponente der resultierenden Kraft $\Re$ auf die in dem Gebiet enthaltenen Ladungen und Ströme. Das Integral über den Ausdruck (33) formen wir mittels des Gaußschen Satzes um und erhalten so

$$K_x = \iiint (\mathfrak{f}' + \mathfrak{f}'')_x \, dV - \frac{d}{dt} \iiint g_x \, dV = \iint t_{xn} \, dF - \dot{G}_x, \qquad (34)$$

worin G_x die x-Komponente des folgenden Vektors bedeutet:

$$\mathfrak{G} = \frac{1}{4\pi c} \iiint (\mathfrak{D} \times \mathfrak{B}) \, dV = \frac{1}{4\pi c} \iiint \varepsilon \mu \, (\mathfrak{E} \times \mathfrak{H}) \, dV. \qquad (35)$$

Nennen wir ein elektromagnetisches System abgeschlossen, wenn es sich von einer geschlossenen Fläche derart umhüllen läßt, daß an dieser Fläche und außerhalb von ihr überall die Feldstärken verschwinden, dann wird auf der Fläche gemäß (32) t_x überall gleich Null und daher verschwindet das Flächenintegral in (34). Das gleiche gilt für die y- und die z-Komponente von $\Re$, so daß für ein solches System stets die Gleichung

$$\Re = -\dot{\mathfrak{G}} \qquad (36)$$

erfüllt ist.

In einem stationären Feld ist $\dot{\mathfrak{G}} = 0$, daher auch $\Re = 0$. Es gilt also der Satz, daß die von einem abgeschlossenen System von Ladungen und stationären Strömen auf sich selbst ausgeübte resultierende Kraft stets verschwindet. Dies ist eine Verallgemeinerung des in § 18, 2. ausgesprochenen Satzes für ein System von Massenpunkten unter der Wirkung von „inneren Kräften". Er gilt also nicht nur, wie wir in § 22, 6. bewiesen haben, dann, wenn diese inneren Kräfte elastischer Natur, sondern auch, wenn sie elektromagnetischer Natur sind.

Im allgemeinen, nichtstationären Fall wird, wenn wir uns die Ladungen und Ströme an die Materie gebunden denken — und das müssen wir, da wir ja sonst eine Kraft auf eine Ladung oder einen Strom überhaupt nicht definieren könnten —, nach dem Satz (11) § 18 der Mechanik $\Re$ gleich $\dot{\mathfrak{P}}$, also gleich der zeitlichen Ableitung des gesamten mechanischen Impulses in dem betrachteten Gebiet, und wir können daher (36) in der Form schreiben:

$$\frac{d}{dt} (\mathfrak{P} + \mathfrak{G}) = 0. \qquad (37)$$

Wollen wir also den Satz von der Erhaltung des Impulses aufrechterhalten, dann müssen wir annehmen, daß zu dem mechanischen Impuls $\mathfrak{P}$ noch ein „*elektromagnetischer Impuls*" oder eine „*elektromagnetische Bewegungsgröße*" $\mathfrak{G}$ hinzutritt, die durch den Ausdruck (35) dargestellt wird. Die Summe aus $\mathfrak{P}$ und $\mathfrak{G}$ bleibt dann in einem abgeschlossenen elektromagnetischen System konstant.

Die durch (30) definierte Größe g, der „elektromagnetische Impuls der Volumeneinheit", wird zweckmäßigerweise als „*elektromagnetische Impulsdichte*" bezeichnet. Der Vergleich der Formeln (24) und (30) lehrt, daß zwischen den Vektoren der Energiestromdichte und der Impulsdichte des elektromagnetischen Feldes vermöge (18) die folgende einfache Beziehung besteht:

$$g = \frac{\varepsilon \mu}{c^2} \cdot \mathfrak{S} = \frac{1}{c^{*2}} \cdot \mathfrak{S}. \qquad (38)$$

7. Der Maxwellsche Spannungstensor. In einem stationären Felde ist $\dot{g} = 0$ und daher nach (27) die Kraft $\mathfrak{f}$ pro Volumeneinheit gleich $\mathfrak{f}' + \mathfrak{f}''$. Die Gleichung (33) für f_x und die analogen Gleichungen für f_y und f_z lassen sich in diesem Falle durch die Divergenz von Vektoren $\mathfrak{t}_x$, $\mathfrak{t}_y$, $\mathfrak{t}_z$ genau so ausdrücken, wie nach den Gleichungen (19) § 22 die Kraft pro Volumeneinheit in einem elastischen Kontinuum durch die Vektorkomponenten des elastischen Spannungstensors. Es liegt daher nahe, als Ausdruck für die Kraftwirkung im elektromagnetischen Feld einen Tensor T, den „Maxwellschen *Spannungstensor*" einzuführen, dessen Vektorkomponenten durch die Gleichung (32) und die entsprechenden für die beiden anderen Komponenten dargestellt werden.

Für die Komponenten des Maxwell*schen* Spannungstensors ergibt sich also das folgende symmetrische Matrixschema

$$T = \frac{\varepsilon}{4\pi} \begin{pmatrix} \frac{1}{2}(E_x^2 - E_y^2 - E_z^2), & E_x E_y, & E_x E_z \\ E_x E_y, & \frac{1}{2}(E_y^2 - E_x^2 - E_z^2), & E_y E_z \\ E_x E_z, & E_y E_z, & \frac{1}{2}(E_z^2 - E_x^2 - E_y^2) \end{pmatrix} +$$

$$+ \frac{\mu}{4\pi} \begin{pmatrix} \frac{1}{2}(H_x^2 - H_y^2 - H_z^2), & H_x H_y, & H_x H_z \\ H_x H_y, & \frac{1}{2}(H_y^2 - H_x^2 - H_z^2), & H_y H_z \\ H_x H_z, & H_y H_z, & \frac{1}{2}(H_z^2 - H_x^2 - H_y^2) \end{pmatrix} \quad (39)$$

das in zwei vollkommen gleichgebaute Summanden zerfällt, von denen der eine nur von den elektrischen, der andere nur von den magnetischen Feldstärken abhängt. T läßt sich demnach berechnen, wenn die Feldstärken $\mathfrak{E}$ und $\mathfrak{H}$ im Felde bekannt sind.

Ist T einmal bekannt, dann kann man nach (34) die Kraft $\mathfrak{K}$ auf ein beliebiges Gebiet des Feldes berechnen, indem man nach (16) § 22 und (17) § 22 die Größe

$$\mathfrak{P} = T \cdot \mathfrak{n} \qquad (40)$$

bildet, worin $\mathfrak{n}$ den nach außen weisenden Normalvektor auf die Oberfläche bedeutet, und über die Oberfläche des Gebietes integriert:

$$\mathfrak{K} = \int\int \mathfrak{P}\, dF. \qquad (41)$$

Legen wir die x-Achse in die Richtung der elektrischen Feldstärke, dann ist nach (32) der elektrische Anteil von t_x gleich

$$t_p' = \frac{\varepsilon}{8\pi} E^2. \qquad (42)$$

Legen wir die x-Achse senkrecht zu der Richtung von $\mathfrak{E}$, dann ist $E_x = 0$ und nach (32) ist wieder der elektrische Anteil von t_x gleich

$$t_s' = -\frac{\varepsilon}{8\pi} E^2. \qquad (43)$$

Die Kraft des elektrischen Feldes kann also so gedeutet werden, als ob in der Richtung der Kraftlinien eine elastische *Zugspannung* t_p', und senkrecht zu den Kraftlinien eine elastische *Druckspannung* t_s', beide vom Betrage $\frac{\varepsilon}{8\pi} E^2$, also nach (34) § 42 vom Betrage der elektrischen Energiedichte wirksam wären. Genau das gleiche gilt für das magnetische Feld, nur mit dem Unterschied, daß dort der Betrag der Zug- bzw. Druckspannungen gleich der magnetischen Energiedichte $\frac{\mu}{8\pi} H^2$ ist. In einem allgemeinen elektromagnetischen Feld überlagern sich beide Arten von Spannungen.

Der Gedanke, die Kraftwirkungen im elektromagnetischen Feld auf Zugspannungen längs und Druckspannungen quer zu den Kraftlinien zurückzuführen, stammt von Faraday; der Beweis für die Richtigkeit dieses Gedankens kann, wie wir eben gezeigt haben, auf rein deduktivem Wege auf Grund der Maxwellschen Gleichungen geführt werden. Liegt das Kraftlinienbild eines Feldes gezeichnet vor, dann kann man nach dieser Vorstellung sich sehr rasch über die Kraftverhältnisse im Felde orientieren[1].

Siebzehntes Kapitel.

Strahlen- und Wellenoptik.

§ 48. Elektromagnetische Wellen in homogenen und isotropen Medien.

1. Elektromagnetische Wellen in Isolatoren. Im § 47, 4. haben wir eine allgemeine Methode kennengelernt, um das elektromagnetische Feld gegebener Ströme und Ladungen zu berechnen. Nun ist aber nach der Gleichung (8 e) § 47 die Stromdichte $\mathfrak{i}$ selbst wieder durch die elektrische Feldstärke $\mathfrak{E}$ bei gegebenem σ bestimmt und nach der Gleichung (8 h) die Veränderung von ϱ durch die von $\mathfrak{i}$ gegeben. Man kann so offenbar ϱ und $\mathfrak{i}$ aus den Gleichungen (16) und (17) § 47 eliminieren und in Verbindung mit den Gleichungen (13) und (14) § 47 ein System von Differentialgleichungen gewinnen, das außer den Materialkonstanten ε, μ und σ nur die Feldstärken $\mathfrak{E}$ und $\mathfrak{H}$ als Variable enthält und bei gegebenen Anfangs- und Randbedingungen gelöst werden kann. Zwei allgemeine Integrale dieser Gleichungen, nämlich den Energiesatz und den Impulssatz des elektromagnetischen Feldes haben wir in § 47, 5. und § 47, 6. bereits kennengelernt.

Wir wollen nun das Gleichungssystem selbst zunächst unter der einfachsten Annahme ableiten, daß das betrachtete Feldgebiet von einem homogenen, isotropen und nichtleitenden Medium erfüllt sei, daß in ihm also durchwegs $\sigma = 0$ gelte. In diesem Falle ist überall auch $\mathfrak{i} = 0$ erfüllt. Da ferner elektrische Ladungen in einem Isolator durch die Einwirkung elektrischer Felder nicht in Bewegung geraten können, können solche Ladungen auch nur zu zeitlich unveränderlichen elektrischen Feldern Anlaß geben. Wir interessieren uns hier nur für den zeitlich veränderlichen Anteil des elektromagnetischen Feldes (den zeitlich konstanten Anteil haben wir in Kapitel XIV bereits ausführlich besprochen). Wir können daher ohne Beeinträchtigung der Allgemeinheit unserer Ergebnisse von vornherein auch überall $\varrho = 0$ setzen.

Die Gleichungen (16) und (17) § 47 reduzieren sich unter diesen Umständen auf

$$\frac{\partial^2 \varphi}{\partial t^2} = c^{*2} \Delta \varphi, \tag{1}$$

$$\frac{\partial^2 \mathfrak{A}}{\partial t^2} = c^{*2} \Delta \mathfrak{A}, \tag{2}$$

wobei zwischen φ und $\mathfrak{A}$ noch die Beziehung (15) § 47 besteht:

$$\operatorname{div} \mathfrak{A} + \frac{\varepsilon}{c} \frac{\partial \varphi}{\partial t} = 0. \tag{3}$$

φ und die drei Komponenten von $\mathfrak{A}$ genügen also Differentialgleichungen von der Form der Wellengleichung (1) § 13. Wegen der Linearität dieser Gleichung folgt, daß auch jeder lineare Differentialausdruck in φ und $\mathfrak{A}$ derselben Gleichung genügen muß. Nach (13) und (14) § 47 genügen daher auch die Komponenten

---

[1] Von diesem Gedankengang wird auf Grund der empirisch gewonnenen Kraftlinienbilder in den Kap. XVI bis XIX von „Exp.-Physik" ausgiebig Gebrauch gemacht.

der Feldstärken $\mathfrak{E}$ und $\mathfrak{H}$ Gleichungen von der Gestalt der Wellengleichung mit derselben Konstanten c^*. Physikalisch ausgedrückt heißt das gemäß den Entwicklungen des § 13, daß sich Veränderungen des elektromagnetischen Feldes in der Form von „*elektromagnetischen Wellen*" im Raume ausbreiten, deren Geschwindigkeit gleich c^* ist. Die endliche Geschwindigkeit, mit der eine Veränderung in einem elektromagnetischen Felde fortschreitet, hat sich bereits in den Ausdrücken (19) und (20) § 47 für die retardierten Potentiale bemerkbar gemacht (vgl. hierzu die Bemerkungen im vorletzten Absatz von § 47, 4).

Im leeren Raum, wo $\varepsilon = \mu = 1$ ist, wird nach (18) § 47 $c^* = c = 3 \cdot 10^{10}$ cm/sec. Die Ausbreitungsgeschwindigkeit der elektromagnetischen Wellen im leeren Raume ist also gleich der *Lichtgeschwindigkeit*[1]. Auf Grund dieser Tatsache, sowie der noch später zu besprechenden Tatsachen, daß die elektromagnetischen Wellen alle Eigenschaften der Lichtwellen aufweisen, hat MAXWELL seine „*elektromagnetische Lichttheorie*" aufgestellt, wonach das sichtbare Licht aus elektromagnetischen Wellen eines bestimmten Wellenlängenbereiches besteht.

In einer materiellen Substanz mit der Dielektrizitätskonstanten ε und der Permeabilität μ soll nach dieser Theorie die Lichtgeschwindigkeit c^* gemäß (18) § 47 gleich

$$c^* = \frac{c}{\sqrt{\varepsilon\,\mu}} \tag{4}$$

sein. Hiervon wird im § 49 noch die Rede sein.

Mit der Ausbreitung der elektromagnetischen Wellen ist, da es sich ja hier um ein nichtstationäres Feld handelt, nach § 47, 5. stets eine Energieströmung mit der Stromdichte $\mathfrak{S}$ [(24) § 47] verknüpft, deren Divergenz nicht überall verschwindet. Von den Stellen im Felde, wo div $\mathfrak{S} > 0$ ist, wird elektromagnetische Energie nach außen „*ausgestrahlt*" oder „*emittiert*", während sie an den Stellen, wo div $\mathfrak{S} < 0$ ist, verschluckt oder „*absorbiert*" wird. Die elektromagnetische Wellenausbreitung wird daher auch zweckmäßigerweise als „*elektromagnetische Strahlung*" bezeichnet, womit eben angedeutet werden soll, daß der kinetische Vorgang der Wellenbewegung stets von einem energetischen Vorgang begleitet ist. Der POYNTINGsche Vektor $\mathfrak{S}$ führt daher auch häufig den Namen „*Strahlvektor*". Die Stellen positiver Divergenz von $\mathfrak{S}$ werden als „*Strahlungsquellen*" oder im Gebiet der Lichtwellen als „*Lichtquellen*" bezeichnet.

Die Existenz der elektromagnetischen Wellen beruht, mathematisch formuliert, auf der Gültigkeit der Gleichungen (1) und (2), die ihrerseits eine Folge der MAXWELLschen Gleichungen sind. Physikalisch ausgedrückt beruhen sie darauf, daß die Veränderungen eines elektrischen Feldes ein magnetisches und die Veränderungen eines magnetischen Feldes ein elektrisches hervorrufen. Gerade dies war ja die für die Formulierung der MAXWELLschen Gleichungen (4) § 47 und (7) § 47 wesentliche Annahme. Der experimentelle Nachweis der elektromagnetischen Wellen durch H. HERTZ kann als nachträgliche Rechtfertigung des dort eingeschlagenen Weges und als ein Beweis für die Richtigkeit der MAXWELLschen Gleichungen angesehen werden[2]. Die für die Entstehung der elektromagnetischen Wellen wesentliche Wechselwirkung zwischen elektrischem und magnetischem Feld bringt es schließlich mit sich, daß nicht elektrische und magnetische Wellen gesondert auftreten können, sondern nur beide gleichzeitig, was eben durch den Namen „elektromagnetische Wellen" ausgedrückt werden soll. Als mathematischen Ausdruck für diese Verknüpfung können wir die Gleichung (3) ansehen, die die Potentiale φ und $\mathfrak{A}$ miteinander verknüpft und daher auch die Verknüpfung von $\mathfrak{E}$ und $\mathfrak{H}$ bedingt.

---

[1] Vgl. „Exp.-Physik", § 129.
[2] Vgl. „Exp.-Physik", Kap. XXII.

2. Ebene elektromagnetische Wellen in Isolatoren. Unter § 13, 1. definierten wir als ebene Welle eine solche, bei der die Wellenfunktion nur von einer räumlichen Koordinaten abhängig ist. Nach Formel (11) § 12 haben wir für eine ebene, elektromagnetische Welle, die sich in der Richtung der positiven x-Achse ausbreitet, zu setzen:

$$\varphi = f(x - c^* t), \tag{5}$$

$$\mathfrak{A} = \mathfrak{F}(x - c^* t), \tag{6}$$

worin f zunächst eine willkürliche skalare und $\mathfrak{F}$ eine willkürliche Vektorfunktion ihres Argumentes ist. Infolgedessen gelten für die Ableitungen von φ und $\mathfrak{A}$ nach den Koordinaten und der Zeit die Beziehungen

$$\left.\begin{array}{ll} \dfrac{\partial \varphi}{\partial x} = -\dfrac{1}{c^*}\dfrac{\partial \varphi}{\partial t}, & \dfrac{\partial \varphi}{\partial y} = \dfrac{\partial \varphi}{\partial z} = 0 \\[2ex] \dfrac{\partial \mathfrak{A}}{\partial x} = -\dfrac{1}{c^*}\dfrac{\partial \mathfrak{A}}{\partial t}, & \dfrac{\partial \mathfrak{A}}{\partial y} = \dfrac{\partial \mathfrak{A}}{\partial z} = 0 \end{array}\right\} \tag{7}$$

Soll die Gleichung (3) identisch befriedigt sein, dann muß wegen (7) und (4) weiter gelten:

$$\frac{\partial A_x}{\partial x} + \frac{\varepsilon}{c}\frac{\partial \varphi}{\partial t} = -\frac{1}{c^*}\frac{\partial A_x}{\partial t} - \frac{\varepsilon c^*}{c}\frac{\partial \varphi}{\partial x} = -\sqrt{\frac{\varepsilon}{\mu}}\left(\frac{\partial \varphi}{\partial x} + \frac{\mu}{c}\frac{\partial A_x}{\partial t}\right) = 0. \tag{8}$$

Die Komponenten der elektrischen und magnetischen Feldstärke ergeben sich nun aus den Formeln (13) § 47 und (14) § 47 mit Berücksichtigung der Gleichungen (4), (7) und (8) wie folgt:

$$\left.\begin{array}{ll} H_x = 0, & E_x = -\dfrac{\partial \varphi}{\partial x} - \dfrac{\mu}{c}\dfrac{\partial A_x}{\partial t} = 0 \\[2ex] H_y = -\dfrac{\partial A_z}{\partial x}, & E_y = -\dfrac{\mu}{c}\dfrac{\partial A_y}{\partial t} = \sqrt{\dfrac{\mu}{\varepsilon}}\dfrac{\partial A_y}{\partial x} = \sqrt{\dfrac{\mu}{\varepsilon}}\,H_z \\[2ex] H_z = \dfrac{\partial A_y}{\partial x}, & E_z = -\dfrac{\mu}{c}\dfrac{\partial A_z}{\partial t} = \sqrt{\dfrac{\mu}{\varepsilon}}\dfrac{\partial A_z}{\partial x} = -\sqrt{\dfrac{\mu}{\varepsilon}}\,H_y \end{array}\right\} \tag{9}$$

Aus den Gleichungen (9) ist zunächst zu ersehen, daß die in die Fortschreitungsrichtung x der Wellen weisenden Komponenten von $\mathfrak{E}$ und $\mathfrak{H}$ verschwinden. $\mathfrak{E}$ und $\mathfrak{H}$ stehen also stets senkrecht auf der Fortschreitungsrichtung der Wellen. Daraus folgt, daß auch die Vektoren, die die Veränderung von $\mathfrak{E}$ und $\mathfrak{H}$ angeben, auf der Fortpflanzungsrichtung der Wellen senkrecht stehen; die elektromagnetischen Wellen sind daher *transversale* Wellen.

Weiter folgt aus den Gleichungen (9) unmittelbar die Gültigkeit der Beziehung

$$\mathfrak{E} \cdot \mathfrak{H} = E_x H_x + E_y H_y + E_z H_z = 0; \tag{10}$$

$\mathfrak{E}$ und $\mathfrak{H}$ stehen also stets aufeinander *senkrecht*.

Für die Beträge von $\mathfrak{E}$ und $\mathfrak{H}$ folgt schließlich aus (9) die Beziehung

$$H = \sqrt{\frac{\varepsilon}{\mu}}\,E. \tag{11}$$

Im leeren Raum, wo $\varepsilon = \mu = 1$ ist, sind die Beträge der elektrischen und der magnetischen Feldstärke stets einander gleich.

Der Energiestrahlvektor $\mathfrak{S}$ steht nach (24) § 47 auf $\mathfrak{E}$ und $\mathfrak{H}$ senkrecht. Seine y- und z-Komponente sind also gleich Null und seine x-Komponente ist gemäß (11) sowie (48) § 41 und (34) § 42 gleich

$$S_x = |\mathfrak{S}| = \frac{c}{4\pi}(E_y H_z - E_z H_y) = \frac{c}{4\pi}\sqrt{\frac{\mu}{\varepsilon}}(H_y^2 + H_z^2) = \frac{c}{4\pi}\sqrt{\frac{\mu}{\varepsilon}}\,H^2 =$$

$$= \frac{c}{4\pi}\sqrt{\frac{\varepsilon}{\mu}}\,E^2 = \frac{c}{8\pi}\frac{\varepsilon E^2 + \mu H^2}{\sqrt{\varepsilon\mu}} = c^* \cdot u. \tag{12}$$

Wegen $S_x > 0$ folgt, daß die Richtung von $\mathfrak{S}$ mit der Richtung der Wellenfortpflanzung zusammenfällt. Der Absolutbetrag von $\mathfrak{S}$ ist ferner gleich dem Produkt aus der räumlichen Energiedichte u und der Geschwindigkeit c^*. Dies steht in enger Analogie zu der in § 26, 2. benützten Relation zwischen dem Strömungsvektor, der Dichte und der Geschwindigkeit einer Flüssigkeitsströmung. Wir können die Gleichung (12) also deuten, wenn wir uns vorstellen, daß die elektromagnetische Energie wie eine materielle Flüssigkeit in der Richtung von $\mathfrak{S}$, d. h. in der Richtung der Wellenfortpflanzung mit der Geschwindigkeit c^* der Welle strömt; doch muß ausdrücklich festgestellt werden, daß diese Deutung von c^* als Geschwindigkeit einer Energieströmung keine reale physikalische Bedeutung hat, da ja experimentell nur Geschwindigkeiten materieller Partikel gemessen werden können.

3. Das Wellenfeld eines veränderlichen elektrischen Dipols. Wir wollen nun untersuchen, welches elektromagnetische Wellenfeld ein unendlich kleiner elektrischer Dipol im leeren Raume erzeugt, den wir uns im Koordinatenursprung angebracht denken, dessen Achse mit der z-Achse des Koordinatensystems zusammenfallen soll und dessen Moment eine beliebige stetige und beschränkte Funktion $p(t)$ der Zeit sein möge. Wir können dann entsprechend den Betrachtungen am Schlusse von § 47, 4. die Potentiale φ und $\mathfrak{A}$ in der unmittelbaren Umgebung des Dipoles so berechnen, als ob das Feld stationär wäre.

Nennen wir ϑ den Winkel, den der Radiusvektor zum Aufpunkt P mit der z-Achse einschließt, dann folgt zunächst nach der Formel (7) § 7

$$\varphi = \frac{p}{r^2}\cos\vartheta. \tag{13}$$

Wir denken uns ferner die Länge l des Dipoles festgehalten und die Veränderung von p nur durch Veränderung der Ladung e infolge eines entlang der Achse des Dipoles fließenden elektrischen Stromes hervorgebracht; dann gilt nach der Definition (1) § 43 der Stromstärke

$$\dot{p} = l\,\dot{e} = l\,J. \tag{14}$$

Der veränderliche Dipol ist also einem „Stromelement" der Länge l, das von einem zeitlich veränderlichen Strom der Stärke J durchflossen wird, äquivalent. Nach der Formel (2) § 44 gilt für das Vektorpotential eines solchen Stromelementes

$$A_x = A_y = 0, \qquad A_z = \frac{J\,l}{r\,c} = \frac{\dot{p}}{r\,c}. \tag{15}$$

Der Wellengleichung (2) und der Bedingung (15) werden wir offenbar gerecht, wenn wir entsprechend der Formel (6) § 13 für $\mathfrak{A}$ in beliebiger Entfernung vom Ursprung den Ansatz machen:

$$A_x = 0, \qquad A_y = 0, \qquad A_z = \frac{\dot{p}\,(t - r/c)}{r\,c}. \tag{16}$$

Soll die Bedingung (3) identisch erfüllt sein, dann muß wegen $\varepsilon = 1$ gelten

$$\frac{\partial A_z}{\partial z} + \frac{1}{c}\frac{\partial \varphi}{\partial t} = \frac{\partial}{\partial z}\left(\frac{\dot{p}}{r\,c}\right) + \frac{1}{c}\frac{\partial \varphi}{\partial t} = \frac{\partial}{\partial r}\left(\frac{\partial p}{\partial t}\cdot\frac{1}{r\,c}\right)\cos\vartheta + \frac{1}{c}\frac{\partial \varphi}{\partial t} = 0.$$

Hieraus folgt, wenn man die Reihenfolge der Differenziationen nach r und t vertauscht, bis auf eine von t unabhängige und daher belanglose Konstante

$$\varphi = -\frac{\partial}{\partial r}\left(\frac{p}{r}\right)\cos\vartheta = -\frac{\partial}{\partial z}\left[\frac{p\,(t - r/c)}{r}\right]. \tag{17}$$

In kleiner Entfernung vom Dipol, also für kleine r, wird darin das Glied r/c klein gegen t und der Ausdruck (17) reduziert sich daher auf den Ausdruck (13).

Damit ist gezeigt, daß der Ansatz (15) mit den Bedingungen des Systems nicht im Widerspruche steht. Daß er der Wellengleichung (2) genügt, wissen wir bereits. Wir müssen nun noch zeigen, daß auch die Funktion (17) der Wellengleichung (1) genügt. Nun ist der Ausdruck in der eckigen Klammer in (17) von der Gestalt (6) § 13, genügt also der Wellengleichung (1). Ist aber eine Funktion f eine Lösung dieser Gleichung, dann ist auch $\dfrac{\partial f}{\partial z}$ augenscheinlich eine solche, womit unsere Behauptung erwiesen ist. Da schließlich die Funktionen (16) und (17) wegen der Voraussetzungen über die Funktion $p(t)$ im Unendlichen in genügend hoher Ordnung verschwinden, sind sie gemäß dem Eindeutigkeitssatz des Randwertproblems der Wellentheorie die eindeutigen Lösungen unserer Aufgabe.

Um die Feldstärke selbst zu berechnen, braucht man bloß die Gleichungen (13) § 47 und (14) § 47 auf (16) und (17) anzuwenden. Wir erhalten so

$$H_x = \frac{\partial A_z}{\partial y} = \frac{\partial A_z}{\partial r} \cdot \frac{y}{r}, \quad H_y = -\frac{\partial A_z}{\partial x} = -\frac{\partial A_z}{\partial r} \cdot \frac{x}{r}, \quad H_z = 0. \tag{18}$$

Die Richtung der magnetischen Feldstärke steht also überall senkrecht auf der Richtung von z und ihr Betrag ist gleich

$$H = \sqrt{H_x{}^2 + H_y{}^2 + H_z{}^2} = \left| \frac{\partial A_z}{\partial r} \cdot \sqrt{\frac{x^2 + y^2}{r^2}} \right| = \left| \frac{\partial A_z}{\partial r} \cdot \sqrt{1 - \frac{z^2}{r^2}} \right| =$$

$$= \left| \frac{\partial A_z}{\partial r} \cdot \sqrt{1 - \cos^2\vartheta} \right| = \left| \frac{\partial A_z}{\partial r} \cdot \sin\vartheta \right| = \left| \left(-\frac{\dot{p}}{r^2 c} + \frac{1}{r c} \frac{\partial \dot{p}(t - r/c)}{\partial r} \right) \sin\vartheta \right| =$$

$$= \left| \left(\frac{\dot{p}}{r^2 c} + \frac{\ddot{p}}{r c^2} \right) \sin\vartheta \right|. \tag{19}$$

In sehr großer Entfernung vom Dipol kann man offenbar innerhalb eines kleinen räumlichen Winkels um eine Richtung die Welle als eine ebene, elektromagnetische Welle ansehen, die in der Richtung von $\mathfrak{r}$ fortschreitet, wie man durch den Vergleich der Formeln (16) und (17) mit den Formeln (5) und (6) erkennt. $\mathfrak{E}$ und $\mathfrak{H}$ stehen daher gemäß 2. aufeinander und auf $\mathfrak{r}$ senkrecht und ihre Beträge sind einander gleich; nach (19) gilt daher, wenn man darin das Glied mit r^2 im Nenner gegen das mit r im Nenner vernachlässigt:

$$E = H = \frac{1}{c^2} \left| \frac{\ddot{p}}{r} \sin\vartheta \right|. \tag{20}$$

Der Strahlvektor $\mathfrak{S}$ hat nach (24) § 47 gemäß dem eben Gesagten die Richtung von $\mathfrak{r}$ und sein Betrag ist nach (20) gleich

$$S = \frac{1}{4\pi c^3} \left(\frac{\ddot{p}}{r} \sin\vartheta \right)^2. \tag{21}$$

In die Richtung der Dipolachse ($\vartheta = 0$) wird also keine Energie ausgestrahlt und das Maximum der Ausstrahlung liegt in der Symmetrieebene des Dipols.

Die Energie, die durch eine Zone der Breite $d\vartheta$ der Kugel vom Radius r in der Zeit dt hindurchgeht, ist gleich

$$S . 2\pi r^2 . \sin\vartheta \, d\vartheta \, dt$$

und daher die Gesamtenergie $d\varepsilon$, die durch die ganze Kugelfläche vom Radius r pro Zeiteinheit hindurchgeht

$$d\varepsilon = 2\pi \int\limits_{-\frac{\pi}{2}}^{+\frac{\pi}{2}} S . r^2 \sin\vartheta \, d\vartheta \, dt = \frac{\ddot{p}^2}{c^3} \int\limits_0^{\frac{\pi}{2}} \sin^3\vartheta \, d\vartheta \, dt = \frac{\ddot{p}^2}{c^3} \int\limits_0^1 (1 - \cos^2\vartheta) \, d(\cos\vartheta) \, dt =$$

$$= \frac{\ddot{p}^2}{c^3} \left(1 - \frac{1}{3} \right) dt = \frac{2}{3 c^3} \ddot{p}^2 (t - r/c) \, dt. \tag{22}$$

4. Die Ausstrahlung des harmonischen, elektrischen Oszillators. Unter einem „*linearen, harmonischen, elektrischen Oszillator*" wollen wir einen elektrischen Dipol verstehen, dessen Moment $\mathfrak{p}$ eine konstante Richtung hat und seinen Betrag entsprechend einer harmonischen Funktion der Zeit verändert. Wir können ihn annähernd durch einen offenen, elektrischen Schwingungskreis realisieren, der aus einem kurzen, geradlinigen Leiter mit an den den Enden angebrachten Kapazitäten besteht (HERTZscher Oszillator[1]). Nach den Ergebnissen unter 3. strahlt ein solcher Oszillator elektromagnetische Energie nach allen Richtungen im Raume aus; die Stromdichte der Strahlung kann in großer Entfernung vom Oszillator nach der Formel (21) und die Gesamtstrahlung in einer Zeit dt nach der Formel (22) berechnet werden.

Ist ω die Kreisfrequenz der elektrischen Schwingung, dann können wir p in der Form

$$p = p_0 \cos (\omega t + \gamma) \tag{23}$$

ansetzen und erhalten daraus

$$\dot{p} = - p_0\, \omega \,.\, \sin (\omega t + \gamma), \quad (24) \qquad \ddot{p} = - p_0\, \omega^2 \,.\, \cos (\omega t + \gamma). \quad (25)$$

Für die Energiemenge ε, die in einer Zeit t, die groß gegenüber der Schwingungsdauer ist, insgesamt ausgestrahlt wird, erhalten wir nun nach (22)

$$\varepsilon = \frac{2}{3\,c^3}\overline{\ddot{p}^2}\,.\,t.$$

Wegen (14), (24), (25) und (1) § 46 gilt

$$\overline{\ddot{p}^2} = \frac{p_0^2\,\omega^4}{2} = \overline{\dot{p}^2}\,\omega^2 = l^2\,\omega^2\,.\,\overline{J^2} = l^2\,\omega^2\,.\,J^{*2}, \tag{27}$$

worin J^* die effektive Stromstärke des in dem Oszillator fließenden Wechselstromes bedeutet. Einsetzen von (27) in (26) ergibt daher

$$\varepsilon = \frac{2\,l^2\,\omega^2}{3\,c^3}\,.\,J^{*2}\,.\,t. \tag{28}$$

Die Formel (28) lehrt, daß bei der Schwingung eines offenen, elektrischen Schwingungskreises außer dem durch den OHMschen Widerstand R bedingten Energieverlust

$$Q = RJ^{*2}\,.\,t \tag{29}$$

infolge der entstandenen JOULEschen Wärme noch der Energieverlust ε infolge der Ausstrahlung elektromagnetischer Energie in den Raum hinzutritt. Wegen der formalen Identität der Formeln (28) und (29) kann man dies auch so auffassen, als ob zu dem OHMschen Widerstand R noch ein „*Strahlungswiderstand*"

$$R_s = \frac{2\,l^2\,\omega^2}{3\,c^3} \tag{30}$$

hinzutreten würde. Er wächst, wie man sieht, mit der Frequenz quadratisch an, so daß er bei sehr langsamen Schwingungen vernachlässigbar klein ist. Daher kommt es auch, daß wir den Strahlungswiderstand bei der Behandlung der quasistationären Ströme in den §§ 45 und 46 vernachlässigen konnten.

Die Formeln (29) und (30) finden praktische Verwendung bei der Berechnung der Leistungsaufnahme und der Ausstrahlung sogenannter „*Dipolantennen*" in der Radiotelegraphie. Die entsprechenden Formeln für andere Antennenformen sind wesentlich komplizierter zu gewinnen und können im Rahmen dieses Lehrbuches nicht behandelt werden[2].

---

[1] Vgl. „Exp.-Physik", § 87.

[2] Bezüglich der experimentellen Ergebnisse hierüber vgl. „Exp.-Physik", § 88.

5. Harmonische Wellen in leitfähigen Medien. In diesem Paragraphen haben wir uns bisher auf die Behandlung von elektromagnetischen Wellen in isolierenden Medien mit $\sigma = 0$ beschränkt. Wir wollen jetzt zu der Betrachtung leitender, homogener Medien übergehen, bei denen σ überall den gleichen, von Null verschiedenen Wert haben soll. Die Differentialgleichungen für $\mathfrak{E}$ und $\mathfrak{H}$ sind natürlich in diesem Fall im allgemeinen nicht mehr von der Gestalt der Wellengleichung, so daß die Ausbreitung von Feldänderungen im allgemeinen nicht in der Form von elektromagnetischen Wellen erfolgt. In dem Spezialfalle jedoch, wo die Feldänderungen harmonische Schwingungen sind, weisen die Gesetzmäßigkeiten über die Ausbreitung dieser Feldänderungen eine weitgehende Ähnlichkeit mit den Gesetzmäßigkeiten über die Ausbreitung elektromagnetischer Wellen in Isolatoren auf.

Wir versuchen daher für $\mathfrak{E}$ den einer harmonischen Welle entsprechenden Ansatz (14) § 13

$$\mathfrak{E} = e^{i \omega t} \cdot \mathfrak{Z}\,(x, y, z), \tag{31}$$

worin ω die Kreisfrequenz und die komplexe Amplitude $\mathfrak{Z}$ eine beliebige Vektorfunktion des Ortes ist.

Aus (31) folgt sogleich

$$\frac{\partial \mathfrak{E}}{\partial t} = i\,\omega\,\mathfrak{E}. \tag{32}$$

Setzt man dies in die Gleichung (10e) § 47 ein, so ergibt sich div $\mathfrak{E} = 0$ und daher wird gemäß (10c) § 47 auch $\varrho = 0$. Die Gleichung (10a) § 47 verwandelt sich durch Einsetzen von $\mathfrak{E}$ aus (32) in

$$\text{rot } \mathfrak{H} = \frac{\varepsilon'}{c}\,\frac{\partial \mathfrak{E}}{\partial t}, \tag{33}$$

worin zur Abkürzung gesetzt ist

$$\varepsilon' = \varepsilon - \frac{4\,\pi\,\sigma}{\omega}\,i. \tag{34}$$

Die Gleichung (33) ist von der gleichen Bauart, wie die 1. MAXWELLsche Gleichung (9) § 47 mit verschwindendem Leitungsstrom $i = 0$, wenn man darin statt ε die Größe ε' einsetzt. Hieraus folgt, daß man ebenso wie im Falle eines isolierenden Mediums auch in dem hier vorliegenden Falle rechnen kann, wenn man statt der gewöhnlichen Dielektrizitätskonstante ε die *„komplexe Dielektrizitätskonstante“* ε' gemäß (34) setzt.

Wir sehen also, daß sich Feldänderungen in der Form harmonischer Schwingungen, wie oben behauptet wurde, auch in einem leitenden Medium in der Form elektromagnetischer Wellen ausbreiten. Wie in einem Isolator sind auch hier die Wellen transversal und der elektrische und der magnetische Vektor stehen aufeinander senkrecht; in zunächst unverständlicher Weise tritt aber hier eine „komplexe Fortschreitungsgeschwindigkeit“

$$c' = \frac{c}{\sqrt{\mu}} \cdot \frac{1}{\sqrt{\varepsilon'}} \tag{35}$$

auf. Die physikalische Bedeutung dieser Tatsache gilt es nun zu deuten.

Wir wollen annehmen, daß die Leitfähigkeit σ so klein, bzw. die Frequenz ω so groß sei, daß man $\dfrac{4\,\pi\,\sigma}{\omega}$ als klein gegenüber ε ansehen kann. Dann können wir gemäß (34) und (35) mit Benutzung von (4) schreiben

$$\frac{1}{c'} = \frac{\sqrt{\mu}}{c}\,\sqrt{\varepsilon - \frac{4\,\pi\,\sigma}{\omega}\,i} = \frac{\sqrt{\varepsilon\mu}}{c}\,\sqrt{1 - \frac{4\,\pi\,\sigma}{\omega\,\varepsilon}\,i} = \frac{1}{c^*}\Big(1 - \frac{2\,\pi\,\sigma}{\omega\,\varepsilon}\,i\Big). \tag{36}$$

Wir betrachten nun speziell eine ebene Welle, die in der Richtung der z-Achse fortschreiten möge und setzen daher die Komponenten von $\mathfrak{E}$ und $\mathfrak{H}$ in der Gestalt (1) § 12 an; also

$$E_x = a\, e^{\,i\omega(t - z/c')}\, . \tag{37}$$

Setzen wir hierin für c' aus (36) ein, so wird daraus

$$E_x = a\, e^{\,-\dfrac{2\pi\sigma}{\varepsilon}\dfrac{z}{c^*}} \cdot e^{\,i\omega(t - z/c^*)} \tag{38}$$

und vollkommen analoge Ausdrücke erhalten wir für die anderen Komponenten von $\mathfrak{E}$ und $\mathfrak{H}$.

Der zweite Faktor in (38) bedeutet, daß wir eine harmonische, elektromagnetische Welle vor uns haben, die sich in der z-Richtung mit der Geschwindigkeit c^* ausbreitet. Der erste Faktor, der die Amplitude dieser Welle angibt, zeigt, daß im Gegensatz zu einem isolierenden Medium, wo die Amplitude sich während des Fortschreitens einer ebenen Welle nicht ändert, hier die Amplitude mit zunehmendem z, also im Verlaufe des Fortschreitens nach Maßgabe einer Exponentialfunktion abnimmt.

Sehen wir als Maß für die „*Intensität*" I der Welle in Anlehnung an die entsprechende Definition in der Mechanik (vgl. § 24, 4.) den Betrag der Energiestromdichte S an, der nach (12) dem Quadrat von $|\mathfrak{E}|$ bzw. $|\mathfrak{H}|$, also im vorliegenden Falle dem Quadrate der Amplitude proportional ist, so gilt für die Abnahme von I ein Gesetz von der Gestalt

$$I = I_0\, e^{-hz}, \tag{39}$$

worin I_0 die Intensität an der Stelle $z = 0$ bedeutet und gesetzt ist:

$$h = \frac{4\pi\sigma}{\varepsilon c^*} = \frac{4\pi\sigma}{c}\sqrt{\frac{\mu}{\varepsilon}}. \tag{40}$$

Eine anschauliche Vorstellung von der Bedeutung der Gleichung (39) gewinnt man durch die Differentiation dieser Gleichung. Diese liefert

$$-dI = I_0\, e^{-hz} \cdot h\,dz = I \cdot h\,dz. \tag{41}$$

Die Welle erfährt also beim Fortschreiten um das Stück dz eine Verminderung dI ihrer Intensität, die zu dz und zur Intensität I selbst proportional ist. Der Energiebetrag, welcher der Abnahme dI entspricht, wird in dem Medium *absorbiert*. Das Gesetz (39), das sich experimentell bestätigen läßt[1] heißt das normale „*Absorptionsgesetz*" und die Proportionalitätskonstante h der „*Absorptionskoeffizient*".

Nach (40) läßt sich der Absorptionskoeffizient für eine elektromagnetische Welle in einem leitfähigen Medium aus den elektrischen Konstanten ε, μ und σ berechnen. Er ist der Leitfähigkeit direkt proportional, verschwindet also, wie es sein muß, für $\sigma = 0$ und wird sehr groß für gut leitende Substanzen. Daher kommt es, daß elektromagnetische Wellen in das Innere von Metallen so gut wie gar nicht einzudringen vermögen[2].

6. Der Strahlungsdruck. Vermöge der allgemein für jedes elektromagnetische Feld gültigen Beziehung (38) § 47 zwischen Energiestromdichte und Impulsdichte führt jede elektromagnetische Welle einen elektromagnetischen Impuls $\mathfrak{G}$ mit sich. Fällt daher eine elektromagnetische Strahlung auf einen Körper auf, in dem sie vollständig absorbiert wird, dann muß nach dem unter § 47, 6. abgeleiteten Impulssatz der Impuls der Strahlung auf den Körper übergehen. Er wird also durch die auffallende Strahlung in Bewegung gesetzt, was man auch

---

[1] Vgl. „Exp.-Physik", § 135.

[2] Von dieser „Schirmwirkung" der Metalle gegen elektromagnetische Wellen wird in der Praxis vielfach Gebrauch gemacht; vgl. „Exp.-Physik", Kap. XXII.

so ausdrücken kann, daß die Strahlung auf einen Körper, in dem sie absorbiert wird, eine Kraft ausübt.

Fällt eine ebene Welle senkrecht auf eine vollständig absorbierende Wand auf, so wird auf die Flächeneinheit der Wand pro Zeiteinheit der in einem Zylinder von der Länge c^* und der Basisfläche Eins enthaltene Impuls, also nach (38) § 47 und (12) der Impuls

$$p = \frac{S}{c^*} = u \tag{42}$$

übertragen. Ebenso groß ist daher die von der Welle auf die Flächeneinheit der Wand ausgeübte Kraft. Wir können also sagen, daß eine elektromagnetische Strahlung auf eine senkrecht zu ihrer Fortpflanzungsrichtung stehende, vollkommen absorbierende Wand einen Druck p ausübt, den wir als den „MAXWELLschen Strahlungsdruck" bezeichnen. Nach (42) ist er numerisch gleich der Energiedichte der Strahlung.

Ebenso muß eine Strahlungsquelle, die einseitig Strahlung aussendet, und daher ständig einen elektromagnetischen Impuls in dieser Richtung erzeugt, einen mechanischen Impuls von der gleichen Größe in der entgegengesetzten Richtung erhalten. Fällt daher eine ebene Welle auf eine Wand, die die Strahlung vollkommen reflektiert, dann wirkt sie ebenso, als ob sie die Strahlung erst vollkommen absorbieren und dann mit der gleichen Intensität in der entgegengesetzten Richtung wieder emittieren würde. Der Strahlungsdruck auf eine solche Fläche ist daher genau doppelt so groß wie auf eine vollkommen absorbierende Fläche[1].

§ 49. Elektromagnetische Wellen in inhomogenen und anisotropen Medien.

1. Verhalten elektromagnetischer Wellen an der Grenzfläche zweier homogener Dielektrika. Nachdem im vorhergehenden Paragraphen die Ausbreitung der elektromagnetischen Wellen in homogenen und isotropen Körpern besprochen wurde, wollen wir jetzt die wichtigsten Erscheinungen bei der Wellenausbreitung in inhomogenen und anisotropen Medien untersuchen. Wir beginnen mit der Betrachtung der Vorgänge beim Übergang von ebenen Wellen aus einem homogenen und isotropen, isolierenden Medium in ein anderes, ebensolches, die an einer ebenen Grenzfläche aneinanderstoßen sollen. Die beiden Medien sollen nur verschwindend wenig magnetisierbar sein, so daß die Permeabilität gleich Eins gesetzt werden kann; die Dielektrizitätskonstanten seien gleich ε_1 und ε_2, die Fortpflanzungsgeschwindigkeiten c_1^* und c_2^* der Wellen in den beiden Medien sind dann nach (4) § 48 gleich

$$c_1^* = \frac{c}{\sqrt{\varepsilon_1}}, \quad c_2^* = \frac{c}{\sqrt{\varepsilon_2}}. \tag{1}$$

Die Wellen mögen von der Seite des ersten Mediums auf die Trennungsfläche auffallen. Die vom ersten gegen das zweite Medium weisende Senkrechte auf die Trennungsfläche nennen wir das „*Einfallslot*" und die durch das Einfallslot und die Fortpflanzungsrichtung der einfallenden Welle bestimmte Ebene die „*Einfallsebene*". Den Winkel zwischen der Fortpflanzungsrichtung und dem Einfallslot nennen wir den „*Einfallswinkel*". Die Kreisfrequenz der als harmonisch angenommenen Welle sei gleich ω.

Den elektrischen Schwingungsvektor der Welle, der nach § 48, 2. auf der Fortpflanzungsrichtung senkrecht steht, können wir in zwei Komponenten E_s und E_p zerlegen, von denen die eine senkrecht zur Einfallsebene schwingt,

---

[1] Bezüglich des experimentellen Nachweises des Strahlungsdruckes und die Bestätigung der Formel (42) sei auf „Exp.-Physik", § 130 verwiesen.

die andere in der Einfallsebene. Die entsprechenden komplexen Amplituden [(43) § 10] mögen mit A_s und A_p bezeichnet werden.

Lassen wir die z-Achse des Koordinatensystems mit dem Einfallslot und die x-z-Ebene mit der Einfallsebene zusammenfallen, dann können wir nach (4) § 13 und dem eben Gesagten die x-Komponente des elektrischen Schwingungsvektors wie folgt ansetzen:

$$E_x = A_x\, e^{\,i\omega\left(t - \frac{x\sin\varphi + z\cos\varphi}{c_1{}^*}\right)}, \qquad (2)$$

worin die Konstante A_x die komplexe Amplitude in der x-Richtung bedeutet. Analoge Ausdrücke, in denen A_x durch entsprechende Größen A_y und A_z ersetzt ist, gelten für die beiden übrigen Komponenten E_y und E_z von $\mathfrak{E}$.

Rechnen wir E_s, das in die Richtung der y-Achse fällt, positiv, wenn E_y positiv ist und E_p, das in die x-y-Ebene fällt, positiv, wenn E_x positiv ist, dann gilt (vgl. Abb. 108)

$$\left.\begin{array}{l} A_x = A_p\cos\varphi, \\ A_y = A_s, \\ A_z = -\,A_p\sin\varphi \end{array}\right\} \qquad (3)$$

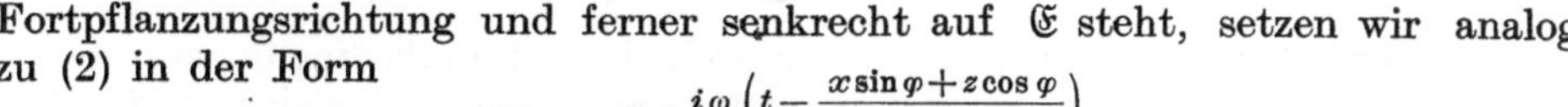

Abb. 108.

Die Komponenten des magnetischen Schwingungsvektors $\mathfrak{H}$ der Welle, der nach § 48, 2. ebenfalls senkrecht auf der Fortpflanzungsrichtung und ferner senkrecht auf $\mathfrak{E}$ steht, setzen wir analog zu (2) in der Form

$$H_x = C_x\, e^{\,i\omega\left(t - \frac{x\sin\varphi + z\cos\varphi}{c_1{}^*}\right)} \qquad (4)$$

an, worin C_x die komplexe Amplitude in der x-Richtung bedeutet; ähnliche Ausdrücke gelten wieder für die beiden übrigen Komponenten.

Um die Größen C_x, C_y, C_z zu erhalten, müssen wir bedenken, daß gemäß den Gleichungen (9) § 48 $\mathfrak{E}$, $\mathfrak{H}$ und die Fortschreitungsrichtung ein Rechtssystem bilden und wegen $\mu = 1$ gemäß (11) § 48 $|\mathfrak{H}| = \sqrt{\varepsilon_1} \cdot |\mathfrak{E}|$ gilt; dies ergibt:

$$C_x = -\sqrt{\varepsilon_1}\cdot A_s\cos\varphi, \qquad C_y = \sqrt{\varepsilon_1}\cdot A_p, \qquad C_z = \sqrt{\varepsilon_1}\cdot A_s\sin\varphi. \qquad (5)$$

Ein Teil der aus der einfallenden Welle an die Grenzfläche gelangenden Energie wird durch die Grenzfläche in das zweite Medium eindringen und dort in der Form einer neuen Welle fortschreiten, die wir als die „durchgelassene" Welle bezeichnen wollen. Der Rest der Energie der einfallenden Welle bleibt im ersten Medium zurück und bildet dort eine Welle, die wir die „reflektierte" nennen wollen.

Wir vermuten, daß auch die reflektierte und die durchgelassene Welle ebene, harmonische Wellen sind und setzen dementsprechend die x-Komponenten ihrer elektrischen Schwingungsvektoren $\mathfrak{E}'$ und $\mathfrak{E}''$ in der Form

$$E_x{}' = A_x{}'\, e^{\,i\omega'\left(t - \frac{x\cos\alpha' + y\cos\beta' + z\cos\varphi'}{c_1{}^*}\right)} \qquad (6)$$

$$E_x{}'' = A_x{}''\, e^{\,i\omega''\left(t - \frac{x\cos\alpha'' + y\cos\beta'' + z\cos\varphi''}{c_2{}^*}\right)} \qquad (7)$$

an, worin α', β', φ' die Winkel bedeuten, die die Fortschreitungsrichtung der reflektierten Welle mit den drei Achsen einschließt und α'', β'', φ'' die entsprechenden Größen für die durchgelassene Welle sind, ω' und ω'' die Kreisfrequenzen der beiden Wellen und A_x' bzw. A_x'' die x-Komponenten ihrer komplexen Amplituden. Analoge Ausdrücke gelten dann für die übrigen Komponenten von $\mathfrak{E}'$ und $\mathfrak{E}''$ und für die Komponenten von $\mathfrak{H}'$ und $\mathfrak{H}''$.

Wir nennen ferner A_p', A_s' die komplexen Amplituden des elektrischen Vektors der reflektierten Welle parallel und senkrecht zu Einfallsebene und A_p'', A_s'' die entsprechenden Größen für die durchgelassene Welle. Wie unter 2. sogleich gezeigt werden wird, liegt die Fortschreitungsrichtung der reflektierten und die der durchgelassenen Welle ebenfalls in der Einfallsebene. Daher gilt in Analogie zu (3) und (5)

$$A_x' = - A_p' \cos \varphi', \quad A_y' = A_s', \quad A_z' = A_p' \sin \varphi', \tag{8}$$

$$C_x' = - \sqrt{\varepsilon_1}\, A_s' \cos \varphi', \quad C_y' = - \sqrt{\varepsilon_1}\, A_p', \quad C_z' = \sqrt{\varepsilon_1}\, A_s' \sin \varphi', \tag{9}$$

$$A_x'' = A_p'' \cos \varphi'', \quad A_y'' = A_s'', \quad A_z'' = - A_p'' \sin \varphi'', \tag{10}$$

$$C_x'' = - \sqrt{\varepsilon_2}\, A_s'' \cos \varphi'', \quad C_y'' = \sqrt{\varepsilon_2}\, A_p'', \quad C_z'' = \sqrt{\varepsilon_2} \cdot A_s'' \sin \varphi''. \tag{11}$$

Um die Bestimmungsstücke der reflektierten und der durchgelassenen Welle aus denen der einfallenden Welle zu bestimmen, benutzen wir die Tatsache, daß an der Grenzfläche nach § 47, 3. die Tangentialkomponenten von $\mathfrak{E}$ und $\mathfrak{H}$ stetig sein müssen. Da im ersten Medium die einfallende und die reflektierte Welle sich überlagern, im zweiten Medium nur die durchgelassene Welle läuft, ergeben sich hieraus die folgenden vier Bedingungsgleichungen:

$$\left. \begin{aligned} E_x + E_x' &= E_x'', & H_x + H_x' &= H_x'' \\ E_y + E_y' &= E_y'', & H_y + H_y' &= H_y'' \end{aligned} \right\} \quad \text{für } z = 0. \tag{12}$$

Unter 2 und 3 werden wir zeigen, daß sich diese Randbedingungen unter den erwähnten Annahmen in der Tat erfüllen lassen; damit ist gleichzeitig auf Grund der Eindeutigkeit des Randwertproblems der Elektrodynamik gezeigt, daß die ausgesprochene Vermutung, daß die durchgelassene und die reflektierte Welle ebene, harmonische Wellen sind, richtig war.

2. Das Brechungs- und Reflexionsgesetz. Die erste der Gleichungen (12) kann offenbar an der Grenzfläche identisch für alle x, y und t nur dann erfüllt sein, wenn die in E_x, E_x', und E_x'' enthaltenen e-Potenzen für $z = 0$ die gleiche Funktion von x, y und t sind, d. h. wenn die Gleichungen

$$e^{i \omega \left(t - \frac{x \sin \varphi}{c_1{}^*} \right)} = e^{i \omega' \left(t - \frac{x \cos \alpha' + y \cos \beta'}{c_1{}^*} \right)} = e^{i \omega'' \left(t - \frac{x \cos \alpha'' + y \cos \beta''}{c_2{}^*} \right)} \tag{13}$$

identisch erfüllt sind; dies ist dann und nur dann der Fall, wenn die Gleichungen

$$\omega = \omega' = \omega'', \tag{14}$$

$$\frac{\sin \varphi}{c_1{}^*} = \frac{\cos \alpha'}{c_1{}^*} = \frac{\cos \alpha''}{c_2{}^*}, \tag{15}$$

$$\cos \beta' = 0, \quad \cos \beta'' = 0. \tag{16}$$

gelten. Dieselben Gleichungen erhält man durch Berücksichtigung der übrigen Grenzbedingungen, die durch die letzten drei der Gleichungen (12) ausgedrückt werden.

Die Gleichungen (14) sagen aus, daß die reflektierte und die durchgelassene Welle die gleiche Frequenz haben wie die einfallende Welle. Die Gleichungen (16) sagen aus, daß die Winkel zwischen der Fortpflanzungsrichtung der durchgelassenen bzw. der reflektierten Welle einerseits und der y-Achse anderseits gleich $\frac{\pi}{2}$ sind; das bedeutet, daß diese beiden Richtungen zur Einfallsebene parallel stehen, wie unter 1. behauptet wurde.

Da ferner wegen (16) gelten muß

$$\cos^2\alpha' = 1 - \cos^2\varphi' = \sin^2\varphi', \quad \cos^2\alpha'' = 1 - \cos^2\varphi'' = \sin^2\varphi'',$$

folgt aus (15)

$$\frac{\sin\varphi'}{\sin\varphi} = 1$$

oder da φ' offenbar ein stumpfer Winkel sein muß

$$\varphi' = \pi - \varphi \tag{17}$$

und weiter

$$\frac{\sin\varphi''}{\sin\varphi} = \frac{c_2{}^*}{c_1{}^*}. \tag{18}$$

Die Gleichung (17) drückt das bekannte *Reflexionsgesetz*[1] aus, wonach der Einfallswinkel und der „*Reflexionswinkel*" einander gleich sind (Abb. 108, S. 357). Wir haben das gleiche Gesetz unter § 13, 6. aus der Wellengleichung allgemein unter der Randbedingung abgeleitet, daß die reflektierende Wand für die Welle undurchlässig ist und an ihr die Wellenfunktion verschwindet. Das gleiche sagt für den vorliegenden Fall aber auch unsere Randbedingung (12) aus, da ihre rechten Seiten dann verschwinden und daher auch die Tangentialkomponenten von $\mathfrak{E}$ und $\mathfrak{H}$, die der Wellengleichung genügen müssen, an der Wand verschwinden.

Die Gleichungen (18) drücken zunächst aus, daß für zwei gegebene Medien das Verhältnis von Einfallswinkel und „*Brechungswinkel*" konstant ist, was nichts anderes ist, als das bekannte „*SNELLIUSsche Brechungsgesetz*"[1]. Darüber hinaus sagen sie aus, daß dieses Verhältnis gleich ist dem Verhältnis der Geschwindigkeiten der Wellenausbreitung in den beiden Medien, eine Aussage, die durch die Versuche von FIZEAU und FOUCAULT bestätigt wird[2].

Bezeichnet man wie üblich als den „*Brechungsquotienten*" n einer Substanz das Verhältnis der Sinus von Einfalls- und Brechungswinkel beim Einfall der Welle auf die Oberfläche des Körpers aus dem leeren Raum, so ist nach (18) und (1)

$$n_1 = \frac{c}{c_1{}^*} = \sqrt{\varepsilon_1}, \qquad n_2 = \frac{c}{c_2{}^*} = \sqrt{\varepsilon_2} \tag{19}$$

oder allgemein

$$n = \sqrt{\varepsilon}. \tag{20}$$

Diese Beziehung zwischen der optischen Größe n und der elektrischen Größe ε wird als die „*MAXWELLsche Relation*" bezeichnet. Mit ihr werden wir uns im § 58 noch ausführlich zu befassen haben.

Die Gleichung (18), die man mit Benutzung von (19) auch in der Form

$$\frac{\sin\varphi''}{\sin\varphi} = \frac{n_1}{n_2} \tag{21}$$

schreiben kann, läßt sich mit reellem φ'' offenbar nur dann befriedigen, wenn

$$\sin\varphi \leqq \frac{n_2}{n_1} \tag{22}$$

gilt. Dies ist immer dann der Fall, wenn $n_2 > n_1$ ist, d. h. wenn die Welle aus dem „optisch dünneren" Medium in das „optisch dichtere" Medium fällt. Ist hingegen $n_2 < n_1$, kommt die Welle also aus dem optisch dichteren Medium, dann gibt es einen bestimmten Einfallswinkel, der durch das Gleichheitszeichen in (22) gekennzeichnet ist, unterhalb dessen (22) befriedigt ist, oberhalb dessen jedoch nicht. Überschreitet φ diesen Grenzwinkel, so kann demnach die Welle in das zweite Medium nicht eindringen, sondern wird von der Grenzfläche vollkommen reflektiert; man spricht dann von „*Totalreflexion*"[1].

---

[1] Vgl. „Exp.-Physik", § 118.
[2] Vgl. „Exp.-Physik", § 129.

3. Die Fresnelschen Gleichungen. Um die erste der Grenzbedingungen (12) zu befriedigen, muß, wenn die Gleichungen (13) erfüllt sind, zwischen den komplexen Amplituden wegen (2), (6) und (7) die Beziehung

$$A_x + A_x{}' = A_x{}''$$

bestehen. Mit Benutzung von (3), (8), (10) und (17) folgt hieraus weiter

$$- A_p{}' \cos \varphi + A_p{}'' \cos \varphi'' = A_p \cos \varphi. \tag{23}$$

Analog folgt aus der zweiten der Gleichungen (12)

$$- A_s{}' + A_s{}'' = A_s. \tag{24}$$

Aus der dritten der Gleichungen (12) ergibt sich mit Benutzung von (4) und den entsprechenden Gleichungen für die übrigen Komponenten von $\mathfrak{H}$, $\mathfrak{H}'$, $\mathfrak{H}''$, sowie den Formeln (5), (9), (11), (17) und (19)

$$n_1 A_s{}' \cos \varphi + n_2 A_s{}'' \cos \varphi'' = n_1 A_s \cos \varphi \tag{25}$$

und analog aus der vierten der Gleichungen (12)

$$n_1 A_p{}' + n_2 A_p{}'' = n_1 A_p. \tag{26}$$

Aus (24) und (25) kann man durch Auflösung die Verhältnisse $\dfrac{A_s{}'}{A_s}$ und $\dfrac{A_s{}''}{A_s}$ und aus (23) und (26) die Verhältnisse $\dfrac{A_p{}'}{A_p}$ und $\dfrac{A_p{}''}{A_p}$ berechnen und erhält nach Durchführung der einfachen Rechnung, wenn man noch (21) berücksichtigt

$$\frac{A_s{}'}{A_s} = \frac{n_1 \cos \varphi - n_2 \cos \varphi''}{n_1 \cos \varphi + n_2 \cos \varphi''} = \frac{\cos \varphi \sin \varphi'' - \sin \varphi \cos \varphi''}{\cos \varphi \sin \varphi'' + \sin \varphi \cos \varphi''} = \frac{\sin (\varphi'' - \varphi)}{\sin (\varphi'' + \varphi)} \tag{27}$$

$$\frac{A_p{}'}{A_p} = \frac{n_1 \cos \varphi'' - n_2 \cos \varphi}{n_1 \cos \varphi'' + n_2 \cos \varphi} = \frac{\sin \varphi'' \cos \varphi'' - \sin \varphi \cos \varphi}{\sin \varphi'' \cos \varphi'' + \sin \varphi \cos \varphi} = \frac{tg (\varphi'' - \varphi)}{tg (\varphi'' + \varphi)} \tag{28}$$

$$\frac{A_s{}''}{A_s} = \frac{2 n_1 \cos \varphi}{n_1 \cos \varphi + n_2 \cos \varphi''} = \frac{2 \sin \varphi'' \cos \varphi}{\sin \varphi'' \cos \varphi + \cos \varphi'' \sin \varphi} = \frac{2 \sin \varphi'' \cos \varphi}{\sin (\varphi'' + \varphi)} \tag{29}$$

$$\frac{A_p{}''}{A_p} = \frac{2 n_1 \cos \varphi}{n_1 \cos \varphi'' + n_2 \cos \varphi} = \frac{2 \sin \varphi'' \cos \varphi}{\sin \varphi'' \cos \varphi'' + \sin \varphi \cos \varphi} = \frac{2 \sin \varphi'' \cos \varphi}{\sin (\varphi'' + \varphi) \cos (\varphi'' - \varphi)} \tag{30}$$

Durch die Gleichungen (27) bis (30), die zum ersten Male von FRESNEL aus seiner mechanischen Äthertheorie abgeleitet worden sind und daher als die „FRESNELschen *Gleichungen*" der Optik bezeichnet werden, sind die Amplituden der elektrischen und der magnetischen Schwingung im reflektierten und im durchgelassenen Licht vollkommen bestimmt.

4. Folgerungen aus den Fresnelschen Gleichungen. a) Wie man sieht, sind die rechten Seiten der Gleichungen (27) bis (30) stets reell, solange φ'' existiert, d. h. die Ungleichung (22) gilt. Daher sind die Verhältnisse der komplexen Amplituden der reflektierten und der durchgelassenen Welle zu denen der einfallenden Welle reell. Dies ist, wie man aus der Darstellung (43) § 10 ersieht, dann und nur dann der Fall, wenn zwischen den entsprechenden Schwingungen die Phasendifferenz Null oder π besteht; der erste Fall tritt ein, wenn das Amplitudenverhältnis positiv ist, der zweite, wenn es negativ ist.

Nach (27) und (28) gilt für senkrechten Einfall der Welle, also $\varphi = \varphi'' = 0$:

$$\frac{A_s{}'}{A_s} = \frac{A_p{}'}{A_p} = \frac{n_1 - n_2}{n_1 + n_2};$$

die Verhältnisse der komplexen Amplituden sind also positiv, wenn die Reflexion am optisch dünneren Medium erfolgt, und negativ, wenn die Reflexion am optisch dichteren Medium erfolgt. Im ersten Fall besteht also zwischen der einfallenden und der reflektierten Welle an der Grenzfläche keine Phasendifferenz, im zweiten Fall ist die Phasendifferenz gleich π, was einem „Gangunterschied" von einer halben Wellenlänge entspricht. Diese Schlußfolgerung wird durch die Interferenzerscheinungen bei der Reflexion des Lichtes an dünnen durchsichtigen Platten bewiesen[1].

Erzeugt man ferner, wie unter § 13, 6. besprochen wurde, durch Superposition einer auf die Trennungsfläche senkrecht auffallenden Welle und der reflektierten Welle eine stehende Welle, so muß nach dem oben Gesagten die Trennungsfläche eine „Knotenfläche" sein, wenn die Reflexion am optisch dichteren Medium erfolgt und eine „Bauchfläche" wenn sie am dünneren Medium erfolgt. Auch diese Folgerung wird durch die Versuche von WIENER bestätigt[1].

b) Ist die einfallende Welle linear polarisiert dann ist die Phasendifferenz zwischen A_s und A_p nach § 12, 2. entweder gleich Null oder gleich π. Nach dem unter a) Gesagten sind dann auch die Phasendifferenzen zwischen A_s' und A_p' bzw. zwischen A_s'' und A_p'' gleich Null oder π, solange (22) gilt. Das bedeutet, daß auch die reflektierte und die durchgelassene Welle linear polarisiert sein müssen, solange der Einfallswinkel kleiner ist als der Grenzwinkel der Totalreflexion.

Gilt hingegen die Ungleichung (22) nicht, dann ergibt sich aus (21) $\sin \varphi'' > 1$, d. h. ein imaginärer Wert von $\cos \varphi'' = \sqrt{1 - \sin^2 \varphi''}$ und daher werden die rechten Seiten der Gleichungen (27) bis (30) komplex. Zwischen den Komponenten A_s' und A_p' treten also von Null und π verschiedene Phasendifferenzen auf; nach § 12, 2. bedeutet das, daß das bei der Totalreflexion reflektierte Licht im allgemeinen *elliptisch* polarisiert ist, wenn das einfallende Licht *linear* polarisiert ist[2].

c) Nach (27) und (28) ist, da φ und φ'' stets spitze Winkel sind,

$$\left| \frac{A_s'}{A_p'} \right| = \left| \frac{A_s}{A_p} \frac{\cos(\varphi'' - \varphi)}{\cos(\varphi'' + \varphi)} \right| = \left| \frac{A_s}{A_p} \frac{\cos \varphi'' \cos \varphi + \sin \varphi'' \sin \varphi}{\cos \varphi'' \cos \varphi - \sin \varphi'' \sin \varphi} \right| > \left| \frac{A_s}{A_p} \right|, \quad (31)$$

d. h. der Anteil des Lichtes, dessen elektrischer Vektor senkrecht zur Einfallsebene schwingt, ist im reflektierten Licht stets größer als im einfallenden. Läßt man daher unpolarisiertes Licht einfallen, das als Überlagerung von polarisierten Wellen gleicher Intensität mit allen möglichen Schwingungsrichtungen gegen die Einfallsebene aufgefaßt werden kann, dann ist das reflektierte Licht „teilweise linear" polarisiert, d. h. diejenigen seiner Bestandteile, deren elektrische Vektoren senkrecht zur Einfallsebene schwingen, haben überwiegende Intensität.

Wählt man den Einfallswinkel φ so, daß

$$\varphi + \varphi'' = \frac{\pi}{2} \qquad (32)$$

gilt, dann wird die rechte Seite von (31) unendlich groß, d. h. A_p' wird gleich Null, unabhängig von der Schwingungsrichtung des einfallenden Lichtes. Läßt man also unter diesem Winkel unpolarisiertes Licht einfallen, dann ist das reflektierte Licht vollkommen linear polarisiert und sein elektrischer Vektor schwingt senkrecht zur Einfallsebene. Man kann so durch Reflexion an einem Isolator (z. B. an einer Glasplatte) aus unpolarisiertem Licht polarisiertes herstellen. Man bezeichnet daher den durch die Gleichung (32) bestimmten Winkel als den „*Polarisationswinkel*".

Durch Kombination der Gleichungen (32) und (21) folgt für den Polarisationswinkel die Beziehung

$$\frac{\sin \varphi}{\sin \varphi''} = \frac{\sin \varphi}{\cos \varphi} = \operatorname{tg} \varphi = \frac{n_2}{n_1}, \qquad (33)$$

---

[1] Vgl. „Exp.-Physik", § 122.
[2] Vgl. „Exp.-Physik", § 126.

die als das „BREWSTER*sche Gesetz*" bekannt ist. Wie die Abb. 109 erkennen läßt, schließen im Falle der Gültigkeit von (32) bzw. (33) die Fortschreitungsrichtungen der reflektierten und der durchgelassenen Welle einen rechten Winkel ein.

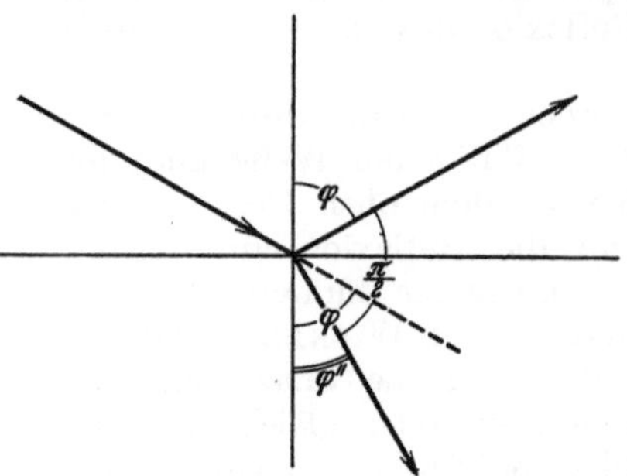

Abb. 109.

Nach (29) und (30) folgt wie oben

$$\frac{A_s{}''}{A_p{}''} = \frac{A_s}{A_p} \cos(\varphi'' - \varphi) < \frac{A_s}{A_p}, \qquad (34)$$

d. h. im durchgelassenen Licht ist der Anteil, dessen elektrischer Vektor parallel zur Einfallsebene schwingt größer als im einfallenden Licht. Ist daher das einfallende Licht unpolarisiert, so ist das durchgelassene teilweise linear polarisiert, und zwar so, daß diejenigen seiner Bestandteile, deren elektrische Vektoren parallel zur Einfallsebene schwingen, überwiegende Intensität haben. Eine vollständige Polarisation läßt sich aber so nie erzielen, da $\cos(\varphi'' - \varphi)$ niemals gleich Null werden kann, solange φ und φ'' spitze Winkel sind[1].

d) Als „*Reflexionsvermögen*" ϱ einer Substanz bezeichnet man das Verhältnis der Intensität der reflektierten zu der der einfallenden Welle bei senkrechtem Einfall, also für $\varphi = \varphi' = 0$. Da, wie wir bereits unter § 48, 5. erwähnten, die Intensität einer Lichtwelle dem Quadrat der Amplitude von $\mathfrak{E}$ proportional ist, folgt für ϱ aus (27) und (28)

$$\varrho = \left| \frac{A_s{}'^2 + A_p{}'^2}{A_s{}^2 + A_p{}^2} \right|_{\varphi=0} = \left| \frac{n_1 - n_2}{n_1 + n_2} \right|^2. \qquad (35)$$

Das Reflexionsvermögen ist also um so größer, je größer der Unterschied der Brechungsquotienten der beiden Medien ist, an deren Grenzfläche die Reflexion erfolgt, und verschwindet, wenn beide Medien den gleichen Brechungsquotienten haben[2].

e) Für Medien, die eine elektrische Leitfähigkeit haben, also nach § 48, 5. das Licht absorbieren, kann man für die einfallende, reflektierte und durchgelassene Welle, wie dortselbst gezeigt wurde, ebenfalls die Ansätze (3), (4), (6) und (7) machen, so daß die Entwicklungen unter 1. bis 3. auch hier in Geltung bleiben. Zu berücksichtigen ist jedoch, daß in diesem Falle gemäß der Gleichung (34) § 48 überall statt der gewöhnlichen reellen Dielektrizitätskonstanten eine „komplexe Dielektrizitätskonstante" einzuführen ist. Dies bewirkt nach (19) und (20) das Auftreten eines „komplexen Brechungsquotienten" und daher weiter, daß die rechten Seiten der FRESNELschen Gleichungen (27) bis (30) komplex werden. Das von einem leitenden Körper reflektierte Licht ist also, wie die unter b angestellten Überlegungen zeigen, im allgemeinen *elliptisch* polarisiert, wenn das einfallende Licht *linear* polarisiert ist. Dies trifft insbesondere für das von einem Metallspiegel reflektierte Licht zu[3].

Für das Reflexionsvermögen eines Leiters gegen das Vakuum ist nach (35) die Größe des Betrages seines komplexen Brechungsquotienten oder seiner komplexen Dielektrizitätskonstante maßgebend. Nach (34) § 48 ist dieser um so

---

[1] Bezüglich des experimentellen Nachweises der hier auf theoretischem Wege abgeleiteten Gesetzmäßigkeiten und ihrer Anwendungen bei der Konstruktion der Polarisationsapparate sei auf „Exp.-Physik", Kap. XXXII, verwiesen.

[2] Vgl. „Exp.-Physik", § 118.

[3] Vgl. „Exp.-Physik", § 126.

größer, je größer $\dfrac{\sigma}{\omega}$ ist, d. h. je größer das Leitvermögen der Substanz und je kleiner die Frequenz der Welle ist. Daher kommt es, daß die Metalle, bei denen σ besonders groß ist, für genügend lange Wellen ein sehr großes Reflexionsvermögen besitzen, das beim Fortschreiten gegen kürzere Wellen immer mehr abnimmt[1].

5. Wellenoptik und geometrische Optik. Um das Verhalten elektromagnetischer Wellen an beliebig gestalteten, nicht ebenen Grenzflächen zwischen homogenen Körpern zu studieren, kann im Prinzip die gleiche Methode angewendet werden wie bei ebenen Grenzflächen: man sucht Lösungen der Wellengleichung für die einzelnen Komponenten von $\mathfrak{E}$ und $\mathfrak{H}$ zu gewinnen, die an den Grenzflächen die Bedingung erfüllen, daß dort die Tangentialkomponenten von $\mathfrak{E}$ und $\mathfrak{H}$ stetig sind. Die Behandlung dieser Probleme bildet den Inhalt der „*Wellenoptik*".

Eine wesentliche Vereinfachung dieser Probleme ergibt sich, wenn unter den vorliegenden Bedingungen sowohl die Wellenflächen als auch die Diskontinuitätsflächen in Dimensionen von der Größenordnung der Wellenlängen als eben angesehen werden können. Unter diesen Umständen herrschen in Dimensionen von der Größenordnung der Wellenlänge die gleichen Verhältnisse, wie sie im Großen herrschen, wenn die Wellenflächen und die Diskontinuitätsflächen eben sind. Insbesondere ändert sich dann in Dimensionen von der Größenordnung der Wellenlänge die Wellenamplitude nur verschwindend wenig mit dem Ort. Im § 14 konnten wir zeigen, daß unter dieser Voraussetzung die Wellenausbreitung der Eikonalgleichung (7) § 14 gehorcht und daß sich die Wellenflächen auf Grund des HUYGHENschen Prinzips konstruieren lassen. Wir konnten ferner zeigen, daß statt der Wellenflächen in diesem Fall die Schar ihrer orthogonalen Trajektorien zum Gegenstand der Untersuchung gemacht werden kann, die sich mit Hilfe des FERMATschen Prinzips konstruieren lassen.

In der Optik werden die orthogonalen Trajektorien der Wellenflächen kurz als „*Lichtstrahlen*" bezeichnet. Jener Teil der Optik, der mit dem Begriff des Lichtstrahles operiert und sich die Aufgabe stellt, den Verlauf der Lichtstrahlen als Kurven im Raume zu berechnen, heißt die „*geometrische Optik*". In der Auffassung der geometrischen Optik erscheint eine Lichtwelle. als ein Bündel von Lichtstrahlen. In § 14, 4. konnten wir auf Grund des FERMATschen Prinzips bereits allgemein schließen, daß in homogenen und isotropen Medien die Lichtstrahlen gerade Linien sein müssen und an der Grenzfläche zwischen zwei solchen Medien Richtungsänderungen erfahren, die dem gleichen Reflexions- und Brechungsgesetz gehorchen, das wir unter 2. auf wellenoptischer Grundlage abgeleitet haben.

Das FERMATsche Prinzip kann jedoch ganz allgemein dazu verwendet werden, um die Lichtausbreitung in beliebigen, inhomogenen Medien zu studieren, in denen sich die Dielektrizitätskonstante bzw. der Brechungsquotient und damit die Lichtgeschwindigkeit stetig mit dem Ort verändert. Mit einem besonders wichtigen Spezialgebiet der geometrischen Optik, der optischen Abbildungslehre, werden wir uns im § 50 genauer befassen.

Wie aus dem Vorhergehenden folgt, sind die Sätze der geometrischen Optik nur angenähert richtig. Es wird daher die wirklich auftretende Lichtverteilung von der auf Grund des FERMATschen Prinzips bzw. des Reflexions- und Brechungsgesetzes berechneten Lichtverteilung mehr oder weniger abweichen. Man sagt dann, daß sich über die auf Grund der geometrischen Optik zu erwartenden Erscheinungen noch eine „*Beugung*" oder „*Diffraktion*" des Lichtes überlagert. Die Beugungserscheinungen treten streng genommen immer dann auf, wenn

---

[1] Vgl. „Exp.-Physik", § 118.

die Diskontinuitätsflächen nicht unendlich ausgedehnte Ebenen sind, d. h. immer dann, wenn sich Lichtwellen in Räumen ausbreiten, die von durchsichtigen oder undurchsichtigen Körpern endlicher Ausdehnung erfüllt sind; sie werden aber erst dann bemerkbar, wenn die linearen Dimensionen dieser Körper mit der Wellenlänge des Lichtes vergleichbar werden, wenn sich also z. B. sehr kleine Teilchen oder Wände mit sehr engen Öffnungen im Lichtweg befinden.

Die Beugungsprobleme können natürlich nur mit den Methoden der Wellenoptik behandelt werden. Ihre strenge Behandlung ist außerordentlich schwierig und gelingt nur in den einfachsten Fällen. Eine angenäherte Berechnung der Beugungserscheinungen beim Durchgang ebener Wellen durch *Spalte* und *Gitter* in undurchsichtigen Wänden haben wir bereits in § 13, 5. vorgenommen. Die Quadrate der Ausdrücke (25) § 13, bzw. (27) § 13 liefern direkt die Intensitätsverteilung des Lichtes auf einem in genügend großem Abstand von dem Spalt bzw. dem Gitter aufgestellten Schirm bei Verwendung von „monochromatischem" Licht. Die theoretische Behandlung der Beugungserscheinungen an anders gestalteten Öffnungen sowie an der Oberfläche von dünnen Drähten und kleinen Teilchen kann im Rahmen dieses Lehrbuches nicht durchgeführt werden[1].

Eine besondere Stellung nehmen schließlich in der geometrischen Optik jene Erscheinungen ein, bei denen eine Welle beim Hindurchgang durch ein inhomogenes Medium (insbesondere bei der Reflexion und Brechung an Diskontinuitätsflächen) in zwei oder mehrere Einzelwellen zerlegt wird, die sich schließlich wieder vereinigen. Man kann dann den Verlauf der Ausbreitung der Teilwellen, falls die oben besprochenen Bedingungen zutreffen, nach den Prinzipien der geometrischen Optik behandeln und so die Gangunterschiede dieser Teilwellen gegeneinander bei ihrer schließlichen Wiedervereinigung berechnen. Die Intensität und der Polarisationszustand der durch ihre Überlagerung gebildeten Gesamtwelle kann dann nach den in § 13, 2. entwickelten Prinzipien gefunden werden. Als Beispiele solcher Probleme mögen die *Interferenzerscheinungen*[2] erwähnt werden, die durch die Reflexion des Lichtes an den beiden Begrenzungsflächen einer Platte aus durchsichtigem Material entstehen, ferner die Erscheinungen bei der *Reflexion von Röntgenstrahlen* an den Gitternetzebenen eines Kristalles, die am Schlusse von § 13, 6. kurz behandelt wurden[3].

6. Die Doppelbrechung in einachsigen Kristallen. Die Untersuchung der Wellenausbreitung in *anisotropen* Medien bildet den Inhalt der „*Kristalloptik*", da die durchsichtigen Kristalle die wichtigsten Vertreter dieser Substanzen sind. Sie sind dadurch ausgezeichnet, daß in ihnen im allgemeinen die Dielektrizitätskonstante nicht wie in einem homogenen Körper ein Skalar, sondern ein Tensor ist, so daß statt der Gleichung (23) § 42 die Gleichung (25) § 42 als Beziehung zwischen den Feldvektoren $\mathfrak{D}$ und $\mathfrak{E}$ gilt.

Ihr elektrisches und daher auch ihr optisches Verhalten ist bestimmt durch die Lage der elektrischen Hauptachsen und die Größe der Hauptdielektrizitätskonstanten. Wir wollen uns hier auf die sogenannten „*einachsigen*" Kristalle beschränken, die dadurch gekennzeichnet sind, daß zwei der Hauptdielektrizitätskonstanten einander gleich sind. In der durch die entsprechenden Achsen bestimmten Ebene sind dann in elektrischer Beziehung alle Richtungen gleichwertig. Die dritte Achse ist ferner als elektrische Symmetrieachse des Kristalls ausgezeichnet; sie trägt den Namen „*optische Achse*". Jede die Richtung der

---

[1] Eine Beschreibung der wichtigsten Beugungserscheinungen findet man in „Exp.-Physik", § 123, über Beugungserscheinungen an optischen Instrumenten vgl. „Exp.-Physik", § 124.

[2] Die wichtigsten Interferenzanordnungen und ihre Verwendung für Meßzwecke sind in „Exp.-Physik", § 122 beschrieben.

[3] Über die Optik der Röntgenstrahlen vgl. „Exp.-Physik", § 125.

optischen Achse enthaltende Ebene nennen wir einen „*Hauptschnitt*" durch den Kristall.

Wir legen das Koordinatensystem so, daß die x-Achse die Richtung der optischen Achse hat, und nennen die entsprechende Hauptdielektrizitätskonstante ε_1. Die beiden anderen Hauptdielektrizitätskonstanten, die nach unserer Annahme einander gleich sein sollen, nennen wir ε_2. Der Kristall möge die Leitfähigkeit Null und die Permeabilität Eins haben; Raumladungen seien in ihm nicht vorhanden.

Wir lassen in ihm eine linear polarisierte Welle fortschreiten, deren elektrischer Schwingungsvektor in der x-y-Ebene liegt, so daß $E_z = 0$ ist. Die Fortschreitungsrichtung möge mit den drei Achsen die Winkel α, β, γ einschließen. Wir können daher den elektrischen Vektor gemäß (3) § 13 in der Form

$$\mathfrak{E} = \mathfrak{F}\left(t - \frac{x\cos\alpha + y\cos\beta + z\cos\gamma}{c^*}\right) \tag{34}$$

ansetzen. Es gelten also die Beziehungen

$$\frac{\partial^2\mathfrak{E}}{\partial x^2} = \mathfrak{F}'' \cdot \frac{\cos^2\alpha}{c^{*2}}, \quad \frac{\partial^2\mathfrak{E}}{\partial y^2} = \mathfrak{F}'' \cdot \frac{\cos^2\beta}{c^{*2}}, \quad \frac{\partial^2\mathfrak{E}}{\partial z^2} = \mathfrak{F}'' \cdot \frac{\cos^2\gamma}{c^{*2}}, \quad \frac{\partial^2\mathfrak{E}}{\partial t^2} = \mathfrak{F}''. \tag{35}$$

Gemäß den oben gemachten Annahmen reduzieren sich die Maxwellschen Gleichungen (8) § 47 auf

$$\left.\begin{array}{ll}
\text{a) } \operatorname{rot}\mathfrak{H} = \dfrac{1}{c}\dfrac{\partial\mathfrak{D}}{\partial t} & \text{b) } \operatorname{rot}\mathfrak{E} = -\dfrac{1}{c}\dfrac{\partial\mathfrak{H}}{\partial t} \\[2mm]
\text{c) } \operatorname{div}\mathfrak{D} = 0 & \text{d) } \operatorname{div}\mathfrak{H} = 0 \\[2mm]
\text{e) } D_x = \varepsilon_1 E_x, \quad D_y = \varepsilon_2 E_y, \quad D_z = \varepsilon_2 E_z = 0
\end{array}\right\} \tag{36}$$

Aus den Gleichungen (36 c) und (36 e) folgt

$$\varepsilon_1\frac{\partial E_x}{\partial x} + \varepsilon_2\frac{\partial E_y}{\partial y} = 0$$

und hieraus weiter

$$\operatorname{div}\mathfrak{E} = \frac{\partial E_x}{\partial x} + \frac{\partial E_y}{\partial y} + \frac{\partial E_z}{\partial z} = \frac{\partial E_x}{\partial x}\left(1 - \frac{\varepsilon_1}{\varepsilon_2}\right) = \frac{\partial E_y}{\partial y}\left(1 - \frac{\varepsilon_2}{\varepsilon_1}\right). \tag{37}$$

Bildet man ferner auf beiden Seiten der Gleichung (36 b) den Rotor und vertauscht die Reihenfolge der Operationen rot und $\dfrac{\partial}{\partial t}$, dann ergibt sich mit Benutzung der Gleichung (36 a)

$$\operatorname{rot}\operatorname{rot}\mathfrak{E} = -\frac{1}{c}\operatorname{rot}\frac{\partial\mathfrak{H}}{\partial t} = -\frac{1}{c}\frac{\partial}{\partial t}\operatorname{rot}\mathfrak{H} = -\frac{1}{c^2}\frac{\partial^2\mathfrak{D}}{\partial t^2}.$$

Mittels der Vektorformel (11) § 8 ergibt sich hieraus

$$\Delta\mathfrak{E} - \operatorname{grad}\operatorname{div}\mathfrak{E} = \frac{1}{c^2}\frac{\partial^2\mathfrak{D}}{\partial t^2}. \tag{38}$$

Bildet man die x-Komponente der Gleichung (38), dann folgt wegen (37) und (36 e)

$$\frac{\partial^2 E_x}{\partial x^2} + \frac{\partial^2 E_x}{\partial y^2} + \frac{\partial^2 E_x}{\partial z^2} - \frac{\partial^2 E_x}{\partial x^2}\left(1 - \frac{\varepsilon_1}{\varepsilon_2}\right) = \frac{\varepsilon_1}{\varepsilon_2}\cdot\frac{\partial^2 E_x}{\partial x^2} + \frac{\partial^2 E_x}{\partial y^2} + \frac{\partial^2 E_x}{\partial z^2} =$$

$$= \frac{\varepsilon_1}{c^2}\frac{\partial^2 E_x}{\partial t^2}$$

und hieraus weiter nach (35)

$$\frac{\cos^2\alpha}{\varepsilon_2} + \frac{\cos^2\beta}{\varepsilon_1} + \frac{\cos^2\gamma}{\varepsilon_1} = \frac{c^{*2}}{c^2}. \tag{39}$$

Analog folgt aus der y-Komponente der Gleichung (38)

$$\frac{\partial^2 E_y}{\partial x^2} + \frac{\partial^2 E_y}{\partial y^2} + \frac{\partial^2 E_y}{\partial z^2} - \frac{\partial^2 E_y}{\partial y^2}\left(1 - \frac{\varepsilon_2}{\varepsilon_1}\right) = \frac{\partial^2 E_y}{\partial x^2} + \frac{\varepsilon_2}{\varepsilon_1}\frac{\partial^2 E_y}{\partial y^2} + \frac{\partial^2 E_y}{\partial z^2} =$$

$$= \frac{\varepsilon_2}{c^2}\frac{\partial^2 E_y}{\partial t^2}$$

und hieraus wieder wegen (35)

$$\frac{\cos^2\alpha}{\varepsilon_2} + \frac{\cos^2\beta}{\varepsilon_1} + \frac{\cos^2\gamma}{\varepsilon_2} = \frac{c^{*2}}{c^2}. \tag{40}$$

Zum Zwecke der Diskussion der Gleichungen (39) und (40) nehmen wir zunächst an, daß $E_x = 0$ sei. Wegen $E_z = 0$ heißt dies, daß $\mathfrak{E}$ die Richtung der y-Achse hat. Wegen der Transversalität der Welle folgt hieraus weiter, daß die Fortschreitungsrichtung der Welle auf der y-Achse senkrecht steht, daß also $\beta = \frac{\pi}{2}$ oder $\cos\beta = 0$ ist. Der die Fortpflanzungsrichtung enthaltende Hauptschnitt ist also die x-z-Ebene und der elektrische Vektor schwingt senkrecht zum Hauptschnitt. Wegen $E_x = 0$ ist in diesem Falle die Gleichung (39) bedeutungslos und aus (40) wird wegen (19) und $\cos^2\alpha + \cos^2\gamma = 1$:

$$n_o = \frac{c}{c_o{}^*} = \sqrt{\varepsilon_2}. \tag{41}$$

Die Fortschreitungsgeschwindigkeit $c_0{}^*$ dieser Welle ist also unabhängig von der Richtung der Welle, ebenso wie in einem isotropen Medium, und es gilt für sie das SNELLIUSsche Brechungsgesetz (18) mit einem der Dielektrizitätskonstanten ε_2 entsprechenden Brechungsquotienten. Wir nennen daher die Welle eine „*ordentliche*" Welle und die zugehörigen Strahlen die „*ordentlichen*" Strahlen. Sie ist gemäß dem oben Gesagten dadurch gekennzeichnet, daß die elektrische Schwingung *senkrecht* zu demjenigen Hauptschnitt erfolgt, der die Fortpflanzungsrichtung enthält.

Wir nehmen nun an, daß $E_y = 0$ sei. Wegen $E_z = 0$ hat also $\mathfrak{E}$ die Richtung der x-Achse, d. h. der optischen Achse, und schwingt daher im Hauptschnitt. Die Fortpflanzungsrichtung der Welle steht auf der x-Achse senkrecht und daher ist $\alpha = \frac{\pi}{2}$ und $\cos\alpha = 0$. In diesem Falle wird die Gleichung (40) bedeutungslos, und aus (39) folgt wegen (19) und $\cos^2\beta + \cos^2\gamma = 1$:

$$n_s = \frac{c}{c_s{}^*} = \sqrt{\varepsilon_1}. \tag{42}$$

Wir nennen eine Welle, bei der wie im vorliegenden Fall die elektrische Schwingung parallel zu demjenigen Hauptschnitt erfolgt, der die Fortpflanzungsrichtung enthält, eine „*außerordentliche*" Welle. Die Gleichung (42) sagt aus, daß eine außerordentliche Welle, die senkrecht zur optischen Achse fortschreitet, eine Fortpflanzungsgeschwindigkeit $c_s{}^*$ hat, die sich gemäß (42) aus der Hauptdielektrizitätskonstante ε_1 herleitet und von $c_o{}^*$ verschieden ist.

Wir nehmen schließlich an, daß sowohl $E_x \gtrless 0$, als auch $E_y \gtrless 0$ sei. Das bedeutet gemäß dem früher Gesagten: $\cos\alpha \gtrless 0$ und $\cos\beta \gtrless 0$. In diesem Fall sind die Gleichungen (39) und (40) beide in Gültigkeit; sie sind offensichtlich nur dann verträglich, wenn $\cos\gamma = 0$ gilt, d. h. wenn die Fortpflanzungsrichtung in der x-y-Ebene liegt. Wegen $E_z = 0$ enthält die x-y-Ebene auch den elektrischen Schwingungsvektor, und die Welle ist daher wieder eine außerordentliche. Aus (39) oder (40) folgt nun wegen (19), (41) und (42) und $\cos^2\alpha + \cos^2\beta = 1$:

$$\frac{1}{n_a{}^2} = \frac{c_a{}^{*2}}{c^2} = \frac{\cos^2\alpha}{\varepsilon_2} + \frac{\cos^2\beta}{\varepsilon_1} = \frac{\cos^2\alpha}{n_o{}^2} + \frac{1-\cos^2\alpha}{n_s{}^2}. \tag{43}$$

Die Gleichung (43) lehrt, daß eine außerordentliche Welle, die unter einem Winkel α gegen die optische Achse fortschreitet, eine von α abhängige Fortpflanzungsgeschwindigkeit besitzt und daher nicht dem SNELLIUSschen Brechungsgesetz gehorcht. Der entsprechende Brechungsquotient n_a, der sich aus (43) in Abhängigkeit von α berechnen läßt, wird gleich n_o für $\alpha = 0$ und gleich n_s für $\alpha = \dfrac{\pi}{2}$.

Eine linear polarisierte Welle, deren elektrische Schwingung einen beliebigen Winkel mit dem entsprechenden Hauptschnitt bildet, kann man stets in eine ordentliche und eine außerordentliche Welle zerlegen, von denen die erste die Geschwindigkeit $c_o{}^*$, die zweite die Geschwindigkeit $c_a{}^*$ hat. Gelangt die Welle an die Oberfläche des Kristalls, so wird der ordentliche Bestandteil entsprechend dem Brechungsquotienten n_o, der außerordentliche entsprechend dem Brechungsquotienten n_a gebrochen, und sie wird daher in zwei Wellenzüge zerlegt, die sich in verschiedener Richtung fortbewegen. Diese Erscheinung wird als „*Doppelbrechung*" bezeichnet. Sie tritt natürlich auch dann auf, wenn umgekehrt die Welle von außen durch die Oberfläche in den Kristall eintritt. Die Doppelbrechung tritt nicht auf, d. h. der Kristall verhält sich wie ein isotroper Körper, wenn die elektrische Schwingung der Welle im Kristall entweder parallel oder senkrecht zu dem die Fortpflanzungsrichtung enthaltenden Hauptschnitt erfolgt; dies ist insbesondere stets dann der Fall, wenn die Fortpflanzung in der Richtung der optischen Achse erfolgt, was auch daraus hervorgeht, daß dann nach (41) und (43) $c_a{}^* = c_o{}^*$ und $n_a = n_o$ wird.

Da eine unpolarisierte Welle nach dem unter 4. Gesagten aus polarisierten Lichtwellen der verschiedensten Schwingungsrichtungen zusammengesetzt ist, erfährt auch sie beim Durchgang durch einen einachsigen Kristall im allgemeinen eine Doppelbrechung, d. h. sie zerteilt sich in zwei Wellenzüge, die sich in verschiedener Richtung bewegen und in zwei zueinander senkrechten Richtungen linear polarisiert sind. Die Doppelbrechung tritt nur dann nicht auf, wenn sich die Welle im Kristall in der Richtung der optischen Achse bewegt[1].

Die theoretische Behandlung der optischen Erscheinungen in „zweiachsigen" Kristallen und der Drehung der Polarisationsebene beim Durchgang durch gewisse Substanzen kann im Rahmen dieses Buches nicht behandelt werden[2].

§ 50. Theorie der optischen Abbildung.

1. Kennzeichnung der optischen Abbildung und Bedingungen für ihr Zustandekommen. Unter einer punktweisen und eindeutigen Abbildung eines Raumgebietes A auf ein Gebiet B versteht man bekanntlich in der Geometrie eine bestimmte Beziehung zwischen den Bestimmungsstücken der Punkte von A und B derart, daß jedem Punkt in A ein Punkt in B zugeordnet wird und um-

---

[1] Die hier theoretisch ermittelten Gesetzmäßigkeiten lassen sich durch das Experiment vollinhaltlich bestätigen; vgl. hierzu „Exp.-Physik", § 127.

[2] Bezüglich der mannigfachen Erscheinungen, die beim Durchgang polarisierten Lichtes durch Kristallplatten infolge der Interferenz zwischen der ordentlichen und der außerordentlichen Welle entstehen, sowie bezüglich der Verwendung der Doppelbrechung zur Erzeugung polarisierten Lichtes sei auf „Exp.-Physik", §§ 127 und 128 verwiesen.

gekehrt. Jedem aus endlich oder unendlich vielen Punkten bestehenden „*Objekt*" in A, dem „*Objektraum*", wird dann durch die Abbildung ein aus ebensovielen Punkten bestehendes „*Bild*" im „*Bildraum*" B zugeordnet und umgekehrt. Wir nennen die Abbildung „*ähnlich*", wenn Bild und Objekt einander ähnlich sind, d. h. wenn die Abstände entsprechender Punkte von Objekt und Bild in konstantem Verhältnis stehen.

Wir sprechen von einer „*optischen Abbildung*", wenn die Zuordnung der Punkte von Objekt und Bild auf physikalisch-optischem Wege vermittelt wird. In der Sprache der Wellenoptik beschrieben kommt die optische Abbildung dann zustande, wenn jede von einem Punkt des Objektraumes als Erregungspunkt ausgehende Welle sich in einem zweiten Punkt, dem Bildpunkt, wieder zusammenzieht oder, genauer gesagt, wenn unter der Schar der Wellenflächen solche vorkommen, die nicht nur den Erregungspunkt, sondern auch den Bildpunkt beliebig eng umschließen. In der Sprache der geometrischen Optik ausgedrückt bedeutet das, daß zumindest ein Teil der von einem Objektpunkt ausgehenden Lichtstrahlen sich in dem entsprechenden Bildpunkt schneiden muß, die übrigen Strahlen jedoch nicht in den Bildraum gelangen können. Beide Formulierungen zeigen, daß die Beziehung zwischen Objekt und Bild eine wechselseitige ist, d. h. daß Objekt und Bild ihre Rollen vertauschen können. Wir nennen daher Objekt- und Bildpunkt „*konjugierte*" Punkte.

Für isotrope Medien, auf die wir uns im folgenden allein beschränken wollen, kann man diese Forderungen mathematisch formulieren, indem man verlangt, daß die Zeit T, die der Wellenzustand braucht, um vom Objektpunkt P_1 zum Bildpunkt P_2 zu gelangen, für alle P_1 und P_2 verbindenden Lichtstrahlen gleich groß sein muß. Setzt man in der Formel (9) § 14 der in diesem Kapitel benutzten Bezeichnungsweise folgend statt c nach (19) § 49 die Wellengeschwindigkeit $c^* = c/n$ ein, so heißt dies, daß das Integral

$$ J = \int_{P_1}^{P_2} n\, ds \tag{1} $$

für alle von P_1 nach P_2 laufenden Lichtstrahlkurven gleich groß sein muß.

Um die optische Abbildung wirklich zu realisieren, muß man über den Brechungsquotienten n der den Raum erfüllenden Substanzen als Funktion des Ortes so verfügen können, daß für eine Schar von Kurven, die P_1 und P_2 verbinden, das Integral (1) einen konstanten Wert hat, für alle anderen zwischen P_1 und P_2 konstruierbaren Kurven jedoch entsprechend dem FERMATschen Prinzip größer ist, und daß ferner zu jedem P_1 nur ein P_2 gefunden werden kann, für das eine Schar solcher Minimalkurven existiert.

2. Der sphärische Spiegel. Als einfachsten Spezialfall behandeln wir zunächst die folgende Aufgabe der optischen Abbildungslehre: Der Objektraum sei von einem homogenen Medium erfüllt und von einer vollkommen reflektierenden Wand, einem „*Spiegel*", in der Form einer Rotationsfläche umgeben. Der Objektpunkt G liege auf der Rotationsachse im Abstande g vom Schnittpunkte O derselben mit der Rotationsfläche, dem „*Scheitel*" des Spiegels. Wir nennen G die „*Gegenstandsweite*". Der Bildraum fällt in diesem Falle offenbar mit dem Objektraum zusammen, und aus Symmetriegründen ist es klar, daß auch der Bildpunkt B von G, wenn er existiert, auf der Achse liegen muß. Der Abstand B von O, die „*Bildweite*", sei gleich b.

Jeder von G nach B führende Lichtweg besteht offenbar aus zwei geradlinigen Stücken, $\overline{GP}$ und $\overline{PB}$, die in einem Punkte P des Spiegels zusammenhängen (Abb. 110), wobei n längs des ganzen Lichtweges den gleichen Wert hat. Das Integral (1) reduziert sich also auf

$$J = n\,(\overline{GP} + \overline{PB}).\tag{2}$$

Soll demnach B der Bildpunkt von G sein, dann muß nach 1. der Ausdruck (2) für alle Punkte P, P', P'' ... des Spiegels gleich groß sein oder es muß $\overline{GP} + {} + \overline{PB} = \overline{GP'} + \overline{P'B} = \overline{GP''} + \overline{P''B} = {}$ ... sein. Dies ist, wie ein bekannter Satz der Geometrie lehrt, dann und nur dann der Fall, wenn die Spiegelfläche ein Rotationsellipsoid mit den beiden Brennpunkten G und B ist. Ferner sieht man unmittelbar, daß jeder andere, nicht aus zwei geraden Stücken bestehende Lichtweg dem Ausdruck (2) einen größeren Wert erteilt und daß zu einem gegebenen G bei gegebenem Spiegel nur ein Bildpunkt B existiert.

Ist a die Rotationshalbachse des Ellipsoids und c die Nebenhalbachse, dann gilt nach einem bekannten Satz über die Ellipse (vgl. Abb. 110)

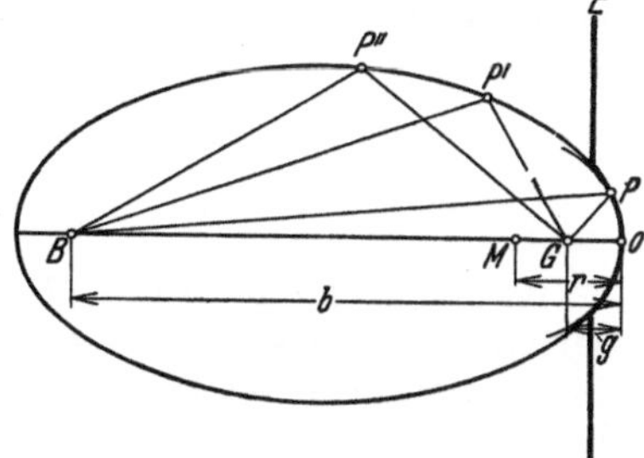

Abb. 110.

$$b = a + \sqrt{a^2 - c^2}, \quad g = a - \sqrt{a^2 - c^2}.\tag{3}$$

Ferner ist der Krümmungsradius r des Ellipsoids im Scheitel gleich

$$r = \frac{c^2}{a}.\tag{4}$$

Aus (3) folgt $\quad \dfrac{1}{g} + \dfrac{1}{b} = \dfrac{1}{a + \sqrt{a^2 - c^2}} + \dfrac{1}{a - \sqrt{a^2 - c^2}} = \dfrac{2a}{c^2}$

und daher wegen (4)

$$\frac{1}{g} + \frac{1}{b} = \frac{2}{r}.\tag{5}$$

Die Abbildung kommt natürlich auch dann zustande, wenn nicht alle von G ausgehenden Strahlen auf den Spiegel gelangen, wenn also z. B. ein Teil der Strahlen abgeblendet wird oder nur ein Stück der Spiegelfläche vorhanden ist. Schneidet man durch eine zur Achse senkrechte Ebene E von dem Ellipsoid alles mit Ausnahme einer kleinen, zum Scheitel O symmetrischen, innen spiegelnden Kappe weg, dann gilt auch für die von diesem Spiegel bewirkte Abbildung streng die Gleichung (5). Sie bleibt aber auch annähernd in Gültigkeit, wenn man die Ellipsoidkappe durch eine Kugelkappe mit dem Radius r ersetzt, die an der Innenseite spiegelt, einen sogenannten *„sphärischen Hohl- oder Konkavspiegel"*. Den räumlichen Winkel, unter dem seine Begrenzung von seinem Mittelpunkt M aus gesehen erscheint, wollen wir seine *„Öffnung"* oder seine *„Apertur"* nennen.

Durch den Hohlspiegel wird, wie man sieht, bei unendlich kleiner Öffnung eine punktweise Abbildung vermittelt und bei endlicher Öffnung eine wenigstens annähernd punktweise Abbildung, indem die vom Objektpunkt ausgehenden und vom Spiegel reflektierten Strahlen sich zwar nicht streng im Bildpunkte, jedoch in seiner unmittelbaren Nähe schneiden. Der so entstehende *„Fehler"* der Abbildung heißt die *„sphärische Aberration"* des Spiegels. Sie ist nach dem Gesagten um so kleiner, je kleiner die Öffnung des Spiegels ist.

Im Gegensatz zu einem Ellipsoidspiegel gehört zu einem sphärischen Spiegel nicht nur ein Paar, sondern es gehören zu ihm unendlich viele Paare konjugierter Punkte, nämlich alle diejenigen, deren g und b der Gleichung (5) bei vorgegebenem r genügen. Soll $b > 0$ sein, dann muß

$$g \geq \frac{r}{2} = f\tag{6}$$

gelten. Zu jedem Objektpunkt also, dessen Abstand vom Spiegelscheitel größer als f ist, entwirft der Spiegel einen Bildpunkt im oben definierten Sinne. Für $g = \infty$ wird nach (5) $b = f$. Wir nennen den Bildpunkt des unendlich fernen Objektpunktes den „*Brennpunkt*" und seine Bildweite die „*Brennweite*" des Spiegels. Nach (6) ist sie gleich dem halben Radius des Spiegels. Ist umgekehrt das Objekt im Brennpunkte [Gleichheitszeichen in (6)], dann ist das Bild der unendlich ferne Punkt der Achse.

Durch Einführung von f statt $r/2$ kann man die Gleichung (5) auf eine der beiden folgenden Formen bringen:

$$\frac{1}{g} + \frac{1}{b} = \frac{1}{f}, \tag{7}$$

$$(g - f)(b - f) = f^2. \tag{8}$$

Ist $g < f$, dann wird in (7) $b < 0$. Das bedeutet, daß die vom Spiegel reflektierten Strahlen sich in einem jenseits des Spiegels gelegenen Punkt schneiden. Es existiert also im früher gebrauchten Sinn des Wortes keine Abbildung, da die von G ausgehende Wellenfläche sich nicht in einem zweiten Punkt wieder zusammenzieht. Der Strahlengang des vom Spiegel reflektierten Lichtes ist jedoch der gleiche und daher die Wirkung auf ein beobachtendes Auge die gleiche, als ob das Licht von einem im Abstande b jenseits des Spiegels gelegenen Punkt ausgehen würde. Wir sprechen daher auch in diesem Fall von einer Abbildung und nennen die so entstehenden Bilder „*virtuell*", im Gegensatze zu den oben betrachteten „*reellen*" Bildern. Nach (6) entwirft der Hohlspiegel von allen Objektpunkten G_1 auf der Achse, die außerhalb der Brennweite gelegen sind, reelle Bilder B_1, von allen Objektpunkten G_2 innerhalb der Brennweite virtuelle Bilder B_2 (vgl. Abb. 111).

Da g und b in vollkommen symmetrischer Weise in (7) eingehen, ist auch im letzteren Fall die Beziehung zwischen Objekt und Bild eine wechselseitige und sie lassen sich miteinander vertauschen. Verlegt man also den Objektpunkt nach B_2, dann entwirft der Spiegel, vorausgesetzt daß er auf der dem Objekt

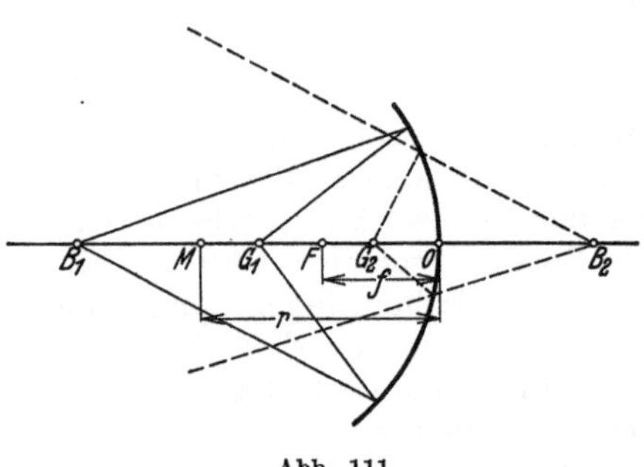

Abb. 111.

zugewendeten Seite spiegelt, ein virtuelles Bild in G_2. Wir nennen in diesem Falle den Spiegel einen „*sphärischen Konvexspiegel*". Er entwirft, wie man sieht, von Objektpunkten auf der Achse ausschließlich *virtuelle*, ebenfalls auf der Achse jenseits des Spiegels gelegene Bilder. Die Gleichungen (7) und (8) gelten für ihn ebenfalls, jedoch ist dann f negativ anzusetzen.

Eine Zwischenstellung zwischen dem Konvex- und dem Konkavspiegel nimmt der „*ebene Spiegel*" ein, für den $r = \infty$ ist. Nach (5) gilt für ihn $1/g + 1/b = 0$ oder

$$b = - g. \tag{9}$$

Der ebene Spiegel entwirft also stets virtuelle Bilder und Bild- und Gegenstandsweite sind einander gleich: Objekt- und Bildpunkte liegen in bezug auf die Spiegelebene „spiegelbildlich". Dieses Resultat haben wir auf wellenoptischer Grundlage bereits in § 13, 6. abgeleitet, woraus hervorgeht, daß die Abbildung durch einen ebenen, unendlich ausgedehnten Spiegel im Gegensatz zu der Abbildung durch sphärische Spiegel eine exakt punktförmige ist.

3. Die Abbildung räumlicher Objekte durch sphärische Spiegel. Da die Achse eines sphärischen Spiegels gegenüber allen innerhalb des Öffnungswinkels durch M gelegten Geraden nicht bevorzugt ist, folgt, daß auch alle Punkte dieser Geraden, d. h. bei der vorausgesetzten kleinen Apertur alle in der Nähe der Achse gelegenen Punkte des Objektraumes durch den Spiegel abgebildet werden, wobei Objekt- und Bildpunkt stets auf einer durch M gehenden Geraden liegen. Ein räumlich ausgedehntes Objekt, das sich in der Umgebung eines Achsenpunktes erstreckt, wird also durch den Spiegel punktweise wieder auf die Umgebung eines Achsenpunktes abgebildet.

Ist das Objekt eben und besteht es aus einem zur Achse senkrechten Flächenstück, so ist, wie die Konstruktion der Abb. 112 unmittelbar erkennen läßt, auch das Bild ein solches Flächenstück, und Bild und Objekt sind einander im geometrischen Sinne ähnlich in bezug auf das Ähnlichkeitszentrum M. Man sieht ferner aus der gleichen Abbildung, daß die reellen Bilder B_1 stets in bezug auf das Objekt G_1 umgekehrt liegen, die virtuellen Bilder G_2 bezüglich B_2 stets aufrecht.

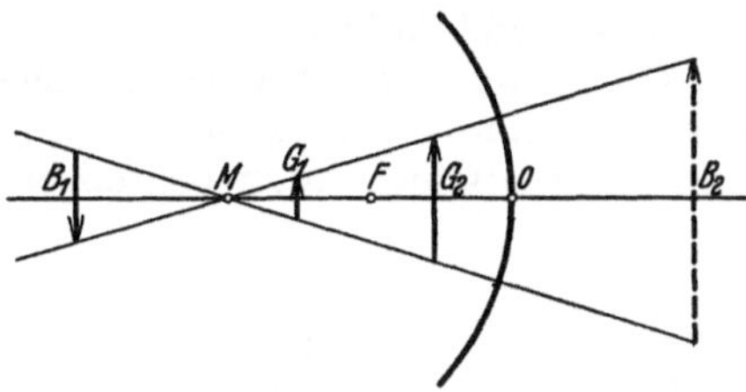

Abb. 112.

Wir bezeichnen als „*Vergrößerung*" l_1 der Abbildung das Verhältnis des Abstandes eines Punktepaares des Bildes zu dem des entsprechenden Punktepaares des Objektes; es ist für alle Punktepaare gleich groß. Für das oben betrachtete ebene Objekt ergibt sich, wie aus der Abb. 112 ersichtlich ist,

$$l_1 = \left| \frac{r-b}{r-g} \right|, \tag{10}$$

worin b und g positiv einzusetzen sind, wenn B bzw. G auf der gleichen Seite des Spiegels liegen wie M, und negativ, wenn sie auf der entgegengesetzten Seite liegen wie M.

Aus (10) ergibt sich mit Benutzung von (6), (7) und (8)

$$l_1 = \left| \frac{2f-b}{2f-g} \right| = \left| \frac{f}{g-f} \right| = \left| \frac{b-f}{f} \right| = \left| \frac{b}{g} \right|. \tag{11}$$

Aus (11) folgt für den Hohlspiegel bei reeller Abbildung $(g > f)$: $l_1 > 1$ für $g < 2f$ und $l_1 < 1$ für $g > 2f$; für $g = 2f$ ist $l = 1$. Die Abbildung ist also vergrößert, verkleinert oder in natürlicher Größe, je nachdem ob das Objekt sich innerhalb, außerhalb oder in der doppelten Brennweite des Spiegels befindet. Für virtuelle Abbildung $(0 < g < f)$ ist $l_1 > 1$; die virtuellen Bilder eines Hohlspiegels sind also stets vergrößert. Für den Konvexspiegel, bei dem $f < 0$ ist, folgt aus (11) stets $l_1 < 1$; die virtuellen Bilder eines Konvexspiegels sind also stets verkleinert.

Besteht das Objekt aus einem Linienelement $\varDelta g$ auf der Achse, dann ist auch das Bild ein Linienelement der Länge $\varDelta b$ auf der Achse. Durch Differentiation der Gleichung (5) folgt:

$$-\frac{\varDelta b}{b^2} - \frac{\varDelta g}{g^2} = 0$$

und daher für das Verhältnis l_2 der Absolutbeträge von $\varDelta b$ und $\varDelta g$ mit Benutzung von (11)

$$l_2 = \frac{b^2}{g^2} = l_1{}^2; \tag{12}$$

es liegt also auch in diesem Falle eine ähnliche Abbildung mit der Vergrößerung l_2 vor.

Im allgemeinen Falle eines räumlich ausgedehnten Objektes in der unmittelbaren Umgebung eines Achsenpunktes ist die Abbildung nicht mehr ähnlich, da die auf der Achse senkrecht stehenden Strecken mit der „*Seiten- oder Lateralvergrößerung*" l_1, die zur Achse parallelen Strecken mit der „*Tiefenvergrößerung*" l_2 abgebildet werden. Wie aus (12) hervorgeht, ist das Bild in der Tiefendimension gegenüber dem Objekt zusammengedrückt, wenn $l_1 < 1$ ist, also bei verkleinerter Abbildung, umgekehrt bei vergrößerter Abbildung auseinandergezogen.

Für den ebenen Spiegel ist nach (9), (11) und (12): $l_1 = l_2 = 1$, das durch einen ebenen Spiegel entworfene Bild eines räumlichen Objektes ist also vollkommen ähnlich und hat natürliche Größe. Es läßt sich aber natürlich mit dem Objekt nicht zur Deckung bringen (Spiegelsymmetrie). Wegen der Exaktheit der Abbildung ist dabei im Gegensatz zum sphärischen Spiegel die Größe des Objektes unbeschränkt[1].

4. Abbildung durch eine brechende Kugelfläche. Wir kehren jetzt wieder zu der im Beginn von 2. behandelten Aufgabe zurück, wollen aber jetzt annehmen, daß die den Objektraum begrenzende Rotationsfläche kein vollkommen reflektierender Spiegel, sondern bloß die Grenzfläche zwischen zwei homogenen und isotropen Medien bildet. G liege wieder auf der Achse im Abstande g vom Scheitel O, und zwar auf der konkaven Seite der Fläche im Medium mit dem Brechungsquotienten n_1. Ein Teil der von ihm ausgehenden und an die Grenzfläche gelangenden Strahlen wird dann von dieser als Spiegel reflektiert, ein zweiter Teil jedoch wird durch die Grenzfläche, an der sie gebrochen werden, in das zweite Medium mit dem

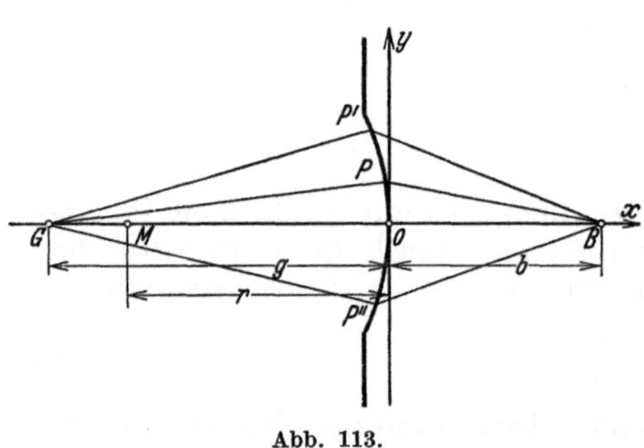

Abb. 113.

Brechungsquotienten n_2 hinausgelangen. Vereinigen sich diese Strahlen zu einem Bild B von G, so liegt es aus Symmetriegründen wieder auf der Achse in einem Abstand b von O (Abb. 113).

Da auch hier wieder jeder Lichtweg von G nach B aus zwei geradlinigen Stücken $\overline{GP}$ und $\overline{PB}$ zusammengesetzt sein muß, hat das Integral (1) den Wert

$$J = n_1 \cdot \overline{GP} + n_2 \cdot \overline{PB}. \tag{13}$$

Soll B der Bildpunkt von G sein, dann müssen nach 1. wieder die Ausdrücke (13) für alle Punkte P, P', P'', ... der Trennungsfläche gleich groß sein, speziell also auch für den Lichtweg $\overline{GOP}$, d. h. es muß gelten

$$n_1 \cdot \overline{GP} + n_2 \cdot \overline{PB} = n_1 g + n_2 b. \tag{14}$$

Wir lassen die x-Achse eines Koordinatensystems mit der Rotationsachse zusammenfallen, seinen Ursprung mit O und nennen x, y die Koordinaten von P in der x-y-Ebene, auf die wir uns wegen der herrschenden Rotationssymmetrie beschränken können. Dann ist

$$\overline{GP} = \sqrt{(x+g)^2 + y^2}, \qquad \overline{PB} = \sqrt{(x-b)^2 + y^2}$$

und es muß daher für alle x, y nach (14) die Gleichung

$$n_1 \sqrt{(x+g)^2 + y^2} + n_2 \sqrt{(x-b)^2 + y^2} = n_1 g + n_2 b \tag{15}$$

___

[1] Über die experimentelle Untersuchung der Abbildung durch sphärische Spiegel und deren Verwendung bei den optischen Instrumenten vgl. „Exp.-Physik", §§ 120 und 121.

erfüllt sein, falls B der Bildpunkt von G sein soll. Die Gleichung (15) ist also die Gleichung des Meridianschnittes der diese Bedingung befriedigenden Trennungsfläche.

Wir nehmen nun an, daß durch eine undurchsichtige, zur Achse senkrecht stehende „Blende", die einen sehr kleinen, kreisförmigen Ausschnitt hat, dessen Mittelpunkt auf der Achse liegt, alle von G ausgehenden Strahlen vom Bildraume abgehalten werden, die nicht mit der Achse einen sehr kleinen Winkel einschließen. In diesem Falle können wir eine angenähert punktförmige Abbildung erzielen, wenn wir die durch die Gleichung (15) dargestellte Grenzfläche durch ihre Krümmungskugel im Punkte O ersetzen. Wir sprechen in diesem Falle von einer Abbildung durch eine „*brechende Kugelfläche*". Sie ist ebenso wie die Abbildung durch einen sphärischen Spiegel streng nur bei unendlich kleiner Blendenöffnung erfüllt; bei endlicher Blendenöffnung wird G auf eine kleine, aber endliche Umgebung von B abgebildet, es tritt also auch hier eine „sphärische Aberration" ein.

Um den Radius r der Kugelfläche zu finden, brauchen wir bloß den Krümmungsradius der durch die Gleichung (15) dargestellten Fläche im Koordinatenursprung zu berechnen. Durch Differentiation von (15) findet man zunächst

$$\frac{n_1}{\sqrt{(x+g)^2+y^2}}\,[(x+g)\,dx+y\,dy]+\frac{n_2}{\sqrt{(x-b)^2+y^2}}\,[(x-b)\,dx+y\,dy]=0$$

und hieraus
$$\frac{dx}{dy}=-\frac{\left(\dfrac{n_1}{\sqrt{(x+g)^2+y^2}}+\dfrac{n_2}{\sqrt{(x-b)^2+y^2}}\right)y}{\dfrac{n_1}{\sqrt{(x+g)^2+y^2}}\,(x+g)+\dfrac{n_2}{\sqrt{(x-b)^2+y^2}}\,(x-b)}. \tag{16}$$

Für den Krümmungsradius im Punkte O gilt nach der bekannten Formel mit Benutzung von (16)

$$\frac{1}{r}=-\left[\frac{\dfrac{d^2x}{dy^2}}{\left\{1+\left(\dfrac{dx}{dy}\right)^2\right\}^{3/2}}\right]_{x=y=0}=-\left[\frac{d^2x}{dy^2}\right]_{x=y=0}=\frac{\dfrac{n_1}{g}+\dfrac{n_2}{b}}{n_1-n_2}. \tag{17}$$

Zwischen g, b und r herrscht also die Beziehung:

$$\frac{n_1}{g}+\frac{n_2}{b}=\frac{n_1-n_2}{r}. \tag{18}$$

Sie lehrt, daß hier ebenso wie beim sphärischen Spiegel bei vorgegebenem r unendlich viele Paare konjugierter Punkte existieren.

Die Abbildung ist reell, wenn $b>0$ ist, d. h. wenn nach (18)

$$\frac{1}{g}\le\frac{n_1-n_2}{n_1 r}=\frac{1}{f_1} \tag{19}$$

gilt. Diese Bedingung ist bei der angenommenen Lage des Objektes auf der konkaven Seite der Kugelfläche nur dann erfüllt, wenn $n_1>n_2$ und außerdem $g\ge f_1$ ist. Für $g=f_1$ fällt B ins Unendliche. Wir nennen den entsprechenden Objektpunkt F_1 den „*vorderen Brennpunkt*" und f_1 die „*vordere Brennweite*".

Rückt das Objekt ins Unendliche, wird also $g=\infty$, dann wird nach (18)

$$\frac{1}{b_\infty}=\frac{n_1-n_2}{n_2 r}=\frac{1}{f_2}. \tag{20}$$

Den entsprechenden Bildpunkt F_2 nennen wir den „*hinteren Brennpunkt*" und f_2 die „*hintere Brennweite*".

Ist $g<f_1$, dann ist $b<0$, das Bild ist virtuell und liegt auf derselben Seite der Trennungsfläche wie das Objekt. Ebenso erhält man virtuelle Bilder für $n_1<n_2$.

Wenn G auf der konvexen Seite der brechenden Fläche liegt, hat man offenbar in den obigen Entwicklungen bloß b mit g und gleichzeitig n_1 mit n_2 zu vertauschen, was, wie man aus (18) sieht, auf das gleiche hinausläuft, wie wenn man r mit $-r$ vertauscht. Die Abbildung ist also in diesem Falle reell, wenn $n_1 < n_2$ und $g \geqq f_1$ ist und virtuell für $g < f_1$ bzw. $n_1 > n_2$.

Setzt man in (18) für n_1 aus (19) und für n_2 aus (20) ein, so erhält man

$$\frac{f_1}{g} + \frac{f_2}{b} = 1 \tag{21}$$

oder

$$(g - f_1)\,(b - f_2) = f_1 f_2. \tag{22}$$

Ist die Trennungsfläche eben, also $r = \infty$, dann ist nach (18)

$$b = -\frac{n_2}{n_1}\,g, \tag{23}$$

das Bild ist also virtuell und erscheint dem Beobachter näher ($|b| < g$), wenn $n_2 < n_1$ ist, und weiter entfernt ($|b| > g$) für $n_2 > n_1$ [1].

Bezüglich der Abbildung räumlich ausgedehnter Objekte durch brechende Kugelflächen gilt offenbar unverändert, was unter 3. über die Abbildung durch sphärische Spiegel gesagt wurde; ebenso bleibt die sich darauf beziehende Abb. 112 in Geltung. Die Formel (10) für die Seitenvergrößerung l_1 nimmt entsprechend der oben getroffenen Verfügung über die Vorzeichen von g, b und r die Gestalt an

$$l_1 = \left| \frac{r+b}{r-g} \right|. \tag{24}$$

Hieraus ergibt sich mit Benutzung von (18), (19), (20) und (22) nach einfacher Rechnung

$$l_1 = \left| \frac{f_1}{g - f_1} \right| = \left| \frac{b - f_2}{f_2} \right| = \frac{n_1}{n_2} \left| \frac{b}{g} \right|. \tag{25}$$

Aus (25) ist zunächst zu ersehen, daß genau so wie beim Spiegel bei reeller Abbildung ($g \geqq f_1$) das Bild vergrößert, verkleinert oder in natürlicher Größe erscheint, je nachdem, ob sich das Objekt innerhalb, außerhalb oder in der doppelten Brennweite befindet. Bei virtueller Abbildung ($g < f_1$) ist das Bild vergrößert, wenn g und f_1 das gleiche Vorzeichen haben, und verkleinert, wenn G und F_1 auf verschiedenen Seiten der Trennungsfläche liegen.

Für die Tiefenvergrößerung l_2 folgt wie unter 3. aus (18)

$$-\frac{n_1 \,\varDelta g}{g^2} - \frac{n_2 \,\varDelta b}{b^2} = 0$$

und daher

$$l_2 = \frac{n_1}{n_2}\,\frac{b^2}{g^2} = \frac{n_2}{n_1}\,l_1^2. \tag{26}$$

Ist die Trennungsfläche eben, dann ist nach (23), (25) und (26)

$$l_1 = 1, \qquad l_2 = \frac{n_2}{n_1}. \tag{27}$$

Ein durch die ebene Trennungsfläche zwischen zwei Medien betrachtetes räumliches Objekt erscheint also in seinen Seitendimensionen in natürlicher Größe, in seiner Tiefendimension jedoch entweder verkürzt oder verlängert, je nachdem, ob $n_2 < n_1$ oder $n_2 > n_1$ ist. (Daher z. B. die verzerrten Bilder von unter Wasser befindlichen Gegenständen.)

5. Unendlich dünne Linsen. Unter einer „*Linse*" verstehen wir einen von zwei Kugelflächen begrenzten, durchsichtigen Körper. Die Verbindungslinie der Kugelmittelpunkte heißt die „*Achse*" der Linse. In optischer Beziehung ist die

---

[1] Diese Tatsache spielt eine Rolle bei der mikroskopischen Beobachtung von Objekten, die in einer Flüssigkeit oder in Glas eingeschlossen sind und wird auch zur Messung von Brechungsquotienten verwendet; vgl. „Exp.-Physik", §§ 120 und 121.

Linse gekennzeichnet durch die Angabe des Brechungsquotienten n der Linsen-substanz, die beiden Radien r_1 und r_2 und die Dicke, d. h. die Entfernung zwischen den beiden Durchstoßungspunkten der Achse durch die Linse. Wir wollen r_1 und r_2 positiv rechnen, wenn die Linse „*bikonvex*" ist, d. h. wenn die Kugel-flächen ihre konvexe Seite nach außen kehren, und negativ, wenn die Linse „*bikonkav*" ist, d. h. ihre konkaven Seiten nach außen weisen. „*Konkav-konvex*" heißt die Linse, wenn der größere der beiden Radien negativ, der kleinere positiv ist; im entgegengesetzten Falle heißt sie „*konvex-konkav*".

Nach den Erörterungen von 4. leuchtet es unmittelbar ein, daß eine Linse von jedem in der Umgebung eines Achsenpunktes sich erstreckenden Körper ein ebenfalls in der Umgebung eines Achsenpunktes liegendes Bild entwirft, wenn durch eine Blende mit enger Öffnung alle vom Objekt kom-menden Strahlen, die nicht der Achse benachbart sind, von der Linse ab-gehalten werden. Denn die objektseitig gelegene Linsenfläche, die den Objekt-raum mit dem Brechungsquotienten n_1 von der Linse mit dem Brechungs-quotienten n scheidet, entwirft vom Objekt G ein (reelles oder virtuelles) Bild B'. Die vom Objekt abgewendete Linsenfläche, die den Bildraum mit dem Brechungs-quotienten n_2 von der Linse trennt, entwirft weiter von B' als Objekt G' aufgefaßt ein Bild B, das demnach gleichzeitig Bild von G ist. G ist zu B in allen senkrecht zur optischen Achse stehenden Ebenen ähnlich.

Bei endlicher Öffnung oder Apertur der Linse, ferner bei Objekten, die sich nicht auf die Umgebung eines Achsenpunktes beschränken, ist die Abbildung nur unvollkommen, und es treten die verschiedenen „*Linsenfehler*" auf, die als „*sphärische Aberration*", „*Astigmatismus*" und „*Koma*" bekannt sind; ferner verschwindet dann auch die Ähnlichkeit zwischen Objekt und Bild, was sich in den als „*Bildwölbung*" und „*Bildverzerrung*" bezeichneten Bildfehlern zeigt. Auf die theoretische Behandlung dieser Abbildungsfehler und die Methoden zu ihrer Beseitigung können wir im Rahmen dieses Lehrbuches nicht eingehen[1].

Die Abbildungsgesetze nehmen die einfachste Gestalt an für den Fall einer „*unendlich dünnen Linse*", d. h. einer solchen, deren Dicke klein gegenüber ihren Radien ist. Wir wollen ferner annehmen, daß die Linse allseits von dem gleichen Medium mit dem Brechungsquotienten n' umgeben sei.

Für die Abbildung durch die objektseitige Linsenfläche ist dann in (18) zu setzen:

$$n_1 = n', \quad n_2 = n, \quad b = b', \quad r = -r_1,$$

es gilt also

$$\frac{n'}{g} + \frac{n}{b'} = \frac{n - n'}{r_1}. \tag{28}$$

Für die Abbildung durch die vom Objekt abgewendete Linsenfläche ist ferner in (18) zu setzen:

$$n_1 = n, \quad n_2 = n', \quad g = g', \quad r = r_2,$$

es gilt also weiter

$$\frac{n}{g'} + \frac{n'}{b} = \frac{n - n'}{r_2}. \tag{29}$$

Wegen der angenommenen verschwindend kleinen Dicke der Linse können wir die beiden Durchstoßungspunkte der Linsenflächen mit der Achse in einen einzigen, den „*Mittelpunkt*" O der Linse zusammenfallen lassen und die Bild- und Gegenstandsweiten von O aus zählen. Es ist daher

$$g' = -b'. \tag{30}$$

Durch Addition von (28) und (29) folgt mit Benutzung von (30)

$$\frac{1}{g} + \frac{1}{b} = \frac{n - n'}{n'}\left(\frac{1}{r_1} + \frac{1}{r_2}\right). \tag{31}$$

____

[1] Bezüglich des Experimentellen vgl. „Exp.-Physik", § 120.

Die Abbildung ist reell $(b > 0)$ für

$$\frac{1}{g} \leq \frac{n-n'}{n'}\left(\frac{1}{r_1} + \frac{1}{r_2}\right) = \frac{1}{f}. \tag{32}$$

Ist $f > 0$, dann läßt sich diese Gleichung für positive $g \geq f$ erfüllen, wir nennen dann die Linse eine „*Sammellinse*". Dies ist für $n' < n$ der Fall, wenn $\frac{1}{r_1} + \frac{1}{r_2} > 0$ ist, d. h. bei einer Bikonvex- oder Konkavkonvexlinse. Für $g = \infty$ wird $b = f$, ebenso wird für $b = \infty$: $g = f$; f ist also die beiderseits gleiche Brennweite der Linse. Ist $g < f$, dann ist die Abbildung virtuell.

Einsetzen von (32) in (31) ergibt

$$\frac{1}{g} + \frac{1}{b} = \frac{1}{f}, \tag{33}$$

also eine Gleichung, die vollkommen mit der Spiegelgleichung (7) identisch ist.

Ist $f < 0$, dann kann bei positivem g kein reelles Bild zustande kommen; wir nennen eine solche Linse eine „*Zerstreuungslinse*". Für $n' < n$ ist bei den Zerstreuungslinsen $\frac{1}{r_1} + \frac{1}{r_2} < 0$, sie sind also entweder bikonkav oder konvexkonkav.

Für die Seitenvergrößerung l_1 der Linse ergibt sich aus (25) und (30)

$$l_1 = \left|\left(\frac{n'}{n} \cdot \frac{b'}{g}\right)\left(\frac{n}{n'} \cdot \frac{b}{g'}\right)\right| = \frac{b}{g}. \tag{34}$$

Die Richtigkeit dieser Formel leuchtet auch unmittelbar aus der Überlegung ein, daß der Linsenmittelpunkt ein Ähnlichkeitszentrum zwischen Objekt und Bild sein muß, da ja die durch O hindurchgehenden Strahlen aus Symmetriegründen keine Ablenkung durch Brechung erleiden können. Hieraus folgt auch, daß die reellen Bilder stets verkehrt, die virtuellen stets aufrecht sein müssen.

Für die Tiefenvergrößerung gilt wegen (26) und (30)

$$l_2 = \left(\frac{n'}{n} \cdot \frac{b'^2}{g^2}\right)\left(\frac{n}{n'} \cdot \frac{b^2}{g'^2}\right) = \frac{b^2}{g^2} = l_1^2. \tag{35}$$

Die Formeln (34) und (35) stimmen mit den entsprechenden Formeln (11) und (12) für den Spiegel überein. Die zweite lehrt, daß bei verkleinerter Abbildung das Bild gegenüber dem Objekt in der Tiefendimension zusammengedrückt erscheint[1].

6. Dicke Linsen und zentrierte Linsensysteme. Um die formalen Abbildungsgesetze durch Linsen endlicher Dicke zu finden, kann man zweckmäßigerweise die folgende Überlegung anwenden, die auch für Systeme gültig bleibt, die aus beliebig vielen brechenden Kugelflächen bestehen, deren Mittelpunkte alle auf der gleichen Achse liegen, sogenannte „*zentrierte Systeme*". Zunächst ist es klar, daß jedem Punkt der Achse durch das System ein anderer Achsenpunkt als konjugierter zugeordnet ist. Die zu den beiden unendlich fernen Punkten der Achse konjugierten Punkte, d. h. die Orte der Bilder unendlich ferner Objekte auf der Achse nennen wir wieder die beiden Brennpunkte des Systems F_1 und F_2. In ihnen ist das Vergrößerungsverhältnis Null bzw. Unendlich.

Alle im Objektraum aus dem vorderen Brennpunkte F_1 kommenden Strahlen, die mit der Achse kleine Winkel einschließen, verlaufen im Bildraum, da sie zum unendlich fernen Punkte der Achse hinzielen, zu der Achse parallel. Verlängern wir, ohne Rücksicht auf den wirklichen Strahlenverlauf innerhalb des Linsensystems zu nehmen, die aus F_1 kommenden Strahlen geradlinig nach vorwärts und ebenso die im Bildraum verlaufenden Strahlen nach rückwärts, so durch-

---

[1] Dies spielt eine wichtige Rolle bei der Abbildung durch einen photographischen Apparat; vgl. „Exp.-Physik", § 121.

schneiden sich die zusammengehörigen Strahlen in den Punkten einer auf der Achse senkrecht stehenden Fläche, die die Achse in einem Punkte H_1 durchschneidet, den wir als den „*vorderen Hauptpunkt*" des Systems bezeichnen. Die durch H_1 senkrecht zur Achse gelegte Ebene nennen wir die „*vordere Hauptebene*". Im Grenzfall eines genügend engen Strahlenbündels, für das allein ja die Abbildung korrekt ist, kann man die oben erwähnte Strahlenschnittfläche mit dieser Hauptebene identifizieren (Abb. 114).

Analog verfahren wir mit den aus dem unendlich fernen Punkte der Achse im Objektraum kommenden Strahlen, die im Bildraum durch den hinteren Brennpunkt F_2 laufen müssen. Die Verlängerungen zusammengehöriger Strahlen schneiden einander wiederum in einer Fläche, die die Achse in dem „*hinteren Hauptpunkte*" H_2 des Systems schneidet. Die hier senkrecht zur Achse gelegte Ebene heißt die „*hintere Hauptebene*".

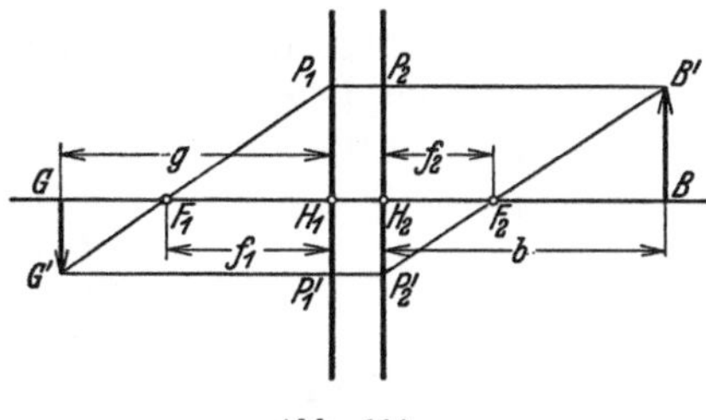

Abb. 114.

Sind die Brennpunkte und die Hauptpunkte eines Linsensystems gegeben, dann kann man zu jedem Objektpunkte G' seinen Bildpunkt leicht konstruieren, wie die Abb. 114 zeigt. Man lege durch G' parallel zur Achse eine Gerade, die die hintere Hauptebene im Punkte P_2' schneidet. Auf der durch P_2' und F_2 gelegten Geraden muß jedenfalls der Bildpunkt B' liegen. Man lege ferner durch G' und F_1 eine Gerade, die die vordere Hauptebene in P_1 schneidet. Auf der durch P_1 achsenparallel gelegten Geraden muß B' ebenfalls liegen; es liegt also im Schnittpunkte der beiden konstruierten Geraden im Bildraume.

Wir bezeichnen als die Brennweiten f_1 und f_2 des Systems die Entfernungen $F_1 H_1$ bzw. $F_2 H_2$, als Gegenstandsweite g die Entfernung $G H_1$ und als Bildweite b die Entfernung $B H_2$. Aus der Ähnlichkeit der Dreiecke $F_1 G G'$ und $F_1 H_1 P_1$ einerseits und der Dreiecke $F_2 B B'$ und $F_2 H_2 P_2'$ folgt

$$l_1 = \frac{\overline{BB'}}{\overline{GG'}} = \left| \frac{f_1}{g - f_1} \right| = \left| \frac{b - f_2}{f_2} \right| . \tag{36}$$

und hieraus weiter als Beziehung zwischen g und b

$$(g - f_1)\,(b - f_2) = f_1 f_2. \tag{37}$$

Die Gleichungen (36) und (37) sind formal identisch mit den für die einfache brechende Kugelfläche gültigen Gleichungen (25) und (22) und es bleiben daher alle aus diesen Gleichungen gezogenen Schlußfolgerungen auch für beliebige zentrierte Linsensysteme gültig, wobei jedoch auf die veränderte Bedeutung der Größen f_1, f_2, g und b zu achten ist. Die für die unendlich dünne Linse abgeleiteten Formeln (35) und (33) gehen aus (36) und (37) hervor, wenn $f_1 = f_2$ ist und H_1 und H_2 im Linsenmittelpunkte O zusammenfallen.

Für $g = 0$ folgt aus (37) stets $b = 0$, d. h. die Hauptpunkte sind konjugierte Punkte und die Punkte der einen Hauptebene werden auf die Punkte der anderen Hauptebene abgebildet. Aus (36) folgt in diesem Falle weiter $l_1 = 1$, d. h. die zugehörige Abbildung hat natürliche Größe. Dies geht auch aus der Abb. 114 hervor, die zeigt, daß P_2 das Bild von P_1 und P_2' das Bild von P_1' ist.

Die Berechnung der Lagen der Brennpunkte und der Hauptpunkte kann natürlich, wenn die Daten für die einzelnen brechenden Flächen des Systems bekannt sind, aus den unter 4. abgeleiteten Formeln ebenso wie im Falle der unendlich dünnen Linse auch im allgemeinen Falle eines zentrierten Linsensystems vorgenommen werden, was jedoch hier nicht weiter verfolgt werden soll[1].

7. Das Prisma. Unter einem „*optischen Prisma*" verstehen wir einen aus einer durchsichtigen Substanz hergestellten Körper, der von zwei ebenen Flächen begrenzt ist, die sich in einer geraden Kante, der „*brechenden Kante*" des Prismas unter einem Winkel schneiden, der der „*brechende Winkel*" φ des Prismas heißt; die übrigen Begrenzungsflächen sind willkürlich.

Auf die eine Prismenfläche möge im Punkte P_1 (Abb. 115) unter dem Winkel α_1 gegen das Lot in einer zur brechenden Kante senkrechten Ebene ein Strahl einfallen. Er wird hier gebrochen, läuft im Prisma weiter, gelangt im Punkte P_2 an die zweite Prismenfläche, wird hier nochmals gebrochen und tritt aus dem Prisma in der gleichen Ebene unter einem Winkel α_2 gegen das Lot dieser Prismenfläche aus. Den Winkel δ zwischen dem eintretenden und dem austretenden Strahl nennen wir die „*Deviation*" des Strahles.

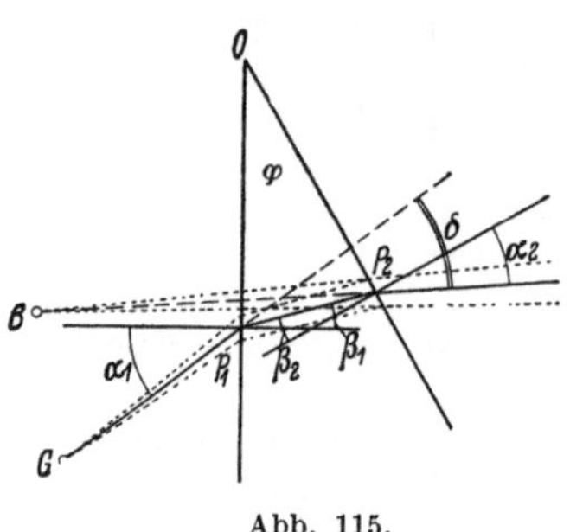

Abb. 115.

Aus der Abb. 115 geht die Gültigkeit der Relationen

$$\delta = \alpha_1 - \beta_1 + \alpha_2 - \beta_2 \tag{38}$$

und

$$\varphi = \beta_1 + \beta_2 \tag{39}$$

ohne weiteres hervor, aus denen durch Addition weiter folgt:

$$\delta = \alpha_1 + \alpha_2 - \varphi. \tag{40}$$

Auf Grund des Brechungsgesetzes gilt ferner, wenn der Brechungsquotient der Prismensubstanz n ist und sich das Prisma im leeren Raum befindet,

$$\frac{\sin \alpha_1}{\sin \beta_1} = \frac{\sin \alpha_2}{\sin \beta_2} = n. \tag{41}$$

Aus den Gleichungen (38) bis (41) läßt sich δ als Funktion von α_1 berechnen.

Es sei nun G ein Objektpunkt, den wir durch das Prisma mit Hilfe eines sehr schmalen Strahlenbündels um den in der Abb. 115 gezeichneten Zentralstrahl herum abbilden wollen. Die Bedingung dafür, daß eine Abbildung zustande kommt (die natürlich nur eine virtuelle sein kann), ist die, daß alle Strahlen des Büschels die gleiche Deviation erleiden; denn nur dann werden die aus dem Prisma austretenden Strahlen nach rückwärts verlängert sich wieder in einem Punkte durchschneiden. Es muß also δ für alle Strahlen des Büschels von α_1 unabhängig sein, d. h. es muß gelten

$$\frac{d\delta}{d\alpha_1} = 0. \tag{42}$$

α_1 muß demnach so gewählt werden, daß die Funktion $\delta(\alpha_1)$ für dieses α_1 ein Extremum hat.

Die Anwendung von (42) auf (40) ergibt zunächst

$$\frac{d\alpha_2}{d\alpha_1} = -1. \tag{43}$$

Durch Differentiation der Gleichungen (39) und (41) folgt weiter $d\beta_1 = -d\beta_2$ und $\cos\alpha_1 \, d\alpha_1 = n \cos\beta_1 \, d\beta_1$, $\cos\alpha_2 \, d\alpha_2 = n \cos\beta_2 \, d\beta_2 = -n \cos\beta_2 \, d\beta_1$.

---

[1] Über die experimentelle Untersuchung der Abbildung durch zentrierte Linsensysteme und deren Verwendung bei den optischen Instrumenten vgl. „Exp.-Physik", §§ 120 und 121.

Die Division der beiden letzten Gleichungen liefert

$$\frac{\cos\alpha_2}{\cos\alpha_1}\cdot\frac{d\,\alpha_2}{d\,\alpha_1}=-\frac{\cos\beta_2}{\cos\beta_1}. \tag{44}$$

Aus (43) und (44) ergibt sich schließlich

$$\frac{\cos\alpha_1}{\cos\beta_1}=\frac{\cos\alpha_2}{\cos\beta_2}. \tag{45}$$

Die Gleichungen (41) und (45) sind offenbar nur dann verträglich, wenn

$$\alpha_1=\alpha_2 \quad\text{und}\quad \beta_1=\beta_2 \tag{46}$$

gilt, d. h. wenn das Strahlenbündel das Prisma symmetrisch zur brechenden Kante durchsetzt.

Die nochmalige Differentiation von δ führt zum Resultat, daß das gefundene Extremum ein Minimum ist.

Mit Benutzung von (46) folgt aus (39), (40) und (41) im Falle der erreichten Minimaldeviation

$$n=\frac{\sin\alpha_1}{\sin\beta_1}=\frac{\sin\dfrac{\delta+\varphi}{2}}{\sin\dfrac{\varphi}{2}}. \tag{47}$$

Diese Formel wird bei der Bestimmung des Brechungsquotienten mittels der Messung der Strahlenbrechung durch ein Prisma praktisch verwendet[1].

Achtzehntes Kapitel.

Elektronentheorie und Relativitätstheorie.

§ 51. Das elektromagnetische Feld bewegter Elektronen.

1. Grundlegende Tatsachen. Auf Grund der verschiedensten Versuche ist die Tatsache festgestellt worden, daß jede elektrische Ladung aus einzelnen *„Elementarquanten"* von der Größe $e=4{,}77\cdot10^{-10}$ e. st. E. aufgebaut ist und daß diese Elementarquanten stets an materielle Partikel von ganz bestimmter Masse gebunden sind.

Von negativen Elementarpartikeln ist bisher mit Sicherheit nur das *„Elektron"* bekannt, das die Ladung $-e$ und die Masse $m=9\cdot10^{-28}$ g besitzt. Von positiven Elementarpartikeln kennen wir das *„Positron"* und das *„Proton"*; beide haben die Ladung $+e$, die Masse des Positrons ist gleich der des Elektrons und die des Protons ist gleich $1{,}66\cdot10^{-24}$ g, also rund 1840mal so groß als die des Elektrons. Das Positron scheint nur unter ganz besonderen Bedingungen (vielleicht im Kern der Atome) beständig zu sein, so daß es unter Normalbedingungen nur eine äußerst kurze „Lebensdauer" hat und daher in der Regel bloß Elektronen und Protonen als freie Elementarpartikel zu beobachten sind. Die Existenz eines „negativen Protons" wird vermutet, ist aber noch nicht sicher bestätigt. Alle anderen beobachtbaren Ladungsträger, wie die Atomkerne und die geladenen Atome oder Ionen sind nach unserer Auffassung aus den oben erwähnten Ladungsträgern und den *„Neutronen"* aufgebaut, ungeladenen Partikeln von der Masse des Protons, die wahrscheinlich ebenfalls aus einem Elektron und einem Proton bestehen.

---

[1] Über die experimentelle Untersuchung der Abbildung und der Brechung durch Prismen und deren Verwendung bei den optischen Instrumenten vgl. „Exp.-Physik", §§ 120 und 121.

Durch weitere Untersuchungen ist festgestellt worden, daß die Elektronen und Protonen magnetische Momente von bestimmter Größe besitzen. Das magnetische Moment $\mathfrak{m}_0$ des Elektrons hat den Betrag $|\mathfrak{m}_0| = 0,92 \,.\, 10^{-20}$ erg. Gauss^{-1}, das als „BOHRsches *Magneton*" bezeichnet wird. Wie durch Einsetzen der Zahlenwerte verifiziert werden kann, besteht zwischen e, m, $\mathfrak{m}_0$, der Lichtgeschwindigkeit c und der PLANCKschen Konstanten h die einfache Beziehung

$$|\mathfrak{m}_0| = \frac{e\,h}{4\,\pi\,m\,c}, \tag{1}$$

auf deren Deutung wir später (4.) zurückkommen.

Der 1840mal kleinere Wert, der herauskommt, wenn man in (1) statt der Elektronenmasse die Protonenmasse einsetzt, heißt ein „*Kernmagneton*". Das magnetische Moment des Protons ist ungefähr 2,5mal so groß wie das Kernmagneton[1].

Die Aufgabe der von H. A. LORENTZ begründeten *Elektronentheorie* ist es, einerseits die Gleichungen für das elektromagnetische Feld beliebig bewegter Elektronen (welchen Terminus wir im folgenden zur Vereinfachung auf *alle* Elementarpartikel anwenden wollen), aufzustellen und anderseits die Kraftwirkung eines elektromagnetischen Feldes auf ein bewegtes Elektron zu ermitteln und dadurch seine Bewegungsgleichungen zu gewinnen. Schließlich wird behauptet, daß sich die makroskopischen MAXWELLschen Gleichungen aus denen der Elektronentheorie gewinnen und damit die elektromagnetischen Eigenschaften der Materie sich auf Grund der Elektronentheorie erklären lassen.

2. Ladungsdichte und Stromdichte eines bewegten Elektrons. Nach den im Kapitel X entwickelten Prinzipien der Quantenmechanik ist die Bewegung eines Massenpunktes durch die Angabe der SCHRÖDINGERschen Wellenfunktion $\varphi\,(x, y, z, t)$ bestimmt. Nach (11) § 30 deuten wir die Größe $\varphi\varphi^*$ als die Wahrscheinlichkeitsdichte für den Aufenthalt des Massenpunktes zur Zeit t im Punkte x, y, z. In § 29, 5. und § 30, 4. entwickelten wir eine anschauliche Vorstellung, die der statistischen Auffassung äquivalent ist, indem wir uns die Masse m des Massenpunktes nach einer Dichtefunktion $m \,.\, \varphi\varphi^*$ im Raume verschmiert dachten.

Analog können wir nach SCHRÖDINGER auch die Ladung des Teilchens, die ja erfahrungsgemäß mit seiner Masse fest verbunden ist, nach der gleichen Dichtefunktion kontinuierlich im Raume verschmiert denken, d. h. dem bewegten Elektron eine *kontinuierliche Ladungsdichte* zuordnen gemäß

$$\varrho\,(x, y, z) = e \,.\, \varphi\varphi^*. \tag{2}$$

Genügt φ der Normierungsbedingung (5) § 30, die, wie wir dort zeigen konnten, stets für alle Zeiten erfüllbar ist, dann folgt aus (2) durch Integration über den ganzen Raum

$$\int\int\int \varrho\,(x, y, z, t)\,dx\,dy\,dz = e. \tag{3}$$

Da nach der Definition der elektrischen Ladungsdichte die linke Seite dieser Gleichung gleich der Gesamtladung des Elektrons ist, sagt diese Gleichung aus, daß sich diese Gesamtladung im Laufe der Zeit nicht ändert, wie es der Erfahrung entspricht.

Setzt man in die Gleichung (7) § 30 auf der linken Seite aus (2) ein, so erhält man nach Multiplikation mit $\dfrac{2\,\pi\,i}{h} \,.\, e$ und Benutzung der Formel (22) § 6

$$\begin{aligned} \frac{\partial\varrho}{\partial t} - \frac{i\,h}{4\,\pi\,m}\,e\,(\varphi\varDelta\varphi^* - \varphi^*\varDelta\varphi) &= \frac{\partial\varrho}{\partial t} + \frac{h}{4\,\pi\,i}\,\frac{e}{m}\,\mathrm{div}\,(\varphi\,\mathrm{grad}\,\varphi^* - \varphi^*\,\mathrm{grad}\,\varphi) \\ &= \frac{\partial\varrho}{\partial t} + \mathrm{div}\,\mathfrak{i} = 0, \end{aligned} \tag{4}$$

---

[1] Bezüglich der experimentellen Tatsachen, auf Grund derer die obenstehenden Schlußfolgerungen gezogen werden können, sei auf „Exp.-Physik", § 65 und Kap. XXIII bis XXIX verwiesen.

worin gesetzt ist

$$i = \frac{e}{m} \cdot \frac{h}{4\pi i} \, (\varphi \,\mathrm{grad}\, \varphi^* - \varphi^* \,\mathrm{grad}\, \varphi). \tag{5}$$

Die Gleichung (4) hat offensichtlich die Gestalt der Kontinuitätsgleichung der Elektrodynamik (12) § 43. Wir werden daher den Ausdruck (5) als eine dem bewegten Elektron zugeordnete *Stromdichte* zu deuten haben. Dem bewegten Elektron entspricht also nicht nur, wie oben gezeigt wurde, eine bestimmte Ladungsdichte ϱ, sondern auch eine bestimmte Stromdichte i, die sich aus den Werten der Schrödinger-Funktion $\varphi\,(x, y, z, t)$ berechnen lassen.

Integriert man die x-Komponente von (5) über den ganzen Raum, so erhält man mit Benutzung von (16) § 30

$$\iiint i_x \, dV = e \cdot \frac{ih}{4\pi m} \iiint \left(\varphi^* \frac{\partial \varphi}{\partial x} - \varphi \frac{\partial \varphi^*}{\partial x} \right) dV = e \cdot \frac{d\bar{x}}{dt}, \tag{6}$$

worin $\bar{x}$ die x-Koordinate des Schwerpunktes der Massen- (bzw. Ladungs-) Verteilung des bewegten Elektrons bedeutet. Führt man die gleiche Rechnung auch für die zwei anderen Komponenten durch und bezeichnet mit $\mathfrak{v}$ den Geschwindigkeitsvektor des Elektronenschwerpunktes, dann ergibt sich

$$\iiint i \, dV = e\mathfrak{v}. \tag{7}$$

Bewegt sich das Elektron unter der Wirkung von Kräften so, daß es ein konservatives System bildet und fällt ψ mit einer der Eigenfunktionen ψ_i des Systems zusammen, dann ist nach (1) § 30 und (2)

$$\varrho\,(x, y, z) = e \cdot \psi_i \psi_i^* \tag{8}$$

und ebenso nach (5)

$$i\,(x, y, z) = \frac{e}{m} \cdot \frac{h}{4\pi i} \, (\psi_i \,\mathrm{grad}\, \psi_i^* - \psi_i^* \,\mathrm{grad}\, \psi_i). \tag{9}$$

Die Ladungs- und die Stromdichte sind also von der Zeit unabhängig. Im allgemeinen Falle, also z. B. bei der Bewegung des Elektrons in einem nicht wirbelfreien Kraftfelde oder beim Übergang von einem Energieeigenwert zu einem anderen werden ϱ und i auch von der Zeit abhängig.

3. Die Lorentz-Maxwellschen Gleichungen der Elektronentheorie. Zur Berechnung des elektromagnetischen Feldes des bewegten Elektrons wollen wir mit Lorentz die Annahme machen, daß sich die elektrische Feldstärke $\mathfrak{e}$ und die magnetische Feldstärke $\mathfrak{h}$ dieses Feldes aus der Ladungsdichte ϱ und der Stromdichte i nach denselben Gleichungen herleiten soll, die zwischen diesen Größen im materiefreien Raum in makroskopischen Dimensionen gelten. Wir erhalten daher diese Gleichungen, wenn wir in den Maxwellschen Gleichungen (9a) bis (9d) von § 47 $\mathfrak{h}$ und $\mathfrak{e}$ statt $\mathfrak{H}$ und $\mathfrak{E}$ einführen und ε und μ gleich Eins setzen. Wir wollen ferner annehmen, daß das Feld $\mathfrak{h}$ trotz des beobachteten Vorhandenseins des magnetischen Momentes $\mathfrak{m}_0$ der Elektronen (vgl. unter 1.) quellenfrei sei, indem wir auch dem freien Elektron eine rotationssymmetrische Stromdichteverteilung um eine bestimmte Achse zuschreiben. Wir kommen hierauf weiter unten (unter 4.) nochmals zurück.

Die Lorentz-Maxwellschen Gleichungen lauten also:

$$\left.\begin{aligned} \mathrm{rot}\,\mathfrak{h} &= \frac{4\pi}{c}\,i + \frac{1}{c}\frac{\partial \mathfrak{e}}{\partial t}, \quad \mathrm{rot}\,\mathfrak{e} = -\frac{1}{c}\frac{\partial \mathfrak{h}}{\partial t} \\[2mm] \mathrm{div}\,\mathfrak{e} &= 4\pi\varrho, \quad \mathrm{div}\,\mathfrak{h} = 0, \quad \mathrm{div}\,i + \frac{\partial \varrho}{\partial t} = 0 \end{aligned}\right\} \tag{10}$$

worin für ϱ und i aus den Gleichungen (2) und (5) einzusetzen ist. Die Kontinuitätsgleichung ist gemäß unseren Verfügungen über ϱ und i nach 2. von selbst erfüllt.

Bewegt sich das Elektron in einem quantenhaft ausgezeichneten Energiezustand, dann sind ϱ und. i nach 2. zeitlich konstant. In diesem Falle ist also das Elektron von einem *stationären* elektromagnetischen Feld umgeben. Wäre dies nicht der Fall, dann müßte nach § 47, 5. eine elektromagnetische Energiestrahlung $\mathfrak{S}$ mit nicht verschwindender Divergenz auftreten, d. h. das System könnte entgegen der Voraussetzung nicht konservativ sein. Dieses Ergebnis spricht für die Richtigkeit der oben angestellten Überlegungen.

Im allgemeinen Falle, speziell also beim Übergange von einem ausgezeichneten Energiewert zu einem anderen, ist das elektromagnetische Feld des bewegten Elektrons nicht stationär, es stellt also nach § 48 eine Quelle elektromagnetischer Energiestrahlung dar und wird daher entweder elektromagnetische Strahlung emittieren oder sie absorbieren. Auf die Anwendung dieses Ergebnisses zum Zwecke der Berechnung der Spektren der Strahlung, die von bewegten Atomelektronen emittiert oder absorbiert wird, kommen wir in Kapitel XXI ausführlich zurück.

4. Das Magnetfeld eines kreisenden Elektrons. Als Beispiel für die Anwendung der unter 3. abgeleiteten allgemeinen Gleichungen wollen wir zunächst das Magnetfeld eines um eine feste Achse mit konstantem Abstand rotierenden Elektrons im stationären Zustande berechnen. Wir berechnen zu diesem Zwecke zunächst nach der Formel (9) die Stromdichte i, indem wir hierin für ψ die in § 31, 2. berechnete Eigenfunktion (21) § 31 einsetzen. Wir setzen $A_2 = 0$ (zum gleichen Resultat kommt man übrigens auch, wenn man $A_1 = 0$ setzt) und erhalten daher für den l-ten Quantenzustand

$$\psi_l = A\, e^{il\vartheta}, \tag{11}$$

worin ϑ einen Azimutwinkel in der Rotationsebene bedeutet. Da ψ_l von ϑ allein abhängig ist, steht grad ψ_l überall senkrecht auf r. Bezeichnet ds das Linienelement auf dem Kreise vom Radius r, dann gilt

$$ds = r\,d\vartheta$$

und daher

$$|\operatorname{grad}\psi_l| = \frac{\partial\psi_l}{\partial s} = \frac{1}{r}\frac{d\psi_l}{d\vartheta} = \frac{A}{r}\,il\,.e^{il\vartheta}. \tag{12}$$

Die Formel (9) gibt nun mit Benutzung von (11) und (12) für $|\mathfrak{i}|$:

$$|\mathfrak{i}| = \frac{e\,h\,l}{2\,\pi\,m}\cdot\frac{A\,A^*}{r}. \tag{13}$$

Die Stromdichte ist also nur von r abhängig. Das kreisende Elektron ist demnach einem um die Achse der Rotationsbewegung strömenden elektrischen Strom mit der zylindersymmetrischen Stromdichteverteilung (13) äquivalent.

Um das Magnetfeld der vorliegenden Stromverteilung zu finden, berufen wir uns auf den in § 44, 3. abgeleiteten Satz, wonach das Magnetfeld einer ebenen Stromschleife vom Flächeninhalte F, die von einem Strom der Stärke J durchflossen wird, in genügend großer Entfernung dem Magnetfeld eines magnetischen Dipols vom Moment JF/c [(12) § 44], äquivalent ist, dessen Richtung auf der Ebene der Stromschleife senkrecht steht. Offenbar läßt sich das vorgelegte Stromsystem durch sehr dünne, den Stromlinien entlang laufende Röhren in lauter Stromschleifen zerlegen. Der Querschnitt einer solchen Röhre sei dq und $d\mathfrak{s}$ der Vektor des in die Röhrenachse gelegten Linienelements. Bezeichnet ferner $\mathfrak{a}$ den Einheitsvektor, der auf der Ebene der Stromschleife senkrecht steht und der Richtung der Stromumkreisung im Sinne einer Rechtsschraube zugeordnet ist, dann gilt wegen (14) § 10

$$J = |\mathfrak{i}|\,dq, \qquad F\mathfrak{a} = \frac{1}{2}\oint(\mathfrak{r}\times d\mathfrak{s}),$$

daher beträgt das magnetische Moment $\mathfrak{m}$ einer Stromschleife, da $\mathfrak{i}$ und $d\,\mathfrak{s}$ die gleiche Richtung haben:

$$d\mathfrak{m} = \frac{J\dot{F}}{c}\cdot\mathfrak{a} = \frac{|\mathfrak{i}|\,d\,q}{c}\cdot\frac{1}{2}\oint(\mathfrak{r}\times d\,\mathfrak{s}) = \frac{d\,q}{2\,c}\oint(\mathfrak{r}\times\mathfrak{i})\,d\,s. \tag{14}$$

Das Gesamtmoment $\mathfrak{m}$ des betrachteten Stromsystems erhalten wir durch Summation der Beiträge $d\,\mathfrak{m}$ von allen Ringen. Da $d\,q\,ds$ gleich ist dem Volumenelement $d\,V$ eines Ringes, erhalten wir gemäß (14) das gesuchte $\mathfrak{m}$ durch Integration über den ganzen Raum:

$$\mathfrak{m} = \frac{1}{2\,c}\iiint(\mathfrak{r}\times\mathfrak{i})\,dV. \tag{15}$$

In dem vorliegenden Spezialfall ist, da $\mathfrak{i}$ und $\mathfrak{r}$ senkrecht aufeinander stehen, wegen (13)

$$|\mathfrak{r}\times\mathfrak{i}| = \frac{e\,h\,l}{2\,\pi\,m}\cdot A\,A^*.$$

Setzen wir dies in (15) ein und berücksichtigen, daß nach (11)

$$\psi_l\,\psi_l^* = A\,A^*$$

und wegen der Normierungsbedingung (10) § 29

$$\iiint\psi_l\,\psi_l^*\,dV = \iiint A\,A^*\,dV = 1$$

gelten muß, dann ergibt sich für das gesuchte magnetische Moment des kreisenden Elektrons:

$$|\mathfrak{m}| = \frac{e\,h}{4\,\pi\,m\,c}\cdot l. \tag{16}$$

Die Richtung von $\mathfrak{m}$ fällt offenbar mit der Richtung der Rotationsachse zusammen.

Das Magnetfeld eines Elektrons, das in einem ausgezeichneten Quantenzustand mit der Quantenzahl l um eine Achse rotiert, ist also dem Feld eines magnetischen Dipols in der Richtung der Achse äquivalent, dessen Betrag nach (16) und (1) gleich dem l-fachen eines BOHRschen Magnetons ist. Dieses Resultat ist von BOHR auch schon mit Hilfe der älteren Quantentheorie abgeleitet worden.

Aus (16) und (24) § 31 folgt, daß das magnetische Moment $\mathfrak{m}$ des rotierenden Elektrons zu dem Drehimpuls G um die Rotationsachse in einem konstanten Verhältnis steht, nämlich:

$$\frac{|\mathfrak{m}|}{G} = \frac{e\,h\,l}{4\,\pi\,m\,c} : \frac{h\,l}{2\,\pi} = \frac{e}{2\,m\,c}. \tag{17}$$

Die Tatsache, daß auch das freie Elektron, wie in 1. erwähnt wurde, ein magnetisches Moment von einem BOHRschen Magneton besitzt, legt es nahe, wie bereits in 3. angedeutet wurde, auch dem freien Elektron eine rotierende Ladungsverteilung nach dem Muster der oben behandelten zuzuordnen, die wir dem in § 31, 4. behandelten *Spin* des Elektrons zuschreiben wollen. Für das Verhältnis von magnetischem Moment und Drehimpuls des Spinelektrons folgt nach (1) und (52) § 31

$$\frac{|\mathfrak{m}_0|}{G_0} = \frac{e\,h}{4\,\pi\,m\,c} : \frac{h}{4\,\pi} = \frac{e}{m\,c}. \tag{18}$$

Wie der Vergleich mit (17) lehrt, ist sein Wert doppelt so groß wie der für das umlaufende Elektron. Durch den Versuch von EINSTEIN und DE HAAS[1] läßt sich die Größe $\frac{|\mathfrak{m}|}{G}$ für die in einem materiellen Körper enthaltenen Elektronen

---

[1] Vgl. „Exp.-Physik", § 92.

im Mittel tatsächlich messen und ergibt einen zwischen (17) und (18) und nahe an (18) liegenden Wert, was als eine Bestätigung der obigen Überlegungen aufgefaßt werden kann.

Die Übertragung der oben für den eindimensionalen Rotator durchgeführten Berechnungen auf ein beliebiges in einem Atom umlaufendes Elektron, das außerdem noch unter der Wirkung eines äußeren Magnetfeldes steht (vgl. § 31, 4.), ergibt, daß dem Atom in der Richtung dieses Magnetfeldes ein magnetisches Moment von m BOHRschen Magnetonen zukommt, worin m die in § 31, 2. eingeführte Quantenzahl bedeutet, die alle $2\,l + 1$ ganzzahligen Werte zwischen $-\,l$ und $+\,l$ annehmen kann. Sie wird daher auch als die „*magnetische Quantenzahl*" des Elektrons bezeichnet.

Man kann diese Tatsache anschaulich deuten, indem man annimmt, daß einem durch die Quantenzahl l gekennzeichneten umlaufenden Elektron ein magnetisches Moment von l Magnetonen zukommt, wobei die Achse dieses Momentes im Raume so orientiert sein soll, daß seine Projektion auf die Feldrichtung eine ganze Zahl von Magnetonen ergibt, die dann natürlich nicht größer sein kann als l. Man spricht daher von einer „*Richtungsquantelung*" des Atoms im Magnetfeld. Sie wird durch die Versuche von STERN und GERLACH[1] experimentell bewiesen.

Zu dem durch die Umlaufbewegung des Elektrons bedingten magnetischen Moment addiert sich im Sinne unserer Vorstellung noch vektoriell das magnetische Moment des Elektronenspins, das gemäß den in § 31, 4. angestellten Überlegungen nur zwei Orientierungen im Raume annehmen kann, nämlich die zur Richtung des Feldes *parallele* und die hierzu entgegengesetzte oder „*antiparallele*".

5. Das elektromagnetische Feld eines langsam bewegten Elektrons. Unter einem „*freien*" Elektron wollen wir ein solches verstehen, das nicht dem Verband eines Atoms oder Moleküls angehört und auf das daher der Experimentator durch geeignete Maßnahmen in gewissen Grenzen nach Belieben einwirken kann. Nach den in § 30, 6. entwickelten allgemeinen Prinzipien ist es auf diese Weise möglich, Lage und Geschwindigkeit des bewegten Elektrons gleichzeitig zu bestimmen, jedoch nur mit einer der HEISENBERGschen Ungenauigkeitsrelation (36) § 30 entsprechenden Genauigkeit. Dies drückt sich in der wellenmechanischen Beschreibung der Elektronenbewegung dadurch aus, daß im Zeitpunkte der Messung die Wellenfunktion φ stets in einem *endlichen* Raumgebiet merklich von Null verschieden ist.

Um das elektromagnetische Feld des bewegten Elektrons zu berechnen, hätte man im allgemeinen so vorzugehen, daß man zunächst aus den gegebenen Werten der Wellenfunktion nach (2) und (5) die Ladungs- und Dichteverteilung und daraus wieder nach den Formeln (19) § 47 und (20) § 47 die elektrodynamischen Potentiale berechnet, aus denen schließlich nach (13) § 47 und (14) § 47 die gesuchten Ausdrücke für die elektrische und die magnetische Feldstärke folgen.

Wir beschränken uns im folgenden auf die Berechnung des Feldes eines Elektrons, das sich mit einer gegen die Lichtgeschwindigkeiten c kleinen Geschwindigkeit $\mathfrak{v}$ bewegt, in Entfernungen $\mathfrak{r}$ vom Schwerpunkt, die groß gegenüber den Dimensionen des Unschärfegebietes sind. In diesem Falle wird offenbar während der „Retardierungszeit" $\dfrac{|\mathfrak{r}|}{c}$ der Elektronenschwerpunkt um die Strecke $\dfrac{|\mathfrak{v}|\,|\mathfrak{r}|}{c}$, die nach unseren Annahmen klein gegen $|\mathfrak{r}|$ ist, fortschreiten und daher

---

[1] Vgl. „Exp.-Physik", § 114.

in dieser Zeit die Verteilung von ϱ und i nur unmerklich wenig verändert werden. Dies entspricht, gemäß der Bemerkung am Schlusse des § 47, 4., der Annahme der Quasistationarität. Wir sind also in dem betrachteten Falle berechtigt, das Feld aus den für stationäre Felder gültigen Potentialen auf Grund der Formeln (8) § 42 und (3) § 44 zu berechnen.

Zur Berechnung des elektrischen Feldes verwenden wir die Gleichung (10) § 42, worin $\omega' = 0$ und $\varrho' = \varrho$ zu setzen ist:

$$\varphi = \iiint \frac{\varrho\, dV}{r}. \tag{19}$$

Hierin haben wir die Integration über das Unschärfegebiet zu erstrecken, da außerhalb desselben ϱ verschwindend klein ist. Nach unseren Annahmen ist r groß gegenüber den Dimensionen dieses Gebietes und kann daher bei der Integration als konstant angesehen werden. Auf Grund dieser Tatsache folgt aus (19) und (3)

$$\varphi = \frac{1}{r} \iiint \varrho\, dV = \frac{e}{r}, \tag{20}$$

woraus sich für die Feldstärke e nach (8) § 42 und mit Benutzung der Vektorformel (19) § 6

$$e = -\operatorname{grad} \varphi = -e \operatorname{grad} \frac{1}{r} = \frac{e\,\mathfrak{r}}{r^3} \tag{21}$$

ergibt. Das elektrische Feld des freien Elektrons ist also in genügend großer Entfernung gleich dem Feld einer punktförmigen elektrischen Ladung e.

Zur Berechnung des durch die Stromdichteverteilung i hervorgerufenen magnetischen Feldes ziehen wir die Formel (29) § 44 für das Vektorpotential heran, also

$$\mathfrak{A} = \frac{1}{c} \iiint \frac{i}{r}\, dV. \tag{22}$$

Auf Grund der gleichen Überlegung wie oben erhalten wir für große r aus (22) und (7)

$$\mathfrak{A} = \frac{1}{rc} \iiint i\, dV = \frac{e\,\mathfrak{v}}{rc}, \tag{23}$$

woraus für die Feldstärke $\mathfrak{h}$ gemäß (3) § 44 unter Benutzung der Vektorformeln (7) § 8 und (19) § 6 folgt:

$$\mathfrak{h} = \operatorname{rot} \mathfrak{A} = \frac{e}{c} \operatorname{rot}\left(\frac{\mathfrak{v}}{r}\right) = -\frac{e}{c}\left(\mathfrak{v} \times \operatorname{grad} \frac{1}{r}\right) = \frac{e}{c} \cdot \frac{\mathfrak{v} \times \mathfrak{r}}{r^3}. \tag{24}$$

Der Vergleich der Formel (23) und der Formel (5) § 44 lehrt, daß das Magnetfeld des bewegten Elektrons identisch ist mit dem Magnetfeld eines „Stromelementes" am Orte des Elektrons, für das die Beziehung gilt:

$$J\, d\mathfrak{s} = e\,\mathfrak{v}. \tag{25}$$

Durch Heranziehung der Gleichung (21) kann man die Formel (24) auf die sehr einfache Gestalt

$$\mathfrak{h} = \frac{1}{c}\,(\mathfrak{v} \times e) \tag{26}$$

bringen, in der nur mehr die Feldstärken $\mathfrak{h}$ und e auftreten. Zu diesem durch die fortschreitende Bewegung des Elektrons erzeugten Magnetfeld $\mathfrak{h}$ kommt noch ein durch den Elektronenspin erzeugtes Magnetfeld $\mathfrak{h}'$ hinzu.

In Analogie zu der oben angestellten Betrachtung, durch die gezeigt wurde, daß ein bewegtes Elektron in seiner Umgebung ein Magnetfeld erzeugt, läßt sich auch zeigen, daß ein bewegtes Magneton in seiner Umgebung ein elektrisches Feld e' hervorbringen muß, das zu dem elektrischen Feld e des ruhenden Elektrons hinzutritt; doch soll hierauf in diesem Zusammenhang nicht weiter eingegangen werden.

6. Elektromagnetische Energie, Bewegungsgröße und Masse des langsam bewegten Elektrons. Infolge des Umstandes, daß das ruhende Elektron von einem elektrischen Feld umgeben ist, kommt ihm nach § 42, 5. eine gewisse Energie U_0 zu, die sich aus der Feldstärke $\mathfrak{e}$ nach der Formel (36) § 42 zu

$$U_0 = \frac{1}{8\pi} \int\!\!\int\!\!\int |\mathfrak{e}|^2\, dV \tag{27}$$

berechnen läßt, worin die Integration über den ganzen Raum zu erstrecken ist. Zu beachten ist dabei, daß zur Berechnung von $\mathfrak{e}$ hierin nur für große Entfernungen $\mathfrak{r}$ der oben abgeleitete Ausdruck (21) benutzt werden darf; für kleine $\mathfrak{r}$ hängt $\mathfrak{e}$ von der speziellen Form der Ladungsverteilung ϱ ab, die allgemein nicht bekannt ist. Wir wollen die plausible Annahme machen, daß die Ladungsverteilung und daher auch das elektrische Feld Kugelsymmetrie aufweisen.

Zu der elektrostatischen Energie U_0 des ruhenden Elektrons kommt streng genommen noch die Energie des vom Spin herrührenden Magnetfeldes $\mathfrak{h}'$ hinzu. Von dieser Komplikation wollen wir aber hier absehen und die Größe U_0 als die „*Ruhenergie*" des Elektrons ansehen.

Zu der Ruhenergie U_0 addiert sich beim bewegten Elektron die magnetische Feldenergie U^*, für die man nach (49) § 41

$$U^* = \frac{1}{8\pi} \int\!\!\int\!\!\int |\mathfrak{h}|^2\, dV \tag{28}$$

erhält. Setzt man hierin für $\mathfrak{h}$ aus (26) ein und nennt ϑ den Winkel zwischen $\mathfrak{v}$ und $\mathfrak{e}$, dann wird daraus

$$U^* = \frac{1}{8\pi c^2} \int\!\!\int\!\!\int |\mathfrak{v}\times\mathfrak{e}|^2\, dV = \frac{v^2}{8\pi c^2} \int\!\!\int\!\!\int |\mathfrak{e}|^2 \sin^2\vartheta\, dV. \tag{29}$$

Lassen wir die x-Achse mit der Richtung von $\mathfrak{v}$ zusammenfallen, dann wird

$$|\mathfrak{e}|^2 \sin^2\vartheta = e_y{}^2 + e_z{}^2$$

und da wegen der vorausgesetzten Kugelsymmetrie von $\mathfrak{e}$

$$\int\!\!\int\!\!\int e_x{}^2\, dV = \int\!\!\int\!\!\int e_y{}^2\, dV = \int\!\!\int\!\!\int e_z{}^2\, dV = \frac{1}{3} \int\!\!\int\!\!\int |\mathfrak{e}|^2\, dV \tag{30}$$

gilt, folgt mit Benutzung von (27)

$$\frac{1}{8\pi} \int\!\!\int\!\!\int |\mathfrak{e}|^2 \sin^2\vartheta\, dV = \frac{1}{8\pi} \cdot \frac{2}{3} \int\!\!\int\!\!\int |\mathfrak{e}|^2\, dV = \frac{2}{3} U_0. \tag{31}$$

Aus (29) und (31) folgt nun

$$U^* = \frac{v^2}{c^2} \cdot \frac{2}{3} U_0 = \frac{m^*}{2} \cdot v^2, \tag{32}$$

worin gesetzt ist

$$m^* = \frac{4}{3} \frac{U_0}{c^2}. \tag{33}$$

Wir berechnen nun den elektromagnetischen Impuls $\mathfrak{g}$ des Feldes, welches das bewegte Elektron umgibt, mittels der Formel (35) § 47, worin $\varepsilon = \mu = 1$ und $\mathfrak{e}$ und $\mathfrak{h}$ statt $\mathfrak{E}$ und $\mathfrak{H}$ zu setzen ist:

$$\mathfrak{g} = \frac{1}{4\pi c} \int\!\!\int\!\!\int (\mathfrak{e}\times\mathfrak{h})\, dV. \tag{34}$$

Setzen wir hierin wiederum für $\mathfrak{h}$ den Ausdruck (26) ein und benutzen die Vektorformel (33) § 3, so wird daraus

$$\mathfrak{g} = \frac{1}{4\pi c^2} \int\!\!\int\!\!\int [\mathfrak{e}\times(\mathfrak{v}\times\mathfrak{e})]\, dV = \frac{1}{4\pi c^2} \int\!\!\int\!\!\int [\mathfrak{v}\cdot|\mathfrak{e}|^2 - \mathfrak{e}(\mathfrak{v}\cdot\mathfrak{e})]\, dV. \tag{35}$$

Lassen wir wieder wie oben die x-Achse mit der Richtung von $\mathfrak{v}$ zusammenfallen, so wird aus (35) mit Benutzung von (30) und (33)

$$g_x = \frac{1}{4\pi c^2}\iiint [v(e_x{}^2+e_y{}^2+e_z{}^2)-e_x(v\,e_x)]\,dV = \frac{v}{4\pi c^2}\iiint (e_y{}^2+e_z{}^2)\,dV \left.\vphantom{\begin{array}{c}a\\b\end{array}}\right\}$$
$$= \frac{4}{3}\,U_0\,\frac{v}{c^2} = m^*\cdot v \tag{36}$$

während g_y und g_z offenbar aus Symmetriegründen verschwinden. Es gilt also allgemein die Beziehung
$$\mathfrak{g} = m^*\cdot\mathfrak{v}. \tag{37}$$

Die Ausdrücke (37) und (32) für den elektromagnetischen Impuls und die elektromagnetische Energie des bewegten Elektrons sind, wie man sieht, vollkommen identisch mit den Ausdrücken (6) § 18 und (26) § 18 für den mechanischen Impuls und die kinetische Energie eines bewegten Massenteilchens der Masse m. Da wir ferner in § 47, 5. und § 47, 6. die Gültigkeit der Erhaltungssätze für den elektromagnetischen Impuls und die elektromagnetische Energie allgemein bewiesen haben, folgt, daß das bewegte Elektron sich infolge des Vorhandenseins seines elektromagnetischen Feldes so verhält, als ob es eine zusätzliche Masse m^* besäße, die wir seine „*elektromagnetische Masse*" nennen wollen. Sie hängt mit der Ruhenergie U_0 durch die Beziehung (33) zusammen.

Da sich, wie wir im folgenden noch zeigen werden, die makroskopischen elektromagnetischen Erscheinungen auf Grund der Elektronentheorie erklären lassen, haben wir damit auch den Schlüssel zum Verständnis der im § 45 wiederholt festgestellten Analogie zwischen der Mechanik der Massenpunkte und der Elektrodynamik quasistationärer Ströme gefunden.

Auf Grund dieses Befundes liegt es nahe, zu vermuten, daß die gesamte Masse des Elektrons elektromagnetischer Natur sei und daß es daher als rein elektromagnetisches, immaterielles Gebilde anzusehen sei. Darnach müßte es also möglich sein, sämtliche mechanischen Eigenschaften des Elektrons auf seine elektromagnetischen zurückzuführen und in Erweiterung des Gleichungssystems (10) ein solches aufzustellen, aus dem auch die Grundgleichungen der Quantenmechanik abzuleiten wären. Wenn die Lösung dieses Problems einmal gelingen sollte, dann wäre damit auch ein „*elektromagnetisches Weltbild*" entworfen, da sich dann letzten Endes alle physikalischen Gesetzmäßigkeiten, also auch die mechanischen Eigenschaften der Materie auf elektromagnetische zurückführen ließen (vgl. hierzu auch die Ausführungen in § 2, 3.).

Wenn auch die uns heute zur Verfügung stehenden Hilfsmittel zur Entscheidung der Frage, ob wirklich die gesamte Elektronenmasse elektromagnetisch sei, nicht zulassen, kann man doch aus den angestellten Überlegungen bereits folgern, daß der Unschärfebereich für die Lage des Elektrons im Raume eine gewisse endliche untere Grenze haben muß oder, mit anderen Worten, daß sich das Elektron gegenüber Versuchen, seine Lage im Raume zu bestimmen, so verhält wie eine Kugel von einem gewissen Radius r_0, außerhalb der die Ladungsdichte ϱ unmerklich klein ist. Für die im Außenraum dieser Kugel enthaltene elektromagnetische Energie ergibt sich aus (27), wenn man darin für $\mathfrak{e}$ aus (21) einsetzt,

$$\frac{1}{8\pi}\iiint |\mathfrak{e}|^2\,dV = \frac{1}{8\pi}\int_{r_0}^{\infty}\left(\frac{e}{r^2}\right)^2 4\pi r^2\,dr = \frac{e^2}{2\,r_0};$$

es gilt daher sicher die Ungleichung
$$U_0 > \frac{e^2}{2\,r_0}.$$

Anderseits folgt aus (33) die Ungleichung

$$m \geqq m^* = \frac{4\,U_0}{3\,c^2} \tag{39}$$

und daher aus (38) und (39) für r_0 die Ungleichung

$$r_0 > \frac{e^2}{2\,U_0} \geqq \frac{2\,e^2}{3\,m\,c^2}. \tag{40}$$

Der Ungleichung (40) werden wir gerecht, wenn wir den Elementarpartikeln bis auf einen unbekannten numerischen Faktor von der Größenordnung Eins Radien von der Größe e^2/mc^2 zuordnen. Dies ergibt bei Einsetzung der unter 1. angeführten Werte für den Radius des Elektrons bzw. des Positrons: $r_e \sim 3\,.\,10^{-13}$ cm und für den des Protons den 1840 mal kleineren Wert: $r_p \sim 2\,.\,10^{-16}$ cm. Aus den Versuchen über die Zerstreuung von α-Partikeln durch Atomkerne[1] weiß man, daß die Dimensionen der Atomkerne in der Größenordnung 10^{-13} cm sind, also die Größenordnung von r_e haben; dies spricht für die Richtigkeit der vorstehenden Überlegungen.

Die Radien der Elektronenhüllen der Atome sind von der Größenordnung des in § 31, 3. berechneten „Radius“ des Wasserstoffatoms, also von der Größenordnung 10^{-8} cm, d. h. rund 10^5 — mal so groß als der oben berechnete Elektronenradius. Daraus folgt, daß wir berechtigt sind, bei der Behandlung atommechanischer Probleme die Elektronen in den Atomen als Massenpunkte zu betrachten, wie wir es auch tatsächlich im Vorhergehenden (§ 31) stets getan hatten.

7. Kraftwirkung eines elektromagnetischen Feldes auf ein bewegtes Elektron; Bewegungsgleichungen. Nachdem wir uns im vorhergehenden mit dem elektromagnetischen Feld bewegter Elektronen beschäftigt haben, ist noch zur Erledigung des unter 1. entwickelten Programms der Elektronentheorie zu untersuchen, welche Kraftwirkung ein elektromagnetisches Feld auf ein bewegtes Elektron ausübt und welchen Bewegungsgesetzen infolgedessen die Elektronenbewegung gehorcht.

Am einfachsten erledigt sich die Aufgabe für die stationäre Bewegung eines Elektrons in einem elektrostatischen Feld. Da ein solches stets wirbelfrei ist, bildet das bewegte Elektron in diesem Falle ein konservatives System und kann daher mit den im § 29 besprochenen Methoden behandelt werden. Dabei wird die Annahme gemacht, daß die potentielle Energie $U\,(x,\,y,\,z)$, die in die SCHRÖDINGERsche Wellengleichung eingeht, der für punktförmige Ladungen gültigen Beziehung (12) § 42 genügt, also gleich ist $e\,\varphi$, worin $\varphi\,(x,\,y,\,z)$ das elektrostatische Potential des vorgelegten Feldes ist. Nach diesem Prinzip gingen wir z. B. bei der Besprechung des KEPLER-Problems der Atommechanik in § 31, 3. vor.

Zur Behandlung des Problems der Bewegung eines Elektrons in einem allgemeinen elektromagnetischen Feld hätte man die im § 30 entwickelte Methode heranzuziehen. Wir zeigten dort, wie man aus der Lösung der Wellengleichung zwar nicht die Lage des Elektrons als Funktion der Zeit im Einzelexperiment, wohl aber die Wahrscheinlichkeitsdichte $\mathfrak{w}\,(x,\,y,\,z,\,t)$ für den Aufenthalt des Elektrons in einem bestimmten Raumpunkt zu einer bestimmten Zeit in einem Kollektiv von Versuchen angeben kann. Wir zeigten weiter, daß der Mittelwert des Radiusvektors $\bar{\mathfrak{r}}$ als Funktion der Zeit die Gleichung (24) § 30

$$m\,\ddot{\bar{\mathfrak{r}}} = \bar{\mathfrak{k}} \tag{41}$$

erfüllt, die mit der Bewegungsgleichung (1) § 18 der NEWTONschen Mechanik

---

[1] Vgl. „Exp.-Physik“, § 113.

identisch ist und worin $\bar{\mathfrak{k}}$ den resultierenden Kraftvektor auf die kontinuierlich gedachte Massenverteilung bedeutet.

Wir wollen uns hier mit der Besprechung dieser mittleren Bewegung begnügen, die ein Elektron in einem „makroskopischen" Felde mit den Feldstärken $\mathfrak{E}$ und $\mathfrak{H}$ ausführt. Hierzu ist es zunächst nötig, den Ausdruck für die Kraft $\bar{\mathfrak{k}}$ des gegebenen Feldes auf das bewegte Elektron zu ermitteln. Es liegt nahe, hierzu die für makroskopische Ladungs- und Stromverteilungen gültige Formel (12) § 47 heranzuziehen, in der $\mathfrak{B}$ durch $\mathfrak{H}$ zu ersetzen ist, da sich das Elektron im leeren Raum befindet. Definitionsgemäß erhalten wir hieraus $\bar{\mathfrak{k}}$ durch Integration über den ganzen Raum in der Form

$$\bar{\mathfrak{k}} = \iiint \left[\varrho\,\mathfrak{E} + \frac{1}{c}\,(\mathfrak{i} \times \mathfrak{H}) \right] dV, \tag{42}$$

worin ϱ und $\mathfrak{i}$ Ladungs- und Stromdichte des bewegten Elektrons gemäß (2) und (5) bedeuten.

Nehmen wir an, daß sich $\mathfrak{E}$ und $\mathfrak{H}$ innerhalb derjenigen Dimensionen, wo ϱ und $\mathfrak{i}$ noch merkliche Werte besitzen, nur verschwindend wenig ändern (was im allgemeinen sicherlich zutreffen wird), dann können wir in (42) $\mathfrak{E}$ und $\mathfrak{H}$ vor das Integral ziehen und erhalten mit Benutzung von (3) und (7)

$$\bar{\mathfrak{k}} = \mathfrak{E} \iiint \varrho\,dV + \left(\frac{1}{c} \iiint \mathfrak{i}\,dV \right) \times \mathfrak{H} = e\left[\mathfrak{E} + \frac{1}{c}\,(\mathfrak{v} \times \mathfrak{H}) \right], \tag{43}$$

worin $\mathfrak{v}$ laut Definition die mittlere Geschwindigkeit des Elektrons

bedeutet. $$\mathfrak{v} = \dot{\bar{\mathfrak{r}}} \tag{44}$$

Der erste Term in (43) ist einfach die elektrische Kraft (2) § 42 auf die Ladung e des Elektrons, die in Übereinstimmung mit dem früher Gesagten zu der potentiellen Energie $U = e\,\varphi$ Anlaß gibt. Der zweite Term, die sogenannte „Lorentz-*Kraft*", wirkt nur auf das bewegte Elektron und rührt davon her, daß es einem Stromelement äquivalent ist. In der Tat liefert der Ausdruck (24) § 44 für die Kraft des Magnetfeldes auf ein Stromelement, wenn man darin aus (25) einsetzt und $\mathfrak{H}$ statt $\mathfrak{B}$ schreibt, gerade den zweiten Term von (43).

8. Die mittlere Bewegung eines Elektrons im homogenen elektrischen und magnetischen Felde. Wir behandeln noch die folgenden beiden einfachen Anwendungsbeispiele der Bewegungsgleichung (41), die für die experimentelle Bestimmung der „spezifischen Elektronenladung" e/m von Bedeutung sind.

a) Das Feld sei ein homogenes elektrisches Feld in der Richtung der y-Achse vom Betrage E. Das Elektron habe im Koordinatenursprung die Anfangsgeschwindigkeit v_0 in der Richtung der x-Achse (Abb. 116). Nach (43) ist dann

$$\bar{k}_y = e\,E, \quad \bar{k}_x = \bar{k}_z = 0.$$

Die Lösung von (41) unter diesen Bedingungen haben wir bereits in § 19, 1.

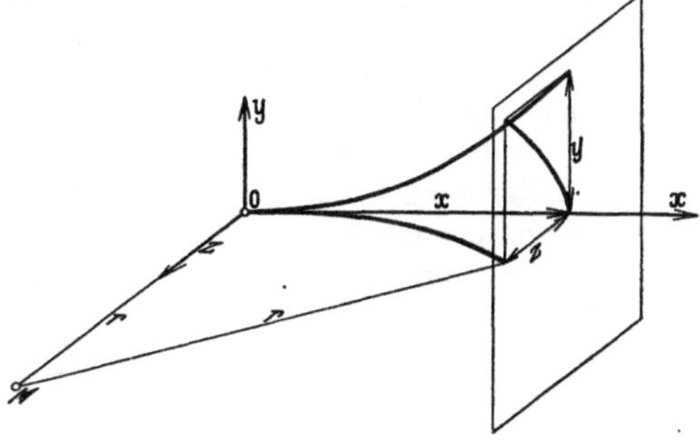

Abb. 116.

vorgenommen. Sie zeigt, daß das Elektron im Mittel eine Parabel durchlaufen wird, deren Gleichung aus (3) § 19 hervorgeht, wenn man darin $v_{0y} = 0$, $v_{0x} = v_0$

und die Beschleunigung $g = \dfrac{\bar{k}_y}{m} = \dfrac{e\,E}{m}$ setzt:

$$y = \frac{e}{2\,m\,v_0{}^2} \cdot E \cdot x^2. \tag{45}$$

b) Das Feld sei ein homogenes magnetisches Feld in der Richtung der y-Achse vom Betrage H; das Elektron habe wieder im Koordinatenursprung die Anfangsgeschwindigkeit v_0 in der Richtung der x-Achse. Aus (41), (43) und (44) folgt nun

$$m \, \dot{\mathfrak{v}} = \frac{e}{c} \, (\mathfrak{v} \times \mathfrak{H})$$

und daraus wegen $\mathfrak{H} = \text{const}$

$$\mathfrak{v} = \frac{e}{m \, c} \, [(\bar{\mathfrak{r}} - \bar{\mathfrak{r}}_0) \times \mathfrak{H}], \tag{46}$$

worin $\bar{\mathfrak{r}}_0$ den Radiusvektor eines festen Punktes M bedeutet.

Die Gleichung (46) zeigt, daß $\mathfrak{v}$ und $\bar{\mathfrak{r}} - \bar{\mathfrak{r}}_0$ ständig aufeinander senkrecht stehen; die Bahnkurve ist also ein Kreis mit M als Mittelpunkt. Da ferner $\mathfrak{v}$ auf $\mathfrak{H}$ senkrecht steht, muß die Ebene dieses Kreises ebenfalls senkrecht auf $\mathfrak{H}$ stehen, also mit der x-z-Ebene zusammenfallen. Er muß ferner wegen der angenommenen Anfangsbedingung im Koordinatenursprung die x-Achse berühren, der Punkt M liegt also auf der z-Achse (Abb. 116). Die konstante Bahngeschwindigkeit muß gleich der Anfangsgeschwindigkeit v_0 sein, für den Radius $r = |\bar{\mathfrak{r}}_0|$ des Kreises folgt also aus (46)

$$r = \frac{v_0 \, m \, c}{e \, H} \tag{47}$$

und für die Gleichung der mittleren Bahnkurve:

$$x^2 + z^2 - 2 r z = 0. \tag{48}$$

Ist r sehr groß, was stets der Fall ist, wenn H genügend klein ist, dann kann man in (48) z^2 gegen $2 r z$ vernachlässigen und erhält mit Benutzung von (47)

$$z = \frac{e}{2 \, m \, v_0 \, c} \cdot H \cdot x^2. \tag{49}$$

Wirkt auf das Elektron gleichzeitig das elektrische und das magnetische Feld, so ist die Bahnkurve durch die beiden Gleichungen (45) und (49) gegeben. Die gleichzeitige Messung der Koordinaten y und z des Durchstoßungspunktes der Elektronenbahn durch eine zur Anfangsgeschwindigkeit senkrechte Ebene im Abstande x (Abb. 116) gestattet daher bei gegebenen E und H die Bestimmung der beiden Größen e/mv_0^2 und e/mv_0, also die unabhängige Ermittlung von e/m und v_0[1].

Verwendet man statt eines Elektrons einen Elektronenstrahl, in dem Elektronen aller möglichen Geschwindigkeiten laufen, so liegen die Durchstoßungspunkte in der besagten Ebene auf einer Kurve, deren Gleichung man durch Elimination von v_0 aus den Gleichungen (45) und (49) erhält:

$$\frac{z^2}{y} = \frac{1}{2} \, \frac{e}{m} \cdot \frac{H^2 \, x^2}{E \, c^2}. \tag{50}$$

Die Kurven, die zu Teilchen von gegebenem e/m gehören, sind also Parabeln, die durch den Durchstoßungspunkt der x-Achse hindurchgehen (Abb. 116). Diese Tatsache liegt der zur Analyse von Korpuskularstrahlen oft benutzten Thomsonschen „Parabelmethode" zugrunde[2].

---

[1] Bezüglich der experimentellen Anordnungen zur Bestimmung der spezifischen Elektronenladung und der entsprechenden Ergebnisse vgl. „Exp.-Physik", § 102.

[2] Über die Analyse von Korpuskularstrahlen durch die „Massenspektrokopie" vgl. „Exp.-Physik", § 106.

§ 52. Die Herleitung der Maxwellschen Gleichungen aus der Elektronentheorie.

1. Problemstellung. Im § 47 konnten wir zeigen, daß sich die makroskopisch beobachtbaren elektromagnetischen Erscheinungen durch das System der Maxwellschen Gleichungen beschreiben lassen. Im vorigen § 51 stellten wir das System (10) der Lorentzschen Gleichungen auf, durch die das elektromagnetische Feld des einzelnen Elektrons beschrieben wird. Ist nun die in § 51, 1. aufgestellte Behauptung richtig, daß alle elektrischen Ladungen aus Elementarquanten bestehen und die Materie aus den elektrischen Elementarpartikeln aufgebaut ist, dann müssen sich die Maxwellschen Gleichungen aus den Lorentzschen Gleichungen der Elektronentheorie ableiten lassen. Dies gelingt nun in der Tat, wie bereits im letzten Absatz von § 2, 4. angedeutet wurde, in dem man die makroskopischen Feldgrößen als statistische Mittelwerte aus den mikroskopischen Feldgrößen der einzelnen Elektronen deutet.

Der Vorgang ist dabei genau derselbe, wie wir ihn im Kapitel XIII bei der Durchführung der kinetischen Theorie der Materie eingehalten haben. Wir nehmen an, daß sich in jedem dem makroskopischen Experiment zugänglichen Volumen innerhalb der Materie außerordentlich viele Elementarpartikeln befinden, eine Annahme, die, da sie sich bereits für die Atome und Moleküle als richtig erwiesen hat, um so mehr für die Elementarpartikeln richtig sein muß, aus denen sich ja die Atome und Moleküle aufbauen.

Es werden sich dann zwar in mikroskopischen Dimensionen die elektromagnetischen Feldgrößen außerordentlich schnell und stark mit dem Ort und der Zeit verändern; für das makroskopische Experiment erfaßbar sind aber nur die Mittelwerte dieser Größen über Raumgebiete, die als makroskopisch „unendlich kleine" Volumenelemente dV angesehen werden können, aber vom mikroskopischen Standpunkt betrachtet bereits außerordentlich groß gegenüber den oben erwähnten mikroskopischen Bezirken sind. Wie wir in der statistischen Mechanik im Kapitel XII bewiesen haben, sind diese Mittelwerte nur unmerklich kleinen, zeitlich unregelmäßig erfolgenden Schwankungen unterworfen und können ohne merklichen Fehler als kontinuierliche Funktionen von Ort und Zeit aufgefaßt werden, wie es der in den Kapiteln XIV bis XVII vertretenen Betrachtungsweise entspricht.

Bezeichnen wir die in diesem Sinne gebildeten Mittelwerte der Feldgrößen $\mathfrak{h}$, $\mathfrak{e}$, $\mathfrak{i}$ und ϱ mit $\overline{\mathfrak{h}}$, $\overline{\mathfrak{e}}$, $\overline{\mathfrak{i}}$ und $\overline{\varrho}$, so ergeben sich aus den Gleichungen (10) § 51 die folgenden:

$$\left.\begin{array}{lll} \text{a)} \quad \operatorname{rot}\overline{\mathfrak{h}} = \dfrac{4\pi}{c}\,\overline{\mathfrak{i}} + \dfrac{1}{c}\,\dfrac{\partial\overline{\mathfrak{e}}}{\partial t}, & & \text{b)} \quad \operatorname{rot}\overline{\mathfrak{e}} = -\dfrac{1}{c}\,\dfrac{\partial\overline{\mathfrak{h}}}{\partial t} \\[2ex] \text{c)} \quad \operatorname{div}\overline{\mathfrak{e}} = 4\pi\overline{\varrho}, & \text{d)} \quad \operatorname{div}\overline{\mathfrak{h}} = 0, & \text{e)} \quad \operatorname{div}\overline{\mathfrak{i}} + \dfrac{\partial\overline{\varrho}}{\partial t} = 0 \end{array}\right\} \quad (1)$$

2. Elektrische Ladungsdichte und Polarisation. Zur Erklärung der elektrischen Leitfähigkeit müssen wir, wie später (Kapitel XIX) noch genauer ausgeführt wird, annehmen, daß ein Teil der in dem Leiter enthaltenen Ladungsträger unter der Wirkung eines äußeren elektrischen Feldes frei beweglich ist. Hierzu gehören die sogenannten Leitungselektronen im Innern der Metalle, ferner jene Elektronen, die den frei beweglichen Ionen, z. B. in Gasen und Flüssigkeiten ihre Überschußladung erteilen. Wir können sie alle unter dem Namen „*Leitungselektronen*" zusammenfassen. Ein anderer Teil der Ladungsträger ist jedoch durch Kräfte in einem Atom oder Molekül bzw. im Kristallgitter der festen Körper an Ruhelagen gebunden, so daß die betreffenden Elektronen unter der Wirkung eines äußeren Feldes nur kleine Verschiebungen ausführen können. Wir wollen sie als „*Polarisationselektronen*" bezeichnen.

Nennen wir δV das Raumgebiet, über das in den Gleichungen (1) gemittelt ist, dann wird

$$\bar{\varrho} = \frac{\iiint \varrho\, dV}{\delta V}, \tag{2}$$

worin die Integration über δV zu erstrecken ist. Da δV nach Voraussetzung sehr groß gegenüber dem Integrationsgebiet der Formel (3) § 51 ist, können wir statt (2) auch schreiben

$$\bar{\varrho} = \frac{1}{\delta V}\left(\sum_k e_k + \sum_s e_s{}'\right), \tag{3}$$

worin e_k die Ladung des k-ten Leitungselektrons und $e_s{}'$ die Ladung des s-ten Polarisationselektrons in δV bedeutet und die Summation über alle in δV enthaltenen Elektronen zu erstrecken ist.

Da nach unserer Annahme die Leitungselektronen von dem Körper frei ableitbar sind, die Polarisationselektronen jedoch nicht, werden wir den ersten Term in (3) mit der Dichte ϱ der „wahren Ladung", den zweiten Term mit der Dichte ϱ_f der „freien Ladung" im Sinne des § 42, 1. identifizieren, also setzen

$$\varrho = \frac{1}{\delta V}\sum_k e_k, \qquad (4) \qquad\qquad \varrho_f = \frac{1}{\delta V}\sum_s e_s{}', \qquad (5)$$

womit sich (3) verwandelt in

$$\bar{\varrho} = \varrho + \varrho_f = \varrho'. \tag{6}$$

Um das in einem elektrisch neutralen Molekül oder Atom durch die Verschiebung der Polarisationselektronen hervorgerufene elektrische Moment $\mathfrak{p}$ zu berechnen, nehmen wir zunächst an, daß das Molekül bloß zwei entgegengesetzt gleich geladene Teilchen mit den Ladungen $e_1{}' = + e$, $e_2{}' = - e$ enthalte. Der Schwerpunkt von $e_1{}'$ habe den Radiusvektor $\mathfrak{r}_1{}'$ und der von $e_2{}'$ den Radiusvektor $\mathfrak{r}_2{}'$. Nach der Definition (4) § 42 bilden sie einen elektrischen Dipol mit dem Moment

$$\mathfrak{p} = e\,(\mathfrak{r}_1{}' - \mathfrak{r}_2{}') = e_1{}'\,\mathfrak{r}_1{}' + e_2{}'\,\mathfrak{r}_2{}'. \tag{7}$$

In der Tat zeigt $\mathfrak{p}$ von der $-$-zu der $+$-Ladung und sein Betrag ist gleich e mal dem Abstand der beiden Ladungen. In Verallgemeinerung von (7) ergibt sich für ein aus beliebig vielen Teilchen bestehendes Molekül das elektrische Moment

$$\mathfrak{p} = \sum_s e_s{}'\,\mathfrak{r}_s{}', \tag{8}$$

worin die Summation über alle Elektronen des Moleküls zu erstrecken ist.

Als elektrisches Moment der Volumeneinheit definieren wir in Analogie zur Definition der Ladungsdichte den Quotienten aus der über alle im Volumen δV enthaltenen Polarisationselektronen gebildeten Summe (8) durch δV; der Polarisationsvektor $\mathfrak{P}$ der Kontinuumtheorie ergibt sich demnach aus

$$\mathfrak{P} = \frac{1}{\delta V}\sum_s e_s{}'\,\mathfrak{r}_s{}'. \tag{9}$$

3. Leitungsstrom und Polarisationsstrom. Der Mittelwert der elektrischen Stromdichte $\mathfrak{i}$ ergibt sich in Analogie zu (2) in der Form

$$\bar{\mathfrak{i}} = \frac{\iiint \mathfrak{i}\, dV}{\delta V}, \tag{10}$$

worin die Integration über δV zu erstrecken ist. Hieraus folgt, da wiederum δV groß gegenüber dem Integrationsgebiet der Formel (7) § 51 ist,

$$\bar{\mathfrak{i}} = \frac{1}{\delta V}\left(\sum_k e_k\,\mathfrak{v}_k + \sum_s e_s{}'\,\mathfrak{v}_s{}'\right) + \mathfrak{i}_m; \tag{11}$$

hierin bedeutet $\mathfrak{v}_k$ die Geschwindigkeit der Schwerpunktsverschiebung des k-ten Leitungselektrons und $\mathfrak{v}_s'$ die Geschwindigkeit der Schwerpunktsverschiebung des s-ten Polarisationselektrons. Der dritte Term $\mathfrak{i}_m$ in (11) rührt von der stationären Strömung im Innern der Atome her, die wir in § 51, 4. behandelt haben und die zum magnetischen Moment des Atoms Anlaß gibt; wir wollen ihn als den „*Magnetisierungsstrom*" bezeichnen.

Den ersten von der Verschiebung der Leitungselektronen herrührenden Term in (11) identifizieren wir mit der makroskopischen Stromdichte, setzen also

$$\mathfrak{i} = \frac{1}{\delta V} \sum_s e_k \mathfrak{v}_k. \tag{12}$$

Den zweiten Term in (11) der von der Verschiebung der Polarisationselektronen herrührt, wollen wir den „*Polarisationsstrom*" $\mathfrak{i}_f$ nennen. Wir setzen also

$$\mathfrak{i}_f = \frac{1}{\delta V} \sum_s e_s' \mathfrak{v}_s' = \frac{1}{\delta V} \sum_s e_s' \dot{\mathfrak{r}}_s'. \tag{13}$$

Aus den Formeln (9) und (13) ergibt sich, daß zwischen $\mathfrak{i}_f$ und $\mathfrak{P}$ die folgende einfache Beziehung besteht:

$$\mathfrak{i}_f = \dot{\mathfrak{P}}. \tag{14}$$

Da für die Polarisationselektronen ebenso wie für die Leitungselektronen der Satz von der Erhaltung der Gesamtladung gilt, muß zwischen der Ladungsdichte ϱ_f und der Stromdichte $\mathfrak{i}_f$ die Kontinuitätsgleichung (12) § 43 gelten, also die Beziehung

$$\frac{\partial \varrho_f}{\partial t} + \operatorname{div} \mathfrak{i}_f = 0,$$

die sich durch Einsetzen aus (14) und Vertauschung der Operationen $\dfrac{\partial}{\partial t}$ und div in

$$\frac{\partial}{\partial t} (\varrho_f + \operatorname{div} \mathfrak{P}) = 0$$

verwandelt. Hieraus folgt

$$\varrho_f = -\operatorname{div} \mathfrak{P}, \tag{15}$$

da bei verschwindender Polarisation und verschwindender wahrer Ladungsdichte ϱ der Körper elektrisch neutral ist, also ϱ_f verschwindet.

Die Beziehung (15) stimmt, wie man sieht, mit der Gleichung (5) § 42 überein, wodurch unsere Annahme bestätigt ist, daß der Mittelwert der Dichte der Polarisationselektronenladung mit der makroskopischen freien Ladung identisch ist.

4. Magnetisierung und Magnetisierungsstrom. Wie wir im § 51, 4. gezeigt haben, erzeugt jedes in einem Atom oder einem Molekül umlaufende Magnetisierungselektron ein magnetisches Feld, das in großer Entfernung vom Atom dem Feld eines „Magnetons" vom magnetischen Moment $\mathfrak{m}$ [(16) § 51] äquivalent ist. Ein gleiches magnetisches Moment kommt auch den freien Elektronen wegen ihres Spins zu. Die Zusammenwirkung aller in einem Volumen δV enthaltenen Magnetonen erteilt diesem ein magnetisches Moment, das durch δV dividiert das magnetische Moment der Volumeneinheit ergibt. Der Magnetisierungsvektor $\mathfrak{M}$ der Kontinuumtheorie ist demnach durch die Gleichung

$$\mathfrak{M} = \frac{1}{\delta V} \sum_r \mathfrak{m}_r \tag{16}$$

definiert.

Wir wollen nun zeigen, daß auch die Magnetisierungselektronen einen Beitrag $\mathfrak{i}_m$ zur mittleren Stromdichte $\bar{\mathfrak{i}}$ ergeben, wie unter 3. bereits angedeutet worden war. Wir wählen zu diesem Zwecke das Volumen δV in der Form eines Zylinders von der Länge l und vom Querschnitt q in der Richtung von $\mathfrak{M}$. Dieser wirkt dann nach außen wie ein Stabmagnet vom magnetischen Moment $\mathfrak{M}\,\delta V = \mathfrak{M}lq$, dem nach § 41, 2. die fiktive Polstärke $h = |\mathfrak{M}|\,q$ zukommt. Vom Nordpol des Magneten geht daher der magnetische Kraftfluß

$$\hat{H} = 4\,\pi h = 4\,\pi\,|\mathfrak{M}|\,q \qquad (17)$$

nach außen aus.

In Wirklichkeit ist der Kraftfluß quellenfrei, da ja die Magnetisierung von dem magnetischen Kraftfeld $\overline{\mathfrak{h}}_m$ der stationären Magnetisierungsströme herrührt und $\overline{\mathfrak{h}}_m$ nach Gleichung (1 d) quellenfrei ist. Im Innern von δV herrscht also ebenfalls der Kraftfluß (17) und hat die Richtung vom Südpol zum Nordpol, also die Richtung von $\mathfrak{M}$.

Für das Magnetfeld $\overline{\mathfrak{h}}_m$ im Innern von δV gilt nach der Definitionsgleichung (6) § 41

$$|\overline{\mathfrak{h}}_m| = \frac{\hat{H}}{q}; \qquad (18)$$

aus (17) und (18) folgt:

$$\overline{\mathfrak{h}}_m = 4\,\pi\,\mathfrak{M}. \qquad (19)$$

Wenden wir nun auf $\overline{\mathfrak{h}}_m$ die Gleichung (1 a) an, in der, da die Magnetisierungsströme stationär sind, der zweite Term auf der rechten Seite verschwindet, so ergibt sich mit Benutzung von (19) die folgende Relation zwischen der Magnetisierung $\mathfrak{M}$ und dem Magnetisierungsstrom $\mathfrak{i}_m$:

$$\dot{\mathfrak{i}}_m = \frac{c}{4\,\pi}\,\operatorname{rot}\overline{\mathfrak{h}}_m = c\,\operatorname{rot}\mathfrak{M}. \qquad (20)$$

Aus den Gleichungen (11), (12), (14) und (20) folgt nun endlich für die gesamte mittlere Stromdichte

$$\overline{\mathfrak{i}} = \mathfrak{i} + \dot{\mathfrak{P}} + c\,\operatorname{rot}\mathfrak{M}. \qquad (21)$$

5. Elektrische und magnetische Feldstärke; Aufstellung der Feldgleichungen.
Die makroskopische elektrische Feldstärke ist nach § 42, 1. durch die auf eine elektrische Ladung Eins als Probekörper wirkende Kraft definiert. Benutzen wir als Probekörper einen solchen mit der kleinsten möglichen Ladung, also ein Elektron, so können wir damit auch ins Innere der Atome eindringen. Als Feldstärke im Sinne der Kontinuumtheorie haben wir also den nach der Anweisung von 1. gebildeten Mittelwert $\overline{\mathfrak{e}}$ zu definieren und zu setzen

$$\mathfrak{E} = \overline{\mathfrak{e}}. \qquad (22)$$

Durch Einsetzen von (22), (6) und (15) in die Gleichung (1 c) ergibt sich

$$\operatorname{div}\mathfrak{E} = 4\,\pi\,\varrho + 4\,\pi\,\varrho_f = 4\,\pi\,\varrho - 4\,\pi\,\operatorname{div}\mathfrak{P}. \qquad (23)$$

Führt man den Vektor der elektrischen Verschiebung $\mathfrak{D}$ auf Grund der Definitionsgleichung (20) § 42 ein, so verwandelt sich die Gleichung (23) in die MAXWELLsche Gleichung (8c) § 47, die wir hiermit aus der Elektronentheorie abgeleitet haben.

Die makroskopische magnetische Feldstärke $\mathfrak{H}$ haben wir im § 41 gemäß der Gleichung (2) durch die auf einen „Magnetpol" wirkende Kraft definiert. Da es nun wahre Magnetpole in Wirklichkeit nicht gibt, können wir als Probekörper im günstigsten Fall ein Atom benutzen, das infolge der in ihm umlaufenden Elektronen ein magnetisches Moment besitzt. Mit diesem Probekörper können wir aber in das Innere der übrigen Atome nicht eindringen. Das im Innern der magnetischen Atome herrschende Magnetfeld $\overline{\mathfrak{h}}_m$ bleibt also bei der Feldausmessung mit unserem Probekörper unwirksam, so daß nur das Feld $\overline{\mathfrak{h}} - \overline{\mathfrak{h}}_m$ auf ihn einwirkt. Wir haben daher die Feldstärke $\mathfrak{H}$ im Sinne der Kontinuumtheorie wie folgt zu definieren:

$$\mathfrak{H} = \overline{\mathfrak{h}} - \overline{\mathfrak{h}}_m. \tag{24}$$

Kombiniert man die Gleichungen (19) und (24) mit der Definitionsgleichung (28) § 41 für den Vektor der magnetischen Induktion $\mathfrak{B}$, so ergibt sich

$$\mathfrak{B} = \overline{\mathfrak{h}}. \tag{25}$$

Der Mittelwert der magnetischen Feldstärke $\mathfrak{h}$ ist also mit dem makroskopischen $\mathfrak{B}$ identisch. Wendet man dieses Resultat auf die Gleichung (1 d) an, so ergibt sich in der Tat die Feldgleichung (8 d) § 47 der Maxwellschen Theorie, die hiermit ebenfalls aus der Elektronentheorie abgeleitet ist.

Einsetzen von (22) und (25) in die Gleichung (1 b) ergibt nun sofort die zweite Maxwellsche Gleichung (8 b) § 47. Ferner liefert die Einsetzung von (23), (25) und (21) in die Gleichung (1 a)

$$\operatorname{rot} \mathfrak{B} = \frac{4\pi}{c}\, \mathfrak{i} + \frac{4\pi}{c}\, \frac{\partial \mathfrak{P}}{\partial t} + 4\pi \operatorname{rot} \mathfrak{M} + \frac{1}{c}\, \frac{\partial \mathfrak{E}}{\partial t}, \tag{26}$$

woraus sich vermöge der Beziehungen (20) § 42 und (28) § 41 die Maxwellsche Gleichung (8 a) § 47 ergibt. Damit ist das ganze erste Quadrupel der Maxwellschen Gleichungen auf die Elektronentheorie zurückgeführt.

Die Gültigkeit der makroskopischen Kontinuitätsgleichung (8 h) § 47 ergibt sich aus der der Elektronentheorie (1 e), wenn wir darin für $\overline{\mathfrak{i}}$ aus (21) und für $\overline{\varrho}$ aus (6) und (15) einsetzen und berücksichtigen, daß die Divergenz des dritten Terms auf der rechten Seite von (21) wegen (5) § 8 verschwindet.

Die makroskopische Volumenkraft $\mathfrak{f}$ im homogenen elektromagnetischen Feld haben wir als den über ein gewisses Volumen δV gebildeten Mittelwert der Kraft zu definieren, welche auf die in ihm enthaltenen Elektronen wirkt. Wir müssen zu diesem Zwecke die für die einzelnen Elektronen in δV geltenden Ausdrücke (43) § 51 summieren und die Summe durch δV dividieren, wobei zu berücksichtigen ist, daß die Elektronen, wie bereits oben erwähnt wurde, auch ins Innere der Atome einzudringen vermögen; hier ist also im Gegensatz zu dem oben beachteten Vorgang statt der in (43) § 51 stehenden Größen $\mathfrak{E}$ und $\mathfrak{H}$ zu setzen: $\overline{e} = \mathfrak{E}$ und $\overline{\mathfrak{h}} = \mathfrak{B}$.

Wir erhalten so:

$$\mathfrak{f} = \frac{1}{\delta V} \sum_k e_k \left[\mathfrak{E} + \frac{1}{c}\, (\mathfrak{v}_k \times \mathfrak{B}) \right]. \tag{27}$$

Mit Benutzung von (4) und (12) folgt hieraus in der Tat die aus makroskopischen Experimenten abgeleitete Gleichung (12) § 47 der Kontinuumtheorie. Die Zusatzglieder, die in inhomogenen Feldern hinzukommen und in der Gleichung (11) § 47 in Erscheinung treten, kann man, wenn man will, auch direkt aus der Elektronentheorie gewinnen. Einfacher ist jedoch der in den §§ 41 und 42 eingeschlagene Weg, der auch gemäß der nun vorliegenden Sachlage gangbar bleibt, da ja die Gültigkeit der makroskopischen Feldgleichungen, auf denen diese Ableitung beruht, bereits festgestellt worden ist.

Die Zurückführung der makroskopischen Beziehungen (8 e), (8 f) und (8 g), in denen die Materialkonstanten σ, ε und μ vorkommen, auf die Grundgleichungen der Elektronentheorie bildet die Aufgabe der Kapitel XIX und XX.

§ 53. Elektrodynamik bewegter Körper und Relativitätstheorie.

1. Äther und Relativitätsprinzip. In den §§ 51 und 52 haben wir gezeigt, daß sich die makroskopischen elektromagnetischen Gleichungen auf die der Elektronentheorie zurückführen lassen, d. h. daß sich die beobachtbaren elektromagnetischen Erscheinungen durch die Felder bewegter Elektronen beschreiben lassen. Dabei haben wir natürlich stillschweigend vorausgesetzt, daß wir die Bewegung der Elektronen in einem bestimmten Koordinatensystem messen. In § 18, 1. setzten wir auseinander, daß es in der Natur ein bestimmtes ausgezeichnetes Koordinatensystem gibt, in bezug auf das die Newtonschen Bewegungsgleichungen der Mechanik gelten, das wir das Inertialsystem genannt hatten. Es liegt nahe, anzunehmen, daß auch für die Elektronentheorie ein solches ausgezeichnetes Bezugssystem in der Natur vorhanden ist, in bezug auf das die Maxwellschen Gleichungen gelten. Auf dieses Koordinatensystem hätte man die Bewegung der Elektronen zu beziehen; in bezug auf dieses Koordinatensystem sollte dann auch die Aussage gelten, daß sich die elektromagnetischen Feldänderungen, insbesondere die elektromagnetischen Wellen mit der Geschwindigkeit c im leeren Raum ausbreiten.

Ein solches ausgezeichnetes Bezugssystem hatte schon Fresnel seiner mechanischen Lichttheorie zugrunde gelegt. Er nahm an, daß der Raum mit einer alle materiellen Körper durchdringenden Substanz, dem *„Lichtäther“*, erfüllt sei, dem die Eigenschaften eines elastischen Körpers zugeschrieben wurden. Entsprechend der Kontinuumvorstellung des elektromagnetischen Feldes wurde diese Hypothese auch auf die Maxwellsche Theorie übertragen. Dem Äther der elektromagnetischen Theorie werden zwar keine mechanischen Eigenschaften zugeschrieben, er soll ja nur als „Träger“ des elektromagnetischen Feldes dienen; es soll jedoch möglich sein, die Bewegung eines materiellen Körpers, insbesondere eines Elektrons in bezug auf den Äther festzustellen und damit den Äther als Bezugssystem zu benutzen. Es wird behauptet, daß in diesem so festgelegten ausgezeichneten Bezugssystem die Maxwell-Lorentzschen Gleichungen gelten, daß es also für die Elektrodynamik die gleiche Rolle spielt wie das Inertialsystem für die Mechanik.

In § 18, 7. haben wir gezeigt, daß sämtliche Bezugssysteme, die sich gegenüber dem Inertialsystem der Mechanik geradlinig und gleichförmig bewegen, diesem völlig äquivalent sind, d. h. daß auch in bezug auf sie die Bewegungsgleichungen der Mechanik in Geltung bleiben. Es erhebt sich nun die Frage, ob dies auch für die elektrodynamischen Erscheinungen zutrifft, d. h. ob die Lorentz-Maxwellschen Gleichungen auch in einem System gelten, das sich gegenüber dem Äther geradlinig und gleichförmig bewegt. Man sollte zunächst meinen, daß dies nicht der Fall sein kann.

Betrachtet man z. B. zwei Elektronen, die in bezug auf den Äther ruhen, so sollen sie aufeinander eine nach dem Coulombschen Gesetz zu berechnende, rein elektrostatische Kraft ausüben. Ruhen jedoch die Elektronen in bezug auf ein Koordinatensystem, das sich gegenüber dem Äther geradlinig und gleichförmig bewegt, dann beschreiben sie in bezug auf den Äther parallele, gerade Bahnen mit gleicher Geschwindigkeit. Ein bewegtes Elektron erzeugt nun gemäß § 51, 5. in seiner Umgebung ein magnetisches Feld und gemäß § 51, 7. wird auf ein bewegtes Elektron im Magnetfeld die Lorentz-Kraft ausgeübt. Die bewegten Elektronen üben also außer der elektrostatischen noch eine magnetische Kraft aufeinander aus. Dies kann man auch einsehen, wenn man bedenkt, daß ein bewegtes Elektron einem elektrischen Strom äquivalent ist und daß zwei parallele elektrische Ströme nach § 44, 5. eine elektrodynamische Kraft aufeinander ausüben, die zu der elektrostatischen Kraft der ruhenden Elektronen hinzukommt.

Ferner soll sich nach den MAXWELLschen Gleichungen jede elektromagnetische Feldänderung im Äther als elektromagnetische Welle mit der Geschwindigkeit c ausbreiten. Man sollte erwarten, daß, von einem gegenüber dem Äther sich bewegenden Bezugssystem beurteilt, die Lichtgeschwindigkeit nicht mehr als c gemessen wird, sondern größer als c, wenn sich das Bezugssystem in der entgegengesetzten Richtung bewegt wie die Welle, und kleiner als c, wenn sich beide in der gleichen Richtung bewegen. Anders ausgedrückt: haben die Wellenflächen in bezug auf den Äther ausgemessen eine bestimmte Gestalt, so sollten sie vom bewegten System aus vermessen eine andere Gestalt aufweisen.

Die zahlreichen und äußerst genauen Experimente, insbesondere das berühmte MICHELSON-Experiment, bei dem die Lichtgeschwindigkeit auf der bewegten Erde in verschiedenen Richtungen gegenüber dieser Bewegung zur Messung gelangt[1], ergeben entgegen der oben ausgesprochenen Erwartung ein vollkommen negatives Ergebnis, d. h. es gelingt nicht, eine Bewegung gegenüber dem Äther nachzuweisen oder gar zu messen. Es ist also nicht möglich, den Äther im Sinne der obenstehenden Ausführungen als Bezugssystem für die Messung der Bewegung der Elektronen und der elektromagnetischen Wellenausbreitung zu benutzen. Damit ist er aber seiner letzten physikalischen Realität entkleidet. Nach der im § 1, 3. entwickelten Auffassung werden wir daher auf Grund dieser Versuche den „prinzipiell nicht nachweisbaren" FRESNELschen Äther ebenso wie den NEWTONschen absoluten Raum als unphysikalische Hypothese aus der theoretischen Physik ausscheiden.

Wir haben somit festgestellt, daß es entgegen unserer Vermutung für die Elektrodynamik kein ausgezeichnetes Bezugssystem gibt; alle Bezugssysteme sind untereinander gleichwertig. Die MAXWELL-LORENTZschen Gleichungen gelten in bezug auf jedes zugrunde gelegte Koordinatensystem und die in ihnen auftretenden Koordinaten und Geschwindigkeiten der Elektronen sind die Koordinaten bzw. die Relativgeschwindigkeiten in bezug auf das zugrunde gelegte Koordinatensystem. Die Forderung, daß nicht nur die Gleichungen der Elektrodynamik, sondern auch die für sämtliche physikalischen Vorgänge von dieser Beschaffenheit seien, nämlich nur die relativen Lagen und Geschwindigkeiten der bewegten Körper in bezug auf jedes beliebige verwendete Koordinatensystem enthalten sollen, wurde zum ersten Male von EINSTEIN aufgestellt und wird als das „*Relativitätsprinzip*" bezeichnet.

Eine der wichtigsten Anwendungen des Relativitätsprinzips, von dem es auch seinen Ausgang genommen hat, ist die „*Elektrodynamik bewegter Körper*", d. h. die Theorie der elektromagnetischen Erscheinungen in Systemen untereinander bewegter materieller Körper. Ein Spezialfall hiervon ist die „*Optik bewegter Körper*", d. h. die Theorie der Lichtfortpflanzung in bewegten materiellen Körpern. Um sie zu entwickeln, ist es zunächst notwendig, Anweisungen dafür zu geben, wie sich ein in einem bestimmten Bezugssystem beschriebener, elektromagnetischer Vorgang in einem relativ hierzu bewegten Bezugssystem darstellt. Hierzu ist die folgende Aufgabe zu lösen: Lauten die in einem bestimmten Bezugssystem gemessenen Koordinaten x, y, z und die Zeit t und die in einem zweiten Bezugssystem gemessenen entsprechenden Größen x', y', z', t', dann gilt es zu ermitteln, durch welche Beziehungen diese Größen miteinander zusammenhängen oder wie sich die Größen x, y, z, t beim Übergang von einem zu einem anderen Koordinatensystem transformieren.

---

[1] Vgl. „Exp.-Physik", § 131.

Da nach dem Relativitätsprinzip die Lorentz-Maxwellschen Gleichungen in bezug auf jedes Koordinatensystem gelten sollen, müssen sie die Eigenschaft haben, daß sie bei der erwähnten Transformation der Größen x, y, z, t invariant bleiben. Man kann daher die gesuchten Transformationsgleichungen finden, indem man die mathematische Aufgabe löst, zunächst alle jene Transformationen der Koordinaten und der Zeit ausfindig zu machen, gegenüber denen die Lorentz-Maxwellschen Gleichungen invariant bleiben. Hierauf ist zu ermitteln, welchen Bewegungen der Bezugssysteme gegeneinander die gefundenen Transformationen zuzuordnen sind und welche physikalischen Konsequenzen hieraus gezogen werden können. Dies soll für die im Folgenden einfachsten Fälle durchgeführt werden.

2. Die Lorentz-Transformation. Damit das Relativitätsprinzip erfüllt sei, muß jedenfalls der Satz gelten, daß die im leeren Raum von einem beliebigen Bezugssystem und in beliebiger Richtung gemessene Lichtgeschwindigkeit stets den gleichen Wert c haben soll. Wir legen unseren Betrachtungen zwei Bezugssysteme zugrunde, von denen wir das erste, in dem gemessen die Koordinaten x, y, z, und die Zeit t heißen sollen, das „ruhende‟ nennen wollen, und das zweite, von dem aus gemessen die Koordinaten x', y', z' und die Zeit t' heißen sollen, das „bewegte‟. Da nach dem Relativitätsprinzip alle Bezugssysteme untereinander völlig gleichwertig sind, ist die Zuordnung der Namen „ruhend‟ und „bewegt‟ zu den beiden Bezugssystemen willkürlich. Die Koordinatenachsen der beiden Systeme sollen zur Zeit Null zusammenfallen.

Eine im ruhenden System vom Koordinatenursprung aus zur Zeit Null ausgehende Lichterregung breitet sich in der Form einer Kugelwelle mit der Gleichung

$$x^2 + y^2 + z^2 = c^2 t^2 \tag{1}$$

für die Wellenfläche aus. Vom bewegten System betrachtet, geht die Lichterregung ebenfalls zur Zeit Null vom Koordinatenursprung aus, es muß daher auch in diesem System die Welle eine Kugelwelle sein, mit der Gleichung

$$x'^2 + y'^2 + z'^2 = c^2 t'^2 \tag{2}$$

für die Wellenfläche.

Aus (1) und (2) folgt die Gültigkeit der Gleichung

$$x^2 + y^2 + z^2 - c^2 t^2 = x'^2 + y'^2 + z'^2 - c^2 t'^2. \tag{3}$$

Es gilt nun, jene Transformationen der Größen x, y, z, t in x', y', z', t' zu finden, die der Gleichung (3) genügen oder mit anderen Worten, die den Ausdruck

$$x^2 + y^2 + z^2 - c^2 t^2$$

invariant lassen. Wir versuchen, ob es lineare und homogene Transformationsgleichungen von der Form

$$x' = \alpha t + \beta x, \qquad y' = y, \qquad z' = z, \qquad t' = \gamma t + \delta x \tag{4}$$

gibt (worin $\alpha, \beta, \gamma, \delta$ Konstanten sind), die unserer Invarianzforderung genügen. Die physikalische Bedeutung gerade dieser Wahl der Transformationsgleichungen werden wir weiter unten noch verstehen lernen.

Setzen wir aus (4) in (3) ein und ordnen nach Potenzen von x und t, so erhalten wir

$$x^2 (1 - \beta^2 + c^2 \delta^2) + t^2 (c^2 \gamma^2 - c^2 - \alpha^2) + 2\, xt\, (c^2 \gamma \delta - \alpha\beta) = 0.$$

Soll diese Gleichung für alle Werte von x und t erfüllt sein, dann müssen die Koeffizienten von x^2, t^2 und xt einzeln verschwinden, es müssen also zwischen den Konstanten die Gleichungen gelten

$$c^2 \delta^2 = \beta^2 - 1, \quad (5) \qquad c^2 \gamma^2 = c^2 + \alpha^2, \quad (6) \qquad c^2 \gamma \delta = \alpha\beta. \tag{7}$$

Die Elimination von δ aus den Gleichungen (5) und (7) liefert in Verbindung mit (6)

$$c^2 \gamma^2 = \frac{\alpha^2 \beta^2}{c^2 \delta^2} = \frac{\alpha^2 \beta^2}{\beta^2 - 1} = c^2 + \alpha^2, \tag{8}$$

woraus folgt

$$\alpha^2 = c^2 (\beta^2 - 1) \tag{9}$$

und

$$\gamma^2 = \beta^2. \tag{10}$$

Wir führen nun statt β eine neue Konstante v durch die Beziehung

$$-\frac{\beta v}{c} = \sqrt{\beta^2 - 1} \tag{11}$$

ein. Es lassen sich dann die Gleichungen (9), (10) und (5) folgendermaßen schreiben:

$$\alpha = c \sqrt{\beta^2 - 1} = -\beta v, \qquad \gamma = \beta, \qquad \delta = \frac{1}{c} \sqrt{\beta^2 - 1} = -\frac{\beta v}{c^2}. \tag{12}$$

Setzen wir nun aus (12) die Werte der Konstanten in die Gleichungen (4) ein, so erhalten wir die gesuchten Transformationsgleichungen

$$x' = \beta (x - vt), \qquad y' = y, \qquad z' = z, \qquad t' = \beta \left(t - \frac{v x}{c^2} \right), \tag{13}$$

worin für β nach (11) gilt:

$$\beta = \frac{1}{\sqrt{1 - v^2/c^2}}. \tag{14}$$

Die durch das Gleichungssystem (13) beschriebene Transformation heißt nach H. A. LORENTZ, der sie zum ersten Male aufgestellt hat, die „*Lorentz-Transformation*". Wir haben im vorstehenden bewiesen, daß die Gleichungen für die Lichtausbreitung im Vakuum gegenüber der LORENTZ-Transformation invariant sind. Darüber hinaus läßt sich zeigen, daß auch die LORENTZ-MAXWELLschen Gleichungen der Elektronentheorie, aus denen ja die Gleichungen für die Fortpflanzung einer elektromagnetischen Welle im Vakuum als Spezialfall folgen, ebenfalls gegenüber der LORENTZ-Transformation invariant sind.

Um noch zu zeigen, daß wirklich die beiden Bezugssysteme untereinander gleichwertig sind, lösen wir die Gleichungen (13) nach x, y, z, t auf und erhalten mit Benutzung von (14) das Gleichungssystem

$$x = \beta (x' + vt'), \qquad y = y', \qquad z = z', \qquad t = \beta \left(t' + \frac{v x'}{c^2} \right), \tag{15}$$

das in der Tat die gleiche Gestalt hat, wie das Gleichungssystem (13), bis auf den Umstand, daß die Konstante v mit $-v$ vertauscht ist.

3. Die physikalische Bedeutung der Lorentz-Transformation. Wir wollen nun untersuchen, welche physikalische Bedeutung der LORENTZ-Transformation zukommt. Wir fassen zu diesem Zwecke zunächst einen Punkt ins Auge, der vom bewegten Bezugssystem aus betrachtet ruht, für den also die Koordinaten x', y', z' konstant sind. Gemäß den Gleichungen (13) gelten für einen solchen Punkt die Beziehungen

$$x = \frac{x'}{\beta} + vt, \qquad y = y', \qquad z = z', \tag{16}$$

d. h. der Punkt bewegt sich, vom ruhenden System beurteilt, mit der Geschwindigkeit v in der Richtung der positiven x-Achse.

Die LORENTZ-Transformation vermittelt also den Übergang zwischen zwei Bezugssystemen, die sich gegeneinander geradlinig und gleichförmig bewegen. (Die von uns gewählte Bevorzugung der x-Richtung ist natürlich unwesentlich.) Die in die Transformationsgleichungen (13) eingehende Konstante v bedeutet einfach die Relativgeschwindigkeit des bewegten gegenüber dem ruhenden System. Ebenso folgt aus den Gleichungen (15), wie es sein muß, daß sich das ruhende Bezugssystem gegenüber dem bewegten mit der Relativgeschwindigkeit $-v$ in der x-Richtung bewegt.

Wir fassen nun zwei Punkte ins Auge, die im bewegten System ruhen, die also in diesem System die konstanten Koordinaten x_1', y_1', z_1' und x_2', y_2', z_2' haben. Dann gelten nach (16) für ihre Koordinaten x_1, y_1, z_1 und x_2, y_2, z_2 im ruhenden System unter Verwendung von (14) die Gleichungen

$$x_1 - x_2 = \left(\frac{x_1'}{\beta} + vt\right) - \left(\frac{x_2'}{\beta} + vt\right) = \frac{x_1' - x_2'}{\beta} = (x_1' - x_2')\sqrt{1 - \frac{v^2}{c^2}} \left.\right\} \quad (17)$$
$$y_1 - y_2 = y_1' - y_2', \qquad z_1 - z_2 = z_1' - z_2'$$

Sie sagen aus, daß die Komponenten des Abstandes der beiden Punkte senkrecht zur Bewegungsrichtung in beiden Systemen gleich groß gemessen werden, während die in die Bewegungsrichtung fallende Komponente, im ruhenden System gemessen, um den Faktor $\sqrt{1 - v^2/c^2}$ kleiner erscheint als im bewegten System, solange $v < c$ ist.

Physikalisch läßt sich dies folgendermaßen ausdrücken: Denken wir uns auf Grund der in § 51, 1. erwähnten Tatsachen alle materiellen Körper aus Elementarpartikeln aufgebaut, dann wird die Ausmessung der Dimensionen eines bewegten Körpers mit Hilfe von ebenfalls aus materiellen Körpern hergestellten Maßstäben und Uhren im ruhenden Bezugssystem gegenüber der in einem bewegten System eine Verkürzung der in die Bewegungsrichtung des Körpers fallenden Dimensionen um den Faktor $\sqrt{1 - v^2/c^2}$ ergeben, die man als die „LORENTZ-*Kontraktion*" bezeichnet.

Wir betrachten nun eine im bewegten System an der Stelle x', y', z' ruhende Uhr und eine im ruhenden System ruhende Uhr und messen mit ihnen die Zeitdauer eines im bewegten System ebenfalls an der Stelle x', y', z' ablaufenden Ereignisses. Die mit der mitbewegten Uhr gemessene Zeit ist dann gleich $t_1' - t_2'$, die mit der ruhenden Uhr gemessene Zeitdauer gleich $t_1 - t_2$. Nach der vierten der Gleichungen (15) gilt

$$t_1 - t_2 = \beta\left(t_1' + \frac{v\,x'}{c^2}\right) - \beta\left(t_2' + \frac{v\,x'}{c^2}\right) = \beta\,(t_1' - t_2') = \frac{t_1' - t_2'}{\sqrt{1 - v^2/c^2}}. \quad (18)$$

Mit der mitbewegten Uhr gemessen, wird also eine um den Faktor $\sqrt{1 - v^2/c^2}$ kürzere Zeitdauer gemessen als mit der ruhenden Uhr, was man auch so ausdrücken kann, daß es vom ruhenden System aus gesehen so scheint, als ob die zur Messung verwendete bewegte Uhr langsamer ginge als die ruhende, und zwar um so langsamer, je größer die Geschwindigkeit v ist. Man bezeichnet diese Erscheinung mitunter als „*relativistische Zeitdehnung*".

Wir betrachten schließlich zwei im bewegten System an verschiedenen Orten sich abspielende Ereignisse. Wir nennen sie „gleichzeitig", wenn mit einer mitbewegten Uhr gemessen für sie $t_1' = t_2'$ ist. Aus der vierten der Gleichungen (13) folgt dann

$$t_1 - t_2 = \frac{v}{c^2}\,(x_1 - x_2), \quad (19)$$

d. h. vom ruhenden System mit ruhenden Uhren und Maßstäben beurteilt, erfolgen die Ereignisse nicht gleichzeitig, sondern mit einer Zeitdifferenz, die um so größer ist, je weiter voneinander entfernt sich die Ereignisse abspielen.

Die soeben besprochene physikalische Deutung der LORENTZ-Transformation erweckt auf den ersten Blick den Eindruck einer Paradoxie. Dieser Eindruck verschwindet jedoch, wenn man sich stets vor Augen hält, daß die Vergleichung von gegeneinander bewegten Maßstäben und von gegeneinander bewegten Uhren nur durch gleichzeitige Benutzung von Maßstäben *und* Uhren möglich ist und durch Verwendung von irgendwelchen, zwischen beiden Systemen hin- und hergesandten Signalen, z. B. Lichtsignalen, die mit einer endlichen Geschwindigkeit c im Raume fortschreiten. In der Tat konnte EINSTEIN zeigen, daß unter Berücksichtigung dieser Umstände und der Forderung des Relativitätsprinzips, welches aussagt, daß die Meßresultate nur von der Relativgeschwindigkeit beider Systeme abhängen dürfen, gerade die LORENTZ-Transformation herauskommt.

Da für irdische Laboratoriumsversuche die Geschwindigkeiten v in der Regel sehr klein gegenüber der Lichtgeschwindigkeit c sind, wird v^2/c^2 sehr klein gegenüber Eins, daher $\beta \approx 1$ und die oben besprochenen Effekte werden unmerklich klein, wie es auch der Erfahrung entspricht. Nur bei gewissen Experimenten, z. B. mit sehr schnell bewegten Elektronen, wo v in die Größenordnung der Lichtgeschwindigkeit kommt, werden die Effekte merklich und müssen daher bei der Deutung der entsprechenden Versuche berücksichtigt werden. Für $v > c$ wird β imaginär und die LORENTZ-Transformation verliert daher ihren physikalischen Sinn. Das heißt, daß es in der Natur überhaupt keine Relativgeschwindigkeit v zwischen zwei Bezugssystemen geben kann, die größer als c wäre oder, physikalisch ausgedrückt, daß sich kein Elektron und kein aus Elementarpartikeln zusammengesetzter materieller Körper gegenüber einem beliebigen Bezugssystem mit einer größeren als der Vakuumlichtgeschwindigkeit bewegen kann; sie spielt daher die Rolle einer praktisch nicht erreichbaren Grenzgeschwindigkeit. Auf diesen Punkt kommen wir weiter unten nochmals zurück.

Wir erwähnen schließlich, daß die abgeleiteten Gesetzmäßigkeiten für das Verhalten materieller Körper auch ohne die Hypothese des elektromagnetischen Weltbildes gelten, wenn man mit EINSTEIN das Relativitätsprinzip für das Gesamtgebiet der Physik als gültig ansieht. Würden nämlich die LORENTZ-Transformationen nur für bewegte Elektronen oder Systeme von solchen gelten und gäbe es materielle Körper, die nicht aus elektrischen Elementarpartikeln aufgebaut wären und für die die LORENTZ-Transformationen nicht gelten würden, dann würde man bei der Ausmessung dieser Körper mit Hilfe von aus jenen Materialien hergestellten Maßstäben und Uhren andere Resultate erhalten als beim umgekehrten Vorgang, es könnte also nicht für beide Arten von Messungen das Relativitätsprinzip erfüllt sein, entgegen der Voraussetzung.

4. Zusammensetzung von Geschwindigkeiten; Mitführung des Lichtes durch bewegte Körper. Ein Punkt bewege sich im bewegten System in der x-Richtung mit der in diesem System gemessenen konstanten Geschwindigkeit v'; wie groß erscheint seine Geschwindigkeit w, vom ruhenden System aus beurteilt? Wir lassen den Punkt zur Zeit Null vom Koordinatenursprung des beweglichen Systems ausgehen; befindet er sich zur Zeit t' im Punkt x', dann ist $v' = x'/t'$. Da ferner zur Zeit Null die beiden Koordinatensysteme zusammenfallen, gilt für die zur Zeit t im ruhenden System zurückgelegte Strecke: $x = wt$. Mit Benutzung von Gleichung (15) folgt demnach

$$w = \frac{x}{t} = \frac{\beta\,(x' + v\,t')}{\beta\left(t' + \dfrac{v\,x'}{c^2}\right)} = \frac{\dfrac{x'}{t'} + v}{1 + \dfrac{v}{c^2}\cdot\dfrac{x'}{t'}} = \frac{v + v'}{1 + \dfrac{v\,v'}{c^2}}\,. \tag{20}$$

Die Beziehung (20) wird gewöhnlich als das EINSTEINsche „*Additionstheorem der Geschwindigkeiten*" bezeichnet. Es sagt aus, daß nicht, wie man zunächst erwarten sollte, die Geschwindigkeiten v und v' sich additiv zu w zusammensetzen, sondern daß w stets *kleiner* ist als $v + v'$. Für sehr kleine Geschwindigkeiten v und v' wird allerdings dieser Unterschied verschwindend klein. Erst wenn die Geschwindigkeiten in die Größenordnung der Vakuumlichtgeschwindigkeit c kommen, macht sich der Effekt bemerkbar.

Wird eine der beiden Geschwindigkeiten, z. B. v' gleich c, dann wird nach (20) $w = c$, wie es auch sein muß, da wir ja davon ausgegangen sind, daß die Vakuumlichtgeschwindigkeit im ruhenden und im bewegten System stets als c gemessen wird. Die Zusammensetzung der Lichtgeschwindigkeit mit einer endlichen Geschwindigkeit ergibt also stets wieder die Lichtgeschwindigkeit, so daß diese, wie wir unter 3. bereits ausführten, die Rolle einer Grenzgeschwindigkeit spielt.

Sind v und v' beide kleiner als c, dann ist auch $w < c$. Da sich, wie wir oben feststellten, ein materieller Körper, in einem beliebigen Koordinatensystem gemessen, stets nur mit einer kleineren Geschwindigkeit als c bewegen kann, folgt hieraus, daß auch ein gegenüber diesem System mit einer beliebigen Relativgeschwindigkeit bewegter Beobachter stets nur eine Geschwindigkeit kleiner als c messen wird.

Die gefundenen Resultate können wir unmittelbar auf ein wichtiges Problem der Optik bewegter Körper, nämlich auf die Lichtfortpflanzung in einem bewegten Körper, z. B. einer strömenden Flüssigkeit, anwenden.

Der Körper bewege sich in der x-Richtung mit der Geschwindigkeit v und besitze einen Brechungsquotienten n. Von einem mitbewegten System gemessen ist dann die Lichtgeschwindigkeit in ihm nach (19) § 49 und (20) § 49:

$$v' = \frac{c}{n}, \quad n > 1. \tag{21}$$

Aus (20) und (21) folgt sogleich für die von einem ruhenden Beobachter gemessene Lichtgeschwindigkeit in dem bewegten Körper unter der Voraussetzung, daß v klein gegenüber v' bzw. c sei,

$$w \sim (v + v')\left(1 - \frac{v\,v'}{c^2}\right) \sim v + v' - \frac{v \cdot v'^2}{c^2} = v' + v\left(1 - \frac{v'^2}{c^2}\right) = v' + v\left(1 - \frac{1}{n^2}\right). \tag{22}$$

Vom ruhenden System aus gemessen ist also die Lichtgeschwindigkeit größer als im mitbewegten System, was man anschaulich so ausdrücken kann, daß das Licht von dem bewegten Körper „mitgeführt" wird. Die Mitführung ist aber keine vollkommene, denn sonst würde $w = v' + v$ sein, sie erfolgt vielmehr nur mit dem Bruchteil $(1 - 1/n^2)$ der Geschwindigkeit des bewegten Körpers, den man als den „FRESNELschen *Mitführungskoeffizienten*" bezeichnet. Dieses Resultat läßt sich durch entsprechende Messungen vollkommen bestätigen[1].

5. Fortpflanzung einer ebenen Welle; Dopplersches Prinzip und Aberration des Lichtes. Eine ebene, harmonische Welle der Kreisfrequenz ω pflanze sich im Vakuum vom ruhenden System aus beurteilt in einer Richtung fort, die mit den Koordinatenachsen Winkel einschließt, deren Richtungskosinus gleich A, B, C sind. Wir setzen die Wellenfunktion entsprechend der allgemeinen Formel (4) § 13 in der Form

$$\varphi = a \cdot e^{iS} \tag{23}$$

an, worin zur Abkürzung gesetzt ist

$$S = \omega\left(t - \frac{A\,x + B\,y + C\,z}{c}\right). \tag{24}$$

Um die Gleichung der Welle im bewegten System zu erhalten, formen wir

---

[1] Vgl. „Exp.-Physik", § 131.

den Ausdruck (24) gemäß der LORENTZ-Transformation (15) um und erhalten

$$S = \omega\left\{\beta\left(t' + \frac{v\,x'}{c^2}\right) - \frac{\beta}{c}\,(x' + v\,t')\,A - y'\,\frac{B}{c} - z'\,\frac{C}{c}\right\} =$$

$$= \omega\left\{t'\,\beta\left(1 - \frac{v\,A}{c}\right) - x'\,\frac{\beta}{c}\left(A - \frac{v}{c}\right) - y'\,\frac{B}{c} - z'\,\frac{C}{c}\right\}.$$

Führen wir hierin zur Abkürzung die Größen

$$\omega' = \beta\left(1 - \frac{v\,A}{c}\right)\omega \tag{25}$$

$$A' = \frac{A - \dfrac{v}{c}}{1 - \dfrac{v\,A}{c}}, \quad B' = \frac{B}{\beta\left(1 - \dfrac{v\,A}{c}\right)}, \quad C' = \frac{C}{\beta\left(1 - \dfrac{v\,A}{c}\right)} \tag{26}$$

ein, so wird daraus

$$S = \omega'\left(t' - \frac{A'\,x' + B'\,y' + C'\,z'}{c}\right). \tag{27}$$

Da der Ausdruck (27) genau die gleiche Bauart hat wie der Ausdruck (24), folgt, daß die Welle (23) auch vom bewegten System aus beurteilt wieder eine ebene harmonische Welle ist, die die gleiche Geschwindigkeit c hat, wie es nach dem Relativitätsprinzip auch sein muß. Wir müssen ihr aber jetzt eine Kreisfrequenz ω' gemäß (25) und die Richtungskosinus A', B', C' gegen die Koordinatenachsen gemäß (26) zuschreiben.

Erfolgt z. B. die Lichtfortpflanzung in der Richtung der x-Achse, dann ist $A = 1$, $B = C = 0$ und aus (25) wird mit Benutzung von (14)

$$\omega' = \frac{1 - \dfrac{v}{c}}{\sqrt{1 - \dfrac{v^2}{c^2}}} \cdot \omega = \sqrt{\frac{1 - \dfrac{v}{c}}{1 + \dfrac{v}{c}}} \cdot \omega. \tag{28}$$

Es ist also $\omega' < \omega$, wenn $v > 0$ ist, und $\omega' > \omega$ für $v < 0$.

Da nach dem Relativitätsprinzip v offenbar nichts anderes als die Relativgeschwindigkeit des Beobachters gegenüber der Lichtquelle bedeuten kann, von der die Welle ausgeht, kann man dieses Ergebnis folgendermaßen aussprechen: Bewegt sich ein mit einem Spektralapparat ausgerüsteter Beobachter in der gleichen Richtung wie das Licht, d. h. von der Lichtquelle weg, oder bewegt sich die Lichtquelle von ihm weg, dann wird er bemerken, daß sich die Spektrallinien nach Maßgabe der Formel (28) gegen das rote Ende des Spektrums verschieben. Bewegt er sich zur Lichtquelle hin oder bewegt sich die Lichtquelle zu ihm hin, so beobachtet er eine Verschiebung der Spektrallinien gegen das violette Ende des Spektrums. Diese z. B. an den Spektren der Fixsterne oder dem Spektrum rasch bewegter Kanalstrahlteilchen beobachtete Erscheinung wird nach ihrem Entdecker als der „DOPPLER-*Effekt*" bezeichnet. Die Formel (28) kann in diesem Falle dazu dienen, die Geschwindigkeit des Fixsternes bzw. der Kanalstrahlteilchen zu bestimmen[1].

Erfolgt die Lichtfortpflanzung in einer Richtung senkrecht zur x-Achse, dann ist $A = 0$ und nach (26) gilt

$$A' = \cos\alpha = -\frac{v}{c}. \tag{29}$$

Vom bewegten System aus beurteilt, schließt also die Fortpflanzungsrichtung der Welle mit der Bewegungsrichtung einen der Gleichung (29) entsprechenden Winkel α ein. Diese Erscheinung nennen wir die „*Aberration*" des Lichtes. Sie

----

[1] Vgl. „Exp.-Physik", § 131.

bewirkt u. a., daß von der bewegten Erde aus gesehen die Orte der Sterne am Himmel in der Bewegungsrichtung der Erde verschoben erscheinen. Ist S in

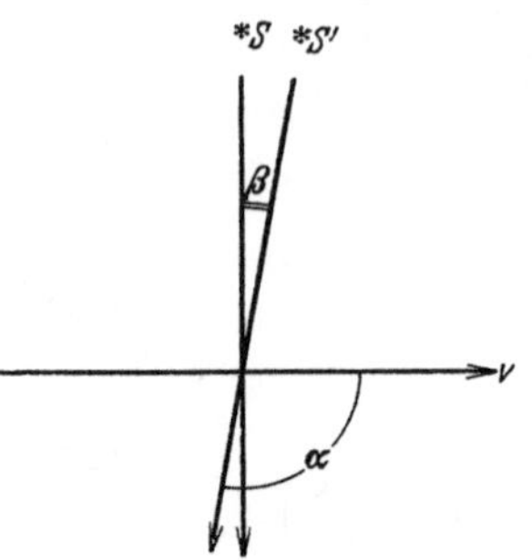

Abb. 117 der wahre Ort eines Sternes, dessen Licht senkrecht zur Bewegungsrichtung der Erde auf den Standort des Beobachters einfällt, dann erscheint er ihm an der Stelle S', wobei für den Winkelabstand β zwischen S und S' gilt: $\beta = \alpha - \dfrac{\pi}{2}$ und daher nach (29) wegen $v \ll c$:

$$\beta \sim \sin \beta = \frac{v}{c}. \tag{30}$$

Auch dieses Resultat wird durch die Erfahrung bestätigt[1].

6. Die mechanischen Bewegungsgleichungen gemäß der Relativitätstheorie. Nach § 51, 7. soll für die mittlere Bewegung eines freien Elektrons die Bewegungsgleichung (1) § 18 der Newtonschen Mechanik gelten. In § 18, 7.

Abb. 117.

konnten wir zeigen, daß diese Bewegungsgleichung gültig ist in allen gegenüber dem Inertialsystem geradlinig und gleichförmig bewegten Bezugssystemen, wenn angenommen wird, daß für den Übergang zwischen zwei solchen Systemen die Galilei-Transformation (45) § 18 gültig ist; unter den im ersten Absatz von 2. angenommenen Bedingungen lauten daher die Transformationsgleichungen:

$$x' = x - vt, \qquad y' = y, \qquad z' = z, \qquad t' = t. \tag{31}$$

Nach dem Relativitätsprinzip müssen wir jedoch fordern, daß die Bewegungsgleichungen nicht gegenüber dieser, sondern gegenüber der Lorentz-Transformation invariant seien. Nun gehen, wie man sieht, für Elektronengeschwindigkeiten v, die klein gegenüber der Lichtgeschwindigkeit c sind, die Gleichungssysteme (13) und (31) ineinander über. Es widerspricht daher zwar nicht dem Relativitätsprinzip, daß für sehr kleine Geschwindigkeiten die Newtonsche Mechanik für die Bewegung des freien Elektrons zutrifft, für sehr große Geschwindigkeiten hingegen versagt zweifellos die Newtonsche Mechanik selbst zur Beschreibung der mittleren Bewegung. Dies gilt unabhängig davon, ob wir die ganze oder nur einen Teil der Masse des Elektrons als elektromagnetisch ansehen. In der Tat haben wir ja die der Newtonschen Mechanik entsprechenden Sätze über die elektromagnetische Masse, Bewegungsgröße und Energie des Elektrons in § 51, 6. unter der ausdrücklichen Annahme abgeleitet, daß die Geschwindigkeit des Elektrons klein gegenüber der Lichtgeschwindigkeit sei.

Um die Bewegungsgleichungen für beliebig schnell bewegte Elektronen zu finden, schreiben wir sie in der Form (9) § 18

$$\mathfrak{k} = \frac{d\mathfrak{p}}{dt}, \tag{32}$$

die wir als Definitionsgleichung für den Impuls $\mathfrak{p}$ auffassen können, der jedoch nun mit der Geschwindigkeit nicht durch die Gleichung (6) § 18, die nur im Grenzfall kleiner Geschwindigkeiten zutrifft, sondern durch eine allgemeinere Beziehung zusammenhängen wird. Soll die Gleichung (32) gegenüber der Lorentz-Transformation invariant sein, dann muß gelten

$$\frac{d\mathfrak{p}}{dt} = \frac{d\mathfrak{p}'}{dt'}, \tag{33}$$

worin $\mathfrak{p}'$ den Impuls, gemessen von einem bewegten Bezugssystem, und t' die in ihm gemessene Zeit bedeutet.

---

[1] Vgl. „Exp.-Physik", § 131.

In einem beliebigen Zeitpunkte sei die Geschwindigkeit des Elektrons im ruhenden System gleich $\mathfrak{v}_0$. Wir wählen dann als bewegtes System ein solches, in dem das Elektron zu diesem Zeitpunkte ruht; es soll sich also mit der konstanten Geschwindigkeit $\mathfrak{v}_0$ gegenüber dem ruhenden System bewegen. Innerhalb einer genügend kurzen Zeit τ bleibt dann die Geschwindigkeit $\mathfrak{v}'$ des Elektrons im bewegten System sicherlich klein gegenüber $\mathfrak{v}_0$ und daher auch gegenüber c, so daß der Impuls $\mathfrak{p}'$ im bewegten System während τ mit der Geschwindigkeit $\mathfrak{v}'$ im bewegten System durch

$$\mathfrak{p}' = m\,\mathfrak{v}' \tag{34}$$

zusammenhängt. Da ferner $\mathfrak{v}'$ während τ klein gegenüber $\mathfrak{v}_0$ ist, wird nach der Formel (20) die Geschwindigkeit $\mathfrak{v}$, im ruhenden System gemessen, gleich

$$\mathfrak{v} = \mathfrak{v}_0 + \mathfrak{v}'. \tag{35}$$

Da sich schließlich x' während τ nur wenig ändert, wird nach der vierten der Gleichungen (15)

$$\frac{d}{d\,t'} = \frac{d}{d\,t}\left(\frac{d\,t}{d\,t'}\right)_{x'=\text{const}} = \beta\,\frac{d}{d\,t} \tag{36}$$

mit

$$\beta = \frac{1}{\sqrt{1 - v_0{}^2/c^2}}. \tag{37}$$

Aus (34), (35) und (36) folgt

$$\frac{d\,\mathfrak{p}'}{d\,t'} = m\,\frac{d\,\mathfrak{v}'}{d\,t'} = m\,\frac{d\,\mathfrak{v}}{d\,t'} = m\,\beta\,\frac{d\,\mathfrak{v}}{d\,t} = \frac{d\,(m\,\beta\,\mathfrak{v})}{d\,t},$$

was, in (33) eingesetzt, mit Berücksichtigung von (37) ergibt

$$\mathfrak{p} = m\,\beta\,\mathfrak{v} + \text{Const} = \frac{m\,\mathfrak{v}}{\sqrt{1 - v_0{}^2/c^2}} + \text{Const.}$$

Ersetzt man hierin v_0 durch v, was nach (35) wegen der angenommenen Kleinheit von $\mathfrak{v}'$ gegen $\mathfrak{v}_0$ zulässig ist, und berücksichtigt, daß $\mathfrak{p}$ für $\mathfrak{v} = 0$ gleich Null werden soll, so erhält man schließlich

$$\mathfrak{p} = \frac{m\,\mathfrak{v}}{\sqrt{1 - v_0{}^2/c^2}}. \tag{38}$$

Dieser Ausdruck enthält $\mathfrak{v}_0$ nicht mehr, sondern nur m und $\mathfrak{v}$, er ist also von den speziellen Voraussetzungen, unter denen wir ihn abgeleitet haben, unabhängig und stellt den Impuls gemäß der Relativitätstheorie dar. Er geht, wie zu erwarten war, für kleine $\mathfrak{v}$ tatsächlich in den Ausdruck (6) § 18 der Newtonschen Mechanik über.

Die Gleichung (32) in Verbindung mit (38) gibt die gesuchte Bewegungsgleichung, die gemäß der Relativitätstheorie an die Stelle der Newtonschen Bewegungsgleichung der Mechanik zu treten hat. Nach den am Schluß von 3. angestellten Überlegungen muß sie nicht nur für bewegte Elektronen, sondern ganz allgemein für beliebige Körper gelten. Allerdings macht sich der Unterschied gegenüber der in den Kapiteln VII bis IX entwickelten Mechanik makroskopischer Körper, deren Geschwindigkeiten stets klein gegenüber der Lichtgeschwindigkeit sind, nicht bemerkbar.

Die Gleichung (38) läßt sich offensichtlich in der dem Newtonschen Ausdruck analogen Form

$$\mathfrak{p} = m'\,\mathfrak{v} \tag{39}$$

schreiben, wenn man setzt:

$$m' = \frac{m}{\sqrt{1 - v^2/c^2}}. \tag{40}$$

Will man daher die mechanischen Erscheinungen an schnell bewegten Elektronen nach der Newtonschen Mechanik deuten, so darf man nicht mit der für kleine

Geschwindigkeiten unveränderlichen sogenannten „*Ruhmasse*" m des Elektrons rechnen, sondern muß eine noch von der Geschwindigkeit gemäß der Gleichung (40) abhängige Masse m' zugrunde legen, die für kleine Geschwindigkeiten gleich der Ruhmasse ist, mit wachsendem v jedoch stetig zunimmt.

In der Tat ergeben die zur Bestimmung der spezifischen Elektronenladung e/m nach der in § 51, 8. beschriebenen Methode angestellten Versuche eine Abhängigkeit des gemessenen m' von v, die genau der Formel (40) entspricht[1].

Für $v = c$ würde nach (40) m' unendlich groß werden, d. h. es wäre nur durch Anwendung einer unendlich großen Kraft möglich, dem Elektron die Geschwindigkeit des Lichtes zu erteilen. Man sieht nun besser ein, wieso es kommt, daß sich ein Körper, wie wir unter 3. ausgeführt haben, stets nur mit einer kleineren Geschwindigkeit als c bewegen kann.

7. Der Energiesatz der Relativitätstheorie. Wir wollen nun zeigen, daß für die Relativitätsmechanik auch der Energiesatz der Newtonschen Mechanik gültig ist. Wir bilden zu diesem Zwecke in Analogie zu der Gleichung (25) § 18 die während eines Zeitintervalles $t_2 - t_1$ von der Kraft $\mathfrak{k}$ an einer Masse m geleistete Arbeit A und erhalten mit Benutzung von (32) und (38) und mit Berücksichtigung der Relation

$$\mathfrak{v}\, d\,\mathfrak{v} = \frac{1}{2}\, d\,(\mathfrak{v}\,\mathfrak{v}) = \frac{1}{2}\, d\,(v^2) = v\, d\, v:$$

$$A = \int\limits_1^2 \mathfrak{k}\, d\,\mathfrak{r} = \int\limits_1^2 \frac{d\,\mathfrak{p}}{d\,t}\, d\,\mathfrak{r} = \int\limits_1^2 \mathfrak{v}\, d\,\mathfrak{p} = \int\limits_1^2 \left\{ \frac{m\,\mathfrak{v}\, d\,\mathfrak{v}}{\sqrt{1-v^2/c^2}} + \frac{m\,v^2}{\sqrt{(1-v^2/c^2)^3}} \cdot \frac{v}{c^2}\, d\, v \right\} =$$

$$= \int\limits_1^2 \frac{m\,v}{\sqrt{(1-v^2/c^2)^3}}\, d\,v = m\,c^2 \left(\frac{1}{\sqrt{1-v_2^2/c^2}} - \frac{1}{\sqrt{1-v_1^2/c^2}} \right). \tag{41}$$

Es gilt also in der Tat, wie behauptet wurde, der Energiesatz in der Form (27) § 18, wenn man darin als kinetische Energie die Größe

$$L = m\,c^2 \left(\frac{1}{\sqrt{1 - v^2/c^2}} - 1 \right) \tag{42}$$

einführt, worin die Integrationskonstante so gewählt wurde, daß für $v = 0$ auch $L = 0$ wird.

Für sehr kleine v kann man die Wurzel im Nenner von (42) nach Potenzen von v^2/c^2 entwickeln und erhält, wenn man darin nur bis zum linearen Glied fortschreitet

$$L = m\,c^2 \left(1 + \frac{v^2}{2\,c^2} + \ldots - 1 \right) \sim \frac{m\,v^2}{2}, \tag{43}$$

also, wie zu erwarten war, den Ausdruck (26) § 18 der Newtonschen Mechanik. Für große Geschwindigkeiten wächst jedoch L rascher als mit der zweiten Potenz von v an und wird nach (42) unendlich groß für $v = c$. Es wäre also eine unendlich große Arbeit zu leisten, um die Masse auf Lichtgeschwindigkeit zu bringen, was uns, da der Energieinhalt der Welt endlich ist, noch eindringlicher als die früheren Überlegungen vor Augen führt, warum die Vakuumlichtgeschwindigkeit in der Relativitätsmechanik die Rolle einer unerreichbaren Grenzgeschwindigkeit spielt.

Bringen wir einen Körper durch einen Energieaufwand δE von einer Geschwindigkeit v_1 auf eine Geschwindigkeit v_2, dann wächst seine Masse m' nach (40) und (41) um einen Betrag

$$\delta\,m' = m_2' - m_1' = m \left(\frac{1}{\sqrt{1 - v_2^2/c^2}} - \frac{1}{\sqrt{1 - v_1^2/c^2}} \right) = \frac{\delta E}{c^2}. \tag{44}$$

----

[1] Vgl. „Exp.-Ppysik", §§ 102 und 108.

Es liegt nahe, die Beziehung (44) auf die Zuführung beliebiger Formen von Energie in einem wirbelfreien Kraftfeld oder die Zuführung einer elastischen oder elektrischen Energie zu einem materiellen Körper zu erweitern, da sich ja alle Formen von Energie ineinander überführen lassen. Das heißt also, daß die Masse eines Körpers durch die Energieerhöhung δE um den Betrag $\delta E/c^2$ größer wird. Von diesem Satz wird in der Atomphysik ein sehr ausgedehnter Gebrauch gemacht, um aus den gemessenen Atomgewichten auf die inneren Energien der Atomkerne zu schließen („Packungseffekt")[1].

Der Satz muß offenbar auch dann Geltung haben, wenn die Ausgangsmasse des Systems gleich Null ist, wenn es sich also um ein „immaterielles" System handelt. Es soll sich dann auf Grund seines Energieinhaltes U_0 wie ein materieller Körper von der Masse

$$m^* = \frac{U_0}{c^2} \tag{45}$$

verhalten. Diese Schlußfolgerung wird als der „*Satz von der Trägheit der Energie*" bezeichnet. Ist U_0 eine elektromagnetische Energie, so ist die durch (45) bestimmte Masse offenbar die „elektromagnetische Masse" des Systems. In der Tat stimmt die Formel (45) mit der Formel (33) § 51 bis auf den Faktor 4/3 überein, der davon herrührt, daß wir bei der Berechnung der elektromagnetischen Masse in § 51, 6. nicht die Energie berücksichtigt haben, die das Elektron zusammenhält und die von der MAXWELLschen Theorie nicht erfaßbar ist.

In Umkehrung des Satzes von der Trägheit der Energie können wir jede Masse m als Ausdruck eines Energieinhaltes mc^2 auffassen und daher einem jeden ruhenden materiellen Körper eine „*Ruhenergie*" zuschreiben, die gleich ist dem Produkt aus seiner Ruhmasse und dem Quadrat der Lichtgeschwindigkeit. Fügen wir diese Ruhenergie zu der kinetischen Energie (42) des bewegten Körpers hinzu, so erhalten wir für seine „absolute Energie" gemäß der Relativitätsmechanik den Ausdruck

$$E = \frac{m\,c^2}{\sqrt{1 - v^2/c^2}}, \tag{46}$$

der sich für $v = 0$ auf die Ruhenergie mc^2 reduziert.

Zwischen dem Impuls (38) und der Energie (46) gilt, wie man sich leicht überzeugen kann, die einfache Beziehung

$$|\mathfrak{p}|^2 - \frac{E^2}{c^2} + m^2\,c^2 = 0. \tag{47}$$

Neunzehntes Kapitel.

Kinetische Theorie der elektrischen Stromleitung und Stromerzeugung.

§ 54. Elektronentheorie der Metalle.

1. Das Elektronengas. Wir stellen uns in diesem Kapitel die Aufgabe, die zwischen den makroskopischen Feldgrößen $\mathfrak{i}$ und $\mathfrak{E}$, Stromdichte und Feldstärke, herrschende Beziehung, die in den meisten Fällen durch das verallgemeinerte OHMsche Gesetz (14) § 43 ausgedrückt wird, auf Grund von detaillierten Vorstellungen über den atomaren Mechanismus der Stromleitung in materiellen Körpern und im leeren Raum abzuleiten und dabei die Größe σ, die Leitfähigkeit, die in das OHMsche Gesetz als phänomenologische „Materialkonstante" eintritt, auf Grund atomarer Daten zu berechnen. Auf

---

[1] Vgl. „Exp.-Physik", Kap. XXIX.

der Grundlage der Kenntnis des atomaren Mechanismus gelingt darüber hinaus auch die Erklärung für das Auftreten der Kontaktpotentiale und die Berechnung der EMK der gebräuchlichen Stromquellen, die in § 43, 1. ebenfalls als phänomenologische Konstanten der betreffenden Stromquellen eingeführt worden sind.

Wir beginnen zunächst mit der Behandlung der Stromleitung in festen Körpern, wobei wir uns auf die Metalle beschränken wollen, deren Leitvermögen, wie bekannt, ein Vielfaches von dem der Nichtmetalle ist, die als mehr oder weniger vollkommene Isolatoren angesehen werden können. Auf Grund verschiedener Versuche[1] hat man zur Deutung der gefundenen Gesetzmäßigkeiten die Anschauung entwickelt, daß die Stromleitung in Metallen durch die Bewegung von negativen Elektronen bewirkt wird, die nicht an die Metallatome gebunden sind und sich somit mehr oder weniger frei zwischen den Metallatomen bewegen können. Man spricht daher von einem in dem Metall enthaltenen „*Elektronengas*“. Wir können uns dieses Elektronengas so entstanden denken, daß eine bestimmte Zahl von Metallatomen in je ein positiv geladenes Ion und ein oder mehrere Elektronen, die es aus seiner Hülle abgegeben hat, „*dissoziiert*“ ist. (Wodurch diese Erscheinung zustande kommt, soll hier nicht weiter untersucht werden.)

Da die Volumenelemente des Metalles elektrisch neutral sind, wird die Abstoßungskraft, die ein Elektron des Elektronengases durch die übrigen Elektronen erfährt, im Mittel durch die Anziehungskraft von den positiven Metallionen kompensiert, so daß sich das Elektronengas, solange es sich im Innern des Metalles befindet, so verhält, als ob seine Teilchen ungeladen wären.

Sowie aber ein Elektron in die Nähe der Oberfläche des Metalles kommt, muß die Anziehungskraft zwischen seiner Ladung und der gleich großen und entgegengesetzten Ladung des übrigen Metalles in Erscheinung treten und bewirken, daß es nur unter Aufbietung einer bestimmten Arbeit ε_a, die wir die „*Ablösungsarbeit*“ nennen wollen, aus dem Metall austreten kann. Dies ist die Ursache dafür, daß, wie erfahrungsgemäß festgestellt ist, die Elektronen des Elektronengases trotz des in ihm wie in jedem anderen Gas herrschenden Druckes normalerweise nicht aus dem Metall herausströmen. Mit einer Berechnung von ε_a auf Grund von Daten über den Gitteraufbau der Metalle können wir uns hier nicht befassen.

Gemäß den Betrachtungen in § 38, 7. müssen wir mit SOMMERFELD annehmen, daß sich das Elektronengas im Metall im stromlosen Zustande bei normaler Temperatur wie ein im Sinne der FERMI-DIRACschen Statistik entartetes Gas verhält. Die Gesamtanzahl der Elektronen pro Volumeneinheit nennen wir n, die Anzahl der Elektronen, die dem Geschwindigkeitsbereich zwischen c_x und $c_x + dc_x$, c_y und $c_y + dc_y$, c_z und $c_z + dc_z$ angehören, nennen wir $n(c_x, c_y, c_z)\, dc_x\, dc_y\, dc_z$. Nach Formel (40) § 38 gilt für $n(c_x, c_y, c_z)$ das Verteilungsgesetz

$$n(c_x, c_y, c_z) = \frac{m^3}{h^3}\, V \cdot \frac{1}{e^{\frac{mc^2}{2kT} - \frac{\varepsilon_0}{kT}} + 1}, \tag{1}$$

worin ε_0 nach (45) § 38 für

$$\varepsilon_0 = \eta \left[1 - \frac{\pi^2}{12} \left(\frac{k\,T}{\eta} \right)^2 \right] \tag{2}$$

gesetzt ist und η, der Wert von ε_0 für $T = 0$, nach (42) § 38 gleich ist

$$\eta = \frac{h^2}{2\,m} \left(\frac{3\,n}{4\,\pi} \right)^{2/3}. \tag{3}$$

Im Gegensatz zu einem gewöhnlichen „materiellen“ Gas kann man die

---

[1] Vgl. „Exp.-Physik“, § 92.

Zusammenstöße zwischen den Elektronen wegen der Kleinheit dieser Partikel vollkommen vernachlässigen. Die „freie Weglänge" l^* des Elektronengases ist demnach, wie wir bereits in § 40, 3. erwähnten, durch die Zusammenstöße mit den Metallatomen allein bedingt. Nimmt man an, daß diese Zusammenstöße nach den Gesetzen der NEWTONschen Mechanik erfolgen, dann ist l^* allein durch die Struktur und die Abmessungen des Kristallgitters des Metalles bestimmt und daher von der Temperatur nur sehr wenig abhängig.

Diese Annahme entspricht jedoch dem wirklichen Vorgang nicht, denn die bewegten Elektronen sind nach § 29, 2. fortschreitenden DE-BROGLIE-Wellen äquivalent, deren aus der Gleichung (5) § 29 berechnete Wellenlänge nach § 29, 3. mit den Dimensionen der Atome vergleichbar ist. Korrekterweise müßte man also die Wechselwirkungen der Elektronen mit den Atomen als Beugung der entsprechenden DE-BROGLIE-Wellen an den Atomen behandeln. Die so bewirkte Zerstreuung der Wellen ist um so größer, je kleiner die Wellenlänge, je größer also der Impuls der Elektronen, d. h. je höher die Temperatur ist. Will man daher dennoch, wie wir es im folgenden tun werden, mit dem vereinfachten Mechanismus der freien Weglängen arbeiten, so muß man, um den eben besprochenen Umständen Rechnung zu tragen, eine Temperaturabhängigkeit von l^* annehmen, im Sinne einer Zunahme von l^* mit abnehmender Temperatur.

2. Die Stromleitung in Metallen. Die Stromdichte $\mathfrak{i}$ des Leitungsstromes ist in der Elektronentheorie durch die Formel (12) § 52 definiert. Berücksichtigen wir, daß bei der Stromleitung in Metallen nach 1. alle Ladungsträger die gleiche Ladung $-e$ haben, so können wir diese Formel nunmehr in der Form

$$\mathfrak{i} = \frac{1}{\delta V} \sum_i e_i \mathfrak{v}_i = -e \frac{\sum_i \mathfrak{v}_i}{\delta V} = -e\,n\,.\,\bar{\mathfrak{v}} \tag{4}$$

schreiben, worin $\bar{\mathfrak{v}}$ den über das Volumen δV erstreckten räumlichen Mittelwert der Elektronengeschwindigkeit bedeutet.

$\mathfrak{v}$ setzt sich im allgemeinen aus der dem Verteilungsgesetz (1) gehorchenden thermischen Geschwindigkeit $\mathfrak{c}$ und einer durch die Einwirkung eines äußeren Feldes $\mathfrak{E}$ bewirkten Zusatzgeschwindigkeit $\mathfrak{v}^*$ zusammen. Es gilt demnach

$$\mathfrak{v} = \mathfrak{c} + \mathfrak{v}^*. \tag{5}$$

Wie wir noch zeigen werden, ist $\mathfrak{v}^*$ im Mittel selbst bei den größten praktisch in Betracht kommenden Feldstärken $\mathfrak{E}$ so klein gegenüber $\mathfrak{c}$, daß wir annehmen können, daß auch im Felde für $\mathfrak{c}$ das Verteilungsgesetz (1) gültig sei. Wir machen ferner die Annahme, daß nach jedem Zusammenstoß zwischen einem Elektron und einem Atom jenes im Mittel die Geschwindigkeit $\mathfrak{v}_0^* = 0$ erhalte.

Zwischen zwei Zusammenstößen wirkt auf das Elektron die Kraft $-e\,\mathfrak{E}$, seine Beschleunigung ist also gleich $-\dfrac{e\,\mathfrak{E}}{m}$ und daher hat es am Ende einer freien Weglänge im Mittel die Geschwindigkeit

$$\mathfrak{v}_1^* = -\frac{e\,\mathfrak{E}}{m}\cdot\tau,$$

worin τ die im Mittel zwischen zwei Zusammenstößen verfließende Zeit bedeutet. Die gesuchte mittlere Geschwindigkeit $\bar{\mathfrak{v}}^*$ ergibt sich daher als arithmetisches Mittel von $\mathfrak{v}_0^*$ und $\mathfrak{v}_1^*$ mit Berücksichtigung der Beziehung (13) § 39 zwischen τ und l^*:

$$\overline{\mathfrak{v}^*} = \frac{1}{2}\left(\overline{\mathfrak{v}_0^*} + \overline{\mathfrak{v}_1^*}\right) = -\frac{e\,\mathfrak{E}}{2\,m}\tau = -\frac{e\,\mathfrak{E}\,l^*}{2\,m\,\bar{c}}. \tag{6}$$

Aus (6) erhalten wir zunächst mit Benutzung der Formel (24) § 40

$$\frac{|\overline{\mathfrak{v}^*}|}{\overline{c}} = \frac{e\,|\mathfrak{E}|\,l^*}{2\,m\,\overline{c}^2} = \frac{e\,|\mathfrak{E}|\cdot l^*}{12/5\cdot\eta} = \frac{\varphi^*}{2{,}4\,\eta/e}, \tag{7}$$

worin φ^* die Potentialdifferenz längs der Strecke l^* in der Richtung von $\mathfrak{E}$ bedeutet. Aus der Formel (3) ergibt sich z. B. für Cu, wenn man die Zahlenwerte für die Konstanten einsetzt,

$$\frac{\eta}{e} \sim \frac{10^{-11}}{5\cdot 10^{-10}} = 2\cdot 10^{-2}\,\text{abs. el. st. E.} = 6\,\text{Volt},$$

während φ^* selbst bei den größten praktisch vorkommenden Feldstärken von der Größenordnung 10^{-5} Volt bleibt, so daß nach (7) $\dfrac{|\overline{\mathfrak{v}^*}|}{\overline{c}}$ von der Größenordnung 10^{-6} wird, also sehr klein ist, wie oben behauptet wurde.

Da nach (1) $\overline{c} = 0$ ist, folgt mit Benutzung von (5) und (6) aus (4) die DRUDEsche Formel

$$i = \frac{e^2\,n\,l^*}{2\,m\,\overline{c}}\cdot\mathfrak{E} = \sigma\,\mathfrak{E}, \tag{8}$$

worin gesetzt ist

$$\sigma = \frac{e^2\,n\,l^*}{2\,m\,\overline{c}}. \tag{9}$$

Die Beziehung (8) zwischen i und $\mathfrak{E}$ hat, wie man sieht, die Gestalt des OHMschen Gesetzes, das wir demnach hiemit aus der Elektronentheorie abgeleitet haben. Die durch die Gleichung (9) definierte Größe σ ist die elektrische Leitfähigkeit des Metalles. Setzt man darin noch für $\overline{c}$ den Ausdruck (25) § 40 ein, der für starke Entartung gilt, so folgt mit Benutzung von (3) die SOMMERFELDsche Formel

$$\sigma = \frac{1}{2}\sqrt{\frac{5}{6}}\,\frac{e^2\,n\,l^*}{\sqrt{m\,\eta}} = \frac{1}{2}\sqrt{\frac{5}{6}}\,\frac{e^2\,n\,l^*}{\sqrt{m}}\cdot\frac{\sqrt{2\,m}}{h}\left(\frac{4\,\pi}{3\,n}\right)^{1/3} \sim \frac{e^2\,l^*\,n^{2/3}}{h}. \tag{10}$$

Außer den universellen Konstanten e und h kommen darin nur noch die freie Weglänge l^* und die Zahl n der freien Elektronen pro Volumeneinheit vor, durch die sich demnach die Leitfähigkeit eines Metalles nach der Formel (10) berechnen lassen soll[1].

Auf Grund der Überlegungen unter 1. müssen wir annehmen, daß l^* noch von der Temperatur abhängt, indem es mit abnehmender Temperatur zunimmt. Dies läßt nach (10) eine Zunahme von σ mit abnehmender Temperatur erwarten, was erfahrungsgemäß tatsächlich bei allen Metallen zutrifft[2]. Die genaue Durchführung der Theorie gemäß den Andeutungen unter 1. liefert auch quantitativ die richtige Abhängigkeit $\sigma\,(T)$ für nicht zu niedrige Temperaturen. Die Erscheinungen bei extrem tiefen Temperaturen, insbesondere die experimentell festgestellte „Supraleitfähigkeit" mancher Metalle[2] läßt sich derzeit durch die Theorie nicht erfassen.

Das Auftreten der JOULEschen Wärme erklärt sich nach der kinetischen Theorie auf Grund des oben besprochenen Mechanismus dadurch, daß die Leitungselektronen die zwischen je zwei Zusammenstößen im Felde aufgenommene kinetische Energie $\dfrac{m\,v^{*2}}{2}$ beim nächsten Stoß an das gestoßene Atom abgeben, so daß dieses einen entsprechenden Zuwachs an kinetischer Energie der ungeordneten Bewegung erhält. Da der Ausdruck (8) § 43, wie wir in § 43, 2. gezeigt haben, mit Hilfe des Energiesatzes aus dem OHMschen Gesetz abgeleitet werden

---

[1] Bezüglich der Übereinstimmung dieser Formel mit den experimentell gemessenen Werten der Leitfähigkeit vgl. „Exp.-Physik", § 90.

[2] Vgl. „Exp.-Physik", § 90.

kann, erübrigt sich seine Herleitung aus der kinetischen Theorie auf Grund des detaillierten Mechanismus.

3. Das Wiedemann-Franzsche Gesetz. Von der Vorstellung des Elektronengases in den Metallen hatten wir bereits in § 40, 3. zur Berechnung der spezifischen Wärmen und des Wärmeleitvermögens der Metalle Gebrauch gemacht. Für die Wärmeleitfähigkeit $\varkappa$ fanden wir dort die Formel (26). Wir bilden nun gemäß dieser Formel und der oben gefundenen Formel (10) für die elektrische Leitfähigkeit das Verhältnis $\frac{\varkappa}{\sigma}$ und finden hierfür:

$$\frac{\varkappa}{\sigma} = \frac{4\,l^*\,k^2\,n^{2/3}\,T}{h} : \frac{e^2\,l^*\,n^{2/3}}{h} = 4\left(\frac{k}{e}\right)^2 . T = 4\left(\frac{k\,N_0}{e\,N_0}\right)^2 . T = 4\left(\frac{R}{F}\right)^2 T. \qquad (11)$$

Das durch die Formel (11) ausgedrückte Gesetz heißt das „WIEDEMANN-FRANZsche Gesetz". Es sagt aus, daß das Verhältnis von Wärmeleitfähigkeit und elektrischer Leitfähigkeit für alle Metalle bei der gleichen Temperatur den gleichen Wert haben soll. Dieses Gesetz ist experimentell bei normalen Temperaturen recht gut erfüllt[1], was eine sehr wesentliche Stütze für die Richtigkeit unserer Annahme bildet, daß die Wärmeleitung und die elektrische Stromleitung der Metalle durch den gleichen Mechanismus zustande kommen.

Der Vergleich der experimentell gefundenen Werte von $\frac{\varkappa}{\sigma}$ mit dem nach der Formel (11) aus der absoluten Gaskonstante R, der FARADAYschen Konstante F der Elektrolyse (vgl. § 55, 2,) und der absoluten Temperatur T berechneten Werte ergibt allerdings, daß der letztere ungefähr um den Faktor 4/3 gegenüber dem ersteren größer ist. Schuld daran trägt die hier benutzte Vereinfachung der Theorie. Bei Verwendung der exakten Theorie kommt auch der numerische Wert in Ordnung.

4. Der Richardson-Effekt. Unter 1. stellten wir die Behauptung auf, daß infolge der Existenz der Ablösungsarbeit ε_a die Elektronen des Elektronengases das Metall nicht verlassen können. Diese Behauptung ist nicht streng richtig. Sie gilt offenbar nur für diejenigen Elektronen, deren kinetische Energie $mc^2/2$ kleiner ist als ε_a, während die Elektronen, für die $mc^2/2 > \varepsilon_a$ ist, aus dem Metall herauszutreten vermögen. Wir stellen uns die Aufgabe, die Stromdichte i_s des senkrecht aus der Oberfläche des Metalles austretenden Stromes zu berechnen, der aus diesen Elektronen besteht.

Wir legen das Koordinatensystem so, daß die x-Achse die Richtung der senkrecht nach außen weisenden Normalen auf die Metalloberfläche hat. Es werden dann alle Elektronen aus dem Metall heraustreten, für die $c_x > c_0$ ist, wobei c_0 gegeben ist durch

$$\frac{m\,c_0{}^2}{2} = \varepsilon_a. \qquad (12)$$

Für die Stromdichte i_s folgt nun nach der Definition (4)

$$i_s = \frac{e}{V} \int\limits_{c_0}^{\infty} \int\limits_{-\infty}^{+\infty} \int\limits_{-\infty}^{+\infty} c_x . n\,(c_x, c_y, c_z)\, d\,c_x\, d\,c_y\, d\,c_z), \qquad (13)$$

worin $n\,(c_x, c_y, c_z)$ die Verteilungsfunktion (1) bedeutet.

Für den Grenzfall starker Entartung, der hier vorliegt, ist nach der in § 38, 7. aufgestellten Regel ε_0 groß gegen $k\,T$; ist nun $\varepsilon_a > \varepsilon_0$, dann ist für fast alle c, für die $mc^2/2 > \varepsilon_0$ ist, die e-Potenz im Nenner von (1) groß gegen 1. Da für alle Geschwindigkeiten des Integrationsbereiches von (13) $mc^2/2 > \varepsilon_a$ ist, dürfen wir

---

[1] Vgl. „Exp.-Physik", § 90.

daher für den ganzen Integrationsbereich die Eins im Nenner von (1) gegen die e-Potenz vernachlässigen.

Durch Einsetzen von (1) in (13) ergibt sich mit dieser Vernachlässigung, da sich das dreifache Integral in ein Produkt aus drei einfachen Integralen zerlegen läßt, die man leicht auswerten kann:

$$i_s = \frac{e\,m^3}{h^3} \int\limits_{c_0}^{\infty} \int\limits_{-\infty}^{+\infty} \int\limits_{-\infty}^{+\infty} c_x \cdot e^{-\frac{m}{2\,k\,T}(c_x{}^2 + c_y{}^2 + c_z{}^2) + \frac{\varepsilon_0}{k\,T}}\, d\,c_x\, d\,c_y\, d\,c_z =$$

$$= \frac{e\,m^3}{h^3}\, e^{\frac{\varepsilon_0}{k\,T}} \int\limits_{c_0}^{\infty} c_x\, e^{-\frac{m\,c_x{}^2}{2\,k\,T}}\, d\,c_x \int\limits_{-\infty}^{+\infty} e^{-\frac{m\,c_y{}^2}{2\,k\,T}}\, d\,c_y \int\limits_{-\infty}^{+\infty} e^{-\frac{m\,c_z{}^2}{2\,k\,T}}\, d\,c_z =$$

$$= \frac{e\,m^3}{h^3}\, e^{\frac{\varepsilon_0}{k\,T}} \cdot \frac{k\,T}{m}\, e^{-\frac{m\,c_0{}^2}{2\,k\,T}} \cdot \sqrt{\frac{2\,k\,T}{m}\,\pi} \cdot \sqrt{\frac{2\,k\,T}{m}\,\pi}.$$

Setzt man hierin für c_0 aus (12) ein und schreibt zur Abkürzung

$$b = \varepsilon_a - \varepsilon_0, \tag{14}$$

so folgt schließlich für das gesuchte i_s die Formel

$$i_s = \frac{2\,\pi\,m\,e\,k^2}{h^3} \cdot T^2 \cdot e^{\frac{\varepsilon_0 - \varepsilon_a}{k\,T}} = A \cdot T^2 \cdot e^{-\frac{b}{k\,T}}, \tag{15}$$

die wir als die „RICHARDSON*sche Formel*" bezeichnen wollen (obzwar die ursprünglich von RICHARDSON aus der klassischen Statistik abgeleitete Formel etwas anders aussieht).

Die Betrachtung der Formel (15) liefert zunächst die nachträgliche Rechtfertigung für die zu ihrer Ableitung verwendete Annahme $\varepsilon_a > \varepsilon_0$ oder $b > 0$. Wäre nämlich $b < 0$, so würde i_s für $T = 0$ unbegrenzt anwachsen, es müßten also bei tiefen Temperaturen alle Elektronen das Metall verlassen, was offenbar nicht zutreffen kann.

Man sieht jedoch ferner, daß auch für $b > 0$ stets i_s von Null verschieden ist. Allerdings wird es verschwindend klein und entzieht sich daher der Beobachtung, solange T sehr klein ist, da $b/k \gg T$ ist. Erhitzt man aber das Metall soweit, daß b/k und T in die gleiche Größenordnung kommen, dann wird i_s merklich und wächst mit steigendem T außerordentlich rasch an. Das Austreten eines Elektronenstromes aus einem zum Glühen erhitzten Metall läßt sich in der Tat experimentell nachweisen und wird als „*glühelektrischer oder* RICHARDSON-*Effekt*" bezeichnet[1]. Die Formel (14) erhebt den Anspruch, die Größe dieses Effektes quantitativ richtig wiederzugeben. Inwieweit dies der Fall ist, wird weiter unten noch erörtert werden.

Die Erscheinung des Austrittes von Elektronen aus dem Elektronengas im Innern eines Metalles in den Außenraum bei genügend hoher Temperatur ist in ihrem Mechanismus durchaus vergleichbar mit dem Austritt der Moleküle aus dem Innern einer Flüssigkeit beim Erhitzen derselben, d. h. dem Verdampfen der Flüssigkeit. Dies zeigt sich auch beim Vergleich der Formel (42) § 33 für den Dampfdruck einer Flüssigkeit in Abhängigkeit von der Temperatur mit der Formel (15). Der Exponentialfunktion $e^{-\frac{r}{R\,T}}$ dort tritt hier die Exponentialfunktion $e^{-\frac{b}{k\,T}} = e^{-\frac{b\,N_0}{R\,T}}$ gegenüber; dort bedeutete r die zur Verdampfung eines

---

[1] Vgl. „Exp.-Physik", § 91.

Moles der Flüssigkeit erforderliche Energie, hier bN_0 die zur „Verdampfung eines Moles des Elektronengases“ aufzuwendende Arbeit.

5. Voltapotentiale. Sitzt an der Oberfläche des unter 4. betrachteten Metalles eine elektrische Doppelschicht, so daß dortselbst ein Potentialsprung gegenüber der Umgebung auftritt (vgl. § 42, 6.), dann muß man, wenn φ die Potentialdifferenz des inneren gegen den äußeren Teil der Doppelschicht bezeichnet, zum Hineinbringen eines Elektrons in das Metall eine Arbeit $-e\varphi$ leisten. Umgekehrt wird infolge dieses Umstandes die Arbeit ε_a zur Loslösung des Elektrons aus dem Metall um $e\varphi$ vermehrt, so daß in die RICHARDSONsche Formel (15) an Stelle von b die Größe $b + e\varphi$ einzusetzen ist.

Wir denken uns nun zwei Metalle 1 und 2 von gleicher Temperatur T mit ihren Begrenzungsflächen aneinandergesetzt. Es wird dann das Metall 1 in das Metall 2 einen Elektronenstrom von der Dichte

$$i_{s_1} = A\,T^2 \cdot e^{-\frac{b_1 + e\,\varphi_1}{k\,T}} \tag{16}$$

entsenden und ebenso das Metall 2 in das Metall 1 einen Strom von der Dichte

$$i_{s_2} = A\,T^2 \cdot e^{-\frac{b_2 + e\,\varphi_2}{k\,T}}. \tag{17}$$

Durch den so bewirkten Elektronenaustausch ändern sich die Potentiale φ_1 und φ_2 der Metalle so lange, bis sich schließlich ein stationärer Zustand einstellt, bei dem $i_{s_1} = i_{s_2}$ ist, so daß die Zahl der aus jedem der beiden Metalle pro Sekunde auswandernden Elektronen ebenso groß wird wie die Zahl der einwandernden Elektronen. Die Bedingung hierfür ist nach (16) und (17):

$$b_1 + e\varphi_1 = b_2 + e\varphi_2. \tag{18}$$

Im elektrischen Gleichgewichtszustand muß demnach zwischen zwei einander berührenden Metallen eine Kontaktpotentialdifferenz auftreten, von der bereits im § 42, 6. die Rede war und die man als „*Voltapotential*“ bezeichnet. Sie ist nach Formel (18) gleich

$$\varphi_1 - \varphi_2 = \frac{1}{e}\,(b_2 - b_1), \tag{19}$$

läßt sich also aus der Elektronenladung e und den RICHARDSON-Konstanten b der beiden Metalle berechnen.

Die Formel (19) bringt gleichzeitig das experimentell gefundene Gesetz der „*elektrischen Spannungsreihe*“ der Metalle zum Ausdruck, das aussagt, daß sich jedem Metall eine bestimmte Zahl zuordnen läßt, so daß sich die Metalle, nach der Größe dieser Zahlen geordnet, in eine Reihe bringen lassen; die Kontaktpotentiale zwischen je zwei Metallen dieser Reihe sollen sich als Differenzen der ihnen zugeordneten Zahlen ergeben.

Bildet man aus beliebig vielen Metallen 1, 2, 3, . . ., n eine Kette, so ist nach (19) das Kontaktpotential zwischen den Endgliedern dieser Kette gleich

$$\varphi_1 - \varphi_n = (\varphi_1 - \varphi_2) + (\varphi_2 - \varphi_3) + \ldots + (\varphi_{n-1} - \varphi_n) =$$
$$= \frac{1}{e}\left\{(b_2 - b_1) + (b_3 - b_2) + \ldots + (b_n - b_{n-1})\right\} = \frac{1}{e}\,(b_n - b_1), \tag{20}$$

also ebenso groß, als ob diese Endglieder direkt miteinander in Kontakt stehen würden. Für eine geschlossene Kette ist demnach die Summe aller Kontaktpotentiale, d. h. die EMK stets gleich Null, was wir aus energetischen Gründen bereits in § 43, 2. geschlossen hatten, da ja beim Zustandekommen der Voltapotentiale keine materiellen Veränderungen an den Metallen vor sich gehen[1].

---

[1] Über die Messung der Voltapotentiale und die Prüfung der oben auf theoretischem Wege entwickelten Gesetzmäßigkeiten vgl. „Exp.-Physik“, § 98.

6. Thermoströme und Thermoelemente. Nach der Formel (2) hängt ε_0 und damit nach (14) auch b von der Temperatur ab. Das bewirkt, daß nach (19) auch das Kontaktpotential an der Grenze zweier Metalle von der Temperatur der Grenzfläche abhängt. Die Kombination der drei erwähnten Formeln ergibt

$$\varphi_2 - \varphi_1 = \frac{1}{e}\left\{(\varepsilon_{a_1} - \varepsilon_{a_2}) - (\varepsilon_{0_1} - \varepsilon_{0_2})\right\} = \frac{1}{e}\left\{(\beta_1 - \beta_2) + \frac{(\pi k)^2}{12}\left(\frac{1}{\eta_1} - \frac{1}{\eta_2}\right)T^2\right\}, \quad (21)$$

worin gesetzt ist

$$\beta = \varepsilon_a - \eta = b_{T=0}. \quad (22)$$

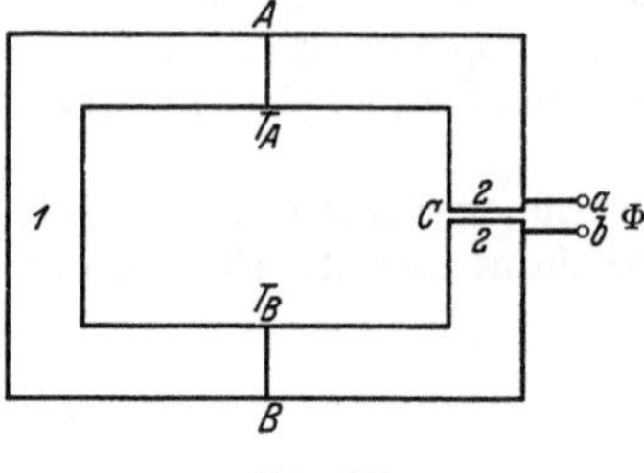

Abb. 118.

Wir bilden nun aus den zwei Metallen in der aus der Abb. 118 ersichtlichen Weise einen geschlossenen Kreis und bringen die beiden „Lötstellen" A und B auf die Temperaturen T_a und T_b. Dann ergibt die Summation der auf Grund der Formel (21) berechneten Kontaktpotentiale an den Stellen A und B für die EMK, die in dem geschlossenen Leiterkreis herrscht:

$$\Phi = (\varphi_2 - \varphi_1)_A + (\varphi_1 - \varphi_2)_B = \frac{1}{e}\left\{(\beta_1 - \beta_2) + \frac{(\pi k)^2}{12}\left(\frac{1}{\eta_1} - \frac{1}{\eta_2}\right)T_a^2\right\} +$$

$$+ \frac{1}{e}\left\{(\beta_2 - \beta_1) + \frac{(\pi k)^2}{12}\left(\frac{1}{\eta_2} - \frac{1}{\eta_1}\right)T_b^2\right\} = \frac{(\pi k)^2}{12\,e}\left(\frac{1}{\eta_1} - \frac{1}{\eta_2}\right)(T_a^2 - T_b^2). \quad (23)$$

Führt man die Temperaturdifferenz ΔT der beiden Lötstellen gemäß

$$\Delta T = T_a - T_b \quad (24)$$

ein und setzt zur Abkürzung mit Benutzung von (3)

$$a = \frac{(\pi k)^2}{6\,e\,\eta} \cdot \frac{T_a + T_b}{2} = \frac{4^{2/3}\cdot\pi^{8/3}}{3^{5/3}} \cdot \frac{m\,k^2}{e\,h^2\,n^{2/3}} \cdot \frac{T_a + T_b}{2} =$$

$$= 8{,}6 \cdot \frac{m\,k^2}{e\,h^2} \cdot \frac{1}{n^{2/3}}\frac{T_a + T_b}{2}, \quad (25)$$

so kann man (23) in die folgende Form bringen:

$$\Phi = (a_1 - a_2)\,\Delta T. \quad (26)$$

Die für das thermoelektrische Verhalten eines jeden Metalles charakteristische Größe a läßt sich auf Grund der Formel (25) aus der Zahl der in ihm enthaltenen freien Elektronen pro Volumeneinheit und der mittleren Temperatur berechnen. Ordnet man die Metalle nach der Größe der zugehörigen a, so erhält man die sogenannte *„thermoelektrische Spannungsreihe"*. Aus den a kann nun nach der Formel (26) die EMK des aus zwei Metallen gebildeten geschlossenen Stromkreises berechnet werden. Sie ist, wie man sieht, der Temperaturdifferenz der beiden Lötstellen proportional und um so größer, je weiter die betreffenden Metalle in der Spannungsreihe auseinanderliegen. Die Stärke des in dem Leiterkreis fließenden *„Thermostromes"* erhält man aus der Formel (7) § 43, wenn man in ihr für Φ den Wert (26) einsetzt.

Schneidet man den Leiterkreis an der Stelle C auf (Abb. 118), so wirkt die Vorrichtung als offene Stromquelle im Sinne von § 43, 1. und wird als *„Thermoelement"* bezeichnet. Zwischen seinen Klemmen $(a\,b)$ wirkt die Spannung $-\Phi$, die also ebenfalls ΔT proportional ist. Auf dieser Tatsache beruht die Verwendung der Thermoelemente zur Temperaturmessung[1].

---

[1] Näheres hierüber sowie über die experimentell gefundenen Gesetzmäßigkeiten der thermoelektrischen Erscheinungen und ihre Übereinstimmung mit der hier entwickelten Theorie findet man in „Exp.-Physik", § 98.

§ 55. Theorie der Elektrolyte.

1. Die Ionentheorie der Elektrolyte. Wir wenden uns in diesem Paragraphen der theoretischen Behandlung der Stromleitung in Flüssigkeiten zu, wobei wir uns auf die *„Elektrolytlösungen“*, d. h. die Lösungen von Salzen, Säuren und Basen in Flüssigkeiten, insbesondere in Wasser, beschränken wollen, da alle anderen Flüssigkeiten, auch das reine, elektrolytfreie Wasser, zu den praktisch isolierenden Substanzen gezählt werden können. Um die beim Stromdurchgang durch Elektrolyte erfolgende Elektrolyse zu deuten, nehmen wir mit FARADAY und ARRHENIUS an, daß die Elektrolyte in sehr verdünnten Lösungen in der Form von *„Ionen“*, d. h. von geladenen Atomen oder Atomgruppen gelöst sind[1].

Die positiv geladenen Ionen heißen *„Kationen“*, die negativen *„Anionen“*. Die Ladung eines z-wertigen Ions müssen wir, um den FARADAYschen Gesetzen der Elektrolyse gerecht zu werden, gleich z Elementarquanten setzen. Die Ladung eines z-wertigen Kations beträgt also $z \cdot e$ und die eines z-wertigen Anions $- z \cdot e$.

Infolge ihrer elektrischen Ladung üben die Ionen einerseits aufeinander, anderseits auf die Moleküle des Lösungsmittels Kräfte aus. Die letzteren bewirken stets eine Anziehung der Moleküle des Lösungsmittels durch die Ionen, da, wie wir in § 42, 4. gezeigt haben, ein ungeladener durch einen geladenen Körper stets angezogen wird. Jedes in einer Flüssigkeit gelöste Ion ist also von einer Hülle von Molekülen umgeben, die von ihm festgehalten wird, wodurch sein wahrer Durchmesser δ auf einen Durchmesser δ^* vergrößert wird. Die Erscheinung wird als *„Hydratation“* bezeichnet.

Die elektrischen Kräfte zwischen den einzelnen Ionen machen sich so lange nicht bemerkbar, als die Abstände zwischen ihnen genügend groß, d. h. die Lösung genügend verdünnt ist. Sie sind ferner bei genügend großer Konzentration, wie aus der Formel (29) § 42 für das COULOMBsche Gesetz hervorgeht, um so kleiner, je größer die Dielektrizitätskonstante des Lösungsmittels ist. Bei steigender Konzentration bewirken die Anziehungskräfte zwischen den entgegengesetzt geladenen Ionen zunächst eine Beeinträchtigung ihrer gegenseitigen Bewegung, schließlich sogar einen Zusammenschluß zu neutralen Molekülen, also einen Rückgang der *„Dissoziation“* des Elektrolyten, der sich in einer Verminderung der Zahl der für den Elektrizitätstransport verfügbaren elektrischen Ladungsträger äußert. Wir beschränken uns im folgenden auf die Untersuchung der Erscheinungen in sehr verdünnten Elektrolytlösungen in Wasser, so daß wir in Anbetracht der hohen Dielektrizitätskonstante des Wassers (80) die Dissoziation als vollkommen ansehen und auch die Wechselwirkung zwischen den Ionen vernachlässigen können.

2. Die Stromleitung in Elektrolyten. Wir legen der Einfachheit halber unseren folgenden Betrachtungen eine aus bloß zwei Ionensorten bestehende Elektrolytlösung zugrunde. Die Zahl der Kationen von der Wertigkeit z_k pro Volumeneinheit sei n_k, die Zahl der Anionen von der Wertigkeit z_a pro Volumeneinheit sei n_a. Da die Lösung als Ganzes neutral ist, muß zwischen diesen Größen die Beziehung

$$n_a z_a = n_k z_k = Z N_0 \tag{1}$$

gelten, worin N_0 die LOSCHMIDTsche Zahl ist.

Da n_a die Anzahl der Anionen pro Volumeneinheit ist, ist n_a/N_0 die Anzahl der Grammatome des Anions pro Volumeneinheit und $n_a/N_0 \cdot z_a$ die Anzahl der „Grammäquivalente“ des Anions pro Volumeneinheit. Sie hat nach (1) für

---

[1] Über die experimentellen Beweise für die Ionenentheorie der Elektrolyte vgl. „Exp.-Physik“, § 95.

beide Ionensorten den gleichen Wert Z, den man als die „*Normalkonzentration*"
der Lösung bezeichnet.

Für die Stromdichte $\mathfrak{i}$ gilt an Stelle der Formel (4) § 54, da hier zwei Arten
von Ladungsträgern, positive und negative, vorhanden sind, mit Benützung
von (1) die Formel

$$\mathfrak{i} = \frac{1}{\delta V} \sum_i e_i \mathfrak{v}_i = e\, z_k \frac{\sum \mathfrak{v}_{ki}}{\delta V} - e\, z_a \frac{\sum \mathfrak{v}_{ai}}{\delta V} = e\,(n_k\, z_k\, \overline{\mathfrak{v}}_k - n_a\, z_a\, \overline{\mathfrak{v}}_a) =$$

$$= e\, N_0\, Z\,(\overline{\mathfrak{v}}_k - \overline{\mathfrak{v}}_a) = F\, Z\,(\overline{\mathfrak{v}}_k - \overline{\mathfrak{v}}_a), \tag{2}$$

worin $\overline{\mathfrak{v}}_k$ und $\overline{\mathfrak{v}}_a$ die mittleren Geschwindigkeiten der beiden Ionensorten bezeichnen. Die universelle Konstante $F = e\, N_0$ ist gleich der Gesamtladung aller
Kationen bzw. aller Anionen im Grammäquivalent und führt den Namen
„Faradaysche *Konstante der Elektrolyse*". Ihr numerischer Wert beträgt
96 490 Coulomb.

Die Ionengeschwindigkeit $\mathfrak{v}$ setzt sich aus der thermischen Geschwindigkeit c und der durch die Einwirkung eines elektrischen Feldes $\mathfrak{E}$ bewirkten
zusätzlichen Geschwindigkeit $\mathfrak{v}^*$ zusammen, von denen die erste den Mittelwert Null hat. Machen wir die Annahme, daß δ^*, der „scheinbare" Ionendurchmesser, groß gegenüber der freien Weglänge der Flüssigkeitsmoleküle ist, dann
können wir für die Geschwindigkeit $\mathfrak{v}^*$ die für die Bewegung eines festen Körpers
durch eine Flüssigkeit unter der Wirkung einer konstanten Kraft und der inneren
Reibung gültige Gleichung (9) § 19 benutzen, wenn wir darin für $1/R$ gemäß
(20) § 27 die hydrodynamische Beweglichkeit B einsetzen und statt mg die auf
das Ion wirkende elektrische Kraft.

Obzwar die Ionen sicherlich nicht vollkommen kugelförmig sind, kann man
doch zu einer näherungsweisen Berechnung von B das Stokessche Gesetz
(21) § 27 benutzen, wenn man darin statt $2\,a$ den Durchmesser δ^* einsetzt.
Dies ergibt:

$$B_k = \frac{1}{3\,\pi\,\delta_k{}^*\eta}, \qquad B_a = \frac{1}{3\,\pi\,\delta_a{}^*\eta}. \tag{3}$$

Da δ^* von der Größenordnung 10^{-8} cm ist und η für Wasser $\sim 10^{-2}$, wird B von
der Größenordnung 10^9. Die Masse m der Ionen ist von der Größenordnung
10^{-24} bis 10^{-21}. $R/m = 1/B\,m$ wird daher von der Größenordnung 10^{12} bis 10^{15};
das bewirkt, daß der Exponent der e-Potenz im letzten Glied von (9) § 19 für
alle der Messung zugängliche Zeiten sehr groß ist, so daß dieses Glied gegenüber
Eins vollkommen zu vernachlässigen ist. Wir können daher setzen:

$$\mathfrak{v}_k{}^* = e z_k \cdot \mathfrak{E} \cdot B_k, \qquad \mathfrak{v}_a{}^* = - e z_a \cdot \mathfrak{E} \cdot B_a. \tag{4}$$

Der Betrag der Geschwindigkeit, die ein Ion in einem Feld von der Feldstärke
Eins annimmt, wird in der Elektrochemie gewöhnlich als seine „Beweglichkeit"
U bezeichnet. Um Verwechslungen mit der hydrodynamischen Beweglichkeit B
zu vermeiden, wollen wir sie im folgenden stets als „*elektrische Beweglichkeit*"
bezeichnen. Aus (4) ergibt sich dafür

$$U_k = e z_k B_k, \qquad U_a = e z_a B_a. \tag{5}$$

Setzt man entsprechend der oben angestellten Überlegung in die Formel (2)
statt $\overline{\mathfrak{v}}_k$ und $\overline{\mathfrak{v}}_a$ die Größen $\mathfrak{v}_k{}^*$ und $\mathfrak{v}_a{}^*$ aus (4) ein und berücksichtigt die Gleichung
(5), so erhält man

$$\mathfrak{i} = F Z\,(U_k + U_a)\,\mathfrak{E} = \sigma\,\mathfrak{E}, \tag{6}$$

worin gesetzt ist

$$\sigma = F Z\,(U_k + U_a). \tag{7}$$

Das Bestehen der Gleichung (6) lehrt, daß für Elektrolytlösungen das Ohmsche
Gesetz gilt. Die Leitfähigkeit ist gemäß (7) der Normalkonzentration proportional,

solange die Lösung so stark verdünnt ist, daß sich die Ionen nicht gegenseitig beeinflussen.

Die Größe σ/Z nennt man das „*Äquivalentleitvermögen*" Λ der Lösung. Nach (7) gilt für Λ_0, den größten Wert von Λ bei sehr kleinen Konzentrationen:

$$\Lambda_0 = F\,(U_k + U_a). \tag{8}$$

Für sehr verdünnte Lösungen ist also Λ konstant und setzt sich aus den elektrischen Beweglichkeiten der beiden Ionensorten additiv zusammen. Bei größeren Konzentrationen, wo sich gemäß den Überlegungen von 1. die Ionen in ihrer Bewegung gegenseitig beeinflussen und zum Teil zu neutralen Molekülen zusammentreten, wird $\Lambda < \Lambda_0$ und nimmt mit wachsender Konzentration stetig ab, im Einklang mit der Erfahrung[1].

3. Die Elektrolyse. Die als „*Elektrolyse*" bekannte Erscheinung beim Stromdurchgang durch Elektrolyte kommt dadurch zustande, daß die an die Elektroden gelangenden Ionen dortselbst ihre Ladung abgeben und sich daher in atomarer Form an den Elektroden abscheiden. (Auf die durch die Anwesenheit mehrerer Sorten von Kationen und Anionen, sowie durch die Tatsache bewirkte Komplikation, daß die Entladung der Ionen erst bei einer gewissen Mindestspannung zwischen den Elektroden erfolgt, soll hier nicht weiter eingegangen werden.)

Im stationären Zustande muß, wie wir in § 43, 1. gezeigt haben, die Stromstärke längs der ganzen Leiterbahn, also auch an den beiden Elektroden gleich groß sein. Durch einen Strom von der Stärke J wird also in der Zeit t an jeder der beiden Elektroden durch die sich dort entladenden Ionen eine Elektrizitätsmenge Jt abgegeben. Da jedes Kation die Ladung ez_k abgegeben hat, ist die Gesamtzahl der abgeschiedenen Kationen an der Kathode gleich Jt/ez_k und die Anzahl S der Grammäquivalente abgeschiedener Substanz daher gleich

$$S = \frac{Jt}{ez_k} \cdot \frac{z_k}{N_0} = \frac{Jt}{F}. \tag{9}$$

Ebenso groß ist auch die Anzahl der an der Anode abgeschiedenen Grammäquivalente des Anions. Die Gleichung (9) stellt die Zusammenfassung der „FARADAY*schen Gesetze der Elektrolyse*" dar; auf der Grundlage dieser experimentell festgestellten Gesetze[2] wurde von FARADAY die Ionentheorie der Elektrolyte aufgestellt.

Da nach (13) § 43 in jedem Volumenelement im Innern des Elektrolyten bei stationärem Stromverlauf $\mathrm{div}\,\mathfrak{i} = 0$ gilt, werden auch in jedes solche Volumenelement von jeder Ionensorte nach (2) in der Zeit dt gleichviele Ionen eintreten, als aus ihm austreten, so daß sich die Konzentration in ihm nicht verändert. Anderseits wird aber infolge der elektrolytischen Abscheidung an den Elektroden (von denen wir annehmen wollen, daß sie selbst keine Ionen abgeben) eine beständige Konzentrationsverminderung eintreten. Durch Diffusion wird dann diese Konzentrationsverminderung allmählich ins Innere des Elektrolyten vordringen, so daß im Verlaufe der Elektrolyse auch im Innern des Elektrolyten die Konzentration dauernd abnimmt.

Zur Berechnung der Konzentrationsänderungen betrachten wir den einfachsten Fall, wo die Elektroden aus zwei in kleinem Abstande befindlichen Platten vom Flächeninhalte f bestehen. Die Stromlinien sind dann aus Symmetriegründen parallele, zu den Elektroden senkrechte Gerade, und wegen der Stationarität ist $\mathfrak{i}$ zwischen den Elektroden überall gleich groß. Wir denken uns nun durch zwei zu den Elektrodenflächen benachbarte Flächen im Innern des Elektrolyten

---

[1] Bezüglich der experimentellen Prüfung der Giltigkeit des OHMschen Gesetzes für Elektrolyte und die Messung der Leitfähigkeit vgl. „Exp.-Physik", § 94.

[2] Vgl. „Exp.-Physik", § 93.

zwei Gebiete, den „Kathodenraum" und den „Anodenraum" herausgeschnitten, derart, daß im betrachteten Zeitpunkt im übrigen Elektrolyten noch keine merkliche Konzentrationsänderung eingetreten sein soll. Es hat dann dortselbst σ überall den gleichen Wert und daher ist auch $|\mathfrak{E}|$ nach (6) überall gleich groß.

Die an der Grenze des Kathodenraumes befindlichen Kationen haben eine Geschwindigkeit $\mathfrak{v}_k{}^*$, es treten daher gemäß der in der kinetischen Gastheorie wiederholt angestellten Überlegung durch die Flächeneinheit der Grenzfläche in den Kathodenraum pro Zeiteinheit $n_k|\mathfrak{v}_k{}^*|$ Kationen ein, was nach (1), (4), (5) und (6) eine in Grammäquivalenten gemessene Materiestromdichte

$$\mathfrak{Q}_k = n_k \mathfrak{v}_k{}^* \cdot \frac{z_k}{N_0} = Z \mathfrak{v}_k{}^* = Z U_k \cdot \mathfrak{E} = \frac{i}{F} - Z U_a \cdot \mathfrak{E} \tag{10}$$

zur Folge hat. Für die Gesamtzahl der durch die Grenzfläche in der Zeit t eintretenden Grammäquivalente gilt daher

$$S_k = \frac{J t}{F} - f t \cdot Z U_a |\mathfrak{E}|. \tag{11}$$

An der Kathode scheidet sich in der gleichen Zeit die Zahl S von Grammäquivalenten des Kations ab, so daß der Gesamtverlust $\varDelta S_k$ von Kationenäquivalenten im Kathodenraum in der Zeit t nach (9) und (11) beträgt

$$\varDelta S_k = S - S_k = f t \cdot Z U_a |\mathfrak{E}|. \tag{12}$$

Ebenso groß muß aber auch der Verlust an Anionenäquivalenten im Kathodenraum sein, da sonst ein Überschuß der einen über die andere Ionensorte im Kathodenraum eintreten müßte und die Gleichung (1) nicht befriedigt sein könnte. $\varDelta S_k$ ist also gleichzeitig der Verlust an Grammäquivalenten des Elektrolyten im Kathodenraum.

Die gleiche Überlegung gilt offenbar für den Äquivalentverlust $\varDelta S_a$ im Anodenraum:
$$\varDelta S_a = f t \cdot Z U_k |\mathfrak{E}|. \tag{13}$$

Aus (12) und (13) folgt
$$\frac{\varDelta S_k}{\varDelta S_a} = \frac{U_a}{U_k}. \tag{14}$$

Da sich die Größen $\varDelta S_k$ und $\varDelta S_a$ durch geeignete Versuche messen lassen[1], ergibt sich aus (14) das Verhältnis U_a/U_k der elektrischen Ionenbeweglichkeiten. Anderseits folgt aus der Messung des Äquivalentleitvermögens $\varLambda_0$ für sehr große Verdünnungen nach (8) die Summe $U_a + U_k$, so daß die Größen U_a und U_k einzeln bestimmt werden können. Hieraus ergeben sich dann nach (5) die hydrodynamischen Beweglichkeiten B_a und B_k und schließlich aus (3) die Ionendurchmesser $\delta_k{}^*$ und $\delta_a{}^*$. Man erhält so wirklich Zahlen von der Größenordnung 10^{-8} cm, d. h. von der Größenordnung der atomaren Dimensionen. Man kann ferner aus den so bestimmten „scheinbaren" Ionenradien in Kombination mit den gastheoretisch ermittelten „wahren" Ionenradien (vgl. § 39) auch die Größe der Hydratationshülle der Atome berechnen.

4. Diffusion von Elektrolyten. Herrschen in einer Elektrolytlösung räumliche Konzentrationsunterschiede, dann tritt eine Diffusion der Ionen ein. Haben nun Anion und Kation nicht die gleiche Beweglichkeit, so diffundieren sie verschieden schnell und bewirken daher infolge der durch sie transportierten elektrischen Ladung das Auftreten von räumlichen elektrischen Ladungsdichten und daher von elektrischen Feldern, bzw. Potentialunterschieden im Elektrolyten. Zur Berechnung der entstehenden Potentialverteilung stellen wir die folgende Überlegung an:

---

[1] Über die Ausführung dieser sogenannten „Überführungsversuche" und ihre Ergebnisse vgl. „Exp.-Physik", § 94.

Der infolge des Bestehens der räumlichen Konzentrationsunterschiede auftretende „Diffusionsstrom" der Kationen hat nach (13) § 34 in Grammäquivalenten gemessen die Dichte

$$\mathfrak{Q}_k{}' = - D_k \operatorname{grad} Z, \tag{15}$$

worin für D_k nach (12) § 34 und Formel (5)

$$D_k = \frac{R}{N_0}\, T \cdot B_k = \frac{R}{N_0}\, T \cdot \frac{U_k}{e\, z_k} = \frac{R}{F}\, T \cdot \frac{U_k}{z_k} \tag{16}$$

einzusetzen ist.

Infolge der entstandenen Potentialunterschiede überlagert sich hierüber ein weiterer Materiestrom $\mathfrak{Q}_k{}''$, der nach Formel (10) und (8) § 42 beträgt:

$$\mathfrak{Q}_k{}'' = U_k\, Z\, \mathfrak{E} = - U_k\, Z \operatorname{grad} \varphi. \tag{17}$$

Der gesamte Materiestrom der Kationen beträgt daher nach (15), (16) und (17)

$$\mathfrak{Q}_k = \mathfrak{Q}_k{}' + \mathfrak{Q}_k{}'' = - U_k \left(\frac{RT}{F\, z_k} \operatorname{grad} Z + Z \operatorname{grad} \varphi \right). \tag{18}$$

Die gleiche Überlegung liefert für den Materiestrom $\mathfrak{Q}_a$ der Anionen unter Berücksichtigung des Umstandes, daß ihre Ladung negativ ist:

$$\mathfrak{Q}_a = - U_a \left(\frac{RT}{F\, z_a} \operatorname{grad} Z - Z \operatorname{grad} \varphi \right). \tag{19}$$

Hierbei haben wir mit PLANCK stillschweigend angenommen, daß die Gleichung (1) dauernd erfüllt ist, so daß die Normalkonzentration für beide Ionensorten stets den gleichen Wert Z hat. Wäre dies streng richtig, dann wäre natürlich auch die Raumladungsdichte innerhalb des Elektrolyten überall gleich Null und es könnten keine Potentialunterschiede auftreten. Wegen des sehr großen Wertes von F kann aber bereits ein experimentell gar nicht mehr nachweisbarer prozentischer Konzentrationsunterschied der beiden Ionensorten sehr beträchtliche Raumladungen hervorrufen, so daß man ohne merklichen Fehler auch hier die Gültigkeit der Gleichung (1) zugrunde legen kann. Dies bedeutet weiter, daß auch $\mathfrak{Q}_a$ und $\mathfrak{Q}_k$ gleich groß angenommen werden müssen, da ja jedes Grammäquivalent die gleiche Ladung transportiert und bei Ungleichheit von $\mathfrak{Q}_a$ und $\mathfrak{Q}_k$ Ladungsänderungen auftreten müßten, die der Gleichung (1) widersprechen würden. Dies ergibt nach (18) und (19) das Bestehen der Gleichung

$$U_k \left(\frac{RT}{F\, z_k} \operatorname{grad} Z + Z \operatorname{grad} \varphi \right) = U_a \left(\frac{RT}{F\, z_a} \operatorname{grad} Z - Z \operatorname{grad} \varphi \right)$$

oder

$$\operatorname{grad} \varphi = \frac{RT}{F} \frac{U_a/z_a - U_k/z_k}{U_a + U_k} \cdot \frac{1}{Z} \operatorname{grad} Z. \tag{20}$$

Setzt man zur Abkürzung

$$C = \frac{RT}{F} \frac{U_a/z_a - U_k/z_k}{U_a + U_k}, \tag{21}$$

dann kann man statt (20) schreiben

$$\operatorname{grad} \varphi = C \operatorname{grad} Z \cdot \frac{1}{Z} = C \operatorname{grad} (\log Z); \tag{22}$$

durch Integration dieser Gleichung erhält man schließlich für die Potentialdifferenz zwischen zwei Punkten des Elektrolyten mit den Normalkonzentrationen Z_1 und Z_2 die Beziehung

$$\varphi_1 - \varphi_2 = C \cdot \log \frac{Z_1}{Z_2}, \tag{23}$$

die als die „NERNSTsche Formel" bezeichnet wird.

Für den Materiestrom $\mathfrak{Q} = \mathfrak{Q}_k = \mathfrak{Q}_a$ der Diffusion des Elektrolyten ergibt sich, wieder in Grammäquivalenten gemessen, durch Einsetzen von (20) in (18) oder (19)

$$\mathfrak{Q} = -\frac{RT}{F}\operatorname{grad} Z\left(\frac{U_a}{z_a} - U_a\frac{U_a/z_a - U_k/z_k}{U_a + U_k}\right)$$
$$= -\frac{RT}{F}\frac{U_a U_k}{U_a + U_k}\left(\frac{1}{z_a} + \frac{1}{z_k}\right)\cdot\operatorname{grad} Z. \qquad (24)$$

Die Diffusion gehorcht also, wie man sieht, auch in Elektrolytlösungen der Diffusionsgleichung (13) § 34 mit dem Diffusionskoeffizienten

$$D = \frac{RT}{F}\frac{U_a U_k}{U_a + U_k}\left(\frac{1}{z_a} + \frac{1}{z_k}\right), \qquad (25)$$

der sich aus den Beweglichkeiten und den Wertigkeiten der Ionen berechnen läßt. Auch die Formel (25) ist von NERNST angegeben worden[1].

5. Galvanische Elemente. Die Formel (23) kann unmittelbar dazu benutzt werden, um die Kontaktpotentiale zwischen zwei einander berührenden Lösungen des gleichen Elektrolyten in verschiedenen Konzentrationen Z_1 und Z_2 zu bestimmen. Die Konstante C bestimmt sich darin gemäß der Formel (21) aus den Beweglichkeiten und den Wertigkeiten der beiden Ionensorten. Ist $\dfrac{U_a}{z_a} = \dfrac{U_k}{z_k}$, dann ist $C = 0$, es kommt also kein Kontaktpotential zustande. Ist die Beweglichkeit des Kations sehr viel größer als die des Anions (wie z. B. in einer Säure, wo das Kation das sehr leicht bewegliche H-Ion ist), dann ist U_k sehr viel größer als U_a und aus (21) und (23) wird

$$\varphi_1 - \varphi_2 = \frac{RT}{F z_k}\log\frac{Z_2}{Z_1}, \qquad (26)$$

worin für Wasserstoff $z_k = 1$ zu setzen ist. Ist umgekehrt das Anion viel leichter beweglich als das Kation (z. B. in einer Base, wo das Anion das leicht bewegliche OH-Ion ist), dann gilt statt (26)

$$\varphi_1 - \varphi_2 = \frac{RT}{F z_a}\log\frac{Z_1}{Z_2}, \qquad (27)$$

wo für OH wieder $z_a = 1$ zu setzen ist.

Die Formel (26) kann auch zur Berechnung des Kontaktpotentials zwischen einem festen Metall und der Lösung eines Salzes des betreffenden Metalles benutzt werden. Durch die Berührung mit der Flüssigkeit löst sich nämlich das Metall in ihr auf, indem es dauernd einen Strom positiver Metallionen in sie hineinschickt, ähnlich wie aus der Oberfläche einer verdampfenden Flüssigkeit dauernd Flüssigkeitsmoleküle austreten. Hierdurch bedeckt sich die Metalloberfläche mit einer Schicht, in der die Konzentration der Metallionen gleich Z_1 sein möge. Diese steht mit der umgebenden Lösung von der Konzentration Z_2 in Berührung, und es entsteht daher zwischen Metall und Lösung eine Potentialdifferenz, die der Formel (26) gehorcht (da ja die Anionen in das Metall nicht eindringen können und daher ebensowenig wirken, als ob sie unbeweglich wären).

Durch Anwendung des VAN T'HOFFSCHEN Gesetzes (43) § 33, wonach der osmotische Druck p_2 der Lösung der Konzentration Z_2 proportional ist, können wir die Gleichung (26) in der Form

$$\varphi_1 - \varphi_2 = \frac{RT}{F z_k}\log\frac{p_2}{p_1} \qquad (28)$$

schreiben, worin p_1 den osmotischen Druck der Grenzschicht an der Oberfläche des Metalles bedeutet. In Analogie zum „Dampfdruck" einer Flüssigkeit im

---

[1] Bezüglich ihrer experimentellen Bestätigung vgl. „Exp.-Physik", § 52.

thermischen Gleichgewichtszustand mit ihrem gesättigten Dampf bezeichnet man nach NERNST den Druck p_1 als den „*Lösungsdruck*" oder die „*Lösungstension*" des betreffenden Metalles. Er muß jedenfalls mit der Ablösungsarbeit der Metallionen aus dem Kristallgitter des Metalles in Zusammenhang stehen. Mit der expliziten Ermittelung dieser Beziehung wollen wir uns hier nicht weiter befassen.

Nach der Größe des Lösungsdruckes lassen sich die Metalle in eine Reihe, die sogenannte „*elektrochemische Spannungsreihe*" ordnen. An der Spitze dieser Reihe stehen die Metalle mit den größten Lösungsdrucken, die also am leichtesten an ihre Umgebung Ionen abgeben und daher am ehesten chemische Verbindungen eingehen, die sogenannten „unedlen" Metalle; am Ende der Spannungsreihe stehen die Metalle mit dem kleinsten Lösungsdruck, die „edlen" Metalle, die nur sehr geringe chemische Affinität besitzen.

Ist der Lösungsdruck p_1 größer als der osmotische Druck der Lösung, dann ist nach (28) das Potential φ_1 des Metalles kleiner als das der Lösung: das Metall lädt sich negativ gegen die Flüssigkeit (Beispiel: Zn gegen $ZnSO_4$). Ist hingegen p_1 kleiner als p_2, dann ist φ_1 größer als φ_2, das Metall lädt sich positiv gegen die Flüssigkeit (Beispiel: Cu gegen $CuSO_4$). Die edlen Metalle laden sich also positiv, die unedlen Metalle negativ gegen Lösungen ihrer Salze.

Um die elektromotorische Kraft eines „*galvanischen Elementes*" zu finden, muß man gemäß den abgeleiteten Formeln die Potentialdifferenz zwischen den Elektroden und den Flüssigkeiten, in die sie eintauchen, ferner die Potentialdifferenzen zwischen den verschiedenen einander berührenden Flüssigkeiten im Innern des Elementes berechnen und sie alle addieren[1].

§ 56. Die Stromleitung im Vakuum und in Gasen.

1. Elektronenleitung im Vakuum; der Sättigungsstrom. Stehen einander im leeren Raum zwei Elektroden gegenüber, zwischen denen eine bestimmte Spannung V herrscht, dann kann zwischen ihnen ein Strom nur dann fließen, wenn aus einer der Elektroden (oder aus beiden) durch irgendeinen Vorgang Elektrizitätsträger ausgelöst werden, die dann durch das Feld zwischen den Elektroden erfaßt und zur Gegenelektrode geführt werden und so zwischen den Elektroden elektrische Ladung transportieren. Der wichtigste Fall ist der, in dem die Elektrizitätsträger negative Elektronen sind, die natürlich nur an der negativen Elektrode, der Kathode ausgelöst werden können. Dies kann z. B. durch Erhitzen der Kathode erfolgen, was, wie in § 54, 4. gezeigt wurde, zu einer Emission von Elektronen aus dem Kathodenmaterial Anlaß gibt; man nennt daher eine solche Kathode eine „*Glühkathode*". Ein anderes Verfahren beruht darauf, daß man die Kathode mit Licht von genügend kleiner Wellenlänge bestrahlt. Hierdurch wird (vgl. § 61, 1.) bestimmten Elektronen, die sich in der Nähe der Metalloberfläche befinden, eine Energie erteilt, die größer ist als die Ablösungsarbeit ε_a, so daß sie aus dem Metall austreten können, ein Vorgang, der als „*lichtelektrischer Effekt*" oder „*Photoeffekt*" bezeichnet wird[2].

Verändert man bei konstant gehaltener Glühtemperatur in einer Glühkathodenröhre oder bei konstant gehaltener Bestrahlung der Kathode in einer Photozelle die Spannung V zwischen Kathode und Anode, so verändert sich J nach einer bestimmten Funktion $J = f(V)$, deren graphische Darstellung als die „*Kennlinie*" oder „*Charakteristik*" der Röhre bezeichnet wird. Würde für den

---

[1] Bezüglich der Anwendung dieser Vorschrift auf besondere galvanische Elemente ist auf „Exp.-Physik", § 29 und die Lehrbücher der physikalischen Chemie zu verweisen.

[2] Vgl. „Exp.-Physik", § 91.

Stromverlauf das OHMsche Gesetz gelten, dann müßte die Kennlinie eine Gerade durch den Koordinatenursprung sein. In Wirklichkeit beobachtet man jedoch einen anderen Verlauf, der für eine Glühkathodenröhre bei verschiedenen Glühtemperaturen durch die Kurvenschar der Abb. 119 dargestellt wird[1]. Die Größe

$$S = \frac{dJ}{dV} = f(V) \tag{1}$$

wird gewöhnlich als die „*Steilheit*" der Kennlinie bezeichnet.

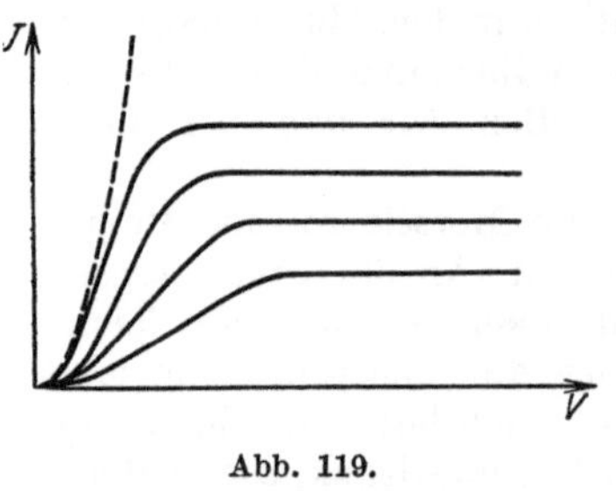

Abb. 119.

Man sieht, daß mit steigender Spannung die Stromstärke zunächst langsam, dann schneller und dann wieder langsamer wächst und sich schließlich einem konstanten Wert J_s nähert, den wir den „*Sättigungsstrom*" nennen; er kann mit Erhöhung der Spannung nicht weiter vergrößert werden. Der Wert von J_s hängt selbst noch von der Temperatur T der Glühkathode ab, und zwar nimmt er mit ihr sehr rasch zu.

Ähnlich liegen die Verhältnisse bei einer lichtelektrischen Zelle. Auch hier beobachtet man das Auftreten eines bestimmten Stromes, der der Intensität des auf die Kathode auftreffenden Lichtes proportional ist.

Das Auftreten der Sättigungsstromstärke in einer Glühkathodenröhre erklärt sich in einfacher Weise dadurch, daß aus der Oberfläche der Kathode bei einer bestimmten Temperatur T pro Zeiteinheit eine ganz bestimmte Anzahl von Elektronen austritt, die unabhängig von der Spannung V ist. Die Stromdichte i_s des Sättigungsstromes ist demnach durch die Formel (15) § 54 gegeben, aus der J_s durch Multiplikation mit der Fläche F der Kathode hervorgeht. Dies ergibt nach Einsetzen der numerischen Werte der universellen Konstanten:

$$J_s = F . A . T^2 . e^{-\frac{b}{kT}} = F . T^2 . e^{-\frac{b}{kT}} . 60{,}2 \ \text{Amp.} \tag{2}$$

Man sieht, daß J_s in der Tat mit T sehr rasch zunimmt und bei gegebenem T um so größer ist, je größer F und je kleiner b ist, d. h. je kleiner die Ablösungsarbeit ε_a der Elektronen aus dem Kathodenmaterial ist[2].

2. Die Raumladungserscheinungen. Daß sich die Sättigungsstromstärke erst von einer gewissen Mindestspannung an einstellt, rührt davon her, daß die aus der Kathode austretenden Elektronen infolge ihrer elektrischen Ladung in der Nähe der Kathodenoberfläche eine negative räumliche Ladungsdichte hervorrufen. Diese erzeugt ein elektrisches Feld, das die aus der Kathode austretenden Elektronen gegen die Kathode zurücktreibt, so daß sich eine „Elektronenwolke" um sie ansammelt. Durch eine genügend starke Spannung zwischen Kathode und Anode wird die Elektronenwolke von der Kathode weggezogen, so daß die Wirkung der Raumladung beseitigt wird und der Sättigungsstrom fließen kann. Bei kleinerer Spannung jedoch muß sie sich in einer Verkleinerung des Stromes bemerkbar machen.

Für genügend kleine Spannungen, wo die Raumladungswolke noch vollkommen ausgebildet ist, kann man erwarten, den Zusammenhang zwischen J und V, d. h. den Anfangsteil der Kennlinie der Abb. 119 unter der Annahme ableiten zu können, daß die Elektronen in der unmittelbaren Nähe der Kathodenoberfläche die mittlere Geschwindigkeit Null haben.

---

[1] Über die experimentelle Ermittlung der Kennlinien vgl. „Exp.-Physik", § 101.

[2] Bezüglich der Bedeutung dieser Tatsache für den praktischen Bau von Glühkathodenröhren und die Übereinstimmung zwischen der Formel (2) und den Versuchen vgl. „Exp.-Physik", § 103.

Wir legen unserer Betrachtung die für die Praxis wichtigste zylindrische Anordnung der Elektroden zugrunde. Die Kathode liege als sehr dünner, gerader Draht vom Radius R_k in der Achse des Anodenzylinders vom Radius R_a. Seine Länge L sei groß gegenüber R_a. Die Kathode sei geerdet, habe also das Potential $\varphi = 0$, die Anode das Potential V.

Das Potential φ muß im Entladungsraum der POISSONschen Gleichung (30) § 42 mit $\varepsilon = 1$

$$\Delta \varphi = - 4\pi\varrho \tag{3}$$

genügen, worin die räumliche Ladungsdichte ϱ nach (4) § 52, da alle Ladungsträger negative Elektronen sind, gleich ist

$$\varrho = - n e. \tag{4}$$

Für die Stromdichte im Entladungsraum gilt nach (12) § 52 und (4)

$$\mathfrak{i} = - n e \overline{\mathfrak{v}} = \varrho \overline{\mathfrak{v}}. \tag{5}$$

Da wir angenommen haben, daß die Elektronen die Kathode mit der mittleren Geschwindigkeit Null verlassen und da ferner Zusammenstöße zwischen den Elektronen im Entladungsraum wegen der sehr geringen Dichte des Elektronengases dortselbst und des kleinen Elektronenradius praktisch nicht vorkommen, ist $\overline{\mathfrak{v}}$ mit der Geschwindigkeit v^* identisch, die die Elektronen durch ihre Beschleunigung im elektrischen Felde erhalten haben. Nach dem Energiesatz ist die so gewonnene kinetische Energie eines Elektrons gleich der Abnahme seiner potentiellen Energie im Felde, also nach (12) § 42 in einem Punkte mit dem Potential φ gleich

$$\frac{m\, v^{*2}}{2} = e\, \varphi. \tag{6}$$

Wegen der durch die Elektrodenanordnung bewirkten Zylindersymmetrie des Feldes verlaufen die Stromlinien überall radial zum Anodenzylinder. Es muß ferner wegen der Stationarität des Stromverlaufes durch jede zum Anodenzylinder koaxiale Zylinderfläche der gleiche Strom hindurchfließen, d. h. es muß in einem Punkte mit dem Abstande r von der Achse nach (5) und (6) gelten

$$J = 2\,\pi\,r\,L\,|\mathfrak{i}| = - 2\,\pi\,L\,\varrho\,v^*\,r = - 2^{3/2}\,\pi\,L\,\sqrt{\frac{e}{m}}\,\varrho\,r\cdot\sqrt{\varphi}, \tag{7}$$

worin das negative Vorzeichen deshalb auftritt, weil J in der üblichen Weise für die Stromrichtung von der Anode zur Kathode positiv gezählt ist, während v^* die entgegengesetzte Richtung hat.

Berücksichtigt man, daß $\Delta \varphi$ wegen der angenommenen Zylindersymmetrie die Gestalt (27) § 6 hat und eliminiert ϱ aus den Gleichungen (3) und (7), so erhält man für $\varphi\,(r)$ die Differentialgleichung

$$\frac{d^2 \varphi}{d\,r^2} + \frac{1}{r}\,\frac{d\,\varphi}{d\,r} = \sqrt{\frac{2\,m}{e}}\cdot\frac{J}{L}\cdot\frac{1}{r\,\sqrt{\varphi}}. \tag{8}$$

Diese Gleichung ist nun zu lösen unter den Randbedingungen:

$$\varphi = 0 \quad \text{für} \quad r = R_k \quad \text{und} \quad \varphi = V \quad \text{für} \quad r = R_a. \tag{9}$$

Wir versuchen, die Lösung zu gewinnen, indem wir φ als Potenzfunktion von r in der Form

$$\varphi = C\,r^\nu \tag{10}$$

mit zunächst unbestimmtem C und ν ansetzen. Die Einführung dieses Ansatzes in (8) ergibt die Gleichung:

$$C\,\nu^2\,r^{\nu - 2} = \sqrt{\frac{2\,m}{e}}\cdot\frac{J}{L}\cdot\frac{1}{\sqrt{C}}\,r^{-\frac{\nu}{2} - 1}.$$

Diese Gleichung ist identisch befriedigt, wenn auf jeder Seite die Koeffizienten und Exponenten der Potenzen von r einander gleich sind, wenn also gilt:

$$v = 2/3, \qquad C = \left(\frac{9}{2} \sqrt{\frac{m}{2\,e}} \cdot \frac{J}{L} \right)^{2/3}. \tag{11}$$

Die Lösung (10) befriedigt offensichtlich die erste der Randbedingungen (9) nicht, da der Wert $\varphi = 0$ für $r = R_k$ und nicht für $r = 0$ gelten soll. Ist jedoch, wie wir angenommen haben, der Glühdraht sehr dünn, dann ist der hierdurch begangene Fehler vernachlässigbar klein. Um die zweite Randbedingung zu erfüllen, muß gelten

$$V = C \cdot R_a{}^v;$$

durch Einsetzen der Werte der Konstanten aus (11) folgt hieraus die Beziehung

$$V = \left(\frac{9}{2} \sqrt{\frac{m}{2\,e}} \cdot \frac{J}{L}\, R_a \right)^{2/3},$$

die nach J aufgelöst nach Einsetzung der Zahlenwerte für die universellen Konstanten die Gleichung

$$J\,(\text{Amp.}) = \frac{2}{9} \sqrt{\frac{2\,e}{m}} \cdot \frac{L}{R_a} \cdot V^{3/2} = 1{,}46 \cdot 10^{-5}\, \frac{L}{R_a}\, V^{3/2}\ (\text{Volt}) \tag{12}$$

für die Kennlinie ergibt, die wir als die „LANGMUIRsche *Formel*" bezeichnen.

Gemäß dieser Formel soll im Anfangsteil der Kennlinie, unabhängig von der Kathodentemperatur, die Stromstärke der 3/2-ten Potenz der Spannung proportional sein. Daß diese Gesetzmäßigkeit gut erfüllt ist, zeigt die Abb. 119, in der die der Gleichung (12) entsprechende Kurve eingezeichnet ist. Man sieht ferner, daß nach (12) und (1) die Steilheit S der Kennlinie direkt proportional der Länge und verkehrt proportional dem Radius des Anodenzylinders ist; auch diese Gesetzmäßigkeit wird durch das Experiment bestätigt[1].

Läßt man die oben gemachte Annahme, daß die Elektronen die Raumladungswolke mit der mittleren Geschwindigkeit Null verlassen, fallen und rechnet mit der wirklichen Geschwindigkeitsverteilung in der Raumladungswolke, dann läßt sich der Verlauf der Kennlinie in ihrem mittleren Teil zwischen dem LANGMUIR-Gebiet und dem Sättigungsgebiet ebenfalls theoretisch behandeln, doch soll dies hier nicht weiter verfolgt werden.

3. Steuerelektroden. Als „*Mehrelektrodenröhren*" bezeichnet man Entladungsröhren, die außer der Kathode und der Anode noch eine oder mehrere andere Elektroden enthalten, die gewöhnlich die Form von Netzen oder Gittern haben, die sich zwischen der Kathode und der Anode befinden. Wir besprechen hier nur kurz den Fall der „*Dreielektrodenröhre*", die zwischen Kathode und Anode eine mittlere Elektrode enthält, die wir kurz als das „*Gitter*" der Röhre bezeichnen.

Legen wir zwischen Kathode und Anode eine bestimmte Spannung V_a, die „*Anodenspannung*", und zwischen Kathode und Gitter eine Spannung V_g, die „*Gitterspannung*", dann fällt ein Teil der von der Kathode ausgehenden Elektronen auf das Gitter und ruft einen „*Gitterstrom*" J_g hervor; ein anderer Teil fällt auf die Anode und bewirkt den „*Anodenstrom*" J_a. Der Gesamtstrom J ist die Summe aus J_g und J_a. Das Verhalten der Dreielektrodenröhre wird durch die Funktionen $J_a\,(V_g)$ und $J_g\,(V_g)$ bei verschiedenen Werten von V_a wiedergegeben, deren graphische Darstellungen wir als „*Anodenkennlinie*" bzw. als „*Gitterkennlinie*" bezeichnen werden.

Ist V_g negativ, dann können keine Elektronen auf das Gitter gelangen, da sie von ihm abgestoßen werden, und es ist daher $J_g = 0$ und $J = J_a$. In diesem Falle dient also die Gitterelektrode nur zur „Steuerung" des Anodenstromes,

---

[1] Vgl. „Exp.-Physik", § 103.

dessen Energie aus der „Anodenbatterie" stammt, welche die Anodenspannung V_a liefert. Sie nimmt aber selbst keinen Strom auf und verbraucht daher auch keine Stromenergie. Man bezeichnet eine solche Elektrode als „*Steuerelektrode*". Um die Gestalt der Anodenkennlinie in diesem Falle abzuleiten, stellen wir die folgende Überlegung an:

Nach Formel (7) nimmt, da J konstant ist, die Raumladungsdichte ϱ im Entladungsraum mit $r \cdot \sqrt{\varphi}$, daher nach (10) und (11) mit $r^{4/3}$ umgekehrt proportional ab. Befinden sich also Gitter und Anode in nicht zu großer Nähe der Kathode, dann kann man in dem von ihnen begrenzten Raum ϱ überall als verschwindend klein annehmen und daher die Potentialverteilung dort mit den Hilfsmitteln der Potentialtheorie aus der LAPLACEschen Gleichung $\Delta\varphi = 0$ berechnen.

Denken wir uns zwischen Kathode und Gitter, diesem unmittelbar benachbart, eine Fläche gelegt, dann herrscht auf ihr im Mittel eine Potentialdifferenz V_{st} gegen die Kathode, die sich als Überlagerung des Feldes zwischen Kathode und Gitter und des Feldes zwischen Kathode und Anode berechnen läßt. Der von dem ersteren herrührende Beitrag zu V_{st} ist wegen der Linearität der LAPLACEschen Gleichung dem Gitterpotential V_g proportional und der von dem letzteren herrührende Beitrag dem Anodenpotential V_a. Das gesamte V_{st}, die „*Steuerspannung*", hat daher die Gestalt

$$V_{st} = V_g + D \cdot V_a; \tag{13}$$

die Konstante D, die von den geometrischen Dimensionen der Röhre und der Elektroden sowie von der Maschenweite des Gitters abhängt, wird nach BARKHAUSEN als der „*Durchgriff*" der Röhre bezeichnet, da das zweite Glied in (13) davon herrührt, daß das von V_a erzeugte Feld durch die Maschen des Gitters auf die Steuerfläche „hindurchgreift".

Die Abhängigkeit $J_a(V_{st})$ muß nun offenbar die gleiche sein, als ob an der Stelle der Steuerfläche die Anode mit der Anodenspannung V_{st} angebracht wäre. Sie kann also nach den unter 1. und 2. wiedergegebenen Prinzipien gewonnen werden. Wir schreiben demnach mit Benutzung von (13) die Gleichung der Anodenkennlinie in der Form

$$J_a = f(V_{st}) = f(V_g + D \cdot V_a), \tag{14}$$

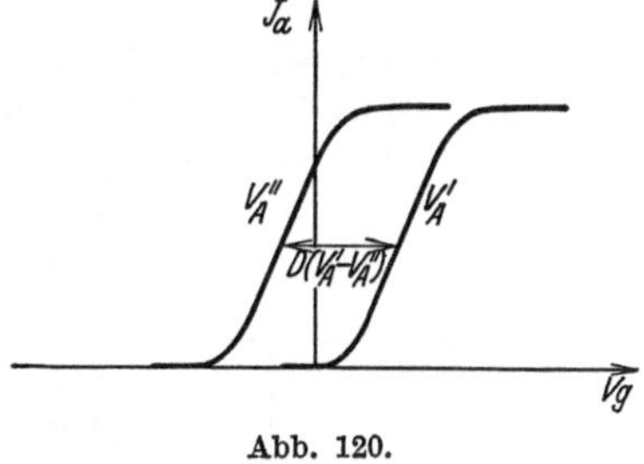

Abb. 120.

woraus man, wenn die Funktion f bekannt ist, J_a für jeden Wert von V_g und V_a berechnen kann. Die Schar der Kennlinien $J_a(V_g)$ bei verschiedenen V_a besteht demnach aus zueinander parallelen Kurven von der Gestalt der Abb. 120. Zwei zu den Anodenspannungen V_a' und V_a'' gehörige Kurven sind um das Stück $D(V_a' - V_a'')$ in der Abszissenrichtung gegeneinander verschoben[1].

4. Die unselbständige Entladung in Gasen. Unter einer „*unselbständigen Entladung*" versteht man den Stromdurchgang durch ein Gas, bei dem die zum Elektrizitätstransport nötigen Ladungsträger von den Elektroden nicht abgegeben werden können, sondern im Gase selbst durch eine äußere Einwirkung, z. B. durch Bestrahlung mit Röntgenstrahlen oder mit radioaktiven Strahlen erzeugt werden[2]. Wir stellen uns die Aufgabe, die Gleichung der Kennlinie für diese Form der Stromleitung aufzustellen.

---

[1] Bezüglich der Bestätigung der hier abgeleiteten Resultate und der Anwendung der Mehrelektrodenröhre zur Verstärkung, Gleichrichtung und Erzeugung von Wechselströmen vgl. „Exp.-Physik", § 103.

[2] Vgl. „Exp.-Physik", § 104.

Wir nehmen der Einfachheit halber an, daß alle Ionen gerade eine Elementarladung e tragen. Es soll ferner, ebenso wie bei der Stromleitung in Elektrolyten, nur eine geringe Raumladungsdichte auftreten, so daß die Anzahl n der positiven und der negativen Ionen pro Volumeneinheit als gleich groß angenommen werden kann.

Durch die Wirkung der Ionisationsquelle erfahre n in der Zeit dt einen Zuwachs $Z\,dt$. Z ist die Zahl der pro Zeiteinheit in der Volumeneinheit des Gases gebildeten Ionenpaare und ist für eine bestimmte Ionisationsquelle und ein bestimmtes Gas der Intensität der Ionisationsquelle und der Dichte des Gases proportional.

Durch den Umstand, daß die Ionen von dem zwischen den Elektroden herrschenden Feld an die Elektroden herangetrieben und dort entladen werden, erfährt die Ionenzahl im Entladungsraum eine Verminderung, die leicht anzugeben ist. Ist nämlich die Stromstärke J, dann kommt an jede Elektrode in der Zeit dt die Ladung $J\,dt$ heran, während dt werden also an der Kathode $J/e \cdot dt$ positive Ionen und an der Anode ebensoviele negative Ionen entladen. Die Anzahl der Ionenpaare nimmt also um $J/e \cdot dt$ ab.

Ein weiterer Umstand, der zur Verminderung der Ionenzahl beiträgt, ist das zufällige Zusammentreffen entgegengesetzt geladener Ionen und ihre Vereinigung zu elektrisch neutralen Teilchen. Die Wahrscheinlichkeit dafür, daß ein herausgegriffenes Ion in einer bestimmten Zeit ein entsprechendes Gegenion findet, ist offenbar proportional zu n, die Anzahl der während dieser Zeit gebildeten Ionenpaare also proportional zu n^2. Wir schreiben daher für die Anzahl der im Entladungsraum in der Zeit dt durch „Rekombination" vernichteten Ionenpaare: $\alpha\,n^2\,dt$, worin α eine von der Natur des Gases und von seiner Dichte abhängige Größe ist.

Im stationären Fall darf sich die Gesamtzahl der Ionen im Entladungsraum vom Volumen v zeitlich nicht ändern, es muß also gelten

$$v Z\,dt = \frac{J}{e}\,dt + \alpha\,n^2\,dt. \tag{15}$$

Anderseits gilt, wie in Elektrolyten, für die Stromdichte eine Gleichung von der Form (6) § 55, d. h. die Stromstärke J ist proportional zu n und proportional der Feldstärke oder bei gegebenen Abmessungen des Entladungsgefäßes proportional der Potentialdifferenz V zwischen den Elektroden. Wir schreiben dies in der Form

$$J = \beta\,n\,V, \tag{16}$$

worin β eine von den Abmessungen der Entladungsanordnung und von der Natur und Dichte des Füllgases abhängige Konstante ist.

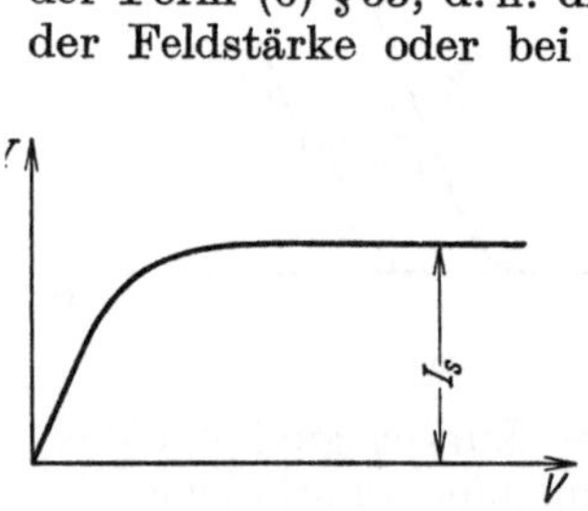

Eliminiert man n aus den Gleichungen (15) und (16), so folgt die gesuchte Beziehung zwischen J und V in der Form

$$V^2 = \frac{\alpha}{\beta^2}\,\frac{J^2}{v Z - J/e}, \tag{17}$$

Abb. 121.

die durch die Kurve der Abb. 121 dargestellt wird.

Für kleine J ist das zweite Glied im Nenner von (17) gegen das erste zu vernachlässigen und es werden J und V einander proportional. Offenbar kann jedoch, damit V reell bleibt, der Nenner nicht negativ werden, es kann also J nicht größer werden als ein gewisser Wert J_s, der der Formel

$$J_s = e Z v \tag{18}$$

genügt. Wir beobachten also auch bei der unselbständigen Gasentladung das Auftreten eines Sättigungsstromes, der dem Volumen des Ionisationsgefäßes und der Anzahl der durch die Ionisationsquelle gebildeten Ionenpaare, also der Stärke der Ionisationsquelle proportional ist.

Die hier theoretisch abgeleiteten Gesetzmäßigkeiten lassen sich experimentell bestätigen und finden ausgedehnte praktische Verwendung zur Messung von Strahlungsintensitäten mit Hilfe von „Ionisationskammern"[1].

5. Die selbständige Gasentladung. Bei genügender Steigerung der Spannung zwischen den Elektroden kann auch dann, wenn eine äußere Ionisationsquelle nicht vorhanden ist, eine Stromleitung in einem Gas hervorgerufen werden, die als *„selbständige Gasentladung"* bezeichnet wird. Sie kommt hauptsächlich durch das Zusammenwirken der folgenden Umstände zustande:

1. kann ein Ion, wenn es eine genügend große Potentialdifferenz durchlaufen hat, eine so große kinetische Energie erhalten, daß sie ausreicht, um ein von ihm getroffenes Gasmolekül oder -atom zu ionisieren, d. h. ein neues Paar von Ionen zu erzeugen. Man bezeichnet diesen Vorgang als *„Stoßionisation"*.

2. kann ein auf die Kathode auftreffendes Ion, wenn es eine kinetische Energie besitzt, die größer ist als die Ablösungsarbeit ε_a des Elektrons, diese Energie auf ein freies Metallelektron übertragen, so daß es sich aus dem Kathodenmetall freizumachen vermag.

3. geben die auf die Elektroden auffallenden Ionen ihre kinetische Energie an die Metallatome ab und bewirken daher eine zunehmende Erwärmung der Elektroden. Bei genügend großer Stromdichte kann dadurch die Kathode so stark erhitzt werden, daß sie infolge des RICHARDSON-Effektes Elektronen zu emittieren beginnt.

Auf diese Weise werden durch den Mechanismus der Stromleitung selbst im Entladungsraum und an den Elektroden dauernd neue Ladungsträger erzeugt. Dieser Vorgang kann zunächst bei der oben besprochenen unselbständigen Entladung beim Überschreiten einer gewissen Spannung V ein weiteres Anwachsen des Stromes über den Sättigungswert bewirken. Es kann ferner geschehen, daß die so gebildete Ionenzahl ausreicht, um den Verlust an Ionen durch ihre Entladung an den Elektroden und durch ihre Rekombination zu decken. In diesem Fall bleibt die Entladung auch ohne äußere Ionisationsquelle bestehen und sie kann auch ohne eine solche durch „zufällige" Umstände eingeleitet werden.

Um die prinzipielle Form der Kennlinie für die selbständige Entladung zu finden, können wir die Formeln (6) § 55 und (7) § 55 für die Ionenleitung in Elektrolytlösungen heranziehen, müssen jedoch in Rechnung setzen, daß die Zahl der Ionen pro Volumeneinheit, der die Leitfähigkeit σ proportional ist, selbst von der Stromstärke abhängt, da ja nach dem eben Gesagten die Ionen durch den Strom selbst erzeugt werden. Wir schreiben deshalb entsprechend dem OHMschen Gesetz

$$V = J \cdot R_i \tag{19}$$

und setzen den reziproken Widerstand $1/R_i$ der Entladungsanordnung, der der Leitfähigkeit σ proportional ist, als Funktion von J in der Form

$$\frac{1}{R_i} = g\,(J) \tag{20}$$

an, derart, daß $g\,(0)$ gleich Null ist und dg/dJ für kleine Stromstärken sehr klein ist und mit steigendem J stetig zunimmt.

Aus (19) und (20) folgt als Gleichung der Kennlinie

$$V = \frac{J}{g\,(J)} = f\,(J). \tag{21}$$

---

[1] Vgl. hiezu „Exp.-Physik", § 104.

Die Funktionen $g\,(J)$ und $f\,(J)$ sind in der Abb. 122 eingezeichnet; wie man hieraus sieht, ist J für $V = 0$ unendlich groß und sinkt mit wachsendem V

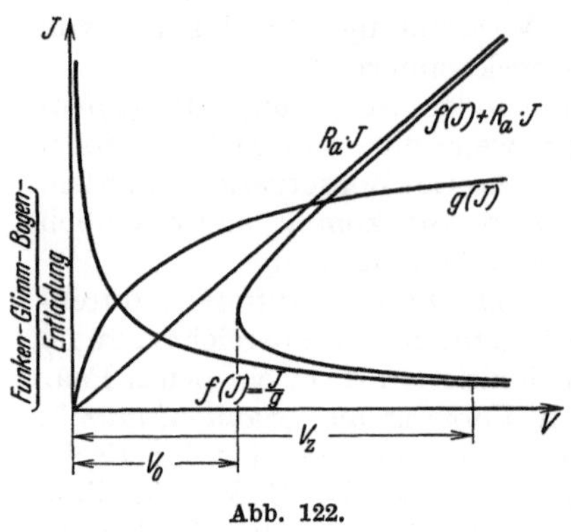

Abb. 122.

beständig auf den Wert Null herab, den es für $V = \infty$ erreicht. Wir sprechen daher in diesem Falle von einer „*fallenden Charakteristik*". Dasjenige Gebiet der Charakteristik, das durch hohe Stromstärken und infolgedessen durch hohe Temperatur der Elektroden gekennzeichnet ist, wird gewöhnlich als das der „*Bogenentladung*", das Gebiet kleiner Stromstärken und niedriger Temperatur als das der „*Glimmentladung*" bezeichnet, doch läßt sich eine scharfe Grenze zwischen ihnen nicht ziehen.

Welche der beiden Entladungsformen sich bei gegebener Spannung einstellt, hängt von der Gestalt der Funktion $g\,(J)$ ab. Je leichter das Gas ionisierbar ist und je größer seine Dichte ist, desto steiler verläuft $g\,(J)$, desto kleiner wird also V bei gegebenem J oder desto größer wird J bei gegebenem V. Wir werden also im allgemeinen Bogenentladung. bei kleiner Spannung und großem Gasdruck und Glimmentladung bei großer Spannung und kleinem Gasdruck zu erwarten haben, wie es auch wirklich die Erfahrung lehrt.

Daß ein Punkt auf einer fallenden Charakteristik keiner stabilen Entladungsform entsprechen kann, ist leicht nachzuweisen. Bei einer kleinen Erhöhung der Spannung wird offenbar die Geschwindigkeit der Ionen erhöht, es muß also die Stromstärke steigen, während sie dem Verlauf der Charakteristik entsprechend sinken sollte. Während demnach bei einer Entladung mit steigender Charakteristik bei einer kleinen Änderung der Spannung sich automatisch der dem Entladungszustand entsprechende Punkt auf der Kennlinie so verschiebt, daß sich wieder ein stationärer Zustand einstellt, ist dies bei einer Entladung mit fallender Charakteristik nicht der Fall; bei einer kleinen Spannungsänderung entfernt sich der Stromverlauf immer weiter von dem stationären und der Strom wächst unbegrenzt an: die Entladungsvorrichtung wirkt also als „Kurzschluß".

Um diesem zu entgehen, muß man in den Stromkreis noch einen Ohmschen Widerstand R_a als Vorschaltwiderstand einschalten. Die Spannung der Batterie setzt sich dann aus der Spannung (21) und der durch das Ohmsche Gesetz bedingten Spannung im Vorschaltwiderstand $R_a J$ zusammen, so daß statt (21) zu setzen ist

$$V = f\,(J) + R_a \cdot J. \tag{22}$$

Die der Gleichung (22) entsprechende Kurve ist in der Abb. 122 für einen bestimmten Wert von R_a ebenfalls eingezeichnet. Man sieht, daß nun unterhalb einer bestimmten Spannung V_0 kein Strom fließen kann. Oberhalb von V_0 gehören zu jeder Spannung zwei Werte von J, von denen der dem kleineren J entsprechende instabil ist, da er auf dem fallenden Teil der Kennlinie liegt.

Geht man von dem stromlosen Zustand aus und erhöht allmählich die Spannung, so sollte theoretisch erst bei unendlich großem V die Entladung einsetzen, da ja zunächst keine Ionen vorhanden sind, das Gas also isoliert. In Wirklichkeit wird die Entladung durch zufällige äußere Einwirkungen bei einer endlichen Spannung V_z, der „*Zündspannung*", einsetzen. Ist die Batteriespannung größer als V_z, und ist R_a nicht zu groß, dann stellt sich nach einiger Zeit ein stationärer Strömungszustand ein, der durch einen auf dem aufsteigenden Ast der Kennlinie liegenden Punkt gekennzeichnet ist. Ob dieser Zustand einer Bogen- oder einer Glimmentladung entspricht, hängt von der Größe von V und R_a ab, sowie von den Abmessungen der Entladungsvorrichtung und von der Natur und dem Druck des Gases.

Bei sehr großen Werten von R_a wird zwar ebenfalls, wenn die Batteriespannung V_z überschreitet, die Zündung erfolgen, die Spannung sinkt jedoch während des Zündungsvorganges unter den Wert V_0 herab und die Entladung setzt wieder aus. Man spricht in diesem Fall von einer „*Funkenentladung*".

Mit diesen qualitativen Betrachtungen über die sehr verwickelten und mannigfaltigen Vorgänge bei der selbständigen Gasentladung müssen wir uns hier begnügen[1].

Z w a n z i g s t e s   K a p i t e l.

Statistische Theorie der elektromagnetischen Erscheinungen in materiellen Körpern.

§ 57. Statistische Theorie des Magnetismus.

1. Problemstellung. Im § 52, 4. zeigten wir, wie sich der Vektor der magnetischen Polarisation $\mathfrak{M}$ in einem Volumenelement δV durch die magnetischen Momente $\mathfrak{m}$ der darin enthaltenen Elektronen statistisch definieren läßt. Die statistische Theorie des Magnetismus hat nun die Aufgabe zu lösen, die Erscheinung der magnetischen Influenz zu erklären, die wir in § 41, 4. auf phänomenologischer Grundlage vom Standpunkte der Kontinuumtheorie besprochen haben. Es soll also für eine gegebene Substanz auf Grund der bekannten Eigenschaften ihrer Atome bzw. Moleküle die zwischen der magnetischen Feldstärke $\mathfrak{H}$ und der Magnetisierung $\mathfrak{M}$ herrschende Beziehung abgeleitet werden.

Es kann zunächst sein, daß die durch die Umlaufsbewegung und durch den Spin der Elektronen in einem Atom hervorgerufenen magnetischen Momente einander gegenseitig aufheben, so daß die Atome bei Abwesenheit eines äußeren Feldes unmagnetisch sind. Durch die Einwirkung eines äußeren Magnetfeldes wird nun die Bewegung der Elektronen abgeändert. Wie unter 3. gezeigt werden wird, erhalten hiedurch die Atome magnetische Momente, die die entgegengesetzte Richtung haben wie $\mathfrak{H}$ und daher bekommt die ganze Substanz eine ebenfalls zu $\mathfrak{H}$ entgegengesetzt gerichtete Magnetisierung $\mathfrak{M}$, d. h. die Substanz ist *diamagnetisch*.

Heben sich die magnetischen Momente der einzelnen Elektronen im Atom von vornherein nicht auf, dann haben die Atome bzw. Moleküle bereits im feldfreien Raum ein bestimmtes resultierendes magnetisches Moment. Bringt man sie in ein Magnetfeld, dann erhalten sie durch die Wirkung des Feldes ein Drehmoment, das sie in die Richtung des Feldes zu drehen sucht. Ein aus solchen Atomen zusammengesetzter Körper erhält daher eine Magnetisierung parallel zu $\mathfrak{H}$. Überwiegt dieser Effekt den vorhin erwähnten, dann ist die Substanz *paramagnetisch* oder *ferromagnetisch*, je nachdem ob neben der Wirkung des äußeren Feldes auf ein Magnetatom die resultierende Kraftwirkung der übrigen Atome des Körpers unmerklich klein ist oder eine merkliche Rolle spielt.

2. Das innere Feld. Um die unter 1. erwähnten Effekte zu berechnen, müssen wir zunächst untersuchen, wie groß die magnetische Feldstärke ist, die auf ein im Innern einer magnetischen Substanz befindliches magnetisches Teilchen einwirkt. Man würde zunächst geneigt sein, sie mit der magnetischen Feldstärke $\mathfrak{H}$ zu identifizieren. Dies ist jedoch deshalb unrichtig, weil sich $\mathfrak{H}$ am Orte des

---

[1] Bezüglich des Experimentellen vgl. „Exp.-Physik", §§ 105 und 107.

Teilchens aus dem äußeren magnetischen Feld und dem von sämtlichen magnetischen Teilchen des Körpers, also auch dem des gerade betrachteten, zusammensetzt, während für die Kraftwirkung auf dieses Teilchen nur dasjenige Feld in Frage kommt, das aus dem äußeren Magnetfeld und dem aller übrigen Teilchen zusammengesetzt ist. Nennen wir es $\mathfrak{H}^*$, dann ist also $\mathfrak{H}^*$ gleich $\mathfrak{H}$ vermindert um das von dem betrachteten Teilchen selbst erzeugte Feld $\mathfrak{h}_i$.

Zur Berechnung des Mittelwertes $\bar{\mathfrak{h}}_i$ von $\mathfrak{h}_i$ betrachten wir den untersuchten Körper als Kontinuum und denken uns in ihm um den Punkt, in dem wir $\mathfrak{h}_i$ berechnen wollen, eine Kugel herausgeschnitten, deren Radius so klein angenommen sein soll, daß die Magnetisierung $\mathfrak{M}$ in ihrem Innern als konstant angesehen werden kann. Nach der Formel (17) § 41 herrscht dann im Innern der Kugel die magnetische Feldstärke

$$\mathfrak{H}_i = -\frac{4\pi}{3}\mathfrak{M},\tag{1}$$

die wir für den in Wirklichkeit atomistisch aufgebauten Körper mit $\bar{\mathfrak{h}}_i$ identifizieren wollen.

Für das gesuchte $\mathfrak{H}^*$ folgt daher auf Grund unserer Überlegung

$$\mathfrak{H}^* = \mathfrak{H} - \bar{\mathfrak{h}}_i = \mathfrak{H} - \mathfrak{H}_i = \mathfrak{H} + \frac{4\pi}{3}\mathfrak{M}.\tag{2}$$

Das zu $\mathfrak{H}$ hinzutretende Zusatzglied $\dfrac{4\pi}{3}\mathfrak{M}$ wird als das „LORENTZ*sche innere Feld*" bezeichnet. Es ist für schwach magnetisierbare Substanzen, also solche, für die $\mathfrak{M}$ stets klein gegen $\mathfrak{H}$ ist, d. h. bei denen die Suszeptibilität χ sehr klein ist, wie bei den meisten para- und diamagnetischen Substanzen, gegen $\mathfrak{H}$ zu vernachlässigen. Bei den ferromagnetischen Körpern, die, wie erwähnt, viel stärker magnetisierbar sind, wurde in Verallgemeinerung der Gleichung (2) von P. WEISS zur Berechnung von $\mathfrak{H}^*$ die Gleichung

$$\mathfrak{H}^* = \mathfrak{H} + g\,\mathfrak{M}\tag{3}$$

angesetzt, worin g, die sogenannte „WEISS*sche Konstante des inneren Feldes*", eine empirische Materialkonstante des betreffenden Körpers bedeutet. $g\,\mathfrak{M}$ wird als das „WEISS*sche innere Feld*" bezeichnet. Nach der LORENTZschen Formel (2) sollte g den Wert $\dfrac{4\pi}{3}$ haben; in Wirklichkeit hat es bei den bekannten ferromagnetischen Substanzen Werte zwischen 1000 und 10.000. Diese Tatsache wird nach HEISENBERG dadurch erklärt, daß die unter 1. besprochene Richtwirkung des Magnetfeldes, also auch des inneren Feldes auf die Magnetatome, noch durch die „quantenmechanischen Austauschkräfte" (§ 31, 5.) unterstützt wird, die dann am größten sind, wenn die Vektoren der Elektronendrehimpulse und des Elektronenspins aller Atome die gleiche Richtung haben. Es gelingt auch, aus der Theorie die richtige Größenordnung von g abzuleiten; auf weitere Einzelheiten der Theorie kann hier jedoch nicht eingegangen werden.

3. Theorie des Diamagnetismus. Wie in § 51, 4. gezeigt wurde, besteht zwischen dem magnetischen Moment $|\mathfrak{m}|$ eines in einem Atom umlaufenden Elektrons und dem Drehimpuls G des als starren Rotator betrachteten Systems um die Rotationsachse die Beziehung (17) § 51

$$\frac{|\mathfrak{m}|}{G} = \frac{e}{2\,m\,c}.\tag{4}$$

Schließt $\mathfrak{m}$ mit der Richtung der magnetischen Feldstärke $\mathfrak{h}$ einen von Null verschiedenen Winkel ein, so übt das Feld $\mathfrak{h}$ auf den Rotator nach der Formel (23) § 41 ein Drehmoment

$$\mathfrak{D} = \mathfrak{m} \times \mathfrak{h}\tag{5}$$

aus. Gemäß den Ausführungen in § 21, 8. über die Kreiselbewegung muß die Rotationsachse unter der Wirkung dieses Drehmomentes eine Präzessionsbewegung um die Feldrichtung ausführen, für deren Winkelgeschwindigkeit ω' die Formel (36) § 21 gilt, worin jedoch Mgs durch $|\mathfrak{m}|\,|\mathfrak{h}|$ zu ersetzen ist, da an Stelle des Drehmomentes der Schwere (35) § 21 das Drehmoment (5) auftritt. Es gilt also unter Benutzung von (4)

$$\omega' = \frac{|\mathfrak{m}| \cdot |\mathfrak{h}|}{G} = \frac{e}{2\,m\,c} \cdot |\mathfrak{h}|. \tag{6}$$

Die erwähnte Präzessionsbewegung erfolgt offenbar um eine durch den Schwerpunkt des Rotators hindurchgehende, in die Feldrichtung weisende Achse. Nennen wir das Trägheitsmoment des Rotators in bezug auf diese Achse T, dann gilt für den Drehimpuls G' der Präzessionsbewegung nach (9) § 21

$$G' = T\omega' = \frac{e\,T}{2\,m\,c} \cdot |\mathfrak{h}|. \tag{7}$$

Da nach (4) der Drehimpuls bei der Umlaufsbewegung eines Elektrons mit dem hierdurch hervorgerufenen magnetischen Moment $\mathfrak{m}$ in dem konstanten Verhältnis $e/2mc$ steht, müssen wir erwarten, daß auch durch die Präzessionsbewegung mit dem Drehimpuls G' ein magnetisches Moment $\mathfrak{m}'$ erzeugt wird, dessen Betrag gegeben ist durch

$$|\mathfrak{m}'| = G' \cdot \frac{e}{2\,m\,c}. \tag{8}$$

Daß $\mathfrak{m}'$ und $\mathfrak{h}$ entgegengesetzte Richtung haben, geht aus der folgenden Überlegung hervor: Schließt $\mathfrak{m}$ mit $\mathfrak{h}$ einen spitzen Winkel ein, dann erfolgt die Rotation des Elektrons, von $\mathfrak{h}$ aus gesehen, im Sinne des Uhrzeigers, daher die Präzessionsbewegung im entgegengesetzten Sinne des Uhrzeigers und daher hat $\mathfrak{m}'$ die entgegengesetzte Richtung wie $\mathfrak{h}$. Ist umgekehrt der Winkel zwischen $\mathfrak{m}$ und $\mathfrak{h}$ stumpf, dann erfolgt die Rotation des Elektrons, von $\mathfrak{h}$ aus gesehen, im entgegengesetzten Sinne des Uhrzeigers, ebenso aber auch die Präzessionsbewegung (da nunmehr das Drehmoment des Feldes den Kreisel nicht aufzurichten, sondern zu kippen sucht) und es hat wieder $\mathfrak{m}'$ die entgegengesetzte Richtung wie $\mathfrak{h}$. Hieraus sowie aus (7) und (8) folgt demnach schließlich

$$\mathfrak{m}' = -\frac{e^2}{4\,m^2\,c^2}\,T \cdot \mathfrak{h}. \tag{9}$$

Außer den durch die Umlaufsbewegung der Elektronen hervorgerufenen magnetischen Momenten hätte man streng genommen auch noch die Spinmomente zu berücksichtigen, die mit den entsprechenden Drehimpulsen durch (18) § 51 zusammenhängen. Dies ergäbe ein weiteres Präzessionsmoment, das bis auf den Faktor 4, der durch den Unterschied zwischen den Formeln (17) § 51 und (18) § 51 bedingt ist, wieder der Gleichung (9) genügen müßte; das darin vorkommende Trägheitsmoment T für die Spinpräzession wäre jedoch um viele Größenordnungen kleiner als das Trägheitsmoment für die Umlaufspräzession des Elektrons. Daraus folgt, daß für den hier behandelten Effekt der Elektronenspin keine merkliche Rolle spielt und vernachlässigt werden kann.

Nach (16) § 52 erhält die Substanz infolge des Entstehens der Momente $\mathfrak{m}'$ der in ihren Atomen umlaufenden Elektronen eine Magnetisierung $\mathfrak{M}$. Nennen wir z die Anzahl der in jedem Atom umlaufenden Elektronen und n die Anzahl der Atome in der Volumeneinheit, dann folgt mit Benutzung von (9)

$$\mathfrak{M} = \frac{1}{\delta V}\sum \overline{\mathfrak{m}}_r{}' = n\,z \cdot -\frac{e^2}{4\,m^2\,c^2}\,\overline{T} \cdot \mathfrak{H}^*, \tag{10}$$

worin $\mathfrak{H}^*$ den Mittelwert von $\mathfrak{h}$, also die in 2. eingeführte Feldgröße und $\overline{T}$ das mittlere Trägheitsmoment der Präzessionsbewegung eines Elektrons um die Richtung von $\mathfrak{H}^*$ bedeutet.

Wie sogleich gezeigt werden wird, ist in allen in der Natur vorkommenden Fällen der Faktor von $\mathfrak{H}^*$ in (10) so klein, daß $\mathfrak{M}$ stets klein gegen $\mathfrak{H}^*$ ist und daher nach (2) $\mathfrak{H}^*$ mit $\mathfrak{H}$ identifiziert werden kann. Wir können also (10) in der Form

$$\mathfrak{M} = \chi \cdot \mathfrak{H} \tag{11}$$

schreiben und kommen dadurch in Übereinstimmung mit der empirisch gefundenen Beziehung (26) § 41 zwischen $\mathfrak{M}$ und $\mathfrak{H}$. Die Konstante χ ist nichts anderes als die Suszeptibilität und hat, wie man durch Vergleich von (10) und (11) sieht, den Wert

$$\chi = - n\,z \cdot \frac{e^2}{4\,m^2\,c^2} \cdot \overline{T}, \tag{12}$$

ist also negativ, d. h. die Substanz verhält sich diamagnetisch, wie wir bereits unter 1. vorweggenommen hatten.

Wie man aus der Formel (12) sieht, erweist sich in Übereinstimmung mit der Erfahrung[1] χ als unabhängig von der Temperatur und nur abhängig von Größen, die mit dem Bau der Atome zusammenhängen. Da χ für alle bekannten diamagnetischen Substanzen sehr klein gegen Eins ist, wird die hierauf bezügliche, oben gemachte Annahme nunmehr nachträglich gerechtfertigt. Aus den gemessenen Werten von χ läßt sich für jede Substanz, da alle anderen Größen in (12) bekannt sind, die Größe $\overline{T}$ berechnen. Setzt man $\overline{T} = m\,a^2$, so bedeutet a den mittleren Abstand eines Elektrons von einer durch den Atomschwerpunkt in die Feldrichtung gelegten Achse. Die Berechnung ergibt für a Werte zwischen 10^{-9} und 10^{-8} cm, also tatsächlich, wie zu erwarten ist, in der Größenordnung der Atomdimensionen.

4. Die Richtwirkung eines Magnetfeldes auf einen Molekularmagneten. Wir nehmen nun an, daß die Atome bzw. Moleküle der betrachteten Substanz ein permanentes magnetisches Moment der Größe m besitzen, dessen Richtung mit der Richtung des Magnetfeldes $\mathfrak{h}$ am Orte des Atoms einen beliebigen Winkel ϑ einschließen kann. Infolge der unregelmäßigen Wärmebewegung der Atome wird ϑ im Laufe der Zeit alle möglichen Werte annehmen, so daß eine bestimmte Wahrscheinlichkeit $\mathfrak{w}\,(\vartheta)\,d\vartheta$ dafür besteht, ϑ in dem infinitesimalen Bereich zwischen ϑ und $\vartheta + d\vartheta$ aufzufinden.

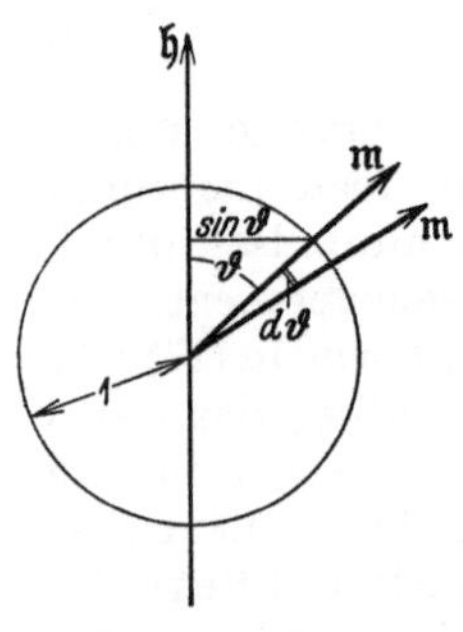

Abb. 123.

Zur Berechnung von $\mathfrak{w}\,(\vartheta)$ können wir die Formel (45) § 35 heranziehen; wir müssen jedoch berücksichtigen, daß die Größe des infinitesimalen Bereiches zwischen ϑ und $\vartheta + d\vartheta$ eine Funktion von ϑ ist. Offenbar sind im feldfreien Raum alle Richtungen von m gleich wahrscheinlich, d. h. es ist die Wahrscheinlichkeit dafür, daß die Richtung von m in einen bestimmten räumlichen Winkel Ω hineinfällt, der Größe von Ω proportional, genauer gesagt gleich $\Omega/4\,\pi$. Soll nun ϑ zwischen ϑ und $\vartheta + d\vartheta$ liegen, dann muß die Richtung von m in einen räumlichen Winkel $d\Omega$ fallen, der von zwei Kegeln mit den Öffnungswinkeln ϑ und $\vartheta + d\vartheta$ eingeschlossen wird. Bringt man die beiden Kegel mit der Einheitskugel zum Schnitt (Abb. 123), so schneidet sie aus ihr ein ringförmiges Gebiet vom Flächeninhalt $2\,\pi \sin\vartheta \cdot d\vartheta$ heraus, das mit $d\Omega$ identisch ist.

---

[1] Vgl. „Exp.-Physik", § 62.

Die gesuchte Wahrscheinlichkeit $\mathfrak{w}_0(\vartheta)\,d\vartheta$ für den feldfreien Raum ist also

$$\mathfrak{w}_0(\vartheta)\,d\vartheta = \frac{2\,\pi\,\sin\vartheta\,d\vartheta}{4\,\pi} = \frac{1}{2}\,\sin\vartheta\,d\vartheta. \tag{13}$$

Mit diesem Ausdruck als Gewichtsfaktor müssen wir nun die rechte Seite von (45) § 35 multiplizieren, um sie auf unseren Fall anwenden zu können.

Für die im Exponenten von (45) § 35 stehende Größe $\chi\,(\xi)$ haben wir hier die Arbeit einzusetzen, die geleistet werden muß, um die Achse des Magnetmoleküls um den Winkel ϑ aus der Feldrichtung zu drehen. Nach (22) § 41 gilt daher

$$\chi\,(\vartheta) = -\,|\mathfrak{m}|\,.\,|\mathfrak{h}|\,.\,\cos\vartheta. \tag{14}$$

Mit Berücksichtigung von (13) und (14) folgt nun

$$\mathfrak{w}\,(\vartheta)\,d\vartheta = C\,.\,e^{a\cos\vartheta}\,\sin\vartheta\,d\vartheta, \tag{15}$$

worin zur Abkürzung gesetzt ist

$$a = \frac{|\mathfrak{m}|\,.\,|\mathfrak{h}|}{k\,T}. \tag{16}$$

Da laut unserer Annahme ϑ alle zwischen Null und π liegenden Werte annehmen kann, ergibt sich die Konstante C in (15) aus der Forderung, daß das von Null bis π erstreckte Integral über (15) den Wert Eins ergeben muß. Es gilt also

$$C\int\limits_0^\pi e^{a\cos\vartheta}\,\sin\vartheta\,d\vartheta = 1$$

und daher

$$\mathfrak{w}\,(\vartheta)\,d\vartheta = \frac{e^{a\cos\vartheta}\,\sin\vartheta\,d\vartheta}{\int\limits_0^\pi e^{a\cos\vartheta}\,\sin\vartheta\,d\vartheta}. \tag{17}$$

Wir zerlegen nun $\mathfrak{m}$ in eine Komponente $\mathfrak{m}'$ parallel zu $\mathfrak{h}$ und eine Komponente $\mathfrak{m}''$ senkrecht zu $\mathfrak{h}$ und bilden auf Grund von (17) die zeitlichen Mittelwerte von $\mathfrak{m}'$ und $\mathfrak{m}''$. Der letztere ist, wie man ohne Rechnung sogleich sieht, gleich Null, da senkrecht zu $\mathfrak{h}$ keine Richtung ausgezeichnet ist. Für $|\overline{\mathfrak{m}'}|$ erhalten wir wegen

$$|\mathfrak{m}'| = |\mathfrak{m}|\cos\vartheta \tag{18}$$

auf Grund der Definition des Mittelwertes [(8) § 17]:

$$|\overline{\mathfrak{m}'}| = \int\limits_0^\pi |\mathfrak{m}'|\,\mathfrak{w}\,(\vartheta)\,d\vartheta = |\mathfrak{m}|\,\frac{\int\limits_0^\pi e^{a\cos\vartheta}\,\sin\vartheta\,\cos\vartheta\,d\vartheta}{\int\limits_0^\pi e^{a\cos\vartheta}\,\sin\vartheta\,d\vartheta}. \tag{19}$$

Die beiden Integrale in (19) lassen sich leicht berechnen, wenn man in ihnen als neue Variable die Größe $y = a\cos\vartheta$ einführt:

$$\int\limits_0^\pi e^{a\cos\vartheta}\,\sin\vartheta\,d\vartheta = -\,\frac{1}{a}\int\limits_a^{-a} e^y\,dy = \frac{e^a - e^{-a}}{a}$$

$$\int\limits_0^\pi e^{a\cos\vartheta}\,\sin\vartheta\,\cos\vartheta\,d\vartheta = -\,\frac{1}{a^2}\int\limits_a^{-a} e^y\,y\,dy = \frac{1}{a^2}\left[y\,e^y - \int e^y\,dy\right]_{-a}^{+a} =$$

$$= \frac{e^a + e^{-a}}{a} - \frac{e^a - e^{-a}}{a^2},$$

was in (19) eingesetzt liefert

$$|\overline{\mathfrak{m}}'| = |\mathfrak{m}| \left(\frac{e^a + e^{-a}}{e^a - e^{-a}} - \frac{1}{a} \right) = |\mathfrak{m}| \left(\operatorname{cotgh} a - \frac{1}{a} \right). \tag{20}$$

Der Verlauf der Funktion $\operatorname{cotgh} a - \dfrac{1}{a}$ ist in der Abb. 124 wiedergegeben. Für sehr große Werte von a nähert sie sich asymptotisch dem Werte Eins, für sehr kleine Werte von a erhält man durch Entwicklung nach Potenzen von a den Wert $a/3$.

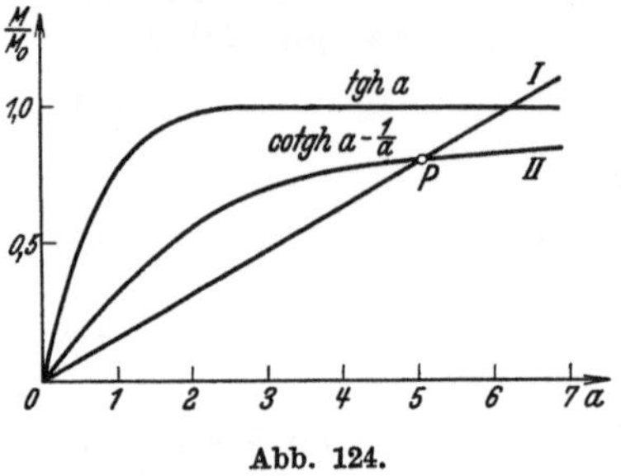

Die Formel (20) gibt die Verhältnisse streng genommen nur dann richtig wieder, wenn $|\mathfrak{m}|$ sehr groß, d. h. gleich einer großen Zahl von BOHRschen Magnetonen ist. Wie nämlich in § 51, 4. ausgeführt wurde, orientiert sich ein Magnetatom in einem Magnetfeld stets so, daß die Komponente von $\mathfrak{m}$ in der Feldrichtung eine ganze Zahl von Magnetonen ergibt, so daß ϑ nur bestimmte, diskrete Werte annehmen kann (Richtungsquantelung).

Abb. 124.

Den Extremfall in der entgegengesetzten Richtung stellt ein Atom dar, dessen magnetisches Moment gerade ein BOHRsches Magneton beträgt. Dieses kann sich nämlich im Magnetfeld nur so orientieren, daß $\mathfrak{m}$ parallel oder antiparallel zum Felde $\mathfrak{h}$ steht, d. h. daß $\vartheta = 0$ oder $\vartheta = \pi$ ist. Die Wahrscheinlichkeiten dieser beiden Lagen verhalten sich nach der Formel (13) § 35 für die kanonische Gesamtheit wie die entsprechenden Werte von $e^{a \cos \vartheta}$, also wie e^a und e^{-a}, und daher gilt an Stelle von (19) die Formel

$$|\overline{\mathfrak{m}}'| = \frac{|\mathfrak{m}|\, e^a - |\mathfrak{m}|\, e^{-a}}{e^a + e^{-a}} = |\mathfrak{m}|\,\operatorname{tgh} a. \tag{21}$$

Die Funktion $\operatorname{tgh} a$ ist ebenfalls in der Abb. 124 eingetragen. Sie zeigt einen ähnlichen Verlauf wie die oben betrachtete Funktion, nähert sich ebenfalls für sehr große Werte von a dem Wert Eins, nimmt jedoch für kleine a den Wert a an.

Für alle zwischen 1 und ∞ gelegenen Werte der magnetischen Quantenzahl der Atome können wir $|\overline{\mathfrak{m}}'|$ in der Form

$$|\overline{\mathfrak{m}}'| = |\mathfrak{m}| \cdot L(a) \tag{22}$$

schreiben, worin die Funktion $L(a)$ einen zwischen den beiden in der Abb. 124 eingezeichneten Kurven liegenden Verlauf hat und als die „LANGEVINsche Funktion" bezeichnet wird (da auf diesen Forscher im wesentlichen die oben wiedergegebenen Gedankengänge zurückgehen). Die Richtung von $\overline{\mathfrak{m}}'$ fällt immer mit der Richtung von $\mathfrak{h}$ zusammen.

Für große Werte der Feldstärke, d. h. für große Werte von a, wird nach dem oben Gesagten

$$|\overline{\mathfrak{m}}'| = |\mathfrak{m}| \quad \text{(für große } \mathfrak{h}\text{).} \tag{23}$$

Für sehr kleine Werte der Feldstärke, also kleine Werte von a, wird wegen (16)

$$\overline{\mathfrak{m}}' = \frac{|\mathfrak{m}|^2}{k\,T} \cdot \gamma \cdot \mathfrak{h}, \tag{24}$$

worin γ einen Zahlenfaktor bedeutet, der für die magnetische Quantenzahl Eins den Wert 1, für die Quantenzahl Unendlich den Wert 1/3 und für alle übrigen Quantenzahlen zwischen 1 und 1/3 gelegene Werte hat.

5. Theorie des Paramagnetismus. Infolge der unter 4. besprochenen Richtwirkung eines Magnetfeldes auf die Molekularmagnete nimmt die betrachtete

Substanz eine Magnetisierung $\mathfrak{M}$ an, die wiederum aus der Formel (16) § 52 berechnet werden kann, wenn man darin für die $\mathfrak{m}_r$ die zeitlichen Mittelwerte $\overline{\mathfrak{m}_r}'$ der Molekularmomente einsetzt. Bedeutet wieder n die Anzahl der Molekularmagnete in der Volumeneinheit, dann gilt demnach

$$\mathfrak{M} = \frac{1}{\delta V} \sum_r \overline{\mathfrak{m}_r}' = n \cdot \overline{\overline{\mathfrak{m}}}', \tag{25}$$

worin $\overline{\overline{\mathfrak{m}}}'$ der räumliche Mittelwert von $\overline{\mathfrak{m}}'$ ist.

Wir wollen nun annehmen, daß der Ausdruck (16) so klein sei, daß für $\overline{\mathfrak{m}}'$ die Formel (24) benutzt werden kann. In der Tat überzeugt man sich durch Einsetzen der Werte für die in (16) eingehenden Größen, daß bei technisch herstellbaren Feldstärken und normaler Temperatur diese Bedingung für alle Substanzen erfüllt ist. Wie wir gleich sehen werden, wird dann auch $\mathfrak{M}$ sehr klein gegen $\mathfrak{H}$, so daß wir für den Mittelwert von $\mathfrak{h}$ in $\overline{\mathfrak{m}}'$ statt $\mathfrak{H}^*$ die gewöhnliche magnetische Feldstärke $\mathfrak{H}$ einsetzen können. Aus (24) und (25) folgt dann als Beziehung zwischen $\mathfrak{M}$ und $\mathfrak{H}$ wieder die Gleichung (11) mit

$$\chi = \frac{n \gamma |\mathfrak{m}|^2}{k T}, \tag{26}$$

d. h. die Substanz verhält sich paramagnetisch und besitzt die Suszeptibilität (26).

In Übereinstimmung mit der Erfahrung[1] folgt aus (26) zunächst, daß die paramagnetische Suszeptibilität der absoluten Temperatur verkehrt proportional ist, was in der Form

$$\chi = \frac{C}{T} \tag{27}$$

geschrieben werden kann und als „CURIEsches Gesetz“ bezeichnet wird. Die Konstante

$$C = \frac{n \gamma |\mathfrak{m}|^2}{k} \tag{28}$$

trägt den Namen „CURIEsche Konstante“. Auf Grund von Messungen dieser Konstanten läßt sich, wie man sieht, die Größe $\mathfrak{m}$, das magnetische Moment der Molekularmagnete, berechnen.

Bei tiefen Temperaturen wird bereits bei technisch erreichbaren Feldstärken a so groß, daß statt der Formel (24) die Formel (22) herangezogen werden muß. Dies bedeutet, daß $\mathfrak{M}$ nicht mehr proportional mit $\mathfrak{H}$ wächst und daher auch die Suszeptibilität von der Feldstärke abhängig wird. Bei sehr großen Feldstärken und sehr tiefen Temperaturen läßt sich sogar der durch die Formel (23) dargestellte Fall realisieren, wobei für $|\mathfrak{M}|$ der Wert

$$M_0 = n |\mathfrak{m}| \tag{29}$$

herauskommt. Das bedeutet, daß das magnetische Moment der Volumeneinheit gerade n-mal so groß ist als das magnetische Moment des einzelnen Elementarmagneten, was nur dann der Fall sein kann, wenn deren magnetische Achsen alle genau in die Feldrichtung weisen. Eine größere Magnetisierung als M_0 kann der Körper überhaupt nicht annehmen, wir bezeichnen sie daher als „Sättigungsmagnetisierung“. Ihre Bestimmung liefert das einfachste Mittel zur Berechnung von $|\mathfrak{m}|$[1].

6. Theorie des Ferromagnetismus. Wie bereits unter 2. erwähnt wurde, sind die ferromagnetischen Stoffe dadurch gekennzeichnet, daß bei ihnen die Konstante g des inneren Feldes sehr groß ist. Daher kommt es, daß in der Gleichung (3) im allgemeinen (d. h. für nicht extrem starke Felder) $\mathfrak{H}$ gegen $g \mathfrak{M}$ vernachlässigt und daher $\mathfrak{H}^*$ mit $g \mathfrak{M}$ identifiziert werden kann.

---

[1] Vgl. „Exp.-Physik“, § 62.

Um also den räumlichen Mittelwert $\bar{a}$ von a zu bilden, haben wir in (16) für $\mathfrak{h}$ nicht wie oben $\mathfrak{H}$, sondern $g \mathfrak{M}$ einzusetzen, so daß gilt

$$\bar{a} = \frac{|\mathfrak{m}|\, g}{k\,T} \cdot M. \tag{30}$$

Aus (30) läßt sich nun mit Benutzung von (29) die Magnetisierung $\mathfrak{M}$ durch $\bar{a}$ wie folgt ausdrücken:

$$\frac{M}{M_0} = \frac{k\,T}{n\,|\mathfrak{m}|^2\,g} \cdot \bar{a}. \tag{31}$$

Weiter folgt aus (25) und (22), wiederum mit Benutzung von (29),

$$\frac{M}{M_0} = L\,(\bar{a}). \tag{32}$$

Die Elimination von $\bar{a}$ aus den Gleichungen (31) und (32) liefert für jede gegebene ferromagnetische Substanz bei gegebenem T einen bestimmten Wert von M, der für nicht zu große Werte von H von dem äußeren Feld unabhängig ist, also auch dann, wenn H verschwindet. Wir sagen, daß der betrachtete Körper „spontan magnetisiert" ist, er verhält sich wie ein *permanenter Magnet*.

Die Berechnung von M aus den Gleichungen (31) und (32) läßt sich am einfachsten graphisch durchführen, wie die Abb. 124, S. 434 zeigt, indem man die diesen Gleichungen entsprechenden Kurven I und II zeichnet und sie zum Schnitt bringt; die Ordinate des Schnittpunktes P ergibt dann das gesuchte M/M_0.

Die Abhängigkeit der spontanen Magnetisierung von der Temperatur läßt sich gemäß diesem Verfahren aus der Abb. 124 ohne weiteres ablesen. Mit abnehmendem T vermindert sich nämlich gemäß (31) der Neigungswinkel der Geraden I, der Schnittpunkt P rückt also nach rechts und M/M_0 wächst, bis es schließlich den Sättigungswert Eins erreicht. Die Einsetzung der numerischen Konstanten in (31) zeigt, daß bei den bekannten ferromagnetischen Substanzen bereits bei normaler Temperatur die Sättigung so gut wie vollkommen erreicht ist.

Bei zunehmendem T wächst der Neigungswinkel der Geraden I, der Schnittpunkt P rückt nach links und M/M_0 nimmt ab, so lange, bis P mit dem Koordinatenursprung zusammenfällt und $M = 0$ wird. Dies ist dann der Fall, wenn die Gerade I die Kurve II im Koordinatenursprung berührt. Für eine Temperatur Θ also, für die die Bedingung

$$\frac{k\,\Theta}{n\,|\mathfrak{m}|^2\,g} = \gamma \tag{33}$$

erfüllt ist, verschwindet die spontane Magnetisierung und ebenso für jede höhere Temperatur als Θ, d. h. beim Überschreiten von Θ verwandelt sie sich aus einer ferromagnetischen in eine paramagnetische. Diese Folgerung aus der Theorie stimmt in der Tat mit der Erfahrung überein, wie von CURIE gezeigt wurde[1]. Man nennt daher Θ die „CURIEsche *Umwandlungstemperatur*". Durch ihre Messung läßt sich die Konstante g des inneren Feldes berechnen, wobei sich die unter 2. angegebenen Zahlenwerte ergeben.

Das eben beschriebene Verhalten zeigen streng nur Einkristalle aus ferromagnetischen Materialien. Sie sind unterhalb der CURIE-Temperatur stets spontan magnetisiert, wobei die Richtung von $\mathfrak{M}$ mit einer der ausgezeichneten Richtungen des Kristallgitters zusammenfällt. Bringt man einen solchen Kristall in ein Magnetfeld, so bewirkt dieses bloß, daß bei einer von der Orientierung des Kristalls gegen das Feld abhängigen Feldstärke die Richtung von $\mathfrak{M}$ plötzlich so umspringt, daß sie einen möglichst kleinen Winkel mit $\mathfrak{H}$ einschließt.

---

[1] Vgl. „Exp.-Physik", § 62.

Die gebräuchlichen technischen Materialien sind aus sehr vielen, mikroskopisch kleinen Kriställchen zusammengesetzt, die alle möglichen Orientierungen haben. Die beobachtete makroskopische Magnetisierung setzt sich aus den mikroskopischen Magnetisierungen der einzelnen Kriställchen zusammen und kann daher unter Umständen gleich Null sein, obzwar die Kriställchen selbst bis zur Sättigung magnetisiert sind. Läßt man nun das äußere Feld allmählich anwachsen, dann springen die Magnetisierungsrichtungen der einzelnen Kriställchen je nach ihrer Orientierung gegen das Feld bei verschiedenen Werten der Feldstärke um; dieser Effekt kann tatsächlich nachgewiesen werden und wird als der „BARKHAUSEN-*Effekt*" bezeichnet[1].

Das makroskopische $\mathfrak{M}$ ändert sich wegen der sehr großen Zahl der Kriställchen und der Kleinheit ihrer Magnetisierungen bei jedem BARKHAUSEN-Sprung nur sehr wenig, so daß es bei der üblichen Meßgenauigkeit sich stetig mit $\mathfrak{H}$ zu ändern scheint. Es durchläuft dabei die „technische Magnetisierungskurve", deren Gestalt, wie man leicht einsieht, von der magnetischen Vorgeschichte des Körpers in komplizierter Weise abhängig ist. Die sogenannte „*technische Sättigung*" tritt dann ein, wenn die Magnetisierungsrichtungen sämtlicher Kriställchen mit der Richtung von $\mathfrak{H}$ möglichst kleine Winkel einschließen.

§ 58. Statistische Theorie der dielektrischen Erscheinungen.

1. Induzierte Dipole. Analog zu der im vorhergehenden Paragraphen für den Magnetismus behandelten Aufgabe hat die statistische Theorie der dielektrischen Erscheinungen, die nunmehr besprochen werden soll, die Aufgabe zu lösen, die in § 42, 3. vom phänomenologischen Standpunkte betrachtete Erscheinung der dielektrischen Polarisation vom Standpunkte der Elektronentheorie zu erklären und auf Grund besonderer Annahmen über die Eigenschaften der Atome bzw. der Moleküle die zwischen der Polarisation $\mathfrak{P}$ und der elektrischen Feldstärke $\mathfrak{E}$ herrschende Beziehung abzuleiten.

Auf Grund der Formel (8) § 52 läßt sich, wenn die Lage der Schwerpunkte der einzelnen Elektronen (bzw. Protonen) in einem Atom oder Molekül bekannt ist, sein elektrisches Moment $\mathfrak{p}$ berechnen. Es kann nun zunächst sein, daß bei Abwesenheit eines äußeren Feldes $\mathfrak{p}$ verschwindet. Bringt man nun das Atom oder Molekül in ein elektrisches Feld $\mathfrak{e}$, so übt dieses auf die positiven Ladungsträger Kräfte in der Richtung von $\mathfrak{e}$ aus und auf die negativen Ladungsträger Kräfte in der entgegengesetzten Richtung. Dies bewirkt eine Verschiebung der Ladungsträger gegenüber ihren Lagen im feldfreien Normalzustand, und zwar der positiven in der Richtung von $\mathfrak{e}$ und der negativen in der entgegengesetzten Richtung. Offensichtlich erhält hierdurch das betrachtete Teilchen ein von Null verschiedenes elektrisches Moment $\mathfrak{p}'$, dessen Richtung mit der von $\mathfrak{e}$ zusammenfällt und dessen Betrag mit wachsendem $\mathfrak{e}$ zunimmt.

Da die Feldstärke in den stärksten, technisch herstellbaren Feldern stets klein ist gegenüber den in den Atomen oder Molekülen selbst herrschenden Feldstärken, durch die ihre einzelnen Bestandteile zusammengehalten werden, wird die durch ein äußeres Feld bewirkte Verschiebung der Ladungsträger stets klein sein, und wir können daher, ohne einen merklichen Fehler zu begehen, sicherlich $\mathfrak{p}'$ proportional zu $\mathfrak{e}$ ansetzen, also schreiben

$$\mathfrak{p}' = \alpha\,\mathfrak{e}, \tag{1}$$

worin α eine von der besonderen Bauart des betrachteten Atoms bzw. Moleküls abhängige Konstante ist, die wir als seine „*Polarisierbarkeit*" bezeichnen wollen.

---

[1] Vgl. „Exp.-Physik", § 58.

Sie hängt im allgemeinen auch noch von der Orientierung des Atoms gegenüber dem Felde ab.

In erster Näherung kann man die elektrische Wirkung des polarisierten Teilchens sicherlich der eines einfachen elektrischen Dipols mit dem Moment $\mathfrak{p}'$ gleichsetzen. Ist e die Summe der in dem Teilchen enthaltenen positiven Ladungen und $-e$ die der negativen (das Teilchen als Ganzes sei elektrisch neutral vorausgesetzt), dann können wir demnach wegen (4) § 42 setzen:

$$\mathfrak{p}' = e\,\mathfrak{r}, \tag{2}$$

worin $\mathfrak{r}$ den fiktiven Abstand der beiden Ladungen $+e$ und $-e$ des Dipols bedeutet. Da der Dipol durch die Wirkung des Feldes hervorgerufen ist, bezeichnen wir ihn als einen „induzierten Dipol“.

Aus (1) und (2) folgt

$$\mathfrak{r} = \frac{\alpha}{e} \cdot \mathfrak{e}. \tag{3}$$

Nun ist $e\,\mathfrak{e}$ die Kraft, mit der das Feld die beiden Bestandteile des Dipols auseinanderzieht. Ebenso groß und von entgegengesetztem Vorzeichen muß aber, wenn Gleichgewicht herrschen soll, die Kraft $\mathfrak{k}$ sein, mit der diese beiden Bestandteile des Dipols aneinandergekettet sind. Aus (3) folgt für $\mathfrak{k}$

$$\mathfrak{k} = -e\,\mathfrak{e} = -\frac{e^2}{\alpha}\,\mathfrak{r}. \tag{4}$$

$\mathfrak{k}$ hat also im Sinne der Terminologie des § 19, 3. den Charakter einer „elastischen Kraft“. Um eine Verwechslung mit wirklichen elastischen Kräften zu vermeiden, spricht man hier meist von einer „quasielastischen Bindung“ der beiden Dipolbestandteile.

2. Feste Dipole. Wir betrachten nunmehr den Fall, wo auch im feldfreien Raum das elektrische Moment $\mathfrak{p}$ eines Atoms oder Moleküls nicht verschwindet. Wir können auch hier wieder das Feld eines Teilchens durch einen einfachen Dipol vom Moment $\mathfrak{p}$ erzeugt denken, das in erster Näherung vom äußeren Feld unabhängig ist; wir bezeichnen ihn daher als einen „festen Dipol“ oder „molekularen Dipol“.

Bringt man einen solchen molekularen Dipol in ein elektrisches Feld $\mathfrak{e}$, dann übt es auf ihn ein Drehmoment aus, das die Achse von $\mathfrak{p}$ in die Richtung von $\mathfrak{e}$ zu drehen sucht. Dieser Vorgang ist offenbar dem in § 57, 4. in der Theorie des Magnetismus behandelten vollkommen analog, und wir können daher, dem Beispiel von DEBYE folgend, die dort erhaltenen Resultate auf den vorliegenden Fall unmittelbar übertragen, wenn wir das magnetische Moment $\mathfrak{m}$ durch das elektrische Moment $\mathfrak{p}$ ersetzen und die magnetische Feldstärke $\mathfrak{h}$ durch die elektrische $\mathfrak{e}$.

Es ergibt sich so, daß das betrachtete Teilchen im zeitlichen Mittel ein in die Feldrichtung weisendes elektrisches Moment $\bar{\mathfrak{p}}''$ erhält, das der zu (22) § 57 analogen Formel

$$|\bar{\mathfrak{p}}''| = |\mathfrak{p}| \cdot L\,(a) \tag{5}$$

genügt, worin nach (16) § 57 gesetzt ist:

$$a = \frac{|\mathfrak{p}| \cdot |\mathfrak{e}|}{k\,T}. \tag{6}$$

Da hier eine „Richtungsquantelung“ nicht auftritt, sondern alle Dipolrichtungen im Raume zugelassen sind und da ferner, wie man durch Einsetzen der bekannten Zahlenwerte in (6) sieht, für alle technisch herstellbaren Feldstärken und normale Temperaturen die Größe a stets sehr klein ist, kann man statt (5) die aus (24) § 57 mit $\gamma = 1/3$ hervorgehende Formel

$$\bar{\mathfrak{p}}'' = \frac{|\mathfrak{p}|^2}{3\,k\,T} \cdot e \tag{7}$$

stets mit hinreichender Annäherung anwenden.

3. Statische Polarisierbarkeit und Dielektrizitätskonstante. Zur Berechnung der Polarisation, die infolge der Entstehung der induzierten und der Ausrichtung der festen Dipole in der untersuchten Substanz hervorgerufen wird, gehen wir folgendermaßen vor. Bedeutet $\bar{\mathfrak{p}}_r'$ den Mittelwert des induzierten Dipolmomentes und $\bar{\mathfrak{p}}_r''$ den Mittelwert des festen Momentes des r-ten Moleküls, dann kann man diese Formel in der Gestalt

$$\mathfrak{P} = \frac{1}{\delta V} \sum_r (\bar{\mathfrak{p}}_r' + \bar{\mathfrak{p}}_r'') \tag{8}$$

schreiben, worin die Summation über alle im Volumen δV enthaltenen Moleküle zu erstrecken ist.

Nennen wir wieder n die Zahl der als untereinander gleich angenommenen Moleküle in der Volumeneinheit und $\mathfrak{E}^*$ den Mittelwert von e, dann folgt aus (8) mit Benutzung von (1) und (7)

$$\mathfrak{P} = n\left(\alpha + \frac{\beta}{T}\right)\mathfrak{E}^*, \tag{9}$$

worin zur Abkürzung gesetzt ist

$$\beta = \frac{|\mathfrak{p}|^2}{3\,k}. \tag{10}$$

Die Größe

$$\hat{P} = N_0\left(\alpha + \frac{\beta}{T}\right) = \frac{n\,\mu}{\varrho}\left(\alpha + \frac{\beta}{T}\right) \tag{11}$$

wollen wir als die „*molare Polarisierbarkeit*" der Substanz bezeichnen; es bedeuten hierin: N_0 die LOSCHMIDTsche Zahl, μ das Molekulargewicht und ϱ die Dichte der Substanz. Durch Einführung von (11) in (9) nimmt diese Gleichung die folgende Gestalt an:

$$\mathfrak{P} = \frac{\hat{P}\,\varrho}{\mu} \cdot \mathfrak{E}^*. \tag{12}$$

Auf Grund der gleichen Überlegung, wie wir sie im Falle des Magnetismus in § 57, 2. durchgeführt haben, können wir schließen, daß $\mathfrak{E}^*$ aus der Feldstärke $\mathfrak{E}$ hervorgeht, wenn man die Feldstärke des LORENTZschen inneren Feldes $\frac{4\pi}{3}\,\mathfrak{P}$ zu ihr hinzufügt, so daß also gilt

$$\mathfrak{E}^* = \mathfrak{E} + \frac{4\pi}{3}\,\mathfrak{P}. \tag{13}$$

Aus (12) und (13) folgt nun durch Elimination von $\mathfrak{E}^*$

$$\mathfrak{P} = \varkappa\,\mathfrak{E}, \tag{14}$$

worin gesetzt ist

$$\varkappa = \frac{\hat{P}\,\varrho/\mu}{1 - \dfrac{4\pi}{3}\,\hat{P}\,\varrho/\mu}. \tag{15}$$

In Körpern, in denen die molekulare Polarisierbarkeit α von der Orientierung der Atome gegen die Feldrichtung unabhängig ist, ist $\hat{P}$ und damit auch $\varkappa$ von der Richtung von $\mathfrak{E}$ unabhängig, d. h. es ist eine skalare Konstante. Die Beziehung (14) ist dann identisch mit der auf Grund experimenteller Erfahrungen abgeleiteten Beziehung (18) §42 und $\varkappa$ ist nichts anderes als die „dielektrische Suszeptibilität". Aber auch dann, wenn α von der Orientierung der Moleküle gegen das Feld abhängig ist, jedoch die Moleküle alle möglichen Orientierungen gegen $\mathfrak{E}$

annehmen können, wie in Gasen und Flüssigkeiten oder in unkristallisierten Festkörpern, ist in (9) bzw. (11) für α der Mittelwert der Polarisierbarkeit über alle möglichen Richtungen einzusetzen, so daß auch dann $\varkappa$ wieder eine skalare Konstante wird.

In festen Körpern mit nicht symmetrischen Gitterbausteinen jedoch ist α von der Richtung des Feldes gegen die Kristallachsen abhängig, so daß $\varkappa$ den Charakter eines Tensors bekommt. Die Gleichung (14) verwandelt sich dann in die Gleichung (19) § 42, die die Grundlage der Elektrostatik und Optik der anisotropen Medien bildet.

Aus $\varkappa$ ergibt sich für die Dielektrizitätskonstante ε auf Grund ihrer Definitionsgleichung (24) § 42

$$\varepsilon = 1 + 4\pi\varkappa = \frac{1 + \dfrac{8\pi}{3}\dfrac{\hat{P}\varrho}{\mu}}{1 - \dfrac{4\pi}{3}\dfrac{\hat{P}\varrho}{\mu}}. \tag{16}$$

Löst man diese Gleichung nach $\hat{P}$ auf, so erhält man die Beziehung

$$\hat{P} = \frac{3}{4\pi} \cdot \frac{\mu}{\varrho} \cdot \frac{\varepsilon - 1}{\varepsilon + 2}, \tag{17}$$

aus der man die Molarpolarisation auf Grund von Messungen von ε berechnen kann.

In Substanzen, für die $\beta = 0$ ist, in denen also keine festen Dipole vorkommen, sollte nach (11) $\hat{P}$ und damit auch der Ausdruck auf der rechten Seite von (17) von der Temperatur unabhängig sein, was von der Erfahrung wirklich in weiten Grenzen bestätigt wird (LORENTZ-LORENZsches Gesetz).

In Substanzen, die feste Dipole enthalten, ist nach (11) $\hat{P}$ eine lineare Funktion von $1/T$, die man durch Messung der Temperaturabhängigkeit von ε aus (17) ermitteln kann. Hieraus lassen sich dann die Konstanten α und β berechnen und daraus folgen nach (10) die Momente der festen Dipole. Auch diese Folgerung aus der Theorie wird durch das Experiment vollinhaltlich bestätigt[1], und es ergeben sich für $|\mathfrak{p}|$ Werte in der Größenordnung 10^{-18}. Dies entspricht durchaus unseren Erwartungen, da ja $|\mathfrak{p}|$ von der Größenordnung: Elementarladung mal Moleküldurchmesser, also von der Größenordnung $10^{-10} \cdot 10^{-8} = 10^{-18}$ sein muß.

4. Die Molekularpolarisation in Wechselfeldern hoher Frequenzen. Die unter 3. angestellten Berechnungen über die Größe von $\hat{P}$ und ε gelten streng genommen nur für zeitlich unveränderliche Felder. Sie gelten aber auch sehr angenähert für zeitlich veränderliche Felder, solange die Zeiten, die notwendig sind, damit sich die molekularen Dipole orientieren können, die sogenannte „Einstellzeit" klein gegenüber jenen Zeitintervallen ist, in denen sich $\mathfrak{E}$ merklich ändert.

Bei sehr rasch veränderlichen Feldern jedoch, insbesondere bei Wechselfeldern hoher Frequenz, wie sie in den elektromagnetischen Wellenfeldern des sichtbaren Lichtes auftreten, ist diese Bedingung keineswegs erfüllt. Die Einstellung der festen Moleküldipole kommt dann infolge ihrer Trägheit überhaupt nicht mehr zustande, so daß in (11) $\beta = 0$ gesetzt werden kann. Aber auch die infolge der Verschiebbarkeit der Elektronen in den Atomen und Molekülen hervorgerufenen induzierten Polarisationen werden bereits wesentlich verändert, was sich darin äußert, daß die Größe α einen von dem statischen verschiedenen und von der Frequenz der Welle abhängigen Wert besitzt.

Um diesen Effekt zu berechnen, berufen wir uns zunächst auf den in § 30, 4. abgeleiteten allgemeinen Satz der Atommechanik, wonach sich der Schwerpunkt

---

[1] Vgl. „Exp.-Physik", § 66.

der Elektronenladungswolke gemäß den Bewegungsgleichungen der NEWTONschen Mechanik bewegt. Ersetzen wir daher wie in 1. das polarisierte Atom durch einen einfachen Dipol mit dem Moment (2), dann wird dieser, da seine Bestandteile gemäß (4) durch eine elastische Kraft verkettet sind, nach einer vorübergehenden äußeren Störung auf Grund der Entwicklungen in § 19, 3. eine harmonische Schwingung mit einer bestimmten Eigenfrequenz ω_0 ausführen.

Wir bringen nun das Atom in ein elektrisches Wechselfeld von der Frequenz ω und der Amplitude $\mathfrak{E}_0$, das wir in der Form

$$\mathfrak{E} = \mathfrak{E}_0\, e^{i\,\omega\,t} \tag{18}$$

ansetzen können. Der Dipol wird dann nach § 19, 6. darin eine erzwungene Schwingung mit der gleichen Frequenz ω ausführen. Wir wollen annehmen, daß die Dämpfung dieser Schwingung so gering ist, daß die Konstante β in der Bewegungsgleichung (30) § 19 gleich Null gesetzt werden kann. Nach (35) § 19 ist dann die Phasendifferenz zwischen der erzwungenen Schwingung und der elektrischen Feldstärke gleich Null oder π und wir können setzen:

$$\mathfrak{r} = \mathfrak{r}_0\, e^{i\,\omega\,t}. \tag{19}$$

Zwischen $\mathfrak{r}_0$ und $\mathfrak{E}_0$ besteht nach der Gleichung (33) § 19, da hierin die Kraftamplitude zu $\mathfrak{E}_0$ proportional ist und $\beta = 0$ zu setzen ist, eine Beziehung von der Gestalt

$$\mathfrak{r}_0 = C \cdot \frac{1}{\omega_0{}^2 - \omega^2}\, \mathfrak{E}_0. \tag{20}$$

Aus (18), (19) und (20) folgt

$$\mathfrak{r} = C \cdot \frac{1}{\omega_0{}^2 - \omega^2} \cdot \mathfrak{E}. \tag{21}$$

Setzt man dies in (2) ein, so folgt durch Vergleich mit (1) für die molekulare Polarisierbarkeit:

$$\alpha = A \cdot \frac{1}{\omega_0{}^2 - \omega^2}, \tag{22}$$

worin A eine von der Ladung und der Masse der Dipolbestandteile abhängige Konstante ist.

Da die Gültigkeit der Gleichung (1) und damit auch die der ganzen vorstehenden Überlegung an die Bedingung geknüpft ist, daß α sehr klein sei, muß von vornherein dafür Sorge getragen werden, daß ω von ω_0 weit genug entfernt sei, da sonst der Nenner in (22) klein und daher α groß würde. Die Frequenz des elektrischen Feldes muß also genügend weit von der Eigenfrequenz des molekularen Dipols gehalten werden.

Die Verhältnisse sind in Wirklichkeit deshalb noch etwas komplizierter, weil, wie in § 59 noch gezeigt werden wird, einem durch ein äußeres Störungsfeld induzierten atomaren Dipol nicht eine einzige Eigenfrequenz ω_0, sondern eine ganze Reihe von Eigenfrequenzen ω_1, ω_2, ... zukommt, die nach Maßgabe der Übergangswahrscheinlichkeiten w_{0_1}, w_{0_2}, w_{0_3},... des Atoms aus dem Normalzustande 0 in die „angeregten Zustände" 1, 2, 3, ... in Erscheinung treten. Dies wirkt sich für den makroskopischen Beobachter so aus, als ob in der Substanz nicht eine, sondern eine Anzahl verschiedener Sorten atomarer Dipole mit den relativen Häufigkeiten w_{0_1}, w_{0_2}, w_{0_3},... und den Eigenfrequenzen ω_1, ω_2, ω_3, ... enthalten wären. An Stelle von (22) ist daher zu setzen:

$$\alpha = \frac{A_1\, w_{0_1}}{\omega_1{}^2 - \omega^2} + \frac{A_2\, w_{0_2}}{\omega_2{}^2 - \omega^2} + \cdots = \frac{f_1}{\omega_1{}^2 - \omega^2} + \frac{f_2}{\omega_2{}^2 - \omega^2} + \cdots, \tag{23}$$

wo wieder zu beachten ist, daß diese Formel nur dann gilt, wenn ω von den einzelnen Resonanzstellen ω_1, ω_2, ... genügend weit entfernt ist.

5. Theorie der normalen Dispersion. Wir nehmen nun an, daß das unter 4. betrachtete elektrische Wechselfeld von einer Lichtwelle herrührt, die wir durch einen durchsichtigen und isolierenden Körper hindurchschicken. Die durch die Formel (23) ausgedrückte Abhängigkeit der Größe α von der Frequenz ω der Lichtwelle muß sich in einer entsprechenden Abhängigkeit des $\hat{P}$ und daher auch der Dielektrizitätskonstante ε von ω auswirken. Damit ergibt sich aber auch gemäß der MAXWELLschen Relation (20) § 49 eine Abhängigkeit des Brechungsquotienten n von der Frequenz der Lichtwelle, eine Erscheinung, die, wie bekannt, tatsächlich beobachtet und als *„Dispersion"* des Lichtes bezeichnet wird.

Da in einer Welle sichtbaren Lichtes die Schwingungsphasen in Dimensionen von der Größenordnung der Atomabstände bereits wesentlich verschieden sind, sind die von den Nachbaratomen eines herausgegriffenen Atoms erzeugten elektrischen Felder, die sich zum inneren Feld zusammensetzen, nicht in Phase und heben einander daher im Mittel am Orte des herausgegriffenen Atoms auf, so daß wir die Feldstärke $\mathfrak{E}^*$ in (9) mit dem Felde $\mathfrak{E}$ der Lichtwelle gleichsetzen können. Daher können wir auch in (11) für α ohne weiteres den unter 4. abgeleiteten Ausdruck (23) einsetzen und erhalten, da gemäß der Überlegung im 2. Absatz von 4. $\beta = 0$ gilt

$$\hat{P}(\omega) = N_0 \left[\frac{f_1}{\omega_1{}^2 - \omega^2} + \frac{f_2}{\omega_2{}^2 - \omega^2} + \frac{f_3}{\omega_3{}^2 - \omega^2} + \cdots \right]. \tag{24}$$

Setzt man diesen Ausdruck in die Formel (16) ein, so erhält man mit Hilfe von (20) § 49 die gesuchte Abhängigkeit des n von ω, d. h. die Dispersionsformel.

Die Diskussion der Dispersionsformel erfolgt am besten an Hand einer graphischen Darstellung der Funktion (24), wie sie für bestimmte Werte der Konstanten durch die Abb. 125 gegeben wird.

Wir nehmen an, daß die untersuchte Substanz im Gebiet der sichtbaren Wellen keine Resonanzstelle besitzt, daß sich also das sichtbare Gebiet G, wie in der Abb. 125 angedeutet ist, zwischen den beiden Eigenfrequenzen ω_1 und ω_2 befindet. Wie man sieht, steigt dann innerhalb von G die Polarisierbarkeit $\hat{P}$ mit wachsender Frequenz an. Da nach (16) (genügend kleines $\hat{P}$ vorausgesetzt) ε mit $\hat{P}$ monoton wächst, steigt auch ε und daher schließlich n monoton mit $\hat{P}$ an, d. h. der Brechungsquotient nimmt zu mit abnehmender Wellenlänge. Dieses Verhalten, das bei den meisten durchsichtigen Substanzen in der Tat beobachtet wird, wird

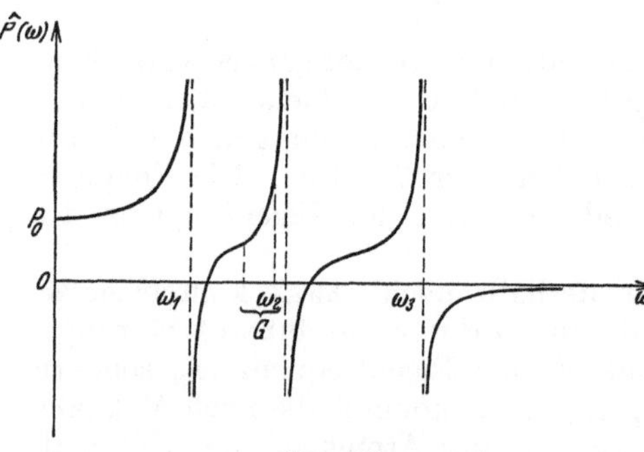

Abb. 125.

als *„normale Dispersion"* bezeichnet. Die Erscheinung der *„anomalen Dispersion"*, die dann auftritt, wenn sich im untersuchten Wellenlängengebiet Resonanzstellen der Dipolschwingungen befinden, kann hier nicht behandelt werden[1].

Für Gase, bei denen ϱ sehr klein ist und ε bzw. n sehr wenig von Eins verschieden sind, kann man die Dispersionsformel auf eine besonders einfache Form

---

[1] Über den experimentellen Nachweis der Dispersion und die Ermittlung der Dispersionskurve vgl. „Exp.-Physik", § 119; über die durch sie bewirkten Fehler der optischen Abbildung „Exp.-Physik", § 120; über ihre Verwendung zur Konstruktion von Spektralapparaten „Exp.-Physik", § 121.

bringen, indem man gemäß der Formel (16) ε nach Potenzen der kleinen Größe $\dfrac{\hat{P}\varrho}{\mu}$ entwickelt:

$$\varepsilon \sim \left(1 + \frac{8\,\pi}{3}\,\frac{\hat{P}\varrho}{\mu}\right)\left(1 + \frac{4\,\pi}{3}\,\frac{\hat{P}\varrho}{\mu}\right) \sim 1 + 4\,\pi\,\frac{\hat{P}\varrho}{\mu}. \tag{25}$$

Hieraus folgt

$$n = \sqrt{\varepsilon} \sim 1 + 2\,\pi\,\frac{\hat{P}\varrho}{\mu}. \tag{26}$$

Einsetzen von (24) in (26) ergibt

$$n = 1 + 2\,\pi\,N_0 \cdot \frac{\varrho}{\mu}\sum_j \frac{f_j}{\omega_j{}^2 - \omega^2}. \tag{27}$$

Eine Dispersionsformel von der Gestalt (27) ist zuerst auf Grund der alten mechanischen Äthertheorie von HELMHOLTZ und KETTELER abgeleitet worden, nach denen sie auch meist benannt wird. Sie läßt sich an der Erfahrung prüfen und kann dazu dienen, die in ihr enthaltenen, zunächst unbekannten Konstanten ω_j zu ermitteln[1].

Einundzwanzigstes Kapitel.
Theorie der Strahlung und der Spektren.
§ 59. Allgemeine Theorie der Spektren.

1. Die Strahlung bewegter Elektronen. In § 51 zeigten wir, wie sich das elektromagnetische Feld eines bewegten Elektrons aus seiner Ladungsdichte ϱ und seiner Stromdichte i und diese Größen wieder aus der SCHRÖDINGER-schen Wellenfunktion φ berechnen lassen. Da φ im allgemeinen von der Zeit explizite abhängt, hängen auch ϱ und i und damit die elektrischen Feldgrößen e und $\mathfrak{h}$ von der Zeit ab. Dies bewirkt aber nach § 48 die Entstehung einer elektromagnetischen Strahlung, die von den bewegten Elektronen als Strahlungsquellen ihren Ausgang nimmt. In den Entwicklungen der vorhergehenden Kapitel haben wir auf diese Strahlung und die durch sie bewirkte Energieänderung der bewegten Elektronen keine Rücksicht genommen. Dies soll nun in diesem Paragraphen nachgeholt werden, wobei wir uns auf die Betrachtung der Elektronen beschränken wollen, die in den Atomen und Molekülen der materiellen Körper sich bewegen und der Strahlung, die hierdurch hervorgerufenen wird.

Daß die in den Atomen umlaufenden Elektronen eine elektromagnetische Strahlung hervorrufen müssen, konnte bereits aus der klassischen Elektronentheorie von LORENTZ (vgl. § 2, 3.) gefolgert werden und es lag nahe, diese Strahlung mit der unter bestimmten Bedingungen auftretenden charakteristischen Strahlung des betreffenden Stoffes zu identifizieren und zu versuchen, die Struktur der „Spektren"[2] dieser Strahlung auf Grund bestimmter Annahmen über den Bau der Atome vorauszuberechnen. Abgesehen davon, daß es, wie in § 29, 1. bereits erwähnt wurde, nicht gelang, auf diese Weise von der Struktur der beobachteten Spektren Rechenschaft zu geben, liegt auch noch eine sehr wesentliche, prinzipielle Schwierigkeit vor. Nach der LORENTZschen Theorie müßte nämlich ein Atomelektron während seiner Bewegung ständig elektromagnetische Strahlung aussenden und daher ständig Energie verlieren. Dies müßte dazu führen, daß in kürzester Zeit alle Elektronen des Atoms ihre

---

[1] Vgl. „Exp.-Physik", § 119.

[2] Über die experimentellen Methoden zur Untersuchung von „Emissionsspektren" vgl. „Exp.-Physik", § 136.

kinetische Energie einbüßen und daher das Atom in sich zusammenstürzt, so wie die Planeten in die Sonne stürzen müßten, wenn sie ihre kinetische Energie verlieren würden.

Um dieser Schwierigkeit zu entgehen, stellte BOHR seiner in § 29, 1. formulierten Hypothese der stationären Zustände die weitere Hypothese zur Seite, daß im Widerspruch mit den Sätzen der klassischen Elektrodynamik ein in einer *stationären* Bahn im Atom umlaufendes Elektron *keine* Strahlung aussenden soll. Beim *Übergang* oder „*Sprung*" von einer stationären Bahn höherer Energie zu einer anderen mit niedrigerer Energie soll jedoch Strahlung ausgesendet werden, derart, daß die Abnahme der Energie des Elektrons gerade gleich ist der Energie der ausgesandten Strahlung. Zur Berechnung der Frequenz ν der ausgesandten Strahlung führte BOHR die nach ihm benannte Beziehung ein, wonach die oben erwähnte Energie gleich $h\nu$ sein soll (h PLANCKsches Wirkungsquantum). Zur angenäherten Berechnung der Intensität und des Polarisationszustandes der Strahlung wurde das *Korrespondenzprinzip* herangezogen.

Wesentlich einfacher und befriedigender gestaltet sich die Theorie der Strahlung der Atome nach SCHRÖDINGER durch die Einführung der Quantenmechanik. Wie im ersten Absatz bereits angedeutet wurde und im folgenden näher ausgeführt werden soll, liefern die auf der Grundlage dieser Theorie berechneten Ladungs- und Stromdichten der Atomelektronen gemäß den im § 48 entwickelten Grundsätzen ohne weitere Zusatzannahmen die Frequenzen, Intensitäten und Polarisationsverhältnisse, also alle Einzelheiten der Struktur der Spektren der ausgesandten Strahlung in Übereinstimmung mit der Beobachtung.

2. Das Emissionsspektrum eines strahlenden Atomelektrons. Zunächst läßt sich die vom Standpunkte der BOHRschen Theorie unverständliche Forderung, daß die Atome in den stationären Zuständen nicht strahlen sollen, vom Standpunkte der Quantenmechanik unmittelbar verstehen. Da gemäß den Formeln (8) § 51 und (9) § 51 in diesem Falle ϱ und i von der Zeit unabhängig sind, ist auch das elektromagnetische Feld des Elektrons zeitunabhängig, eine elektromagnetische Strahlung tritt also in der Tat nicht auf.

Das Atom kann demnach nur strahlen, wenn es sich in einem nichtstationären Zustande befindet. Für einen solchen läßt sich nach (8) § 30 die Wellenfunktion φ durch Entwicklung nach den Eigenfunktionen ψ_k in der Form

$$\varphi = \sum_{k=1}^{\infty} c_k \, e^{\frac{2\pi i}{h} E_k t} \, \psi_k \,(x, y, z) \tag{1}$$

schreiben. Streng genommen müßte man nun aus (1) ϱ und i als Funktionen von x, y, z und t und hieraus das Strahlungsfeld berechnen. Sieht man jedoch von feineren Details ab, dann genügt es, die Bewegung des Schwerpunktes der Dichteverteilung ϱ zu untersuchen, in dem man sich die Ladung des Elektrons konzentriert denkt, und dann die hierdurch bewirkte Strahlung.

Nach (14) § 30 gilt für den Radiusvektor $\bar{\mathfrak{r}}$ des Schwerpunktes die Formel

$$\bar{\mathfrak{r}} = \int\int\int \mathfrak{r} \cdot \varphi \, \varphi^* \, dV. \tag{2}$$

Setzt man hierin aus (1) ein, so ergibt sich

$$\bar{\mathfrak{r}} = \int\int\int \sum_{k,\,l=1}^{\infty} \mathfrak{r} \cdot c_k \, c_l^* \, e^{\frac{2\pi i}{h}(E_k - E_l)t} \, \psi_k \, \psi_l^* \, dV. \tag{3}$$

Nach (19) § 29 folgt hieraus für die x-Komponente des Schwerpunktes

$$\bar{x} = \sum_{k,l=1}^{\infty} x_{kl} \cdot c_k c_l^* \, e^{\frac{2\pi i}{h}(E_k - E_l)t}, \tag{4}$$

worin die x_{kl} die Elemente der Koordinatenmatrix x sind; analoge Ausdrücke gelten für $\bar{y}$ und $\bar{z}$.

Faßt man in der Summe in (4) die zwei Glieder zusammen, die durch Vertauschung der Indizes k, l auseinander hervorgehen, dann ergibt sich infolge der Gültigkeit der Gleichungen (20) § 29

$$c_k c_l^* \, x_{kl} \, e^{\frac{2\pi i}{h}(E_k - E_l)t} + c_l c_k^* \, x_{lk} \, e^{\frac{2\pi i}{h}(E_l - E_k)t} =$$
$$= c_k c_l^* \, x_{kl} \, e^{\frac{2\pi i}{h}(E_k - E_l)t} + c_k^* c_l \, x_{kl}^* \, e^{-\frac{2\pi i}{h}(E_k - E_l)t}. \tag{5}$$

Setzt man hierin
$$c_k c_l^* \cdot x_{kl} = a_{kl} \, e^{i\gamma_{kl}},$$

worin γ_{kl} eine uns nicht weiter interessierende reelle Konstante bedeutet und

$$a_{kl} = |c_k c_l^* \, x_{kl}| = |c_k| \, |c_l| \cdot |x_{kl}| \tag{6}$$

gesetzt ist, dann erhält man weiter, da der zweite Term auf der rechten Seite von (5) zum ersten konjugiert komplex ist:

$$a_{kl}\left\{ e^{i\left[\gamma_{kl} + \frac{2\pi}{h}(E_k - E_l)t\right]} + e^{-i\left[\gamma_{kl} + \frac{2\pi}{h}(E_k - E_l)t\right]} \right\} =$$
$$= 2 a_{kl} \cos(\omega_{kl} t + \gamma_{kl}) = a_{kl} \cos(\omega_{kl} t + \gamma_{kl}) + a_{lk} \cos(\omega_{lk} t + \gamma_{lk}), \tag{7}$$

worin gesetzt ist
$$\frac{|E_k - E_l|}{h} = \frac{\omega_{kl}}{2\pi} = \nu_{kl}. \tag{8}$$

$\bar{x}$ berechnet man nach (4) durch Summation der Ausdrücke (7) über alle möglichen Werte von k, l in der Form

$$\bar{x} = \sum_{k,l=1}^{\infty} a_{kl} \cos(\omega_{kl} t + \gamma_{kl}) \tag{9}$$

und analoge Ausdrücke gelten für $\bar{y}$ und $\bar{z}$. Das bedeutet, daß der Schwerpunkt eine Bewegung ausführt, die durch die Überlagerung von harmonischen Schwingungen mit den Frequenzen ν_{kl}, den Phasenkonstanten γ_{kl} und den Amplituden a_{kl} erzeugt ist.

Wir ordnen nun, da die positive Gesamtladung des Atomkernes absolut genommen ebenso groß ist wie die negative Gesamtladung der Hüllenelektronen, jedem Elektron in der Lage $\bar{\mathfrak{r}}$ eine entgegengesetzte und gleiche im Kern ($\mathfrak{r} = 0$) ruhende Ladung zu, so daß beide zusammen einen Dipol vom Moment [(4) § 42]

$$\mathfrak{p} = e\,\bar{\mathfrak{r}} \tag{10}$$

bilden mit den Komponenten

$$\mathfrak{p}_x = e\bar{x}, \quad \mathfrak{p}_y = e\bar{y}, \quad \mathfrak{p}_z = e\bar{z}. \tag{11}$$

Einer jeden Partialschwingung ν_{kl} von (9) entspricht vermöge (6) und (11) ein in der Richtung der x-Achse harmonisch schwingender elektrischer Dipol vom Moment

$$\mathfrak{p}_{kl} = e \cdot a_{kl} \cos(\omega_{kl} t + \gamma_{kl}) = e\,|c_k|\,|c_l| \cdot |x_{kl}| \cos(\omega_{kl} t + \gamma_{kl}). \tag{12}$$

In §48, 3. wurde allgemein gezeigt, wie man das elektromagnetische Wellenfeld eines zeitlich veränderlichen elektrischen Dipols berechnet, insbesondere im Hinblick auf den Polarisationszustand und die Richtungsabhängigkeit der Intensität der von ihm ausgesandten Strahlung. Für die elektromagnetische Energie ε, die in einer im Verhältnis zur Schwingungsdauer langen Zeit t ausgestrahlt wird, fanden wir für den harmonisch schwingenden Dipol die Formeln (26) § 48 und (27) § 48. Wie aus dem Vergleich der Formel (12) und der Formel (23) § 48 hervorgeht, haben wir darin statt p_0 zu setzen: $e \, |c_k| \, |c_l| \cdot |x_{kl}|$ und erhalten daher

$$\varepsilon_{kl} = \frac{p_0^2 \, \omega_{kl}^4}{3 \, c^3} \, t = \frac{e^2 \, \omega_{kl}^4}{3 \, c^3} \, |c_k|^2 \cdot |c_l|^2 \cdot |x_{kl}|^2 \cdot t. \tag{13}$$

Die analog für $\bar{y}$ und $\bar{z}$ auszuführenden Rechnungen ergeben, daß jeder Partialschwingung ν_{kl} außer (12) noch je ein in der y- bzw. z-Richtung schwingender Dipol entspricht, deren Gesamtstrahlungen man erhält, wenn man in (13) $|x_{kl}|^2$ durch $|y_{kl}|^2$ bzw. $|z_{kl}|^2$ ersetzt.

Zusammengefaßt lautet demnach das Resultat der oben ausgeführten Berechnungen: Die von einer nichtstationären Ladungsverteilung in einem Atom ausgesandte Strahlung besteht aus einer diskreten Schar von einzelnen Frequenzen ν_{kl}, die sich aus den Energieeigenwerten nach der Formel (8) berechnen lassen; sie hat also ein „*Linienspektrum*"[1]. Die relativen Intensitäten der einzelnen Spektrallinien ergeben sich durch Addition der Ausdrücke (13) und der entsprechenden für die y- und die z-Komponenten, wenn man den gemeinsamen, universellen Faktor als unwesentlich fortläßt:

$$I_{kl} = |c_k|^2 \cdot |c_l|^2 \, (|x_{kl}|^2 + |y_{kl}|^2 + |z_{kl}|^2) \, \nu_{kl}^4. \tag{14}$$

Ihr Polarisationszustand ergibt sich, wenn man bedenkt, daß sie durch Überlagerung der Strahlung dreier in den drei Koordinatenrichtungen schwingender elektrischer Dipole zustandekommt, deren relative Intensitäten sich wie die Normen der entsprechenden Elemente der Koordinatenmatrizen x, y, z verhalten.

3. Die statistische Deutung der Strahlungsformeln. Die unter 2. abgeleiteten Gesetzmäßigkeiten über die Emissionsspektren gewannen wir dadurch, daß wir der Wellenfunktion (1) jedes Atomelektrons eine kontinuierliche Ladungsdichte zuordneten und deren elektromagnetisches Feld berechneten. Dieser Kontinuumauffassung stellen wir nun die im Kapitel X vertretene statistische Auffassung gegenüber, der gemäß (§ 30, 3.) $\varphi\varphi^*$ als die Wahrscheinlichkeitsdichte für die Lage des Elektrons im Punkte $\mathfrak{r}\,(x, y, z)$ zur Zeit t gedeutet wurde und $\bar{\mathfrak{r}}$ als die mittlere Lage in einem Kollektiv von Teilchen unter den gleichen äußeren Bedingungen. Ist diese Auffassung richtig, woran gemäß den Ausführungen im Kapitel II kaum zu zweifeln ist, dann kann nicht erwartet werden, daß ein individuelles Atomelektron bei seiner Bewegung in einem nichtstationären Zustand ein Spektrum der beschriebenen Art aussende. Dieses kommt vielmehr erst durch die Zusammenwirkung der Strahlungen einer großen Menge gleichartiger Atome zustande. Daß die abgeleiteten Gesetzmäßigkeiten, wie in § 60 noch an einzelnen Beispielen gezeigt werden wird, mit dem Experiment so gut übereinstimmen, ist dem Umstande zu verdanken, daß eine außerordentlich große Zahl von Atomen zusammenwirken muß, um eine beobachtbare Strahlungsintensität zu erzeugen.

Wie man sieht, stimmt die oben erhaltene Formel (8) für die Frequenz der Emissionslinien vollkommen mit der unter 1. erwähnten BOHRschen Frequenzbedingung überein. Auf Grund dieser Tatsache beschreiben wir den Emissions-

---

[1] Vgl. „Exp.-Physik", § 139.

vorgang des einzelnen Atoms im Anschluß an die BOHRsche Hypothese folgendermaßen: Befindet sich das Atom in einem der ausgezeichneten Quantenzustände, dann strahlt es nicht. Beim Übergang eines Elektrons von einem Quantenzustand mit der Quantenzahl k und der Energie E_k in einen Quantenzustand mit der Quantenzahl l und der Energie $E_l < E_k$ wird die Energiedifferenz $E_k - E_l$ in der Form einer monochromatischen Strahlung von der Frequenz (8) ausgestrahlt.

Die Intensität der Spektrallinie ν_{kl} ergibt sich offenbar als das Produkt aus der Energie $E_k - E_l = h\,\nu_{kl}$ der Gesamtstrahlung des einzelnen Atoms beim Übergang vom Quantenzustand k in den Zustand l und der Anzahl dieser Übergänge pro Zeiteinheit. Die letztere Größe ist wiederum gleich dem Produkt aus der Anzahl n_k der Atome, die sich jeweils in dem „angeregten" Zustand k befinden, und der relativen Häufigkeit der aus diesem angeregten Zustande pro Zeiteinheit in den Zustand l übergehenden Atome, d. h. der „Übergangswahrscheinlichkeit pro Zeiteinheit" w_{kl} des betreffenden Überganges. Es gilt also

$$I_{kl} = n_k\, w_{kl} \cdot h\, \nu_{kl}. \tag{15}$$

Wir wollen nun annehmen, daß sich das betrachtete System in einem „stationären Anregungszustand" befindet, d. h. daß die Größen n_k von der Zeit unabhängig sind. Dies kann man erreichen, wenn man durch geeignete Einwirkung von außen[1] stets so viele Atome in den angeregten Zustand k bringt, als ihn in der gleichen Zeit infolge der Ausstrahlung verlassen. Offenbar wird dann w_{kl} und auch I_{kl} von der Zeit unabhängig.

Wir zeigten in § 30,.3., daß die Größen $|c_k|^2$, d. h. die Normen der Entwicklungskoeffizienten in der Entwicklung (1) der Wellenfunktion φ nach den Eigenfunktionen ψ_k gleich den Wahrscheinlichkeiten dafür sind, das betrachtete System zum betreffenden Zeitpunkte im k-ten Quantenzustande anzutreffen. Wegen der angenommenen Stationarität sind die $|c_k|^2$ von der Zeit unabhängig und den Größen n_k proportional. Da auch die Elemente der Koordinatenmatrix zeitunabhängig sind, ist nach (14) im Einklang mit der oben angestellten Schlußfolgerung I_{kl} von der Zeit unabhängig und der Vergleich von (14) und (15) ergibt, daß für die Übergangswahrscheinlichkeit w_{kl} die Beziehung

$$w_{kl} = C \cdot |c_l|^2 \left(|x_{kl}|^2 + |y_{kl}|^2 + |z_{kl}|^2 \right) \nu_{kl}{}^3 \tag{16}$$

gelten muß, worin C eine universelle Konstante bedeutet.

Der Faktor $|c_l|^2$ in (16) gibt gemäß dem eben Gesagten die relative Anzahl der Atome des Systems, die sich unter der Voraussetzung der Stationarität jeweils im Endzustand l des Überganges $k \to l$ befinden. Er ist also ein Maß für die „Anregbarkeit" dieses Zustandes unter den gegebenen äußeren Anregungsbedingungen. Sein Auftreten in der Formel (16) zeigt, in welcher Weise diese äußere Einwirkung für die Übergangswahrscheinlichkeiten verantwortlich ist. Man spricht daher auch von einer durch die äußere Anregung „*induzierten*" Übergangswahrscheinlichkeit.

Der von den äußeren Anregungsbedingungen unabhängige dritte Faktor in (16) setzt offenbar in Evidenz, mit welcher Wahrscheinlichkeit der betreffende Übergang allein auf Grund der im Innern des Atoms herrschenden Verhältnisse, d. h. ohne äußere Einwirkung oder „spontan" vor sich geht. Er wird daher auch als „*spontane*" Übergangswahrscheinlichkeit bezeichnet. Wie aus (16) und (8) hervorgeht, ist die spontane Übergangswahrscheinlichkeit nur von den Elementen der Koordinaten- und der Energiematrix abhängig. Auf die Tatsache, daß ein solcher Zusammenhang besteht, haben wir übrigens bereits in § 30, 3. aufmerksam gemacht.

---

[1] Über die Methoden zur Anregung der Strahlung vgl. „Exp.-Physik", § 134.

4. Die Absorption von Strahlung durch ein Atom. In § 48, 5. zeigten wir, daß ein Körper mit elektrischer Leitfähigkeit eine durch ihn hindurchgehende elektromagnetische Strahlung teilweise absorbiert. Gemäß der dortselbst abgeleiteten Formel (40) hängt der Absorptionskoeffizient von der Leitfähigkeit σ und von der Dielektrizitätskonstante ε ab und ändert sich wegen der Abhängigkeit des ε von der Frequenz (der Dispersion § 58, 5.) stetig mit der Wellenlänge; die Substanz besitzt daher ein *„kontinuierliches Absorptionsspektrum"*[1].

Zu dieser Absorption, die durch die Aufnahme von elektromagnetischer Energie durch die Leitungselektronen (bzw. durch andere freie Ladungsträger) bedingt ist, tritt noch eine weitere Absorption hinzu, die dadurch entsteht, daß die in den Atomen und Molekülen gebundenen Elektronen aus der Strahlung Energie aufnehmen, ein Vorgang, der auch bei nicht leitfähigen Substanzen erfolgen muß. Um die Struktur der hierdurch hervorgerufenen Absorptionsspektren aufzufinden, stellen wir die folgende Überlegung an:

Aus den Entwicklungen unter 2. geht hervor, daß die einem Atomelektron entsprechende Ladungsverteilung in einem nichtstationären Zustand sich wie ein System linearer Oszillatoren mit den Eigenfrequenzen (8) verhält. In § 19, 6. zeigten wir nun, daß ein harmonischer Oszillator unter der Wirkung eines äußeren periodischen Kraftfeldes eine erzwungene Schwingung ausführt, deren Amplitude im Resonanzfalle ein Maximum ist. Für den Fall, wo die Dämpfung des Oszillators klein ist, ist die Resonanzkurve sehr steil. Die Amplitude der erzwungenen Schwingung und daher auch die Energieaufnahme durch den Oszillator ist demnach klein, solange die aufgezwungene Frequenz von der Eigenfrequenz wesentlich verschieden ist. Nur wenn die aufgeprägte Frequenz in unmittelbare Nähe der Eigenfrequenz liegt, ist die Amplitude der Schwingung und daher auch die Energieaufnahme durch den Oszillator groß. Bei starker Dämpfung hingegen ist die Resonanzkurve flach und der Oszillator wird daher in einem mehr oder weniger breiten kontinuierlichen Frequenzbereich Energie aufnehmen.

In dem vorliegenden Fall erfolgt die Dämpfung der Schwingungen der dem Atomelektron zugeordneten Ladungswolke einerseits dadurch, daß sie, wie wir unter 2. zeigten, bei ihrer Schwingung wie ein schwingender elektrischer Dipol Energie ausstrahlt (sogenannte *„Strahlungsdämpfung"*) und anderseits dadurch, daß durch Stöße des angeregten Atoms gegen nichtangeregte auf diese Energie übertragen wird (sogenannte *„Stoßdämpfung"*). Die letztere ist beträchtlich, wenn die Atome in dem betreffenden Körper sehr dicht gelagert sind, wenn er sich also im festen oder flüssigen Aggregatzustande befindet und vernachlässigbar klein, wenn die Zusammenstöße der Atome selten erfolgen, wenn sich der Körper im gasförmigen Zustande befindet.

Im zweiten Fall absorbiert das Atom, wie aus den angestellten Betrachtungen hervorgeht, aus dem Strahlungsfeld Energie nur dann merklich, wenn dessen Frequenz einer der Eigenfrequenzen (8) benachbart ist. Geht also eine Strahlung mit kontinuierlichem Spektrum durch ein Gas hindurch, so werden hieraus nur die Frequenzen (8) absorbiert, wir erhalten also ein *„Linienabsorptionsspektrum"*[2]. Die Frequenzen der Absorptionslinien stimmen, wie man sieht, mit den entsprechenden Frequenzen des Emissionsspektrums überein, eine Tatsache, von der in der Spektralanalyse ausgedehnter Gebrauch gemacht wird[3]. Beim Durchgang des Lichtes durch feste und flüssige Körper hingegen treten wegen der

---

[1] Vgl. „Exp.-Physik", § 138.
[2] Über die experimentellen Methoden zur Untersuchung der Absorptionsspektren vgl. „Exp.-Physik", § 137.
[3] Vgl. „Exp.-Physik, § 139.

starken Stoßdämpfung in der Regel statt der Absorptionslinien mehr oder weniger breite „*Absorptionsbänder*" auf.

Die in § 58, 4. und § 58, 5. eingeführten „Eigenfrequenzen" sind nach den vorstehenden Darlegungen offenbar mit den Absorptionsfrequenzen identisch. Wir zeigten dortselbst, daß die Substanz in jedem Frequenzbereich normale Dispersion aufweist, der so weit von den Eigenfrequenzen entfernt ist, daß die Dämpfung der Oszillatoren vernachlässigt werden kann. Wir können diese Bedingung nunmehr schärfer präzisieren: Normale Dispersion tritt in den Frequenzbereichen auf, in welchen die Substanz keine merkliche Absorption besitzt; innerhalb der Absorptionsstreifen tritt anomale Dispersion auf. Einen weiteren Beweis für die Richtigkeit der Theorie bildet die Tatsache, daß die aus Dispersionsmessungen vermöge der Formel (27) § 58 ermittelten Eigenfrequenzen wirklich mit den beobachteten Absorptionsfrequenzen übereinstimmen[1].

5. Die statistische Deutung des Absorptionsvorganges. Die Tatsache, daß die Emissions- und die Absorptionsfrequenzen beide durch die Formel (8) dargestellt werden, die in bezug auf die beiden Indizes k und l vollkommen symmetrisch ist, legt es nahe, den Absorptionsvorgang statistisch als genaue Umkehrung des Emissionsvorganges anzusehen, wie es auch bereits die alte BOHRsche Theorie angenommen hatte; der elementare Absorptionsakt besteht demnach aus dem Übergang eines Atomelektrons aus einem Quantenzustand mit der Quantenzahl k und der Energie E_k in einen höheren Quantenzustand der Quantenzahl l und der Energie $E_l > E_k$, wobei die Energiedifferenz $E_l - E_k$ aus dem Strahlungsfeld aufgenommen wird und zwar nur dann, wenn die Frequenz ν_{kl} der Strahlung der Gleichung (8) genügt.

Sind keine anderen äußeren Anregungsquellen vorhanden und ist die auffallende Strahlung nicht sehr stark, dann werden sich mit verschwindend wenigen Ausnahmen sämtliche Atome in einem Zustand mit der niedrigsten möglichen Quantenzahl, dem „*Grundzustand*" oder dem „*unangeregten*" Zustande befinden, dem wir die Energie E_0 zuschreiben. Es werden daher auch mit verschwindend wenigen Ausnahmen alle durch die Strahlung angeregten Übergänge aus dem Grundzustand in einen der höheren Zustände mit den Energien E_1, E_2, E_3, ... erfolgen, denen wir nach (8) die Frequenzen ν_1, ν_2, ... gemäß

$$\nu_k = \frac{\omega_k}{2\pi} = \frac{E_k - E_0}{h} = \frac{A_k}{h} \tag{17}$$

zuordnen. Aus den Linien mit diesen Frequenzen besteht demnach das normale Absorptionsspektrum einer Substanz im gasförmigen Zustand.

Die Größe $A_k = E_k - E_0$ nennen wir die „*Anregungsarbeit*" des k-ten Quantenzustandes, da ja gerade die Arbeit A_k an dem Atom geleistet werden muß, um es aus dem unangeregten Zustand in den betreffenden angeregten zu bringen. Sie kann nach der von FRANCK und HERTZ entwickelten „Elektronenstoßmethode" experimentell ermittelt werden, welche direkt die Spannung V_k liefert, die ein Elektron durchlaufen muß, damit seine Energie gerade zur Anregung des k-ten Quantenzustandes ausreicht. V_k wird daher als „*Anregungsspannung*" bezeichnet. Nach (12) § 42 besteht zwischen V_k und A_k die einfache Beziehung

$$A_k = V_k \cdot e, \tag{18}$$

worin e die Elementarladung bezeichnet. Die Größe A_∞ nennen wir die „*Ionisierungsarbeit*", die entsprechende Größe V_∞ die „*Ionisierungsspannung*" des Atoms deshalb, weil die Energie A_∞ gerade ausreicht, um das Elektron von

---

[1] Vgl. „Exp.-Physik" §§ 119 und 139.

seinem Atom vollständig zu entfernen, dieses also zu „ionisieren". Gemäß (17) entspricht diesem Anregungszustand die kurzwelligste Absorptionslinie V_∞.[1]

Da offenbar auch alle Zustände möglich sind, bei denen das Elektron vom Atom vollkommen getrennt ist und außerdem eine beliebig große kinetische Energie hat, müssen im Absorptionsspektrum auch sämtliche Frequenzen auftreten, die einer Energiedifferenz $E_k - E_0 > A_\infty$ entsprechen. An die Grenzfrequenz des Linienabsorptionsspektrums schließt sich demnach ein kontinuierliches Absorptionsspektrum an, dessen langwellige Grenze, die „*Absorptionsbandkante*", mit ν_∞ zusammenfällt[2].

Für den Betrag der Energie I_k, die von einem Körper pro Zeiteinheit durch Absorption aus einer monochromatischen Strahlung der Frequenz ν_k aufgenommen wird, gilt auf Grund des geschilderten Absorptionsmechanismus die Formel

$$I_k = n_0 w_{0k} \cdot h \nu_k, \tag{19}$$

worin n_0 die Anzahl der im Grundzustand befindlichen Atome (d. h. praktisch die Gesamtzahl der Atome) und w_{0k} die Übergangswahrscheinlichkeit pro Zeiteinheit aus dem Grundzustand in den Zustand k bedeutet.

Da, wie gesagt, der Absorptionsvorgang die genaue Umkehrung des Emissionsvorganges ist, müssen wir annehmen, daß auch die Formel (16) für die Übergangswahrscheinlichkeit ebenso wie für die Emission auch für die Absorptionsprozesse gültig bleibe. Für w_{0k} gilt daher eine Beziehung von der Gestalt

$$w_{0k} = C \cdot |c_k|^2 \left(|x_{0k}|^2 + |y_{0k}|^2 + |z_{0k}|^2 \right) \nu_k^3. \tag{20}$$

Die darin enthaltenen Größen $|c_k|$ sind nach (6) den Amplituden der entsprechenden Dipolschwingungen proportional. Diese sind nun gemäß der Formel (34) § 19 im Resonanzfalle den Amplituden der auf den Oszillator wirkenden äußeren Kraft proportional, d. h. den Amplituden der elektrischen Feldstärke des Strahlungsfeldes. Da nach § 48, 5. die Intensität I_k^0 der einfallenden Welle dem Quadrat der Amplitude der Feldstärke in der Welle proportional ist, gilt demnach: $|c_k|^2 \sim I_k^0$.

Unter Berücksichtigung dieses Umstandes folgt nun aus den Gleichungen (19) und (20)

$$\frac{I_k}{I_k^0} = A\,(\nu_k); \tag{21}$$

es wird also aus der auf den Körper auffallenden Strahlung stets ein bestimmter Bruchteil A absorbiert, den wir das „*Absorptionsvermögen*" des Körpers nennen. A hängt von dem durchstrahlten Volumen des Körpers ab und ist bei gegenseitiger Unabhängigkeit der Atome des Körpers der Zahl n_0 der in diesem Volumen enthaltenen Atome proportional; A hängt ferner von der Frequenz und von der Richtung der einfallenden Welle gegenüber den Koordinatenachsen und von dem Polarisationszustande derselben ab. Ist $A = 0$, dann ist der Körper für die betreffende Frequenz vollkommen *durchsichtig*, ist für alle Frequenzen $A = 1$, dann heißt der Körper *schwarz*, da er alle auftreffende Strahlung vollkommen absorbiert.

6. **Fluoreszenz und Phosphoreszenz.** Wie unter 5. bereits erwähnt wurde, werden durch die Absorption die Atome der absorbierenden Substanz von einem Grundniveau E_0 auf höhere Energieniveaus E_k gehoben, von denen sie zum Teil unter Aussendung von Strahlung wieder in tiefere Niveaus E_l zurückfallen. Sind die Übergangswahrscheinlichkeiten w_{kl} sehr groß, dann ist die

---

[1] Die Beschreibung der Elektronenstoßmethode und ihre wichtigsten Resultate, die eine volle Bestätigung der oben entwickelten Gedankengänge erbracht haben, findet man in „Exp.-Physik" § 114.

[2] Vgl. „Exp.-Physik" §§ 139 und 146.

Wahrscheinlichkeit, daß sich ein Atom noch längere Zeit nach erfolgter Anregung in dem angeregten Zustand befindet, sehr klein, so daß, wenn die Bestrahlung der Substanz unterbrochen wird, schon nach sehr kurzer Zeit alle Atome in den Grundzustand zurückkehren und die durch die Absorption angeregte Strahlungsemission verlischt: wir sprechen in diesem Falle von einem „*Fluoreszenzvorgange*". Ist hingegen w_{kl} sehr klein, dann werden noch längere Zeit nach Unterbrechung der Bestrahlung der Substanz Atome in dem angeregten Zustand zurückbleiben und die durch die Bestrahlung angeregte Emission klingt in meßbarer Zeit ab, die Substanz „leuchtet nach"; wir sprechen dann von einem „*Phosphoreszenzvorgang*"[1].

Erfolgt die Fluoreszenz- bzw. Phosphoreszenzanregung mit einer monochromatischen Strahlung der Frequenz v_k, dann wird durch sie das Atom auf das Niveau E_k gehoben. Es kann von da auf ein Niveau $E_l < E_k$ $(E_l > E_0)$ zurückfallen und sendet dabei nach (8) und (17) eine Strahlung von der Frequenz

$$v_{kl}' = \frac{E_k - E_l}{h} \leq v_k \tag{22}$$

aus. Das Fluoreszenz- bzw. Phosphoreszenzlicht hat also bei gasförmigen Körpern ein Linienspektrum, das alle Emissionslinien enthält, deren Frequenzen kleiner sind als die der anregenden Strahlung. Bei flüssigen und festen Körpern treten, wie in den Absorptionsspektren, statt der Linien breite Bänder auf, aber auch hier gilt der Satz, daß die Frequenzen im Fluoreszenzspektrum stets kleiner sind als die des anregenden Lichtes. Dies ist das „STOKES*sche Gesetz*" der Fluoreszenz, das durch die Erfahrung bestätigt wird[1].

Für $k = 1$ muß offenbar $l = 0$ sein und daher wird nach (22) $v' = v$. Das Fluoreszenzspektrum besteht in diesem Falle aus einer einzigen Linie, deren Frequenz gleich ist der Frequenz der anregenden Strahlung. Man nennt daher in diesem Falle die ausgesandte Strahlung häufig „*Resonanzstrahlung*" und die ihr entsprechende Spektrallinie die „*Resonanzlinie*" des Spektrums. Sie ist, wie man sieht, mit der langwelligsten der Absorptionslinien (17) identisch[1].

§ 60. Spezielle Probleme der Spektraltheorie.

1. Das Spektrum des Wasserstoffes. Auf Grund der allgemeinen Theorie, die wir in dem vorhergehenden Paragraphen auseinandergesetzt haben, wollen wir hier zunächst das Emissions- und Absorptionsspektrum des Wasserstoffes behandeln. Zur Berechnung der Frequenzen der Emissionslinien brauchen wir nach (8) § 59 zunächst die Kenntnis der Energieeigenwerte E_k.

Bekanntlich besteht das Wasserstoffatom aus einem Kern von der Ladung $+ e$, um den sich ein einziges Elektron der Ladung $- e$ unter der Wirkung der COULOMBschen Anziehungskraft vom Kern bewegt. Die quantenmechanische Behandlung dieser Bewegung haben wir in § 31, 3. vorgenommen und erhielten für die Energieeigenwerte die Formel (46) § 31, in der wegen der Kernladungszahl Eins $Z = 1$ zu setzen ist:

$$E_n = - \frac{2 \pi^2 m e^4}{h^2 n^2} \qquad n = 1, 2, 3, \ldots \tag{1}$$

Führen wir zur Abkürzung die universelle Konstante

$$\Re = \frac{2 \pi^2 m e^4}{h^3 c} = 109.737 \; \text{cm}^{-1} \tag{2}$$

ein, die als die „RYDBERG*sche Konstante*" bezeichnet wird, so können wir für

---

[1] Vgl. „Exp.-Physik", § 141.

die Wellenzahl v^* der durch den Übergang von der Quantenzahl n auf die Quantenzahl n' entstehenden Spektrallinie vermöge (8) §59 und (1) schreiben

$$v^* (n \to n') = \Re \cdot \left(\frac{1}{n'^2} - \frac{1}{n^2} \right). \tag{3}$$

Ordnen wir jedem Energieniveau mit der Quantenzahl n einen sogenannten „*Spektralterm*" von der Größe $\dfrac{\Re}{n^2}$ zu, dann erhält man also die Wellenzahlen der Spektrallinien einfach als Differenzen der Spektralterme von End- und Anfangsniveau.

Alle Spektrallinien, die zu einem und demselben Endniveau gehören, werden gewöhnlich zu einer „*Spektralserie*" zusammengefaßt. Gemäß (3) erhält man für den Wasserstoff die folgenden Serien:

$$\left.
\begin{aligned}
n' = 1, \quad n = 2, 3, 4, \ldots && v_n^* = \Re \cdot \left(1 - \frac{1}{n^2} \right) \\[2mm]
n' = 2, \quad n = 3, 4, 5, \ldots && v_n^* = \Re \cdot \left(\frac{1}{4} - \frac{1}{n^2} \right) \\[2mm]
n' = 3, \quad n = 4, 5, 6, \ldots && v_n^* = \Re \cdot \left(\frac{1}{9} - \frac{1}{n^2} \right) \\[2mm]
n' = 4, \quad n = 5, 6, 7, \ldots && v_n^* = \Re \cdot \left(\frac{1}{16} - \frac{1}{n^2} \right) \text{ usw.,}
\end{aligned}
\right\} \tag{4}$$

die in der Abb. 126 schematisch dargestellt sind.

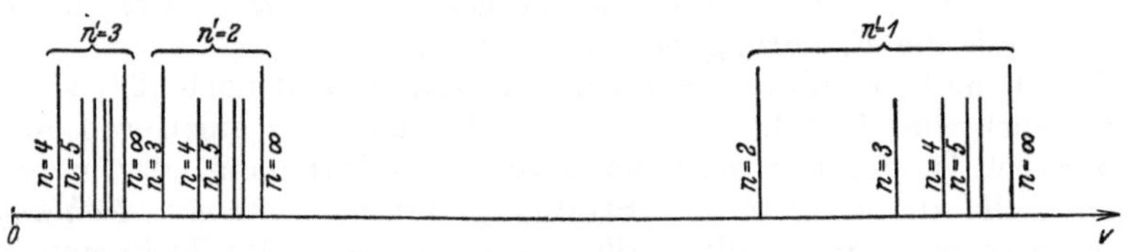

Abb. 126.

Innerhalb jeder Serie nimmt die Frequenz mit wachsender „Laufzahl" n zu und nähert sich für $n = \infty$ der Grenzfrequenz $v_\infty^* = \dfrac{\Re}{n'^2}$, die eine Häufungsstelle der Folge der v_n^* bildet. Die Grenzlinie v_∞ verdankt ihre Entstehung dem Übergang eines Elektrons aus praktisch unendlich großer Entfernung vom Kern mit der kinetischen Energie Null in den Zustand mit der Quantenzahl n'. Da offenbar auch alle Übergänge der gleichen Art möglich sind, bei denen die kinetische Energie des Elektrons einen beliebigen endlichen Betrag hat, folgt, daß auch alle Frequenzen ausgesendet werden, die größer sind als v_∞. An das kurzwellige Ende einer jeden Serie schließt sich demnach ein *kontinuierliches* Spektrum an.

Im kurzwelligsten Spektralgebiet liegt die Serie $n' = 1$, deren langwelligste Anfangslinie nach (4) die Wellenzahl $v^* = \Re \left(1 - \dfrac{1}{4} \right) = \Re \cdot \dfrac{3}{4}$ hat. Das kurzwellige Ende der Serie $n' = 2$ liegt bei $v^* = \Re \cdot \dfrac{1}{4}$; die sämtlichen Linien dieser Serie liegen also in einem langwelligeren Spektralgebiet als die der Serie $n' = 1$. Das gleiche gilt für die weiteren Serien $n' = 3$, $n' = 4$ usw.

Diese theoretischen Schlußfolgerungen werden durch das Experiment in der Tat in vollem Inhalte bestätigt. Die durch die Formel (4) dargestellten Spektralserien sind unter den Namen „LYMAN-", „BALMER-", „PASCHEN-" und „BRACKETT-Serie" bekannt, von denen die erste im Ultraviolett, die zweite zum Teil im

Sichtbaren, zum Teil im Ultravioletten, die weiteren im Ultraroten liegen. Die gemessenen Wellenzahlen stimmen mit den aus (4) mit Berücksichtigung des Wertes (2) für die RYDBERGsche Konstante berechneten Werten vollkommen überein[1].

Da der Zustand $n = 1$ der Grundzustand oder der unangeregte Zustand des H-Atoms ist, bilden die Linien der LYMAN-Serie als Absorptionslinien gleichzeitig das Absorptionsspektrum des Wasserstoffs auf Grund der Überlegung in § 59, 5., was ebenfalls durch die Erfahrung bestätigt wird. Aus der Wellenzahl der kurzwelligen Grenze dieses Spektrums $\nu_\infty^* = \Re$ ergibt sich gemäß (18) § 59 für die Ionisierungsspannung des H-Atoms der Wert $V_\infty = \dfrac{\Re c h}{e} = 13{,}53$ Volt ebenfalls in Übereinstimmung mit dem direkt gemessenen Wert dieser Größe[2]. An diese Grenze schließt sich dann, wie ebenfalls bereits besprochen wurde, das kontinuierliche Absorptionsgebiet an[1].

2. Die wasserstoffähnlichen Spektren. Wesentlich schwieriger als für den Wasserstoff gestaltet sich die Berechnung der Spektren für andere Atome, da hier, wie wir bereits in § 31, 4. bemerkten, auf jedes Elektron außer der Kraft vom Kern noch die Kräfte von den übrigen Elektronen wirken. Wir beschränken uns hier auf die Besprechung der Spektren von Atomen, bei denen die äußerste „Schale" der Elektronenhülle nur aus einem einzigen Elektron besteht, wie es beispielsweise bei den Alkalimetallen der Fall ist; sie sollen ferner durch den Übergang dieses äußeren „*Leuchtelektrons*" aus einem in einen anderen Quantenzustand entstehen.

Man kann in diesem Falle die Kraftwirkung der Elektronen der inneren Schale auf das Leuchtelektron in erster Näherung finden, indem man sich deren Ladung zu einer kontinuierlichen kugelsymmetrischen Ladungswolke verschmiert denkt, deren Mittelpunkt im Kern des Atoms ruht. Hat der Kern die Ladung eZ, dann hat die Ladungswolke die Gesamtladung $-e(Z-1)$, so daß sich das Leuchtelektron in erster Näherung so bewegt, als ob der Kern die Ladung e hätte und die übrigen Elektronen nicht vorhanden wären, d. h. ebenso wie im Wasserstoffatom. Es ist also zu erwarten, daß die so entstehenden Spektren „wasserstoffähnlich" sein werden.

Gemäß den Ausführungen unter 1. erhält man auch hier die Wellenzahlen der Spektrallinien als Differenzen je zweier Spektralterme, die aus den Energieeigenwerten durch Multiplikation mit $-1/hc$ hervorgehen (RITZsches Kombinationsprinzip). Nach dem oben Erwähnten sind diese Energieeigenwerte zwar nicht gleich denen des Wasserstoffatoms, wohl aber haben wir sie in der gleichen Größenordnung zu erwarten und daher muß auch das hier untersuchte Spektrum dem des Wasserstoffes ähnlich gebaut sein und auch im selben Spektralgebiet, d. h. zum Teil im Ultravioletten, zum Teil im Sichtbaren und zum Teil im Ultraroten liegen.

Während jedoch, wie in § 31, 3. gezeigt wurde, die Eigenwerte des Wasserstoffs entartet sind, ist dies bei dem allgemeineren, jetzt vorliegenden Problem nicht mehr der Fall. Nach § 31, 4. gehört vielmehr zu jedem Wertequadrupel der Quantenzahlen n, l, m, s im allgemeinen ein anderer Eigenwert $E(n, l, m, s)$, und daher sind auch die Spektralterme von einer weit größeren Mannigfaltigkeit als beim Wasserstoff.

Auf Grund der empirischen Analyse der Spektren[1] hat sich die Terminologie eingebürgert, einen Spektralterm, der zu $l = 0$ gehört, als einen „*S-Term*", einen zu $l = 1$ gehörigen als einen „*P-Term*", einen zu $l = 2$ gehörigen als

---

[1] Vgl. „Exp.-Physik", Kap. XXXV.
[2] Vgl. „Exp.-Physik", § 114.

einen „*D-Term*" und einen zu $l = 3$ gehörigen als einen „*F-Term*" zu bezeichnen. Die zu dem Term gehörige Hauptquantenzahl schreibt man vor den Termbuchstaben. Es bedeutet demnach $1S$ einen Term, der zu den Quantenzahlen $n = 1$, $l = 0$ gehört, $3P$ einen solchen der zu den Quantenzahlen $n = 3$, $l = 1$ gehört usw. Wegen der Gültigkeit der Beziehung (45) § 31 muß stets gelten

$$n \geq l + 1; \tag{5}$$

n kann also für einen S-Term alle Werte von 1 bis Unendlich haben, für einen P-Term jedoch muß $n \geq 2$, für einen D-Term $n \geq 3$, für einen F-Term $n \geq 4$ gelten usw.

Man sollte zunächst auf Grund des Kombinationsprinzips erwarten, daß im Emissionsspektrum eines Atoms der betrachteten Art alle Linien auftreten, deren Wellenzahlen sich aus der Kombination zweier beliebiger Spektralterme berechnen lassen. Dies ist jedoch nicht der Fall, weil gemäß der Intensitätsformel (14) § 59 nur jene Linien eine von Null verschiedene Intensität haben, bei denen die zugehörigen Elemente der Koordinatenmatrix von Null verschieden sind. Nun verschwinden gemäß § 31, 2. in der Koordinatenmatrix eines Rotators alle Elemente mit Ausnahme jener, die zu Übergängen gehören, bei denen sich l um eine Einheit ändert. Demnach kann ein S-Term nur mit einem P-Term, ein P-Term nur mit einem S- oder einem D-Term, ein D-Term nur mit einem P- oder einem F-Term kombinieren usw. Durch diese SOMMERFELDsche „*Auswahlregel*" ist die Anzahl der Linien wesentlich beschränkt.

Fassen wir wieder alle Linien, die zu einem und demselben Endzustand gehören, bei denen also der erste Term gemeinsam ist, zu einer Serie zusammen, so lassen sich auf Grund unserer Überlegungen die Wellenzahlen der Linien dieser Serien berechnen, wenn die Terme sämtlich bekannt sind.

Hat z. B. der Grundzustand des Leuchtelektrons die Quantenzahl $n' = 1$, dann gibt es für die in diesen Grundzustand mündenden Übergänge nur eine Serie, nämlich

$$n' = 1, \quad n = 2, 3, 4, \ldots, \quad l' = 0, \quad l = 1: \quad \nu^* = 1S - nP, \tag{6}$$

die als die „*Hauptserie*" oder „*Prinzipalserie*" bezeichnet wird (daher auch die Bezeichnung „P" für den Ausgangsterm). Beim Wasserstoff ist sie mit der LYMAN-Serie identisch.

Hat die Hauptquantenzahl des Leuchtelektrons den Wert $n' = 2$, dann gibt es für die in ihn mündenden Übergänge die folgenden Möglichkeiten:

$$\left. \begin{array}{l} n' = 2 \\ n = 3, 4, 5, \ldots \end{array} \right\} \left\{ \begin{array}{ll} l' = 0, \; l = 1 & \nu^* = 2S - nP \\ l' = 1, \; l = 0 & \nu^* = 2P - nS \\ l' = 1, \; l = 2 & \nu^* = 2P - nD \; \text{usw.} \end{array} \right\} \tag{7}$$

Von diesen Serien wird wieder die erste als die Hauptserie, die beiden anderen werden als die „*Nebenserien*" bezeichnet, und zwar als die „*II. oder scharfe Nebenserie*" und als die „*I. oder diffuse Nebenserie*" (daher wieder die Bezeichnungen „S" und „D" für die entsprechenden Terme). Beim Wasserstoff fallen alle drei Serien (7) in der BALMER-Serie zusammen.

Noch größer wird die Mannigfaltigkeit für $n' = 3, 4, \ldots$, wo außer den besprochenen noch weitere Serien von anderem Typus auftreten. Für eine Anzahl von Elementen ist es bisher gelungen, die Spektren zu entwirren und die Linien in Serien zu ordnen. Durch die Messung der Wellenzahlen ergeben sich dann die Werte der Spektralterme des betreffenden Atoms auf empirischem Wege, woraus man schließlich die Energieniveaus berechnen kann[1].

---

[1] Vgl. „Exp.-Physik", § 147.

Da der Grundzustand bei den Atomen der betrachteten Art stets ein S-Zustand ist, d. h. da ihm die Quantenzahl $l = 0$ zukommt, treten die Linien der Hauptserie gemäß der Überlegung in § 59, 5. auch in Absorption auf und bilden daher das Absorptionslinienspektrum der betreffenden Substanz im gasförmigen Zustand, an dessen kurzwellige Grenze sich das kontinuierliche Absorptionsspektrum anschließt.

Die Tatsache, daß auch noch die magnetische Quantenzahl m vermöge (48) § 31 alle möglichen Werte $m \leq l$ annehmen kann und nach § 31, 4. die Spinquantenzahl s die Werte $+\frac{1}{2}$ oder $-\frac{1}{2}$, bewirkt, daß jeder der oben eingeführten Terme selbst nicht einfach ist, sondern sich in eine Anzahl von allerdings untereinander wenig verschiedenen Termen „aufspaltet", da die zugehörigen Energieeigenwerte voneinander etwas verschieden sind. Daraus folgt, daß die Spektrallinien der besprochenen Serien in Wirklichkeit nicht einfach sind, sondern aus mehreren nahe benachbarten Linien bestehen; es treten sogenannte „*Dubletts*", „*Tripletts*", „*Quadrupletts*" usw. auf. Mit der Ableitung der für sie geltenden Gesetzmäßigkeiten können wir uns hier nicht befassen[1].

3. Röntgenspektren. Eine Ähnlichkeit mit dem Spektrum des Wasserstoffes haben auch jene Spektren, die dadurch entstehen, daß ein Elektron aus einem höheren Quantenzustand in eine der *inneren* Schalen der Elektronenhülle des Atoms zurückfällt. Da diese inneren Schalen jedoch im normalen Zustand des Atoms voll besetzt sind, ist ein solcher Übergang nur dann möglich, wenn durch einen entsprechenden Ionisationsprozeß vorher ein Elektron aus der betreffenden Schale entfernt wurde, so daß sein Platz frei geworden ist.

Ist auf diese Weise ein freier Platz in der K-Schale (vgl. § 31, 4.) geschaffen, der die Hauptquantenzahl $n = 1$ zukommt, dann können Spektrallinien durch den Übergang eines Elektrons aus der L-Schale (mit $n = 2$), der M-Schale (mit $n = 3$) usw. auf das K-Niveau erfolgen. Wir fassen alle diese Linien zu der sogenannten „K-*Serie*" des betreffenden Elementes zusammen. Sie entsprechen also den Übergängen $n' = 1$, $n = 2, 3, 4, \ldots$ Analog entsteht die „L-*Serie*" durch Freimachung eines Platzes in der L-Schale und den Übergang eines Elektrons aus der M-, N-Schale usw. auf den freien Platz, sie entsprechen also den Übergängen $n' = 2$, $n = 3, 4, \ldots$ Ähnlich entstehen bei den Elementen, die eine vollbesetzte M-, N-Schale besitzen, die „M-*Serie*" bzw. die „N-*Serie*". An das Ende einer jeden Serie schließt sich, wie beim Wasserstoff, ein *kontinuierliches* Spektrum an.

Zum Zwecke einer näherungsweisen Berechnung der Terme kann man sich wiederum die Ladung der übrigen Elektronen zu einer kugelsymmetrischen Ladungswolke verschmiert denken, deren Mittelpunkt im Kern liegt. Derjenige Teil dieser Ladungswolke, der außerhalb der Bahn des Leuchtelektrons liegt, übt auf dieses keine Kraftwirkung aus (vgl. § 42, 6.), während die innerhalb seiner Bahn liegenden Teile so wirken, als ob ihre Ladung im Kern vereinigt wäre. In erster Näherung kann man also so rechnen, als ob die Elektronen unter der Wirkung einer Coulombschen Anziehungskraft vom Kern ständen, wobei jedoch nicht die volle Ladung Ze des Kerns wirksam ist, sondern nur eine „*effektive Kernladung*" $e(Z - z)$, indem die Ladung ez durch die Ladungswolke der übrigen Elektronen „abgeschirmt" wird. Die Größe z hängt dabei noch von der Stellung des betreffenden Elektrons in der Elektronenhülle des Atoms ab, d. h. von den für diese Stellung charakteristischen Quantenzahlen n, l, m, s, aber nicht von der Kernladungszahl Z, da die Struktur der inneren kompletten Schalen durch die außen angesetzten Elektronen nicht verändert wird.

---

[1] Bezüglich des Experimentellen vgl. „Exp.-Physik", § 139.

Die Ersetzung der Kernladung e des Wasserstoffatoms durch die Kernladung $e\,(Z-z)$ bewirkt, wie aus der Formel (46) § 31 ersichtlich ist, daß der entsprechende Energieeigenwert sich mit dem Faktor $(Z-z)^2$ multipliziert; daher enthalten auch die Spektralterme diesen Faktor, sie sind also von der Gestalt

$$[Z-z\,(n, l, m, s)]^2\,f\,(n, l, m, s)$$

und für die Wellenzahl einer durch den Übergang von den Quantenzahlen n, l, m, s auf die Quantenzahlen n', l', m', s' entstehenden Linie folgt in Verallgemeinerung von (3)

$$\nu^* = [Z-z\,(n', l', m', s')]^2\,f\,(n', l', m', s') - [Z-z\,(n, l, m, s)]^2\,f\,(n, l, m, s). \qquad (8)$$

Die Faktoren f in (8) sind gemäß den oben angestellten Überlegungen sicherlich von der Größenordnung der Spektralterme des Wasserstoffatoms. Das Auftreten der Faktoren $(Z-z)^2$ bewirkt, daß die Terme und damit auch die durch ihre Kombination gebildeten Frequenzen sehr rasch mit Z ansteigen. Für die schweren Elemente rücken deshalb, wie die numerische Durchrechnung lehrt, die hier besprochenen Spektren ins Gebiet der Röntgenstrahlen, bei leichten Elementen ins Gebiet des extremen Ultraviolett. Man bezeichnet sie daher als die „*Röntgen-* oder *Hochfrequenzspektren*" der Elemente[1].

Aus der Formel (8) ist weiter zu ersehen, daß ν^* eine quadratische Funktion von Z ist. Die Frequenz der durch einen bestimmten Übergang gekennzeichneten Röntgenspektrallinie ändert sich also in sehr einfacher Weise mit der Stellung des Elements im periodischen System: sie ist eine quadratische Funktion der Stellenziffer des Elements. Dieses Gesetz bildet die Verallgemeinerung eines von MOSELEY auf Grund empirischer Daten über die K-Linien der Röntgenspektren aufgestellten Gesetzes; es wird durch den Versuch tatsächlich gut bestätigt[2].

Die ersten Glieder der Röntgenserien können in *Absorption* durch unangeregte Atome nicht erzeugt werden, da die inneren Schalen dann voll besetzt sind und das aus dem Grundzustand gehobene Elektron auf ihnen keinen freien Platz findet. Erst die höheren Glieder, die durch das Heben des Elektrons auf ein höheres, von den Elektronen der Hülle nicht besetztes Niveau zustande kommen, treten im Absorptionsspektrum auf. Das durch ein K-Elektron erzeugte Absorptionsspektrum besteht also aus einer Reihe von sehr dicht an der Seriengrenze zusammengedrängten Absorptionslinien, an die sich gegen die kurzen Wellen hin ein kontinuierliches Absorptionsband mit einer scharfen Kante, der „K-*Absorptionsbandkante*" anschließt. Ein analog gebautes, in einem langwelligeren Absorptionsgebiet liegendes Absorptionsspektrum wird durch die L-Elektronen hervorgerufen, und so geht es weiter. Die Messung der Wellenlängen der Absorptionsbandkanten bietet ein bequemes Mittel zur Berechnung der Röntgenspektralterme[2].

Zu bemerken wäre noch, daß die Hochfrequenzlinienspektren im Gegensatz zu den optischen Spektren vom Aggregatzustand der sie aussendenden Körper unabhängig sind, da, wie auseinandergesetzt wurde, die zu ihrer Entstehung führenden Vorgänge sich im Innern der Atome abspielen und daher durch die Zusammenstöße zwischen den Atomen nicht beeinflußt werden.

4. Bandenspektren. Bei der Besprechung der Linienspektren hatten wir stillschweigend angenommen, daß die sie erzeugenden Substanzen in ihre Atome unterteilt seien, in denen sich die Elektronenübergänge abspielen, die für die Entstehung dieser Spektren verantwortlich sind. Wir nehmen nun an, daß die

---

[1] Vgl. „Exp.-Physik", Kap. XXXVI.
[2] Vgl. „Exp.-Physik", § 146.

Atome der Substanz zu Molekülen zusammengeschlossen seien und wollen untersuchen, welche Struktur die in den *Molekülen* entstehenden Spektren haben.

In § 31, 5. zeigten wir, daß die Elektronenhülle eines aus zwei Atomen zusammengesetzten Moleküls beiden Kernen gemeinsam ist. Die stationären Zustände der Hüllenelektronen können genau so wie beim Einzelatom durch die möglichen Eigenfunktionen ψ_k' quantenmechanisch beschrieben werden. Die zugehörigen Eigenwerte der Energie wollen wir mit E_k' bezeichnen.

Um die Gesamtenergie E eines Moleküls zu erhalten, müssen wir zu dieser Energie der Elektronenbewegung seiner Hülle noch die Energie E'' der Rotationsbewegung um die zur Kernverbindungslinie senkrechte Achse des Moleküls und die Energie E''' der quasielastischen Schwingung der Atomkerne gegeneinander hinzufügen, die, wie in § 38, 4. ausgeführt wurde, für die spezifischen Wärmen der mehratomigen Gase von Bedeutung sind.

Für die Eigenwerte E_l'' der Rotationsbewegung fanden wir in § 31, 2. die Formel (25) § 31

$$E_l'' = \frac{h^2}{8\,\pi^2 A}\, l\,(l+1), \tag{9}$$

worin A das Trägheitsmoment in bezug auf die Rotationsachse bedeutet. Für die Eigenwerte E_n''' der Schwingungsbewegung fanden wir in § 31, 1. die Formel (11) § 31

$$E_n''' = \left(n + \frac{1}{2}\right) h\,\nu, \tag{10}$$

worin ν die Eigenfrequenz dieser Schwingungsbewegung ist.

Die Gesamtenergie eines durch die Quantenzahlen k, l, n bestimmten Zustandes des Moleküls finden wir demnach durch Addition von E', E'' und E''':

$$E\,(k,l,n) = E_k' + \frac{h^2}{8\,\pi^2 A_k}\, l\,(l+1) + \left(n + \frac{1}{2}\right) h\,\nu_k. \tag{11}$$

Hierin haben wir die Größen A und ν noch mit dem Index k versehen, um anzudeuten, daß sie von k abhängig sind, denn bei einer Änderung von k ändert sich der Bau der Elektronenhülle und daher auch der Abstand der Kerne und ihre gegenseitige Bindungsenergie und damit auch A und ν.

Um die Wellenzahl ν^* der beim Übergang von dem Energieniveau $E\,(k,l,n)$ auf ein tieferes Niveau $E\,(k',l',n')$ ausgesandten Strahlung zu finden, haben wir, den allgemeinen Überlegungen des § 59 folgend, wieder die Formel (8) § 59 anzuwenden und erhalten

$$\nu^* = \left| \frac{E\,(k,l,n) - E\,(k',l',n')}{h\,c} \right| = \left| \nu_1^*(k,k') + \nu_2^*(k,k',n,n') + \nu_3^*(k,k',l,l') \right|, \tag{12}$$

worin zur Abkürzung gesetzt ist

$$\nu_1^* = \frac{1}{h\,c}\,(E_k' - E_k), \tag{13}$$

$$\nu_2^* = \frac{1}{c}\left[\left(n + \frac{1}{2}\right)\nu_k - \left(n' + \frac{1}{2}\right)\nu_{k'}\right], \tag{14}$$

$$\nu_3^* = \frac{h}{8\,\pi^2 c}\left[l\,(l+1)\,\frac{1}{A_k} - l'\,(l'+1)\,\frac{1}{A_{k'}}\right]. \tag{15}$$

Wir betrachten zunächst jene Übergänge, für die $k = k'$ und $n = n'$ ist, wo sich also nur die Rotationsquantenzahl l verändert. In § 31, 2. zeigten wir, daß für eine solche Änderung nur jene Glieder der Koordinatenmatrix von Null verschieden sind, bei denen

$$|l - l'| = 1 \tag{16}$$

gilt. Da ferner $v_1{}^* = 0$ und $v_2{}^* = 0$ und $A_k = A_{k'}$ ist, erhalten wir aus (12), (15) und (16) für die zugehörigen Wellenzahlen die Formel

$$v^* = \frac{h}{4\,\pi^2\,c\,A_k}\,(l' + 1) \qquad l' = 0, 1, 2, \ldots, \tag{17}$$

die sowohl für das Emissions- als auch für das Absorptionsspektrum gilt.

Das Spektrum besteht also aus einer Reihe äquidistanter Linien und befindet sich, da der Faktor $\dfrac{h}{4\,\pi^2\,c\,A_k}$ von der Größenordnung 10 ist, im fernen Ultrarot. Es wird als das „*Rotationsspektrum*" der betreffenden Substanz bezeichnet, und seine Beobachtung, die in der Regel in Absorption geschieht, bietet ein bequemes Mittel zur Bestimmung des Trägheitsmomentes A des Moleküls[1].

Wir nehmen nun an, daß wieder $k = k'$ sei, jedoch $n \gtrless n'$. Es ist daher wie oben $v_1{}^* = 0$, jedoch $v_2{}^* \gtrless 0$. Berücksichtigt man, daß gemäß § 31, 1. in der Koordinatenmatrix des harmonischen Oszillators nur jene Glieder von Null verschieden sind, für die

$$|n - n'| = 1 \tag{18}$$

gilt, dann folgt aus (12), (14), (17) und (18) wegen $v_k = v_{k'}$ für die zugehörigen Wellenzahlen die Formel

$$v^* = \frac{v_k}{c} \pm \frac{h}{4\,\pi\,c^2\,A_k}\,(l' + 1)] \qquad l' = 0, 1, 2, \ldots, \tag{19}$$

die wieder sowohl für das Emissions- wie für das Absorptionsspektrum gilt.

Das Spektrum besteht also aus einer Anzahl in gleichem Abstande symmetrisch um eine (selbst nicht auftretende) Nullinie $\dfrac{v_k}{c}$ verteilter Linien und wird als das „*Rotationsschwingungsspektrum*" bezeichnet. In der Tat treten Spektren dieser Art in Absorption im nahen Ultrarot bei Wellenzahlen von rund 1000 auf[1]. Hieraus kann man schließen, daß die Oszillationseigenfrequenzen v_k der Kerne in der Größenordnung von $3 \cdot 10^{13}$ liegen, wie in § 38, 4. bereits erwähnt worden war. Wie man sieht, ist der erste Term in (19) größenordnungsgemäß etwa 100mal so groß wie der zweite, der relative Abstand der zum Rotationsschwingungsspektrum gehörigen Linien ist also sehr klein, von der Größenordnung 10^{-2}.

Ist schließlich auch $k \gtrless k^*$, dann sind in (12) alle drei Terme von Null verschieden, und zwar ist der erste sicherlich von der Größenordnung der Wasserstoffterme, also von der Größenordnung der RYDBERG-Konstanten, also schließlich nach (2) von der Größenordnung 10^5, der zweite, wie oben erwähnt wurde, von der Größenordnung 10^3, der dritte von der Größenordnung 10. Das ganze Spektrum liegt also entweder im Ultravioletten oder im sichtbaren Gebiet. Zu jedem Übergang $k \to k'$ gehört eine Anzahl von Liniengruppen oder „*Banden*", die zu verschiedenen Werten von n' gehören und deren relative Frequenzabstände in der Größenordnung 10^{-2} liegen; jede einzelne Bande besteht wieder aus einer großen Anzahl von „*Bandenlinien*", die zu verschiedenen Werten von l' gehören und deren relative Frequenzabstände die Größenordnung 10^{-4} haben. Sie erscheinen also nur bei starker Auflösung des Spektrums voneinander getrennt, während in einem Spektrographen mit geringer Auflösung die Banden als diffuse Streifen erscheinen (daher auch die Bezeichnung)[1]. Die im allgemeinen sehr verwickelte Struktur der Bandenspektren, die ebenfalls in Emission und Absorption auftreten können, läßt sich auf Grund der oben angegebenen Formeln analysieren, was jedoch hier nicht weiter verfolgt werden soll. Eine schematische Darstellung auf Grund des mitgeteilten Gedankenganges zeigt die Abb. 127.

---

[1] Vgl. „Exp. Physik", § 140.

Ergänzend wäre noch zu bemerken, daß die Rotations- und die Rotations-
schwingungsspektren nicht auftreten können, wenn die Moleküle der betreffenden

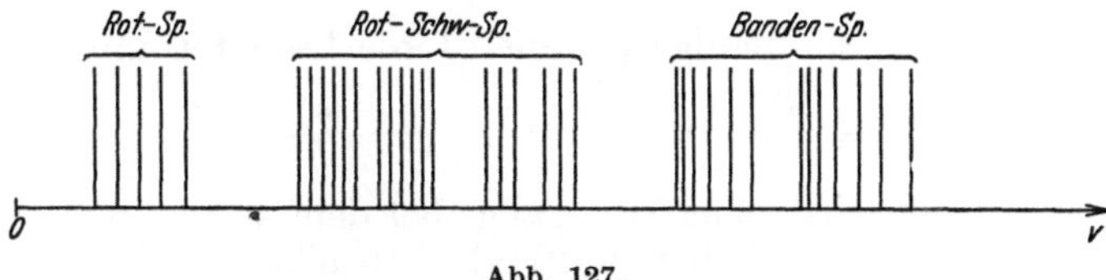

Abb. 127.

Substanz ein verschwindendes elektrisches Dipolmoment haben, da dann bei der
Rotation und der Schwingung der Kerne die Schwerpunkte der positiven und
die der negativen Ladungen dauernd zusammenfallen und daher keine Dipol-
strahlung auftreten kann. Diese Spektren werden in der Tat nur bei Substanzen
beobachtet, deren Moleküle feste Dipole sind, wie sich aus ihrem dielektrischen
Verhalten feststellen läßt[1].

Da ferner, wie wir in § 40, 2. auseinandersetzten, auch ein fester Körper
bestimmte Eigenfrequenzen für die Schwingungen seiner Kristallgitterbausteine
besitzt, die sich in seiner spezifischen Wärme äußern, müssen auch in festen
Kristallen ultrarote Schwingungsspektren auftreten, wenn wieder die Schwerpunkte der positiven und der negativen Ladungen der schwingenden Partikel
nicht dauernd zusammenfallen, d. h. wenn die Gitterbausteine selbst elektrisch
geladen sind, das Gitter also ein Ionengitter ist, oder wenn es sich um ein Molekül-
gitter handelt, worin die Moleküle elektrische Dipolmomente haben[2].

5. **Die elektro- und magnetooptischen Effekte.** Wir erwähnten bereits am
Schlusse von 2., daß infolge der gegenseitigen Beeinflussung der Elektronenbewegung im Atom die zu verschiedenen Werten der magnetischen Quantenzahl m gehörigen Energieeigenwerte im allgemeinen etwas voneinander verschieden sind, so daß die zu bestimmten Übergängen der Quantenzahlen n und l
gehörigen Linien in Wirklichkeit in mehrere Einzellinien „aufgespalten" sind.
Dieser Effekt kann dadurch wesentlich vergrößert werden, daß man die Substanz in
ein entsprechend starkes äußeres elektrisches oder magnetisches Feld hineinbringt.
Die erstere Erscheinung wird als der „STARK-*Effekt*", die letztere als der „ZEEMAN-
Effekt" bezeichnet[3]. Die quantenmechanische Behandlung jenes Effektes er-
fordert komplizierte Berechnungen und kann daher im Rahmen dieses Lehrbuches
nicht durchgeführt werden, die wesentlichsten Züge dieses Effektes jedoch lassen
sich durch die folgende einfache Betrachtung gewinnen.

In § 51, 4. zeigten wir, daß einem beliebigen, in einem Atom umlaufenden
Elektron, das unter der Wirkung eines äußeren Magnetfeldes $\mathfrak{H}$ steht, ein in der
Richtung dieses Feldes weisendes magnetisches Moment von m BOHRschen
Magnetonen, also das Moment $m \cdot \mathfrak{m}_0$ zukommt, wenn m die magnetische Quantenzahl ist. Da ferner nach (22) § 41 ein magnetischer Dipol vom Moment $\mathfrak{m}$ in
einem Felde $\mathfrak{H}$ eine potentielle Energie $-\mathfrak{m}\mathfrak{H}$ hat, folgt, daß durch das Einschalten des Magnetfeldes das Atomelektron einen Energiezuwachs

$$E' = -m\,|\mathfrak{m}_0|\cdot H \qquad (20)$$

erhält.

Für die Frequenz ν einer Spektrallinie, die durch den Übergang von den

---

[1] Vgl. „Exp.-Physik", § 66.

[2] Über die Methoden zur Beobachtung dieser Spektren und die Resultate dieser
Beobachtungen vgl. „Exp.-Physik", § 137.

[3] Vgl. „Exp.-Physik", § 142.

Quantenzahlen n, l, m auf die Quantenzahlen n', l', m' hervorgerufen wird, folgt nach (8) § 59

$$\nu = \left| \frac{E(n, l, m) - E(n', l', m')}{h} \right| = \nu_0 + \Delta \nu, \tag{21}$$

worin ν_0 die Frequenz der unaufgespaltenen Linie bedeutet und $\Delta \nu$ nach (20) gleich ist

$$\Delta \nu = \frac{E'(m) - E'(m')}{h} = \frac{(m' - m)\,|\mathfrak{m}_0|\,H}{h}. \tag{22}$$

Wir betrachten zunächst einen Übergang, bei dem sich m nicht ändert, also $m - m' = 0$ und daher nach (22) und (21) $\Delta \nu = 0$ oder $\nu = \nu_0$ ist. Nach § 31, 2. ist für einen solchen Übergang das entsprechende Element der Koordinatenmatrix $\mathfrak{z}$, das zu der ausgezeichneten Polarachse des umlaufenden Elektrons, also in diesem Falle zu der durch das Magnetfeld $\mathfrak{H}$ ausgezeichneten Richtung im Raume gehört, von Null verschieden, während die entsprechenden Elemente von $\mathfrak{x}$ und $\mathfrak{y}$ gleich Null sind. Nach (13) § 59 entspricht also der Polarisationszustand und die Intensitätsverteilung der ausgesandten Spektrallinie einem in der Feldrichtung schwingenden elektrischen Dipol. Nach § 48, 3. wird von einem solchen Dipol in seiner Schwingungsrichtung, d. h. also in der Feldrichtung kein Licht ausgestrahlt. Die ursprüngliche Linie ν_0 wird also in der Feldrichtung nicht beobachtet, sondern nur bei Beobachtung senkrecht zur Feldrichtung; sie erscheint hierbei linear polarisiert, derart, daß der elektrische Vektor in der Feldrichtung schwingt.

Wir fassen nun einen Übergang ins Auge, bei dem sich m um eine Einheit ändert, also $m' - m = \pm 1$ ist. Nach (22) und (1) § 51 ändert sich dabei die ursprüngliche Frequenz der Linie um den Betrag

$$\Delta \nu = \pm \frac{|\mathfrak{m}_0|\,H}{h} = \frac{e}{4\pi\mu c} \cdot H \qquad (\mu: \text{Elektronenmasse}). \tag{23}$$

Es treten also zwei neue Linien auf, die sich rechts und links von der ursprünglichen Linie in dem gleichen Frequenzabstand (23) befinden, der dem Betrag H der Feldstärke proportional ist. Nach § 31, 2. sind für solche Übergänge die Elemente von $\mathfrak{z}$ gleich Null, die entsprechenden Elemente von $\mathfrak{x}$ und $\mathfrak{y}$ hingegen von Null verschieden; die betreffenden Spektrallinien kann man sich demnach gemäß (13) § 59 von elektrischen Dipolen ausgestrahlt denken, die in der x- und y-Richtung mit gleicher Frequenz und gleicher Amplitude schwingen. Wie eine nähere Analyse zeigt, sind die Phasen dieser Schwingungen um $\frac{\pi}{2}$ bzw. $-\frac{\pi}{2}$ gegeneinander verschoben, was nach § 10, 8. einer rechts- bzw. linkszirkularen Schwingung des elektrischen Dipols entspricht. Andere Übergänge von m als die oben besprochenen kommen gemäß den in § 31, 2. angestellten Überlegungen nicht vor.

Aus der Feldrichtung betrachtet erscheinen demnach statt der ursprünglichen Linie ν_0 im Magnetfeld die beiden um (23) verschobenen Linien, von denen die eine links-, die andere rechtszirkular polarisiert ist. Senkrecht zur Feldrichtung betrachtet erscheint, wie oben bereits gezeigt wurde, die ursprüngliche Linie und rechts und links von ihr liegen die beiden verschobenen Linien; man beobachtet also ein „Triplett", wobei die Polarisationsebenen der verschobenen und der unverschobenen Linien aufeinander senkrecht stehen.

Die hier aus der Theorie gezogenen Schlußfolgerungen werden vom Experiment vollkommen bestätigt, sofern das Magnetfeld H genügend stark ist[1] („normaler ZEEMAN-Effekt"). In schwachen Magnetfeldern muß außer der Energieänderung E' durch das äußere Feld noch die durch die übrigen Elektronen bedingte Energie-

---

[1] Vgl. „Exp.-Physik",.§ 142.

änderung berücksichtigt werden, wodurch ein wesentlich komplizierteres Aufspaltungsbild herauskommt; man spricht dann von einem „anomalen ZEEMAN-Effekt", auf dessen Theorie hier nicht eingegangen werden kann.

Die durch die Wirkung elektrischer und magnetischer Felder bewirkte Veränderung in der Lage der Spektrallinien, die natürlich auch in Absorption auftritt, zieht im Sinne der in § 58, 5. entwickelten Dispersionstheorie auch eine Veränderung des *Brechungsquotienten* einer Substanz unter der Einwirkung eines elektrischen oder magnetischen Feldes nach sich, wobei die Größe dieser Veränderung auch noch von der Richtung der Wellenfortpflanzung gegen die Feldrichtung abhängen muß. In der Tat gelang es, diese Erscheinungen experimentell aufzufinden, von denen die erste als „*elektrische Doppelbrechung*" oder „KERR-*Effekt*", die letztere als „*magnetische Doppelbrechung*" bekannt ist. Auch die magnetische Drehung der Polarisationsebene oder der „FARADAY-*Effekt*" hängt mit diesen Dingen eng zusammen. Auf die Theorie dieser Erscheinungen kann hier nicht weiter eingegangen werden[1].

§ 61. Statistische Theorie der Strahlung.

1. Die Lichtquantentheorie. Unter § 59 zeigten wir, daß die Prozesse der Emission und der Absorption von Strahlung durch materielle Körper nicht, wie es die klassische Elektrodynamik fordert, kontinuierlich, sondern diskontinuierlich erfolgen, derart, daß sowohl bei der Emission als auch bei der Absorption einer Strahlung von der Frequenz v die umgesetzte Strahlungsenergie stets gleich hv ist. Die Anzahl der Emissions- und der Absorptionsakte wird durch statistische Gesetzmäßigkeiten geregelt, indem für sie bestimmte Wahrscheinlichkeiten existieren. Gemäß den im Kapitel VI entwickelten Prinzipien der Statistik bedeutet dies, daß die Intensität der emittierten Strahlung und die Menge der absorbierten Strahlungsenergie durch Formeln bestimmt wird, die streng nur dann gelten, wenn die Anzahl der in einem beobachtbaren Zeitintervall erfolgenden Emissions- bzw. Absorptionsakte unendlich groß ist.

In Wirklichkeit ist diese Anzahl natürlich immer endlich, und daher müssen, wie bei allen durch statistische Gesetze geregelten Erscheinungen, auch bei der Emission und der Absorption von Strahlung Schwankungen auftreten. Im allgemeinen ist nun die zum Nachweis bzw. zur Messung eines Strahlungsvorganges benötigte Energie ein so großes Vielfaches von hv, daß die mittlere Anzahl $\bar{n}$ der ihn bedingenden Elementarprozesse enorm groß ist und daher die relative Schwankung gemäß § 16, 5. verschwindend klein. Der Vorgang erscheint dem Beobachter daher als kontinuierlich, genau so, wie es die klassische Elektrodynamik verlangen würde. Nur wenn v sehr groß ist, z. B. bei den γ-Strahlen der radioaktiven Stoffe, wird die Energie hv so groß, daß schon ein oder wenige Elementarprozesse in ihrer Wirkung nachgewiesen und gemessen werden können. Hier muß also, wenn unsere Vorstellungen richtig sind, das Auftreten von Schwankungen erwartet werden, was in der Tat der Fall ist[2].

Während nun die Theorie der Spektren durchaus auf Grund der Vorstellung entwickelt werden kann, daß nur die Wechselwirkung zwischen der Materie und der Strahlung diskontinuierlich erfolgt, während die Strahlung selbst im Sinne der MAXWELLschen Theorie als kontinuierliches elektromagnetisches Feld erscheint, sprechen gewisse Experimente, wie der „*lichtelektrische oder photo-*

---

[1] Vgl. „Exp.-Physik", § 132.

[2] Über die Methoden zum Nachweis einzelner γ-Strahlimpulse vgl. „Exp.-Physik", § 108, über den Nachweis und die Messung der radioaktiven Schwankungen § 109.

elektrische Effekt", der „Compton-*Effekt*" und andere Effekte zwingend dafür, auch der Strahlung eine diskontinuierliche Struktur zuzuschreiben, und zwar so, daß nicht, wie es die Maxwellsche Theorie verlangt, die Strahlungsenergie mit einer stetigen Energiedichte über das Strahlungsfeld verteilt ist, sondern in der Form von „*Lichtquanten*" oder „*Photonen*" in sehr kleinen räumlichen Bereichen konzentriert ist[1].

Auf Grund dieser von Einstein entwickelten Theorie, der wir bereits in § 2, 3. Erwähnung getan haben, lassen sich nun in der Tat die oben erwähnten Erscheinungen sowie auch eine ganze Anzahl anderer Erscheinungen erklären, wenn man annimmt, daß sich ein Lichtquantum im leeren Raume wie ein materielles Partikel geradlinig mit der Geschwindigkeit c bewegt und daß ihm eine *Energie* hv und ein *Impuls* von der Größe $\dfrac{hv}{c}$ zukommen.

Durch die Entdeckung der Lichtquanten wurde in der Strahlungstheorie eine ähnliche Situation geschaffen wie in der Theorie der Materie durch die Entdeckung ihrer atomistischen Struktur und in der Theorie der Elektrizität durch die Entdeckung der elektrischen Elementarquanten. Es ergibt sich also auch hier das Problem, die Kontinuumtheorie der Strahlung auf Grund der Lichtquantentheorie zu deuten, was offenbar auch hier nur auf statistischem Wege möglich sein wird (vgl. § 2, 4.). Ist die Anzahl $n\,dV$ der Lichtquanten, die sich zu irgendeiner Zeit t in einem makroskopisch kleinen Volumenelement dV eines monochromatischen Strahlungsfeldes der Frequenz v aufhalten, sehr groß, dann gibt

$$u\,dV = hv \cdot n\,dV \tag{1}$$

die in diesem Volumenelement enthaltene elektromagnetische Energie an und u, die „*Energiedichte*" des Strahlungsfeldes, verhält sich makroskopischen Messungen gegenüber wie eine stetige Funktion des Ortes und der Zeit. Diese statistische Definition der Energiedichte des Strahlungsfeldes entspricht durchaus der Definition der Materiedichte eines Gases in § 38, 3. und der Definition der Ladungsdichte in der Elektronentheorie nach § 52, 2.

Auf Grund der Lichtquantenvorstellung gewinnt auch die in § 48, 2. diskutierte Beziehung zwischen dem Energiestrahlvektor $\mathfrak{S}$ und der Energiedichte u eine unmittelbare physikalische Bedeutung, wenn wir annehmen, daß die Geschwindigkeitsrichtung der Lichtquanten mit der Richtung der Wellenfortpflanzung, d. h. der Richtung von $\mathfrak{S}$ zusammenfällt. Genau so wie in der Gastheorie bzw. in der Elektronentheorie ist dann die Anzahl der Lichtquanten, die durch eine senkrecht zur Geschwindigkeitsrichtung gelegte Fläche Eins pro Zeiteinheit hindurchtreten, gleich nc und daher der Betrag der Energiestrahlung im leeren Raum wegen (1) gleich

$$|\mathfrak{S}| = nc \cdot hv = u \cdot c, \tag{2}$$

in Übereinstimmung mit der Formel (12) § 48.

Auch die in § 47, 6. abgeleitete Beziehung (38) zwischen der Energiestromdichte und der Dichte $\mathfrak{g}$ des elektromagnetischen Impulses gewinnt vom Standpunkte der Lichtquantentheorie eine unmittelbar anschauliche Bedeutung. In Verbindung mit (2) ergibt sie für den leeren Raum den Ausdruck

$$|\mathfrak{g}| = \frac{nhv}{c} \tag{3}$$

für den elektromagnetischen Impuls pro Volumeneinheit des Strahlungsfeldes

---

[1] Die Versuche, die für die Existenz der Lichtquanten sprechen, sind in „Exp.-Physik", § 133 beschrieben und diskutiert.

und daher folgt, da n die Anzahl der darin enthaltenen Lichtquanten ist, für den Impuls eines einzelnen Lichtquantums der Wert $\dfrac{h\,\nu}{c}$, in Übereinstimmung mit der Einsteinschen Annahme.

Im Sinne dieser Überlegungen muß offenbar auch die aus der Maxwellschen Theorie ableitbare Wellengleichung (1) § 48 bzw. (2) § 48, durch deren Lösung sich die Energiedichte und der Strahlungsvektor als Funktionen von Ort und Zeit bestimmen lassen, statistischen Charakter tragen, ebenso wie die Schrödingersche Wellengleichung der Quantenmechanik. Ebenso wie sich in der Quantenmechanik über die Bewegung der einzelnen materiellen Partikel nichts aussagen läßt, kann auch aus der Wellentheorie nichts über die Bewegung der individuellen Lichtquanten ausgessagt werden. Bestimmte Voraussagen lassen sich vielmehr nur über die Veränderungen in einem unendlich großen Kollektiv von Lichtquanten machen, d. h. praktisch über die Veränderungen in einem genügend dichten Strahlungsfeld von genügend kleiner Frequenz. Die durch Lösung der Wellengleichung berechenbaren Energiedichten und Strahlungsintensitäten sind in diesem Falle der Anzahl der in dem beobachteten Volumen befindlichen, bzw. auf eine bestimmte Fläche in der Zeiteinheit auftreffenden Lichtquanten proportional und liefern daher ebenso die Wahrscheinlichkeit für den Aufenthalt bzw. das Eintreffen der Lichtquanten an bestimmten Raumpunkten zu bestimmten Zeiten, wie die Schrödingersche Gleichung der Quantenmechanik die Wahrscheinlichkeiten für den Aufenthalt und den Übergang der materiellen Partikel liefert.

2. Die Hohlraumstrahlung. Wie sich auf Grund der im Kapitel XII entwickelten allgemeinen Prinzipien der statistischen Mechanik schließen läßt, befinden sich die freien und in Atomen gebundenen Elektronen eines materiellen Körpers der Temperatur T nach Maßgabe einer entsprechenden Verteilungsfunktion in den verschiedenen möglichen Energiezuständen. Im Sinne der in den vorhergehenden §§ 59 und 60 gebrauchten Ausdrucksweise ist also die Substanz in einem gewissen Maße angeregt und strahlt daher eine elektromagnetische Strahlung von ganz bestimmter spektraler Zusammensetzung und Intensität aus, die wir als *„Wärmestrahlung"* bezeichnen. Fällt umgekehrt eine Strahlung auf die Substanz auf, so wird sie nach Maßgabe des entsprechenden Absorptionsvermögens absorbiert und ihre Energie in Wärmeenergie verwandelt. Eines der wichtigsten Probleme der statistischen Strahlungstheorie bildet die Untersuchung des *statistischen Gleichgewichtes*, das sich bei dieser Wechselwirkung zwischen Strahlung und Materie ausbildet.

Um das stationäre Strahlungsgleichgewicht herzustellen, denken wir uns das folgende Experiment ausgeführt: Aus einer Substanz, die sämtliche auf sie auffallende Strahlung reflektiert, also nichts absorbiert und nichts hindurchläßt, werde ein vollkommen geschlossener Hohlraum hergestellt und in ihn werde eine beliebige andere Substanz in beliebiger Menge und Anordnung hineingebracht. Gemäß dem eben Gesagten geht von ihr eine Wärmestrahlung aus, die, da sie von den Gefäßwänden vollkommen reflektiert wird, allmählich den ganzen Hohlraum erfüllt und in Strahlungswechselwirkung mit der in ihm enthaltenen Materie steht. Überläßt man das System eine genügend lange Zeit sich selbst, so wird sich nach allgemeinen statistischen Prinzipien darin das gesuchte Strahlungsgleichgewicht einstellen. Wir bezeichnen die auf diese Weise in dem Hohlraum ausgebildete Strahlung als *„Hohlraumstrahlung"*.

Die Hohlraumstrahlung zeigt sowohl vom Standpunkte der Kontinuumtheorie des elektromagnetischen Feldes als auch vom Standpunkte der Lichtquantentheorie zahlreiche Analogien zu dem Verhalten eines den Hohlraum erfüllenden materiellen Körpers, etwa eines Gases oder einer Flüssigkeit. In der Tat kommt jedem Volumenelement des Hohlraumes eine bestimmte Energiedichte zu und auf die Gefäßwände wird nach § 48, 6. ein Druck, der MAXWELLsche Strahlungsdruck, ausgeübt. Gemäß der Lichtquantentheorie kommt dieser Druck dadurch zustande, daß die von den Gefäßwänden reflektierten Photonen dabei auf sie Impuls übertragen, genau so wie gemäß der kinetischen Gastheorie (§ 39) der Gasdruck durch die Übertragung von Impuls durch die Moleküle auf die Gefäßwände zustande kommt. Man benutzt daher im Sinne dieser Theorie für die Hohlraumstrahlung oft den Ausdruck „*Lichtquantengas*".

Auf Grund des allgemeinen in § 33 abgeleiteten thermodynamischen Satzes (34) können wir zunächst schließen, daß die in dem Hohlraum im Gleichgewicht mit der Strahlung enthaltene Substanz an allen Stellen die gleiche Temperatur T haben muß. Wir behaupten ferner, daß in dem Strahlungsfeld der Hohlraumstrahlung überall die gleiche Strahlungsdichte u herrschen muß.

Wir denken uns, um dies zu beweisen, den Hohlraum durch eine vollkommen reflektierende Wand, in der sich ein kleines Loch befindet, in zwei Teile geteilt. Durch dieses Loch muß dann im Strahlungsgleichgewicht pro Sekunde die gleiche Strahlungsenergie von links nach rechts wie von rechts nach links hindurchgehen. Wäre das nämlich nicht der Fall, dann würde ständig Energie im Überschuß von einer Hälfte des Hohlraumes in die andere hineinströmen, was mit der Bedingung des thermischen Gleichgewichtes im Widerspruche stünde.

Da dies ganz unabhängig von der Lage und der Orientierung der Öffnung innerhalb des Hohlraumes gelten muß, folgt, daß in jedem Punkte des Hohlraumes und für alle Richtungen der Betrag des Strahlvektors $\mathfrak{S}$ den gleichen Wert haben muß; auf Grund der Beziehung (12) § 48 zwischen dem Strahlvektor und der Strahlungsdichte ist dies nur dann möglich, wenn u, wie behauptet wurde, überall gleich groß ist und die Strahlung aus einer unendlich großen Schar von Wellen besteht, die in allen Punkten des Hohlraumes und nach allen Richtungen mit der gleichen Intensität fortschreiten.

Dieser Satz entspricht durchaus den aus der Thermodynamik folgenden Sätzen über die Gleichheit des Druckes und der Dichte in einem keiner äußeren Kraft unterworfenen Gas und vertieft die bereits oben entwickelte Auffassung der Hohlraumstrahlung als Lichtquantengas.

3. Der universelle Charakter der Hohlraumstrahlung. Um die spektrale Zusammensetzung der Hohlraumstrahlung zu kennzeichnen, denken wir uns den gesamten Spektralbereich in sehr schmale Intervalle von der Breite $d\nu$ unterteilt und mit $u_\nu \, d\nu$ die auf diesen Frequenzbereich pro Volumeneinheit entfallende Strahlungsenergie bezeichnet. Die gesamte Strahlungsdichte u ergibt sich hieraus durch Integration über alle ν gemäß

$$u = \int_0^\infty u_\nu \, d\nu. \tag{4}$$

Daß auch die einzelnen u_ν ebenso wie u innerhalb der Hohlraumstrahlung konstant sein müssen, läßt sich ebenso wie unter 2. beweisen. Man muß bloß durch Bedecken der Öffnung in der Wand, die den Hohlraum unterteilt, mit einem geeigneten „Lichtfilter" dafür sorgen, daß nur Strahlung eines bestimmten Frequenzbereiches durch die Öffnung hindurchtreten kann.

Wir stellen nun die Behauptung auf, daß die Gestalt der Funktion $u_\nu = f(\nu)$ von der Größe und Gestalt des Hohlraumes und der Natur der den Hohlraum füllenden Substanz ganz unabhängig ist und nur von der Temperatur T abhängt. Um dies zu beweisen, denken wir uns zwei Hohlräume der oben verwendeten

Art hergestellt, die verschiedene Größe und Gestalt haben und mit Materie von der gleichen oder auch von verschiedener Beschaffenheit erfüllt seien. Ihre Temperaturen werden durch eine geeignete Vorrichtung stets auf dem gleichen Wert T gehalten. Wir verbinden nun die beiden Hohlräume durch ein Rohr mit enger Öffnung miteinander, durch das Strahlung aus dem einen in den anderen übergehen kann. Wäre die Strahlungsdichte u in beiden Hohlräumen verschieden groß, dann würde in Form von Strahlung ständig Energie aus dem einen in den anderen übergehen und dadurch zwischen zwei Behältern von der gleichen Temperatur T ohne äußere Arbeitsleistung ein ständiger Wärmeübergang erfolgen, was dem zweiten Hauptsatz der Thermodynamik widerspricht. Es muß also u in beiden Hohlräumen gleich groß sein.

Versieht man die Öffnung wie oben, noch mit einem für einen bestimmten Frequenzbereich durchlässigen Lichtfilter, so kann man auf die gleiche Weise unmittelbar einsehen, daß auch für jedes v in beiden Hohlräumen u_v gleich groß sein muß, womit die oben aufgestellte Behauptung erwiesen ist.

Bringt man in einen Hohlraum, der Strahlung im Gleichgewicht mit Materie der Temperatur T enthält, an eine beliebige Stelle ein aus einer beliebigen Substanz hergestelltes Thermometer, so muß es auf Grund unserer Überlegungen nach einer genügend langen Zeit ebenfalls die Temperatur T annehmen. Es erscheint daher gerechtfertigt, der Hohlraumstrahlung selbst diese Temperatur T zuzuschreiben. Gemäß dem oben bewiesenen Satz kommt der Hohlraumstrahlung von der Temperatur T eine ganz bestimmte Energiedichte u und eine bestimmte spektrale Energieverteilung $u_v = f(v)$ zu.

4. Die Quantelung der Hohlraumstrahlung. Um die spektrale Energieverteilung in der Hohlraumstrahlung zu ermitteln, kann man zwei verschiedene Wege einschlagen, indem man sie entweder als elektromagnetisches Kontinuum oder als Lichtquantengas auffaßt. Wir beschreiten zunächst den ersten Weg, der von JEANS und DEBYE gangbar gemacht wurde.

In § 40, 2. zeigten wir, daß die Wärmebewegung in einem elastischen Kontinuum als Superposition von Eigenschwingungen aller möglichen Frequenzen aufgefaßt werden kann. Die Abzählung der auf ein Frequenzintervall dv entfallenden Anzahl dz von Eigenschwingungen pro Volumeneinheit ergab nach Formel (5) § 40 und den Ausführungen im darauffolgenden Absatz:

$$dz = \frac{4\,\pi\,v^2}{c^3}\,dv \cdot \alpha, \tag{5}$$

worin c die Geschwindigkeit der Fortpflanzung einer elastischen Welle in dem betreffenden Körper bedeutet und α für Longitudinalwellen den Wert 1, für Transversalwellen den Wert 2 hat.

Indem wir weiter jede Eigenschwingung als harmonischen Oszillator betrachteten und ihm die mittlere Energie (31) § 35 zuschrieben, konnten wir die mittlere Energiedichte des Festkörpers als Funktion der Temperatur berechnen.

Da die zur Ableitung der Formel (5) führende Überlegung von dem Mechanismus der Wellenfortpflanzung in dem betrachteten Körper ganz unabhängig ist und nur die Tatsache ausnutzt, daß es sich um ein Kontinuum handelt, können wir sie auf den vorliegenden Fall übertragen. Zur Berechnung der mittleren Energie einer Eigenschwingung machen wir von dem im § 59 abgeleiteten Resultat Gebrauch, wonach sowohl bei der Emission als auch bei der Absorption von Strahlung durch Materie stets ein Energieumsatz von der Größe $h v$ erfolgt. Die zu der Frequenz v gehörige, in dem Hohlraum enthaltene Strahlungsenergie muß also ein ganzzahliges Vielfaches n von $h v$ betragen, d. h. sie ist bis auf den konstanten Summanden $\dfrac{h\nu}{2}$ ebenso groß wie für einen harmonischen Oszillator der gleichen Frequenz gemäß der Formel (11) § 31.

Wenden wir wieder zur Berechnung der Wahrscheinlichkeiten der verschiedenen Energien $n h\nu$ wie in § 35, 7. die Formel für die kanonische Gesamtheit an, wozu wir wegen des allgemeinen Charakters dieses Gesetzes durchaus berechtigt sind, dann erhalten wir für die mittlere Energie bis auf den fehlenden Summanden $\dfrac{h\nu}{2}$ wieder die Formel (31) § 35 wie für den harmonischen Oszillator, also

$$\overline{E} = \frac{h\nu}{e^{\frac{h\nu}{kT}} - 1}, \tag{6}$$

worin T die in 3. eingeführte Temperatur der Strahlung und k die BOLTZMANNsche Konstante bedeutet.

Für die auf das Frequenzintervall $(\nu, \nu + d\nu)$ entfallende mittlere Energiedichte $u_\nu\, d\nu$ der Hohlraumstrahlung folgt nun nach (5) und (6) unter Berücksichtigung des Umstandes, daß es sich hier um transversale Wellen mit der Geschwindigkeit c des Lichtes handelt,

$$u_\nu\, d\nu = \overline{E}\, dz = \frac{8\pi h\nu^3}{c^3}\, \frac{1}{e^{\frac{h\nu}{kT}} - 1}\, d\nu. \tag{7}$$

Das durch die Formel (7) wiedergegebene Gesetz der spektralen Energieverteilung der Hohlraumstrahlung ist zum erstenmal von PLANCK angegeben worden und führt nach ihm den Namen „PLANCKsche Strahlungsformel".

5. Die Statistik des Lichtquantengases. Das Gesetz (7) kann man, wie wir nun zeigen wollen, auch ableiten, indem man nach BOSE die Hohlraumstrahlung als ein im Sinne der BOSE-EINSTEINschen Statistik entartetes Gas auffaßt. Wir schließen uns demnach im folgenden an die Entwicklungen von § 38, 7. an.

Wir ordnen zunächst jedem Lichtquantum ebenso wie einem Gasmolekül entsprechend seinen drei Translationsfreiheitsgraden und den zugehörigen Impulskomponenten einen sechsdimensionalen μ-Phasenraum zu, den wir in Zellen von der Größe h^3 einteilen. Zu einem vom makroskopischen Standpunkte unendlich kleinen Volumenelement $dx\, dy\, dz\, dp_x\, dp_y\, dp_z$ dieses Phasenraumes gehören demnach

$$Z = \frac{1}{h^3}\, dx\, dy\, dz\, dp_x\, dp_y\, dp_z \tag{8}$$

Zellen.

Nach 1. besitzt ein Lichtquantum der Frequenz ν einen Impuls vom Betrage $\dfrac{h\nu}{c}$. Die Impulsbeträge aller einem infinitesimalen Frequenzbereiche $(\nu, \nu + d\nu)$ angehörenden Lichtquanten liegen demnach in dem infinitesimalen Bereich zwischen

$$p = \frac{h\nu}{c} \quad \text{und} \quad p + dp = \frac{h\nu}{c} + \frac{h\, d\nu}{c}. \tag{9}$$

Alle Punkte des Impulsraumes, denen Impulsbeträge zwischen p und $p + dp$ zugehören, liegen in dem von den beiden Kugelflächen mit den Radien p und $p + dp$ eingeschlossenen Raum, erfüllen also nach (9) ein Volumen

$$dp_x\, dp_y\, dp_z = 4\pi p^2\, dp = 4\pi \left(\frac{h\nu}{c}\right)^2 \frac{h\, d\nu}{c} = \frac{4\pi h^3}{c^3} \cdot \nu^2\, d\nu. \tag{10}$$

Aus (8) und (10) folgt für die Zahl dz_ν der Zellen, die dem Frequenzbereich zwischen ν und $\nu + d\nu$ und dem Volumen 1 des Hohlraumes zugehören

$$dz_\nu = \frac{4\pi}{c^3}\, \nu^2 \, d\nu. \tag{11}$$

Um die mittlere Besetzungszahl n_i einer zur Energie ε_i gehörigen Zelle mit Lichtquanten entsprechend der Bose-Statistik zu finden, können wir die Rechnungen von § 37, 6., die sich auf ein materielles System beziehen und zu der Formel (25) § 37 führten, auf den vorliegenden Fall übertragen. Während wir jedoch dort, der Unzerstörbarkeit der materiellen Partikel Rechnung tragend, zu ihrer Ableitung außer der Nebenbedingung (20) § 37, die ausdrückt, daß die Gesamtenergie des Systems erhalten bleibt, noch die Nebenbedingung (19) § 37 benutzten, die ausdrückt, daß die Gesamtzahl der Partikel erhalten bleibt, müssen wir bedenken, daß im Falle eines Lichtquantengases, das einen Hohlraum mit vollkommen reflektierenden Wänden erfüllt, zwar ebenfalls die Gesamtenergie konstant bleibt, nicht aber die Zahl der Lichtquanten, die ja bei der Absorption durch die Materie vernichtet und bei der Emission neu erzeugt werden. Wir haben also jetzt die Nebenbedingung (19) § 37 zu streichen, was bewirkt, daß in den Formeln (21) bis (25) § 37 von den beiden unbestimmten Faktoren λ und μ nur der zweite übrigbleibt, der mit der Temperatur T durch die Beziehung (14) § 37 verknüpft ist.

Die gesuchte Verteilungsformel lautet demnach:

$$n_i = \frac{1}{e^{\frac{\varepsilon_i}{kT}} - 1}. \tag{12}$$

Da die zu dem gewählten Frequenzbereich gehörige Energie zwischen $h\nu$ und $h(\nu + d\nu)$ liegt, erhalten wir die mittlere Besetzungszahl n_ν dieses Frequenzbereiches, indem wir in (12) $\varepsilon_i = h\nu$ setzen.

Nun ist aber noch zu berücksichtigen, daß der Zustand eines Lichtquantums durch die Angabe seiner Frequenz, seiner Lage und seiner Geschwindigkeitsrichtung noch nicht vollkommen bestimmt ist, da ja die ihm zugeordnete Welle transversal ist und ihm daher auch noch eine bestimmte Polarisationsrichtung zugeordnet ist. Diesem Umstande wird man gerecht, wenn man jedem durch Lage und Impuls des Lichtquantums gekennzeichneten Quantenzustand das Gewicht 2 zuordnet, d. h. wenn man die Formel für die Besetzungszahl noch mit einem Faktor 2 multipliziert.

Für n_ν folgt auf Grund dieser Überlegung

$$n_\nu = \frac{2}{e^{\frac{h\nu}{kT}} - 1}. \tag{13}$$

Für die mittlere Energie $u_\nu d\nu$ pro Volumeneinheit des Lichtquantengases und das Frequenzintervall zwischen ν und $\nu + d\nu$ folgt schließlich aus (11) und (13)

$$u_\nu d\nu = h\nu \cdot n_\nu dz_\nu = \frac{8\pi h \nu^3}{c^3} \frac{1}{e^{\frac{h\nu}{kT}} - 1} d\nu, \tag{14}$$

also wirklich, wie behauptet wurde, wieder das Plancksche Gesetz (7).

6. Diskussion des Planckschen Strahlungsgesetzes. Durch die Formel (7) bzw. (14) ist das Gesetz der spektralen Energieverteilung der Hohlraumstrahlung vollkommen bestimmt, da man daraus u_ν für alle T als Funktion von ν berechnen kann. Für manche Anwendungen ist es zweckmäßiger, statt ν die Wellenlänge λ als unabhängig Veränderliche einzuführen und die Energiedichte $u_\lambda \, d\lambda$ der in dem Wellenlängenintervall zwischen λ und $\lambda + d\lambda$ enthaltenen Strahlung als Funktion von λ zu berechnen. Wegen $\nu = \dfrac{c}{\lambda}$ gilt

$$u_\lambda \, d\lambda = |u_\nu \, d\nu| = \frac{u_\nu \, c}{\lambda^2} \, d\lambda \tag{15}$$

und daher wegen (7)

$$u_\lambda \, d\lambda = \frac{8\pi h c}{\lambda^5} \cdot \frac{1}{e^{\frac{h c}{\lambda k T}} - 1} \, d\lambda. \tag{16}$$

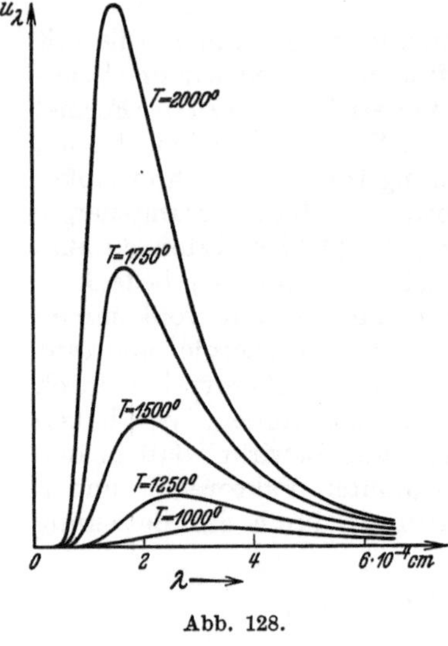

Abb. 128.

In der Abb. 128 ist gemäß der Formel (16) u_λ für einige Werte von T als Funktion von λ aufgetragen. Die Kurvenschar dieser Abbildung gibt dem Beschauer ein anschauliches Bild von der spektralen Energieverteilung der Hohlraumstrahlung und ihrer Abhängigkeit von der Temperatur. Sie wird durch das Experiment vollkommen bestätigt[1].

a) Wir berechnen zunächst die Lage λ_m des Maximums der Funktion $u_\lambda(\lambda)$ nach (16) aus der Bedingung

$$\left(\frac{\partial u_\lambda}{\partial \lambda}\right)_{\lambda = \lambda_m} = 0. \tag{17}$$

Die Ausführung der Differentiation ergibt die Gleichung

$$-5\,\lambda_m^{-6}\left(e^{\frac{h c}{\lambda_m k T}} - 1\right) + \lambda_m^{-5} \, e^{\frac{h c}{\lambda_m k T}} \cdot \frac{h c}{\lambda_m^2 k T} = 0$$

oder nach einfacher Umformung

$$5\,(1 - e^{-y}) = y, \tag{18}$$

wenn zur Abkürzung die Größe

$$y = \frac{h c}{\lambda_m k T} \tag{19}$$

eingeführt wird.

Die transzendente Gleichung (18) läßt sich durch graphische oder numerische Methoden lösen und liefert die Lösung $y = 4,965\ldots$ und daher gemäß (19) für das gesuchte λ_m die Beziehung

$$\lambda_m T = \frac{h c}{k} \cdot \frac{1}{4,965}. \tag{20}$$

Sie sagt aus, daß sich bei einer Veränderung der Temperatur T die Wellenlänge λ_m der maximalen Strahlungsintensität so verschiebt, daß das Produkt $\lambda_m T$ konstant bleibt. Dieses Gesetz wird als das „WIENsche Verschiebungsgesetz" bezeichnet; es steht in Übereinstimmung mit der Erfahrung[1].

b) Wir berechnen ferner die Gesamtstrahlungsdichte u gemäß (4) durch Integration von (7) über alle ν oder von (16) über alle λ. Führen wir als Integrationsvariable die Größe

$$x = \frac{h \nu}{k T} \tag{21}$$

ein, so gilt

$$u = \int_0^\infty u_\nu \, d\nu = \frac{8\pi (k T)^4}{h^3 c^3} \int_0^\infty \frac{x^3}{e^x - 1} \, dx. \tag{22}$$

---

[1] Vgl. „Exp.-Physik", § 138.

Das in (22) enthaltene Integral haben wir bereits bei einer früheren Gelegenheit (§ 40, 2.) ausgewertet und erhielten dafür den Wert $\frac{\pi^4}{15}$. Es gilt also weiter

$$u = \frac{8\,\pi^5}{15} \frac{k^4}{h^3\,c^3} \cdot T^4. \tag{23}$$

Das Gesetz (23) wird als das „STEFAN-BOLTZMANN*sche Gesetz*" bezeichnet. Es sagt aus, daß die gesamte Strahlungsdichte der Hohlraumstrahlung der vierten Potenz der absoluten Temperatur proportional ist. Es wird durch den Versuch ebenfalls vollkommen bestätigt[1]. Durch die experimentelle Bestimmung der Konstanten des WIENschen und des STEFAN-BOLTZMANNschen Gesetzes lassen sich, wenn c bekannt ist, auf Grund der Formeln (20) und (23) die Größen k/h und k^4/h^3 und daraus schließlich die beiden universellen Konstanten k und h einzeln bestimmen, was eine der einfachsten und sinnreichsten Methoden zur Bestimmung dieser Fundamentalgrößen darstellt.

c) Im Grenzfall sehr hoher Temperaturen ist in (7) der Exponent der e-Potenz sehr klein, und man findet daher durch Entwicklung derselben und Beschränkung auf das lineare Glied dieser Entwicklung

$$u_\nu\,d\nu = \frac{8\,\pi\,h\,\nu^3}{c^3}\;\frac{1}{1 + \dfrac{h\,\nu}{k\,T} + \ldots - 1}\,d\nu = \frac{8\,\pi\,\nu^2}{c^3}\,k\,T\,d\nu = 8\,\pi\,\lambda^{-4}\cdot k\,T\,d\lambda, \tag{24}$$

was auf dasselbe herauskommt, als ob man statt (6) den aus dem Gleichverteilungssatz folgenden Wert $\overline{E} = kT$ benutzt hätte.

In der Tat ist das Gesetz (24), das „RAYLEIGH-JEANS*sche Strahlungsgesetz*", von JEANS auf diesem Wege unter Benutzung der klassischen statistischen Mechanik hergeleitet worden. Seine Nichtübereinstimmung mit der Erfahrung hat den Anstoß zur Revision der klassischen statistischen Mechanik und zur Aufstellung der Quantentheorie durch PLANCK gegeben. Daß es als Grenzgesetz für hohe Temperaturen aus dem PLANCKschen Gesetz folgen muß, geht daraus hervor, daß auch der Gleichverteilungssatz, wie alle Sätze der klassischen Statistik, als Grenzgesetz für hohe Temperaturen richtig ist, wie wir allgemein gezeigt haben.

Im entgegengesetzten Grenzfalle sehr tiefer Temperaturen kann man den Summanden 1 im Nenner von (7) gegen die e-Potenz vernachlässigen und erhält das Gesetz

$$u_\nu\,d\nu = \frac{8\,\pi\,h\,\nu^3}{c^3}\,e^{-\frac{h\,\nu}{k\,T}}d\nu, \tag{25}$$

das von W. WIEN aufgestellt wurde und nach ihm den Namen „WIEN*sches Strahlungsgesetz*" führt.

7. Die Wärmestrahlung eines schwarzen Körpers. Macht man in die Wandung eines Hohlraumes von der unter 1. betrachteten Art eine kleine Öffnung und läßt auf sie von außen Strahlung auffallen, so wird sie im Innern von den Wänden sehr oft hin und her reflektiert und bei ihrem Wege durch den Hohlraum schließlich durch die darin enthaltene Substanz vollkommen absorbiert, da die Wahrscheinlichkeit, daß sie durch die kleine Öffnung auf ihrem komplizierten Wege in dem Hohlraum wieder austritt, äußerst klein ist. Die Öffnung verhält sich also so, als ob sie vollkommen schwarz wäre.

Erwärmen wir nun den Hohlraum auf eine Temperatur T, so bildet sich in ihm die dieser Temperatur entsprechende Hohlraumstrahlung aus, die durch das kleine Loch zu einem kleinen Teile nach außen austritt. Nach dem eben Gesagten müssen wir erwarten, daß von der Oberfläche eines vollkommen

---

[1] Vgl. „Exp.-Physik", § 138.

schwarzen Körpers, der auf eine Temperatur T erhitzt ist, eine Strahlung von genau der gleichen Beschaffenheit ausgeht. Wir gewinnen so zunächst den wichtigen Satz, daß die Wärmestrahlung eines vollkommen schwarzen Körpers in ihrer spektralen Zusammensetzung genau mit der Hohlraumstrahlung übereinstimmt, weswegen diese auch mitunter als *„schwarze Strahlung"* bezeichnet wird.

Wir stellen uns die Aufgabe, die gesamte, von der Flächeneinheit der Oberfläche eines schwarzen Körpers pro Zeiteinheit ausgestrahlte Energie zu berechnen. Wir ersetzen wieder wie oben den schwarzen Körper durch einen Hohlraum mit einer kleinen Öffnung vom Flächeninhalte dF. Alle in der Zeit dt aus dieser Öffnung austretenden Lichtquanten müssen in der gleichen Zeit aus dem Innern des Hohlraumes auf dF aufgefallen sein. Nennen wir dz die Anzahl derjenigen unter ihnen, deren Geschwindigkeit mit der Normalen auf dF einen Winkel zwischen ϑ und $\vartheta + d\vartheta$ einschließt und deren Frequenz zwischen ν und $\nu + d\nu$ liegt, dann finden wir auf Grund der gleichen Überlegung, die in der kinetischen Gastheorie zu der Formel (1) § 39 geführt hat:

$$dz = \frac{u_\nu\, d\nu}{h\,\nu} \cdot w\,(\vartheta)\, d\vartheta \, . \, c \, . \cos\vartheta \, . \, dF\, dt, \tag{26}$$

worin $\dfrac{u_\nu\, d\nu}{h\,\nu}$ die Gesamtzahl der Lichtquanten des untersuchten Frequenzbereiches in der Volumeneinheit der Hohlraumstrahlung und $w\,(\vartheta)\, d\vartheta$ die Wahrscheinlichkeit dafür bedeutet, daß die Geschwindigkeitsrichtung eines willkürlich herausgegriffenen Lichtquantums mit der Normalen auf dF einen Winkel zwischen, ϑ und $\vartheta + d\vartheta$ einschließt.

Da für ein Lichtquantum in der Hohlraumstrahlung alle Geschwindigkeitsrichtungen gleich wahrscheinlich sind, können wir zur Berechnung von $w\,(\vartheta)$ die in der Theorie des Paramagnetismus abgeleitete Formel (13) § 57 heranziehen, also setzen

$$w\,(\vartheta)\, d\vartheta = \frac{1}{2}\sin\vartheta\, d\vartheta. \tag{27}$$

Die Gesamtzahl dZ der auf dF auftreffenden Lichtquanten des Frequenzbereiches $(\nu, \nu + d\nu)$ erhält man, indem man (27) in (26) einsetzt und über ϑ von 0 bis $\dfrac{\pi}{2}$ integriert:

$$dZ = \frac{c}{2\,h\,\nu}\, u_\nu\, d\nu \, . \, dF\, dt \int\limits_{0}^{\frac{\pi}{2}} \sin\vartheta\, \cos\vartheta\, d\vartheta = \frac{c}{4\,h\,\nu}\, u_\nu\, d\nu\, dF\, dt. \tag{28}$$

Für die von der Flächeneinheit des schwarzen Körpers in der Zeiteinheit ausgestrahlte Energie $s_\nu\, d\nu$ des Frequenzbereiches $(\nu, \nu + d\nu)$ folgt nun aus (28)

$$s_\nu\, d\nu = \frac{h\,\nu\, dZ}{dF\, dt} = \frac{c}{4} \cdot u_\nu\, d\nu; \tag{29}$$

sie geht also aus dem Ausdruck (7) einfach durch Multiplikation mit $c/4$ hervor.

Ebenso erhält man die Gesamtstrahlung s durch Multiplikation des Ausdruckes (23) mit $c/4$:

$$s = \frac{2\,\pi^5}{15}\,\frac{k^4}{h^3\,c^2}\, T^4 = \sigma\, T^4, \tag{30}$$

die ebenfalls einen Ausdruck für das STEFAN-BOLTZMANNsche Gesetz darstellt.

Die Intensität und spektrale Energieverteilung der Wärmestrahlung von einem beliebigen, nicht schwarzen Körper hat keineswegs den universellen Charakter der schwarzen Strahlung und kann ohne Kenntnis des atomaren Mechanismus des betreffenden Strahlers nicht angegeben werden[1].

---

[1] Über ihre experimentelle Ermittlung vgl. „Exp.-Physik", § 138.

Sach- und Namenverzeichnis.

Manzsche Buchdruckerei, Wien IX.